전자캐드
기능사 필기

시대에듀

합격에 윙크[Win-Q]하다

Win-Q

[전자캐드기능사] 필기

Always with you

사람이 길에서 우연하게 만나거나 함께 살아가는 것만이 인연은 아니라고 생각합니다.

책을 펴내는 출판사와 그 책을 읽는 독자의 만남도 소중한 인연입니다.

시대에듀는 항상 독자의 마음을 헤아리기 위해 노력하고 있습니다.

늘 독자와 함께하겠습니다.

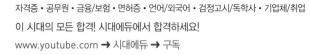

전자캐드 분야의 전문가를 향한 첫 발걸음

전자캐드기능사는 전자 CAD 직종에 대한 숙련된 기능을 가지고 전자 CAD 도면의 제작 · 배치 · 패턴설계 및 관련 장비의 조작 · 운용 · 정비 · 검사 또는 작업을 수행할 수 있는 능력의 유무를 판별하는 시험으로 최근 시대의 요구에 따라 전자캐드기능사 자격시험 응시생이 매년 증가하고 있는 추세이다.

국가기술자격은 객관적인 출제기준에 따라 시행된다. 한국산업인력공단에서 실시하는 기능사, 기사 · 산업기사의 경우 1차 객관식, 2차 작업형 실기를 병행함으로써 이론과 실무의 변별력과 함께 공정성을 확보하고 있다. 특히, 기능사의 경우 문제은행방식으로 출제되므로 기출문제를 정확히 분석하는 것이 합격으로 가는 가장 기초적이고 중요한 과정이다. 기출문제 분석을 통해 출제경향을 파악하지 않으면 효율적인 수험계획을 세우지 못해 방대한 양의 이론에 쉽게 지쳐버리고 포기할 수도 있다. 또한 오랫동안 이론 중심으로 학습했는데 막상 시험에는 공부한 내용이 나오지 않는 불상사가 생길 수도 있다.

이에 가장 핵심적인 기출문제 분석을 통한 효율적인 합격 노하우를 수험생들에게 제시하기 위해 시대에듀와 함께 본서를 출간하게 되었다. 본서의 특징은 다음과 같다.

[본서의 특징]
- 이 책 한 권으로 공부하여 최단 기간에 반드시 합격할 수 있도록 하기 위해 출제경향을 심도 있게 분석 · 파악하여 핵심이론을 정리하였고, 이론에 맞는 핵심예제를 수록함으로써 이론 공부에 대한 부담을 줄일 수 있도록 하였다.
- 기출문제를 상세하게 해설하여 개념 파악 및 복습을 확실히 할 수 있도록 하였다.
- 최근 기출복원문제를 수록하여 최신 경향을 확실히 파악하도록 하였다.
- 빨리보는 간단한 키워드를 통해 중요 키워드를 한눈에 볼 수 있도록 정리하였다.

끝으로 본 교재를 보는 전자계열 학생들과 예비 수험생들의 합격을 기원하며, 물심양면으로 도와주신 시대에듀 박영일 회장님과 편집부 직원들에게 감사드린다.

아름다운 해운대에서 정도건, 이희준 씀

시험안내

개요

전자 관련 분야(컴퓨터, 통신 등) 기기 및 제품의 설계와 제작을 위하여 회로설계 및 분석하여 전자캐드 프로그램을 활용하여 PCB Artwork 작업(부품 배치, 배선 연결) 및 부품목록표(BOM) 작성 등 향후 계속적으로 사용되는 기술 인력 개발을 위해 자격을 신설하였다.

수행직무

• 전자회로의 설계 · 제작을 컴퓨터디자인(CAD) 프로그램을 활용해서 처리하는 직무를 수행한다.
• 회로도 설계 및 검토를 하여 Artwork 작업(부품 배치, 배선 연결)을 통해 PCB를 제작하는 직무를 수행한다.

시험일정

구분	필기원서접수 (인터넷)	필기시험	필기합격 (예정자)발표	실기원서접수	실기시험	최종 합격자 발표일
제2회	3월 중순	3월 하순	4월 중순	4월 하순	6월 초순	6월 하순
제3회	5월 하순	6월 중순	6월 하순	7월 중순	8월 중순	9월 중순
제4회	8월 중순	9월 초순	9월 하순	9월 하순	11월 초순	12월 초순

※ 상기 시험일정은 시행처의 사정에 따라 변경될 수 있으니, www.q-net.or.kr에서 확인하시기 바랍니다.

시험요강

❶ 시행처 : 한국산업인력공단
❷ 시험과목
　㉠ 필기 : 1. 전기전자공학 2. 전자계산기 일반 3. 전자제도(CAD) 이론
　㉡ 실기 : 전자제도(CAD) 작업
❸ 검정방법
　㉠ 필기 : 객관식 60문항(60분)
　㉡ 실기 : 작업형(4시간 30분 정도)
❹ 합격기준
　㉠ 필기 : 100점을 만점으로 하여 60점 이상
　㉡ 실기 : 100점을 만점으로 하여 60점 이상

검정현황

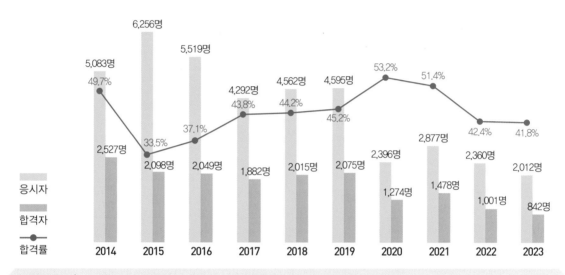

필기시험

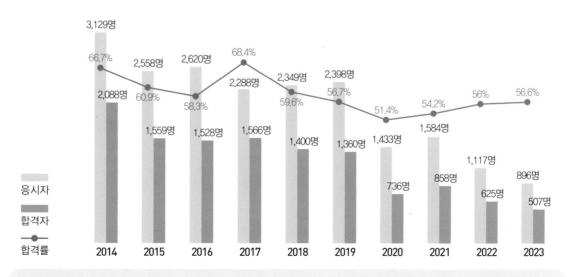

실기시험

시험안내

출제기준

필기과목명	주요항목	세부항목	세세항목	
전기전자공학 · 전자계산기 일반 · 전자제도 (CAD) 이론	직 · 교류회로	직류회로	• 직 · 병렬회로	• 회로망 해석의 정리, 응용
		교류회로	• 교류회로 해석 및 표시법, 계산의 기초	
	전원회로의 기본	전원회로	• 정류회로 • 정전압 전원회로	• 평활회로
	각종 증폭회로	증폭회로	• 각종 증폭회로	• 연산증폭회로
	발진 및 펄스회로	발진 및 변 · 복조회로	• 발진회로	• 변 · 복조회로
		펄스회로	• 펄스 발생의 기본 • 멀티바이브레이터회로	• 펄스응용회로의 기본
	논리회로	조합논리회로	• 수의 진법 및 코드화	• 기본 조합논리회로
		순서논리회로	• 기본 플립플롭 동작	
	반도체	반도체의 개요	• 반도체의 종류 • 반도체의 재료	• 반도체의 성질 • 전자의 개념
		반도체 소자	• 다이오드 • BJT • FET • 특수반도체소자(광전소자, 사이리스터 등)	
		집적회로	• 집적회로의 개념	• 집적회로의 종류
	컴퓨터의 구조 일반	컴퓨터의 기본적 구조	• 중앙처리장치(CPU)의 구성 • 입출력장치	• 기억장치
	자료의 표현과 연산	자료의 표현	• 자료의 구조	• 자료의 표현방식
		연산	• 산술연산	• 논리연산
	소프트웨어 일반	소프트웨어의 개념과 종류	• 프로그래밍 개념 및 순서도 작성	

출제비율

전기전자공학	전자계산기 일반	전자제도(CAD) 이론
27%	20%	53%

필기과목명	주요항목	세부항목	세세항목
전기전자공학 · 전자계산기 일반 · 전자제도 (CAD) 이론	마이크로프로세서	마이크로프로세서 구조 및 응용	• 구조와 특징 • 명령어(Instruction) 형식 및 데이터 형식 • 주소지정방식　　　　　　　• 서브루틴과 스택
	제도규약	전자제도 통칙	• 한국산업규격(KS)과 표준화 • 한국산업규격(KS)의 부분별 분류 • 전자제도의 개요
		도면의 표시방법	• 도면의 개요 및 구비조건　　• 도면의 크기와 양식 및 척도
	전자부품	전자부품의 기호 및 표시법	• 전자부품의 기호　　　　　　• 논리소자의 기호
		전자부품의 식별방법	• 전자부품의 식별 • 반도체 집적회로(IC) 등의 패키지 형태 및 특징
		전자부품의 판독법	• 전자 · 통신용 부품의 정격과 공칭 및 특성의 표시 • 색과 문자에 의한 정격 및 허용오차의 표시법
	회로도면의 설계	설계용도에 따른 도면의 분류	• 회로도면 및 각종 도면의 작성방법 • 회로도면 및 각종 도면의 작성 시 고려사항
		회로도면의 설계방법	• 설계방법의 분류기준 • 단일도면과 평면구조도면, 단순 및 복합계층 구조도면
	인쇄회로기판 제작공정	인쇄회로기판의 종류 및 특성	• 인쇄회로기판의 장단점 • 인쇄회로기판의 구성 및 패턴의 전기적 특성 • 인쇄회로기판의 재질 및 적층 형태에 따른 분류 및 특징
		PCB 설계기준 및 제작공정	• 전자 CAD의 종류 및 장단점 • 회로설계 및 PCB 설계 순서 • 인쇄회로기판(PCB)의 제작과정
		PCB 설계 시 고려사항	• 부품의 실장과 배치, 노이즈 등에 대한 대책
		PCB 발주 시 고려사항	• PCB 특성에 따른 발주 시 고려사항
		데이터파일의 종류와 취급	• 회로도면 설계 시의 데이터 파일 • PCB 설계 시의 데이터 파일
		PCB 특성 및 시험방법	• PCB의 전기적 특성과 특성시험의 종류와 방법
	CAD 일반	CAD 시스템	• 기능에 따른 CAD 프로그램 • 데이터 저장장치의 종류와 특징 • 입출력 인터페이스 파일의 종류와 특징
		CAD 시스템의 입출력장치	• CAD 시스템 입출력장치의 종류와 특징
		CAD 시스템에 의한 도형처리	• CAD 시스템 좌표계의 종류와 특징 및 도형의 작성과 편집 • 형상 모델링의 종류와 특징

CBT 응시 요령

기능사 종목 전면 CBT 시행에 따른
CBT 완전 정복!

"CBT 가상 체험 서비스 제공"
한국산업인력공단
(http://www.q-net.or.kr) 참고

01 수험자 정보 확인

시험장 감독위원이 컴퓨터에 나온 수험자 정보와 신분증이 일치하는지를 확인하는 단계입니다. 수험번호, 성명, 생년월일, 응시종목, 좌석번호를 확인합니다.

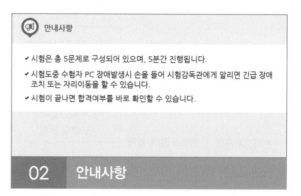

02 안내사항

시험에 관한 안내사항을 확인합니다.

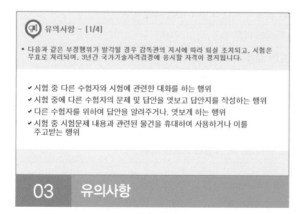

03 유의사항

부정행위에 관한 유의사항이므로 꼼꼼히 확인합니다.

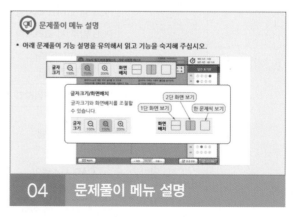

04 문제풀이 메뉴 설명

문제풀이 메뉴의 기능에 관한 설명을 유의해서 읽고 기능을 숙지해 주세요.

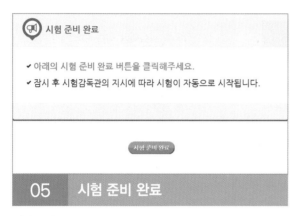

05	시험 준비 완료

시험 안내사항 및 문제풀이 연습까지 모두 마친 수험자는 시험 준비 완료 버튼을 클릭한 후 잠시 대기합니다.

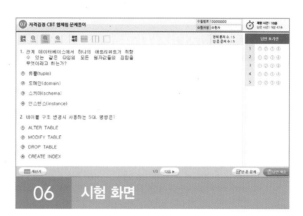

06	시험 화면

시험 화면이 뜨면 수험번호와 수험자명을 확인하고, 글자크기 및 화면배치를 조절한 후 시험을 시작합니다.

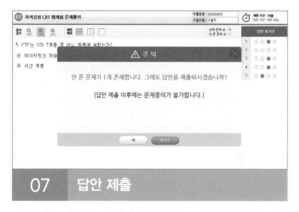

07	답안 제출

[답안 제출] 버튼을 클릭하면 답안 제출 승인 알림창이 나옵니다. 시험을 마치려면 [예] 버튼을 클릭하고 시험을 계속 진행하려면 [아니오] 버튼을 클릭하면 됩니다. 답안 제출은 실수 방지를 위해 두 번의 확인 과정을 거칩니다. [예] 버튼을 누르면 답안 제출이 완료되며 득점 및 합격여부 등을 확인할 수 있습니다.

CBT 완전 정복 Tip

내 시험에만 집중할 것
CBT 시험은 같은 고사장이라도 각기 다른 시험이 진행되고 있으니 자신의 시험에만 집중하면 됩니다.

이상이 있을 경우 조용히 손을 들 것
컴퓨터로 진행되는 시험이기 때문에 프로그램상의 문제가 있을 수 있습니다. 이때 조용히 손을 들어 감독관에게 문제점을 알리며, 큰 소리를 내는 등 다른 사람에게 피해를 주는 일이 없도록 합니다.

연습 용지를 요청할 것
응시자의 요청에 한해 연습 용지를 제공하고 있습니다. 필요시 연습 용지를 요청하며 미리 시험에 관련된 내용을 적어놓지 않도록 합니다. 연습 용지는 시험이 종료되면 회수되므로 들고 나가지 않도록 유의합니다.

답안 제출은 신중하게 할 것
답안은 제한 시간 내에 언제든 제출할 수 있지만 한 번 제출하게 되면 더 이상의 문제풀이가 불가합니다. 안 푼 문제가 있는지 또는 맞게 표기하였는지 다시 한 번 확인합니다.

구성 및 특징

01 전기전자공학

제1절 직류회로

핵심이론 01 | 전압, 전류, 저항

(1) 전 압

전류가 흐르기 위해 필요한 전기적인 압력으로 기호는 V, 단위는 볼트(Volt, [V])이다.

① 전위 : 전기회로의 임의의 점에서 전압의 값을 말한다.

② 전위차 : 전기통로에서 임의의 두 점 간의 전위의 차를 말한다.

$$V = \frac{W}{Q}[V]$$

여기서, Q : 전기량[C]

W : 전기가 한 일[J]

(2) 전 류

전하의 이동으로 기호는 I, 단위는 암페어(Ampere, [A])이다.

$$I = \frac{Q}{t}[A]$$

(3) 저 항

전기회로로 전류가 흐를 때 전류의 흐름을 방해하는 성질로 기호는 R, 단위는 옴(Ohm, [Ω])이다.

(4) 옴의 법칙

전기회로에 흐르는 전류는 전압에 비례하고, 저항에 반비례한다.

$$I = \frac{V}{R}[A]$$

(5) 컨덕턴스

저항의 역수로 전류의 흐르기 쉬운 정도를 말하며 기호는 G, 단위는 지멘스(Siemens, [S]) 또는 모(mho, [℧] · [Ω⁻¹])이다.

$$G = \frac{1}{R}[℧], \ G = \frac{I}{V}[℧]$$

2 ■ PART 01 핵심이론

제2절 교류회로

핵심이론 01 | 교류회로 해석

(1) 사인파 교류의 표시

① 각도의 표시

$$1[rad] = \frac{180°}{\pi}, \ 180° = \pi[rad], \ 360° = 2\pi[rad]$$

② 주기와 주파수

$$T = \frac{1}{f}[sec], \ f = \frac{1}{T}[Hz]$$

③ 각속도 : $f[Hz]$인 교류파형이 1초 동안 진행한 각도를 말한다.

$$\omega = 2\pi f[rad/s]$$

(2) 사인파 교류의 크기

① 순시값 : 순간순간 변하는 교류의 임의의 시간에 있어서의 값을 말한다.

$$v = V_m \sin\omega t[V] = V_m \sin 2\pi ft[V]$$

② 최댓값 : 순시값 중에서 가장 큰 값을 말한다.

$$V_m = \sqrt{2} V = 1.414 V$$

③ 실횻값 : 교류의 크기를 교류와 동일한 일을 하는 직류의 크기로 바꿔 나타낸 값을 말한다.

$$V = \frac{V_m}{\sqrt{2}} = 0.707 V_m$$

④ 평균값 : 교류 순시값의 1주기 동안의 평균을 취하여 교류의 크기를 나타낸 값을 말한다.

$$V_a = \frac{2}{\pi} V_m = 0.636 V_m$$

⑤ 파형률 $= \frac{\text{실횻값}}{\text{평균값}} = \frac{0.707 V_m}{0.637 V_m} ≒ 1.11$

⑥ 파고율 $= \frac{\text{최댓값}}{\text{실횻값}} = \frac{V_m}{0.707 V_m} ≒ 1.414$

10년간 자주 출제된 문제

1-1. 정현파 교류전압의 최대치와 실효치와의 관계는?

① 최대치 $= \frac{1}{\sqrt{2}} ×$ 실효치

② 최대치 $= \sqrt{2} ×$ 실효치

③ 최대치 $= 2 ×$ 실효치

④ 최대치 $= \frac{\pi}{\sqrt{2}} ×$ 실효치

1-2. 가정용 전원으로 교류 220[V]를 사용할 때, 이 220[V]가 의미하는 것은?

① 순시값   ② 실횻값

③ 최댓값   ④ 평균값

1-3. 사인파 교류전류의 최댓값이 10[A]이면 반주기 평균값은?

① $\frac{10}{\sqrt{2}}[A]$ ② $\frac{10}{\pi}[A]$

③ $10\sqrt{2}[A]$ ④ $\frac{20}{\pi}[A]$

|해설|

1-1

$V_m = \sqrt{2} V$

1-2

실횻값

교류의 크기를 교류와 동일한 일을 하는 직류의 크기로 바꿔 나타낸 값을 말한다.

1-3

$$I_a = \frac{2}{\pi} I_m = \frac{2}{\pi} × 10 = \frac{20}{\pi}[A]$$

정답 1-1 ② 1-2 ② 1-3 ④

핵심이론

필수적으로 학습해야 하는 중요한 이론들을 각 과목별로 분류하여 수록하였습니다.
시험과 관계없는 두꺼운 기본서의 복잡한 이론은 이제 그만! 시험에 꼭 나오는 이론을 중심으로 효과적으로 공부하십시오.

10년간 자주 출제된 문제

출제기준을 중심으로 출제 빈도가 높은 기출문제와 필수적으로 풀어보아야 할 문제를 핵심이론당 1~2문제씩 선정했습니다. 각 문제마다 핵심을 찌르는 명쾌한 해설이 수록되어 있습니다.

과년도 기출문제

지금까지 출제된 과년도 기출문제를 수록하였습니다. 각 문제에는 자세한 해설이 추가되어 핵심 이론만으로는 아쉬운 내용을 보충 학습하고 출제 경향의 변화를 확인할 수 있습니다.

2013년 제2회 과년도 기출문제

01 B급 푸시풀 증폭기에 대한 설명 중 옳은 것은?

① 최대 양극효율은 33.6[%]이다.
② 고주파 전압증폭용으로 널리 쓰인다.
③ 우수고조파가 상쇄되어 찌그러짐이 적다.
④ 출력변성기의 철심이 직류에 의해 포화된다.

해설
B급 푸시풀 회로의 특징
• 큰 출력을 얻을 수 있다.
• B급 동작이므로 직류 바이어스 전류가 작아도 된다.
• 출력의 최대 효율은 78.5[%]로 높다.
• 입력 신호가 없을 때 전력 손실은 무시할 수 있다.
• 짝수 고조파 성분이 서로 상쇄되어 일그러짐이 없다.
• B급 증폭기 특유의 크로스오버 일그러짐(교차 일그러짐)이 생긴다.

02 40[dB]의 전압이득을 가진 증폭기에 10[mV]의 전압을 입력에 가하면 출력전압은 몇 [V]인가?

① 0.1[V] ② 1[V]
③ 10[V] ④ 100[V]

해설
$G = 20\log_{10}\dfrac{V_o}{V_i}$[dB]에서

$40 = 20\log_{10}\dfrac{V_o}{10 \times 10^{-3}}$

여기서, $\log_{10}\dfrac{V_o}{10 \times 10^{-3}} = 2$

그러므로 $\dfrac{V_o}{10 \times 10^{-3}} = 100$

$V_o = 100 \times 10 \times 10^{-3} = 1[V]$

03 저항 $R = 5[\Omega]$, 인덕턴스 $L = 100[mH]$, 정전용량 $C = 100[\mu F]$의 RLC 직렬회로에 60[Hz]의 교류전압을 가할 때 회로의 리액턴스 성분은?

① 저 항 ② 유도성
③ 용량성 ④ 임피던스

해설
RLC 직렬회로에서 $Z = R + j\left(\omega L - \dfrac{1}{\omega C}\right)$에서

$\omega L > \dfrac{1}{\omega C}$일 때(즉 $X_L > X_C$)

전압의 위상이 전류보다 앞서므로 이 회로를 유도성 회로라 하며,
이때 임피던스의 허수부인 리액턴스가 $\omega L - \dfrac{1}{\omega C} > 0$일 때를 유도성 리액턴스라 한다.

$2\pi f L - \dfrac{1}{2\pi f}$

$= 2\pi \times 60 \times$

그러므로 유

04 구형파의
얻는 데 사

① 미분회
② 적분회
③ 발진회
④ 클리핑

해설
미분회로
• 직사각형파
(단, RC ≪
• 입력이 가해
• 입력이 0으

130 ■ PART 02 과년도 + 최근 기출복원문제

2024년 제1회 최근 기출복원문제

01 연산증폭기에서 두 입력 단자가 접지되었을 때 두 출력 단자 사이에 나타나는 직류 전압의 차는?

① 입력 오프셋 전압
② 출력 오프셋 전압
③ 입력 오프셋 전압 드리프트
④ 출력 오프셋 전압 드리프트

해설
두 입력 단자가 접지되었을 때라는 것은 입력이 0이라는 의미이며, 입력을 0으로 줄 때 출력이 0이 되어야 함에도 불구하고 출력단에 나타나는 전압을 출력 오프셋 전압이라고 한다.

02 자석에 의한 자기현상의 설명으로 옳은 것은?

① 자력은 거리에 비례한다.
② 철심이 있으면 자속 발생이 어렵다.
③ 자력선은 S극에서 나와 N극으로 들어간다.
④ 서로 다른 극 사이에는 흡인력이 작용한다.

해설
자석에 의한 자기 현상
• 자력은 거리의 제곱에 반비례한다.
• 철심이 있으면 자속이 발생한다.
• 자력선은 N극에서 나와 S극으로 들어간다.
• 서로 같은 극끼리는 반발력이, 다른 극끼리는 흡인력이 작용한다.

03 다음 그림과 같은 트랜지스터 회로에서 I_C는 얼마인가?(단, β_{DC}는 50이다)

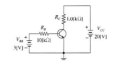

① 11.5[mA] ② 11.5[μA]
③ 10.5[mA] ④ 10.5[μA]

해설
$V_{BB} = I_B R_B + V_{BE}$
$I_B = \dfrac{V_{BB} - V_{BE}}{R_B} = \dfrac{3 - 0.7}{10 \times 10^3} = 2.3 \times 10^{-4}[A] = 0.23[mA]$
$I_C = \beta I_B = 50 \times 0.23 = 11.5[mA]$

04 다음 그림과 같은 트랜지스터 회로에서 $V_{IN} = 0[V]$일 때 V_{CE}는 얼마인가?

① 0[V] ② 5[V]
③ 10[V] ④ 15[V]

해설
$V_{IN} = 0[V]$이면 베이스 전류 I_B가 흐르지 않아 TR은 OFF 상태가 된다. 따라서 V_{CE}는 V_{CC} 전압인 10[V]가 된다.

최근 기출복원문제

최근에 출제된 기출문제를 복원하여 가장 최신의 출제경향을 파악하고 새롭게 출제된 문제의 유형을 익혀 처음 보는 문제들도 모두 맞힐 수 있도록 하였습니다.

최신 기출문제 출제경향

- FET, 정전압 안정화 회로
- 증폭기, 적분기, 전자 유도
- 입력 오프셋 전압, 변조, 펄스회로
- 크로스오버 왜곡, 전지의 접속, 발진기
- 트리거회로, 공진 주파수

- 증폭도, 동상신호제거비
- 입력 오프셋 전압, 자속, 변조, FET
- 발진회로, 펄스파형, 집적회로
- 컨덕턴스, 인덕턴스
- 전압이득, 사이리스터, 임피던스

2021년 1회	2021년 2회	2022년 1회	2022년 2회

- 컴파일러, 주소 지정방식
- 입출력장치, 데이터코드, C언어
- 진수 변환, 캐시, 기억장치
- 명령형식, 순서도

- 투자율, 자기장, 코일
- 주기억장치, 플립플롭, 부동 소수점
- 오퍼랜드, 주소지정방식, 단항 연산자
- 프로그램언어, 순서도, 마이크로프로세서
- 버퍼, 수의 연산

- 정전압회로, 교류회로, 슈미트 트리거 회로, 열전자 방출, 다이오드, 연산증폭기, 반도체 특성, 정류기, 안정도, 주파수 변조
- 컴파일러, RAM, C언어, 보수, 레지스터, 순서도, 불 대수, 연산자, 조합회로
- 전자제도통칙, 도면의 표시방법, 전자부품의 기호 및 표시법, 전자부품의 판독법, PCB 설계기준 및 제작공정, PCB 설계 시 고려사항, PCB 특성 및 시험방법, CAD 시스템의 입출력장치, CAD 시스템에 의한 도형처리

- 출력 오프셋 전압, 자기현상, 증폭회로, 부궤환증폭기, 키르히호프법칙, 반도체, 패러데이 법칙, 실횻값, 코일, 옴의 법칙, 연산증폭기, 이미터 접지 증폭기, 주파수 변조
- 누산기, 기억장치, 프로그래밍 언어, 명령어형식, 자료형식, C언어, 컴퓨터시스템, 컴파일러, 연산의 분류, 기억 공간 관리, 불 대수
- 논리회로의 종류, 기본 논리 게이트, 에칭방법, 형상 모델링 방법, 도면 치수 기입 시 유의사항, 인쇄회로기판(PCB), 레귤레이터, 플립칩 실장

2023년 1회

2023년 2회

2024년 1회

2024년 2회

- 증폭회로, 미분기, 사이리스터, 클램퍼, 연산증폭기, 플립플롭, 발진회로, 정류회로
- 마이크로프로세서, 보수, 연산자, 레지스터, ALU, 디코더
- 전자제도통칙, 도면의 표시방법, 전자부품의 판독법 및 식별방법, 설계용도에 따른 도면의 분류, 인쇄회로기판의 종류 및 특성, PCB 설계 시 고려사항, CAD 시스템에 의한 도형처리, CAD 시스템의 입출력장치

- 변조도, 교류회로, 공진 주파수, 발진회로, 전지의 접속, 전기저항, FET, BJT, 코일, 변도방식, 교류회로, 반도체, 연산증폭회로, 소비 전력, 펄스 파형, 평형조건
- 버스, 연산 명령, ROM, 객체지향언어, 데이터 전송 명령, 중앙처리장치, 연산자, 수치자료의 표현, 주소지정방식, 인터럽트
- 전가산기, 반도체 소자의 형명 표시법, 발열부품에 대한 대책, 패턴 설계 시 유의사항, 7세그먼트 표시장치, IC 집적도에 따른 분류, 인쇄회로기판(PCB) 제작 순서

D-20 스터디 플래너

20일 완성!

D-20	D-19	D-18	D-17
시험안내 및 빨간키 훑어보기	✈ CHAPTER 01 전기전자공학 1. 직류회로 ~ 2. 교류회로	✈ CHAPTER 01 전기전자공학 3. 자기현상 ~ 4. 전원회로	✈ CHAPTER 01 전기전자공학 5. 반도체 소자 ~ 6. 증폭회로

D-16	D-15	D-14	D-13
✈ CHAPTER 01 전기전자공학 7. 발진회로 ~ 9. 변복조회로	✈ CHAPTER 02 전자계산기 일반 1. 컴퓨터의 구조 일반	✈ CHAPTER 02 전자계산기 일반 2. 자료의 표현과 연산	✈ CHAPTER 02 전자계산기 일반 3. 소프트웨어 일반

D-12	D-11	D-10	D-9
✈ CHAPTER 02 전자계산기 일반 4. 마이크로프로세서	✈ CHAPTER 03 전자제도(CAD) 이론 1. 전자제도 통칙 ~ 3. 전자부품의 기호 및 표시법	✈ CHAPTER 03 전자제도(CAD) 이론 4. 전자부품의 식별방법 ~ 6. 설계용도에 따른 도면의 분류	✈ CHAPTER 03 전자제도(CAD) 이론 7. 인쇄회로기판의 종류 및 특성~ 9. PCB 설계 시 고려사항

D-8	D-7	D-6	D-5
✈ CHAPTER 03 전자제도(CAD) 이론 10. 데이터파일의 종류와 취급~ 13. CAD 시스템에 의한 도형처리	2013~2014년 과년도 기출문제 풀이	2015~2016년 과년도 기출문제 풀이	2017~2018년 과년도 기출문제 풀이

D-4	D-3	D-2	D-1
2019~2020년 과년도 기출복원문제 풀이	2021~2023년 과년도 기출복원문제 풀이	2024년 최근 기출복원문제 풀이	기출문제 오답정리 및 PCB 용어 확인

기출문제 몇 번 풀어보고 응시했습니다.

2부 시험으로 전자캐드를 봤습니다.

시험공부는 시대고시 책에서 CAD 부분을 좀 참고했고 기출문제 몇 번 풀어보고 응시했습니다.

★ 1과목 : 계산기시험 때와 마찬가지로 회로이론 쪽에서 많이 출제된 것 같습니다. 다만, 계산기보다는 오히려 좀 더 쉽지 않았나 생각은 듭니다.

★ 2과목 : 주소지정방식, C언어, 스택 같은 단골 문제가 많이 나왔고 CAD 내용들은 상식선에서 풀 수 있었던 것 같습니다.

★ 3과목 : 콘덴서에 대한 내용이나 그런 것은 그냥 그럭저럭 봤는데 아무래도 CAD 부분에 대해서는 공부가 부족하지 않았나 생각됩니다.

합격점은 나온 거 같은데 아직 시간적 여유가 있다고는 하지만 실기는 아무래도 고민이 많이 되는 지점이긴 합니다. 앞으로 잘 준비를 해봐야겠습니다.

2021년 전자캐드기능사 합격자

필기 합격하고 왔습니다! 모두 파이팅이요!!

필기 합격하고 왔습니다! 합격은 했는데, 컴퓨터로 시험을 치다보니 어떤 문제를 틀렸는지 알 수가 없어서 좀 아쉬웠어여. 불합격하면 어떤 게 틀렸는지 알아야 다음번 시험에 부족한 부분을 대비할 수 있는데, 아무런 정보가 없으니 수험자 입장에선 당혹스러울 거 같아요. 저는 일단 문제은행방식이라고 해서 예전 기출문제가 많이 나올 줄 알았는데, 몇 문제 안 나오더라구요. 물론 기존에 나온 기출문제에서 조금씩 변형시켜 나온 문제들이긴 했지만 어떤 사람들은 과년도에서 거의 다 나왔다고 하고 어떤 사람들은 새로운 문제가 많았다고 하는데, 시험문제가 복불복이라는 건 형평성에 문제가 될 부분이 아닌가 하는 생각이 들었습니다. 새로운 문제들이었지만 그래도 기출을 많이 돌려봐서 조금만 고민하면 풀릴 만한 문제들이긴 했어요, 거의 단골로 나오는 회로나 주소지정방식, C언어는 기본으로 꼭 공부하셔야 할 것 같고 이론공부도 소홀히 하면 안 될 것 같더라구요.

공부는 시대고시 책으로 했는데, 저는 해설이 곧 이론이다 생각하고 공부했거든요, 해설을 잘 달아놨더라구요. 저랑 잘 맞는 책이었던 거 같아요. 뭘 봐야할 지 고민이신 분들이나 시간이 없으신 분들한테도 괜찮을 거 같습니다.

모두 파이팅이요!!

2022년 전자캐드기능사 합격자

이 책의 목차

빨리보는 간단한 키워드

빨리보는 간단한 키워드 ─────

빨간키

#합격비법 핵심 요약집   #최다 빈출키워드   #시험장 필수 아이템

▌ 옴의 법칙

전기회로에 흐르는 전류는 전압에 비례하고, 저항에 반비례한다.

$$I = \frac{V}{R}[\Omega]$$

▌ 합성저항

• 직렬회로의 합성저항 : $R_s = R_1 + R_2 + R_3 + \cdots\cdots + R_n$

• 병렬회로(저항이 2개인 경우)의 합성저항 : $R_p = \dfrac{R_1 R_2}{R_1 + R_2}$

▌ 키르히호프의 법칙

• 제1법칙(전류법칙) : 회로의 한 접속점에 흘러들어 오는 전류의 합과 흘러나가는 전류의 합은 같다.

  Σ유입전류 = Σ유출전류

• 제2법칙(전압법칙) : 회로망 중의 임의의 폐회로 내에서 일주 방향에 따른 전압강하의 합은 기전력의 합과 같다.

  Σ기전력 = Σ전압강하

▌ 도체의 저항

도체의 전기저항은 그 재료의 종류, 온도, 길이, 단면적 등에 의해 결정된다. 도체의 고유저항 및 길이에 비례하고, 단면적에 반비례한다.

$$R = \rho \frac{l}{A}[\Omega]$$

여기서, ρ(고유 저항) : 전류의 흐름을 방해하는 물질의 고유한 성질, 단위는 $[\Omega \cdot m]$

▌ 줄의 법칙

어떤 도체에 일정 기간 동안 전류를 흘리면 도체에는 열이 발생된다.

$$H = I^2 Rt[J] = 0.24 I^2 Rt[cal]$$

■ 전력과 전력량

- 전력 : 1초 동안에 전기가 하는 일의 양 $P = VI = \dfrac{V^2}{R} = I^2 R[\mathrm{W}]$

- 전력량 : 일정한 시간 동안 전기가 하는 일의 양

$$W = H = Pt = VIt = I^2 Rt = \dfrac{V^2}{R}t\,[\mathrm{J}]$$

■ 제베크 효과(Seebeck Effect)
서로 다른 두 종류의 금속을 접합하여 접합점을 다른 온도로 유지하면 열기전력이 발생하는 현상

■ 펠티에 효과(Peltier Effect)
제베크 효과의 역현상으로 서로 다른 두 종류의 금속을 접속하여 전류를 흘리면 접합부에서 열의 발생 또는 흡수가 일어나는 현상

■ 사인파 교류전압

- 순시값 : 순간순간 변하는 교류의 임의의 시간에 있어서의 값
$v = V_m \sin\omega t[\mathrm{V}] = V_m \sin 2\pi f t[\mathrm{V}]$

- 최댓값 : 순시값 중에서 가장 큰 값($V_m = \sqrt{2}\,V$)

- 실횻값 : 교류의 크기를 교류와 동일한 일을 하는 직류의 크기로 바꾸어 나타낸 값

$V = \dfrac{V_m}{\sqrt{2}}$

- 평균값 : 교류 순시값의 1주기 동안의 평균을 취하여 교류의 크기를 나타낸 값

$V_a = \dfrac{2}{\pi}\,V_m$

■ 교류전류에 대한 RLC 동작

R만의 회로	L만의 회로	C만의 회로
$I = \dfrac{V}{R}[\mathrm{A}]$	$I = \dfrac{V}{\omega L}[\mathrm{A}]$ $X_L = \omega L = 2\pi f L[\Omega]$	$I = \omega C V[\mathrm{A}]$ $X_c = \dfrac{1}{\omega C} = \dfrac{1}{2\pi f C}[\Omega]$
전류와 전압은 동상이다.	전류는 전압보다 $\dfrac{\pi}{2}[\mathrm{rad}]$만큼 늦다.	전류가 전압보다 $\dfrac{\pi}{2}[\mathrm{rad}]$만큼 빠르다.

▌ RLC 직렬회로

- 임피던스 : $Z = \sqrt{R^2 + (X_C - X_L)^2}\,[\Omega]$
- 직렬공진 조건 : $X_L = X_C$

▌ 전 류

전하의 흐름. 어떤 도체의 단면을 1초 동안 통과하는 전하량

$$I = \frac{Q}{t}\,[\text{A}]$$

▌ 쿨롱의 법칙

- 두 전하가 있을 때 다른 종류의 전하(자극)는 흡인력이 작용하고, 같은 종류의 전하(자극)는 반발력이 작용한다.
- 두 전하(자극) 사이에 작용하는 힘은 두 전하(자극)의 곱에 비례하고, 두 전하(자극) 사이의 거리 $r\,[\text{m}]$의 제곱에 반비례한다.

$$F = K\frac{Q_1 Q_2}{r^2} = \frac{1}{4\pi\varepsilon_0\varepsilon_r} \times \frac{Q_1 Q_2}{r^2}\,[\text{N}], \quad F = K\frac{m_1 m_2}{r^2} = \frac{1}{4\pi\mu_0} \times \frac{m_1 m_2}{\mu_r r^2}\,[\text{N}]$$

- 진공 중의 유전율 : $\varepsilon_0 = 1$
- 공기 중의 비유전율 : $\varepsilon_r = 1.00059 \fallingdotseq 1$
- 진공 중의 투자율 : $\mu_0 = 4\pi \times 10^{-7}$
- 비투자율 : 진공 중 = 1, 공기 중 $\fallingdotseq 1$

▌ 콘덴서의 직·병렬접속

- 병렬접속 : $C = C_1 + C_2\,[\text{F}]$
- 직렬접속 : $C = \dfrac{C_1 C_2}{C_1 + C_2}\,[\text{F}]$

▌ 전류에 의한 자기장

- 앙페르의 오른나사의 법칙 : 전류에 의한 자기장의 방향을 결정하는 법칙
  - 전류의 방향 : 오른나사의 진행방향
  - 자기장의 방향 : 오른나사의 회전방향
- 비오-사바르의 법칙 : 전류에 의해 발생되는 자기장의 크기를 결정하는 법칙

▌ 전자력의 방향

- 전자력 : 자기장 내에 있는 도체에 전류를 흘릴 때 작용하는 힘
- 플레밍의 왼손 법칙 : 전자력의 방향을 결정하는 법칙, 엄지−힘(F)의 방향, 검지−자기장(B)의 방향, 중지−전류 (I)의 방향 예 전동기

▌ 자속의 변화에 의한 유도기전력

- 전자 유도 : 코일을 관통하는 자속을 변화시킬 때 기전력이 발생하는 현상
- 렌츠의 법칙 : 자속변화에 의한 유도기전력의 방향 결정. 즉, 유도기전력은 자신의 발생원인이 되는 자속의 변화를 방해하려는 방향으로 발생
- 패러데이의 전자유도 법칙 : 자속 변화에 의한 유도기전력의 크기를 결정하는 법칙

▌ 플레밍의 오른손 법칙

- 도체 운동에 의한 유도기전력의 방향을 결정하는 법칙
- 엄지 − 도체의 운동방향, 검지 − 자기장의 방향, 중지 − 유도기전력의 방향

▌ 인덕턴스의 접속

- 전자결합이 없는 경우 : $L = L_1 + L_2[\mathrm{H}]$
- 전자결합이 있는 경우
  - 결합접속(가동접속) : 1·2차 코일이 만드는 자속의 방향이 정방향이 되는 접속
    $L_0 = L_1 + L_2 + 2M[\mathrm{H}]$
  - 차동접속 : 1·2차 코일이 만드는 자속의 방향이 역방향이 되는 접속
    $L_0 = L_1 + L_2 - 2M[\mathrm{H}]$

▌ 자기 인덕턴스에 축적되는 에너지

$$W = \frac{LI^2}{2}[\mathrm{J}]$$

▌ 반도체

- N형 반도체 : Ge, Si에 안티몬(Sb), 비소(As) 같은 5족 불순물을 섞어 과잉 전자(Excess Electron)에 의해서 전기 전도가 이루어지는 불순물 반도체
  - 도너(Donor) : N형 반도체를 만들기 위하여 첨가하는 불순물로 As(비소), Sb(안티몬), P(인), Bi(비스무트) 등
  - N형 반도체의 다수 반송자는 전자, 소수 반송자는 정공이 된다.
- P형 반도체 : Ge, Si에 갈륨(Ga), 인듐(In), 붕소(B), 알루미늄(Al)과 같은 3족의 불순물을 섞어 정공(Hole)에 의해서 전기 전도가 이루어지는 불순물 반도체
  - 억셉터(Acceptor) : P형 반도체를 만들기 위하여 첨가하는 불순물로 In(인듐), Ga(갈륨), B(붕소), Al(알루미늄) 등
  - P형 반도체의 다수 반송자는 정공, 소수 반송자는 전자이다.

▌ 반도체 바이어스

- PN 접합의 순방향 바이어스 : P형 쪽에 (+) 전압을, N형 쪽에는 (−) 전압을 연결
  - P형 반도체 내의 정공은 전원의 (+)에 의해서 반발당하고 전원의 (−)측에서는 끌어당기므로 정공은 P형에서 N형 쪽으로 이동한다.
  - 순방향 전압에 의해 내부에 형성된 전기장을 약하게 함으로써 정공이나 전자는 이동하기 쉬워져 P형에서 N형 쪽으로 전류가 흐른다.
- PN 접합의 역방향 바이어스 : P형 쪽에 (−) 전압을, N형 쪽에는 (+) 전압을 연결
  - 정공은 (+) 성질을 띠고 있으므로 전원의 (−)측에 끌려가고 전자는 (−) 성질을 띠고 있으므로 전원의 (+)측에 끌려간다.
  - 역방향 전압에 의해 형성되어 있는 전기장을 더욱 강하게 함으로써 정공이나 전자의 이동이 없으므로 전류는 거의 흐르지 않는다.

▌ 트랜지스터 회로의 h 상수

h_{oe}(출력 어드미턴스), h_{ie}(입력 임피던스), h_{fe}(전류 증폭률), h_{re}(전압 되먹임률)

▌ 접지 트랜지스터 증폭회로에서 전류증폭률(β)

$$\beta = \frac{\Delta I_C}{\Delta I_B}$$

❚ FET(Field Effect Transistor, 전계효과 트랜지스터)

게이트 전압으로 드레인 전류를 제어한다.

❚ 집적 회로의 장단점

집적 회로의 장점	집적 회로의 단점
• 기기가 소형이 된다. • 가격이 저렴하다. • 신뢰성이 좋고 수리가 간단(교환)하다. • 기능이 확대된다.	• 전압이나 전류에 약하다. • 열에 약하다(납땜할 때 주의). • 발진이나 잡음이 나기 쉽다. • 마찰에 의한 정전기의 영향을 고려해야 하는 등 취급에 주의가 필요하다.

❚ 증폭도의 데시벨[dB] 표시

• 전압 증폭도 : $G_V = 20\log_{10} \dfrac{V_o}{V_i}[\text{dB}]$

• 전류 증폭도 : $G_I = 20\log_{10} \dfrac{I_o}{I_i}[\text{dB}]$

• 전력 증폭도 : $G_P = 10\log_{10} \dfrac{P_o}{P_i}[\text{dB}]$

❚ 부궤환 증폭회로의 증폭도

$$A_f = \dfrac{A}{1 - A\beta}$$

❚ 음되먹임 증폭회로의 특징

• 주파수 특성이 개선된다.
• 트랜지스터 상수나 전원 전압 등의 변화에도 증폭도가 그다지 영향을 받지 않는다.
• 일그러짐(진폭 일그러짐과 위상 일그러짐)을 감소시킬 수 있다.
• 입·출력 임피던스(입력 임피던스는 높게, 출력 임피던스는 작게)를 변화시킬 수 있다.
• 내부 잡음(신호대 잡음비, S/N)을 감소시킬 수 있다.
• 특정한 주파수에도 증폭도가 급격히 상승하거나 때로는 발진을 일으킬 때가 있다.

▌이상적인 연산 증폭기의 특징

- 이득이 무한대(개루프)
- 입력 임피던스가 무한대(개루프)
- 대역폭이 무한대
- 출력 임피던스가 0
- 낮은 전력 소비
- 온도 및 전원, 전압 변동에 따른 무영향
- 오프셋(Offset)이 0
- CMRR(동상신호제거비)이 무한대(차동증폭회로)

$$CMRR = \frac{차동\ 이득}{동위상\ 이득} = \frac{A_d}{A_c}$$

▌연산증폭기의 증폭도

- 반전 연산증폭기의 증폭도 : $A = \dfrac{V_o}{V_i} = -\dfrac{R_2}{R_1}$

- 비반전 연산증폭기의 증폭도 : $A = \dfrac{V_o}{V_i} = 1 + \dfrac{R_2}{R_1}$

▌바크하우젠(Barkhausen)의 발진 조건(발진 안정)

$|A\beta| = 1$

▌발진회로

- 하틀리 발진회로 : B-E와 C-E가 유도성, B-C가 용량성
- 콜피츠 발진회로 : B-E 사이와 E-C 사이가 용량성, B-C 사이가 유도성

▌발진기의 주파수가 변화하는 주된 요인과 대책

- 부하의 변화 : 발진부와 부하를 격리시키는 완충 증폭 회로 사용
- 전원 전압의 변화 : 전원에는 정전압 전원 회로를 사용
- 주위 온도의 변화 : 온도 보상 회로나 항온조 등을 사용
- 능동 소자의 상수 변화 : 대개 전원, 온도에 의한 변동이므로 정전압 회로, 온도보상회로 등의 사용으로 해결

▌ 변조의 종류

- 진폭변조(AM ; Amplitude Modulation) : 반송파의 진폭을 신호파의 세기에 따라 변화시키는 조작
- 주파수변조(FM ; Frequency Modulation) : 반송파의 주파수를 신호파의 세기에 따라 변화시키는 조작
- 위상변조(PM ; Phase Modulation) : 반송파의 위상을 신호파의 세기에 따라 변화시키는 조작
- 디지털변조(DM ; Digital Modulation) : 신호를 0과 1의 2진값 정보로 교환하여 베이스 밴드 신호로 만들어 그 신호를 고주파에 싣는 조작

▌ 변조도

신호파의 진폭과 반송파의 진폭의 비
$m < 1$일 때 이상 없음, $m = 1$일 때 100[%] 변조, $m > 1$이면 과변조

▌ 진폭변조(Amplitude Modulation)

진폭 변조파의 주파수 대역폭 = 반송파의 주파수 ± 변조된 주파수

▌ 주파수 변조 시 변조지수

$$m_f = \frac{\text{최대 주파수 편이}}{\text{변조 신호 주파수}} = \frac{\Delta f}{f_s}$$

▌ 쌍안정 멀티바이브레이터

분주기, 계산기, 계수기억회로, 2진 계수회로 등에 사용

▌ 다이오드를 이용한 실험

- 클리퍼 : 입력 파형이 있는 레벨 이상의 부분을 잘라내는 회로
- 클램퍼 : 입력 파형의 기준 레벨(0[V]의 위치)을 이동시키는 회로

▌ 전자계산기의 특징

고속성, 정확성, 신뢰성

▌ 전송단위

- bit, byte : 데이터의 크기를 나타내는 단위(1[byte] = 8[bit])
- baud : 데이터 전송 속도 단위

▌ **버스(Bus)** : CPU와 기억장치, 입·출력 인터페이스 사이에 제어신호나 데이터를 주고 받는 전송로로 주소 버스(Address Bus), 제어 버스(Control Bus), 데이터 버스(Data Bus)가 있다.

▌ **중앙처리장치(CPU)**는 일반적으로 연산장치와 제어장치로 구분하나 크게는 주기억장치를 포함한다.

▌ **IC의 외형에 따른 종류**

- 스루홀(Through Hole) 패키지 : DIP(CDIP, PDIP), SIP, ZIP, SDIP
- 표면실장형(SMD ; Surface Mount Device) 패키지 : SOP(TSOP, SSOP, TSSOP), QFP, QFJ(PLCC), QFN, BGA, TQFP
- 접촉실장형(CMD ; Contact Mount Device) 패키지 : TCP, COB, COG

▌ **메모리의 종류**

- RAM(Random Access Memory) : 저장한 번지의 내용을 인출하거나 새로운 데이터를 저장할 수 있으나, 전원이 꺼지면 내용이 소멸되는 휘발성 메모리이다.
  - SRAM(Static RAM) : 플립플롭 방식의 메모리 장치를 가지고 있는 RAM, 전원이 공급되는 동안만 저장된 내용을 기억하고 있다.
  - DRAM(Dynamic RAM) : 저장된 정보가 시간에 따라 소멸되기 때문에 주기적으로 재충전을 위한 리플래시 회로가 필요하고, 구조가 간단해 집적이 용이하므로 대용량 임시기억장치(주기억장치)로 사용된다.
- ROM(Read Only Memory) : 비휘발성의 기억 소자로 이미 저장되어 있는 내용을 인출할 수는 있으나, 새로운 데이터를 저장할 수 없는 반도체 기억 소자(저장할 수 있는 것도 많이 있음)로 전원이 나가도 기록된 정보는 그대로 보존된다.
  - 마스크 ROM(Mask ROM), PROM(Programmable ROM), EPROM(Erasable PROM), EEPROM(Electrically Erasable PROM), Flash Memory

▌ **보조 기억 장치**

주기억장치의 용량 부족을 보충하기 위하여 사용되는 기억장치로 자기 드럼(Magnetic Drum), 자기 디스크(Magnetic Disk), 자기 테이프(Magnetic Tape), 플로피 디스크(Floppy Disk), 광 디스크(CD-ROM, DVD-ROM) 등이 있다.

▌ 캐시메모리

중앙처리장치의 처리 속도는 매우 빠른 데 비하여, 처리에 필요한 프로그램과 데이터를 주기억장치로부터 가져오는 속도는 느리므로, 중앙처리장치의 효율을 높이고 시스템 전체의 성능을 향상시키기 위하여 고안되었다.

▌ 수치자료의 표현 방법

- 2진 고정 소수점 표현 : 부호와 절댓값 표시(부호 : 양수 0, 음수 1), 1의 보수 형식(음수 표현), 2의 보수 형식(음수 표현)
- 10진 데이터 형식 : 팩 10진 형식(Packed Decimal), 존 10진(언팩) 형식(Zoned, Unpacked Decimal), 부동 소수점 형식

▌ 부동 소수점 데이터 형식

부호	지수부	소수부(가수부)

▌ 논리적 연산

- Move : 데이터의 이동
- Complement : 보수화
- AND : 논리곱, 문자의 삭제
- OR : 논리합, 문자의 추가
- EX-OR : 두 수의 부호 판단
- Shift : 입력 데이터의 모든 비트를 각각 서로 이웃 비트의 자리로 옮기는 것
- Rotate : Shift된 데이터 비트를 다시 반대편 끝으로 입력

▌ 오류검출코드

패리티 비트(Parity Bit)는 단지 오류 검출만 되고, 해밍코드(Hamming Code)는 오류 검출 후 오류 정정까지 가능하다.

▌ ASCII 코드(American Standard Code for Information Interchange)

미국 표준화 협회가 제정한 7[bit] 코드로 128가지의 문자를 표현할 수 있으며 주로 마이크로컴퓨터 및 데이터 통신에 많이 사용된다.

▌ 그레이 코드(Gray Code)

서로 인접하는 두 수 사이에 단 하나의 비트만 변화, A/D 변환기 등에 쓰인다.

▌ 2진수 보수

- 1의 보수 : 0은 1로, 1은 0으로 바꾼다.
- 2의 보수 : 1의 보수 +1

▌ 순서도의 표기법

표준 기호를 사용하여 논리적인 흐름의 방향을 위에서 아래로, 왼쪽에서 오른쪽으로 서로 교차되지 않도록 간단명료하게 그린다.

▌ 순서도(Flow Chart)의 장점

논리적 오차나 불합리한 점의 발견이 용이하고, 코딩이 쉬우며, 수정 및 유지보수가 용이하다.

▌ 자바(JAVA)

네트워크상에서 쓸 수 있도록 미국의 선 마이크로시스템(Sun Microsystems)사에서 개발한 객체 지향 프로그래밍 언어이다.

▌ 프로그래밍 언어

- 컴파일러 언어 : C, C++, COBOL, PASCAL, FORTRAN 등
- 인터프리터 언어 : BASIC, LISP 등

▌ C언어의 자료형

문자형(char), 정수형(int, long), 실수형(float, double)

▌ C언어의 main함수

C언어의 프로그램은 반드시 main( ) 함수가 있어야 하며 main( ) 함수 안에서 다른 함수를 호출하거나 프로그램이 수행된다.

■ **디버깅(Debugging)**

원시 프로그램을 기계어로 번역해서 문법적 오류, 논리적 오류 등을 검사하여 오류를 올바르게 수정하는 과정을 말한다.

■ **마이크로프로세서**

중앙처리장치와 메모리, 입출력 인터페이스의 기능을 집적 회로화한 것으로서 연산회로, 제어회로, 각종의 레지스터, 포트 등으로 구성된다.

■ **중앙처리장치(CPU)의 구성**

• 제어장치 : 각 장치에 제어 신호를 보내고 그 장치로부터 신호를 받아서 다음에 수행할 동작을 결정
• 연산장치 : 산술 연산, 논리 연산, 자리 이동 및 크기의 비교 등을 수행

■ **마이크로프로세서의 기계어 명령 형식**

동작부(연산 지시부 : OP Code)와 오퍼랜드(Operand)로 구성되어 있다.

■ **인터럽트(Interrupt)** : 작동 중인 컴퓨터에 예기치 않은 문제가 발생한 경우 중앙처리장치(CPU ; Central Processing Unit) 자체가 하드웨어적으로 상태를 체크하여 변화에 대응하는 것을 말한다.

■ **레지스터부** : 중앙처리장치 내의 내부 메모리라 할 수 있는 기억 기능을 가지며 스택 포인터(SP ; Stack Pointer), 프로그램 카운터(PC ; Program Counter), 범용 레지스터 군으로 구성되어 있으며, 명령의 저장, 데이터의 저장, 주소의 저장 등의 기능을 갖는다.

■ **스택(Stack)**

데이터를 순서대로 넣고(Push) 바로 그 역순서로 데이터를 꺼낼(POP) 수 있는 기억 장치로서, 그 특성대로 후입선출(LIFO ; Last-In First-Out) 기억 장치라고도 한다.

■ **누산기(Accumulator)**

연산의 결과를 저장하거나 처리하고자 하는 데이터를 일시 저장한다.

▍주소지정방식

- 즉시 방식(Immediate Mode) : 명령어 자체에 오퍼랜드(실제 데이터)를 내포
- 직접 방식(Direct Mode) : 명령의 주소부가 사용할 자료의 번지를 표현
- 간접 방식(Indirect Mode) : 명령어 내의 Operand부에 실제 데이터가 저장된 장소의 번지를 가진 기억장소의 표현
- 레지스터 방식 : 데이터가 명령어에 표시된 레지스터 속에 포함되는 방식
- 계산에 의한 방식 : Operand부와 CPU의 특정 레지스터의 값이 더해져서 유효주소를 계산하는 방식

▍각국의 산업표준 명칭 및 마크

기 호	표준 규격 명칭	영문 명칭	마 크
ISO	국제표준화기구	International Organization for Standardization	
KS	한국산업규격	Korean Industrial Standards	
BS	영국규격	British Standards	
DIN	독일규격	Deutsches Institute fur Normung	
ANSI	미국규격	American National Standards Institutes	
SNV	스위스규격	Schweitzerish Norman-Vereingung	
NF	프랑스규격	Norme Francaise	
SAC	중국규격	Standardization Administration of China	
JIS	일본공업규격	Japanese Industrial Standards	

▍KS의 부문별 기호

분류기호	부 문	분류기호	부 문	분류기호	부 문
KS A	기 본	KS H	식 품	KS Q	품질경영
KS B	기 계	KS I	환 경	KS R	수송기계
KS C	전기전자	KS J	생 물	KS S	서비스
KS D	금 속	KS K	섬 유	KS T	물 류
KS E	광 산	KS L	요 업	KS V	조 선
KS F	건 설	KS M	화 학	KS W	항공우주
KS G	일용품	KS P	의 료	KS X	정 보

▌ 전기 · 전자 · 통신에 관계되는 기호

기호명칭	KS 번호	적용범위	
전기용 기호	KS C 0102	기본 기호	일반적인 전기회로의 접속 관계를 표시하는 기호
		전력용 기호	전기 기계 · 기구의 접속 관계를 표시하는 기호
		전기 · 통신용 기호	전기 · 통신 장치, 기기의 접속 관계를 표시하는 기호
옥내 배선용 그림 기호	KS C 0301	주택, 건물의 옥내 배선도에 사용하는 기호	
2진 논리소자를 위한 그래픽 기호	KS X 0201	2진 논리 소자 기능을 그림으로 표현하는 기호	
계장용 기호	KS A 3016	공정도에 계측 제어의 기능 또는 설비를 기재하는 기호	
시퀀스 제어 기호	KS C 0103	시퀀스 제어에 사용하는 기호	
정보 처리용 기호	KS X ISO 5807	전자 계산기의 처리 내용, 순서 및 단계를 표현하는 기호	

※ KS C 0102(폐지)
  KS X 0201(폐지)
  KS A 3016(폐지)

▌ 단위의 크기와 기호

단 위	크 기	기 호
엑사(exa)	10^{18}(100경)	E
페타(peta)	10^{15}(1,000조)	P
테라(tera)	10^{12}(1조)	T
기가(giga)	10^9(10억)	G
메가(mega)	10^6(100만)	M
킬로(kilo)	10^3(1,000)	k
헥토(hecto)	10^2(100)	h
데카(deca)	10^1(10)	da
데시(deci)	10^{-1}(10분의 1)	d
센티(centi)	10^{-2}(100분의 1)	c
밀리(mili)	10^{-3}(1,000분의 1)	m
마이크로(micro)	10^{-6}(100만분의 1)	μ
나노(nano)	10^{-9}(10억분의 1)	n
피코(pico)	10^{-12}(1조분의 1)	p
펨토(femto)	10^{-15}(1,000조분의 1)	f
아토(ato)	10^{-18}(100경분의 1)	a

■ 회로 기호

트랜지스터(TR)	다이악(DIAC)	SCR
TR-PNP형 TR-NPN형		A ○ G ○ ○ K
Triac	UJT	Zener Diode
T₁ ○ ○ G ○ T₂	E B₁ B₂	

■ 디지타이저(Digitizer)

도면으로부터 위치 좌표를 읽어 들이는 데 사용하며, 선택기능, 도면 복사기능 및 태블릿에 메뉴를 확보하는 기능이 있다.

■ 색띠 저항의 저항값 읽는 요령

색	수 치	승 수	정밀도[%]
흑	0	$10^0 = 1$	−
갈	1	10^1	±1
적	2	10^2	±2
등(주황)	3	10^3	±0.05
황(노랑)	4	10^4	−
녹	5	10^5	±0.5
청	6	10^6	±0.25
자	7	10^7	±0.1
회	8	−	−
백	9	−	−
금	−	10^{-1}	±5
은	−	10^{-2}	±10
무	−	−	±20

▌ 논리 게이트 기호

OR-GATE	NOR-GATE	AND-GATE	NAND-GATE

▌ 제도의 척도

물체의 실제 길이와 도면에서 축소 또는 확대하여 그리는 길이의 비율을 척도라 한다.

• 축척 : 실물보다 작게 그리는 척도

• 배척 : 실물보다 크게 그리는 척도

• 실척(현척) : 실물의 크기와 같은 크기로 그리는 척도

• NS(Not to Scale) : 비례척이 아님을 뜻하며, 도면과 실물의 치수가 비례하지 않을 때 사용

▌ 반도체 소자의 형명 표시법

2	S	C	1815	Y
① 숫자	S	② 문자	③ 숫자	④ 문자

• ①의 숫자 : 반도체의 접합면수(0 : 광트랜지스터, 광다이오드, 1 : 각종 다이오드, 정류기, 2 : 트랜지스터, 전기장 효과 트랜지스터, 사이리스터, 단접합 트랜지스터, 3 : 전기장 효과 트랜지스터로 게이트가 2개 나온 것)

• S : 반도체(Semiconductor)의 머리 문자

• ②의 문자 : A, B, C, D 등 9개의 문자(A : pnp형의 고주파용 트랜지스터, B : pnp형의 저주파형 트랜지스터, C : npn형의 고주파형 트랜지스터, D : npn형의 저주파용 트랜지스터, F : pnpn 사이리스터, G : npnp 사이리스터, H : 단접합 트랜지스터, J : P채널 전기장 효과 트랜지스터, K : n채널 전기장 효과 트랜지스터)

• ③의 숫자 : 등록 순서에 따른 번호. 11부터 시작

• ④의 문자 : 보통은 붙지 않으나, 특히 개량품이 생길 경우에 A, B, …, J까지의 알파벳 문자를 붙여 개량 부품임을 나타냄

　예 2SC1815Y → npn형의 개량형 고주파용 트랜지스터

█ 회로도 작성 시 고려해야 할 사항

- 신호의 흐름은 도면의 왼쪽에서 오른쪽으로, 위쪽에서 아래쪽으로 그린다.
- 주 회로와 보조 회로가 있을 경우에는 주 회로를 중심에 그린다.
- 대칭으로 동작하는 회로는 접지를 기준으로 하여 대칭되게 그린다.
- 선의 교차가 적고 부품이 도면 전체에 고루 분포되게 그린다.
- 능동 소자를 중심으로 그리고, 수동 소자는 회로 외곽에 그린다.
- 대각선과 곡선은 가급적 피한다.
- 도면 기호와 접속선의 굵기는 원칙적으로 같게 한다.
- 선의 교차가 적고 부품이 도면 전체에 고루 분포되도록 그린다.
- 심벌과 접속선의 굵기는 같게 하며 0.3~0.5[mm] 정도로 한다.
- 보조 회로는 주 회로의 바깥쪽에, 전원 회로는 맨 아래에 그린다.
- 접지선 등을 굵게 표시하는 경우 0.5~0.8[mm] 정도로 한다.
- 선과 선이 전기적으로 접속되는 곳에는 "·"(Junction) 표시를 한다.
- 물리적인 관련이나 연결이 있는 부품 사이에는 파선으로 표시한다.
- 선의 교차가 적고 부품이 도면 전체에 고루 안배되도록 그린다.

█ 도 면

- 제작도(Production Drawing) : 공장이나 작업장에서 일하는 작업자를 위해 그려진 도면으로, 설계자의 뜻을 작업자에게 정확히 전달할 수 있는 충분한 내용으로 가공을 용이하게 하고, 제작비를 절감시킬 수 있다.
- 설명도(Explanatory Drawing) : 제품의 구조, 기능, 작동 원리, 취급 방법 등을 설명하기 위한 도면으로, 주로 카탈로그(Catalogue)에 사용한다.
- 계획도(Scheme Drawing) : 만들고자 하는 제품의 계획을 나타내는 도면
- 승인도(Approved Drawing) : 주문받은 사람이 주문한 제품의 대체적인 크기나 모양, 기능의 개요, 정밀도 등을 주문서에 첨부하기 위해 작성한 도면

█ 도면의 분류

- 사용 목적에 따른 분류 : 계획도, 제작도, 주문도, 승인도, 견적도, 설명도
- 내용에 따른 분류 : 스케치도, 조립도, 부분조립도, 부품도, 공정도, 상세도, 접속도, 배선도, 배관도, 계통도, 기초도, 설치도, 배치도, 장치도, 외형도, 구조선도, 곡면선도, 전기회로도, 전자회로도
- 작성 방법에 따른 분류 : 연필제도, 먹물제도, 착색도

▌ 트레이스도

연필로 그린 원도 위에 트레이싱지(Tracing Paper)를 놓고 연필 또는 먹물로 그린 도면으로, 청사진도 또는 백사진도의 원본이 된다. 그래서 트레이스도는 접어서 보관하지 않는다. 도면번호는 부여방법(회사 이니셜, 견적서 번호, 분류, 순번 등)에 따라 일련번호를 부여하도록 한다.

▌ 인쇄회로기판(PCB)의 특징

- 제품의 균일성과 신뢰성 향상
- 제품이 소형이며, 경량화 및 회로의 특성이 안정
- 안정 상태의 유지 및 생산 단가의 절감
- 공정 단계의 감소, 제조의 표준화 및 자동화
- 제작된 PCB의 설계 변경이 어려움
- 소량, 다품종 생산의 경우 제조 단가가 높아짐

▌ 컴퓨터 제도의 특징

- 직선과 곡선의 처리, 도형과 그림의 이동, 회전 등이 자유로우며, 도면의 일부분 또는 전체의 축소, 확대가 용이하다.
- 자주 쓰는 도형은 매크로를 사용하여, 여러 번 재생하여 사용할 수 있다.
- 작성된 도면의 정보를 기계에 직접 적용시킬 수 있다.
- 2차원의 표현은 자유롭지만, 3차원 도형의 표시가 곤란하다.

▌ 기판의 종류

- 페놀 기판 : 크라프트지에 페놀수지를 합성하고 이를 적층하여 만들어진 기판으로 기판에 구멍 형성은 프레스를 이용하기 때문에 저가격의 일반용으로 사용된다. 치수 변화나 흡습성이 크고, 스루홀이 형성되지 않으므로 단층 기판 밖에 구성할 수 없는 단점을 가지고 있다. 흡습성이 높기 때문에 TV, 자동차, 화장실의 세정기 등에서 문제를 일으킨다.
- 에폭시 기판 : 유리섬유에 에폭시 수지를 합성하고 적층하여 만든 기판으로 기판에 구멍 형성은 드릴을 이용하고 가격도 높은 편이다. 치수 변화나 흡수성이 적고, 다층기판을 구성할 수 있기 때문에 산업기기, PC나 그 주변기기 등에 널리 이용되고 있다.
- 콤퍼짓 기판 : 유리섬유에 셀룰로스를 합성하여 만든 기판으로 유리섬유의 사용량이 적기 때문에 구멍 형성은 프레스를 이용하고 양면기판에 적합하다.
- 플렉시블 기판 : $30[\mu m]$ 폴리에스터나 폴리아마이드 필름에 동박을 접착한 기판으로 일반적으로 절곡하여 휘어지는 부분에 사용하게 되며 카세트, 카메라, 핸드폰 등의 유동이 있는 곳에 사용된다.

▌ 패턴 설계 시 유의 사항

- 패턴의 길이 : 패턴은 가급적 굵고 짧게 하여야 한다. 패턴은 가능한 두껍게 Data의 흐름에 따라 배선하는 것이 좋다.
- 부유 용량 : 패턴 사이의 간격을 떼어놓거나 차폐를 행한다. 양 도체 사이의 상대 면적이 클수록, 또 거리가 가까울수록, 절연물의 유전율이 높을수록 부유 용량(Stray Capacity)이 커진다.
- 신호선 및 전원선은 45°로 구부려 처리한다.
- 신호 라인이 길 때는 간격을 충분히 유지시키는 것이 좋다.
- 단자와 단자의 연결에서 VIA는 최소화하는 것이 좋다.
- 공통 임피던스 : 기판에서 하나의 접지점을 정하는 1점 접지방식으로 설계하고, 각각의 회로 블록마다 디커플링 콘덴서를 배치한다.
- 회로의 분리 : 취급하는 전력 용량, 주파수 대역 및 신호 형태별로 기판을 나누거나 커넥터를 분리하여 설계한다.
- 도선의 모양 : 배선은 가급적 짧게 하는 것이 다른 배선이나 부품의 영향을 적게 받는다.

▌ 부품 배치도를 그릴 때 고려하여야 할 사항

- IC의 경우 1번 핀의 위치를 반드시 표시한다.
- 부품 상호간의 신호가 유도되지 않도록 한다.
- PCB 기판의 점퍼선은 표시한다.
- 부품의 종류, 기호, 용량, 핀의 위치, 극성 등을 표시하여야 한다.
- 부품을 균형있게 배치한다.
- 조정이 필요한 부품은 조작이 용이하도록 배치하여야 한다.
- 고압 회로는 부품 간격을 충분히 넓혀서 방전이 일어나지 않도록 배치한다.

▌ 배선 알고리즘

일반적으로 배선 알고리즘은 3가지가 있으며, 필요에 따라 선택하여 사용하거나 이것을 몇 회 조합하여 실행시킬 수도 있다.

- 스트립 접속법(Strip Connection) : 하나의 기판상의 종횡의 버스를 결선하는 방법으로, 이것은 커넥터부의 선이나 대용량 메모리 보드 등의 신호 버스 접속 또는 짧은 인라인 접속에 사용된다.
- 고속 라인법(Fast Line) : 배선 작업을 신속하게 행하기 위하여 기판 판면의 층을 세로 방향으로, 또 한 방향을 가로 방향으로 접속한다.
- 기하학적 탐사법(Geometric Investigation) : 라인법이나 스트립법에서 접속되지 않는 부분을 포괄적인 기하학적 탐사에 의해 배선한다.

■ **형상(적층형태)에 의한 PCB 분류** : 회로의 층수에 의한 분류와 유사한 것으로 단면에 따라 단면기판, 양면기판, 다층기판 등으로 분류되며 층수가 많을수록 부품의 실장력이 우수하며 고정밀제품에 이용된다.

- 단면 인쇄회로기판(Single-side PCB) : 주로 페놀 원판을 기판으로 사용하며 라디오, 전화기, 간단한 계측기 등 회로구성이 비교적 복잡하지 않은 제품에 이용된다.
- 양면 인쇄회로기판(Double-side PCB) : 에폭시 수지로 만든 원판을 사용하며 컬러 TV, VTR, 팩시밀리 등 비교적 회로가 복잡한 제품에 사용된다.
- 다층 인쇄회로기판(Multi-layer PCB) : 32[bit] 이상의 컴퓨터, 전자교환기, 고성능 통신기기 등 고정밀기기에 채용된다.
- 유연성 인쇄회로기판(Flexible PCB) : 자동화기기, 캠코더 등 회로판이 움직여야 하는 경우와 부품의 삽입, 구성 시 회로기판의 굴곡을 요하는 경우에 유연성 있게 대응할 수 있도록 만든 회로기판이다.

■ **제조방법에 의한 PCB 분류**

- 스루홀 인쇄회로기판(PCB with Plated Through Holes) : 부품면과 동박면(다층기판에서는 내층)을 전기적으로 연결시키기 위한 구멍인 스루홀을 사용한 제조방법이다. 이 스루홀은 안쪽이 도금되어 있고, 부품을 장착하는 데 이용된다.
- 비 스루홀 인쇄회로기판(PCB with Plain Holes) : 스루홀을 사용하지 않는 제조방법이다.
- 다층 인쇄회로기판
- 유연성 인쇄회로기판

■ **인쇄회로기판(PCB)의 제조 공정**

- 사진 부식법 : 사진의 밀착 인화 원리를 이용한 것으로, 정밀도는 가장 우수하나 양산에는 적합하지 않다. 포토 레지스트(Photo Resist)를 직접 기판에 도포하고, 필름을 기판 위에 얹어 감광시킨 다음 현상하면 기판에는 배선에 해당하는 부분만 남고 나머지 부분에 구리면이 나타난다.
- 실크 스크린법 : 등사 원리를 이용하여 내산성 레지스터를 기판에 직접 인쇄하는 방법으로, 사진 부식법에 비해 양산성은 높으나 정밀도가 다소 떨어진다. 실크로 만든 스크린에 감광성 유제를 도포하고 포지티브 필름으로 인화, 현상하면 패턴 부분만 스크린되고, 다른 부분이 막히게 된다. 이 실크 스크린에 내산성 잉크를 칠해 기판에 인쇄한다.
- 오프셋 인쇄법 : 일반적인 오프셋 인쇄 방법을 이용한 것으로 실크 스크린법보다 대량 생산에 적합하고 정밀도가 높다. 내산성 잉크와 물이 잘 혼합되지 않는 점을 이용하여 아연판 등의 오프셋판을 부식시켜 배선 부분에만 잉크를 묻게 한 후 기판에 인쇄한다.

PCB에서 노이즈(잡음) 방지 대책

- 회로별 Ground 처리 : 주파수가 높아지면(1[MHz] 이상) 병렬, 또는 다중 접지를 사용
- 필터 추가 : 디커플링 캐패시터를 전압강하가 일어나는 소자 옆에 달아주어 순간적인 충방전으로 전원을 보충, 바이패스 캐패시터(0.01, 0.1[μF](103, 104), 세라믹 또는 적층 세라믹 콘덴서)를 많이 사용한다(고주파 RF 제거 효과). TTL의 경우 가장 큰 용량이 필요한 경우는 0.047[μF] 정도이므로 흔히 0.1[μF]을 사용한다. 캐패시터를 배치할 때에도 소자와 너무 붙여놓으면 전파 방해가 생긴다.
- 내부배선의 정리 : 일반적으로 1[A]가 흐르는 선의 두께는 0.25[mm](허용온도상승 10[℃]일 때), 0.38[mm](허용온도 5[℃]일 때), 배선을 알맞게 하고 배선 사이를 배선의 두께만큼 띄운다. 배선 사이의 간격이 배선의 두께보다 작아지면 노이즈 발생(Crosstalk 현상), 직각으로 배선하기보다 45°, 135°로 배선한다. 되도록이면 짧게 배선을 한다. 배선이 길어지거나 버스패턴을 여러 개 배선해야 할 경우 중간에 Ground 배선을 삽입한다. 배선의 길이가 길어질 경우 Delay 발생 → 동작이상, 같은 신호선이라도 되도록이면 묶어서 배선하지 않는다.
- 동판처리 : 동판의 모서리 부분이 안테나 역할 → 노이즈 발생, 동판의 모서리 부분을 보호 가공한다. 상하 전위차가 생길만한 곳에 같은 극성의 비아를 설치한다.
- Power Plane : 안정적인 전원 공급 → 노이즈 성분을 제거하는 데 도움이 됨, Power Plane을 넣어서 다층기판을 설계할 때 Power Plane 부분을 Ground Plane보다 20[H](= 120[mil] = 약 3[mm]) 정도 작게 설계한다.
- EMC(전자파 적합성) 대책 부품 사용

비아홀(Via Hole)

서로 다른 층을 연결하기 위한 것으로, 회로를 설계하고 아트워크를 하다 보면 서로 다른 종류의 패턴이 겹칠 경우가 있다. 일반적인 전선은 피복이 있기 때문에 겹치게 해도 되지만 PCB의 패턴은 금속이 그대로 드러나 있기 때문에 서로 겹치게 되면 쇼트가 발생한다. 그래서 PCB에 홀을 뚫어서 겹치는 패턴을 피하고, 서로 다른 층의 패턴을 연결하는 용도로 사용한다.

출력 데이터 파일의 내용

- Component Side Pattern : 부품을 삽입하는 면에 대한 데이터 표시
- Top Silk Screen : 조립 시 참조할 부품의 번호와 종류, 방향에 대한 데이터 표시
- Solder Side Pattern : 납땜 면에 대한 데이터 표시
- Solder Mask Top/Bottom : Solder Side면에 Solder Resistor의 도포를 위하여 납땜이 가능한 부위만을 나타내기 위한 부분에 대한 데이터 표시
- Bottom Silk Screen : Bottom면에 부품을 실장 시에 필요하며, 부품의 번호와 종류, 방향에 대한 데이터를 표시하는 것으로 역으로 인쇄
- Component Side Solder Mask : 표면실장부품(SMD)을 부품 면과 납땜 면의 Solder Mask가 상이할 경우에만 필요
- Drill Data : 인쇄회로기판의 천공할 홀의 크기 및 좌표와 수량 데이터를 표시

■ 설계도면 데이터 파일

- .dsn(Schematic Design File) : 실제적인 회로도의 내용을 담고 있는 디자인 파일
- .olb(OrCAD Library File) : Capture에서 사용되는 부품과 심벌 정보를 담고 있는 파일
- .upd(Property Update File) : PCB용 Library인 Footprint명을 회로도의 Library에 포괄적으로 입력시킬 때 사용하는 파일
- .swp(Back Annotation File) : 회로도에서 부품의 Gate와 Pin 등을 바꿀 때 그 정보를 갱신시키는 Swap 파일
- .drc(Design Rules Check Report File) : 회로도의 전기적인 규칙검사인 DRC 실행 시 저장되는 Report 파일
- .bom(Bill of Materials Report File) : 부품 목록 보기 실행 시 저장되는 Report 파일
- .xrf(Cross Reference Part Report File) : 부품 교차 참조 목록 보기 실행 시 저장되는 Report 파일
- .mnl(Netlist File) : 회로도 작업에서 최종적으로 실행하는 부품간의 선 연결정보를 담고 있는 Netlist 파일

■ CAD 시스템의 특징

- 지금까지의 자와 연필을 대신하여 컴퓨터와 프로그램을 이용하여 설계하는 것을 말한다.
- 수작업에 의존하던 디자인의 자동화가 이루어진다.
- 건축, 전자, 기계, 인테리어, 토목 등 다양한 분야에서 광범위하게 활용된다.
- 다품종 소량생산에도 유연하게 대처할 수 있고, 공장 자동화에도 중요성이 커지고 있다.
- 작성된 도면의 정보를 기계에 직접 적용 가능하다.
- 정확하고 효율적인 작업으로 개발 기간이 단축된다.
- 신제품 개발에 적극 대처할 수 있다.
- 설계제도의 표준화와 규격화로 경쟁력이 향상된다.
- 설계과정에서 능률이 높아져 품질이 향상된다.
- 컴퓨터를 통해 계산함으로써 수치결과에 대한 정확성이 높아진다.
- 도면의 편집과 수정이 쉬워지고 출력이 용이하다.

PART

01

PART

핵심이론

#출제 포인트 분석   #자주 출제된 문제   #합격 보장 필수이론

01 전기전자공학

제1절 직류회로

핵심이론 01 | 전압, 전류, 저항

(1) 전 압

전류가 흐르기 위해 필요한 전기적인 압력으로 기호는 V, 단위는 볼트(Volt, [V])이다.

① 전위 : 전기회로의 임의의 점에서 전압의 값을 말한다.

② 전위차 : 전기통로에서 임의의 두 점 간의 전위의 차를 말한다.

$$V = \frac{W}{Q}[\text{V}]$$

여기서, Q : 전기량[C]

W : 전기가 한 일[J]

(2) 전 류

전하의 이동으로 기호는 I, 단위는 암페어(Ampere, [A])이다.

$$I = \frac{Q}{t}[\text{A}]$$

(3) 저 항

전기회로에 전류가 흐를 때 전류의 흐름을 방해하는 성질로 기호는 R, 단위는 옴(Ohm, [Ω])이다.

(4) 옴의 법칙

전기회로에 흐르는 전류는 전압에 비례하고, 저항에 반비례한다.

$$I = \frac{V}{R}[\text{A}]$$

(5) 컨덕턴스

저항의 역수로 전류의 흐르기 쉬운 정도를 말하며 기호는 G, 단위는 지멘스(Siemens, [S]) 또는 모(mho, [℧]·[Ω^{-1}])이다.

$$G = \frac{1}{R}[\text{℧}], \ G = \frac{I}{V}[\text{℧}]$$

1-1. 전류의 흐름을 방해하는 소자를 무엇이라 하는가?

① 전 압   ② 전 류
③ 저 항   ④ 콘덴서

1-2. 20[Ω]의 저항에 5[V]의 전압을 가하면 몇 [mA]의 전류가 흐르는가?

① 0.25[mA]   ② 2.5[mA]
③ 25[mA]   ④ 250[mA]

1-3. 전류와 전압이 비례 관계를 갖는 법칙은?

① 키르히호프의 법칙   ② 줄의 법칙
③ 렌츠의 법칙   ④ 옴의 법칙

1-4. 저항을 R이라고 하면 컨덕턴스 $G[℧]$는 어떻게 표현되는가?

① R^2 ② R
③ $\dfrac{1}{R^2}$ ④ $\dfrac{1}{R}$

|해설|

1-2

$$I = \frac{V}{R} = \frac{5}{20} = 0.25[\mathrm{A}] = 250[\mathrm{mA}]$$

1-3

옴의 법칙 : $I = \dfrac{V}{R}$

회로에 흐르는 전류는 전압에 비례하고 저항의 크기에 반비례한다.

1-4

컨덕턴스(Conductance)
전기가 얼마나 잘 통하느냐 하는 정도를 나타내는 계수가 컨덕턴스이다. 따라서 저항은 컨덕턴스와 반대로 전기를 얼마나 흐르지 못하게 하느냐 하는 계수이므로 컨덕턴스는 저항의 역수가 된다.

정답 1-1 ③   1-2 ④   1-3 ④   1-4 ④

핵심이론 02 | 저항의 접속

(1) 직렬접속

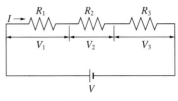

[직렬접속]

① 합성저항 $R_s = R_1 + R_2 + R_3 + \cdots\cdots + R_n$

② 각 저항에 걸리는 전압의 합은 전체 전압과 같다.

$$V_1 = IR_1, \quad V_2 = IR_2, \quad V_3 = IR_3$$
$$V = V_1 + V_2 + V_3$$

(2) 병렬접속

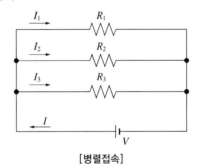

[병렬접속]

① 합성저항 $R_p = \dfrac{1}{\dfrac{1}{R_1} + \dfrac{1}{R_2} + \cdots\cdots + \dfrac{1}{R_n}}$

② 저항이 2개인 경우의 합성저항 $R_p = \dfrac{R_1 R_2}{R_1 + R_2}$

③ $R_1 = R_2 = \cdots\cdots = R_n$일 때, $R_p = \dfrac{R}{n}$

④ 각각의 저항에 흐르는 전류의 합은 전체 전류와 같다.

$$I_1 = \frac{V}{R_1}, \quad I_2 = \frac{V}{R_2}, \quad I_3 = \frac{V}{R_3}$$
$$I = I_1 + I_2 + I_3$$

(3) 직 · 병렬접속

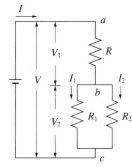

[직 · 병렬접속]

① 합성저항 $R_t = R + \dfrac{R_1 \cdot R_2}{R_1 + R_2} [\Omega]$

② $I_1 = \dfrac{\dfrac{R_1 \cdot R_2}{R_1 + R_2}}{R_1} \cdot I = \dfrac{R_2}{R_1 + R_2} \cdot I \,[\mathrm{A}]$

③ $I_2 = \dfrac{R_1}{R_1 + R_2} \cdot I \,[\mathrm{A}]$

2-1. 그림과 같은 회로에서 전류 I는 몇 [A]인가?

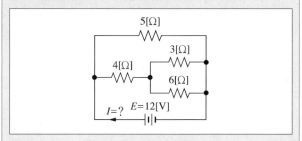

① 1.4
② 2.4
③ 4.4
④ 8.4

2-2. 5[Ω]의 저항 10개를 직렬로 접속했을 때의 저항값은 병렬로 접속했을 때의 저항값의 몇 배인가?

① 10배
② 50배
③ 100배
④ 150배

2-3. 120[Ω] 저항 3개의 조합으로 얻어지는 가장 작은 합성저항은?

① 10[Ω]
② 20[Ω]
③ 30[Ω]
④ 40[Ω]

2-4. 그림의 회로망에서 $R_1 = R_2 = R_L$의 경우 입력과 출력의 전류비는($I_1 : I_2$)는 얼마인가?

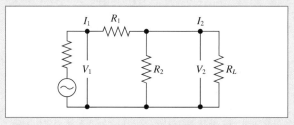

① 2 : 1
② 3 : 1
③ 4 : 1
④ 6 : 1

2-5. 그림과 같은 회로에서 전류 $I = 3[A]$가 되기 위한 인가전압(E)은?(단, 저항의 단위는 $[\Omega]$이다)

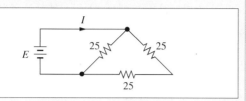

① 50[V]

② 100[V]

③ 150[V]

④ 200[V]

|해설|

2-1

$$R_{436} = R_4 + \frac{R_3 R_6}{R_3 + R_6} = 4 + \frac{18}{9} = 6[\Omega]$$

$$R_t = \frac{R_5 R_{436}}{R_5 + R_{436}} = \frac{30}{11} = 2.7[\Omega]$$

$$I = \frac{E}{R_t} = \frac{12}{2.7} = 4.4[A] \quad 또는$$

$5[\Omega]$에 흐르는 전류 $I_1 = \frac{12}{5} = 2.4[A]$

$4[\Omega]$에 흐르는 전류 $I_2 = \frac{12}{6} = 2[A]$

$$I = I_1 + I_2 = 2.4 + 2 = 4.4[A]$$

2-2

• 직렬연결 : $R_s = 5 \times 10 = 50[\Omega]$

• 병렬연결 : $R_p = \frac{R}{n} = \frac{5}{10} = 0.5[\Omega]$

$$\frac{R_s}{R_p} = \frac{50}{0.5} = 100배$$

2-3

저항을 병렬로 연결했을 때 합성저항이 가장 작게 된다.

$$R_p = \frac{R}{n} = \frac{120}{3} = 40[\Omega]$$

2-4

$R_2 = R_L$ 이므로 R_1에 흐르는 전류 I_1이 똑같은 크기로 나누어져서 R_2와 R_L에 흐른다.

따라서, $I_2 = \frac{1}{2} I_1$ 이므로 $I_1 : I_2 = 2 : 1$이 된다.

2-5

전체저항 $R_t = \frac{25 \times 50}{25 + 50} = \frac{1,250}{75} \fallingdotseq 16.7[\Omega]$

$$E = IR_t = 3 \times 16.7 = 50[V]$$

정답 2-1 ③ 2-2 ③ 2-3 ④ 2-4 ① 2-5 ①

핵심이론 03 ┃ 키르히호프의 법칙

(1) 제1법칙(전류에 관한 법칙)

임의의 회로가 있을 때 회로상의 어느 접속점에 흘러들어오는 전류의 합은 나가는 전류의 합과 같다.

$\sum$ 유입전류 = $\sum$ 유출전류

(2) 제2법칙(전압에 관한 법칙)

임의의 폐회로가 있을 때 회로의 기전력의 합은 그 폐회로의 저항에 의한 전압강하의 합과 같다.

$\sum$ 기전력 = $\sum$ 전압강하

3-1. 회로의 접속점에 흘러들어오는 전류의 합은 흘러나가는 전류의 합과 같음을 나타내는 법칙은?

① 키르히호프의 법칙
② 쿨롱의 법칙
③ 패러데이의 법칙
④ 비오-사바르의 법칙

3-2. 다음과 같은 회로에서 $V_1 = 10[V]$, $V_2 = 5[V]$, $V_3 = 3[V]$, $V_4 = 6[V]$, $V_5 = 4[V]$이고, $R_1 = 2[\Omega]$, $R_2 = 3[\Omega]$, $R_3 = 4[\Omega]$, $R_4 = 5[\Omega]$, $R_5 = 6[\Omega]$일 때, 이 회로에 흐르는 전류(I)는 얼마인가?

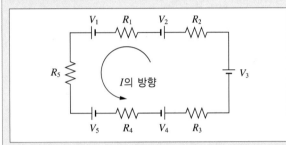

① 2.8[A]
② 1[A]
③ 0.5[A]
④ 0.1[A]

|해설|

3-1

키르히호프의 제1법칙(전류에 관한 법칙)

$\sum$유입전류 = $\sum$유출전류

3-2

$\sum E = \sum IR$

$(-V_5 + V_4 + V_3 - V_2 + V_1) = I(R_1 + R_2 + R_3 + R_4 + R_5)$

• 폐회로의 기전력 : $V = -4 + 6 + 3 - 5 + 10 = 10[V]$
• 폐회로의 전체저항 : $R = 2 + 3 + 4 + 5 + 6 = 20[\Omega]$

$I = \dfrac{V}{R} = \dfrac{10}{20} = 0.5[A]$

정답 3-1 ① **3-2** ③

핵심이론 04 | 전력과 열작용

(1) 전기저항

도체의 전기저항은 도체를 이루는 물질의 종류와 온도, 도체의 길이 및 단면적 등에 의해 결정된다.

$$R = \rho \frac{l}{A}[\Omega]$$

여기서, ρ : 고유저항(비저항, 저항률)
　　　　l : 도체의 길이
　　　　A : 도체의 단면적

(2) 전 력

단위 시간 동안 전기장치에 공급되는 전기에너지를 말한다.

$$P = \frac{V \cdot Q}{t} = V \cdot I = I^2 R = \frac{V^2}{R}[W]$$

(3) 전력량

일정 시간 동안 전기가 하는 일의 양을 말한다.

$$W = H = Pt = VIt = I^2 Rt = \frac{V^2}{R}t[J]$$

(4) 줄의 법칙

어떤 도체에 일정 시간 동안 전류를 흘리면 도체에는 열이 발생된다.

$$H = I^2 Rt[J] = 0.24 I^2 Rt[cal]$$

(5) 열전 효과

① 제베크 효과 : 서로 다른 두 종류의 금속을 접합하여 접합점을 다른 온도로 유지하면 열기전력이 발생하는 현상이다. 주로 온도 센서 분야에 사용된다.
② 펠티에 효과 : 제베크 효과의 역현상으로 서로 다른 두 종류의 금속을 접속하여 전류를 흘리면 접합부에서 열의 발생 또는 흡수가 일어나는 현상을 말한다. 주로 전자 냉동 분야에 사용된다.

4-1. 100[V]용 500[W] 전열기의 저항값은?

① 20[Ω] ② 24[Ω]
③ 28[Ω] ④ 32[Ω]

4-2. 전기저항에서 어떤 도체의 길이를 4배로 하고 단면적을 1/4로 했을 때의 저항은 원래 저항의 몇 배가 되는가?

① 1 ② 4
③ 8 ④ 16

4-3. 가정용 백열전등에 220[V]의 전압을 가하였더니 50[W]의 전력을 소비했다. 이 전등의 저항[Ω]은?

① 100[Ω] ② 200[Ω]
③ 970[Ω] ④ 1,250[Ω]

4-4. 어떤 저항에 10[A]의 전류를 흘리면 20[W]의 전력이 소비되었다. 이 저항에 20[A]의 전류를 흘리면 소비전력은 몇 [W]인가?

① 10[W] ② 20[W]
③ 40[W] ④ 80[W]

4-5. 100[Ω]의 저항에 10[A]의 전류를 1분간 흐르게 하였을 때의 발열량은?

① 36[kcal] ② 72[kcal]
③ 144[kcal] ④ 288[kcal]

4-6. 정격전압에서 100[W]의 전력을 소비하는 전열기에 정격전압의 60[%] 전압을 가할 때의 소비전력은 몇 [W]인가?

① 36 ② 40
③ 50 ④ 60

|해설|

4-1

전열기의 저항 $R=\dfrac{V^2}{P}=\dfrac{100^2}{500}=\dfrac{10,000}{500}=20[\Omega]$

4-2

$R=\rho\dfrac{l}{A}=\rho\dfrac{4l}{\frac{1}{4}A}=16\times\rho\dfrac{l}{A}$

4-3

$P=\dfrac{V^2}{R}$

$R=\dfrac{V^2}{P}=\dfrac{220^2}{50}=968\fallingdotseq970[\Omega]$

4-4

$P=I^2R$에서 $R=\dfrac{P}{I^2}=\dfrac{20}{10^2}=0.2[\Omega]$

20[A]를 흘렸을 때의 전력 $P=I^2R=20^2\times0.2=80[W]$

4-5

$H=0.24I^2Rt[cal]$
$=0.24\times10^2\times100\times60$
$=144[kcal]$

4-6

$\dfrac{V^2}{R}=100,\ R=\dfrac{V^2}{100}$

$P=\dfrac{(0.6V)^2}{\frac{V^2}{100}}=\dfrac{100\times0.36\times V^2}{V^2}=36[W]$

정답 4-1 ① 4-2 ④ 4-3 ③ 4-4 ④ 4-5 ③ 4-6 ①

(1) 전지의 직렬접속

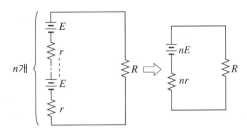

$$I(R+nr) = nE$$

$$I = \frac{nE}{R+nr}$$

(2) 전지의 병렬접속

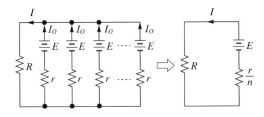

① 합성기전력 $E = E$

② 합성내부저항 $r_o = \dfrac{r}{n}[\Omega]$

③ $E = \dfrac{r}{n}I + RI$

$$I = \frac{E}{\dfrac{r}{n} + R}[A]$$

10년간 자주 출제된 문제

5-1. 기전력 E[V] 내부저항 $r[\Omega]$이 되는 같은 전지 n개를 직렬로 접속하고 외부저항 $R[\Omega]$을 직렬로 접속하였을 때 흐르는 전류 I는 몇 [A]인가?

① $I = \dfrac{nE}{R+nr}$

② $I = \dfrac{nE}{nR+r}$

③ $I = \dfrac{nE}{\dfrac{n}{R}+r}$

④ $I = \dfrac{nE}{R+\dfrac{n}{r}}$

5-2. 기전력 1.5[V], 내부저항 0.1[Ω]인 전지 10개를 병렬로 접속한 전원에 저항 1.99[Ω]의 전구를 접속하면 전구에 흐르는 전류는 몇 [A]인가?

① 0.5[A]

② 0.75[A]

③ 2.25[A]

④ 5[A]

5-3. 어떤 전지에 15[Ω]의 저항을 연결하면 0.2[A]의 전류가 흐르고, 6[Ω] 저항을 연결하면 0.4[A]의 전류가 흐를 때 이 전지의 내부저항은?

① 2[Ω]

② 3[Ω]

③ 3.5[Ω]

④ 5[Ω]

| 해설 |

5-1

회로의 전체저항은 외부저항(R)과 전지의 내부저항을 모두 더한 값($R+nr$)이 되고, 회로의 전체전압은 전지가 직렬로 연결되었으므로 nE가 된다.

5-2

전체저항 $R_t = \dfrac{r_v}{n} + R_L = \dfrac{0.1}{10} + 1.99 = 2[\Omega]$

$I = \dfrac{V}{R_t} = \dfrac{1.5}{2} = 0.75[A]$

※ 전지를 병렬로 접속하면 전압의 크기는 변함이 없다.

5-3

$E = I(r+R)$

• 15[Ω] 저항을 연결했을 때
　$E = 0.2(r+15) = 0.2r+3$ ······ ㉠

• 6[Ω] 저항을 연결했을 때
　$E = 0.4(r+6) = 0.4r+2.4$ ······ ㉡

㉠ = ㉡이어야 하므로
$0.2r+3 = 0.4r+2.4$
$0.2r = 0.6$
$r = 3[\Omega]$

정답 5-1 ① 5-2 ② 5-3 ②

핵심이론 01 | 교류회로 해석

(1) 사인파 교류의 표시

① 각도의 표시

$$1[\text{rad}] = \frac{180°}{\pi}, \quad 180° = \pi[\text{rad}], \quad 360° = 2\pi[\text{rad}]$$

② 주기와 주파수

$$T = \frac{1}{f}[\text{sec}], \quad f = \frac{1}{T}[\text{Hz}]$$

③ 각속도 : $f[\text{Hz}]$인 교류파형이 1초 동안 진행한 각도를 말한다.

$$\omega = 2\pi f[\text{rad/s}]$$

(2) 사인파 교류의 크기

① 순시값 : 순간순간 변하는 교류의 임의의 시간에 있어서의 값을 말한다.

$$v = V_m \sin\omega t[\text{V}] = V_m \sin 2\pi f t[\text{V}]$$

② 최댓값 : 순시값 중에서 가장 큰 값을 말한다.

$$V_m = \sqrt{2}\, V = 1.414\, V$$

③ 실횻값 : 교류의 크기를 교류와 동일한 일을 하는 직류의 크기로 바꿔 나타낸 값을 말한다.

$$V = \frac{V_m}{\sqrt{2}} = 0.707\, V_m$$

④ 평균값 : 교류 순시값의 1주기 동안의 평균을 취하여 교류의 크기를 나타낸 값을 말한다.

$$V_a = \frac{2}{\pi} V_m = 0.636\, V_m$$

⑤ 파형률 $= \dfrac{\text{실횻값}}{\text{평균값}} = \dfrac{0.707\, V_m}{0.637\, V_m} ≒ 1.11$

⑥ 파고율 $= \dfrac{\text{최댓값}}{\text{실횻값}} = \dfrac{V_m}{0.707\, V_m} ≒ 1.414$

1-1. 정현파 교류전압의 최대치와 실효치와의 관계는?

① 최대치 $= \dfrac{1}{\sqrt{2}} \times$ 실효치

② 최대치 $= \sqrt{2} \times$ 실효치

③ 최대치 $= 2 \times$ 실효치

④ 최대치 $= \dfrac{\pi}{\sqrt{2}} \times$ 실효치

1-2. 가정용 전원으로 교류 220[V]를 사용할 때, 이 220[V]가 의미하는 것은?

① 순시값　　　　　　　② 실횻값
③ 최댓값　　　　　　　④ 평균값

1-3. 사인파 교류전류의 최댓값이 10[A]이면 반주기 평균값은?

① $\dfrac{10}{\sqrt{2}}[\text{A}]$ 　　　　② $\dfrac{10}{\pi}[\text{A}]$

③ $10\sqrt{2}[\text{A}]$ 　　　　④ $\dfrac{20}{\pi}[\text{A}]$

|해설|

1-1
$$V_m = \sqrt{2}\, V$$

1-2
실횻값
교류의 크기를 교류와 동일한 일을 하는 직류의 크기로 바꿔 나타낸 값을 말한다.

1-3
$$I_a = \frac{2}{\pi} I_m = \frac{2}{\pi} \times 10 = \frac{20}{\pi}[\text{A}]$$

정답 1-1 ② 1-2 ② 1-3 ④

(1) R만의 회로

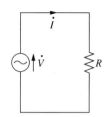

① 저항 또는 리액턴스[Ω] : R

② 전류[A]

　　㉠ 실횻값 : $I = \dfrac{V}{R}$

　　㉡ 순시값 : $i = \sqrt{2}\,\dfrac{V}{R}\sin\omega t$

③ 전압과 전류의 벡터(전압기준) : 전류와 전압은 동상이다.

(2) L만의 회로

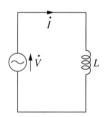

① 저항 또는 리액턴스[Ω] : $X_L = \omega L$

② 전류[A]

　　㉠ 실횻값 : $I = \dfrac{V}{\omega L}$

　　㉡ 순시값 : $i = \sqrt{2}\,\dfrac{V}{\omega L}\sin\left(\omega t - \dfrac{\pi}{2}\right)$

③ 전압과 전류의 벡터(전압기준) : 전류가 $\dfrac{\pi}{2}$[rad]만큼 늦다.

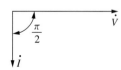

(3) C만의 회로

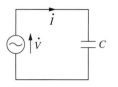

① 저항 또는 리액턴스[Ω] : $X_L = \dfrac{1}{\omega C}$

② 전류[A]

　　㉠ 실횻값 : $I = \dfrac{V}{\dfrac{1}{\omega C}}$

　　㉡ 순시값 : $i = \sqrt{2}\,\dfrac{V}{\dfrac{1}{\omega C}}\sin\left(\omega t + \dfrac{\pi}{2}\right)$

③ 전압과 전류의 벡터(전압기준) : 전류가 $\dfrac{\pi}{2}$[rad]만큼 빠르다.

2-1. 코일에 교류전압 100[V]를 가했을 때 10[A]의 전류가 흘렀다면 코일의 리액턴스(X_L)는?

① 6[Ω] ② 8[Ω]
③ 10[Ω] ④ 12[Ω]

2-2. 저항이 무시된 코일에 흐르는 교류전류의 위상은 공급전압의 위상보다 어떠한가?

① 90° 빠르다.
② 90° 늦다.
③ 시간에 따라 다르다.
④ 같다.

|해설|

2-1

$$X_L = \frac{V}{I} = \frac{100}{10} = 10[\Omega]$$

2-2

인덕턴스(코일)만을 갖는 회로에 $i = I_m \sin \omega t \,[\mathrm{A}]$의 교류전류가 흐를 때 인덕턴스 양단의 전압은 $v = V_m \sin(\omega t + \frac{\pi}{2})[\mathrm{V}]$로서, 전압은 전류보다 $\frac{\pi}{2}[\mathrm{rad}](= 90°)$만큼 위상이 앞선다. 그러므로 전류의 위상은 전압의 위상보다 90° 뒤진다(늦다).

정답 2-1 ③ 2-2 ②

핵심이론 03 | RLC 직렬회로와 병렬회로

(1) RLC 직렬회로

① RL 직렬회로

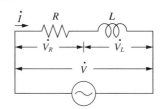

　㉠ 임피던스[Ω] : $Z = \sqrt{R^2 + X_L{}^2}$

　㉡ 위상 : 전압이 $\theta[\mathrm{rad}]$만큼 앞선다.

$$\theta = \tan^{-1}\frac{X_L}{R}[\mathrm{rad}]$$

② RC 직렬회로

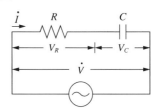

　㉠ 임피던스[Ω] : $Z = \sqrt{R^2 + X_C{}^2}$

　㉡ 위상 : 전압이 $\theta[\mathrm{rad}]$만큼 뒤진다.

$$\theta = \tan^{-1}\frac{X_C}{R}[\mathrm{rad}]$$

③ RLC 직렬회로

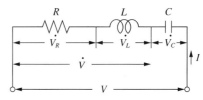

　㉠ 임피던스[Ω] : $Z = \sqrt{R^2 + (X_L - X_C)^2}$

　　※ 직렬공진 조건 : $X_L = X_C$

　㉡ 위 상

　　• $X_L > X_C$: 유도성(전압이 앞섬)

　　• $X_L < X_C$: 용량성(전압이 뒤짐)

$$\theta = \tan^{-1}\frac{X}{R}[\mathrm{rad}] = \tan^{-1}\frac{X_L - X_C}{R}[\mathrm{rad}]$$

(2) RLC 병렬회로

① RL 병렬회로

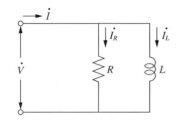

ㄱ 임피던스[Ω]

$$Z = \frac{1}{\sqrt{\left(\dfrac{1}{R}\right)^2 + \left(\dfrac{1}{X_L}\right)^2}} = \frac{R \cdot X_L}{\sqrt{R^2 + X_L^2}}[\Omega]$$

ㄴ 위상 : 전압이 θ[rad]만큼 앞선다.

$$\theta = \tan^{-1}\frac{\dfrac{1}{X_L}}{\dfrac{1}{R}} = \tan^{-1}\frac{R}{\omega L}[\text{rad}]$$

② RC 병렬회로

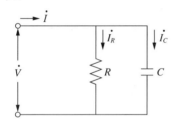

ㄱ 임피던스[Ω]

$$Z = \frac{1}{\sqrt{\left(\dfrac{1}{R}\right)^2 + \left(\dfrac{1}{X_C}\right)^2}} = \frac{R \cdot X_C}{\sqrt{R^2 + X_C^2}}[\Omega]$$

ㄴ 위상 : 전압이 θ[rad]만큼 뒤진다.

$$\theta = \tan^{-1}\frac{\dfrac{1}{X_C}}{\dfrac{1}{R}} = \tan^{-1}\omega CR[\text{rad}]$$

③ RLC 병렬회로

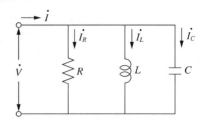

ㄱ 임피던스[Ω]

$$Z = \frac{1}{\sqrt{\left(\dfrac{1}{R}\right)^2 + \left(\dfrac{1}{X_L} - \dfrac{1}{X_C}\right)^2}}$$

$$= \frac{1}{\sqrt{\left(\dfrac{1}{R}\right)^2 + \left(\dfrac{1}{\omega L} - \omega C\right)^2}}[\Omega]$$

※ 병렬공진 조건 : $X_L = X_C$

ㄴ 위상

- $X_L > X_C$: 유도성(전압이 앞섬)
- $X_L < X_C$: 용량성(전압이 뒤짐)

$$\theta = \tan^{-1}\frac{\dfrac{1}{X_L} - \dfrac{1}{X_C}}{\dfrac{1}{R}}[\text{rad}]$$

3-1. 저항 $R = 5[\Omega]$, 인덕턴스 $L = 100[\text{mH}]$, 정전용량 $C = 100[\mu\text{F}]$의 직렬회로에 60[Hz]의 교류전압을 가할 때 회로의 리액턴스 성분은?

① 저 항
② 유도성
③ 용량성
④ 임피던스

3-2. RL 직렬회로의 시정수에 해당되는 것은?

① $\dfrac{1}{2R}$
② $2R$
③ $\dfrac{R}{L}$
④ $\dfrac{L}{R}$

3-3. 저항 $R = 3[\Omega]$과 유도리액턴스 $X_L = 4[\Omega]$이 직렬로 연결된 회로에 $e = 100\sqrt{2}\sin\omega t[\text{V}]$인 전압을 가하였다. 이 회로에서 소비되는 전력은 얼마인가?

① 1.2[kW]
② 2.2[kW]
③ 3.5[kW]
④ 4.2[kW]

3-4. 공진하고 있는 RLC 직렬회로에 있어서 저항 R 양단의 전압은 인가전압의 몇 배인가?

① 인가전압의 1/2이다.
② 인가전압과 같다.
③ 인가전압의 2배이다.
④ 인가전압의 4배이다.

3-5. 다음 회로에서 공진을 하기 위해 필요한 조건은?

① $\omega L = \dfrac{1}{\omega C^3}$
② $\omega L = \dfrac{1}{\omega C}$
③ $\omega L = \omega C$
④ $\dfrac{1}{\omega L} = \omega C^2$

|해설|

3-1

RLC 직렬회로에서 $Z = R + j\left(\omega L - \dfrac{1}{\omega C}\right)$에서 $\omega L > \dfrac{1}{\omega C}$일 때 (즉, $X_L > X_C$) 전압의 위상이 전류보다 앞서므로 이 회로를 유도성 회로라 하며, 이때 임피던스의 허수부인 리액턴스가 $\omega L - \dfrac{1}{\omega C} > 0$일 때를 유도성 리액턴스라 한다.

$$2\pi f L - \dfrac{1}{2\pi f C} = 2\pi \times 60 \times 100 \times 10^{-3}$$
$$- \dfrac{1}{2\pi \times 60 \times 100 \times 10^{-6}} > 0$$

그러므로 유도성 리액턴스이다.

3-2

시정수(Time Constant)

어떤 회로, 어떤 물체 혹은 어떤 제어 대상이 외부로부터의 입력에 얼마나 빠르게 혹은 느리게 반응할 수 있는지를 나타내는 지표라 할 수 있으며, 인가된 DC 전압의 약 63[%]에 도달하는 시각을 시정수라고 한다.

• RL 직렬회로의 시정수 $\tau = \dfrac{L}{R}$
• RC 직렬회로의 시정수 $\tau = RC$

3-3

$$Z = \sqrt{R^2 + X_L^2} = \sqrt{3^2 + 4^2} = 5[\Omega]$$
$$i = \dfrac{V}{Z} = \dfrac{100}{5} = 20[\text{A}]$$
$$P = i^2 R = 20^2 \times 3 = 1,200[\text{W}] = 1.2[\text{kW}]$$

3-4

RLC 직렬회로에서의 공진 시($X_c = X_L$) 임피던스 $= R$이므로, 저항 양단의 전압은 인가전압과 같다.

3-5

$$Z = R + jX = R + j\omega L + \dfrac{1}{j\omega C}$$에서

허수임피던스가 0이 되어 없어지는 주파수가 공진주파수이다.

따라서, $X = \omega L - \dfrac{1}{\omega C} = 0 \rightarrow \omega L = \dfrac{1}{\omega C}$

정답 3-1 ② 3-2 ④ 3-3 ① 3-4 ② 3-5 ②

핵심이론 01 ┃ 자석에 의한 자기현상

(1) 자력선의 성질

① N극에서 나와서 S극으로 들어간다.

② 수축하려고 하며, 같은 방향의 자력선 사이에서는 서로 반발하려고 한다.

③ 서로 교차하지 않는다.

④ 자장의 방향은 그 점의 자력선의 접속 방향이다.

⑤ 임의의 점에 있어서의 자력선 밀도는 그 점의 자장의 세기를 나타낸다.

(2) 쿨롱의 법칙(Coulomb's Law)

① 두 전하가 있을 때 다른 종류의 전하(자극)는 흡인력이 작용하고, 같은 종류의 전하(자극)는 반발력이 작용한다.

② 두 자극 사이에 작용하는 힘 $F[\text{N}]$은 두 자극의 세기 m_1, $m_2[\text{Wb}]$의 제곱에 비례하고 두 자극 사이의 거리 $r[\text{m}]$의 제곱에 반비례한다.

$$F = K\frac{Q_1 Q_2}{r^2} = \frac{1}{4\pi\varepsilon_0\varepsilon_r} \cdot \frac{Q_1 Q_2}{r^2}[\text{N}]$$

$$F = K\frac{m_1 m_2}{r^2} = \frac{1}{4\pi\mu_0} \cdot \frac{Q_1 Q_2}{\mu_r r^2}[\text{N}]$$

- 진공 중의 유전율 : $\varepsilon_0 = 1$
- 공기 중의 비유전율 : $\varepsilon_r = 1.00059 ≒ 1$
- 진공 중의 투자율 : $\mu_0 = 4\pi \times 10^{-7}$
- 비투자율 : 진공 중 = 1, 공기 중 ≒ 1

(3) 앙페르의 오른나사법칙

전류에 의한 자장의 방향 결정하는 법칙이다. 도선에 전류가 흐르면 그 주위에 자장이 생기고 전류의 방향과 자장의 방향은 각각 오른나사의 진행 방향과 회전 방향에 일치한다.

(4) 비오-사바르의 법칙(Biot-Savart's Law)

전류에 의한 자장의 세기를 결정한다.

10년간 자주 출제된 문제

1-1. 자석에 의한 자기현상의 설명으로 옳은 것은?

① 자력은 거리에 비례한다.

② 철심이 있으면 자속 발생이 어렵다.

③ 자력선은 S극에서 나와 N극으로 들어간다.

④ 서로 다른 극 사이에는 흡인력이 작용한다.

1-2. 다음 설명에 가장 적합한 법칙은?

> 두 전하 사이에 작용하는 힘 크기는 두 전하의 곱에 비례하고 두 전하 사이의 거리의 제곱에 반비례한다.

① 옴의 법칙

② 전자유도법칙

③ 쿨롱의 법칙

④ 비오-사바르의 법칙

|해설|

1-1

④ 서로 같은 극끼리는 반발력이, 다른 극끼리는 흡인력이 작용한다.

① 자력은 거리의 제곱에 반비례한다.

② 철심이 있으면 자속이 발생한다.

③ 자력선은 N극에서 나와 S극으로 들어간다.

1-2

두 자극 사이에 작용하는 힘은 쿨롱의 법칙에 따르며 $F = K\frac{m_1 m_2}{r^2}[\text{N}]$로서 거리의 제곱에 반비례한다.

정답 1-1 ④　1-2 ③

(1) 플레밍의 왼손법칙(Fleming's Left-hand Rule)

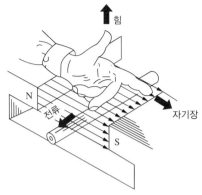

[플레밍의 왼손법칙]

① 자장 안에 놓인 도선에 전류가 흐를 때 도선이 받는 힘의 방향을 알 수 있는 법칙으로 전동기의 원리와 관계가 있다.

② 자장의 방향에 대해서 θ의 각도에 있는 도체에 작용하는 힘

$F = BIl\sin\theta[\text{N}]$

여기서, B : 자속밀도$[\text{Wb/m}^2]$

$\qquad I$: 전류$[\text{A}]$

$\qquad l$: 도체의 길이$[\text{m}]$

$\qquad \sin\theta$: 도체와 자장이 이루는 각도

(2) 플레밍의 오른손법칙(Fleming's Right-hand Rule)

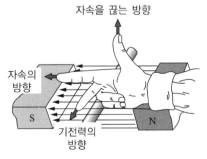

[플레밍의 오른손법칙]

① 도체가 운동하여 자속을 끊었을 때 기전력의 방향을 알 수 있는 법칙으로 발전기의 원리와 관계가 있다.

② 직선 도체에 발생하는 기전력

$V = Blv\sin\theta[\text{V}]$

여기서, B : 자속밀도$[\text{Wb/m}^2]$

$\qquad l$: 도체의 길이$[\text{m}]$

$\qquad v$: 도체의 운동속도$[\text{m/s}]$

$\qquad \sin\theta$: 도체가 자장과 이루는 각도

(3) 패러데이의 전자유도법칙

전자유도에 의해서 생기는 기전력의 크기는 코일을 쇄교하는 자속의 변화율과 코일의 권수의 곱에 비례한다.

(4) 렌츠의 법칙(Lenz's Law)

역기전력의 법칙으로 전자유도에 의하여 생긴 기전력의 방향은 그 유도 전류가 만들 자속이 항상 원래 자속의 증가 또는 감소를 방해하는 방향이다.

2-1. "전자유도에 의하여 생기는 전압의 크기는 코일을 쇄교하는 자속의 변화율과 코일의 권선수의 곱에 비례한다."는 법칙은?

① 렌츠의 법칙
② 패러데이의 법칙
③ 앙페르의 오른나사법칙
④ 비오-사바르의 법칙

2-2. 다음 중 유도현상에 생기는 유도기전력은 자속의 변화를 방해하려는 방향으로 발생하는 법칙은?

① 플레밍의 오른손법칙
② 비오-사바르의 법칙
③ 패러데이의 법칙
④ 렌츠의 법칙

2-3. N극과 S극 사이에 지면 안으로 전류가 흐르는 도선을 놓았을 때 이 도선이 받는 힘의 방향은?

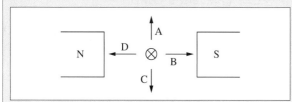

① A
② B
③ C
④ D

|해설|

2-1
② 패러데이의 전자유도법칙 : 유도기전력의 크기
① 렌츠의 법칙 : 역기전력의 법칙
③ 앙페르의 오른나사법칙 : 전류에 의한 자기장의 방향
④ 비오-사바르의 법칙 : 전류에 의한 자기장의 세기

2-2
렌츠의 법칙(Lenz's Law) : 역기전력의 법칙으로 전자유도에 의하여 생긴 기전력의 방향은 그 유도 전류가 만들 자속이 항상 원래 자속의 증가 또는 감소를 방해하는 방향이다.

2-3
플레밍의 왼손법칙 : 전자력의 방향을 결정하는 법칙이다.
• 엄지 : 힘(F)의 방향
• 검지 : 자기장(B)의 방향
• 중지 : 전류(I)의 방향
문제의 그림에서 ⊗는 전류가 지면으로 들어가는 방향이다. 따라서 C의 방향으로 힘을 받는다.

정답 2-1 ② 2-2 ④ 2-3 ③

핵심이론 03 | 콘덴서와 정전용량

(1) 콘덴서의 정전용량

① 정전용량(C)은 콘덴서의 모양, 절연물의 종류에 따라 정해진다.

$$C = \frac{\varepsilon S}{d}[\text{F}]$$

여기서, S : 판의 면적
d : 거리
ε : 유전체의 유전율

② 콘덴서에 축적되는 전하 $Q[\text{C}]$는 인가하는 전압 $V[\text{V}]$에 비례한다.

$$Q = CV[\text{C}]$$

③ 정전용량의 단위는 패럿(Farad, [F])이고, 보조단위는 $1[\mu\text{F}] = 10^{-6}[\text{F}]$, $1[\text{pF}] = 10^{-12}[\text{F}]$이다.

(2) 정전에너지

$$W = \frac{V}{2}It = \frac{VQ}{2} = \frac{1}{2}CV^2[\text{J}]$$

(3) 콘덴서의 직렬접속

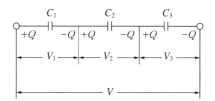

① 콘덴서 양단의 전위차

$$V_1 = \frac{Q}{C_1}[\text{V}], \quad V_2 = \frac{Q}{C_2}[\text{V}], \quad V_3 = \frac{Q}{C_3}[\text{V}]$$

$$V = V_1 + V_2 + V_3 = \left(\frac{1}{C_1} + \frac{1}{C_2} + \frac{1}{C_3}\right)Q[\text{V}]$$

② 합성 정전용량

$$C = \frac{Q}{V} = \frac{1}{\dfrac{1}{C_1} + \dfrac{1}{C_2} + \dfrac{1}{C_3}}$$

③ 각 콘덴서에 가하는 전압의 비는 정전용량의 역수의 비와 같다.

$$V_1 : V_2 : V_3 = \frac{1}{C_1} : \frac{1}{C_2} : \frac{1}{C_3}$$

(4) 콘덴서의 병렬접속

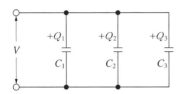

① 각 콘덴서에 축적되는 전하

$$Q_1 = C_1 V\,[\mathrm{C}], \quad Q_2 = C_2 V\,[\mathrm{C}], \quad Q_3 = C_3 V\,[\mathrm{C}]$$
$$Q = Q_1 + Q_2 + Q_3 = (C_1 + C_2 + C_3)\,V\,[\mathrm{C}]$$

② 합성 정전용량

$$C = \frac{Q}{V} = C_1 + C_2 + C_3$$

(5) 콘덴서의 용량을 증가시키는 방법

① 서로 마주 보는 면적을 넓게 한다.
② 극판 간격을 작게 한다.
③ 적측형이나 두루마리형으로 한다.
④ 소자를 병렬로 연결한다.
⑤ 극판 사이에 넣는 유전체를 비유전율이 큰 것으로 한다.

3-1. 정전용량이 20[μF]인 커패시터의 극판 간격을 $\frac{1}{4}$로 줄였을 때 정전용량은 몇 [μF]인가?

① 20[μF] ② 40[μF]
③ 60[μF] ④ 80[μF]

3-2. 콘덴서 $C_1 = 20[\mu\mathrm{F}]$, $C_2 = 40[\mu\mathrm{F}]$를 직렬로 연결하고 양단에 300[V]의 전압을 인가하였을 때 C_1 양단에 걸리는 전압은?

① 50[V] ② 100[V]
③ 150[V] ④ 200[V]

3-3. 6[μF]과 4[μF] 콘덴서 2개를 직렬 연결할 때의 합성용량은 얼마인가? 또, 이 회로에 250[V]의 전압을 가하면 총전량은 얼마인가?

① 1.2[μF], 3.6×10^{-4}[C]
② 2.4[μF], 60×10^{-5}[C]
③ 3.5[μF], 3.6×10^{-4}[C]
④ 4.8[μF], 60×10^{-3}[C]

3-4. 그림과 같은 회로에 100[V] 전압을 가하면 축적되는 전하가 250[μC]이었다. C의 정전용량은 몇 [μF]인가?

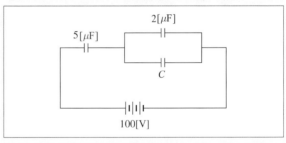

① 1[μF] ② 2[μF]
③ 3[μF] ④ 4[μF]

3-5. 5[μF]의 콘덴서에 1[kV]의 전압을 가할 때 축적되는 에너지[J]는?

① 1.5[J] ② 2.5[J]
③ 5.5[J] ④ 10[J]

| 해설 |

3-1

$$C = \frac{\varepsilon A}{d}[\text{F}]$$

$$C = \frac{\varepsilon A}{\frac{1}{4}d} = \frac{4\varepsilon A}{d}[\text{F}] \rightarrow \text{정전용량이 4배가 커지므로 } 80[\mu\text{F}]\text{이}$$

된다.

여기서, A : 판의 면적

d : 거리

3-2

각 콘덴서에 분배되는 전압은 정전용량에 반비례하여 분배된다.

$$V_1 : V_2 = \frac{1}{20} : \frac{1}{40} = 2 : 1$$

$$\therefore V_1 = \frac{2}{3} \times 300 = 200[\text{V}]$$

3-3

합성용량 $C = \frac{C_1 \cdot C_2}{C_1 + C_2} = \frac{4 \times 6}{4 + 6} = \frac{24}{10} = 2.4[\mu\text{F}]$

총전량 $Q = C \cdot V = 2.4 \times 10^{-6} \times 250 = 600 \times 10^{-6}$

$\qquad\qquad = 60 \times 10^{-5}[\text{C}]$

3-4

$Q = CV$, $C = \frac{Q}{V} = \frac{250 \times 10^{-6}}{100}$

$\qquad = 2.5[\mu\text{F}]$(회로의 전체 합성용량)

병렬로 연결된 부분의 합성용량은 $5[\mu\text{F}]$이 되어야 하므로, 병렬 연결된 C의 용량은 $5 - 2 = 3[\mu\text{F}]$이 되어야 한다.

3-5

$$W = \frac{1}{2}CV^2 = \frac{1}{2} \times 5 \times 10^{-6} \times (1 \times 10^3)^2 = 2.5[\text{J}]$$

정답 3-1 ④ 3-2 ④ 3-3 ② 3-4 ③ 3-5 ②

핵심이론 04 | 인덕턴스

(1) 인덕턴스

① 자체 인덕턴스 $L = \dfrac{N\phi}{I}[\text{H}]$

② 상호 인덕턴스 $M = K\sqrt{L_1 L_2}[\text{H}]$

(2) 자체 인덕턴스의 직렬접속

① **차동접속** : 인덕턴스가 반대 방향으로 접속된다.

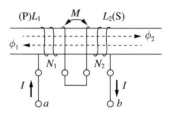

합성 인덕턴스 $L = L_1 + L_2 - 2M$

② **가동접속** : 인덕턴스가 같은 방향으로 접속된다.

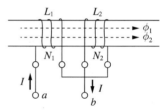

합성 인덕턴스 $L = L_1 + L_2 + 2M$

(3) 코일에 축적되는 에너지

$$W = \frac{1}{2}LI^2[\text{J}]$$

(4) 변압기의 원리

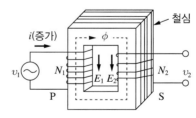

$$\frac{v_1}{v_2} = \frac{N_1}{N_2} = a, \quad v_2 = \frac{N_2}{N_1}v_1$$

여기서, a : 코일의 권수비 또는 전압비

4-1. 코일의 성질이 아닌 것은?

① 전류의 변화를 안정시키려고 하는 성질
② 상호 유도 작용
③ 공진하는 성질
④ 전류 누설 작용

4-2. 자기 인덕턴스가 L_1, L_2이고, 상호 인덕턴스가 M, 결합계수가 1일 때의 관계는?

① $L_1 L_2 = M$ ② $L_1 L_2 > M$
③ $\sqrt{L_1 L_2} > M$ ④ $\sqrt{L_1 L_2} = M$

4-3. 10[mH]의 자체 인덕턴스에 전류 20[A]를 흘렸을 때 축적되는 에너지는?

① 1[J]   ② 2[J]
③ 3[J]   ④ 4[J]

4-4. 자체 인덕턴스가 10[H]인 코일에 1[A]의 전류가 흐를 때 저장되는 에너지는?

① 1[J]   ② 5[J]
③ 10[J]   ④ 20[J]

4-5. 변압기의 원리는 어느 현상(법칙)을 이용한 것인가?

① 옴의 법칙   ② 전자유도원리
③ 공진현상   ④ 키르히호프의 법칙

|해설|

4-2
누설자속이 없는 경우 $M = \sqrt{L_1 L_2}$

4-3
$W = \frac{1}{2}LI^2 = \frac{1}{2} \times (10 \times 10^{-3}) \times 20^2 = 2[J]$

4-4
$W = \frac{1}{2}LI^2 = \frac{1}{2} \times 10 \times 1 = 5[J]$

4-5
변압기(Transformer) : 철심에 1차, 2차 코일을 감고 1차 코일에 교류전압을 가하면 전자유도원리에 의하여 2차 코일에 전압이 발생되는 장치이다.

정답 4-1 ④ 4-2 ④ 4-3 ② 4-4 ② 4-5 ②

제4절 | 전원회로

핵심이론 01 | 정류회로의 특성

(1) 전압 변동률
부하전류의 변화에 따른 직류출력전압의 변화 정도를 말한다.

$\varepsilon = \frac{V - V_o}{V_o} \times 100 [\%]$

여기서, V : 무부하 시 직류전압
V_o : 전부하 시 직류전압

(2) 맥동률
직류전류(전압) 속에 포함된 교류 성분의 정도를 말한다.

$\gamma = \frac{출력파형에\ 포함된\ 교류분의\ 실횻값}{출력파형의\ 평균값(직류\ 성분)}$

$\gamma = \frac{\triangle V}{V_d} \times 100 [\%]$

[정류방식에 따른 맥동률]

정류방식	맥동률	맥동 주파수
단상 반파 정류	121[%]	60[Hz]
단상 전파 정류	48[%]	120[Hz]
3상 반파 정류	19[%]	180[Hz]
3상 전파 정류	4.2[%]	360[Hz]

(3) 정류효율
교류입력전력에 대한 직류출력전력의 비를 말한다.

$\eta = \frac{부하에\ 전달되는\ 직류출력전력}{교류입력전력} \times 100[\%]$

1-1. 정류회로에서 직류출력전압이 100[V]이고, 교류(리플) 성분의 전압이 1.2[V]일 때 맥동률은 몇 [%]인가?

① 0.9[%]　　　　　　② 1.0[%]

③ 1.2[%]　　　　　　④ 1.5[%]

1-2. 어떤 정류기 부하양단의 직류전압이 300[V]이고, 맥동률이 2[%]이면 교류성분의 실횻값은?

① 2[V]　　　　　　② 4.24[V]

③ 6[V]　　　　　　④ 8.48[V]

1-3. 전원 회로의 구조가 순서대로 옳게 구성된 것은?

① 정류회로 → 변압회로 → 평활회로 → 정전압회로

② 변압회로 → 평활회로 → 정류회로 → 정전압회로

③ 변압회로 → 정류회로 → 평활회로 → 정전압회로

④ 정류회로 → 평활회로 → 변압회로 → 정전압회로

|해설|

1-1

$$맥동률 = \frac{맥류(교류)분의\ 실횻값}{직류분의\ 실횻값} \times 100$$

$$= \frac{1.2}{100} \times 100 = 1.2[\%]$$

1-2

$$맥동률 = \frac{직류분에\ 포함된\ 교류성분의\ 실횻값}{평균값} \times 100$$

$$교류성분의\ 실횻값 = \frac{평균전압 \times 맥동률}{100}$$

$$= \frac{300 \times 2}{100} = 6[V]$$

1-3

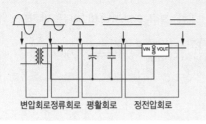

변압회로　정류회로　평활회로　　정전압회로

정답 1-1 ③　1-2 ③　1-3 ③

(1) 반파정류회로

(a) 변압기 1차 측　(b) 변압기 2차 측(압력 전압)　(c) 출력 전압

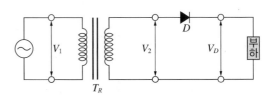

① 출력전류의 직류분(평균값) $I_{dc} = \dfrac{I_m}{\pi}$

② 실횻값 $I_s = \dfrac{I_m}{2}$

③ 맥동률 $\gamma = \sqrt{F^2 - 1} = 1.21$

　여기서, 전류의 평균값에 대한 실횻값의 비(파형률)

　　$F = 1.57$

④ 정류효율 $\eta = \dfrac{40.6}{1 + \dfrac{r_p}{R_L}}[\%]$

반파정류회로의 이론적 최대 효율은 40.6[%]이고, $R_L = r_p$일 때 출력은 최대, 효율은 20.3[%]이다.

(2) 전파정류회로

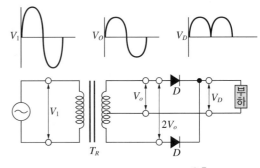

① 출력전류의 직류분(평균값) $I_{dc} = \dfrac{2I_m}{\pi}$

② 실횻값 $I_s = \dfrac{I_m}{\sqrt{2}}$

③ 맥동률 $\gamma = \sqrt{F^2 - 1} = 0.482$

④ 정류효율 $\eta = \dfrac{81.2}{1 + \dfrac{r_p}{R_L}}[\%]$

정류효율은 반파정류회로의 2배이고 이론적으로 최대 81.2[%]이며, 맥동률은 반파정류일 때보다 작아진다.

(3) 브리지정류회로

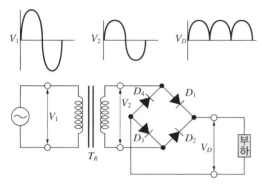

① 동 작

　㉠ 입력전압 양(+)의 반주기 : $D_1 \rightarrow R_L \rightarrow D_3$

　㉡ 입력전압 음(−)의 반주기 : $D_2 \rightarrow R_L \rightarrow D_4$

② 장 점

　㉠ 트랜스에 중간 탭이 없어도 되며, 같은 출력을 얻을 경우 소형 변압기를 사용할 수 있다.

　㉡ 각 다이오드의 최대 역전압이 작으므로(전파정류회로의 1/2) 고압정류에 적합하다.

③ 단 점

　㉠ 많은 다이오드가 필요하므로 값이 비싸다.

　㉡ 정류 효율이 낮다.

2-1. 고전압, 고전류를 얻기 위해서는 다음 중 어느 정류회로가 좋은가?

① 반파정류기

② 단상 양파정류기

③ 브리지정류기

④ 배전압 반파정류기

2-2. 단상 전파정류기의 DC 출력전압은 단상 반파정류기 DC 출력전압의 몇 배인가?

① 2　　　　　　　② 3

③ 4　　　　　　　④ 5

|해설|

2-1

브리지정류기 : 전파정류는 트랜스의 2차 측을 반으로 나누어 직류를 만드는 데 비해 브리지방식은 2차 측 전체 전압을 직류로 변환하기 때문에 전파정류방식에 비해 2배 가까운 전압을 얻을 수 있다.

2-2

하나의 다이오드를 사용한 회로에서 얻어진 반파전압신호는 피크전압 V_m 의 31.8[%]인 평균값 즉, 등가 직류전압값을 가지며 $V_{dc} = 0.318 V_{peak}$ 이다.

전파정류신호의 직류값은 반파정류신호의 직류값보다 2배 즉, 피크값 V_m 의 63.6[%]가 되며 $V_{dc} = 0.636 V_{peak}$ 로 표현할 수 있다.

정답 2-1 ③　2-2 ①

(1) 평활회로

커패시터나 인덕터 또는 저항을 사용하여 고주파 성분 등 잡음을 없애 주는 회로로서, 저역 통과 필터가 사용된다.

① 리플 잡음 : 평활회로를 거쳐 얻어진 직류 전원에 남아 있는 교류 성분이다.

② 유도성(초크) 평활회로

  ㉠ 부하와 초크를 직렬로 연결한다.

  ㉡ L을 크게 할수록 리플이 작아진다.

  ㉢ 리플 함유량이 크다.

  ㉣ 직류 출력전압이 낮다.

  ㉤ 전압 변동률이 작다.

  ㉥ 정류기에 가해지는 역전압이 작다.

  ㉦ 대전력용에 적합하다.

③ 용량성(콘덴서) 평활회로 : 정류기의 출력에 콘덴서를 병렬접속한다.

④ π형 평활회로

  ㉠ 유도성과 용량성의 결합 형태이다.

  ㉡ 입력과 출력에서 고주파 성분을 걸러 주므로 평활 성능이 가장 좋다.

  ㉢ 회로가 복잡하고 가격이 비싸고, 부피가 크다.

(2) 정전압회로

① 정전압회로 : 전원 전압이나 부하의 변동에 따른 전압의 변동을 안정화시키기 위한 회로이다.

② 병렬 제어형 정전압회로

  ㉠ 제어용 트랜지스터와 부하 저항이 병렬로 접속한다.

  ㉡ 전력 소비가 크고 효율이 나쁘다.

③ 직렬 제어형 정전압회로

  ㉠ 제어용 트랜지스터와 부하 저항이 직렬로 접속한다.

  ㉡ 경부하 시 효율이 병렬 제어형보다 크고, 출력전압의 안정 범위가 넓다.

3-1. 직렬형 정전압회로의 특징에 대한 설명 중 옳지 않은 것은?

① 과부하 시 전류가 제한된다.

② 경부하 시 효율이 병렬에 비하여 훨씬 크다.

③ 출력전압의 안정 범위가 비교적 넓게 설계된다.

④ 증폭단을 증가시킴으로써 출력저항 및 전압 안정계수를 매우 작게 할 수 있다.

3-2. 다음 중 제너 다이오드를 사용하는 회로는?

① 검파회로   ② 전압안정회로

③ 고주파발진회로   ④ 고압정류회로

3-3. 제너 다이오드의 전압(V), 전류(I) 특성을 나타내는 것으로 가장 적합한 것은?

①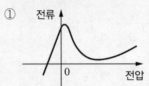

②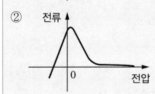

③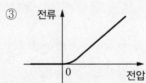

④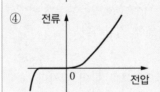

3-4. 정류기의 평활회로는 어떤 종류의 여파기에 속하는가?

① 대역 통과 여파기

② 고역 통과 여파기

③ 저역 통과 여파기

④ 대역 소거 여파기

3-1

전압을 일정하게 제어하는 회로이다.

3-2

제너 다이오드(Zener Diode)는 주로 직류전원의 전압 안정화에 사용된다.

3-3

제너 다이오드(Zener Diode) : 정전압 다이오드
• 제너 항복 : 접합의 역방향 특성에서 어떤 일정 값 이상의 역전압을 가하면 제너 효과에 의해 역방향 전류가 급격히 증대하는 현상으로 이때의 역방향 전압을 제너 전압이라 한다.
• 전압을 일정하게 유지하기 위한 전압 제어 소자로 쓰인다.

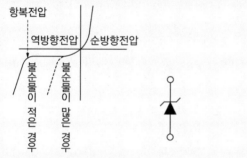

3-4

저항과 커패시터로 구성하는 저역 통과 필터이며, 두 소자를 직렬로 연결하고 커패시터 양단에서 출력한다.

정답 3-1 ① 3-2 ② 3-3 ④ 3-4 ③

제5절 **반도체 소자**

| 핵심이론 01 | 반도체의 개요

(1) 반도체의 성질
① 절대온도 0[°K]에서 절연체이다.
② 상온에서 전기적 전도성은 금속과 절연체의 중간 성질이다.
③ 불순물이 섞이면 고유 저항은 감소한다.
④ 온도가 상승하면 저항이 감소한다.

(2) 진성 반도체

불순물이 전혀 섞이지 않은 반도체(4족의 순수한 게르마늄(Ge), 실리콘(Si))이다.

(3) 불순물 반도체
① N형 반도체
  ㉠ Ge, Si에 안티몬(Sb), 비소(As) 같은 5족 불순물을 섞어 과잉 전자(Excess Electron)에 의해서 전기 전도가 이루어지는 반도체이다.
  ㉡ 도너(Doner) : N형 반도체를 만들기 위하여 첨가하는 불순물로 비소(As), 안티몬(Sb), 인(P), 비스무트(Bi) 등이 있다.
  ㉢ 다수 반송자는 전자, 소수 반송자는 정공이 된다.
② P형 반도체
  ㉠ Ge, Si에 갈륨(Ga), 인듐(In), 붕소(B), 알루미늄(Al)과 같은 3족의 불순물을 섞어 정공(Hole)에 의해서 전기 전도가 이루어지는 불순물 반도체이다.
  ㉡ 억셉터(Acceptor) : P형 반도체를 만들기 위하여 첨가하는 불순물로 인듐(In), 갈륨(Ga), 붕소(B), 알루미늄(Al) 등이 있다.
  ㉢ 다수 반송자는 정공, 소수 반송자는 전자가 된다.

(4) pn 접합

① 순방향 바이어스 : p형 영역에 양(+) 전압, n형 영역에 음(−) 전압을 걸어 주는 방식이다.

공핍층이 좁아진다.

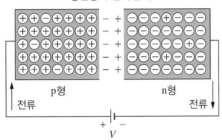

② 역방향 바이어스 : p형 영역에 음(−) 전압, n형 영역에 양(+) 전압을 걸어 주는 방식이다.

공핍층이 넓어진다.

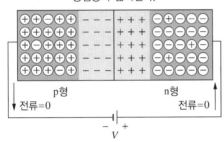

10년간 자주 출제된 문제

1-1. 일반적인 반도체의 특성으로 적합하지 않은 것은?

① 불순물이 섞이면 저항이 증가한다.
② 매우 낮은 온도에서 절연체가 된다.
③ 전기적 전도성은 금속과 절연체의 중간적 성질을 가지고 있다.
④ 온도가 상승하면 저항이 감소한다.

1-2. 다음 중 N형 반도체를 만드는 데 사용되는 불순물의 원소는?

① 인듐(In) ② 비소(As)
③ 갈륨(Ga) ④ 알루미늄(Al)

1-3. 다음 중 억셉터(Acceptor)에 속하지 않는 것은?

① 붕소(B) ② 인듐(In)
③ 게르마늄(Ge) ④ 알루미늄(Al)

1-4. 반도체의 다수캐리어로 옳게 짝지어진 것은?

① P형의 정공, N형의 전자
② P형의 정공, N형의 정공
③ P형의 전자, N형의 전자
④ P형의 전자, N형의 정공

|해설|

1-1
불순물의 농도가 증가하면 도전율은 커지고 고유 저항은 감소한다.

1-2
도너(Donor) : N형 반도체를 만들기 위하여 첨가하는 불순물로 비소(As), 안티몬(Sb), 인(P), 비스무트(Bi) 등이 있다.

1-3
• 억셉터(Acceptor) : P형 반도체를 만들기 위하여 첨가하는 불순물로 인듐(In), 갈륨(Ga), 붕소(B), 알루미늄(Al) 등
• 도너(Donor) : N형 반도체를 만들기 위하여 첨가하는 불순물로 비소(As), 안티몬(Sb), 인(P), 비스무트(Bi) 등

정답 1-1 ① 1-2 ② 1-3 ③ 1-4 ①

핵심이론 02 | 다이오드

(1) 정류 작용

다이오드는 한쪽 방향으로만 전류를 흐르게 하는 특성이 있다.

(2) 다이오드의 종류와 응용 분야

다이오드 종류	기 호	특성 및 응용 분야
정류 다이오드		교류를 직류로 변환, 정류회로
스위칭 다이오드		고속 ON/OFF, 스위치회로
정전압(제너) 다이오드		항복 전압 특성을 이용한 정전압 안정화회로
LED		발광 특성, 각종 디스플레이
배리스터		전압에 의해 저항이 변화, 과전압 보호회로

2-1. 다음 중 정류 작용하는 다이오드의 접합으로 가장 적합한 것은?

① PN 접합   ② PNP 접합
③ NPN 접합   ④ PNPN 접합

2-2. P형 반도체와 N형 반도체의 접합 양단에 순방향 바이어스를 인가했을 때 설명 중 옳지 않은 것은?

① P형 반도체에 (+)전압을, N형 반도체에 (−)전압을 인가한다.
② 전류는 N형 반도체에서 P형 반도체 측으로 흐른다.
③ P형 반도체의 다수 반송자는 정공이며, 소수 반송자는 전자이다.
④ P형 및 N형 반도체 측의 다수 반송자는 대부분 접합면을 통과한다.

2-3. PN 접합 다이오드에 가한 역방향 전압이 증가할 때 옳은 것은?

① 저항이 감소한다.
② 공핍층의 폭이 감소한다.
③ 공핍층 정전용량이 감소한다.
④ 다수캐리어의 전류가 증가한다.

|해설|

2-1
다이오드는 정류, 검파, 발진, 전압안정 등에 사용하며, PN 접합 다이오드는 정류 작용에 사용된다.

2-2
순방향 바이어스
• (+)가 접속된 P형 쪽의 다수반송자인 정공과 (−)가 접속된 N형 쪽의 다수반송자인 전자는 각각 접합면 쪽으로 밀려서 정공은 N형 쪽으로, 전자는 P형 쪽으로 확산되어 간다.
• 전류는 P형 반도체 쪽에서 N형 반도체 쪽으로 흐른다.

2-3
PN접합 다이오드에 역방향으로 전압을 가하면 정공은 P형 쪽으로, 전자는 N형 쪽으로 이동하며, 역방향 전압이 증가할수록 공핍층과 저항은 증가하고, 전류는 감소하게 된다.

정답 2-1 ① 2-2 ② 2-3 ③

(1) 트랜지스터

① 2개의 pn접합을 가지는 반도체 소자이다.

② 양극성 접합 트랜지스터(BJT ; Bipolar Junction Transistor)이다.

③ 증폭 및 스위칭 작용을 한다.

(2) 트랜지스터의 바이어스에 따른 동작 영역

① **활성 영역** : 증폭용

② **포화 영역과 차단영역** : 스위칭용

③ **항복 영역** : 물리적인 절연 상태가 파괴되는 영역

(3) 전장 효과 트랜지스터(FET ; Field Effect Transistor)

① FET : 게이트(G), 소스(S), 드레인(D)의 3개 전극을 가지며, 게이트(G)에 가해지는 전압에 의해 채널(소스와 드레인 사이에 전류가 통과하는 통로)에 흐르는 전류를 제어하는 소자이다.

② FET의 종류

    ㉠ JFET : 게이트(G)와 드레인(G)에 걸어 준 역방향 바이어스로 채널의 크기를 조정하는 회로 소자이다.

    ㉡ MOS-FET : 금속 산화물 반도체 FET이다.

③ FET의 3정수

    ㉠ 증폭정수(전압증폭률)

$$\mu = \frac{v_{ds}}{v_{gs}} \ (i_d = \text{일정}) = g_m \cdot r_d$$

    ㉡ 드레인 저항 : $r_d = \dfrac{v_{ds}}{i_d} \ (v_{ds} = \text{일정})$

    ㉢ 상호전달 컨덕턴스 : $g_m = \dfrac{i_d}{v_{gs}} \ (v_{ds} = \text{일정})$

(4) BJT와 FET의 비교

항 목	BJT(TR)	FET
동작 원리	• 베이스 전류로 컬렉터 전류 제어 • 다수 및 소수 캐리어에 의한 동작	• 게이트 전압으로 드레인 전류 제어 • 다수 캐리어에 의한 동작
제어 방식	전류제어	전압제어
소자 특성	쌍극성 소자 (전자와 정공)	단극성 소자 (n채널 : 전자 / p채널 : 정공)
사용 목적	전류 증폭용	전압 증폭용
입력 저항	보통	높다.
잡 음	많다.	적다.
이득 대역폭	크다.	작다.
단 자	베이스, 이미터, 컬렉터	게이트, 소스, 드레인
동작 속도	빠르다.	느리다.
집적도	낮다.	아주 높다.

3-1. 전계효과트랜지스터(FET)에 대한 설명으로 옳지 않은 것은?

① BJT보다 잡음특성이 양호하다.
② 소수 반송자에 의한 전류 제어형이다.
③ 접합형의 입력저항은 MOS형보다 낮다.
④ BJT보다 온도 변화에 따른 안정성이 높다.

3-2. 다음 중 전계효과트랜지스터(FET)의 3정수에 속하지 않는 것은?

① μ(증폭정수)
② r_d(드레인 저항)
③ h_{fe}(전류증폭률)
④ g_m(상호전달컨덕턴스)

3-3. BJT와 비교한 FET에 대한 설명으로 옳지 않은 것은?

① 입력임피던스가 높다.
② 잡음특성이 양호하다.
③ 이득대역폭이 크다.
④ 온도 변화에 따른 안정성이 높다.

3-4. 트랜지스터의 특성에 대한 설명 중 옳지 않은 것은?

① 트랜지스터는 전류를 증폭하는 소자이다.
② 트랜지스터의 전류이득은 h_{fe}로 일반적으로 표기한다.
③ 트랜지스터의 전류이득은 컬렉터의 전류에 따라 변한다.
④ 트랜지스터의 전류이득은 접합부의 온도가 증가하면 감소한다.

3-5. FET의 핀치오프(Pinch-off) 전압이란?

① 드레인 전류가 포화일 때의 드레인-소스 간의 전압
② 드레인 전류가 0인 때의 드레인-소스 간의 전압
③ 드레인 전류가 0인 때의 게이트-드레인 간의 전압
④ 드레인 전류가 0인 때의 게이트-소스 간의 전압

|해설|

3-1
전류는 다수캐리어에 의해서 운반된다.

3-2
h_{fe}(**전류증폭률**) : BJT

3-3
이득대역폭이 작다.

3-4
• 트랜지스터의 전류이득에 영향을 끼치는 대표적인 요소는 컬렉터 전류와 접합부 온도이다.
• 접합부의 온도가 증가하면 전류이득은 증가한다.

3-5
FET의 핀치오프(Pinch-off) 전압 : 채널층을 공핍화하는 데 필요한 전압으로 게이트-소스 간 전압을 말한다.

정답 3-1 ② 3-2 ③ 3-3 ③ 3-4 ④ 3-5 ④

핵심이론 04 | 전력 제어용 반도체 소자

(1) 종류별 특징

종 류	기 호	특 징	응 용
실리콘 제어 정류기 (SCR)	(기호)	양극(A)-음극(K) 전압의 극성이 바뀌면 차단된다.	무접점 ON/OFF 스위치
다이악 (DIAC)	(기호)	2개의 다이오드를 역방향으로 병렬 접속하여 양방향 제어가 가능하다.	릴레이나 회전 제어용
트라이액 (TRIAC)	(기호)	다이악과 같은 기능을 가지지만 게이트로 제어한다.	릴레이나 회전 제어용

10년간 자주 출제된 문제

4-1. 트라이액(TRIAC)에 관한 설명 중 옳지 않은 것은?

① 쌍방향성 소자이다.
② 교류 제어에 사용한다.
③ (+) 또는 (−) 전류로 통전시킬 수 있다.
④ 게이트 전압을 가변하여 부하전류를 조절한다.

4-2. 다음 그림과 같은 V–I 특성을 나타내는 스위칭 소자는?

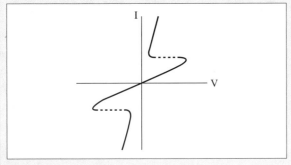

① SCR
② DIAC
③ 터널 Diode
④ UJT

4-3. 실리콘 제어 정류기(SCR)의 게이트는 어떤 형의 반도체 인가?

① N형 반도체
② P형 반도체
③ PN형 반도체
④ NP형 반도체

|해설|

4-1
게이트 전압을 가변하여 부하전류를 조절하는 부품은 FET이다.

4-2
그림은 다이악(DIAC)의 특성곡선을 나타는 그림이며, 정상 동작 시에 양방향으로 전류를 흘릴 수 있는 pn-pn 4층 구조의 2단자 반도체 사이리스터이다. 다이악은 애노드와 캐소드의 2개 단자로 구성되어 2단자 양단의 어느 극성에서도 브레이크 오버 전압에 도달되면 도통한다. 전류가 유지 전류 이하로 떨어질 때 다이악은 꺼진다.

4-3
실리콘 제어 정류기(SCR)는 PNPN 소자의 P_2에 게이트 단자를 달아 P_2, N_2 사이에 전류를 흘릴 수 있게 만든 단방향성 소자이다.

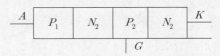

정답 4-1 ④ 4-2 ② 4-3 ②

핵심이론 05 | 집적회로

(1) 집적회로

트랜지스터와 다이오드, 저항, 커패시터 등의 여러 회로 소자를 한 개의 반도체 칩 또는 기판 내에 일체화시켜 특정한 전자회로 기능을 실현시킨 것이다.

(2) 집적회로의 장단점

장 점	단 점
• 기기가 소형이 된다. • 가격이 저렴하다. • 신뢰성이 좋고 수리가 간단(교환)하다. • 기능이 확대된다.	• 전압이나 전류에 약하다. • 열에 약하다(납땜할 때 주의). • 발진이나 잡음이 생기기 쉽다. • 마찰에 의한 정전기의 영향을 고려해야 하는 등 취급에 주의가 필요하다.

10년간 자주 출제된 문제

5-1. 집적회로(IC)의 특징으로 적합하지 않은 것은?

① 대전력용으로 주로 사용
② 소형경량
③ 고신뢰도
④ 경제적

5-2. 다음 중 집적회로(Integrated Circuit)의 장점이 아닌 것은?

① 신뢰성이 높다.
② 대량 생산할 수 있다.
③ 회로를 초소형으로 할 수 있다.
④ 주로 고주파 대전력용으로 사용된다.

|해설|

5-1, 5-2
저전력용으로 사용된다.

정답 5-1 ① 5-2 ④

제6절 증폭회로

핵심이론 01 | 바이어스

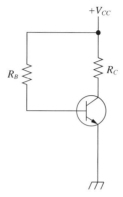

(a) 고정 바이어스

(b) 이미터 바이어스

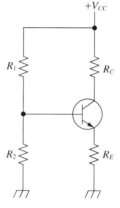

(c) 전압 분배 바이어스

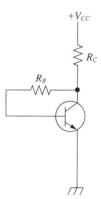

(d) 컬렉터 되먹임 바이어스

(1) 고정 바이어스(베이스 바이어스)

단일 전원을 공급하는 형태의 가장 간단한 바이어스회로로 입력 신호의 전류와 전압을 모두 효율적으로 증폭할 수 있다.

또한 동작점이 불안정하여 주위 온도가 변하면 전류이득도 변한다.

① 컬렉터 전류 : $I_C = \beta I_B + (1+\beta)I_{CO}$

② 베이스 전류 : $I_B = \dfrac{V_{CC} - V_{BE}}{R_S}$

③ 안정계수 : $S = \dfrac{\triangle I_C}{\triangle I_{CO}} = 1 + \beta$

※ 바이어스회로의 안정화 정도로 S가 작을수록 안정도가 좋다.

④ 컬렉터 차단 전류(I_{CO}) : 이미터를 개방한 상태에서 C-B 사이에 전압을 인가했을 때 흐르는 역방향 전류이다.

(2) 이미터 바이어스(전류 되먹임 바이어스)

트랜지스터의 특성에 대한 영향을 적게 받아 회로가 안정적이다.

(3) 전압분배 바이어스

동작점의 안정도가 우수하고 전압이득이 크며, 가장 널리 사용되는 방식이다.

(4) 컬렉터 되먹임 바이어스(자기 바이어스)

되먹임 연결을 통해 트랜지스터 특성에 대한 영향을 줄여 매우 안정된 동작점을 얻는다.

1-1. 증폭기에서 바이어스가 적당하지 않으면 일어나는 현상으로 옳지 않은 것은?

① 이득이 낮다.
② 전력 손실이 많다.
③ 파형이 일그러진다.
④ 주파수 변화 현상이 일어난다.

1-2. 다음 그림과 같은 트랜지스터 회로에서 I_C는 얼마인가? (단, β는 50이다)

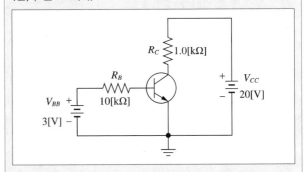

① 11.5[mA] ② 11.5[μA]
③ 10.5[mA] ④ 10.5[μA]

1-3. 회로에서 V_o를 구하면 몇 [V]인가?(단, $I_2 \gg I_B$, $V_{BE} = 0.6[\text{V}]$, $I_C \approx I_E$임)

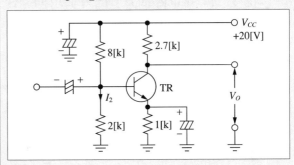

① 9.82[V] ② 10.82[V]
③ 11.82[V] ④ 12.82[V]

1-4. 고정 바이어스 회로를 사용한 트랜지스터의 β가 50이다. 안정도 S는 얼마인가?

① 49 ② 50
③ 51 ④ 52

|해설|

1-1

전압-전류 특성 곡선상의 동작점이 변화하므로 파형이 일그러지고 전력 손실이 많으며 이득이 낮아진다.

1-2

$$V_{BB} = I_B R_B + V_{BE}$$

$$I_B = \frac{V_{BB} - V_{BE}}{R_B} = \frac{3 - 0.7}{10 \times 10^3} = 0.23[\text{mA}]$$

$$I_C = \beta I_B = 50 \times 0.23 = 11.5[\text{mA}]$$

1-3

$I_2 \gg I_B$이므로

$$I_2 = \frac{20[\text{V}]}{8[\text{k}] + 2[\text{k}]} = 2[\text{mA}]$$

$$V_{8k} = 2 \times 10^{-3} \times 8 \times 10^3 = 16[\text{V}]$$

$$V_{2k} = 4[\text{V}] = V_{BE} + V_{1k}$$

$$V_{1k} = 4 - 0.6 = 3.4[\text{V}]$$

$$I_E = \frac{V_{1k}}{1[\text{k}]} = \frac{3.4}{1 \times 10^3} = 3.4[\text{mA}]$$

$$V_{2.7k} = I_E \times 2.7[\text{k}] = 3.4 \times 10^{-3} \times 2.7 \times 10^3 = 9.18[\text{V}]$$

$$V_O = 20 - 9.18 = 10.82[\text{V}]$$

1-4

안정계수 $S = \dfrac{\Delta I_C}{\Delta I_{C0}} = 1 + \beta = 1 + 50 = 51$

정답 1-1 ④ 1-2 ① 1-3 ② 1-4 ③

| 핵심이론 02 | 증폭도 |

(1) 증폭도

① 증폭률은 입력 신호와 출력 신호의 비로서, 단위가 없고 이득이라 부르며 데시벨(Decibel, [dB])의 단위를 사용한다.

$$G = 20\log_{10}A[\text{dB}]$$

② 증폭도 : $A_p = \dfrac{출력신호전력(P_o)}{입력신호전력(P_i)}$

※ 다단 직렬 증폭기의 종합 증폭도

$$A_o = A_1 \cdot A_2 \cdots\cdots A_n \text{ 배}$$

③ 전력이득 : $G = 10\log_{10}A_p = 10\log_{10}\dfrac{P_o}{P_i}[\text{dB}]$

④ 전압이득 : $G = 20\log_{10}A_v = 20\log_{10}\dfrac{V_o}{V_i}[\text{dB}]$

⑤ 전류이득 : $G = 20\log_{10}A_i = 20\log_{10}\dfrac{I_o}{I_i}[\text{dB}]$

※ 다단 직렬 증폭기의 종합이득

$$G_o = G_1 + G_2 + \cdots\cdots + G_n[\text{dB}]$$

10년간 자주 출제된 문제

2-1. 40[dB]의 전압이득을 가진 증폭기에 10[mV]의 전압을 입력에 가하면 출력전압은 몇 [V]인가?

① 0.1[V]　　　　　　　② 1[V]

③ 10[V]　　　　　　　④ 100[V]

2-2. 어떤 증폭기의 전압증폭도가 20일 때 전압이득은?

① 10[dB]　　　　　　　② 13[dB]

③ 20[dB]　　　　　　　④ 26[dB]

2-3. 어떤 증폭회로에서 입력전압이 10[mV]일 때 출력전압이 1[V]이었다면 전압이득은?

① 10[dB]　　　　　　　② 20[dB]

③ 40[dB]　　　　　　　④ 60[dB]

2-4. 어떤 증폭기의 전압증폭도가 100이고, 전류증폭도가 10일 때 이 증폭기의 전력이득은 몇 [dB]인가?

① 10[dB]
② 20[dB]
③ 30[dB]
④ 60[dB]

|해설|

2-1

$G = 20\log_{10}\dfrac{V_o}{V_i}[\text{dB}]$ 에서

$40 = 20\log_{10}\dfrac{V_o}{10\times10^{-3}}$

$\log_{10}\dfrac{V_o}{10\times10^{-3}} = 2$

$\dfrac{V_o}{10\times10^{-3}} = 100$

$V_o = 100\times10\times10^{-3} = 1[\text{V}]$

2-2

$G_V = 20\log A_v = 20(\log10 + \log2)$
$\quad = 20(1 + 0.3) = 26[\text{dB}]$

2-3

$G = 20\log_{10}\dfrac{V_o}{V_i} = 20\log_{10}\dfrac{1}{10\times10^{-3}} = 20\log_{10}10^2 = 40[\text{dB}]$

2-4

전력이득 $G_P = 10\log_{10}A_P = 10\log_{10}(A_v\times A_i)$
$\quad = 10\log_{10}(100\times10) = 30[\text{dB}]$

정답 2-1 ② 2-2 ④ 2-3 ③ 2-4 ③

핵심이론 03 | 트랜지스터 증폭회로의 종류

(1) 소신호 증폭회로의 종류와 특징

어디에 입력을 주고 어디에서 출력 신호를 빼느냐에 따라 나뉜다.

구 분	이미터 공통	베이스 공통	컬렉터 공통 (이미터 플로워)
입력 저항	작다.	매우 작다.	크다.
출력 저항	크다.	크다.	매우 작다.
입출력 위상	반 전	비반전(동상)	비반전(동상)
전압 증폭	높다.	높다.	낮다(≒1).
전류 증폭	높다.	낮다(≒1).	높다.
전력 증폭	높다.	적당하다.	적당하다.
용 도	전압, 전류, 전력 증폭용	입력 측정	부하 측정

(2) 전력 증폭회로

① 전력 증폭기의 특성 비교

구 분	A급	B급	AB급	C급
동작점	직류 부하선의 중앙점	직류 부하선의 차단점	중앙~차단점	차단점 이하
효 율	50[%]	78.5[%] 이하	50[%] 이상	78.5[%] 이상
왜 곡	거의 없음	반파 정도 왜곡	약간 왜곡	반파 이상 왜곡
용 도	무왜 증폭, 완충 증폭	푸시풀 방식 전력 증폭	저주파 증폭 B급과 동일	제배 증폭, RF 증폭

② B급 푸시풀 증폭회로의 특징

　㉠ 큰 출력을 얻을 수 있다.

　㉡ B급 동작이므로 직류 바이어스 전류가 작아도 된다.

　㉢ 출력의 최대 효율이 78.5[%]로 높다.

　㉣ 입력 신호가 없을 때 전력 손실은 무시할 수 있다.

　㉤ 짝수 고조파 성분이 서로 상쇄되어 일그러짐이 없다.

　㉥ B급 증폭기 특유의 크로스오버 일그러짐(교차 일그러짐)이 생긴다.

(3) 되먹임 증폭회로

① 되먹임(궤환) 증폭도

$$A_f = \frac{V_o}{V_s} = \frac{A}{1 - \beta A}$$

여기서, V_s : 입력 신호 전압

A : 되먹임이 없을 때의 증폭도

β : 되먹임 계수

ㄱ 음되먹임 : $|1 - \beta A| > 1$일 때 $|A_f| < |A|$로서 증폭도는 되먹임에 의해서 감소한다.

ㄴ 양되먹임 : $|1 - \beta A| < 1$일 때 $|A_f| > |A|$로서 증폭기의 이득이 증가한다.

ㄷ 발진 : $|1 - \beta A| = 1$일 때 $A_f = \infty$로서 발진기로 동작한다.

② 음되먹임 증폭기의 특성

ㄱ 이득이 감소한다.

ㄴ 주파수 특성이 개선된다(대역폭 증가).

ㄷ 일그러짐이 감소한다.

ㄹ 안정도가 개선된다(이득의 안정).

ㅁ 내부 잡음이 감소한다.

ㅂ 입력 임피던스가 증가하고 출력 임피던스는 감소한다.

3-1. 부궤환 증폭기의 일반적인 특징에 속하지 않는 것은?

① 왜곡이 감소한다.
② 이득이 증가한다.
③ 잡음이 감소한다.
④ 주파수 대역폭이 넓어진다.

3-2. 다음 그림과 같은 부궤환 증폭기의 일반적인 특성이 아닌 것은?

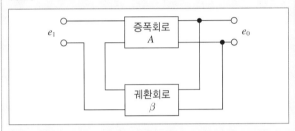

① 부궤환 증폭기의 동작은 $|1 - A\beta| < 1$인 때를 말한다.
② 부궤환을 충분히 시켰을 때, 즉 $A\beta \gg 1$이면 주파수 특성이 좋아진다.
③ 비직선 일그러짐을 감소시킨다.
④ 잡음을 감소시킨다.

3-3. B급 푸시풀 증폭기에 대한 설명 중 옳은 것은?

① 최대 양극효율은 33.6[%]이다.
② 고주파 전압증폭용으로 널리 쓰인다.
③ 우수고조파가 상쇄되어 찌그러짐이 적다.
④ 출력변성기의 철심이 직류에 의해 포화된다.

3-4. 무궤환 시 전압이득이 150인 증폭기에서 궤환율 β = 0.01의 부궤환을 걸었을 때 전압이득은?

① 9   ② 30
③ 60   ④ 150

3-5. A급 트랜지스터 증폭기가 이용하는 동작영역은?

① 활성영역   ② 포화영역
③ 차단영역   ④ 포화영역 + 차단영역

3-6. 다음 중 크로스오버 왜곡(Crossover Distortion)이 발생하는 전력 증폭기는?

① A급 전력 증폭기   ② B급 전력 증폭기
③ AB급 전력 증폭기   ④ C급 전력 증폭기

3-1

② 이득이 감소한다.

3-2

부궤환 증폭기의 동작은 $|1-A\beta|>1$인 때를 말한다.

3-3

- 출력의 최대 효율이 78.5[%]이다.
- 전력증폭용으로 사용된다.
- 짝수고조파 성분이 서로 상쇄되어 일그러짐이 없다.

3-4

$$A_f = \frac{A}{1-A\beta} = \frac{150}{1-\{150\times(-0.01)\}} = 60$$

3-5

A급 트랜지스터 증폭기가 이용하는 동작영역은 활성영역이다.

정답 3-1 ② 3-2 ① 3-3 ③ 3-4 ③ 3-5 ① 3-6 ②

핵심이론 04 | 증폭기의 각종 특성

(1) 진폭 일그러짐

트랜지스터의 입력전압의 과대, 동작점의 부적당에 의해 동작 범위가 특성 곡선의 비직선 부분을 포함하기 때문에 발생하는 일그러짐이다.

일그러짐률 $K = \dfrac{\sqrt{V_2^2 + V_3^2 + \cdots\cdots}}{V_1} \times 100[\%]$

여기서, V_1 : 기본파의 실횻값

$\quad\quad\quad V_2, \ V_3$: 제2, 제3의 고조파의 실횻값

(2) 주파수 일그러짐

① 주파수에 따른 증폭도가 달라 발생한다.

② 증폭회로 내에 포함된 L, C 소자의 리액턴스가 주파수에 따라 달라진다.

(3) 위상 일그러짐

입력전압에 포함된 다른 주파수 사이의 위상 관계가 출력에서 다르게 나타나서 발생한다.

(4) 잡음 특성

① **진공관 잡음** : 산탄 잡음과 플리커 잡음이 있다.

② **트랜지스터 잡음** : 진공관 잡음보다 크며, 주파수가 높아지면 감소하는 경향이 있다.

③ **열 잡음** : 증폭회로를 구성하는 저항체 내부의 자유 전자의 열 진동에 의한 잡음이다.

④ 잡음지수 $F = \dfrac{S_i/N_i}{S_o/N_o}$

※ 잡음지수가 1이 되는 것이 이상적이다.

4-1. 어떤 신호 증폭기의 입력전압(V_1)의 S/N비가 90, 출력전압(V_2)의 S/N비가 30이라면 이 증폭기의 잡음지수는?

① 0.33
② 3
③ 3.33
④ 2,700

4-2. 기본파의 전압이 100[V], 제2고조파의 전압이 4[V], 제3의 고조파의 전압이 3[V]일 때 왜율은?

① 5[%]
② 10[%]
③ 25[%]
④ 50[%]

4-3. 증폭기의 가장 이상적인 잡음 지수는?(단, 증폭기 내에서 잡음발생이 없음을 의미한다)

① 0
② 1
③ 100
④ ∞(무한대)

|해설|

4-1

$$f = \frac{S_i / N_i}{S_o / N_o} = \frac{90}{30} = 3$$

4-2

일그러짐률

$$K = \frac{\text{고조파의 실횻값}}{\text{기본파}} = \frac{\sqrt{V_2^2 + V_3^2 + V_4^2 \cdots}}{V_1} \times 100[\%]$$

$$\therefore K = \frac{\sqrt{4^2 + 3^2}}{100} \times 100 = \frac{5}{100} \times 100 = 5[\%]$$

4-3

잡음 지수

- 증폭기 자체 영향으로 원 신호에 잡음이 얼마나 부가적·누적적인가를 나타낸다.
- 이상적인 경우(증폭기 내에서 잡음발생이 없음을 의미) : 1(0[dB])

정답 **4-1** ② **4-2** ① **4-3** ②

핵심이론 05 | 연산 증폭기의 개요

(1) 이상적인 연산 증폭기의 특성

① 개방전압이득(A_{OL}) : 무한대(∞)

② 입력저항(R_{in}) : 무한대(∞)

③ 출력저항(R_{out}) : 0

④ 주파수 대역폭 : 무한대(∞)

⑤ 입력 바이어스 전류 : 0

⑥ 입력 오프셋 전압 : 0

⑦ 동상이득은 0이고 동상신호제거비(CMRR)가 무한대이다.

⑧ 온도에 의하여 특성이 변하지 않고 잡음이 없으며 지연 응답이 0이다.

⑨ 회로가 평형을 유지한다.

(2) 연산 증폭기의 파라미터

① 입력 오프셋 전압 : 신호가 없을 때 출력전압을 0[V]로 만들기 위해 두 입력 단자 사이에 인가해야 할 직류전압이다.

② 출력 오프셋 전압 : 입력을 0으로 줄 때 출력이 0이되어야 함에도 불구하고 출력단에 나타나는 전압이다.

③ 입력 바이어스 전류 : 입력 바이어스 전류(I_{BIAS})는 2개의 입력단자를 통하여 연산 증폭기 내부로 흘러 들어가는 직류전류의 평균값이다.

④ 입력저항(R_{in}) : 입력단자에 주어진 전압과 입력전류의 비를 나타내며, 입력 측에서 증폭기 입력 측을 '들여다 볼 때'의 저항값이다.

⑤ 출력저항(R_{out}) : 출력단자의 전압과 출력전류의 비를 나타내며, 출력 측에서 증폭기 출력 측을 '들여다 볼 때'의 저항값이다.

⑥ 개방전압이득(A_{OL}) : 외부 되먹임 회로가 연결되지 않은 상태에서의 전압이득이다.

⑦ 동상신호제거비(CMRR ; Common-Mode Rejection Ratio) : 동상신호를 제거하는 척도를 말하며 연산 증폭기의 성능척도의 중요한 요소이다.

$$\text{CMRR} = 20\log\frac{A_d}{A_c}[\text{dB}]$$

여기서, A_d : 차동이득(개방 루프 전압이득)

A_c : 동상이득

10년간 자주 출제된 문제

5-1. 이상적인 연산 증폭기에 대한 설명으로 옳지 않은 것은?

① 입력 임피던스가 무한대이다.
② 동상신호제거비가 0이다.
③ 입력 오프셋 전류가 0이다.
④ 출력 임피던스가 0이다.

5-2. 연산 증폭기에서 두 입력 단자가 접지되었을 때 두 출력 단자 사이에 나타나는 직류전압의 차는?

① 입력 오프셋 전압
② 출력 오프셋 전압
③ 입력 오프셋 전압 드리프트
④ 출력 오프셋 전압 드리프트

5-3. 이상적인 연산 증폭기의 주파수 대역폭으로 가장 적합한 것은?

① 0~100[kHz]   ② 100~1,000[kHz]
③ 1,000~2,000[kHz]   ④ 무한대(∞)

5-4. 연산 증폭기의 설명으로 틀린 것은?

① 직렬 차동 증폭기를 사용하여 구성한다.
② 연산의 정확도를 높이기 위해 낮은 증폭도가 필요하다.
③ 차동 증폭기에서 TR 특성의 불일치로 출력에 드리프트가 생긴다.
④ 직류에서 특정 주파수 사이의 되먹임 증폭기를 구성, 일정한 연산을 할 수 있도록 한 직류 증폭기이다.

| 해설 |

5-1
이상적인 연산 증폭기의 동상신호제거비(CMRR)는 무한대이다.

5-2
'두 입력 단자가 접지되었을 때'라는 말은 입력이 0이라는 의미이며, 입력을 0으로 줄 때 출력이 0이 되어야 함에도 불구하고 출력단에 나타나는 전압을 출력 오프셋 전압이라고 한다.

5-3
이상적인 연산 증폭기의 주파수 대역폭(BW)은 ∞이다.

5-4
연산 증폭기의 정확도를 높이기 위한 조건
• 큰 증폭도와 좋은 안정도가 필요하다.
• 많은 양의 음되먹임을 안정하게 걸 수 있어야 한다.
• 좋은 차단 특성을 가져야 한다.

정답 **5-1** ② **5-2** ② **5-3** ④ **5-4** ②

핵심이론 06 | 연산 증폭기를 이용한 증폭회로

(1) 반전 연산 증폭기

입력전압과 출력전압의 위상차가 180°이다.

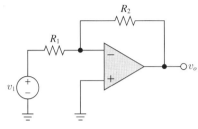

전압이득 $A_V = \dfrac{V_o}{V_i} = -\dfrac{R_2}{R_1}$

(2) 비반전 연산 증폭기

입력전압과 출력전압의 위상차가 없다.

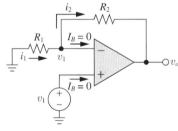

전압이득 $A_V = \dfrac{V_o}{V_i} = \left(1 + \dfrac{R_2}{R_1}\right)$

(3) 버퍼 증폭기

① 높은 입력 임피던스와 낮은 출력 임피던스를 갖는다.

② 구동회로의 부하 효과를 막는 완충 증폭회로(Buffer)
   로 적합하다.

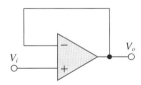

전압이득 $A_V = \dfrac{V_o}{V_i} = 1$

6-1. 다음과 같은 회로에서 출력 V_o는?

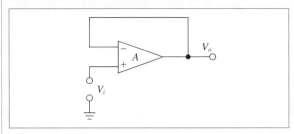

① ∞ ② 1

③ V_i ④ $-V_i$

6-2. 다음 회로에서 $R_1 = R_f$일 때 적합한 명칭은?

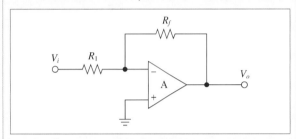

① 적분기   ② 감산기
③ 부호변환기   ④ 전류증폭기

6-3. 다음 연산 증폭기에서 출력전압(V_o)과 입력전압(V_i)의
위상 관계는?

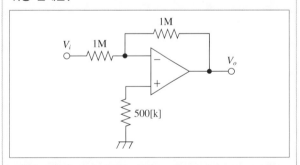

① 동위상   ② 역위상
③ 90°차   ④ 45°차

6-1

DC 전압 플로어(버퍼 증폭기)로 $A = \dfrac{V_o}{V_i} = 1$이 되어서 출력전압이 입력전압을 그대로 따라서 변한다.

6-2

$R_1 = R_f$이면 증폭도 $A = \dfrac{V_o}{V_i} = -\dfrac{R_f}{R_1} = -1$이 되므로 입력의 부호만 바뀌는 부호변환기가 된다.

6-3

$V_o = -\dfrac{R_f}{R_i} V_i$, $R_f = R_i$이므로, $V_o = -V_i$

그러므로 출력전압과 입력전압의 위상은 역위상(180°)이다.

정답 6-1 ③ 6-2 ③ 6-3 ②

핵심이론 07 | 연산 증폭기를 이용한 연산회로

(1) 가산기

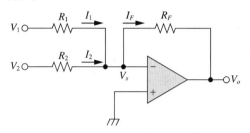

$$V_o = -I_F R_F = -(I_1 + I_2) R_F$$
$$= -\left\{\left(\frac{R_F}{R_1}\right)V_1 + \left(\frac{R_F}{R_2}\right)V_2\right\}$$

입력 저항의 값이 $R_i = R_1 = R_2$이면

$$V_o = -\frac{R_F}{R_i}(V_1 + V_2)$$

(2) 감산기

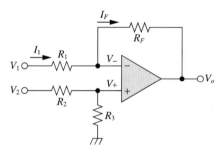

① 반전 입력전압 V_1만 존재하며 $V_2 = 0$일 때

$$V_{o1} = -\left(\frac{R_F}{R_1}\right)V_1$$

② 비반전 입력전압 V_2만 존재하며 $V_1 = 0$일 때

$$V_{o2} = \left(1 + \frac{R_F}{R_1}\right)V_2 = \left(1 + \frac{R_F}{R_1}\right)\left(\frac{R_3}{R_2 + R_3}\right)V_2$$

③ V_1, V_2가 모두 존재하며, $\dfrac{R_F}{R_1} = \dfrac{R_3}{R_2}$이면

$$V_o = V_{o1} + V_{o2} = \frac{R_F}{R_1}(V_2 - V_1)$$

(3) 미분기

입력 신호   출력 신호
(미분된 신호)

[미분기]

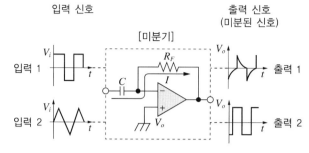

입력 1

입력 2

$$V_o = -R_F I = -R_F C \frac{dV_i}{dt}$$

(4) 적분기

입력 신호   출력 신호
(미분된 신호)

[적분기]

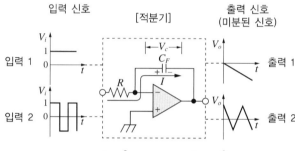

입력 1

입력 2

$$V_o = -V_C = -\frac{1}{C} \int I dt = -\frac{1}{RC_F} \int V_i dt$$

7-1. 다음의 회로에서 출력전압 V_o는?

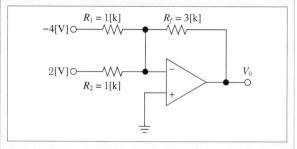

① -2[V]　　　　　　② 2[V]
③ -6[V]　　　　　　④ 6[V]

7-2. 그림과 같은 연산 증폭기는 무슨 회로인가?

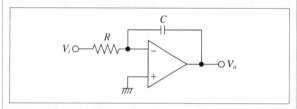

① 적분기
② 미분기
③ 이상기
④ 부호변환기

7-3. 구형파의 입력을 가하여 폭이 좁은 트리거 펄스를 얻는 데 사용되는 회로는?

① 미분회로
② 적분회로
③ 발진회로
④ 클리핑회로

7-1

가산기로서

$$V_o = -\left(\frac{R_f}{R_1}V_1 + \frac{R_f}{R_2}V_2\right)$$

$$= -\left(\frac{3k}{1k}\times(-4) + \frac{3k}{1k}\times2\right) = 6[\text{V}]$$

7-2

입력에 저항을, 궤환에는 콘덴서를 사용하는 회로는 적분회로이고, 반대로 입력에 콘덴서를, 궤환에는 저항을 사용하는 회로는 미분회로이다.

7-3

미분회로
- 직사각형파로부터 폭이 좁은 트리거 펄스를 얻는 데 자주 쓰인다(단, RC≪Tw).
- 입력이 가해지는 순간만 전류가 흐른다.
- 입력이 0으로 되면 그동안 순간적인 역방향 전류가 흐른다.

정답 7-1 ④ 7-2 ① 7-3 ①

제7절 발진회로

핵심이론 01 | RC 발진회로

(1) 발진의 조건

① 진폭 조건 : 발진회로에 전원을 걸어 주고 출력전압이 증가하여 안정 상태에 이르려면 루프이득 $\beta A > 1$ 조건을 만족해야 한다.

② 위상 조건 : 발진 출력이 되먹임회로를 통해 입력에 가해졌을 때에는 더해지는 신호와 이전의 입력부에 가해지던 신호의 위상이 서로 일치해야 한다. 즉, 두 신호의 위상차 $\theta = 0°$ 조건을 만족해야 한다.

③ 지속 조건 : 출력전압이 증가하기 시작하여 일정 세기에 도착하면 더 이상 증가하지 않고, 현재 상태가 지속되려면 $\beta A = 1$ 조건을 만족해야 한다.

(2) RC 발진회로

① 되먹임회로를 구성하기 위해 저항(R)과 커패시터(C)를 핵심 소자로 사용한 발진기이다.

② 저주파 특성이 우수하다.

(3) RC 발진회로의 종류

① 위상 변이(이상형) 발진회로(Phase Shift Oscillator)

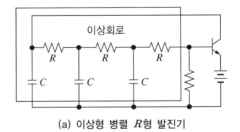

(a) 이상형 병렬 R형 발진기

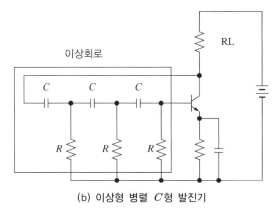

이상회로

(b) 이상형 병렬 C형 발진기

㉠ 저항과 콘덴서를 조합시킨 이상회로에 의해서 출력 전압을 동상으로 입력 측에 궤환시켜 발진시킨다.

㉡ 발진 주파수 : $f_o = \dfrac{1}{2\pi\sqrt{6}\,RC}$[Hz]

㉢ LC 발진기에 비해 주파수 범위가 좁고, 발진 주파수의 가변이 어려우며 능률도 나쁘다.

② 빈 브리지(Wien-bridge) 발진회로

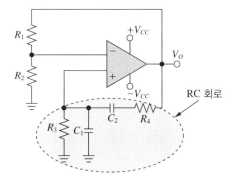

RC 회로

㉠ 이상형 RC 발진회로보다 안정도가 좋고 주파수 가변이 용이하며, RC 저주파 발진기의 대표적인 것이다.

㉡ 발진 주파수 : $f_o = \dfrac{1}{2\pi\sqrt{R_3 R_4 C_1 C_2}}$[Hz]

$C_1 = C_2 = C$, $R_3 = R_4 = R$이라고 하면

$f_o = \dfrac{1}{2\pi RC}$[Hz]

1-1. 주로 100[kHz] 이하의 저주파용 정현파 발진회로로 가장 많이 사용되는 것은?

① 블로킹 발진회로 ② 수정 발진회로
③ 톱니파 발진회로 ④ RC 발진회로

1-2. 발진회로에서 증폭회로의 증폭도를 A, 궤환회로의 궤환율을 β라 할 때 발진 조건은?

① $A = \beta$ ② $A\beta < 1$
③ $A\beta \geq 1$ ④ $A\beta = 0$

1-3. 이상형 병렬 저항형 CR 발진회로의 발진 주파수는?

① $f_o = \dfrac{1}{2\pi\sqrt{6}\,CR}$ ② $f_o = \dfrac{1}{2\pi\sqrt{6CR}}$

③ $f_o = \dfrac{1}{2\pi LC}$ ④ $f_o = \dfrac{\sqrt{6}}{2\pi CR}$

1-4. 다음 중 저주파 발진기로 가장 적합한 것은?

① CR 발진기 ② 콜피츠 발진기
③ 수정 발진기 ④ 하틀리 발진기

|해설|

1-1

이상형 RC 발진회로

• 컬렉터 측의 출력전압의 위상을 $180°$ 바꾸어 입력 측 베이스에 양되먹임 되어 발진하는 발진기로 저주파용 정현파 발진회로로 많이 사용한다.

• 입력 임피던스는 크고, 출력 임피던스가 작은 증폭회로이다.

• $A_V \geq 29$

1-2

출력신호가 입력으로 정궤환되는 경우 $A\beta = 1$이 되어 발진하게 되며, $A\beta = 1$을 바크하우젠(Barkhausen)의 발진 조건이라 한다.

1-4

• CR 발진회로 : 낮은 주파수, 콘덴서 저항만으로 궤환회로 구성, 이상형 및 빈 브리지형

• 콜피츠 발진회로 : 높은 주파수, VHF, UHF 대역

정답 1-1 ④ 1-2 ③ 1-3 ① 1-4 ①

| 핵심이론 02 | LC 발진회로

(1) LC 발진회로

① 되먹임회로(β회로)가 L과 C만으로 이루어진 발진기를 말한다.

② LC 발진회로의 종류

　㉠ 콜피츠 발진회로

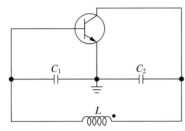

[콜피츠 발진회로]

발진 주파수(C_1, C_2를 동일한 값으로 구성할 경우) : $f_o = \dfrac{1}{2\pi\sqrt{LC}}\,[\mathrm{Hz}]\left(\text{단, } C = \dfrac{C_1\,C_2}{C_1 + C_2}\right)$

　㉡ 하틀리 발진회로

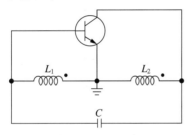

[하틀리 발진회로]

발진 주파수 :

$$f_o = \dfrac{1}{2\pi\sqrt{LC}}\,(\text{단, } L = L_1 + L_2)[\mathrm{Hz}]$$

2-1. 컬렉터(Collector) 동조형 LC 발진회로의 증폭기는 어느 방식으로 동작시키는 것이 적합한가?

① A급　　　　　　② B급
③ C급　　　　　　④ AB급

2-2. 다음 회로가 콜피츠 발진회로인 경우 각 임피던스의 소자를 알맞게 선택한 것은?

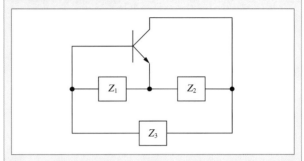

① $Z_1 : C_1,\ Z_2 : C_2,\ Z_3 : C_3$
② $Z_1 : C_1,\ Z_2 : C_2,\ Z_3 : L$
③ $Z_1 : L_1,\ Z_2 : L_2,\ Z_3 : C$
④ $Z_1 : L_1,\ Z_2 : L_2,\ Z_3 : L_3$

| 해설 |

2-1
LC 발진회로는 일정 주파수로 지속 진동을 시키는 것이므로 출력회로에 공진회로를 구비하고 능률이 좋은 C급을 사용한다.

2-2
콜피츠 발진회로의 경우
• Z_1 : 용량성
• Z_2 : 용량성
• Z_3 : 유도성

정답 2-1 ③　2-2 ②

핵심이론 03 | 수정 발진회로

(1) 압전기 현상

수정편에 압력이나 장력을 가하면 표면에 정(+), 부(−)의 전하가 나타나는 현상을 말한다.

(2) 수정 진동자의 등가회로

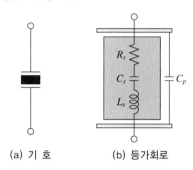

(a) 기 호   (b) 등가회로

① 직렬 공진 주파수 $f_s = \dfrac{1}{2\pi\sqrt{L_s C_s}}\,[\mathrm{Hz}]$

② 병렬 공진 주파수 $f_p = \dfrac{1}{2\pi\sqrt{L_s\left(\dfrac{C_s C_p}{C_s + C_p}\right)}}\,[\mathrm{Hz}]$

(3) 수정 발진회로의 특징

① 주파수 안정도가 좋다(10^{-6} 정도).
② 수정진동자의 Q가 매우 높다($10^{-4}\sim10^{6}$).
③ 수정진동자는 기계적으로나 물리적으로 안정하다.
④ 발진조건을 만족하는 유도성 주파수 범위가 대단히 좁다.
⑤ 수정편에 항온조 등을 이용하므로 주위 온도의 영향이 작다.

(4) 수정 발진회로의 종류

① 피어스 BE(Pierce B-E) 발진기
　㉠ 수정진동자가 이미터와 베이스 사이에 존재한다.
　㉡ 하틀리 발진회로와 유사하다.
　㉢ 공진 주파수를 발진 주파수보다 높게 하여 유도성 이 되도록 조정한다.

② 피어스 BC(Pierce B-C) 발진기
　㉠ 수정진동자가 컬렉터와 베이스 사이에 존재한다.
　㉡ 콜피츠 발진회로와 유사하다.

(5) 수정 발진 주파수의 변동 원인과 대책

① 부하의 변동 : 발진부와 부하를 격리시키는 완충 증폭기(Buffer Amplifier)를 사용한다.
② 주위 온도의 변화 : 발진회로 전체를 항온조(Thermostatic Oven)에 넣는다.
③ 전원전압의 변화 : 정전압회로를 사용한다.
④ 능동 소자의 상수 변화 : 대개 전원, 온도에 의한 변동 이므로 정전압회로, 온도보상회로 등의 사용으로 해결한다.

10년간 자주 출제된 문제

3-1. 다음 그림과 같은 회로의 명칭은?

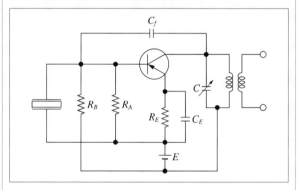

① 피어스 C-B형 발진회로
② 피어스 B-E형 발진회로
③ 하틀리 발진회로
④ 콜피츠 발진회로

3-2. 수정발진기에 대한 설명 중 틀린 것은?

① 안정도가 높다.
② 기계식 진동소자이다.
③ 수정을 발진자로 이용한다.
④ Q값이 낮다.

3-3. 수정발진기는 수정진동자의 어떤 전기적인 특성을 이용하는가?

① 제베크효과   ② 압전기현상

③ 펠티에효과   ④ 전자유도현상

3-4. 발진회로의 주파수 변동 원인과 대책으로 거리가 먼 것은?

① 부하의 변동 – 완충증폭기 사용

② 주위온도 변화 – 항온조 사용

③ 부품 특성 변화 – 직렬회로를 사용

④ 전원전압 변동 – 정전압회로 사용

|해설|

3-1

피어스 B-E형 발진회로 : 수정진동자가 이미터와 베이스 사이에 있다.

3-2

수정진동자의 Q는 매우 높다($10^{-4} \sim 10^6$).

3-4

수정 발진 주파수의 변동 원인과 대책

- 부하의 변동 : 발진부와 부하를 격리시키는 완충 증폭기(Buffer Amplifier)를 사용한다.
- 주위 온도의 변화 : 발진회로 전체를 항온조(Thermostatic Oven)에 넣는다.
- 전원전압의 변화 : 정전압회로를 사용한다.
- 능동 소자의 상수 변화 : 대개 전원, 온도에 의한 변동이므로 정전압회로, 온도보상회로 등의 사용으로 해결한다.

정답 3-1 ② 3-2 ④ 3-3 ② 3-4 ③

제8절 | 디지털회로

핵심이론 01 | 펄스회로

(1) 이상적인 펄스 파형

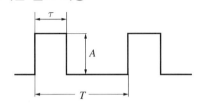

여기서, A : 펄스의 진폭

τ : 펄스폭

T : 주기

① 주파수 $f = \dfrac{1}{T}$ [Hz]

② 점유비 : 펄스가 존재하는 부분의 펄스 점유 비율을 말한다.

점유비 $D = \dfrac{\tau}{T} \times 100$ [%]

(2) 실제의 펄스 파형

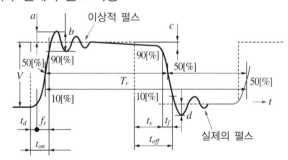

① 지연시간(t_d) : 이상적인 펄스의 상승시각부터 진폭 V의 10[%]까지 이르는 실제 펄스시간이다.

② 상승시간(t_v) : 실제의 펄스가 이상적 펄스의 진폭의 10[%]에서 90[%]까지 이르는 실제의 펄스시간이다.

③ 축적시간(Storage Time)(t_s) : 이상적인 펄스의 하강 시간에서 실제의 펄스가 진폭 V의 90[%]가 되기까지의 시간이다.

④ 하강시간(t_f) : 실제의 펄스가 이상적인 펄스의 진폭의 90[%]에서 10[%]까지 내려가는 데 걸리는 시간이다.

⑤ 펄스폭(τ_w) : 펄스 파형이 상승 및 하강의 진폭 V의 50[%]가 되는 구간의 시간이다.

⑥ 오버슈트(Over Shoot)(t_{over}) : 상승 파형에서 이상적 펄스파의 진폭 V보다 높은 부분의 높이 a를 말하며 이 양은 $\left(\dfrac{a}{V}\right) \times 100[\%]$로 나타낸다.

⑦ 언더슈트(Under Shoot)(t_{under}) : 하강 파형에서 이상적 펄스파의 기준 레벨보다 아랫부분의 높이 d를 말하며 이 양은 $\left(\dfrac{d}{V}\right) \times 100[\%]$로 나타낸다.

⑧ 새그(Sag)(c) : 펄스 윗부분의 경사도이다.

⑨ 링잉(Ringing)(b) : 높은 주파수에서 공진되기 때문에 생기는 것으로 펄스 상승 부분의 진동의 정도이다.

⑩ 턴 온 시간 : 이상적 펄스파의 상승시간에서 진폭 V의 90[%]까지 상승하는 시간이다.

　　턴 온 시간 = 지연시간 + 상승시간

⑪ 턴 오프 시간 : 이상적 펄스파의 하강시간에서 진폭 V의 10[%]까지 하강하는 시간이다.

　　턴 오프 시간 = 축적시간 + 하강시간

(3) 시정수

입력 신호가 변화할 때 출력 신호가 반응하여 정상 상태에 도달하는 속도, 즉 입력 신호에 대해 응답하는 속도이다.

$\tau = RC\,[\sec]$

충전할 때는 63.2[%], 방전할 때는 36.8[%]에 도달하는 데 걸리는 시간이다.

핵심이론 02 | 파형 정형회로

(1) 클리퍼

입력 파형을 일정 크기 이상 또는 이하로 잘라내어 출력 파형을 얻는 회로이다.

① 피크 클리퍼

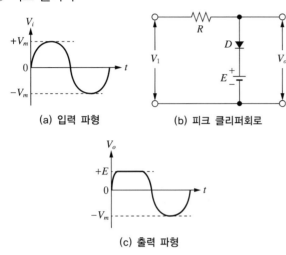

(a) 입력 파형   (b) 피크 클리퍼회로

(c) 출력 파형

② 베이스 클리퍼

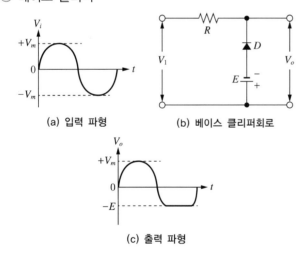

(a) 입력 파형   (b) 베이스 클리퍼회로

(c) 출력 파형

(2) 클램퍼

클램퍼는 입력 신호의 (+), (−)의 피크를 어느 기준 레벨로 바꾸어 고정시키는 회로이다.

① 양 클램퍼 : 출력 파형의 기준 레벨을 0[V]로 고정하고 출력 파형을 만드는 회로이다.

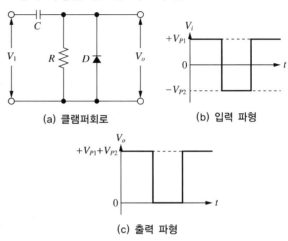

(a) 클램퍼회로   (b) 입력 파형

(c) 출력 파형

② 음 클램퍼 : 기준 레벨이 0[V]로 고정하고 음(−) 부분으로 출력 파형을 만드는 회로이다.

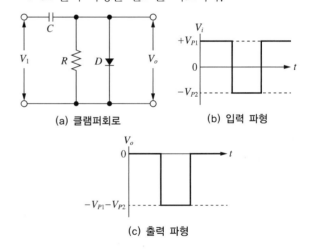

(a) 클램퍼회로   (b) 입력 파형

(c) 출력 파형

③ 레벨 클램퍼 : 클램퍼의 기준 전압 레벨을 임의 전압으로 고정하여 파형을 출력하는 회로이다.

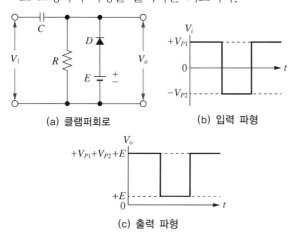

(a) 클램퍼회로

(b) 입력 파형

(c) 출력 파형

(3) 리미터(Limiter)

진폭 제한회로로 입력 파형의 위아래를 잘라 버린 회로이다.

(4) 슬라이서(Slicer)

클리핑 레벨의 위 레벨과 아래 레벨 사이의 간격을 좁게 하여 입력 파형의 어느 부분을 잘라내는 회로이다.

(5) 멀티바이브레이터회로

① 비안정 멀티바이브레이터 : 2개의 비안정 상태(일시적 안정 상태)를 가진다.

② 단안정 멀티바이브레이터 : 하나의 안정 상태와 하나의 준안정 상태를 가진다.

③ 쌍안정 멀티바이브레이터 : 2개의 안정 상태를 가진다. 분주회로, 계산기, 계수기억회로, 2진 계수회로 등에 사용한다.

10년간 자주 출제된 문제

2-1. 멀티바이브레이터에서 비안정, 단안정, 쌍안정의 구분은 무엇으로 결정되는가?

① 결합회로의 구성
② 전원전류의 크기
③ 전원전압의 크기
④ 바이어스 전압의 크기

2-2. 쌍안정 멀티바이브레이터에 대한 설명 중 적합하지 않은 것은?

① 플립플롭회로이다.
② 분주기, 2진 계수회로 등에 많이 사용된다.
③ 입력 트리거 펄스 1개마다 1개의 출력 펄스를 얻는다.
④ 저항과 병렬로 연결되는 스피드업(Speed Up) 콘덴서가 2개 쓰인다.

2-3. 클리퍼(Clipper)에 대한 설명으로 가장 옳은 것은?

① 임펄스를 증폭하는 회로이다.
② 톱니파를 증폭하는 회로이다.
③ 구형파를 증폭하는 회로이다.
④ 파형의 상부 또는 하부를 일정한 레벨로 잘라내는 회로이다.

2-4. 그림과 같이 회로에 입력을 주었을 때 출력 파형은 어떻게 되는가?

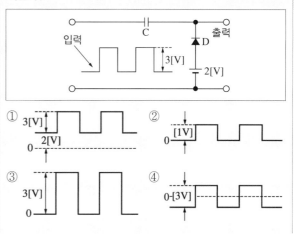

핵심이론 03 | 플립플롭(Flip-flop)회로

(1) RS 플립플롭(Flip-flop)

① 2개의 입력 단자 S(Set)와 R(Reset)을 가지고 있으며 이들 입력의 상태에 따라서 출력이 정해진다.

② 출력의 상태가 한번 결정되면 입력을 0으로 하여도 출력 상태는 그대로 유지되므로, 래치(Latch)회로라고도 한다.

※ NOR 게이트에 의한 RS 플립플롭

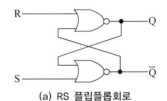

(a) RS 플립플롭회로

S	R	Q_{n+1}
0	0	Q_n
0	1	0
1	0	1
1	1	불확정

(b) 진리표   (c) 논리기호

(2) JK 플립플롭

① RS 플립플롭에서는 R = 1, S = 1인 입력이 들어오면 동작이 불확정 상태로 된다. JK 플립플롭에서는 R = 1, S = 1일 때에도 확실한 출력 상태를 나타낼 수 있도록 RS 플립플롭의 출력을 AND 게이트를 통해 궤환을 건 회로이다.

② JK 플립플롭은 RS, D, T 플립플롭의 동작을 모두 실현시킬 수 있어서 실용 범위가 매우 넓다. 따라서 기억 장치나 카운터 등 디지털회로의 기본적인 회로에 널리 사용되고 있다.

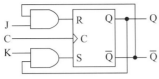

(a) RS 플립플롭에서의 변화

J	K	Q_{n+1}
0	0	Q_n
0	1	0
1	0	1
1	1	$\overline{Q_n}$

(b) 진리표

(c) 논리기호

(3) D 플립플롭

① 데이터 입력 신호 D가 그대로 출력 Q에 전달되는 특성을 갖는다.

② D 플립플롭은 데이터의 일시적인 보존이나 디지털 신호의 지연 등에 이용된다.

입 력		출 력
C	D	Q_{n+1}
0	x	Q_n
1	1	1
1	0	0

(a) 진리표

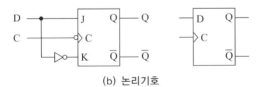

(b) 논리기호

(4) T 플립플롭

① JK 플립플롭의 입력 J와 K를 묶어서 하나의 데이터 입력 단자로 한 것이다.

② T 플립플롭은 클록펄스가 가해질 때마다 출력 상태가 반전하는 토글(Toggle) 또는 스위칭 작용을 하므로 계수기에 사용된다.

③ T 플립플롭의 "T"는 토글(Toggle) 또는 트리거(Tri-gger)의 "T"를 사용한 것이다.

T	Q_{n+1}
0	Q_n
1	$\overline{Q}_n$

(a) 진리표

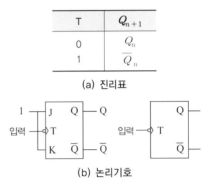

(b) 논리기호

3-1. 다음 중 RS 플립플롭(Flip-flop)에서 진리표가 R = 1, S = 1일 때, 출력은?(단, 클록펄스는 1이다)

① 0

② 1

③ 불 변

④ 불 능

3-2. JK 플립플롭을 이용하여 D 플립플롭을 만들 때 필요한 논리 게이트(Gate)는?

① AND

② NOT

③ NAND

④ NOR

3-3. JK 플립플롭의 J입력과 K입력을 묶어서 1개의 입력 형태로 변경한 것은?

① RS 플립플롭

② D 플립플롭

③ T 플립플롭

④ 시프트 레지스터

3-4. JK Flip-flop에서 입력이 J = 1, K = 1일 때 Clock Pulse가 계속 들어오면 출력의 상태는?

① Toggle

② Set

③ Reset

④ 동작불능

|해설|

3-1

R S	Q_{n+1}
0 0	Q_n
0 1	1
1 0	0
1 1	불 능

Q_n : 앞의 상태 유지

3-2

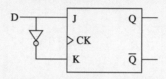

3-3

T 플립플롭은 JK 플립플롭의 입력 J와 K를 묶어서 하나의 데이터 입력 단자로 한 것이다.

3-4

JK 플립플롭

J	K	Q_{n+1}
0	0	Q_n
0	1	0
1	0	1
1	1	$\overline{Q_n}$

정답 3-1 ④ 3-2 ② 3-3 ③ 3-4 ①

핵심이론 01 | 아날로그 변복조회로

(1) 변 조

고주파에 저주파 신호를 포함시키는 과정이다.

(2) 진폭 변조(AM ; Amplitude Modulation)

① 반송파의 진폭을 신호파의 진폭에 따라 변화하게 하는 방법이다.

② 변조도

$$m = \frac{\text{신호파의 진폭 } I_{sm}}{\text{반송파의 진폭 } I_{cm}} \times 100[\%]$$

③ 변조도의 특징

  ㉠ $I_{sm} = I_{cm}$이면 변조도 $m = 1$이 되어 100[%] 변조가 되므로, 변조 상태가 가장 좋다.

  ㉡ $I_{sm} > I_{cm}$이면 $m > 1$이 되어 과변조 현상이 발생하고 일시적으로 출력이 0이 되며, 수신 측에서는 복조 시에 일그러짐이 발생한다.

(3) 주파수 변조(FM ; Frequency Modulation)

① 반송파의 진폭을 일정하게 유지하고 반송파의 순시 주파수를 신호파의 진폭에 따라 변화시키는 변조 방식이다.

② 최대 주파수 편이 : 반송 주파수 f_c를 중심으로 변조에 의한 최대 주파수 변화분을 말한다.

③ 변조 지수 : 주파수 편이 $\triangle f_c$와 주파수 f_s의 비를 말한다.

$$m_f = \frac{\triangle f_c}{f_s}$$

④ 실용적 주파수 대역폭

$$B = 2f_s(m_f + 1) = 2(\triangle f_c + f_s)$$

(4) 위상 변조(PM ; Phase Modulation)

정보 신호의 특성에 따라 반송파의 위상을 변화시키는 변조 방식이다.

10년간 자주 출제된 문제

1-1. 주파수변조에 대한 설명으로 가장 적합한 것은?

① 신호파에 따라 반송파 진폭을 변화시키는 것
② 신호파에 따라 반송파의 위상을 변화시키는 것
③ 신호파에 따라 반송파의 주파수를 변화시키는 것
④ 신호파에 따라 펄스의 위상을 변화시키는 것

1-2. 진폭변조의 경우 변조 파형의 최대치를 45[mm], 최소치를 5[mm]라 하면 이때의 변조도는 몇 [%]인가?

① 60
② 70
③ 80
④ 90

1-3. 과변조(Over Modulation)한 전파를 수신하면 어떤 현상이 발생하는가?

① 음성파 출력이 크다.
② 음성파 전력이 작다.
③ 검파기가 과부하된다.
④ 음성파가 많이 일그러진다.

|해설|

1-1

주파수변조 : 신호파의 순시값에 따라서 반송파의 주파수를 변화시키는 방식의 변조이다.

1-2

$$m = \frac{A-B}{A+B} \times 100[\%] = \frac{45-5}{45+5} \times 100 = 80[\%]$$

1-3

$m > 1$

• 과변조 → 위상 반전
• 일그러짐이 생김
• 순간적으로 음이 끊김
• 혼 신

정답 1-1 ③ 1-2 ③ 1-3 ④

(1) 디지털변조

① 진폭편이변조(ASK) : 신호 파형의 값에 따라 반송파의 진폭을 편이시켜서 전송하는 방식이다.

② 주파수편이변조(FSK) : 신호 파형의 값에 따라 반송파의 주파수를 편이시켜서 전송하는 방식이다.

③ 위상편이변조(PSK) : 신호 파형의 값에 따라 반송파의 위상을 편이시켜서 전송하는 방식이다.

④ 직교진폭변조(QAM) : 독립된 2개의 반송파인 동상 (Inphase) 반송파와 직각 위상(Quadrature) 반송파의 진폭과 위상을 변환·조정하여 데이터를 전송하는 변조방식이다.

(2) 펄스변조방식

① 펄스진폭변조(PAM) : 펄스의 폭 및 주기를 일정하게 하고 신호파에 따라서 그 진폭만을 변화시키는 방식이다.

② 펄스폭변조(PWM) : 펄스의 위상이나 진폭은 일정하게 하고 신호파의 크기에 따라서 펄스의 폭을 변화시켜 변조하는 방식이다.

③ 펄스위상변조(PPM) : 펄스의 진폭과 폭을 일정하게 하고 신호파의 크기에 따라 펄스의 위치를 바꾸어 변조하는 방식이다.

④ 펄스주파수변조(PFM) : 펄스의 폭이나 진폭은 일정하게 하고 신호파의 크기에 따라서 펄스의 반복 주파수를 바꾸어 변조하는 방식이다.

(3) 펄스부호변조(PCM) 과정

표본화 → 양자화 → 부호화

2-1. 다음 중 디지털변조에 속하지 않는 것은?

① PM
② FSK
③ ASK
④ QAM

2-2. 정보가 부호화되어 있는 변조방식은?

① PAM
② PWM
③ PCM
④ PPM

2-3. 음성 신호를 펄스부호변조(PCM)방식을 통해 송신 측에서 디지털 신호로 변환하는 과정으로 옳은 것은?

① 표본화 → 양자화 → 부호화
② 부호화 → 양자화 → 표본화
③ 양자화 → 부호화 → 표본화
④ 양자화 → 표본화 → 부호화

|해설|

2-1

디지털변조의 종류

- ASK(Amplitude Shift Keying) : 진폭편이변조
- FSK(Frequency Shift Keying) : 주파수편이변조
- PSK(Phase Shift Keying) : 위상편이변조
- QAM(Quadrature Amplitude Modulation) : 직교진폭변조

2-2

③ PCM : 정보가 부호화되어 있는 변조방식
① PAM : AM회로의 디지털화
② PWM : FM회로의 디지털화
④ PPM : 모뎀 등에서 사용하는 위상변조

2-3

펄스부호변조(PCM ; Pulse Code Modulation)

정보를 일정 간격의 시간으로 샘플링하여 펄스진폭변조(PAM) 신호를 얻은 다음(표본화) 이를 다시 양자화기를 거쳐 각 진폭값을 평준화하고(양자화), 이 양자화된 값에 2진 부호값을 할당함으로써 수행된다(부호화).

정답 2-1 ① 2-2 ③ 2-3 ①

CHAPTER 02 전자계산기 일반

제1절 | 컴퓨터의 구조 일반

핵심이론 01 | 컴퓨터의 기본적 구조

(1) 컴퓨터의 특징

① 자동성

② 기억성

③ 신속성

④ 범용성

⑤ 정확성

⑥ 동시성

⑦ 신뢰성

(2) 컴퓨터의 구성 요소

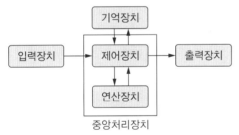

① **입력장치** : 사용자가 입력하고자 원하는 인자(데이터)
를 컴퓨터의 기억장치에 전달한다.

예 키보드, 마우스, 통신 포트, 센서 등

② **출력장치** : 처리한 데이터(출력 값)를 출력장치를 통
해서 사용자에게 전달한다.

예 모니터, 스피커, 프린터 등

③ **기억장치** : 임시기억장치인 레지스터, 주기억장치인
메인메모리 그리고 보조기억장치인 하드디스크 등이
있다.

④ **연산장치** : +, −, ×, ÷ 등의 연산을 수행하는 장치로
서, 주로 산술논리연산장치(ALU ; Arithmetic Logic
Unit)라고 한다.

⑤ **제어장치** : 각 하드웨어 구성요소(입출력장치, 산술논
리연산장치, 기억장치 등)를 순서에 맞추어 동작시키
기 위해 제어신호를 내보내는 장치이다.

1-1. 전자계산기의 특징에 속하지 않는 것은?

① 신속한 처리 속도　　② 창의성
③ 정확성　　　　　　　④ 신뢰성

1-2. 컴퓨터와 오퍼레이터 사이에 필요한 정보를 주고받을 수 있는 장치는?

① 자기디스크　　　　　② 라인프린터
③ 콘 솔　　　　　　　④ 데이터 셀

1-3. 입출력장치에 대한 설명으로 옳지 않은 것은?

① 대표적인 출력장치로는 프린터, 모니터, 플로터 등이 있다.
② 스캐너는 그림이나 사진, 문서 등을 이미지 형태로 입력하는 장치이다.
③ 광학마크판독기(OMR)는 특정한 의미를 지닌 굵고 가는 막대로 이루어진 코드를 판독하는 입력장치이며 판매 시점 관리시스템에 주로 사용한다.
④ 디지타이저는 종이에 그려져 있는 그림, 차트, 도형, 도면 등을 판 위에 대고 각각의 위치와 정보를 입력하는 장치이며 CAD/CAM 시스템에 사용한다.

|해설|

1-1
전자계산기의 특징 : 자동성, 기억성, 신속성, 범용성, 정확성, 동시성, 신뢰성

1-2
콘솔(Console) : 컴퓨터의 조작원과 데이터 처리 시스템과의 사이에 교신을 위해 사용하는 단말장치의 하나로 오퍼레이터가 컴퓨터에 지령을 주는 경우에 사용하는 제어반(Control Panel)을 콘솔이라 한다.

1-3
③은 바코드스캐너에 대한 설명이다.
※ 광학마크판독기(OMR) : 카드 또는 카드 모양 용지의 미리 지정된 위치에 검은 연필이나 사인펜 등으로 그려진 마크를 광 인식에 의해 읽는 장치이다.

정답 1-1 ②　1-2 ③　1-3 ③

핵심이론 02 │ 중앙처리장치의 구성

(1) 중앙처리장치(CPU ; Central Process Unit)
연산장치와 제어장치를 합쳐서 중앙처리장치 또는 CPU라고 하며, 컴퓨터의 두뇌에 해당하는 부분이다.

(2) 중앙처리장치의 구성

① 제어장치 : 컴퓨터 프로그램을 구성하고 있는 명령어들을 해독(Decode)하고 명령어 실행에 필요한 제어 신호를 발생하는 장치로 각 장치에 필요한 제어 신호를 보내어 명령어가 순차적으로 처리되도록 한다.
　㉠ 기억 레지스터 : 주기억장치에서 읽어온 명령어를 일시적으로 저장한다.
　㉡ 명령 레지스터 : 현재 수행 중인 명령어를 기억하는 레지스터이다.
　㉢ 명령 해독기 : 명령 레지스터에 저장된 명령어의 연산 코드 필드를 전달받아 명령어를 해독하여 각 장치에 제어 신호를 보낸다.
　㉣ 번지 레지스터 : 명령어 레지스터에 저장된 명령어의 주소 번지를 저장한다.
　㉤ 명령 계수기 : 다음에 수행할 명령어의 주소 번지를 저장한다.

② 연산장치 : 중앙처리장치의 내부 구성요소 중 하나로 수치 및 논리 데이터에 대한 실제연산이 수행되는 장치이다.
　㉠ 프로그램카운터(PC) : CPU가 다음에 처리해야 할 명령이나 데이터의 메모리 주소를 지시한다.
　㉡ 누산기 : 연산에 필요한 데이터를 제공받아 보관하거나 가산기로부터 연산 결과를 받아 보관한다.
　㉢ 데이터 레지스터 : 연산에 사용되는 데이터가 2개 이상일 때 주기억장치에서 읽어 들인 데이터를 임시로 보관한다.
　㉣ 가산기 : 누산기와 데이터 레지스터의 값을 더하여 누산기에 저장한다.

ⓜ 상태 레지스터 : 연산의 결과가 양수, 0, 음수인지를 판정하거나 또는 자리올림(Carry)이나 넘침(Overflow)이 발생했는지 등의 연산에 관계되는 상태를 저장한다.

(3) 버스의 종류

① 어드레스 버스(Address Bus) : CPU가 외부에 있는 메모리나 I/O들의 번지를 지정하는 데 사용하는 단방향 버스이다. 버스선의 수는 최대로 사용 가능한 메모리의 용량이나 입출력장치의 수를 결정한다.

② 데이터 버스(Data Bus) : CPU가 외부에 있는 메모리나 I/O들과 데이터를 주고받는 데 사용하는 양방향 버스이다. 버스선의 수는 워드 길이와 같으며 성능을 결정하는 중요한 요소이다.

③ 제어 버스(Control Bus) : CPU와의 데이터 교환을 제어하는 신호의 전송 통로로 단방향 버스이다.

2-1. 컴퓨터 내부에서 연산의 중간 결과를 일시적으로 기억하거나 데이터의 내용을 이송할 목적으로 사용되는 임시기억장치는?

① ROM   ② I/O
③ Buffer   ④ Register

2-2. 버스란 MPU, Memory, I/O 장치들 사이에서 자료를 상호교환하는 공동의 전송로를 말하는데 다음 중 양방향성 버스에 해당하는 것은?

① 주소 버스(Address Bus)
② 제어 버스(Control Bus)
③ 데이터 버스(Data Bus)
④ 입출력 버스(I/O Bus)

2-3. 연산장치에 대한 설명으로 옳은 것은?

① 계산기에 필요한 명령을 기억한다.
② 연산 작용은 주로 가산기에서 한다.
③ 연산은 주로 10진법으로 한다.
④ 연산 명령을 해석한다.

2-4. 컴퓨터의 중앙처리장치에서 제어장치에 해당하는 것은?

① 기억 레지스터   ② 누산기
③ 상태 레지스터   ④ 데이터 레지스터

2-5. 연산결과가 양수(0) 또는 음수(1), 자리올림(Carry), 넘침(Overflow)이 발생했는가를 표시하는 레지스터는?

① 상태 레지스터   ② 누산기
③ 가산기   ④ 데이터 레지스터

2-6. 중앙처리장치 중 제어장치의 기능으로 가장 알맞은 것은?

① 정보를 기억한다.
② 정보를 연산한다.
③ 정보를 연산하고, 기억한다.
④ 명령을 해석하고, 실행한다.

2-7. 제어장치 중 다음에 실행될 명령어의 위치를 기억하고 있는 레지스터는?

① 범용 레지스터   ② 프로그램 카운터
③ 메모리 버퍼 레지스터   ④ 번지 해독기

2-8. 컴퓨터의 기억장치에서 번지가 지정된 내용은 어느 버스를 통해서 중앙처리장치로 가는가?

① 제어 버스
② 데이터 버스
③ 어드레스 버스
④ 입출력 포트 버스

2-9. 다음 중 제어장치의 역할이 아닌 것은?

① 명령을 해독한다.
② 두 수의 크기를 비교한다.
③ 입출력을 제어한다.
④ 시스템 전체를 감시 제어한다.

2-10. 연산에 관계되는 상태와 인터럽트(Interrupt) 신호를 기억하는 것은?

① 가산기
② 누산기
③ 상태 레지스터
④ 보수기

|해설|

2-2
• 주소 버스(Address Bus) : 단일방향
• 제어 버스(Control Bus) : 단일방향
• 데이터 버스(Data Bus) : 양방향

2-3
연산장치(ALU ; Arithmetic and Logical Unit) : 모든 연산 활동을 수행하는 장치로서 제어장치의 지시에 따라 산술 연산 및 논리 연산을 수행한다.

2-4
제어장치의 구성요소 : 기억 레지스터, 명령 레지스터, 번지 레지스터, 명령해독기, 명령계수기, 연산장치

2-7
프로그램 카운터 : 다음에 수행할 명령어의 주소(Address)를 기억하고 있는 레지스터이다.

2-8
데이터 버스(Data Bus) : 양방향, 입·출력 데이터를 기억장치에 저장하고 읽어내는 전송통로이다.

2-9
두 수의 크기 비교는 연산장치에서 수행한다.

정답 2-1 ④ 2-2 ③ 2-3 ② 2-4 ① 2-5 ① 2-6 ④
　　　 2-7 ② 2-8 ③ 2-9 ② 2-10 ③

| 핵심이론 **03** | 기억장치 |

(1) 기억장치의 속도

(2) 주기억장치

① ROM(Read Only Memory) : 전원의 공급 여부와 관계없이 저장된 데이터가 지워지지 않는 대신 데이터를 임의로 써넣을 수 없고 저장된 데이터를 읽어 들일 수만 있다.

  ㉠ Mask ROM : 제조 과정에서 프로그램 등을 기억시킨 것이다.

  ㉡ PROM(Programmable ROM) : 사용자가 프로그램 등을 1회에 한하여 넣을 수 있는 기억소자이다.

  ㉢ EPROM(Erasable PROM) : PROM을 개량한 소자로 자외선이나 특정 전압, 전류로써 내용을 지우고 다시 기록할 수 있는 기억소자이다.

  ㉣ EEPROM(Electrical EPROM) : 기록 내용을 전기신호에 의해 삭제할 수 있으며, 롬 라이터로 새로운 내용을 써넣을 수도 있는 기억소자이다.

② RAM(Random Access Memory) : 전원 공급이 중단되면 기억된 데이터가 모두 지워지지만 데이터를 임의로 읽고 쓸 수 있다.

  ㉠ SRAM(Static RAM, 정적 RAM) : 전원공급을 계속하는 한 저장된 내용을 기억하는 메모리로서 플립플롭으로 구성된다.

  ㉡ DRAM(Dynamic RAM, 동적 RAM) : 전원공급이 계속되더라도 주기적으로 재기억(Refresh)을 해야 기억되는 메모리로서 반도체의 극간 정전 용량에 의해 메모리가 구성된다.

(3) 보조기억장치

프로그램이나 데이터를 기억하는 데 사용한다.

① 순차 접근 기억장치 : 자기테이프, 카세트테이프, 카트리지 테이프 등
② 직접 접근 기억장치 : 자기디스크, 하드디스크, 플로피디스크, CD-ROM 등

(4) 레지스터

중앙처리장치에 위치한 고속의 기억장치로 중앙처리장치가 바로 사용할 수 있는 데이터를 저장하며 연산 중 중간값을 저장하는 등 특수한 값을 저장하는 공간이다.

(5) 캐시

① 캐시는 CPU가 기억장치에 접근하는 시간을 감소시키기 위해 자주 참조되는 프로그램과 데이터를 저장해 두는 고속의 특수 기억장치이다.
② 중앙처리장치는 데이터가 필요하면 먼저 캐시에서 찾아보고, 있으면 바로 수행한다. 만일 원하는 데이터가 캐시에 없으면 주기억장치를 참조한다.

10년간 자주 출제된 문제

3-1. 주기적으로 재기록하면서 기억 내용을 보존해야 하는 반도체 기억장치는?

① SRAM   ② EPROM
③ PROM   ④ DRAM

3-2. 사용자의 요구에 따라 제조회사에서 내용을 넣어 제조하는 롬(ROM)은?

① PROM   ② Mask ROM
③ EPROM   ④ EEPROM

3-3. 다음 기억장치 중 접근 시간이 빠른 것부터 순서대로 나열된 것은?

① 레지스터 – 캐시메모리 – 보조기억장치 – 주기억장치
② 캐시메모리 – 레지스터 – 주기억장치 – 보조기억장치
③ 레지스터 – 캐시메모리 – 주기억장치 – 보조기억장치
④ 캐시메모리 – 주기억장치 – 레지스터 – 보조기억장치

3-4. 기억장치의 주소를 4[bit]로 구성할 경우 나타낼 수 있는 최대 경우의 수는?

① 8   ② 16
③ 32   ④ 64

3-5. 가상기억장치(Virtual Memory)의 개념으로 가장 적합한 것은?

① 기억장치를 분할한다.
② Data를 미리 주기억장치에 넣는다.
③ 많은 Data를 주기억장치에서 한 번에 가져오는 것을 의미한다.
④ 프로그래머가 필요로 하는 주소공간보다 작은 주기억장치의 컴퓨터가 큰 기억장치를 갖는 효과를 준다.

3-6. 컴퓨터의 주기억장치와 주변장치 사이에서 데이터를 주고받을 때, 둘 사이의 전송속도 차이를 해결하기 위해 전송할 정보를 임시로 저장하는 고속 기억장치는?

① Address   ② Buffer
③ Channel   ④ Register

3-7. 다음 중 설명이 바르게 된 것은?

① 자심(Magnetic Core)은 보조기억장치로 사용된다.
② 자기디스크, 자기테이프는 주기억장치로 사용된다.
③ DRAM은 SRAM보다 용량이 크고 속도가 빠르다.
④ 누산기는 사칙연산, 논리연산 등의 중간 결과를 기억한다.

3-8. ROM에 대한 설명 중 틀린 것은?

① 비휘발성 소자이다.
② 내용을 읽어내는 것만이 가능하다.
③ 사용자가 작성한 프로그램이나 데이터를 저장하고 처리할 수 있다.
④ 시스템 프로그램을 저장하기 위해 많이 사용된다.

3-1
- SRAM(Static RAM) : 플립플롭으로 구성되고 속도가 빠르나 기억 밀도가 작고 전력 소비량도 크다.
- DRAM(Dynamic RAM) : 단위 기억 비트당 가격이 저렴하고 집적도가 높으나 상태유지를 위해 일정한 주기마다 재충전해야 한다.

3-2
Mask ROM : 제조 과정에서 프로그램 등을 기억시킨 것이다.

3-3
레지스터는 중앙처리장치 내에 위치하는 기억소자이며, 캐시는 주기억장치와 CPU 사이에서 일종의 버퍼 기능을 수행하는 기억장치이다.

3-4
$2^4 = 16$

3-5
가상기억장치
- 보조기억장치의 일부를 주기억장치처럼 사용하는 것이다.
- 용량이 작은 주기억장치를 마치 큰 용량을 가진 것처럼 사용하는 기법이다.
- 주기억장치의 용량보다 큰 프로그램을 실행하기 위해 사용한다.
- 가상기억장치 주소를 주기억장치 주소로 바꾸는 변환 작업이 필요(Mapping)하다.

3-7
① 자심(Magnetic Core)은 주기억장치로 사용된다.
② 자기디스크, 자기테이프는 보조기억장치로 사용된다.
③ DRAM은 SRAM보다 용량은 크게 만들기가 쉬우나 속도가 늦다.

3-8
③의 내용은 RAM에 저장된다.
ROM(Read Only Memory) : 비휘발성의 기억 소자로 이미 저장되어 있는 내용을 인출할 수는 있으나, 새로운 데이터를 저장할 수 없다. 일반적으로 컴퓨터의 시스템 운영에 필요한 시스템 프로그램 등이 생산과정에서 저장된다.

정답 3-1 ④ 3-2 ② 3-3 ③ 3-4 ② 3-5 ④ 3-6 ② 3-7 ④ 3-8 ③

제2절　**자료의 표현과 연산**

핵심이론 01 │ 자료의 종류

(1) 자료의 구성

① 비트(Bit) : 기억 장소의 최소 단위(0 또는 1)이다.
② 바이트(Byte) : 8[bit], 1개의 문자나 수를 기억하는 단위이다.
③ 워드(Word) : 하프워드(2[byte]), 풀워드(4[byte]), 더블워드(8[byte])가 있다.
④ 필드(Field) : 정보를 전달하는 최소의 문자 집단이다.
⑤ 레코드(Record) : 서로 관련 있는 필드의 집합이다.
⑥ 파일(File) : 레코드의 집합이다.
⑦ 데이터베이스(Database) : 파일들의 집합이다.
⑧ Bit → Byte → Word → Field → Record → File → Database 순이다.
　※ 단위의 크기 : bit(최소 단위) - B(Byte : 8[bit]) - KB(Kilobyte : 2^{10}[byte]) - MB(Megabyte : 2^{10}[KB]) - GB(Gigabyte : 2^{10}[MB])

(2) 자료의 구조

① 스택(Stack) : 데이터는 위(Top)라고 불리는 한쪽 끝에서만 새로운 항목이 삽입(Push)될 수 있고 삭제(Pop)되는 후입선출(LIFO ; Last In First Out)의 구조이다.
② 큐(Queue) : 뒷부분(Rear)에 해당되는 한쪽 끝에서는 항목이 삽입되고 다른 한쪽 끝(Front)에서는 삭제가 가능하도록 제한된 선입선출(FIFO ; First In First Out)의 구조이다.

1-1. 서브루틴에서의 복귀 어드레스가 보관되어 있는 곳은?

① 프로그램 카운터　　　　② 스 택
③ 큐　　　　　　　　　　　④ 힙

1-2. 다음 중 가장 작은 bit로 표현 가능한 데이터는?

① 영상 데이터　　　　　　② 문자 데이터
③ 숫자 데이터　　　　　　④ 논리 데이터

1-3. 기억 용량의 단위를 잘못 설명한 것은?

① 1[bit] : 0 또는 1
② 1[byte] : 8개의 서로 다른 0 또는 1
③ 1[Kbyte] : 1,000[byte]
④ 1[Mbyte] : 1,048,576[byte]

1-4. 다음 중 선입선출(FIFO) 동작을 하는 것은?

① RAM　　　　　　　　　② ROM
③ STACK　　　　　　　　④ QUEUE

|해설|

1-1
레지스터의 내용이나 프로그램 카운터의 내용을 일시 기억시키는 곳을 스택이라 하고, 스택 영역의 선두 번지를 지정하는 것을 스택 포인터라 한다.

1-2
논리 데이터는 논리 참이면 1, 논리 거짓이면 0으로 표현되는 1[bit] 데이터이다.

1-3
1[Kbyte] = 2^{10}[byte] = 1,024[byte]

1-4
④ QUEUE : 선입선출(FIFO)
③ STACK : 후입선출(LIFO)

정답 1-1 ②　1-2 ④　1-3 ③　1-4 ④

핵심이론 02 | 자료의 외부적 표현 형식

(1) 수의 코드화

① BCD(Binary Coded Decimal) 코드 : 2진수의 10진법 표현 방식으로 0~9까지의 10진 숫자에 4[bit] 2진수를 대응시킨 것으로 각 자리는 왼쪽부터 8, 4, 2, 1의 무게를 가지므로 8421 코드라고도 한다.

② 3초과 코드 : BCD 코드에 3_{10} = 0011_2를 더해 만든 것으로 3초과 코드는 0과 1을 바꾸었을 때 쉽게 9의 보수를 얻을 수 있기 때문에 자기 보수성(Self Complementary) 코드라고 한다.

③ 그레이 코드(Gray Code) : 서로 인접하는 두 수 사이에 단 하나의 비트만 서로 다른 코드이다. 각 자리에 무게를 붙이지 않는 부호이므로 산술 연산에 적합하지 않고 A/D 변환기 등에 편리하게 쓰인다.

　※ 2진수 ↔ 그레이 코드

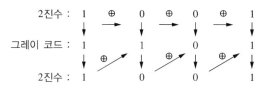

(2) 자료의 외부적 표현 방식(문자자료)

① 6[bit] BCD(2진화 10진) 코드 : BCD 코드를 확장한 것으로 표현 가능한 문자수는 2^6 = 64가지이다.

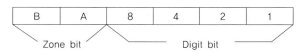

② ASCII 코드(American Standard Code for Information Interchange) : 미국표준화협회가 제정한 7[bit] 코드로 128가지의 문자를 표현할 수 있으며 주로 마이크로 컴퓨터 및 데이터 통신에 많이 사용된다.

③ EBCDIC 코드(Extend Binary Coded Decimal Inter-
change Code) : 16[bit] BCD 코드를 확장한 것으로
256가지의 문자를 표현할 수 있으며 주로 대형 컴퓨터
에서 사용된다.

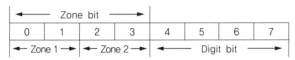

0	1	2	3	4	5	6	7

(3) 에러 검출 및 정정 코드

① 패리티 체크(Parity Check) : 데이터 전송 시 에러가
생길 때 이를 검출하기 위하여 패리티 비트를 사용하
는데, 주어진 데이터에 1[bit]를 추가하여 만든다.
② 해밍 코드(Hamming Code) : 1[bit]의 오류를 검출하
고 자동적으로 정정해 주는 코드이다.

10년간 자주 출제된 문제

2-1. 다음 중 0에서부터 9까지의 10진수를 4[bit]의 2진수로
표현하는 코드는?

① 아스키 코드　　　　　② 3-초과 코드
③ 그레이 코드　　　　　④ BCD 코드

2-2. 4개의 존 비트와 4개의 숫자 비트로 이루어져 있으며 영
문 대문자를 포함하여 모든 문자를 표현할 수 있도록 한 범용
코드로서 대형 컴퓨터에 주로 사용하는 코드는?

① BCD 코드　　　　　　② ASCII 코드
③ 그레이 코드　　　　　④ EBCDIC 코드

2-3. 자기 보수화 코드(Self Complement Code)가 아닌 것은?

① Excess-3 Code　　　② 2421 Code
③ 51111 Code　　　　　④ Gray Code

2-4. 미국표준코드로서 Data 통신에 많이 사용되는 자료의 표
현 방식은?

① BCD 코드　　　　　　② ASCII 코드
③ EBCDIC 코드　　　　④ GRAY 코드

2-5. BCD 코드 0001 1001 0111을 10진수로 나타내면?

① 195　　　　　　　　　② 196
③ 197　　　　　　　　　④ 198

|해설|

2-2
EBCDIC 코드 : 16[bit] BCD코드를 확장한 것으로 256가지의
문자를 표현할 수 있으며 주로 대형 컴퓨터에서 사용된다.

2-3
Gray Code는 코드의 분류상 비가중치 코드로 분류된다.

2-5
2진수 4자리를 10진수 1자리로 표시한다.
0001(1) 1001(9) 0111(7) → 197

정답 2-1 ④　2-2 ④　2-3 ④　2-4 ②　2-5 ③

(1) 고정 소수점(Fixed Point) 표현 방식

정수 표현에 사용되며 부호부와 정수부로 나누어 표현하는 것이 기본적인 형식이다.

① 부호와 절댓값(Signed Magnitude) 표현(부호 : 양수 0, 음수 1)

    ㉠ 양수 10의 표현

0	0	0	0	1	0	1	0

    부호

    ㉡ 음수 10의 표현

1	0	0	0	1	0	1	0

    부호

    ㉢ 표현범위 : $-(2^{n-1}-1) \sim 2^{n-1}-1$

② 1의 보수(1's Complement) 표현

    ㉠ 1의 보수 : 0을 1로, 1을 0으로 변환하여 얻는다.

    ㉡ 양수는 절댓값 형식과 동일하나 음수는 1의 보수로 변환하여 표현한다.

+10	0	0	0	0	1	0	1	0
−10	1	1	1	1	0	1	0	1

    ㉢ 표현범위 : $-2^{n-1} \sim 2^{n-1}-1$

③ 2의 보수(2's Complement) 표현

    ㉠ 2의 보수 : 1의 보수에 1을 더하여 구한다(1의 보수 + 1).

    ㉡ 양수는 절댓값 형식과 동일하나 음수는 2의 보수로 변환하여 표현한다.

+10	0	0	0	0	1	0	1	0
−10	1	1	1	1	0	1	1	0

    ㉢ 표현범위 : $-2^{n-1} \sim 2^{n-1}-1$

(2) 부동 소수점 표현 방식

실수 표현에 사용되며 부호부, 지수부, 가수부로 나누어 표현한다. 고정 소수점 데이터 형식보다 넓은 범위의 수를 표현하기 때문에 더 많은 비트를 사용한다.

(3) 10진 데이터 표현

① 팩 10진 형식(Packed Decimal) : 10진수의 각 자리수를 4비트로 표현한다. 양수는 1100(C), 음수는 1101(D), 부호가 없으면 1111(F)로 표시한다.

② 존 10진 형식(Zoned, Unpacked Decimal) : 10진수 각 자리수를 8개의 비트(1[byte])로 표현한다. 존은 1111(F)로 채운다.

3-1. 8비트로 부호와 절대치 표현방법에 의해 27과 −27을 표현하면?

① 27 : 00011011, −27 : 10011011
② 27 : 10011011, −27 : 00011011
③ 27 : 00011011, −27 : 00011011
④ 27 : 10011011, −27 : 10011011

3-2. 다음 중 고정 소수점 표현 방식의 설명으로 옳은 것은?

① 부호, 지수부, 가수부로 구성되어 있다.
② 2의 보수 표현 방법을 많이 사용한다.
③ 매우 큰 수와 작은 수를 표시하기에 편리하다.
④ 연산이 복잡하고 시간이 많이 걸린다.

3-3. 2진수 100100을 2의 보수(2's Complement)로 변환한 것은?

① 011100   ② 011011
③ 011010   ④ 010101

3-4. 8비트로 부호와 절댓값 방법으로 표현된 수 42를 한 비트씩 좌우측으로 산술 시프트하면?

① 좌측 시프트 : 42, 우측 시프트 : 42
② 좌측 시프트 : 84, 우측 시프트 : 42
③ 좌측 시프트 : 42, 우측 시프트 : 21
④ 좌측 시프트 : 84, 우측 시프트 : 21

|해설|

3-1
2진수로의 변환 후 맨 앞자리가 부호를 나타내는 비트이므로 양수면 0 음수면 1로 표현한다.

3-2
2진 고정 소수점 표현 : 부호와 절댓값 표시(부호 : 양수 0, 음수 1), 1의 보수 형식(음수 표현), 2의 보수 형식(음수 표현)

3-3
2의 보수 = 1의 보수 + 1 = 011011 + 1 = 011100

3-4
한 비트씩 좌측으로 시프트하면 두 배가 되고, 우측으로 시프트하면 반이 된다.

정답 3-1 ① 3-2 ② 3-3 ① 3-4 ④

핵심이론 04 | 수의 변환

(1) 2진수, 8진수, 16진수 → 10진수로 변환

다른 진법으로 표현된 수를 10진수로 변환할 때는 변환하는 수의 밑수와 각 자리에 해당하는 자릿값을 곱하여 이들을 더한다.

(2) 10진수 → 2진수로 변환

10진수를 다른 진법의 수로 변환할 때는 먼저 다른 진수의 가중값을 순서대로 열거한 후 연산하는 것이 편리하다. 이때 가중값이 10진수를 넘지 않는 가중값까지만 열거하고 가중값과 해당 자리에 올 수 있는 수를 곱한 후 10진수에서 빼가면서 변환한다.

(3) 2진수, 8진수, 16진수의 상호 변환

① 2진수 → 8진수와 16진수로 변환 : 2진수에서 8진수와 16진수로 변환할 때는 최하위 자리부터 2진수의 수를 각각 세 자리, 네 자리씩 대응시켜 변환하며, 부족한 자리가 생기는 경우 0이 있는 것으로 간주하여 변환한다.
② 8진수와 16진수 → 2진수로 변환 : 8진수 한 자리는 2진수 세 자리, 16진수 한 자리는 2진수 네 자리로 대응되어 변환한다.
③ 8진수와 16진수의 상호 변환은 2진수로 변환한 후 해당 진수로 변환하면 쉽다.

4-1. 16진수 $(28C)_{16}$을 10진수로 변환한 것으로 옳은 것은?

① 626   ② 627
③ 628   ④ 652

4-2. 8진수 2374를 16진수로 변환한 값은?

① 3A2   ② 3C2
③ 4D2   ④ 4FC

4-3. 다음 10진수 756.5를 16진수로 옳게 표현한 것은?

① 2F4.8 ② 2E4.8
③ 2F4.5 ④ 2E4.5

4-4. 2진수 11010.11110을 8진수와 16진수로 올바르게 변환한 것은?

① $(32.78)^8$, $(D0.F)^{16}$ ② $(32.74)^8$, $(1A.F)^{16}$
③ $(62.72)^8$, $(D0.F)^{16}$ ④ $(62.72)^8$, $(1A.F)^{16}$

| 해설 |

4-1

$(28C)_{16} = 2 \times 16^2 + 8 \times 16^1 + C(12) \times 16^0 = 652$

4-2

$2374_{(8)} = 10011111100_{(2)} = 4FC_{(16)}$

4-3

• 정수부

나머지

```
16 ) 756
16 )  47    4
       2   15(F)
```

• 소수부

$0.5 \times 16 = 8.0 \rightarrow 8$

∴ $756.5_{(10)} = 2F4.8_{(16)}$

4-4

• 2진수 → 8진수 : 3자리씩 잘라서 변환

11	010	.	111	100
3	2	.	7	4

• 2진수 → 16진수 : 4자리씩 잘라서 변환

1	1010	.	1111	0
1	A	.	F	0

정답 4-1 ④ 4-2 ④ 4-3 ① 4-4 ②

핵심이론 05 | 산술 연산과 논리 연산

(1) 데이터의 성질에 따른 구분

① 비수치적 연산

㉠ 비수치적 데이터에 대한 처리

㉡ 논리적인 AND, OR, Complement, Shift, Rotate 등

② 수치적 연산 : 고정 소수점 방식과 부동 소수점 방식으로 표현된 수에 대한 가감승제와 산술적 시프트를 포함한다.

(2) 데이터의 수에 따른 구분

① 단항(Unary) 연산

㉠ 연산에 사용되는 데이터의 수가 한 개인 경우

㉡ NOT, Complement, Shift, Rotate, Move 등

② 이항(Binary) 연산

㉠ 두 개의 데이터에 대한 연산

㉡ 사칙연산, AND, OR, XOR(EX-OR), XNOR

(3) 산술 시프트 연산

① 왼쪽 시프트(Left Shift, 왼쪽 자리 이동) 연산 : 왼쪽으로 시프트를 한 번 행할 때마다 2배가 된다.

② 오른쪽 시프트(Right Shift, 오른쪽 자리 이동) 연산 : 오른쪽으로 시프트를 행할 때마다 1/2배가 된다.

(4) 논리 연산

① MOVE : 하나의 입력 자료를 갖는 단일 연산으로 전자계산기 내부에서 하나의 레지스터에 기억된 데이터를 다른 레지스터로 옮기는 데 이용된다.

② Complement : 입력 자료에 대한 1의 보수를 구하는 연산으로 단일 연산이다.

③ AND : 필요 없는 부분을 지워버리고 나머지 비트만을 가지고 처리하기 위하여 사용되는 연산으로 마스크시키는 연산이다.

④ OR : 문자의 삽입이 가능한 연산으로 2개 이상의 데이
터를 하나로 묶어주는 역할을 한다.

⑤ Shift(시프트) : 입력 데이터의 모든 비트를 각각 서로
이웃 비트의 자리로 옮기는 것으로, 좌측 시프트와
우측 시프트가 있으며 각각에 대하여 직렬 시프트 또
는 병렬 시프트를 시행할 수도 있다.

⑥ Rotate(로테이트) : Shift와 비슷한 연산으로, Shift에
서는 밀려나간 데이터는 없어지지만, Rotate의 경우
빠져 나온 데이터 비트를 다시 반대편 끝으로 입력시
킨다.

5-1. 다음 논리연산 명령어 중 누산기의 값이 변하지 않는 것은?(단, 여기서 X는 임의의 8[bit] 데이터이다)

① CP X　　　　　　② AND X

③ OR X　　　　　　④ EX-OR X

5-2. 주어진 수의 왼쪽으로부터 비트 단위로 대응을 시켜 서로가 1이면 결과를 1, 하나라도 0이면 결과가 0으로 연산처리되는 명령은?

① OR　　　　　　　② AND

③ EX-OR　　　　　④ NOT

5-3. 산술 시프트(Shift)에 관한 설명으로 옳은 것은?

① 좌측 시프트 후 유효 비트 1을 잃는 것을 오버플로(Overflow)
라 한다.

② n비트 우측으로 시프트하면 2^n으로 곱한 결과가 된다.

③ n비트 좌측으로 시프트하면 2^n으로 나눈 결과가 된다.

④ 논리 시프트와는 달리 시프트 후 빈자리에 새로 들어오는
비트는 항상 0이다.

| 해설 |

5-1

CP는 분기명령으로 수행 후에도 누산기의 값은 변하지 않는다.

5-2

② AND : 대응값이 하나라도 0이면 그 결과는 0, 모두 1일 때만
1이 된다.

① OR : 대응값이 하나라도 1이면 그 결과는 1이 된다.

③ EX-OR : 대응값이 같으면 1, 다르면 0이 된다.

④ NOT : 입력의 반전된 결과가 나타난다.

5-3

n비트 좌측으로 시프트하면 2^n으로 곱한 결과가 되고, 우측으로
시프트를 하면 2^n으로 나눈 결과가 된다.

정답 5-1 ①　5-2 ②　5-3 ①

(1) 불 대수의 법칙

① 교환 법칙 : $A + B = B + A$, $A \cdot B = B \cdot A$

② 결합 법칙 : $(A + B) + C = A + (B + C)$

$\qquad\qquad (A \cdot B) \cdot C = A \cdot (B \cdot C)$

③ 분배 법칙 : $A + (B \cdot C) = (A + B) \cdot (A + C)$

$\qquad\qquad A \cdot (B + C) = A \cdot B + A \cdot C$

(2) 기본 정리

① $A + 0 = A$ ② $A \cdot 1 = A$

③ $A + \overline{A} = 1$ ④ $A \cdot \overline{A} = 0$

⑤ $A + A = A$ ⑥ $A \cdot A = A$

⑦ $A + 1 = 1$ ⑧ $A \cdot 0 = 0$

(3) 드 모르간(De Morgan)의 정리

① $\overline{A + B} = \overline{A} \cdot \overline{B}$ ② $\overline{A \cdot B} = \overline{A} + \overline{B}$

③ $A \cdot B = \overline{\overline{A} + \overline{B}}$ ④ $A + B = \overline{\overline{A} \cdot \overline{B}}$

(4) 불 대수의 응용

① $A \cdot (A + B) = A$

② $A + A \cdot B = A$

③ $A + \overline{A} \cdot B = A + B$

④ $A \cdot (\overline{A} + A \cdot B) = AB$

(5) 카르노도법에 의한 최소화

① 논리회로의 논리식을 간소화하는 것을 최소화라 한다.

② 불 대수의 정리 및 법칙을 이용하여 최소화하는 방법 이다.

③ 논리식이 비교적 단순할 때 사용한다.

④ 논리식에 해당되는 부분을 카르노도 표에 '1'로 쓰고, 그 밖에는 '0'을 쓴다.

⑤ 최소항이 1인 인접된 항을 가능하면 16개, 8개, 4개, 2개 순으로 그룹을 형성한다.

⑥ 다른 원과 중복된 '1'의 원이 있으면 이것은 삭제한다.

⑦ 원으로 묶어진 부분에서 변화되지 않은 변수만을 불 대수로 쓴다.

⑧ 변수의 개수가 n일 경우 2^n개의 사각형들로 구성한다.

6-1. 논리함수 $(A+B)(A+C)$를 불 대수에 의해 간략화한 것은?

① $A+BC$ ② $AB+C$
③ $AC+BC$ ④ $AB+BC$

6-2. 다음 카르노 맵의 표현이 바르게 된 것은?

AB\CD	00	01	11	10
00	1	1	1	1
01	0	1	1	0
11	0	1	1	0
10	0	1	1	0

① $Y=\overline{A}\overline{B}+D$ ② $Y=A\overline{B}+\overline{D}$
③ $Y=\overline{A}\overline{B}+\overline{D}$ ④ $Y=AB+D$

6-3. 불 대수의 기본 정리 중 틀린 것은?

① $x+x\cdot y=y$
② $x\cdot(x+y)=x$
③ $\overline{(x\cdot y)}=\overline{x}+\overline{y}$
④ $x\cdot(y+z)=x\cdot y+x\cdot z$

|해설|

6-1
$$(A+B)(A+C)=AA+AC+AB+BC$$
$$=A(1+C+B)+BC=A+BC$$

6-2
• 2^n개(2, 4, 8 등)만큼 서로 인접한 것끼리 묶는다.
• 변수값이 변하는 것은 없애고, 변하지 않는 것은 남긴다.

AB\CD	00	01	11	10
00	1	1	1	1	→ $\overline{A}\,\overline{B}$
01	0	1	1	0
11	0	1	1	0	→ D
10	0	1	1	0

$\therefore Y=\overline{A}\,\overline{B}+D$

6-3
$x+x\cdot y=x(1+y)=x$

정답 6-1 ① 6-2 ① 6-3 ①

제3절 **소프트웨어 일반**

핵심이론 01 | 프로그래밍 언어의 개념

(1) 프로그래밍 언어의 분류

저급 언어	고급 언어
• 기계 중심의 언어이다. • 인간보다 기계가 더 잘 이해할 수 있다. • 처리 속도가 빠르다. • 프로그램을 작성하기가 어렵다. • 컴퓨터 기종 간의 호환성이 약하다. • 기계어, 어셈블리어 등이 있다.	• 인간 중심으로 설계된 언어이다. • 인간이 이해하기 쉽도록 작성된 언어이다. • 처리 속도가 느리다. • 기계어로 번역해 주는 과정을 거친다. • 컴퓨터 기종에 관계없이 사용할 수 있다. • 베이식, C, 자바 등이 있다.

(2) 저급 언어

① 기계어 : CPU가 직접 이해하고 실행할 수 있는 2진수 언어이다.

② 어셈블리어 : 2진수의 기계어를 좀 더 쉽게 이해하고 작성할 수 있도록 영문 명령어로 표현한 언어이다.

(3) 고급 언어

① 베이식(BASIC) : 대화형의 인터프리터 중심의 언어이다.

② FORTRAN : 과학 기술용 프로그래밍 언어이다.

③ COBOL : 상업용 사무 처리를 위하여 일상에서 사용하는 영어와 같은 표현으로 기술하도록 설계된 프로그래밍 언어이다.

④ PASCAL : 구조화 프로그래밍 개념에 따라 개발된 언어이다.

⑤ C언어 : 시스템 프로그래밍 언어이다.

⑥ LISP : 인공지능과 관련된 분야에 사용하는 언어이다.

⑦ PL/1 : 범용 언어로 매크로 언어를 가진 인터프리터형 언어이다.

⑧ C++ : 객체지향 프로그래밍을 지원하기 위한 언어이다.

⑨ 자바(JAVA) : 객체지향언어로 네트워크 분산 환경에서 이식성이 높고, 인터프리터 방식으로 동작하는 사용자와의 대화성이 높은 프로그래밍 언어이다.

10년간 자주 출제된 문제

1-1. 컴퓨터가 직접 인식하여 실행할 수 있는 언어로서, 2진수 0과 1만을 이용하여 명령어와 데이터를 나타내는 언어는?

① 기계어
② 어셈블리 언어
③ 컴파일러 언어
④ 인터프리터 언어

1-2. 컴퓨터가 이해할 수 있는 언어로 변환 과정이 필요 없는 언어는?

① Assembly
② COBOL
③ Machine Language
④ LISP

1-3. 프로그램에 대한 설명으로 틀린 것은?

① 컴퓨터가 이해할 수 있는 언어를 프로그래밍 언어라 한다.
② 프로그램을 작성하는 일을 프로그래밍이라 한다.
③ 프로그래밍 언어에는 C, 베이식, 포토샵 등이 있다.
④ 컴퓨터가 행동하도록 단계적으로 지시하는 명령문의 집합체를 프로그램이라 한다.

1-4. 다음 프로그래밍 언어 중 가장 단순하게 구성되어 처리 속도가 가장 빠른 것은?

① 기계어   ② 베이식
③ 포트란   ④ C

|해설|

1-1

① 기계어(Machine Language) : 컴퓨터가 직접 이해할 수 있는 언어로 0과 1의 조합으로 구성된다.
② 어셈블리 언어(Assembly Language) : 기계어의 명령 코드부와 어드레스부를 사람이 이해하기 쉬운 기호와 1대 1로 대응시켜 기호화한 언어이다.
③ 컴파일러 언어 : C, C++, COBOL, PASCAL, FORTRAN 등이 있다.
④ 인터프리터 언어 : BASIC, LISP 등이 있다.

1-2, 1-4

기계어 : 컴퓨터가 직접 읽을 수 있는 2진 숫자(Binary Digit, 0과 1)로 이루어진 언어를 말하며, 이는 프로그래밍 언어의 기본이 된다. 프로그래머가 만들어낸 프로그램은 어셈블러(Assembler)와 컴파일러(Compiler)를 통하여 기계어로 번역되어야만 컴퓨터가 그 내용을 이해할 수 있다.

1-3

포토샵은 그래픽 편집기이다.

정답 1-1 ① 1-2 ③ 1-3 ③ 1-4 ①

(1) 구조적 프로그래밍

① 프로그램의 흐름을 순차, 선택, 반복의 과정으로 구조화한 것이다.

② 절차적 프로그래밍의 하위 개념으로 볼 수 있으며 간결하게 작성하기 때문에 유지와 보수가 쉽다.

③ 순차, 선택, 반복이라는 3가지 방법으로 모든 명령문의 흐름을 충분히 구조화할 수 있다.

(2) 객체 지향 프로그래밍

① 컴퓨터 프로그램을 절차의 모임으로 보는 관점에서 벗어나 여러 개의 독립된 단위인 객체들의 모임으로 보는 것이다.

② 프로그램의 변경이 쉽기 때문에 대규모 소프트웨어 개발에 많이 사용되며, 유지 보수도 용이하다.

③ 대표적인 객체 지향 프로그래밍 언어로는 C++, 자바, 오브젝트-C, 파이선 등이 있다.

10년간 자주 출제된 문제

2-1. 프로그래밍에 사용하는 고급언어 중 절차 지향 언어에 포함되지 않는 것은?

① 코볼(COBOL)
② C언어
③ 자바(JAVA)
④ 베이식(BASIC)

2-2. 객체 지향 언어이고 웹상의 응용프로그램에 알맞게 만들어진 언어는?

① 포트란(FORTRAN)
② C
③ 자바(JAVA)
④ SQL

2-3. 다음 중 객체 지향 언어에 속하지 않는 것은?

① COBOL
② Delphi
③ Power Builder
④ JAVA

| 해설 |

2-1

자바(JAVA) : 네트워크상에서 쓸 수 있도록 미국의 선 마이크로시스템(Sun Microsystems)사에서 개발한 객체 지향 프로그래밍 언어이다.

2-3

COBOL, FORTRAN, PL/1 등을 절차 지향 언어라 한다.

정답 2-1 ③ 2-2 ③ 2-3 ①

핵심이론 03 | 프로그램 작성 절차

(1) 프로그램 작성 과정

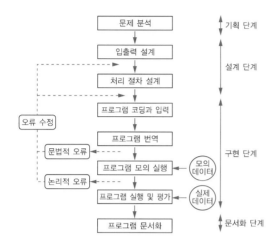

(2) 순서도의 작성

① 순서도 기호

기 호	이 름	용 도
⬭	터미널	순서도의 시작과 종료를 표시한다.
→	흐름선	처리 작업의 흐름을 표시한다.
○	연결자	다음 처리할 순서가 있는 곳을 연결한다.
⬡	준 비	처리 전 작업을 준비한다.
▱	입출력	자료의 입력과 출력을 표시한다.
▭	처 리	각종 연산이나 자료 이동 등을 처리한다.
◇	조 건	조건을 판단하여 흐름을 결정한다.
⬙	서 류	서류를 매체로 출력한다.
⬠	수동 입력	수작업(키보드)에 의한 입력을 한다.
⬚	정의된 처리	미리 정의된 처리를 옮길 때 사용한다.

② 순서도의 역할

㉠ 프로그램 작성의 직접적인 자료가 된다.

㉡ 업무의 전체적인 개요를 쉽게 이해할 수 있고, 다른 사람에게 전달이 쉽다.

㉢ 프로그램의 정확성 여부를 쉽게 판단할 수 있으며, 오류 발생의 원인을 찾아 수정하기가 쉽다.

㉣ 프로그램의 논리적인 체계 및 처리 내용을 쉽게 파악할 수 있다.

㉤ 프로그램을 코딩하기가 쉽다.

㉥ 프로그램의 유지 보수를 위한 자료가 된다.

③ 순서도 작성 규칙

㉠ 국제표준화기구에서 정한 표준 기호를 사용한다.

㉡ 논리적인 흐름의 방향은 위에서 아래로, 왼쪽에서 오른쪽으로 서로 교차되지 않도록 그린다.

㉢ 터미널 기호로 시작과 종료를 표시하며, 흐름선을 이용하여 논리적인 작업 순서를 표현한다.

㉣ 간단명료하게 작성한다.

㉤ 처음에는 큰 줄거리만 나열하고, 점차 구체적으로 작성한다.

㉥ 논리적인 흐름이 복잡하고 어려울 때에는 여러 단계로 구분하여 작성한다.

㉦ 순서도 기호 내부에 처리할 내용을 간단히 기술한다.

3-1. 순서도 작성 시 지키지 않아도 될 사항은?

① 기호는 창의성을 발휘하여 만들어 사용한다.
② 문제가 어려울 때는 블록별로 나누어 작성한다.
③ 기호 내부에는 처리 내용을 간단명료하게 기술한다.
④ 흐름은 위에서 아래로, 왼쪽에서 오른쪽으로 그린다.

3-2. 다음 중 순서도(Flowchart)의 특징이 아닌 것은?

① 프로그램 코딩(Coding)의 기초 자료가 된다.
② 프로그램 보관 시 자료가 된다.
③ 오류 수정(Debugging)이 용이하다.
④ 사용하는 언어에 따라 기호, 형태도 달라진다.

3-3. 순서도는 일반적으로 표시되는 정도에 따라 종류를 구분하게 되는데 다음 중 순서도 종류에 해당되지 않는 것은?

① 시스템 순서도(System Flowchart)
② 일반 순서도(General Flowchart)
③ 세부 순서도(Detail Flowchart)
④ 실체 순서도(Entity Flowchart)

3-4. 순서도를 사용함으로써 얻을 수 있는 효과가 아닌 것은?

① 프로그램 코딩의 직접적인 자료가 된다.
② 프로그램을 다른 사람에게 쉽게 인수, 인계할 수 있다.
③ 프로그램의 내용과 일 처리 순서를 한눈에 파악할 수 있다.
④ 오류가 발생했을 때 그 원인을 찾아 수정하기가 어렵다.

3-5. 다음 그림은 순서도의 기호를 나타낸 것이다. 무엇을 나타내는 기호인가?

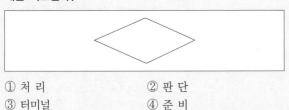

① 처 리   ② 판 단
③ 터미널   ④ 준 비

| 해설 |

3-1
순서도는 국제표준화기구에서 정한 표준 기호를 사용한다.

3-3
• 시스템 순서도 : 단위 프로그램을 하나의 단위로 하여 업무의 전체적인 처리 과정의 흐름을 나타낸 순서도이다.
• 일반 순서도 : 프로그램의 기본 골격(프로그램의 전개 과정)만을 나타낸 순서도이다.
• 세부 순서도 : 기본 처리 단위가 되는 모든 항목을 프로그램으로 바로 나타낼 수 있을 정도까지 상세하게 나타낸 순서도이다.

3-4
코딩이 쉬우며, 수정이 용이하다.

3-5

Terminal (단자)	Process (처리)	Decision (판단)	Preparation (준비)
⬭	▭	◇	⬡

정답 3-1 ① 3-2 ④ 3-3 ④ 3-4 ④ 3-5 ②

핵심이론 04 | 프로그래밍 번역 과정

(1) 프로그램 언어의 번역 과정

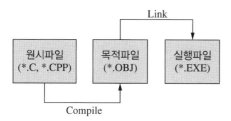

(2) 번역기의 종류

구 분	내 용
어셈블러	• 어셈블리어로 작성된 원시 프로그램을 기계어 형태의 목적 프로그램으로 번역해 주는 언어 번역 프로그램 이다. • 목적 프로그램은 생성 절차가 간단하고 실행 속도가 빠르다.
컴파일러	• 원시 프로그램 전체를 한 번에 번역하여 목적 프로그램을 만드는 언어 번역 프로그램이다. • 프로그래밍 언어마다 각각의 컴파일러가 존재한다. • 원시 프로그램이 변경되었다면 프로그램 전체를 다시 컴파일 해야 한다. • 인터프리터 언어에 비해 실행 속도가 빠르다. • 메모리를 많이 차지한다. • ALGOL, PASCAL, FORTRAN, COBOL, C 등이 있다.
인터 프리터	• 원시 프로그램을 명령문 단위로 번역하여 즉시 실행하는 언어 번역 프로그램이다. • 원시 프로그램이 명령문 단위로 작성될 때 바로 해석한다. • 컴파일러보다 실행 속도가 느리다. • 오류 수정이 편리하다. • 메모리를 적게 차지한다. • BASIC, LISP, JAVA, PL/1 등이 있다.

핵심이론 05 | C언어

(1) C언어의 기본 구조

#include〈stdio.h〉	#include는 전처리기로 프로그램을 실행하기 전에 필요한 준비 작업을 한다. 여기에서는 stdio.h라는 헤더 파일을 포함하여 C언어에서 제공하는 범용적인 라이브러리를 준비해 준다. stdio.h에는 표준 입출력 함수들이 제공된다.
int main(){	main()은 C언어의 시작 함수이다. main 함수의 범위는 ' { ', ' } '로 시작과 끝을 표시한다.
printf("C언어의 기본 구조\n);	printf()는 stdio.h 헤더 파일에 포함된 출력 함수이다. 모니터 화면에 해당 내용을 출력한다. \n은 줄 바꿈을 해 주는 제어 문자이다.
return 0;	0 값을 반환하면서 main 함수를 종료한다.
}	함수의 끝

(2) C언어의 자료형

① 문자형 : char
② 정수형 : short, int, long
③ 실수형 : float, double

(3) 연산자 우선순위

① 괄호 안의 내용이 우선 처리된다.
② 왼쪽에서 오른쪽으로 계산된다.
③ 단항 연산자가 이항 연산자보다 우선 계산된다.
④ 조건 연산자는 산술 연산자보다 나중에 계산된다.

우선 순위	연산자의 종류		연산자
높다. ↓ 낮다.	단항연산자		!, ~, ++, ─, -, *, &
	이항연산자	승제산	*, /, %
		가감산	+, -
		이 동	≪, ≫
		비 교	<, <=, >, >=, ==, !=
		비트 연산	&, ^, |
		논 리	&&, ∥
		조건연산자	?, :
	대입연산자		=, +=, -=, *=, /=, %=, ≪=, ≫=, &=, ^=, |=

(4) 조건문과 반복문

① if, if~else문 : if문의 조건이 만족되면 if문 다음의 문장이 실행되고, 그렇지 않으면 else 다음 문장을 수행한다.
② while문 : 조건식을 평가하여 참인 동안 while 내의 문장을 반복 수행하는 제어문이다. 조건식이 거짓이면 while문 안의 처리문장이 한 번도 실행되지 않는 경우도 있다.
③ do~while문 : 먼저 처리문장을 한 번 실행한 후 조건식을 비교하기 때문에 while문과는 달리 최소한 한 번은 실행된다.
④ switch~case문 : 한 개의 조건을 세분화하여 그 중 한 가지를 선택할 수 있는 명령문이다.

10년간 자주 출제된 문제

5-1. C언어에서 정수형 변수를 선언할 때 사용되는 명령어는?

① int
② float
③ double
④ char

5-2. C언어의 변수명으로 적합하지 않은 것은?

① KIM50
② ABC
③ 5POP
④ E1B2U3

5-3. 다음 중 C언어의 관계연산자가 아닌 것은?

① ≪
② >=
③ ==
④ >

5-4. 다음 중 C언어의 자료형과 거리가 먼 것은?

① integer
② double
③ char
④ short

5-5. 다음 표준 C언어로 작성한 프로그램의 연산결과는?

```
#include 〈stdio.h〉
void main()
{
        printf("%d",10^12);
}
```

① 6   ② 8
③ 24   ④ 14

|해설|

5-1
정수형 : short, int, long

5-2
C언어에서 변수 선언 시 숫자는 맨 앞에 올 수 없다.

5-3
• 관계(비교) 연산자 : a와 b라는 변수 둘 중에 누가 더 큰지, 작은지, 같은지 비교하는 연산자($<$, $<=$, $>$, $>=$, $==$, $!=$)
• 비트 이동 연산자 : $\ll$(왼쪽으로 비트 이동), $\gg$(오른쪽으로 비트 이동)

5-4
C언어의 자료형 : char, short, int, long, float, dobule

5-5
XOR 연산
$10^12=1010^1100=0110=6$

정답 5-1 ① 5-2 ③ 5-3 ① 5-4 ① 5-5 ①

제4절 **마이크로프로세서**

핵심이론 01 | 마이크로프로세서의 기본 구조

(1) 마이크로프로세서의 구성

① 연산부 : 산술적, 논리적, 연산이 수행되는 피연산자들과 그 결과의 저장을 위한 특수 레지스터들 그리고 덧셈과 뺄셈, 그 밖의 원하는 연산과 자리 이동을 위한 회로들로 구성한다.

② 제어부 : 중앙처리장치(CPU)의 동작을 제어하는 부분으로 명령 레지스터(Register Command), 명령 해독기(Decoder Command)와 사이클 컨트롤 등으로 구성한다.

③ 레지스터부 : 중앙처리장치 내의 내부 메모리라 할 수 있는 기억 기능을 가지며 스택 포인터(SP ; Stack Point), 프로그램 카운터(PC ; Program Counter), 범용 레지스터 군으로 구성한다.

(2) 중앙처리장치의 내부 구성

① 프로그램 카운터(PC ; Program Counter) : CPU가 다음에 처리해야 할 명령이나 데이터 메모리상의 번지를 지시한다.

② 메모리 어드레스 레지스터(MAR ; Memory Address Register) : 어드레스를 가진 기억장치를 중앙처리장치가 이용할 때 원하는 정보의 어드레스를 넣어 두는 레지스터이다.

③ 메모리 버퍼 레지스터(MBR ; Memory Buffer Register) : 기억장치로부터 불러낸 정보 또는 저장할 정보를 넣어 두는 레지스터이다.

④ 산술 논리 연산장치(ALU) : CPU가 해야 할 처리를 실제적으로 수행하는 장치이다.

⑤ 상태 레지스터(Status Register) : ALU에서 산술 연산 또는 연산의 결과로 발생된 특정한 상태를 표시한다.

⑥ 명령 레지스터(IR ; Instruction Register) : 메모리에서 인출된 내용 중 명령어를 해석하기 위해 명령어만 보관하는 레지스터이다.

⑦ 스택 포인터(SP ; Stack Point) : 레지스터의 내용이나 프로그램 카운터의 내용을 일시 기억시키는 스택의 선두 번지를 지정하는 것이다.

⑧ 누산기(ACC ; Accumulator) : ALU에서 처리한 결과를 저장하며 또한 처리하고자 하는 데이터를 일시적으로 기억한다.

10년간 자주 출제된 문제

1-1. 마이크로프로세서에 대한 설명 중 옳지 않은 것은?

① 프로그램에 의해 제어되는 반도체 소자이다.
② 매우 복잡하고 다양한 논리회로로 구성되었다.
③ 산술논리연산장치의 기능을 집적 회로화하였다.
④ 외부회로와 연결하기 위해 주소 버스, 데이터 버스, 제어선 등을 가진다.

1-2. 마이크로프로세서의 구성요소가 아닌 것은?

① 누산기　　　　　　② 연산장치
③ 입력장치　　　　　④ 레지스터

1-3. 마이크로프로세서를 구성하고 있는 버스에 해당하지 않는 것은?

① 데이터 버스
② 번지 버스
③ 제어 버스
④ 상태 버스

1-4. 마이크로프로세서(Microprocessor)를 이용하여 컴퓨터를 설계할 때의 장점이 아닌 것은?

① 소비전력의 증가
② 제품의 소형화
③ 시스템 신뢰성 향상
④ 부품의 수량 감소

|해설|

1-1
마이크로프로세서는 중앙처리장치의 기능을 집적 회로화한 것으로서 연산회로, 각종의 레지스터, 제어회로 등으로 구성된다.

1-2
마이크로프로세서의 구성 : 연산부, 제어부, 레지스터부

1-3
어드레스 버스(Address Bus), 데이터 버스(Data Bus), 제어 버스(Control Bus)가 있다.

1-4
소비전력이 감소한다.

정답 1-1 ③　1-2 ③　1-3 ④　1-4 ①

핵심이론 02 | 명령어 형식

(1) 0-주소 명령어 형식

① 주소부(Operand)가 없고 명령 코드(OP Code)만 존재하는 명령 형식이다.

② Stack을 이용하여 연산을 수행한다.

③ 대표적인 0-주소 명령어 : PUSH, POP

(2) 1-주소 명령어 형식

① OP Code와 1개의 Operand로 구성된다.

OP Code	주소부(오퍼랜드)

② 누산기를 이용하여 연산을 수행한다.

(3) 2-주소 명령어 형식

① OP Code와 2개의 Operand로 구성된다.

OP Code	주소-1	주소-2

② 주소-1은 입력 자료와 연산 결과값을 저장하는 주소가 되고, 주소-2는 또 다른 하나의 입력 자료값의 주소가 된다.

(4) 3-주소 명령어 형식

① OP Code와 3개의 Operand로 구성된다.

OP Code	주소-1	주소-2	주소-3

② 주소-1은 연산 결과값을 저장하는 주소가 되고, 주소-2, 주소-3은 연산을 위한 입력 자료값의 주소가 된다.

③ 명령어의 수행 시간이 가장 길다.

(5) 명령 코드의 기능

① 함수 연산 기능 : 산술 연산, 논리 연산, 시프트

② 전달 기능 : 중앙처리장치와 주기억장치 사이의 정보 전달 기능과 레지스터 사이의 정보를 교환한다.

　㉠ 적재(Load), 인출(Fetch) : 주기억장치 → 중앙처리장치

　㉡ 저장(Store) : 중앙처리장치 → 주기억장치

③ 제어 기능 : 명령 실행 순서를 변경한다.

④ 입출력 기능 : 주기억장치와 입출력장치 사이의 정보 이동 기능을 한다.

2-1. 마이크로프로세서의 순서제어 명령어로 나열된 것은?

① 로테이트 명령, 콜 명령, 리턴 명령
② 시프트 명령, 점프 명령, 콜 명령
③ 블록 서치 명령, 점프 명령, 리턴 명령
④ 점프 명령, 콜 명령, 리턴 명령

2-2. 다음 중 범용레지스터에서 이용하며, 가장 일반적인 주소지정방식은?

① 0-주소지정방식
② 1-주소지정방식
③ 2-주소지정방식
④ 3-주소지정방식

2-3. 다음 중 데이터 전송 명령어에 해당하는 것은?

① MOV　　　　　　② ADD
③ CLR　　　　　　④ JMP

2-4. 다음 명령어 형식 중 틀린 것은?

연산자	Address 1	Address 2

① 주소부는 2개로 구성되어 있다.
② 명령어 형식은 명령코드부와 Operand(주소)부로 되어 있다.
③ 주소부는 동작 지시뿐 아니라 주소부의 형태를 함께 표현한다.
④ 주소부는 처리할 데이터가 어디에 있는지를 표현한다.

2-5. 다음은 어떤 명령어 실행 주기인가?(단, EAC : 끝자리 올림과 누산기라는 의미)

$$q_1 C_2 t_0 : \text{MAR} \leftarrow \text{MBR}(\text{AD})$$
$$q_1 C_2 t_1 : \text{MBR} \leftarrow \text{M}$$
$$q_1 C_2 t_2 : \text{EAC} \leftarrow \text{AC} + \text{MBR}$$

① 덧셈(ADD)　　　　② 뺄셈(SUB)
③ 로드(LDA)　　　　④ 스토어(STA)

2-6. ADD 명령을 사용하여 1을 덧셈하는 것과 같이 해당 레지스터의 내용에 1을 증가시키는 명령어는?

① DEC ② INC
③ MUL ④ SUB

2-7. 데이터를 중앙처리장치에서 기억장치로 저장하는 마이크로명령어는?

① $\overline{\text{LOAD}}$ ② $\overline{\text{STORE}}$
③ $\overline{\text{FETCH}}$ ④ $\overline{\text{TRANSFER}}$

|해설|

2-2
2-주소지정방식 : 컴퓨터에서 가장 널리 사용되는 형식으로, 입력자료가 연산 후에는 보존되지 않아 부작용(Side Effect)이 발생되나 실행 속도가 빠르고 기억 장소를 많이 차지하지 않는다. 오퍼랜드 1의 내용과 2의 내용을 더해 오퍼랜드 1에 기억시킨다.

2-3
① MOV : 이동(전송)
② ADD : 덧셈
③ CLR : 데이터를 0으로 클리어
④ JMP : 강제 이동

2-4
동작의 지시는 연산자에서 표현한다.

2-5
• MAR ← MBR(AD) : 명령의 번지를 전송
• MBR ← M : 명령을 읽고 PC 하나 증가
• EAC ← AC + MBR : AC와 MBR의 가산 결과가 AC에 저장되고 캐리는 E에 저장

2-6

명령어		설 명
DEC	decrement	오퍼랜드 내용을 1 감소
INC	increment	오퍼랜드 내용을 1 증가
MUL	multiply	곱 셈
SUB	subtract	캐리를 포함하지 않은 뺄셈

2-7
• 로드(Load)
• 스토어(Store)
• 호출(Fetch)
• 전송(Transfer)

정답 2-1 ④ 2-2 ③ 2-3 ① 2-4 ③ 2-5 ① 2-6 ② 2-7 ②

핵심이론 03 | 주소지정방식

(1) 즉시 주소지정방식(Immediate Mode)
명령어 자체에 오퍼랜드(실제 데이터)를 내포하고 있는 방식이다.

(2) 직접 주소지정방식(Direct Mode)
① 명령의 주소부가 사용할 자료의 번지를 표현하고 있는 방식이다.
② 명령의 Operand부에 표현된 주소를 이용하여 실제 데이터가 기억된 기억장소에 직접 사상시킬 수 있다.

(3) 간접 주소지정방식(Indirect Mode)
① 명령어에 나타낼 주소가 명령어 내에서 데이터를 지정하기 위해 할당된 비트수로 나타낼 수 없을 때 사용하는 방식이다.
② 명령의 길이가 짧고 제한되어 있어도 긴 주소에 접근 가능한 방식이다.
③ 명령어 내의 Operand부에 실제 데이터가 저장된 장소의 번지를 가진 기억장소의 주소를 표현함으로써, 최소한 주기억장치를 두 번 이상 접근하여 데이터가 있는 기억장소에 도달한다.

(4) 상대 주소지정방식(Relative Addressing Mode)
명령 속의 오퍼랜드 지정 정보를 레지스터 지정부와 전개부로 나누어서 레지스터 지정부로 지정된 레지스터 내용과 전개부를 더해서 오퍼랜드의 어드레스를 구성한다.

(5) 레지스터 주소지정방식(Register Addressing Mode)
중앙처리장치 내의 레지스터에 실제 데이터가 기억되어 있는 방식이다.

(6) 레지스터 간접 주소지정방식(Register Indirect Addressing Mode)

오퍼랜드가 레지스터를 지정하고 다시 그 레지스터 값이 실제 데이터가 기억되어 있는 주소를 지정하는 방식이다.

10년간 자주 출제된 문제

3-1. 모든 명령어의 길이가 같다고 할 때, 수행시간이 가장 긴 주소지정방식은?

① 직접(Direct) 주소지정방식
② 간접(Indirect) 주소지정방식
③ 상대(Relative) 주소지정방식
④ 즉시(Immediate) 주소지정방식

3-2. 명령어 내의 주소부에 실제 데이터가 저장된 장소의 주소를 가진 기억장소의 주소를 표현한 방식은?

① 즉시 주소지정방식
② 직접 주소지정방식
③ 암시적 주소지정방식
④ 간접 주소지정방식

|해설|

3-1, 3-2
간접(Indirect) 주소지정방식
• 명령어 내의 Operand부에 실제 데이터가 저장된 장소의 번지를 가진 기억장소의 주소를 표현함으로써, 최소한 주기억장치를 두 번 이상 접근하여 데이터가 있는 기억장소에 도달한다.
• 명령어에 나타낼 주소가 명령어 내에서 데이터를 지정하기 위해 할당된 비트수로 나타낼 수 없을 때 사용하는 방식이다.

정답 3-1 ② **3-2** ④

핵심이론 04 | 명령어 수행 및 동작

(1) 명령 사이클(Instruction Cycle)

① 인출 사이클(Fetch Cycle)
  ㉠ 주기억장치로부터 수행할 명령어를 CPU로 가져오는 단계이다.
  ㉡ 하나의 명령을 수행한 후 다음 명령을 메인 메모리에서 CPU로 꺼내오는 단계이다.

② 간접 사이클(Indirect Cycle)
  ㉠ 명령어의 Operand가 간접주소로 지정이 된 경우 유효 주소를 계산하기 위해 주기억장치에 접근하는 단계이다.
  ㉡ 결국에는 명령의 실행을 위해 Execute Cycle로 진행된다.

③ 실행 사이클(Execute Cycle)
  ㉠ 명령의 해독 결과 이에 해당하는 타이밍 및 제어 신호를 순차적으로 발생시켜 실제로 명령어를 실행하는 단계이다.
  ㉡ 명령 실행이 완료되면 다시 Fetch Cycle로 진행된다.

④ 인터럽트 사이클(Interrupt Cycle)
  ㉠ 인터럽트 발생 시 인터럽트 처리를 위한 단계이다.
  ㉡ 인터럽트에 대한 처리가 완료되면 Fetch Cycle로 진행된다.

4-1. 컴퓨터의 기억장치로부터 명령이나 데이터를 읽을 때 제일 먼저 하는 일은?

① 명령 지정　　　　② 명령 출력
③ 어드레스 지정　　④ 어드레스 인출

4-2. 마이크로프로세서의 CPU 모듈의 동작 순서를 바르게 나열한 것은?

① 명령어 인출 → 데이터 인출 → 명령어 해석 → 데이터 처리
② 데이터 인출 → 명령어 인출 → 명령어 해석 → 데이터 처리
③ 명령어 인출 → 명령어 해석 → 데이터 인출 → 데이터 처리
④ 데이터 처리 → 데이터 인출 → 명령어 해석 → 명령어 인출

4-3. CPU의 내부 동작에서 실행하고자 하는 명령의 번지를 지정한 후 명령 레지스터에 불러오기까지의 기간은?

① 명령 사이클(Instruction Cycle)
② 기계 사이클(Machine Cycle)
③ 인출 사이클(Fetch Cycle)
④ 실행 사이클(Execution Cycle)

|해설|

4-1
CPU는 주기억장치에서 명령을 꺼내어 수행하기 위해 제일 먼저 어드레스를 지정한다.

4-2
마이크로프로세서의 CPU에서 데이터를 처리하는 과정은 명령어를 인출하여 해석한 후 그 명령에 따른 데이터를 메모리로부터 인출하여 데이터를 처리하는 순서로 진행된다.

4-3
③ 인출 사이클(Fetch Cycle) : 다음 실행할 명령을 기억장치에서 꺼내고부터 끝나기까지의 동작 단계
① 명령 사이클(Instruction Cycle) : 명령을 주기억장치에서 인출 또는 호출하고, 해독, 실행해가는 연속 절차
② 기계 사이클(Machine Cycle) : 메모리로부터 명령어 레지스터에 명령을 꺼내는 시간
④ 실행 사이클(Execution Cycle) : 각 레지스터, 연산장치, 기억장치에 동작 지령 펄스를 보내서 데이터를 처리하는 단계

정답 4-1 ③　**4-2** ③　**4-3** ③

핵심이론 05 | I/O 장치의 제어

(1) 주변장치와의 입출력

① 데이지 체인(Daisy Chain) : 주변장치를 연속적으로 연결하고 버스를 통해 차례로 데이터를 전송하는 방법이다.

② 폴링(Polling) : 여러 개의 단말장치에 대하여 차례로 송신 요구의 유무를 문의하고, 요구가 있을 경우에는 그 단말장치에 송신을 시작하도록 명령하며, 없을 때에는 다음 단말장치에 문의하는 전송 제어 방식이다.

③ 인터럽트(Interrupt) : 프로그램 실행 중에 중앙제어장치(CCU)가 강제적으로 제어를 특정 주소로 옮기는 것이다. 프로그램 실행 중에 끼어들기가 발생하면 그 프로그램의 실행을 중단하고 그 시점에서의 CPU 내 중요 데이터를 주기억장치로 되돌려 놓은 다음, 특정 주소로부터 시작되는 프로그램에 제어를 옮긴다. 긴급처리가 끝나면 중단했던 프로그램을 재개하는 방법이다.

(2) 데이터 전송 모드

① 프로그램에 의한 입출력[PIO ; Programmed I/O, 폴링(Polling)] : 중앙처리장치가 입출력장치의 입출력 작업 발생 여부를 지속적으로 감시하는 폴링(Polling) 체계에 의해 입출력 제어가 이루어지는 방식이다.

② 인터럽트에 의한 입출력(Interrupt I/O) : 입출력장치가 입출력할 내용이 발생하였을 때 중앙처리장치에 입출력 제어를 요청하여 입출력 제어가 이루어지는 방식이다.

③ 직접 기억장치 액세스(DMA ; Direct Memory Access)에 의한 입출력 : 주기억장치와 입출력장치 간의 자료 전송이 중앙처리장치의 개입 없이 곧바로 수행되는 방식이다.

(3) 채널 제어장치

① 입출력 바이트 다중 채널(I/O Byte Multiplexer Channel)
② 입출력 블록 다중 채널(I/O Block Multiplexer Channel)
③ 입출력 선택 다중 채널(I/O Selector Multiplexer Channel)

10년간 자주 출제된 문제

5-1. 다음 논리회로 중 Fan-out 수가 가장 많은 회로는?

① TTL
② RTL
③ DTL
④ CMOS

5-2. 다음 중 주변장치의 입출력방법이 아닌 것은?

① 데이지체인 방법
② 트랩 방법
③ 인터럽트 방법
④ 폴링 방법

5-3. 데이터의 입출력 전송이 직접 메모리장치와 입출력장치 사이에서 이루어지는 인터페이스는?

① DMA
② FIFO
③ 핸드셰이킹
④ I/O 인터페이스

5-4. 컴퓨터에서 프로그램 수행 중에 정전 등의 예기치 않은 사태가 발생했을 때 컴퓨터의 내부의 상태나 프로그램의 상태를 보존하기 위해 사용되는 것은?

① 인터럽트
② 서브루틴
③ 스 택
④ 어드레싱

5-5. I/O 장치와 주기억장치를 연결하는 역할을 담당하는 부분은?

① Bus
② Buffer
③ Channel
④ Device

5-6. CPU와 입출력 사이에 클록신호에 맞추어 송·수신하는 전송제어방식을 무엇이라 하는가?

① 직렬 인터페이스(Serial Interface)
② 병렬 인터페이스(Parallel Interface)
③ 동기 인터페이스(Synchronous Interface)
④ 비동기 인터페이스(Asynchronous Interface)

|해설|

5-1

Fan-out : TTL이나 CMOS와 같은 표준논리소자에서 1개의 출력 신호에 접속할 수 있는 입력 신호의 수이다. TTL 10개, LS TTL 20개, CMOS에서는 무제한으로 연결 가능하다.

5-3

DMA(Direct Memory Access)에 의한 입출력 : 주기억장치와 입출력장치 간의 자료 전송이 중앙처리장치의 개입 없이 곧바로 수행되는 방식이다.

5-4

작동 중인 컴퓨터에 예기치 않은 문제가 발생한 경우 중앙처리장치(CPU ; Central Processing Unit) 자체가 하드웨어적으로 상태를 체크하여 변화에 대응하는 것을 인터럽트라 한다. 인터럽트가 발생하면 그 순간 운영체계 내의 제어프로그램에 있는 인터럽트 처리 루틴(Routine)이 작동하여 응급사태를 해결하고 인터럽트가 생기기 이전의 상태로 복귀시킨다.

5-5

입출력장치와 주기억장치를 연결하는 중개 역할을 담당하고 있는 부분이 Channel이라는 부분이고, 이 부분이 I/O Device와 처리명령을 동시에 작업할 수 있도록 하고 있다.

5-6

③ 동기 인터페이스 : 중앙처리장치(CPU)와 입출력장치 간에 데이터 전송을 할 때 클록신호에 맞추어 전송을 하는 방식
① 직렬 인터페이스 : 데이터 통신에서 직렬 전송(복수 비트로 구성되어 있는 데이터를 비트열로 치환하여 한 줄의 데이터선으로 직렬로 송수신하는 방법)을 하기 위한 인터페이스
② 병렬 인터페이스 : 병렬로 접속되어 있는 여러 개의 통신선을 사용하여 동시에 여러 개의 데이터 비트와 제어 비트를 전달하는 데이터 전송방식
④ 비동기 인터페이스 : 자료를 일정한 크기로 정하여 순서대로 전송하기 위한 인터페이스

정답 5-1 ④ 5-2 ② 5-3 ① 5-4 ① 5-5 ③ 5-6 ③

제1절 전자제도 통칙

핵심이론 01 | 표준의 개요

(1) 표준화의 일반적 정의

물질, 제품, 기기, 시스템, 서비스 등의 특성, 구성 요소, 성능, 동작, 절차, 방법, 양과 질의 계량하거나 안전성 등에 관한 기술적 사항을 규정한 규격서이다. 특히 정보 처리와 통신에서는 물리적·전기적·논리적 호환성 및 상호 연동성을 확보하기 위한 하드웨어 기기, 시스템, 소프트웨어 등의 표준의 개발과 작성이 필요하다.

표준은 그 성격에 따라 정부의 규제 기관에 의해 제정되며, 법적 강제력을 갖는 규제적 표준과 강제력을 갖지 않는 권고 차원의 임의 표준으로 분류된다. 또한 그 수준에 따라 국제 표준, 지역적 표준, 국내 표준 또는 개발 주체에 따라서 사실상의 표준, 업계 표준, 단체 표준, 사내 표준 등으로 분류되기도 한다.

(2) 표준화의 목적

① 제품과 업무 행위의 단순화 및 호환성의 향상

② 관계자들 간의 원활한 의사소통으로 인한 상호 이해의 증진

③ 경제성을 향상, 소비자와 작업자의 이익 보호

④ 안전, 건강, 환경과 생명 보호에 기여

⑤ 현장과 사무실 자동화에 기여

(3) 표준화의 효과

① 품질의 향상, 균일성 유지

② 생산 능률 증진, 생산 원가의 절감

③ 부품의 호환성 증가

④ 인력과 자재 절약

⑤ 종업원의 교육과 훈련이 용이, 작업 능률의 향상

10년간 자주 출제된 문제

산업 규모가 커지고, 제품의 대량 생산화와 더불어 원활한 산업 활동과 국가 간의 교류 및 공동의 이익을 얻기 위하여 표준 규격을 제정하고 있다. 이와 같이 표준규격을 제정함으로써 나타나는 특징이 아닌 것은?

① 제품의 균일화가 이루어진다.

② 생산의 능률화가 이루어진다.

③ 제품의 세계화가 어려워진다.

④ 제품 상호 간의 호환성이 좋아진다.

|해설|

공산품에 대해서도 모양, 치수, 재료, 검사 및 시험 등의 규격이 통일되므로 제품 생산의 능률화와 품질 향상, 제품의 상호 호환성 등 여러 면에서 이득을 볼 수가 있다.

정답 ③

(1) 국제표준

① 일반적 의미 : 국가를 대표하는 표준화 단체로 구성된 표준화 기관이나 국제적으로 공인된 표준화 기관에 의해 채택되고 일반에게 공개되어 있는 표준으로서 국가표준(NS)과 대칭되는 말이다. 정보통신분야의 대표적인 국제표준기관은 ITU-T(구 CCITT), ISO, IEC, ISO/IEC JTC 1 등이 있으며, 이들 기관이 채택하는 표준이 모두 국제표준이다.

② 좁은 의미 : 국제표준화기구(ISO)에서 제정된 표준(다수의 국가가 각국의 이해관계를 회의 형식을 통하여 조정하고 국제적으로 적용되도록 제정한 표준)이며, 국제전기통신연합(ITU)은 ITU-T 권고와 ITU-R 권고를 사용하고, ISO는 국제표준(IS)을 사용하며, 국제전기표준회의(IEC)는 IEC 국제표준(규격)을 사용한다. ISO는 IS를 ISO 646(정보 교환용 부호), ISO 7498(OSI 기본 참조 모델), ISO 8802(LAN)와 같이 'ISO+번호'의 형태로 발표되고 있다.

(2) 산업표준

산업 생산물 및 생산방법에 대해 그 형상, 규격, 성능, 시험 등을 통일화한 것이며, 국제표준, 국가표준, 단체표준, 사내표준 등으로 분류된다.

① 국제표준 : 다수의 국가 간의 협력과 동의에 의해 제정되고 범세계적으로 사용되는 규격이다.

 예 국제표준화기구(ISO), 국제전기기술위원회(IEC) 등

② 국가표준 : 한 나라가 국가규격기관에 속한 국내 모든 이해관계자의 합의를 통해 제정 공표된 산업표준을 말한다.

 예 우리나라의 KS, 일본의 JIS, 독일의 DIN, 미국의 ANSI 등

③ 단체표준 : 학회, 협회, 업계, 단체 등에 소속된 회원의 협력과 동의로 제정된 것이다.

 예 미국의 재료시험협회(ASTM), 기계학회(ASME), 일본의 전기공업회(JEM) 등

④ 사내표준 : 개별회사에서 그 회사가 구매, 제조, 판매, 기타업무를 통솔하기 위하여 사내 각 부서의 동의를 얻어 만든 규격이다.

(3) 각국의 산업표준 명칭 및 마크

기호	표준 규격 명칭	영문 명칭	마크
ISO	국제표준화기구	International Organization for Standardization	
KS	한국산업규격	Korean Industrial Standards	
BS	영국규격	British Standards	
DIN	독일규격	Deutsches Institute fur Normung	
ANSI	미국규격	American National Standards Institutes	
SNV	스위스규격	Schweitzerish Norman -Vereingung	
NF	프랑스규격	Norme Francaise	
SAC	중국규격	Standardization Administration of China	
JIS	일본공업규격	Japanse Industrial Standards	

2-1. 제도 규칙에서 국제 표준과 국가별 표준의 표준 기호 및 표준 명칭으로 틀린 것은?

① 미국규격 : ANSI
② 국제인터넷표준화기구 : IETF
③ 영국규격 : BS
④ 국제표준화기구 : DIN

2-2. 국가별 산업표준규격을 나타내는 표준약호(Code)로 틀린 것은?

① 한국 : KS
② 일본 : JIS
③ 미국 : USA
④ 독일 : DIN

|해설|

2-1
④ 국제표준화기구 : ISO

2-2
③ 미국 : ANSI

정답 2-1 ④ 2-2 ③

핵심이론 03 | 한국산업규격(KS)의 부문별 분류

(1) KS의 부문별 기호

분류기호	부 문	분류기호	부 문	분류기호	부 문
KS A	기 본	KS H	식 품	KS Q	품질경영
KS B	기 계	KS I	환 경	KS R	수송기계
KS C	전기전자	KS J	생 물	KS S	서비스
KS D	금 속	KS K	섬 유	KS T	물 류
KS E	광 산	KS L	요 업	KS V	조 선
KS F	건 설	KS M	화 학	KS W	항공우주
KS G	일용품	KS P	의 료	KS X	정 보
				KS Z	기 타

(2) 전기·전자·통신에 관계되는 기호

기호 명칭	KS 번호	적용 범위	
전기용 기호	KS C 0102	기본 기호	일반적인 전기 회로의 접속 관계를 표시하는 기호
		전력용 기호	전기 기계·기구의 접속 관계를 표시하는 기호
		전기·통신용 기호	전기·통신 장치, 기기의 접속 관계를 표시하는 기호
옥내 배선용 그림 기호	KS C 0301	주택, 건물의 옥내 배선도에 사용하는 기호	
2진 논리소자를 위한 그래픽 기호	KS X 0201	2진 논리 소자 기능을 그림으로 표현하는 기호	
계장용 기호	KS A 3016	공정도에 계측 제어의 기능 또는 설비를 기재하는 기호	
시퀀스 제어 기호	KS C 0103	시퀀스 제어에 사용하는 기호	
정보 처리용 기호	KS X ISO 5807	전자 계산기의 처리 내용, 순서 및 단계를 표현하는 기호	

※ KS 규격 폐지

규격 및 폐지일자	폐지사유	대체표준
KS C 0102 (2013. 12. 31.)	KS C IEC 60027-1~4 부합화(2009), KS X IEC 60617-1~11 부합화(2001) 등 대응국제표준 부합화 완료	(단체표준 SPS-) KEA-GS7001-C0102-6216, KSCIEC60027-1, KSCIEC60027-2, KSCIEC60027-3
KS X 0201 (2013. 12. 19.)	부합화한 국제표준 폐지	(단체표준 SPS-) KTC-X0201-6619
KS A 3016 (2017. 7. 17.)	KS B ISO 3511-2(공정 계측제어 기능과 계장 – 기호 표시 – 제2부 : 기본 요구사항의 부연), KS B ISO 3511-3, KS B ISO 3511-4와 중복 표준으로 폐지	–

10년간 자주 출제된 문제

3-1. KS 규격의 부문별 분류에서 전기, 전자에 속하는 것은?

① KS A
② KS B
③ KS C
④ KS D

3-2. 각종 전자기기, 유무선 통신기기 및 장치의 접속관계를 표시하는 기호는?

① 전기용 기호(KS C 0102)
② 옥내배선용 기호(KS C 0301)
③ 2값 논리소자 기호(KS X 0201)
④ 시퀀스 기호(KS C 0103)

|해설|

3-2

각종 전자기기, 유무선 통신기기 및 장치의 접속관계를 표시하는 기호는 KS C 0102였으나 2013. 12. 31. 자로 폐지되고, 대체표준으로 (단체표준 SPS-)KEA-GS7001-C0102-6216, KSCIEC60027-1, KSCIEC60027-2, KSCIEC60027-3을 사용한다.

정답 3-1 ③ 3-2 ①

제2절 도면의 표시방법

│핵심이론 01│ 도면의 뜻과 기능

(1) 도면의 뜻

제도는 선과 문자 및 기호를 이용하여 제품의 형태, 크기, 재료, 가공방법 등을 일정한 규칙에 따라 정확하고 간결하게 표현한 것으로 이를 제도 용지에 나타낸 것을 도면이라고 한다. 즉, 도면은 설계자의 의도를 그림으로 정확하게 표현한 공통된 언어이다.

(2) 도면의 기능

① 정보 전달 기능 : 도면의 가장 일반적인 기능으로, 설계자의 의도를 도면에 표시하여 제작자나 소비자에게 전달한다.
② 정보 보존 기능 : 설계된 것을 보존하고, 다시 응용하거나 이용한다.
③ 정보 창출 기능 : 설계자의 아이디어를 구체적으로 표현한다.

(3) 도면의 필요 요건

① 도면에는 필요한 정보와 위치, 모양 등이 있어야 하고, 필요에 따라 재료의 형태와 가공방법에 대한 정보도 표시되어야 한다.
② 정보를 이해하기 쉽고 명확하게 표현해야 한다.
③ 기술 분야에 걸쳐 적합성과 보편성을 가져야 한다.
④ 기술 교류를 고려하여 국제성을 가져야 한다.
⑤ 도면의 보존과 복사 및 검색이 쉽도록 내용과 양식을 갖추어야 한다.

(4) 전자 제도의 특징

① 직선과 곡선의 처리, 도형과 그림의 이동, 회전 등이 자유롭고, 도면의 일부분 또는 전체의 축소, 확대가 용이하다.

② 자주 쓰는 도형은 매크로를 사용하여 여러 번 재생하여 사용할 수 있다.

③ 작성된 도면의 정보를 기계에 직접 적용할 수 있다.

④ 주로 2차원의 표현을 사용한다.

10년간 자주 출제된 문제

제도의 목적을 달성하기 위한 도면의 요건으로 옳지 않은 것은?

① 대상물의 도형과 함께 필요로 하는 크기, 모양, 자세, 위치의 정보를 포함하여야 한다.

② 도면의 정보를 명확하게 하기 위하여 복잡하고 어렵게 표현하여야 한다.

③ 가능한 한 넓은 기술 분야에 걸쳐 정합성, 보편성을 가져야 한다.

④ 복사 및 도면의 보존, 검색, 이용이 확실히 되도록 내용과 양식을 구비하여야 한다.

|해설|

② 정보를 이해하기 쉽고 명확하게 표현해야 한다.

정답 ②

| 핵심이론 **02** | 도면의 분류방법

(1) 사용 용도에 따른 분류

① **계획도** : 설계자가 제품을 구상하는 단계에서 설계자의 제작 의도와 계획을 나타내는 도면이며, 제작도 작성의 기초가 되는 도면이다.

② **제작도** : 기계 또는 설계 제품을 제작할 때 제작자에게 설계자의 의도를 전달하기 위해 사용하는 도면이다. 이 도면에는 설계자가 계획한 제품을 정확하게 만들기 위한 모든 정보, 즉 제품의 형태, 치수, 재질, 가공방법 등이 나타나 있다. 제작도에는 부품을 하나씩 그린 부품도와 부품의 조립 상태를 나타내는 조립도가 있다.

③ **주문도** : 주문하는 사람이 주문서에 첨부하여 제작하는 사람에게 주문품의 형태, 기능 등을 제시하는 도면이다.

④ **견적도** : 제작하는 사람이 견적서에 첨부하여 주문한 사람에게 견적 내용을 제시하는 도면이다. 견적 내용에는 주문품의 내용, 제작비 개요 등이 포함된 도면이다.

⑤ **승인도** : 제작하는 사람이 주문자의 요구 사항을 도면에 반영하여 주문자의 승인을 받기 위한 도면이다.

⑥ **설명도** : 필요에 따라 제품의 구조, 작동 원리, 기능, 조립과 분해 순서 및 사용방법 등을 설명하기 위한 도면이다.

(2) 내용에 따른 분류

① **조립도** : 제품의 전체적인 조립 과정이나 전체 조립 상태를 나타낸 도면으로, 복잡한 구조를 알기 쉽게 하고 각 단위 또는 부품의 정보가 나타나 있다.

② **부분 조립도** : 제품 일부분의 조립 상태를 나타내는 도면으로, 특히 곡면 등 복잡한 부분을 명확하게 하여 조립을 쉽게 하기 위해 사용된다.

③ **부품도** : 제품을 구성하는 각 부품에 대하여 가장 상세하게 나타내며 실제로 제품이 제작되는 도면이다.

④ 상세도 : 건축, 선박, 기계, 교량 등과 같은 비교적 큰 도면을 그릴 때에 필요한 부분의 형태, 치수, 구조 등을 자세히 표현하기 위하여 필요한 부분을 확대하여 그린 도면이다.

⑤ 계통도 : 물이나 기름, 가스, 전력 등이 흐르는 계통을 표시하는 도면이며, 이들의 접속 및 작동 계통을 나타내는 도면이다.

  ㉠ 전기회로도 : 전류가 흐를 수 있도록 전지, 도선, 스위치 등을 연결해 놓은 통로를 전기회로라고 하는데, 복잡한 전기회로를 여러 가지 기호를 사용하여 이해하기 쉽게 간단히 나타낸 도면이다.

  ㉡ 전자회로도 : 전기회로의 일종으로, 전기 신호를 다루는 회로 부품의 접속 상태 및 기능을 나타낸다.

  ㉢ 배선도 : 전선의 배치와 스위치의 위치, 전기 기구의 종류, 전선의 굵기, 줄 수 등을 표준 기호를 사용해서 나타낸 도면을 말한다.

  ㉣ 배관도 : 배관도는 관(Pipe)의 배치를 나타낸 도면으로, 관의 굵기와 길이, 배관의 위치와 설치방법, 펌프 및 밸브의 위치 등을 나타낸 도면이다.

⑥ 전개도 : 구조물이나 제품 등의 입체 표면을 평면으로 펼쳐서 전개한 도면이다.

⑦ 공정도 : 제조 과정에서 거쳐야 할 공정마다의 가공방법, 사용 공구 및 치수 등을 상세히 나타낸 도면이며, 공작 공정도, 제조 공정도, 설비 공정도 등이 있다.

⑧ 장치도 : 기계의 부속품 설치방법, 장치의 배치 및 제조 공정의 관계를 나타낸 도면이다.

⑨ 구조선도 : 기계, 건물 등과 같은 철골 구조물의 골조를 선도로 표시한 도면이다.

(3) 작성방법에 따른 분류

① 연필도 : 제도용지에 연필로 그린 도면인데, 먹물도의 밑그림으로 사용하기도 한다.

② 먹물도 : 연필도를 바탕으로 하여 그 위에 먹물로 다시 그려 완성시킨 도면이다.

③ 착색도 : 도면에 그린 구조나 재료를 쉽게 구별할 수 있도록 하며, 재료별로 일정한 규정에 따라 여러 가지 색을 엷게 칠한 도면이다.

(4) 성격에 따른 분류

① 스케치도 : 현장에서 제도 용구를 사용하지 않고 프리핸드로 그린 후 필요한 사항을 기입하여 완성한 도면이다.

② 원도 : 제도 용지에 연필로 그리거나 컴퓨터로 작성된 최초의 도면이며, 트레이스도(Traced Drawing)의 원본이 된다.

③ 트레이스도 : 원도 위에 트레이싱 종이(Tracing Paper)를 놓고 연필 또는 먹물로 그린 도면이며, 복사도의 원본이 된다.

④ 복사도 : 트레이스도를 원본으로 하여 복사한 도면이다. 작업 현장에 배포되어 여러 가지 계획과 제작에 사용되며, 복사도에는 감광지에 복사한 청사진도(Blue Print)와 전자복사기로 복사한 전자 복사도가 있다.

10년간 자주 출제된 문제

2-1. 설계자의 의도를 작업자에게 정확히 전달시켜 요구하는 물품을 만들게 하기 위해 사용되는 도면은?

① 계획도 ② 주문도
③ 견적도 ④ 제작도

2-2. 도면을 내용에 따라 분류했을 때 여러 개의 전자 제품이 상호 접속된 상태를 나타내는 도면은?

① 부품도 ② 공정도
③ 부분조립도 ④ 전자회로도

|해설|

2-1
④ 제작도(Production Drawing) : 공장이나 작업장에서 일하는 작업자를 위해 그려진 도면으로, 설계자의 뜻을 작업자에게 정확히 전달할 수 있는 충분한 내용으로 가공을 용이하게 하고 제작비를 절감시킬 수 있다.
① 계획도(Scheme Drawing) : 만들고자 하는 제품의 계획을 나타내는 도면이다.
② 주문도 : 주문한 사람이 주문서에 붙여서 자기 요구의 대강을 주문 받을 사람에게 보이기 위한 도면이다.
③ 견적도 : 제품이나 공사 계약 및 입찰 가격을 결정하기 위하여 사용하는 도면이다.

2-2
④ 전자회로도 : 여러 개의 전자 제품이 상호 접속된 상태를 나타내는 도면이다.
① 부품도 : 제품을 구성하는 각 부품을 상세하게 그린 도면으로 제작 때 직접 사용하므로 설계자의 뜻이 작업자에게 정확하고 충분하게 전달되도록 치수나 기타의 사항을 상세하게 기입한다.
② 공정도 : 제품의 제작 과정에서 거쳐야 할 각 공정마다 처리 방법, 사용 용구 등을 상세히 나타낸 도면으로, 공작 공정도, 제조 공정도, 설비 공정도 등이 있다.
③ 부분조립도 : 복잡한 제품의 조립 상태를 몇 개의 부분으로 나누어서 표시한 것으로 특히 복잡한 기구를 명확하게 하여 조립을 쉽게 하기 위한 도면이다.

정답 2-1 ④ 2-2 ④

핵심이론 03 | 제도 용구

(1) 제도기

① 컴퍼스 : 원이나 원호를 그릴 때 사용한다.
② 디바이더 : 필요한 치수를 옮기거나 선이나 원주를 일정한 간격으로 나눌 때 사용한다.
③ 먹줄펜 : 제도용 잉크로 선을 그릴 때 사용한다.

(2) T자

수평선을 그으며, 삼각자와 함께 사용한다.

(3) 삼각자

직각 삼각형으로 만든 자로서 두 장이 한 조로 되어 있다.

(4) 운형자

컴퍼스만으로는 그리기 어려운 복잡한 곡선이나 원호를 그릴 때 사용한다.

(5) 축척자

각종 축척의 눈금이 있다.

(6) 각도기

반원형의 얇은 셀룰로이드판이며 각도를 측정한다.

(7) 형 판

얇은 판에 각종 형태를 뚫어 놓은 것으로 작업성을 높인다.

(8) 제도판

제도 용지를 붙이는 판으로 수직, 수평을 맞추어야 한다.

(9) 제도용 연필의 종류와 사용방법

높은 숫자의 H(Hard : 연필심의 단단한 정도)심일수록 단단하고 흐리게 써지며, 높은 숫자의 B(Black : 연필심의 검은 농도)심일수록 부드럽고 진하게 써진다. HB는 가장 많이 사용하는 필기용 연필이다.

① 4H∼9H : 가는 선, 트레이싱용
② H∼HB : 보통의 선, 문자
③ 2B∼7B : 스케치용

핵심이론 04 | 도면의 크기와 양식

(1) 도면의 크기

제도 용지는 긴 변을 가로 방향이나 세로 방향의 어느 것으로 선택해도 된다. 도면의 크기는 도형의 크기나 수량 등으로 정해지며, 주로 A열 사이즈 제도 용지를 사용하는데, 도형의 크기에 따라 연장 사이즈를 사용하기도 한다. 원도에는 필요로 하는 명료함 및 자세함을 지킬 수 있는 최소 크기의 용지를 사용하는 것이 좋다. 제도 용지의 세로와 가로의 비는 $1 : \sqrt{2}$ 이고 A0의 넓이는 약 $1[m^2]$이다. 큰 도면을 접을 때에는 A4의 크기로 접는 것을 원칙으로 한다.

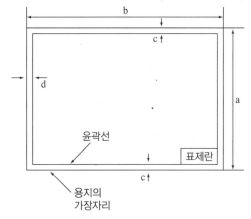

(a) A0-A4에서 긴 변을 좌우 방향으로 놓은 경우

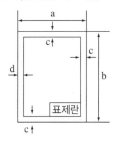

(b) A4에서 짧은 변을 좌우 방향으로 놓은 경우

[도면의 크기와 양식]

용지 크기의 호칭		A0	A1	A2	A3	A4
a×b		841× 1,189	594× 841	420× 594	297× 420	210× 297
c(최소)		20	20	10	10	10
d (최소)	철하지 않을 때	20	20	10	10	10
	철할 때	25	25	25	25	25

※ d 부분은 도면을 철하기 위하여 접었을 때, 표제란의 좌측이 되는 곳에 마련한다.

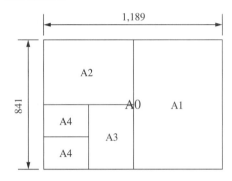

(2) 도면의 양식

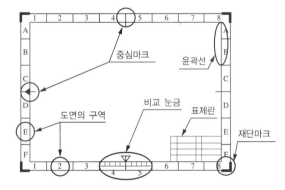

① **도면의 구역** : 상세도 표시의 부분, 추가, 수정 등의 위치를 도면상에서 용이하게 나타내기 위하여 모든 크기의 도면에는 구역 표시를 설정하는 것이 바람직하다. 분할 수는 짝수로 하고, 도면의 구역 표시를 형성하는 사각형의 각 변의 길이는 25~75[mm]로 하는 것이 좋다. 도면 구역 표시의 선은 두께가 최소 0.5[mm]인 실선으로 한다.

② **표제란** : 도면의 특정한 사항[도번(도면 번호), 도명 (도면 이름), 척도, 투상법, 작성자명 및 일자 등]을 기입하는 곳이며, 그림을 그릴 영역 안의 오른쪽 아래 구석에 위치시킨다. 표제란을 보는 방향은 통상적으로 도면의 방향과 일치하도록 한다.

학 교		고등학교	작성일	년 월 일
과		과 학년	척 도	
이 름			투상도	
도 명			도 번	

③ **윤곽 및 윤곽선** : 재단된 용지의 가장자리와 그림을 그리는 영역을 한정하기 위하여 선으로 그어진 윤곽은 모든 크기의 도면에 설치해야 한다. 그림을 그리는 영역을 한정하기 위한 윤곽선은 최소 0.5[mm] 이상 두께의 실선으로 그리는 것이 좋다. 0.5[mm] 이외의 두께의 선을 이용할 경우에 선의 두께는 ISO 128에 의한다.

④ **중심마크** : 복사나 마이크로필름을 촬영할 때 도면의 위치를 결정하기 위해 4개의 중심마크를 설치한다. 중심마크는 재단된 용지의 수평·수직의 2개 대칭축으로, 용지 양쪽 끝에서 윤곽선의 안쪽으로 약 5[mm]까지 긋고, 최소 0.5[mm] 두께의 실선을 사용하는데, 중심마크의 위치 허용차는 ±0.5[mm]로 한다.

⑤ **재단마크** : 복사도의 재단에 편리하도록 용지의 네 모서리에 재단마크를 붙이는데 이 재단마크는 두 변의 길이가 약 10[mm]의 직각 이등변 삼각형으로 한다. 그러나 자동 재단기에서 삼각형으로 부적합한 경우에는 두께 2[mm]인 두 개의 짧은 직선으로 한다.

⑥ **도면의 비교 눈금** : 모든 도면상에는 최소 100[mm] 길이에 10[mm] 간격의 눈금을 긋는다. 이 비교 눈금은 도면 용지의 가장자리에서 가능한 한 윤곽선에 겹쳐서 중심마크에 대칭으로 하고, 너비는 최대 5[mm]로 배치한다. 비교 눈금선은 두께가 최소 0.5[mm]인 직선으로 한다.

4-1. 도면의 크기와 양식에 대한 설명으로 틀린 것은?

① 제도 용지의 크기는 필요에 따라 크기를 선택하여야 한다.

② 종이의 규격에 맞추어야 한다.

③ 어떠한 경우라도 종이의 규격에 따라야 한다.

④ 양식은 KS A 0106 규격에 따라 도면을 그려야 한다.

4-2. 다음 그림에서 도면의 축소나 확대, 복사작업과 이들의 복사도면의 취급 편의를 위한 것은?

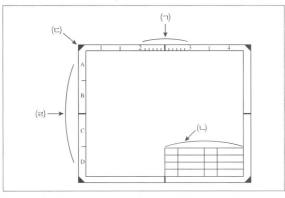

① (ㄱ)

② (ㄴ)

③ (ㄷ)

④ (ㄹ)

| 해설 |

4-1

도면의 크기와 양식

• 기계제도에 사용되는 도면은 기계제도(KS B 0001) 규격과 도면의 크기 및 양식(KS A 0106)에서 정한 크기를 사용하며, A열 사이즈를 사용한다. 단, 표시할 도형이 길 경우 연장사이즈를 사용한다. 도면에는 반드시 도면의 윤곽, 표제란 및 중심마크를 마련해야 한다. 또한, 도면의 크기는 가능한 작은 것을 사용해야 한다.

• 도면의 크기가 서로 다르면 관리 및 보관이 불편하기 때문에 일정한 크기로 만들어 규격화하여 사용한다. 제도 용지의 가로와 세로 비는 $1 : \sqrt{2}$ 가 되며, 도면은 길이 방향을 좌우로 놓고 작성하나 A4 이하의 도면은 길이 방향을 세로로 사용할 수 있다. 큰 도면은 접을 때에는 A4의 크기로 접는 것을 원칙으로 하되 도면 우측 하단부에 표제란(예 회사상호, 설계자)이 보이도록 접는다.

• 원도는 절대로 접지 않으며 원도를 말아서 보관할 경우 그 안지름이 40[mm] 이상이 되게 한다(접합부를 보존하기 위함이며 구김은 없어야 한다).

4-2

① 비교눈금 : 도면을 축소 또는 확대했을 경우, 그 정도를 알기 위해 도면의 아래쪽이나 위쪽에 10[mm] 간격의 눈금을 그려 놓은 것이다.

② 표제란 : 도면의 오른쪽 아래에 표제란을 그리고 그 곳에 도면 관리에 필요한 사항과 도면 내용에 관한 정형적인 사항(도면 번호, 도면 이름, 척도, 투상법, 도면 작성일, 제도자 이름) 등을 기입한다. 윤곽선의 오른쪽 아래 구석에 설정하고, 이를 표제란의 정위치로 한다.

③ 재단마크 : 복사한 도면을 재단하는 경우의 편의를 위해서 원도면의 네 구역에 'ㄱ'자 모양으로 표시해 놓은 것이다.

④ 중심마크 : 완성된 도면을 영구적으로 보관하거나 마이크로필름의 촬영이나 복사 작업을 편리하게 하기 위해서 좌우 4개소에 중심마크를 표시해 놓은 선으로 0.5[mm] 굵기의 직선으로 표시한 선이다.

정답 4-1 ③ 4-2 ①

핵심이론 05 | 도면에 사용되는 척도

(1) 척도(Scale)

'대상물의 실제 치수'에 대한 '도면에 표시한 대상물'의 비율을 나타낸다. 척도는 도면화할 대상물의 표현 목적에 알맞게 선택하고, 모든 경우에 나타낼 수 있는 정보를 쉽게 잘 이해할 수 있는 크기의 척도를 선택하여야만 한다. 즉, 도면의 크기는 척도와 대상물의 크기에 의해 정해진다.

(2) 척도의 종류

① 현척(Full Scale) : 도면상의 물체 크기와 실제 물체 크기를 같게 그리는 척도이다.
② 배척(Enlarged Scale) : 도면상의 물체 크기를 실제 물체의 크기보다 크게 그리는 척도이다.
③ 축척(Contraction Scale) : 도면상의 물체 크기를 실제 물체의 크기보다 작게 그리는 척도이다.
④ NS(Not to Scale) : 도면상의 물체가 치수와 비례하지 않을 경우에는 치수 밑에 밑줄을 긋거나 '비례가 아님' 또는 NS 등의 문자를 기입하여야 한다.

종 류	척 도					종 류
배 척	50 : 1	20 : 1	10 : 1	5 : 1	2 : 1	실물 크기보다 크게
현 척	1 : 1					실물 크기와 같게
축 척	1 : 2	1 : 5	1 : 10			실물 크기보다 작게
	1 : 20	1 : 50	1 : 100			
	1 : 200	1 : 500	1 : 1,000			
	1 : 2,000	1 : 5,000	1 : 10,000			

A : B
└ 물체의 실제 크기
└ 도면에서의 크기

축척 1 : 2
현척 1 : 1
배척 2 : 1

(3) 도면 작성 시 척도 선정방법

실물의 크기, 복잡성 여부, 용지의 크기 등을 고려하여 적당한 척도를 선정한다.

(4) 척도의 기입법

① 척도는 도면의 표제란에 기입을 한다. 단, 다품일양식 도면의 경우, 서로 다른 척도를 사용을 할 때에는 그 부품의 좌측 상단에 표시되는 품번(물체를 투상법에 따라 도면에 작도를 했을 때 그 물체를 대변하여 호칭하는 임의의 번호) 옆에 표시한다.
② 척도는 분수형태 또는 비례표시법에 맞춰 표시한다.
③ 만약 도면에 작도한 투상도가 척도에 적용이 된 것이 아니라면 NS(Not to Scale) 또는 '비례척 아님'을 기입한다.
④ 도면에 그려진 치수는 비록 척도에 맞춰 그려졌다고 하더라도 실물치수를 기입해야만 한다. 단, 도면이 치수와 비례하지 않을 경우에는 치수 밑에 밑줄을 그어 표시한다.

(5) 치수보조기호

치수값과 함께 사용하여 치수의 의미를 정확하게 표현하면서 간편하게 기입한다.

구 분	기 호	읽 기	사용법	예
지 름	ϕ	파 이	원형의 지름 치수 앞에 붙인다.	ϕ50
반지름	R	알	원형의 반지름 치수 앞에 붙인다.	R50
구의 지름	Sϕ	에스파이	구의 지름 치수 앞에 붙인다.	Sϕ50
구의 반지름	SR	에스알	구의 반지름 치수 앞에 붙인다.	SR50
정사각형의 변	□	사 각	정사각형의 한 변의 치수 앞에 붙인다.	□50
판의 두께	t	티	판 두께의 치수 앞에 붙인다.	t=50
원호의 길이	⌒	원 호	원호 길이 치수 앞에 붙인다.	⌒50
45° 모따기	C	시	45° 모따기 치수 앞에 붙인다.	C50
이론적으로 정확한 치수	□	테두리	위치 공차 기호를 기입할 때 이론적으로 정확한 치수값을 둘러싼다.	50
참고 치수	( )	괄 호	참고로 기입하는 치수값을 괄호로 둘러싼다.	(50)

5-1. 다음 중 도면을 그리는 척도의 구분에 대한 설명으로 옳은 것은?

① 배척 : 실물보다 크게 그리는 척도이다.
② 실척 : 실물보다 작게 그리는 척도이다.
③ 축척 : 도면과 실물의 치수가 비례하지 않을 때 사용한다.
④ NS(Not to Scale) : 실물의 크기와 같은 크기로 그리는 척도이다.

5-2. 실제 치수가 30[mm]의 물건을 2/1의 배척으로 그렸을 때 도면에 기입하는 치수로 옳은 것은?

① 15[mm]   ② 30[mm]
③ 60[mm]   ④ 120[mm]

|해설|

5-1
척도 : 물체의 실제 길이와 도면에서 축소 또는 확대하여 그리는 길이의 비율
① 배척 : 실물보다 크게 그리는 척도

$$\frac{2}{1}, \frac{5}{1}, \frac{10}{1}, \frac{20}{1}, \frac{50}{1}$$

② 실척(현척) : 실물의 크기와 같은 크기로 그리는 척도 $\frac{1}{1}$

③ 축척 : 실물보다 작게 그리는 척도

$$\frac{1}{2}, \frac{1}{2.5}, \frac{1}{3}, \frac{1}{4}, \frac{1}{5}, \frac{1}{10}, \frac{1}{50}, \frac{1}{100}, \frac{1}{200}, \frac{1}{250}, \frac{1}{500}$$

④ NS(Not to Scale) : 비례척이 아님을 뜻하며, 도면과 실물의 치수가 비례하지 않을 때 사용

5-2
척도(배척, 실척, 축적)의 표시
• A / B : A - 도면에서의 크기, B - 물체의 실제 크기
• A : B : A - 도면에서의 크기, B - 물체의 실제 크기
척도는 표제란에 기록하고 도면에 기입하는 치수는 실제 물건의 치수를 기입한다.

정답 5-1 ① 5-2 ②

제3절 전자부품의 기호 및 표시법

핵심이론 01 │ 전자부품의 기호와 식별

(1) 능동소자(Active Element)

작은 신호(전력, 전압, 전류 중 하나)를 주어 큰 출력 신호로 변화시킬 수 있는 전자 부품 소자이다. 입력과 출력을 갖추고 있어, 전기를 가한 것만으로 입력과 출력에 일정한 관계를 갖는 소자이다. 에너지의 발생이 있는 것을 능동 소자라고 하지만, 에너지 보존 법칙이 성립하므로 정상상태에서는 에너지 지수가 0으로 되기 때문에 실제로 에너지가 발생하는 것은 아니고 전원으로부터의 에너지를 써서 신호의 에너지를 발생시키는 등 에너지 변환을 하는 것이 능동소자이다. 그렇기 때문에 능동소자는 신호 단자 외 전력의 공급이 필요하다. 대표적인 부품으로는 연산 증폭기, 다이오드(모든 다이오드가 아니라, 터널 다이오드나 발광 다이오드 같이 부성저항 특성을 띠는 다이오드만 해당된다), 트랜지스터, 진공관 등이 있다.

① 다이오드(Diode) : 게르마늄(Ge)이나 규소(Si)로 만들어지는데, 주로 한쪽 방향으로 전류가 흐르도록 제어하는 반도체 소자이다. 정류, 발광 등의 특성을 지니는 반도체 소자이다.

일반 다이오드	발광 다이오드	광 다이오드	쇼트키 다이오드
과전압억제 다이오드	터널 다이오드	배리캡	정전압 다이오드

② 트랜지스터(Transistor) : 규소나 게르마늄으로 만들어진 반도체를 세 겹으로 접합하여 만든 전자회로 구성요소로, 전류나 전압흐름을 조절하여 증폭, 스위치 역할을 한다. 가볍고 소비전력이 작아 진공관을 대체하여 대부분의 전자회로에 사용되는데, 이를 고밀도로 집적한 집적회로가 있다. 접합형 트랜지스터(BJT ; Bipolar Junction Transistor)와 전기장 효과 트랜지스터(FET ; Field Effect Transistor)로 구분한다.

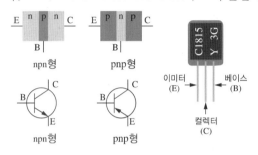

npn형   pnp형

npn형   pnp형

③ 연산 증폭기(Op-amp, Operational Amplifier) : 한 개의 차동 입력과 대개 한 개의 단일 출력을 가지는 직류 연결형(DC-coupled) 고이득 전압 증폭기이다. 하나의 연산 증폭기는 그 입력 단자 간의 전압 차이보다 대개 백배에서 수천 배 큰 출력 전압을 생성한다.

$$V_{S+}$$
$$V_+$$
$$V_-$$
$$V_{out}$$
$$V_{S-}$$

(2) 수동소자(Passive Element)

수동소자는 공급된 전력을 소비·축적·방출하는 소자로 증폭, 정류 등의 능동적 기능을 하지 않는 것을 뜻한다. 부품으로는 저항기, 콘덴서, 인덕터, 트랜스, 릴레이 등이 있다.

능동소자와는 반대로 에너지를 단지 소비, 축적, 혹은 그대로 통과시키는 작용을 한다. 수동적으로 작용할 뿐이므로 먼저 나서서 어떠한 일을 하지는 않지만 수동소자는 외부전원이 필요 없이 단독으로 동작이 가능하다. 만들어진 후에는 입력 조건에 의한 소자의 특성 변화가 불가능하고, 소자의

특성이 수동적으로 상황에 알맞게 전류나 전압이 인가되지 않은 상태에서 결정되어 있는 소자이다. 기본적으로 선형 동작을 하기 때문에 수동소자는 선형 해석만으로도 충분한 해석이 가능하다.

(3) 저항기(Resistor)

① 고정 저항

  ⊙ 탄소피막 저항(카본 저항기, 일반 저항) : 저항체로 탄소계 재료를 사용하며, 높은 정밀도가 필요하지 않은 아날로그회로나 디지털회로에 가장 널리 사용된다.

  ⓒ 솔리드 저항 : 탄소 분말과 수지를 굳혀서 성형한 저항기이다. 기생 인덕턴스 성분이 높고 고주파용으로 저항값의 제어가 어렵고 정밀도가 비교적 좋지 않다.

  ⓒ 권선 저항 : 구리, 니켈의 저항 선재를 세라믹 몸체에 코일 모양으로 감은 것이다. 주로 고전력용으로 사용되며, 내구성 및 신뢰도가 매우 뛰어난 저항이다. 그러나 높은 저항값으로 제조하기가 어렵고, 유도성분이 다소 있어 고주파회로의 사용에는 유의해야 한다.

  ② 금속피막 저항 : 저항체로 니켈(Ni), 크롬(Cr) 등을 사용한다. 겉모양은 탄소피막 저항기와 비슷하며, 정밀도가 높고 고주파 특성이 좋으며 온도 변화에 대해서도 안정되어 있지만, 가격이 다소 비싸다.

  ⓜ 산화금속피막 저항 : 저항체로 산화금속피막을 사용하며, 내열성이 우수하고 중간 전력용으로 사용된다.

  ⓗ 시멘트 저항 : 가느다란 금속선을 절연체에 감은 권선 저항기를 시멘트로 굳힌 저항기이다. 시멘트는 방열성이 좋기 때문에 대전력용으로 사용되며, 인덕턴스 성분이 크므로 고주파 용도로는 적합하지 않다.

탄소피막 저항	솔리드 저항
권선 저항	금속피막 저항
산화금속피막 저항	시멘트 저항

② 가변 저항

　㉠ 가변 저항(일반형) : 전자회로에서 저항값을 임의
　　로 바꿀 수 있는 저항기로, 가변 저항을 사용하여
　　저항을 바꾸면 전류의 크기도 바뀐다. 주로 원형이
　　며 손으로 돌려 저항값을 조절할 수 있다.

　㉡ 반고정 저항 : 드라이버를 사용하여 저항을 조절할
　　수 있는 홈이 있다.

[가변 저항]

[반고정 저항]

(4) 콘덴서(Condenser)

축전기로도 하며, 직류 전압을 가하면 각 전극에 전기(전하)를 축적(저장)하는 역할(콘덴서의 용량만큼 저장된 후에는 전류가 흐르지 않음)과 교류에서는 직류를 차단하고 교류 성분을 통과시키는 성질을 가지고 있다.

① 전해 콘덴서(Electrolytic Condenser) : 유전체를 얇게
　할 수 있어 작은 크기에도 큰 용량을 얻을 수 있다는
　장점이 있다. 양극(긴 선이 +)성 콘덴서가 있으며, 극,
　전압, 용량 등이 콘덴서 표면에 적혀 있다. 이 콘덴서
　는 주로 전원의 안정화, 저주파 바이패스 등에 활용

되지만, 극을 잘못 연결할 경우 터질 수 있으므로 주의해야 한다.

② 탄탈 콘덴서(Tantalum Condenser) : 전극에 탄탈이
　라는 재질을 사용한 콘덴서로, 용도는 전해 콘덴서와
　비슷하지만 오차, 특성, 주파수 특성 등이 전해 콘덴서
　보다 우수하기 때문에 가격이 더 비싼 편이다.

③ 세라믹 콘덴서(Ceramic Condenser) : 유전율이 큰
　세라믹 박막, 타이타늄산바륨 등의 유전체를 재질로
　한 콘덴서이다. 박막형이나 원판형의 모양을 가지며
　용량이 비교적 작고, 고주파 특성이 양호하여 고주파
　바이패스에 흔히 사용된다.

④ 필름 콘덴서(Film Condenser) : 필름 양면에 금속박
　을 대고 원통형으로 감은 콘덴서를 말한다.

⑤ 마일러 콘덴서(폴리에스터 필름 콘덴서) : 폴리에스터
　필름의 양면에 금속박을 대고 원통형으로 감은 콘덴서
　이다. 극성이 없고, 용량이 작은 편에 속하지만, 고주
　파 특성이 양호하기 때문에 바이패스용, 저주파, 고주
　파 결합용으로 사용된다.

⑥ 마이카 콘덴서(Mica Condenser) : 운모(Mica)를 유전
　체로 하는 콘덴서로 주파수 특성이 양호하며 안정성,
　내압이 우수하다는 장점이 있다. 주로 고주파에서의
　공진회로나 필터회로 등을 구성할 때, 고압회로 구성
　에 사용한다. 용량이 큰 편은 아니지만 비싸다는 단점
　이 있다.

⑦ 가변용량 콘덴서 : 용량을 변화시킬 수 있는 콘덴서를
　말한다. 주파수 조정에 사용하며 트리머, 바리콘이
　있다.

전해 콘덴서	탄탈 콘덴서	세라믹 콘덴서	필름 콘덴서
마일러 콘덴서	마이카 콘덴서	가변용량 콘덴서	

(5) 콘덴서의 용도

① 불안정한 전원을 잡아주기 위해

② 노이즈를 제거하기 위해

③ 직류를 차단하며 교류를 통과시키기 위해

④ IC(집적회로)의 안정된 작동을 위해

(6) 콘덴서의 종류

용량, 크기, 온도, 주파수 등의 특성을 위해 유전체를 사용하며, 유전체의 종류에 따라 여러 종류의 콘덴서로 나누어진다. 하나의 극으로 이루어진 단극성 콘덴서와 양극으로 이루어진 양극성 콘덴서가 존재하며, 극성이 있는 콘덴서는 긴 리드선이 +극, 짧은 리드선이 −극을 갖는다.

(7) 인덕터(Inductor)

구리나 알루미늄 등을 절연성 재료로 싸서 나사 모양으로 여러 번 감은 솔레노이드를 주로 사용하면서 즉, 도선을 감은 코일로 가장 기본적인 회로 부품이면서 회로 소자이다. 고주파는 차단하고 저주파는 통과시키는 특성이 있으며, 전류의 변화를 막는 소자이다.

	다이오드	트랜지스터	OP 앰프
능동 소자			
	저 항	콘덴서	코 일
수동 소자			

1-1

④ 권선 저항기 : 저항값이 낮은 저항기로 대전력용으로도 사용된다. 그리고 이 형태는 표준 저항기 등의 고정밀 저항기로도 사용된다.

① 탄소피막 저항기 : 간단히 탄소 저항이라고도 하며, 저항값이 풍부하고 쉽게 구할 수 있다. 또한 가격이 저렴하기 때문에 일반적으로 사용되지만 종합 안정도는 좋지 않다.

② 솔리드 저항기 : 몸체 자체가 저항체이므로 기계적 내구성이 크고 고저항에서도 단선될 염려가 없다. 가격이 싸지만 안정도가 나쁘다.

③ 금속피막 저항기 : 정밀한 저항이 필요한 경우에 가장 많이 사용되는 저항기로 특히 고주파 특성이 좋으므로 디지털회로에도 널리 사용된다. 세라믹 로드에 니크롬, TiN, TaN, 니켈, 크롬 등의 합금을 진공증착, 스퍼터링 등의 방법을 사용하여 필름 형태로 부착시킨 후 홈을 파서 저항값을 조절하여 제조한다. 대량 생산에도 적합하고 온도 특성, 전류 잡음 등 많은 장점을 가지고 있지만 재료의 특성상 탄소피막 저항기에 비해 가격이 비싸다.

1-2

• 능동 소자(Active Element) : 능동이란 다른 것에 영향을 받지 않고 스스로 변화시킬 수 있는 것이라는 표현이다. 즉, 능동 소자란 스스로 무언가를 할 수 있는 기능이 있는 소자를 말한다. 입력과 출력을 가지고 있으며, 전기를 가하면 입력과 출력이 일정한 관계를 갖는 소자를 말한다. 이 능동 소자에는 Diode, TR, FET, OP Amp 등이 있다.

• 수동 소자(Passive Element) : 수동 소자는 능동 소자와 반대로 에너지 변환과 같은 능동적 기능을 가지지 않는 소자로 저항, 커패시터, 인덕터 등이 있다. 이 수동 소자는 에너지를 소비, 축적, 혹은 그대로 통과시키는 작용 즉, 수동적으로 작용하는 부품을 말한다.

구 분	능동 소자	수동 소자
특 징	공급된 전력을 증폭 또는 정류로 만들어 주는 소자	공급된 전력을 소비 또는 방출하는 소자
동 작	선형 + 비선형	선 형
소자 명칭	다이오드, 트랜지스터 등	인덕터, 저항 커패시터 등

정답 1-1 ④ 1-2 ③

핵심이론 01 | 논리소자

(1) 논리소자

명 칭	기 호	함수식	진리표		설 명
			A B	X	
AND		$X = AB$	0 0	0	입력이 모두 1일 때만 출력이 1
			0 1	0	
			1 0	0	
			1 1	1	
			A B	X	
OR		$X = A + B$	0 0	0	입력 중 1이 하나라도 있으면 출력이 1
			0 1	1	
			1 0	1	
			1 1	1	
			A	X	
NOT		$X = A'$	0	1	입력과 반대되는 출력
			1	0	
			A	X	
Buffer		$X = A$	0	0	신호의 전달 및 지연
			1	1	
			A B	X	
NAND		$X = (AB)'$	0 0	1	AND의 반전(입력 모두 1일 때만 출력이 0)
			0 1	1	
			1 0	1	
			1 1	0	
			A B	X	
NOR		$X = (A + B)'$	0 0	1	OR의 반전(입력 중 1이 하나라도 있으면 출력이 0)
			0 1	0	
			1 0	0	
			1 1	0	
			A B	X	
XOR		$X = (A \oplus B)$	0 0	0	입력이 서로 다를 경우에 출력 1
			0 1	1	
			1 0	1	
			1 1	0	
			A B	X	
XNOR		$X = (A \odot B)$	0 0	1	입력이 서로 같을 경우에 출력 1
			0 1	0	
			1 0	0	
			1 1	1	

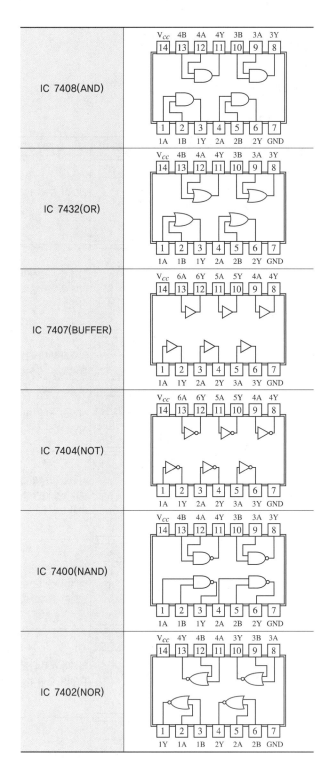

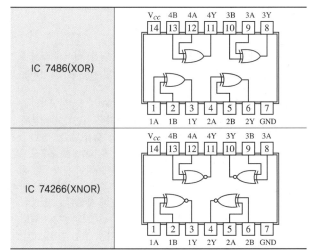

(2) IC 계열별 특징

디지털 IC는 TTL(Transistor Transistor Logic)과 CMOS (Complementary Metal Oxide Semiconductor)로 나눔

① TTL은 Diode와 BJT로 구성

② CMOS : NMOS와 PMOS FET로 구성

    ㉠ 장점 : TTL에 비해 소비전력이 작고 사용전압 범위가 넓음

    ㉡ 단점 : TTL에 비해서 속도가 떨어짐

    ㉢ 고속의 CMOS IC가 개발되어 TTL과 유사한 보급 성향을 보임

③ TTL 중 74 계열 외에 군용처럼 열악한 환경에서도 동작할 수 있도록 개발된 54 계열이 있음

    ㉠ 74 계열의 작동 온도 범위 : 0~70[℃]

    ㉡ 54 계열은 작동 온도 범위 : -55~125[℃]

④ TTL은 LS(Low Power-schottky), F(Fast) 타입, CMOS는 4000B 계열, HC(High Speed CMOS) 타입이 주로 사용

1-1. 두 개의 입력값이 모두 참일 때 출력값이 참이 되는 논리 게이트는 어느 것인가?

① AND   ② NAND

③ XOR   ④ NOT

1-2. 입력논리가 서로 상반될(같지 않을) 때 출력이 "1"이 되는 논리회로는?

① AND 게이트

② NAND 게이트

③ Exclusive – OR 게이트

④ NOR 게이트

|해설|

1-1

논리 게이트에서 출력전압이 높은 상태를 1 즉, 참이라고 하고, 낮은 상태를 0 즉, 거짓이라고 하면 AND 게이트의 출력이 참이 되는 경우는 AND 게이트의 두 입력 모두 참인 경우뿐이다. 만약에 입력 중 어느 한 쪽이라도 참이 아니라면 AND 게이트의 결과, 출력은 거짓이 된다.

입력신호		출력신호
A	B	X
0	0	0
0	1	0
1	0	0
1	1	1

정답 1-1 ①   1-2 ③

핵심이론 02 | 반도체 집적회로

(1) 논리회로의 종류

① 조합논리회로

   ㉠ 입력값에 의해서만 출력값이 결정되는 회로이다. 기본 논리 소자(AND, OR, NOT)의 조합으로 만들어지고 기억소자는 포함하지 않는다.

   ㉡ 조합논리회로의 종류 : 가산기, 비교기, 디코더, 인코더, 멀티플렉서, 디멀티플렉서, 코드변환기 등

② 순서논리회로

   ㉠ 출력값은 입력값뿐만 아니라 이전 상태의 논리값에 의해 결정된다. 조합논리회로 + 기억소자(플립플롭 : 단일 비트 기억소자)로 구성된다.

   ㉡ 순서논리회로의 종류 : 플립플롭(JK, RS, T, D), 레지스터, 카운터, CPU, RAM 등

(2) 반가산기(Half Adder)

① 2개의 비트 X, Y를 더한 합 S(Sum)와 자리올림 C(Carry)를 구하는 회로이다.

② 1개의 XOR회로와 1개의 AND회로로 구성되어 있다.

③ 논리식 : $S = A \oplus B$, $C = AB$

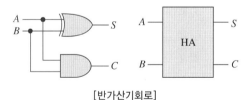

[반가산기회로]

(3) 전가산기(Full Adder)

① 3개의 입력과 2개의 출력으로 구성되어 있다.

② 2개의 반가산기와 1개의 OR회로로 구성되어 있다.

③ 논리식 : $S = A \oplus B \oplus C_{in}$,

$$C_{out} = C_{in}(A \oplus B) + AB$$

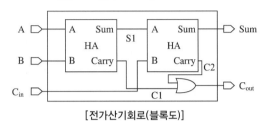

[전가산기회로(블록도)]

[전가산기회로(내부 구성도)]

(4) 기타 회로

회로명칭	입력선 수	출력선 수	특 징
디코더 (AND)	n개	2^n개	해독기(암호 형태로 전달된 정보를 원래 상태로 복원해 주는 장치)
인코더 (OR)	2^n개	n개	부호기(어떤 특정한 장치에서 사용되는 정보를 다른 곳으로 전송하기 위해 일정한 규칙에 따라 암호로 변환하는 장치)
멀티 플렉서	2^n개	1개	선택기(버스 구성의 논리회로)
디멀티 플렉서	1개	2^n개	분배기

(5) 순서논리회로의 특징

① 회로의 출력값이 입력과 내부 상태에 따라 정해지는 논리회로이다.

② 플립플롭과 게이트들로 구성되어 있다.

③ 플립플롭을 구성소자로 하여 레지스터 및 카운터회로에 사용된다.

(6) 플립플롭

① 단일 비트의 정보를 저장한다.

② 외부에서 변형을 가하지 않는 한 값을 계속 유지하고 있도록 만든 회로이다.

③ RS, JK, T, D 등 4가지 종류가 있다.

(7) RS 플립플롭

① RESET/SET 플립플롭

② S = R = 1인 경우 출력값이 부정(에러)이므로 거의 사용되지 않는다.

(8) JK 플립플롭

① J = K = 1일 때, 출력은 입력값을 반전(Toggle)한다.

② 가장 널리 사용되는 플립플롭이다.

(9) T 플립플롭

JK 플립플롭의 J와 K를 연결한 것이다. 토글(Toggle) 기능이 있다.

(10) D 플립플롭

RS 사이에 NOT 게이트를 연결한 것이다.

[RS 플립플롭]

S	R	Q_{t+1}	상 태
0	0	Q_t	상태 불변
0	1	0	Reset
1	0	1	Set
1	1	X	불능

[JK 플립플롭]

J	K	Q_{t+1}	상 태
0	0	Q_t	전상태 불변
0	1	0	Reset
1	0	1	Set
1	1	Q'	상태 반전(Toggle)

(11) 플립칩 실장

① 플립칩(FC ; Flip Chip) 실장 : 반도체 칩을 제조하는 과정에서 Wafer 단위의 식각(Etching), 증착(evaporation) 같은 공정을 마치면 Test를 거치고 최종적으로 Packaging을 한다. Packaging은 Outer Lead(외부 단자)가 형성된 기판에 Chip이 실장하고 Molding을 하는 것을 말한다. Outer Lead는 기판과 칩을 전기적으로 연결하는 단자이고 이 Outer Lead와 칩의 연결 형태에 따라 Wire Bonding, Flip Chip Bonding이라는 말을 사용한다.

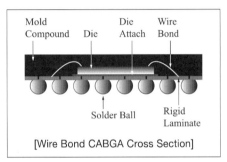
[Wire Bond CABGA Cross Section]

② Wire Bonding : Lead가 형성된 기판에 칩을 올려두고 미세 Wire를 이용해 Outer Lead와 전기적으로 연결된 Inner Lead에 반도체 칩의 전극패턴을 연결하는 방식을 말한다.

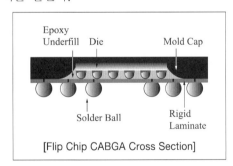
[Flip Chip CABGA Cross Section]

③ Flip Chip Bonding : 전극패턴 혹은 Inner Lead에 Solder Ball 등의 돌출부를 만들고 기판에 Chip을 올릴 때 전기적으로 연결되도록 만든 것이다. 그래서 Flip Chip Bonding을 이용하면 Wire Bonding만큼의 공간을 절약할 수 있으므로 작은 Package의 제조가 실현 가능하다.

(12) IC 패키지

① Through Hole Package : 스루홀 기술(인쇄회로기판(PCB)의 구멍에 삽입하여 반대쪽 패드에서 납땜하는 방식)을 적용한 것이다. 흔히 막대저항, 다이오드 같은 것들을 스루홀 부품으로 예를 들 수 있다. 강력한 결합이 가능하지만 SMD에 비해 생산 비용이 고가이고 주로 전해축전지나 TO220 같은 강한 실장이 요구되는 패키지의 부피가 큰 부품용으로 사용된다.

ㄱ DIP(Dual In-line Package) : 칩 크기에 비해 패키지가 크고, 핀 수에 비례하여 패키지가 커지기 때문에 많은 핀 패키지가 곤란하다. 그러나 우수한 열 특성, 저가 PCB를 이용하는 응용에 널리 사용된다(CMOS, 메모리, CPU 등).

ㄴ SIP(Single In-line Package) : 한쪽 측면에만 리드가 있는 패키지를 말한다.

ㄷ ZIP(Zigzag In-line Package) : 한쪽 측면에만 리드가 있으며, 리드가 지그재그로 엇갈린 패키지를 말한다.

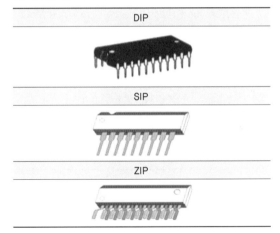

② SMD(Surface Mount Device) Package : 인쇄회로기판의 표면에 직접 실장(부착하여 사용할 수 있도록 배치하는 것)할 수 있는 형태이다. 간단한 조립이 가능하고, 가볍고 크기가 작다. 장점으로는 정확한 배치로 오류가 적다는 점이지만, 표면 실장 소자의 크기와 핀 간격이 작아서 소자 수준의 부품 수리는 어렵다는 단점이 있다. 보통 로봇과 같은 자동화기기를 이용하여 제작하므로 대량 및 자동생산이 가능하고 저렴하다.

   ㉠ SOIC(Small Outline Integrated Circuit) : 핀 수는 8핀 이상, 핀 모양은 걸윙(Gull Wing)식, 핀 간격은 1.27[mm]이다.

   ㉡ SOP(TSOP, SSOP, TSSOP) : 패키지 양쪽에 Gull Wing Shape의 리드가 있는 표면 실장형 패키지로 리드 간격은 보통 1.27[mm]이고 8~44핀을 사용한다. 패키지 두께에 따라 TSOP(Thin Small Outline Package), 플라스틱 차원에 따라 SSOP(Shrink Small Outline Package)가 가장 널리 사용되는 플라스틱 패키지이다.

   ㉢ QFP(Quad Flat Package) : Surface Mount Type, Gull Wing Shape의 Lead Forming Package 두께에 따라 TQFP(Thin Quad Flat Package), LQFP(Low-Profile Quad Flat Package), QFP 등이 있다.

   ㉣ QFJ(PLCC) : 핀이 안쪽으로 구부러져있는 J형 핀이다.

SOIC

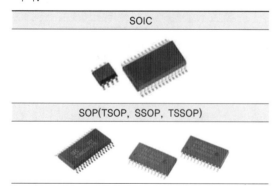

SOP(TSOP, SSOP, TSSOP)

③ CMD(Contact Mount Device) Package

   ㉠ TCP(Tape Carrier Package) : Fine Pitch, 다핀, 박형 패키지, ASIC, Microprocessor, LCD Panel Driver IC Package에 사용된다.

   ㉡ COG(Chip On Glass) : Glass 위에 직접 Flip Chip으로 실장한다. LCD Panel에서 TCP를 대체할 수 있는 기술이며 Very Fine Pitch Pad Bonding이 가능하다.

QFP

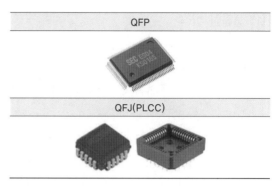

QFJ(PLCC)

TCP

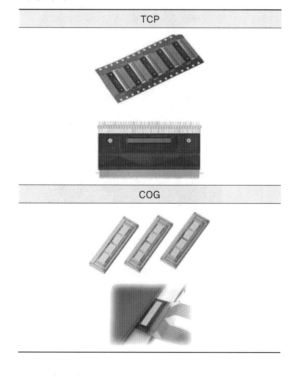

COG

(13) 집적도에 따른 집적회로 분류

정식 명칭	약칭	칩 1개에 집적된 기능소자 수	사용
저밀도 집적회로 (Small Scale Integration)	SSI	100개 미만	메인프레임 컴퓨터 등
중밀도 집적회로 (Medium Scale Integration)	MSI	100 ~1,000개	인코더, 디코더, 카운터, 레지스터, 멀티플렉서, 디멀티플렉서, 소형기억장치 등
고밀도 집적회로 (Large Scale Integration)	LSI	1,000 ~10만개	컴퓨터의 메인 메모리나 계산기의 부품 등
초고밀도 집적회로 (Very Large Scale Integration)	VLSI	10만개 ~100만개	대규모 메모리, 마이크로프로세서, 단일 칩 마이크로프로세서 등
울트라 고밀도 집적회로 (Ultra Large Scale Integration)	UVLSI	100만개 이상	인텔486, 펜티엄 등
시스템 온 칩 (System On a Chip)	SoC	여러 개의 집적회로를 통합	임베디드 시스템 분야 등

2-1. 한쪽 측면에만 리드(Lead)가 있는 패키지 소자는?

① SIP(Single Inline Package)
② DIP(Dual Inline Package)
③ SOP(Small Outline Package)
④ TQFP(Thin Quad Flat Package)

2-2. 다음 중 집적도에 의한 IC분류로 옳은 것은?

① MSI : 100 소자 미만
② LSI : 100~1,000 소자
③ SSI : 1,000~10,000 소자
④ VLSI : 10,000 소자 이상

|해설|

2-1

① SIP(Single Inline Package) : DIP와 핀 간격이나 특성이 비슷하다. 그래서 공간문제로 한 줄로 만든 제품이다. 보통 모터드라이버나 오디오용 IC 등과 같이 아날로그 IC쪽에 이용된다.

② DIP(Dual Inline Package), PDIP(Plastic DIP) : 다리와 다리 간격이 0.1[inch](100[mil], 2.54[mm])이므로 만능기판이나 브레드보드에 적용하기 쉬워 주로 많이 사용된다. 핀의 배열이 두 줄로 평행하게 배열되어 있는 부품을 지칭하는 용어이며 우수한 열 특성이 장점이다. 주로 74XX, CMOS, 메모리, CPU 등에 사용된다.

IC의 외형에 따른 종류

• 스루홀(Through Hole) 패키지 : DIP(CDIP, PDIP), SIP, ZIP, SDIP

• 표면실장형(SMD ; Surface Mount Device) 패키지
  - 부품의 구멍을 사용하지 않고 도체 패턴의 표면에 전기적 접속을 하는 부품탑재방식이다.
  - SOP(TSOP, SSOP, TSSOP), QFP, QFJ(PLCC), QFN, BGA, TQFP

• 접촉실장형(Contact Mount Device) 패키지 : TCP, COB, COG

2-2

IC 집적도에 따른 분류

• SSI(Small Scale IC, 소규모 집적회로) : 집적도가 100 이하의 것으로 복잡하지 않은 디지털 IC 부류이다. 기본적인 게이트기능과 플립플롭 등이 이에 해당한다.

• MSI(Medium Scale IC, 중규모 집적회로) : 집적도가 100~1,000 정도의 것이다. 좀 더 복잡한 기능을 수행하는 인코더, 디코더, 카운터, 레지스터, 멀티플렉서 및 디멀티플렉서, 소형기억장치 등의 기능을 포함하는 부류에 해당한다.

• LSI(Large Scale IC, 고밀도 집적회로) : 집적도가 1,000~10,000 정도의 것으로 메모리 등과 같이 한 칩에 등가 게이트를 포함하는 부류에 해당한다.

• VLSI(Very Large Scale IC, 초고밀도 집적회로) : 집적도가 10,000~1,000,000 정도의 것으로 대형 마이크로프로세서, 단일 칩 마이크로프로세서 등을 포함한다.

• ULSI(Ultra Large Scale IC, 초초고밀도 집적회로) : 집적도가 1,000,000 이상으로 인텔의 486이나 펜티엄이 이에 해당한다. 그러나 VLSI와 ULSI의 정확한 구분은 확실하지 않고 모호하다.

정답 2-1 ① 2-2 ④

핵심이론 01 | 색과 문자에 의한 정격 및 허용오차의 표시법

(1) 색과 숫자의 관계

색 명	숫 자	10의 배수	허용차 [%]	색 명	숫 자	10의 배수	허용차 [%]
흑 색	0	$10^0 = 1$	±20	보라색	7	10^7	–
갈 색	1	10^1	±1	회 색	8	–	–
적 색	2	10^2	±2	흰 색	9	–	–
주황색	3	10^3	±5	금 색	–	10^{-1}	±5
황 색	4	10^4	–	은 색	–	10^{-2}	±10
녹 색	5	10^5	±5	무 색	–	–	±20
청 색	6	10^6	–				

(2) 허용오차의 문자기호

문자 기호	허용차	문자 기호	허용차
B	±0.1	J	±5
C	±0.25	K	±10
D	±0.5	L	±15
F	±1	M	±20
G	±2	N	±30

(3) 콘덴서 용량, 내압 읽기

① 첫 번째 수와 두 번째 문자에 의한 마일러 콘덴서의 내압표

구 분	0	1	2	3
A	1.0	10	100	1,000
B	1.25	12.5	125	1,250
C	1.6	16	160	1,600
D	2.0	20	200	2,000
E	2.5	25	250	2,500
F	3.15	31.5	315	3,150
G	4.0	40	400	4,000
H	5.0	50	500	5,000
J	6.3	63	630	6,300
K	8.0	80	800	8,000

② 마일러, 세라믹 콘덴서의 문자에 의한 오차표

구 분	허용오차	구 분	허용오차
B	±0.1	M	±20
C	±0.25	N	±30
D	±0.5	V	+20 -10
F	±1	X	+40 -10
G	±2	Z	+60 -20
J	±5	P	+80 -0
K	±10		

(4) 반도체 소자의 형명 표시법

$\underset{\text{① 숫자}}{2}$	$\underset{\text{② S}}{S}$	$\underset{\text{③ 문자}}{C}$	$\underset{\text{④ 숫자}}{1815}$	$\underset{\text{⑤ 문자}}{Y}$

① 숫자 : 반도체의 접합면수

  ㉠ 0 : 광트랜지스터, 광다이오드

  ㉡ 1 : 각종 다이오드, 정류기

  ㉢ 2 : 트랜지스터, 전기장 효과 트랜지스터, 사이리스터, 단접합 트랜지스터

  ㉣ 3 : 전기장 효과 트랜지스터로 게이트가 2개 나온 것

② S : 반도체(Semiconductor)의 머리 문자

③ 문자 : A, B, C, D 등 9개의 문자

  ㉠ A : pnp형의 고주파용 트랜지스터

  ㉡ B : pnp형의 저주파형 트랜지스터

  ㉢ C : npn형의 고주파형 트랜지스터

  ㉣ D : npn형의 저주파용 트랜지스터

  ㉤ F : pnpn 사이리스터

  ㉥ G : npnp 사이리스터

  ㉦ H : 단접합 트랜지스터

  ㉧ J : p채널 전기장 효과 트랜지스터

  ㉨ K : n채널 전기장 효과 트랜지스터

④ 숫자 : 등록 순서에 따른 번호이며 11부터 시작한다.

⑤ 문자 : 보통은 붙지 않으나, 특히 개량품이 생길 경우
에 A, B, …, J까지의 알파벳 문자를 붙여 개량 부품임
을 나타낸다.
예 2SC1815Y : npn형의 개량형 고주파용 트랜지스터

1-1. 마일러 콘덴서 104K의 용량값은 얼마인가?

① $0.01[\mu F]$, $\pm 10[\%]$
② $0.1[\mu F]$, $\pm 10[\%]$
③ $1[\mu F]$, $\pm 10[\%]$
④ $10[\mu F]$, $\pm 10[\%]$

1-2. 반도체 소자의 형명 중, "2SC1815Y"는 어떤 소자인가?

① 단접합 트랜지스터
② 터널다이오드
③ 전해콘덴서
④ 트랜지스터

| 해설 |

1-1

$104 = 10 \times 10^4 [pF] = 100,000[pF] = 0.1[\mu F]$

문자 기호	허용차[%]	문자 기호	허용차[%]
B	±0.1	J	±5
C	±0.25	K	±10
D	±0.5	L	±15
F	±1	M	±20
G	±2	N	±30

$\therefore 104K = 0.1[\mu F]$, $\pm 10[\%]$

1-2
반도체 소자의 형명 표시법

2	S	C	1815	Y
㉠ 숫자	S	㉡ 문자	㉢ 숫자	㉣ 문자

• ㉠의 숫자 : 반도체의 접합면수(0 : 광트랜지스터, 광다이오드,
1 : 각종 다이오드, 정류기, 2 : 트랜지스터, 전기장 효과 트랜지
스터, 사이리스터, 단접합 트랜지스터, 3 : 전기장 효과 트랜지
스터로 게이트가 2개 나온 것)
• S : 반도체(Semiconductor)의 머리 문자
• ㉡의 문자 : A, B, C, D 등 9개의 문자(A : pnp형의 고주파용
트랜지스터, B : pnp형의 저주파형 트랜지스터, C : npn형의
고주파형 트랜지스터, D : npn형의 저주파용 트랜지스터, F :
pnpn 사이리스터, G : npnp 사이리스터, H : 단접합 트랜지스
터, J : p채널 전기장 효과 트랜지스터, K : n채널 전기장 효과
트랜지스터)
• ㉢의 숫자 : 등록 순서에 따른 번호이며 11부터 시작
• ㉣의 문자 : 보통은 붙지 않으나, 특히 개량품이 생길 경우에
A, B, …, J까지의 알파벳 문자를 붙여 개량 부품임을 나타냄
예 2SC1815Y : npn형의 개량형 고주파용 트랜지스터

정답 1-1 ② 1-2 ④

(1) 컴퓨터 제도의 특징

① 직선과 곡선의 처리, 도형과 그림의 이동, 회전 등이 자유롭다. 또한 도면의 일부분 또는 전체의 확대, 축소가 용이하다.

② 자주 쓰는 도형은 매크로를 사용해 여러 번 재생하여 사용이 가능하다.

③ 작성된 도면의 정보를 기계에 직접 적용시킬 수 있다.

④ 2차원 표현은 자유롭게 할 수 있지만 3차원 도형의 표시는 어렵다.

(2) 회로도 작성 시 고려사항

① 신호의 흐름은 도면의 왼쪽에서 오른쪽으로, 위쪽에서 아래쪽으로 그린다.

② 주회로와 보조회로가 있을 경우에는 주회로를 중심에 그린다.

③ 대칭으로 동작하는 회로는 접지를 기준으로 하여 대칭되게 그린다.

④ 선의 교차가 적고 부품이 도면 전체에 고루 분포되게 그린다.

⑤ 능동 소자를 중심으로 그리고 수동 소자는 회로 외곽에 그린다.

⑥ 대각선과 곡선은 가급적 피하고, 선과 선이 전기적으로 접속되는 곳에는 '·'표시를 한다.

⑦ 도면 기호와 접속선의 굵기는 원칙적으로 같게 하며, 0.3~0.5[mm] 정도로 한다.

⑧ 보조회로는 주회로의 바깥쪽에, 전원회로는 맨 아래에 그린다.

⑨ 접지선 등을 굵게 표현하는 경우의 실선은 0.5~0.8[mm] 정도로 한다.

⑩ 물리적인 관련이나 연결이 있는 부품 사이는 파선으로 나타낸다.

(3) 설계도면의 구조

① 평면 구조 : 평면설계는 회로도면이 크지 않은 설계에 적합하다고 할 수 있다. 한 회로도면의 출력 라인들은 객체를 통하여 동일한 회로도의 다른 페이지 입력라인으로 연결된다. 평면설계에는 계층구조(계층구조 블록, 계층구조 포트, 계층구조 핀)의 부품이 사용되지 않고 동일한 회로도 및 동일한 레벨에 속한다.

② 계층 구조 : 계층설계는 평면설계와는 달리 특정회로도에 다른 회로도를 포함하고 있다. 그리고 포함된 각 회로도는 간단한 심벌로 대신해서 나타내는데 이들 심벌들을 계층구조 블록(Hierarchical Block)이라고 하며, 회로도를 다른 회로도에 포함시킴으로써 계층을 구성한다. 모든 회로도는 다른 회로도를 표시하는 계층구조 블록을 포함할 수 있고, 이와 같은 네스트 구조(Nest Structure)는 단계의 제한 없이 구성 가능하다.

(4) 복잡한 회로의 페이지를 나누는 방법

매우 복잡한 회로는 평면설계 또는 계층구조 설계의 방법을 이용하여 처리 가능하다.

① 프린터의 최대 용지 규격에 적합하도록 한다.

② 동시에 여러 작업자가 설계할 수 있도록 나눈다.

③ Top-Down 방식으로 설계한다. 먼저 블록도를 작성하고 각 블록도의 상세한 회로도를 작성한다.

④ 기능적인 부분으로 세분화한다.

⑤ 사용자 설계조건에 맞도록 한다.

(5) 전자기기의 패널을 설계 제도할 때 유의해야 할 사항

① 전원 코드는 배면에 배치한다.
② 조작상 서로 연관이 있는 요소끼리 근접 배치한다.
③ 패널 부품은 크기를 고려하여 배치한다.
④ 조작빈도가 높은 부품은 패널의 중앙이나 오른쪽에 배치한다.
⑤ 장치의 외부 접속기가 있을 경우 반드시 패널의 아래에 배치한다.

(6) 부품 배치도를 그릴 때 고려하여야 할 사항

① IC의 경우 1번 핀의 위치를 반드시 표시한다.
② 부품 상호 간의 신호가 유도되지 않도록 한다.
③ PCB 기판의 점퍼선은 표시한다.
④ 부품의 종류, 기호, 용량, 핀의 위치, 극성 등을 표시하여야 한다.
⑤ 부품을 균형 있게 배치한다.
⑥ 조정이 필요한 부품은 조작이 용이하도록 배치하여야 한다.
⑦ 고압회로는 부품 간격을 충분히 넓혀 방전이 일어나지 않도록 배치한다.

(7) 검도의 목적

검도의 목적으로는 도면에 모순이 없고, 설계사양에 있는 대로의 기능을 만족시키는지, 가공방법이나 조립방법, 제조비용 등에 대해서도 충분히 고려되었는지 등을 판정하려는 의도이다. 검도는 도면 작성자 본인이 한 후, 다시 그의 상사가 객관적 입장에서 검도를 함으로써 품질이나 제조비용 등의 최적화를 확보할 수 있다. 도면은 생산에서 중요한 역할을 하므로 만약 도면에 오류가 있을 시 제품의 불량, 생산 중단 등의 손실을 발생시키게 된다. 그러므로 효과적인 검도는 꼭 필요하다.

(8) 검도의 내용

① 도면의 양식은 규격에 맞는가?
② 표제란, 부품란에 필요한 내용이 기입되었는가?
③ 요목표, 요목표 내용의 누락은 없는가?
④ 부품 번호의 부여와 기입이 바른가?
⑤ 부품의 명칭이 바른가?
⑥ 규격품에 대한 호칭방법은 바른가?
⑦ 조립 작업에 필요한 주의사항을 기록하였는가?

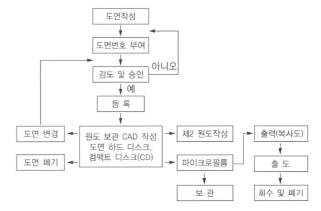

10년간 자주 출제된 문제

1-1. 회로도 작성 시 고려사항 중 옳은 것은?
① 대각선과 곡선은 가급적 사용하지 않는다.
② 선과 선이 전기적으로 접속되는 곳에는 점선표시를 한다.
③ 주회로와 보조회로가 있는 경우에는 보조회로를 중심으로 그린다.
④ 신호의 흐름은 우측에서 좌측으로, 위에서 아래로 그린다.

1-2. 검도의 목적으로 옳지 않은 것은?
① 도면 척도의 적절성
② 표제란에 필요한 내용
③ 조립 가능 여부
④ 판매 가격의 적절성

1-1

회로도 작성 시 고려해야 할 사항
- 신호의 흐름은 도면의 왼쪽에서 오른쪽으로, 위쪽에서 아래쪽으로 그린다.
- 주회로와 보조회로가 있을 경우에는 주회로를 중심에 그린다.
- 대칭으로 동작하는 회로는 접지를 기준으로 하여 대칭되게 그린다.
- 선의 교차가 적고 부품이 도면 전체에 고루 분포되게 그린다.
- 능동 소자를 중심으로 그리고 수동 소자는 회로 외곽에 그린다.
- 대각선과 곡선은 가급적 피하고, 선과 선이 전기적으로 접속되는 곳에는 '·' 표를 한다.
- 도면 기호와 접속선의 굵기는 원칙적으로 같게 하며, 0.3~0.5[mm] 정도로 한다.
- 보조회로는 주회로의 바깥쪽에, 전원회로는 맨 아래에 그린다.
- 접지선 등을 굵게 표현하는 경우의 실선은 0.5~0.8[mm] 정도로 한다.
- 물리적인 관련이나 연결이 있는 부품 사이는 파선으로 나타낸다.

1-2

검도의 목적
검도의 목적으로는 도면에 모순이 없고, 설계사양에 있는 대로의 기능을 만족시키는지, 가공방법이나 조립방법, 제조비용 등에 대해서도 충분히 고려되었는지 등을 판정하려는 의도이다. 검도는 도면 작성자 본인이 한 후, 다시 그의 상사가 객관적 입장에서 검도를 함으로써 품질이나 제조비용 등의 최적화를 확보할 수 있다. 도면은 생산에서 중요한 역할을 하므로 만약 도면에 오류가 있을 시 제품의 불량, 생산 중단 등의 손실을 발생시키게 된다. 그러므로 효과적인 검도는 꼭 필요하다.

검도의 내용
- 도면의 양식은 규격에 맞는가?
- 표제란, 부품란에 필요한 내용이 기입되었는가?
- 요목표, 요목표 내용의 누락은 없는가?
- 부품 번호의 부여와 기입이 바른가?
- 부품의 명칭이 바른가?
- 규격품에 대한 호칭방법은 바른가?
- 조립 작업에 필요한 주의사항을 기록하였는가?

제7절 인쇄회로기판의 종류 및 특성

핵심이론 01 | 인쇄회로기판(PCB)의 분류

(1) 인쇄회로기판(PCB)의 특징
① 제품의 균일성과 신뢰성이 향상된다.
② 제품이 소형 및 경량화되고 회로의 특성이 안정된다.
③ 안정 상태를 유지하고 생산 단가를 절감한다.
④ 공정 단계가 감소되고 제조의 표준화 및 자동화가 이루어진다.
⑤ 제작된 PCB의 설계 변경이 어렵다.
⑥ 소량, 다품종 생산의 경우 제조 단가가 높아진다.

(2) 재료에 의한 PCB 분류
① 페놀 기판 : 크라프트지에 페놀수지를 합성하고 이를 적층하여 만들어진 기판으로 기판에 구멍을 만들 때 프레스를 이용하므로 저가격의 일반용으로 사용된다. 치수 변화나 흡습성이 크고, 스루홀이 형성되지 않아 단층 기판밖에 구성할 수 없는 단점이 있다. 흡습성이 크기 때문에 자동차, TV, 화장실 세정기 등에서 문제가 발생한다.
② 에폭시 수지 기판(Epoxy Resin, GE 재질) : 유리섬유에 에폭시수지를 합성하고 적층하여 만든 기판이다. 기판에 구멍을 만들 때에는 드릴을 사용하고 가격도 비싼 편이다. 치수 변화나 흡수성이 작고, 다층 기판을 구성할 수 있어 산업기기, 퍼스널 컴퓨터나 그 주변기기 등에 널리 사용된다.
③ 콤퍼짓 기판(Composite Base Material, CPE 재질) : 두 가지 이상의 재질을 합성하고 적층한 기판이다. 일반적으로 유리섬유에 셀룰로스를 합성하여 만든 기판으로 유리섬유의 사용량이 적어 구멍을 만들 때에는 프레스를 이용한다. 양면기판에 적합하다.
④ 플렉서블 기판(Flexible Base Material) : 폴리에스터나 폴리아마이드 필름에 동박을 입힌 기판이다.

⑤ 세라믹 기판(Ceramic Base Material) : 세라믹 도체 Paste를 인쇄하여 만들어진 기판이다.

⑥ 금속기판(Metal Cored Base Material) : 알루미늄판에 알루마이트를 처리한 후 동박을 접착하여 만든 기판이다.

(3) 형상(적층형태)에 의한 PCB 분류

회로의 층수에 의한 분류와 유사한 것이다. 단면에 따라 단면 기판, 양면 기판, 다층 기판 등으로 분류되고 층수가 많을수록 부품의 실장력이 우수하며 고정밀 제품에 이용된다.

① 단면 인쇄회로기판(Single-side PCB) : 주로 페놀원판을 기판으로 사용하며 전화기, 라디오, 간단한 계측기 등 회로구성이 비교적 복잡하지 않은 제품에 이용된다.

② 양면 인쇄회로기판(Double-side PCB) : 에폭시 수지로 만든 원판을 사용하며 VTR, 컬러 TV, 팩시밀리 등 비교적 회로가 복잡한 제품에 사용된다.

③ 다층 인쇄회로기판(Multi-layer PCB) : 고밀도의 배선이나 차폐가 필요한 경우에 사용하며, 32[bit] 이상의 컴퓨터, 전자교환기, 고성능 통신기기 등 고정밀 기기에 채용된다.

④ 유연성 인쇄회로기판(Flexible PCB) : 자동화기기, 캠코더 등 회로판이 움직여야 하는 경우와 부품의 삽입, 구성 시 회로기판의 굴곡을 요하는 경우에 유연성으로 대응할 수 있도록 만든 회로기판이다.

(4) 제조방법에 의한 PCB 분류

① 스루홀 인쇄회로기판(PCB with Plated Through Holes) : 부품면과 동박면(다층 기판에서는 내층)을 전기적으로 연결시키기 위한 구멍인 스루홀을 사용한 제조방법이다. 이 스루홀은 부품을 장착하는 데 이용되고 안쪽이 도금되어 있다.

② 비스루홀 인쇄회로기판(PCB with Plain Holes) : 스루홀을 사용하지 않는 제조방법이다.

③ 다층 인쇄회로기판

④ 유연성 인쇄회로기판

(5) 다층 PCB(MLB)의 특징

① 제조공정이 복잡하다.

② 패턴검사를 육안으로 할 수 없다.

③ GND면을 용이하게 구성할 수 있다.

④ 프린트 기판의 저노이즈화, 고속 전자회로를 설계하는 데 적합하다.

⑤ 32[bit] 이상의 컴퓨터, 고성능 통신기기 등 고정밀 기기에 사용된다.

⑥ GND의 노이즈 차폐 효과, POWER면의 설정으로 전원선의 임피던스를 줄일 수 있다.

⑦ 고장 시 수리가 어렵다.

1-1. 유연성을 갖는 PCB로 절연기판이 얇은 필름으로 만들어진 것은?

① 페놀 단면 PCB   ② 에폭시 PCB

③ 플렉시블 PCB   ④ 메탈 PCB

1-2. 고밀도의 배선이나 차폐가 필요한 경우에 사용하는 적층 형태의 PCB는?

① 단면 PCB   ② 양면 PCB

③ 다층면 PCB   ④ 바이폴라 PCB

|해설|

1-1

유연성 인쇄회로기판(Flexible PCB) : 폴리에스터나 폴리아마이드 필름(절연필름)에 동박(구리막)을 접착한 기판으로 일반적으로 절곡하여 휘어지는 부분에 사용한다. 자동화기기, 카세트, 핸드폰, 캠코더 등 회로판이 움직여야 하는 경우, 부품의 삽입 구성 시 회로기판의 굴곡을 필요로 하는 경우에 유연성 있게 만든 회로기판이다.

• 장점 : 내열성 및 내구성, 내약품성이 우수하고 치수 변경이 작다. 또한 조립작업 시 시간이 절약되어 그 활용도가 높다.

• 단점 : 기계적 강도가 낮아 찢어지기 쉽고 취급이 어려우며, 보강판 작업이 필요하다. 동박접착강도가 낮고 가격이 비싸며, 수축률이 심하다.

1-2

형상(적층 형태)에 의한 PCB 분류

회로의 층수에 의한 분류와 유사한 것이다. 단면에 따라 단면 기판, 양면 기판, 다층 기판 등으로 분류되고 층수가 많을수록 부품의 실장력이 우수하고 정밀제품에 이용된다.

• 단면 인쇄회로기판(Single-side PCB) : 주로 페놀원판을 기판으로 사용하며 전화기, 라디오, 간단한 계측기 등 회로구성이 비교적 복잡하지 않은 제품에 이용된다.

• 양면 인쇄회로기판(Double-side PCB) : 에폭시 수지로 만든 원판을 사용하며 VTR, 컬러 TV, 팩시밀리 등 비교적 회로가 복잡한 제품에 사용된다.

• 다층 인쇄회로기판(Multi-layer PCB) : 고밀도의 배선이나 차폐가 필요한 경우에 사용하며, 32[bit] 이상의 컴퓨터, 전자교환기, 고성능 통신기기 등 고정밀 기기에 채용된다.

• 유연성 인쇄회로기판(Flexible PCB) : 자동화기기, 캠코더 등 회로판이 움직여야 하는 경우와 부품의 삽입, 구성 시 회로기판의 굴곡을 요하는 경우에 유연성으로 대응할 수 있도록 만든 회로기판이다.

정답 1-1 ③   1-2 ③

핵심이론 02 | 인쇄회로기판(PCB)의 특성

(1) 인쇄회로기판의 화학적 특성

① 내약품성 : 인쇄회로기판의 제조공정 중에서도 여러 약품이나 용제가 사용된다. 이러한 용제나 약품에 대하여 얼마만큼 기판이 변화하는가를 시험하는 것으로 약물 처리 시 특성이 변화하지 않아야 한다.

② 흡수율 : 인쇄회로기판의 제조공정 중 또는 실제 사용했을 때 보관 중인 기판이 흡착하면 전기적 특성에 악영향을 미칠 수 있다.

(2) 인쇄회로기판의 기계적 특성

① 휨강도(Flexural Strength) : 기판을 구부려서 파괴되는 하중을 구하는 시험이다. 기판의 강도를 비교 측정 가능하다.

② 인장강도 : 기판을 양끝에서 서로 잡아당겨 파괴되는 하중을 구하는 시험이다. 기판의 인장강도를 측정할 수 있다.

③ 휨률 및 비틀림률 : 기판이 비틀리거나 휘는 것을 측정하는 것으로 기판이 받아들인 치수 그대로 측정해서 비틀림률 및 휨률을 계산한다.

④ 펀칭(Punching) 가공성 : 인쇄회로기판의 가공에서 펀칭 가공성은 중요하다. 제품의 외관, 압착 능력, 재질 선정의 기준 등이 중요한 시험이다. 각 온도별의 펀칭 후 층간의 분리, Crack, 편성, 가루의 떨어지는 상태 등을 시험한다.

⑤ 동박의 분리 강도 : Soldering 납땜에서의 내열성과 함께 중요한 특성시험이다. 이는 동박의 밀도성을 구하는 것이다. 실제 부품의 중량 및 밀도와 동박회로의 폭, 길이와의 관계를 산출하는 기본적 항목이다.

(3) 인쇄회로기판의 전기적 특성

① 내전압(Dielectric Strength) : 기판이 절연 파괴될 때 전압으로써 동박회로 간에 인가할 수 있는 전압의 양을 구하는 것이다. 가층 내전압과 치층 내전압이 있다.

② 절연 저항(Insulation Resistance) : 기판의 절연성을 구하는 것으로써 KS 및 JIS 규격에는 일정한 거리 간의 절연 저항값을 측정하도록 규정하고 있다. 고주파회로 및 Power PCB의 설계에서는 기판의 절연 저항치가 중요한 요소이다.

③ 표면 저항 및 최적(두께) 저항률(Surface Resistance & Volume Resistance) : 기판의 두께방향으로 절연 저항을 측정하는 것을 최적 저항, 표면전극 간의 절연 저항을 측정하는 것을 표면 저항이라 한다.

$$최적저항률[\Omega cm] = (최적저항 \times 전극면적) / 판의 두께$$

④ 절연율(Dielectric Constant) 및 절연손실계수(Dissipation Factor) : 유전율이 커지게 되면 고주파의 전류가 흐르기 쉬워지므로 고주파 절연이 노화된다. 그리고 절연손실계수가 커지면 기판의 내부 발열이 커진다.

$$절연율[F/m] = (절연속도 \times 밀도[c/m^2]) / 전류의 힘[V/m]$$

핵심이론 01 | PCB 설계 일반

(1) 자동설계와 대화형 설계의 비교

구 분	자동설계	대화형 설계
설계 준비	설계 전에 작성할 데이터가 많다.	설계 전에 작성할 데이터가 적다.
배선 작업	자동배선 기능을 이용하여 배선 작업을 수행한다.	작업자의 기술력이 요구되므로 자동배선보다 시간이 많이 걸린다(설계 노하우가 활용된다).
설계 검사	사전에 필요한 데이터가 준비되어 있으면 설계 후의 검사작업이 적어진다.	작업자의 기술력에 의한 설계이므로 설계 후의 검사도 작업자의 능력에 의지한다(단, 결선과 간격검사는 자동).
설계 변경	부품배치와 배선의 수정에 앞서 변경에 관련된 데이터를 전부 수정하므로 시간이 많이 걸린다.	작업자에 의해 데이터 수정이 즉시 이루어지므로 자동설계에 비해 변경작업이 빠르고 용이하다.

(2) PCB 설계에서 부품 배치방법

① 외부단자에 접속되는 부품부터 우선적으로 배치한다.
② 중앙부에 도체 패턴이 집중되는 경향이 있으므로 가능하면 접속이 많은 부품은 인쇄회로기판의 주변에서부터 배치한다.
③ 인쇄회로기판이 장방형인 경우 배선의 길이를 고려해서 배치한다.
④ 극성이 있는 부품도 있으므로 부품의 삽입 오류를 막기 위해 취급방향을 통일해준다.
⑤ 커넥터는 인쇄회로기판의 끝부분에 배치되는 경우가 대부분이지만, 접속하기 위한 배선수가 많으므로 커넥터의 주변에는 배선을 위한 공간을 충분히 확보한다.
⑥ 배선의 교차가 발생하지 않도록 핀 할당을 한다.
⑦ 고주파 부품은 일반회로 부분과 분리하여 배치하고, 가능하다면 차폐를 실시하여 영향을 최소화하도록 한다.
⑧ 버스 라인의 흐름에 주의하여 IC를 배치한다.

⑨ 커넥터 주변은 배선을 위한 충분한 공간을 확보하고 PCB의 외곽 쪽에 배치한다.
⑩ 아날로그와 디지털 혼재회로에서 어스 라인(접지선)은 분리한다.
⑪ 디지털회로와 아날로그회로는 분리하여 배치한다.
⑫ 부품은 세워서 사용하지 않고, 되도록 부품의 다리를 짧게 배선한다.
⑬ 고전압부와 저전압부는 분리하여 배치한다.
⑭ 전원용 라인필터는 연결 부위에 가깝게 배치한다.
⑮ 부품 상호간에 신호가 유도되지 않도록 한다.
⑯ 반고정 저항을 비롯하여 조정이 꼭 필요한 요소는 조작이 쉽도록 한다.
⑰ 부품의 종류, 기호, 외형도, 용량, 극성, 핀의 위치 등을 표시하여야 한다.
⑱ 부품은 회로도상의 신호 흐름을 따라서 배치한다.

(3) 패턴 설계 시 유의사항

① 패턴의 길이 : 패턴은 가급적 굵고 짧게 하여야 한다. 패턴은 되도록 두껍게 Data의 흐름에 따라 배선하는 것이 좋다.
② 부유 용량 : 패턴 사이의 간격을 떼어놓거나 차폐를 행한다. 양 도체 사이의 거리가 가까울수록, 상대 면적이 클수록, 절연물의 유전율이 높을수록 부유 용량(Stray Capacity)이 커진다.
③ 신호선 및 전원선은 45°로 구부려 처리한다.
④ 신호 라인이 길 때는 간격을 충분히 유지시켜주는 것이 좋다.
⑤ 단자와 단자의 연결에서 VIA는 최소화하는 것이 좋다.
⑥ 공통 임피던스 : 기판에서 하나의 접지점을 정하는 1점 접지방식으로 설계하고, 각각의 회로 블록마다 디커플링 콘덴서를 배치한다.
⑦ 회로의 분리 : 취급하는 전력 용량, 주파수 대역 및 신호 형태별로 기판을 나누거나 커넥터를 분리하여 설계한다.

⑧ 도선의 모양 : 배선은 되도록이면 짧게 하는 것이 다른 배선이나 부품의 영향을 적게 받는다.

10년간 자주 출제된 문제

PCB 패턴 설계 시 부품 배치에 관한 설명 중 옳은 것은?

① IC 배열은 가능하다면 'ㄱ' 형태로 배치하는 것이 좋다.
② 다이오드 및 전해 콘덴서 종류는 + 방향에 ◼형 LAND를 사용한다.
③ 전해 콘덴서와 같은 방향성 부품은 오른쪽 방향이 1번 혹은 + 극성이 되게끔 한다.
④ 리드수가 많은 IC 및 커넥터 종류는 가능한 납땜 방향의 수직으로 배열한다.

|해설|

PCB 설계에서 부품배치
• 부품배치
 – 리드 수가 많은 IC 및 커넥터류는 가능한 납땜 방향으로 PIN을 배열한다(2.5[mm] 피치 이하). 기판 가장자리와 IC와는 4[mm] 이상 띄워야 한다.
 – IC 배열은 가능한 동일 방향으로 배열한다.
 – 방향성 부품(다이오드, 전해콘덴서 등)은 가능한 동일 방향으로 배열하고 불가능한 경우에는 2방향으로 배열하되 각 방향에 대해서는 동일 방향으로 한다.
 – TEST PIN 위치를 TEST 작업성을 고려하여 LOSS를 줄일 수 있는 위치로 가능한 집합시켜 설계한다.
• 부품방향 표시
 – 방향성 부품에 대하여 반드시 방향(극성)을 표시하여야 한다.
 – 실크인쇄의 방향표시는 부품 조립 후에도 확인할 수 있도록 한다.
 – LAND를 구분 사용하여 부품방향을 부품면과 납땜면에 함께 표시한다.
 – IC 및 PIN, 커넥터류는 1번 PIN에 LAND를 ◼형으로 사용한다.
 – 다이오드 및 전해콘덴서류는 +방향에 ◼형 LAND를 사용한다.
 – PCB SOLDER SIDE에서도 부품방향을 알 수 있도록 SOLDER SIDE 극성 표시부문 LAND를 ◼형으로 한다.

정답 ②

(1) 배선 설계 기준

① 인쇄회로에서 사용되는 일반 및 특수 실장 기호의 사양을 확인 후 배치를 결정하도록 한다.
② 실장 기호의 배치 간격이 밀집되지 않도록 공간을 확보하고, 배선 간 일정한 간격을 유지한다.
③ 실장 기호의 핀 치수 및 피치(Pitch)에 따라 패드 모양 및 치수를 결정한다.
④ 온도 특성이 민감한 실장 기호는 발열 실장 기호와 멀게 배치한다.
⑤ 이득이 큰 증폭기의 입력회로의 실장 기호와 잡음이 발생하는 실장 기호는 인접하게 배치하지 않는다.
⑥ 전류 제어용 실장 기호(가변저항, 가변코일, 가변커패시터)들은 장애물이 없는 기판의 가장자리에 배치해야 한다.
⑦ 소신호와 대전류의 배선은 근접하지 않게 한다.
⑧ 배선과 배선 간에 가능한 한 접지선을 통과시킨다.
⑨ 배선은 최단 거리를 유지한다. 또한 배선이 길어서 루프가 형성되지 않도록 한다.
⑩ 배선 간의 전위차에 따라 다음과 같이 배선 간격을 유지해야 한다.
 ㉠ 전압이 20[V]일 경우 0.1[mm]의 간격을 유지
 ㉡ 전압이 100[V]일 경우 0.5[mm]의 간격을 유지
 ㉢ 전압이 500[V]일 경우 2.5[mm]의 간격을 유지
⑪ 부품을 삽입하지 않는 홀 주변의 절단면부터 배선 간의 최소 간격은 다음과 같다.
 ㉠ 배선의 두께가 1[mm] 이하인 경우에는 1[mm] 이상의 간격을 둔다.
 ㉡ 배선의 두께가 1[mm] 이상인 경우에는 0.5[mm] 이상의 간격을 둔다.
 ㉢ 홀 부근은 1[mm] 이상의 간격을 둔다.
 ㉣ 부품 간의 쇼트 방지를 위해 랜드와 0.5[mm]의 간격을 둔다.

(2) 수작업에 의한 배선설계의 절차

① 전원 패턴(Vcc) 배선 : 전류와 발열 관계로 도체 패턴의 폭을 되도록 크게 설정하여 배선하면 좋다.

② 다중 패턴 배선 : 다중 패턴의 배선을 제일 먼저 하는 이유는 다른 패턴이 먼저 배선되면 배선이 불가능할 수 있는 우려가 있기 때문에 우선적으로 배선한다.

③ 외부 단자와 접속되는 버스 라인 등의 다중 패턴 배선 : 다중 패턴에 의해 다른 패턴이 통과하지 못하는 일이 발생하지 않도록 주의한다.

④ 배선길이가 짧은 배선 및 Via 홀을 필요로 하지 않는 신호선 배선 : 다른 패턴이 통과하지 못하는 일이 발생하지 않도록 무리한 배선에 주의한다.

⑤ 나머지 패턴의 배선 : 최소한의 Via 홀을 사용하고 다른 배선에 영향이 미치지 않도록 고려하며 배선한다. 이 단계에서 대부분의 배선이 접속된다.

⑥ 접지 배선을 제일 마지막에 동박 씌우기로 배선 : 접지 면적을 넓히기 위해 동박을 GND로 설정한 후에 동박을 씌우면 GND 핀에 연결되어 자동으로 연결된다. 연결되지 않은 동박은 제거한다.

⑦ 불필요한 Via 홀 제거

(3) PCB 배선할 때 고려사항

① 배선 길이를 짧게 한다.

도체가 커질수록(배선의 길이가 길수록) 리액턴스(L) 값이 높아지고, 임피던스도 높아지면 저주파 신호는 상관없지만, 고속 신호의 경우 노이즈에 매우 취약해진다. 따라서 배선 길이는 최대한 짧게 하는 것이 좋다.

② 전원 배선은 두껍게 한다.

필요한 전압과 전류를 파악한 후 이 정보를 토대로 굵기를 정한다. 보통 신호선의 3~5배 정도로 한다. 또한 로직 IC의 소비 전류는 100[mA] 이하이다. 만약 1[A]가 넘어갈 때는 패턴도 두꺼워야 하고, 패턴을 코팅하지 않도록 해서 납땜 시 납이 일부러 더 묻도록 해야 한다. 3[A]가 넘어간다면 PCB만으로는 해결이

안 되고, 구리 패턴을 만들어서 덧대는 작업을 해야 한다.

③ 루프(Loop)를 형성하지 않는다.

거의 모든 회로는 루프가 형성되어 있다. 디커플링 커패시터를 부착하여 루프면적을 최대한 작게 한다. 또한 GND 층을 루프식으로 둥글게 배선하면 안 된다. 이는 안테나 역할을 하므로 방사 또는 전도가 일어날 확률이 매우 높다.

④ 크로스 토크(Cross-talk)를 만들지 않는다.

Cross-talk의 기본 이념은 신호 간에 생기는 정전용량(Capacitance)으로 인해 생기는 문제이다. 정전용량은 도체와 도체 사이에 절연층이 있으면 생기는 콘덴서(Capacitor)의 개념이다. 도선과 도선 사이가 가까워지면 정전용량이 생겨 서로 간에 신호가 간섭하게 된다. 모든 도선은 전류가 흐르기 때문에 자기장이 생기며 주파수가 높은(전류가 높은) 신호는 더 큰 자기장이 생기게 된다. 이때 자기장이 겹치므로 두 신호 간의 영향이 발생할 수 있다. 따라서 PCB 배선을 할 때는 각 층을 격자 형태로 배선한다. 이렇게 하면 자기장의 영향을 덜 받게 된다(간섭하는 면적이 줄어든다).

⑤ 임계(Critical) 신호에 대해서는 다른 신호와 적당히 이격한다.

PCB 설계 시 가장 중요한 것이 중요 신호라인으로 중요 신호라인과 일반 신호라인은 꼭 분리하여 배치하고 배선해야 한다. 중요 신호라인은 최대한 Via를 적게 생성하는 것이 좋고 회수 전류 경로(Return Current Path)를 위해 GND를 최대한 짧게 연결해 준다. 중요 신호라인 사이에는 GND를 형성해 주는 것이 가장 좋다. 일반 신호라인은 Via를 사용해도 되며 GND가 조금 이격거리가 있어도 무관하다.

전자기기에서 각 구성부품의 부착 또는 접속방법으로 배선 설계 시에 고려되어야 할 사항으로 옳은 것은?

① 신호의 통로인 배선은 될 수 있는 대로 길게 한다.
② 전원 회로 등 신호와 관계없는 배선은 짧게 한다.
③ 배선 상호 간의 유도, 간섭이 가급적 적게 되도록 한다.
④ 오접속 방지와 보수, 점검의 편의를 고려할 필요가 없다.

|해설|

배선은 최대한 짧게 할 때 다른 배선이나 부품의 영향을 적게 받는다. 그리고 배선 상호 간의 유도, 간섭이 가급적 적게 설계한다.

정답 ③

핵심이론 03 | 제조공법

(1) 인쇄회로기판(PCB)의 제조공법

① 사진 부식법 : 사진의 밀착 인화 원리를 이용한 것이다. 이는 정밀도는 가장 우수하나 양산에는 적합하지 않다. 포토레지스트(Photo Resist)를 직접 기판에 도포하고, 필름을 기판 위에 얹어 감광시킨 후 현상하면, 기판에는 배선에 해당하는 부분만 남고 나머지에는 구리면이 나타난다.

② 실크 스크린법 : 등사 원리를 이용하여 내산성 레지스터를 기판에 직접 인쇄하는 방법이다. 사진 부식법과 비교해 양산성은 높지만 정밀도가 조금 떨어진다. 실크로 만든 스크린에 감광성 유제를 도포하고 포지티브 필름으로 인화, 현상하면 패턴 부분만 스크린되고, 다른 부분이 막히게 된다. 이 실크 스크린에 내산성 잉크를 칠해 기판에 인쇄한다.

③ 오프셋 인쇄법 : 일반적인 오프셋 인쇄방법을 이용한 것이다. 실크 스크린법보다 대량 생산에 적합하고 정밀도가 높다. 내산성 잉크와 물이 잘 혼합되지 않는 점을 이용하여 아연판 등의 오프셋판을 부식시켜 배선 부분에만 잉크를 묻게 한 후 기판에 인쇄한다.

(2) 배선 알고리즘

보통 배선 알고리즘은 3가지가 있다. 필요에 따라 선택하여 사용하거나 이것을 몇 회 조합하여 실행시킬 수도 있다.

① 스트립 접속법(Strip Connection) : 하나의 기판상의 종횡의 버스를 결선하는 방법으로, 커넥터부의 선이나 대용량 메모리 보드 등의 신호 버스 접속 또는 짧은 인라인 접속에 사용된다.

② 고속 라인법(Fast Line) : 배선 작업을 신속하게 행하기 위하여 기판 판면의 층을 세로 방향으로, 또 한 방향을 가로 방향으로 접속한다.

③ 기하학적 탐사법(Geometric Investigation) : 라인법이나 스트립법에서 접속되지 않는 부분을 포괄적인 기하학적 탐사에 의해 배선한다.

3-1. 다음 중 인쇄기판의 제조공법으로 부적합한 것은?

① 정전 부식법
② 사진 부식법
③ 실크 스크린법
④ 오프셋 인쇄법

3-2. 배선 알고리즘에서 하나의 기판상에서 종횡의 버스를 결선하는 방법을 무엇이라 하는가?

① 저속 접속법
② 스트립 접속법
③ 고속 라인법
④ 기하학적 탐사법

|해설|

3-1

인쇄회로기판(PCB)의 제조공정

• 사진 부식법
• 실크 스크린법
• 오프셋 인쇄법

3-2

배선 알고리즘

일반적으로 배선 알고리즘은 3가지가 있으며, 필요에 따라 선택하여 사용하거나 이것을 몇 회 조합하여 실행시킬 수도 있다.

• 스트립 접속법(Strip Connection) : 하나의 기판상에서 종횡의 버스를 결선하는 방법으로, 이것은 커넥터부의 선이나 대용량 메모리 보드 등의 신호 버스 접속 또는 짧은 인라인 접속에 사용된다.
• 고속 라인법(Fast Line) : 배선 작업을 신속하게 행하기 위하여 기판 판면의 층을 세로 방향으로, 또 한 방향을 가로 방향으로 접속한다.
• 기하학적 탐사법(Geometric Investigation) : 라인법이나 스트립법에서 접속되지 않는 부분을 포괄적인 기하학적 탐사에 의해 배선한다.

정답 3-1 ① **3-2** ②

핵심이론 04 │ 제작 공정

(1) PCB 제작 공정

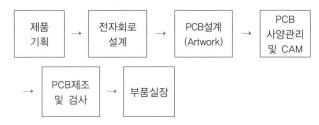

(2) 인쇄회로기판(PCB) 제작순서

① **사양관리** : 제작 의뢰를 받은 PCB가 실제로 구현될 수 있는 회로인지, 가능한 스펙인지를 살펴보고 판단하는 것이다.

② **CAM(Computer Aided Manufacturing) 작업** : 설계된 데이터를 기반으로 제품을 제작하는 것이다.

③ **드릴** : 양면 적층된 기판에 각 층 간의 필요한 회로 도전을 위해, 어셈블리 업체의 부품 탑재를 위해 설계 지정 직경으로 홀을 가공하는 공정이다.

④ **무전해 동도금** : 드릴 가공된 홀 속의 도체층은 절연층으로 분리되어 있는데 이를 도통시켜 주는 것이 주목적이다. 화학적 힘에 의해 1차 도금하는 공정이다.

⑤ **정면** : 홀 가공 시 연성 동박상에 발생하는 버(Burr), 홀 속 이물질 등을 제거하고, 동박 표면상 동도금의 밀착성을 높이기 위하여 처리하는 소공정(동박 표면의 미세 방청 처리 동시 제거)이다.

⑥ **래미네이팅(Laminating)** : 제품 표면에 패턴 형성을 위한 준비 공정이다. 감광성 드라이 필름을 가열된 롤러로 압착하여 밀착시키는 공정이다.

⑦ **D/F 노광** : 노광기 내 자외선 램프로부터 나오는 자외선 빛이 노광용 필름을 통해 코어에 밀착된 드라이 필름에 조사되어 필요한 부분을 경화시키는 공정이다.

⑧ **D/F 현상** : 레지스터층의 비경화부(비노광부)를 현상액으로 용해, 제거시키고 경화부(노광부)는 D/F를 남게 하여 기본 회로를 형성시키는 공정이다.

⑨ 2차 전기 도금 : 무전해동 도금된 홀 내벽과 표면에 전기적으로 동도금을 하여 안정된 회로 두께를 만든다.

⑩ 부식 : 패턴 도금 공정 후 드라이 필름 박리 → 불필요한 동 박리 → 솔더 도금 박리 순으로 공정한다.

⑪ 중간검사 : 제품의 이상 유무를 확인한다.

⑫ PSR(Photo Imageable Solder Resist) 인쇄 : 프린트 배선판에 전자부품 등을 탑재해 솔더 부착에 따른 불필요한 부분에서의 솔더 부착을 방지하며 프린트 배선판의 표면회로를 외부 환경으로부터 보호하기 위해 잉크를 도포하는 공정이다.

⑬ 건조 : 80[℃] 정도로 건조시켜서 2면 인쇄할 때 테이블에 잉크가 묻어 나오는 것을 방지하는 공정이다.

⑭ PSR 노광 : 인쇄된 잉크의 레지스트 역할을 할 부위와 동노출 시킬 부위를 자외선 조사로 선택적으로 광경화시키는 공정이다.

⑮ PSR 현상 : 노광 후 자외선 빛을 받지 않아 경화되지 않은 부위의 레지스트를 현상액으로 제거하여 동을 노출시키는 공정이다.

⑯ 제판 및 건조 : 현상 후 제품의 잉크에 대한 광경화를 완전하게 하기 위한 과정이다.

⑰ 실크 스크린(MARKING) : 제품상에 입체로고, 모델명, 부품기호 및 기타 심벌을 표시하기 위한 공정이다.

⑱ 건조 : 인쇄된 기판의 불필요한 용제 및 가스를 제거하고, 잉크를 완전히 고형화시켜 적절한 절연저항, 내약품성, 내열성, 밀착성 및 경도가 되게 하고 이와 동시에 인쇄된 2면 마킹잉크를 완전히 경화시키는 공정이다.

⑲ HASL(Hot Air Solder Leveling) : 납땜 전 동표면의 보호와 땜의 젖음성을 좋게 하기 위한 공정이다.

⑳ ROUT / V-CUT : 제품 외곽을 발주업체에서 요구하는 치수와 형태로 절단하는 공정이다.

㉑ 수세 : 공정 처리 시 기판 표면에 묻게 되는 오염 물질을 제거하는 공정이다.

㉒ 최종검사(외관 및 BBT) : 제품에 이상이 있는지 없는지를 확인하고 전기 신호에 의해 제품을 개방하며 쇼트를 확인한다.

㉓ 진공 포장 : 제품을 보호하기 위해 진공 포장을 한다.

㉔ 품질관리 : 도금 두께 측정기로써 전기동 도금 후 홀 및 표면의 도금 두께가 스펙에 맞는지 확인하고 홀, 패턴 등의 거리를 측정하며 도금 공정의 도금액 분석 관리 및 신뢰성 테스트 등을 한다.

㉕ 전산 입력(자료관리) : 제품추적을 위해 자료를 입력하고 납품을 예약하는 과정이다.

㉖ 고객(수요처)에게 연락 후 배송 : 고객에게 배송하고 영업자가 직접 납품하는 과정이다.

㉗ 품질경영 회의 : 고객에 대한 불편이나 품질개선에 대해 회의하고 조치하는 과정이다.

10년간 자주 출제된 문제

PCB의 제조 공정 중에서 원하는 부품을 삽입하거나, 회로를 연결하는 비아(Via)를 기계적으로 가공하는 과정은?

① 래미네이트　　　　　② 노 광
③ 드 릴　　　　　　　④ 도 금

|해설|

인쇄회로기판(PCB) 제작순서 중 일부
• 드릴 : 양면 또는 적층된 기판에 각 층 간의 필요한 회로 도전을 위해 또는 어셈블리 업체의 부품 탑재를 위해 설계지정 직경으로 Hole을 가공하는 공정
• 래미네이트 : 제품 표면에 패턴 형성을 위한 준비 공정으로 감광성 드라이 필름을 가열된 롤러로 압착하여 밀착시키는 공정
• D/F 노광 : 노광기내 UV 램프로부터 나오는 UV 빛이 노광용 필름을 통해 코어에 밀착된 드라이 필름에 조사되어 필요한 부분을 경화시키는 공정
• D/F 현상 : Resist 층의 비경화부(비노광부)를 현상액으로 용해, 제거시키고 경화부(노광부)는 D/F를 남게 하여 기본 회로를 형성시키는 공정
• 2차 전기 도금 : 무전해 동도금된 홀 내벽과 표면에 전기적으로 동도금을 하여 안정된 회로 두께를 만든다.

정답 ③

제9절 PCB 설계 시 고려사항

핵심이론 01 | PCB에서 노이즈 방지 대책

(1) PCB에서 노이즈(잡음) 방지 대책

① 회로별 Ground 처리 : 주파수가 높아지면(1[MHz] 이상) 병렬, 또는 다중 접지를 사용한다.

② 필터 추가 : 디커플링 커패시터를 전압강하가 일어나는 소자 옆에 달아주어 순간적인 충방전으로 전원을 보충, 바이패스 커패시터(0.01, 0.1[μF](103, 104), 세라믹 또는 적층 세라믹 콘덴서)를 많이 사용한다(고주파 RF 제거 효과). TTL의 경우 최고로 큰 용량이 필요한 경우는 0.047[μF] 정도이므로 흔히 0.1[μF]을 사용한다. 커패시터를 배치할 때 소자와 너무 인접하게 놓으면 전파 방해가 발생할 수 있다.

③ 내부배선의 정리 : 일반적으로 1[A]가 흐르는 선의 두께는 0.25[mm](허용온도상승 10[℃]일 때), 0.38[mm](허용온도 5[℃]일 때)이고, 배선을 알맞게 하고 배선 사이를 배선의 두께만큼 띄운다. 배선 사이의 간격이 배선의 두께보다 작아지면 노이즈 발생(크로스토크 현상)한다. 직각으로 배선하기보다 45°, 135°로 배선한다. 가능하면 짧게 배선을 한다. 배선이 길어지거나 버스패턴을 여러 개 배선할 때 중간에 접지 배선을 삽입한다. 배선의 길이가 길어질 때는 지연이 발생하여 동작 이상이 생기므로, 같은 신호선이라도 가능하면 묶어서 배선하지 않는다.

④ 동판처리 : 동판의 모서리 부분이 안테나 역할을 하게 되면 노이즈가 발생하게 된다. 동판의 모서리 부분을 보호 가공하고, 상하 전위차가 생길 만한 곳에 같은 극성의 비아를 설치한다.

⑤ 전원층(Power Plane) : 안정적으로 전원이 공급되면 노이즈 성분을 제거하는 데 도움이 된다. 전원층을 넣어서 다층기판을 설계할 때 전원층 부분을 접지층보다 20[H](120[mil] = 약 3[mm]) 정도 작게 설계한다.

⑥ 전자기파 적합성(EMC ; Electro Magnetic Compatibility) 대책 부품을 사용한다.

(2) 고주파회로 설계 시 유의사항

① 아날로그, 디지털 혼재 회로에서 접지선은 분리한다.

② 부품은 세워서 사용하지 않고, 가능하면 부품의 다리를 짧게 배선한다.

③ 고주파 부품은 일반회로 부분과 분리해서 배치하고 가급적 차폐를 실시하여 영향을 최소화한다.

④ 가급적 표면 실장형 부품(SMD)을 사용한다.

⑤ 전원용 라인필터는 연결부위에 가깝게 배치한다.

⑥ 배선의 길이는 가능하면 짧게 하고, 배선이 꼬인 것은 코일로 간주하므로 주의한다.

⑦ 회로의 중요한 요소에는 바이패스 콘덴서를 삽입하여 사용한다.

(3) 노이즈 대책용 콘덴서가 갖추어야 할 조건

① 주파수 특성이 광범위에 걸쳐서 양호해야 한다.

② 절연저항과 내압이 높아야 한다.

③ 자기 공진 주파수가 높은 주파수 대역이어야 한다(주파수 특성이 광범위에 걸쳐 있으므로 양호한 콘덴서란 존재하지 않는다. 그러므로 여러 가지 종류의 콘덴서를 혼용함으로써 필터링이 필요한 대역을 취하게 된다).

※ 콘덴서를 전원공급기와 병렬로 연결할 경우 전원선에서 발생하는 노이즈 성분을 GND로 패스시켜 제거해 주는 역할을 한다.

(4) 일반적 정전기 방지 관련 대책

① 바닥을 도전성 재질화한다.

　㉠ 정전기 방지용 코팅제를 이용하여 주기적(월 1회)으로 코팅하여 접지한다.

　㉡ 작업자가 주로 이동하는 통로에 도전성 매트를 설치한다.

　㉢ 작업자는 반드시 도전성 신발을 착용한다.

② 작업대 상단에는 도전성 매트를 설치하여 운영한다.

③ 건물 외곽의 1종 접지를 전면 재확인하여 보완한다. 실내 GND를 확인하여 별도 설치한 후 작업대, 기계접지 등을 보완하여 운영한다.

④ 제품 보관용 또는 부품 보관용 상자가 일반 재질로 되어 있어 보관, 운반, 적재 시 많은 양의 정전압이 발생해 IC불량 가능성이 충분히 있으므로, 정전기 방지용 스프레이를 이용하여 코팅하거나 도전성 재질로 전면 교체한다.

⑤ 정전기 방지 밴드(Wrist Strap)를 착용한다.
 ㉠ 작업자 모두는 정전기 방지 밴드를 착용한다.
 ㉡ 관리자는 어스리스 정전기 방지 밴드를 착용한다.

⑥ IC 보관용으로 쓰이는 스펀지의 재질이 스티로폼, 또는 일반 스펀지를 사용하고 있으므로 순간적인 정전압에 의해 IC 불량으로 발생될 가능성이 크므로 전면 도전성 스펀지를 사용한다.

⑦ 도전성 재질의 매거진 래크(Magazine Rack, PCB를 자동 공급하는 장치)로 교체한다.

⑧ 기본적인 측정장비(표면저항 측정기, 정전압 발생 측정기, Wrist Strap Tester)를 구입하여 자주 점검하고 대책을 세운다.

⑨ 작업자를 지속적으로 교육한다.

(5) 레지스트의 종류

① 솔더 레지스트 : 프린트 배선판 상의 특정 영역에 하는 내열성 비폭 재료, 납땜 작업 시 이 부분이 붙지 않도록 하는 레지스트

② 에칭 레지스트 : 패턴을 에칭에 의해 형성시키기 위해 하는 내에칭성의 피막

③ 포토 레지스트 : 빛의 조사를 받은 부분이 현상액에 불용 또는 가용으로 되는 레지스트

④ 도금 레지스트 : 도금이 필요 없는 부분에 사용하는 레지스트

(6) 인쇄회로기판(PCB)의 설계 시 발열부품에 대한 대책

① 보드에서 발생되는 열이 밖으로 빠져나갈 수 있어야 한다(발열부품간의 거리를 둔다).

② 팬(Fan) 등을 사용한 강제 공랭의 경우 발열부품은 팬으로부터 가까운 곳에 배치한다(열에 민감한 트랜지스터(TR)나 다이오드(Diode) 등과 같이 열로 인해 특성변화를 일으킬 수 있는 부품은 처음 배치할 때부터 팬에 가까운 곳에 위치하도록 한다).

③ 열에 약한 부품은 아래쪽에 배치한다.

④ 보통 내열 온도는 85[℃] 이하에서 사용하는 것이 좋다.

⑤ 실장 면적은 부품을 PCB에 밀착하여 배치할 때는 납땜 시 온도의 영향을 작게 설계하는 것이 필요하다.

10년간 자주 출제된 문제

1-1. PCB의 설계 시 고주파 부품 및 노이즈에 대한 대책방법으로 옳은 것은?
① 부품을 세워 사용한다.
② 가급적 표면 실장형 부품(SMD)을 사용한다.
③ 고주파 부품을 일반회로와 혼합하여 설계한다.
④ 아날로그와 디지털 회로는 어스 라인을 통합한다.

1-2. 노이즈 대책용으로 사용될 콘덴서의 구비 조건과 거리가 먼 것은?
① 내압이 낮을 것
② 절연 저항이 클 것
③ 주파수 특성이 양호할 것
④ 자기공진 주파수가 높은 주파수 대역일 것

1-1

① 부품은 세워서 사용하지 않으며, 가급적 부품의 다리를 짧게 배선한다.

③ 고주파 부품은 일반회로 부분과 분리하여 배치한다.

④ 아날로그와 디지털 회로는 어스 라인을 분리한다.

이외 PCB에서 노이즈(잡음) 방지 대책

• 가급적 표면 실장형 부품(SMD)을 사용한다.

• 회로별 Ground 처리 : 주파수가 높아지면(1[MHz] 이상) 병렬, 또는 다중 접지를 사용한다.

• 필터 추가 : 디커플링 커패시터를 전압강하가 일어나는 소자 옆에 달아주어 순간적인 충방전으로 전원을 보충, 바이패스 커패시터(0.01, 0.1[μF](103, 104), 세라믹 또는 적층 세라믹 콘덴서)를 많이 사용한다(고주파 RF 제거 효과). TTL의 경우 가장 큰 용량이 필요한 경우는 0.047[μF] 정도이므로 흔히 0.1[μF]을 사용한다. 커패시터를 배치할 때에도 소자와 너무 붙여 놓으면 전파 방해가 생긴다.

• 내부배선의 정리 : 일반적으로 1[A]가 흐르는 선의 두께는 0.25[mm](허용온도상승 10[℃]일 때)와 0.38[mm](허용온도 5[℃]일 때)이며, 배선을 알맞게 하고 배선 사이를 배선의 두께만큼 띄운다. 배선 사이의 간격이 배선의 두께보다 작아지면 노이즈 발생(Crosstalk 현상), 직각으로 배선하기보다 45°, 135°로 배선한다. 되도록이면 짧게 배선을 한다. 배선이 길어지거나 버스패턴을 여러 개 배선해야 할 경우 중간에 Ground 배선을 삽입한다. 배선의 길이가 길어질 경우 지연이 발생하여 동작 이상이 생기므로, 같은 신호선이라도 되도록이면 묶어서 배선하지 않는다.

• 동판처리 : 동판의 모서리 부분이 안테나 역할을 하여 노이즈가 발생한다. 동판의 모서리 부분을 보호 가공하고 상하 전위차가 생길만한 곳에 같은 극성의 비아를 설치한다.

• Power Plane : 안정적인 전원공급으로 노이즈 성분을 제거하는 데 도움이 된다. Power Plane을 넣어서 다층기판을 설계할 때 Power Plane 부분을 Ground Plane보다 20[H](120[mil] = 약 3[mm]) 정도 작게 설계한다.

• EMC 대책 부품을 사용한다.

정답 1-1 ② 1-2 ①

제10절 데이터 파일의 종류와 취급

핵심이론 01 데이터파일의 종류

(1) 설계도면 데이터 파일

① dsn(Schematic Design File) : 실제적인 회로도의 내용을 담고 있는 디자인 파일

② olb(OrCAD Library File) : Capture에서 사용되는 부품과 심벌 정보를 담고 있는 파일

③ upd(Property Update File) : PCB용 Library인 Foot-print명을 회로도의 Library에 포괄적으로 입력시킬 때 사용하는 파일

④ swp(Back Annotation File) : 회로도에서 부품의 Gate와 Pin 등을 바꿀 때 그 정보를 갱신시키는 Swap 파일

⑤ drc(Design Rules Check Report File) : 회로도의 전기적인 규칙검사인 DRC 실행 시 저장되는 Report 파일

⑥ bom(Bill of Materials Report File) : 부품 목록 보기 실행 시 저장되는 Report 파일

⑦ xrf(Cross Reference Part Report File) : 부품 교차 참조 목록 보기 실행 시 저장되는 Report 파일

⑧ mnl(Netlist File) : 회로도 작업에서 최종적으로 실행하는 부품간의 선 연결정보를 담고 있는 Netlist 파일

(2) 출력 데이터 파일의 내용

① Component Side Pattern : 부품을 삽입하는 면에 대한 데이터 표시

② Top Silk Screen : 조립 시 참조할 부품의 번호와 종류, 방향에 대한 데이터 표시

③ Solder Side Pattern : 납땜 면에 대한 데이터 표시

④ Solder Mask Top/Bottom : Solder Side 면에 Solder Resistor의 도포를 위하여 납땜이 가능한 부분만을 나타내기 위한 부분에 대한 데이터 표시

⑤ Bottom Silk Screen : Bottom 면에 부품을 실장할 때 필요하다. 부품의 번호와 종류, 방향에 대한 데이터를 표시하는 것으로 역으로 인쇄

⑥ Component Side Solder Mask : 표면실장부품(SMD)을 부품 면과 납땜 면의 Solder Mask가 상이할 경우에만 필요

⑦ Drill Data : 인쇄회로기판의 천공할 홀의 크기 및 좌표와 수량 데이터를 표시

(3) Artwork 완료 후 PCB 기판 제작공정에 사용하기 위해 필요한 파일들

① Schematic File : 실제적인 회로도의 내용을 담고 있는 디자인파일

② Gerber File : PCB를 제작하기 위한 파일, PCB 설계의 모든 정보가 들어있는 파일, 필름의 생성을 위한 각 레이어 및 드릴 데이터 등을 추출하는 파일

③ HPGL File : Hewlett Packard Graphics Language, 도면 파일

④ DXF File : Data eXchange Format, 도면 교환 파일

(4) CAD 파일 데이터 종류

① Netlist : CAD 작업에 의해 만들어진 부품간의 결선 정보, 부품번호, 핀 번호 등의 데이터

② Silk Data : PCB 상에 인쇄할 데이터

③ Cam Data : NC 가공 데이터

④ Gerber Data : PCB를 제작하기 위한 파일, PCB 설계의 모든 정보가 들어 있는 파일, 포토플로터, 레이저프린터 등에 필름을 넣어 필름을 직접 인쇄하는 데 사용되는 데이터, 컴퓨터와 포토프린터 간의 자료 형식(데이터포맷)

1-1. 다음 중 전자 CAD의 데이터 파일이 아닌 것은?

① 거버(Gerber)
② 부품리스트(PART LIST)
③ 프린트 기판 재료(Print Board Material)
④ 배선정보(NET LIST)

1-2. PCB 도면을 그래픽 출력장치로 인쇄할 경우 프린트 기판에 천공할 Hole 크기 및 수량의 정보를 나타내는 것은?

① Component Side Pattern
② Drill Data
③ Solder Side Pattern
④ Solder Mask

|해설|

1-1
전자 CAD의 데이터 파일
거버 파일, 네트리스트(배선정보) 파일, 부품리스트 파일 등이 있지만, 프린트 기판 재료에 대한 데이터 파일은 없다.

1-2
PCB도면을 그래픽 출력장치로 인쇄할 경우 출력 데이터 파일의 내용
• Drill Data : 인쇄회로기판의 천공할 홀(Hole)의 크기 및 좌표와 수량 데이터를 표시
• Component Side Patten : 부품을 삽입하는 면에 대한 데이터 표시
• Top Silk Screen : 조립 시 참조할 부품의 번호와 종류, 방향에 대한 데이터 표시
• Solder Side Patten : 납땜 면에 대한 데이터 표시
• Solder Mask Top/Bottom : Solder Side면에 Solder Resistor의 도포를 위하여 납땜이 가능한 부분만을 나타내기 위한 부분에 대한 데이터 표시
• Bottom Silk Screen : Bottom 면에 부품을 실장할 때 필요하다. 부품의 번호와 종류, 방향에 대한 데이터를 표시하는 것으로 역으로 인쇄
• Component Side Solder Mask : 표면실장부품(SMD)을 부품 면과 납땜 면의 Solder Mask가 상이할 경우에만 필요

정답 1-1 ③   1-2 ②

(1) 전자캐드 프로그램

① Schematic : 회로도(전자회로도)를 그리는 프로그램

② Layout : 전자부품을 배치하는 프로그램

③ Gerber : Layout된 파일을 레이저프린터나 포토플로터 등에 넣어 필름을 직접 인쇄하는 프로그램

④ CAD(Computer Aided Design) : 컴퓨터로 도면을 설계하는 프로그램

⑤ CAM(Computer Aided Manufacturing) : 컴퓨터를 이용해 제조하는 것으로 제조공업에 있어 생산준비, 생산과정, 생산관리에 적용함. 설계된 데이터를 기반으로 제품을 제작하는 것

⑥ CAE(Computer Aided Engineering) : 설계하기 이전이나 이후에 해석을 하는 프로그램

(2) CAD 시스템의 특징

① 지금까지의 자와 연필을 대신하여 컴퓨터와 프로그램을 이용하여 설계하는 것을 말한다.

② 수작업에 의존하던 디자인의 자동화가 이루어진다.

③ 건축, 전자, 기계, 인테리어, 토목 등 다양한 분야에 광범위하게 활용된다.

④ 다품종 소량생산에도 유연하게 대처할 수 있고 공장 자동화에도 중요성이 커지고 있다.

⑤ 작성된 도면의 정보를 기계에 직접 적용 가능하다.

⑥ 정확하고 효율적인 작업으로 개발 기간이 단축된다.

⑦ 신제품 개발에 적극 대처할 수 있다.

⑧ 설계제도의 표준화와 규격화로 경쟁력이 향상된다.

⑨ 설계과정에서 능률이 높아져 품질이 향상된다.

⑩ 컴퓨터를 통해 계산함으로써 수치결과에 대한 정확성이 높아진다.

⑪ 도면의 편집과 수정이 쉬워지고 출력이 용이하다.

(3) CAD의 설계측면 장점

① 설계 납기의 단축이 된다.

② 설계 정밀도가 좋아진다.

③ 설계 품질이 좋아진다.

④ 각종 제조 데이터를 공유할 수 있다.

⑤ 설계 데이터의 관리가 용이하다.

(4) CAD의 생산측면 장점

① 제품의 균일성으로 신뢰성이 높다.

② 소형 경량화가 가능하다.

③ 회로의 전기적 특성에 대한 안정도를 높일 수 있다.

④ 대량 생산을 하면서 단가를 줄일 수 있다.

⑤ 배선 오류 가능성을 줄일 수 있다.

⑥ 생산공정을 줄일 수 있다.

⑦ 제조공정의 표준화 및 자동화가 이루어진다.

(5) CAD의 단점

① CAD툴마다 데이터 관리방법이 다르다.

② CAE와의 인터페이스(Interface)가 표준화되어 있지 않다.

③ CAD/CAM 출력 포맷(Format)이 표준화되어 있지 않다.

④ 제조 기술의 급속한 발전에 CAD 시스템이 미치지 못한다.

⑤ 수작업에 의한 CAD의 부대 작업이 많다.

(6) CAD 사용 효과

① 패턴 배선밀도의 고도화 및 배선의 미세화에 적극 대응할 수 있다.

② 빈번한 패턴 변경에 있어서 앞의 데이터를 활용하기 쉽다.

③ 잘못된 설계에 대한 검사가 가능하고 즉각적으로 수정이 가능해 설계시간을 단축할 수 있다.

④ 동일 패턴이 반복되는 등 단순작업에 걸리는 시간이 단축될 수 있다.

10년간 자주 출제된 문제

CAD(Computer Aided Design)를 사용하여 얻을 수 있는 특징이 아닌 것은?

① 도면의 품질이 좋아진다.
② 도면 작성 시간이 길어진다.
③ 설계과정에서 능률이 향상된다.
④ 수치 결과에 대한 정확성이 증가한다.

|해설|

CAD 시스템의 특징
• 지금까지의 자와 연필을 대신하여 컴퓨터와 프로그램을 이용하여 설계하는 것을 말한다.
• 수작업에 의존하던 디자인의 자동화가 이루어진다.
• 건축, 전자, 기계, 인테리어, 토목 등 다양한 분야에 광범위하게 활용된다.
• 다품종 소량생산에도 유연하게 대처할 수 있고 공장 자동화에도 중요성이 커지고 있다.
• 작성된 도면의 정보를 기계에 직접 적용 가능하다.
• 정확하고 효율적인 작업으로 개발 기간이 단축된다.
• 신제품 개발에 적극 대처할 수 있다.
• 설계제도의 표준화와 규격화로 경쟁력이 향상된다.
• 설계과정에서 능률이 높아져 품질이 향상된다.
• 컴퓨터를 통해 계산함으로써 수치결과에 대한 정확성이 높아진다.
• 도면의 편집과 수정이 쉬워지고 출력이 용이하다.

정답 ②

핵심이론 01 │ CAD시스템의 입·출력장치

(1) CAD시스템의 입력장치

① 태블릿과 디지타이저 : 태블릿(Tablet)은 주로 좌표입력, 메뉴의 선택, 커서의 제어 등에 사용되며, 보통 50[cm] 이하의 소형의 것을 말한다. 대형의 것은 디지타이저(Digitizer)라 부르며, 태블릿과는 구별되지만 기능은 똑같다. 디지타이저의 기능으로는 선택기능·도면복사기능 및 태블릿에 메뉴를 확보하는 것이 있다. 또한 도면으로부터 위치 좌표(X, Y)를 읽어 들일 수도 있다. 스타일러스 펜은 디지타이저에 편리하게 입력할 수 있는 펜모양의 장치이다.

② 마우스 : 컴퓨터 입력장치이다. 손바닥 안에 쏙 들어오는 둥글고 작은 몸체에 긴 케이블이 달려 있는 모습이 마치 쥐와 닮았다고 해서 마우스라고 이름을 붙이게 되었다. 마우스를 움직이면 디스플레이 화면 속의 커서가 움직이고, 버튼을 클릭하면 명령이 실행되는 간단한 사용법 때문에 키보드와 더불어 지금까지 가장 많이 사용되는 입력장치이다.

③ 라이트 펜 : 감지용 렌즈를 이용하여 컴퓨터 명령을 수행하는 끝이 뾰족한 펜 모양의 입력장치로 컴퓨터 작업 시 이 펜을 이동시키면서 눌러 명령한다. 마우스나 터치스크린 방식에 비해 입력이 세밀해서 그림을 비롯한 그래픽 작업도 가능하며 작업 속도가 빠르다.

④ 이미지 스캐너(Image Scanner) : 화상 데이터(그림이나 사진)를 입력하는 장치로 입력하고자 하는 도판 등의 아래에서 빛을 대어 그 반사광을 포토트랜지스터 등의 광센서로 감지하는 구조로 되어 있다. 화상은 가는 점으로 나누어서 입력되지만 분할하는 점이 클수록 보다 미세하게 화상 데이터로서 판독할 수 있다. 개인용으로는 플랫베드 스캐너를 쓰거나 복합 사무기의 스캐너를 사용한다. 하지만, 도록(그림을 모은 책)이나 백과사전 제작처럼 선명한 그림이나 사진이 필요한 작업에는 좀 더 세심한 드럼 스캐너(Drum Scanner)를 사용한다.

⑤ 바코드스캐너(Barcode Scanner) : 바코드는 영숫자나 특수글자를 기계가 읽을 수 있는 형태로 표현하기 위해 굵기가 다른 수직 막대들의 조합으로 나타내어, 광학적으로 판독이 가능하도록 한 코드이다. 바코드 스캐너는 주로 편의점 같은 판매점에서 바코드를 스캔할 때 사용한다. 상점에서 상품을 판매할 때 바코드를 이용해 상품의 가격, 정보 등을 빠르게 PC에 입력한다. 사람이 직접 계산하는 것보다 비해 시간과 노력을 단축할 수 있다.

⑥ 광학마크판독기(OMR) : 카드 또는 카드 모양 용지의 미리 지정된 위치에 검은 연필이나 사인펜 등으로 그려진 마크를 광 인식에 의해 읽는 입력장치이다.

⑦ 컴퓨터 키보드(Computer Keyboard) : 타자기의 자판과 비슷하게 생긴 PC의 입력장치 중 하나이다. 대부분 이메일이나 워드 프로세서 등에서 문자 및 숫자를 입력할 때 쓰이며, 게임이나 각종 애플리케이션에서도 유용한 단축키와 특수명령 기능을 제공한다. PC 입력 방식은 초창기부터 지금까지 계속해서 텍스트 위주로 이루어져 왔기 때문에 키보드는 가장 오래된 PC 입력장치 중 하나이고 가장 대중적인 입력장치라고 할 수 있다.

⑧ 트랙볼(Trackball) : 볼마우스를 뒤집어 놓은 듯한 형태로 볼이 마우스 윗면에 달려 있는 것이다. 사용자가 손가락으로 볼을 굴리면 볼이 움직이는 방향대로 커서가 움직인다. 그래서 마우스를 직접 움직이지 않아도 마우스를 이동시킨 것과 같은 효과를 얻을 수 있다.

⑨ 필름 스캐너(Film Scanner) : 필름 이미지를 컴퓨터에 저장하기 위해 한 프레임씩 네거티브 필름으로부터 디지털 코드로 변환하는 장치이다. 디지털로 저장된 정보는 모니터에 영상으로 나타나는데, 디지털 작업을 통해 변형이 끝난 이미지는 다시 필름 리코더(Film Recorder)를 통해 필름에 옮겨진다. 필름을 스캐닝하는 기술에는 두 가지가 있다. 플라잉 스폿 방식과 CCD 방식이다.

(2) CAD시스템의 출력장치

① CRT(Cathode Ray Tube) : 음극선관을 말한다. 또한 일명 브라운관이라고도 하며 출력장치이다. 전기신호를 전자빔의 작용에 의해 영상이나 도형, 문자 등의 광학적인 영상으로 변환하여 표시하는 특수진공관이다. 이것들은 전자총에서 나온 전자가 브라운관 유리에 칠해진 형광물질을 자극해 다양한 화면을 만들어내는 원리를 이용한다. 보통 일반 모니터는 CRT모니터를 사용한다.

② LCD모니터(LCD Monitor) : 액정 표시장치(Liquid Crystal Display)로 장점으로는 화질이 선명하며 본체가 얇고 가볍다. 공간 활용도가 높고 설치도 편리하다. 단점으로는 CRT 모니터에 비해 다소 응답시간이 느리고 색상 표현력이 떨어진다.

③ 프린터(Printer) : 컴퓨터에서 처리된 정보를 사람이 눈으로 볼 수 있는 형태로 인쇄하는 출력장치이다. 인쇄 방식에 따라 충격식과 비충격식으로 나눌 수 있고, 출력 단위에 따라 시리얼 프린터, 라인 프린터, 페이지 프린터 등으로 구분된다. 비충격식(레이저 프린터, 잉크젯 프린터)이 충격식(도트 프린터)보다 속도가 빠르고 소음이 적어 많이 사용되고 있다. 최근 그래프 인쇄의 착색 요청 등 컬러프린터의 수요는 더욱 많이 늘어나고 있다.

④ 플로터(Plotter) : A4 용지 이외에 A0, A1 등 다양한 규격의 용지를 인쇄할 수 있는 출력장치이다. 일반 잉크젯 프린터와 기능은 흡사하지만, 글자보다는 도형 인쇄에 적합하여 간판 제작, 현수막, 도면 인쇄 등 전문적인 용도로 사용된다. 일반적으로 해상도가 높을수록 우수한 결과물을 얻을 수 있다. 종류에 따라 잉크로 인쇄하는 잉크식, 정전기로 토너를 부착시키는 정전식, 광전식, 열전사식, 레이저식 등이 있다. 가격이 비싸고 크기가 커서 특수한 용도 외에는 사용할 수 없다. 펜 플로터는 펜을 움직여 선을 기본으로 도형을 그리는 플로터이며, 종속 변수가 여러 변수의 함수로 제어되는 펜이며 도형을 작성하는 시각적 표시장치이다. 포토플로터(Photo-plotter)는 프린트 배선판이나 IC 마스크를 만드는 고정밀도의 마스터(원판)를 광학적 수법에 의해 작성하는 출력장치이다.

⑤ 필름 리코더(Film Recorder) : 디지털 이미지를 필름에 기록하는 장치이다. 먼저 필름 이미지를 필름 스캐너로 스캐닝해 디지털화하고 합성 등 필요한 부분을 작업한다. 이를 다시 필름 리코더를 이용해 영상으로 기록하게 한다. 고해상도 필름 스캐너와 리코더를 사용하면 필름에 최종적으로 기록되는 이미지는 오리지널 네거티브 이미지와 그 화질에 있어 거의 차이가 없다. 컴퓨터 애니메이션에서는 필름에 옮겨진 이미지 화질은 마치 필름으로 촬영한 것처럼 느껴질 정도이다. 필름 리코더에 사용되는 기술은 레이저 방식과 진공관(CTR Tube) 방식으로 대별된다.

⑥ 비디오 프로젝터(Video Projector) : 대형 텔레비전 화면을 얻기 위하여 휘도가 높은 브라운관을 광원으로 하여 여기에 비친 화상을 렌즈를 통하여 확대, 스크린에 투시하는 디스플레이 장치이다. 텔레비전 확대투영장치 또는 투사형 텔레비전이라고도 한다.

(3) CAD시스템의 입·출력장치

① 터치스크린(Touch Screen) : 화면을 건드려 사용자가 손가락이나 손으로 기기의 화면에 접촉한 위치를 찾아내는 화면을 말한다. 터치스크린은 스타일러스와 같은 다른 수동적인 물체를 감지해 낼 수도 있다. 터치스크린 모니터는 터치로 입력장치의 역할을 하며, 모니터는 출력장치의 역할을 한다. 모니터에 특수 직물을 씌워 이 위를 손으로 눌렀을 때 감지하는 방식으로 구성되어 있는 경우도 있다.

② HDD(Hard Disk Driver) : 컴퓨터 내부에 있는 하드디스크에서 데이터를 읽고 쓰는 장치로 케이스에 들어 있다. 자성 물질로 덮인 플래터를 회전시키고, 그 위에 헤드(Head)를 접근시켜 플래터 표면의 자기 배열을 변경하는 방식으로 데이터를 읽거나 쓴다. 스핀들 모터의 회전 속도가 높을수록 보다 빠르게 데이터의 읽기와 쓰기가 가능하며, 플래터의 중심에는 플래터를 회전시키기 위한 스핀들 모터(Spindle Motor)가 위치하고 있다.

③ CD-RW(Compact Disc-ReWritable) : 더 이상 수정이 되지 않는(단 한 번밖에 기록이 되지 않는) CD-R과는 달리 약 1,000번 정도까지 기록하고 삭제할 수 있기 때문에 백업 매체로도 많이 사용된다. 보통 용량은 650[MB]에서 700[MB] 정도이다.

컴퓨터에 그림이나 도형의 위치 관계를 부호화하여 입력하는 장치로서 평면판과 펜으로 구성되어 있는 장치는?

① 키보드   ② 마우스
③ 디지타이저   ④ 스캐너

|해설|

디지타이저(Digitizer)는 입력 원본의 아날로그 데이터인 좌표를 판독하여 컴퓨터에 디지털 형식으로 설계도면이나 도형을 입력하는 데 사용되는 입력장치이다. X, Y 위치를 입력할 수 있으며, 직사각형의 넓은 평면 모양의 장치나 그 위에서 사용되는 펜이나 버튼이 달린 커서장치로 구성된다. 디지타이저는 기능을 표현하고 태블릿(Tablet)은 판 모양의 형상을 의미했는데 이제는 대형·고분해 능력의 기종을 디지타이저, 탁상에 얹어서 사용하는 소형의 것을 태블릿이라 부르는 경우가 많다. 가장 간단한 디지타이저로는 패널에 있는 메뉴를 펜이나 손가락으로 눌러 조작하는 터치패널이 있다. 사용자가 펜이나 커서를 움직이면 그 좌표 정보를 밑판이 읽어 자동으로 컴퓨터 시스템의 화면 기억장소로 전달하고, 특정 위치에서 펜을 누르거나 커서의 버튼을 누르면 그에 해당되는 명령이 수행된다. 구조에 따라 자동식과 수동식으로 나눈다. 수동식에는 로터리 인코더(Rotary Encoder)나 리니어 스케일(Linear Scale)로 위치를 판독하는 건트리 방식과 커서로 읽어내는 프리커서 방식이 있다.

정답 ③

제13절 CAD시스템의 의한 도형처리

핵심이론 01 | CAD시스템 좌표계와 형상 모델링 종류

(1) 좌표계의 종류

① 세계 좌표계(WCS ; World Coordinate System) : 프로그램이 가지고 있는 고정된 좌표계로써 도면 내의 모든 위치는 X, Y, Z 좌표값을 갖는다.

② 사용자 좌표계(UCS ; User Coordinate System) : 작업자가 좌표계의 원점이나 방향 등을 필요에 따라 임의로 변화시킬 수 있다. 즉, WCS를 작업자가 원하는 형태로 변경한 좌표계로 이는 3차원 작업 시 필요에 따라 작업평면(XY평면)을 바꿀 때 많이 사용한다.

③ 절대좌표(Absolute Coordinate) : 원점을 기준으로 한 각 방향 좌표의 교차점을 말한다. 고정되어 있는 좌표점 즉, 임의의 절대좌표점 (10, 10)은 도면 내에 한 점밖에는 존재하지 않는다. 절대좌표는 [X좌표값, Y좌표값] 순으로 표시하며, 각각의 좌표점 사이를 콤마(,)로 구분해야 하고, 음수 값도 사용이 가능하다.

④ 상대좌표(Relative Coordinate) : 최종점을 기준(절대좌표는 원점을 기준으로 했음)으로 한 각 방향의 교차점을 말하는데, 상대좌표의 표시는 하나이지만 해당 좌표점은 기준점에 따라 도면 내에 무한적으로 존재한다. 이 상대좌표는 [@기준점으로부터 X방향값, Y방향값]으로 표시하며, 각각의 좌표값 사이를 콤마(,)로 구분해야 하고, 음수 값도 사용이 가능하다(음수는 방향이 반대임).

⑤ 극좌표(Polar Coordinate) : 기준점으로부터 거리와 각도(방향)로 지정되는 좌표로서, 절대극좌표와 상대극좌표가 있다. 즉, 절대극좌표는 [원점으로부터 떨어진 거리 < 각도]로 표시하고, 상대극좌표는 마지막점을 기준으로 하여 지정하는 좌표이다. 따라서 상대극좌표의 표시는 하나이지만 해당 좌표점은 기준점에 따라 도면 내에 무한적으로 존재한다. 상대극좌표는

[@기준점으로부터 떨어진 거리＜각도]로 표시하며, 거리와 각도 표시 사이를 부등호(＜)로 구분해야 하고, 거리와 각도에 음수 값도 사용이 가능하다.

⑥ 최종좌표(Last Point) : 이전 명령에 지정되었던 최종 좌표점을 다시 사용하는 좌표인데, 이 최종좌표는 [@]로 표시한다. 최종좌표는 마지막점에 사용된 좌표방식과는 무관하게 적용된다.

(2) 형상 모델링의 종류

① 와이어프레임 모델링(Wire Frame Modeling, 선화 모델) : 점과 선으로 물체의 외양만을 표현한 형상 모델로 데이터 구조가 간단하고 처리속도가 가장 빠르다.

② 서피스 모델링(Surface Modeling, 표면 모델) : 여러 개의 곡면으로 물체의 바깥 모양을 표현하는 것이며, 와이어프레임 모델에 면의 정보를 부가한 형상 모델이다. 곡면기반 모델이라고도 한다.

③ 솔리드 모델링(Solid Modeling, 입체 모델) : 정점, 능선, 면 및 질량을 표현한 형상 모델로써 이것을 작성하는 것을 솔리드 모델링이라고 한다. 즉, 솔리드 모델링은 형상만이 아닌 물체의 다양한 성질을 좀 더 정확하게 표현하기 위해 고안된 방법이다. 솔리드 모델은 입체 형상을 표현하는 모든 요소를 갖추고 있으므로 중량이나 무게중심 등의 해석도 가능하다. 솔리드 모델은 설계에서부터 제조공정에 이르기까지 일관하여 이용할 수 있다.

[와이어프레임 모델링의 예]

[서피스 모델링의 예]

[솔리드 모델링의 예]

(3) 형상 모델링의 장단점

① 와이어프레임 모델링(Wire Frame Modeling) : 와이어프레임 모델링은 3면 투시도 작성을 제외하고는 대부분의 작업이 곤란한 반면 물체를 빠르게 구상할 수 있고, 처리 속도가 빠르며 차지하는 메모리양이 적기 때문에 가벼운 모델링에 사용한다.

장 점	단 점
• 모델 작성이 쉽다.	• 물리적 성질을 계산할 수 없다.
• 처리 속도가 빠르다.	• 숨은선 제거가 불가능하다.
• 데이터 구성이 간단하다.	• 간섭체크가 어렵다.
• 3면 투시도 작성이 용이하다.	• 단면도 작성이 불가능하다.
	• 실체감이 없다.
	• 형상을 정확히 판단하기 어렵다.

② 서피스 모델링(Surface Modeling) : 서피스 모델링은 면을 이용해서 물체를 모델링하는 방법으로, 와이어프레임 모델링에서 어려웠던 작업을 진행할 수 있다. 서피스 모델링의 최대 장점은 NC가공에 최적화되어 있다는 점이며 솔리드 모델링에서도 가능하지만, 데이터 구조가 복잡하기 때문에 서피스 모델링을 선호한다.

장 점	단 점
• 은선 처리가 가능하다.	• 물리적 성질을 계산할 수 없다.
• 단면도 작성을 할 수 있다.	• 물체 내부의 정보가 없다.
• 음영처리가 가능하다.	• 유한요소법적용(FEM)을 위한 요소분할이 어렵다.
• NC가공이 가능하다.	
• 간섭체크가 가능하다.	
• 2개 면의 교선을 구할 수 있다.	

③ 솔리드 모델링(Solid Modeling) : 솔리드 모델링은 와이어프레임 모델링과 서피스 모델링에 비해 모든 작업이 가능하지만, 데이터 구조가 복잡하고 컴퓨터 메모리를 많이 차지하기 때문에 특수한 경우에는 나머지 두 모델링을 더 선호할 수 있다.

장 점	단 점
• 은선 제거가 가능하다. • 물리적 특정 계산이 가능하다 (체적, 중량, 모멘트 등). • 간섭체크가 가능하다. • 단면도 작성을 할 수 있다. • 정확한 형상을 파악할 수 있다.	• 데이터 구조가 복잡하다. • 컴퓨터 메모리를 많이 차지한다.

CAD 시스템 좌표계에서 이전 최종좌표(점)에서 거리와 각도를 이용하여 이동된 X, Y축의 좌표값을 찾는 방법은?

① 절대좌표
② 상대좌표
③ 극좌표
④ 상대극좌표

|해설|

좌표의 종류

• 절대좌표(Absolute Coordinate) : 원점을 기준으로 한 각 방향 좌표의 교차점을 말하며, 고정되어 있는 좌표점 즉, 임의의 절대 좌표점(10, 10)은 도면 내에 한 점밖에는 존재하지 않는다. 절대 좌표는 [X좌표값, Y좌표값] 순으로 표시하며, 각각의 좌표점 사이를 콤마(,)로 구분해야 하고, 음수값도 사용이 가능하다.

• 상대좌표(Relative Coordinate) : 최종점을 기준(절대좌표는 원점을 기준으로 했음)으로 한 각 방향의 교차점을 말한다. 따라서 상대좌표의 표시는 하나이지만 해당 좌표점은 기준점에 따라 도면 내에 무한적으로 존재한다. 상대좌표는 [@기준점으로부터 X방향값, Y방향값]으로 표시하며, 각각의 좌표값 사이를 콤마(,)로 구분해야 하고, 음수 값도 사용이 가능하다(음수는 방향이 반대임).

• 극좌표(Polar Coordinate) : 기준점으로부터 거리와 각도(방향)로 지정되는 좌표를 말하며, 절대극좌표와 상대극좌표가 있다. 절대극좌표는 [원점으로부터 떨어진 거리 < 각도]로 표시한다.

• 상대극좌표(Relative Polar Coordinate) : 마지막점을 기준으로 하여 지정하는 좌표이다. 따라서 상대극좌표의 표시는 하나이지만 해당 좌표점은 기준점에 따라 도면 내에 무한적으로 존재한다. 상대극좌표는 [@기준점으로부터 떨어진 거리 < 각도]로 표시하며, 거리와 각도 표시 사이를 부등호(<)로 구분해야 하고, 거리와 각도에 음수 값도 사용이 가능하다.

정답 ④

교육은 우리 자신의 무지를 점차 발견해 가는 과정이다.

– 윌 듀란트 –

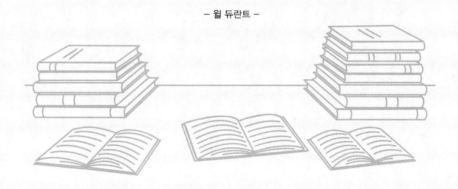

Win-Q

PART 02

과년도+최근
기출복원문제

#기출유형 확인   #상세한 해설   #최종점검 테스트

01 B급 푸시풀 증폭기에 대한 설명 중 옳은 것은?

① 최대 양극효율은 33.6[%]이다.

② 고주파 전압증폭용으로 널리 쓰인다.

③ 우수고조파가 상쇄되어 찌그러짐이 적다.

④ 출력변성기의 철심이 직류에 의해 포화된다.

해설

B급 푸시풀 회로의 특징

• 큰 출력을 얻을 수 있다.

• B급 동작이므로 직류 바이어스 전류가 작아도 된다.

• 출력의 최대 효율이 78.5[%]로 높다.

• 입력 신호가 없을 때 전력 손실은 무시할 수 있다.

• 짝수 고조파 성분이 서로 상쇄되어 일그러짐이 없다.

• B급 증폭기 특유의 크로스오버 일그러짐(교차 일그러짐)이 생긴다.

02 40[dB]의 전압이득을 가진 증폭기에 10[mV]의 전압을 입력에 가하면 출력전압은 몇 [V]인가?

① 0.1[V] ② 1[V]

③ 10[V] ④ 100[V]

해설

$G = 20 \log_{10} \dfrac{V_o}{V_i}$ [dB] 에서

$40 = 20 \log_{10} \dfrac{V_o}{10 \times 10^{-3}}$

여기서, $\log_{10} \dfrac{V_o}{10 \times 10^{-3}} = 2$

그러므로 $\dfrac{V_o}{10 \times 10^{-3}} = 100$

$V_o = 100 \times 10 \times 10^{-3} = 1[V]$

03 저항 $R = 5[\Omega]$, 인덕턴스 $L = 100[mH]$, 정전용량 $C = 100[\mu F]$의 RLC 직렬회로에 60[Hz]의 교류전압을 가할 때 회로의 리액턴스 성분은?

① 저 항 ② 유도성

③ 용량성 ④ 임피던스

해설

RLC 직렬회로에서 $Z = R + j\left(\omega L - \dfrac{1}{\omega C}\right)$ 에서

$\omega L > \dfrac{1}{\omega C}$ 일 때(즉 $X_L > X_C$)

전압의 위상이 전류보다 앞서므로 이 회로를 유도성 회로라 하며, 이때 임피던스의 허수부인 리액턴스가 $\omega L - \dfrac{1}{\omega C} > 0$ 일 때를 유도성 리액턴스라 한다.

$2\pi f L - \dfrac{1}{2\pi f C}$

$= 2\pi \times 60 \times 100 \times 10^{-3} - \dfrac{1}{2\pi \times 60 \times 100 \times 10^{-6}} > 0$

그러므로 유도성 리액턴스이다.

04 구형파의 입력을 가하여 폭이 좁은 트리거 펄스를 얻는 데 사용되는 회로는?

① 미분회로

② 적분회로

③ 발진회로

④ 클리핑회로

해설

미분회로

• 직사각형파로부터 폭이 좁은 트리거 펄스를 얻는 데 자주 쓰인다 (단, RC ≪ Tw).

• 입력이 가해지는 순간만 전류가 흐른다.

• 입력이 0으로 되면 그동안 순간적인 역방향 전류가 흐른다.

05 쌍안정 멀티바이브레이터에 대한 설명 중 적합하지 않은 것은?

① 플립플롭회로이다.

② 분주기, 2진 계수회로 등에 많이 사용된다.

③ 입력 트리거 펄스 1개마다 1개의 출력펄스를 얻는다.

④ 저항과 병렬로 연결되는 스피드업(Speed Up) 콘덴서가 2개 쓰인다.

해설

쌍안정 멀티바이브레이터 : 처음 어느 한쪽의 트랜지스터가 ON이면 다른 쪽의 트랜지스터는 OFF의 안정 상태로 되었다가, 트리거 펄스가 가해지면 다른 안정 상태로 반전되는 동작을 한다.
• 플립플롭 회로
• 분주기, 계산기, 계수기억회로, 2진 계수회로 등에 사용한다.
• 발진주파수는 회로의 시정수로 결정된다.

06 펄스의 상승 부분에서 진동의 정도를 말하며 높은 주파수 성분에 공진하기 때문에 생기는 것은?

① Sag

② Storage Time

③ Under Shoot

④ Ringing

해설

④ 링잉(Ringing) : 펄스의 상승 부분에서 진동의 정도를 말하며, 높은 주파수 성분에 공진하기 때문에 생긴다.

① 새그(Sag) : 내려가는 부분의 정도를 말하며, $\left(\dfrac{C}{V}\right) \times 100[\%]$ 로 나타낸다.

② 축적 시간(Storage Time) : 이상적 펄스의 하강 시각에서 실제의 펄스가 V의 90[%]가 되는 구간의 시간이다.

③ 언더슈트(Under Shoot) : 하강 파형에서 이상적 펄스파의 기준 레벨보다 아랫부분의 높이 d를 말한다.

07 회로에서 V_o를 구하면 몇 [V]인가?(단, $I_2 \gg I_B$, $V_{BE} = 0.6[\mathrm{V}]$, $I_C \approx I_E$임)

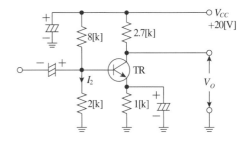

① 9.82[V]

② 10.82[V]

③ 11.82[V]

④ 12.82[V]

해설

$I_2 \gg I_B$이므로

$$I_2 = \frac{20[\mathrm{V}]}{8[\mathrm{k}] + 2[\mathrm{k}]} = 2[\mathrm{mA}]$$

$$V_{8[\mathrm{k}]} = 2 \times 10^{-3} \times 8 \times 10^3 = 16[\mathrm{V}]$$

$$V_{2[\mathrm{k}]} = 4[\mathrm{V}] = V_{BE} + V_{1[\mathrm{k}]}$$

$$V_{1[\mathrm{k}]} = 4 - 0.6 = 3.4[\mathrm{V}]$$

$$I_E = \frac{V_1[\mathrm{k\Omega}]}{1[\mathrm{k\Omega}]} = \frac{3.4}{1 \times 10^3} = 3.4[\mathrm{mA}]$$

$$V_{2.7[\mathrm{k}]} = I_E \times 2.7[\mathrm{k\Omega}] \ (I_C \approx I_E \text{이므로})$$
$$= 3.4 \times 10^{-3} \times 2.7 \times 10^3 = 9.18[\mathrm{V}]$$

$$V_O = 20 - 9.18 = 10.82[\mathrm{V}]$$

08 자기인덕턴스가 L_1, L_2이고, 상호인덕턴스가 M, 결합계수가 1일 때의 관계는?

① $L_1 L_2 = M$

② $L_1 L_2 > M$

③ $\sqrt{L_1 L_2} > M$

④ $\sqrt{L_1 L_2} = M$

해설

누설자속이 없는 경우 $M = \sqrt{L_1 L_2}$ 이다.

09 R-L 직렬회로의 시정수에 해당되는 것은?

① $\dfrac{1}{2R}$ ② $2R$

③ $\dfrac{R}{L}$ ④ $\dfrac{L}{R}$

해설
시정수(Time Constant) : 어떤 회로, 어떤 물체, 혹은 어떤 제어대상이 외부로부터의 입력에 얼마나 빠르게 혹은 느리게 반응할 수 있는지를 나타내는 지표라 할 수 있으며, 인가된 DC 전압의 약 63[%]에 도달하는 시각을 시정수라고 한다.

- RL 직렬회로의 시정수 $\tau = \dfrac{L}{R}$
- RC 직렬회로의 시정수 $\tau = RC$

10 이상적인 펄스 파형 최대 진폭 $A_{\max}$의 90[%] 되는 부분에서 10[%] 되는 부분까지 내려가는 데 소요되는 시간은?

① 지연시간   ② 상승시간

③ 하강시간   ④ 오버슈트 시간

해설
③ 하강시간(t_f, Fall Time) : 실제의 펄스가 이상적 펄스의 진폭 V의 90[%]에서 10[%]까지 내려가는 데 걸리는 시간이다.
① 지연시간(Delay Time) : 이상적 펄스의 상승 시각으로부터 진폭의 10[%]까지 이르는 실제의 펄스 시간이다.
② 상승시간(Rise Time) : 실제의 펄스가 이상적 펄스의 진폭 V의 10[%]에서 90[%]까지 상승하는 데 걸리는 시간이다.
④ 오버슈트(Overshoot) : 상승 파형에서 이상적 펄스파의 진폭 V보다 높은 부분의 높이 a를 말한다.

11 저항을 R이라고 하면 컨덕턴스 $G\,[\mho]$는 어떻게 표현되는가?

① R^2 ② R

③ $\dfrac{1}{R^2}$ ④ $\dfrac{1}{R}$

해설
컨덕턴스(Conductance) : 전기가 얼마나 잘 통하느냐 하는 정도를 나타내는 계수가 컨덕턴스이다. 따라서 저항은 컨덕턴스와 반대로 전기를 얼마나 못 흐르게 하느냐 하는 계수이므로 컨덕턴스는 저항의 역수가 된다.

12 클리퍼(Clipper)에 대한 설명으로 가장 옳은 것은?

① 임펄스를 증폭하는 회로이다.
② 톱니파를 증폭하는 회로이다.
③ 구형파를 증폭하는 회로이다.
④ 파형의 상부 또는 하부를 일정한 레벨로 잘라내는 회로이다.

해설
클리퍼는 입력되는 파형의 특정 레벨 이상이나 이하를 잘라내는 회로를 말한다. 보통 Clipper라고 쓰는데 클리핑 회로라고도 하고, 리미터(Limiter)라고도 하며 진폭제한 회로라고도 한다.

13 전압안정화 회로에서 리니어(Linear) 방식과 스위칭(Switching) 방식의 장단점 비교가 옳은 것은?

① 효율은 리니어 방식보다 스위칭 방식이 좋다.
② 회로 구성에서 리니어 방식은 복잡하고 스위칭 방식은 간단하다.
③ 중량은 리니어 방식은 가볍고 스위칭 방식은 무겁다.
④ 전압정밀도는 리니어 방식은 나쁘고 스위칭 방식은 좋다.

해설

비교 항목	리니어 방식	스위칭 방식
전환 변환 효율	나쁘다(< 50[%]).	좋다(약 85[%]).
중 량	무겁다.	가볍다.
형 상	대 형	소 형
복수 전원 구성	불편하다.	간단하다.
전압정밀도	좋다.	나쁘다(노이즈).
회로 구성	간단하다.	복잡하다.

14 집적회로(IC)의 특징으로 적합하지 않은 것은?

① 대전력용으로 주로 사용
② 소형경량
③ 고신뢰도
④ 경제적

해설

집적회로의 장점	집적회로의 단점
• 기기가 소형이 된다. • 가격이 저렴하다. • 신뢰성이 좋고 수리 · 교환이 간단하다. • 기능이 확대된다.	• 전압이나 전류에 약하다. • 열에 약하다(납땜할 때 주의). • 발진이나 잡음이 나기 쉽다. • 마찰에 의한 정전기의 영향을 고려해야 하는 등 취급에 주의가 필요하다.

15 어떤 정류기 부하양단의 직류전압이 300[V]이고, 맥동률이 2[%]이면 교류성분의 실횻값은?

① 2[V]   ② 4.24[V]
③ 6[V]   ④ 8.48[V]

해설

$$맥동률 = \frac{직류분에\ 포함된\ 교류성분의\ 실횻값}{평균값} \times 100$$

$$교류성분의\ 실횻값 = \frac{평균전압 \times 맥동률}{100}$$

$$= \frac{300 \times 2}{100} = 6[V]$$

16 다음 중 연산증폭회로에서 되먹임 저항을 되먹임 콘덴서로 변경한 것은?

① 미분기회로   ② 적분기회로
③ 가산기회로   ④ 감산기회로

해설

되먹임 저항을 콘덴서로 바꾸면 적분기가 되고, 입력 저항을 콘덴서로 바꾸면 미분기가 된다.

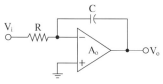

[미분기]

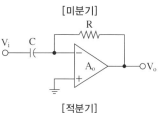

[적분기]

17 명령어 내의 주소부에 실제 데이터가 저장된 장소의 주소를 가진 기억장소의 주소를 표현한 방식은?

① 즉시 주소 지정방식
② 직접 주소 지정방식
③ 암시적 주소 지정방식
④ 간접 주소 지정방식

해설

④ 간접 주소 지정방식(Indirect Mode) : 명령어에 나타낼 주소가 명령어 내에서 데이터를 지정하기 위해 할당된 비트수로 나타낼 수 없을 때 사용하는 방식
① 즉시 주소 지정방식(Immediate Mode) : 명령어 자체에 오퍼랜드(실제 데이터)를 내포하고 있는 방식
② 직접 주소 지정방식(Direct Mode) : 명령의 주소부가 사용할 자료의 번지를 표현하고 있는 방식

18 프로그램에 대한 설명으로 틀린 것은?

① 컴퓨터가 이해할 수 있는 언어를 프로그래밍 언어라 한다.
② 프로그램을 작성하는 일을 프로그래밍이라 한다.
③ 프로그래밍 언어에는 C, 베이식, 포토샵 등이 있다.
④ 컴퓨터가 행동하도록 단계적으로 지시하는 명령문의 집합체를 프로그램이라 한다.

해설

포토샵은 그래픽 편집기이다.

19 컴퓨터의 연산 결과를 나타내는 데 사용되며, 연산 값의 부호 및 오버플로 발생 유무를 표시하는 레지스터는?

① 데이터 레지스터
② 상태 레지스터
③ 누산기
④ 연산 레지스터

해설

상태 레지스터(Status Register) : 연산한 결과의 상태를 기록하여 저장하는 일을 하며, 연산 결과가 양수, 0, 음수인지 또는 자리올림이나 넘침이 발생했는지 등의 연산에 관계되는 상태와 외부 인터럽트 신호까지 나타내 주는 레지스터이다.

20 C언어의 변수명으로 적합하지 않은 것은?

① KIM50
② ABC
③ 5POP
④ E1B2U3

해설

C언어에서 변수 선언 시 숫자는 맨 앞에 올 수 없다.

21 중앙처리장치 중 제어장치의 기능으로 가장 알맞은 것은?

① 정보를 기억한다.
② 정보를 연산한다.
③ 정보를 연산하고, 기억한다.
④ 명령을 해석하고, 실행한다.

해설

제어장치 : 주기억장치에 저장되어 있는 프로그램의 명령어들을 해석하여 차례대로 수행하기 위하여 기억장치와 연산장치 또는 입력장치, 출력장치에 제어 신호를 보내고 이들 장치로부터 신호를 받아서 다음에 수행할 동작을 결정한다.

22 다음 명령어 형식 중 틀린 것은?

연산자	Address 1	Address 2

① 주소부는 2개로 구성되어 있다.

② 명령어 형식은 명령코드부와 Operand(주소)부로 되어 있다.

③ 주소부는 동작 지시뿐 아니라 주소부의 형태를 함께 표현한다.

④ 주소부는 처리할 데이터가 어디에 있는지를 표현한다.

해설
동작의 지시는 연산자에서 표현한다.

23 운영체제의 종류가 아닌 것은?

① MS-DOS ② WINDOWS
③ UNIX ④ P-CAD

해설
P-CAD는 인쇄회로기판(PCB)을 설계하기 위한 소프트웨어이다.

24 논리함수 (A + B)(A + C)를 불 대수에 의해 간략화한 것은?

① A+BC ② AB+C
③ AC+BC ④ AB+BC

해설
$(A+B)(A+C) = AA+AC+AB+BC$
$\qquad\qquad\qquad = A(1+C+B)+BC = A+BC$

25 기억장치의 주소를 4[bit]로 구성할 경우 나타낼 수 있는 최대 경우의 수는?

① 8 ② 16
③ 32 ④ 64

해설
$2^4 = 16$

26 제어장치 중 다음에 실행될 명령어의 위치를 기억하고 있는 레지스터는?

① 범용 레지스터
② 프로그램 카운터
③ 메모리 버퍼 레지스터
④ 번지 해독기

해설
② 프로그램 카운터 : 다음에 수행할 명령어의 주소(Address)를 기억하고 있는 레지스터이다.
① 범용 레지스터 : 레지스터는 대개 어드레스를 지정하기 위한 것이지만, 그것뿐만 아니라 데이터를 기억하거나 연산을 하거나 할 수 있는 것을 범용 레지스터라고 한다.
③ 메모리 버퍼 레지스터 : 메모리에 액세스할 때 데이터를 메모리와 주변 장치 사이에서 송수신하는 것을 용이하게 하며 지정된 주소에 데이터를 써넣거나 읽어내는 데이터를 저장하는 레지스터로 버퍼와 같은 역할을 한다.
④ 번지 해독기(Address Decoder) : 명령 레지스터로부터 보내온 번지를 해석한다.

27 다음 10진수 756.5를 16진수로 옳게 표현한 것은?

① 2F4.8 ② 2E4.8

③ 2F4.5 ④ 2E4.5

해설

정수부

나머지

16) 756

16) 47   4

　　 2   15(F) ▲

소수부

$0.5 \times 16 = 8.0 \rightarrow 8$

$\therefore 756.5_{(10)} = 2F4.8_{(16)}$

---

28 미국 표준 코드로서 Data 통신에 많이 사용되는 자료의 표현 방식은?

① BCD 코드

② ASCII 코드

③ EBCDIC 코드

④ GRAY 코드

해설

ASCII 코드(American Standard Code for Information Interchange) : 미국표준화협회가 제정한 7[bit] 코드로 128가지의 문자를 표현할 수 있으며 주로 마이크로컴퓨터 및 데이터 통신에 많이 사용된다.

---

29 다음 중 NS가 뜻하는 것은?

① 축척을 나타냄 ② 배척을 나타냄

③ 실척을 나타냄 ④ 비례척이 아님

해설

• 척도 : 물체의 실제 길이와 도면에서 축소 또는 확대하여 그리는 길이의 비율
• NS(Not to Scale) : 비례척이 아님을 뜻하며, 도면과 실물의 치수가 비례하지 않을 때 사용
• 축척 : 실물보다 작게 그리는 척도

$$\frac{1}{2}, \frac{1}{2.5}, \frac{1}{3}, \frac{1}{4}, \frac{1}{5}, \frac{1}{10}, \frac{1}{50}, \frac{1}{100}, \frac{1}{200}, \frac{1}{250}, \frac{1}{500}$$

• 배척 : 실물보다 크게 그리는 척도

$$\frac{2}{1}, \frac{5}{1}, \frac{10}{1}, \frac{20}{1}, \frac{50}{1}$$

• 실척(현척) : 실물의 크기와 같은 크기로 그리는 척도$\left(\frac{1}{1}\right)$

---

30 일반적인 고주파회로를 설계할 때 유의사항과 거리가 먼 것은?

① 배선의 길이는 가급적 짧게 한다.

② 배선이 꼬인 것은 저항으로 간주한다.

③ 회로의 중요한 요소에는 바이패스 콘덴서를 삽입한다.

④ 유도 가능한 고주파 전송선로는 다른 신호선과 평행하지 않게 한다.

해설

고주파회로 설계 시 유의사항
• 아날로그, 디지털 혼재 회로에서 접지선은 분리한다.
• 부품은 세워서 사용하지 않으며, 가급적 부품의 다리를 짧게 배선한다.
• 고주파 부품은 일반회로 부분과 분리하여 배치하도록 하고, 가능하면 차폐를 실시하여 영향을 최소화하도록 한다.
• 유도 가능한 고주파 전송선로는 다른 신호선과 평행하지 않게 한다.
• 가급적 표면 실장형 부품을 사용한다.
• 전원용 라인필터는 연결부위에 가깝게 배치한다.
• 배선의 길이는 가급적 짧게 하고, 배선이 꼬인 것은 코일로 간주하므로 주의해야 한다.
• 회로의 중요한 요소에는 바이패스 콘덴서를 삽입하여 사용한다.

31 네트리스트를 생성하기 위한 준비단계로 볼 수 없는 것은?

① DRC 실행 확인
② Annotation 실행 확인
③ 프로젝트 생성의 이상 여부 확인
④ 거버파일 생성 확인

해설

전자 캐드의 작업 과정 : 부품배치 → 레이어 세팅 → 네트리스트 작성 → 거버 작성
④ 거버파일 : PCB 도면 작성(Artwork) 후 PCB 제작을 위한 최종 파일로 네트리스트 생성 후 작업
① DRC(Design Rules Check) : 핀과 핀 사이, 부품과 부품 사이, 비아와 비아 사이의 최소 이격 간격, 극성, 금지 영역 조사, 배선의 오류 등을 검사
② Annotation : 회로도 및 보드 그림을 연계시켜 수정
③ 프로젝트 생성의 이상 여부를 확인하고 네트리스트 작성

32 트랜지스터에 2 S A 735라고 표시되어 있을 때 A가 나타내는 것은?

① pnp형 고주파용   ② pnp형 저주파용
③ npn형 고주파용   ④ npn형 저주파용

해설

반도체 소자의 형명 표시법

2	S	A	735	Y
㉠ 숫자	S	㉡ 문자	㉢ 숫자	㉣ 문자

- ㉠의 숫자 : 반도체의 접합면수(0 : 광트랜지스터, 광다이오드, 1 : 각종 다이오드, 정류기, 2 : 트랜지스터, 전기장 효과 트랜지스터, 사이리스터, 단접합 트랜지스터, 3 : 전기장 효과 트랜지스터로 게이트가 2개 나온 것). S는 반도체(Semiconductor)의 머리 문자
- ㉡의 문자 : A, B, C, D 등 9개의 문자(A : pnp형의 고주파용 트랜지스터, B : pnp형의 저주파형 트랜지스터, C : npn형의 고주파형 트랜지스터, D : npn형의 저주파용 트랜지스터, F : pnpn 사이리스터, G : npnp 사이리스터, H : 단접합 트랜지스터, J : p채널 전기장 효과 트랜지스터, K : n채널 전기장 효과 트랜지스터)
- ㉢의 숫자 : 등록 순서에 따른 번호로 11부터 시작
- ㉣의 문자 : 보통은 붙지 않으나, 특히 개량품이 생길 경우에 A, B, …, J까지의 알파벳 문자를 붙여 개량 부품임을 나타냄
∴ 2SA735 → pnp형의 고주파용 트랜지스터

33 세라믹 콘덴서의 부품 표면에 102J로 표시된 경우 용량은?

① 1[μF]
② 0.1[μF]
③ 0.01[μF]
④ 0.001[μF]

해설

콘덴서의 단위와 용량을 읽는 방법

콘덴서의 용량 표시에 3자리의 숫자가 사용되는 경우, 앞의 2자리 숫자가 용량의 제1숫자와 제2숫자이고, 세 번째 자리가 승수가 되며, 표시의 단위는 [pF]로 되어 있다.
따라서 102J이면 $10 \times 10^2 = 1,000[pF] = 0.001[\mu F]$이고, J는 $\pm 5[\%]$의 오차를 나타낸다.

허용차[%]의 문자 기호

문자 기호	허용차[%]	문자 기호	허용차[%]
B	±0.1	J	±5
C	±0.25	K	±10
D	±0.5	L	±15
F	±1	M	±20
G	±2	N	±30

34 다음 고정저항에 대한 설명 중 옳지 않은 것은?

① 탄소피막 저항 : 탄소 저항이라고도 하며 가격이 저렴하여 일반적으로 사용된다.

② 권선 저항 : 저항값이 높은 저항기로 소전력용으로 사용된다.

③ 모듈 저항 : 메탈 글레이즈를 사용한 저항기를 모듈화한 것이다.

④ 솔리드 저항 : 기계적 내구성이 크고 고저항에서도 단선될 염려가 없다.

해설

② 권선 저항기 : 저항값이 낮은 저항기로 대전력용으로도 사용된다. 그리고 이 형태는 표준 저항기 등의 고정밀 저항기로도 사용된다.

① 탄소피막 저항기 : 간단히 탄소 저항이라고도 하며, 저항값이 풍부하고 쉽게 구할 수 있다. 또, 가격이 저렴하기 때문에 일반적으로 사용된다. 종합 안정도는 별로 좋지 않다.

③ 모듈 저항기 : 후막 서멧(메탈 글레이즈)을 사용한 저항기를 모듈화 한 것이다. 한쪽 단자 구조(SIP)가 일반적이며 면적 점유율이 좋아 고밀도 실장이 가능하다.

④ 솔리드 저항기 : 몸체 자체가 저항체이므로 기계적 내구성이 크고 고저항에서도 단선될 염려가 없다. 가격이 싸지만 안정도가 나쁘다.

35 디지털 회로도면의 제도방법으로 옳지 않은 것은?

① 여러 가닥의 배선이 같은 방향으로 이동할 때는 버스선을 이용한다.

② 아날로그 부분과 전위레벨이 다르므로, 도면에서 이들 회로를 격리하여 그린다.

③ 아날로그 부분의 유도현상 영향을 고려하여 전원선을 함께 그린다.

④ D/A 변환기 출력부에 디지털 성분 제거를 위한 저역통과 필터를 접속한다.

해설

디지털 회로도면을 제도할 때 아날로그 부분의 유도현상 영향을 고려하여 전원선을 따로 배면에 배치되도록 그린다.

36 다음 KS(Korean Industrial Standards) 부문별 기호 중 전기 부문을 나타내는 기호는?

① KS A   ② KS B

③ KS C   ④ KS D

해설

KS의 부문별 기호

분류기호	부 문	분류기호	부 문	분류기호	부 문
KS A	기 본	KS H	식 품	KS Q	품질경영
KS B	기 계	KS I	환 경	KS R	수송기계
KS C	전기전자	KS J	생 물	KS S	서비스
KS D	금 속	KS K	섬 유	KS T	물 류
KS E	광 산	KS L	요 업	KS V	조 선
KS F	건 설	KS M	화 학	KS W	항공우주
KS G	일용품	KS P	의 료	KS X	정 보

37 표준 도형을 등록해 놓고 변동 부분의 수치를 입력하면 도형이 수치에 맞도록 변하게 하는 것은?

① 수치제어 장치

② 파라메트릭 설계

③ 오토 라우팅 설계

④ 자동 제도 시스템

해설

② 파라메트릭 : 변경이 아주 쉽다는 의미로 설계를 변경하여야 할 필요가 있는 경우, 언제든지 디멘션, 휨 각도, 펀치프로파일, 플랜지 길이 등을 아주 쉽고 빠르게 수정할 수 있다. 특정 부분을 변경하는 경우, 설계 전체에 대해 그 변경 사항이 반영된다. 즉, 표준 도형을 등록해 놓고 변동 부분의 수치를 입력하면 도형이 수치에 맞도록 변한다.

① 수치제어 : 공작기계에 사용하여 공작물에 대한 공구의 위치를 기억시켜 놓은 명령으로 공작기계를 제어하거나 자동으로 조작하는 데 이용된다.

③ 오토 라우팅 : 배선을 자동으로 결선시켜 주는 것이다.

38 인쇄회로기판의 제조공정에서 접착이 용이하도록 처리된 작업 패널 위에 드라이 필름(Photo Sensitive Dry Film Resist, 감광성 사진 인쇄 막)을 일정한 온도와 압력으로 압착 도포하는 공정을 무엇이라 하는가?

① 스크러빙(Scrubbing, 정면)
② 노 광
③ 래미네이션(Lamination)
④ 현 상

③ 래미네이션(Lamination) : 같은 또는 다른 종류의 필름 및 알루미늄박, 종이 등을 두 장 이상 겹쳐 붙이는 가공법으로 일정한 온도와 압력으로 압착 도포한다.
① 스크러빙(Scrubbing, 정면) : PCB나 그 패널의 청정화 또는 조화를 위해 브러시 등으로 연마하는 기술로 보통은 컨베이어 위에 PCB나 그 패널을 태워 보내 브러시 등을 회전시킨 평면 연마기에서 연마한다.
② 노광 : 동판 PCB에 감광액을 바르고 아트워킹 패턴이 있는 네거티브 필름을 자외선으로 조사하여 PCB에 패턴의 상을 맞게 하면 PCB의 패턴부분만 감광액이 경화하고 절연부가 되어야 할 곳은 경화가 되지 않고 액체 상태가 유지되는데 이때 PCB를 세척제에 담그면 액체상태의 감광액만 씻겨 나가게 되고 동판의 PCB 위에는 경화된 감광액으로 패턴만 남게 하는 기술이다.
④ 현상 : 노광에 의해 감광막의 유제막 속에 생긴 잠상을 가시의 상으로 만드는 기술이다.

39 다음 그림에서 콘덴서 용량과 오차값으로 옳은 것은?

① $0.047[\mu F]\pm0.25[\%]$
② $0.047[\mu F]\pm0.5[\%]$
③ $0.47[\mu F]\pm0.25[\%]$
④ $0.47[\mu F]\pm0.5[\%]$

$473 = 47,000[pF] = 0.047[\mu F]$
허용차[%]의 문자 기호

문자 기호	허용차[%]	문자 기호	허용차[%]
B	±0.1	J	±5
C	±0.25	K	±10
D	±0.5	L	±15
F	±1	M	±20
G	±2	N	±30

40 인쇄회로기판을 설계할 때의 유의하여야 할 사항 중 옳지 않은 것은?

① 기판 구성 시 부품의 배치는 일반적으로 회로도를 중심으로 배치함을 원칙으로 한다.
② 부품의 부피와 피치(Pitch)를 확인하여 적절한 부착 위치를 설정한다.
③ 배선은 최대한 길게 하는 것이 다른 배선이나 부품의 영향을 적게 받는다.
④ 취급하는 전력 용량, 주파수 대역 및 신호 형태별로 기판을 나누거나 커넥터를 분리하여 설계한다.

배선은 최대한 짧게 하는 것이 다른 배선이나 부품의 영향을 적게 받는다.

41 다음 중 도면의 효율적 관리를 위해 마이크로필름을 이용하는 이유가 아닌 것은?

① 종이에 비해 보존성이 좋다.
② 재료비를 절감시킬 수 있다.
③ 통일된 크기로 복사할 수 있다.
④ 복사 시간이 짧지만 복원력이 낮다.

해설
마이크로필름은 대량의 정보이미지(문서, 도면 등) 관리의 효율화 및 연속성을 위하여 개발된 것으로, 조직체에서 보유 중인 정보이미지를 수록(촬영)하여 영구적 보존 및 체계적 활용을 꾀하며, 궁극적으로는 해당 조직체의 효율적인 업무수행을 최대한 지원하는 시스템이다. 역사상 가장 전통적이며, 99[%] 이상의 공간 축소율은 물론 반영구적인 수명과 함께 물리적으로도 안정성이 뛰어나다. 짧은 복사 시간에 비해 복원력이 아주 높다.

42 PCB Artwork에서 하나의 부품을 배치하였을 때 부품이 갖는 특성 요소와 거리가 먼 것은?

① 부품 색깔
② 부품 번호
③ 부품 치수
④ 부품명

해설
Artwork에서 부품이 갖는 요소들 : 부품 심벌, 부품의 참조, 부품 치수, 부품명, 부품의 번호

43 인쇄회로기판에서 부품의 단자 또는 도체 상호 간을 접속하기 위해 구멍(Hole)의 주위에 만든 특정한 도체 부분이 납땜이 될 수 있도록 처리하는 것은?

① 실크스크린
② Drill(구멍 가공)
③ 패 턴
④ 납 마스크

해설
④ 납 마스크(Soldermask, 솔더마스크) : 솔더 레지스터가 묻으면 안 되는 영역을 표시하는 것으로 부품의 단자 또는 도체 상호 간을 접속하기 위해 구멍의 주위에 만든 특정한 도체 부분이 납땜이 될 수 있도록 처리하는 것이다.
① 실크스크린 : 등사 원리를 이용하여 내산성 레지스터를 기판에 직접 인쇄하는 것으로, 사진 부식법에 비해 양산성은 높으나 정밀도가 다소 떨어진다. 실크로 만든 스크린에 감광성 유제를 도포하고 포지티브 필름으로 인화, 현상하면 패턴 부분만 스크린 되고, 다른 부분이 막히게 된다. 이 실크스크린에 내산성 잉크를 칠해 기판에 인쇄한다.
② Drill(구멍 가공) : Drill Data를 이용하여 NC Drill에서 동판에 Hole를 형성하는 것이다.
③ 패턴(Pattern) : 부품 간을 연결하는 동선이다.

44 CAD 시스템의 입력장치로 사용될 수 없는 것은?

① 키보드
② 마우스
③ 디지타이저
④ 플로터

해설
④ 플로터 : 출력장치
① 키보드 : 입력장치
② 마우스 : 입력장치
③ 디지타이저 : 도면으로부터 위치 좌표를 읽어 들이는 데 사용하는 입력장치

45 그림과 같이 4색으로 표시되어 있을 때 저항값은?

황
색

녹
색

주
황
색

금
색

① 25[kΩ]　　　② 35[kΩ]

③ 45[kΩ]　　　④ 65[kΩ]

해설

색띠 저항의 저항값 읽는 요령

색	수 치	승 수	정밀도[%]
흑	0	$10^0 = 1$	–
갈	1	10^1	±1
적	2	10^2	±2
등(주황)	3	10^3	±0.05
황(노랑)	4	10^4	–
녹	5	10^5	±0.5
청	6	10^6	±0.25
자	7	10^7	±0.1
회	8	–	–
백	9	–	–
금	–	10^{-1}	±5
은	–	10^{-2}	±10
무	–	–	±20

저항의 색띠
황, 녹, 등(주황), 금
(황 = 4), (녹 = 5), (등 = 3), (금)
　4　　　5　×　10^3 = 45[kΩ]
정밀도(금) = ±5[%]

46 그림과 같은 부품 기호와 관련 있는 것은?

① 제너 다이오드

② 터널 다이오드

③ 정류 다이오드

④ 가변용량 다이오드

해설

① 제너 다이오드(Zener Diode) : 다이오드에 역방향 전압을 가했을 때 전류가 거의 흐르지 않다가 어느 정도 이상의 고전압을 가하면 접합면에서 제너 항복이 일어나 갑자기 전류가 흐르게 되는 지점이 발생하게 된다. 이 지점 이상에서는 다이오드에 걸리는 전압은 증가하지 않고, 전류만 증가하게 되는데, 이러한 특성을 이용하여 레퍼런스 전압원을 만들 수 있다. 이런 기능을 이용하여 정전압회로 또는 유사 기능의 회로에 응용된다.

② 터널 다이오드 : 불순물 반도체에서 부성저항 특성이 나타나는 현상을 응용한 pn접합 다이오드로 불순물 농도를 증가시킨 반도체로서 pn접합을 만들면 공핍층이 아주 얇게 되어 터널 효과가 발생하고, 갑자기 전류가 많이 흐르게 되며 순방향 바이어스 상태에서 부성 저항 특성이 나타난다. 이렇게 하면 발진과 증폭이 가능하고 동작 속도가 빨라져 마이크로파대에서 사용이 가능하다. 그러나 이 다이오드는 방향성이 없고 잡음이 나타나는 등 특성상 개선할 점이 있다. 1957년 일본의 에사키(Esaki)가 발표했기 때문에 에사키 다이오드라고도 한다.

③ 정류 다이오드 : 실리콘 제어 정류소자(SCR)는 사이리스터라고 하며 교류전원에 대한 위상제어 정류용으로 많이 사용된다. A(애노드), K(캐소드), G(게이트) 이렇게 3개의 단자로 구성되어 있다.

④ 가변용량 다이오드 : pn접합의 장벽 용량에 가하는 역방향 전압의 크기에 따라서 공핍층의 두께를 변화시켜 정전 용량의 값을 가감하는 것. 정전 용량값의 전압 의존성은 접합 부근의 불순물 농도 분포에 따라 결정된다. 불순물 농도 분포에는 계단형, 초계단형, 경사형이 있다. 가변용량 다이오드에는 텔레비전의 UHF·VHF대 및 FM·AM의 전자 동조용이나 AFC로서 튜너에 사용되는 배리캡 다이오드와 마이크로파대에 사용되는 배럭터가 있다.

47 다음 중 디스플레이(Display) 장치로 볼 수 없는 것은?

① 모니터　　　② LCD 모니터

③ 디지타이저　　　④ 비디오프로젝터

해설

디지타이저(Digitizer)는 입력장치로 선택기능·도면 복사기능 및 태블릿에 메뉴를 확보하는 기능이 있다. 또한 도면으로부터 위치 좌표를 읽어 들이는 데 사용한다.

48 PCB에서 잡음 방지 대책에 대한 설명으로 옳지 않은 것은?

① 가능한 패턴을 짧게 배선한다.

② 패턴을 최대한 굵게 배선한다.

③ 패턴을 가늘게 배선하고, 단층 기판이 다층 기판보다 노이즈가 덜 심하다.

④ 아날로그 회로와 디지털 회로 부분은 분리하여 실장 배선한다.

해설

PCB에서 노이즈(잡음) 방지 대책
- 회로별 Ground 처리 : 주파수가 높아지면(1[MHz] 이상) 병렬, 또는 다중 접지를 사용한다.
- 필터 추가 : 디커플링 커패시터를 전압강하가 일어나는 소자 옆에 달아주어 순간적인 충방전으로 전원을 보충, 바이패스 커패시터(0.01, 0.1[μF](103, 104), 세라믹 또는 적층 세라믹 콘덴서)를 많이 사용한다(고주파 RF 제거 효과). TTL의 경우 가장 큰 용량이 필요한 경우는 0.047[μF] 정도이므로 흔히 0.1[μF]을 사용한다. 커패시터를 배치할 때에도 소자와 너무 붙여놓으면 전파 방해가 생긴다.
- 내부배선의 정리 : 일반적으로 1[A]가 흐르는 선의 두께는 0.25[mm](허용온도상승 10[℃]일 때), 0.38[mm](허용온도 5[℃]일 때)로 배선을 알맞게 하고 배선 사이를 배선의 두께만큼 띄운다. 배선 사이의 간격이 배선의 두께보다 작아지면 노이즈가 발생(Crosstalk 현상)하므로, 직각으로 배선하기보다 45°, 135°로 배선한다. 되도록이면 짧게 배선을 한다. 배선이 길어지거나 버스패턴을 여러 개 배선해야 할 경우 중간에 Ground 배선을 삽입한다. 그리고 배선의 길이가 길어질 경우 Delay 발생하므로 동작 이상, 같은 신호선이라도 되도록이면 묶어서 배선하지 말아야 한다.
- 동판처리 : 동판의 모서리 부분이 안테나 역할(노이즈 발생, 동판의 모서리 부분을 보호 가공)을 한다. 상하 전위차가 생길 만한 곳에 같은 극성의 비아를 설치한다.
- Power Plane : 안정적인 전원공급은 노이즈 성분을 제거하는 데 도움이 된다. Power Plane을 넣어서 다층기판을 설계할 때 Power Plane 부분을 Ground Plane보다 20[H](= 120[mil] = 약 3[mm]) 정도 작게 설계한다.
- EMC 대책 부품을 사용한다.

49 다음 중 프린트 기판의 종류라고 할 수 없는 것은?

① 종이페놀 기판

② 세라믹 기판

③ 유리 에폭시 기판

④ 알루미늄 도금 기판

해설

PCB기판의 종류
- 페놀 기판(PP재질) : 크라프트지에 페놀수지를 합성하고 이를 적층하여 만들어진 기판으로 기판에 구멍 형성은 프레스를 이용하기 때문에 저가격의 일반용으로 사용된다. 단층기판밖에 구성할 수 없는 단점을 가지고 있다.
- 에폭시 기판(GE재질) : 유리섬유에 에폭시 수지를 합성하고 적층하여 만든 기판으로 기판에 구멍 형성은 드릴을 이용하고 가격도 높은 편이다. 다층 기판을 구성할 경우에 일반적으로 사용되고 산업용으로 적합하다.
- 콤퍼짓(CPE재질) : 유리섬유에 셀룰로스를 합성하여 만든 기판으로 구멍 형성은 프레스를 이용하고 양면 기판에 적합하다.
- 플렉시블 기판 : 폴리에스터나 폴리아마이드 필름에 동박을 접착한 기판으로 일반적으로 절곡하여 휘어지는 부분에 사용하게 되며, 카세트, 카메라, 핸드폰 등의 유동이 있는 곳에 사용된다.
- 세라믹 기판 : 세라믹에 도체 페이스트를 인쇄한 후 만들어진 기판으로 일반적으로 절연성이 우수하며 치수변화가 거의 없는 특수용도로 사용된다.
- 금속 기판 : 알루미늄 판에 알루마이트를 처리한 후 동박을 접착하여 구성한다.

50 능동 부품(Active Component)의 능동적 기능이라고 볼 수 없는 것은?

① 신호의 증폭

② 신호의 발진

③ 신호의 중계

④ 신호의 변환

해설

능동 소자(부품)
입력과 출력을 갖추고 있으며, 전기를 가한 것만으로 입력과 출력에 일정한 관계를 갖는 소자로서 다이오드(Diode), 트랜지스터(Transistor), 전계효과트랜지스터(FET), 단접합트랜지스터(UJT) 등
능동 기능
증폭, 발진, 신호 변환 등

51 축척이 1/2인 도면에서 부품기호가 1[cm]의 길이를 가졌다면 실제의 부품 길이는?

① 3[cm]　　　② 2[cm]

③ 0.5[cm]　　④ 1[cm]

해설
축 척
1/2, 1[cm] → 1[cm] × 2 = 2[cm]

52 다음 전기, 전자용 부품의 기호 중 퓨즈에 해당하는 것은?

① 　　②

③ 　　④

해설
② 퓨 즈
① 저 항
③ 발광다이오드(LED)
④ Zener Diode

53 인쇄회로기판(PCB) 설계 후 최종적으로 추출되는 데이터 파일 중 인쇄회로기판을 제작할 수 있는 데이터 파일은?

① DXF 파일　　　② EDIF 파일

③ Project 파일　　④ Gerber 파일

해설
Gerber 파일
PCB를 제작하기 위한 파일로서 PCB 설계의 모든 정보가 들어있는 파일로 인쇄회로기판을 제작할 수 있는 데이터 파일이며 필름의 생성을 위한 각 레이어 및 드릴 데이터 등을 추출하는 파일

54 손으로 그린 스케치를 CAD 시스템으로 입력할 때 필요한 장치는?

① 마우스(Mouse)

② 트랙볼(Track Ball)

③ 디지타이저(Digitizer)

④ 이미지 스캐너(Image Scanner)

해설
이미지 스캐너(Image Scanner)는 그림이나 사진을 읽는 컴퓨터 입력 장치를 말한다. 사진이나 그림, 문서, 도표 등을 컴퓨터에 디지털화하여 입력하는 장치이다. 개인용으로는 플랫베드 스캐너를 쓰거나 복합 사무기의 스캐너를 사용한다. 하지만, 도록(그림을 모은 책)이나 백과사전 제작처럼 선명한 그림이나 사진이 필요한 작업에는 세심한 드럼스캐너(Drum Scanner)를 사용한다.

55 전자CAD 프로그램 중 스케메틱(Schematic)에서 새로운 부품을 생성하고자 할 때 필요 없는 것은?

① 부품의 외형

② 부품의 이름

③ 부품의 핀 이름

④ 부품의 참조기호

해설
EDA 툴의 스케메틱(Schematic)에서 새로운 부품을 생성할 때에는 부품의 이름, 부품의 핀 이름, 부품의 참조기호가 정의되어야 한다.

56 다음 중 설계 진행 과정을 눈으로 바로 확인 가능한 장치는?

① 모니터　　　② 하드 디스크

③ CPU　　　　④ 메모리

해설
②, ③, ④는 컴퓨터 본체 내에 존재한다.

57 CAD 시스템을 사용하여 얻을 수 있는 특징이 아닌 것은?

① 도면의 품질이 좋아진다.
② 도면 작성 시간이 길어진다.
③ 설계 과정에서 능률이 향상된다.
④ 수치 결과에 대한 정확성이 증가한다.

해설
CAD 시스템의 특징
• 종래의 자와 연필을 대신하여 컴퓨터와 프로그램을 이용하여 설계하는 것을 말한다.
• 수작업에 의존하던 디자인의 자동화가 이루어진다.
• 건축, 기계, 전자, 토목, 인테리어 등 광범위하게 활용된다.
• 다품종 소량생산에도 유연하게 대처할 수 있고 공장 자동화에도 중요성이 증대되고 있다.
• 작성된 도면의 정보를 기계에 직접 적용시킬 수 있다.
• 정확하고 효율적인 작업으로 개발 기간이 단축된다.
• 신제품 개발에 적극적으로 대처할 수 있다.
• 설계제도의 표준화와 규격화로 경쟁력이 향상된다.
• 설계 과정에서 능률이 높아져 품질이 좋아진다.
• 컴퓨터를 통한 계산으로 수치 결과에 대한 정확성이 증가한다.
• 도면의 수정과 편집이 쉽고 출력이 용이하다.
• 정확하고 효율적인 작업으로 개발 기간이 단축된다.

58 회로를 그릴 때에 불러서 쓰기 위해 도 기호들을 만들어 저장해 두는 파일은?

① 라이브러리(Library)
② 시스템(System)
③ 배치(Batch)
④ 편집(Edit)

해설
라이브러리(Library)
회로를 그릴 때 불러서 쓰기 위해 도 기호(부품 기호 등)들을 만들어 저장해 두는 파일이다. 라이브러리 파일을 이용하면 표준화된 회로 작성이 가능하다.

59 회로도 작성 시 물리적인 관련이나 연결이 있는 부품 사이에 나타내는 선은?

① 실 선   ② 파 선
③ 치수선   ④ 1점 쇄선

해설
물리적인 관련이나 연결이 있는 부품 사이는 파선으로 나타낸다.

60 회로도 작성 시 선과 선이 전기적으로 접속되는 지점에 표시하는 것은?

① Junction
② Bus Entry
③ No Connect
④ Alias

해설
회로도 작성 시 고려사항
• 신호의 흐름은 왼쪽에서 오른쪽으로, 위에서 아래로 한다.
• 심벌과 접속선의 굵기는 같게 하며 0.3~0.5[mm] 정도로 한다.
• 보조회로가 있는 경우 주회로를 중심으로 설계한다.
• 보조회로는 주회로의 바깥쪽에, 전원회로는 맨 아래에 그린다.
• 접지선 등을 굵게 표시하는 경우 0.5~0.8[mm] 정도로 한다.
• 도면은 주요 능동소자를 중심으로 그린다.
• 대각선과 곡선은 가급적 피한다.
• 선과 선이 전기적으로 접속되는 곳에는 "·"(Junction) 표시를 한다.
• 물리적인 관련이나 연결이 있는 부품 사이에는 파선으로 표시한다.
• 선의 교차가 적고 부품이 도면 전체에 고루 안배되도록 그린다.

01 그림과 같은 회로에 대한 것으로 옳은 것은?

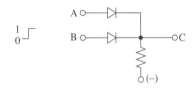

① 정논리 AND

② 부논리 AND

③ 정논리 OR

④ 부논리 OR

해설
입력 A, B 중 어느 하나라도 1이면 출력은 1이 된다.

02 그림의 파형 A, B가 AND 게이트를 통과했을 때의 출력 파형은?

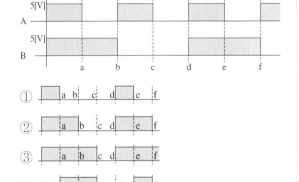

해설
AND 게이트는 입력이 모두 1일 때 출력이 1이 된다.

03 트라이액(TRIAC)에 관한 설명 중 옳지 않은 것은?

① 쌍방향성 소자이다.

② 교류 제어에 사용한다.

③ (+) 또는 (-)전류로 통전시킬 수 있다.

④ 게이트 전압을 가변하여 부하전류를 조절한다.

해설
게이트 전압을 가변하여 부하전류를 조절하는 부품은 FET이다.

04 그림과 같은 회로에서 2[Ω]의 단자전압은 몇 [V] 인가?

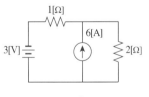

① 4[V]

② 5[V]

③ 6[V]

④ 7[V]

해설
※ 저자의견 : 문제에 오류가 있어 전항정답으로 발표되었다.

05 트랜지스터의 특성에 대한 설명 중 옳지 않은 것은?

① 트랜지스터는 전류를 증폭하는 소자이다.
② 트랜지스터의 전류이득은 h_{fe}로 일반적으로 표기한다.
③ 트랜지스터의 전류이득은 컬렉터의 전류에 따라 변한다.
④ 트랜지스터의 전류이득은 접합부의 온도가 증가하면 감소한다.

해설
트랜지스터의 전류이득에 영향을 끼치는 대표적인 요소는 컬렉터 전류와 접합부 온도이다. 접합부의 온도가 증가하면 전류이득은 증가한다.

06 회로에서 다음과 같은 조건일 때 동작 상태를 가장 잘 나타낸 것은?(단, $R_1 = R_2 = R_3 = R$이고, $R > R_f$이다)

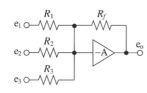

① 반전 가산 증폭기
② 반전 가산 감쇄기
③ 반전 차동 증폭기
④ 반전 차동 감쇄기

해설
$e_o = -\left(\dfrac{R_f}{R_1}e_1 + \dfrac{R_f}{R_2}e_2 + \dfrac{R_f}{R_3}e_3 \right)$로
반전 가산기로 동작하며, $R > R_f$이므로 감쇄기이다.

07 그림과 같이 회로에 입력을 주었을 때 출력 파형은 어떻게 되는가?

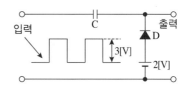

① 3[V] ⟋ 2[V] ⟋ 0
② [1V] / 0
③ 3[V] / 0
④ 0 / [3V]

해설
입력이 2[V]보다 낮은 경우는 2[V]가 출력되고, 2[V]보다 높은 경우는 입력전압이 출력에 나타난다.

08 다음 그림과 같은 부궤환증폭기의 일반적인 특성이 아닌 것은?

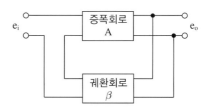

① 부궤환증폭기의 동작은 $|1 - A\beta| < 1$인 때를 말한다.
② 부궤환을 충분히 시켰을 때, 즉 $A\beta \gg 1$이면 주파수 특성이 좋아진다.
③ 비직선 일그러짐을 감소시킨다.
④ 잡음을 감소시킨다.

해설
부궤환증폭기의 동작은 $|1 - A\beta| > 1$인 때를 말한다.

5 ④ 6 ② 7 ① 8 ① **정답**

09 전자 유도에 의한 유도 기전력의 방향을 정하는 법칙은?

① 렌츠의 법칙
② 패러데이 법칙
③ 앙페르의 법칙
④ 플레밍의 오른손 법칙

10 전류의 흐름을 방해하는 소자를 무엇이라 하는가?

① 전 압 ② 전 류
③ 저 항 ④ 콘덴서

11 정보가 부호화되어 있는 변조방식은?

① PAM ② PWM
③ PCM ④ PPM

해설
③ PCM : 정보가 부호화되어 있는 변조방식
① PAM : AM회로의 디지털화
② PWM : FM회로의 디지털화
④ PPM : 모뎀 등에서 사용하는 위상변조

12 어떤 증폭기의 전압 증폭도가 20일 때 전압이득은?

① 10[dB] ② 13[dB]
③ 20[dB] ④ 26[dB]

해설
$$V_G = 20\log A_v = 20(\log 10 + \log 2)$$
$$= 20(1 + 0.3) = 26[\text{dB}]$$

13 다음 중 이상적인 연산증폭기의 특성으로 적합하지 않은 것은?

① 입력저항이 무한대이다.
② 동상신호제거비가 0이다.
③ 입력 오프셋 전압이 0이다.
④ 오픈 루프 전압이득이 무한대이다.

해설
이상적인 연산증폭기의 동상신호제거비는 ∞이다.

14 쌍안정 멀티바이브레이터에 대한 설명으로 적합하지 않은 것은?

① 구형파 발생회로이다.
② 2개의 트랜지스터가 동시에 ON 한다.
③ 입력펄스 2개마다 1개의 출력펄스를 얻는 회로이다.
④ 플립플롭 회로이다.

해설
쌍안정 멀티바이브레이터
처음 어느 한쪽의 트랜지스터가 ON이면 다른 쪽의 트랜지스터는 OFF의 안정 상태로 되었다가, 트리거 펄스가 가해지면 다른 안정 상태로 반전되는 동작을 한다.

15 과변조(Over Modulation)한 전파를 수신하면 어떤 현상이 발생하는가?

① 음성파 출력이 크다.
② 음성파 전력이 작다.
③ 검파기가 과부하된다.
④ 음성파가 많이 일그러진다.

m > 1
• 과변조 → 위상반전
• 일그러짐이 생김
• 순간적으로 음이 끊김
• 혼 선

16 JK 플립플롭에서 클록펄스가 인가되고 J, K 입력이 모두 1일 때 출력은?

① 1
② 반 전
③ 0
④ 변함없음

JK 플립플롭
2개의 입력이 동시에 1이 되었을 때 출력 상태가 불확정되지 않도록 한 것으로 이때 출력 상태는 반전된다.

17 순서도는 일반적으로 표시되는 정도에 따라 종류를 구분하게 되는데 다음 중 순서도 종류에 해당되지 않는 것은?

① 시스템 순서도(System Flowchart)
② 일반 순서도(General Flowchart)
③ 세부 순서도(Detail Flowchart)
④ 실체 순서도(Entity Flowchart)

① 시스템 순서도 : 단위 프로그램을 하나의 단위로 하여 업무의 전체적인 처리 과정의 흐름을 나타낸 순서도
② 일반 순서도 : 프로그램의 기본 골격(프로그램의 전개 과정)만을 나타낸 순서도
③ 세부 순서도 : 기본 처리 단위가 되는 모든 항목을 프로그램으로 바로 나타낼 수 있을 정도까지 상세하게 나타낸 순서도

18 다음은 어떤 명령어 실행 주기인가?(단, EAC : 끝자리 올림과 누산기라는 의미)

$$q_1 C_2 t_0 : \text{MAR} \leftarrow \text{MBR(AD)}$$
$$q_1 C_2 t_1 : \text{MBR} \leftarrow \text{M}$$
$$q_1 C_2 t_2 : \text{EAC} \leftarrow \text{AC+MBR}$$

① 덧셈(ADD)
② 뺄셈(SUB)
③ 로드(LDA)
④ 스토어(STA)

• MAR ← MBR(AD) : 명령의 번지를 전송
• MBR ← M : 명령을 읽고 PC 하나 증가
• EAC ← AC + MBR : AC와 MBR의 가산결과가 AC에 저장되고 캐리는 E에 저장

19 다음 중 고정 소수점 표현 방식의 설명으로 옳은 것은?

① 부호, 지수부, 가수부로 구성되어 있다.

② 2의 보수 표현 방법을 많이 사용한다.

③ 매우 큰 수와 작은 수를 표시하기에 편리하다.

④ 연산이 복잡하고 시간이 많이 걸린다.

해설
2진 고정 소수점 표현
부호와 절댓값 표시(부호 : 양수 0, 음수 1), 1의 보수 형식(음수 표현), 2의 보수 형식(음수 표현)

20 2진수 100100을 2의 보수(2's Complement)로 변환한 것은?

① 011100   ② 011011

③ 011010   ④ 010101

해설
2의 보수 = 1의 보수 + 1 = 011011 + 1 = 011100

21 BCD코드 0001 1001 0111을 10진수로 나타내면?

① 195   ② 196

③ 197   ④ 198

해설
2진수 4자리를 10진수 1자리로 표시한다.
0001(1) 1001(9) 0111(7) → 197

22 다음 카르노 맵의 표현이 바르게 된 것은?

AB＼CD	00	01	11	10
00	1	1	1	1
01	0	1	1	0
11	0	1	1	0
10	0	1	1	0

① $Y = \overline{A}\,\overline{B} + D$

② $Y = A\overline{B} + \overline{D}$

③ $Y = \overline{A}\,\overline{B} + \overline{D}$

④ $Y = AB + D$

해설
• 2^n 개(2, 4, 8 등)만큼 서로 인접한 것끼리 묶는다.
• 변수 값이 변하는 것은 없애고, 변하지 않는 것은 남긴다.

AB＼CD	00	01	11	10	
00	1	1	1	1	→ $\overline{A}\,\overline{B}$
01	0	1	1	0	→ D
11	0	1	1	0	
10	0	1	1	0	

∴ $Y = \overline{A}\,\overline{B} + D$

23 다음 중 객체 지향 언어에 속하지 않는 것은?

① COBOL

② Delphi

③ Power Builder

④ JAVA

해설
COBOL, FORTRAN, PL/Ⅰ 등을 절차 지향 언어라 한다.

24 다음 중 C언어의 관계연산자가 아닌 것은?

① ≪ ② >=
③ == ④ >

- 관계(비교) 연산자 : a와 b라는 변수 둘 중에 누가 더 큰지, 작은 지, 같은지 비교하는 연산자(<, <=, >, >=, ==, !=)
- 비트 이동 연산자 : ≪ (왼쪽으로 비트 이동), ≫ (오른쪽으로 비트 이동)

25 컴퓨터의 기억장치에서 번지가 지정된 내용은 어느 버스를 통해서 중앙처리장치로 가는가?

① 제어 버스 ② 데이터 버스
③ 어드레스 버스 ④ 입출력 포트 버스

② 데이터 버스(Data Bus) : 양방향, 입·출력 데이터를 기억장치에 저장하고 읽어내는 전송통로
① 제어 버스(Control Bus) : 단일방향, CPU와의 데이터 교환을 제어하는 신호의 전송통로
③ 어드레스 버스(Address Bus) : 단일방향, CPU가 메모리 중의 기억장소를 지정하는 신호의 전송통로

26 채널(Channel)의 종류로 옳게 묶인 것은?

① 다이렉트(Direct) 채널과 멀티플렉서 채널
② 멀티플렉서 채널과 블록 멀티플렉서 채널
③ 실렉터 채널과 스트로브(Strobe) 채널
④ 스트로브 채널과 다이렉트 채널

27 가상기억장치(Virtual Memory)의 개념으로 가장 적합한 것은?

① 기억장치를 분할한다.
② Data를 미리 주기억장치에 넣는다.
③ 많은 Data를 주기억장치에서 한 번에 가져오는 것을 의미한다.
④ 프로그래머가 필요로 하는 주소공간보다 작은 주기억 장치의 컴퓨터가 큰 기억장치를 갖는 효과를 준다.

가상기억장치
- 보조기억장치의 일부를 주기억장치처럼 사용하는 것
- 용량이 작은 주기억장치를 마치 큰 용량을 가진 것처럼 사용하는 기법
- 주기억장치의 용량보다 큰 프로그램을 실행하기 위해 사용
- 가상기억장치 주소를 주기억장치 주소로 바꾸는 변환 작업 필요 (Mapping)

28 컴퓨터의 주기억장치와 주변장치 사이에서 데이터를 주고받을 때, 둘 사이의 전송속도 차이를 해결하기 위해 전송할 정보를 임시로 저장하는 고속 기억장치는?

① Address ② Buffer
③ Channel ④ Register

29 전자회로 부품 중 능동 부품이 아닌 것은?

① 다이오드 　　　　② 트랜지스터
③ 집적회로 　　　　④ 저 항

해설
• 능동 소자(부품) : 입력과 출력을 갖추고 있으며, 전기를 가한
  것만으로 입력과 출력에 일정한 관계를 갖는 소자로서 다이오드
  (Diode), 트랜지스터(Transistor), 전계효과트랜지스터(FET),
  단접합트랜지스터(UJT) 등
• 능동 기능 : 신호의 증폭, 발진, 변환 등

30 세라믹 콘덴서에서 표면에 숫자 223의 용량은?
(단, K는 허용오차 범위)

① 0.022[μF] 　　　② 0.22[μF]
③ 22[μF] 　　　　④ 220[μF]

해설
콘덴서의 단위와 용량을 읽는 방법
콘덴서의 용량 표시에 3자리의 숫자가 사용되는 경우, 앞의 2자리
숫자가 용량의 제1숫자와 제2숫자이고, 세 번째 자리가 승수가
되며, 표시의 단위는 [pF]로 되어 있다.
따라서 223K이면 223 = 22,000[pF] = 0.022[μF]이고, K는 ±10
[%]의 오차를 나타낸다.
허용차[%]의 문자 기호

문자 기호	허용차[%]	문자 기호	허용차[%]
B	±0.1	J	±5
C	±0.25	K	±10
D	±0.5	L	±15
F	±1	M	±20
G	±2	N	±30

31 전자부품 기호 중 실리콘 제어 정류소자(SCR)의
기호는?

해설
③ SCR
① NPN 트랜지스터
② 발광다이오드(LED)
④ 전해콘덴서
실리콘 제어 정류소자(SCR)는 사이리스터라고 하며 교류전원에
대한 위상제어 정류용으로 많이 사용된다. A(애노드), K(캐소드),
G(게이트) 이렇게 3개의 단자로 구성되어 있다.

32 다음 그림에서 도면의 축소나 확대, 복사작업과 복
사도면의 취급 편의를 위한 것은?

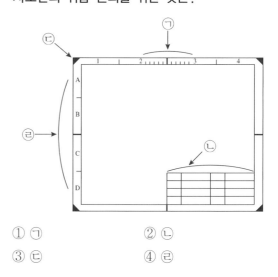

① ㉠ 　　　　② ㉡
③ ㉢ 　　　　④ ㉣

해설
도면의 비교눈금 : 도면의 축소나 확대, 복사의 작업과 복사 도면
을 취급할 때 편의를 위하여 표시하는 것

33 CAD 시스템에서 사용되는 좌표 중 거리와 각도로 위치를 나타내는 좌표계는?

① 극좌표계 　　　② 상대 좌표계
③ 절대 좌표계 　　④ 사용자 좌표계

> **해설**
> 좌표의 종류
> - 세계 좌표계(WCS ; World Coordinate System) : 프로그램이 가지고 있는 고정된 좌표계로서 도면 내의 모든 위치는 X, Y, Z 좌표값을 갖는다.
> - 사용자 좌표계(UCS ; User Coordinate System) : 작업자가 좌표계의 원점이나 방향 등을 필요에 따라 임의로 변화시킬 수 있다. 즉, WCS를 작업자가 원하는 형태로 변경한 좌표계이다. 이는 3차원 작업 시 필요에 따라 작업평면(XY평면)을 바꿀 때 많이 사용한다.
> - 절대 좌표(Absolute Coordinate) : 원점을 기준으로 한 각 방향 좌표의 교차점을 말하며, 고정되어 있는 좌표점 즉, 임의의 절대 좌표점(10, 10)은 도면 내에 한 점밖에는 존재하지 않는다. 절대 좌표는 [X좌표값, Y좌표값] 순으로 표시하며, 각각의 좌표점 사이를 콤마(,)로 구분해야 하고, 음수 값도 사용이 가능하다.
> - 상대 좌표(Relative Coordinate) : 최종점을 기준(절대 좌표는 원점을 기준으로 했음)으로 한 각 방향의 교차점을 말한다. 따라서 상대 좌표의 표시는 하나이지만 해당 좌표점은 기준점에 따라 도면 내에 무한적으로 존재한다. 상대 좌표는 [@기준점으로부터 X방향값, Y방향값]으로 표시하며, 각각의 좌표값 사이를 콤마(,)로 구분해야 하고, 음수 값도 사용이 가능하다(음수는 방향이 반대).
> - 극좌표(Polar Coordinate) : 기준점으로부터 거리와 각도(방향)로 지정되는 좌표를 말하며, 절대 극좌표와 상대 극좌표가 있다. 절대 극좌표는 [원점으로부터 떨어진 거리 < 각도]로 표시한다. 상대 극좌표는 마지막 점을 기준으로 하여 지정하는 좌표이다. 따라서 상대 극좌표의 표시는 하나이지만 해당 좌표점은 기준점에 따라 도면 내에 무한적으로 존재한다. 상대 극좌표는 [@기준점으로부터 떨어진 거리 < 각도]로 표시하며, 거리와 각도 표시 사이를 부등호(<)로 구분해야 하고, 거리와 각도에 음수 값도 사용이 가능하다.
> - 최종 좌표(Last Point) : 이전 명령에 지정되었던 최종 좌표점을 다시 사용하는 좌표이다. 최종 좌표는 [@]로 표시한다. 최종 좌표는 마지막 점에 사용된 좌표방식과는 무관하게 적용된다.

34 다음 중 탄소막이 있어, 도체의 전기적인 흐름을 방해하는 작용을 하는 소자는?

① 트랜지스터 　　② 저 항
③ 탄탈 콘덴서 　　④ 트랜스포머

> **해설**
> 저항은 전기 회로망에서 전압을 분배하거나 전류의 흐름을 방해하는 역할을 하는 소자로 전압과 전류와의 비로써 전류의 흐름을 방해하는 전기적 양이다.

35 다음 중 회로도 그리기 작업 중에 하는 일이 아닌 것은?

① Footprint 입력
② Geber 데이터 출력
③ Netlist 파일의 생성
④ ERC(Electronic Rule Check)

> **해설**
> 회로도 그리기(Schematic) 작업은 도면의 작성, 풋프린트(Footprint) 입력, ERC(Electronic Rule Check)의 과정을 통하여 회로의 무결점 상태에서 네트리스트(Netlist) 파일을 생성하는 것이 최종 목적이다. 거버(Gerber) 데이터 출력은 PCB 도면 작성(아트워크) 후 출력한다.

36 인쇄회로기판(PCB)의 제작공정에 사용되는 원판을 낭비 없이 분할하여 사용하고자 한다. 원판의 크기가 1,020 × 1,220일 때, 404 × 507의 규격으로 분할하면 최대 몇 장의 분할이 가능한가?(단, 타겟가이드(여백)는 무시한다)

① 4장 　　　② 6장
③ 8장 　　　④ 9장

> **해설**
> 원판 1,020 × 1,220을 440 × 507로 분할할 때 바로 분할하면 4장으로 분할할 수 있지만, 가로, 세로를 바꾸면(507 × 440) 원판을 6장까지 분할할 수 있다.

37 다음 중 CAD 시스템의 입력장치가 아닌 것은?

① 키보드
② 디지타이저
③ 라이트 펜
④ 플로터

해설
④ 플로터(Plotter)는 출력장치이다.

38 인쇄회로기판(PCB)의 특징이 아닌 것은?

① 소형 경량화에 기여한다.
② 제품의 균일성과 신뢰성이 높다.
③ 제조의 표준화와 자동화를 기할 수 있다.
④ 소량 다품종 생산인 경우에는 제조 단가가 낮아진다.

해설
인쇄회로기판(PCB)의 특징
• 제품의 균일성과 신뢰성 향상
• 제품이 소형, 경량화 및 회로의 특성이 안정
• 안정 상태의 유지 및 생산 단가의 절감
• 공정 단계의 감소, 제조의 표준화 및 자동화
• 제작된 PCB의 설계 변경이 어려움
• 소량, 다품종 생산의 경우 제조 단가가 높아짐

39 고밀도의 배선이나 차폐가 필요한 경우에 사용하는 적층 형태의 PCB는?

① 단면 PCB
② 양면 PCB
③ 다층면 PCB
④ 바이폴라 PCB

해설
형상(적층 형태)에 의한 PCB 분류
회로의 층수에 의한 분류와 유사한 것으로 단면에 따라 단면기판, 양면기판, 다층기판 등으로 분류되며 층수가 많을수록 부품의 실장력이 우수하고 정밀제품에 이용된다.
• 단면 인쇄회로기판(Single-side PCB) : 주로 페놀원판을 기판으로 사용하며 라디오, 전화기, 간단한 계측기 등 회로구성이 비교적 복잡하지 않은 제품에 이용된다.
• 양면 인쇄회로기판(Double-side PCB) : 에폭시 수지로 만든 원판을 사용하며 컬러 TV, VTR, 팩시밀리 등 비교적 회로가 복잡한 제품에 사용된다.
• 다층 인쇄회로기판(Multi-layer PCB) : 고밀도의 배선이나 차폐가 필요한 경우에 사용하며, 32[bit] 이상의 컴퓨터, 전자교환기, 고성능 통신기기 등 고 정밀기기에 채용된다.
• 유연성 인쇄회로기판(Flexible PCB) : 자동화기기, 캠코더 등 회로판이 움직여야 하는 경우와 부품의 삽입, 구성 시 회로기판의 굴곡을 요하는 경우에 유연성으로 대응할 수 있도록 만든 회로기판이다.

40 다음 중 도면을 사용 목적으로 분류한 것은?

① 스케치도, 원도, 복사도
② 연필제도, 먹물제도, 착색도
③ 조립도, 공정도, 부품도, 접속도, 배선도, 배치도
④ 계획도, 주문도, 승인도, 제작도, 견적도, 설명도

해설
도면의 분류
• 사용 목적에 따른 분류 : 계획도, 제작도, 주문도, 승인도, 견적도, 설명도
• 내용에 따른 분류 : 스케치도, 조립도, 부분조립도, 부품도, 공정도, 상세도, 접속도, 배선도, 배관도, 계통도, 기초도, 설치도, 배치도, 장치도, 외형도, 구조선도, 곡면선도, 전기회로도, 전자회로도
• 작성 방법에 따른 분류 : 연필제도, 먹물제도, 착색도

41 전자 회로도를 작성하는 일반적인 규칙의 설명으로 틀린 것은?

① 선의 교차는 가능한 적게 한다.

② 정해진 기호(Symbol)와 문자로 그린다.

③ 대각선과 곡선은 가능한 직선으로 그린다.

④ 물리적으로 연결된 것은 실선으로 그린다.

해설
회로도 작성 시 고려해야 할 사항
• 신호의 흐름은 도면의 왼쪽에서 오른쪽으로, 위쪽에서 아래쪽으로 그린다.
• 주회로와 보조 회로가 있을 경우에는 주회로를 중심에 그린다.
• 대칭으로 동작하는 회로는 접지를 기준으로 하여 대칭되게 그린다.
• 선의 교차가 적고 부품이 도면 전체에 고루 분포되게 그린다.
• 능동 소자를 중심으로 그리고 수동 소자는 회로 외곽에 그린다.
• 대각선과 곡선은 가급적 피하고, 선과 선이 전기적으로 접속되는 곳에는 '·' 표를 한다.
• 도면 기호와 접속선의 굵기는 원칙적으로 같게 하며, 0.3~0.5[mm] 정도로 한다.
• 보조 회로는 주회로의 바깥쪽에, 전원 회로는 맨 아래에 그린다.
• 접지선 등을 굵게 표현하는 경우의 실선은 0.5~0.8[mm] 정도로 한다.
• 물리적인 관련이나 연결이 있는 부품 사이는 파선으로 나타낸다.

42 다음 중 회로도면의 설계 순서로 옳은 것은?

① 부품의 참조번호 지정 → 회로도면 디자인 → 도면의 오류검사 → 설계도면의 저장

② 회로도면 디자인 → 부품의 참조번호 지정 → 도면의 오류검사 → 설계도면의 저장

③ 부품의 참조번호 지정 → 도면의 오류검사 → 회로도면 디자인 → 설계도면의 저장

④ 회로도면 디자인 → 도면의 오류검사 → 부품의 참조번호 지정 → 설계도면의 저장

해설
회로도면의 설계순서 : 회로도면 디자인 → 부품의 참조번호 지정 → 도면의 오류검사 → 설계도면의 저장

43 형상 모델링 중 데이터 구조가 간단하고 처리속도가 가장 빠른 모델링은?

① 와이어프레임 모델링

② 서피스 모델링

③ 솔리드 모델링

④ CSG 모델링

해설
형상 모델링 방법
• 와이어프레임 모델링(선화 모델) : 점과 선으로 물체의 외양만을 표현한 형상 모델로 데이터 구조가 간단하고 처리속도가 가장 빠르다.
• 서피스 모델링(표면 모델) : 여러 개의 곡면으로 물체의 바깥 모양을 표현하는 것으로, 와이어프레임 모델에 면의 정보를 부가한 형상 모델이다. 곡면기반 모델이라고도 한다.
• 솔리드 모델링(입체 모델) : 정점, 능선, 면 및 질량을 표현한 형상 모델로서, 이것을 작성하는 것을 솔리드 모델링이라고 한다. 솔리드 모델링은 형상만이 아닌 물체의 다양한 성질을 좀 더 정확하게 표현하기 위해 고안된 방법이다. 솔리드 모델은 입체 형상을 표현하는 모든 요소를 갖추고 있어서, 중량이나 무게중심 등의 해석도 가능하다. 솔리드 모델은 설계에서부터 제조공정에 이르기까지 일관하여 이용할 수 있다.

44 다음은 무엇에 대한 설명인가?

> 제품이나 장치 등을 그리거나 도안할 때, 필요한 사항을 제도 기구를 사용하지 않고 프리핸드(Free Hand)로 그린 도면

① 복사도(Copy Drawing)

② 스케치도(Sketch Drawing)

③ 원도(Original Drawing)

④ 트레이스도(Traced Drawing)

해설
② 스케치도 : 제품이나 장치 등을 그리거나 도안할 때, 필요한 사항을 제도 기구를 사용하지 않고 프리핸드로 그린 도면이다.
① 복사도 : 같은 도면을 여러 장 필요로 하는 경우에 트레이스도를 원본으로 하여 복사한 도면으로, 청사진, 백사진 및 전자 복사도 등이 있다.
④ 트레이스도 : 연필로 그린 원도 위에 트레이싱지(Tracing Paper)를 놓고 연필 또는 먹물로 그린 도면으로, 청사진도 또는 백사진도의 원본이 된다.

45 프린트 기판(PCB) 제작공정 중 도금공정이 아닌 것은?

① PSR 인쇄
② 전해 동 도금
③ 전해 땜납 도금
④ 외층부식

해설
PSR 인쇄는 회로보호 및 Solder Mask를 위한 인쇄공정이다.

46 다음 중 CAD 시스템의 1[mil]과 같은 길이는?

① $\dfrac{1}{10}$[inch]

② $\dfrac{1}{100}$[inch]

③ $\dfrac{1}{1,000}$[inch]

④ $\dfrac{1}{10,000}$[inch]

해설
1[inch] = 1,000[mil] = 2.54[cm] = 25.4[mm]

1[mil] = $\dfrac{1}{1,000}$[inch] = 0.0254[mm]

47 전자기기에서 각 구성부품의 부착 또는 접속방법으로 배선 설계 시에 고려되어야 할 사항으로 옳은 것은?

① 신호의 통로인 배선은 될 수 있는 대로 길게 한다.
② 전원 회로 등 신호와 관계없는 배선은 짧게 한다.
③ 배선 상호 간의 유도, 간섭이 가급적 적게 되도록 한다.
④ 오접속 방지와 보수, 점검의 편의를 고려할 필요가 없다.

해설
배선은 최대한 짧게 할 때 다른 배선이나 부품의 영향을 적게 받는다. 그리고 배선 상호 간의 유도, 간섭이 가급적 적게 설계한다.

48 제도에서 물체의 실제 길이와 도면에서 축소 또는 확대하여 그리는 길이의 비율인 척도 중에서 실물보다 작게 그리는 것을 무엇이라 하는가?

① 실 척
② NS
③ 배 척
④ 축 척

해설
• 척도 : 물체의 실제 길이와 도면에서 축소 또는 확대하여 그리는 길이의 비율
• 축척 : 실물보다 작게 그리는 척도

$$\frac{1}{2}, \frac{1}{2.5}, \frac{1}{3}, \frac{1}{4}, \frac{1}{5}, \frac{1}{10}, \frac{1}{50}, \frac{1}{100}, \frac{1}{200}, \frac{1}{250}, \frac{1}{500}$$

• 실척(현척) : 실물의 크기와 같은 크기로 그리는 척도 $\left(\dfrac{1}{1}\right)$
• NS(Not to Scale) : 비례척이 아님을 뜻하며, 도면과 실물의 치수가 비례하지 않을 때 사용
• 배척 : 실물보다 크게 그리는 척도

$$\frac{2}{1}, \frac{5}{1}, \frac{10}{1}, \frac{20}{1}, \frac{50}{1}$$

49 12[kΩ]±5[%] 저항값의 색깔 표시로 적합한 것은?

① 흑색, 갈색, 황색, 은색

② 자색, 적색, 녹색. 회색

③ 황색, 녹색, 주황색, 백색

④ 갈색, 적색, 주황색, 금색

해설

색띠 저항의 저항값 읽는 요령

색	수 치	승 수	정밀도[%]
흑	0	$10^0 = 1$	–
갈	1	10^1	±1
적	2	10^2	±2
등(주황)	3	10^3	±0.05
황(노랑)	4	10^4	–
녹	5	10^5	±0.5
청	6	10^6	±0.25
자	7	10^7	±0.1
회	8	–	–
백	9	–	–
금	–	10^{-1}	±5
은	–	10^{-2}	±10
무	–	–	±20

저항의 색띠

갈, 적, 등(주황), 금

(갈 = 1), (적 = 2), (등 = 3), (금)

$\quad$ 1 $\qquad$ 2 $\quad \times \quad 10^3 = 12[kΩ]$

정밀도(금) = ±5[%]

50 다음 중 극성을 갖는 콘덴서는?

① 전해 콘덴서   ② 세라믹 콘덴서

③ 마일러 콘덴서   ④ 반고정 세라믹 콘덴서

해설

① 전해 콘덴서 : 고정 콘덴서이며 극성이 있다. 알루미늄 전해 콘덴서, 탄탈 전해 콘덴서 등이 있다.

② 세라믹 콘덴서 : 세라믹을 유전체로 한 콘덴서이며 극성이 없다.

③ 마일러 콘덴서 : 유전체로 폴리에스터 등이 사용되며 극성이 없다. 일반적으로 다른 종류보다 저렴해서 많이 사용된다.

④ 반고정 세라믹 콘덴서 : 반고정형 세라믹 콘덴서이다.

51 내용에 따른 도면의 분류에서 제품의 전체적인 순서와 상태를 나타내는 도면으로서, 특히 복잡한 구조를 알기 쉽게 하고, 각 단위 또는 부품의 관련이 나타나도록 그린 도면은?

① 상세도(Detail Drawing)

② 공정도(Process Drawing)

③ 조립도(Assembly Drawing)

④ 부분조립도(Partial Assembly Drawing)

해설

③ 조립도(Assembly Drawing) : 제품의 전체적인 조립 상태를 나타내는 도면으로서, 조립한 상태에서의 상호 관계, 조립에 필요한 치수 등을 나타낸다.

① 상세도(Detail Drawing) : 필요한 부분을 더욱 상세하게 표시한 도면이다.

② 공정도(Process Drawing) : 제조 과정에서 거쳐야 할 공정마다의 처리 방법, 사용 용구 등을 상세히 나타내는 도면이다.

④ 부분조립도(Partial Assembly Drawing) : 복잡한 제품의 조립 상태를 몇 개의 부분으로 나누어 각 부분 마다의 자세한 조립 상태를 나타내는 도면이다.

52 다음 중 EX-OR 게이트의 기호로 옳은 것은?

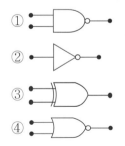

해설

③ EOR(XOR, EX-OR) 게이트 : 두 입력 상태가 서로 상반될 때만 출력이 1(High)이 되는 게이트

① NAND 게이트

② NOT 게이트

④ NOR 게이트

53 다음 제도용구 중 선, 원주 등을 같은 길이로 분할하는 데 사용되는 것은?

① 축척자 ② 형 판
③ 디바이더 ④ 자유곡선자

③ 디바이더 : 치수를 옮기거나 선, 원주 등을 같은 길이로 분할하는 데 사용하며, 도면을 축소 또는 확대한 치수로 복사할 때 사용한다.
① 축척자 : 길이를 잴 때 또는 길이를 줄여 그을 때에 쓰인다.
② 형판(원형판) : 투명 또는 반투명 플라스틱의 얇은 판에 여러 가지 원, 타원 등의 도형이나 원하는 모양을 정확히 그릴 수 있다.
④ 자유곡선자 : 납과 고무로 만들어져 자유롭게 구부릴 수 있다. 원호나 곡선을 그릴 때 사용한다.

54 GUI(Graphic User Interface) 환경에서 사용되는 응용 프로그램에서의 기본 입력장치로 화면상의 커서나 문서, 그림의 일부 또는 전부를 복사 및 이동시킬 때 사용하는 것은?

① 이미지 스캐너 ② 마우스
③ 디지타이저 ④ 플로터

마우스는 컴퓨터 입력장치로, 손바닥 안에 쏙 들어오는 둥글고 작은 몸체에 긴 케이블이 달려 있는 모습이 마치 쥐와 닮았다고 해서 마우스라는 이름을 가지게 되었다. 마우스를 움직이면 디스플레이 화면 속의 커서가 움직이고, 버튼을 클릭하면 명령이 실행되는 비교적 간단한 사용법 때문에 키보드와 더불어 현재까지 가장 대중적으로 많이 사용되는 입력장치로 꼽힌다.

55 CAD 시스템에서 회로도는 단순한 부품의 접속이 아니라 전자회로에서의 규칙이 매우 중요하다. 다음 중 전자회로에서의 검사 항목으로 보기 힘든 것은?

① 회로의 오배선
② 입·출력 신호의 접속관계
③ 전원의 극성
④ 신호선의 길이

CAD 시스템에서 전자회로의 검사 항목은 회로의 오배선, 입·출력 신호의 접속관계, 전원의 극성, 회로도의 단선 여부, 부품의 이름 및 값의 부정확한 입력여부 등이다.

56 CAD 시스템을 사용하여 얻을 수 있는 특징이 아닌 것은?

① 설계과정에서 능률이 높아져 품질이 좋아진다.
② 설계요소의 표준화로 도면작성 시간이 길어지고 원가가 많이 든다.
③ 컴퓨터를 통한 계산으로 수치결과에 대한 정확성이 증가한다.
④ 설계제도의 표준화와 규격화로 경쟁력이 향상된다.

CAD 시스템의 특징
• 지금까지의 자와 연필을 대신하여 컴퓨터와 프로그램을 이용하여 설계하는 것을 말한다.
• 수작업에 의존하던 디자인의 자동화가 이루어진다.
• 건축, 전자, 기계, 인테리어, 토목 등 다양한 분야에 광범위하게 활용된다.
• 다품종 소량생산에도 유연하게 대처할 수 있고 공장 자동화에도 중요성이 증대되고 있다.
• 작성된 도면의 정보를 기계에 직접 적용 가능하다.
• 정확하고 효율적인 작업으로 개발 기간이 단축된다.
• 신제품 개발에 적극적으로 대처할 수 있다.
• 설계제도의 표준화와 규격화로 경쟁력이 향상된다.
• 설계과정에서 능률이 높아져 품질이 좋아진다.
• 컴퓨터를 통한 계산으로 수치결과에 대한 정확성이 증가한다.
• 도면의 수정과 편집이 쉽고 출력이 용이하다.

57 다음 부품 심벌의 이름은?

① NPN 트랜지스터
② NMOS FET
③ PNP 트랜지스터
④ Triac

해설

트랜지스터는 반도체의 기초소자라고 해도 과언이 아닌 반도체의 기본이 되는 소자이다. 이미터 단자의 전류 방향으로 NPN, PNP 타입으로 나뉘며 용도가 스위칭, 증폭 등 다양하다. B(베이스), E(이미터), C(컬렉터) 이렇게 3단자로 구성되어 있으며 베이스에 가해지는 전압, 전류에 따라 이미터와 컬렉터간 흐르는 전압, 전류의 크기가 변한다.

트랜지스터	TR-PNP형 TR-NPN형
접합형 FET	N채널 FET P채널 FET
MOS형 FET	

58 전기용 기호(KS C 0102)의 적용범위에 속하지 않는 것은?

① 기본기호
② 전력용 기호
③ 전기, 통신용 기호
④ 시퀀스 기호

해설

전기·전자·통신에 관계되는 기호

기 호 명 칭	KS 번호	적용 범위	
전기용 기호	KS C 0102	기본 기호	일반적인 전기 회로의 접속 관계를 표시하는 기호
		전력용 기호	전기 기계·기구의 접속 관계를 표시하는 기호
		전기· 통신용 기호	전기·통신 장치, 기기의 접속 관계를 표시하는 기호

59 회로도를 작성할 때 옳지 않은 것은?

① 대각선과 곡선은 가급적 피한다.

② 신호의 흐름은 왼쪽에서 오른쪽으로 그린다.

③ 선의 교차가 많고 부품이 도면의 한 쪽으로 모이도록 그린다.

④ 주회로와 보조 회로가 있는 경우에는 주회로를 중심으로 그린다.

해설

회로도 작성 시 고려사항

• 신호의 흐름은 도면의 왼쪽에서 오른쪽으로, 위쪽에서 아래쪽으로 그린다.

• 주회로와 보조 회로가 있을 경우에는 주회로를 중심에 그린다.

• 대칭으로 동작하는 회로는 접지를 기준으로 하여 대칭되게 그린다.

• 선의 교차가 적고 부품이 도면 전체에 고루 분포되게 그린다.

• 능동 소자를 중심으로 그리고 수동 소자는 회로 외곽에 그린다.

• 대각선과 곡선은 가급적 피하고, 선과 선이 전기적으로 접속되는 곳에는 '•' 표를 한다.

• 도면 기호와 접속선의 굵기는 원칙적으로 같게 하며, 0.3~0.5[mm] 정도로 한다.

• 보조 회로는 주회로의 바깥쪽에, 전원 회로는 맨 아래에 그린다.

• 접지선 등을 굵게 표현하는 경우의 실선은 0.5~0.8[mm] 정도로 한다.

• 물리적인 관련이나 연결이 있는 부품 사이는 파선으로 나타낸다.

60 인쇄회로 기판에서 부품 또는 회로의 상호 접속을 위하여 형성한 동박선 및 동박을 무엇이라 하는가?

① Solder Land

② Pattern

③ Slit

④ Solder Resistor

해설

패턴(Pattern) : 부품 간을 연결하는 동선

01 다음 그림과 같은 회로의 명칭은?

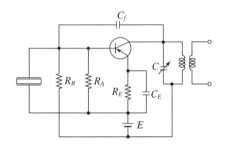

① 피어스 C-B형 발진회로
② 피어스 B-E형 발진회로
③ 하틀리 발진회로
④ 콜피츠 발진회로

해설

• 피어스 B-E형 발진회로
하틀리 발진회로의 코일 대신 수정진동자를 이용한다. 수정진동자가 이미터와 베이스 사이에 있다.
• 피어스 C-B형 발진회로
콜피츠 발진회로에 수정진동자를 이용한다. 수정진동자가 컬렉터와 베이스 사이에 있다.

02 FET의 핀치오프(Pinch-off) 전압이란?

① 드레인 전류가 포화일 때의 드레인 – 소스 간의 전압
② 드레인 전류가 0인 때의 드레인 – 소스 간의 전압
③ 드레인 전류가 0인 때의 게이트 – 드레인 간의 전압
④ 드레인 전류가 0인 때의 게이트 – 소스 간의 전압

해설

FET의 핀치오프(Pinch-off) 전압 : 채널층을 공핍화하는 데 필요한 전압으로 게이트-소스 간 전압을 말한다.

03 JK 플립플롭을 이용한 비동기식 계수기의 오동작에 대한 설명으로 적합한 것은?

① 오동작과 클록 주파수와는 관련 없다.
② 클록 주파수가 높을수록 오동작 가능성이 크다.
③ 클록 주파수가 낮을수록 오동작 가능성이 크다.
④ 직렬로 연결된 플립플롭의 수가 많을수록 오동작의 가능성이 작다.

해설

비동기식 계수기는 앞에 나온 신호를 클록을 펄스 삼아서 출력을 내는 것으로 단점은 Time Delay가 크다. 그렇기 때문에 높은 주파수의 신호처리에서는 매우 부적합하다.

04 증폭기에서 바이어스가 적당하지 않으면 일어나는 현상으로 옳지 않은 것은?

① 이득이 낮다.
② 전력 손실이 많다.
③ 파형이 일그러진다.
④ 주파수 변화 현상이 일어난다.

해설

전압–전류 특성 곡선상의 동작점이 변화하므로 파형이 일그러지고 전력 손실이 많으며 이득이 낮아진다.

정답 1 ② 2 ④ 3 ② 4 ④

05 열전자 방출 재료의 구비조건으로 옳지 않은 것은?

① 일함수가 적을 것
② 융점이 낮을 것
③ 방출효율이 좋을 것
④ 가공, 공작이 용이할 것

해설
금속을 고온으로 가열하면 전도체 내 전자의 운동 에너지가 커지며, 그 중에는 탈출 준위를 넘어서 금속체 밖으로 뛰어나가는 전자가 있다. 이 현상을 열전자 방출이라 하고, 열전자류를 크게 하려면 온도를 높이거나, 일함수가 작은 재료를 사용하면 좋다. 그러나 온도를 지나치게 높이면 녹아 버리는 일이 있으므로, 열전자 방출 재료는 융점이 높은 텅스텐 소재를 쓰는 것이 좋다.

06 트랜지스터와 비교하여 전계효과 트랜지스터(FET)에 관한 설명 중 옳지 않은 것은?

① 다수 캐리어 제어 방식이다.
② 게이트 전압 제어로 드레인 전류를 제어한다.
③ 출력 임피던스가 매우 높다.
④ 열적으로 안정된 동작을 한다.

해설
FET와 BJT의 특성비교

구 분	FET(UJT)	TR(BJT)
제어방식	전압제어	전류제어
소자특성	단극성 소자	쌍극성 소자
동작원리	다수 캐리어에 의한 동작	다수 및 소수 캐리어에 의한 동작
입력저항	매우 높다.	보통이다.
잡 음	적다.	많다.
이득 대역폭 적	작다.	크다.
동작속도	느리다.	빠르다.
집적도	아주 높다.	낮다.

07 다음과 같은 회로에서 출력 V_o는?

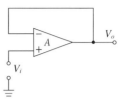

① ∞　　　　　② 1
③ V_i　　　　　④ $-V_i$

해설
DC 전압 플로어 : 입력의 2단자가 단락되어 있으므로 $A = V_o / V_i = 1$이 되어서 출력전압이 입력전압을 그대로 따라서 변한다. 이 회로는 입력 임피던스가 높고 출력 임피던스가 낮아서, 구동 회로의 부하 효과를 막는 완충 증폭 회로(Buffer)로 적합하다.

08 직렬형 정전압 회로의 특징에 대한 설명 중 옳지 않은 것은?

① 과부하 시 전류가 제한된다.
② 경부하 시 효율이 병렬에 비하여 훨씬 크다.
③ 출력 전압의 안정 범위가 비교적 넓게 설계된다.
④ 증폭단을 증가시킴으로써 출력저항 및 전압 안정 계수를 매우 작게 할 수 있다.

해설
직렬형 정전압 회로 : 가장 널리 사용되는 정전압 전원이다. 특징으로는 부하가 가벼울 때 효율은 병렬형에 비교하여 훨씬 크고, 출력 전압의 넓은 범위에서 쉽게 설계될 수 있으며 증폭단을 증가시킴으로써 출력 저항 및 전압 안정 계수를 대단히 작게 할 수 있다.

09 다음 중 제너 다이오드를 사용하는 회로는?

① 검파회로　　　② 전압안정회로
③ 고주파발진회로　④ 고압정류회로

해설

제너 다이오드(Zener Diode)는 주로 직류전원의 전압 안정화에 사용된다.

10 Y결선의 전원에서 각 상의 전압이 100[V]일 때 선간전압은?

① 약 100[V]　　② 약 141[V]
③ 약 173[V]　　④ 약 200[V]

해설

선간 전압의 크기
$V_l = \sqrt{3}\ V_p[\text{V}] = 1.73 \times 100 = 173[\text{V}]$

11 다음 중 집적회로(Integrated Circuit)의 장점이 아닌 것은?

① 신뢰성이 높다.
② 대량 생산할 수 있다.
③ 회로를 초소형으로 할 수 있다.
④ 주로 고주파 대전력용으로 사용된다.

해설

집적 회로의 장점 : 회로 소형화, 신뢰성 향상, 가격 저렴, 기능 확대, 신뢰성이 좋고 수리·교환이 간단하다.

12 이상형 병렬 저항형 CR발진회로의 발진주파수는?

① $f_o = \dfrac{1}{2\pi\sqrt{6}\ CR}$

② $f_o = \dfrac{1}{2\pi\sqrt{6CR}}$

③ $f_o = \dfrac{1}{2\pi LC}$

④ $f_o = \dfrac{\sqrt{6}}{2\pi CR}$

해설

이상형 병렬 R형 발진회로
• 컬렉터측의 출력 전압의 위상을 180° 바꾸어 입력측 베이스에 양되먹임 되어 발진하는 발진기
• 입력 임피던스는 크고, 출력 임피던스가 작은 증폭 회로
• 발진 주파수 : $f_o = \dfrac{1}{2\pi\sqrt{6}\ CR}[\text{Hz}]$
• $A_V \geq 29$

13 다음 중 플립플롭 회로와 같은 것은?

① 클리핑회로
② 무안정 멀티바이브레이터회로
③ 단안정 멀티바이브레이터회로
④ 쌍안정 멀티바이브레이터회로

해설

• 쌍안정 멀티바이브레이터 : 처음 어느 한쪽의 트랜지스터가 ON 이면 다른 쪽의 트랜지스터는 OFF의 안정상태로 되었다가, 트리거 펄스가 가해지면 다른 안정 상태로 반전되는 동작을 한다.
• 플립플롭 회로 : 분주기, 계산기, 계수기억회로, 2진 계수회로 등에 사용한다.

14 100[Ω]의 저항에 10[A]의 전류를 1분간 흐르게 하였을 때의 발열량은?

① 36[kcal]　　　　② 72[kcal]

③ 144[kcal]　　　　④ 288[kcal]

해설
$H = 0.24I^2Rt[\text{cal}] = 0.24 \times 10^2 \times 100 \times 60$
　$= 144[\text{kcal}]$

15 고전압 고전류를 얻기 위해서는 다음 중 어느 정류회로가 좋은가?

① 반파정류기

② 단상 양파정류기

③ 브리지정류기

④ 배전압 반파정류기

해설
브리지정류기 : 전파 정류는 트랜스의 2차측을 반으로 나누어 직류를 만드는 데 비해 브리지 방식은 2차측 전체 전압을 직류로 변환하기 때문에 전파 정류 방식에 비해 2배 가까운 전압을 얻을 수 있다.

16 다음 중 저주파 발진기로 가장 적합한 것은?

① CR 발진기

② 콜피츠 발진기

③ 수정 발진기

④ 하틀리 발진기

해설
• CR 발진회로 : 낮은 주파수, 콘덴서 저항만으로 궤환 회로 구성, 이상형 및 빈 브리지형
• 콜피츠 발진회로 : 높은 주파수, VHF, UHF 대역
• 수정 발진회로 : 수정진동자의 압전효과 이용(기계적인 압력 시 표면에 전하가 나타나 전압 발생)
• 하틀리 발진회로 : 주파수가변 용이, 중파, 단파대 발진에 적합

17 2진수 11010.11110를 8진수와 16진수로 올바르게 변환한 것은?

① $(32.74)_8$, $(\text{D0.F})_{16}$

② $(32.74)_8$, $(1\text{A.F})_{16}$

③ $(62.72)_8$, $(\text{D0.F})_{16}$

④ $(62.72)_8$, $(1\text{A.F})_{16}$

해설
• 2진수 → 8진수 : 3자리씩 잘라서 변환

11	010	.	111	100
3	2		7	4

• 2진수 → 16진수 : 4자리씩 잘라서 변환

1	1010	.	1111	0
1	A	,	F	0

18 ADD 명령을 사용하여 1을 덧셈하는 것과 같이 해당 레지스터의 내용에 1을 증가시키는 명령어는?

① DEC　　　　② INC

③ MUL　　　　④ SUB

해설

명령어		설 명
DEC	Decrement	오퍼랜드 내용을 1 감소
INC	Increment	오퍼랜드 내용을 1 증가
MUL	Multiply	곱 셈
SUB	Subtract	캐리를 포함하지 않은 뺄셈

19 다음 중 C언어의 자료형과 거리가 먼 것은?

① integer　　　　② double

③ char　　　　④ short

해설
C언어의 자료형 : char, short, int, long, float, double

20 다음 중 제어장치의 역할이 아닌 것은?

① 명령을 해독한다.

② 두 수의 크기를 비교한다.

③ 입출력을 제어한다.

④ 시스템 전체를 감시 제어한다.

해설
제어장치(Control Unit)는 컴퓨터를 구성하는 모든 장치가 효율적으로 운영되도록 통제하는 장치로 주기억장치에 기억되어 있는 명령을 해독하여 입력, 출력, 기억, 연산장치 등에 보낸다.

21 마이크로프로세서의 구성요소가 아닌 것은?

① 제어장치　　　　② 연산장치

③ 레지스터　　　　④ 분기 버스

해설
마이크로프로세서의 구성
- 연산부 : 산술적, 논리적 연산이 수행되는 피연산자들과 그 결과의 저장을 위한 특수 레지스터들, 그리고 덧셈과 뺄셈 그 밖의 원하는 연산과 자리 이동을 위한 회로들로 구성
- 제어부 : 중앙처리장치(CPU)의 동작을 제어하는 부분으로 명령 레지스터(Register Command), 명령 해독기(Decoder Command)와 사이클 컨트롤 등으로 구성
- 레지스터부 : 중앙 처리 장치 내의 내부 메모리라 할 수 있는 기억 기능을 가지며 스택 포인터(SP ; Stack Pointer), 프로그램 카운터(PC ; Program Counter), 범용 레지스터 군으로 구성

22 8[bit]로 부호와 절댓값 방법으로 표현된 수 42를 한 비트씩 좌우측으로 산술 시프트하면?

① 좌측 시프트 : 42, 우측 시프트 : 42

② 좌측 시프트 : 84, 우측 시프트 : 42

③ 좌측 시프트 : 42, 우측 시프트 : 21

④ 좌측 시프트 : 84, 우측 시프트 : 21

해설
한 비트 좌측으로 시프트하면 두 배가 되고, 우측으로 시프트하면 반이 된다.

23 불 대수의 기본 정리 중 틀린 것은?

① $x + x \cdot y = y$

② $x \cdot (x + y) = x$

③ $\overline{(x \cdot y)} = \overline{x} + \overline{y}$

④ $x \cdot (y + z) = x \cdot y + x \cdot z$

해설
$x + x \cdot y = x(1 + y) = x$

24 다음 중 설명이 바르게 된 것은?

① 자심(Magnetic Core)은 보조기억장치로 사용된다.

② 자기 디스크, 자기 테이프는 주기억장치로 사용된다.

③ DRAM은 SRAM보다 용량이 크고 속도가 빠르다.

④ 누산기는 사칙연산, 논리연산 등의 중간 결과를 기억한다.

해설
① 자심(Magnetic Core)은 주기억장치로 사용된다.
② 자기 디스크, 자기 테이프는 보조기억장치로 사용된다.
③ DRAM은 SRAM보다 용량을 크게 만들기가 쉬우나 속도가 늦다.

25 입출력 장치에 대한 설명으로 옳지 않은 것은?

① 대표적인 출력장치로는 프린터, 모니터, 플로터 등이 있다.

② 스캐너는 그림이나 사진, 문서 등을 이미지 형태로 입력하는 장치이다.

③ 광학마크판독기(OMR)는 특정한 의미를 지닌 굵고 가는 막대로 이루어진 코드를 판독하는 입력 장치이며 판매시점 관리시스템에 주로 사용한다.

④ 디지타이저는 종이에 그려져 있는 그림, 차트, 도형, 도면 등을 판 위에 대고 각각의 위치와 정보를 입력하는 장치이며 CAD/CAM 시스템에 사용한다.

해설
③은 바코드스캐너에 대한 설명이다.
※ 광학마크판독기(OMR) : 카드 또는 카드 모양 용지의 미리 지정된 위치에 검은 연필이나 사인펜 등으로 그려진 마크를 광 인식에 의해 읽는 장치

26 연산에 관계되는 상태와 인터럽트(Interrupt) 신호를 기억하는 것은?

① 가산기
② 누산기
③ 상태 레지스터
④ 보수기

해설
③ 상태 레지스터 : 계산 결과를 기록하는 것으로 계산 결과가 양수인지, 0, 음수인지 또는 자리 올림이나 착오가 발생을 했는지 등을 표시
① 가산기 : 두 개 이상의 수를 입력하여 이들의 합을 출력으로 나타내는 장치
② 누산기 : 중앙처리장치에서 더하기, 빼기, 곱하기, 나누기 등의 연산을 한 결과 등을 일시적으로 저장해 두는 레지스터

27 순서도를 사용함으로써 얻을 수 있는 효과가 아닌 것은?

① 프로그램 코딩의 직접적인 자료가 된다.

② 프로그램을 다른 사람에게 쉽게 인수, 인계할 수 있다.

③ 프로그램의 내용과 일 처리 순서를 한눈에 파악할 수 있다.

④ 오류가 발생했을 때 그 원인을 찾아 수정하기가 어렵다.

해설
순서도(Flow Chart) 작성 시의 이점
• 논리적 오차나 불합리한 점의 발견이 용이하다.
• 코딩이 쉬우며, 수정이 용이하다.
• 분석 과정이 명료하다.
• 유지보수가 용이하다.

28 ROM에 대한 설명 중 틀린 것은?

① 비휘발성 소자이다.

② 내용을 읽어내는 것만이 가능하다.

③ 사용자가 작성한 프로그램이나 데이터를 저장하고 처리할 수 있다.

④ 시스템 프로그램을 저장하기 위해 많이 사용된다.

해설
ROM(Read Only Memory) : 비휘발성의 기억 소자로 이미 저장되어 있는 내용을 인출할 수는 있으나, 새로운 데이터를 저장할 수 없는 반도체기억 소자로 전원이 나가도 기록된 정보는 그대로 보존된다.

29 다음 중 자기유도 및 상호유도 작용과 밀접한 소자는?

① 코 일   ② 저 항

③ 콘덴서   ④ 다이오드

해설

자기유도는 자기장 안에 물체를 두면 자성이 나타나는 현상이다. 유도기(L)는 수동소자로 막대에 코일을 여러 번 감아서 전류의 흐름에 따라 자기에너지를 저장하며, 전류가 급하게 변화하는 것을 억제하기 위해 사용되는 소자이다.

30 다음 중 CAD 시스템의 입력장치가 아닌 것은?

① 포토플로터   ② 디지타이저

③ 마우스   ④ 라이트 펜

해설

• 출력장치 : 포토플로터
• 입력장치 : 디지타이저, 마우스, 라이트 펜
② 디지타이저 : 태블릿(Tablet)은 주로 좌표 입력, 메뉴의 선택, 커서의 제어 등에 사용되며, 보통 50[cm] 이하의 소형의 것을 말한다. 대형의 것은 디지타이저(Digitizer)라 부르며, 태블릿과는 구별하고 있으나 기능은 동일하다. 디지타이저는 선택기능 · 도면복사기능 및 태블릿에 메뉴를 확보하는 기능이 있다. 또한 도면으로부터 위치 좌표를 읽어 들이는 데 사용한다. 스타일러스 펜은 디지타이저에 편리하게 입력할 수 있는 펜 모양의 장치이다.
③ 마우스 : 컴퓨터 입력장치로, 손바닥 안에 쏙 들어오는 둥글고 작은 몸체에 긴 케이블이 달려 있는 모습이 마치 쥐와 닮았다고 해서 마우스라는 이름을 가지게 되었다. 마우스를 움직이면 디스플레이 화면 속의 커서가 움직이고, 버튼을 클릭하면 명령이 실행되는 비교적 간단한 사용법 때문에 키보드와 더불어 현재까지 가장 대중적으로 많이 사용되는 입력장치로 꼽힌다.
④ 라이트 펜 : 감지용 렌즈를 이용하여 컴퓨터 명령을 수행하는 끝이 뾰족한 펜 모양의 입력 장치. 컴퓨터 작업 시 이 펜을 이리저리 이동시키면서 눌러 명령한다. 마우스(Mouse)나 터치 스크린(Touch Screen) 방식에 비해 입력이 세밀하므로 그림 등 그래픽 작업도 할 수 있으며 작업 속도도 빠른 장점이 있다.

31 한쪽 측면에만 리드(Lead)가 있는 패키지 소자는?

① SIP(Single Inline Package)

② DIP(Dual Inline Package)

③ SOP(Small Outline Package)

④ TQFP(Thin Quad Flat Package)

해설

IC의 외형에 따른 종류
• 스루홀(Through Hole) 패키지 : DIP(CDIP, PDIP), SIP, ZIP, SDIP
• 표면실장형(Surface Mount Device, SMD) 패키지 : SOP (TSOP, SSOP, TSSOP), QFP, QFJ(PLCC), QFN, BGA, TQFP
• 접촉실장형(Contact Mount Device) 패키지 : TCP, COB, COG
• DIP(Dual In-line Package), PDIP(Plastic DIP) : 다리와 다리 간격이 0.1[inch](100[mil], 2.54[mm])라서 만능기판이나 브레드보드에 적용하기 쉬워 많이 사용한다. 핀의 배열이 두 줄로 평행하게 배열되어 있는 부품을 지칭하는 용어로 우수한 열 특성을 갖고 있다. 74XX, CMOS, 메모리, CPU 등에 사용한다.
• SIP(Single In-line Package) : DIP와 핀 간격이나 특성이 비슷하나 공간문제로 한 줄로 만든 제품이다. 주로 모터드라이버나 오디오용 IC 등과 같이 아날로그 IC쪽에 주로 사용한다.
• 표면실장형(SMD ; Surface Mount Device) : 부품의 구멍을 사용하지 않고 도체 패턴의 표면에 전기적 접속을 하는 부품 탑재 방식이다.
• TQFP(Thin Quad Flat Pack) : PC 카드처럼 공간이 제약된 응용 제품을 설계하는 데 사용되는 집적회로 패키지의 한 종류이다. TQFP 패키지 칩은 PQFP 패키지 칩보다 더 얇다. 보통 TQFP 패키지의 두께는 1.0~1.4[mm]이다.

32 전자기기의 패널 설계 시 유의하여야 할 사항으로 옳지 않은 것은?

① 전원 코드는 배면에 배치한다.

② 패널 부품은 크기를 고려하여 균형 있게 배치한다.

③ 조작상 서로 연관이 있는 요소끼리 근접 배치한다.

④ 장치에 외부와 연결되는 접속기가 있을 경우에는 될 수 있는 대로 패널의 배면에 배치한다.

해설

전자기기의 패널을 설계 제도할 때 유의해야 할 사항
• 전원 코드는 배면에 배치한다.
• 조작상 서로 연관이 있는 요소끼리 근접 배치한다.
• 패널 부품은 크기를 고려하여 균형 있게 배치한다.
• 조작빈도가 높은 부품은 패널의 중앙이나 오른쪽에 배치한다.
• 장치에 외부 접속기가 있을 경우 반드시 패널의 아래에 배치한다.

33 PCB 제작 공정에 사용하기 위한 파일에 속하지 않는 것은?

① DXF 파일　　② HPGL 파일

③ Gerber 파일　　④ Schematic 파일

해설

④ Schematic 파일 : 실제적인 회로도의 내용을 담고 있는 디자인 파일
① DXF 파일 : Data eXchange Format, 도면 교환 파일
② HPGL 파일 : Hewlett Packard Graphics Language, 도면 파일, 휴렛팩커드 그래픽스 언어
③ Gerber 파일 : PCB를 제작하기 위한 파일로서 PCB 설계의 모든 정보가 들어있는 파일, 필름의 생성을 위한 각 레이어 및 드릴 데이터 등을 추출하는 파일

34 X-Y 플로터 등에서 처리 속도가 느린 주변기기와 컴퓨터 시스템의 중간에서 시스템의 효율을 높일 수 있는 것은?

① 중간 증폭　　② 데이터 버퍼

③ 마우스　　④ 연산 장치

해설

데이터 버퍼 : 데이터가 플로터에 공급되기 전에 저장되는 임시저장소로 처리 속도가 느린 주변기기와 컴퓨터 시스템의 중간에서 시스템의 효율을 높일 수 있다.

35 전자부품의 심벌기호 중에 정전압 다이오드(제너 다이오드)는?

① 　　②

③ 　　④

해설

④ 제너 다이오드
① 일반 다이오드
② LED
③ 터널 다이오드
제너 다이오드(Zener Diode) : 다이오드에 역방향 전압을 가했을 때 전류가 거의 흐르지 않다가 어느 정도 이상의 고전압을 가하면 접합면에서 제너 항복이 일어나 갑자기 전류가 흐르게 되는 지점이 발생하게 된다. 이 지점 이상에서는 다이오드에 걸리는 전압은 증가하지 않고 전류만 증가하게 되는데, 이러한 특성을 이용하여 레퍼런스 전압원을 만들 수 있다. 이런 기능을 이용하여 정전압회로 또는 유사 기능의 회로에 응용된다.

36 PCB 아트워크 작업에서 포토 플로터를 작동시키는 명령으로 사실상의 표준포맷으로, 대부분의 인쇄 기판 CAD의 최종 목적으로 출력하는 파일은?

① 필름 형식(Film Format)
② 배선 형식(Router Format)
③ 거버 형식(Gerber Format)
④ 레이어 형식(Layer Format)

해설
• 전자 캐드의 작업 과정 : 회로도 그리기 → 부품배치 → 레이어 세팅 → 네트리스트 작성 → 거버 작성
• 거버 데이터(Gerber Data) : PCB를 제작하기 위한 최종 파일로서 PCB 설계의 모든 정보가 들어있는 파일, 포토 플로터를 구동하기 위한 컴퓨터와 포토 프린터 간의 자료 형식(데이터 포맷)

37 핀의 배열이 두 줄로 평행하게 배열되어 있는 부품을 지칭하는 용어로 우수한 열 특성을 갖고 있는 IC 외형은?

① SMD
② SIP
③ DIP
④ PLCC

해설
DIP(Dual In-line Package), PDIP(Plastic DIP) : 다리와 다리 간격이 0.1[inch](100[mil], 2.54[mm])라서 만능기판이나 브레드 보드에 적용하기 쉬워 많이 사용한다. 핀의 배열이 두 줄로 평행하게 배열되어 있는 부품을 지칭하는 용어로 우수한 열 특성을 갖고 있다. 74XX, CMOS, 메모리, CPU 등에 사용한다.

38 Artwork 필름을 제작할 때, PCB 제조 공정에서의 치수 변화를 보정하는 작업을 무엇이라 하는가?

① Repairing
② Plotting
③ Scaling
④ Modifying

해설
③ Scaling : Artwork 필름을 제작할 때, PCB 제조 공정에서의 치수 변화를 보정하는 작업
① Repairing : 외관이나 호환성 및 제품 부품의 기능적 능력을 복구하는 기능
② Plotting : Artwork 필름을 출력하는 것
④ Modifying : 변경하는 것

39 제도 용지에 연필로 직접 그린 그림이나 컴퓨터로 작성한 최초의 도면은?

① 원 도
② 트레이스도
③ 복사도
④ 축로도

해설
① 원도(Original Drawing) : 제도 용지에 직접 연필로 작성한 도면이나 컴퓨터로 작성한 최초의 도면으로, 트레이스도의 원본이 된다.
② 트레이스도 : 연필로 그린 원도 위에 트레이싱지(Tracing Paper)를 놓고 연필 또는 먹물로 그린 도면으로, 청사진도 또는 백사진도의 원본이 된다.
③ 복사도 : 같은 도면을 여러 장 필요로 하는 경우에 트레이스도를 원본으로 하여 복사한 도면으로, 청사진, 백사진 및 전자 복사도 등이 있다.
④ 축로도 : 금속을 용해하는 그릇 등을 설계한 도면이다.

40 제도의 목적을 달성하기 위한 도면의 요건으로 옳지 않은 것은?

① 대상물의 도형과 함께 필요로 하는 크기, 모양, 자세, 위치의 정보를 포함하여야 한다.

② 도면의 정보를 명확하게 하기 위하여 복잡하고 어렵게 표현하여야 한다.

③ 가능한 한 넓은 기술 분야에 걸쳐 정합성, 보편성을 가져야 한다.

④ 복사 및 도면의 보존, 검색, 이용이 확실히 되도록 내용과 양식을 구비하여야 한다.

해설

도면의 필요 요건

- 도면에는 필요한 정보와 위치, 모양 등이 있어야 하며, 필요에 따라 재료의 형태와 가공방법에 대한 정보도 표시되어야 한다.
- 정보를 이해하기 쉽고 명확하게 표현해야 한다.
- 기술 분야에 걸쳐 적합성과 보편성을 가져야 한다.
- 기술 교류를 고려하여 국제성을 가져야 한다.
- 도면의 보존과 복사 및 검색이 쉽도록 내용과 양식을 갖추어야 한다.

41 전자기기의 패널을 설계 제도할 때 유의해야 할 사항으로 옳은 것은?

① 전원 코드는 배면에 배치한다.

② 패널 부품은 크기를 고려하지 않고 배치한다.

③ 조작빈도가 낮은 부품은 패널의 중앙이나 오른쪽에 배치한다.

④ 장치의 외부와 연결되는 접속기가 있을 경우 가능한 한 패널의 위에 배치한다.

해설

전자기기의 패널을 설계 제도할 때 유의해야 할 사항

- 전원 코드는 배면에 배치한다.
- 조작 상 서로 연관이 있는 요소끼리 근접 배치한다.
- 패널 부품은 크기를 고려하여 균형 있게 배치한다.
- 조작빈도가 높은 부품은 패널의 중앙이나 오른쪽에 배치한다.
- 장치의 외부 접속기가 있을 경우 반드시 패널의 아래에 배치한다.

42 한국산업표준(KS)에 의한 부문별 기호의 대분류 중 전기부문의 분류기호는?

① KS A
② KS B
③ KS C
④ KS D

해설

KS의 부문별 기호

분류기호	부 문	분류기호	부 문	분류기호	부 문
KS A	기 본	KS H	식 품	KS Q	품질경영
KS B	기 계	KS I	환 경	KS R	수송기계
KS C	전기전자	KS J	생 물	KS S	서비스
KS D	금 속	KS K	섬 유	KS T	물 류
KS E	광 산	KS L	요 업	KS V	조 선
KS F	건 설	KS M	화 학	KS W	항공우주
KS G	일용품	KS P	의 료	KS X	정 보

43 표제란에 축척이 1/2로 되어 있을 때, 실제 물체의 길이가 50[mm]인 경우 도면에 표시되는 길이는?

① 5[mm]
② 25[mm]
③ 50[mm]
④ 100[mm]

해설

축척일 때 1/2, 50[mm] → 50[mm] × 1/2 = 25[mm]

44 CAD 소프트웨어의 실행 화면에서 커서의 좌표 위치나 사용 중인 도면층의 이름 등 각종 정보가 표시되는 부분은?

① 상태줄　　　　② 명령 영역
③ 그리기 영역　　④ 도구 아이콘

해설
CAD 소프트웨어의 실행 화면에서 커서의 좌표 위치, 사용 중인 도면층의 이름, 각종 진행상태 등을 표시하는 부분을 상태줄 또는 상태바(State Bar)라 한다.

46 PCB 설계의 입력 데이터로 사용되는 필수 파일로 패키지명, 부품명, 네트명, 네트와 연결된 부품 핀, 네트와 핀, 부품 속성 등에 대한 정보를 갖고 있는 파일로 옳은 것은?

① 보고서(Report) 파일
② 네트리스트(Netlist) 파일
③ 거버(Gerber) 파일
④ 데이터 변환(DXF) 파일

해설
② 네트리스트(Netlist) 파일 : 회로도면 작성에 대한 결과 파일이며, PCB 설계의 입력 데이터로 사용되는 필수 파일로 패키지명, 부품명, 네트명, 네트와 연결된 부품핀, 네트와 핀, 부품 속성 등에 대한 정보를 갖고 있는 파일
① 보고서(Report) 파일 : 회로도의 전기적인 규칙검사(DRC) 후 생성되는 drc 파일, 부품목록보기 실행 시 생성되는 bom 파일, 부품 교차 참조목록보기 실행 시 저장되는 xrf 파일
③ 거버(Gerber) 파일 : PCB 필름과 마스터 포트들을 생성하는 데 필요한 정보를 포함하는 파일
④ 데이터 변환(DXF) 파일 : 서로 다른 컴퓨터 지원 설계(CAD) 프로그램 간에 설계 도면 파일을 교환하는 데 업계 표준으로 사용되는 파일 형식으로, 캐드에서 작성한 파일을 다른 프로그램으로 넘길 때 또는 다른 프로그램에서 캐드로 불러올 때 사용

45 도면의 종류 중 사용 목적에 따른 분류에 해당하지 않는 것은?

① 계획도　　　　② 제작도
③ 견적도　　　　④ 조립도

해설
도면의 분류
• 사용 목적에 따른 분류 : 제작도, 부품도, 계획도, 견적도, 주문도, 승인도, 설명도
• 내용에 따른 분류 : 스케치도, 조립도, 부분조립도, 부품도, 공정도, 상세도, 접속도, 배선도, 배관도, 계통도, 기초도, 설치도, 배치도, 장치도, 외형도, 구조선도, 곡면선도, 전기회로도, 전자회로도, 화학장치도, 섬유기계장치도, 축로도
• 작성 방법에 따른 분류 : 연필제도, 먹물제도, 착색도
• 성격에 따른 분류 : 원도, 트레이스도, 복사도

47 인쇄회로기판(PCB)을 사용하여 전자기기를 제작하였을 때 얻어지는 일반적인 특징 설명 중 옳지 않은 것은?

① 오배선의 우려가 많다.
② 대량 생산의 효과가 높다.
③ 회로의 특성이 안정화된다.
④ 제품의 균일성과 신뢰성이 높다.

해설
인쇄회로기판(PCB)의 특징
• 제품의 균일성과 신뢰성 향상
• 제품이 소형, 경량화 및 회로의 특성이 안정
• 안정 상태의 유지 및 생산 단가의 절감(대량생산의 효과)
• 공정 단계의 감소, 제조의 표준화 및 자동화
• 오배선의 우려가 없음
• 제작된 PCB의 설계 변경이 어려움
• 소량, 다품종 생산의 경우 제조 단가 상승

48 인쇄회로기판(PCB)의 제작 시 사용하는 동박의 두께는 일반적으로 어느 것을 가장 많이 사용하는가?

① 0.8~1.2[mm]
② 35~104[μm]
③ 104~207[μm]
④ 0.01~0.1[mm]

해설
PCB 설계 시 동박의 두께는 일반적으로 쓰는 [mm], [μm]도 아니고 [mil], [inch]도 아닌 [oz](ounce)라는 단위를 사용한다.
1[oz] = 28.3495[g] = 29.5[mL]
가로 세로 1[feet](30.48[cm] × 30.48[cm] = 12[inch] × 12[inch])의 절연체 위에 1[oz]의 구리를 올려놓고 이것을 넓게 펴면 0.035[mm] = 35[μm]가 된다. 그러므로 1[oz] = 35[μm]가 되는 것이다. 동박이 두꺼워질수록 PCB 설계 시 동박 간에 거리를 넓게 설계해야 하며 2[oz]일 때 10[mil] 이상 띄워줘야 한다고 한다. 일반적으로 사용하는 기판에서는 1[oz]가 가장 널리 쓰이며, 1/2[oz]는 RF회로 보드에서 많이 사용한다. 2[oz]의 경우는 파워 보드와 같이 대전류가 흐르는 곳에서 많이 사용한다.

49 레이저 빔 프린터와 같은 고속 프린터의 속도를 표시할 때 사용하는 단위는?

① CPS
② LPM
③ PPM
④ BPS

해설
일반 프린터의 인쇄 속도는 CPS(Character Per Second)로 측정하며, 이는 1초당 프린터를 통해 프린트되는 문자수를 말한다. 보통 개인용 컴퓨터에 부가하여 사용하는 프린터의 인쇄속도는 영문자의 경우 200~500자, 한글 등의 경우에는 30~100자 정도이다. 고속 프린터의 인쇄 속도는 PPM(Pages Per Minute)으로 고속모드에서의 분당 A4용지 몇 장을 출력하는지를 나타낸다.

50 다음 중 데이터 저장장치에 속하지 않는 것은?

① FDD
② HDD
③ CRT
④ CD-RW

해설
③ CRT(Cathode Ray Tube) : 음극선관을 말하며 일명 브라운관이라고도 한다. 전기신호를 전자빔의 작용에 의해 영상이나 도형, 문자 등의 광학적인 영상으로 변환하여 표시하는 특수진공관이다. 이들은 전자총에서 나온 전자가 브라운관 유리에 칠해진 형광물질을 자극해 다양한 화면을 만들어내는 원리를 이용한다. 출력장치이다.
① FDD(Floppy Disk Driver) : 컴퓨터 보조 기억 장치의 일종으로 컴퓨터에 부착된 플로피 디스크 드라이브에 넣고 빼면서 사용하는데 요즘은 거의 사용하지 않는다.
② HDD(Hard Disk Driver) : 컴퓨터 내부에 있는 하드디스크에서 데이터를 읽고 쓰는 장치로 케이스에 들어 있다. 자성 물질로 덮인 플래터를 회전시키고, 그 위에 헤드(Head)를 접근시켜 플래터 표면의 자기 배열을 변경하는 방식으로 데이터를 읽거나 쓴다. 플래터의 중심에는 플래터를 회전시키기 위한 스핀들 모터(Spindle Motor)가 위치하고 있으며, 스핀들 모터의 회전 속도가 높을수록 보다 빠르게 데이터의 읽기와 쓰기가 가능하다.
④ CD-RW(Compact Disc-ReWritable) : 더 이상 수정이 되지 않는(단 한 번밖에 기록이 되지 않는) CD-R과는 달리 약 1,000번 정도까지 기록하고 삭제가 가능하여 백업 매체로도 많이 사용된다. 보통 용량은 650[MB]에서 700[MB] 정도이다.

51 모니터의 신호방식에 따른 분류에 속하지 않는 것은?

① 아날로그(Analog) 방식
② 디지털(Digital) 방식
③ 멀티싱크(Multi Sync) 방식
④ 오프라인(Off-line) 방식

해설

모니터 신호방식에 따른 분류
• 아날로그 모니터 : D-sub 방식만 지원하여 아날로그 신호만 받는 모니터
• 디지털 모니터 : DVI방식을 지원하여 디지털 신호를 받는 모니터
• 멀티싱크 모니터 : 멀티 싱크로너스 모니터(Multi Synchronous Monitor)라고도 하며, 1985년 일본 NEC사에서 개발한 것으로 입력 신호 주파수가 고정되어 있지 않은 모니터

53 부품 배치도의 작성 방법에 대한 설명으로 옳지 않은 것은?

① 균형 있게 배치한다.
② IC의 경우 1번 핀을 표시한다.
③ 부품 상호 간 신호가 유도되도록 한다.
④ 조정이 필요한 부품은 조작이 용이하도록 배치하여야 한다.

해설

부품 배치도를 그릴 때 고려하여야 할 사항
• IC의 경우 1번 핀의 위치를 반드시 표시한다.
• 부품 상호 간의 신호가 유도되지 않도록 한다.
• PCB 기판의 점퍼선은 표시한다.
• 부품의 종류, 기호, 용량, 핀의 위치, 극성 등을 표시하여야 한다.
• 부품을 균형 있게 배치한다.
• 조정이 필요한 부품은 조작이 용이하도록 배치하여야 한다.
• 고압 회로는 부품 간격을 충분히 넓혀 방전이 일어나지 않도록 배치한다.

52 다음 기호의 명칭은?

① 가변 저항기
② 가변 콘덴서
③ 고정 저항
④ 스위치

해설

가변 콘덴서(Variable Condenser)는 흔히 바리콘이라고 불린다. 로터(회전 날개)와 스테이터(고정 날개)의 대향면적을 변화시켜서 정전 용량을 연속적으로 바꿀 수 있는 콘덴서이다.

54 전자 CAD에서 부품을 복사, 붙여 넣거나 편집하는 기능이 있는 메뉴는?

① File 메뉴
② Edit 메뉴
③ Help 메뉴
④ Option 메뉴

해설

전자 CAD의 Edit 메뉴
• 이동 : 오려내기(Ctrl + X) + 붙이기(Ctrl + V)
• 복사(Ctrl + C)

55 다음 중 CAD의 특징으로 볼 수 없는 것은?

① 작성된 도면의 정보를 기계에 직접 적용시킬 수 있다.
② 직선과 곡선의 처리, 도형과 그림의 이동, 회전 등이 자유롭다.
③ 3차원 도형을 임의의 방향으로 표현할 수 있고, 숨은 선의 처리가 용이하다.
④ 자주 쓰는 도형, 부품 등을 매크로에 정의하여 쓸 수 있으나, 하나의 도면을 다시 재생할 수는 없다.

④ 자주 쓰는 도형, 부품 등을 매크로에 정의하여 쓸 수 있으며, 하나의 도면을 다시 불러 편집, 수정 등의 작업을 할 수 있다.
CAD 시스템의 특징
• 지금까지의 자와 연필을 대신하여 컴퓨터와 프로그램을 이용하여 설계하는 것을 말한다.
• 수작업에 의존하던 디자인의 자동화가 이루어진다.
• 건축, 전자, 기계, 인테리어, 토목 등 다양한 분야에 광범위하게 활용된다.
• 다품종 소량생산에도 유연하게 대처할 수 있고 공장 자동화에도 중요성이 증대되고 있다.
• 작성된 도면의 정보를 기계에 직접 적용 가능하다.
• 정확하고 효율적인 작업으로 개발 기간이 단축된다.
• 신제품 개발에 적극적으로 대처할 수 있다.
• 설계제도의 표준화와 규격화로 경쟁력이 향상된다.
• 설계과정에서 능률이 높아져 품질이 좋아진다.
• 컴퓨터를 통한 계산으로 수치결과에 대한 정확성이 증가한다.
• 도면의 수정과 편집이 쉽고 출력이 용이하다.

56 회로도 작성 시 고려할 사항으로 옳지 않은 것은?

① 신호의 흐름은 도면의 왼쪽에서 오른쪽으로, 위에서 아래로 그린다.
② 주회로와 보조회로가 있는 경우에는 주회로를 중심으로 그린다.
③ 대각선과 곡선은 최단거리 기준으로 자주 사용하여야 한다.
④ 선과 선이 전기적으로 접속되는 곳에는 " · " 표시를 한다.

회로도 작성 시 고려사항
• 신호의 흐름은 왼쪽에서 오른쪽으로, 위에서 아래로 한다.
• 심벌과 접속선의 굵기는 같게 하며 0.3∼0.5[mm] 정도로 한다.
• 보조회로가 있는 경우 주회로를 중심으로 설계한다.
• 보조회로는 주회로의 바깥쪽에, 전원회로는 맨 아래에 그린다.
• 선과 선이 전기적으로 접속되는 곳에는 정표(Junction, ' · ')를 한다.
• 대각선과 곡선은 가급적 피한다.

57 다음 중 설계자의 의도를 작업자에게 전달시켜 요구하는 물품을 정확하게 만들기 위해 사용되는 도면은?

① 공정도   ② 설명도
③ 승인도   ④ 제작도

④ 제작도(Production Drawing) : 공장이나 작업장에서 일하는 작업자를 위해 그려진 도면으로, 설계자의 뜻을 작업자에게 정확히 전달할 수 있는 충분한 내용으로 가공을 용이하게 하고 제작비를 절감시킬 수 있다.
① 공정도(Process Drawing) : 제조 과정에서 거쳐야 할 공정마다의 처리 방법, 사용 용구 등을 상세히 나타내는 도면이다.
② 설명도(Explanatory Drawing) : 제품의 구조, 기능, 작동 원리, 취급 방법 등을 설명하기 위한 도면으로, 주로 카탈로그(Catalogue)에 사용한다.
③ 승인도(Approved Drawing) : 주문 받은 사람이 주문한 제품의 대체적인 크기나 모양, 기능의 개요, 정밀도 등을 주문서에 첨부하기 위해 작성한 도면이다.

58 다음 그림의 논리 게이트 명칭은?

① AND Gate ② OR Gate
③ NAND Gate ④ NOR Gate

> **해설**
>
> NOR Gate는 2개 이상의 입력신호와 1개의 출력신호를 갖는 논리 게이트로서 모든 입력신호가 0일 때 출력신호가 1이 된다. OR 게이트와 NOT 게이트를 연결한 것과 같다.

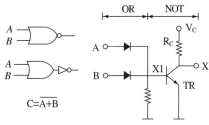

59 마일러 콘덴서에는 용량치가 숫자로 쓰여 있다. 104K는 얼마인가?

① $0.01[\mu F]$, $\pm 10[\%]$
② $0.1[\mu F]$, $\pm 10[\%]$
③ $1[\mu F]$, $\pm 10[\%]$
④ $10[\mu F]$, $\pm 10[\%]$

> **해설**
>
> $104 = 10 \times 10^4[pF] = 100,000[pF] = 0.1[\mu F]$
> 허용차[%]의 문자 기호
>
> | 문자 기호 | 허용차[%] | 문자 기호 | 허용차[%] |
> |---|---|---|---|
> | B | ±0.1 | J | ±5 |
> | C | ±0.25 | K | ±10 |
> | D | ±0.5 | L | ±15 |
> | F | ±1 | M | ±20 |
> | G | ±2 | N | ±30 |
>
> ∴ 104K = $0.1[\mu F]$, $\pm 10[\%]$

60 '컴퓨터 지원 설계'의 약자로 옳은 것은?

① CAD
② CAM
③ CAE
④ CNC

> **해설**
>
> CAD(Computer Aided Design)는 컴퓨터를 이용해서 디자인 또는 설계를 하는 시스템으로 작은 것으로는 LSI 등의 프린트 패턴의 작성부터, 큰 것은 고층빌딩의 입체적인 설계도 작성까지 가능하다.

01 멀티바이브레이터의 비안정, 단안정, 쌍안정이라고 말하는 것은 무엇으로 결정하는가?

① 전원의 크기
② 바이어스 전압의 크기
③ 저항의 크기
④ 결합회로의 구성

해설
멀티바이브레이터는 2단 증폭기에 정궤환을 건 발진기의 일종으로 결합 회로의 구성에 따라 비안정 멀티바이브레이터, 단안정 멀티바이브레이터, 쌍안정 멀티바이브레이터의 3종류가 있다.

02 정현파의 파고율은 얼마인가?

① $\sqrt{2}$
② $\dfrac{2}{\pi}$
③ $\dfrac{\pi}{2\sqrt{2}}$
④ $\dfrac{\pi}{2}$

해설
파고율 $= \dfrac{\text{최댓값}}{\text{실횻값}} = \dfrac{V_m}{V_m / \sqrt{2}} = \sqrt{2}$

03 다음 사이리스터 중 단방향성 소자는?

① TRIAC
② DIAC
③ SSS
④ SCR

해설
• 양방향 사이리스터 : TRIAC, DIAC, SSS
• 단방향 사이리스터 : SCR

04 도체에 전압이 가해졌을 때 흐르는 전류의 크기는 가해진 전압에 비례한다는 법칙은?

① 줄의 법칙
② 옴의 법칙
③ 중첩의 법칙
④ 키르히호프의 전류의 법칙

해설
옴의 법칙
$I \propto \dfrac{V}{R}$
회로에 흐르는 전류는 전압의 크기에 비례하고 저항의 크기에 반비례한다.

05 저역통과 RC 회로에서 시정수가 의미하는 것은?

① 응답의 상승 속도를 표시한다.
② 응답의 위치를 결정해 준다.
③ 입력의 진폭 크기를 표시한다.
④ 입력의 주기를 결정해준다.

해설
시정수는 출력 신호 변화가 정상 최종값의 63.2[%]에 이르는 시간으로 응답의 상승 속도를 표시한다.

06 다음 중 이상적인 연산증폭기의 특징으로 적합하지 않은 것은?

① 입력 임피던스가 무한대이다.
② 출력 임피던스가 무한대이다.
③ 주파수 대역폭이 무한대이다.
④ 오픈 루프 이득이 무한대이다.

해설
이상적인 연산 증폭기의 특징
• 이득이 무한대이다(개루프).
• 입력 임피던스가 무한대이다(개루프).
• 대역폭이 무한대이다.
• 출력 임피던스가 0이다.
• 소비 전력이 적다.
• 온도 및 전원 전압 변동에 따른 영향을 받지 않는다.
• 오프셋(Offset)이 0이다.
• CMRR(동상제거비)가 무한대이다(차동증폭회로).

08 쌍안정 멀티바이브레이터의 결합저항에 병렬로 접속한 콘덴서의 목적은?

① 증폭도를 높이기 위한 것이다.
② 스위칭 속도를 높이는 동작을 한다.
③ 트랜지스터의 이미터 전위를 일정하게 한다.
④ 트랜지스터의 베이스 전위를 일정하게 한다.

해설
결합저항에 병렬로 접속한 콘덴서는 스위칭의 속도를 높이기 위한 가속용 외에 기억 기능에 의해 입력 트리거 펄스에 의한 반전 동작을 정확하게 시키는 역할도 한다.

09 고정 바이어스 회로를 사용한 트랜지스터의 β가 50이다. 안정도 S는 얼마인가?

① 49   ② 50
③ 51   ④ 52

해설
안정계수 $S = \dfrac{\Delta I_C}{\Delta I_{CO}} = 1 + \beta = 1 + 50 = 51$

07 다음 중 FET에 대한 설명으로 적합하지 않은 것은?

① 입력 임피던스가 매우 높다.
② 전압제어형 트랜지스터이다.
③ BJT보다 잡음특성이 양호하다.
④ 베이스, 드레인, 게이트 전극이 있다.

해설
FET는 저 잡음이고 입력 임피던스가 높으며, 소비 전력이 적고, 입출력 특성의 비직선성이 적은 전압제어형 트랜지스터이다.

10 수정진동자의 직렬공진주파수를 f_o, 병렬공진주파수를 f_s라 할 때 수정진동자가 안정한 발진을 하기 위한 리액턴스 성분의 주파수 f의 범위는?

① $f_o < f < f_s$
② $f_o < f_s < f$
③ $f_s < f < f_o$
④ $f = f_s = f_o$

해설
수정진동자의 안정된 발진을 위한 주파수는 직렬공진주파수보다 높고 병렬공진주파수보다 낮은 주파수 범위이다.

11 다음 중 저주파 증폭기의 핵심 능동소자로 알맞은 것은?

① 저 항　　　　　② 콘덴서
③ 코 일　　　　　④ 트랜지스터

해설
• 능동소자(부품) : 입력과 출력을 갖추고 있으며, 전기를 가하면 입력과 출력이 일정한 관계를 가진다. 신호단자 외 전력의 공급이 필요하다.
　예 연산증폭기, 부성저항특성을 띠는 다이오드, 트랜지스터, 전계효과트랜지스터(FET), 단접합트랜지스터(UJT), 진공관 등
• 수동소자(부품) : 능동소자와는 반대로 에너지를 소비, 축적, 통과시키는 작용을 하고, 외부전원 없이 단독으로 동작이 가능하다.
　예 저항기, 콘덴서, 인덕터, 트랜스, 릴레이 등

12 다음 회로에서 $R_1 = R_f$일 때 적합한 명칭은?

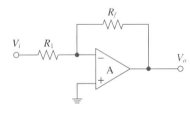

① 적분기　　　　② 감산기
③ 부호변환기　　④ 전류증폭기

해설
$R_i = R_f$이면 증폭도 $A = \dfrac{V_o}{V_i} = -\dfrac{R_f}{R_i} = -1$이 되므로 입력의 부호만 바뀌는 부호변환기가 된다.

13 일반적으로 크로스 오버 일그러짐은 증폭기를 어느 급으로 사용했을 때 생기는가?

① A급 증폭기　　② B급 증폭기
③ C급 증폭기　　④ AB급 증폭기

해설
B급 푸시풀 회로의 특징
• 큰 출력을 얻을 수 있다.
• B급 동작이므로 직류 바이어스 전류가 작아도 된다.
• 출력의 최대 효율이 78.5[%]로 높다.
• 입력 신호가 없을 때 전력 손실은 무시할 수 있다.
• 짝수 고조파 성분이 서로 상쇄되어 일그러짐이 없다.
• B급 증폭기 특유의 크로스오버 일그러짐(교차 일그러짐)이 생긴다.

14 반송파 전력이 100[W]이고, 변조도 60[%]로 진폭변조시키면 피변조파의 전력은 몇 [W]인가?

① 50[W]　　　　② 100[W]
③ 118[W]　　　　④ 136[W]

해설
$$P_m = P_c\left(1 + \frac{m^2}{2}\right) = 100\left(1 + \frac{0.6^2}{2}\right) = 118[\text{W}]$$

15 연산증폭기에서 차동 출력을 0[V]가 되도록 하기 위하여 입력단자 사이에 걸어주는 것은?

① 입력 오프셋 전압
② 출력 오프셋 전압
③ 입력 오프셋 전류
④ 입력 오프셋 전류 드리프트

해설
Offset Voltage : 입력 회로의 신호가 제로임에도 불구하고 출력이 발생하는 경우, 이것을 조정하여 출력을 제로로 하기 위해 입력단자에 가하는 전압

16 다음 ( ) 안에 들어갈 내용으로 알맞은 것은?

D 플립플롭은 1개의 S-R 플립플롭과 1개의 ( ) 게이트로 구성할 수 있다.

① AND   ② OR
③ NOT   ④ NAND

해설

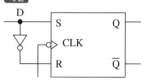

17 후입선출(LIFO) 동작을 수행하는 자료구조는?

① RAM   ② ROM
③ STACK   ④ QUEUE

해설
• 스택(Stack) : 데이터를 순서대로 넣고 바로 그 역순서로 데이터를 꺼낼 수 있는 기억 장치로서, 그 특성대로 후입 선출(LIFO ; Last-in First-out) 기억 장치라고도 한다.
• 큐(Queue) : 데이터가 들어오는 곳과 나가는 곳이 다른 자료구조이다. 데이터가 쌓이다가 데이터가 나가야 할 때 가장 먼저 들어온 데이터가 나가게 되는 선입선출, 즉 FIFO 방식이다.

18 중앙처리장치(CPU)를 구성하는 주요 요소로 올바르게 짝지어진 것은?

① 연산장치와 보조기억장치
② 입·출력장치와 보조기억장치
③ 연산장치와 제어장치
④ 제어장치와 입·출력장치

해설
중앙처리장치(CPU)는 제어장치와 연산장치로 구성된다.

19 명령어는 전자계산기의 동작을 수행시키기 위한 비트들의 집합으로 나누어진다. 각 명령은 어떻게 구성되는가?

① 오퍼레이션코드와 실행프로그램
② 오퍼랜드와 목적프로그램
③ 오퍼레이션코드와 소스코드
④ 오퍼레이션코드와 오퍼랜드

해설
기계어 명령 형식은 동작부(연산 지시부 : OP-Code)와 오퍼랜드(Operand)로 구성되어 있다.

20 순서도를 작성하는 방법으로 틀린 것은?

① 처리순서의 방향은 아래에서 위로, 오른쪽에서 왼쪽 화살표로 표시한다.
② 논리적 타당성을 확보할 수 있도록 한다.
③ 처리과정을 간단명료하게 표시한다.
④ 순서도가 길거나 복잡할 경우 기능별로 분할한 후 연결 기호를 사용하여 연결한다.

해설
논리적인 흐름의 방향은 위에서 아래로, 왼쪽에서 오른쪽으로 서로 교차되지 않도록 그린다.

21 컴퓨터의 기억용량 1[KB]는 몇 [B]인가?

① 1,000   ② 1,001
③ 1,024   ④ 1,212

해설
1[Kbyte] = 2^{10}[byte] = 1,024[byte]

22 데이터 처리 과정 및 프로그램 결과가 출력되는 전반적인 처리 과정의 흐름을 일정한 기호로 사용하여 나타낸 것을 무엇이라 하는가?

① 순서도　　　　　② 수식도
③ 로 그　　　　　④ 분석도

해설
입출력 단계에서 설계한 프로그램 구성 요소와 입력된 데이터의 처리 과정 및 프로그램 결과가 출력되는 전반적인 처리 과정의 흐름을 일정한 기호를 사용하여 일목요연하게 나타내는 것을 순서도라고 한다.

23 다음 스위치 회로를 불 대수로 표현하면?

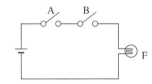

① $F = A + B$　　　② $F = A \cdot \overline{B}$
③ $F = A \cdot B$　　　④ $F = \overline{A} \cdot B$

해설
• 스위치의 직렬연결 : AND 연산
• 스위치의 병렬연결 : OR 연산

24 다음 중 일반적으로 가장 적은 [bit]로 표현 가능한 데이터는?

① 영상 데이터　　　② 문자 데이터
③ 숫자 데이터　　　④ 논리 데이터

해설
논리 참은 1, 논리 거짓은 0, 즉 논리데이터는 1[bit]로 표현 가능하다.

25 10진수 0.375를 2진수로 변환하면?

① $(0.11)_2$　　　　② $(0.011)_2$
③ $(0.110)_2$　　　④ $(0.111)_2$

해설
$0.375 \times 2 = 0.75 \rightarrow 0$
$0.75 \times 2 = 1.5 \rightarrow 1$
$0.5 \times 2 = 1.0 \rightarrow 1$
$\therefore 0.375_{(10)} = 0.011_{(2)}$

26 논리식 $F = \overline{A}BC + A\overline{B}\,\overline{C} + ABC + AB\overline{C}$를 카르노맵에 의해 간소화시킨 식은?

① $F = AB + \overline{B}C$　　② $F = A + A\overline{C}$
③ $F = \overline{A}B + B\overline{C}$　　④ $F = BC + A\overline{C}$

해설

C \ AB	00	01	11	10
0			1	1
1		1	1	

$F = BC + A\overline{C}$

27 상태 레지스터 중 2진 연산의 수행 결과 나타난 자리올림 또는 내림 상태를 판별하는 것은?

① Z(Zero) 비트　　② C(Carry) 비트
③ S(Sign) 비트　　④ P(Parity) 비트

해설
② C(Carry) 비트 : 부호가 없는 숫자의 연산 결과가 비트 범위를 넘어섰을 때(자리 올림 또는 내림) 참이 된다.
① Z(Zero) 비트 : 연산 결과가 0일 경우에 참이 된다.
③ S(Sign) 비트 : 연산 결과가 음수일 때 참이 된다.
④ P(Parity) 비트 : 연산 결과에서 1로 된 비트의 수가 짝수일 경우 참이 된다.

28 데이터 처리를 위하여 연산 능력과 제어 능력을 가지도록 하나의 칩 안에 연산 장치와 제어 장치를 집적시킨 것은?

① 컴퓨터　　　　② 레지스터
③ 누산기　　　　④ 마이크로프로세서

해설
마이크로프로세서
연산 장치와 중앙처리 장치의 제어 기능을 하나의 칩 속에 집적하여 연산과 제어를 실행할 수 있도록 한 소자이다. 한 개의 대규모 집적 회로로 이루어지며, 마이크로컴퓨터의 중앙처리 장치로 작동한다.

29 PCB를 가공할 때에는 부품 부착용 구멍(Hole)을 만들며, 이 구멍은 부품과 배선과의 접속이 가능하도록 원형이나 사각형 등의 모양으로 부품이나 단자의 납땜 장소로 사용되는 것은?

① 랜드(Land)
② 스루 홀(Through Hole)
③ 액세스 홀(Access Hole)
④ 트랙(Track)

해설
① 랜드(Land) : 부품의 단자 또는 도체 상호간을 접속하기 위해 구멍의 주위에 만든 특정한 도체 부분(전기적 접속 또는 부품의 부착을 위하여 사용되는 도체 패턴의 일부분)이다.
② 스루 홀(Through Hole) : 프린트배선 기판상의 둥근 형태의 구멍을 말하는 것으로, 2층 또는 다층간의 배선이나 부품의 취부가 용이하여 다수의 부품 접속을 동시에 달성할 수 있다. 도금된 스루 홀은 부품 리드의 납땜이 강화되어 배선의 신뢰도가 높아진다.
③ 액세스 홀(Access Hole) : 다층 프린트 배선판의 내층에 도통 홀과 전기적으로 접속되도록 도금 도통홀을 감싸는 부분에 도체 패턴을 형성하고 있다.

30 인쇄회로기판이 갖추어야 할 특성과 거리가 먼 것은?

① 온도 상승에 대하여 변화가 적어야 한다.
② 납땜 시 가열 등에 의해서는 안정되어야 한다.
③ 기계적 강도를 갖추고, 가공이 용이해야 한다.
④ 공정 중 약물처리에 대해 특성이 변화하여야 한다.

해설
인쇄회로기판의 화학적 특성
• 내약품성 : 인쇄회로기판의 제조공정 중 여러 가지 약품이나 용제가 사용된다. 이러한 약품이나 용제에 대하여 어느 정도 기판이 변화하는가를 시험하는 것으로 약물 처리에 대해 특성이 변화하지 않아야 한다.
• 흡수율 : 인쇄회로기판의 제조공정 중이나 실제 사용 시 보관 중인 기판이 흡착하면 전기적 특성에 악영향을 미친다.

31 회전각도와 저항값 변화율에 따라 A형, B형, C형으로 구분되며, 포텐쇼미터(Potentiometer)라고 하는 소자는?

① 탄소피막 저항
② 금속피막 저항
③ 가변저항
④ 권선저항

해설
가변저항(Potentiometer)은 전자회로에서 저항값을 임의로 바꿀 수 있는 저항기이다. 가변저항을 사용하여 저항을 바꾸면 전류의 크기도 바뀐다.

32 A4 용지의 크기를 올바르게 나타낸 것은?

① 841×1,189[mm]

② 594×841[mm]

③ 420×594[mm]

④ 210×297[mm]

해설

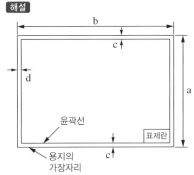

(a) A0–A4에서 긴 변을 좌우 방향으로 놓은 경우

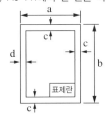

(b) A4에서 짧은 변을 좌우 방향으로 놓은 경우

[도면의 크기와 양식]

용지 크기의 호칭		A0	A1	A2	A3	A4
a×b		841× 1,189	594× 841	420× 594	297× 420	210× 297
c(최소)		20	20	10	10	10
d (최소)	철하지 않을 때	20	20	10	10	10
	철할 때	25	25	25	25	25

※ d 부분은 도면을 철하기 위하여 접었을 때, 표제란의 좌측이 되는 곳에 마련한다.

33 회로를 CAD로 작성한 후 전기적인 연결 상태를 검증하는 것은?

① ERC(Electrical Rule Check)

② LRC(Line Rule Check)

③ CRC(Circuit Rule Check)

④ SRC(Schematic Rule Check)

해설

ERC(Electric Rule Check) : 회로를 CAD로 작성한 후 전기적인 연결 상태를 검증한다.

34 인쇄회로기판의 고밀도화를 촉진하는 요인이 아닌 것은?

① Via 홀의 소형화

② 전자회로의 단순화

③ 부품의 SMT화

④ 인쇄회로기판의 다층화

해설

인쇄회로기판의 고밀도화는 도체의 세선화, 비아홀 직경의 소형화, 다층화, FPC화, SMT화에 의해 촉진되고 있다.

35 PCB 제조 공정에서 소정의 배선 패턴만 남기고 다른 부분의 패턴을 제거하는 공정은?

① 천 공　　　　② 노 광
③ 에 칭　　　　④ 도 금

③ 에칭(Etching, 부식) : 웨이퍼 표면의 배선부분만 부식 레지스트를 도포한 후 이외의 부분은 화학적 또는 전기·화학적으로 제거하는 처리를 말한다.
① 천공(Drill) : PCB 기판에 구멍을 뚫는 작업을 말한다.
② 노광(Exposure) : 동판 PCB에 감광액을 바르고 아트워킹 패턴이 있는 네거티브 필름을 자외선으로 조사하여 PCB에 패턴의 상을 맺게 하면 PCB의 패턴부분만 감광액이 경화하고 절연부가 되어야 할 곳은 경화가 되지 않고 액체인 상태가 유지된다. 이때 PCB를 세척제에 담그면 액체상태의 감광액만 씻겨져 나가게 되는, 동판의 PCB 위에는 경화된 감광액으로 패턴만 남게 하는 기술이다.
④ 도금(Plating) : 물건의 표면 상태를 개선할 목적으로 금속 표면에 다른 금속(순금속 외에 합금도 포함)의 얇은 층을 입히는 것을 말한다.

36 PCB 제조 공정에서 구리를 제거하기 위한 에칭액은?

① 염화나트륨　　　② 염화제이철
③ 크롬황산　　　　④ 수산화나트륨

PCB 제조 공정에서 주로 사용하는 에칭액은 염화제이철($FeCl_3$)이다.

37 다음 중 부품의 특성을 표시해야 하는 내용으로 가장 거리가 먼 것은?

① 부품값　　　　② 허용오차
③ 정격전압　　　④ 부품의 분류

정격과 특성의 표시는 정격 전력, 전압, 부품값 및 허용오차를 색 또는 문자로 표시한다.

38 제도 용지에 직접 연필로 작성한 도면이나 컴퓨터로 작성한 최초의 도면을 무엇이라 하는가?

① 스케치도　　　② 복사도
③ 트레이스도　　④ 원 도

④ 원도(Original Drawing) : 제도 용지에 직접 연필로 작성한 도면이나 컴퓨터로 작성한 최초의 도면으로, 트레이스도의 원본이 된다.
① 스케치도(Sketch Drawing) : 제품이나 장치 등을 그리거나 도안할 때, 필요한 사항을 제도 기구를 사용하지 않고 프리핸드로 그린 도면이다.
② 복사도(Copy Drawing) : 같은 도면을 여러 장 필요로 하는 경우에 트레이스도를 원본으로 하여 복사한 도면으로, 청사진, 백사진 및 전자 복사도 등이 있다.
③ 트레이스도(Traced Drawing) : 연필로 그린 원도 위에 트레이싱지(Tracing Paper)를 놓고 연필 또는 먹물로 그린 도면으로, 청사진도 또는 백사진도의 원본이 된다.

39 PCB 상에서 상호 연결되어 있는 신호, 모듈, 핀의 명칭으로 회로 도면상의 연결 정보를 무엇이라 하는가?

① Netlist　　　　② Footprint
③ Partlist　　　　④ Libraries

Netlist File : 도면의 작성에 대한 결과 파일로 PCB 프로그램이나 시뮬레이션 프로그램에서 입력 데이터로 사용되어지는 필수 파일로 풋프린트, 패키지명, 부품명, 네트명, 네트와 연결된 부품 핀, 네트와 핀 그리고 부품의 속성에 대한 정보를 포함하고 있다.

40 단면인쇄회로기판 설계 시 출력 데이터 파일의 내용이 아닌 것은?

① Drill Data
② Top Silk Screen
③ Solder Side Pattern
④ Inner Layer Pattern

① Drill Data : 인쇄회로기판의 천공할 홀의 크기 및 좌표와 수량 데이터를 표시
② Top Silk Screen : 조립 시 참조할 부품의 번호와 종류, 방향에 대한 데이터 표시
③ Solder Side Pattern : 납땜 면에 대한 데이터 표시

41 유연성을 갖는 PCB로 절연기판이 얇은 필름으로 만들어진 것은?

① 페놀 단면 PCB
② 에폭시 PCB
③ 플렉시블 PCB
④ 메탈 PCB

플렉시블(Flexible) PCB : 폴리에스터나 폴리아마이드 필름에 동박을 접착한 얇은 필름으로 된 PCB로 유연성 인쇄회로기판으로도 불리며, 카메라 등의 굴곡진 부분에 많이 사용되는 기판이다.

42 패턴 설계 시 유의사항으로 옳지 않은 것은?

① 패턴은 가급적 굵고 짧게 해야 한다.
② 패턴 사이의 간격을 최대한 붙여 놓는다.
③ 배선은 가급적 짧게 하는 것이 다른 배선이나 부품의 영향을 적게 받는다.
④ 전력용량, 주파수 대역 및 신호 형태별로 기판을 나누거나 커넥터를 분리하여 설계한다.

신호 라인이 길 때는 간격을 충분히 유지시키는 것이 좋다.

43 인쇄회로기판(PCB)을 제조할 때 사용되는 제조 공정이 아닌 것은?

① 사진 부식법
② 실크 스크린법
③ 오프셋 인쇄법
④ 대역 용융법

인쇄회로기판(PCB)의 제조 공정
• 사진 부식법 : 사진의 밀착 인화 원리를 이용한 것으로, 정밀도는 가장 우수하나 양산에는 적합하지 않다. 포토 레지스트(Photo Resist)를 직접 기판에 도포하고, 필름을 기판 위에 얹어 감광시킨 다음 현상하면, 기판에는 배선에 해당하는 부분만 남고 나머지 부분에 구리면이 나타난다.
• 실크 스크린법 : 등사 원리를 이용하여 내산성 레지스터를 기판에 직접 인쇄하는 방법으로, 사진 부식법에 비해 양산성은 높으나 정밀도가 다소 떨어진다. 실크로 만든 스크린에 감광성 유제를 도포하고 포지티브 필름으로 인화, 현상하면 패턴 부분만 스크린되고, 다른 부분이 막히게 된다. 이 실크 스크린에 내산성 잉크를 칠해 기판에 인쇄한다.
• 오프셋 인쇄법 : 일반적인 오프셋 인쇄 방법을 이용한 것으로 실크 스크린법보다 대량 생산에 적합하고 정밀도가 높다. 내산성 잉크와 물이 잘 혼합되지 않는 점을 이용하여 아연판 등의 오프셋판을 부식시켜 배선 부분에만 잉크를 묻게 한 후 기판에 인쇄한다.

44 다음 기호의 명칭으로 옳은 것은?

① NPN Type Transistor

② PNP Type Transistor

③ Photo Type Transistor

④ Diode Type Transistor

해설
트랜지스터는 반도체의 기본이 되는 소자이다. 이미터 단자의 전류 방향에 따라 NPN(B→E), PNP(E→B) 타입으로 나뉘며 용도가 스위칭, 증폭 등 다양하다. B(베이스), 티(이미터), C(컬렉터) 이렇게 3단자로 구성되어 있으며 베이스에 가해지는 전압, 전류에 따라 이미터와 컬렉터 간 흐르는 전압, 전류의 크기가 변한다.

TR-PNP형   TR-NPN형

45 일반적으로 회로도를 설계할 때 고려해야 할 사항으로 거리가 먼 것은?

① 대각선과 곡선은 가급적 피한다.

② 주회로와 보조회로가 있는 경우에는 주회로를 중심으로 그린다.

③ 수동소자를 중심으로 그리고, 능동소자는 회로의 외곽에 그린다.

④ 신호의 흐름은 도면의 왼쪽에서 오른쪽으로, 위에서 아래로 그린다.

해설
능동소자를 중심으로 그리고 수동소자는 회로 외곽에 그린다.

46 전자회로설계에서 전체적인 동작이나 기능의 계통도로 그린 것은?

① 상세도   ② 접속도

③ 블록도   ④ 기초도

해설
블록도 : 전자 응용기기에서 여러 종류의 단위 기능을 가지는 요소들을 조합 구성하여, 전체적인 동작이나 기능을 계통도로 그린 도면

47 인쇄회로기판의 설계 요소 중 패턴 설계 시 유의할 점으로 옳지 않은 것은?

① 패턴 사이의 간격은 차폐를 행한다.

② 일점 어스 방식으로 설계한다.

③ 패턴은 가늘고 길게 한다.

④ 배선은 짧게 한다.

해설
인쇄회로기판의 패턴을 설계할 때 패턴은 가능한 굵고 짧게 한다 (특히, 전원부).

48 전자 회로도나 블록도(Block Diagram)와 같이 기호(Symbol)와 글자로만 도면이 이루어질 경우, 치수의 의미가 없거나 도면과 실물의 치수가 비례하지 않을 때 척도란의 표기로 옳은 것은?

① 실 척   ② NC

③ NS   ④ 배 척

해설
블록도와 같이 기호나 글자로만 도면이 이루어지거나 그림의 형태가 치수와 비례하지 않을 때에는 치수 밑에 밑줄을 긋거나 척도란에 비례가 아님 또는 NS(Not to Scale) 등의 문자를 기입하여야 한다. 또 사진으로 축소, 확대하는 도면에 있어서는 필요에 따라 사용한 척도의 눈금을 기입하여야 한다.

49 인쇄회로기판(PCB) 설계 시 고주파 부품 및 노이즈(Noise)에 대한 대책으로 옳지 않은 것은?

① 아날로그, 디지털 혼재 회로에서 접지선은 분리한다.
② 전원용 라인필터는 연결부위에 가깝게 배치한다.
③ 고주파 부품은 일반회로 부분과 분리하여 배치하도록 하고, 가능하면 차폐를 실시하여 영향을 최소화 하도록 한다.
④ 부품의 리드는 가급적 길게 하여 안테나 역할을 하도록 한다.

해설
④ 부품은 세워서 사용하지 않으며, 가급적 부품의 다리를 짧게 배선한다.

50 다음 콘덴서의 정전용량 값과 허용오차는?

① 정전용량 : $0.001[\mu F]$, 허용오차 : $\pm 0.1[\%]$
② 정전용량 : $0.001[\mu F]$, 허용오차 : $\pm 1[\%]$
③ 정전용량 : $0.0001[\mu F]$, 허용오차 : $\pm 10[\%]$
④ 정전용량 : $0.0001[\mu F]$, 허용오차 : $\pm 20[\%]$

해설
• 정전용량 : $101 = 100[pF] = 0.0001[\mu F]$
• 허용오차 : $K = \pm 10[\%]$

허용차[%]의 문자 기호

문자 기호	허용차[%]	문자 기호	허용차[%]
B	±0.1	J	±5
C	±0.25	K	±10
D	±0.5	L	±15
F	±1	M	±20
G	±2	N	±30

51 인쇄회로기판 가공에 사용되는 용어 중 부품의 단자 또는 도체 상호간을 접속하기 위하여 구멍 주위에 만든 특정한 도체 부분을 무엇이라 하는가?

① 랜드(Land)　　② 마운트(Mount)
③ 패턴(Pattern)　　④ 홀(Hole)

해설
랜드(Land) : 부품의 단자 또는 도체 상호간을 접속하기 위해 구멍의 주위에 만든 특정한 도체 부분(전기적 접속 또는 부품의 부착을 위하여 사용되는 도체 패턴의 일부분), 부품을 기판에 고정하기 위해 만든 VIA, 주변의 COPPER이다.

52 전자 CAD 패키지에 포함되어 있지 않은 프로그램은?

① 인쇄회로기판 설계용 프로그램
② 회로 시뮬레이션용 프로그램
③ 회로설계(Schematic)용 프로그램
④ 부품 가공 데이터 작성용 프로그램

해설
①, ②, ③은 회로 설계에 필요한 프로그램이고, ④는 부품 가공 프로그램이다.

53 다음 중 PCB 설계 후 곧바로 PCB를 제작할 수 있는 필름출력이 가능한 장치는?

① X-Y 플로터
② Photo 플로터
③ Gerber Editor
④ Ink Jet 프린터

해설
PCB 설계 후 곧바로 PCB를 제작할 수 있는 필름 출력이 가능한 장치는 Photo 플로터 등이 있다.

54 사진이나 그림, 문서, 도표 등을 컴퓨터에 디지털화하여 입력하는 장치는?

① 터치스크린 ② 스캐너
③ 키보드 ④ 플로터

해설
전자화되지 않은 자료(특히 손으로 작업한 것, 사진, 그림, 문서, 도표 등)는 스캐너로 읽어 전자화해야 컴퓨터에서 사용할 수 있다.

55 다음 중 표면실장형 부품 패키지 형태가 아닌 것은?

① SMD ② DIP
③ SOP ④ TQFP

해설
IC의 외형에 따른 종류
• 스루홀(Through Hole) 패키지 : DIP(CDIP, PDIP), SIP, ZIP, SDIP
• 표면실장형(Surface Mount Device, SMD) 패키지 : SOP (TSOP, SSOP, TSSOP), QFP, QFJ(PLCC), QFN, BGA, TQFP
• 접촉실장형(Contact Mount Device) 패키지 : TCP, COB, COG

56 수정 진동자를 나타내는 도 기호(Symbols)는?

①   ②

③   ④

해설
② 수정 진동자(Crystal)
① 발광다이오드(LED)
③ 전해콘덴서
④ 변조기 복조기

57 Through Hole에 대한 설명으로 옳은 것은?

① 층간의 상호 절연을 위한 것이다.
② 홀의 한쪽이 층 내부에 묻혀 있다.
③ 신호의 접지를 위한 홀이다.
④ 부품면과 동박면을 도통하기 위한 것이다.

해설
스루홀 : 층간(부품면과 동박면)의 전기적인 연결을 위하여 형성된 홀로서 홀의 내벽을 구리로 도금하면 도금 도통홀이라고 한다.

58 다음 중 설계파일의 저장장치와 관련이 없는 것은?

① CD-RW
② 스캐너
③ 하드디스크
④ 플로피디스트

해설
스캐너 : 전자화되지 않은 자료(특히 손으로 작업한 것, 사진, 그림, 문서, 도표 등)를 읽어 컴퓨터에서 사용할 수 있도록 하는 입력장치이다.

59 다음 전자 소자 중 수동 소자는?

① 다이오드

② 트랜지스터

③ 용량기

④ 집적회로

해설

- 능동소자(부품) : 입력과 출력을 갖추고 있으며, 전기를 가하면 입력과 출력이 일정한 관계를 가진다. 신호단자 외 전력의 공급이 필요하다.

  예 연산증폭기, 부성저항특성을 띠는 다이오드, 트랜지스터, 전계효과트랜지스터(FET), 단접합트랜지스터(UJT), 진공관 등

- 수동소자(부품) : 능동소자와는 반대로 에너지를 소비, 축적, 통과시키는 작용을 하고, 외부전원 없이 단독으로 동작이 가능하다.

  예 저항기, 콘덴서, 인덕터, 트랜스, 릴레이 등

60 다음 프린터 종류 중 비충격(Non-impact) 프린터는?

① 활자 프린터

② 도트 프린터

③ 펜 스트로크 프린터

④ 레이저 빔 프린터

해설

①, ②, ③은 기계적인 충격으로 인쇄하는 장치이다.

01 최댓값이 I_m[A]인 전파정류 정현파의 평균값은?

① $\sqrt{2}\, I_m$[A]

② $\dfrac{I_m}{\pi}$[A]

③ $\dfrac{2I_m}{\pi}$[A]

④ $\dfrac{I_m}{2}$[A]

해설
평균값 : 교류 순시값의 1주기 동안의 평균을 취하여 교류의 크기를 나타낸 값

$$I_a = \frac{2}{\pi} I_m$$

02 굵기가 균일한 전선의 단면적이 S[m²]이고, 길이가 l[m]인 도체의 저항은 몇 [Ω]인가?(단, ρ는 도체의 고유저항이다)

① $R = \rho\dfrac{S}{l}$[Ω]

② $R = \rho\dfrac{l}{S}$[Ω]

③ $R = l\dfrac{S}{\rho}$[Ω]

④ $R = lS\rho$[Ω]

해설
$$R = \rho\frac{l}{A}[\Omega]$$
여기서, ρ : 도체의 고유저항(비저항, 저항률)
　　　　l : 도체의 길이
　　　　A : 도체의 단면적

03 주파수가 100[MHz]인 반송파를 3[kHz]의 신호파로 FM 변조했을 때 최대 주파수 편이가 ±15[kHz]이면 변조지수는?

① 3

② 5

③ 10

④ 15

해설
$$변조지수 \; m_f = \frac{최대\;주파수\;편이}{변조\;신호\;주파수} = \frac{\triangle f}{f_s}$$
$$\therefore \; m_f = \frac{15}{3} = 5$$

04 반도체소자 중 정전압회로에서 전압조절(VR)과 같은 동작 특성을 갖는 것은?

① 서미스터

② 바리스터

③ 제너다이오드

④ 트랜지스터

해설
제너다이오드는 제너 항복의 특징을 이용하여 저전류 DC 정전압 장치로 많이 사용한다. 제너다이오드에는 제너전압보다 높을 때 역방향 전류가 흘러 거의 일정한 제너전압을 만든다.

05 PN 접합 다이오드에 가한 역방향 전압이 증가할 때 옳은 것은?

① 저항이 감소한다.

② 공핍층의 폭이 감소한다.

③ 공핍층 정전용량이 감소한다.

④ 다수캐리어의 전류가 증가한다.

해설

PN접합 다이오드에 역방향으로 전압을 가하면 정공은 P형 쪽으로, 전자는 N형 쪽으로 이동하며, 역방향 전압이 증가할수록 공핍층과 저항은 증가하고, 전류는 감소하게 된다.

06 트랜지스터의 컬렉터 역포화 전류가 주위온도의 변화로 12[μA]에서 112[μA]로 증가되었을 때 컬렉터 전류의 변화가 0.71[mA]이었다면 이 회로의 안정도계수는?

① 1.2

② 6.3

③ 7.1

④ 9.7

해설

안정계수

$$S = \frac{\Delta I_C}{\Delta I_{CO}} = \frac{0.71 \times 10^{-3}}{(112-12) \times 10^{-6}} = \frac{0.71}{100} \times 10^3 = 7.1$$

07 슈미트 트리거 회로의 입력에 정현파를 넣었을 경우 출력파형은?

① 톱니파

② 삼각파

③ 정현파

④ 구형파

해설

슈미트 트리거 회로는 입력 전압이 어떤 정해진 값 이상으로 높아지면 출력 파형이 상승하고 어떤 정해진 값 이하로 낮아지면 출력 파형이 하강하는 동작을 한다. 그러므로 구형파가 아닌 입력 파형을 걸어주면 그 전환 레벨에 해당되는 펄스폭의 직사각형 파를 얻을 수 있다. 그러므로 입력 파형이 서서히 변화하는 사인파를 넣으면 출력은 높고 낮은 2개의 논리 상태를 형성하는 구형파를 얻을 수 있다.

08 펄스의 주기 등은 일정하고 그 진폭을 입력 신호 전압에 따라 변화시키는 변조방식은?

① PAM

② PFM

③ PCM

④ PWM

해설

펄스 변조 방식

• 펄스 진폭 변조(PAM) : 펄스의 폭 및 주기를 일정하게 하고 신호파에 따라서 그 진폭만을 변화시키는 방식
• 펄스 부호 변조(PCM) : 주기적인 펄스의 진폭이나 폭·위치 따위는 바꾸지 아니하고, 신호파의 진폭에 따라 펄스 값의 유무를 부호화된 신호로 바꾸는 변조 방식
• 펄스폭 변조(PWM) : 변조 신호의 크기에 따라서 펄스의 폭을 변화시켜 변조하는 방식
• 펄스 위치 변조(PPM) : 펄스의 시간적 위치를 신호파의 진폭에 비례하여 변화시키는 변조방식

09 720[kHz]인 반송파를 3[kHz]의 변조신호로 진폭 변조했을 때 주파수 대역폭 B는 몇 [kHz]인가?

① 3[kHz]   ② 6[kHz]

③ 8[kHz]   ④ 10[kHz]

> **해설**
> 진폭 변조파의 주파수 대역폭
> = 반송파의 주파수 ± 변조된 주파수
> 상측파대 주파수 : 720[kHz] + 3[kHz] = 723[kHz]
> 하측파대 주파수 : 720[kHz] − 3[kHz] = 717[kHz]
> 그러므로, 주파수 대역폭 B는 6[kHz]

10 크로스오버 일그러짐은 어디에서 생기는 증폭방식 인가?

① A급   ② B급

③ C급   ④ AB급

> **해설**
> B급 푸시풀 회로의 특징
> • 큰 출력을 얻을 수 있다.
> • B급 동작이므로 직류 바이어스 전류가 작아도 된다.
> • 효율이 높다.
> • 입력 신호가 없을 때 전력 손실은 무시할 수 있다.
> • 짝수 고조파 성분이 서로 상쇄되어 일그러짐이 없다.
> • B급 증폭기 특유의 크로스오버 일그러짐(교차 일그러짐)이 생긴다.

11 그림의 회로에서 결합계수가 k일 때, 상호인덕턴스 M은?

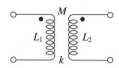

① $M = k\sqrt{L_1 L_2}$ ② $M = kL_1 L_2$

③ $M = \dfrac{k}{\sqrt{L_1 L_2}}$ ④ $M = \dfrac{k}{L_1 L_2}$

> **해설**
> • 결합계수 $k = \dfrac{M}{\sqrt{L_1 L_2}}$
> • 상호인덕턴스 $M = k\sqrt{L_1 L_2}$

12 10[V]의 전압이 100[V]로 증폭되었다면 증폭도 는?

① 20[dB]   ② 30[dB]

③ 40[dB]   ④ 50[dB]

> **해설**
> 증폭도(A)
> $$A = 20\log_{10}\frac{V_o}{V_i}$$
> $$= 20\log_{10}\frac{100}{10} = 20\log_{10}10 = 20[\text{dB}]$$

13 RC결합 저주파증폭회로의 이득이 높은 주파수에서 감소되는 이유는?

① 증폭기 소자의 특성이 변화하기 때문에
② 결합 커패시턴스의 영향 때문에
③ 부성저항이 생기기 때문에
④ 출력회로의 병렬 커패시턴스 때문에

해설
TR에 고주파신호가 들어오면 컬렉터, 베이스, 이미터 간에 커패시턴스가 생기고, 이때 생기는 용량성분을 병렬용량(접합용량, 극간용량)이라고 한다. 병렬용량의 경우 주파수가 높아지면 출력레벨이 감소한다. 즉, 이득이 감소한다.

14 이상형 CR 발진회로의 CR을 3단 계단형으로 조합할 경우, 컬렉터측과 베이스측의 총 위상 편차는 몇 도인가?

① 90°　　　　② 120°
③ 180°　　　　④ 360°

해설
이상형 CR 발진회로는 컬렉터측 출력 전압의 위상을 180° 바꾸어 입력측 베이스에 양되먹임되어 발진하는 발진기이다.

15 다음과 같은 회로의 명칭은?

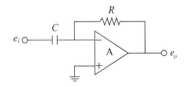

① 부호 변환기　　② 전류 증폭기
③ 적분기　　　　④ 미분기

해설
미분기의 입력소자는 콘덴서이고 되먹임소자는 저항이다. 적분기의 입력소자는 저항이고 되먹임소자는 콘덴서이다.

16 N형 반도체의 다수 반송자는?

① 정 공　　　　② 도 너
③ 전 자　　　　④ 억셉터

해설
N형 반도체의 다수 반송자는 전자, P형 반도체의 다수 반송자는 정공이다.

17 컴퓨터 회로에서 Bus Line을 사용하는 가장 큰 목적은?

① 정확한 전송
② 속도 향상
③ 레지스터 수의 축소
④ 결합선 수의 축소

해설
컴퓨터 내·외부 각종 신호원 간의 데이터나 전원 전송용 공통 전송로를 버스선(Bus Line)이라고 한다. 따라서 Bus Line을 사용하면 결합선의 수를 줄일 수 있다.

18 가상기억장치(Virtual Memory)에서 주기억장치의 내용을 보조기억장치로 전송하는 것을 무엇이라 하는가?

① 로드(Load)　　　　② 스토어(Store)
③ 롤아웃(Roll-out)　　④ 롤인(Roll-in)

해설
• 롤아웃(Roll-out) : 주기억장치 가운데 사용하지 않은 프로그램 또는 우선도가 낮은 프로그램을 보조기억장치로 옮기는 일
• 롤인(Roll-in) : 우선순위가 높은 프로그램을 수행하기 위해 주기억장치에서 보조기억장치로 옮겨 놓았던 우선순위가 낮은 프로그램을 다시 원상태로(주기억장치로) 되돌려 보내는 것

19 마이크로컴퓨터에서 오퍼랜드가 존재하는 기억장치의 어드레스를 명령 속에 포함시켜 지정하는 주소 지정방식은?

① 직접 어드레스 지정방식
② 이미디어트 어드레스 지정방식
③ 간접 어드레스 지정방식
④ 레지스터 어드레스 지정방식

해설
- 직접 주소 지정방식 : 명령의 주소부가 사용할 자료의 번지를 표현하고 있는 방식
- 즉시 주소 지정방식 : 명령어 자체에 오퍼랜드(실제 데이터)를 내포하고 있는 방식
- 간접 주소 지정방식 : 명령어에 나타낼 주소가 명령어 내에서 데이터를 지정하기 위해 할당된 비트수로 나타낼 수 없을 때 사용하는 방식
- 레지스터 간접 주소 지정방식 : 오퍼랜드가 레지스터를 지정하고 다시 그 레지스터 값이 실제 데이터가 기억되어 있는 주소를 지정하는 방식

20 다음 중 8421 코드는?

① BCD 코드   ② Gray 코드
③ Biquinary 코드   ④ Excess-3 코드

해설
① BCD(Binary Coded Decimal) 코드 : 2진수의 10진법 표현 방식으로 0~9까지의 10진 숫자에 4[bit] 2진수를 대응시킨 것
② 그레이 코드(Gray Code) : 서로 인접하는 두 수 사이에 단 하나의 비트만 서로 다른 코드
③ Biquinary 코드 : 10진수의 1자리를 나타내는 데 7[bit]를 사용하여 이 7[bit]를 2[bit]와 5[bit]로 나누어 각각의 비트에 자리값을 부여하여 나타내는 코드
④ Excess-3 코드(3초과 코드) : BCD 코드에 $3_{10} = 0011_2$를 더해 만든 것

21 기억장치의 성능을 평가할 때 가장 큰 비중을 두는 것은?

① 기억장치의 용량과 모양
② 기억장치의 크기와 모양
③ 기억장치의 용량과 접근속도
④ 기억장치의 모양과 접근속도

해설
기억장치의 성능 평가 요소 : 용량, 접근 속도, 사이클 시간, 대역폭, 데이터 전송률, 가격 등

22 다음 논리회로에서 출력이 0이 되려면, 입력 조건은?

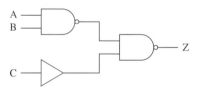

① A = 1, B = 1, C = 1
② A = 1, B = 1, C = 0
③ A = 0, B = 0, C = 0
④ A = 0, B = 1, C = 1

해설
$$Z = \overline{\overline{AB} \cdot C} = \overline{(\overline{A+B})C}$$
$$= \overline{\overline{A+B}} + \overline{C} = A \cdot B + \overline{C}$$
출력(Z)이 0이 되려면 출력 측의 NAND 게이트 입력에 모두 1이 입력되어야 하므로 A와 B 둘 중 최소 하나는 0이어야 하고, C는 1이 되어야 한다.

23 비가중치 코드이며 연산에는 부적합하지만 어떤 코드로부터 그 다음의 코드로 증가하는데 하나의 비트만 바꾸면 되므로 데이터의 전송, 입·출력 장치 등에 많이 사용되는 코드는?

① BCD 코드　　　　② Gray 코드
③ ASCII 코드　　　④ Excess-3 코드

해설
• 그레이 코드(Gray Code) : 서로 인접하는 두 수 사이에 단 하나의 비트만 서로 다른 코드
• ASCII코드 : 미국표준화협회가 제정한 7[bit] 코드

24 단항(Unary) 연산을 행하는 것은?

① OR　　　　　　② AND
③ SHIFT　　　　　④ 사칙연산

해설
자료의 수에 따른 연산의 분류
• 단항 연산 : 하나의 입력 자료에 대한 연산(Shift, Rotate, Complement, Move, Not)
• 이항 연산 : 두 개의 입력 자료에 대한 연산(AND, OR, Ex-or, Ex-nor)

25 데이터 전송 속도의 단위는?

① bit　　　　　　② byte
③ baud　　　　　④ binary

해설
baud는 데이터의 전송 속도를 나타내는 단위로 1초 동안 보낼 수 있는 부호의 비트 수로 나타낸다.

26 명령어의 기본적인 구성요소 2가지를 옳게 짝지은 것은?

① 기억장치와 연산장치
② 오퍼레이션 코드와 오퍼랜드
③ 입력장치와 출력장치
④ 제어장치와 논리장치

해설
기계어 명령 형식은 동작부(연산 지시부 : OP Code)와 오퍼랜드(Operand)로 구성되어 있다.

27 누산기(Accumulator)에 대한 설명으로 올바른 것은?

① 상태 신호를 발생시킨다.
② 제어 신호를 발생시킨다.
③ 주어진 명령어를 해독한다.
④ 연산의 결과를 일시적으로 기억한다.

해설
누산기(Accumulator) : 기억장치로부터 연산을 수행할 데이터를 제공받아 보관하거나 연산을 한 결과 등을 일시적으로 저장해 두는 레지스터

28 데이터의 입·출력 전송이 중앙처리장치의 간섭 없이 직접 메모리 장치와 입·출력 장치 사이에서 이루어지는 인터페이스는?

① DMA　　　　　② FIFO
③ 핸드셰이킹　　　④ I/O 인터페이스

해설
DMA(Direct Memory Access) : 주기억장치와 입출력장치 간의 자료 전송이 중앙처리장치의 개입 없이 곧바로 수행되는 방식

29 인쇄회로기판의 임피던스에 대한 설명으로 옳지 않은 것은?

① 회로의 폭과 층간두께의 영향을 가장 많이 받는다.

② 임피던스의 단위는 옴[Ω]이다.

③ 고속의 신호전송을 위해서는 유전상수가 작은 재료를 사용한다.

④ 전송 신호의 손실을 최소화하기 위해 유전손실이 높은 재료를 사용한다.

> **해설**
> • 임피던스를 감소시키는 방법
>   – 회로폭이나 회로두께를 증가시킨다.
>   – 절연두께를 감소시킨다.
> • 임피던스를 증가시키는 방법
>   – 레진함량을 증가시킨다.
>   – 유전율을 감소시킨다.
> ※ 임피던스의 영향인자
>   • 회로폭에 반비례
>   • 회로두께에 반비례
>   • 절연두께에 비례
>   • 유전율, 절연상수(E_r)의 제곱근에 반비례
>   • 기타(회로상에 가공된 Via Hole, Pad와 회로 간의 연결각도 등)

30 KS C의 중분류에 속하지 않는 것은?

① 정보기기, 데이터 저장매체

② 통신 전자기기 및 부품

③ 전기일반

④ 진공관 및 전구

> **해설**
> ①은 KS X 즉, 정보부문에 해당한다.
> KS C(전기부문)의 중분류
> 전기전자일반, 측정·시험용 기계기구, 전기·전자재료, 전선·케이블·전로용품, 전기기계기구, 전기응용기계기구, 전기·전자·통신부품, 전구·조명기구, 배선·전기기구, 반도체·디스플레이, 기타

31 회로도의 설계과정에서 부품 간의 선 연결정보를 생성하는 파일은?

① 거버(Gerber) 파일

② 네트리스트(Netlist) 파일

③ DRC(Design Rule Check) 파일

④ ERC(Electric Rule Check) 파일

> **해설**
> ② Netlist File : 회로도 작업에서 최종적으로 실행하는 부품 간의 선 연결정보를 담고 있는 파일
> ① 거버파일 : PCB 도면 작성(Artwork) 후 PCB 제작을 위한 최종 파일
> ③ DRC(Design Rule Check) 파일 : 회로의 디자인 룰을 검사한 파일
> ④ ERC(Electric Rule Check) 파일 : 회로를 CAD로 작성한 후 전기적인 연결 상태를 검증한 파일

32 전자제도에서 정격과 특성을 표시할 때는 KS C 0806의 규정에 의하여 표시된다. 다음은 전자제도에서 색과 숫자의 관계를 표시하였다. 올바르지 못한 것은?

① 검은색 = 0

② 주황색 = 3

③ 녹색 = 5

④ 흰색 = 7

> **해설**
> 색과 숫자의 관계
>
> | 색 명 | 숫 자 | 10의 배수 | 허용차[%] |
> |---|---|---|---|
> | 흑 색 | 0 | $10^0=1$ | ±20 |
> | 갈 색 | 1 | 10^1 | ±1 |
> | 적 색 | 2 | 10^2 | ±2 |
> | 황적색(주황색) | 3 | 10^3 | ±5 |
> | 황 색 | 4 | 10^4 | – |
> | 녹 색 | 5 | 10^5 | ±5 |
> | 청 색 | 6 | 10^6 | – |
> | 보라색 | 7 | 10^7 | – |
> | 회 색 | 8 | – | – |
> | 흰 색 | 9 | – | – |
> | 금 색 | – | 10^{-1} | ±5 |
> | 은 색 | – | 10^{-2} | ±10 |
> | 무 색 | – | – | ±20 |

33 다음 전자캐드 용어 중 옳지 않은 것은?

① CAM : Computer Aided Manufacturing

② CAD : Computer Aided Design

③ CAE : Computer Aided Epoxy

④ DRC : Design Rule Check

해설

CAE(Computer Aided Engineering) : CAD시스템으로 작성한 설계도를 토대로 제품을 만들 경우 강도나 소음, 진동 등의 성능면에서 어떤 특성을 갖고 있는지 알아내기 힘들다. 때문에 CAD로 작성한 제품모델을 컴퓨터 안에서 상세히 검토하고 그 데이터를 토대로 모델을 수정, 설계를 변경하기 위한 시스템이다. 말하자면 시작품을 컴퓨터 안에서 몇 번이고 만들어내는 것과 같은 일로써 시작품을 실제로 고쳐 만드는 수고를 덜 수 있어 신제품 개발기간의 단축이나 원가절감에 도움이 된다.

35 세라믹 콘덴서의 표면에 103이 표시되어 있을 때, 이 콘덴서의 정전용량은 몇 [μF]인가?

① 0.1[μF] ② 0.01[μF]

③ 0.001[μF] ④ 1[μF]

해설

$103 = 10 \times 10^3 = 10,000[\text{pF}] = 0.01[\mu\text{F}]$

34 다음 중 전자부품의 명칭과 기호가 정확하게 표시된 것은?

① ⎍⎍⎍⎍⎍ : 코일

② ─⎍⎍⎍─ : 콘덴서

③ ─⟩╱── : 저항

④ ─┤+ ─ : IC
　　　 ─┤−

해설

② 저항기
③ 가변콘덴서(바리콘)
④ 전 원

36 다음 중 전자기기 패널을 설계 제도할 때, 유의할 사항이 아닌 것은?

① 전원코드는 배치에서 제외할 수 있다.

② 패널부품은 크기를 고려하여 균형 있게 배치한다.

③ 조작 시 서로 연관이 있는 요소끼리 근접 배치한다.

④ 조작빈도가 높은 부품은 패널의 중앙이나 오른쪽에 위치한다.

해설

전자기기의 패널을 설계 제도할 때 유의해야 할 사항
• 전원코드는 배면에 배치한다.
• 조작상 서로 연관이 있는 요소끼리 근접 배치한다.
• 패널부품은 크기를 고려하여 균형있게 배치한다.
• 조작빈도가 높은 부품은 패널의 중앙이나 오른쪽에 배치한다.
• 장치의 외부 접속기가 있을 경우 반드시 패널의 아래에 배치한다.

37 다음 중에서 수동 부품(소자)인 것은?

① 트랜지스터　　　② 전자관

③ 다이오드　　　　④ 콘덴서

- 능동소자(부품) : 입력과 출력을 갖추고 있으며, 전기를 가하면 입력과 출력이 일정한 관계를 가진다. 신호단자 외 전력의 공급이 필요하다.
  예 연산증폭기, 부성저항특성을 띠는 다이오드, 트랜지스터, 전계효과트랜지스터(FET), 단접합트랜지스터(UJT), 진공관 등
- 수동소자(부품) : 능동소자와는 반대로 에너지를 소비, 축적, 통과시키는 작용을 하고, 외부전원 없이 단독으로 동작이 가능하다.
  예 저항기, 콘덴서, 인덕터, 트랜스, 릴레이 등

38 전자회로를 설계하는 과정에서 10[Ω]/5[W] 저항을 기판에 실장(배치)하여야 하는데, 10[Ω]/5[W] 저항의 부피가 커서 1[W] 저항을 이용한 구성방법으로 옳은 것은?

① 50[Ω] 5개 직렬접속

② 100[Ω] 5개 직렬접속

③ 50[Ω] 5개 병렬접속

④ 100[Ω] 5개 병렬접속

같은 크기 저항 5개를 병렬로 연결하면 전류가 1/5로 줄어들어 1[W]의 저항으로도 가능하다. 50[Ω]의 저항 5개를 병렬연결하면 합성저항은 10[Ω]이 된다.

$$\frac{R}{n} = \frac{50}{5} = 10[\Omega]$$

39 인쇄회로 기판의 패턴을 설계할 때, 유의해야 할 사항으로 옳지 않은 것은?

① 패턴은 굵고 짧게 한다.

② 배선은 길게 하는 것이 좋다.

③ 패턴 사이의 간격을 차폐한다.

④ 커넥터를 분리 설계한다.

패턴 설계 시 유의사항
- 패턴의 길이 : 패턴은 가급적 굵고 짧게 하여야 한다. 패턴은 가능한 두껍게 Data의 흐름에 따라 배선하는 것이 좋다.
- 부유 용량 : 패턴 사이의 간격을 떼어놓거나 차폐를 행한다. 양도체 사이의 상대 면적이 클수록, 또 거리가 가까울수록, 절연물의 유전율이 높을수록 부유 용량(Stray Capacity)이 커진다.
- 신호선 및 전원선은 45°로 구부려 처리한다.
- 신호 라인이 길 때는 간격을 충분히 유지시키는 것이 좋다.
- 단자와 단자의 연결에서 VIA는 최소화하는 것이 좋다.
- 공통 임피던스 : 기판에서 하나의 접지점을 정하는 1점 접지방식으로 설계하고, 각각의 회로 블록마다 디커플링 콘덴서를 배치한다.
- 회로의 분리 : 취급하는 전력 용량, 주파수 대역 및 신호 형태별로 기판을 나누거나 커넥터를 분리하여 설계한다.
- 도선의 모양 : 배선은 가급적 짧게 하는 것이 다른 배선이나 부품의 영향을 적게 받는다.
- 부품의 부피와 피치(Pitch) : 부품의 부피와 피치(Pitch)를 확인하여 적절한 부착위치를 설정한다.

40 20[mil]을 [mm] 단위로 환산한 값으로 적합한 것은?

① 0.127[mm]　　　② 0.254[mm]

③ 0.381[mm]　　　④ 0.508[mm]

$$1[\text{mil}] = \frac{1}{1,000}[\text{inch}] = 0.0254[\text{mm}]$$

$$\therefore 20[\text{mil}] = 20 \times 0.0254[\text{mm}] = 0.508[\text{mm}]$$

41 다음 중 SMD(Surface Mount Device)타입의 패드를 Plane층, Inner 및 Bottom면에 연결할 때, 패드에서 일정 거리의 트랙을 끌고 나온 후 비아를 사용하여 타 Layer에 연결하여 주는 것은?

① 레이어
② 팬 인
③ 팬아웃
④ 랜 드

해설

팬아웃(Fan-out) : SMD 형태의 부품처럼 스루홀을 가지지 않는 부품이 있을 때 이것을 Top면에 배치하고 라우팅은 Bottom면에서 할 경우 등 다른 레이어와 연결이 필요할 때 해당 부품 근처에 비아가 생성되게 하는 기능

42 CAD시스템에서 사용되는 입력장치로만 나열된 것은?

① 키보드, 마우스, 스캐너
② 디지타이저, 스캐너, 플로터
③ 터치스크린, 프린터, 마우스
④ 스캐너, 프린터, 플로터

해설

• 입력장치 : 키보드, 마우스, 스캐너, 디지타이저, 라이터 펜, OMR 리더기 등
• 출력장치 : 프린터, 플로터(X-Y, 펜, 포토 포함), 모니터(터치스크린 포함) 등

43 다음 중 서로 다른 CAD 프로그램 사이에 도면 파일을 교환하는 규격으로 옳은 것은?

① DXF
② STEP
③ IGES
④ OHP

해설

DXF(Data eXchange Format) : 서로 다른 CAD 프로그램 간에 설계도면 파일을 교환하는 데 업계 표준으로 사용되는 파일 형식으로, 캐드에서 작성한 파일을 다른 프로그램으로 넘길 때 또는 다른 프로그램에서 캐드로 불러올 때 사용한다.

44 다음 중 전자제도(CAD)에 대한 특징으로 옳지 않은 것은?

① 설계과정에서 능률이 높아진다.
② 한 번 저장한 도면은 수정하기가 어렵다.
③ 설계요소의 표준화로 도면 작성 시간이 단축된다.
④ 컴퓨터의 정확한 계산으로 인하여 수치결과에 대한 정확성이 증가한다.

해설

전자제도(CAD)는 도면을 컴퓨터 하드디스크에 저장하므로 수정이 용이하다.

45 반도체 소자의 형명 중, "2SC1815Y"는 어떤 소자 인가?

① 단접합 트랜지스터
② 터널다이오드
③ 전해콘덴서
④ 트랜지스터

해설

반도체 소자의 형명 표시법

2	S	C	1815	Y
㉠ 숫자	S	㉡ 문자	㉢ 숫자	㉣ 문자

- ㉠의 숫자 : 반도체의 접합면수(0 : 광트랜지스터, 광다이오드, 1 : 각종 다이오드, 정류기, 2 : 트랜지스터, 전기장 효과 트랜지스터, 사이리스터, 단접합 트랜지스터, 3 : 전기장 효과 트랜지스터로 게이트가 2개 나온 것). S는 반도체(Semiconductor)의 머리문자
- ㉡의 문자 : A, B, C, D 등 9개의 문자(A : pnp형의 고주파용 트랜지스터, B : pnp형의 저주파형 트랜지스터, C : npn형의 고주파형 트랜지스터, D : npn형의 저주파용 트랜지스터, F : pnpn 사이리스터, G : npnp 사이리스터, H : 단접합 트랜지스터, J : p채널 전기장 효과 트랜지스터, K : n채널 전기장 효과 트랜지스터)
- ㉢의 숫자 : 등록 순서에 따른 번호. 11부터 시작
- ㉣의 문자 : 보통은 붙지 않으나, 특히 개량품이 생길 경우에 A, B, …, J까지의 알파벳 문자를 붙여 개량 부품임을 나타냄
  예 2SC1815Y : npn형의 개량형 고주파용 트랜지스터

46 PCB의 제조를 위한 필름 제조와 마스터 포토 툴을 생성하는 세계적 표준의 파일 형식은?

① 네트리스트 파일
② 거버 파일
③ 라이브러리 파일
④ DXF 파일

해설

② 거버 파일 : PCB 필름과 마스터 포트들을 생성하는 데 필요한 정보를 포함한다.
① 네트리스트 파일 : 회로도면 작성에 대한 결과 파일이며, PCB 설계의 입력 데이터로 사용되는 필수 파일이다. 패키지명, 부품명, 네트명, 네트와 연결된 부품핀, 네트와 핀, 부품 속성 등에 대한 정보를 갖고 있다.
③ 라이브러리 파일 : 회로를 그릴 때 쓰기 위한 도면 기호(부품 기호 등)들을 저장해 두는 파일로, 표준화된 회로 작성이 가능하다.
④ DXF 파일 : 서로 다른 컴퓨터 지원 설계(CAD) 프로그램 간에 설계도면 파일을 교환하는 데 업계 표준으로 사용되는 파일 형식이다. 캐드에서 작성한 파일을 다른 프로그램으로 넘길 때 또는 다른 프로그램에서 캐드로 불러올 때 사용한다.

47 전자캐드 시스템의 입력장치 중 X, Y 좌표를 입력하거나 원하는 명령어를 선택할 수 있는 입력장치는?

① 스캐너
② 디지타이저
③ 마우스
④ 트랙볼

해설

디지타이저 : 주로 좌표 입력, 메뉴의 선택, 커서의 제어 등에 사용된다. 보통 50[cm] 이하의 소형의 것을 태블릿이라고 하여 구별하고 있으나 기능은 동일하다. 디지타이저는 선택기능·도면복사기능 및 태블릿에 메뉴를 확보하는 기능이 있다. 또한 도면으로부터 위치 좌표(X, Y)를 읽어 들이는 데 사용한다. 스타일러스 펜은 디지타이저에 편리하게 입력할 수 있는 펜 모양의 장치이다.

48 다음 중 컴퍼스로 그리기 어려운 원호나 곡선을 그릴 때 사용되는 제도용구는?

① 디바이더 ② T자
③ 운형자 ④ 형 판

③ 운형자 : 컴퍼스로 그리기 어려운 원호나 곡선을 그릴 때 사용한다.
① 디바이더 : 치수를 옮기거나 선, 원주 등을 같은 길이로 분할하는 데 사용하며, 도면을 축소 또는 확대한 치수로 복사할 때 사용한다.
② T자 : 자의 모양이 알파벳의 T처럼 되어 있는 것이 특징이다. 제도판을 사용하는 제도작업에서 T자는, 알파벳 T를 가로로 놓은 모양으로 사용한다. 제도판의 왼쪽 가장자리에 T의 머리 부분을 맞춰놓고 위아래로 이동하여 위치를 정해놓으면 평행인 수평선을 그을 수 있다. 또, 삼각자를 사용하여 수직 혹은 각도를 가진 직선을 그을 때의 안내로 쓰인다.
④ 형판(원형판) : 투명 또는 반투명 플라스틱의 얇은 판으로 여러 가지 원, 타원 등의 도형이나 원하는 모양을 정확히 그릴 수 있다.

49 다음 중 전자회로, 인쇄회로기판(PCB) 등을 설계하기 위하여 만들어진 CAD 프로그램과 밀접한 것은?

① CAE ② EDA
③ FMS ④ PACS

② 전자 설계 자동화(EDA) : 인쇄회로기판(PCB)부터 내장회로까지 다양한 전자 장치를 설계 및 생산하는 수단의 일종이다. 전자 컴퓨터 활용 설계라고 불리기도 하며 Electronic이 생략된 채 CAD라고 불리기도 한다. 전자 CAD용 프로그램(EDA 툴)은 OrCAD, CADSTAR, PCAD 등이 있다.
① CAE(Computer Aided Engineering) : CAD시스템으로 작성한 설계도를 토대로 제품을 만들 경우 강도나 소음, 진동 등의 성능면에서 어떤 특성을 갖고 있는지는 알아내기 힘들다. 이때 CAE를 이용하여 데이터를 토대로 모델을 수정, 설계를 변경하면 시작품을 실제로 고쳐 만드는 수고를 덜 수 있으며 신제품 개발기간의 단축이나 원가절감에 도움이 된다.
③ FMS(Flexible Manufacturing System) : 다품종 소량생산을 가능하게 하는 생산시스템으로 공장자동화의 기반이 되는 시스템화 기술이다.
④ PACS(Picture Archiving and Communication System) : 의학영상정보시스템으로서 의학용 영상정보의 저장, 판독 및 검색 기능 등의 수행을 통합적으로 처리하는 시스템을 말한다.

50 KS의 부문별 기호에서 기본적인 내용에 관계되는 분류기호는?

① KS A ② KS B
③ KS C ④ KS D

KS A(기본), KS B(기계), KS C(전기), KS D(금속)

51 전자 회로도 작성 시 유의사항 중 옳지 않은 것은?

① 대각선과 곡선은 가급적 피한다.
② 도면 기호와 접속선의 굵기는 원칙적으로 같게 한다.
③ 선의 교차가 적고 부품이 도면 전체에 고루 분포되도록 그린다.
④ 신호의 흐름은 도면의 오른쪽에서 왼쪽으로 아래에서 위로 그린다.

회로도 작성 시 고려해야 할 사항
• 신호의 흐름은 도면의 왼쪽에서 오른쪽으로, 위쪽에서 아래쪽으로 그린다.
• 주회로와 보조회로가 있을 경우에는 주회로를 중심에 그린다.
• 대칭으로 동작하는 회로는 접지를 기준으로 하여 대칭되게 그린다.
• 선의 교차가 적고 부품이 도면 전체에 고루 분포되게 그린다.
• 능동소자를 중심으로 그리고 수동소자는 회로 외곽에 그린다.
• 대각선과 곡선은 가급적 피하고, 선과 선이 전기적으로 접속되는 곳에는 '•' 표시를 한다.
• 도면 기호와 접속선의 굵기는 원칙적으로 같게 하며, 0.3~0.5[mm] 정도로 한다.
• 보조회로는 주회로의 바깥쪽에, 전원 회로는 맨 아래에 그린다.
• 접지선 등을 굵게 표현하는 경우의 실선은 0.5~0.8[mm] 정도로 한다.
• 물리적인 관련이나 연결이 있는 부품 사이는 파선으로 나타낸다.

52 블록선도에 사용되지 않는 도형은?

① 원 형   ② 직사각형
③ 정사각형   ④ 삼각형

해설
블록선도에서 사용하는 도형은 원형(속이 빈 원형), 직사각형, 정사각형, 점(속이 찬 원형) 등이 있다.

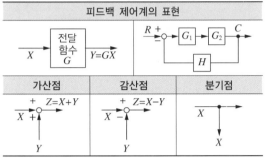

피드백 제어계의 표현		
가산점	감산점	분기점

※ 저자의견 : 확정답안은 ①번으로 발표되었으나 보기 중 블록선도에 사용되지 않는 것은 삼각형이다.

53 다음 특수 반도체 소자의 기호 명칭은?

① 다이액(DIAC)
② 트랜지스터(TR)
③ 트라이액(TRIAC)
④ 단일 접합 트랜지스터(UJT)

해설

트랜지스터(TR)	단일 접합 트랜지스터(UJT)
TR-PNP형 TR-NPN형	B_1 E B_2
다이액(DIAC)	트라이액(TRIAC)
	T_1 G T_2

54 인쇄회로기판에 배치될 부품의 위치와 형태 등에 대한 부품 배치도의 설명으로 옳지 않은 것은?

① 부품은 균형 있게 배치한다.
② 부품 상호 간에 신호가 유도되지 않도록 한다.
③ 인쇄회로기판의 점퍼선은 부품으로 간주하지 않으며 표시하지 않는다.
④ 부품의 종류, 기호, 용량, 외형도, 핀의 위치, 극성 등을 표시하여야 한다.

해설
부품 배치도를 그릴 때 고려하여야 할 사항
• IC의 경우 1번 핀의 위치를 반드시 표시한다.
• 부품 상호 간의 신호가 유도되지 않도록 한다.
• PCB 기판의 점퍼선은 부품으로 간주하며 표시한다.
• 부품의 종류, 기호, 용량, 핀의 위치, 극성 등을 표시하여야 한다.
• 부품을 균형 있게 배치한다.
• 조정이 필요한 부품은 조작이 용이하도록 배치하여야 한다.
• 고압 회로는 부품 간격을 충분히 넓혀 방전이 일어나지 않도록 배치한다.

55 척도에서 실물의 크기보다 작게 그리는 것은?

① 현 척   ② 축 척
③ 배 척   ④ 실 척

해설
② 축척 : 실물보다 작게 그리는 척도
$$\frac{1}{2}, \frac{1}{2.5}, \frac{1}{3}, \frac{1}{4}, \frac{1}{5}, \frac{1}{10}, \frac{1}{50}, \frac{1}{100}, \frac{1}{200}, \frac{1}{250}, \frac{1}{500}$$
③ 배척 : 실물보다 크게 그리는 척도
$$\frac{2}{1}, \frac{5}{1}, \frac{10}{1}, \frac{20}{1}, \frac{50}{1}$$
①, ④ 실척(현척) : 실물의 크기와 같은 크기로 그리는 척도 $\left(\frac{1}{1}\right)$

56 다음 회로의 명칭은?

① OR GATE   ② AND GATE

③ NAND GATE   ④ EX-OR GATE

해설

OR GATE	NOR GATE
X Y ⟩—Z	X Y ⟩o—Z
AND GATE	**NAND GATE**
X Y ⟩—Z	X Y ⟩o—Z

57 다음 중 인쇄기판의 제조 공법으로 부적합한 것은?

① 정전 부식법   ② 사진 부식법

③ 실크 스크린법   ④ 오프셋 인쇄법

해설

인쇄회로기판(PCB)의 제조 공정
• 사진 부식법
• 실크 스크린법
• 오프셋 인쇄법

58 축척 1/25의 도면에서 도면상 길이가 2[mm]일 때, 실제 길이는?

① 1.25[mm]   ② 2[mm]

③ 12.5[mm]   ④ 50[mm]

해설

축척 : 1/25
2[mm] ÷ 1/25 = 50[mm]

59 그림과 같은 부품 기호에 대한 명칭은?

① 다이오드   ② 저 항

③ 수정진동자   ④ 코 일

해설

수정진동자(Crystal Resonator)
역압전효과로 여진하고 매우 높은 Q값(공진 첨예도)을 가지는 소형, 고안정, 고신뢰성의 진동자이다.

60 PCB 인쇄 기판 제조 공정에 사용되는 에칭 방법이 아닌 것은?

① 납 마스크법   ② 사진 부식법

③ 실크 스크린법   ④ 오프셋 인쇄법

해설

납 마스크(Solder Mask)는 솔더 레지스터가 묻으면 안 되는 영역을 표시하는 것으로 부품의 단자 또는 도체 상호 간을 접속하기 위해 구멍의 주위에 만든 특정한 도체 부분을 납땜 처리한다. 에칭 방법에는 사진 부식법, 실크 스크린법, 오프셋 인쇄법 등이 사용된다.

01 T 플립플롭의 설명으로 옳지 않은 것은?

① 클럭 펄스가 가해질 때마다 출력상태가 반전한다.
② 출력파형의 주파수는 입력주파수의 1/2이 되기 때문에 2 분주회로 및 계수회로에 사용된다.
③ JK플립플롭의 두 입력을 묶어서 하나의 입력으로 만든 것이다.
④ 어떤 데이터의 일시적인 보존이나 디지털신호의 지연작용 등의 목적으로 사용되는 회로이다.

해설
④는 D 플립플롭에 대한 설명이다.

02 다음은 연산회로의 일종이다. 출력을 바르게 표시한 것은?

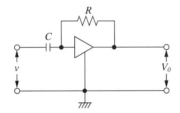

① $V_0 = \dfrac{1}{CR}\displaystyle\int_0^t v dt$

② $V_0 = -\dfrac{1}{CR}\displaystyle\int_0^t v dt$

③ $V_0 = -RC\dfrac{dv}{dt}$

④ $V_0 = RC\dfrac{dv}{dt}$

해설
미분기로서 출력전압 $V_0 = -RC\dfrac{dV_i}{dt}$

03 트랜지스터가 정상 동작(전류 증폭)을 하는 영역은?

① 포화 영역(Saturation Region)
② 항복 영역(Breakdown Region)
③ 활성 영역(Active Region)
④ 차단 영역(Cutoff Region)

해설
트랜지스터의 동작 영역 : 활성 영역(증폭기), 포화 영역(스위칭), 차단 영역(스위칭)

04 다음과 같은 연산증폭기의 출력 e_o 는?

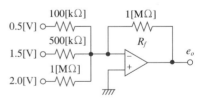

① $-6[\mathrm{V}]$　　　　② $-10[\mathrm{V}]$

③ $-15[\mathrm{V}]$　　　　④ $-20[\mathrm{V}]$

해설
$$e_o = -\left(\dfrac{1\times10^6}{100\times10^3}\times0.5 + \dfrac{1\times10^6}{500\times10^3}\times1.5 + \dfrac{1\times10^6}{1\times10^6}\times2\right)$$
$$= -10[\mathrm{V}]$$

05 4[Ω]의 저항과 8[mH]의 인덕턴스가 직렬로 접속된 회로에 60[Hz], 100[V]의 교류전압을 가하면 전류는 약 몇 [A]인가?

① 20[A]　　　　② 25[A]

③ 30[A]　　　　④ 35[A]

해설

$X_L = 2\pi f L = 2 \times 3.14 \times 60 \times 8 \times 10^{-3} \fallingdotseq 3[\Omega]$

$Z = \sqrt{R^2 + X_L^2} = \sqrt{4^2 + 3^2} = \sqrt{25} = 5[\Omega]$

$I = \dfrac{V}{Z} = \dfrac{100}{5} = 20[A]$

06 다음 중 억셉터(Acceptor)에 속하지 않는 것은?

① 붕소(B)　　　　② 인듐(In)

③ 게르마늄(Ge)　　④ 알루미늄(Al)

해설

• 억셉터(Acceptor) : P형 반도체를 만들기 위하여 첨가하는 불순물로 In(인듐), Ga(갈륨), B(붕소), Al(알루미늄) 등

• 도너(Donor) : N형 반도체를 만들기 위하여 첨가하는 불순물로 As(비소), Sb(안티몬), P(인), Bi(비스무트) 등

07 PN 접합 다이오드의 기본 작용은?

① 증폭작용　　　　② 발진작용

③ 발광작용　　　　④ 정류작용

해설

PN 접합 다이오드의 기본 작용은 정류작용이다.

08 다음과 같은 연산증폭기의 기능으로 가장 적합한 것은?(단, $R_i = R_f$ 이고 연산증폭기는 이상적이다)

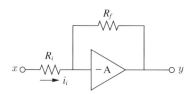

① 적분기　　　　② 미분기

③ 배수기　　　　④ 부호변환기

해설

$y = -\dfrac{R_f}{R_i} x$ 에서 $R_i = R_f$ 이므로 $y = -x$ 로 부호변환이 된다.

09 이상적인 연산증폭기에 대한 설명으로 옳지 않은 것은?

① 대역폭은 일정하다.

② 출력저항은 0이다.

③ 전압이득은 무한대이다.

④ 입력저항은 무한대이다.

해설

이상적인 연산증폭기의 주파수 대역폭은 무한대이다.

10 A급 저주파 증폭기의 최대 효율은 몇 [%]인가?

① 25[%]　　　　② 50[%]

③ 78.5[%]　　　　④ 100[%]

해설

A급 증폭기 효율 : 직렬 부하 25[%], 병렬 부하 50[%]

11 J–K Flip–flop에서 입력이 J = 1, K = 1일 때 Clock Pulse가 계속 들어오면 출력의 상태는?

① Toggle   ② Set

③ Reset   ④ 동작불능

해설

J–K 플립플롭

J	K	Q_{n+1}
0	0	Q_n
0	1	0
1	0	1
1	1	$\overline{Q_n}$

12 직렬형 정전압 회로의 특징에 대한 설명으로 틀린 것은?

① 경부하 시 효율이 병렬에 비하여 훨씬 크다.

② 과부하 시 전류가 제한된다.

③ 출력전압의 안정 범위가 비교적 넓게 설계된다.

④ 증폭단을 증가시킴으로써 출력저항 및 전압 안정 계수를 매우 작게 할 수 있다.

해설

직렬형 정전압 회로는 제어용 트랜지스터가 부하와 직렬로 접속되는 회로로 부하에 일정한 전압을 공급한다.

13 정류회로의 직류전압이 300[V]이고, 리플 전압이 3[V]이었다. 이 회로의 리플률은 몇 [%]인가?

① 1[%]   ② 2[%]

③ 3[%]   ④ 5[%]

해설

$$\gamma = \frac{\Delta V}{V_d} \times 100 = \frac{3}{300} \times 100 = 1[\%]$$

14 변조도 "$m > 1$"일 때 과변조(Over Modulation) 전파를 수신하면 어떤 현상이 생기는가?

① 검파기가 과부하된다.

② 음성파 전력이 커진다.

③ 음성파 전력이 작아진다.

④ 음성파가 많이 일그러진다.

해설

과변조($m > 1$)

• 피변조파의 일부가 결여

• 위상반전, 일그러짐이 생김, 순간적으로 음이 끊김

• 측파대가 넓어져 혼신 증가

15 자체 인덕턴스 0.2[H]의 코일에 흐르는 전류를 0.5초 동안에 10[A]의 비율로 변화시키면 코일에 유도되는 기전력은?

① 2[V]   ② 3[V]

③ 4[V]   ④ 5[V]

해설

$$e = L\frac{di}{dt} = 0.2 \times \frac{10}{0.5} = 4[V]$$

16 이미터 접지 증폭회로에서 바이어스 안정지수 S는 얼마인가?(단, 고정바이어스임)

① β ② $1 + \beta$
③ $1 - \beta$ ④ $1 - \alpha$

해설
$$S = \frac{\triangle I_c}{\triangle I_{co}} = 1 + \beta$$

17 다음 그림은 순서도의 기호를 나타낸 것이다. 무엇을 나타내는 기호인가?

① 처 리   ② 판 단
③ 터미널   ④ 준 비

해설

Terminal (단자)	Process (처리)	Decision (판단)	Preparation (준비)
⬭	▭	◇	⬡

18 정적인 기억소자 SRAM은 무슨 회로로 구성되어 있는가?

① COUNTER   ② MOSFET
③ ENCODER   ④ FLIPFLOP

해설
• DRAM : 콘덴서로 구성되며 재충전이 필요하다, 속도가 느리다, 크고 저렴하다.
• SRAM : 플립플롭으로 구성되며 재충전이 필요없다, 속도가 빠르다, 작고 비싸다.

19 다음 회로의 출력 결과로 맞는 것은?(단, A, B는 입력, Y는 출력이다)

① $Y = \overline{A} + \overline{B}$
② $Y = A + (\overline{A} + B)$
③ $Y = \overline{A + B}$
④ $Y = A + B$

해설
$$Y = A + \overline{A}B = (A + \overline{A})(A + B) = A + B$$

20 마이크로프로세서의 내부 구성요소 중 산술연산과 논리연산 동작을 수행하는 것은?

① PC   ② MAR
③ IR   ④ ALU

해설
ALU(Arithmetic and Logic Unit)
중앙처리장치 속에서 연산을 하는 부분으로 산술연산과 논리연산을 하는 유닛

21 프로그램에서 자주 반복하여 사용되는 부분을 별도로 작성한 후 그 루틴이 필요할 때마다 호출하여 사용하는 것으로, 개방된 서브루틴이라고도 하는 것은?

① 매크로　　　　　② 레지스터
③ 어셈블러　　　　④ 인터럽트

해설

자주 사용하는 여러 개의 명령어를 묶어서 하나의 키 입력 동작으로 만든 것을 매크로라고 한다.

22 16진수 D27을 2진수로 변환하면?

① 110101110010　　② 110100100111
③ 011111010010　　④ 011100101101

해설

16수 1자리를 4[bit]의 2진수로 표시한다.

16진수	D	2	7
2진수	1101	0010	0111

23 컴퓨터에서 보수(Complement)를 사용하는 가장 큰 이유는?

① 가산과 승산을 간단히 하기 위해
② 감산을 가산의 방법으로 처리하기 위해
③ 가산의 결과를 정확히 하기 위해
④ 감산의 결과를 정확히 하기 위해

해설

컴퓨터에서 보수를 사용하는 이유는 가산기를 사용해서 감산을 처리하기 위해 필요하다.

24 컴퓨터시스템에서 자료를 처리하는 최소 단위는?

① 바이트[byte]　　② 비트[bit]
③ 워드[word]　　　④ 니블[nibble]

해설

• bit : 데이터의 크기를 나타내는 최소 단위
• 1[nibble] = 4[bit], 1[byte] = 8[bit],
  1[word] = 2[byte] 또는 4[byte]

25 다음 중 "0"에서부터 "9"까지의 10진수를 4[bit]의 2진수로 표현하는 코드는?

① 아스키 코드　　② 3-초과 코드
③ 그레이 코드　　④ BCD 코드

해설

BCD(Binary Coded Decimal) 코드 : 2진수의 10진법 표현 방식으로 0~9까지의 10진 숫자에 4[bit] 2진수를 대응시킨 것으로 각 자리는 왼쪽부터 8, 4, 2, 1의 무게를 가지므로 8421 코드라고도 한다.

26 다음 중 컴퓨터를 구성하는 기본 소자의 발전 과정을 순서대로 옳게 나열한 것은?

① Tube → TR → IC
② Tube → IC → TR
③ TR → IC → Tube
④ IC → TR → Tube

1세대_진공관(Tube) → 2세대_트랜지스터(TR) → 3세대_집적회로(IC)

27 다음 (   ) 안에 들어갈 용어로 알맞은 것은?

> 마이크로프로세서에서 버스 요구 사이클(Bus Request Cycle)은 주변장치가 CPU로부터 버스 사용을 허락받아 CPU의 간섭 없이 독자적으로 메모리와 데이터를 주고 받는 방식인 (   ) 동작에 필요하다.

① Interrupt   ② Polling
③ DMA   ④ MAR

DMA(Direct Memory Access)에 의한 입출력
주기억장치와 입출력장치 간의 자료 전송이 중앙처리장치의 개입 없이 곧바로 수행되는 방식

28 다음 중 인간중심 언어인 고급언어가 아닌 것은?

① BASIC   ② COBOL
③ FORTRAN   ④ ASSEMBLY

기계어, 어셈블리어는 저급언어이다.

29 다음 중 인쇄회로기판의 특징이 아닌 것은?

① 대량생산의 효과가 높다.
② 제품의 소형, 경량화에도 기여한다.
③ 소량, 다품종 생산에는 제조 단가가 낮아진다.
④ 제조의 표준화와 자동화를 기할 수 있다.

인쇄회로기판(PCB)의 특징
• 제품의 균일성과 신뢰성 향상
• 제품이 소형, 경량화 및 회로의 특성이 안정
• 안정 상태의 유지 및 생산 단가의 절감
• 공정 단계의 감소, 제조의 표준화 및 자동화
• 제작된 PCB의 설계 변경이 어려움
• 대량생산의 효과가 높음
• 소량, 다품종 생산의 경우 제조 단가가 높아짐

30 다음 중 컴퍼스로 그리기 어려운 원호나 곡선을 그릴 때 사용되는 제도 기구는?

① T자   ② 삼각자
③ 운형자   ④ 축척자

③ 운형자 : 컴퍼스로 그리기 어려운 원호나 곡선을 그릴 때 사용한다.
① T자 : 자의 모양이 알파벳의 T처럼 되어 있는 것이 특징이다. 제도판을 사용하는 제도작업에서 T자는, 알파벳 T를 가로 놓은 모양으로 해서 사용한다. 제도판의 왼쪽 가장자리에 T의 머리 부분을 맞춰놓고 위아래로 이동하여 위치를 정해놓으면 평행인 수평선을 그을 수 있다. 또한 삼각자를 사용하여 수직 혹은 각도를 가진 직선을 그을 때의 안내로도 쓰인다.
② 삼각자 : 삼각형으로 된 자. 보통 밑각이 60°와 30°로 된 직각 삼각형과 두 밑각이 모두 45°로 된 직각 이등변 삼각형 두 가지가 있으며, 한쪽으로 눈금이 있고 가운데에 구멍이 뚫려 있다.
④ 축척자(스케일자) : 모눈종이에 가로 세로 길이, 크기 등을 축척 비율로 세밀하게 그리는 데 사용한다.

31 PCB 설계 시 부품배치 방법으로 옳지 않은 것은?

① 버스 라인의 흐름에 주의하여 IC를 배치한다.
② 배선이 많은 부품들은 기판의 외곽으로 배치한다.
③ 커넥터 주변은 배선을 위한 충분한 공간을 확보한다.
④ 극성 있는 부품은 삽입오류를 방지하기 위해 취급방향을 통일한다.

해설
배선이 많은 부품들은 기판의 중앙에 배치하여 배선 등이 원활하게 이루어지도록 한다.

33 다음 중 반도체 집적회로의 외형 패키지가 아닌 것은?

① PLCC 패키지   ② SSUP 패키지
③ DIP 패키지   ④ TQFP 패키지

해설
IC의 외형에 따른 종류
• 스루홀(Through Hole) 패키지 : DIP(CDIP, PDIP), SIP, ZIP, SDIP
• 표면실장형(SMD ; Surface Mount Device) 패키지 : SOP (TSOP, SSOP, TSSOP), QFP, QFJ(PLCC), QFN, BGA, TQFP
• 접촉실장형(Contact Mount Device) 패키지 : TCP, COB, COG

32 회로도의 작성방법으로 옳지 않은 것은?

① 정해진 도 기호를 명확하면서도 간결하게 그려야 한다.
② 신호의 흐름은 도면의 오른쪽에서 왼쪽으로 한다.
③ 전체적인 배치와 균형이 유지되게 그려야 한다.
④ 신호의 흐름은 위에서 아래로 흐르게 한다.

해설
회로도 작성 시 고려사항
• 신호의 흐름은 왼쪽에서 오른쪽으로, 위에서 아래로 한다.
• 전체적인 배치와 균형이 유지되게 그려야 한다.
• 심벌과 접속선의 굵기는 같게 하며 0.3~0.5[mm] 정도로 한다.
• 보조회로가 있는 경우 주회로를 중심으로 설계한다.
• 보조회로는 주회로의 바깥쪽에, 전원회로는 맨 아래에 그린다.
• 접지선 등을 굵게 표시하는 경우 0.5~0.8[mm] 정도로 한다.
• 도면은 주요 능동소자를 중심으로 그린다.
• 대각선과 곡선은 가급적 피한다.
• 선과 선이 전기적으로 접속되는 곳에는 " · "(Junction) 표시를 한다.
• 물리적인 관련이나 연결이 있는 부품 사이에는 파선으로 표시한다.
• 선의 교차가 적고 부품이 도면 전체에 고루 안배되도록 그린다.
• 정해진 도면 기호를 명확하면서도 간결하게 그려야 한다.

34 전자 부품은 크게 능동 부품(Active Component)과 수동 부품(Passive Component)으로 나눌 수 있는데 다음 중 능동 부품이 아닌 것은?

① 다이오드(Diode)   ② 트랜지스터(TR)
③ 집적회로(IC)   ④ 저항기(R)

해설
• 능동소자(부품) : 다이오드(Diode), 트랜지스터(Transistor), 전계효과트랜지스터(FET), 단접합트랜지스터(UJT) 등
• 수동소자(부품) : 저항기, 콘덴서, 유도기 등

35 제조가 완료된 PCB를 전기적, 광학적으로 검사하기 위한 과정은?

① CAD   ② CAM
③ CAE   ④ CAT

해설
④ CAT(Computer Aided Testing) : 제품을 개발한 뒤에 대량생산에 앞서 사전 테스트를 하는 일종의 시뮬레이션
① CAD(Computer Aided Design) : 컴퓨터의 도움으로 도면을 설계하는 프로그램의 일종으로 산업분야에 따라 구분
② CAM(Computer Aided Manufacturing) : 설계된 데이터를 기반으로 제품을 제작하는 것
③ CAE(Computer Aided Engineering) : 설계를 하기 앞서서 또는 설계 후에 해석을 하는 프로그램

31 ② 32 ② 33 ② 34 ④ 35 ④ **정답**

36 다음 집적회로의 종류 중 집적도(소자수)가 가장 많은 것은?

① LSI ② SSI

③ MSI ④ VLSI

집적회로는 트랜지스터, 다이오드, 저항 등에 소자를 정밀하게 연결하여 원하는 동작을 하도록 칩의 형태로 회로를 구성한 것이다. 집적회로는 집적도(소자수)와 제작형태로 구분할 수 있다.
• 집적도에 따른 분류 : SSI(100개 이하), MSI(100∼1,000개), LSI (1,000∼10만개), VLSI(10만개∼100만개), ULSI(100만개 이상)
• 제작형태에 따른 분류 : DIP, SOIC, PLCC, QFP, TQFT 등

37 도면을 내용에 따라 분류했을 때 여러 개의 전자 제품이 상호 접속된 상태를 나타내는 도면은?

① 부품도 ② 공정도

③ 부분조립도 ④ 전자회로도

④ 전자회로도 : 여러 개의 전자 제품이 상호 접속된 상태를 나타내는 도면이다.
① 부품도 : 제품을 구성하는 각 부품을 상세하게 그린 도면으로 제작 때 직접 사용하므로 설계자의 뜻이 작업자에게 정확하고 충분하게 전달되도록 치수나 기타의 사항을 상세하게 기입한다.
② 공정도 : 제품의 제작 과정에서 거쳐야 할 각 공정마다 처리 방법, 사용 용구 등을 상세히 나타낸 도면으로, 공작 공정도, 제조 공정도, 설비 공정도 등이 있다.
③ 부분조립도 : 복잡한 제품의 조립 상태를 몇 개의 부분으로 나누어서 표시한 것으로 특히 복잡한 기구를 명확하게 하여 조립을 쉽게 하기 위한 도면이다.

38 제도 용지에서 A3 용지의 규격으로 옳은 것은?(단, 단위는 [mm])

① 210 × 297 ② 297 × 420

③ 420 × 594 ④ 594 × 841

도면의 크기와 양식

용지 크기의 호칭		A0	A1	A2	A3	A4
a×b		841× 1,189	594× 841	420× 594	297× 420	210× 297
c(최소)		20	20	10	10	10
d (최소)	철하지 않을 때	20	20	10	10	10
	철할 때	25	25	25	25	25

※ d 부분은 도면을 철하기 위하여 접었을 때, 표제란의 좌측이 되는 곳에 마련한다.

39 다음 중 전자 CAD용 프로그램(EDA툴)이 아닌 것은?

① OrCAD

② CADSTAR

③ AutoCAD

④ Altium Designer

③ 주로 기계, 건축용으로 사용되는 프로그램
①, ②, ④ : 전자 회로 설계와 회로 시뮬레이션, 회로기판 설계 등이 쉽게 이루어져 강력한 기능에 비해 사용이 간편하여 널리 이용되고 있는 전자 회로 설계 전용 캐드 프로그램

40 세라믹 콘덴서의 외부에 103의 숫자가 적혀 있다. 이 콘덴서의 용량은?

① 1[μF]　　　　② 0.1[μF]

③ 0.01[μF]　　④ 0.001[μF]

> **해설**
> 콘덴서의 단위와 용량을 읽는 방법
> 콘덴서의 용량 표시에 3자리의 숫자가 사용되는 경우, 앞의 2자리 숫자가 용량의 제1숫자와 제2숫자이고, 세 번째 자리가 승수가 되며, 표시의 단위는 [pF]로 되어 있다.
> 따라서 103J이면 $10 \times 10^3 = 10,000$[pF] $= 0.01$[μF]이고, J는 ±5[%]의 오차를 나타낸다.

41 다음 중 새로운 부품을 생성하고자 할 때, 반드시 거쳐야 하는 과정이 아닌 것은?

① 부품의 정의

② 부품 디자인

③ 부품의 핀 배치

④ 부품의 크기 변경

> **해설**
> 새로운 부품을 생성하고자 할 때 반드시 거쳐야 하는 과정
> 부품의 정의, 부품 디자인, 부품의 핀 배치

42 수정(Crystal) 진동자의 기호로 맞는 것은?

> **해설**
> ④ 수정(Crystal) 진동자
> ① 저 항
> ② 전해콘덴서
> ③ 트랜지스터

43 다음 중 전자통신기기의 패널을 설계 제도할 때 유의할 점으로 옳은 것은?

① 전원 코드는 전면에 배치한다.

② 조작상 서로 연관이 있는 요소끼리 근접 배치한다.

③ 조작빈도가 낮은 부품은 패널의 중앙이나 오른쪽에 배치한다.

④ 장치에 외부 접속기가 있을 경우 반드시 패널의 위에 배치한다.

> **해설**
> 전자기기의 패널을 설계 제도할 때 유의해야 할 사항
> • 전원 코드는 배면에 배치한다.
> • 조작상 서로 연관이 있는 요소끼리 근접 배치한다.
> • 패널 부품은 크기를 고려하여 배치한다.
> • 조작빈도가 높은 부품은 패널의 중앙이나 오른쪽에 배치한다.
> • 장치의 외부 접속기가 있을 경우 반드시 패널의 아래에 배치한다.

44 다음 중 출력장치로 볼 수 없는 것은?

① 마우스　　　　② 플로터

③ 프린터　　　　④ 모니터

> **해설**
> ① 마우스는 입력장치이다.

45 제도에서 사용하는 길이의 단위로 옳은 것은?

① mm(밀리미터)

② cm(센티미터)

③ m(미터)

④ km(킬로미터)

> **해설**
> 제도에서 사용되는 길이의 치수는 모두 [mm]의 단위로 기입하고 단위 기호 [mm]를 쓰지 않는다. 다만, 단위가 [mm]가 아닌 때에는 단위를 꼭 표시, 기입해야 한다.

46 인쇄회로기판(PCB) 설계용 CAD에서 일반적인 배선 알고리즘이 아닌 것은?

① 스트립 접속법
② 고속 라인법
③ 인공지능 탐사법
④ 기하학적 탐사법

해설

배선 알고리즘 : 일반적으로 배선 알고리즘은 3가지가 있으며, 필요에 따라 선택하여 사용하거나 이것을 몇 회 조합하여 실행시킬 수도 있다.
• 스트립 접속법(Strip Connection) : 하나의 기판상의 종횡의 버스를 결선하는 방법으로, 이것은 커넥터부의 선이나 대용량 메모리 보드 등의 신호 버스 접속 또는 짧은 인라인 접속에 사용된다.
• 고속 라인법(Fast Line) : 배선 작업을 신속하게 행하기 위하여 기판 판면의 층을 세로 방향으로, 또 한 방향을 가로 방향으로 접속한다.
• 기하학적 탐사법(Geometric Investigation) : 라인법이나 스트립법에서 접속되지 않는 부분을 포괄적인 기하학적 탐사에 의해 배선한다.

47 다음 중 PCB 레이아웃 설계과정이 아닌 것은?

① 회로도면 설계
② 부품배치
③ Spice 시뮬레이션
④ Post Processing

해설

전자회로 시뮬레이션 프로그램(SPICE ; Simulation Program with Integrated Circuit Emphasis) : 반도체 아날로그 회로 디자인에 주로 사용되는 시뮬레이션 프로그램이다. 반도체 집적회로 디자인에 가장 널리 사용되는 강력한 툴이다. 집적회로를 디자인한 이후 전자 회로상의 문제와 디자인을 검증하고 해결하기 위한 툴이다.

48 다음 기호의 명칭으로 옳은 것은?

① SCR
② Triac
③ UJT
④ Zener Diode

해설

제너 다이오드(Zener Diode)
다이오드에 역방향 전압을 가했을 때 전류가 거의 흐르지 않다가 어느 정도 이상의 고전압을 가하면 접합면에서 제너 항복이 일어나 갑자기 전류가 흐르게 되는 지점이 발생하게 된다. 이 지점 이상에서는 다이오드에 걸리는 전압은 증가하지 않고, 전류만 증가하게 되는데, 이러한 특성을 이용하여 레퍼런스 전압원을 만들 수 있다. 이런 기능을 이용하여 정전압회로 또는 유사 기능의 회로에 응용된다.

SCR	Triac
A○ ↓ G○ ○K	T₁○ ○G ▲▼ ○T₂
UJT	**Zener Diode**
E→ ○B₁ ○B₂	○ ↯ ○

49 다음 중 검출용 기구가 아닌 것은?

① 근접 스위치
② 실렉트 스위치
③ 광전 스위치
④ 압력 스위치

해설

• 조작용 기구 : 푸시버튼 스위치, 유지형 수동스위치
• 검출용 기구 : 리밋 스위치, 리드 스위치, 근접 스위치, 광전 스위치, 플로트 스위치, 온도 스위치, 압력 스위치
• 제어용 기구 : 보조 계전기, 한시 계전기, 전자 접촉기, 과부하계전기, 전자개폐기, 압력스위치, 유지형 계전기, 스테핑 계전기, 배선용 차단기
• 시퀀스 회로 : 자기유지회로, 지연회로, 인터록회로, 우선회로, 직입 기동회로, Y-△기동회로, 시퀀스 논리회로, 한시동작회로, 선반의 운전제어, 밀링의 운전제어, 연삭기 운전주회로, 연삭기 운전제어, 시퀀스회로의 논리회로변환

50 도면을 작성할 때 실물보다 작게 그리는 척도는?

① 실 척　　　　　② 현 척
③ 축 척　　　　　④ 배 척

척도 : 물체의 실제 길이와 도면에서 축소 또는 확대하여 그리는 길이의 비율
• 축척 : 실물보다 작게 그리는 척도

$$\frac{1}{2},\ \frac{1}{2.5},\ \frac{1}{3},\ \frac{1}{4},\ \frac{1}{5},\ \frac{1}{10},\ \frac{1}{50},\ \frac{1}{100},\ \frac{1}{200},\ \frac{1}{250},\ \frac{1}{500}$$

• 배척 : 실물보다 크게 그리는 척도

$$\frac{2}{1},\ \frac{5}{1},\ \frac{10}{1},\ \frac{20}{1},\ \frac{50}{1}$$

• 실척(현척) : 실물의 크기와 같은 크기로 그리는 척도 $\left(\frac{1}{1}\right)$

• NS(Not to Scale) : 비례척이 아님을 뜻하며, 도면과 실물의 치수가 비례하지 않을 때 사용함

51 인쇄회로기판 설계 시 랜드를 설계하려고 한다. $D = 3.0[\mathrm{mm}]$, $d = 1.0[\mathrm{mm}]$일 때 랜드의 최소 도체너비(W)는?

① 0.5[mm]　　　　② 1[mm]
③ 1.5[mm]　　　　④ 2[mm]

랜드란 부품 단자 또는 도체 상호 간을 접속하기 위해 구멍 주위에 만든 특정한 도체 부분이며, 표준 랜드의 설계법은 KS C 6485 '인쇄 배선판 통칙'에 정해져 있다.
• $D - d > 1.6[\mathrm{mm}]$일 때, $W \geq (D - d/2) \times 0.5$
• $D - d \leq 1.6[\mathrm{mm}]$일 때, W는 정해진 규칙에 따른다.
• $D - d = 3.0 - 1.0 = 2.0[\mathrm{mm}] > 1.6[\mathrm{mm}]$이므로

$$W \geq \frac{D - d}{2} \times 0.5 = 0.5[\mathrm{mm}]$$

52 다음 중 도면으로부터 좌표를 읽어 들이는 데 사용하며, 자기장이 분포되어 있는 평판에 위치 검출기를 위치시켜 도면의 위치에 대응하는 X, Y 좌표를 입력하거나 원하는 명령어를 선택하는 입력장치는?

① 디지타이저　　　② 이미지 스캐너
③ 마우스　　　　　④ 포토 플로터

디지타이저(Digitizer)
입력 원본의 아날로그 데이터인 좌표를 판독하여, 컴퓨터에 디지털 형식으로 설계도면이나 도형을 입력하는 데 사용되는 입력장치
• X, Y 위치를 입력할 수 있으며, 직사각형의 넓은 평면 모양의 장치나 그 위에서 사용되는 펜이나 버튼이 달린 커서장치로 구성
• 가장 간단한 디지타이저로는 패널에 있는 메뉴를 펜이나 손가락으로 눌러 조작하는 터치패널
• 사용자가 펜이나 커서를 움직이면 그 좌표 정보를 밑판이 읽어 자동으로 컴퓨터 시스템의 화면 기억장소로 전달하고, 특정 위치에서 펜을 누르거나 커서의 버튼을 누르면 그에 해당되는 명령이 수행
• 구조에 따른 종류
－ 수동식 : 로터리 인코더(Rotary Encoder)나 리니어 스케일(Linear Scale)로 위치를 판독하는 건트리 방식과 커서로 읽어내는 프리커서 방식이 있음
－ 자동식

53 다음 그림과 같이 표현하는 도면 표시 방법은?

① 회로도　　　　　② 계통도
③ 배선도　　　　　④ 접속도

② 계통도 : 전기의 접속과 작동 계통을 표시한 도면으로 계획도나 설명도에 사용
① 회로도 : 전자 부품 상호 간의 연결된 상태를 나타낸 것
③ 배선도 : 전선의 배치, 굵기, 종류, 가닥수를 나타내기 위해서 사용된 도면
④ 접속도 : 전기 기기의 내부, 상호 간의 회로 결선 상태를 나타내는 도면으로 계획도나 설명도 또는 공작도에 사용

54 회로도 작성 시 고려사항 중 옳지 않은 것은?

① 주회로와 보조회로가 있는 경우에는 보조회로를 중심으로 설계한다.

② 회로도는 주요 능동소자를 중심으로 그린다.

③ 대칭으로 동작하는 회로는 접지를 기준으로 대칭 되게 그린다.

④ 선의 교차가 적고 부품이 회로도 전체에 안배되 도록 그린다.

회로도 작성 시 고려사항
- 신호의 흐름은 왼쪽에서 오른쪽으로, 위에서 아래로 한다.
- 심벌과 접속선의 굵기는 같게 하며 0.3~0.5[mm] 정도로 한다.
- 보조회로가 있는 경우 주회로를 중심으로 설계한다.
- 보조회로는 주회로의 바깥쪽에, 전원회로는 맨 아래에 그린다.
- 대칭으로 동작하는 회로는 접지를 기준으로 대칭되게 그린다.
- 접지선 등을 굵게 표시하는 경우 0.5~0.8[mm] 정도로 한다.
- 도면은 주요 능동소자를 중심으로 그린다.
- 대각선과 곡선은 가급적 피한다.
- 선과 선이 전기적으로 접속되는 곳에는 "·"(Junction) 표시를 한다.
- 물리적인 관련이나 연결이 있는 부품 사이에는 파선으로 표시한다.
- 선의 교차가 적고 부품이 도면 전체에 고루 안배되도록 그린다.

55 PCB 설계 시 전자 부품의 피치가 100[mil]이었다면, 이를 [mm]로 환산하면?

① 0.254[mm]

② 2.54[mm]

③ 0.0254[mm]

④ 0.00254[mm]

$1[\text{mil}] = \dfrac{1}{1,000}[\text{inch}] = 0.0254[\text{mm}]$

∴ $100[\text{mil}] = 100 \times 0.0254[\text{mm}] = 2.54[\text{mm}]$

56 여러 나라의 공업규격 중에서 국제표준화기구의 규격을 나타내는 것은?

① ISO

② ANSI

③ JIS

④ DIN

기 호	표준 규격 명칭	영문 명칭	마 크
ISO	국제 표준화 기구	International Organization for Standardization	
KS	한국 산업규격	Korean Industrial Standards	
BS	영국규격	British Standards	
DIN	독일규격	Deutsches Institute fur Normung	
ANSI	미국규격	American National Standards Institutes	
SNV	스위스규격	Schweitzerish Norman-Vereingung	
NF	프랑스규격	Norme Francaise	
SAC	중국규격	Standardization Administration of China	
JIS	일본 공업규격	Japanese Industrial Standards	

ISO는 1947년 제네바에서 조직되어 전기 분야 이외의 물자 및 서비스의 국제 간 교류를 용이하게 하고, 지적, 과학, 기술, 경제 분야에서 국제적 교류를 원활하게 하기 위하여 규격의 국제 통일에 대한 활동을 하는 대표적인 국제표준화기구이다.

57 PCB Artwork에서 부품을 꽂는 부분의 동박면은?

① Hole

② Point

③ Pad

④ Line

LAND는 부품을 삽입할 수 있는 원형 주위에 동박이 있는 것을 말하고, LAND 부분에 구멍이 없는 것을 PAD라 한다.

58 CAD용 컴퓨터의 데이터 버퍼에 대한 설명으로 옳은 것은?

① 출력작업이 이루어지는 동안에도 다른 작업을 행할 수 있다.

② 주변장치와 8[bit] 병렬 데이터 통신을 하기 위한 인터페이스이다.

③ 사용자 정의 형상을 컴퓨터가 이해할 수 있는 수치로 나타낸다.

④ 36핀 커넥터로 되어 있다.

> **해설**
> 데이터 버퍼 : 데이터가 플로터에 공급되기 전에 저장되는 임시저장장소로 처리 속도가 느린 주변기기와 컴퓨터 시스템의 중간에서 시스템의 효율을 높일 수 있다. 출력장치의 속도가 느리기 때문에 데이터 버퍼에 작업 데이터를 보내고, 컴퓨터 시스템은 출력작업이 이루어지고 있는 동안에도 다른 작업을 행할 수 있다.

59 쌍방향성 다이오드(다이액)의 기호는?

① 　　②

③ 　　④

> **해설**
>
> | 제너다이오드(Zener Diode) | 트랜지스터(TR) |
> | --- | --- |
> | ▯▶▮ | (그림) |
> | 다이액(DIAC) | 단일 접합 트랜지스터(UJT) |
> | (그림) | B₁ E B₂ (그림) |

60 패드와 패드를 연결하면서 트랙의 층을 변경할 때 생기는 원형 동박의 명칭을 무엇이라고 하는가?

① 드 릴
② 랜 드
③ 솔더 마스크
④ 비 아

> **해설**
> • 비아(Via) : 층 간의 회로를 접속할 수 있는 홀이며 패드와 패드를 연결하면서 트랙의 층을 변경할 때 생기는 동박
> • 비아 홀(Via Hole) : 다층 인쇄회로기판에서 다른 층과 전기적 접속을 좋게 하기 위해 스루 홀 도금을 한 홀

01 다이오드-트랜지스터 논리회로(DTL)의 특징이 아닌 것은?

① 소비전력이 작다.

② 잡음여유도가 크다.

③ 응답속도가 비교적 빠르다.

④ 저속도 및 중속도에서 동작이 안정하다.

해설
응답속도가 느리다.

02 전동기에서 전기자에 흐르는 전류와 자속, 회전방향의 힘을 나타내는 법칙은?

① 렌츠의 법칙

② 플레밍 왼손 법칙

③ 플레밍 오른손 법칙

④ 앙페르의 오른손 법칙

해설
① 렌츠의 법칙 : 자속변화에 의한 유도 기전력의 방향을 결정한다. 즉, 유도 기전력은 자신의 발생원인이 되는 자속의 변화를 방해하려는 방향으로 발생한다.
③ 플레밍의 오른손 법칙 : 자장 내의 운동 도체에 유도되는 기전력의 방향을 결정한다.
④ 앙페르의 오른손 법칙 : 전류에 의한 자기장의 방향을 결정하는 법칙이다.
• 전류의 방향 : 오른나사의 진행방향
• 자기장의 방향 : 오른나사의 회전방향

03 이미터 접지회로에서 $I_B = 10[\mu A]$, $I_C = 1[mA]$일 때 전류 증폭률 β는 얼마인가?

① 10   ② 50

③ 100   ④ 120

해설
$$\beta = \frac{\triangle I_C}{\triangle I_B} = \frac{1 \times 10^{-3}}{10 \times 10^{-6}} = 100$$

04 5[μF]의 콘덴서에 1[kV]의 전압을 가할 때 축적되는 에너지[J]는?

① 1.5[J]   ② 2.5[J]

③ 5.5[J]   ④ 10[J]

해설
$$W = \frac{1}{2}CV^2 = \frac{1}{2} \times 5 \times 10^{-6} \times (1 \times 10^3)^2 = 2.5[J]$$

05 펄스 증폭회로의 설명으로 틀린 것은?

① 저역특성이 양호하면 새그가 감소한다.

② 결합콘덴서를 크게 하면 새그가 감소한다.

③ 고역특성이 양호하면 입상의 기울기가 개선된다.

④ 고역보상이 지나치면 언더슈트가 발생한다.

해설
고역보상이 지나치면 오버슈트가 발생한다.

06 이상적인 연산 증폭기의 주파수 대역폭으로 가장 적합한 것은?

① 0~100[kHz]

② 100~1,000[kHz]

③ 1,000~2,000[kHz]

④ 무한대(∞)

해설
이상적인 연산 증폭기의 주파수 대역폭(BW)은 ∞이다.

07 9[μF]의 같은 콘덴서 3개를 병렬로 접속하면 콘덴서의 합성용량은?

① 3[μF]   ② 9[μF]

③ 27[μF]   ④ 81[μF]

해설
합성정전용량 $C = C_1 + C_2 + C_3 = 3 \times 9 = 27[\mu F]$

08 자체 인덕턴스가 10[H]인 코일에 1[A]의 전류가 흐를 때 저장되는 에너지는?

① 1[J]   ② 5[J]

③ 10[J]   ④ 20[J]

해설
$W = \dfrac{1}{2}LI^2 = \dfrac{1}{2} \times 10 \times 1 = 5[J]$

09 N형 반도체를 만드는 불순물은?

① 붕소(B)   ② 인듐(In)

③ 갈륨(Ga)   ④ 비소(As)

해설
• N형 반도체를 만들기 위한 불순물 원소 : 안티몬(Sb), 비소(As), 인(P), 납(Pb)
• P형 반도체를 만들기 위한 불순물 원소 : 갈륨(Ga), 인듐(In), 붕소(B), 알루미늄(Al)

10 연산 증폭기의 설명으로 틀린 것은?

① 직렬 차동 증폭기를 사용하여 구성한다.

② 연산의 정확도를 높이기 위해 낮은 증폭도가 필요하다.

③ 차동 증폭기에서 TR 특성의 불일치로 출력에 드리프트가 생긴다.

④ 직류에서 특정 주파수 사이의 되먹임 증폭기를 구성, 일정한 연산을 할 수 있도록 한 직류 증폭기이다.

해설
연산 증폭기의 정확도를 높이기 위한 조건
• 큰 증폭도와 좋은 안정도가 필요하다.
• 많은 양의 음되먹임을 안정하게 걸 수 있어야 한다.
• 좋은 차단 특성을 가져야 한다.

11 TR을 A급 증폭기(활성영역)로 사용할 때 바이어스 상태를 옳게 표현한 것은?

① B-E : 순방향 Bias, B-C : 순방향 Bias
② B-E : 역방향 Bias, B-C : 역방향 Bias
③ B-E : 순방향 Bias, B-C : 역방향 Bias
④ B-E : 역방향 Bias, B-C : 순방향 Bias

해설
A급 증폭기로 사용할 때 B-E 간은 순방향, B-C 간은 역방향 바이어스로 되어야 증폭기로 사용된다.

12 진공관에서 음극 표면의 상태가 고르지 못해 전자의 방사가 시간적으로 일정하지 않아 발생하는 잡음으로 가청 주파수대에서만 일어나는 잡음은?

① 열 잡음
② 산탄 잡음
③ 플리커 잡음
④ 트랜지스터 잡음

해설
플리커 잡음 : 음극 표면의 상태가 시간적으로 변화함으로써 양극 전류가 진동하여 일어나는 잡음으로, 수 [kHz] 이하에서는 거의 주파수에 반비례하여 커진다.

13 평활회로의 출력 전압을 일정하게 유지시키는 데 필요한 회로는?

① 안정화(정전압)회로
② 브리지정류회로
③ 전파정류회로
④ 정류회로

해설
① 정전압회로 : 제어 다이오드를 기준 전압으로 하고, 이것을 출력 전압과 비교하여 일정 전압으로 제어하며 부하의 변동이 있어도 일정한 전압을 공급하는 회로이다.

14 주파수 변조 방식에 대한 설명으로 가장 적합한 것은?

① 반송파의 주파수를 신호파의 크기에 따라 변화시킨다.
② 신호파의 주파수를 반송파의 크기에 따라 변화시킨다.
③ 반송파와 신호파의 위상을 동시에 변화시킨다.
④ 신호파의 크기에 따라 반송파의 크기를 변화시킨다.

해설
• 주파수 변조 : 반송파의 주파수 변화를 신호파의 진폭에 비례시키는 변조 방식이다.
• 진폭 변조 : 반송파의 진폭을 신호파의 진폭에 따라 변화하게 하는 방식이다.
• 위상 변조 : 신호파의 순시값에 따라서 반송파의 위상을 바꾸는 방식이다.

15 다음 회로에서 공진을 하기 위해 필요한 조건은?

① $\omega L = \dfrac{1}{\omega C^3}$ ② $\omega L = \dfrac{1}{\omega C}$

③ $\omega L = \omega C$ ④ $\dfrac{1}{\omega L} = \omega C^2$

해설
$Z = R + jX = R + j\omega L + \dfrac{1}{j\omega C}$에서
허수임피던스가 0이 되어 없어지는 주파수가 공진주파수이다.
따라서, $X = \omega L - \dfrac{1}{\omega C} = 0 \rightarrow \omega L = \dfrac{1}{\omega C}$

정답 11 ③ 12 ③ 13 ① 14 ① 15 ②   2015년 제1회 과년도 기출문제 ■ 217

16 다음 연산증폭기 회로에서 $Z = 50[\text{k}\Omega]$, $Z_f = 500[\text{k}\Omega]$일 때 전압증폭도($A_{vf}$)는?

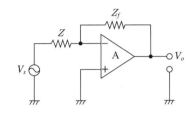

① 0.5

② −0.5

③ 10

④ −10

해설

$$A_{vf} = -\frac{Z_f}{Z} = -\frac{500}{50} = -10$$

17 읽기 전용 메모리로써 전원이 끊어져도 기억된 내용이 소멸되지 않는 비휘발성 메모리는?

① ROM

② I/O

③ Control Unit

④ Register

해설

① ROM(Read Only Memory)

18 마이크로프로세서(Microprocessor)를 이용하여 컴퓨터를 설계할 때의 장점이 아닌 것은?

① 소비전력의 증가

② 제품의 소형화

③ 시스템 신뢰성 향상

④ 부품의 수량 감소

해설

소비전력이 적어진다.

19 데이터를 중앙처리장치에서 기억장치로 저장하는 마이크로명령어는?

① $\overline{LOAD}$

② $\overline{STORE}$

③ $\overline{FETCH}$

④ $\overline{TRANSFER}$

해설

• 로드(Load)

• 스토어(Store)

• 호출(Fetch)

• 전송(Transport)

20 서브루틴의 복귀 주소(Return Address)가 저장되는 곳은?

① Stack

② Program Counter

③ Data Bus

④ I/O Bus

해설

① 스택(Stack) : 서브루틴의 복귀 주소를 저장한다. 데이터를 순서대로 넣고 바로 그 역순서로 데이터를 꺼낼 수 있는 기억장치로써, 그 특성대로 후입 선출(LIFO ; Last-In First-Out) 기억 장치라고도 한다.

21 다음 C 프로그램의 실행 결과는?

```
void main()
{
    int a, b, tot;
    a = 200;
    b = 400;
    tot = a+b;
    printf("두 수의 합 = %d\n", tot);
}
```

① tot
② 600
③ 두 수의 합 = 600
④ 두 수의 합 = tot

해설
printf 함수의 형식에 맞춰 결과가 출력된다. printf("전달 인자")의
형식으로 printf() 함수는 인자로 전달된 내용을 출력하게 되는데
%d의 위치에는 정수형 변수 tot의 값이 그 위치에 출력된다.

22 마이크로프로세서에서 누산기(Accumulator)의 용도는?

① 연산 결과를 일시적으로 삭제
② 오퍼레이션 코드를 인출
③ 오퍼레이션의 주소를 저장
④ 연산 결과를 일시적으로 저장

해설
누산기(Accumulator) : 연산의 결과를 저장하거나 처리하고자
하는 데이터를 일시 저장한다.

23 컴퓨터의 주변장치에 해당되는 것은?

① 연산장치
② 제어장치
③ 주기억장치
④ 보조기억장치

해설
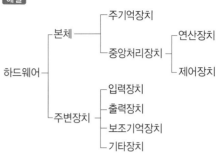

24 자료의 단위가 작은 크기에서 큰 크기순으로 나열된 것은?

① 니블 < 비트 < 바이트 < 워드 < 풀워드
② 비트 < 니블 < 바이트 < 하프워드 < 풀워드
③ 비트 < 바이트 < 하프워드 < 풀워드 < 니블
④ 풀워드 < 더블워드 < 바이트 < 니블 < 비트

해설
비트(bit, 최소단위) < 니블(4[bit]) < 바이트(8[bit]) <
하프워드(4[byte] 워드의 경우 2[byte]) < 풀워드(4[byte])

25 명령어의 오퍼랜드 부분과 프로그램카운터의 내용이 더해져 실제 데이터의 위치를 찾는 주소지정방식을 무엇이라 하는가?

① 직접주소 지정방식

② 간접주소 지정방식

③ 상대주소 지정방식

④ 레지스터주소 지정방식

해설
• 직접주소 지정방식(Direct Addressing Mode)
  명령의 주소부가 사용할 자료의 번지를 표현하고 있는 방식이다.
• 간접주소 지정방식(Indirect Addressing Mode)
  명령어에 나타낼 주소가 명령어 내에서 데이터를 지정하기 위해 할당된 비트수로 나타낼 수 없을 때 사용하는 방식이다.
• 상대주소 지정방식(Relative Addressing Mode)
  유효주소 = 명령어의 주소 부분 + Program Counter
• 레지스터 간접주소 지정방식(Register Indirect Addressing Mode)
  오퍼랜드가 레지스터를 지정하고 다시 그 레지스터 값이 실제 데이터가 기억되어 있는 주소를 지정하는 방식이다.

26 코드 내에 패리티 비트(Parity Bit)가 있어 전송 시에 오류 검사가 가능한 코드는?

① ASCII 코드

② Gray 코드

③ EBCDIC 코드

④ BCD 코드

해설
ASCII 코드 : 미국표준협회가 제정한 7[bit] 코드로, 1[bit]를 추가하여 자료 전송 시의 착오 검색용 패리티 비트로 사용한다.

27 플립플롭으로 구성되는 레지스터는 어떤 기능을 수행하는가?

① 기 억

② 연 산

③ 입 력

④ 출 력

해설
플립플롭 : 1[bit]의 정보를 저장한다.

28 2진수 (11001)₂에서 1의 보수는?

① 00110

② 00111

③ 10110

④ 11110

해설
1의 보수 : 0 → 1, 1 → 0로 변환한다.

29 도면에서 표제란(Title Panel)의 위치로 옳은 것은?

① 오른쪽 아래

② 오른쪽 위

③ 왼쪽 아래

④ 왼쪽 위

해설
도면에서 표제란은 다음 그림과 같이 도면의 오른쪽 아래에 위치한다.

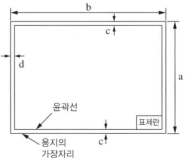

30 거버(Gerber) 파일에 관한 설명 중 틀린 것은?

① 거버 형식은 파일 파라미터와 기능 명령의 2가지 요소로만 되어 있다.

② PCB 필름과 마스터 포토 툴을 생성하는 데 쓰이는 표준이다.

③ 거버 형식은 단순히 회로의 이미지를 만드는 데 필요한 정보를 포함한다.

④ 인터프리터를 이용하여 포토 플로터나 레이저 이미지를 필름이나 다른 미디어에 이미지를 생성하도록 하는 형식이다.

해설

파일 확장자	확장자 설명	파일 설명
*.drl	Drill rack data	드릴 rack 데이터
*.drd	Excellon drill description	Excellon 드릴 데이터
*.dri	Excellon drill tool description	Excellon 드릴 도구 데이터
*.cmp	Component side data	부품면(TOP) 데이터
*.sol	Solder side data	배선면(BOTTOM) 데이터
*.plc	Component side silk screen data	부품면(TOP) silkscreen 데이터
*.stc	Component side solder stop mask data	부품면(TOP) 납땜 마스크 데이터
*.sts	Solder side solder stop mask data	배선면(BOTTOM) 납땜 마스크 데이터
*.gpi	Gerber photoplotter information data	포토 플로터 데이터

31 PC CAD의 도입에 따른 장점이 아닌 것은?

① PCB 재료의 원가 절감을 할 수 있다.

② 회로의 오류 및 오차를 줄일 수 있다.

③ 정확하고 효율적인 작업으로 개발기간이 단축된다.

④ 제품에 대한 신뢰도가 향상되고 불량률이 저하된다.

해설

CAD 시스템의 도입 효과 : 자동화로 회로의 오류 및 오차 감소, 설계의 능률화로 개발기간 단축, 효율적인 관리, 표준화 가능, 노하우 축적, 제품에 대한 신뢰성 향상, 경쟁력 강화, 불량률 감소 및 품질 향상, 시장 경쟁력 증가, 제조의 정확성, 인력의 효율화

32 다음 중 설계 규칙 검사를 나타내는 용어는?

① Back Annotate ② DRC

③ Netlist ④ Export

해설

② DRC(Design Rule Check)는 각 요소 간의 최소 간격(핀과 핀 사이, 부품과 부품 사이, 비아와 비아 사이), 금지영역 조사, 극성, 올바르지 못한 배선 등을 체크하는 디자인 규칙을 검사하는 설계 규칙 검사이다.

33 Layout 작업 시 실장밀도를 높이기 위해 고려해야 할 사항이 아닌 것은?

① 도면의 크기
② 사용부품의 치수
③ 배선폭과 배선간격
④ Through Hole의 위치와 치수

해설
• PCB의 설계란 정해진 PCB 보드 상에 회로도에 포함된 부품과 부품 간의 연결(배선)을 효율적으로 배치하는 과정이다. PCB의 설계도 CAD 시스템의 발달에 의해 효율적이고 정확도가 높아지게 되었다. 부품 리스트, 로직 다이어그램, 최종 제품의 요구 성능인 회로 설계 요지를 살리면서 레이아웃을 수행하기 위해서는 효율적인 부품의 치수 및 배선의 배치가 중요하다.
• 실장밀도를 높이기 위해 고려해야 할 사항 : 사용부품의 치수, 배선폭과 배선간격, Through Hole의 위치와 치수 등이다.

34 A/D 변환기 회로와 같이 아날로그와 디지털 부분이 같이 있는 경우 도면에서 회로를 격리하고 접지 등 전원선을 별도로 그리는 것이 일반적인데, 다음 중 어떤 현상을 고려해야 하기 때문인가?

① 유도 현상
② 발진 현상
③ 스위칭 현상
④ 증폭 현상

해설
A/D 변환기 회로와 같이 아날로그와 디지털 회로 부분이 같이 있는 도면을 작성할 경우에는 아날로그 부분의 유도현상 영향을 고려하여 회로를 격리하고 접지 등 전원선을 따로 배면에 배치되도록 그린다.

35 전자캐드(CAD)에 주로 사용되는 출력장치로 적합한 것은?

① 레이저 프린터, 스캐너, 포토 플로터
② 포토 플로터, X-Y 플로터, 태블릿
③ 레이저 프린터, 포토 플로터, X-Y 플로터
④ ZIP 드라이브, 레이저 프린터, 스캐너

해설
CAD에서 주로 사용되는 출력장치는 레이저 프린터, 포토 플로터, X-Y 플로터 등이며, 스캐너, 태블릿 등은 입력장치이다.

36 PCB 제조공정은 어떤 방법에 의해 소정의 배선만 남기고, 다른 부분의 패턴을 제거할 것인가 하는 점이 중요하다. 다음 중 대표적으로 사용되는 에칭(패턴제거방법)방법이 아닌 것은?

① 사진 부식법
② 실크 스크린법
③ 플렉시블 인쇄법
④ 오프셋 인쇄법

해설
인쇄회로기판(PCB)의 에칭(패턴제거방법) 방법
• 사진 부식법 : 사진의 밀착 인화 원리를 이용한 것으로, 정밀도는 가장 우수하나 양산에는 적합하지 않다. 포토 레지스트(Photo Resist)를 직접 기판에 도포하고, 필름을 기판 위에 얹어 감광시킨 다음 현상하면, 기판에는 배선에 해당하는 부분만 남고 나머지 부분에 구리면이 나타난다.
• 실크 스크린법 : 등사 원리를 이용하여 내산성 레지스터를 기판에 직접 인쇄하는 방법으로, 사진 부식법에 비해 양산성은 높으나 정밀도가 다소 떨어진다. 실크로 만든 스크린에 감광성 유제를 도포하고 포지티브 필름으로 인화, 현상하면 패턴 부분만 스크린되고, 다른 부분이 막히게 된다. 이 실크 스크린에 내산성 잉크를 칠해 기판에 인쇄한다.
• 오프셋 인쇄법 : 일반적인 오프셋 인쇄 방법을 이용한 것으로 실크 스크린법보다 대량 생산에 적합하고 정밀도가 높다. 내산성 잉크와 물이 잘 혼합되지 않는 점을 이용하여 아연판 등의 오프셋 판을 부식시켜 배선 부분에만 잉크를 묻게 한 후 기판에 인쇄한다.

37 자기장이 분포되어 있어 평판에 버튼커서 또는 스타일러스 펜이라고 불리는 위치 검출기를 이동시켜 도면위치에 대응하는 X, Y 좌표를 입력하는 장치는?

① 트랙볼
② X-Y 플로터
③ 디지타이저
④ 이미지 스캐너

③ 디지타이저 : X, Y 위치를 입력할 수 있는 장치이며, 직사각형의 넓은 평면 모양의 장치(자기장 분포)와 그 위에서 사용자가 이용할 수 있는 펜 또는 버튼이 달린 라인 커서장치(스타일러스 펜)로 구성되어 있다. 사용자가 펜이나 커서를 움직이면 그 좌표 정보를 밑판이 읽어 자동으로 컴퓨터 시스템의 화면 기억 장소로 전달하고, 특정 위치에서 펜을 누르거나 커서의 버튼을 누르면 그에 해당되는 명령이 수행된다. 구조에 따라 자동식과 수동식으로 나눈다.
수동식에는 로터리 인코더(Rotary Encoder)나 리니어 스케일(Linear Scale)로 위치를 판독하는 건트리 방식과 커서로 읽어내는 프리커서 방식이 있다. 사진의 영상이나 활자의 선 등을 전자 비트로 분해하여 컴퓨터에 기억·저장시키고 필요할 때 재생하여 본래의 영상을 재현한다. 컴퓨터에 도형 데이터를 입력하거나 그래픽 디스플레이 화면상의 도형을 수정하는 경우 등에 사용한다.
디지타이저도 바코드 판독기와 같은 방법으로 코드를 변환하지만, 지면 위에 그려진 도형을 직접 입력시킬 수 있으므로 사람이나 기계가 그려 놓은 도형을 별도의 입력 장치를 이용하지 않고 직접 입력시킬 수 있기 때문에 편리하다. 입체 데이터를 입력할 수 있는 3차원 디지타이저도 있다.

38 시퀀스 제어용 기호와 설명이 옳게 짝지어진 것은?

① PT : 계기용 변압기
② TS : 과전류 계전기
③ OCR : 텀블러 스위치
④ ACB : 유도 전동기

② TS은 텀블러 스위치(차단기 및 스위치류)
③ OCR은 과전류 계전기(차단기 및 스위치류)
④ ACB는 기중 차단기(계전기)이다.

호	문자기호	용 어	대응영어
1101	BCT	부싱변류기	Bushing Current Transformer
1102	BST	승압기	Booster
1103	CLX	한류리액터	Current Limiting Reactor
1104	CT	변류기	Current Transformer
1105	GT	접지변압기	Grounding Transformer
1106	IR	유도전압 조정기	Induction Voltage Regulator
1107	LTT	부하시 탭전환변압기	On-load Tap-changing Transformer
1108	LVR	부하시 전압조정기	On-load Voltage Regulator
1109	PCT	계기용 변압변류기	Potential Current Transformer, Combined Voltage and Current Transformer
1110	PT	계기용 변압기	Potential Transformer, Voltage Transformer
1111	T	변압기	TRANSFORMER
1112	PHS	이상기	PHASE SHIFTER
1113	RF	정류기	RECTIFIER
1114	ZCT	영상변류기	Zero-phase-sequence Current Transformer

39 다음 그림은 세라믹 콘덴서이다. 용량 값은?

① 0.01[μF] ② 10[pF]

③ 1,000[pF] ④ 0.0001[μF]

해설

콘덴서의 단위와 용량을 읽는 방법

콘덴서의 용량 표시에 3자리의 숫자가 사용되는 경우, 앞의 2자리 숫자가 용량의 제1숫자와 제2숫자이고, 세 번째 자리가 승수가 되며, 표시의 단위는 [pF]로 되어 있다.

따라서 101[K]이면 $10^1 \times 10^1 = 100$[pF] $= 0.0001$[μF]이고, K는 ±10[%]의 오차를 나타낸다.

허용차[%]의 문자 기호

문자 기호	허용차[%]	문자 기호	허용차[%]
B	±0.1	J	±5
C	±0.25	K	±10
D	±0.5	L	±15
F	±1	M	±20
G	±2	N	±30

40 드레인(D), 소스(S), 게이트(G) 3개의 전극으로 구성되어 있으며 n채널과 p채널로 나누는 부품은?

① PUT ② FET

③ SCR ④ 트랜지스터

해설

접합형 FET	(N채널 FET) (P채널 FET) N채널 FET P채널 FET
MOS형 FET	(N채널) (P채널) N채널 P채널

41 PCB에서 패턴의 폭이 10[mm], 두께가 2[mm]이고 길이가 3[cm]일 때 패턴의 저항(R)은?(단, 20[℃]에서 구리의 저항률은 1.72×10^{-8}[Ω]이다)

① 0.258×10^{-6}[Ω]

② 2.58×10^{-8}[Ω]

③ 5.16×10^{-6}[Ω]

④ 5.16×10^{-8}[Ω]

해설

$$R[\Omega] = \rho \frac{l[mm]}{S[mm^2]} = 1.72 \times 10^{-8} \frac{30}{10 \times 2}$$
$$= 2.58 \times 10^{-8}[\Omega]$$

42 다음 중 사용 부품이나 소자를 실물 크기로 기호화 하고, 단자와 단자 사이를 선으로 직접 연결하는 접속 도면을 무엇이라 하는가?

① 연속선 접속도

② 피드선 접속도

③ 고속도형 접속도

④ 기선 접속도

해설

① 연속선 접속도 : 사용 부품이나 소자를 실물 크기로 기호화하고, 단자와 단자 사이를 선으로 직접 연결하는 접속 도면이다.

43 전자응용기기의 전체적인 동작이나 기능을 나타내는 블록도를 그리고자 할 때의 설명으로 틀린 것은?

① 블록은 직사각형으로 그리며 선의 굵기는 0.3~0.5[mm] 정도로 한다.

② 블록 안에는 전자 소자의 명칭이나 기능 등을 간단하게 표시한다.

③ 블록도의 신호는 오른쪽에서 왼쪽 방향으로 흐르도록 한다.

④ 블록도에는 전원 및 보조 회로를 포함하여 그리기도 한다.

해설

회로도 작성 시 고려사항
- 신호의 흐름은 왼쪽에서 오른쪽으로, 위에서 아래로 한다.
- 심벌과 접속선의 굵기는 같게 하며 0.3~0.5[mm] 정도로 한다.
- 보조회로가 있는 경우 주회로를 중심으로 설계한다.
- 보조회로는 주회로의 바깥쪽에, 전원회로는 맨 아래에 그린다.
- 접지선 등을 굵게 표시하는 경우 0.5~0.8[mm] 정도로 한다.
- 도면은 주요 능동소자를 중심으로 그린다.
- 대각선과 곡선은 가급적 피한다.
- 선과 선이 전기적으로 접속되는 곳에는 "·"(Junction) 표시를 한다.
- 물리적인 관련이나 연결이 있는 부품 사이에는 파선으로 표시한다.
- 선의 교차가 적고 부품이 도면 전체에 고루 안배되도록 그린다.

블록도 작성 시 고려사항
- 일반적인 사항은 회로도 작성 시 고려사항을 따른다.
- 블록 안에는 전자 소자의 명칭이나 기능 등을 간단하게 표시한다.
- 블록도에는 전원 및 보조 회로를 포함하여 그리기도 한다.

44 전자 CAD를 사용하는 기능이라고 보기 어려운 것은?

① 회로도를 쉽게 수정할 수 있다.

② 효율적인 부품배치 및 배선이 용이하다.

③ 부품을 스캔하여 모델링 할 수 있다.

④ 부품과 선간에 이루어지는 상호간섭과 같은 잡음의 발생을 최소화할 수 있다.

해설

CAD(Computer Aided Design)는 컴퓨터를 이용하여 설계하는 프로그램이다. 이 중 전자회로설계프로그램(Electric CAD)은 대부분 기존의 전기, 전자 정보를 갖고 있는 라이브러리를 불러들여 전자회로 설계를 구성하게 된다. Electric CAD는 제품의 개발에 필요한 시간을 줄이고, 공정을 간소화할 수 있어 원가가 절감되며, 설계 시 변경과 시간을 단축할 수 있어 생산성이 향상되고, 데이터의 보관이 용이하다. 또한 회로도를 쉽게 수정할 수 있고, 효율적인 부품배치 및 배선이 용이하며, 부품과 선간에 이루어지는 상호간섭과 같은 잡음의 발생을 최소화할 수 있다.

45 출력 장치인 펜 플로터 중 전기, 전자, 통신 분야에서 배선도, 접속도 등의 선도를 그리는 경우에 주로 사용되는 것은?

① X-Y형

② 드럼(Drum)형

③ 잉크젯(Inkjet)형

④ 플레이트 베드(Plate Bed)형

해설

① X-Y형 플로터는 자기장이 분포되어 있어 동판에 버튼커서 또는 스타일러스 펜이라고 불리는 위치 검출기를 이동시켜 도면 위치에 대응하는 X, Y 좌표를 입력하는 장치로 전기, 전자, 통신 분야에서 배선도, 접속도 등의 선도를 그리는 경우에 주로 사용한다.

46 전자 CAD 프로그램에서 편집 기능 명령과 거리가 먼 것은?

① 이 동 ② 복 사
③ 붙이기 ④ 호 출

전자 CAD의 Edit 메뉴
• 이동 : 오려내기(Ctrl + X) + 붙이기(Ctrl + V)
• 복사(Ctrl + C) 등의 기능

47 다층 PCB 구조에서 층과 층을 통과하여 신호 패턴을 연결하는데, 이때 층간을 접속하기 위한 것은?

① Pad Hole ② Land Hole
③ Pin Hole ④ Via Hole

• 비아(Via) : 층간의 회로를 접속할 수 있는 홀이며 패드와 패드를 연결하면서 트랙의 층을 변경할 때 생기는 동박이다.
• 비아 홀(Via Hole) : 다층 인쇄회로기판에서 다른 층과 전기적 접속을 좋게 하기 위해 스루 홀 도금을 한 홀로 서로 다른 층을 연결하기 위한 것이다. 회로를 설계하고 아트워크를 하다 보면 서로 다른 종류의 패턴이 겹칠 경우가 있다. 일반적인 전선은 피복이 있기 때문에 겹치게 해도 되지만 PCB의 패턴은 금속이 그대로 드러나 있기 때문에 서로 겹치게 되면 쇼트가 발생한다. 그래서 PCB에 홀을 뚫어서 겹치는 패턴을 피하고, 서로 다른 층의 패턴을 연결하는 용도로 사용된다.

48 도면작성 후 PCB Artwork 또는 시뮬레이션을 하기 위해 부품 간의 연결 정보를 가지고 있는 데이터 파일이 생성되는데, 이 파일의 명칭은?

① Library ② Netlist
③ Component ④ Symbol

② Netlist File은 도면의 작성에 대한 결과 파일로 PCB 프로그램이나 시뮬레이션 프로그램에서 입력 데이터로 사용되는 필수 파일로 풋프린트, 패키지명, 부품명, 네트명, 네트와 연결된 부품 핀, 네트와 핀 그리고 부품의 속성에 대한 정보를 포함하고 있다. PCB상에서 상호 연결되어 있는 신호, 모듈, 핀의 명칭으로 회로 도면상의 연결 정보가 들어있다.

49 고주파를 사용하는 회로도를 설계 시 유의할 점이 아닌 것은?

① 배선의 길이는 될 수 있는 대로 짧아야 한다.
② 회로의 중요 요소에는 바이패스 콘덴서를 붙여야 한다.
③ 배선이 꼬인 것은 코일로 간주되므로 주의해야 한다.
④ 유도될 수 있는 고주파 전송 선로는 다른 신호선과 평행하게 한다.

고주파회로 설계 시 유의사항
• 아날로그, 디지털 혼재 회로에서 접지선은 분리한다.
• 부품은 세워서 사용하지 않으며, 가급적 부품의 다리를 짧게 배선한다.
• 고주파 부품은 일반회로 부분과 분리하여 배치하도록 하고, 가능하면 차폐를 실시하여 영향을 최소화하도록 한다.
• 가급적 표면 실장형 부품을 사용한다.
• 전원용 라인필터는 연결부위에 가깝게 배치한다.
• 배선의 길이는 가급적 짧게 하고, 배선이 꼬인 것은 코일로 간주하므로 주의해야 한다.
• 회로의 중요한 요소에는 바이패스 콘덴서를 삽입하여 사용한다.

50 PCB의 설계 시 고주파 부품 및 노이즈에 대한 대책 방법으로 옳은 것은?

① 부품을 세워 사용한다.
② 가급적 표면 실장형 부품(SMD)을 사용한다.
③ 고주파 부품을 일반회로와 혼합하여 설계한다.
④ 아날로그와 디지털 회로는 어스 라인을 통합한다.

해설
① 부품은 세워서 사용하지 않으며, 가급적 부품의 다리를 짧게 배선한다.
③ 고주파 부품은 일반회로 부분과 분리하여 배치한다.
④ 아날로그와 디지털 회로는 어스 라인을 분리한다.
이외 PCB에서 노이즈(잡음) 방지 대책
• 가급적 표면 실장형 부품(SMD)을 사용한다.
• 회로별 Ground 처리 : 주파수가 높아지면(1[MHz] 이상) 병렬, 또는 다중 접지를 사용한다.
• 필터 추가 : 디커플링 커패시터를 전압강하가 일어나는 소자 옆에 달아주어 순간적인 충방전으로 전원을 보충, 바이패스 커패시터(0.01, 0.1[μF](103, 104), 세라믹 또는 적층 세라믹 콘덴서)를 많이 사용한다(고주파 RF 제거 효과). TTL의 경우 가장 큰 용량이 필요한 경우는 0.047[μF] 정도이므로 흔히 0.1[μF]을 사용한다. 커패시터 배치할 때에도 소자와 너무 붙여놓으면 전파 방해가 생긴다.
• 내부배선의 정리 : 일반적으로 1[A]가 흐르는 선의 두께는 0.25[mm](허용온도상승 10도일 때)와 0.38[mm](허용온도 5도 일 때)이며, 배선을 알맞게 하고 배선 사이를 배선의 두께만큼 띄운다. 배선 사이의 간격이 배선의 두께보다 작아지면 노이즈 발생(Crosstalk 현상), 직각으로 배선하기보다 45°, 135°로 배선한다. 되도록이면 짧게 배선을 한다. 배선이 길어지거나 버스패턴을 여러 개 배선해야 할 경우 중간에 Ground 배선을 삽입한다. 배선의 길이가 길어질 경우 Delay 발생 → 동작 이상이 되며 같은 신호선이라도 되도록이면 묶어서 배선하지 말아야 한다.
• 동판처리 : 동판의 모서리 부분이 안테나 역할을 하여 노이즈가 발생한다. 동판의 모서리 부분을 보호 가공하고 상하 전위차가 생길만한 곳에 같은 극성의 비아를 설치한다.
• Power Plane : 안정적인 전원공급으로 노이즈 성분을 제거하는 데 도움이 된다. Power Plane을 넣어서 다층기판을 설계할 때 Power Plane 부분을 Ground Plane보다 20[H](=120[mil]= 약 3[mm]) 정도 작게 설계한다.
• EMC 대책 부품을 사용한다.

51 PCB 설계 시 제품의 케이스(CASE)에 의해 제약을 받지 않는 것은?

① 높이 제한
② 부품실장 금지대
③ 패턴의 금지대
④ 패턴의 폭

해설
PCB의 Pattern 설계에서는
• 부품의 위치와 높이 제한 등의 사양을 고려해야 한다.
• 부품 장착 시에 문제를 일으키지 않도록 해야 한다.
• 실장 후에 검사와 Repair를 쉽도록 해 두는 것이 필요하다. Extension PCB 이외의 것은 많은 부품이 실장되므로 간단한 연결 Pin끼리의 루트접속으로는 완료할 수 없다.
Pattern 설계 시 부품의 장착과 관련하여 위치의 정확성, 삽입오차, 선택의 오류 등의 문제가 발생될 수 있으며, 완료된 PCB의 부품 Soldering시의 Pad 위치의 어긋남, 맨해튼 현상, Solder Bridge, Solder 불량 등이 자주 발생되는 문제들이고, 다른 세세한 불량 발생의 문제점도 발생할 수 있다.

52 CAD 시스템 좌표계가 아닌 것은?

① 역학 좌표 ② 절대 좌표
③ 상대 좌표 ④ 극 좌표

해설

- 세계 좌표계(WCS ; World Coordinate System) : 프로그램이 가지고 있는 고정된 좌표계로써 도면 내의 모든 위치는 X, Y, Z 좌표값을 갖는다.
- 사용자 좌표계(UCS ; User Coordinate System) : 작업자가 좌표계의 원점이나 방향 등을 필요에 따라 임의로 변화시킬 수 있다. 즉 WCS를 작업자가 원하는 형태로 변경한 좌표계이다. 이는 3차원 작업 시 필요에 따라 작업평면(XY평면)을 바꿀 때 많이 사용한다.
- 절대좌표(Absolute Coordinate) : 원점을 기준으로 한 각 방향 좌표의 교차점을 말하며, 고정되어 있는 좌표점 즉, 임의의 절대좌표(10, 10)은 도면 내에 한 점 밖에는 존재하지 않는다. 절대좌표는 [X좌표값, Y좌표값]순으로 표시하며, 각 각의 좌표점 사이를 콤마(,)로 구분해야 하고, 음수 값도 사용이 가능하다.
- 상대좌표(Relative Coordinate) : 최종점을 기준(절대좌표는 원점을 기준으로 했음)으로 한 각 방향의 교차점을 말한다. 따라서 상대좌표의 표시는 하나이지만 해당 좌표점은 기준점에 따라 도면 내에 무한적으로 존재한다. 상대좌표는 [@기준점으로부터 X방향값, Y방향값]으로 표시하며, 각 각의 좌표값 사이를 콤마(,)로 구분해야 하고, 음수 값도 사용이 가능하다(음수는 방향이 반대임).
- 극좌표(Polar Coordinate) : 기준점으로부터 거리와 각도(방향)로 지정되는 좌표를 말하며, 절대극좌표와 상대극좌표가 있다. 절대극좌표는 [원점으로부터 떨어진 거리 < 각도]로 표시한다. 상대극좌표는 마지막 점을 기준으로 하여 지정하는 좌표이다. 따라서 상대 극좌표의 표시는 하나이지만 해당 좌표점은 기준점에 따라 도면 내에 무한적으로 존재한다. 상대극좌표는 [@기준점으로부터 떨어진 거리 < 각도]로 표시하며, 거리와 각도 표시 사이를 부등호(<)로 구분해야 하고, 거리와 각도에 음수 값도 사용이 가능하다.
- 최종좌표(Last Point) : 이전 명령에 지정되었던 최종좌표점을 다시 사용하는 좌표이다. 최종좌표는 [@]로 표시한다. 최종좌표는 마지막 점에 사용된 좌표방식과는 무관하게 적용된다.

53 전기 신호의 중계, 제어 등을 행하는 기구 부품 (Electro-Mechanical Component)이 아닌 것은?

① 커넥터 ② 소 켓
③ 스위치 ④ 다이오드

해설

④ 다이오드 : 한쪽 방향으로만 전류를 잘 통과시키므로, 교류를 직류로 바꾸는 정류 소자로 사용된다.

① 커넥터 : 기기 사이의 다수의 전기적 중계를 위해 사용되는 부품으로, 플러그와 소켓으로 구성되며, 신호 종류, 전류 용량, 주파수, 설치 장소 등에 따라 여러 가지 형태가 있다.

② 소켓 : 전구나 형광등, 진공관 등에 전기를 공급하기 위한 투입 구이며 그것들을 연결하기 위한 기구이다.

③ 스위치 : 스위치는 기계적인 접점을 가지는 토글형, 슬라이드형, 투입형 등과 무접점인 반도체 스위치 등이 있다.

54 다음은 반도체 소자의 형명을 나타낸 것이다. 3번째 항의 문자 A는 무엇을 나타내는가?

(2 S A 562 B)

① NPN형 저주파 ② PNP형 저주파
③ PNP형 고주파 ④ NPN형 고주파

해설

③ 2SA562B → PNP형의 개량형 고주파용 트랜지스터

반도체 소자의 형명 표시법

2	S	A	562	B
① 숫자	S	② 문자	③ 숫자	④ 문자

- ①의 숫자 : 반도체의 접합면수이다(0 : 광트랜지스터, 광다이오드, 1 : 각종 다이오드, 정류기, 2 : 트랜지스터, 전기장 효과 트랜지스터, 사이리스터, 단접합 트랜지스터, 3 : 전기장 효과 트랜지스터로 게이트가 2개 나온 것). S는 반도체(Semiconductor)의 머리 문자이다.
- ②의 문자 : A, B, C, D 등 9개의 문자이다(A : PNP형의 고주파용 트랜지스터, B : PNP형의 저주파형 트랜지스터, C : NPN형의 고주파형 트랜지스터, D : NPN형의 저주파용 트랜지스터, F : PNPN사이리스터, G : NPNP 사이리스터, H : 단접합 트랜지스터, J : P채널 전기장 효과 트랜지스터, K : N채널 전기장 효과 트랜지스터)
- ③의 숫자 : 등록 순서에 따른 번호. 11부터 시작한다.
- ④의 문자 : 보통은 붙지 않으나, 특히 개량품이 생길 경우에 A～J까지의 알파벳 문자를 붙여 개량 부품임을 나타낸다.

55 다음 ( ) 안에 알맞은 용어는?

> 전자 CAD 사용자가 다른 Schematic 페이지에 심벌을 생성할 수 있다. 이러한 심벌을 ( )이라고 부른다.

① 적 층
② 본 딩
③ 프리프레그
④ 계층구조 블록

계층구조 블록(Hierarchical Block)
• 계층구조 설계는 평면설계와는 달리 특정회로도에 다른 회로도를 포함하고 있으며, 포함된 각 회로도는 간단한 심벌로 대신해서 나타낸다. 이 심벌들을 계층구조 블록(Hierarchical Block)이라고 하며, 회로도를 다른 회로도에 포함시킴으로써 계층을 구성한다. 모든 회로도는 다른 회로도를 표시하는 계층구조 블록을 포함할 수 있으며, 이러한 네스트 구조(Nest Structure)는 단계의 제한 없이 구성될 수 있다.
• 자신과 연결되어 있는 하위의 회로도를 대표하여 수직 방향으로만 연결되며 계층구조 블록 안에 있는 계층구조 핀을 생성하면 계층구조 하위 회로도면에 계층구조 포트가 생성되고 이 포트를 통하여 계층구조 블록의 핀과 연결된다.
• 계층구조 설계는 한 회로도 내에 다른 회로도를 대표하는 심벌을 포함하고 있는 계층을 구성하는 것으로써 계층구조 블록(Hierarchical Block), 계층구조 포트(Hierarchical Port), 계층구조 핀(Hierarchical Pin) 등을 사용하여 상위 회로도와 하위 회로도를 상호 연결하여 사용하고, 같은 레벨의 회로도면 사이에는 오프-페이지 커넥터(Off-Page Connector)로써 연결한다.

56 다음 5색 저항의 저항 값과 오차가 옳은 것은?

제1색띠	제2색띠	제3색띠	제4색띠	제5색띠
갈 색	검은색	검은색	적 색	갈 색

① $10[k\Omega]$, $\pm5[\%]$
② $100[k\Omega]$, $\pm5[\%]$
③ $10[k\Omega]$, $\pm1[\%]$
④ $100[k\Omega]$, $\pm1[\%]$

5색띠 저항의 저항값 읽는 요령

색	수 치	승 수	정밀도[%]
흑	0	$10^0 = 1$	–
갈	1	10^1	±1
적	2	10^2	±2
등(주황)	3	10^3	±0.05
황(노랑)	4	10^4	–
녹	5	10^5	±0.5
청	6	10^6	±0.25
자	7	10^7	±0.1
회	8	–	–
백	9	–	–
금	–	10^{-1}	±5
은	–	10^{-2}	±10
무	–	–	±20

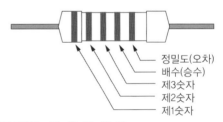

정밀도(오차)
배수(승수)
제3숫자
제2숫자
제1숫자

저항의 5색띠 : 갈, 흑, 흑, 적, 갈
(갈=1), (흑=0), (흑=0), (적=2), (갈)
  1   0   0 $\times$ $10^2 = 10[K\Omega]$
정밀도(갈) = $\pm1[\%]$

57 주문 받은 사람이 주문한 사람과 검토를 거쳐서 승인을 받아 계획 및 제작을 하는 데 기초가 되는 도면은?

① 제작도　　　　　② 주문도
③ 승인도　　　　　④ 견적도

③ 승인도(Approved Drawing) : 주문 받은 사람이 주문한 제품의 대체적인 크기나 모양, 기능의 개요, 정밀도 등을 주문서에 첨부하기 위해 작성한 도면이다.
① 제작도(Production Drawing) : 공장이나 작업장에서 일하는 작업자를 위해 그려진 도면으로, 설계자의 뜻을 작업자에게 정확히 전달할 수 있는 충분한 내용으로 가공을 용이하게 하고 제작비를 절감시킬 수 있다.
② 주문도(Ordering Drawing) : 주문한 사람이 주문서에 붙여서 자기 요구의 대강을 주문 받을 사람에게 보이기 위한 도면이다.
④ 견적도(Estimate Drawing) : 제품이나 공사 계약 및 입찰 가격을 결정하기 위하여 사용하는 도면이다.

58 인쇄회로기판 설계 시에 사용하는 단위가 아닌 것은?

① mm　　　　　　② grid
③ inch　　　　　　④ mils

PCB 설계 시 사용하는 단위 : [mil], [inch], [mm]

$$1[mil] = \frac{1}{1,000}[inch] = 0.0254[mm]$$

59 인쇄회로기판 설계 시 배선에 흐르는 전류량에 따라 고려할 사항으로 옳은 것은?

① 기판의 재질과 두께
② 배선의 폭과 동박의 두께
③ 동박의 두께와 배선의 모양
④ 배선의 배열과 기판의 두께

인쇄회로기판(PCB) 설계 시 배선에 흐르는 전류량이 많을수록 배선의 폭은 넓게 하고 동박의 두께는 두껍게 한다.

60 플렉시블 PCB의 재료로 사용하는 것은?

① 종이페놀 인쇄회로기판
② 유리에폭시 인쇄회로기판
③ 세라믹 인쇄회로기판
④ 폴리아마이드 필름 인쇄회로기판

플렉시블 기판은 폴리에스터나 폴리아마이드 필름에 동박을 접착한 기판으로 일반적으로 절곡하여 휘어지는 부분에 사용하며 주로 카세트, 카메라, 핸드폰 등의 유동이 있는 곳에 사용된다.

01 다음 중 증폭회로를 구성하는 수동소자에서 자유 전자의 온도에 의하여 발생하는 잡음은?

① 산탄 잡음   ② 열잡음
③ 플리커 잡음   ④ 트랜지스터 잡음

해설

트랜지스터 잡음

트랜지스터의 사용 중에 발생하는 전류의 요동이 신호 전류에 대해 잡음으로서 작용하는 것으로, 전자의 열진동에 의한 열교란 잡음, 전자 이동도의 불규칙한 변동에 의한 산탄 잡음, 접합부의 상태 변화에 의한 플리커 잡음 등이 있고 트랜지스터의 종류에 따라 크기나 주파수 특성이 다르다.

02 수정발진기의 특징 중 가장 큰 장점은?

① 발진이 용이하다.
② 주파수 안정도가 높다.
③ 발진세력이 강하다.
④ 소형이며 잡음이 적다.

해설

수정발진기의 특징
• 주파수 안정도가 좋다(10^{-6} 정도).
• 수정진동자의 Q가 매우 높다(10^{-4}~10^{6}).
• 수정진동자는 기계적으로나 물리적으로 안정하다.
• 발진조건을 만족하는 유도성 주파수 범위가 대단히 좁다.

03 입력 전압이 500[mV]일 때 5[V]가 출력되었다면 전압 증폭도는?

① 9배   ② 10배
③ 90배   ④ 100배

해설

$$A_v = \frac{V_o}{V_i} = \frac{5}{500 \times 10^{-3}} = \frac{5}{0.5} = 10$$

04 JK 플립플롭의 J입력과 K입력을 묶어서 1개의 입력 형태로 변경한 것은?

① RS 플립플롭
② D 플립플롭
③ T 플립플롭
④ 시프트 레지스터

해설

T 플립플롭은 JK 플립플롭의 입력 J와 K를 묶어서 하나의 데이터 입력 단자로 한 것이다.

05 그림과 같은 2단궤환 증폭회로에서 궤환전압 V_f는?

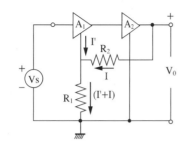

① $V_f = \dfrac{R_2}{R_1 + R_2} V_0$ ② $V_f = \dfrac{R_1 \cdot R_2}{R_1 + R_2} V_0$

③ $V_f = \dfrac{R_1}{R_2} V_0$ ④ $V_f = \dfrac{R_1}{R_1 + R_2} V_0$

해설
비반전 연산증폭기로 볼 수 있다.

따라서 $V_f = \dfrac{R_1}{R_1 + R_2} V_0$

06 다음 중 펄스의 시간적 관계의 기본 조작이 아닌 것은?

① 정 형   ② 선 택
③ 비 교   ④ 변 이

해설
펄스의 시간적 관계의 기본 조작
• 선택(Selection)
• 비교(Comparison)
• 변이(Shifting)

07 저항 20[Ω]인 도체에 100[V]의 전압을 가할 때, 그 도체에 흐르는 전류는 몇 [A]인가?

① 0.2   ② 0.5
③ 2   ④ 5

해설
$I = \dfrac{V}{R} = \dfrac{100}{20} = 5[\mathrm{A}]$

08 반도체의 다수캐리어로 옳게 짝지어진 것은?

① P형의 정공, N형의 전자
② P형의 정공, N형의 정공
③ P형의 전자, N형의 전자
④ P형의 전자, N형의 정공

09 3단자 레귤레이터의 특징이 아닌 것은?

① 입력 전압이 출력 전압보다 높다.
② 방열이 필요 없다.
③ 회로의 구성이 간단하다.
④ 전력 손실이 높다.

해설
방열이 필요하다.

10 트랜지스터가 스위치로 ON/OFF 기능을 하고 있다면 어떤 영역을 번갈아 가면서 동작하는가?

① 포화영역과 차단영역
② 활성영역과 포화영역
③ 포화영역과 항복영역
④ 활성영역과 차단영역

해설
활성(Active)영역은 증폭기에 응용되고, 포화(Saturation)영역과 차단(Cutoff)영역은 스위칭에 응용된다.

11 그림과 같은 발진기에서 A점과 B점의 파형을 옳게 나타낸 것은?

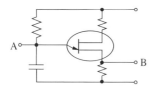

① A : 펄스   B : 펄스
② A : 톱니파   B : 펄스
③ A : 톱니파   B : 톱니파
④ A : 펄스   B : 톱니파

해설
UJT를 이용한 기본발진회로로 이미터의 전압이 정해진 값 이상이 걸리면 Turn On되고, 콘덴서의 전압이 0에 가깝게 떨어져서 전류가 UJT의 최소치 미만으로 흐르면 Turn Off된다.
따라서 A는 콘덴서의 충방전으로 톱니파가 나타나고, B점에서는 펄스파가 나타난다.

12 전원주파수가 60[Hz]일 때 3상 전파정류회로의 리플 주파수는?

① 90[Hz]   ② 120[Hz]
③ 180[Hz]   ④ 360[Hz]

해설
전파정류의 경우 부신호(–)도 출력에 나타나므로 리플 주파수는 2배가 된다. 따라서 리플주파수 = 60 × 2 × 3(3상) = 360[Hz]

13 어떤 정류회로의 무부하 시 직류 출력전압이 12[V]이고, 전부하 시 직류 출력전압이 10[V]일 때 전압 변동률은?

① 5[%]   ② 10[%]
③ 20[%]   ④ 40[%]

해설
전압변동률 $\varepsilon = \dfrac{V - V_0}{V_0} \times 100 = \dfrac{12 - 10}{10} \times 100$
$= 20[\%]$

14 그림과 같은 4개의 콘덴서회로의 합성 정전용량은 얼마인가?(단, 각 콘덴서의 값은 4[μF]이다)

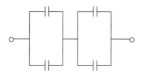

① 4[μF]   ② 8[μF]
③ 12[μF]   ④ 16[μF]

해설
$C_t = \dfrac{(C + C)(C + C)}{(C + C) + (C + C)} = 4[\mu\text{F}]$

15 회로에서 입력단자와 출력단자가 도통되는 상태는?

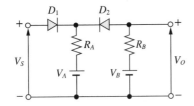

① $V_S > V_A,\ V_S < V_B$

② $V_S > V_A,\ V_S > V_B$

③ $V_S < V_A,\ V_S > V_B$

④ $V_S < V_A,\ V_S < V_B$

해설
다이오드의 Anode(+) 전위가 Cathode(−) 전위보다 높아야 다이오드는 도통된다.
따라서 V_S는 V_A보다 높아야 하고, V_B는 V_S보다 전위가 높아야 한다.

16 UJT를 이용한 기본발진회로일 때 발진주기 τ는?
(단, η는 스탠드 오프비이다)

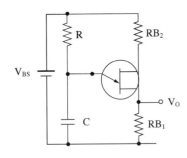

① $\tau = RC$

② $\tau = 0.69RC$

③ $\tau = 2.3RC \cdot \log\left(\dfrac{1}{1-\eta}\right)$

④ $\tau = RC \cdot \log\left(\dfrac{\eta}{1-\eta}\right)$

17 16진수 $(5C)_{16}$을 10진수로 변환하면?

① 72 　　　　② 86

③ 92 　　　　④ 96

해설
$(5C)_{16} = 5 \times 16^1 + C(12) \times 16^0 = 92$

18 전자계산기의 특징이 아닌 것은?

① 기억하는 능력이 크다.

② 창의적 능력이 있다.

③ 계산은 빠르고 정확하다.

④ 논리적 판단 및 비교능력이 있다.

해설
전자계산기의 특징 : 고속성, 정확성, 신뢰성
• 처리가 고속이며, 계산이 정확하다.
• 기억하는 능력이 뛰어나다.
• 논리적 판단 및 비교 기능이 있다.

19 사칙연산 명령이 내려지는 장치는?

① 입력장치 　　　② 제어장치

③ 기억장치 　　　④ 연산장치

해설
• 제어장치(Control Unit) : 컴퓨터를 구성하는 모든 장치가 효율적으로 운영되도록 통제하는 장치로 주기억장치에 기억되어 있는 명령을 해독하여 입력, 출력, 기억, 연산장치 등에 보낸다.
• 연산장치(ALU ; Arithmetic and Logical Unit) : 모든 연산 활동을 수행하는 장치
• 주기억장치 : 중앙처리장치에 연결되어 현재 수행될 프로그램 및 데이터를 기억하는 장치

20 F = (A, B, C, D) = $\sum$(0, 1, 4, 5, 13, 15)이다. 간략화하면?

① $F = A'C' + BC'D + ABD$

② $F = AC + B'CD + ABD$

③ $F = A'C' + ABD$

④ $F = AC + A'B'D'$

해설

$F = \overline{A}\,\overline{B}\,\overline{C}\,\overline{D} + \overline{A}\,\overline{B}C\overline{D} + \overline{A}B\overline{C}\,\overline{D} + \overline{A}BC\overline{D} + AB\overline{C}D + ABCD$

CD \ AB	00	01	11	10
00	1	1		
01	1	1	1	
11			1	
10				

$\overline{A}\,\overline{C}$　　　ABD

$F = \overline{A}\,\overline{C} + ABD$

21 데이터의 구성 체계에 속하지 않는 것은?

① 비 트　　② 섹 터
③ 필 드　　④ 레코드

해설

자료의 구성 단계
비트(Bit) → 바이트(Byte) → 워드(Word) → 항목(Field) → 레코드(Record) → 파일(File) → 데이터베이스(Data Base)

22 CPU의 내부 동작에서 실행하고자 하는 명령의 번지를 지정한 후 명령 레지스터에 불러오기까지의 기간은?

① 명령 사이클(Instruction Cycle)

② 기계 사이클(Machine Cycle)

③ 인출 사이클(Fetch Cycle)

④ 실행 사이클(Execution Cycle)

해설

• 명령 사이클(Instruction Cycle) : 명령을 주기억 장치에서 인출 또는 호출하고, 해독, 실행해가는 연속 절차
• 기계 사이클(Machine Cycle) : 메모리로부터 명령어 레지스터에 명령을 꺼내는 시간
• 인출 사이클(Fetch Cycle) : 다음 실행할 명령을 기억 장치에서 꺼내고부터 끝나기까지의 동작 단계
• 실행 사이클(Execution Cycle) : 각 레지스터, 연산 장치, 기억 장치에 동작 지령 펄스를 보내서 데이터를 처리하는 단계

23 배타적(Exclusive) OR게이트를 나타내는 논리식은?

① $Y = A \cdot \overline{B}$　　② $Y = \overline{A} \cdot A\overline{B}$

③ $Y = \overline{A}B + \overline{B}$　　④ $Y = \overline{A}B + A\overline{B}$

해설

EX-OR Gate

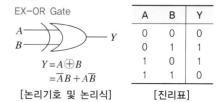

$Y = A \oplus B$
$= \overline{A}B + A\overline{B}$

[논리기호 및 논리식]

A	B	Y
0	0	0
0	1	1
1	0	1
1	1	0

[진리표]

24 불 대수의 표현이 올바른 것은?

① $A + 1 = 1$ ② $A \cdot 1 = 1$

③ $A \cdot A = 1$ ④ $A + A = 1$

해설
$A + 1 = 1$, $A \cdot 1 = A$, $A \cdot A = A$, $A + A = A$

25 연산 결과가 양인지 음인지, 또는 자리올림(Carry)이나 오버플로(Overflow)가 발생했는지를 기억하는 장치는?

① 가산기(Adder)

② 누산기(Accumulator)

③ 데이터 레지스터(Data Register)

④ 상태 레지스터(Status Register)

해설
상태 레지스터(Status Register) : 연산한 결과의 상태를 기록하여 저장하는 일을 하며, 연산 결과가 양수, 0, 음수인지 또는 자리올림이나 넘침이 발생했는지 등의 연산에 관계되는 상태와 외부 인터럽트 신호까지 나타내 주는 레지스터이다.

26 불 대수에서 하나의 논리식과 다른 논리식 사이에서 AND는 OR로, OR은 AND로, 0은 1로, 1은 0으로 변환하는 원리는?

① 쌍대의 원리

② 불 대수의 원리

③ 드모르간의 원리

④ 교환법칙의 원리

해설
쌍대의 원리 : 불대수 양쪽 식(좌우 식) 간에 일정한 법칙이 있다는 것

27 어떤 마이크로프로세서가 1100 0110 0101 1110의 주소 버스를 점하고 있다. 이 상태는 메모리의 몇 page에 출입하고 있는 것인가?

① 37 ② 124

③ B53C ④ C65E

해설
16진수로 변환하면 C65E가 된다.

28 마이크로프로세서를 구성하고 있는 버스에 해당하지 않는 것은?

① 데이터 버스 ② 번지 버스

③ 제어 버스 ④ 상태 버스

해설
어드레스 버스(Address Bus), 데이터 버스(Data Bus), 제어 버스(Control Bus)가 있다.

29 25.4[mm]는 몇 [inch]에 해당하는가?

① 1[inch] ② 10[inch]

③ 100[inch] ④ 1,000[inch]

해설
1[inch] = 2.54[cm] = 25.4[mm]
∴ 25.4[mm] = 1[inch]

30 다음 중 극성을 갖고 있고, 안정적인 대용량 전원 공급을 위해 사용되는 소자는?

① 저 항
② 브리지 다이오드
③ 전해 콘덴서
④ 세라믹 콘덴서

해설

전해 콘덴서

전자회로용 전원의 평활회로나 바이어스를 가할 때에 직류전압에 남아 있는 맥류를 제거하기 위해 사용되는 소형 대용량의 콘덴서이다. 알루미늄을 이용한 것과 탄탈럼박을 이용한 것이 있으나 알루미늄이 더 경제적이므로 주로 알루미늄을 이용한다. 고정 콘덴서이며 극성이 있으며 알루미늄 전해 콘덴서, 탄탈전해 콘덴서 등이 있다.

31 원점으로부터 X, Y축 방향으로 이동된 거리의 좌표를 무엇이라 부르는가?

① 상대좌표
② 절대좌표
③ 극좌표
④ 상대극좌표

해설

② 절대좌표(Absolute Coordinate) : 원점을 기준으로 한 각 방향 좌표의 교차점을 말하며, 고정되어 있는 좌표점 즉, 임의의 절대 좌표점 (10, 10)은 도면 내에 한 점밖에는 존재하지 않는다. 절대좌표는 [X좌표값, Y좌표값] 순으로 표시하며, 각 각의 좌표점 사이를 콤마(,)로 구분해야 하고, 음수 값도 사용이 가능하다.

① 상대좌표(Relative Coordinate) : 최종점을 기준(절대좌표는 원점을 기준으로 했음)으로 한 각 방향의 교차점을 말한다. 따라서 상대좌표의 표시는 하나이지만 해당 좌표점은 기준점에 따라 도면 내에 무한적으로 존재한다. 상대좌표는 [@기준점으로부터 X방향값, Y방향값]으로 표시하며, 각 각의 좌표값 사이를 콤마(,)로 구분해야 하고, 음수 값도 사용이 가능하다(음수는 방향이 반대임).

③ 극좌표(Polar Coordinate) : 기준점으로부터 거리와 각도(방향)로 지정되는 좌표를 말하며, 절대극좌표와 상대극좌표가 있다. 절대극좌표는 [원점으로부터 떨어진 거리 < 각도]로 표시한다.

④ 상대극좌표(Relative Polar Coordinate) : 마지막 점을 기준으로 하여 지정하는 좌표이다. 따라서 상대 극좌표의 표시는 하나이지만 해당 좌표점은 기준점에 따라 도면 내에 무한적으로 존재한다. 상대극좌표는 [@기준점으로부터 떨어진 거리 < 각도]로 표시하며, 거리와 각도 표시 사이를 부등호(<)로 구분해야 하고, 거리와 각도에 음수 값도 사용이 가능하다.

32 실제 치수가 30[mm]의 물건을 2/1의 배척으로 그렸을 때 도면에 기입하는 치수로 옳은 것은?

① 15[mm]
② 30[mm]
③ 60[mm]
④ 120[mm]

해설

척도(배척, 실척, 축적)의 표시
- A / B : A – 도면에서의 크기,
  B – 물체의 실제 크기
- A : B : A – 도면에서의 크기,
  B – 물체의 실제 크기

척도는 표제란에 기록하고 도면에 기입하는 치수는 실제 물건의 치수를 기입한다.

33 PCB 설계 시 4층 기판으로 설계할 때 사용하지 않는 층은?

① 납땜면
② 전원면
③ 접지면
④ 내부면

해설

4층(Layer) PCB
- Layer1 – 부품면(TOP)
- Layer2 – GND(Power Plane)
- Layer3 – VCC(Power Plane)
- Layer4 – 납땜면(BOTTOM)

34 A3 Size 도면의 크기[mm]는?

① 297 × 420   ② 496 × 210

③ 396 × 320   ④ 696 × 520

해설

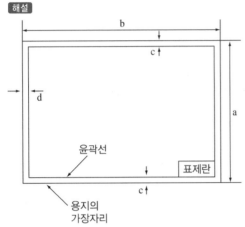

(a) A0~A4에서 긴 변을 좌우 방향으로 놓은 경우

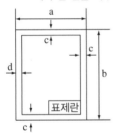

(b) A4에서 짧은 변을 좌우 방향으로 놓은 경우

[도면의 크기와 양식]

용지 크기의 호칭		A0	A1	A2	A3	A4
a×b		841× 1,189	594× 841	420× 594	297× 420	210× 297
c(최소)		20	20	10	10	10
d (최소)	철하지 않을 때	20	20	10	10	10
	철할 때	25	25	25	25	25

※ d 부분은 도면을 철하기 위하여 접었을 때, 표제란의 좌측이 되는 곳에 마련한다.

35 다음 중 전자 CAD의 데이터 파일이 아닌 것은?

① 거버(Gerber)

② 부품리스트(PART LIST)

③ 프린트 기판 재료(Print Board Material)

④ 배선정보(NET LIST)

해설

전자 CAD의 데이터 파일

거버 파일(PCB를 제작하기 위한 파일로서 PCB 설계의 모든 정보가 들어있는 파일로 인쇄회로기판을 제작할 수 있는 데이터 파일이며 필름의 생성을 위한 각 레이어 및 드릴 데이터 등을 추출하는 파일), 네트리스트(배선정보) 파일(도면의 작성에 대한 결과 파일로 PCB 프로그램이나 시뮬레이션 프로그램에서 입력 데이터로 사용되어지는 필수 파일로 풋프린트, 패키지명, 부품명, 네트명, 네트와 연결된 부품 핀, 네트와 핀 그리고 부품의 속성에 대한 정보를 포함하고 있다), 부품리스트 파일 등이 있지만, 프린트 기판 재료에 대한 데이터 파일은 없다.

36 다음 논리 게이트의 명칭으로 옳은 것은?

① OR   ② NAND

③ AND   ④ NOR

해설

NAND 게이트

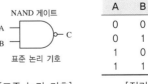

[표준 논리 기호]   [진리표]

37 부품을 삽입하지 않고, 다른 층간을 접속하기 위하여 사용되는 도금 도통 홀을 의미하는 것은?

① 비아 홀(Via Hole)
② 키 슬롯(Key Slot)
③ 외층(External Layer)
④ 액세스 홀(Access Hole)

해설
비아 홀(Via Hole)
서로 다른 층을 연결하기 위한 것이다. 회로를 설계하고 아트워크를 하다 보면 서로 다른 종류의 패턴이 겹칠 경우가 있다. 일반적인 전선은 피복이 있기 때문에 겹치게 해도 되지만 PCB의 패턴은 금속이 그대로 드러나 있기 때문에 서로 겹치게 되면 쇼트가 발생한다. 그래서 PCB에 홀을 뚫어서 겹치는 패턴을 피하고, 서로 다른 층의 패턴을 연결하는 용도로 사용된다.

38 노이즈 대책용으로 사용될 콘덴서의 구비 조건과 거리가 먼 것은?

① 내압이 낮을 것
② 절연 저항이 클 것
③ 주파수 특성이 양호할 것
④ 자기공진 주파수가 높은 주파수 대역일 것

해설
노이즈 대책용 콘덴서가 갖추어야 할 조건
• 주파수 특성이 광범위에 걸쳐서 양호할 것
• 절연저항과 내압이 높을 것
• 자기 공진 주파수가 높은 주파수 대역일 것(주파수 특성이 광범위에 걸쳐서 양호한 콘덴서란 존재하지 않는다. 그러므로 여러 가지 다른 종류의 콘덴서를 혼용함으로써 필터링이 필요한 대역을 취하게 된다)
※ 콘덴서를 전원공급기와 병렬로 연결할 경우 전원선에서 발생하는 노이즈 성분을 GND로 패스시켜 제거해 주는 역할을 한다.

39 회로도를 설계할 때 고려해야 할 사항 중 틀린 것은?

① 선의 교차가 적고 부품이 도면 전체에 고루 분포되게 그린다.
② 물리적인 관련이나 연결이 있는 부품 사이에는 실선으로 그린다.
③ 대칭으로 동작하는 회로는 접지를 기준으로 대칭되게 그린다.
④ 주 회로와 보조회로가 있는 경우에는 주 회로를 중심으로 그린다.

해설
회로도 작성 시 고려해야 할 사항
• 신호의 흐름은 도면의 왼쪽에서 오른쪽으로, 위쪽에서 아래쪽으로 그린다.
• 주 회로와 보조 회로가 있을 경우에는 주 회로를 중심에 그린다.
• 대칭으로 동작하는 회로는 접지를 기준으로 하여 대칭되게 그린다.
• 선의 교차가 적고 부품이 도면 전체에 고루 분포되게 그린다.
• 능동 소자를 중심으로 그리고 수동 소자는 회로 외곽에 그린다.
• 대각선과 곡선은 가급적 피하고, 선과 선이 전기적으로 접속되는 곳에는 ' · '(Junction) 표를 한다.
• 도면 기호와 접속선의 굵기는 원칙적으로 같게 하며, 0.3~0.5[mm] 정도로 한다.
• 보조 회로는 주 회로의 바깥쪽에, 전원 회로는 맨 아래에 그린다.
• 접지선 등을 굵게 표현하는 경우의 실선은 0.5~0.8[mm] 정도로 한다.
• 물리적인 관련이나 연결이 있는 부품 사이는 파선으로 나타낸다.

40 일반적으로 전자캐드(CAD)에서 회로도를 그리는 프로그램을 통칭하는 용어는?

① CAM
② Layout
③ Gerber
④ Schematic

해설
④ Schematic : 회로도(전자회로)를 그리는 프로그램
① CAM(Computer Aided Manufacturing) : 컴퓨터를 이용해서 제조하는 것으로 제조공업에 있어서 생산준비와 생산과정이나 생산관리에 적용
② Layout : 전자부품을 배치하는 프로그램
③ Gerber : 레이아웃된 파일을 레이저프린터나 포토 플로터 등에 넣어 필름을 직접 인쇄하는 프로그램

41 검도의 목적으로 옳지 않은 것은?

① 도면 척도의 적절성

② 표제란에 필요한 내용

③ 조립 가능 여부

④ 판매 가격의 적절성

검도의 목적

검도의 목적으로는 도면에 모순이 없고, 설계사양에 있는 대로의 기능을 만족시키는지, 가공방법이나 조립방법, 제조비용 등에 대해서도 충분히 고려되었는지 등을 판정하려는 의도이다. 검도는 도면 작성자 본인이 한 후, 다시 그의 상사가 객관적 입장에서 검도를 함으로써 품질이나 제조비용 등의 최적화를 확보할 수 있다. 도면은 생산에서 중요한 역할을 하므로 만약 도면에 오류가 있을 시 제품의 불량, 생산 중단 등의 손실을 발생시키게 된다. 그러므로 효과적인 검도는 꼭 필요하다.

검도의 내용

• 도면의 양식은 규격에 맞는가?

• 표제란과 부품란에 필요한 내용이 기입되었는가?

• 요목표 및 요목표 내용의 누락은 없는가?

• 부품 번호의 부여와 기입이 바른가?

• 부품의 명칭이 적절한가?

• 규격품에 대한 호칭 방법은 바른가?

• 조립 작업에 필요한 주의 사항을 기록하였는가?

42 기능에 따라 CAD 프로그램을 분류할 때 전자계열 분류의 약자는?

① AEC

② EDA

③ MDA

④ GIS

전자CAD 프로그램

OrCAD, CADSTAR, PCAD 등이 있는데 이를 통칭하여 EDA(Electronic Design Automation, 전자 설계 자동화)라 한다. EDA는 인쇄 회로 기판부터 내장 회로까지 다양한 전자 장치를 설계 및 생산하는 수단의 일종이다. 이는 때로 전자 컴퓨터 활용 설계(Electronic Computer-Aided Design, ECAD)라고 불리기도 하며 Electronic이 생략된 채 CAD라고 불리기도 한다.

43 부품의 단자 또는 도체 상호간을 접속하기 위해 구멍 주위에 만든 특정한 도체 부분은?

① 리 드

② 납마스크

③ 패 턴

④ 랜 드

④ 랜드(Land) : 부품의 단자 또는 도체 상호간을 접속하기 위해 구멍의 주위에 만든 특정한 도체 부분(전기적 접속 또는 부품의 부착을 위하여 사용되는 도체 패턴의 일부분), 부품을 기판에 고정하기 위해 만든 VIA주변의 COPPER

① 리드(Lead) : 부품을 연결하는 선

② 납 마스크(Soldermask, 솔더마스크) : 솔더 레지스터가 묻으면 안 되는 영역을 표시하는 것으로 부품의 단자 또는 도체 상호간을 접속하기 위해 구멍의 주위에 만든 특정한 도체 부분이 납땜이 될 수 있도록 처리하는 것

③ 패턴(Pattern) : 부품 간을 연결하는 동선

44 전자 및 통신제도의 개요에 대한 설명으로 옳지 않은 것은?

① 기기, 부품 상호간에 전기적 흐름을 잘 이해하여야 한다.

② 수동부품과 능동부품은 상호 간섭 작용이 발생하므로, 별도의 회로도 작성이 요구된다.

③ 도면에는 많은 부품 기호가 있기 때문에 부품 동작특성을 알아야 한다.

④ 사용되는 부품의 종류가 다양하므로 부품의 외형, 치수, 특성을 정확히 이해하여야 한다.

전자 및 통신제도를 할 때 필요한 능력

• 기기와 부품 상호간에 전기적 흐름을 잘 이해해야 한다.

• 도면에는 많은 부품 기호가 있기 때문에 부품 동작특성을 알아야 한다.

• 사용되는 부품의 종류가 다양하므로 부품의 외형, 치수, 특성을 정확히 이해하여야 한다.

• 수동부품과 능동부품은 균형있게 배치하는 등 부품 배치의 고려 사항을 알고 있어야 한다.

45 다음 중 인쇄회로 기판에서 적층 형태의 종류에 해당되지 않는 것은?

① 다각형 PCB
② 단면 PCB
③ 양면 PCB
④ 다층면 PCB

형상(적층형태)에 의한 PCB 분류
회로의 층수에 의한 분류와 유사한 것으로 단면에 따라 단면기판, 양면기판, 다층기판 등으로 분류되며 층수가 많을수록 부품의 실장력이 우수하며 고정밀제품에 이용된다.

• 단면 인쇄회로기판(Single-side PCB) : 주로 페놀원판을 기판으로 사용하며 라디오, 전화기, 간단한 계측기 등 회로구성이 비교적 복잡하지 않은 제품에 이용된다.
• 양면 인쇄회로기판(Double-side PCB) : 에폭시 수지로 만든 원판을 사용하며 컬러 TV, VTR, 팩시밀리 등 비교적 회로가 복잡한 제품에 사용된다.
• 다층 인쇄회로기판(Multi-layer PCB) : 고밀도의 배선이나 차폐가 필요한 경우에 사용하며, 32[bit] 이상의 컴퓨터, 전자교환기, 고성능 통신기기 등 고정밀기기에 채용된다.
• 유연성 인쇄회로기판(Flexible PCB) : 자동화기기, 캠코더 등 회로판이 움직여야 하는 경우와 부품의 삽입, 구성 시 회로기판의 굴곡을 요하는 경우에 유연성으로 대응할 수 있도록 만든 회로기판이다.

46 DXF 파일의 섹션이 아닌 것은?

① 헤더(Header) 섹션
② 블록(Block) 섹션
③ 테이블(Table) 섹션
④ 글로벌(Global) 섹션

DXF 파일은 서로 다른 컴퓨터 지원 설계(CAD) 프로그램 간에 설계도면 파일을 교환하는 데 업계 표준으로 사용되는 파일 형식으로, 캐드에서 작성한 파일을 다른 프로그램으로 넘길 때 또는 다른 프로그램에서 캐드로 불러올 때 사용한다.
DXF 파일에는 HEADER 섹션, TABLE 섹션, BLOCK 섹션, ENTITY 섹션 등이 있다.

47 다음 중 전자 CAD에서 DRC로 할 수 없는 기능은?

① 부품용량의 정확성
② 금지영역 조사
③ 올바르지 못한 배선
④ 각 요소 간의 최소 간격

전자캐드에서의 DRC(Design Rules Check) 기능 : 핀과 핀 사이, 부품과 부품 사이, 비아와 비아 사이의 최소 이격 간격, 극성, 금지영역 조사, 배선의 오류 등을 검사한다.

48 전자회로에 사용되는 전자소자 중 수동소자(부품)가 아닌 것은?

① 고정저항기
② 초크코일
③ 전해콘덴서
④ 트랜지스터

• 능동소자(부품) : 다이오드(Diode), 트랜지스터(Transistor), 전계효과트랜지스터(FET), 단접합트랜지스터(UJT), 연산증폭기 등
• 수동소자(부품) : 저항기, 콘덴서, 유도기(초크코일) 등

49 다음 중 인쇄회로기판의 제작순서가 옳은 것은?

① 사양관리 → CAM작업 → 드릴 → 노광

② 사양관리 → 노광 → CAM작업 → 드릴

③ CAM작업 → 드릴 → 노광 → 사양관리

④ CAM작업 → 사양관리 → 노광 → 드릴

해설

인쇄회로기판(PCB) 제작순서

• 사양관리 : 제작 의뢰를 받은 PCB가 실제로 구현될 수 있는 회로인지, 가능한 스펙인지를 알아내고 판단

• CAM(Computer Aided Manufacturing) 작업 : 설계된 데이터를 기반으로 제품을 제작하는 것

• 드릴 : 양면 또는 적층 된 기판에 각층간의 필요한 회로 도전을 위해 또는 어셈블리 업체의 부품 탑재를 위해 설계지정 직경으로 Hole을 가공하는 공정

• 무전해 동도금 : Drill 가공된 Hole 속의 도체층은 절연층으로 분리되어 있다. 이를 도통시켜 주는 것이 주목적이며, 화학적 힘에 의해 1차 도금하는 공정

• 정면 : 홀 가공시 연성 동박상에 발생하는 Burr, 홀 속 이물질 등을 제거하고, 동박 표면상 동도금의 밀착성을 높이기 위하여 처리하는 소공정(동박 표면의 미세 방청 처리 동시 제거)

• Laminating : 제품 표면에 패턴 형성을 위한 준비 공정으로 감광성 드라이 필름을 가열된 롤러에 압착하여 밀착시키는 공정

• D/F 노광 : 노광기내 UV 램프로부터 나오는 UV 빛이 노광용 필름을 통해 코어에 밀착된 드라이 필름에 조사되어 필요한 부분을 경화시키는 공정

• D/F 현상 : Resist층의 비경화부(비노광부)를 현상액으로 용해, 제거시키고 경화부(노광부)는 D/F를 남게 하여 기본 회로를 형성시키는 공정

• 2차 전기 도금 : 무전해 동도금된 홀 내벽과 표면에 전기적으로 동도금을 하여 안정된 회로 두께를 만든다.

• 부식 : Pattern 도금 공정 후 Dry Film 박리 → 불필요한 동 박리 → Solder 도금 박리 공정

• 중간검사 : 제품의 이상 유무 확인

• PSR 인쇄 : Print 배선판에 전자부품 등을 탑재해 Solder 부착에 따른 불필요한 부분에서의 Solder 부착을 방지하며 Print 배선판의 표면회로를 외부환경으로부터 보호하기 위해 잉크를 도포하는 공정

• 건조 : 80[℃] 정도로 건조시켜 2면 인쇄시 Table에 잉크가 묻어 나오는 것을 방지하는 공정

• PSR 노광 : 인쇄된 잉크의 레지스트 역할을 할 부위와 동노출 시킬 부위를 UV조사로 선택적으로 광경화시키는 공정

• PSR 현상 : 노광후 UV 빛을 안 받아 경화되지 않은 부위의 레지스트를 현상액으로 제거하여 동을 노출시키는 공정

• 제판 및 건조 : 현상후 제품의 잉크의 광경화를 완전하게 하기 위함이다.

• Silk Screen Marking : 제품상에 모델명, 입체로고, 부품기호 및 기타 Symbol을 표시하기 위한 공정

• 건조 : 인쇄된 기판의 불필요한 용제 및 가스를 제거하고, 잉크를 완전히 고형화 시켜 적절한 절연저항, 내약품성, 내열성, 밀착성 및 경도가 되도록 하며 동시에 인쇄된 2면 마킹잉크를 완전히 경화시키는 공정

• HASL : Hot Air Solder Leveling은 납땜 전 동표면의 보호와 땜의 젖음성을 좋게 하기 위한 공정

• ROUT / V−CUT : 제품 외곽을 발주업체에서 요구하는 치수와 형태로 절단하는 공정

• 수세 : 공정 처리시 기판 표면에 묻게 되는 오염 물질 제거 공정

• 최종검사(외관 및 BBT) : 제품의 이상 유무 확인, 전기 신호에 의한 제품 Open, Short 확인

• 진공 포장 : 제품보호를 위한 진공 포장

• 품질관리 : 도금 두께 측정기로써 전기동 도금 후 Hole 및 표면의 도금 두께가 Spec에 맞는지 확인. Hole, Pattern 등의 거리간 측정, 도금 공정의 도금액 분석 관리 및 신뢰성 Test

• 전산입력(자료관리) : 제품추적을 위한 자료입력 및 납품예약

• 고객(수요처)에게 연락 후 배송 : 고객에게 배송을 연락하며 영업 담당자가 직접 납품

• 품질경영회의 : 고객에 대한 불편이나 품질개선에 대한 회의 및 조치

50 기본 회로도 작성요령 중 틀린 것은?

① 접속선은 중단할 수 있다.

② 가능하면 수직·수평선 보다는 사선을 많이 사용하여야 한다.

③ 너무 긴 선이나 외부 사이의 접속선은 가급적 사용하지 않는다.

④ 회로도는 좌에서 우로 읽어 나갈 수 있게 배열하여야 한다.

해설

회로도 작성 시 대각선과 곡선은 가급적 피한다.

51 회로 접속 상태가 명확하고 회로 추적이 용이하므로 착오에 의한 오배선을 방지할 수 있는 기본적인 도면은?

① 기선 접속도
② 피드선 접속도
③ 연속선 접속도
④ 고속도형 접속도

해설
연속선 접속도
사용 부품이나 소자를 실물 크기로 기호화 하고, 단자와 단자 사이를 선으로 직접 연결하는 접속 도면으로 회로 접속 상태가 명확하고 회로 추적이 용이하므로 착오에 의한 오배선을 방지할 수 있다.

52 PCB 설계에서 부품의 배치방법으로 틀린 것은?

① 커넥터는 PCB의 외곽 쪽에 배치한다.
② 고전압부와 저전압부는 분리하여 배치한다.
③ 부품은 회로도상의 신호 흐름을 따라서 배치한다.
④ 디지털 회로와 아날로그 회로는 분리하지 않고 배치한다.

해설
PCB 설계에서 부품배치 방법
• 아날로그와 디지털 혼재 회로에서 어스 라인(접지선)은 분리한다.
• 디지털 회로와 아날로그 회로는 분리하여 배치한다.
• 부품은 세워서 사용하지 않으며, 가급적 부품의 다리를 짧게 배선한다.
• 고주파 부품은 일반회로 부분과 분리하여 배치한다.
• 고전압부와 저전압부는 분리하여 배치한다.
• 전원용 라인필터는 연결부위에 가깝게 배치한다.
• 고주파 부품은 일반회로 부분과 분리하여 배치하도록 하고, 가능하면 차폐를 실시하여 영향을 최소화하도록 한다.
• 버스 라인의 흐름에 주의하여 IC를 배치한다.
• 커넥터 주변은 배선을 위한 충분한 공간을 확보하고 PCB의 외곽 쪽에 배치한다.
• 극성 있는 부품은 삽입오류를 방지하기 위해 취급방향을 통일한다.
• 부품 상호간에 신호가 유도되지 않도록 한다.
• 반고정 저항을 비롯하여 조정이 필요한 요소는 조작이 쉽도록 한다.
• 부품의 종류, 기호, 용량, 외형도, 핀의 위치, 극성 등을 표시하여야 한다.
• 부품은 회로도상의 신호 흐름을 따라서 배치한다.

53 다음 전자 부품 기호의 명칭으로 옳은 것은?

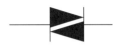

① 트랜지스터(TR)
② 다이액(DIAC)
③ 제너 다이오드(Zener Diode)
④ 전기장 효과 트랜지스터(FET)

해설

트랜지스터(TR)	다이액(DIAC)
제너 다이오드 (Zener Diode)	전기장 효과 트랜지스터 (FET)
	N채널 FET P채널 FET

54 컴퓨터로 설계하는 CAD 시스템 도입의 목적이 아닌 것은?

① 시간의 효율적 관리
② 설계비용 절감
③ 활용분야 협의성
④ 도면의 품질 향상

해설
CAD 시스템의 도입 효과 : 자동화, 납기(작업시간) 단축, 효율적인 관리, 표준화, 노하우 축적, 신뢰성 향상, 경쟁력 강화, 원가 절감, 품질 향상

55 CAD 시스템에서 도면화를 위한 표준 장치로서, 출력이 도형 형식일 때 정교한 표현을 위해 사용되는 것은?

① 플로터　　　　　② 모니터
③ 잉크젯 프린터　　④ 레이저 프린터

해설

플로터

CAD 시스템에서 도면화를 위한 표준 장치로서, 출력이 도형 형식일 때 정교한 표현을 위해 사용되며, 상, 하, 좌, 우로 움직이는 펜을 이용하여 단순한 글자에서부터 복잡한 그림, 설계 도면까지 거의 모든 정보를 인쇄할 수 있는 출력 장치이다. 종이 또는 펜이 XY방향으로 움직이고 그림을 그리기 시작하는 좌표에 펜이 위치하면 펜이 종이 위로 내려온다. 프린터는 계속되는 행과 열의 형태만을 찍어낼 수 있는 것에 비하여 플로터는 X, Y 좌표 평면에 임의적으로 점의 위치를 지정할 수 있다. 플로터의 종류를 크게 나누면 선으로 그려내는 벡터 방식과 그림을 흑과 백으로 구분하고 점으로 찍어서 나타내는 래스터 방식이 있으며, 플로터가 정보를 출력하는 방식에 따라 펜 플로터, 정전기 플로터, 사진 플로터, 잉크 플로터, 레이저 플로터 등으로 구분된다.

56 PCB 제조 과정에서 프린트 배선판 상의 특정 영역에 도포하는 내열성 비폭 재료로 납땜 작업 시 이 부분에 땜납이 붙지 않도록 하는 역할을 하는 것은?

① 포토 레지스트(Photo Resist)
② 에칭 레지스트(Etching Resist)
③ 솔더 레지스트(Solder Resist)
④ 도금 레지스트(Plating Resist)

해설

③ 솔더 레지스트(Solder Resist) : 프린트 배선판 상의 특정 영역에 도포하는 내열성 비폭 재료로 납땜 작업 시 이 부분이 붙지 않도록 하는 레지스트
① 포토 레지스트(Photo Resist) : 빛의 조사를 받은 부분이 현상액에 불용 또는 가용으로 되는 레지스트
② 에칭 레지스트(Etching Resist) : 패턴을 에칭에 의하여 형성하기 위해 하는 내에칭성의 피막
④ 도금 레지스트(Plating Resist) : 도금이 필요 없는 부분에 사용하는 레지스트

57 제도 도면에 반드시 그려야 할 사항이 아닌 것은?

① 재단마크　　　　② 표제란
③ 중심마크　　　　④ 윤곽선

해설

① 재단마크 : 복사한 도면을 재단할 때의 편의를 위하여 재단마크를 표시하는 것이 좋다. 재단마크는 도면의 네 구석에 도면의 크기에 따라 크기를 달리 표시한다. 그러나 제도 도면에 반드시 그려야 할 사항은 아니다.
② 표제란 : 도면의 오른쪽 아래에 표제란을 그리고 그 곳에 도면 번호, 도면 이름, 척도, 투상법, 도면 작성일, 제도자 이름 등을 기입한다.
③ 중심마크 : 사진 촬영이나 복사 작업을 편리하게 하기 위해서 좌우 4개소에 중심마크를 표시해 놓은 것
④ 윤곽선 : 도면에 그려야 할 내용의 영역을 명확하게 하고 제도 용지의 가장자리에 생기는 손상으로 기재 사항을 해치지 않도록 하기 위하여 윤곽선을 그린다. 윤곽선은 도면의 크기에 따라 굵기 0.5[mm] 이상의 실선으로 그린다.

58 블록선도에서 삼각형 도형이 사용되는 것은?

① 전원회로　　　　② 변조회로
③ 연산증폭기　　　④ 복조회로

해설

연산증폭기의 회로기호

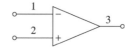

59 전자캐드의 일반적인 특징에 관한 설명으로 틀린 것은?

① 기구의 설계에 적합하다.
② 회로의 설계에 적합하다.
③ 회로의 동작 검증이 용이하다.
④ 인쇄회로기판의 설계에 적합하다.

해설
기구의 설계는 일반적인 기계 CAD(AUTOCAD 등)를 사용한다.

60 다음 마일러 콘덴서의 용량으로 가장 적합한 것은?

① 22,000[pF]　　② 224[pF]
③ 0.22[μF]　　④ 22.4[μF]

해설
마일러 콘덴서 1H224J
$224 = 22 \times 10^4 = 220,000[pF] = 0.22[μF]$ ±5[%] 내압 50[V]
허용차[%]의 문자 기호

문자 기호	허용차[%]	문자 기호	허용차[%]
B	±0.1	J	±5
C	±0.25	K	±10
D	±0.5	L	±15
F	±1	M	±20
G	±2	N	±30

내압의 문자 기호

문자 기호	허용차[%]	문자 기호	허용차[%]
A	1	G	4
B	1.25	H	5
C	1.6	J	6.3
D	2.0	K	8
E	2.5		

01 회로의 전원 V_S가 최대전력을 전달하기 위한 부하 저항 R_L의 값은?

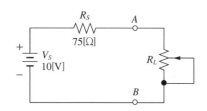

① 25[Ω] ② 50[Ω]

③ 75[Ω] ④ 100[Ω]

> **해설**
> $R_S = R_L$일 때 최대전력을 전달한다.

02 이상적인 다이오드를 사용하여 그림에 나타낸 기능을 수행할 수 있는 클램프회로를 만들 수 있는 것은?(단, V_i=입력파형, V_o=출력파형이다)

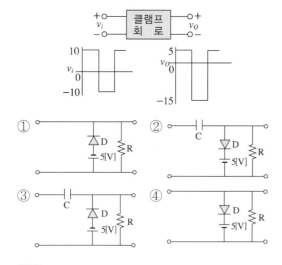

> **해설**
> ②의 경우가 입력 전압이 5[V]보다 크면 다이오드가 도통되어 저항 R의 양단에는 5[V]의 전압이 나타나고, 입력 전압이 5[V]보다 작으면 다이오드가 차단되어 입력 전압과 콘덴서에 충전된 전압이 방전되면서 두 전압의 합이 저항 R의 양단에 나타난다.

03 평활회로에서 리플률을 줄이는 방법은?

① R과 C를 작게 한다.

② R과 C를 크게 한다.

③ R을 크게, C를 작게 한다.

④ R을 작게, C를 크게 한다.

> **해설**
> 용량성(콘덴서) 평활회로의 리플률은 저항과 콘덴서의 용량이 증가할수록 감소된다.

04 슈미트 트리거(Schmitt Trigger)회로는?

① 톱니파 발생회로

② 계단파 발생회로

③ 구형파 발생회로

④ 삼각파 발생회로

> **해설**
> 슈미트 트리거 회로
> 정현파 입력 신호를 정해진 진폭값으로 트리거하여 구형파를 발생한다.

05 PLL회로에서 전압의 변화를 주파수로 변환하는 회로를 무엇이라 하는가?

① 공진회로

② 신시사이저 회로

③ 슈미트 트리거 회로

④ 전압제어 발진기(VCO)

해설

• PLL 회로 : 출력신호의 위상과 입력신호의 위상을 같게 하는 회로

• 전압제어발진기(VCO) : 전압의 변화를 주파수로 변환하여 입력신호의 위상과 비교한다.

06 실리콘 제어 정류기(SCR)의 게이트는 어떤 형의 반도체인가?

① N형 반도체

② P형 반도체

③ PN형 반도체

④ NP형 반도체

해설

실리콘 제어 정류기(SCR)는 PNPN 소자의 P_2에 게이트 단자를 달아 P_2, N_2 사이에 전류를 흘릴 수 있게 만든 단방향성 소자이다.

07 전류와 전압이 비례 관계를 갖는 법칙은?

① 키르히호프의 법칙

② 줄의 법칙

③ 렌츠의 법칙

④ 옴의 법칙

해설

옴의 법칙 : $I \propto \dfrac{V}{R}$

회로에 흐르는 전류는 전압에 비례하고 저항의 크기에 반비례한다.

08 쌍안정 멀티바이브레이터에 관한 설명으로 틀린 것은?

① 부궤환을 하는 2단 비동조 증폭회로로 구성된다.

② 능동소자로 트랜지스터나 IC가 주로 이용된다.

③ 플립플롭회로도 일종의 쌍안정 멀티바이브레이터이다.

④ 입력 트리거 펄스 2개마다 1개의 출력펄스가 얻어지는 회로다.

해설

쌍안정 멀티바이브레이터

• 처음 어느 한쪽의 트랜지스터가 ON이면 다른 쪽의 트랜지스터는 OFF의 안정 상태로 되었다가 트리거 펄스가 가해지면 다른 안정 상태로 반전되는 동작을 한다.

• 플립플롭 회로, 분주기, 계산기, 계수기억회로, 2진 계수회로 등에 사용

09 다음 중 정현파 발진기가 아닌 것은?

① LC 반결합 발진기
② CR 발진기
③ 멀티바이브레이터
④ 수정 발진기

해설
멀티바이브레이터는 구형파 발진기이다.

10 다음 회로의 설명 중 틀린 것은?

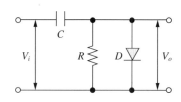

① 음 클램프 회로이다.
② 입력 펄스의 파형이 상승 시 다이오드가 동작한다.
③ C가 충전되는 동안 저항(R) 값은 무한대다.
④ 입력 펄스 파형이 하강 시 C가 충전된다.

해설
입력 펄스 파형이 상승하는 동안 콘덴서에 전압이 충전된다.

11 단측파대(Single Side Band)통신에 사용되는 변조 회로는?

① 컬렉터 변조회로
② 베이스 변조회로
③ 주파수 변조회로
④ 링 변조회로

해설
④ 링 변조회로 : 피변조파에 포함된 반송파를 제거하고 양측파대만을 빼내는 평형 변조의 일종으로 출력에 한쪽 측파대만을 선택하는 필터를 부착하여 단측파대(SSB) 통신에 이용된다.
① 컬렉터 변조회로 : 직선 변조회로
② 베이스 변조회로 : 제곱 변조회로

12 전계효과트랜지스터(FET)에 대한 설명으로 틀린 것은?

① BJT보다 잡음특성이 양호하다.
② 소수 반송자에 의한 전류 제어형이다.
③ 접합형의 입력저항은 MOS형보다 낮다.
④ BJT보다 온도 변화에 따른 안정성이 높다.

해설
FET는 전압 제어형이다.

13 베이스 접지 시 전류증폭률이 0.89인 트랜지스터를 이미터 접지회로에 사용할 때 전류증폭률은?

① 8.1   ② 6.9
③ 0.99   ④ 0.89

해설
$$\beta = \frac{\alpha}{1-\alpha} = \frac{0.89}{1-0.89} = 8.1$$

14 연산증폭기의 응용회로가 아닌 것은?

① 멀티플렉서   ② 미분기

③ 가산기   ④ 적분기

해설

연산 증폭 회로의 응용 : 부호변환, 가산기, 미분기, 적분기 등

15 그림(a)의 회로에서 출력전압 V_2와 입력전압 V_1 과의 비와 주파수의 관계를 조사하면 그림(b)와 같을 경우에 저역차단주파수 f_L은?

(a)

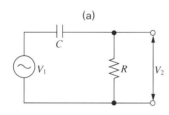

(b)

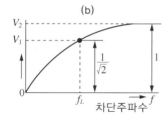

차단주파수

① $f_L = \dfrac{1}{2\pi RC}$

② $f_L = \dfrac{1}{2\pi R\sqrt{C}}$

③ $f_L = \dfrac{1}{2\pi R^2 C}$

④ $f_L = \dfrac{1}{2\pi \sqrt{RC}}$

해설

RC회로에서 본래 전압의 $\dfrac{1}{\sqrt{2}}$ 지점을 차단 주파수(Cutoff Frequency)라고 하며, $f_L = \dfrac{1}{2\pi RC}$로 구한다.

16 전압 증폭도가 30[dB]와 50[dB]인 증폭기를 직렬로 연결시켰을 때 종합이득은?

① 20   ② 80

③ 1,500   ④ 10,000

해설

종합이득 = 30[dB] + 50[dB] = 80[dB]

17 어셈블리어(Assembly Language)의 설명 중 틀린 것은?

① 기호 언어(Symbolic Language)라고도 한다.

② 번역프로그램으로 컴파일러(Compiler)를 사용한다.

③ 기종간에 호환성이 적어 전문가들만 주로 사용한다.

④ 기계어를 단순히 기호화한 기계 중심 언어이다.

해설

어셈블리어의 번역프로그램으로는 어셈블러(Assembler)를 사용한다.

18 16진수 1B7을 10진수로 변환하면?

① 339   ② 340

③ 438   ④ 439

해설

$1B7_{16} = 1 \times 16^2 + B(11) \times 16^1 + 7 \times 16^0 = 439$

19 논리식 $F = A + \overline{A} \cdot B$와 같은 기능을 갖는 논리식은?

① A · B
② A+B
③ A−B
④ B

해설

$F = A + \overline{A} \cdot B = (A + \overline{A})(A + B) = A + B$

20 반도체 기반 저장장치가 아닌 것은?

① Solid State Drive
② MicroSD
③ Floppy Disk
④ Compact Flash

해설

플로피디스크(Floppy Disk)는 원판 모양의 자성 매체 위에 데이터를 기록하는 장치이다.

21 2진수 10111을 그레이코드(Gray Code)로 변환하면 그 결과는?

① 11101
② 11110
③ 11100
④ 10110

해설

첫째자리는 그대로 두고, 둘째자리는 첫째와 둘째자리를, 셋째자리는 둘째와 셋째자리를, 넷째자리는 셋째와 넷째를, 다섯째자리는 넷째와 다섯째자리를 XOR한다.

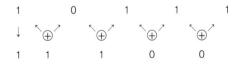

22 R/W, Reset, INT와 같은 신호는 마이크로컴퓨터의 어느 부분에 내장되어 있는가?

① 주변 I/O 버스
② 제어 버스
③ 주소 버스
④ 자료 버스

해설

제어 버스(Control Bus) : CPU와의 데이터 교환을 제어하는 신호의 전송통로

23 데이터를 스택에 일시 저장하거나 스택으로부터 데이터를 불러내는 명령은?

① STORE/LOAD
② ENQUEUE/DEQUEUE
③ PUSH/POP
④ INPUT/OUTPUT

해설

스택의 Top에 새로운 원소를 삽입하는 것을 Push라 하고, 가장 최근에 삽입된 원소를 의미하는 스택의 Top으로부터 한 원소를 제거하는 것을 Pop이라 한다.

24 ALU(Arithmetic and Logical Unit)의 기능은?

① 산술연산 및 논리연산
② 데이터의 기억
③ 명령 내용의 해석 및 실행
④ 연산 결과의 기억될 주소 산출

19 ② 20 ③ 21 ③ 22 ② 23 ③ 24 ① **정답**

25 여러 하드디스크 드라이브를 하나의 저장장치처럼 사용가능하게 하는 기술은?

① CD-ROM
② SCSI
③ EIDE
④ RAID

해설
RAID(Redundant Array of Inexpensive Disk)
데이터를 분할해서 복수의 자기 디스크 장치에 대해 병렬로 데이터를 읽는 장치 또는 읽는 방식

26 기억장치의 계층 구조에서 캐시 메모리(Cache Memory)가 위치하는 곳은?

① 입력장치와 출력장치 사이
② 주기억장치와 보조기억장치 사이
③ 중앙처리장치와 보조기억장치 사이
④ 중앙처리장치와 주기억장치 사이

해설
캐시메모리
중앙처리장치의 처리 속도는 매우 빠른 데에 비하여, 처리에 필요한 프로그램과 데이터를 주기억장치로부터 가져오는 속도는 느리므로, 중앙처리장치의 효율을 높이고 시스템 전체의 성능을 향상시키기 위하여 중앙처리장치와 주기억장치 사이에 위치한 임시메모리를 말한다.

27 C언어에서 사용되는 관계 연산자가 아닌 것은?

① =
② !=
③ >
④ <=

해설
= : 대입연산자(예 A=13)

28 2^n개의 입력 중에 선택 입력 n개를 이용하여 하나의 정보를 출력하는 조합회로는?

① 디코더
② 인코더
③ 멀티플렉서
④ 디멀티플렉서

해설
멀티플렉서(Multiplexer)
• 여러 개의 입력선 중에서 하나를 선택하여 단일 출력선으로 연결하는 조합회로
• 다중 입력 데이터를 단일 출력하므로 데이터 셀렉터(Data Selector)라고도 한다.
디멀티플렉서(Demultiplexer)
한꺼번에 들어온 여러신호 중에서 하나를 골라내어 출력선으로 내보내는 회로

29 배선 알고리즘에서 하나의 기판상에서 종횡의 버스를 결선하는 방법을 무엇이라 하는가?

① 저속 접속법
② 스트립 접속법
③ 고속 라인법
④ 기하학적 탐사법

해설
배선 알고리즘
일반적으로 배선 알고리즘은 3가지가 있으며, 필요에 따라 선택하여 사용하거나 이것을 몇 회 조합하여 실행시킬 수도 있다.
• 스트립 접속법(Strip Connection) : 하나의 기판상에서 종횡의 버스를 결선하는 방법으로, 이것은 커넥터부의 선이나 대용량 메모리 보드 등의 신호 버스 접속 또는 짧은 인라인 접속에 사용된다.
• 고속 라인법(Fast Line) : 배선 작업을 신속하게 행하기 위하여 기판 판면의 층을 세로 방향으로, 또 한 방향을 가로 방향으로 접속한다.
• 기하학적 탐사법(Geometric Investigation) : 라인법이나 스트립법에서 접속되지 않는 부분을 포괄적인 기하학적 탐사에 의해 배선한다.

30 PCB의 종류가 아닌 것은?

① 폴리 에폭시 인쇄회로기판

② 유리 에폭시 인쇄회로기판

③ 콤퍼짓(Composite)재 인쇄회로기판

④ 종이페놀 인쇄회로기판

해설

재료에 의한 PCB 분류

- 페놀 기판 : 크라프트지에 페놀수지를 합성하고 이를 적층하여 만들어진 기판으로 기판에 구멍을 만들 때 프레스를 이용하므로 저가격의 일반용으로 사용된다. 치수 변화나 흡습성이 크고, 스루홀이 형성되지 않아 단층 기판밖에 구성할 수 없는 단점이 있다. 흡습성이 크기 때문에 자동차, TV, 화장실 세정기 등에서 문제가 발생한다.
- 에폭시 수지 기판(Epoxy Resin, GE 재질) : 유리섬유에 에폭시수지를 합성하고 적층하여 만든 기판이다. 기판에 구멍을 만들 때에는 드릴을 사용하고 가격도 비싼 편이다. 치수 변화나 흡수성이 작고, 다층 기판을 구성할 수 있어 산업기기, 퍼스널 컴퓨터나 그 주변기기 등에 널리 사용된다.
- 콤퍼짓 기판(Composite Base Material, CPE 재질) : 두 가지 이상의 재질을 합성하고 적층한 기판이다. 일반적으로 유리섬유에 셀룰로스를 합성하여 만든 기판으로 유리섬유의 사용량이 적어 구멍을 만들 때에는 프레스를 이용한다. 양면기판에 적합하다.
- 플렉서블 기판(Flexible Base Material) : 폴리에스터나 폴리아마이드 필름에 동박을 입힌 기판이다.
- 세라믹 기판(Ceramic Base Material) : 세라믹 도체 Paste를 인쇄하여 만들어진 기판이다.
- 금속기판(Metal Cored Base Material) : 알루미늄판에 알루마이트를 처리한 후 동박을 접착하여 만든 기판이다.

31 다음 중 도면을 그리는 척도의 구분에 대한 설명으로 옳은 것은?

① 배척 : 실물보다 크게 그리는 척도이다.

② 실척 : 실물보다 작게 그리는 척도이다.

③ 축척 : 도면과 실물의 치수가 비례하지 않을 때 사용한다.

④ NS(Not to Scale) : 실물의 크기와 같은 크기로 그리는 척도이다.

해설

척도 : 물체의 실제 길이와 도면에서 축소 또는 확대하여 그리는 길이의 비율

① 배척 : 실물보다 크게 그리는 척도

$$\frac{2}{1}, \frac{5}{1}, \frac{10}{1}, \frac{20}{1}, \frac{50}{1}$$

② 실척(현척) : 실물의 크기와 같은 크기로 그리는 척도 $\left(\frac{1}{1}\right)$

③ 축척 : 실물보다 작게 그리는 척도

$$\frac{1}{2}, \frac{1}{2.5}, \frac{1}{3}, \frac{1}{4}, \frac{1}{5}, \frac{1}{10}, \frac{1}{50}, \frac{1}{100}, \frac{1}{200}, \frac{1}{250}, \frac{1}{500}$$

④ NS(Not to Scale) : 비례척이 아님을 뜻하며, 도면과 실물의 치수가 비례하지 않을 때 사용

32 PCB 사양 및 규격에 해당되지 않는 것은?

① PCB 두께

② PCB 동박 두께

③ 기판의 재질

④ 부품의 수량

해설

부품의 수량은 해당하지 않고 수요량은 사양에 포함되어 있다.

- PCB 제작 기본규격 : 층, 두께, 치수, 동박, 색상, 표면처리, 가공공수
- PCB 제작 사양 : 기판의 두께, 동박 두께, 인쇄색상, 표면처리, 수요량

33 다음 그림과 같이 전자 제품의 전체적인 동작이나 기능을 간단한 기호나 직사각형과 문자로 그린 도면의 명칭은?

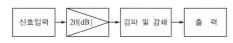

① 배치도 ② 블록도
③ 배선도 ④ 결합도

34 PCB 설계 시 보드 규격이 3,200 × 2,500[mil]일 때, 이를 [mm]로 환산하면?

① 76.2×63.5 ② 81.3×63.5
③ 88.9×68.6 ④ 81.3×68.6

35 회로설계 자동화의 순서로 옳게 나열된 것은?

① 회로설계 → 자동배선 → PCB설계
② PCB설계 → 회로설계 → 자동배선
③ 자동배선 → PCB설계 → 회로설계
④ 회로설계 → PCB설계 → 자동배선

36 다음은 CAD 시스템에 관한 안전 및 유의 사항이다. 잘못된 것은?

① CAD 시스템에 충격을 피하고, 전원 플러그가 빠지지 않도록 유의한다.
② 정전 및 시스템 고장에 대비하여 20~30분 단위로 도면을 저장한다.
③ 외부 디스켓을 사용할 때에는 반드시 바이러스 검색을 한 후에 사용한다.
④ CAD 소프트웨어의 종류에 따라 사용 방법이 일정하기 때문에 사용 설명서를 참조하여 프로그램을 운용한다.

37 인쇄회로기판 상의 패턴의 전기적 특성 요소 중 임피던스에 대한 설명으로 옳지 않은 것은?

① 중요한 요소는 신호의 반사와 지연이다.
② 회로의 폭과 층간 두께의 영향을 가장 많이 받는다.
③ 고속의 신호 전송을 위해서는 유전상수(Er)가 큰 재료를 사용한다.
④ 전송 신호의 손실을 최소화하기 위해서 유전손실(Dr)이 낮은 재료를 사용한다.

해설
유전상수(Dielectric Constant)
전기를 저장할 수 있는 Capacitor가 될 수 있는 능력을 측정하는 것으로 이 상수가 높으면 상수가 낮은 경우보다 Capacitor에 더 많이 전기를 저장 가능하다. 상대 유전상수(비유전율)가 클수록 저장될 수 있는 전하가 더 많다. 따라서 고속의 신호 전송을 위해서는 유전상수가 낮은 재료를 사용한다.

38 표준 도형을 등록해 놓고 변동 부분의 수치를 입력하면 도형이 수치에 맞도록 변하게 하는 것은?

① 수치제어 장치
② 파라메트릭 설계
③ 오토 라우팅 설계
④ 자동 제도 시스템

해설
② 파라메트릭 설계 : 변경이 아주 쉽다는 의미로 설계를 변경하여야 할 필요가 있는 경우, 언제든지 디멘션, 휨 각도, 펀치프로파일, 플랜지 길이 등을 아주 쉽고 빠르게 수정할 수 있다. 특정 부분을 변경하는 경우, 설계 전체에 대해 그 변경 사항이 반영된다. 즉, 표준 도형을 등록해 놓고 변동 부분의 수치를 입력하면 도형이 수치에 맞도록 변한다.
① 수치제어 장치 : 공작기계에 사용하여 공작물에 대한 공구의 위치를 기억시켜 놓은 명령으로 공작기계를 제어하거나 자동으로 조작하는 데 이용된다.
③ 오토 라우팅 설계 : 배선을 자동으로 결선시켜주는 것

39 컴퓨터 시스템과 주변장치 사이에 2진 직렬 데이터 통신을 행하기 위한 인터페이스는?

① LAN 포트
② 병렬 포트
③ RS-232C 포트
④ 데이터 버퍼 포트

해설
RS-232C는 미국 EIA(전자 공업 협회)에서 만든 데이터 단말 장치(DTE)와 모뎀 또는 데이터 회선 종단 장치(DCE)를 상호 접속하기 위한 표준 규격이다. 컴퓨터나 단말을 모뎀에 접속해서 비트(2진) 직렬 전송할 때의 물리적, 전기적 인터페이스를 결정한 것으로 20[Kb/s] 이하의 전송 속도를 다룬다. 일반적으로 퍼스널 컴퓨터에 표준 장비되어 있는 것이 많고 규격에 준한 각종 입출력 장치나 퍼스널 컴퓨터끼리 접속할 수도 있다.

40 다음 중 설계 진행 과정을 눈으로 바로 확인 가능한 장치는?

① 모니터
② 하드 디스크
③ CPU
④ 메모리

해설
모니터는 TV나 컴퓨터 등에서 영상 정보를 재현할 때 쓰는 장치로 CRT(Cathode Ray Tube) 방식과 LCD(Liquid Crystal Display) 방식 2종류를 대부분 사용한다. 전자캐드 프로그램의 설계 진행 과정을 관리하고 관찰하는 장비이다.

41 허용오차의 문자기호에 대한 설명 중 옳지 않은 것은?

① 한국산업표준의 KS C 0806에서 정의하고 있다.
② 1개의 영문자와 숫자로 허용오차를 표기한다.
③ F는 ±1[%]의 허용오차를 나타낸다.
④ K는 ±10[%]의 허용오차를 나타낸다.

해설
허용차[%]의 문자 기호

문자 기호	허용차[%]	문자 기호	허용차[%]
B	±0.1	J	±5
C	±0.25	K	±10
D	±0.5	L	±15
F	±1	M	±20
G	±2	N	±30

42 유리섬유에 열경화성 수지를 침투시켜 반경화 상태로 만든 것으로 MLB에서 동박과 내층기판을 접착하는 원자재로 사용되는 것은?

① 프리프레그　　② 동 박
③ 유리섬유　　④ 에폭시 수지

해설
프리프레그(Prepreg)
유리섬유에 열경화성 수지를 침투시켜 반 경화상태로 만든 것이다. 이를 종이 모양으로 만들어 MLB에서 동박과 내층기판을 접착하는 원자재로 사용된다. 이 특징을 따서 Bonding Sheet라고도 한다. 프리프레그는 그 기재의 두께, 수지의 양, 수직의 유동성 등에 따라 세분화된다.
유리섬유의 굵기와 [%]는 에폭시 수지의 함유 비율을 나타낸다.
• 1080(0.06[m/m] 60~70[%])
• 2116(0.12[m/m] 50~60[%])
• 7628(0.18[m/m] 40~50[%])

43 인쇄회로기판(PCB)의 제조 공정 중 비스루홀 도금 인쇄 배선판을 사용한 제조 공정 순서가 옳은 것은?

① 동장 적층판 → 패턴 → 에칭 → 천공 → 기호인쇄
② 동장 적층판 → 에칭 → 패턴 → 천공 → 기호인쇄
③ 패턴 → 동장 적층판 → 에칭 → 천공 → 기호인쇄
④ 패턴 → 동장 적층판 → 천공 → 에칭 → 기호인쇄

해설
비스루홀 도금 인쇄 배선판을 사용한 제조 공정은 동장 적층판 → 패턴 → 에칭 → 천공 → 기호인쇄 순서로 이루어진다.

44 새시에 부품을 배치할 때 고려사항 중 옳지 않은 것은?

① 신호가 유도될 수 있는 부품은 가까이 배치한다.
② 조정 요소가 있는 부품은 조작이 쉽도록 배치한다.
③ 유지보수가 쉽도록 배치한다.
④ 견고성과 무게를 고려해 배치한다.

해설
새시에 부품을 배치할 때 신호가 유도될 수 있는 부품은 가능한 서로 멀리 있도록 배치한다.

45 전자 CAD로 회로를 작성할 경우 부품의 종류에 따라 별도의 라이브러리를 가지고 있다. 일반적으로 부품의 군을 분리할 경우 다음 중 다른 하나는?

① TTL IC ② 저 항
③ 다이오드 ④ 트랜지스터

IC는 트랜지스터, 저항, 콘덴서류를 고밀도로 집적하여 패키지화한 것이다. 트랜지스터나 저항기, 개별 부품을 단지 아주 소형화했다고 하는 것이 아니라 반도체, 저항체를 사용하지만 그 구조는 부품 그 자체의 것과는 같지 않으며, 실리콘의 기판에 인쇄 기술을 구사하여 트랜지스터 기능이나 저항, 콘덴서 기능을 형성한 아주 고밀도화 시킨 것이다. 제조 기술에 따라 분류하면 TTL, ECL, MOS, CMOS 등이 있다.

46 PCB 도면을 그래픽 출력장치로 인쇄할 경우 프린트 기판에 천공할 Hole 크기 및 수량의 정보를 나타내는 것은?

① Component Side Pattern
② Drill Data
③ Solder Side Pattern
④ Solder Mask

PCB도면을 그래픽 출력장치로 인쇄할 경우 출력 데이터 파일의 내용
• Drill Data : 인쇄회로기판의 천공할 홀(Hole)의 크기 및 좌표와 수량 데이터를 표시
• Component Side Pattern : 부품을 삽입하는 면에 대한 데이터 표시
• Top Silk Screen : 조립 시 참조할 부품의 번호와 종류, 방향에 대한 데이터 표시
• Solder Side Pattern : 납땜 면에 대한 데이터 표시
• Solder Mask Top/Bottom : Solder Side면에 Solder Resistor의 도포를 위하여 납땜이 가능한 부위만을 나타내기 위한 부분에 대한 데이터 표시
• Bottom Silk Screen : Bottom 면에 부품을 실장 시에 필요하며, 부품의 번호와 종류, 방향에 대한 데이터를 표시하는 것으로 역으로 인쇄한다.
• Component Side Solder Mask : 표면실장부품(SMD)을 부품 면과 납땜 면의 Solder Mask가 상이할 경우에만 필요

47 도면에 치수를 기입할 경우 유의사항으로 옳지 않은 것은?

① 치수는 될 수 있는 대로 주투상도에 기입해야 한다.
② 치수의 중복 기입을 피해야 한다.
③ 치수는 계산할 필요가 없도록 기입한다.
④ 관련되는 치수는 될 수 있으면 생략해서 그린다.

치수는 치수선, 치수 보조선, 치수 보조 기호 등을 사용하여 표시한다. 도면의 치수는 특별히 명시하지 않는 한 그 도면에 그린 대상물의 마무리 치수를 표시해야 한다. 치수선과 치수 보조선은 가는 실선을 사용하며, 치수선은 원칙적으로 지시하는 길이 또는 각도를 측정하는 방향으로 평행하게 긋는다. 치수선 또는 그 연장선 끝에는 화살표, 사선, 검정 동그라미를 붙여 그려야 하며, 한 도면에서는 같은 모양으로 통일해야 한다. 치수 보조선은 치수선에 직각으로 긋고, 치수선을 약간 넘도록 하며 중심선·외형선·기준선 등을 치수선으로 사용할 수 없다. 치수는 수평 방향의 치수선에 대해서는 도면의 아래쪽으로부터 수직 방향의 치수선에 대해서는 도면의 오른쪽으로부터 읽을 수 있도록 쓰며, 치수 보조 기호는 지름(ϕ) 반지름(R), 정사각형의 변(□), 판의 두께(t) 등 치수 숫자 앞에 쓰도록 하고 있다.
도면에 치수 기입 시 유의사항
• 부품의 기능상, 제작, 조립 등에 있어서 꼭 필요한 치수만 명확하게 기입한다.
• 치수는 되도록 계산해서 구할 필요가 없도록 기입한다.
• 치수의 중복 기입을 피하도록 한다.
• 가능하면 정면도(주투상도)에 집중하여 기입한다.
• 반드시 전체길이, 전체높이, 전체 폭에 관한 치수는 기입한다.
• 필요에 따라 기준으로 하는 점과 선 또는 가공면을 기준으로 기입한다.
• 관련된 치수는 가능하면 모아서 보기 쉽게 기입한다.
• 참고치수에 대해서는 치수문자에 괄호를 붙인다.

48 세라믹 콘덴서의 표면에 105J로 표기되었을 때 정전 용량의 값은?

① 0.01[μF], ±10[%]

② 0.1[μF], ±10[%]

③ 1[μF], ±5[%]

④ 10[μF], ±5[%]

해설

콘덴서의 단위와 용량을 읽는 방법

콘덴서의 용량 표시에 3자리의 숫자가 사용되는 경우, 앞의 2자리 숫자가 용량의 제1숫자와 제2숫자이고, 세 번째 자리가 승수가 되며 표시의 단위는 [pF]로 되어 있다.

따라서 105J이면 $10 \times 10^5 = 1,000,000$[pF] = 1[$\mu F$]이고, J는 ±5[%]의 오차를 나타낸다.

허용차의 문자 기호

문자 기호	허용차[%]	문자 기호	허용차[%]
B	±0.1	J	±5
C	±0.25	K	±10
D	±0.5	L	±15
F	±1	M	±20
G	±2	N	±30

49 다음 중 솔리드 모델링의 특징이라고 보기 어려운 것은?

① 은선 제거가 가능하다.

② 간섭 체크가 용이하다.

③ 이미지 표현이 가능하다.

④ 물리적 성질 등의 계산이 불가능하다.

해설

솔리드 모델

정점, 능선, 면 및 질량을 표현한 형상 모델로서, 이것을 작성하는 것을 솔리드 모델링이라고 한다. 솔리드 모델링은 형상만이 아닌 물체의 다양한 성질을 좀 더 정확하게 표현하기 위해 고안된 방법이다. 솔리드 모델은 입체 형상을 표현하는 모든 요소를 갖추고 있어서 중량이나 무게중심 등의 해석도 가능하다. 솔리드 모델은 설계에서부터 제조공정에 이르기까지 일관하여 이용할 수 있다.

모델링의 종류	와이어 프레임 모델링	• 데이터의 구조가 간단하고 처리속도가 빠르다. • 모델 작성이 쉽고 3면 투시도의 작성이 용이하다. • 체적의 계산 및 물질 특성에 대한 자료를 얻지 못한다. • 은선제거 및 단면도 작성이 불가능하다. • 실루엣이 나타나지 않는다. • 내부에 관한 정보가 없어 해석용 모델로 쓸 수가 없다.
	서피스 모델링	• 은선이 제거될 수 있고 면의 구분이 가능하다. • NC Data에 의한 NC가공작업이 수월하다. • 단면도 작성이 가능하다. • 형상 내부에 관한 정보가 없어 해석용 모델로 사용되지 못한다. • 3면 투시도의 작성이 용이하다. • 유한 요소법 해석이 곤란하다.
	솔리드 모델링	• 은선 제거가 가능하다. • 물리적 성질 등의 계산이 가능하다(부피, 무게중심, 관성 모멘트). • 간섭체크가 용이하다. • 형상을 절단한 단면 작성이 용이하다. • 컴퓨터의 메모리양이 많아지고 데이터의 처리시간이 많이 걸린다. • Boolean연산(합, 차, 적)을 통하여 복잡한 형상 표현도 가능하다.

50 다음 그림의 명칭으로 맞는 것은?

① Through Hole
② Thermal Reliefs
③ Copper Pour
④ Micro Via

① 스루홀(Through Hole, 도통홀) : 층 간(부품면과 동박면)의 전기적인 연결을 위하여 형성된 홀로서 홀의 내벽을 구리로 도금하면 도금 도통홀이라고 한다.

② 단열판(Thermal Reliefs) : 패드 주변에 열을 빨리 식도록 하기 위해 일정간격으로 거리를 띄운 것이다.
※ 저자의견 : 확정답안은 ②로 발표되었으나, 그림의 명칭으로 맞는 것은 Through Hole이다.

51 인쇄회로기판에서 패턴의 저항을 구하는 식으로 올바른 것은?(단, 패턴의 폭 W[mm], 두께 T[mm], 패턴길이 L[cm], ρ : 고유저항)

① $R = \rho\dfrac{L}{WT}[\Omega]$ ② $R = \dfrac{L}{WT}[\Omega]$

③ $R = \dfrac{WL}{\rho T}[\Omega]$ ④ $R = \rho\dfrac{W}{LT}[\Omega]$

저항의 크기는 물질의 종류에 따라 달라지며, 단면적과 길이에도 영향을 받는다. 물질의 종류에 따라 구성하는 성분이 다르므로 전기적인 특성이 다르다. 이러한 물질의 전기적인 특성을 일정한 단위로 나누어 측정한 값을 비저항(Specific Resistance)이라고 하며, 순수한 물질일 때 그 값은 고유한 상수(ρ)로 나타난다. 저항(R)은 비저항으로부터 구할 수 있으며 길이에 비례하고, 단면적에 반비례하며 그 공식은 다음과 같다.

$R = \rho\dfrac{L}{S} = \rho\dfrac{L}{WT}[\Omega]$

52 다음 중 장치·물품 등에 사용하는 그림 기호는?

① 설계 표시용   ② 조작 표시용
③ 공정 표시용   ④ 생산 표시용

제도용 그림 기호(Graphical Symbols) 및 조작, 표시용 그림 기호의 표현 방법은 한국 산업 규격 그림 기호 통칙(KS A 0504)에서 규정한 사항에 따른 것으로 그림 기호는 대상물, 개념 또는 상태에 관한 정보를 문자, 언어에 의하지 않고 보아서 알 수 있는 방법으로 전달하기 위한 도형이다. 조작 표시용 그림 기호는 장치, 물품 등에 사용하는 그림 기호이고 제도용 그림 기호는 제작도, 배치도, 계획서, 안내서 등에 요구 사항을 도시하기 위한 그림 기호이다. 전기·전자·통신 회로의 접속 관계를 나타내는 도면에서 사용하는 그림 기호는 한국 산업 규격에서 규정한 것으로 일반적으로도 기호(Symbol)라고 부른다.

53 그림과 같이 저항 띠가 표시되어 있을 때 저항의 값은?

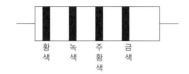

① 25[kΩ]   ② 35[kΩ]

③ 45[kΩ]   ④ 65[kΩ]

해설

색띠 저항의 저항값 읽는 요령

색	수 치	승 수	정밀도[%]
흑	0	$10^0 = 1$	–
갈	1	10^1	±1
적	2	10^2	±2
등(주황)	3	10^3	±0.05
황(노랑)	4	10^4	–
녹	5	10^5	±0.5
청	6	10^6	±0.25
자	7	10^7	±0.1
회	8	–	–
백	9	–	–
금	–	10^{-1}	±5
은	–	10^{-2}	±10
무	–	–	±20

저항의 색띠 : 황, 녹, 등(주황), 금
(황 = 4), (녹 = 5), (등 = 3), (금)
    4   5   × 10^3 = 45[kΩ]
정밀도(금) = ±5[%]

54 다음 중 일반적으로 전자 CAD을 이용하여 할 수 없는 기능은?

① 전원을 표시할 수 있다.

② 부품의 심벌을 작도할 수 있다.

③ 기판의 외형을 설계할 수 있다.

④ 전자제품의 케이스 가공용 데이터를 출력할 수 있다.

해설

④는 CAD/CAM이나 NC에서 가능하다. 전자 CAD는 전자적인 요소만 작성 가능하다.

55 기업 또는 공장에서 심의 규정하여 기업 또는 공장 내에서 적용하는 규격으로 맞는 것은?

① 사내규격

② 단체규격

③ 국가규격

④ 국제규격

해설

규격은 기술적인 사항에 대하여 제정된 기준을 말한다. 사내 규격, 단체 규격, 국가 규격, 국제 규격 등이 있다.

① 사내규격 : 기업 또는 공장에서 심의하고 규정하여 기업 또는 공장 내부에서 적용되는 규격이다.

② 단체규격 : 사업자나 학회 등의 단체에서 협의하고 심의하여 규정한 규약으로, 그 단체나 구성원에게 적용되는 규격이다.

③ 국가규격 : 한 국가의 모든 이해 관계자들이 협의하고 심의하여 한 국가에서만 적용되도록 규정한 규격이다.

④ 국제규격 : 국제표준화기구(ISO)나 국제전기표준회의(IEC)의 규격과 같이 국제적인 공동의 이익을 추구하기 위하여 여러 나라가 협의하여 심의 규정한 규격이다.

56 도면의 종류에 대한 설명 중 옳지 않은 것은?

① 배선도 – 각 소자들을 실제 배치된 모양으로 도면 위에 표현한다.

② 회로도 – 전자 통신 장치를 구성하고 있는 부품을 정해진 기호로 표현한다.

③ 계통도 – 전자 응용 기기의 전체적인 동작이나 기능을 가지는 요소들을 조합 표현한다.

④ 접속도 – 여러 소자들을 기호로 표시하고 이들 사이의 접속을 최장 거리로 연결 표현한다.

57 여러 나라의 공업규격에 대한 설명 중 옳은 것은?

① ANSI – 스위스 공업규격

② BS – 미국 표준규격

③ DIN – 영국 표준규격

④ ISO – 국제표준화기구

해설

기호	표준 규격 명칭	영문 명칭	마크
ISO	국제 표준화 기구	International Organization for Standardization	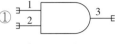
KS	한국산업 규격	Korean Industrial Standards	
BS	영국규격	Britsh Standards	
DIN	독일규격	Deutsches Institute fur Normung	
ANSI	미국규격	American National Standards Institutes	
SNV	스위스 규격	Schweitzerish Norman–Vereingung	
NF	프랑스 규격	Norme Francaise	
SAC	중국규격	Standardization Administration of China	
JIS	일본공업 규격	Japanese Industrial Standards	

58 논리합(OR) 게이트의 기호는?

① (게이트 기호, 입력 1, 2, 출력 3)

② (게이트 기호, 입력 1, 2, 출력 3)

③ (게이트 기호, 입력 1, 2, 출력 3)

④ (게이트 기호, 입력 1, 출력 2)

해설

NOT–GATE	OR–GATE
NOR–GATE	AND–GATE
NAND–GATE	

59 다음 그림에서 콘덴서 용량과 오차값으로 옳은 것은?

① $0.047[\mu F]\pm0.25[\%]$

② $0.047[\mu F]\pm0.5[\%]$

③ $0.47[\mu F]\pm0.25[\%]$

④ $0.47[\mu F]\pm0.5[\%]$

해설

콘덴서의 단위와 용량을 읽는 방법
콘덴서의 용량 표시에 3자리의 숫자가 사용되는 경우, 앞의 2자리 숫자가 용량의 제1숫자와 제2숫자이고, 세 번째 자리가 승수가 되며 표시의 단위는 $[pF]$로 되어 있다.
따라서 473D이면 $47\times10^3 = 47,000[pF] = 0.047[\mu F]$이고, D는 $\pm0.5[\%]$의 오차를 나타낸다.

허용차의 문자 기호

문자 기호	허용차[%]	문자 기호	허용차[%]
B	±0.1	J	±5
C	±0.25	K	±10
D	±0.5	L	±15
F	±1	M	±20
G	±2	N	±30

60 다음 중 CAD 시스템의 출력장치에 해당하는 것은?

① 플로터

② 트랙볼

③ 디지타이저

④ 마우스

해설

플로터
CAD 시스템에서 도면화를 위한 표준 출력 장치이다. 출력이 도형 형식일 때 정교한 표현을 위해 사용되며, 상, 하, 좌, 우로 움직이는 펜을 이용하여 단순한 글자에서부터 복잡한 그림, 설계 도면까지 거의 모든 정보를 인쇄할 수 있는 출력 장치이다. 종이 또는 펜이 XY방향으로 움직이고 그림을 그리기 시작하는 좌표에 펜이 위치하면 펜이 종이 위로 내려온다. 프린터는 계속되는 행과 열의 형태만을 찍어낼 수 있는 것에 비하여 플로터는 X, Y 좌표 평면에 임의적으로 점의 위치를 지정할 수 있다. 플로터의 종류를 크게 나누면 선으로 그려내는 벡터 방식과 그림을 흑과 백으로 구분하고 점으로 찍어서 나타내는 래스터 방식이 있으며, 플로터가 정보를 출력하는 방식에 따라 펜 플로터, 정전기 플로터, 사진 플로터, 잉크 플로터, 레이저 플로터 등으로 구분된다.

01 모놀리식(Monolithic) 집적 회로(IC)의 특징으로 적합하지 않은 것은?

① 제조 단가가 저렴하다.
② 높은 신뢰도를 가진다.
③ 대량 생산이 가능하고 소형화, 경량화 등의 특징을 가진다.
④ 높은 정밀도가 요구되는 아날로그 회로에 사용된다.

해설
집적 회로(IC)는 디지털회로에 사용된다.

02 다음 회로의 명칭은 무엇인가?

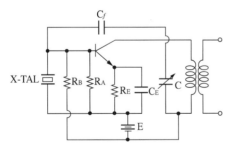

① 피어스 BC형 발진 회로
② 피어스 BE형 발진 회로
③ 하틀리 발진 회로
④ 콜피츠 발진 회로

해설
피어스 BE형 발진회로
• 하틀리 발진회로의 코일 대신 수정진동자를 이용한다.
• 수정진동자가 이미터와 베이스 사이에 있다.

03 증폭회로에서 되먹임의 특징으로 옳지 않은 것은?(단, 음 되먹임(Negative Feedback) 증폭회로라 가정한다)

① 이득의 감소
② 주파수 특성의 개선
③ 잡음 증가
④ 비선형 왜곡의 감소

해설
③ 내부 잡음이 감소된다.

04 빈-브리지 발진회로에 대한 특징으로 틀린 것은?

① 고주파에 대한 임피던스가 매우 낮아 발진주파수의 파형이 좋다.
② 잡음 및 신호에 대한 왜곡이 작다.
③ 저주파 발진기 등에 많이 사용된다.
④ 사용할 수 있는 주파수 범위가 넓다.

해설
빈 브리지(Wien Bridge) 발진회로
• 높은 입력 저항을 사용하고 기본 증폭회로를 가진 발진회로
• 회로의 응용으로는 서미스터를 사용한 부궤환 회로를 구성하여 주파수의 변화를 방지하는 방법과 일반 트랜지스터 대신 입력 임피던스가 높은 FET를 사용하는 방법이 있다.
• 넓은 범위의 주파수발진과 낮은 왜곡레벨이 요구될 때 사용한다.
• 안정도가 좋고, 주파수 가변형으로 하는 것이 비교적 쉽기 때문에 CR 저주파 발진기의 대표적인 발진회로이다.

05 연산증폭기의 입력 오프셋 전압에 대한 설명으로 가장 적합한 것은?

① 차동출력을 0[V]가 되도록 하기 위하여 입력단자 사이에 걸어주는 전압이다.
② 출력전압이 무한대(∞)가 되도록 하기 위하여 입력단자 사이에 걸어주는 전압이다.
③ 출력전압과 입력전압이 같게 될 때의 증폭기의 입력 전압이다.
④ 두 입력단자가 접지되었을 때 두 출력단자 사이에 나타나는 직류전압의 차이다.

> **해설**
> 입력 오프셋 전압
> 연산증폭기에서 출력전압을 0으로 하기 위해 2개의 같은 저항을 통해서 입력단에 가할 전압을 말한다. 보통 0.3~7.5[mV] 정도이다.

06 다음 회로의 명칭은 무엇인가?

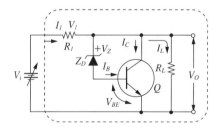

① 직렬 제어형 정전압 회로
② 병렬 제어형 정전압 회로
③ 직렬형 정전류 회로
④ 병렬형 정전류 회로

> **해설**
> • 병렬 제어형 정전압 회로 : 제어용 트랜지스터와 부하저항 R_L이 병렬로 접속되며, 전력 소비가 크고 효율이 나쁘다.
> • 직렬 제어형 정전압 회로 : 제어용 트랜지스터가 부하와 직렬로 접속되며, 경부하 시 효율이 병렬 제어형보다 크고, 출력 전압의 안정 범위가 넓다.

07 음성 신호를 펄스 부호 변조 방식(PCM)을 통해 송신 측에서 디지털 신호로 변환하는 과정으로 옳은 것은?

① 표본화 → 양자화 → 부호화
② 부호화 → 양자화 → 표본화
③ 양자화 → 부호화 → 표본화
④ 양자화 → 표본화 → 부호화

> **해설**
> 펄스 부호 변조(PCM, Pulse Code Modulation)
> 정보를 일정간격의 시간으로 샘플링하여 펄스진폭변조(PAM) 신호를 얻은 다음(표본화) 이를 다시 양자화기를 거쳐 각 진폭값을 평준화하고(양자화), 이 양자화된 값에 2진 부호값을 할당함으로써 수행된다(부호화).

08 저항기의 색띠가 갈색, 검정, 주황, 은색의 순으로 표시되었을 경우에 저항 값은 얼마인가?

① 27~33[kΩ]
② 9~11[kΩ]
③ 0.9~1.1[kΩ]
④ 18~22[kΩ]

> **해설**
> 색띠 저항 읽는 방법
> • 맨 좌측부터 4가지 색띠의 의미는 각각 제1숫자, 제2숫자, 승수, 오차
> • 검정(0), 갈색(1), 빨강(2), 주황(3), 노랑(4), 초록(5), 파랑(6), 보라(7), 회색(8), 흰색(9), 금(오차 5[%]), 은(오차 10[%])
> • 갈색, 검정, 주황, 은색의 경우, $10 \times 10^3 = 10[kΩ]$이며, 오차가 은색(10[%])이므로 저항값의 범위는 9~11[kΩ]이다.

09 JK 플립플롭을 이용하여 10진 카운터를 설계할 때, 최소로 필요한 플립플롭의 수는?

① 1개　　　　　② 2개
③ 3개　　　　　④ 4개

> **해설**
> 0~9(0000~1001)까지 카운터를 위해서는 최소 4개의 플립플롭이 필요하다.

10 다음 중 1[μF]를 [F]로 표시하면 얼마인가?

① 10^{-3}[F]　　　　② 10^{-6}[F]
③ 10^{-9}[F]　　　　④ 10^{-12}[F]

> **해설**
> m(10^{-3}), μ(10^{-6}), n(10^{-9}), p(10^{-12})

11 실제 펄스 파형에서 이상적인 펄스 파형의 상승하는 부분이 기준 레벨보다 높은 부분을 무엇이라 하는가?

① 새그(Sag)
② 링잉(Ringing)
③ 오버슈트(Overshoot)
④ 지연 시간(Delay Time)

> **해설**
> ③ 오버슈트(Overshoot) : 상승 파형에서 이상적 펄스파의 진폭보다 높은 부분
> ① 새그(Sag) : 펄스파형에서 내려가는 부분의 정도
> ② 링잉(Ringing) : 펄스의 상승부분에서 진동의 정도
> ④ 지연 시간(Delay Time) : 상승 파형에서 10[%]에 도달하는데 걸리는 시간

12 어떤 도체에 4[A]의 전류를 10분간 흘렸을 때 도체를 통과한 전하량 [C]는 얼마인가?

① 150　　　　　② 300
③ 1,200　　　　④ 2,400

> **해설**
> $Q = It = 4 \times 10 \times 60 = 2,400$[C]

13 입력 상태에 따라 출력 상태를 안정하게 유지하는 멀티 바이브레이터는?

① 비안정 멀티 바이브레이터
② 단안정 멀티 바이브레이터
③ 쌍안정 멀티 바이브레이터
④ 모든 형식의 멀티 바이브레이터

> **해설**
> • 비안정 멀티 바이브레이터
>   - 2개의 준안정 상태(일시적 안정상태)가 있어, 이것이 일정한 주기로 되풀이 된다.
>   - 외부의 입력이 없어도 준안정 상태가 반복하여 직사각형 펄스를 발생시킨다.
> • 단안정 멀티 바이브레이터
>   - 하나의 안정 상태나 하나의 준안정 상태를 가진다.
>   - 외부로부터 (−)의 트리거 펄스를 가하면 안정 상태에서 준안정 상태로 되었다가 어느 일정시간 경과 후 다시 안정 상태로 돌아오는 동작을 한다.
> • 쌍안정 멀티 바이브레이터 : 처음 어느 한쪽의 트랜지스터가 ON이면 다른 쪽의 트랜지스터는 OFF의 안정 상태로 되었다가, 트리거 펄스가 가해지면 다른 안정 상태로 반전되는 동작을 한다.

14 전원 회로의 구조가 순서대로 옳게 구성된 것은?

① 정류회로 → 변압회로 → 평활회로 → 정전압회로

② 변압회로 → 평활회로 → 정류회로 → 정전압회로

③ 변압회로 → 정류회로 → 평활회로 → 정전압회로

④ 정류회로 → 평활회로 → 변압회로 → 정전압회로

해설

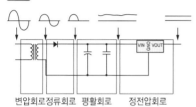

변압회로 정류회로 평활회로　　정전압회로

15 다음과 같은 회로의 명칭은?

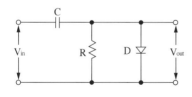

① 클램퍼(Clamper) 회로

② 슬라이서(Slicer) 회로

③ 클리퍼(Clipper) 회로

④ 리미터(Limiter) 회로

해설

입력 파형의 (+) 피크를 0[V] 레벨로 클램핑하는 회로이다.

16 다음 중 공통 컬렉터 증폭기에 대한 설명으로 적합하지 않은 것은?

① 전압이득은 대략 1이다.

② 입력저항이 높아 버퍼로 많이 사용된다.

③ 입력과 출력의 위상은 동상이다.

④ 입력은 결합 커패시터를 통하여 이미터에 인가한다.

해설

공통 컬렉터 증폭기의 특징

• 전압 이득이 1 이하이다.

• 입력 임피던스가 매우 높고 출력 임피던스가 낮으므로 정합을 위한 버퍼단에 사용한다.

• 100[%] 음궤환 증폭 회로이다.

• 입력과 출력의 위상은 같다.

17 원시 언어로 작성한 프로그램을 동일한 내용의 목적 프로그램으로 번역하는 프로그램을 무엇이라 하는가?

① 기계어　　　　　② 파스칼

③ 컴파일러　　　　④ 소스 프로그램

18 컴퓨터의 중앙처리장치와 주기억 장치간에 발생하는 속도차를 보완하기 위해 개발된 것은?

① 입·출력장치

② 연산장치

③ 보조기억장치

④ 캐시기억장치

19 다음 문자 데이터 코드들이 표현할 수 있는 데이터의 개수가 잘못 연결된 것은?(단, 패리티 비트는 제외한다)

① 2진화10진수(BCD) 코드 : 64개
② 아스키(ASCII) 코드 : 128개
③ 확장 2진화 10진(EBCDIC) 코드 : 256개
④ 3-초과(3-Excess) 코드 : 512개

해설
④ 3-초과(3-Excess) 코드 : BCD 코드에 $3_{10}=0011_2$를 더해 만든 것으로 64개 문자를 표현
① 2진화10진수(BCD) 코드 : 2진수의 10진법 표현 방식으로 0~9까지의 10진 숫자에 4[bit] 2진수를 대응시킨 것으로 64개의 문자를 표현
② 아스키(ASCII) 코드 : 미국표준화협회가 제정한 7[bit] 코드로 128가지의 문자를 표현
③ 확장 2진화 10진(EBCDIC) 코드 : 16[bit] BCD코드를 확장한 것으로 $2^8=256$가지의 문자를 표현

20 1,024 × 8[bit]의 용량을 가진 ROM에서 Address Bus와 Data Bus의 필요한 선로 수는?

① Address Bus = 8선, Data Bus = 8선
② Address Bus = 8선, Data Bus = 10선
③ Address Bus = 10선, Data Bus = 8선
④ Address Bus = 1,024선, Data Bus = 8선

해설
1,024 × 8[bit] = 1[kbyte]
2^{10} = 1[kbyte]이므로, Address Bus는 10선이 필요하고, Data는 Byte 단위로 전송하므로 8선이 필요하다.

21 다음 표준 C언어로 작성한 프로그램의 연산결과는?

```
#include <stdio.h>
void main()
{
        printf("%d",10^12);
}
```

① 6   ② 8
③ 24   ④ 14

해설
XOR 연산
10^12=1010^1100=0110=6

22 지정 어드레스로 분기하고, 분기한 후에 그 명령으로 되돌아오는 명령은?

① 강제 인터럽트 명령
② 조건부 분기 명령
③ 서브루틴 분기 명령
④ 분기 명령

해설
• 분기 명령 : 순서대로 실행되어 가는 프로그램의 흐름을 분기(Branch)시키기 위한 명령. 특정한 조건에 따라 분기를 지시하는 조건부 분기 명령과 무조건 분기 명령이 있다.
• 서브루틴(Subroutine) 분기 명령 : 프로그램 가운데 하나 이상의 장소에서 필요할 때마다 되풀이해서 사용할 수 있는 부분적 프로그램. 실행 후에는 메인 루틴이 호출한 장소로 되돌아간다. 독립적으로 쓰는 일은 없고 메인 루틴과 결합하여 기능을 수행한다.

23 주기억장치로 사용되는 반도체 기억소자 중에서 읽기, 쓰기를 자유롭게 할 수 있는 것은?

① RAM ② ROM
③ EP-ROM ④ PAL

해설
① RAM(Random Access Memory) : 읽기, 쓰기를 자유롭게 할 수 있으며, 전원이 꺼지면 내용이 소멸되는 휘발성 메모리이다.
② ROM(Read Only Memory) : 읽기 전용 메모리
③ EP-ROM(Erasable Programming ROM) : 사용자가 프로그램 등을 여러 번 지우고 써넣을 수 있는 기억소자로서, 자외선이나 특정전압 전류로서 내용을 지우고 다시 기록할 수 있다.

24 다음 중 10진수 (−7)을 부호와 절대치법에 의한 이진수 표현으로 옳은 것은?

① 10000111 ② 10000110
③ 10000101 ④ 10000100

해설
부호와 절댓값 표현에서 첫 번째 비트는 부호비트로 사용된다. 따라서 7을 2진수로 변환하고 첫 번째 비트를 1로 하면 −7이 된다.

25 컴퓨터 내의 입출력 장치들 중에서 입출력 성능이 높은 것에서 낮은 순으로 바르게 나열된 것은?

① 인터페이스−채널−DMA
② DMA−채널−인터페이스
③ 채널−DMA−인터페이스
④ 인터페이스−DMA−채널

해설
• 입출력 채널(I/O Channel) : 입출력이 일어나는 동안 프로세서가 다른 일을 하지 못하는 문제를 극복하기 위해 개발된 것
• DMA(Direct Memory Access) : 주기억장치와 입출력장치 간의 자료 전송이 중앙처리장치의 개입 없이 곧바로 수행되는 방식
• 인터페이스 : 컴퓨터 내부에서 장치나 구성 요소 간을 상호 접속하는 커넥터 등
• 성능은 채널, DMA, 인터페이스 순으로 높다.

26 디코더(Decoder)는 일반적으로 어떤 게이트를 사용하여 만들 수 있는가?

① NAND, NOR
② AND, NOT
③ OR, NOR
④ NOT, NAND

해설
2 to 4 Decoder의 경우 : 입력 2개, 출력 2^2개

A_1	A_0	D_0	D_1	D_2	D_3
0	0	1	0	0	0
0	1	0	1	0	0
1	0	0	0	1	0
1	1	0	0	0	1

$D_0 = \overline{A_1}\,\overline{A_0}$, $D_1 = \overline{A_1}\,A_0$, $D_2 = A_1\overline{A_0}$, $D_3 = A_1 A_0$의 출력을 얻기 위해서는 NOT Gate 2개와 AND Gate 4개가 필요하다.

27 데이터의 크기를 작은 것부터 큰 순서로 바르게 나열한 것은?

① Bit < Word < Byte < Field
② Bit < Byte < Field < Word
③ Bit < Byte < Word < Field
④ Bit < Word < Field < Byte

해설
자료의 구성 단계 : 비트(Bit) → 바이트(Byte) → 워드(Word) → 항목(Field) → 레코드(Record) → 파일(File) → 데이터베이스(Data Base)

28 마이크로프로세서의 주소 지정 방식 중 짧은 길이의 오퍼랜드로 긴 주소에 접근할 때 사용되는 방식은?

① 직접 주소 지정 방식

② 간접 주소 지정 방식

③ 레지스터 주소 지정 방식

④ 즉시 주소 지정 방식

해설

② 간접 주소 지정방식(Indirect Addressing Mode) : 명령어에 나타낼 주소가 명령어 내에서 데이터를 지정하기 위해 할당된 비트수로 나타낼 수 없을 때 사용하는 방식으로 짧은 길이의 오퍼랜드로 긴 주소에 접근할 때 사용

① 직접 주소 지정방식(Direct Addressing Mode) : 명령의 주소부가 사용할 자료의 번지를 표현하고 있는 방식

③ 레지스터 간접 주소 지정방식(Register Indirect Addressing Mode) : 오퍼랜드가 레지스터를 지정하고 다시 그 레지스터 값이 실제 데이터가 기억되어 있는 주소를 지정하는 방식

④ 즉시 주소 지정방식(Immediate Addressing Mode) : 명령어 자체에 오퍼랜드(실제 데이터)를 내포하고 있는 방식

29 다음 중 표준규격에 대한 설명으로 틀린 것은?

① SNV는 스위스 규격을 말한다.

② 전기 부문의 KS 분류기호는 KS B이다.

③ 국제규격이란 국제적인 공동이익을 추구하기 위해 여러나라가 협의하여 심의 규정한 규격이다.

④ ISO는 국제적으로 통일된 규격의 제정과 실천의 촉진을 위해 설립된 기구이다.

해설

기 호	표준 규격 명칭	영문 명칭	마 크
ISO	국제 표준화 기구	International Organization for Standardization	ISO
KS	한국산업 규격	Korean Industrial Standards	KS
BS	영국규격	British Standards	
DIN	독일규격	Deutsches Institute fur Normung	DIN
ANSI	미국규격	American National Standards Institutes	ANSI
SNV	스위스 규격	Schweitzerish Norman-Vereingung	SNV
NF	프랑스 규격	Norme Francaise	NF
SAC	중국규격	Standardization Administration of China	SAC
JIS	일본공업 규격	Japanese Industrial Standards	JIS

KS의 부문별 기호

분류기호	부 문	분류기호	부 문	분류기호	부 문
KS A	기 본	KS H	식 품	KS Q	품질경영
KS B	기 계	KS I	환 경	KS R	수송기계
KS C	전기전자	KS J	생 물	KS S	서비스
KS D	금 속	KS K	섬 유	KS T	물 류
KS E	광 산	KS L	요 업	KS V	조 선
KS F	건 설	KS M	화 학	KS W	항공우주
KS G	일용품	KS P	의 료	KS X	정 보

규격은 기술적인 사항에 대하여 제정된 기준을 말한다. 사내규격, 단체규격, 국가규격, 국제규격 등이 있다.

• 사내규격 : 기업 또는 공장에서 심의하고 규정하여 기업 또는 공장 내부에서 적용되는 규격이다.

• 단체규격 : 사업자나 학회 등의 단체에서 협의하고 심의하여 규정한 규약으로, 그 단체나 구성원에게 적용되는 규격이다.

• 국가규격 : 한 국가의 모든 이해 관계자들이 협의하고 심의하여 한 국가에서만 적용되도록 규정한 규격이다.

• 국제규격 : 국제표준화기구(ISO)나 국제전기표준회의(IEC)의 규격과 같이 국제적인 공동의 이익을 추구하기 위하여 여러 나라가 협의하여 심의 규정한 규격이다.

• ISO는 1947년 제네바에서 조직되어 전기 분야 이외의 물자 및 서비스의 국제간 교류를 용이하게 하고, 지적, 과학, 기술, 경제 분야에서 국제적 교류를 원활하게 하기 위하여 규격의 국제 통일에 대한 활동을 하는 대표적인 국제표준화기구이다.

30 부품 선정 시의 중요사항이 아닌 것은?

① 부품의 단가
② 납품 조건
③ 부품외형의 색상
④ 부품의 신뢰성

해설
부품 선정 시의 핵심사항 : 부품의 단가, 납품의 조건, 부품의 신뢰성

31 콘덴서에 "102K"라고 기재되어 있을 때 정전용량 값과 허용오차로 옳은 것은?

① 0.0001[μF], ±10[%]
② 0.001[μF], ±10[%]
③ 0.1[μF], ±0.25[%]
④ 0.0022[μF], ±20[%]

해설
용량 : 102 = 1,000[pF] = 0.001[μF], 허용오차 K = ±10[%]
허용차의 문자 기호

문자 기호	허용차[%]	문자 기호	허용차[%]
B	±0.1	J	±5
C	±0.25	K	±10
D	±0.5	L	±15
F	±1	M	±20
G	±2	N	±30

32 입·출력 장치로 모두 이용되고 있는 것은?

① 마우스
② 플로터
③ 터치스크린
④ 디지타이저와 스타일러스 펜

해설
③ 터치스크린(Touch Screen) : 화면을 건드려 사용자가 손가락 이나 손으로 기기의 화면에 접촉한 위치를 찾아내는 화면을 말한다. 모니터에 특수 직물을 씌워 이 위를 손으로 눌렀을 때 감지하는 방식으로 구성되어 있는 경우도 있다. 터치스크린 은 스타일러스와 같이 다른 수동적인 물체를 감지해 낼 수도 있다. 터치스크린 모니터는 터치로 입력장치의 역할을 하며, 모니터는 출력장치의 역할을 한다.
① 마우스 : 입력장치
② 플로터 : 출력장치
④ 디지타이저와 스타일러스 펜 : 입력장치

33 PCB의 제조 공정 중에서 원하는 부품을 삽입하거 나, 회로를 연결하는 비아(Via)를 기계적으로 가공 하는 과정은?

① 래미네이트   ② 노 광
③ 드 릴   ④ 도 금

해설
인쇄회로기판(PCB) 제작순서 중 일부
• 드릴 : 양면 또는 적층된 기판에 각층간의 필요한 회로 도전을 위해 또는 어셈블리 업체의 부품 탑재를 위해 설계지정 직경으로 Hole을 가공하는 공정
• 래미네이트 : 제품 표면에 패턴 형성을 위한 준비 공정으로 감광 성 드라이 필름을 가열된 롤러로 압착하여 밀착시키는 공정
• D/F 노광 : 노광기내 UV 램프로부터 나오는 UV 빛이 노광용 필름을 통해 코어에 밀착된 드라이 필름에 조사되어 필요한 부분 을 경화시키는 공정
• D/F 현상 : Resist 층의 비경화부(비노광부)를 현상액으로 용해, 제거시키고 경화부(노광부)는 D/F를 남게 하여 기본 회로를 형성 시키는 공정
• 2차 전기 도금 : 무전해 동도금된 홀 내벽과 표면에 전기적으로 동도금을 하여 안정된 회로 두께를 만든다.

34 능동 부품(Active Component)의 능동적 기능이라고 볼 수 없는 것은?

① 신호의 증폭   ② 신호의 발진

③ 신호의 중계   ④ 신호의 변환

해설

- 능동소자(부품) : 입력과 출력을 갖추고 있으며, 전기를 가한 것만으로 입력과 출력에 일정한 관계를 갖는 소자로서 다이오드(Diode), 트랜지스터(Transistor), 전계효과트랜지스터(FET), 단접합트랜지스터(UJT) 등이 있으며, 신호의 증폭, 발진, 변환 등의 기능을 한다.
- 수동소자(부품) : 회로를 구성하는 부품 중에서 전기 에너지의 발생이나 공급을 하지 않는 것으로 저항기, 콘덴서, 유도기 등이 있다.

35 현재 위치를 기준으로 X축과 Y축 방향으로 이동하여 좌표를 지정하는 방법은?

① 극좌표   ② 절대좌표

③ 상대좌표   ④ 원통좌표

해설

좌표의 종류

- 세계 좌표계(World Coordinate System, WCS) : 프로그램이 가지고 있는 고정된 좌표계로서 도면 내의 모든 위치는 X, Y, Z 좌표값을 갖는다.
- 사용자 좌표계(User Coordinate System, UCS) : 작업자가 좌표계의 원점이나 방향 등을 필요에 따라 임의로 변화시킬 수 있다. 즉 WCS를 작업자가 원하는 형태로 변경한 좌표계이다. 이는 3차원 작업 시 필요에 따라 작업평면(XY평면)을 바꿀 때 많이 사용한다.
- 절대좌표(Absolute Coordinate) : 원점을 기준으로 한 각 방향 좌표의 교차점을 말하며, 고정되어 있는 좌표점 즉, 임의의 절대 좌표점(10, 10)은 도면 내에 한 점밖에는 존재하지 않는다. 절대 좌표는 [X좌표값, Y좌표값] 순으로 표시하며, 각 각의 좌표점 사이를 콤마(,)로 구분해야 하고, 음수 값도 사용이 가능하다.
- 상대좌표(Relative Coordinate) : 최종점을 기준(절대좌표는 원점을 기준으로 했음)으로 한 각 방향의 교차점을 말한다. 따라서 상대좌표의 표시는 하나이지만 해당 좌표점은 기준점에 따라 도면 내에 무한적으로 존재한다. 상대좌표는 [@기준점으로부터 X방향값, Y방향값]으로 표시하며, 각 각의 좌표값 사이를 콤마(,)로 구분해야 하고, 음수 값도 사용이 가능하다(음수는 방향이 반대이다).

- 극좌표(Polar Coordinate) : 기준점으로부터 거리와 각도(방향)로 지정되는 좌표를 말하며, 절대극좌표와 상대극좌표가 있다. 절대극좌표는 [원점으로부터 떨어진 거리<각도]로 표시한다. 상대극좌표는 마지막점을 기준으로 하여 지정하는 좌표이다. 따라서 상대극좌표의 표시는 하나이지만 해당 좌표점은 기준점에 따라 도면 내에 무한적으로 존재한다. 상대극좌표는 [@기준점으로부터 떨어진 거리<각도]로 표시하며, 거리와 각도 표시 사이를 부등호(<)로 구분해야 하고, 거리와 각도에 음수 값도 사용이 가능하다.
- 최종좌표(Last Point) : 이전 명령에 지정되었던 최종좌표점을 다시 사용하는 좌표이다. 최종좌표는 [@]로 표시한다. 최종좌표는 마지막점에 사용된 좌표방식과는 무관하게 적용된다.

36 KS 규격의 부문별 분류에서 전기, 전자에 속하는 것은?

① KS A   ② KS B

③ KS C   ④ KS D

해설

KS의 부문별 기호

분류기호	부 문	분류기호	부 문	분류기호	부 문
KS A	기 본	KS H	식 품	KS Q	품질경영
KS B	기 계	KS I	환 경	KS R	수송기계
KS C	전기전자	KS J	생 물	KS S	서비스
KS D	금 속	KS K	섬 유	KS T	물 류
KS E	광 산	KS L	요 업	KS V	조 선
KS F	건 설	KS M	화 학	KS W	항공우주
KS G	일용품	KS P	의 료	KS X	정 보

37 전자회로 설계 시 작업내용에 따라 분류할 경우 다른 하나는?

① 배선패턴 설계과정
② 부품표 작성과정
③ 부품의 배치과정
④ PCB 검사과정

해설
④는 PCB 제작순서에 해당한다.

38 우리나라에서 규정된 한국 산업규격 중에서 제도 통칙(KS A 0005)에서 규정하고 있지 않은 것은?

① 도면의 크기
② 제품의 형상
③ 투상법
④ 작도일반

해설
KS A 0005는 제도 통칙으로 공업의 각 분야에서 사용하는 도면을 작성할 때의 요구 사항에 대하여 통괄적으로 규정하고 있다. 도면을 작성하는 목적은 도면 작성자의 의도를 도면 사용자에게 확실하고 쉽게 전달하는 데 있다. 도면이 구비하여야 할 기본 요건, 도면의 크기 및 양식, 도면에 사용하는 선·문자·기호·도형의 표시 방법(작도일반), 치수 기입 방법, 물체의 표현 방법(투상법 등) 등이 규정되어 있다.

39 7세그먼트(FND) 디스플레이가 동작할 때 빛을 내는 것은?

① 발광 다이오드
② 부 저
③ 릴레이
④ 저 항

해설
7세그먼트 표시 장치는 7개의 선분(획)으로 구성되어 있으며, 위와 아래에 사각형 모양으로 두 개의 가로 획과 두 개의 세로 획이 배치되어 있고, 위쪽 사각형의 아래 획과 아래쪽 사각형의 위쪽 획이 합쳐진 모양이다. 가독성을 위해 종종 사각형을 기울여서 표시하기도 한다. 7개의 획은 각각 꺼지거나 켜질 수 있으며 이를 통해 아라비아 숫자를 표시할 수 있다. 몇몇 숫자(0, 6, 7, 9)는 둘 이상의 다른 방법으로 표시가 가능하다.

LED로 구현된 7세그먼트 표시 장치는 각 획 별로 하나의 핀이 배당되어 각 획을 끄거나 켤 수 있도록 되어 있다. 각 획 별로 필요한 다른 하나의 핀은 장치에 따라 공용 (+)극이나 공용 (−)극으로 배당되어 있기 때문에 소수점을 포함한 7세그먼트 표시 장치는 16개가 아닌 9개의 핀만으로 구현이 가능하다. 한편 한 자리에 해당하는 4비트나 두 자리에 해당하는 8비트를 입력받아 이를 해석하여 적절한 모습으로 표시해 주는 장치도 존재한다. 7세그먼트 표시 장치는 숫자뿐만 아니라 제한적으로 로마자와 그리스 문자를 표시할 수 있다. 하지만 동시에 모호함 없이 표시할 수 있는 문자에는 제한이 있으며 그 모습 또한 실제 문자의 모습과 동떨어지는 경우가 많기 때문에 고정되어 있는 낱말이나 문장을 나타낼 때만 쓰는 경우가 많다.

40 도면의 종류를 사용 목적에 따라 분류했을 때 속하지 않는 것은?

① 제작도   ② 주문도

③ 견적도   ④ 조립도

해설

도면의 분류

- 사용 목적에 따른 분류 : 제작도, 계획도, 견적도, 주문도, 승인도, 설명도
- 내용에 따른 분류 : 스케치도, 조립도, 부분조립도, 부품도, 공정도, 상세도, 접속도, 배선도, 배관도, 계통도, 기초도, 설치도, 배치도, 장치도, 외형도, 구조선도, 곡면선도, 전기회로도, 전자회로도, 화학장치도, 섬유기계장치도, 축로도
- 작성 방법에 따른 분류 : 연필제도, 먹물제도, 착색도
- 성격에 따른 분류 : 원도, 트레이스도, 복사도

41 다층 프린트 배선에서 도금 도통 홀과 전기적 접속을 하지 않도록 하기 위해 도금 도통 홀을 감싸는 부분에 도체 패턴의 도전 재료가 없도록 한 영역은?

① Land

② Access Hole

③ Clearance Hole

④ Location Hole

해설

클리어런스 홀(Clearance Hole)은 다층 프린트배선 기판에서 도금 스루 홀(도통 홀)과 전기적으로 접속하지 않게 그 구멍보다도 조금 크게 도체부를 제거한 부분을 말한다.

42 개인용 컴퓨터를 이용한 CAD에 대하여 잘못된 설명은?

① 가격이 저렴하므로 투자액이 적다.

② 시스템이 간편하므로 실용화가 쉽다.

③ 설계에서 많은 비율을 차지하는 제도에 유리하다.

④ 상급 시스템을 도입하면 보조 시스템으로서 효과는 없다.

해설

개인용 컴퓨터(PC)를 이용한 CAD의 특징

- 가격이 저렴하므로 투자액이 적다.
- 시스템이 간단하므로 실용화가 쉽다.
- 설계에서 높은 비율을 차지하는 제도에 유리하다.
- 상급시스템을 도입하더라도 보조 시스템으로 효과가 있다.
- 제품의 개발에 필요한 시간을 줄이고, 공정을 간소화할 수 있어 원가가 절감된다.
- 데이터의 보관이 용이하다.
- 신제품 개발에 적극적으로 대처할 수 있다.

43 다음 삼각자의 조합으로 나타낼 수 없는 각도는?

① 15°   ② 75°

③ 90°   ④ 130°

해설

삼각자는 45° 직각 삼각자와 30°, 60° 직각 삼각자가 한 세트로 되어 있다. 각도를 이용하여 선을 그을 때 만들고자 하는 각도÷15를 했을 때 나머지 없이 떨어지면 삼각자로 만들 수 있는 각도이다. 그래서 15°, 30°, 45°, 75°, 90°, 105°, 120°, 135° 등을 나타낼 수 있다.

44 CAD의 종류는 크게 전자회로설계용과 기구설계용이 있다. 이 중에서 전자회로설계용 CAD는 무엇인가?

① OrCAD ② IntelliCAD
③ UniCAD ④ FelixCAD

해설
① 오어캐드(OrCAD)는 전자설계 자동화에 널리 사용되는 소프트웨어 도구 모음이다. 전자회로 설계 공학자와 전자 공학 기술자에 의하여 인쇄 회로 기판(PCB)의 제작을 위해서 PCB 커버를 생성하거나, 전자 도면과 다이어그램 작성, 그리고 전자회로 시뮬레이션을 하는 데 사용한다.
② IntelliCAD(ITC) Autodesk AutoCAD DWG 데이터와의 완벽한 호환성을 제공하는 건축설계용 CAD 프로그램이다.
③ UniCAD(삼성SDS)는 개발이 중지되었으며, AutoCAD 대용으로 만들어졌었다.
④ FelixCAD는 독일에서 만든 CAD프로그램으로 미국에 있는 한 회사에 매각되고 난 뒤 아예 자취를 감춘 AutoCAD 대용 프로그램이다.

45 다음 중 전자 또는 통신기기 등의 전체적인 동작이나 기능을 블록으로 그려 도면에 표시한 것은?

① 회로도 ② 접속도
③ 블록선도 ④ 배선도

해설
③ 블록선도 : 전자 통신기기 등의 전체적인 동작이나 기능을 블록으로 그려, 동작의 흐름을 표현하는 경우에 사용되는 도면으로 계통도 또는 블록도라고도 한다.
① 회로도 : 전자 부품의 상호간의 연결된 상태를 나타낸 것이다.
② 접속도 : 전기 기기의 내부, 상호간의 회로 결선 상태를 나타내는 도면으로 계획이나 설명도 또는 공작도에 사용된다.
④ 배선도 : 전선의 배치, 굵기, 종류, 가닥수를 나타내기 위해서 사용된 도면으로 각 소자들의 실제 모양을 직선으로 연결하여 접속 관계를 명확히 나타내며 제작자나 보수자들에게 많이 사용되는 도면이다.

46 다음 중 회로도를 그리기 위한 환경 설정과 관계없는 것은?

① 도면의 크기
② 그리드 표시
③ 설계 개체 요소의 색상
④ 라우팅 패턴 굵기

해설
라우팅(Routing)
기판 상에 부품을 배치 완료 후 부품 간에 전기적으로 결선(Track, Etch)이 되도록 기판 상에 부품을 배선하는 방법으로 라우팅 알고리즘을 이용한 배선을 위해선 층별 배선방향, 데이터베이스의 기준단위, 비아의 선택기준, 트랙 폭, 배선공간에 대한 설정을 미리해야 한다. 그래서 라우팅 패턴 굵기는 라우팅 과정에서 결정한다.

47 회로도 작성 시 고려사항 중 옳은 것은?

① 대각선과 곡선은 가급적 사용하지 않는다.
② 선과 선이 전기적으로 접속되는 곳에는 점선표시를 한다.
③ 주 회로와 보조회로가 있는 경우에는 보조회로를 중심으로 그린다.
④ 신호의 흐름은 우측에서 좌측으로, 위에서 아래로 그린다.

해설
회로도 작성 시 고려해야 할 사항
• 신호의 흐름은 도면의 왼쪽에서 오른쪽으로, 위쪽에서 아래쪽으로 그린다.
• 주 회로와 보조 회로가 있을 경우에는 주 회로를 중심에 그린다.
• 대칭으로 동작하는 회로는 접지를 기준으로 하여 대칭되게 그린다.
• 선의 교차가 적고 부품이 도면 전체에 고루 분포되게 그린다.
• 능동 소자를 중심으로 그리고 수동 소자는 회로 외곽에 그린다.
• 대각선과 곡선은 가급적 피하고, 선과 선이 전기적으로 접속되는 곳에는 '•' 표를 한다.
• 도면 기호와 접속선의 굵기는 원칙적으로 같게 하며, 0.3~0.5[mm] 정도로 한다.
• 보조 회로는 주회로의 바깥쪽에, 전원 회로는 맨 아래에 그린다.
• 접지선 등을 굵게 표현하는 경우의 실선은 0.5~0.8[mm] 정도로 한다.
• 물리적인 관련이나 연결이 있는 부품 사이는 파선으로 나타낸다.

48 다음은 보드 외곽선(Board Outline) 그리기의 한 예이다. X, Y 좌표값을 보기와 같이 입력했을 경우 ㉠, ㉡, ㉢, ㉣에 들어갈 좌표값은?

(가) 명령 : 보드 외곽선 그리기
(나) 첫째 점 : 50, 50
(다) 다음 점 : 150, 50
(라) 다음 점 : 150, 150
(마) 다음 점 : (㉠), (㉡)
(바) 다음 점 : (㉢), (㉣)

① ㉠ 150 ㉡ 150 ㉢ 150 ㉣ 100
② ㉠ 100 ㉡ 100 ㉢ 100 ㉣ 50
③ ㉠ 50 ㉡ 150 ㉢ 50 ㉣ 50
④ ㉠ 00 ㉡ 150 ㉢ 50 ㉣ 150

해설

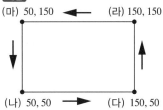

(마) 50, 150 ← (라) 150, 150

(나) 50, 50 → (다) 150, 50

49 각 층간 절연 재질로 분리 접착되어진 표면 도체층을 포함하여 3층 이상에 도체패턴이 있는 프린트 배선판은?

① 다층 프린트 배선판(Multilayer Printed Circuit Board)
② 양면 프린트 배선판(Double-sided Printed Circuit Board)
③ 프린트 회로(Printed Circuit)
④ 마더 보드(Mother Board)

해설
인쇄(프린트) 배선판의 종류
• 단면 인쇄 배선판(Single-sided Printed Circuit Board) : 단면에만 도체 패턴이 있는 인쇄 배선판
• 양면 인쇄 배선판(Double-sided Printed Circuit Board) : 양면에 도체 패턴이 있는 인쇄 배선판
• 다층 인쇄 배선판(Multilayer Printed Circuit Board) : 각 층간 절연 재질로 분리 접착되어진 표면 도체층을 포함하여 3층 이상에 도체패턴이 있는 인쇄 배선판
• Flexible 인쇄 배선판(Flexible Printed Circuit Board) : 유연성의 절연기판을 사용한 인쇄 배선판
• 마더보드(Mother Board) : 인쇄판 조립품을 부착 또는 접속할 수 있는 배선판
• 인쇄회로(Printed Circuit) : 인쇄배선과 인쇄부품 또는 탑재부품으로 구성되는 회로

50 인쇄회로기판 설계 시의 고려 사항과 거리가 먼 것은?

① 부품 배치
② 부품 높이와 배열
③ 부품의 가격
④ 부품 부착 간격

해설
인쇄회로기판 설계 시 고려할 사항 : 전자 부품의 치수와 단자 피치(Pitch), 부품의 배치, 부품의 높이와 배열, 배치 간격, 인쇄회로기판의 재질 및 층수, 부품의 실장 방법 등

51 다음 중 제도용지에 대한 설명으로 틀린 것은?

① 제도 용지의 가로와 세로의 비는 $1 : \sqrt{2}$ 이다.

② A1용지보다 B1용지가 작다.

③ A1용지를 반으로 접으면 A2 크기가 된다.

④ B1용지 두 장을 붙이면 B0 크기가 된다.

해설

도면의 크기와 양식

용지 크기의 호칭		A0	A1	A2	A3	A4
a×b		841× 1,189	594× 841	420× 594	297× 420	210× 297
c(최소)		20	20	10	10	10
d (최소)	철하지 않을 때	20	20	10	10	10
	철할 때	25	25	25	25	25

※ d 부분은 도면을 철하기 위하여 접었을 때, 표제란의 좌측이 되는 곳에 마련한다.

52 각종 전자기기, 유무선 통신기기 및 장치의 접속관계를 표시하는 기호는?

① 전기용 기호(KS C 0102)

② 옥내배선용 기호(KS C 0301)

③ 2값 논리소자 기호(KS X 0201)

④ 시퀀스 기호(KS C 0103)

해설

전기ㆍ전자ㆍ통신에 관계되는 기호

기호 명칭	KS 번호		적용 범위
전기용 기호	KS C 0102	기본 기호	일반적인 전기 회로의 접속 관계를 표시하는 기호
		전력용 기호	전기 기계ㆍ기구의 접속 관계를 표시하는 기호
		전기ㆍ통 신용 기호	전기ㆍ통신 장치, 기기의 접속 관계를 표시하는 기호

기호 명칭	KS 번호	적용 범위
옥내 배선용 그림 기호	KS C 0301	주택, 건물의 옥내 배선도에 사용하는 기호
2진 논리소자를 위한 그래픽 기호	KS X 0201	2값 논리 소자 기능을 그림으로 표현하는 기호
계장용 기호	KS A 3016	공정도에 계측 제어의 기능 또는 설비를 기재하는 기호
시퀀스 제어 기호	KS C 0103	시퀀스 제어에 사용하는 기호
정보 처리용 기호	KS X ISO 5807	전자계산기의 처리 내용, 순서 및 단계를 표현하는 기호

※ KS C 0102(폐지)
KS X 0201(폐지)
KS A 3016(폐지)

53 인쇄회로 기판의 패턴 동박에 의한 인덕턴스(L)값이 0.01[μH]가 발생하였다. 주파수 10[MHz]에서 기판에 영향을 주는 리액턴스(X)의 값은?

① 62.8[Ω]

② 6.28[Ω]

③ 0.628[Ω]

④ 0.0628[Ω]

해설

$X_L = \omega L = 2\pi f L$

$\quad = 2 \times 3.14 \times 10 \times 10^6 \times 0.01 \times 10^{-6}$

$\quad = 0.628[\Omega]$

54 PCB에서 패턴의 두께가 2[mm], 길이가 4[cm], 패턴의 저항이 $1.72 \times 10^{-5}[\Omega]$일 때 패턴의 폭은 몇 [cm]인가?(단, 20[℃]에서 구리의 저항률은 $1.72 \times 10^{-8}[\Omega \cdot m]$이다)

① 1   ② 2

③ 3   ④ 4

해설

패턴의 저항 $R =$ 저항률 $\rho \dfrac{\text{패턴의 길이 } l}{\text{패턴의 단면적} S(W \times t)}$

패턴의 폭 $W = \dfrac{\rho l}{Rt}$

$\qquad = \dfrac{1.72 \times 10^{-8} \times 4 \times 10^{-2}}{1.72 \times 10^{-5} \times 2 \times 10^{-3}}$

$\qquad = 2 \times 10^{-2}[\text{m}] = 2[\text{cm}]$

55 프린트 배선판의 끝부분에 형성된 프린트 콘텍트를 의미하는 것은?

① Edge Board Contact

② Printed Contact

③ Grid

④ Component Side

해설

Edge Board Contacts는 PCB에서 외부 연결물의 Edge Connector 와 접속이 가능하도록 PCB의 외곽 부위에 가공해 놓은 Plug-in 형태의 접속 부위이다.

56 다음 중 자동제도의 특징으로 볼 수 없는 것은?

① 완성된 도면의 수정은 불가능하다.

② 인적 자원과 시간을 절약할 수 있으며 신뢰도가 높다.

③ 자동제도를 적용함으로써 제조오차를 줄일 수 있다.

④ 정밀한 도형이나 곡선이 많은 제도에 이용하면 효과적이다.

해설

자동제도(CAD)를 도입하면 시장 경쟁력 증가, 설계의 능률화, 제조의 정확성, 인력의 효율화를 가져올 수 있다. 자동제도는 완성된 도면을 수정 가능하다.

57 다음 제도용구 중 선, 원주 등을 같은 길이로 분할하는 데 사용되는 것은?

① 축척자   ② 형 판

③ 디바이더   ④ 자유곡선자

해설

③ 디바이더 : 치수를 옮기거나 선, 원주 등을 같은 길이로 분할하는 데 사용하며, 도면을 축소 또는 확대한 치수로 복사할 때 사용한다.

① 축척자 : 길이를 잴 때 또는 길이를 줄여 그을 때에 쓰인다.

② 형판(원형판) : 투명 또는 반투명 플라스틱의 얇은 판에 여러 가지 원, 타원 등의 도형이나 원하는 모양을 정확히 그릴 수 있다.

④ 자유곡선자 : 납과 고무로 만들어져 자유롭게 구부릴 수 있다. 원호나 곡선을 그릴 때 사용한다.

58 PCB DESIGN에서 설계 오류를 검사하는 기능은?

① Netlist
② Zoom
③ Edit
④ DRC

해설
DRC(Design Rule Check)는 각 요소 간의 최소 간격, 금지영역 조사, 올바르지 못한 배선 등을 체크하는 디자인 규칙을 검사하는 것이다.

59 다음 중 집적도에 의한 IC분류로 옳은 것은?

① MSI : 100 소자 미만
② LSI : 100~1,000 소자
③ SSI : 1,000~10,000 소자
④ VLSI : 10,000 소자 이상

해설
IC 집적도에 따른 분류
- SSI(Small Scale IC, 소규모 집적회로) : 집적도가 100 이하의 것으로 복잡하지 않은 디지털 IC 부류로, 기본적인 게이트기능과 플립플롭 등이 이 부류에 해당한다.
- MSI(Medium Scale IC, 중규모 집적회로) : 집적도가 100~ 1,000 정도의 것으로 좀 더 복잡한 기능을 수행하는 인코더, 디코더, 카운터, 레지스터, 멀티플렉서 및 디멀티플렉서, 소형 기억장치 등의 기능을 포함하는 부류에 해당한다.
- LSI(Large Scale IC, 고밀도 집적회로) : 집적도가 1,000~ 10,000 정도의 것으로 메모리 등과 같이 한 칩에 등가 게이트를 포함하는 부류에 해당한다.
- VLSI(Very Large Scale IC, 초고밀도 집적회로) : 집적도가 10,000~1,000,000 정도의 것으로 대형 마이크로프로세서, 단일 칩 마이크로프로세서 등을 포함한다.
- ULSI(Ultra Large Scale IC, 초초고밀도 집적회로) : 집적도가 1,000,000 이상으로 인텔의 4860이나 펜티엄이 이에 해당한다. 그러나 VLSI와 ULSI의 정확한 구분은 확실하지 않고 모호하다.

60 인쇄회로기판(PCB)의 패턴 설계 시 유의사항에 대한 설명으로 옳은 것은?

① 패턴은 가급적 가늘고 길게 한다.
② 회로의 각 접지점마다 패턴을 설계하는 다점접지 방식으로 패턴 설계를 한다.
③ 개별 회로의 특징이 다를지라도 기판은 하나로 통합하여 설계한다.
④ 패턴 사이의 간격을 늘리거나 차폐를 행한다.

해설
패턴 설계 시 유의 사항
- 패턴의 길이 : 패턴은 가급적 굵고 짧게 하여야 한다. 패턴은 가능한 두껍게 Data의 흐름에 따라 배선하는 것이 좋다.
- 부유 용량 : 패턴 사이의 간격을 떼어놓거나 차폐를 행한다. 양 도체 사이의 상대 면적이 클수록, 또 거리가 가까울수록, 절연물의 유전율이 높을수록 부유 용량(Stray Capacity)이 커진다.
- 신호선 및 전원선은 45°로 구부려 처리한다.
- 신호 라인이 길 때는 간격을 충분히 유지시키는 것이 좋다.
- 단자와 단자의 연결에서 VIA는 최소화하는 것이 좋다.
- 공통 임피던스 : 기판에서 하나의 접지점을 정하는 1점 접지방식으로 설계하고, 각각의 회로 블록마다 디커플링 콘덴서를 배치한다.
- 회로의 분리 : 취급하는 전력 용량, 주파수 대역 및 신호 형태별로 기판을 나누거나 커넥터를 분리하여 설계한다.
- 도선의 모양 : 배선은 가급적 짧게 하는 것이 다른 배선이나 부품의 영향을 적게 받는다.

01 발진회로 중에서 각 특성을 비교하였을 때 바르게 연결한 것은?

① RC 발진회로는 가격이 저가이다.
② LC 발진회로는 안정성이 양호하다.
③ 수정 발진회로는 Q값이 작다.
④ 세라믹 발진회로는 저주파 측정용 발진기 용도로 쓰인다.

해설
① RC 발진기는 R과 C만으로 구성할 수 있어 가격이 저가이다.
② LC 발진기는 넓은 범위에 걸쳐 발진 주파수를 조정하기 어렵고, 주파수 정확성이 좋지 않은 단점이 있다.
③ 수정 발진회로는 수정진동자의 Q가 매우 높다.
④ 세라믹 발진회로는 고주파 발진용으로 사용된다.

02 그림의 회로에서 출력전압 V_0의 크기는?(단, V는 실횻값이다)

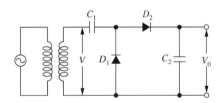

① $2V$
② $\sqrt{2}\,V$
③ $2\sqrt{2}\,V$
④ V^2

해설
반파 배전압 정류회로로 $V_0 = 2\sqrt{2}\,V$가 된다.

03 주파수 변조방식의 특징이 아닌 것은?

① 주파수 변별기를 이용하여 복조한다.
② 점유 주파수 대역폭이 좁다.
③ S/N이 개선된다.
④ 페이딩 영향이 적고 신호 방해가 적다.

해설
주파수 변조방식이 진폭 변조방식보다 점유 주파수 대역폭이 넓다.

04 다음 중 RS 플립플롭(Flip-flop)에서 진리표가 R = 1, S = 1일 때, 출력은?(단, 클록펄스는 1이다)

① 0
② 1
③ 불 변
④ 불 능

해설

R S	Q_{n+1}
0 0	Q_n
0 1	1
1 0	0
1 1	불 능

Q_n : 앞의 상태 유지

1 ① 2 ③ 3 ② 4 ④ 정답

05 다음 회로는 수정발진기의 가장 기본적인 회로이다. 발진회로 A에 들어갈 부품은?

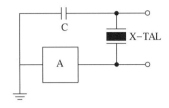

① 저 항　　　　　② 코 일
③ TR　　　　　　④ 커패시터

06 그림과 같은 논리회로에 입력되는 값 A, B, C에 따른 출력 Y의 값으로 옳은 것은?

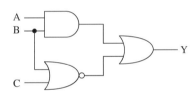

①

입 력			출 력
A	B	C	Y
0	0	0	0

②

입 력			출 력
A	B	C	Y
0	1	1	1

③

입 력			출 력
A	B	C	Y
1	0	0	1

④

입 력			출 력
A	B	C	Y
1	1	1	0

> **해설**
> $Y = AB + (\overline{B+C})$
> $\quad = AB + \overline{B}\ \overline{C}$

07 그림과 같은 비안정 멀티바이브레터의 반복주기 T는 몇 [ms]인가?(단, $C_1 = C_2 = 0.02\,[\mu F]$, $R_{B1} = R_{B2} = 30\,[\mathrm{k\Omega}]$ 이다)

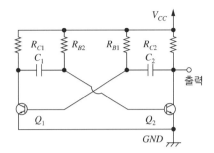

① 0.632　　　　　② 0.828
③ 1.204　　　　　④ 2.484

> **해설**
> $T = 0.69(R_{B2}C_1 + R_{B1}C_2)$
> $\quad = 0.69 \times 2 \times 30 \times 10^3 \times 0.02 \times 10^{-6}$
> $\quad = 0.828\,[\mathrm{ms}]$

08 다음 중 변압기 결합 증폭회로에 대한 설명으로 적합하지 않은 것은?

① 다음 단과의 임피던스 정합을 용이하게 시킬 수 있다.
② 직류 바이어스회로를 교류 신호회로와 무관하게 설계할 수 있다.
③ 주파수 특성이 RC 결합 증폭회로보다 더 좋다.
④ 부피가 크고 값이 비싸다.

> **해설**
> 변압기 결합 증폭회로는 RC 결합방식에 비해 변압기의 코일비에 의한 전압 이득을 크게 할 수는 있지만, 주파수 특성이 약간 나쁘다.

09 구형파의 입력을 가하여 폭이 좁은 트리거 펄스를 얻는 데 사용되는 회로는?

① 미분회로　　　　② 적분회로

③ 발진회로　　　　④ 클리핑회로

해설
미분회로
• 직사각형파로부터 폭이 좁은 트리거 펄스를 얻는데 자주 쓰인다.
• 입력이 가해지는 순간만 전류가 흐른다.

10 발진기는 부하의 변동으로 인하여 주파수가 변화되는데 이것을 방지하기 위하여 발진기와 부하 사이에 넣는 회로는?

① 동조 증폭기　　　② 직류 증폭기

③ 결합 증폭기　　　④ 완충 증폭기

해설
④ 완충 증폭기 : 다음 단 증폭기의 영향으로 발진 주파수가 변동하지 않도록 양자를 격리하기 위해 사용된다.
① 동조 증폭기 : 특정한 주파수(동조 주파수)만 증폭한다.
② 직류 증폭기 : 교류성분 이외에 직류성분까지도 증폭할 수 있도록 한 증폭기이다.
③ 결합 증폭기 : 다음 단과의 연결 방식에 따라 LC 결합, 변압기 결합, RC 결합, 직접 결합 등이 있다.

11 어떤 사람의 음성 주파수 폭이 100[Hz]에서 18[kHz]인 음성을 진폭 변조하면 점유 주파수 대역폭은 얼마나 필요한가?

① 9[kHz]　　　　② 18[kHz]

③ 27[kHz]　　　　④ 36[kHz]

해설
진폭 변조파의 주파수 대역폭 = 반송파의 주파수 ± 변조된 주파수이므로 최대 36[kHz]의 대역폭이 필요하다.

12 증폭기의 가장 이상적인 잡음 지수는?(단, 증폭기 내에서 잡음발생이 없음을 의미한다)

① 0　　　　　　　② 1

③ 100　　　　　　④ ∞(무한대)

해설
잡음 지수
• 증폭기 자체 영향으로 원 신호에 잡음이 얼마나 부가적·누적인가를 나타낸다.
• 이상적인 경우(증폭기 내에서 잡음발생이 없음을 의미) : 1(0[dB])

13 다음 중 정류기의 평활회로 구성으로 가장 적합한 것은?

① 저역 통과 여파기

② 고역 통과 여파기

③ 대역 통과 여파기

④ 고역 소거 여파기

해설
여파기(Filter)는 어떤 주파수대의 전류를 통과시키고, 그 밖의 주파수대 전류는 저지하여 통과시키지 않기 위한 전기회로로 정류기에는 저역 통과 여파기가 적합하다.

14 금속표면에 $10^8[V/m]$ 정도의 아주 강한 전기장을 가하면 상온에서도 금속의 표면에서 전자가 방출되는데 이 현상을 무엇이라고 하는가?(단, 진공상태에서 금속에 열을 가하지 않는다)

① 전계 방출
② 열전자 방출
③ 광전자 방출
④ 2차 전자 방출

해설
① 전계 방출 : 금속의 표면에 강전계를 가했을 때 상온에서 생기는 전자 방출 현상
② 열전자 방출 : 고온의 물체, 특히 금속 또는 반도체의 표면에서 전자를 방출하는 현상
③ 광전자 방출 : 물질에 가시광이나 자외선 등의 전자파를 조사했을 때 물질 밖으로 전자가 방출되는 현상
④ 2차 전자 방출 : 높은 에너지를 갖는 전자가 금속 표면에 충돌하면 그 에너지를 얻어서 금속으로부터 전자가 방출되는 것

16 이상적인 펄스 파형에서 최대진폭 A_{max} 의 90[%]되는 부분에서 10[%]가 되는 부분까지 내려가는데 소요되는 시간은?

① 지연 시간
② 상승 시간
③ 하강 시간
④ 오버슈트 시간

해설
③ 하강 시간 : 펄스가 이상적 펄스의 진폭 전압의 90[%]에서 10[%]까지 내려가는 데 걸리는 시간
① 지연 시간 : 상승 시간으로부터 진폭의 10[%]까지 이르는 실제의 펄스 시간
② 상승 시간 : 진폭 전압의 10[%]에서 90[%]까지 상승하는 데 걸리는 시간
④ 오버슈트 시간 : 상승 파형에서 이상적 펄스파의 진폭 전압보다 높은 부분의 높이

17 다음 중 주기억장치는?

① RAM
② FDD
③ SSD
④ HDD

해설
②, ③, ④번은 모두 보조기억장치이다.

15 JK 플립플롭을 이용하여 D 플립플롭을 만들 때 필요한 논리 게이트(Gate)는?

① AND
② NOT
③ NAND
④ NOR

해설

18 다음의 프로그램 언어 중 인간중심의 고급 언어로서 컴파일러 언어만으로 짝지어진 것은?

① 코볼, 베이식
② 포트란, 코볼
③ 베이식, 어셈블리 언어
④ 기계어, 어셈블리 언어

해설
컴파일러 언어 : 포트란, 알골, 파스칼, C, C++ 등 컴파일 방식에 의한 언어

19 다음은 중앙처리장치에 있는 레지스터를 설명한 것이다. 명칭에 맞게 기능을 바르게 설명한 것은?

① 명령 레지스터(PC) – 주기억장치의 번지를 기억한다.

② 기억 레지스터(MAR) – 중앙처리장치에서 현재 수행 중인 명령어의 내용을 기억한다.

③ 번지 레지스터(MBR) – 주기억장치에서 연산에 필요한 자료를 호출하여 저장한다.

④ 상태 레지스터 – CPU의 각종 상태를 표시하며 각 비트별로 할당하여 플래그 상태를 나타낸다.

해설
① PC(Program Counter) : 다음에 실행할 명령어의 주소를 기억한다.
② MAR(Memory Address Register) : 데이터의 번지를 저장한다.
③ MBR(Memory Buffer Register) : 메모리에 액세스할 때 데이터를 메모리와 주변장치 사이에서 송·수신하는 것을 용이하게 하는 버퍼와 같은 역할을 한다.

20 Von Neumann형 컴퓨터 연산자의 기능이 아닌 것은?

① 제어 기능   ② 기억 기능

③ 전달 기능   ④ 함수 연산 기능

해설
연산자(OP Code) 기능 : 함수 연산 기능(산술 연산, 논리 연산 등), 자료전달 기능(Load, Store, Push, Pop, Move 등), 제어 기능(Call, Return, JMP 등), 입·출력 기능(INP, OUT)

21 연산될 데이터의 값을 직접 오퍼랜드에 나타내는 주소지정방식은?

① 직접 주소지정방식

② 상대 주소지정방식

③ 간접 주소지정방식

④ 레지스터방식

해설
① 직접 주소지정방식 : 오퍼랜드가 지정하는 곳이 자료
② 상대 주소지정방식 : 명령어의 주소 부분 + PC
③ 간접 주소지정방식 : 오퍼랜드가 지정하는 곳이 자료의 주소
④ 레지스터 주소지정방식 : 처리할 데이터를 레지스터에 적재한 후 명령어에서 레지스터를 피연산자로 지정하는 방식

22 다음 그림과 같은 형식은 어떤 주소지정형식인가?

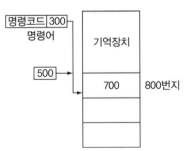

① 직접 데이터형식   ② 상대 주소형식

③ 간접 주소형식   ④ 직접 주소형식

해설
명령어의 주소 부분(300) + PC(500) = 800번지 지정 → 상대 주소지정방식

23 다음 중 스택(Stack)을 필요로 하는 명령 형식은?

① 0-주소
② 1-주소
③ 2-주소
④ 3-주소

해설
① 0-주소명령형식 : 동작코드만 존재하고 주소가 없는 형식이다. 이 형식은 스택을 이용하게 된다. 데이터를 기억시킬 때 PUSH, 꺼낼 때 POP을 사용한다.
② 1-주소명령형식 : 연산 대상이 되는 두 개 중 하나만 표현하고 나머지 하나는 누산기(AC)를 사용한다.
③ 2-주소명령형식 : 연산 대상이 되는 두 개의 주소를 표현하고 연산 결과를 그 중 한 곳에 저장한다. 동작 특성상 한 곳의 내용이 연산 결과 저장으로 소멸된다.
④ 3-주소명령형식 : 연산 대상이 두 개의 주소와 연산 결과를 저장하기 위한 결과 주소를 표현한다.

24 다음 프로그래밍 언어 중 가장 단순하게 구성되어 처리 속도가 가장 빠른 것은?

① 기계어
② 베이식
③ 포트란
④ C

해설
기계어 : 컴퓨터가 직접 읽을 수 있는 2진 숫자(Binary Digit, 0과 1)로 이루어진 언어를 말하며, 이는 프로그래밍 언어의 기본이 된다. 프로그래머가 만들어낸 프로그램은 어셈블러(Assembler)와 컴파일러(Compiler)를 통하여 기계어로 번역되어야만 컴퓨터가 그 내용을 이해할 수 있다.

25 반가산기의 합과 자리올림에 대한 논리식으로 옳은 것은?(단, 입력은 A와 B이고, 합은 S, 자리올림은 C이다)

① $S = \overline{A}B \cdot AB$, $C = A + B$
② $S = \overline{A}B + A\overline{B}$, $C = AB$
③ $S = \overline{A}B + A\overline{B}$, $C = \overline{AB}$
④ $S = \overline{AB} + AB$, $C = \overline{AB}$

해설

A	B	S	C
0	0	0	0
0	1	1	0
1	0	1	0
1	1	0	1

$S = \overline{A}B + A\overline{B}$
$C = AB$

26 마이크로프로세서에서 누산기의 용도는?

① 명령의 해독
② 명령의 저장
③ 연산 결과의 일시 저장
④ 다음 명령의 주소 저장

27 주기억장치에 대한 설명이 아닌 것은?

① 최종 결과 기억
② 데이터 연산
③ 중간 결과 기억
④ 프로그램 기억

해설
데이터의 연산은 연산장치에서 수행된다.

28 다음 중 가상기억장치를 가장 올바르게 설명한 것은?

① 직접 하드웨어를 확장시켜 기억용량을 증가시킨다.
② 자기테이프장치를 사용하여 주소공간을 확대한다.
③ 보조기억장치를 사용하여 주소공간을 확대한다.
④ 컴퓨터의 보안성을 확보하기 위한 차폐 시스템이다.

가상기억장치
• 보조기억장치의 일부를 주기억장치처럼 사용한다.
• 용량이 작은 주기억장치를 마치 큰 용량을 가진 것처럼 사용하는 기법이다.

29 다음은 무엇에 대한 설명인가?

> "제품이나 장치 등을 그리거나 도안할 때, 필요한 사항을 제도 기구를 사용하지 않고 프리핸드(Free Hand)로 그린 도면"

① 복사도(Copy Drawing)
② 스케치도(Sketch Drawing)
③ 원도(Original Drawing)
④ 트레이스도(Traced Drawing)

② 스케치도는 제품이나 장치 등을 그리거나 도안할 때, 필요한 사항을 제도 기구를 사용하지 않고 프리핸드로 그린 도면이다.
① 복사도는 같은 도면을 여러 장 필요로 하는 경우에 트레이스도를 원본으로 하여 복사한 도면으로, 청사진, 백사진 및 전자복사도 등이 있다.
③ 원도는 제도 용지에 직접 연필로 작성한 도면이나 컴퓨터로 작성한 최초의 도면으로, 트레이스도의 원본이 된다.
④ 트레이스도는 연필로 그린 원도 위에 트레이싱지(Tracing Paper)를 놓고 연필 또는 먹물로 그린 도면으로, 청사진도 또는 백사진도의 원본이 된다.

30 일반적인 고주파회로를 설계할 때 유의사항과 거리가 먼 것은?

① 배선의 길이는 가급적 짧게 한다.
② 배선이 꼬인 것은 코일로 간주한다.
③ 회로의 중요한 요소에는 바이패스 콘덴서를 삽입한다.
④ 유도 가능한 고주파 전송선은 다른 신호선과 평행되게 한다.

고주파회로 설계 시 유의사항
• 아날로그, 디지털 혼재회로에서 접지선은 분리한다.
• 부품은 세워서 사용하지 않으며, 가급적 부품의 다리를 짧게 배선한다.
• 고주파 부품은 일반회로 부분과 분리하여 배치하도록 하고, 가능하면 차폐를 실시하여 영향을 최소화 하도록 한다.
• 가급적 표면 실장형 부품을 사용한다.
• 전원용 라인필터는 연결 부위에 가깝게 배치한다.
• 배선의 길이는 가급적 짧게 하고, 배선이 꼬인 것은 코일로 간주하므로 주의해야 한다.
• 회로의 중요한 요소에는 바이패스 콘덴서를 삽입하여 사용한다.

31 CAD(Computer Aided Design)를 사용하여 얻을 수 있는 특징이 아닌 것은?

① 도면의 품질이 좋아진다.
② 도면 작성 시간이 길어진다.
③ 설계 과정에서 능률이 향상된다.
④ 수치 결과에 대한 정확성이 증가한다.

> **해설**
> CAD 시스템의 특징
> • 지금까지의 자와 연필을 대신하여 컴퓨터와 프로그램을 이용하여 설계하는 것을 말한다.
> • 수작업에 의존하던 디자인의 자동화가 이루어진다.
> • 건축, 전자, 기계, 인테리어, 토목 등 다양한 분야에 광범위하게 활용된다.
> • 다품종 소량생산에도 유연하게 대처할 수 있고 공장 자동화에도 중요성이 증대되고 있다.
> • 작성된 도면의 정보를 기계에 직접 적용 가능하다.
> • 정확하고 효율적인 작업으로 개발 기간이 단축된다.
> • 신제품 개발에 적극적으로 대처할 수 있다.
> • 설계제도의 표준화와 규격화로 경쟁력이 향상된다.
> • 설계과정에서 능률이 높아져 품질이 좋아진다.
> • 컴퓨터를 통한 계산으로 수치결과에 대한 정확성이 증가한다.
> • 도면의 수정과 편집이 쉽고 출력이 용이하다.

32 인쇄회로 기판의 패턴 동박에 의한 인덕턴스 값이 0.1[μH]가 발생하였을 때, 주파수 10[MHz]에서 기판에 영향을 주는 리액턴스의 값은?

① 62.8[Ω]　　② 6.28[Ω]
③ 0.628[Ω]　　④ 0.0628[Ω]

> **해설**
> 리액턴스(X_L) $= 2\pi f L$
> $= 2 \times 3.14 \times 10 \times 10^6 \times 0.1 \times 10^{-6} = 6.28[\Omega]$

33 디지털 회로도면의 제도방법으로 틀린 것은?

① 여러 가닥의 배선이 같은 방향으로 이동할 때는 버스 선을 이용한다.
② 아날로그 부분과 전위레벨이 다르므로 도면에서 이들 회로를 격리하여 그린다.
③ 아날로그 부분의 유도현상 영향을 고려하여 전원선을 함께 그린다.
④ D/A 변환기 출력부에 디지털 성분 제거를 위한 저역통과 필터를 접속한다.

> **해설**
> 디지털 회로도면을 제도할 때에는 아날로그 부분의 유도현상 영향을 고려하여 전원선을 따로 배면에 배치되도록 그린다.

34 PCB Artwork 기법의 고려사항에 대한 설명으로 틀린 것은?

① 90°(도) 직각 배선은 가급적 피한다.
② GND 패턴은 가급적 강화하여 Noise 제거효과를 향상시킨다.
③ 비아(Via)를 될 수 있으면 적게 하여 작업 공정 수를 적게 한다.
④ 소신호와 대전류의 배선은 최대한 근접하도록 한다.

> **해설**
> PCB Artwork 고려사항
> • 배선은 90°보다 45°나 둥글게 인출하도록 한다.
> • 소신호 배선과 대전류 배선은 근접하지 않도록 한다.
> • 배선과 배선 간에 가능한 접지선을 통과시킨다.
> • 배선은 최단 거리를 유지하고 배선이 길어서 루프(Loop)가 형성되지 않도록 한다.
> • 배선 간의 전위차에 따라 배선 간격을 유지하여야 한다.

35 다음 부품 심벌의 이름은?

① 실리콘 제어 정류기(Silicon Control Rectifier)
② NMOS FET(Field Effect Transistor)
③ PNP 트랜지스터(Transistor)
④ 트라이액(Triac)

트랜지스터(TR)

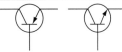

TR-PNP형   TR-NPN형

트랜지스터는 반도체의 기초소자라고 해도 과언이 아닌 반도체의 기본이 되는 소자이다. 이미터 단자의 전류 방향으로 PNP(소자에서 들어가는 방향), NPN(소자에서 나가는 방향) 타입으로 나뉘며 용도가 스위칭, 증폭 등 다양하다. B(베이스), E(이미터), C(컬렉터) 이렇게 3단자로 구성되어 있으며 베이스에 가해지는 전압, 전류에 따라 이미터와 컬렉터 간 흐르는 전압, 전류의 크기가 변한다.

36 블록선도를 그릴 때, 고려사항으로 옳은 것은?

① 신호의 흐름은 가능하면 왼쪽에서 오른쪽으로 흐르도록 하는 것이 좋다.
② 블록의 크기는 실제 전자기기의 크기와 비례하도록 나타낸다.
③ 블록은 반드시 정사각형이어야 한다.
④ 블록은 대각선과 곡선을 많이 사용한다.

각 요소의 입출력 특성을 전달함수라는 수식으로 표현하고 이것을 사각틀로 나타내는데, 이 틀에 실제로 신호가 흐르는데 따라 화살표로 나타내고, 도식에 결부시켜 전체를 표현하는 것은 전체 시스템을 파악하여 해석하고 설계하는 데 편리하다. 이와 같이 표시된 그림을 블록선도라고 한다. 신호의 방향은 될 수 있는 대로 왼쪽에서 오른쪽으로, 위쪽에서 아래쪽으로 흐르도록 하는 것이 좋다.

37 전자기기의 패널(Panel)은 장치의 모든 기능을 표현하는 얼굴이다. 설계 제도 시 유의사항으로 틀린 것은?

① 패널 부품은 크기를 고려하여 균형 있게 배치한다.
② 조작 상에서 서로 연관이 있는 요소끼리 근접 배치한다.
③ 전원 코드는 전면에 배치한다.
④ 조작 빈도가 높은 부품은 패널의 중앙이나 오른쪽에 배치한다.

전자기기의 패널을 설계 제도 시 유의 사항
• 전원 코드는 배면에 배치한다.
• 조작 상 서로 연관이 있는 요소끼리 근접 배치한다.
• 패널 부품은 크기를 고려하여 배치한다.
• 조작빈도가 높은 부품은 패널의 중앙이나 오른쪽에 배치한다.
• 장치의 외부 접속기가 있을 경우 반드시 패널의 아래에 배치한다.

38 제도 규칙에서 국제 표준과 국가별 표준의 표준 기호 및 표준 명칭으로 틀린 것은?

① 미국규격 : ANSI
② 국제인터넷표준화기구 : IETF
③ 영국규격 : BS
④ 국제표준화기구 : DIN

해설

기 호	표준 규격 명칭	영문 명칭	마 크
ISO	국제 표준화 기구	International Organization for Standardization	ISO
KS	한국 산업 규격	Korean Industrial Standards	KS
BS	영국 규격	British Standards	
DIN	독일 규격	Deutsches Institute fur Normung	DIN
ANSI	미국 규격	American National Standards Institutes	ANSI
SNV	스위스 규격	Schweitzerish Norman–Vereingung	SNV
NF	프랑스 규격	Norme Francaise	NF
SAC	중국 규격	Standardization Administration of China	SAC
JIS	일본 공업 규격	Japanese Industrial Standards	JIS

• ISO는 1947년 제네바에서 조직되어 전기분야 이외의 물자 및 서비스의 국제 간 교류를 용이하게 하고, 지적, 과학, 기술, 경제 분야에서 국제적 교류를 원활하게 하기 위하여 규격의 국제 통일에 대한 활동을 하는 대표적인 국제표준화기구이다.
• 국제인터넷표준화기구(IETF)는 인터넷의 운영, 관리, 개발에 대해 협의하고 프로토콜과 구조적인 사안들을 분석하는 인터넷 표준화작업기구이다. 인터넷 아키텍처위원회(IAB)의 산하기구로 인터넷의 운영, 관리 및 기술적인 쟁점 등을 해결하는 것을 목적으로 망 설계자, 관리자, 연구자, 망 사업자 등으로 구성된 개방된 공동체이다.

39 CAD(Computer Aided Design)란 컴퓨터의 그래픽 기능을 응용한 것인데 그래픽의 기본 기능으로 틀린 것은?

① 점의 변환
② 확대 및 축소
③ 회 전
④ 평행 이동의 불가능

해설

CAD에서 사용하는 그래픽 기능 중 이동은 평행이나 수직이나 어떤 방향으로도 가능하다.

40 도면작성에 대한 결과 파일로 PCB 프로그램이나 시뮬레이션 프로그램에서 입력 데이터로 사용되는 것은?

① 네트리스트(Netlist)
② 거버 파일(Gerber File)
③ 레이아웃 파일(Layout File)
④ 데이터 파일(Data File)

해설

네트리스트 파일(Netlist File)은 도면의 작성에 대한 결과 파일로 PCB 프로그램이나 시뮬레이션 프로그램에서 입력 데이터로 사용되는 필수 파일이다. 풋프린트, 패키지명, 부품명, 네트명, 네트와 연결된 부품 핀, 네트와 핀 그리고 부품의 속성에 대한 정보를 포함하고 있다.

41 전자캐드의 작업 과정 중 가장 나중에 하는 것은?

① 부품 배치
② 레이어 세팅
③ 거버 파일 작성
④ 네트리스트 작성

해설
전자캐드의 작업 과정 : 부품 배치 → 레이어 세팅 → 네트리스트 작성 → 거버 파일 작성

42 PCB 설계 시 배선으로 인한 인덕턴스 발생을 줄이기 위한 전원 라인 배선 방법으로 가장 좋은 것은?

① 전원 라인은 굵고, 짧게 배선한다.
② 전원 라인은 굵고, 길게 배선한다.
③ 전원 라인은 가늘고, 길게 배선한다.
④ 전원 라인은 가늘고, 짧게 배선한다.

해설
교류회로에서 전류의 흐름을 방해하는 모든 요소 중에서 유도성분을 인덕턴스라고 하며, 굵고 짧게 배선함으로써 인덕턴스를 줄일 수 있다.

43 다음 커패시터의 형명(104 50M)에 대한 설명으로 옳은 것은?

① 정전용량 : $0.01[\mu F]$, 정격내압 : $50[V]$, 오차 : $\pm20[\%]$
② 정전용량 : $0.1[\mu F]$, 정격내압 : $50[V]$, 오차 : $\pm20[\%]$
③ 정전용량 : $0.1[\mu F]$, 정격내압 : $50[V]$, 오차 : $\pm10[\%]$
④ 정전용량 : $0.001[\mu F]$, 정격내압 : $50[V]$, 오차 : $\pm20[\%]$

해설
• 104 : 정전용량 $= 10 \times 10^4\,[pF]$
$$= 10^5\,[pF] = 0.1\,[\mu F]$$
• 50 : 정격내압 $= 50[V]$
• M : 허용오차 $= \pm20[\%]$
허용차[%]의 문자 기호

문자 기호	허용차[%]	문자 기호	허용차[%]
B	±0.1	J	±5
C	±0.25	K	±10
D	±0.5	L	±15
F	±1	M	±20
G	±2	N	±30

44 전기 회로망에서 전압을 분배하거나 전류의 흐름을 방해하는 역할을 하는 소자는?

① 커패시터   ② 수정 진동자
③ 저항기   ④ LED

해설
저항은 전압과 전류와의 비로써 전류의 흐름을 방해하는 전기적 양이다. 도선 속을 흐르는 전류를 방해하는 것이 전기 저항인데 도선의 재질과 단면적, 길이에 따라 저항값이 달라진다. 예를 들어 금속보다 나무나 고무가 저항이 훨씬 더 크고, 도선의 단면적(S)이 작을수록, 도선의 길이(l)가 길수록 저항값이 커진다.

$$R = \frac{V}{I}[\Omega], \quad R = \rho\frac{l}{S}[\Omega]$$

45 전자캐드로 작성된 도면의 요소를 지우는 기능에 해당하는 것은?

① Zoom   ② Save
③ Delete   ④ Edit

해설
③ Delete : 삭제 기능
① Zoom : 화면 확대, 축소 기능
② Save : 저장 기능
④ Edit : 편집 기능

46 제품을 만드는 사람이 주문하는 사람에게 주문품의 내용에 첨부하여 제작비용을 제시하는 도면의 명칭은?

① 주문도   ② 승인도
③ 견적도   ④ 설명도

해설
③ 견적도 : 제품이나 공사 계약 및 입찰 가격을 결정하기 위하여 사용하는 도면
① 주문도 : 주문한 사람이 주문서에 붙여서 자기 요구의 대강을 주문 받을 사람에게 보이기 위한 도면

47 LED는 순방향 바이어스에서 통전되면서 전자-정공의 재결합으로 인하여 일부 에너지가 빛으로 방출된다. LED의 심벌로 옳은 것은?

해설
② LED
① 제너 다이오드
③ 일반 다이오드
④ 과도전압억제 다이오드(TVS ; Transient Voltage Suppression)

48 인쇄회로기판(PCB)의 장단점으로 옳은 것은?

① 소량, 다품종 생산에는 제조단가가 저렴하다.
② 오배선이 존재하나 생산단가가 저렴하다.
③ 조립, 배선, 검사의 공정 단계가 증가한다.
④ 대량 생산으로 생산성이 향상된다.

해설
인쇄회로기판(PCB)의 특징
• 제품의 균일성과 신뢰성이 향상된다.
• 제품이 소형, 경량화되며 회로의 특성이 안정된다.
• 안정 상태가 유지되고 생산단가가 절감된다.
• 공정 단계가 감소하고 제조의 표준화 및 자동화가 이루어진다.
• 제작된 PCB의 설계 변경이 어렵다.
• 대량 생산으로 생산성이 향상된다.
• 소량, 다품종 생산의 경우 제조단가가 높아진다.

49 캐드 시스템의 그래픽 작업 과정과 거리가 먼 것은?

① 자동 제도(Automatic Drafting)

② 기술적 분석(Engineering Analysis)

③ 기하학적 모델링(Geometric Modeling)

④ 자동 생산(Automatic Manufacturing)

해설
자동 생산(Automatic Manufacturing)은 그래픽 작업 과정이 아니라 생산 과정이다.

50 인쇄회로기판(PCB)의 제조공정에서 접착이 용이하도록 처리된 작업 패널 위에 드라이 필름(Photo Sensitive Dry Film Resist : 감광성 사진 인쇄막)을 일정한 온도와 압력으로 압착 도포하는 공정을 무엇이라 하는가?

① 스크러빙(Scrubbing : 정면)

② 노광(Exposure)

③ 래미네이션(Lamination)

④ 부식(Etching)

해설
③ 래미네이션(Lamination) : 같은 또는 다른 종류의 필름 및 알루미늄박, 종이 등을 두 장 이상 겹쳐 붙이는 가공법으로 일정한 온도와 압력으로 압착 도포한다.
① 스크러빙(Scrubbing, 정면) : PCB나 그 패널의 청정화 또는 조화를 위해 브러시 등으로 연마하는 기술로 보통은 컨베이어 위에 PCB나 그 패널을 태워 보내 브러시 등을 회전시킨 평면 연마기에서 연마한다.
② 노광(Exposure) : 동판 PCB에 감광액을 바르고 아트워킹 패턴이 있는 네거티브 필름을 자외선으로 조사하여 PCB에 패턴의 상을 맺게 하면 PCB의 패턴 부분만 감광액이 경화하고 절연부가 되어야 할 곳은 경화가 되지 않고 액체인 상태가 유지된다. 이때 PCB를 세척제에 담가 액체상태의 감광액만 씻겨 나가게 하고 동판의 PCB 위에는 경화된 감광액 패턴만 남게 하는 기술이다.
④ 부식(Etching, 에칭) : 웨이퍼 표면의 배선부분만 부식 레지스트를 도포한 후 이외의 부분은 화학적 또는 전기-화학적으로 제거하는 처리를 말한다.

51 능동소자 중 이미터(E), 베이스(B), 컬렉터(C)의 3개의 전극으로 구성되어 있으며, 전류 제어용 등에 사용되는 소자는?

① 다이오드

② 트랜지스터

③ 변압기

④ FET

해설
트랜지스터는 반도체의 기초소자라고 해도 과언이 아닌 반도체의 기본이 되는 소자이다. 이미터 단자의 전류 방향으로 NPN, PNP 타입으로 나뉘며 용도가 스위칭, 증폭 등 다양하다. B(베이스), E(이미터), C(컬렉터) 이렇게 3단자로 구성되어 있으며 베이스에 가해지는 전압, 전류에 따라 이미터와 컬렉터 간 흐르는 전압, 전류의 크기가 변한다.

52 물체의 실제 길이와 도면에서 축소 또는 확대하여 그리는 길이의 비율을 척도라 한다. 다음 중 비례 관계가 아님을 뜻하며, 도면과 실물의 치수가 비례하지 않을 때 사용하는 것은?

① 배 척

② NS

③ 현 척

④ 축 척

해설
② NS(Not to Scale) : 비례척이 아님을 뜻하며, 도면과 실물의 치수가 비례하지 않을 때 사용
① 배척 : 실물보다 크게 그리는 척도
③ 현척(실척) : 실물의 크기와 같은 크기로 그리는 척도
④ 축척 : 실물보다 작게 그리는 척도

53 도면에 마련하는 양식 중 반드시 그려야 할 사항으로 짝지어진 것은?

① 윤곽선, 중심마크, 표제란
② 표제란, 부품란, 재단마크
③ 윤곽선, 비교 눈금, 재단마크
④ 표제란, 중심마크, 재단마크

해설

도면에 반드시 그려야 할 사항

• 윤곽선 : 도면에 그려야 할 내용의 영역을 명확하게 하고 제도 용지의 가장자리에 생기는 손상으로 기재사항을 해치지 않도록 하기 위하여 윤곽선을 그린다. 윤곽선은 도면의 크기에 따라 굵기 0.5[mm] 이상의 실선으로 그린다.
• 중심마크 : 완성된 도면을 영구적으로 보관하기 위하여 마이크로 필름의 촬영이나 복사 작업을 편리하게 하기 위해서 좌우 4개소에 중심마크를 표시해 놓은 선이다.
• 표제란 : 도면의 오른쪽 아래에 표제란을 그리고 그곳에 도면관리에 필요한 사항과 도면 내용에 관한 정형적인 사항(도면 번호, 도면 이름, 척도, 투상법, 도면 작성일, 제도자 이름) 등을 기입한다. 윤곽선의 오른쪽 아래 구석에 설정하고, 이를 표제란의 정위치로 한다.
※ 재단마크 : 복사한 도면을 재단할 때의 편의를 위하여 재단마크를 표시하는 것이 좋다. 재단마크는 도면의 네 구석에 도면의 크기에 따라 크기를 달리 표시한다.
※ 부품란 : 도면의 모든 부품이 가지고 있는 공통 요소를 모아서 기재하는 곳이다.

54 도면의 효율적 관리를 위해 마이크로필름을 이용하는 이유가 아닌 것은?

① 종이에 비해 보존성이 좋다.
② 재료비를 절감시킬 수 있다.
③ 통일된 크기로 복사할 수 있다.
④ 복사 시간이 짧지만 복원력이 낮다.

해설

마이크로필름

문서, 도면, 재료 등 각종 기록물이 고도로 축소 촬영된, 초미립자, 고해상력을 가진 필름이다.

마이크로필름의 특징

• 분해 기능이 매우 높고 고밀도 기록이 가능하여 대용량화하기가 쉬우며 기록 품질이 좋다.
• 매체 비용이 매우 낮고, 장기 보존이 가능하며 기록 내용을 확대하여 그대로 재현할 수 있다.
• 기록할 때의 처리가 복잡하고 시간이 걸린다.
• 검색 시간이 길어 온라인 처리에 적합하지 않다.
• 컴퓨터 이외에 전자 기기와 결합하는 장치의 비용이 비싼 편이다.
• 영상 화상의 대량 파일용, 특히 접근 빈도가 높고 갱신의 필요성이 크며 대량의 정보를 축적할 때는 정보 단위당 가격이 싸기 때문에 많이 이용되고 있다.
• 최근 마이크로필름의 단점을 보완하고 컴퓨터와 연동하여 검색의 자동화를 꾀한 시스템으로 컴퓨터 보조 검색(CAR), 컴퓨터 출력 마이크로필름(COM), 컴퓨터 입력 마이크로필름(CIM) 등이 개발되었다.

55 다음 중 EX-OR 게이트의 기호로 옳은 것은?

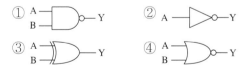

해설

EOR(XOR, EX-OR) 게이트는 두 입력상태가 서로 상반될 때만 출력이 1(High)이 되는 게이트이다.
③ EOR(XOR, EX-OR) 게이트
① NAND 게이트
② NOT 게이트
④ NOR 게이트

56 5색 저항으로 값과 오차가 바르게 된 것은?

갈 적 흑 갈 갈

① 120[Ω] ±0.5[%]

② 1.2[kΩ] ±1[%]

③ 12[Ω] ±0.5[%]

④ 12[kΩ] ±1[%]

해설

저항은 네 개 혹은 다섯 개의 색깔 띠로 저항값을 표시하며, 단위는 옴(Ohm, [Ω])이다. 4색 띠 저항의 경우 앞의 두 띠가 두 자리 숫자를, 5색 띠 저항의 경우 세 띠가 세 자리의 숫자를 나타낸다.

색	수 치	승 수	정밀도[%]
흑	0	$10^0 = 1$	–
갈	1	10^1	±1
적	2	10^2	±2
등(주황)	3	10^3	±0.05
황(노랑)	4	10^4	–
녹	5	10^5	±0.5
청	6	10^6	±0.25
자	7	10^7	±0.1
회	8	–	–
백	9	–	–
금	–	10^{-1}	±5
은	–	10^{-2}	±10
무	–	–	±20

저항의 5색띠 : 갈, 적, 흑, 갈, 갈
(갈=1), (적=2), (흑=0), (갈=1), (갈)
　　1　　　2　　　0　×　10^1　=1.2[kΩ]
정밀도(갈) = ±1[%]

57 표준화된 설계 작업(Design Rule)을 위해 규정화된 설계기준에 해당하지 않는 것은?

① 배선도체의 폭

② 비아홀(Via Hole)의 크기

③ 솔더레지스트(Solder Resist)의 치수

④ 캐드 프로그램(CAD Program)의 버전

해설

캐드 프로그램의 버전은 설계기준과는 관련이 없다.

58 다음 그림에서 도면의 축소나 확대, 복사작업과 이들의 복사도면의 취급 편의를 위한 것은?

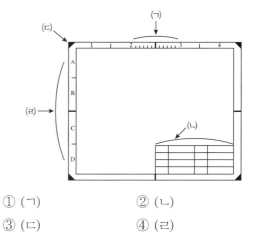

① (ㄱ)　　　　② (ㄴ)

③ (ㄷ)　　　　④ (ㄹ)

해설

① 비교눈금 : 도면을 축소 또는 확대했을 경우, 그 정도를 알기 위해 도면의 아래쪽이나 위쪽에 10[mm] 간격의 눈금을 그려 놓은 것이다.

② 표제란 : 도면의 오른쪽 아래에 표제란을 그리고 그 곳에 도면관리에 필요한 사항과 도면 내용에 관한 정형적인 사항(도면 번호, 도면 이름, 척도, 투상법, 도면 작성일, 제도자 이름) 등을 기입한다. 윤곽선의 오른쪽 아래 구석에 설정하고, 이를 표제란의 정위치로 한다.

③ 재단마크 : 복사한 도면을 재단하는 경우의 편의를 위해서 원도면의 네 구역에 'ㄱ'자 모양으로 표시해 놓은 것이다.

④ 중심마크 : 완성된 도면을 영구적으로 보관하거나 마이크로필름의 촬영이나 복사 작업을 편리하게 하기 위해서 좌우 4개소에 중심마크를 표시해 놓은 선으로 0.5[mm] 굵기의 직선으로 표시한 선이다.

59 다음 기호는 어느 전자 부품의 기호인가?

① 저 항
② FET
③ 다이오드
④ 트랜지스터

다이오드는 한쪽 방향으로만 전류를 통과시켜 교류를 직류로 바꾸는 능동 소자이다.

60 직렬포트에 대한 설명으로 틀린 것은?

① 주로 모뎀 접속에 사용된다.
② EIA에서 정한 RS-232C 규격에 따라 36핀 커넥터로 되어 있다.
③ 전송거리는 규격상 15[m] 이내로 제한된다.
④ 주변장치와 2진 직렬 데이터 통신을 행하기 위한 인터페이스이다.

• 직렬 포트(Serial Port)는 한 번에 하나의 비트 단위로 정보를 주고받을 수 있는 직렬 통신의 물리 인터페이스이다. 데이터는 단말기와 다양한 주변기기와 같은 장치와 컴퓨터 사이에서 직렬 포트를 통해 전송된다.
• 이더넷, IEEE 1394, USB와 같은 인터페이스는 모두 직렬 스트림으로 데이터를 전달하지만 직렬 포트라는 용어는 일반적으로 RS-232 표준을 어느 정도 따르는 하드웨어를 가리킨다.
• 가장 일반적인 물리 계층 인터페이스인 RS-232C와 CCITT에 의해 권고된 V.24는 공중 전화망을 통한 데이터 전송에 필요한 모뎀과 컴퓨터를 접속시켜 주는 인터페이스이다. 이것은 직렬 장치들 사이의 연결을 위한 표준 연결 체계로, 컴퓨터 직렬 포트의 전기적 신호와 케이블 연결의 특성을 규정하는 표준인데, 1969년 전기산업협의회(EIA)에서 제정하였다.
• 전송거리는 규격상 15[m] 이내로 제한된다.
• 주변기기를 연결할 목적으로 고안된 직렬 포트는 USB와 IEEE 1394의 등장으로 점차 쓰이지 않고 있다. 네트워크 환경에서는 이더넷이 이를 대신하고 있다.

[일반적으로 사용하는 9핀 직렬 포트]

01 집적회로(Integrated Circuit)의 장점이 아닌 것은?

① 신뢰성이 높다.
② 대량 생산할 수 있다.
③ 회로를 초소형으로 할 수 있다.
④ 주로 고주파 대전력용으로 사용된다.

해설
소전력용으로 사용된다.

02 3단자 레귤레이터 정전압 회로의 특징이 아닌 것은?

① 발진 방지용 커패시터가 필요하다.
② 소비 전류가 적은 전원 회로에 사용한다.
③ 많은 전력이 필요한 경우에는 적합하지 않다.
④ 전력소모가 적어 방열대책이 필요 없는 장점이
   있다.

해설
3단자 레귤레이터는 과도한 전압을 모두 열로 방출시키는 부품이
기 때문에, 높은 전압을 연결하면 열이 상당히 많이 발생하고 방열
대책이 필요하며, 낭비도 심하다고 볼 수 있다.

03 다음 정전압 안정화 회로에서 제너다이오드 Z_D의
역할은?(단, 입력전압은 출력전압보다 높다)

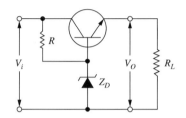

① 정류작용   ② 기준전압 유지작용
③ 제어작용   ④ 검파작용

해설
제너다이오드에는 제너전압보다 높을 때 역방향전류가 흘러 거의
일정한 제너전압을 만든다. 즉, 기준전압 유지작용을 한다.

04 연산증폭기의 연산의 정확도를 높이기 위해 요구
되는 사항이 아닌 것은?

① 좋은 차단 특성을 가져야 한다.
② 큰 증폭도와 좋은 안정도를 필요로 한다.
③ 많은 양의 부귀환을 안정하게 걸 수 있어야 한다.
④ 높은 주파수의 발진출력을 지속적으로 내야 한다.

해설
연산증폭기의 정확도를 높이기 위한 조건
• 큰 증폭도와 좋은 안정도가 필요하다.
• 많은 양의 음되먹임을 안정하게 걸 수 있어야 한다.
• 좋은 차단 특성을 가져야 한다.

05 전자기파에 대한 설명 중 틀린 것은?

① 전자기파는 수중의 표면에서 일어나는 현상을 관찰하는 데 이용된다.

② 전자기파란 주기적으로 세기가 변화하는 전자기장이 공간으로 전파해 나가는 것을 말한다.

③ 전자기파는 우주공간에서 전파의 전달이 불가능하다.

④ 전자기파는 매질이 없어도 진행할 수 있다.

해설

전자기파는 매질이 없어도 진행할 수 있기 때문에 공기 중은 물론, 매질이 존재하지 않는 우주공간에서도 전자기파의 전달이 가능하다.

06 B급 푸시풀 증폭기에 대한 설명으로 옳은 것은?

① 효율이 낮은 대신 왜곡이 거의 없다.

② 무선 통신에서 고주파인 반송파 전력 증폭회로에 사용된다.

③ A급 전력증폭회로에 비해 전력효율이 좋다.

④ 교차 일그러짐 현상이 없다.

해설

B급 푸시풀 회로의 특징

• 큰 출력을 얻을 수 있다.

• B급 동작이므로 직류 바이어스전류가 작아도 된다.

• 효율이 높다.

• 입력신호가 없을 때 전력 손실은 무시할 수 있다.

• 짝수 고조파 성분이 서로 상쇄되어 일그러짐이 없다.

• B급 증폭기 특유의 크로스오버 일그러짐(교차 일그러짐)이 생긴다.

07 LC 발진기에서 일어나기 쉬운 이상 현상이 아닌 것은?

① 기생 진동(Parasitic Oscillator)

② 자왜(磁歪) 현상

③ 블로킹(Blocking) 현상

④ 인입 현상(Pull-in Phenomenon)

해설

LC 발진기의 이상 현상

간헐 진동, 기생 진동, 인입 현상, 블로킹 현상

08 다음 중 광전변환소자가 아닌 것은?

① 포토트랜지스터

② 태양전지

③ 홀 발전기

④ CCD(Charge Coupled Device) 센서

해설

광전변환소자

광에너지를 전기에너지로 변환하는 소자로 포토다이오드, 애벌란시 포토다이오드, 포토트랜지스터, 광전관, 태양전지, CCD 센서 등이 있다.

09 적분기회로를 구성하기 위한 회로는?

① 저역통과 RC회로

② 고역통과 RC회로

③ 대역통과 RC회로

④ 대역소거 RC회로

해설

RC 적분회로는 낮은 주파수는 통과되고, 높은 주파수는 감쇄되는 Low Pass Filter로 동작한다.

※ RC 적분회로 = LPF, RC 미분회로 = HPF

10 정격전압에서 100[W]의 전력을 소비하는 전열기에 정격전압의 60[%] 전압을 가할 때의 소비전력은 몇 [W]인가?

① 36
② 40
③ 50
④ 60

해설

$$P = \frac{V^2}{R} = 100, \quad R = \frac{V^2}{100}$$

$$P = \frac{(0.6V)^2}{\frac{V^2}{100}} = \frac{100 \times 0.36 \times V^2}{V^2} = 36[\text{W}]$$

11 다음과 같은 회로의 명칭은?

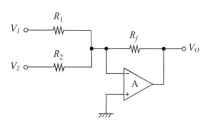

① 미분회로
② 적분회로
③ 가산기형 D/A 변환회로
④ 부호 변환회로

해설

$$V_o = -\left(\frac{R_f}{R_1} V_1 + \frac{R_f}{R_2} V_2 \right) \text{로 되는 가산기이다.}$$

12 실제적인 $R-L-C$ 병렬공진회로에서 R이 2[Ω], L은 400[μH], C는 250[pF]일 경우에 공진 주파수는 약 몇 [kHz]인가?

① 200
② 300
③ 450
④ 500

해설

$$f_0 = \frac{1}{(2\pi\sqrt{LC})}$$

$$= \frac{1}{2\pi\sqrt{400 \times 10^{-6} \times 250 \times 10^{-12}}}$$

$$\fallingdotseq 500[\text{kHz}]$$

13 단상 전파정류기의 DC 출력전압은 단상 반파정류기 DC 출력전압의 몇 배인가?

① 2
② 3
③ 4
④ 5

해설

하나의 다이오드를 사용한 회로에서 얻어진 반파전압신호는 피크전압 V_m 의 31.8[%]인 평균값 즉, 등가 직류전압값을 가지며 $V_{dc} = 0.318 V_{peak}$ 이다.
전파정류신호의 직류값은 반파정류신호의 직류값보다 2배 즉, 피크값 V_m 의 63.6[%]가 되며 $V_{dc} = 0.636 V_{peak}$ 로 표현할 수 있다.

14 커패시터 중에서 고주파회로와 바이패스(Bypass) 용도로 많이 사용되며 비교적 가격이 저렴한 커패시터는?

① 세라믹 커패시터 ② 마일러 커패시터
③ 탄탈 커패시터 ④ 전해 커패시터

해설

커패시터 종류별 특징

종 류	특 징
세라믹 커패시터	• 고주파 대역에서 사용에 적합하기 때문에 고주파용 바이패스, 동조용, 고주파 필터로서 사용함 • 전해 커패시터 및 탄탈 커패시터에 비해 정격전압이 높고, ESR(등가직렬저항)이 낮고 발열이 적음 • 극성이 없어 기판 실장 시 유리함 • 절연저항과 Breakdown Voltage도 높음 • 가격적으로 유리함
마일러 커패시터	• 얇은 폴리에스터(Polyester) 필름의 양측에 금속박을 대고 원통형으로 감은 콘덴서 • 저가격으로 사용하기 쉽지만 높은 정밀도는 기대할 수 없음 • 오차는 대략 ±5[%]에서 ±10[%] 정도 • 전극의 극성은 없으며 고주파 특성이 양호하여 바이패스용, 저주파, 고주파 결합용으로 사용
탄탈 커패시터	주파수 특성이 비교적 좋기 때문에 노이즈 진폭 제한기나 바이패스, 커플링, 전원 필터로서 사용함
전해 커패시터	• 교류회로의 전원 필터나 교류회로의 커플링으로서 사용 • 사용 가능 주파수가 비교적 낮기 때문에 주의 필요 • 오디오용 특별 저잡음형 종류도 있음

15 다음 중 N형 반도체를 만드는 데 사용되는 불순물의 원소는?

① 인듐(In) ② 비소(As)
③ 갈륨(Ga) ④ 알루미늄(Al)

해설

• N형 반도체를 만들기 위하여 첨가하는 불순물 원소 : As(비소), Sb(안티몬), P(인), Bi(비스무트) 등
• P형 반도체를 만들기 위하여 첨가하는 불순물 원소 : In(인듐), Ga(갈륨), B(붕소), Al(알루미늄) 등

16 10진수 0~9를 식별해서 나타내고 기억하는 데에는 몇 비트의 기억 용량이 필요한가?

① 2비트 ② 3비트
③ 4비트 ④ 7비트

해설

표현 가능 수($2^n - 1$)
• 2비트 : 0~3
• 3비트 : 0~7
• 4비트 : 0~15
• 7비트 : 0~63

17 컴퓨터의 주기억장치와 주변장치 사이에서 데이터를 주고 받을 때, 둘 사이의 전송속도 차이를 해결하기 위해 전송할 정보를 임시로 저장하는 고속 기억장치는?

① Address ② Buffer
③ Channel ④ Register

해설

② Buffer : 동작 속도가 크게 다른 두 장치 사이에 접속되어 속도 차를 조정하기 위하여 이용되는 일시적인 저장장치
① Address : 메모리의 기억장소의 위치
③ Channel : 중앙연산처리장치 대신에 입출력 조작을 수행하는 장치
④ Register : 중앙처리장치 내에 위치하는 기억소자이며, 캐시는 주기억장치와 CPU 사이에서 일종의 버퍼 기능을 수행하는 기억장치이다.

18 데이터베이스를 사용할 때, 데이터베이스에 접근할 수 있는 하부 언어로 구조적 질의어라고도 하는 언어는?

① 포트란(FORTRAN)

② C

③ 자바(Java)

④ SQL

해설
① 포트란 : 과학계산용으로 주로 사용되는 언어
② C : 운영체제나 언어처리계 등의 시스템 기술에 적합한 프로그래밍 언어
③ 자바 : 객체지향 프로그래밍 언어로서 C/C++에 비해 간략하고 쉬우며 네트워크 기능의 구현이 용이하기 때문에, 인터넷 환경에서 가장 활발히 사용되는 프로그래밍 언어

19 레지스터와 유사하게 동작하는 임시저장장소로써 다음 실행할 명령어의 주소를 기억하는 기능을 하는 것은?

① 레지스터

② 프로그램 카운터

③ 기억장치

④ 플립플롭

20 $(1011010)_2$를 8진수와 16진수로 변환하면?

① $(132)_8$, $(5A)_{16}$

② $(132)_8$, $(5B)_{16}$

③ $(131)_8$, $(5A)_{16}$

④ $(131)_8$, $(50)_{16}$

해설
$(1011010)_2 = 1 / 011 / 010 = 132_8$
$(1011010)_2 = 101 / 1010 = 5A_{16}$

21 2진수 10101에 대한 2의 보수는?

① 11001

② 01010

③ 01011

④ 11000

해설
• 1의 보수 : 1 → 0, 0 → 1로 변환
• 2의 보수 : 1의 보수 +1
10101의 1의 보수는 01010, 2의 보수는 01011

22 마이크로프로세서에서 가산기를 주축으로 구성된 장치는?

① 제어장치

② 입출력장치

③ 산술논리 연산장치

④ 레지스터

해설
산술논리 연산장치(Arithmetic and Logic Unit)
산술연산, 논리연산을 하는 중앙처리장치 내의 회로이다. 산술연산인 사칙연산은 가산기, 보수를 만드는 회로, 시프트회로에 의해서 처리되며, 논리합이나 논리곱을 구하는 논리연산회로 등으로 이루어져 있다.

23 다음 중 제어장치의 역할이 아닌 것은?

① 명령을 해독한다.

② 두 수의 크기를 비교한다.

③ 입출력을 제어한다.

④ 시스템 전체를 감시 제어한다.

해설
제어장치(Control Unit)
컴퓨터를 구성하는 모든 장치가 효율적으로 운영되도록 통제하는 장치로 주기억장치에 기억되어 있는 명령을 해독하여 입력, 출력, 기억, 연산장치 등에 보낸다.

24 비수치적 연산에서 하나의 레지스터에 기억된 데이터를 다른 레지스터로 옮기는 데 사용되는 연산은?

① OR 　　　　　　② AND

③ SHIFT 　　　　　④ MOVE

④ MOVE : 다른 레지스터로 이동
① OR : 논리합
② AND : 논리곱
③ SHIFT : 왼쪽 또는 오른쪽으로 데이터 이동

25 순서도(Flowchart)의 특징이 아닌 것은?

① 프로그램 코딩(Coding)의 기초 자료가 된다.

② 프로그램 코딩 전 기초 자료가 된다.

③ 오류 수정(Debugging)이 용이하다.

④ 사용하는 언어에 따라 기호, 형태도 달라진다.

순서도(Flow Chart)의 특징
• 논리적 오차나 불합리한 점의 발견이 용이하다.
• 코딩이 쉬우며, 수정이 용이하다.
• 분석 과정이 명료하다.
• 유지보수가 용이하다.
• 프로그램 언어와 상관없이 공통으로 사용된다.

26 주변장치의 입출력방법이 아닌 것은?

① 데이지체인방법

② 트랩방법

③ 인터럽트방법

④ 폴링방법

27 CPU와 입출력 사이에 클록신호에 맞추어 송·수신하는 전송제어방식을 무엇이라 하는가?

① 직렬 인터페이스(Serial Interface)

② 병렬 인터페이스(Parallel Interface)

③ 동기 인터페이스(Synchronous Interface)

④ 비동기 인터페이스(Asynchronous Interface)

③ 동기 인터페이스 : 중앙처리장치(CPU)와 입출력장치 간에 데이터 전송을 할 때 클록신호에 맞추어 전송을 하는 방식
① 직렬 인터페이스 : 데이터 통신에서 직렬 전송(복수 비트로 구성되어 있는 데이터를 비트열로 치환하여 한 줄의 데이터선으로 직렬로 송수신하는 방법)을 하기 위한 인터페이스
② 병렬 인터페이스 : 병렬로 접속되어 있는 여러 개의 통신선을 사용하여 동시에 여러 개의 데이터 비트와 제어 비트를 전달하는 데이터 전송방식
④ 비동기 인터페이스 : 자료를 일정한 크기로 정하여 순서대로 전송하기 위한 인터페이스

28 입출력장치와 CPU 사이에 존재하는 속도차를 줄이기 위해 사용하는 것은?

① Bus 　　　　　　② Channel

③ Buffer 　　　　　④ Device

CPU와 입출력장치의 속도의 차이를 극복하기 위한 장치가 Channel(입출력장치 제어기)이다.

29 도면 작성 시 기본 단위로 옳은 것은?

① mm   ② cm

③ m   ④ km

해설
제도에서 사용되는 길이의 치수는 모두 mm의 단위로 기입한다.
다만, 단위가 mm가 아닌 때에는 단위를 꼭 표시, 기입해야 한다.

30 다음 그림의 기호를 가진 부품은?

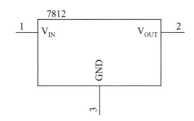

① 트랜지스터   ② 크리스탈
③ 레귤레이터   ④ Buzzer

해설

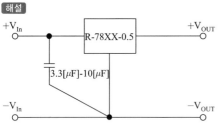

레귤레이터는 일정 전압을 잡아주는 역할을 한다. 예를 들면, 5[V]
에서 작동하는 보드에 2.5~3.5[V]를 필요로 하는 CPU를 장착해
야 한다면, 레귤레이터를 이용해 CPU로 입력되는 전압을 조정해
준다. 레귤레이터는 어떠한 전압이 들어오더라도 미리 점퍼나 스
위칭에 의해 정해진 전압만을 출력한다.
리니어 방식의 레귤레이터는 직접적으로 전압을 떨어뜨리는 방식
으로, 변환과정에서 발열이 심하며, 이러한 열은 전기 에너지가
열로 소모되는 것이기 때문에 전력 효율이 낮다. 리니어 레귤레이
터는 통상 전류 요구량이 낮은 회로에 이용하며, 전류를 높여 이용
하려면 레귤레이터에 방열판을 달아 열을 식혀줘야 한다.

31 다음 논리게이트 기호로 맞는 것은?

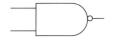

① AND Gate   ② OR Gate
③ NAND Gate   ④ NOR Gate

해설

NOT–GATE	OR–GATE
NOR–GATE	AND–GATE
NAND–GATE	

32 회로의 개방, 단락 등의 오배선을 검사하여 오류를
화면이나 텍스트 파일로 보여 주는 것은?

① Clean Up   ② Set
③ Quit   ④ ERC

해설
ERC(Electronic Rule Check)는 회로의 작성 및 저장이 끝나면
본격적으로 전기적인 회로 해석 작업을 하는 것으로, 회로적 기본
법칙(회로의 개방, 단락 등의 오배선 등)을 검사한 후, Spice를
돌리기 위한 요건을 만족하지 못하는 요소가 있는 경우 Netlist(회
로의 부품 간 연결정보)를 생성하지 않고 에러 메시지를 발생시킨다.

33 다음 심볼이 나타내는 부품은?

① 가변용량 다이오드   ② 제너 다이오드
③ 발광 다이오드   ④ 정류 다이오드

<u>해설</u>

② 제너 다이오드(Zener Diode) : 다이오드에 역방향 전압을 가했을 때 전류가 거의 흐르지 않다가 어느 정도 이상의 고전압을 가하면 접합면에서 제너 항복이 일어나 갑자기 전류가 흐르게 되는 지점이 발생하게 된다. 이 지점 이상에서는 다이오드에 걸리는 전압은 증가하지 않고, 전류만 증가하게 되는데, 이러한 특성을 이용하여 레퍼런스 전압원을 만들 수 있다. 이런 기능을 이용하여 정전압회로 또는 유사 기능의 회로에 응용된다.

① 가변용량 다이오드 : p-n접합의 장벽 용량에 가하는 역방향 전압의 크기에 따라서 공핍층의 두께를 변화시켜 정전 용량의 값을 가감하는 것으로, 정전 용량값의 전압 의존성은 접합 부근의 불순물 농도 분포에 따라 결정된다. 불순물 농도 분포에는 계단형, 초계단형, 경사형이 있다. 가변용량 다이오드에는 텔레비전의 UHF・VHF대 및 FM・AM의 전자 동조용이나 AFC로서 튜너에 사용되는 배리캡(Varicap) 다이오드와 마이크로파대에 사용되는 배러터(Barretter)가 있다.

③ 발광 다이오드 : 과잉된 전자・양공(陽孔)쌍의 재결합에 의해 빛을 방출하는 p-n접합 다이오드이다. 반도체의 p-n접합을 이용하여 순방향으로 전압을 가하면 n영역에 있는 전자가 p영역의 양공과 만나서 재결합 발광을 일으킨다. 이 현상을 이용하여 전류를 직접 빛으로 변환시키는 반도체소자이다.

④ 정류 다이오드 : 실리콘 제어정류소자(SCR)는 사이리스터라고 하며 교류전원에 대한 위상제어 정류용으로 많이 사용된다. A(에노드), K(캐소드), G(게이트) 이렇게 3개의 단자로 구성되어 있다.

가변용량 다이오드	제너다이오드(Zener Diode)
발광 다이오드	정류 다이오드
	D_1 D_2 D_3 D_4

34 반도체 소자 중 전압의 크기에 따라 저항값이 변하는 성질이 있는 소자는?

① 배리스터   ② 서미스터
③ 트랜지스터   ④ 다이오드

<u>해설</u>

① 배리스터 : 전압에 의하여 저항이 크게 변화하는 소자이다. 기기가 정상적으로 동작하는 전압에서는 저항이 매우 커서 전류가 흐르지 못하나 갑자기 큰 고압이 걸리면 거의 단락 상태가 된다.
② 서미스터 : 온도에 의해서 저항값이 변화하는 소자이다.
③ 트랜지스터 : 증폭, 검파, 스위칭작용을 하는 소자이다.
④ 다이오드 : 한쪽 방향으로만 전류를 통과시켜 교류를 직류로 바꾸는 소자이다.

35 한국산업표준(KS)의 전자제도통칙에 대한 설명으로 틀린 것은?

① 전자기기나 제품의 제도에는 특수한 방법이나 기호 등을 사용한다.
② 기하학적 도법에 기초를 둔 것으로 기기 구조의 표시방법은 기계제도와 동일하다.
③ 설계된 기기의 모양이나 치수 또는 시설의 배치 회로의 결선 등을 도면으로 정확하게 표시해야 한다.
④ 한국산업표준에 규정된 사용방법을 따르며 도면은 임의로 그려도 된다.

<u>해설</u>

제도통칙은 입체의 제품을 평면에 그리고, 그 평면 도면을 통해서 작성자의 설명 없이도 도면에 나타난 내용을 명확하게 전달하기 위한 약속이므로 도면을 임의로 그려서는 안 된다.

36 국제표준화기구의 규격기호는?

① ANSI ② KS
③ DIN ④ ISO

해설

ISO는 1947년 제네바에서 조직되어 전기분야 이외의 물자 및 서비스의 국제 간 교류를 용이하게 하고 지적, 과학, 기술, 경제 분야에서 국제적 교류를 원활하게 하기 위하여 규격의 국제 통일에 대한 활동을 하는 대표적인 국제표준화기구이다.

기 호	표준 규격 명칭	영문 명칭	마 크
ISO	국제 표준화 기구	International Organization for Standardization	ISO
KS	한국산업 규격	Korean Industrial Standards	KS
BS	영국규격	Britsh Standards	
DIN	독일규격	Deutsches Institute fur Normung	DIN
ANSI	미국규격	American National Standards Institutes	ANSI
SNV	스위스 규격	Schweitzerish Norman-Vereingung	SNV
NF	프랑스 규격	Norme Francaise	NF
SAC	중국규격	Standardization Administration of China	SAC
JIS	일본공업 규격	Japanese Industrial Standards	JIS

37 설계도면에 적용한 축척이 1:5일 때 실제 길이가 1[cm]인 객체는 도면상에 몇 [cm]로 표현되는가?

① 0.2 ② 1
③ 2 ④ 5

해설

축척은 실물보다 작게 그리는 척도로 1:5의 축척에서 실제 길이가 1[cm]인 객체는 도면상에는 0.2[cm]로 표현된다.

38 다음 소자 중 3단자 반도체 소자가 아닌 것은?

① SCR ② Diode
③ FET ④ UJT

해설

39 능동 소자에 속하는 것은?

① 저 항 ② 코 일
③ 트랜지스터 ④ 커패시터

해설

• 능동 소자(Active Element) : 능동이란 다른 것에 영향을 받지 않고 스스로 변화시킬 수 있는 것이라는 표현이다. 즉, 능동 소자란 스스로 무언가를 할 수 있는 기능이 있는 소자를 말한다. 입력과 출력을 가지고 있으며, 전기를 가하면 입력과 출력이 일정한 관계를 갖는 소자를 말한다. 이 능동 소자에는 Diode, TR, FET, OP Amp 등이 있다.
• 수동 소자(Passive Element) : 수동 소자는 능동 소자와 반대로 에너지 변환과 같은 능동적 기능을 가지지 않는 소자로 저항, 커패시터, 인덕터 등이 있다. 이 수동 소자는 에너지를 소비, 축적, 혹은 그대로 통과시키는 작용 즉, 수동적으로 작용하는 부품을 말한다.

구 분	능동 소자	수동 소자
특 징	공급된 전력을 증폭 또는 정류로 만들어 주는 소자	공급된 전력을 소비 또는 방출하는 소자
동 작	선형 + 비선형	선 형
소자 명칭	다이오드, 트랜지스터 등	인덕터, 저항 커패시터 등

40 한국산업규격(KS)의 제정 목적으로 틀린 것은?

① 국제경쟁력 강화

② 품질 향상

③ 생산품의 독점

④ 소비자 보호

해설

한국산업규격(KS)의 제정은 광공업품 및 산업활동 관련 서비스의 품질·생산효율·생산기술을 향상시키고 거래를 단순화·공정화하며, 소비를 합리화함으로써 산업경쟁력을 향상시켜 국가경제를 발전시키는 것을 목적으로 한다.

41 회로도 작성 시 선과 선이 전기적으로 접속되는 지점에 표시하는 것은?

① Bus Entry

② Junction

③ No Connect

④ Alias

해설

회로도 작성 시에는 선과 선이 전기적으로 접속되는 곳에는 "·"(Junction) 표시를 한다.

42 저항의 컬러코드가 좌측부터 적색-보라색-갈색-금색으로 되어 있다. 저항값은 얼마인가?

① 270[Ω]

② 2.7[kΩ]

③ 27.0[Ω]

④ 2.71[MΩ]

해설

색띠 저항의 저항값 읽는 요령

색	수 치	승 수	정밀도[%]
흑	0	$10^0 = 1$	–
갈	1	10^1	±1
적	2	10^2	±2
등(주황)	3	10^3	±0.05
황(노랑)	4	10^4	–
녹	5	10^5	±0.5
청	6	10^6	±0.25
자	7	10^7	±0.1
회	8	–	–
백	9	–	–
금	–	10^{-1}	±5
은	–	10^{-2}	±10
무	–	–	±20

저항의 5색띠 : 적,   보라(자),   갈,   금
           (적=2), (보라(자)=7), (갈=1), (금)
           2   7   × 10^1 = 270[Ω]
정밀도(금)=±5[%]

43 포토플로터(Photo Plotter)를 이용하여 직접 그려낸 아트워크 필름은?

① 마스터 필름

② 디아조 필름

③ 폴리에스터 필름

④ 감광 필름

해설

① 마스터 필름 : Plotter를 이용하여 직접 그려낸 아트워크 필름

44 PCB에 2,000[Ω]의 저항을 배치하고 기판의 표면에 그 값을 표시한 것 중 가장 적절한 표시방법은?

① 2,000,000[Ω]　　② 2,000[kΩ]

③ 2[μΩ]　　　　　④ 2[kΩ]

해설
$2,000[\Omega] = 2 \times 10^3[\Omega] = 2[k\Omega]$

45 절대좌표 A(10, 10)에서 B(20, -20)으로 개체가 이동하였을 때 상대좌표는?

① 10, 20　　　　　② 10, -20

③ 10, 30　　　　　④ 10, -30

해설
상대좌표(Relative Coordinate) : 최종점을 기준(절대좌표는 원점을 기준으로 한다)으로 한 각 방향의 교차점을 말한다. 따라서 상대좌표의 표시는 하나이지만 해당 좌표점은 기준점에 따라 도면 내에 무한적으로 존재한다. 상대좌표는 (기준점으로부터 X방향값, Y방향값)으로 표시하며, 각각의 좌표값 사이를 콤마(,)로 구분해야 하고, 음수값도 사용이 가능하다(음수는 방향이 반대이다).
※ 기준점 A(10, 10)에서 B(20, -20)을 상대좌표로 표시하면
　(20-10, -20-10) = (10, -30)

46 CAD 프로그램에서 회로도면의 설계 시 정확한 부품의 위치 및 배선결선을 위해 화면상의 점 혹은 선으로 나타낸 가상의 좌표를 나타내는 것은?

① 애너테이트(Annotate)

② 프리퍼런스(Preference)

③ 폴리라인(Poly Line)

④ 그리드(Grid)

해설
④ 그리드(Grid) : 정확한 부품의 위치 및 배선 결선을 위해 화면상의 점 혹은 선으로 나타내어진 가상의 좌표
① 애너테이트(Annotate) : 부품에 이름 붙이는 것
② 프리퍼런스(Preference) : 참조(값)
③ 폴리라인(Poly Line) : 여러 개의 선을 굵은 한 선으로 표현한 것

47 PCB 패턴 설계 시 부품 배치에 관한 설명 중 옳은 것은?

① IC 배열은 가능하다면 'ㄱ' 형태로 배치하는 것이 좋다.

② 다이오드 및 전해 콘덴서 종류는 + 방향에 ▣형 LAND를 사용한다.

③ 전해 콘덴서와 같은 방향성 부품은 오른쪽 방향이 1번 혹은 + 극성이 되게끔 한다.

④ 리드수가 많은 IC 및 커넥터 종류는 가능한 납땜 방향의 수직으로 배열한다.

해설
PCB 설계에서 부품배치
• 부품배치
　- 리드 수가 많은 IC 및 커넥터류는 가능한 납땜 방향으로 PIN을 배열한다(2.5[mm] 피치 이하). 기판 가장자리와 IC와는 4[mm] 이상 띄워야 한다.
　- IC 배열은 가능한 동일 방향으로 배열한다.
　- 방향성 부품(다이오드, 전해콘덴서 등)은 가능한 동일 방향으로 배열하고 불가능한 경우에는 2방향으로 배열하되 각 방향에 대해서는 동일 방향으로 한다.
　- TEST PIN 위치를 TEST작업성을 고려하여 LOSS를 줄일 수 있는 위치로 가능한 집합시켜 설계한다.
• 부품방향 표시
　- 방향성 부품에 대하여 반드시 방향(극성)을 표시하여야 한다.
　- 실크인쇄의 방향표시는 부품 조립 후에도 확인할 수 있도록 한다.
　- LAND를 구분 사용하여 부품방향을 부품면과 납땜면에 함께 표시한다.
　- IC 및 PIN, 커넥터류는 1번 PIN에 LAND를 ▣형으로 사용한다.
　- 다이오드 및 전해콘덴서류는 +방향에 ▣형 LAND를 사용한다.
　- PCB SOLDER SIDE에서도 부품방향을 알 수 있도록 SOLDER SIDE 극성 표시부문 LAND를 ▣형으로 한다.

48 PCB 기판 제조방법의 하나로 대량생산에 적합하고 정밀도가 높으며 내산성 잉크와 물이 잘 혼합되지 않는 점을 이용하여 아연판을 부식시켜 배선부분만 잉크를 묻게 하여 제작하는 방법은?

① 사진 부식법
② 오프셋 인쇄법
③ 실크스크린법
④ 단층 촬영법

해설

인쇄회로기판(PCB)의 제조 공정
• 사진 부식법 : 사진의 밀착 인화 원리를 이용한 것으로, 정밀도는 가장 우수하나 양산에는 적합하지 않다. 포토레지스트(Photo Resist)를 직접 기판에 도포하고, 필름을 기판 위에 얹어 감광시킨 다음 현상하면, 기판에는 배선에 해당하는 부분만 남고 나머지 부분에 구리면이 나타난다.
• 실크 스크린법 : 등사 원리를 이용하여 내산성 레지스터를 기판에 직접 인쇄하는 방법으로, 사진 부식법에 비해 양산성은 높으나 정밀도가 다소 떨어진다. 실크로 만든 스크린에 감광성 유제를 도포하고 포지티브 필름으로 인화, 현상하면 패턴 부분만 스크린되고, 다른 부분이 막히게 된다. 이 실크 스크린에 내산성 잉크를 칠해 기판에 인쇄한다.
• 오프셋 인쇄법 : 일반적인 오프셋 인쇄방법을 이용한 것으로 실크 스크린법보다 대량 생산에 적합하고 정밀도가 높다. 내산성 잉크와 물이 잘 혼합되지 않는 점을 이용하여 아연판 등의 오프셋 판을 부식시켜 배선부분에만 잉크를 묻게 한 후 기판에 인쇄한다.

49 전기적 접속 부위나 빈번한 착탈로 높은 전기적 특성이 요구되는 부위에 부분적으로 실시하는 도금은?

① 아 연
② 은
③ 금
④ 구 리

해설

금도금
전기적 접속 부위나 빈번한 착탈로 높은 전기적 특성이 요구되는 부위에 고객의 요구에 따라 Connector에 삽입되는 PCB의 Contact Finger Area에만 부분적으로 실시하는 도금으로 전기적 석출방법으로서 니켈과 금을 도금해 주는 공정이다. 단자 금도금과 접점 금도금 또는 전면 금도금 등으로 구분된다.

50 형상 모델링 중 데이터 구조가 간단하고 처리속도가 가장 빠른 모델링은?

① 와이어프레임 모델링
② 서피스 모델링
③ 솔리드 모델링
④ CSG 모델링

해설

형상 모델링 종류
와이어프레임 모델(선화 모델), 서피스 모델(표면 모델), 솔리드 모델(입체 모델)의 3가지 종류가 있다.
• 와이어프레임 모델 : 점과 선으로 물체의 외양만을 표현한 형상 모델로 데이터 구조가 간단하고 처리속도가 가장 빠르다.
• 서피스 모델 : 여러 개의 곡면으로 물체의 바깥 모양을 표현하는 것으로, 와이어프레임 모델에 면의 정보를 부가한 형상 모델이다. 곡면기반 모델이라고도 한다.
• 솔리드 모델 : 정점, 능선, 면 및 질량을 표현한 형상 모델로서, 이것을 작성하는 것을 솔리드 모델링이라고 한다. 솔리드 모델링은 형상만이 아닌 물체의 다양한 성질을 좀 더 정확하게 표현하기 위해 고안된 방법이다. 솔리드 모델은 입체 형상을 표현하는 모든 요소를 갖추고 있어서, 중량이나 무게중심 등의 해석도 가능하다. 솔리드 모델은 설계에서부터 제조공정에 이르기까지 일관하여 이용할 수 있다.

51 컴퓨터를 이용하여 회로도를 완성한 다음 설계규칙을 검증하는 과정에 관한 설명으로 틀린 것은?

① 설계규칙 및 전기적인 규칙에 맞는지 검증하는 단계이다.
② 오류 난 부분의 에러 표시를 도면상에서 보여 준다.
③ 오류메시지는 레포트로 보여 주지 않는다.
④ 전기적인 설계규칙 검증환경은 설계자가 임의로 선택할 수 있다.

해설

• DRC(Design Rule Check)는 각 요소 간의 최소 간격, 금지영역 조사, 올바르지 못한 배선 등을 체크하는 디자인 규칙을 검사하는 것이다.
• 보고서(Report) 파일 : 회로도의 전기적인 규칙검사(DRC) 후 생성되는 drc 파일, 부품목록보기 실행 시 생성되는 bom 파일, 부품 교차 참조 목록 보기 실행 시 저장되는 xrf 파일
• .drc(Design Rules Check Report File) : 회로도의 전기적인 규칙검사인 DRC 실행 시 저장되는 Report 파일

52 CAD 시스템의 일부분으로 컴퓨터와 출력장치의 처리속도 차이에 기인하여 데이터 처리의 완충작용을 위해 필요한 장치는?

① 데이터 버퍼　　② 직렬포트
③ RS-232C　　　④ ROM

해설
- 데이터 버퍼 : 데이터가 플로터 등 출력장치에 공급되기 전에 저장되는 임시저장소로 처리 속도가 느린 주변기기와 컴퓨터 시스템의 중간에서 완충작용을 하는 장치로 시스템의 효율을 높일 수 있다.
- 캐시 메모리 : 중앙처리장치(CPU)와 상대적으로 느린 주기억장치 사이에서 두 장치 간의 데이터 접근속도를 완충해 주기 위해 사용되는 고속의 기억장치. 캐시 메모리는 주기억장치를 구성하는 DRAM보다 속도가 빠른 SRAM으로 구성하여 전원이 공급되는 상태에서는 기억 내용을 유지하는 임시 메모리다.

53 CAD 시스템 좌표계에서 이전 최종좌표(점)에서 거리와 각도를 이용하여 이동된 X, Y축의 좌표값을 찾는 방법은?

① 절대좌표　　② 상대좌표
③ 극좌표　　　④ 상대극좌표

해설
좌표의 종류
- 절대좌표(Absolute Coordinate) : 원점을 기준으로 한 각 방향 좌표의 교차점을 말하며, 고정되어 있는 좌표점 즉, 임의의 절대좌표점(10, 10)은 도면 내에 한 점밖에는 존재하지 않는다. 절대좌표는 [X좌표값, Y좌표값] 순으로 표시하며, 각각의 좌표점 사이를 콤마(,)로 구분해야 하고, 음수값도 사용이 가능하다.
- 상대좌표(Relative Coordinate) : 최종점을 기준(절대좌표는 원점을 기준으로 했음)으로 한 각 방향의 교차점을 말한다. 따라서 상대좌표의 표시는 하나이지만 해당 좌표점은 기준점에 따라 도면 내에 무한적으로 존재한다. 상대좌표는 [@기준점으로부터 X방향값, Y방향값]으로 표시하며, 각각의 좌표값 사이를 콤마(,)로 구분해야 하고, 음수 값도 사용이 가능하다(음수는 방향이 반대임).

- 극좌표(Polar Coordinate) : 기준점으로부터 거리와 각도(방향)로 지정되는 좌표를 말하며, 절대극좌표와 상대극좌표가 있다. 절대극좌표는 [원점으로부터 떨어진 거리 < 각도]로 표시한다.
- 상대극좌표(Relative Polar Coordinate) : 마지막점을 기준으로 하여 지정하는 좌표이다. 따라서 상대 극좌표의 표시는 하나이지만 해당 좌표점은 기준점에 따라 도면 내에 무한적으로 존재한다. 상대극좌표는 [@기준점으로부터 떨어진 거리 < 각도]로 표시하며, 거리와 각도 표시 사이를 부등호(<)로 구분해야 하고, 거리와 각도에 음수 값도 사용이 가능하다.

54 CAD 시스템에 의한 제품 설계 및 도면 작성의 이점으로 볼 수 없는 것은?

① 도면의 표준화를 통한 품질 향상
② 설계 제약에 따른 도면 수정의 어려움
③ 설계 요소의 표준화로 원가 절감
④ 수치 계산 결과의 정확성 증가

해설
CAD 시스템의 특징
- 지금까지의 자와 연필을 대신하여 컴퓨터와 프로그램을 이용하여 설계하는 것을 말한다.
- 수작업에 의존하던 디자인의 자동화가 이루어진다.
- 건축, 전자, 기계, 인테리어, 토목 등 다양한 분야에 광범위하게 활용된다.
- 다품종 소량생산에도 유연하게 대처할 수 있고 공장 자동화에도 중요성이 증대되고 있다.
- 작성된 도면의 정보를 기계에 직접 적용 가능하다.
- 정확하고 효율적인 작업으로 개발 기간이 단축된다.
- 신제품 개발에 적극적으로 대처할 수 있다.
- 설계제도의 표준화와 규격화로 경쟁력이 향상된다.
- 설계과정에서 능률이 높아져 품질이 좋아진다.
- 컴퓨터를 통한 계산으로 수치결과에 대한 정확성이 증가한다.
- 도면의 수정과 편집이 쉽고 출력이 용이하다.

55 세라믹 인쇄회로기판에 대한 설명 중 틀린 것은?

① 가격이 저가이고 치수변화가 많다.

② 고절연성 및 고열전도율을 갖는다.

③ 화학적 안정성이 좋다.

④ 낮은 유전체 손실을 갖는다.

해설

세라믹 기판은 세라믹에 도체 페이스트를 인쇄한 후 소결하여 만들어진 기판이다. 일반적으로 절연성이 우수하며 치수변화가 거의 없는 특수용도로 사용된다. 반도체 소자의 발달과 함께 전자 부품 및 회로기판으로의 사용이 증가되고 있는 세라믹 소자는 그 중요성이 날로 확대되고 있으며, 전자회로기판으로 사용되는 경우에는 세라믹 표면을 금속화하는 기술이 필수적이며, 특히 금속과 세라믹과의 강한 밀착강도를 부여하기 위해서는 특수표면처리 기법을 이용해야 한다. 세라믹 위에 메탈라이징 방법에는 금속 Paste법, 진공증착법, 습식도금법 등이 사용되고 있으며, 각각의 기능성에 맞는 표면처리 기법을 이용하여 메탈라이징을 하게 된다.

56 CAD 시스템의 입력장치가 아닌 것은?

① 디지타이저   ② 태블릿

③ 플로터   ④ 마우스

해설

플로터는 CAD 시스템에서 도면화를 위한 표준장치로서, 출력이 도형형식일 때 정교한 표현을 위해 사용되며, 상하, 좌우로 움직이는 펜을 이용하여 단순한 글자에서부터 복잡한 그림, 설계 도면까지 거의 모든 정보를 인쇄할 수 있는 출력장치이다. 종이 또는 펜이 XY방향으로 움직이고 그림을 그리기 시작하는 좌표에 펜이 위치하면 펜이 종이 위로 내려온다. 프린터는 계속되는 행과 열의 형태만을 찍어낼 수 있는 것에 비하여 플로터는 X, Y 좌표 평면에 임의적으로 점의 위치를 지정할 수 있다. 플로터의 종류를 크게 나누면 선으로 그려내는 벡터방식과 그림을 흑과 백으로 구분하고 점으로 찍어서 나타내는 래스터방식이 있으며, 플로터가 정보를 출력하는 방식에 따라 펜 플로터, 정전기 플로터, 사진 플로터, 잉크 플로터, 레이저 플로터 등으로 구분된다.

57 회로도에 관한 설명으로 가장 옳은 것은?

① 장치를 구성하고 있는 부품을 기호로 표현함으로써, 기술의 보조 및 전달이 쉽도록 한 도면

② 부품의 위치와 형태를 도면화한 것으로 부품의 실제 크기를 고려하여 작성한 도면

③ 장치와 장치 사이의 접속 상태나 기능을 알아보기 쉽게 하기 위해서 기호나 실제의 모양을 배치한 도면

④ 신호의 흐름 또는 동작 순서대로 그린 도면

해설

회로도

여러 가지 부품을 조합한 전기 회로의 접속을 기호로 나타낸 도면

58 다음 단면구조의 PCB 명칭으로 옳은 것은?

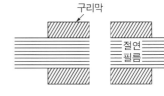

① 비스루홀 도금 PCB

② 스루홀 도금 PCB

③ 플렉시블 PCB

④ 다층면 PCB

해설

유연성 인쇄회로기판(Flexible PCB)

폴리에스터나 폴리마이드 필름(절연필름)에 동박(구리막)을 접착한 기판으로 일반적으로 절곡하여 휘어지는 부분에 사용한다. 자동화기기, 카세트, 핸드폰, 캠코더 등 회로판이 움직여야 하는 경우, 부품의 삽입 구성 시 회로기판의 굴곡을 필요로 하는 경우에 유연성 있게 만든 회로기판이다.

• 장점 : 내열성 및 내구성, 내약품성이 우수, 치수변경이 적고, 조립 작업 시 시간이 절약되어 그 활용도가 높다.

• 단점 : 기계적 강도가 낮아 찢어지기 쉽고 취급이 어려우며, 보강판 작업이 필요, 동박접착강도가 낮고 가격이 비싸며, 수축률이 심하다.

59 배치도를 그릴 때 고려해야 할 사항으로 적합하지 않은 것은?

① 균형 있게 배치하여야 한다.
② 부품 상호 간 신호가 유도되지 않도록 한다.
③ IC의 6번 핀 위치를 반드시 표시해야 한다.
④ 고압회로는 부품 간격을 충분히 넓혀 방전이 일어나지 않도록 배치한다.

해설
부품 배치도를 그릴 때 고려하여야 할 사항
• IC의 경우 1번 핀의 위치를 반드시 표시한다.
• 부품 상호 간의 신호가 유도되지 않도록 한다.
• PCB 기판의 점퍼선은 표시한다.
• 부품의 종류, 기호, 용량, 핀의 위치, 극성 등을 표시하여야 한다.
• 부품을 균형 있게 배치한다.
• 조정이 필요한 부품은 조작이 용이하도록 배치하여야 한다.
• 고압회로는 부품 간격을 충분히 넓혀 방전이 일어나지 않도록 배치한다.

60 고주파 부품에 대한 대책으로 틀린 것은?

① 부품을 세워 사용하지 않는다.
② 표면실장형(SMD) 부품을 사용하지 않는다.
③ 부품의 리드는 가급적 짧게 하여 안테나 역할을 하지 않도록 한다.
④ 고주파 부품은 일반회로 부분과 분리하여 배치한다.

해설
고주파회로 설계 시 유의사항
• 아날로그, 디지털 혼재회로에서 접지선은 분리한다.
• 부품은 세워서 사용하지 않으며, 가급적 부품의 다리를 짧게 배선한다.
• 고주파 부품은 일반회로 부분과 분리하여 배치하도록 하고, 가능하면 차폐를 실시하여 영향을 최소화하도록 한다.
• 가급적 표면실장형 부품을 사용한다.
• 전원용 라인필터는 연결 부위에 가깝게 배치한다.
• 배선의 길이는 가급적 짧게 하고, 배선이 꼬인 것은 코일로 간주하므로 주의해야 한다.
• 회로의 중요한 요소에는 바이패스 콘덴서를 삽입하여 사용한다.

01 위상천이(이상형) 발진회로의 발진주파수는?(단, $R_1 = R_2 = R_3 = R$이고, $C_1 = C_2 = C_3 = C$이다)

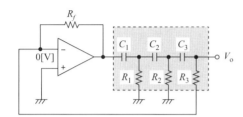

① $f_o = \dfrac{1}{2\pi\sqrt{6}\,RC}$ ② $f_o = \dfrac{1}{2\pi\sqrt{6RC}}$

③ $f_o = \dfrac{1}{2\pi LC}$ ④ $f_o = \dfrac{\sqrt{6}}{2\pi RC}$

해설
병렬 R형 이상형 발진기의 발진주파수
$$f_o = \dfrac{1}{2\pi\sqrt{6}\,RC}$$

02 오실로스코프에 연결하여 파형을 측정하였을 때 측정파형이 다음 그림과 같았다. 최고점간(Peak to Peak) 전압(V_{p-p})은 몇 [V]인가?(단, 프로브는 10 : 1을 사용하였다)

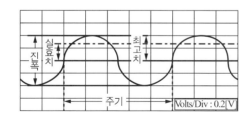

① 0.2   ② 0.4
③ 4   ④ 8

해설
$V_{p-p} = 4[칸] \times 0.2[V] \times 10[배] = 8[V]$

03 정현파(사인파) 발진회로가 아닌 것은?

① RC 발진회로
② LC 발진회로
③ 수정 발진회로
④ 블로킹 발진회로

해설
정현파(사인파) 발진기(Sinusoidal Oscillator)
LC 발진기, RC 발진기, 수정 발진기 등

04 주파수 안정도가 가장 높은 발진회로는?

① 수정 발진회로   ② 클랩 발진회로
③ 하틀리 발진회로   ④ 콜피츠 발진회로

해설
수정 발진회로는 다른 발진회로에 비하여 높은 주파수 안정도와 온도 변화에 대한 높은 안정성 특징이 있다.

05 정류기의 평활회로는 어떤 종류의 여파기에 속하는가?

① 대역 통과 여파기
② 고역 통과 여파기
③ 저역 통과 여파기
④ 대역 소거 여파기

해설
저항과 커패시터로 구성하는 저역 통과 필터이며, 두 소자를 직렬로 연결하고 커패시터 양단에서 출력한다.

06 동조회로에서 최대 이득을 얻기 위한 조건으로 옳은 것은?(단, 코일의 결합계수 k, 선택도 Q이다)

① $k < \dfrac{1}{Q}$ ② $k = \dfrac{1}{Q}$

③ $k > \dfrac{1}{Q}$ ④ $k = Q$

해설
최대 이득을 얻기 위한 조건은 $k = \dfrac{1}{Q}$이다.

07 빛의 변화로 전류 또는 전압을 얻을 수 없는 것은?

① 광전 다이오드 ② 광전 트랜지스터
③ 황화카드뮴(CdS) 셀 ④ 태양전지

해설
광전 변환소자 : 포토다이오드, 애벌란시 포토다이오드, 포토트랜지스터, 광전관, 태양전지, CCD 센서 등

08 다음 회로의 입력(V_i)에 구형파를 가하면 출력파형(V_e)은?

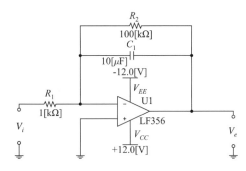

① 정현파 ② 구형파
③ 삼각파 ④ 사다리꼴파

해설
적분기회로이며 구형파를 입력하면 삼각파가 출력된다.

09 다음 회로에 입력 V_i 파형으로 펄스폭이 $\triangle t$[sec]인 구형파를 가할 때 출력 V_o 파형은?(단, 회로의 시정수 RC는 입력파형의 펄스폭보다 훨씬 크다고 가정한다)

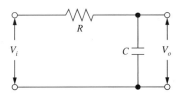

① 정현파 ② 구형파
③ 계단파 ④ 삼각파

해설
적분기회로이며 구형파를 입력하면 삼각파가 출력된다.

10 LC 발진회로에서 귀환회로에 3소자의 연결형태에 따라 발진회로를 구분할 수 있다. 다음 발진회로의 발진 조건은?(단, 항상 Z_1, Z_2, Z_3 소자는 부호가 같다고 가정한다)

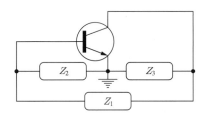

① Z_1 : 용량성, Z_2 : 용량성, Z_3 : 유도성
② Z_1 : 용량성, Z_2 : 유도성, Z_3 : 용량성
③ Z_1 : 유도성, Z_2 : 용량성, Z_3 : 용량성
④ Z_1 : 유도성, Z_2 : 용량성, Z_3 : 유도성

해설
• 콜피츠 발진기 – Z_1 : 유도성, Z_2, Z_3 : 용량성
• 하틀리 발진기 – Z_1 : 용량성, Z_2, Z_3 : 유도성

11 다음 회로에 대한 설명으로 틀린 것은?

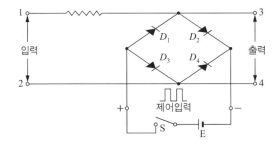

① 회로는 브리지형 게이트회로이다.

② 스위치 S에 무관하게 입력한 전압이 그대로 출력 측의 전압으로 나타난다.

③ 스위치 S를 닫으면 $D_1 \sim D_4$가 도통되므로 단자 1~2에 가해지는 전압은 출력단자에 나타나지 않는다.

④ 스위치 S가 개방되면 단자 3~4 사이의 다이오드 임피던스는 높으므로 입력 전압은 출력에 그대로 나타난다.

해설
스위치 S가 $D_1 \sim D_4$에 전류를 흐르게 하는 역할을 하므로 스위치의 On-Off에 따라 출력 전압이 달라진다.

12 저항 5[Ω], 용량성 리액턴스 4[Ω]이 병렬로 접속된 회로의 임피던스는 약 몇 [Ω]인가?

① 0.32   ② 0.67

③ 1.49   ④ 3.12

해설
$$Z = \frac{1}{\sqrt{\left(\frac{1}{R}\right)^2 + \left(\frac{1}{X_c}\right)^2}} = \frac{1}{\sqrt{\left(\frac{1}{5}\right)^2 + \left(\frac{1}{4}\right)^2}}$$
$$= 3.12[\Omega]$$

13 다음 연산 증폭기의 전압 증폭도 A_v는?

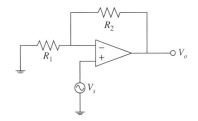

① $\dfrac{R_1 + R_2}{R_1}$ ② $\dfrac{R_1}{R_1 + R_2}$

③ $\dfrac{R_1}{R_2}$ ④ $\dfrac{R_2}{R_1}$

해설
비반전 증폭기이다.
$$A_v = \frac{V_o}{V_s} = \left(1 + \frac{R_1}{R_2}\right)$$
$$V_o = \frac{R_1 + R_2}{R_1} V_s$$

14 7세그먼트 표시장치(Seven-segment Display)의 용도로 적합한 것은?

① 10진수 표시   ② 신호 전송

③ 레벨 이동   ④ 잡음 방지

해설
7세그먼트는 7개의 획으로 숫자나 문자를 나타낼 수 있다.

15 JK 플립플롭을 이용한 동기식 카운터회로에서 어떻게 동작하는가?

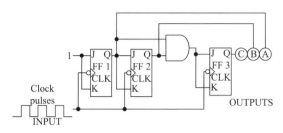

① 10진 증가(Down) 카운터
② 3비트 Mod-8 카운터
③ 16진 감소(Down) 카운터
④ 10비트 Mod-8 카운터

해설
3비트 동기식 2진 카운터로 Mod-8 카운터이다.

16 하나의 집적회로(IC ; Integrated Circuits) 속에 들어 있는 집적 소자의 개수가 10개 이하 범위에 속하는 집적회로는?

① VLSI   ② SSI
③ LSI   ④ MSI

해설

명 칭	소자수
소규모 집적회로(SSI)	100개 미만
중규모 집적회로(MSI)	100~1,000개
대규모 집적회로(LSI)	1,000~10만개
초대규모 집적회로(VLSI)	10만개~100만개

17 순서도 사용에 대한 설명 중 틀린 것은?

① 프로그램 코딩의 직접적인 기초 자료가 된다.
② 오류 발생 시 그 원인을 찾아 수정하기 쉽다.
③ 프로그램의 내용과 일 처리 순서를 파악하기 쉽다.
④ 프로그램 언어마다 다르게 표현되므로 공통적으로 사용할 수 없다.

해설
순서도는 프로그램 언어와 상관없이 공통으로 사용된다.

18 주소지정방식 중 명령어의 피연산자 부분에 데이터의 값을 저장하는 주소지정방식은?

① 즉시 주소지정방식
② 절대 주소지정방식
③ 상대 주소지정방식
④ 간접 주소지정방식

해설
즉시 주소지정방식(Immediate Mode) : 명령어 자체에 오퍼랜드 (실제 데이터)를 내포하고 있는 방식

19 메모리로부터 읽어낸 데이터나 기억장치에 쓸 데이터를 임시 보관하는 레지스터는?

① 인덱스 레지스터
② 메모리 어드레스 레지스터
③ 메모리 버퍼 레지스터
④ 범용 레지스터

해설
③ 메모리 버퍼 레지스터 : 메모리에 액세스할 때 데이터를 메모리와 주변장치 사이에서 송수신하는 것을 용이하게 하며 지정된 주소에 데이터를 써넣거나 읽어내는 데이터를 저장하는 레지스터로 버퍼와 같은 역할을 한다.

20 컴퓨터에서 2[kB]의 크기를 byte 단위로 표현하면?

① 512[byte]

② 1,024[byte]

③ 2,048[byte]

④ 4,096[byte]

해설
2[kB] = 2 × 1,024 = 2,048[byte]

21 자료전송에 발생하는 에러(Error) 검출을 위하여 추가된 bit는?

① 3-초과   ② Gray

③ Parity   ④ Error

해설
패리티 비트는 정보의 전달 과정에서 오류가 생겼는지 확인하기 위해 추가하는 비트이다.

22 산술 및 논리연산의 결과를 일시적으로 기억하는 레지스터는?

① 기억 레지스터(Storage Register)

② 누산기(Accumulator)

③ 인덱스 레지스터(Index Register)

④ 명령 레지스터(Instruction Register)

23 2진수 (1010)₂의 1의 보수는?

① 0101   ② 1010

③ 1011   ④ 1101

해설
0은 1로, 1은 0으로 변환한다.

24 다음 그림과 같이 두 개의 게이트를 상호 접속할 때 결과로 얻어지는 논리게이트는?

① OR   ② NOT

③ NAND   ④ NOR

해설
NAND Gate의 출력쪽 ○는 NOT Gate를 의미한다.

25 다음 중 고급 언어로 작성된 프로그램을 한꺼번에 번역하여 목적프로그램을 생성하는 프로그램은?

① 어셈블리어

② 컴파일러

③ 인터프리터

④ 로 더

해설
컴파일러는 고급 명령어를 기계어로 직접 번역하는 것이고, 인터프리터는 고급 언어로 작성된 원시코드 명령어들을 한 번에 한 줄씩 읽어 들여서 실행하는 프로그램이다.

26 주기억장치(RAM)와 중앙처리장치(CPU)의 속도 차이를 해소하기 위한 기억장치의 명칭은?

① 가상 기억장치

② 캐시 기억장치

③ 자기코어 기억장치

④ 하드디스크 기억장치

27 중앙처리장치(CPU)의 구성 요소에 해당하지 않는 것은?

① 연산장치

② 입력장치

③ 제어장치

④ 레지스터

28 다음 중 선입선출(FIFO) 동작을 하는 것은?

① RAM

② ROM

③ STACK

④ QUEUE

해설
④ QUEUE : 선입선출(FIFO)
③ STACK : 후입선출(LIFO)

29 다음 중 노트북 컴퓨터에 주로 사용되는 디스플레이장치로서, 현재는 데스크탑 형태의 컴퓨터, 전자계산기, 액정 TV 등에 폭넓게 사용되는 장치는?

① 음극선관(CRT)

② 박막액정디스플레이(LCD)

③ 플라스마디스플레이(PDP)

④ 디지타이저

해설
브라운관(CRT ; Cathode Ray Tube)은 19세기 말에 처음 발명된 이후, 100년 넘게 TV나 컴퓨터 모니터와 같은 디스플레이장치에 널리 쓰였다. 하지만 CRT는 전자총에서 음극전자를 발사해 형광 물질이 칠해진 유리면을 때리면 빛이 나는 원리를 이용한다는 구조적인 특성 때문에 장치의 부피를 줄이기 어렵다는 단점이 있다. 특히 화면 크기가 30인치 정도를 넘어가면 제품의 두께가 50cm에 달할 정도로 커지기 때문에 제품의 이동이나 배치에 어려움이 많았다. 하지만 2000년대 들어 기존의 CRT 디스플레이를 대신하는 평판 디스플레이가 본격적으로 대중화되기 시작해 TV 및 모니터 시장을 크게 바꿔놓았다. 평판 디스플레이는 벽걸이로써도 될 정도로 두께가 얇은 것이 특징인데, 특히 평판디스플레이 방식의 주역으로 떠오른 것이 바로 액정디스플레이(LCD ; Liquid Crystal Display)이다. LCD는 화면이 30인치 이상으로 커져도 10cm 이내로 제품 두께를 줄일 수 있는 것이 가장 큰 장점으로, CRT에 비해 제품 소형화에 절대적으로 유리하다는 이점을 앞세워 시계나 전자계산기, 휴대전화 등의 소형 기기에도 대거 채용되어 정보 통신 환경 전반의 모습을 바꾸는 데 큰 기여를 했다.

30 다음 기호의 명칭으로 옳은 것은?

① 정류 다이오드 ② 제너 다이오드
③ 쇼트키 다이오드 ④ 터널 다이오드

해설

터널 다이오드
불순물 반도체에서 부성저항 특성이 나타나는 현상을 응용한 p–n 접합 다이오드로 불순물 농도를 증가시킨 반도체로서 p–n접합을 만들면 공핍층이 아주 얇게 되어 터널 효과가 발생하고, 갑자기 전류가 많이 흐르게 되며 순방향 바이어스 상태에서 부성 저항 특성이 나타난다. 이렇게 하면 발진과 증폭이 가능하고 동작 속도가 빨라져 마이크로파대에서 사용이 가능하다. 그러나 이 다이오드는 방향성이 없고 잡음이 나타나는 등 특성상 개선할 점이 있다. 1957년 일본의 에사키(Esaki)가 발표했기 때문에 에사키 다이오드라고도 한다.

31 두 개의 입력값이 모두 참일 때 출력값이 참이 되는 논리 게이트는 어느 것인가?

① AND ② NAND
③ XOR ④ NOT

해설

논리 게이트에서 출력전압이 높은(High) 상태를 1 즉, 참이라고 하고, 낮은(Low) 상태를 0 즉, 거짓이라고 할 때, AND 게이트의 출력이 참이 되는 경우는 AND 게이트의 두 입력 모두 참인 경우뿐이다. 만약 입력 중 어느 한 쪽이라도 참이 아니라면 AND 게이트의 결과, 출력은 거짓이 된다.

입력신호		출력신호
A	B	X
0	0	0
0	1	0
1	0	0
1	1	1

32 다음 중 능동 소자 부품의 기호는?

① ⎓⎓⎓⎓ ② ⊣⊢
③ ⌒⌒⌒⌒ ④ ▶⊢

해설

• 능동 소자(부품) : 다이오드(Diode), 트랜지스터(Transistor), 전계효과트랜지스터(FET), 단접합트랜지스터(UJT), 연산증폭기 등
• 수동 소자(부품) : 저항기, 콘덴서, 유도기(초크코일) 등

33 도면의 크기와 양식에 대한 설명으로 틀린 것은?

① 제도 용지의 크기는 필요에 따라 크기를 선택하여야 한다.
② 종이의 규격에 맞추어야 한다.
③ 어떠한 경우라도 종이의 규격에 따라야 한다.
④ 양식은 KSA0106 규격에 따라 도면을 그려야 한다.

해설

도면의 크기와 양식
• 기계제도에 사용되는 도면은 기계제도(KSB001) 규격과 도면의 크기 및 양식(KSA0106)에서 정한 크기를 사용하며, A열 사이즈를 사용한다. 단, 표시할 도형이 길 경우 연장사이즈를 사용한다. 도면에는 반드시 도면의 윤곽, 표제란 및 중심마크를 마련해야 한다. 또한, 도면의 크기는 가능한 작은 것을 사용해야 한다.
• 도면의 크기가 서로 다르면 관리 및 보관이 불편하기 때문에 일정한 크기로 만들어 규격화하여 사용한다. 제도 용지의 가로와 세로 비는 $1 : \sqrt{2}$ 가 되며, 도면은 길이 방향을 좌우로 놓고 작성하나 A4 이하의 도면은 길이 방향을 세로로 사용할 수 있다. 큰 도면은 접을 때에는 A4의 크기로 접는 것을 원칙으로 하되 도면 우측 하단부에 표제란(예 회사상호, 설계자)이 보이도록 접는다.
• 원도는 절대로 접지 않으며 원도를 말아서 보관할 경우 그 안지름이 40[mm] 이상이 되게 한다(접합부를 보존하기 위함이며 구김은 없어야 한다).
※ 상세 이미지는 2015년 2회 34번 해설 참고

34 산업 규모가 커지고, 제품의 대량 생산화와 더불어 원활한 산업 활동과 국가 간의 교류 및 공동의 이익을 얻기 위하여 표준규격을 제정하고 있다. 이와 같이 표준규격을 제정함으로써 나타나는 특징이 아닌 것은?

① 제품의 균일화가 이루어진다.
② 생산의 능률화가 이루어진다.
③ 제품의 세계화가 어려워진다.
④ 제품 상호 간의 호환성이 좋아진다.

해설
공산품에 대해서도 모양, 치수, 재료, 검사 및 시험 등의 규격이 통일되므로 제품 생산의 능률화와 품질 향상, 제품의 상호 호환성 등 여러 면에서 이득을 볼 수가 있다.

35 한쪽 측면에만 리드(Lead)가 있는 패키지 소자는?

① SIP(Single Inline Package)
② DIP(Dual Inline Package)
③ SOP(Small Outline Package)
④ TQFP(Thin Quad Flat Package)

해설
① SIP(Single In-line Package) : DIP와 핀 간격이나 특성이 비슷하나 공간문제로 한 줄로 만든 제품, 주로 모터드라이버나 오디오용 IC 등과 같이 아날로그 IC쪽에 주로 사용
② DIP(Dual In-line Package), PDIP(Plastic DIP) : 다리와 다리 간격이 0.1[inch](100[mil], 2.54[mm])라서 만능기판이나 브레드보드에 적용하기 쉬워 많이 사용, 핀의 배열이 두 줄로 평행하게 배열되어 있는 부품을 지칭하는 용어로 우수한 열 특성을 갖고 있다. 74XX, CMOS, 메모리, CPU 등에 사용
IC의 외형에 따른 종류
• 스루홀(Through Hole) 패키지 : DIP(CDIP, PDIP), SIP, ZIP, SDIP
• 표면실장형(SMD ; Surface Mount Device) 패키지
  – 부품의 구멍을 사용하지 않고 도체 패턴의 표면에 전기적 접속을 하는 부품탑재방식
  – SOP(TSOP, SSOP, TSSOP), QFP, QFJ(PLCC), QFN, BGA, TQFP
• 접촉실장형(Contact Mount Device) 패키지 : TCP, COB, COG

36 두 도체로 된 전극 또는 금속편 사이에 각종 유전 물질을 채운 전자 소자의 명칭은?

① 코 일
② 커패시터
③ 저 항
④ 다이오드

해설
커패시터(Capacitor)는 콘덴서(Condenser)라고도 하며, 마주보는 전극 사이에 전하를 축적시키는 소자로 전기용량 C를 갖는 커패시터에 전압 V를 가하면 $Q = CV$ 전하가 축적된다. C의 크기는 전극 면적 및 전극 사이를 절연하고 있는 유도체의 유전율에 비례하며 전극 사이의 거리에 반비례한다. 따라서 유전율이 큰 절연체를 사용함으로써 같은 용량이라도 소형으로 만들 수 있고, 전자부품으로 유리하다.

37 반도체 부품의 패키지 형태로 볼 수 없는 것은?

① SIP
② DIP
③ SOP
④ TOP

해설
IC의 외형에 따른 종류
• 스루홀(Through Hole) 패키지 : DIP(CDIP, PDIP), SIP, ZIP, SDIP
• 표면실장형(SMD ; Surface Mount Device) 패키지 : SOP (TSOP, SSOP, TSSOP), QFP, QFJ(PLCC), QFN, BGA, TQFP
• 접촉실장형(Contact Mount Device) 패키지 : TCP, COB, COG

38 국가별 산업표준규격을 나타내는 표준약호(Code)로 틀린 것은?

① 한국 : KS ② 일본 : JIS

③ 미국 : USA ④ 독일 : DIN

기 호	표준 규격 명칭	영문 명칭	마 크
ISO	국제 표준화 기구	International Organization for Standardization	ISO
KS	한국산업 규격	Korean Industrial Standards	KS
BS	영국규격	Britsh Standards	
DIN	독일규격	Deutsches Institute fur Normung	DIN
ANSI	미국규격	American National Standards Institutes	ANSI
SNV	스위스 규격	Schweitzerish Norman-Vereingung	SNV
NF	프랑스 규격	Norme Francaise	NF
SAC	중국규격	Standardization Administration of China	SAC
JIS	일본공업 규격	Japanese Industrial Standards	JIS

39 IPC(Institute for Interconnecting & Packaging Electronic Circuits)에서는 검사기준에 차등을 두기 위해 전자제품을 4등급으로 분류하는데 그 분류가 잘못된 것은?

① CLASS 1 - 군수산업용

② CLASS 2 - 일반산업용

③ CLASS 3 - 고성능산업용

④ CLASS 4 - 고신뢰등급

IPC는 미국에 본부를 둔 PCB, Connector, Cable, Package, Assembly에 관한 규격을 제정하고 기술 자료를 공급하는 국제기구로서 정식 명칭은 The Institute for Interconnecting and Packaging Electronics Circuits이다. IPC에서는 검사기준에 차등을 두기 위해 전자제품을 다음과 같이 4등급으로 나누고 있다. PCB 또한 쓰임새에 따라 구분된다.

• CLASS 1(Consumer Products) : 외관 불량이 그다지 문제가 되지 않고 기능만 나오면 만족스러운 제품으로 기본검사와 Test만 하면 되는 PCB

• CLASS 2(General Industrial) : 검사나 SPC/SQC 관리에 의해 어느 정도 신뢰성이 보장되어야 하는 산업용 장비에 사용되는 PCB

• CLASS 3(High Performance Industrial) : 검사나 SPC/SQC 기법에 의해 신뢰성이 높게 보장되는 전자제품에 사용되는 PCB

• CLASS 4(High Reliability) : 심장박동기 같이 생명보조장비나 연속 작동 시 고도의 신뢰성이 보장되는 제품에 사용되는 PCB로 이러한 제품은 각종 Test에 의해 성능이 보장되어야 한다.

40 정격의 특성을 색으로 표시할 때 보라색으로 표시하는 숫자는?

① 1   ② 3

③ 5   ④ 7

> **해설**
>
> 색과 숫자의 관계(KS C 0806-1997 참조)
>
> | 색 명 | 숫 자 | 10의 배수 | 허용차[%] |
> |---|---|---|---|
> | 검은색 | 0 | $10^0=1$ | ±20 |
> | 갈 색 | 1 | 10^1 | ±1 |
> | 적 색 | 2 | 10^2 | ±2 |
> | 주황색 | 3 | 10^3 | ±5 |
> | 황 색 | 4 | 10^4 | - |
> | 녹 색 | 5 | 10^5 | ±5 |
> | 청 색 | 6 | 10^6 | - |
> | 보라색 | 7 | 10^7 | - |
> | 회 색 | 8 | - | - |
> | 흰 색 | 9 | - | - |
> | 금 색 | - | 10^{-1} | ±5 |
> | 은 색 | - | 10^{-2} | ±10 |
> | 무 색 | - | - | ±20 |

41 마일러 콘덴서 104K의 용량값은 얼마인가?

① $0.01[\mu F]$, $\pm 10[\%]$

② $0.1[\mu F]$, $\pm 10[\%]$

③ $1[\mu F]$, $\pm 10[\%]$

④ $10[\mu F]$, $\pm 10[\%]$

> **해설**
>
> $104 = 10 \times 10^4 [pF] = 100,000[pF] = 0.1[\mu F]$
> 허용차[%]의 문자 기호
>
> | 문자 기호 | 허용차[%] | 문자 기호 | 허용차[%] |
> |---|---|---|---|
> | B | ±0.1 | J | ±5 |
> | C | ±0.25 | K | ±10 |
> | D | ±0.5 | L | ±15 |
> | F | ±1 | M | ±20 |
> | G | ±2 | N | ±30 |
>
> $\therefore 104K = 0.1[\mu F]$, $\pm 10[\%]$

42 '컴퓨터 지원 설계'의 약자로 옳은 것은?

① CAD   ② CAM

③ CAE   ④ CNC

> **해설**
>
> ① CAD(Computer Aided Design) : 컴퓨터의 도움으로 도면을 설계하는 프로그램의 일종으로 산업분야에 따라 구분
> ② CAM(Computer Aided Manufacturing) : 설계된 데이터를 기반으로 제품을 제작하는 것
> ③ CAE(Computer Aided Engineering) : 설계를 하기에 앞서서 또는 설계 후에 해석을 하는 프로그램
> ④ CNC(Computerized Numerical Control) : 컴퓨터에 의한 수치제어를 하는 프로그램

43 설계자의 의도를 작업자에게 정확히 전달시켜 요구하는 물품을 만들게 하기 위해 사용되는 도면은?

① 계획도   ② 주문도

③ 견적도   ④ 제작도

> **해설**
>
> ④ 제작도(Production Drawing) : 공장이나 작업장에서 일하는 작업자를 위해 그려진 도면으로, 설계자의 뜻을 작업자에게 정확히 전달할 수 있는 충분한 내용으로 가공을 용이하게 하고 제작비를 절감시킬 수 있다.
> ① 계획도(Scheme Drawing) : 만들고자 하는 제품의 계획을 나타내는 도면
> ② 주문도 : 주문한 사람이 주문서에 붙여서 자기 요구의 대강을 주문 받을 사람에게 보이기 위한 도면
> ③ 견적도 : 제품이나 공사 계약 및 입찰 가격을 결정하기 위하여 사용하는 도면

44 컴퓨터에 그림이나 도형의 위치 관계를 부호화하여 입력하는 장치로서 평면판과 펜으로 구성되어 있는 장치는?

① 키보드   ② 마우스
③ 디지타이저   ④ 스캐너

해설

디지타이저(Digitizer)는 입력 원본의 아날로그 데이터인 좌표를 판독하여, 컴퓨터에 디지털 형식으로 설계도면이나 도형을 입력하는 데 사용되는 입력장치이다. X, Y 위치를 입력할 수 있으며, 직사각형의 넓은 평면 모양의 장치나 그 위에서 사용되는 펜이나 버튼이 달린 커서장치로 구성된다. 디지타이저는 기능을 표현하고 태블릿(Tablet)은 판 모양의 형상을 의미했는데 이제는 대형·고분해 능력의 기종을 디지타이저, 탁상에 얹어서 사용하는 소형의 것을 태블릿이라 부르는 경우가 많다. 가장 간단한 디지타이저로는 패널에 있는 메뉴를 펜이나 손가락으로 눌러 조작하는 터치패널이 있다. 사용자가 펜이나 커서를 움직이면 그 좌표 정보를 밑판이 읽어 자동으로 컴퓨터 시스템의 화면 기억장소로 전달하고, 특정 위치에서 펜을 누르거나 커서의 버튼을 누르면 그에 해당되는 명령이 수행된다. 구조에 따라 자동식과 수동식으로 나눈다. 수동식에는 로터리 인코더(Rotary Encoder)나 리니어 스케일(Linear Scale)로 위치를 판독하는 건트리 방식과 커서로 읽어내는 프리커서 방식이 있다.

45 PCB 도면을 그래픽 출력장치로 인쇄할 경우 프린트 기판에 부품 정보를 나타내는 도면은?

① Solder Mask
② Top Silk Screen
③ Solder Side Pattern
④ Component Side Pattern

해설

PCB도면을 그래픽 출력장치로 인쇄할 경우 출력 데이터 파일의 내용
• Component Side Pattern : 부품을 삽입하는 면에 대한 데이터 표시
• Top Silk Screen : 조립 시 참조할 부품의 번호와 종류, 방향에 대한 데이터 표시

• Solder Side Pattern : 납땜면에 대한 데이터 표시
• Solder Mask Top/Bottom : Solder Side 면에 Solder Resistor의 도포를 위하여 납땜이 가능한 부위만을 나타내기 위한 부분에 대한 데이터 표시
• Bottom Silk Screen : Bottom 면에 부품을 실장 시에 필요하며, 부품의 번호와 종류, 방향에 대한 데이터를 표시하는 것으로 역으로 인쇄한다.
• Component Side Solder Mask : 표면실장부품(SMD)을 부품면과 납땜면의 Solder Mask가 상이할 경우에만 필요
• Drill Data : 인쇄회로기판의 천공할 홀의 크기 및 좌표와 수량 데이터를 표시

46 CAD 시스템을 도입하는 목적으로 틀린 것은?

① 복잡한 명령과 실행
② 도면 작성의 자동화
③ 작업 시간의 단축
④ 효율적 관리

해설

CAD 시스템의 도입 효과
자동화, 납기(작업시간) 단축, 효율적인 관리, 표준화, 노하우 축적, 신뢰성 향상, 경쟁력 강화, 원가 절감, 품질 향상

47 인쇄회로 기판 설계 시 전원선의 도체의 너비를 구하는 기준으로 옳은 것은?

① W = 0.008 × 전압
② W = 0.005 × 전압
③ W = 0.08 × 전압
④ W = 0.05 × 전압

해설

PCB 설계 시 전원선의 도체의 너비
W = 0.008 × 전압

48 레이저 빔 프린터와 같은 고속 프린터의 속도를 표시할 때 사용하는 단위는?

① CPS ② LPM
③ PPM ④ BPS

해설

일반 프린터의 인쇄 속도는 CPS(Character Per Second)로 측정하며, 이는 1초당 프린터를 통해 프린터 되는 문자수를 말한다. 보통 개인용 컴퓨터에 부가하여 사용하는 프린터의 인쇄속도는 영문자의 경우 200~500자, 한글 등의 경우에는 30~100자 정도이다. 고속 프린터의 인쇄 속도는 PPM(Pages Per Minute)으로 고속 모드에서의 분당 A4용지 몇 장을 출력하는지를 나타낸다.

49 저항값이 낮은 저항기로 대전력용으로 사용되며 표준 저항기 등의 고정밀 저항기로 사용되는 저항으로 옳은 것은?

① 탄소피막 저항 ② 솔리드 저항
③ 금속피막 저항 ④ 권선 저항

해설

④ 권선 저항기 : 저항값이 낮은 저항기로 대전력용으로도 사용된다. 그리고 이 형태는 표준 저항기 등의 고정밀 저항기로도 사용된다.
① 탄소피막 저항기 : 간단히 탄소 저항이라고도 하며, 저항값이 풍부하고 쉽게 구할 수 있다. 또, 가격이 저렴하기 때문에 일반적으로 사용되지만 종합 안정도는 좋지 않다.
② 솔리드 저항기 : 몸체 자체가 저항체이므로 기계적 내구성이 크고 고저항에서도 단선될 염려가 없다. 가격이 싸지만 안정도가 나쁘다.
③ 금속피막 저항기 : 정밀한 저항이 필요한 경우에 가장 많이 사용되는 저항기로 특히 고주파 특성이 좋으므로 디지털회로에도 널리 사용된다. 제조 방법은 세라믹 로드에 니크롬, TiN, TaN, 니켈, 크롬 등의 합금을 진공증착, 스퍼터링 등의 방법으로 필름 형태로 부착시킨 후 홈을 파서 저항값을 조절하는 방법으로 만들며 대량 생산에도 적합하고 온도특성, 전류 잡음 등 많은 장점을 가지고 있지만 재료의 특성상 탄소피막 저항기에 비해 가격이 비싸다.

50 리드(Lead)가 없는 반도체 칩을 범프(Bump, 돌기)를 사용하여 PCB 기판에 직접 실장하는 방법을 말하는 것은?

① 표면실장기술(SMT)
② 삽입실장기술(TMT)
③ 플립칩(FC ; Flip Chip) 실장
④ POB(Package On Board) 기술

해설

플립칩(FC ; Flip Chip) 실장
반도체 칩을 제조하는 과정에서 Wafer 단위의 식각(Etching), 증착(Evaporation) 같은 공정을 마치면 Test를 거치고 최종적으로 Packaging을 한다. Packaging은 Outer Lead(외부단자)가 형성된 기판에 Chip이 실장하고 Molding을 하는 것을 말한다. Outer Lead는 기판과 칩을 전기적으로 연결하는 단자이고 이 Outer Lead와 칩의 연결 형태에 따라 Wire Bonding, Flip Chip Bonding이라는 말을 사용한다.

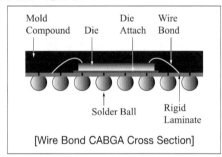

[Wire Bond CABGA Cross Section]

• Wire Bonding : Lead가 형성된 기판에 칩을 올려두고 미세 Wire를 이용해 Outer Lead와 전기적으로 연결된 Inner Lead에 반도체 칩의 전극패턴을 연결하는 방식을 말한다.

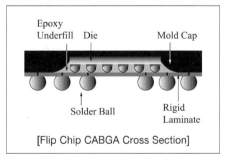

[Flip Chip CABGA Cross Section]

• Flip Chip Bonding : 전극패턴 혹은 Inner Lead에 Solder Ball 등의 돌출부를 만들어 주고 기판에 Chip을 올릴 때 전기적으로 연결되도록 만든 것이다. 그래서 Flip Chip Bonding을 이용하면 Wire Bonding 만큼의 공간을 절약할 수 있어 작은 Package의 제조가 가능하다.

51 PCB 설계 시 사용되는 단위에 관한 것이다. ( ) 안에 알맞은 숫자는?

> 2.54[mm]는 ( )[mil]이다.

① 1
② 10
③ 100
④ 1,000

해설
mil(밀)은 부품 리드의 피치나 PCB의 패턴 간격 등에 주로 사용된다.
1[inch] = 1,000[mil] = 2.54[cm] = 25.4[mm]
∴ 2.54[mm] = 100[mil]

52 전자 CAD로 작업한 파일을 저장할 수 있는 장치는?

① 스캐너
② 모니터
③ 마우스
④ 하드디스크

해설
하드디스크(Hard Disk)
일련의 디스크들이 레코드판처럼 겹쳐져 있는 것으로, 디스크 위에는 트랙이라 불리는 동심원들이 있으며 그 안에 데이터가 전자기적으로 기록되도록 고안되어 있다. 헤드는 트랙에 정보를 기록하거나 읽어낸다. 디스크의 각 면에 있는 두 개의 헤드는 디스크의 회전으로 데이터를 읽거나 기록하게 된다. 전자 CAD로 작업한 파일은 이 하드디스크에 저장된다.

53 다음의 내용에서 설명하는 명령어는?

> • 도면 작성에 필요한 종이 크기를 설정한다.
> • 도면 작성에 필요한 기본 단위를 설정한다.
> • 작품명을 기입한다.

① 도면 열기
② 도면 저장하기
③ 화면 크기 조정
④ 새 도면

해설
'새 도면' 명령을 선택했을 때 하는 설정들이다.

54 다음은 양면 PCB 제조공정의 주요 단계를 순서 없이 늘어놓은 것이다. 제조공정의 순서로 올바른 것은?

> ㉠ 동박 적층판 재단
> ㉡ 검사 및 출하
> ㉢ 비아(Via)홀의 형성
> ㉣ 배선 패턴의 형성
> ㉤ 솔더 레지스트 인쇄
> ㉥ 홀 및 외관 가공

① ㉠ → ㉣ → ㉢ → ㉤ → ㉥ → ㉡
② ㉠ → ㉢ → ㉣ → ㉤ → ㉥ → ㉡
③ ㉠ → ㉤ → ㉣ → ㉢ → ㉥ → ㉡
④ ㉠ → ㉤ → ㉢ → ㉣ → ㉥ → ㉡

해설
PCB 제조공정
재단공정 → MLB적층공정(양면 작업 시 공정삭제) → 드릴공정 → 도금공정 → DRY FILM공정 → 인쇄공정 → 표면 & 외형공정 → 검사공정 → 출하

55 PCB 설계 시 배선의 전기적 특성과 노이즈 개선방법으로 틀린 것은?

① 회로블록마다 디커플링 커패시터를 배치한다.

② 기판 내 접지점은 5점 이상의 접지방식을 사용한다.

③ 양면에서는 각층이 서로 교차되도록 배선한다.

④ 주파수 대역 형태별로 기판을 나누어서 배선한다.

해설

PCB에서 패턴 설계 시 유의사항

• 패턴의 길이 : 패턴은 가급적 굵고 짧게 하여야 한다. 패턴은 가능한 두껍게 Data의 흐름에 따라 배선하는 것이 좋다.

• 부유 용량 : 패턴 사이의 간격을 떼어놓거나 차폐를 행한다. 양 도체 사이의 상대 면적이 클수록, 거리가 가까울수록, 절연물의 유전율이 높을수록 부유 용량(Stray Capacity)이 커진다.

• 신호선 및 전원선은 45°로 구부려 처리한다.

• 신호 라인이 길 때는 간격을 충분히 유지시키는 것이 좋다.

• 단자와 단자의 연결에서 VIA는 최소화하는 것이 좋다.

• 공통 임피던스 : 기판에서 하나의 접지점을 정하는 1점 접지방식으로 설계하고, 각각의 회로 블록마다 디커플링 콘덴서를 배치한다.

• 회로의 분리 : 취급하는 전력 용량, 주파수 대역 및 신호 형태별로 기판을 나누거나 커넥터를 분리하여 설계한다.

• 도선의 모양 : 배선은 가급적 짧게 하는 것이 다른 배선이나 부품의 영향을 적게 받는다.

PCB에서 노이즈(잡음) 방지대책

• 회로별 Ground 처리 : 주파수가 높아지면(1[MHz] 이상) 병렬, 또는 다중 접지를 사용한다.

• 필터 추가 : 디커플링 커패시터를 전압강하가 일어나는 소자 옆에 달아주어 순간적인 충방전으로 전원을 보충, 바이패스 커패시터(0.01, 0.1[μF])(103, 104), 세라믹 또는 적층 세라믹 콘덴서)를 많이 사용한다(고주파 RF 제거 효과). TTL의 경우 가장 큰 용량이 필요한 경우는 0.047[μF] 정도이므로 흔히 0.1[μF]를 사용한다. 커패시터 배치할 때에도 소자와 너무 붙여놓으면 전파 방해가 생긴다.

• 내부배선의 정리 : 일반적으로 1[A]가 흐르는 선의 두께는 0.25[mm](허용온도상승 10[℃]일 때) 0.38[mm](허용온도 5[℃]일 때), 배선을 알맞게 하고 배선 사이를 배선의 두께만큼 띄운다. 배선 사이의 간격이 배선의 두께보다 작아지면 노이즈 발생(Crosstalk 현상), 직각으로 배선하기보다 45°, 135°로 배선한다. 되도록이면 짧게 배선을 한다. 배선이 길어지거나 버스패턴을 여러 개 배선해야 할 경우 중간에 Ground 배선을 삽입한다. 배선의 길이가 길어질 경우 Delay 발생 → 동작이상, 같은 신호선이라도 되도록이면 묶어서 배선하지 않는다.

• 동판처리 : 동판의 모서리 부분이 안테나 역할 → 노이즈 발생, 동판의 모서리 부분을 보호 가공한다. 상하 전위차가 생길 만한 곳에 같은 극성의 비아(Via)를 설치한다.

• Power Plane : 안정적인 전원공급 → 노이즈 성분을 제거하는 데 도움이 된다. Power Plane을 넣어서 다층기판을 설계할 때 Power Plane 부분을 Ground Plane보다 20[H](=120[mil]=약 3[mm]) 정도 작게 설계한다.

• EMC 대책 부품을 사용한다.

56 CAD용 소프트웨어의 구성이라고 볼 수 없는 것은?

① 그래픽 패키지

② 응용 프로그램

③ 응용 데이터베이스

④ MGA(Mono-chrome Graphic Adapter)

해설

MGA(Mono-chrome Graphic Adapter)는 단색 그래픽 어댑터로 그래픽 출력장치와 연결하는 카드이다.

57 기판 재료 용어를 설명한 것 중 표면에 도체 패턴을 형성할 수 있는 절연 재료를 의미하는 것은?

① 절연 기판(Base Material)
② 프리프레그(Prepreg)
③ 본딩 시트(Bonding Sheet)
④ 동박 적층판(Copper Clad Laminates)

해설
기판 재료 용어
- 절연 기판(Base Material) : 표면에 도체 패턴을 형성할 수 있는 패널 형태의 절연재료
- 프리프레그(Prepreg) : 유리섬유 등의 바탕재에 열경화성 수지를 함침시킨 후 'B STAGE'까지 경화시킨 시트 모양의 재료
- B STAGE : 수지의 반경화 상태
- 본딩 시트(Bonding Sheet) : 여러 층을 접합하여 다층 인쇄 배선판을 제조하기 위한 접착성 재료로 본 시트
- 동박 적층판(Copper Clad Laminated) : 단면 또는 양면을 동박으로 덮은 인쇄배선판용 적층판
- 동박(Copper Foil) : 절연판의 단면 또는 양면을 덮어 도체 패턴을 형성하기 위한 Copper Sheet
- 적층(Lamination) : 2매 이상의 층 구성재를 일체화하여 접착하는 것
- 적층판(Laminate) : 수지를 함침한 바탕재를 적층, 접착하여 만든 기판

58 PCB 제작 시 필름의 치수변화를 최소화하기 위한 조치로서 바르지 못한 것은?

① 필름실의 항온 · 항습 유지
② 수축을 방지하기 위해 구입 즉시 사용
③ 이물질을 최소화하기 위한 Class 유지 관리
④ 제조 룸과 공정의 통제 관리

해설
기본적인 치수 안정성 요건
- 필름실의 온 · 습도 관리 : 필름의 보관, Plotting, 취급 등의 모든 작업이 이루어지는 환경의 온 · 습도의 항상성은 매우 중요하다. 특히 암실의 항온 · 항습 유지 관리가 관건이며, 아울러 이물질의 불량을 최소화하기 위한 Class 유지 관리가 동시에 이루어져야 한다.
- Seasoning 관리 : 필름은 원래 생산된 회사의 환경과 PCB 제조 업체의 암실 사이에는 온 · 습도가 다를 수 있으므로 반드시 구입 후 암실에서 환경에 적응(수축 또는 팽창)시킨 후에 필름 제작에 들어가는 것이 중요하다. 최소 24시간 이상 환경에 적응시키는 것이 바람직하다.
- 불가역 환경 방지 관리 : 필름은 재질의 대부분이 Polyester로 이것은 적정 온 · 습도 범위 내에서는 수축 또는 팽창되었다가도 다시 원래 치수로 복원하는 특성을 갖고 있으나, 극단적인 온 · 습도 환경에 놓이면 시간이 경과가 되어도 원래 치수로 복원이 어려우므로 필름의 보관제조 룸 또는 공정 중에 통제와 관리가 반드시 필요하다. 일반적으로 필름의 박스 표지에 이 필름의 보관 온 · 습도 범위가 표시되어 있는데 이 범위를 환경적으로 벗어나지 않도록 모든 공정의 제어가 필요하다.

59 CAD로 직선을 그리는 경우 좌표 원점으로부터 거리를 나타내며 (X, Y)로 표시하는 것은?

① 극좌표
② 절대좌표
③ 상대좌표
④ 복소평면좌표

좌표의 종류
• 세계좌표계(WCS ; World Coordinate System) : 프로그램이 가지고 있는 고정된 좌표계로서 도면 내의 모든 위치는 X, Y, Z 좌표값을 갖는다.
• 사용자좌표계(UCS ; User Coordinate System) : 작업자가 좌표계의 원점이나 방향 등을 필요에 따라 임의로 변화시킬 수 있다. 즉, WCS를 작업자가 원하는 형태로 변경한 좌표계이다. 이는 3차원 작업 시 필요에 따라 작업평면(XY평면)을 바꿀 때 많이 사용한다.
• 절대좌표(Absolute Coordinate) : 원점을 기준으로 한 각 방향 좌표의 교차점을 말하며, 고정되어 있는 좌표점 즉, 임의의 절대좌표점 (10, 10)은 도면 내에 한 점밖에는 존재하지 않는다. 절대좌표는 [X좌표값, Y좌표값] 순으로 표시하며, 각각의 좌표점 사이를 콤마(,)로 구분해야 하고, 음수값도 사용이 가능하다.
• 상대좌표(Relative Coordinate) : 최종점을 기준(절대좌표는 원점을 기준으로 했음)으로 한 각 방향의 교차점을 말한다. 따라서 상대좌표의 표시는 하나이지만 해당 좌표점은 기준점에 따라 도면 내에 무한적으로 존재한다. 상대좌표는 [@기준점으로부터 X방향값, Y방향값]으로 표시하며, 각각의 좌표값 사이를 콤마(,)로 구분해야 하고, 음수값도 사용이 가능하다(음수는 방향이 반대임).
• 극좌표(Polar Coordinate) : 기준점으로부터 거리와 각도(방향)로 지정되는 좌표를 말하며, 절대극좌표와 상대극좌표가 있다. 절대극좌표는 [원점으로부터 떨어진 거리 < 각도]로 표시한다. 상대극좌표는 마지막 점을 기준으로 하여 지정하는 좌표이다. 따라서 상대극좌표의 표시는 하나이지만 해당 좌표점은 기준점에 따라 도면 내에 무한적으로 존재한다. 상대극좌표는 [@기준점으로부터 떨어진 거리 < 각도]로 표시하며, 거리와 각도 표시 사이를 부등호(<)로 구분해야 하고, 거리와 각도에 음수값도 사용이 가능하다.
• 최종좌표(Last Point) : 이전 명령에 지정되었던 최종좌표점을 다시 사용하는 좌표이다. 최종좌표는 [@]로 표시한다. 최종좌표는 마지막 점에 사용된 좌표방식과는 무관하게 적용된다.

60 패턴 설계 시 고려해야 할 사항이 아닌 것은?

① 신호 전달 패턴과 전력 전달 패턴은 근접시키지 않는다.
② 패턴은 가능한 최단 거리를 원칙으로 한다.
③ 패턴의 굵기는 흐르는 전류량과 관련이 있다.
④ 패턴과 패턴 사이는 가능한 GND 패턴을 통과시키지 않는다.

배선 설계 시 유의사항
• 소신호와 대전류의 배선은 근접하지 않도록 한다.
• 배선과 배선 간에 가능한 한 접지선을 통과시킨다.
• 배선은 최단 거리를 유지하고, 배선이 길어서 루프가 형성되지 않도록 한다.
• 배선 간의 전위차에 따라 다음과 같이 배선 간격을 유지해야 한다.
  - 전압이 20[V]일 경우 0.1[mm]의 간격을 유지
  - 전압이 100[V]일 경우 0.5[mm]의 간격을 유지
  - 전압이 500[V]일 경우 2.5[mm]의 간격을 유지

※ 2017년부터는 CBT(컴퓨터 기반 시험)로 진행되어 수험자의 기억에 의해 문제를 복원하였습니다. 실제 시행문제와 일부 상이할 수 있음을 알려드립니다.

01 자석에 의한 자기 현상의 설명으로 옳은 것은?

① 자력은 거리에 비례한다.

② 철심이 있으면 자속 발생이 어렵다.

③ 자력선은 S극에서 나와 N극으로 들어간다.

④ 서로 다른 극 사이에는 흡인력이 작용한다.

해설

자석에 의한 자기 현상
- 자력은 거리의 제곱에 반비례한다.
- 철심이 있으면 자속이 발생한다.
- 자력선은 N극에서 나와 S극으로 들어간다.
- 서로 같은 극끼리는 반발력이, 다른 극끼리는 흡인력이 작용한다.

02 주로 100[kHz] 이하의 저주파용 정현파 발진 회로로 가장 많이 사용되는 것은?

① 블로킹 발진 회로

② 수정 발진 회로

③ 톱니파 발진 회로

④ RC 발진 회로

해설

이상형 RC 발진 회로
- 컬렉터 측의 출력 전압의 위상을 180° 바꾸어 입력 측 베이스에 양되먹임되어 발진하는 발진기이며 주로 저주파용 정현파 발진 회로로 사용된다.
- 입력 임피던스가 크고, 출력 임피던스가 작은 증폭 회로이다.
- $A_V \geq 29$

03 "전자유도에 의하여 생기는 전압의 크기는 코일을 쇄교하는 자속의 변화율과 코일의 권선 수의 곱에 비례한다."는 법칙은?

① 렌츠의 법칙

② 패러데이의 법칙

③ 앙페르의 오른나사 법칙

④ 비오-사바르의 법칙

해설

② 패러데이의 전자유도 법칙 : 자속 변화에 의한 유도기전력의 크기를 결정하는 법칙
① 렌츠의 법칙(Lenz's Law) : 역기전력의 법칙
③ 앙페르의 오른나사의 법칙 : 전류에 의한 자기장의 방향을 결정하는 법칙
④ 비오-사바르의 법칙 : 전류에 의한 자기장의 세기와의 관계를 나타내는 법칙

04 다음 중 N형 반도체를 만드는 데 사용되는 불순물의 원소는?

① 인듐(In)

② 비소(As)

③ 갈륨(Ga)

④ 알루미늄(Al)

해설

N형 반도체 : Ge, Si에 안티몬(Sb), 비소(As) 같은 5족 불순물을 섞어 과잉 전자(Excess Electron)에 의해서 전기 전도가 이루어지는 불순물 반도체를 말한다.
※ 도너(Doner) : N형 반도체를 만들기 위하여 첨가하는 불순물로 비소(As), 안티몬(Sb), 인(P), 비스무트(Bi) 등이 있다.

05 저항 $R = 5[\Omega]$, 인덕턴스 $L = 100[mH]$, 정전용량 $C = 100[\mu F]$의 RLC 직렬회로에 60[Hz]의 교류전압을 가할 때 회로의 리액턴스 성분은?

① 저 항　　　　② 유도성
③ 용량성　　　　④ 임피던스

해설

RLC 직렬회로에서 $Z = R + j\left(\omega L - \dfrac{1}{\omega C}\right)$에서

$\omega L > \dfrac{1}{\omega C}$일 때(즉, $X_L > X_C$)

전압의 위상이 전류보다 앞서므로 이 회로를 유도성 회로라 하며, 이때 임피던스의 허수부인 리액턴스가 $\omega L - \dfrac{1}{\omega C} > 0$일 때를 유도성 리액턴스라 한다.

$2\pi f L - \dfrac{1}{2\pi f C}$

$= 2\pi \times 60 \times 100 \times 10^{-3} - \dfrac{1}{2\pi \times 60 \times 100 \times 10^{-6}} > 0$

그러므로 유도성 리액턴스이다.

06 정보가 부호화되어 있는 변조방식은?

① PAM　　　　② PWM
③ PCM　　　　④ PPM

해설

③ PCM : 정보가 부호화되어 있는 변조방식
① PAM : AM회로의 디지털화
② PWM : FM회로의 디지털화
④ PPM : 모뎀 등에서 사용하는 위상변조

07 증폭기에서 바이어스가 적당하지 않으면 일어나는 현상으로 옳지 않은 것은?

① 이득이 낮다.
② 전력 손실이 많다.
③ 파형이 일그러진다.
④ 주파수 변화 현상이 일어난다.

해설

전압–전류 특성 곡선상의 동작점이 변화하므로 파형이 일그러지고 전력 손실이 많으며 이득이 낮아진다.

08 고정 바이어스 회로를 사용한 트랜지스터의 β가 50이다. 안정도 S는 얼마인가?

① 49　　　　② 50
③ 51　　　　④ 52

해설

안정계수 $S = \dfrac{\Delta I_C}{\Delta I_{CO}} = 1 + \beta = 1 + 50 = 51$

09 굵기가 균일한 전선의 단면적이 $S[m^2]$이고, 길이가 $l[m]$인 도체의 저항은 몇 $[\Omega]$인가?(단, ρ는 도체의 고유저항이다)

① $R = \rho \dfrac{S}{l}[\Omega]$　　　　② $R = \rho \dfrac{l}{S}[\Omega]$

③ $R = l \dfrac{S}{\rho}[\Omega]$　　　　④ $R = lS\rho[\Omega]$

해설

$R = \rho \dfrac{l}{A}[\Omega]$

여기서, ρ : 도체의 고유저항(비저항, 저항률)
　　　　l : 도체의 길이
　　　　A : 도체의 단면적

10 다음과 같은 연산증폭기의 출력 e_o는?

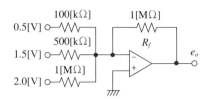

① $-6[\text{V}]$
② $-10[\text{V}]$
③ $-15[\text{V}]$
④ $-20[\text{V}]$

해설

$$e_o = -\left(\frac{1 \times 10^6}{100 \times 10^3} \times 0.5 + \frac{1 \times 10^6}{500 \times 10^3} \times 1.5 + \frac{1 \times 10^6}{1 \times 10^6} \times 2 \right)$$
$$= -10[\text{V}]$$

11 자체 인덕턴스가 10[H]인 코일에 1[A]의 전류가 흐를 때 저장되는 에너지는?

① 1[J]
② 5[J]
③ 10[J]
④ 20[J]

해설

$$W = \frac{1}{2} L I^2 = \frac{1}{2} \times 10 \times 1 = 5[\text{J}]$$

12 3단자 레귤레이터의 특징이 아닌 것은?

① 입력전압이 출력전압보다 높다.
② 방열이 필요 없다.
③ 회로의 구성이 간단하다.
④ 전력 손실이 높다.

해설

방열이 필요하다.

13 다음 회로의 설명 중 틀린 것은?

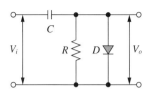

① 음 클램프 회로이다.
② 입력 펄스의 파형이 상승 시 다이오드가 동작한다.
③ C가 충전되는 동안 저항(R) 값은 무한대이다.
④ 입력 펄스 파형이 하강 시 C가 충전된다.

해설

입력 펄스 파형이 상승하는 동안 콘덴서에 전압이 충전된다.

14 연산증폭기의 입력 오프셋 전압에 대한 설명으로 가장 적합한 것은?

① 차동출력을 0[V]가 되도록 하기 위하여 입력단자 사이에 걸어주는 전압이다.
② 출력전압이 무한대(∞)가 되도록 하기 위하여 입력단자 사이에 걸어주는 전압이다.
③ 출력전압과 입력전압이 같게 될 때의 증폭기의 입력전압이다.
④ 두 입력단자가 접지되었을 때 두 출력단자 사이에 나타나는 직류전압의 차이다.

해설

입력 오프셋 전압
연산증폭기에서 출력전압을 0으로 하기 위해 2개의 같은 저항을 통해서 입력단에 가할 전압을 말한다. 보통 0.3~7.5[mV] 정도이다.

15 실제 펄스 파형에서 이상적인 펄스 파형의 상승하는 부분이 기준 레벨보다 높은 부분을 무엇이라 하는가?

① 새그(Sag)

② 링잉(Ringing)

③ 오버슈트(Overshoot)

④ 지연 시간(Delay Time)

③ 오버슈트(Overshoot) : 상승 파형에서 이상적 펄스파의 진폭보다 높은 부분

① 새그(Sag) : 펄스 파형에서 내려가는 부분의 정도

② 링잉(Ringing) : 펄스의 상승부분에서 진동의 정도

④ 지연 시간(Delay Time) : 상승 파형에서 10[%]에 도달하는 데 걸리는 시간

16 JK 플립플롭에서 클록펄스가 인가되고 J, K 입력이 모두 1일 때 출력은?

① 1

② 반 전

③ 0

④ 변함없음

JK 플립플롭
2개의 입력이 동시에 1이 되었을 때 출력 상태가 불확정되지 않도록 한 것으로 이때 출력 상태는 반전된다.

17 주기적으로 재기록하면서 기억 내용을 보존해야 하는 반도체 기억장치는?

① SRAM

② EPROM

③ PROM

④ DRAM

RAM(Random Access Memory) : 저장한 번지의 내용을 인출하거나 새로운 데이터를 저장할 수 있으나, 전원이 꺼지면 내용이 소멸되는 휘발성 메모리이다.
• SRAM(Static RAM) : 플립플롭으로 구성되고 속도가 빠르나 기억 밀도가 작고 전력 소비량도 크다.
• DRAM(Dynamic RAM) : 단위 기억 비트당 가격이 저렴하고 집적도가 높으나 상태 유지를 위해 일정한 주기마다 재충전해야 한다.

18 다음 기억장치 중 접근 시간이 빠른 것부터 순서대로 나열된 것은?

① 레지스터 – 캐시메모리 – 보조기억장치 – 주기억장치

② 캐시메모리 – 레지스터 – 주기억장치 – 보조기억장치

③ 레지스터 – 캐시메모리 – 주기억장치 – 보조기억장치

④ 캐시메모리 – 주기억장치 – 레지스터 – 보조기억장치

레지스터는 중앙처리장치 내에 위치하는 기억소자로 속도가 가장 빠르고, 캐시는 주기억장치와 CPU 사이에서 일종의 버퍼 기능을 수행하는 기억장치이다.

19 컴퓨터의 연산 결과를 나타내는 데 사용되며, 연산 값의 부호 및 오버플로 발생 유무를 표시하는 레지스터는?

① 데이터 레지스터

② 상태 레지스터

③ 누산기

④ 연산 레지스터

해설
상태 레지스터(Status Register) : 연산한 결과의 상태를 기록하여 저장하는 일을 하며, 연산 결과가 양수, 0, 음수인지 또는 자리올림이나 넘침이 발생했는지 등의 연산에 관계되는 상태와 외부 인터럽트 신호까지를 나타내는 레지스터이다.

20 BCD코드 0001 1001 0111을 10진수로 나타내면?

① 195

② 196

③ 197

④ 198

해설
2진수 4자리를 10진수 1자리로 표시한다.
0001(1) 1001(9) 0111(7) → 197

21 8[bit]로 부호와 절댓값 방법으로 표현된 수 42를 한 비트씩 좌우측으로 산술 시프트하면?

① 좌측 시프트 : 42, 우측 시프트 : 42

② 좌측 시프트 : 84, 우측 시프트 : 42

③ 좌측 시프트 : 42, 우측 시프트 : 21

④ 좌측 시프트 : 84, 우측 시프트 : 21

해설
한 비트씩 좌측으로 시프트하면 두 배가 되고, 우측으로 시프트하면 반이 된다.

22 다음 중 일반적으로 가장 적은 비트로 표현 가능한 데이터는?

① 영상 데이터

② 문자 데이터

③ 숫자 데이터

④ 논리 데이터

해설
논리 참은 1, 논리 거짓은 0, 즉 논리 데이터는 1[bit]로 표현 가능하다.

23 다음 그림은 순서도의 기호를 나타낸 것이다. 무엇을 나타내는 기호인가?

① 처 리

② 판 단

③ 터미널

④ 준 비

해설

Terminal (단자)	Process (처리)	Decision (판단)	Preparation (준비)
⬭	▭	◇	⬡

24 다음 C 프로그램의 실행 결과는?

```
void main()
{
  int a, b, tot;
  a = 200;
  b = 400;
  tot = a+b;
  printf("두 수의 합 = %d\n", tot);
}
```

① tot

② 600

③ 두 수의 합 = 600

④ 두 수의 합 = tot

printf 함수의 형식에 맞춰 결과가 출력된다. printf("전달 인자")의 형식으로 printf() 함수는 인자로 전달된 내용을 출력하게 되는데 %d의 위치에는 정수형 변수 tot의 값이 그 위치에 출력된다.

25 CPU의 내부 동작에서 실행하고자 하는 명령의 번지를 지정한 후 명령 레지스터에 불러오기까지의 기간은?

① 명령 사이클(Instruction Cycle)

② 기계 사이클(Machine Cycle)

③ 인출 사이클(Fetch Cycle)

④ 실행 사이클(Execution Cycle)

③ 인출 사이클(Fetch Cycle) : 다음 실행할 명령을 기억 장치에서 꺼내고부터 끝나기까지의 동작 단계
① 명령 사이클(Instruction Cycle) : 명령을 주기억 장치에서 인출 또는 호출하고, 해독, 실행해가는 연속 절차
② 기계 사이클(Machine Cycle) : 메모리로부터 명령어 레지스터에 명령을 꺼내는 시간
④ 실행 사이클(Execution Cycle) : 각 레지스터, 연산 장치, 기억 장치에 동작 지령 펄스를 보내서 데이터를 처리하는 단계

26 데이터를 스택에 일시 저장하거나 스택으로부터 데이터를 불러내는 명령은?

① STORE/LOAD

② ENQUEUE/DEQUEUE

③ PUSH/POP

④ INPUT/OUTPUT

스택의 Top에 새로운 원소를 삽입하는 것을 Push라 하고, 가장 최근에 삽입된 원소를 의미하는 스택의 Top으로부터 한 원소를 제거하는 것을 Pop이라 한다.

27 데이터의 크기를 작은 것부터 큰 순서로 바르게 나열한 것은?

① Bit < Word < Byte < Field

② Bit < Byte < Field < Word

③ Bit < Byte < Word < Field

④ Bit < Word < Field < Byte

자료의 구성 단계 : 비트(Bit) → 바이트(Byte) → 워드(Word) → 항목(Field) → 레코드(Record) → 파일(File) → 데이터베이스(Data Base)

28 다음 그림과 같은 형식은 어떤 주소지정형식인가?

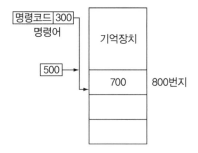

① 직접 데이터형식　　② 상대 주소형식
③ 간접 주소형식　　　④ 직접 주소형식

해설
명령어의 주소 부분(300) + PC(500) = 800번지 지정 → 상대 주소지정방식

29 배선 알고리즘에서 하나의 기판상에서 종횡의 버스를 결선하는 방법을 무엇이라 하는가?

① 저속 접속법
② 스트립 접속법
③ 고속 라인법
④ 기하학적 탐사법

해설
배선 알고리즘
일반적으로 배선 알고리즘은 3가지가 있으며, 필요에 따라 선택하여 사용하거나 이것을 몇 회 조합하여 실행시킬 수도 있다.
• 스트립 접속법(Strip Connection) : 하나의 기판상의 종횡의 버스를 결선하는 방법으로, 이것은 커넥터부의 선이나 대용량 메모리 보드 등의 신호 버스 접속 또는 짧은 인라인 접속에 사용된다.
• 고속 라인법(Fast Line) : 배선 작업을 신속하게 행하기 위하여 기판 판면의 층을 세로 방향으로, 또 한 방향을 가로 방향으로 접속한다.
• 기하학적 탐사법(Geometric Investigation) : 라인법이나 스트립법에서 접속되지 않는 부분을 포괄적인 기하학적 탐사에 의해 배선한다.

30 두 개의 입력값이 모두 참일 때 출력값이 참이 되는 논리 게이트는 어느 것인가?

① AND　　　　　　② NAND
③ XOR　　　　　　④ NOT

해설
논리 게이트에서 출력전압이 높은(High) 상태를 1 즉, 참이라고 하고, 낮은(Low) 상태를 0 즉, 거짓이라고 할 때, AND 게이트의 출력이 참이 되는 경우는 AND 게이트의 두 입력 모두 참인 경우뿐이다. 만약 입력 중 어느 한 쪽이라도 참이 아니라면 AND 게이트의 결과, 출력은 거짓이 된다.

입력신호		출력신호
A	B	X
0	0	0
0	1	0
1	0	0
1	1	1

31 산업표준은 산업 생산물 및 생산 방법에 대해 그 형상, 규격, 성능, 시험 등을 통일화한 것으로, 한 나라가 국가규격기관을 통하여 국내 모든 이해관계자의 합의를 얻어 제정 공표된 산업표준을 무엇이라 하는가?

① 국제표준　　　　② 국가표준
③ 단체표준　　　　④ 사내표준

해설
② 국가표준 : 한 나라가 국가규격기관을 통하여 국내 모든 이해관계자의 합의를 얻어 제정 공표된 산업표준을 말하며, 우리나라의 KS, 일본의 JIS, 독일의 DIN, 미국의 ANSI 등이 그 예이다.
① 국제표준 : 다수의 국가 간의 협력과 동의에 의하여 제정되고 범세계적으로 사용되는 규격이다. 국제표준화기구(ISO), 국제전기기술위원회(IEC) 등이 여기에 해당된다.
③ 단체표준 : 학회, 협회, 업계 단체 등에서 이들에 속하는 회원의 협력과 동의로 제정된 것으로, 미국의 재료시험협회(ASTM), 기계학회(ASME), 일본의 전기공업회(JEM) 등의 단체규격이 유명하다.
④ 사내표준 : 개별회사에서 그 회사가 구매, 제조 판매, 기타 업무를 이끌어 나가기 위하여 사내 각 부서의 동의를 얻어 만든 규격이다.

32 다음 그림의 기호를 가진 부품은?

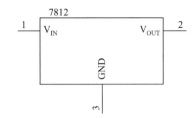

① 트랜지스터　　② 크리스탈
③ 레귤레이터　　④ Buzzer

해설

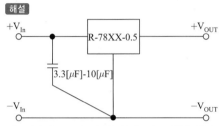

레귤레이터는 일정 전압을 잡아 주는 역할을 한다. 예를 들면, 5[V]에서 작동하는 보드에 2.5~3.5[V]를 필요로 하는 CPU를 장착해야 한다면, 레귤레이터를 이용해 CPU로 입력되는 전압을 조정해 준다. 레귤레이터는 어떠한 전압이 들어오더라도 미리 점퍼나 스위칭에 의해 정해진 전압만을 출력한다.
리니어 방식의 레귤레이터는 직접적으로 전압을 떨어뜨리는 방식으로, 변환과정에서 발열이 심하며, 이러한 열은 전기 에너지가 열로 소모되는 것이기 때문에 전력 효율이 낮다. 리니어 레귤레이터는 통상 전류 요구량이 낮은 회로에 이용하며, 전류를 높여 이용하려면 레귤레이터에 방열판을 달아 열을 식혀줘야 한다.

33 인쇄회로기판의 패턴 동박에 의한 인덕턴스 값이 0.1[μH]가 발생하였을 때, 주파수 10[MHz]에서 기판에 영향을 주는 리액턴스의 값은?

① 62.8[Ω]　　② 6.28[Ω]
③ 0.628[Ω]　　④ 0.0628[Ω]

해설
리액턴스$(X_L) = 2\pi f L$
$$= 2 \times 3.14 \times 10 \times 10^6 \times 0.1 \times 10^{-6} = 6.28[\Omega]$$

34 제도용구 중 얇은 판에 각종 형태를 뚫어 놓은 것으로 작업성을 높이는 것은?

① T자　　② 운형자
③ 축적자　　④ 형 판

해설
④ 형판 : 얇은 판에 각종 형태를 뚫어 놓은 것으로 작업성을 높인다.
① T자 : 수평선을 그으며, 삼각자를 함께 사용한다.
② 운형자 : 컴퍼스만으로는 그리기 어려운 복잡한 곡선이나 원호를 그릴 때 사용한다.
③ 축척자 : 각종 축척의 눈금이 있다.

35 능동 부품(Active Component)의 능동적 기능이라고 볼 수 없는 것은?

① 신호의 증폭　　② 신호의 발진
③ 신호의 중계　　④ 신호의 변환

해설
• 능동소자(부품) : 입력과 출력을 갖추고 있으며, 전기를 가한 것만으로 입력과 출력에 일정한 관계를 갖는 소자로서 다이오드(Diode), 트랜지스터(Transistor), 전계효과트랜지스터(FET), 단접합트랜지스터(UJT) 등이 있으며, 신호의 증폭, 발진, 변환 등의 기능을 한다.
• 수동소자(부품) : 회로를 구성하는 부품 중에서 전기 에너지의 발생이나 공급을 하지 않는 것으로 저항기, 콘덴서, 유도기 등이 있다.

36 한쪽 측면에만 리드(Lead)가 있는 패키지 소자는?

① SIP(Single Inline Package)

② DIP(Dual Inline Package)

③ SOP(Small Outline Package)

④ TQFP(Thin Quad Flat Package)

해설

① SIP(Single Inline Package) : DIP와 핀 간격이나 특성이 비슷하다. 그래서 공간문제로 한 줄로 만든 제품이다. 보통 모터드라이버나 오디오용 IC 등과 같이 아날로그 IC쪽에 이용된다.

② DIP(Dual Inline Package), PDIP(Plastic DIP) : 다리와 다리 간격이 0.1[inch](100[mil], 2.54[mm])이므로 만능기판이나 브레드보드에 적용하기 쉬워 주로 많이 사용된다. 핀의 배열이 두 줄로 평행하게 배열되어 있는 부품을 지칭하는 용어이며 우수한 열 특성을 갖고 있으며 74XX, CMOS, 메모리, CPU 등에 사용된다.

IC의 외형에 따른 종류

• 스루홀(Through Hole) 패키지 : DIP(CDIP, PDIP), SIP, ZIP, SDIP

• 표면실장형(SMD ; Surface Mount Device) 패키지
  – 부품의 구멍을 사용하지 않고 도체 패턴의 표면에 전기적 접속을 하는 부품탑재방식이다.
  – SOP(TSOP, SSOP, TSSOP), QFP, QFJ(PLCC), QFN, BGA, TQFP

• 접촉실장형(Contact Mount Device) 패키지 : TCP, COB, COG

37 다음 그림은 어떤 도면으로 나타낸 것인가?

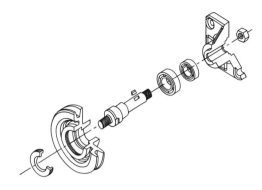

① 조립도　　　　② 부분조립도

③ 부품도　　　　④ 상세도

해설

② 부분조립도 : 제품 일부분의 조립 상태를 나타내는 도면으로, 특히 복잡한 부분을 명확하게 하여 조립을 쉽게 하기 위해 사용된다.

① 조립도 : 제품의 전체적인 조립 과정이나 전체 조립 상태를 나타낸 도면으로, 복잡한 구조를 알기 쉽게 하고 각 단위 또는 부품의 정보가 나타나 있다.

③ 부품도 : 제품을 구성하는 각 부품에 대하여 가장 상세하게 나타내며 실제로 제품이 제작되는 도면이다.

④ 상세도 : 건축, 선박, 기계, 교량 등과 같은 비교적 큰 도면을 그릴 때에 필요한 부분의 형태, 치수, 구조 등을 자세히 표현하기 위하여 필요한 부분을 확대하여 그린 도면이다.

38 우리나라에서 규정된 한국 산업규격 중에서 제도 통칙(KS A 0005)에서 규정하고 있지 않은 것은?

① 도면의 크기　　② 제품의 형상

③ 투상법　　　　④ 작도일반

해설

KS A 0005는 제도 통칙으로 공업의 각 분야에서 사용하는 도면을 작성할 때의 요구 사항에 대하여 통괄적으로 규정하고 있다. 도면을 작성하는 목적은 도면 작성자의 의도를 도면 사용자에게 확실하고 쉽게 전달하는 데 있다. 도면이 구비하여야 할 기본 요건, 도면의 크기 및 양식, 도면에 사용하는 선·문자·기호·도형의 표시 방법(작도일반), 치수 기입 방법, 물체의 표현 방법(투상법 등) 등이 규정되어 있다.

39 전자캐드의 작업 과정 중 가장 나중에 하는 것은?

① 부품 배치

② 레이어 세팅

③ 거버 파일 작성

④ 네트리스트 작성

해설

전자캐드의 작업 과정 : 부품 배치 → 레이어 세팅 → 네트리스트 작성 → 거버 파일 작성

40 설계자의 의도를 작업자에게 정확히 전달시켜 요구하는 물품을 만들게 하기 위해 사용되는 도면은?

① 계획도

② 주문도

③ 견적도

④ 제작도

해설

④ 제작도(Production Drawing) : 공장이나 작업장에서 일하는 작업자를 위해 그려진 도면으로, 설계자의 뜻을 작업자에게 정확히 전달할 수 있는 충분한 내용으로 가공을 용이하게 하고 제작비를 절감시킬 수 있다.

① 계획도(Scheme Drawing) : 만들고자 하는 제품의 계획을 나타내는 도면이다.

② 주문도 : 주문한 사람이 주문서에 붙여서 자기 요구의 대강을 주문받을 사람에게 보이기 위한 도면이다.

③ 견적도 : 제품이나 공사 계약 및 입찰 가격을 결정하기 위하여 사용하는 도면이다.

41 능동 소자에 속하는 것은?

① 저 항

② 코 일

③ 트랜지스터

④ 커패시터

해설

• 능동 소자(Active Element) : 능동이란 다른 것에 영향을 받지 않고 스스로 변화시킬 수 있는 것이라는 표현이다. 즉, 능동 소자란 스스로 무언가를 할 수 있는 기능이 있는 소자를 말한다. 입력과 출력을 가지고 있으며, 전기를 가하면 입력과 출력이 일정한 관계를 갖는 소자를 말한다. 이 능동 소자에는 Diode, TR, FET, OP Amp 등이 있다.

• 수동 소자(Passive Element) : 수동 소자는 능동 소자와 반대로 에너지 변환과 같은 능동적 기능을 가지지 않는 소자로 저항, 커패시터, 인덕터 등이 있다. 이 수동 소자는 에너지를 소비, 축적 혹은 그대로 통과시키는 작용 즉, 수동적으로 작용하는 부품을 말한다.

구 분	능동 소자	수동 소자
특 징	공급된 전력을 증폭 또는 정류로 만들어 주는 소자	공급된 전력을 소비 또는 방출하는 소자
동 작	선형 + 비선형	선 형
소자 명칭	다이오드, 트랜지스터 등	인덕터, 저항, 커패시터 등

42 A3 Size 도면의 크기[mm]는?

① 297 × 420
② 496 × 210
③ 396 × 320
④ 696 × 520

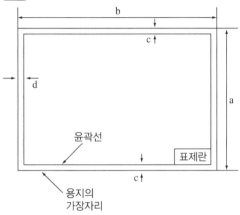

(a) A0–A4에서 긴 변을 좌우 방향으로 놓은 경우

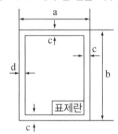

(b) A4에서 짧은 변을 좌우 방향으로 놓은 경우

[도면의 크기와 양식]

용지 크기의 호칭		A0	A1	A2	A3	A4
a×b		841×1,189	594×841	420×594	297×420	210×297
c(최소)		20	20	10	10	10
d (최소)	철하지 않을 때	20	20	10	10	10
	철할 때	25	25	25	25	25

※ d 부분은 도면을 철하기 위하여 접었을 때, 표제란의 좌측이 되는 곳에 마련한다.

43 검도의 목적으로 옳지 않은 것은?

① 도면 척도의 적절성
② 표제란에 필요한 내용
③ 조립 가능 여부
④ 판매 가격의 적절성

검도의 목적
검도의 목적으로는 도면에 모순이 없고, 설계사양에 있는 대로의 기능을 만족시키는지, 가공방법이나 조립방법, 제조비용 등에 대해서도 충분히 고려되었는지 등을 판정하려는 의도이다. 검도는 도면 작성자 본인이 한 후, 다시 그의 상사가 객관적 입장에서 검도를 함으로써 품질이나 제조비용 등의 최적화를 확보할 수 있다. 도면은 생산에서 중요한 역할을 하므로 만약 도면에 오류가 있을 시 제품의 불량, 생산 중단 등의 손실을 발생시키게 된다. 그러므로 효과적인 검도는 꼭 필요하다.

검도의 내용
• 도면의 양식은 규격에 맞는가?
• 표제란과 부품란에 필요한 내용이 기입되었는가?
• 요목표 및 요목표 내용의 누락은 없는가?
• 부품 번호의 부여와 기입이 바른가?
• 부품의 명칭이 적절한가?
• 규격품에 대한 호칭방법은 바른가?
• 조립 작업에 필요한 주의사항을 기록하였는가?

44 전기 회로망에서 전압을 분배하거나 전류의 흐름을 방해하는 역할을 하는 소자는?

① 커패시터
② 수정 진동자
③ 저항기
④ LED

저항은 전압과 전류와의 비로써 전류의 흐름을 방해하는 전기적 양이다. 도선 속을 흐르는 전류를 방해하는 것이 전기 저항인데 도선의 재질과 단면적, 길이에 따라 저항값이 달라진다. 예를 들어 금속보다 나무나 고무가 저항이 훨씬 더 크고, 도선의 단면적(S)이 작을수록, 도선의 길이(l)가 길수록 저항값이 커진다.

$$R = \frac{V}{I}[\Omega], \quad R = \rho\frac{l}{S}[\Omega]$$

45 다음 중 전자 또는 통신기기 등의 전체적인 동작이나 기능을 블록으로 그려 도면에 표시한 것은?

① 회로도 ② 접속도
③ 블록선도 ④ 배선도

해설
③ 블록선도 : 전자 통신기기 등의 전체적인 동작이나 기능을 블록으로 그려, 동작의 흐름을 표현하는 경우에 사용되는 도면으로 계통도 또는 블록도라고도 한다.
① 회로도 : 전자 부품의 상호 간의 연결된 상태를 나타낸 것이다.
② 접속도 : 전기 기기의 내부, 상호 간의 회로 결선 상태를 나타내는 도면으로 계획이나 설명도 또는 공작도에 사용된다.
④ 배선도 : 전선의 배치, 굵기, 종류, 가닥수를 나타내기 위해서 사용된 도면으로 각 소자들의 실제 모양을 직선으로 연결하여 접속 관계를 명확히 나타내며 제작자나 보수자들에게 많이 사용되는 도면이다.

46 CAD 프로그램에서 회로도면의 설계 시 정확한 부품의 위치 및 배선결선을 위해 화면상의 점 혹은 선으로 나타낸 가상의 좌표를 나타내는 것은?

① 애너테이트(Annotate)
② 프리퍼런스(Preference)
③ 폴리라인(Poly Line)
④ 그리드(Grid)

해설
④ 그리드(Grid) : 정확한 부품의 위치 및 배선 결선을 위해 화면상의 점 혹은 선으로 나타낸 가상의 좌표
① 애너테이트(Annotate) : 부품에 이름을 붙이는 것
② 프리퍼런스(Preference) : 참조(값)
③ 폴리라인(Poly Line) : 여러 개의 선을 굵은 한 선으로 표현한 것

47 다음은 보드 외곽선(Board Outline) 그리기의 한 예이다. X, Y 좌표값을 보기와 같이 입력했을 경우 ㉠, ㉡, ㉢, ㉣에 들어갈 좌표값은?

> (가) 명령 : 보드 외곽선 그리기
> (나) 첫째 점 : 50, 50
> (다) 다음 점 : 150, 50
> (라) 다음 점 : 150, 150
> (마) 다음 점 : (㉠), (㉡)
> (바) 다음 점 : (㉢), (㉣)

① ㉠ 150 ㉡ 150 ㉢ 150 ㉣ 100
② ㉠ 100 ㉡ 100 ㉢ 100 ㉣ 50
③ ㉠ 50 ㉡ 150 ㉢ 50 ㉣ 50
④ ㉠ 00 ㉡ 150 ㉢ 50 ㉣ 150

해설
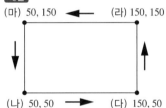

48 허용오차의 문자기호에 대한 설명 중 옳지 않은 것은?

① 한국산업표준의 KS C 0806에서 정의하고 있다.
② 1개의 영문자와 숫자로 허용오차를 표기한다.
③ F는 ±1[%]의 허용오차를 나타낸다.
④ K는 ±10[%]의 허용오차를 나타낸다.

해설
허용차[%]의 문자 기호

문자 기호	허용차[%]	문자 기호	허용차[%]
B	±0.1	J	±5
C	±0.25	K	±10
D	±0.5	L	±15
F	±1	M	±20
G	±2	N	±30

49 도면에 치수를 기입할 경우 유의사항으로 옳지 않은 것은?

① 치수는 될 수 있는 대로 주투상도에 기입해야 한다.
② 치수의 중복 기입을 피해야 한다.
③ 치수는 계산할 필요가 없도록 기입한다.
④ 관련되는 치수는 될 수 있으면 생략해서 그린다.

치수는 치수선, 치수 보조선, 치수 보조 기호 등을 사용하여 표시한다. 도면의 치수는 특별히 명시하지 않는 한 그 도면에 그린 대상물의 마무리 치수를 표시해야 한다. 치수선과 치수 보조선은 가는 실선을 사용하며, 치수선은 원칙적으로 지시하는 길이 또는 각도를 측정하는 방향으로 평행하게 긋는다. 치수선 또는 그 연장선 끝에는 화살표, 사선, 검정 동그라미를 붙여 그려야 하며, 한 도면에서는 같은 모양으로 통일해야 한다. 치수 보조선은 치수선에 직각으로 긋고, 치수선을 약간 넘도록 하며 중심선·외형선·기준선 등을 치수선으로 사용할 수 없다. 치수는 수평 방향의 치수선에 대해서는 도면의 아래쪽으로부터 수직 방향의 치수선에 대해서는 도면의 오른쪽으로부터 읽을 수 있도록 쓰며, 치수 보조 기호는 지름(ϕ) 반지름(R), 정사각형의 변(□), 판의 두께(t) 등 치수 숫자 앞에 쓰도록 하고 있다.
도면에 치수 기입 시 유의사항
• 부품의 기능상, 제작, 조립 등에 있어서 꼭 필요한 치수만 명확하게 기입한다.
• 치수는 되도록 계산해서 구할 필요가 없도록 기입한다.
• 치수의 중복 기입을 피하도록 한다.
• 가능하면 정면도(주투상도)에 집중하여 기입한다.
• 반드시 전체 길이, 전체 높이, 전체 폭에 관한 치수는 기입한다.
• 필요에 따라 기준으로 하는 점과 선 또는 가공면을 기준으로 기입한다.
• 관련된 치수는 가능하면 모아서 보기 쉽게 기입한다.
• 참고치수에 대해서는 치수문자에 괄호를 붙인다.

50 CAD로 직선을 그리는 경우 좌표 원점으로부터 거리를 나타내며 (X, Y)로 표시하는 것은?

① 극좌표
② 절대좌표
③ 상대좌표
④ 복소평면좌표

좌표의 종류
• 세계좌표계(WCS ; World Coordinate System) : 프로그램이 가지고 있는 고정된 좌표계로서 도면 내의 모든 위치는 X, Y, Z 좌표값을 갖는다.
• 사용자좌표계(UCS ; User Coordinate System) : 작업자가 좌표계의 원점이나 방향 등을 필요에 따라 임의로 변화시킬 수 있다. 즉, WCS를 작업자가 원하는 형태로 변경한 좌표계이다. 이는 3차원 작업 시 필요에 따라 작업평면(XY평면)을 바꿀 때 많이 사용한다.
• 절대좌표(Absolute Coordinate) : 원점을 기준으로 한 각 방향 좌표의 교차점을 말하며, 고정되어 있는 좌표점 즉, 임의의 절대 좌표점(10, 10)은 도면 내에 한 점밖에는 존재하지 않는다. 절대좌표는 [X좌표값, Y좌표값] 순으로 표시하며, 각각의 좌표점 사이를 콤마(,)로 구분해야 하고, 음수값도 사용이 가능하다.
• 상대좌표(Relative Coordinate) : 최종점을 기준(절대좌표는 원점을 기준으로 했음)으로 한 각 방향의 교차점을 말한다. 따라서 상대좌표의 표시는 하나이지만 해당 좌표점은 기준점에 따라 도면 내에 무한적으로 존재한다. 상대좌표는 [@기준점으로부터 X방향값, Y방향값]으로 표시하며, 각각의 좌표값 사이를 콤마(,)로 구분해야 하고, 음수값도 사용이 가능하다(음수는 방향이 반대임).
• 극좌표(Polar Coordinate) : 기준점으로부터 거리와 각도(방향)로 지정되는 좌표를 말하며, 절대극좌표와 상대극좌표가 있다. 절대극 좌표는 [원점으로부터 떨어진 거리＜각도]로 표시한다. 상대극좌표는 마지막 점을 기준으로 하여 지정하는 좌표이다. 따라서 상대극좌표의 표시는 하나이지만 해당 좌표점은 기준점에 따라 도면 내에 무한적으로 존재한다. 상대극좌표는 [@기준점으로부터 떨어진 거리＜각도]로 표시하며, 거리와 각도 표시 사이를 부등호(＜)로 구분해야 하고, 거리와 각도에 음수값도 사용이 가능하다.
• 최종좌표(Last Point) : 이전 명령에 지정되었던 최종좌표점을 다시 사용하는 좌표이다. 최종좌표는 [@]로 표시한다. 최종좌표는 마지막 점에 사용된 좌표방식과는 무관하게 적용된다.

51 배치도를 그릴 때 고려해야 할 사항으로 적합하지 않은 것은?

① 균형 있게 배치하여야 한다.

② 부품 상호 간 신호가 유도되지 않도록 한다.

③ IC의 6번 핀 위치를 반드시 표시해야 한다.

④ 고압회로는 부품 간격을 충분히 넓혀 방전이 일어나지 않도록 배치한다.

해설
부품 배치도를 그릴 때 고려하여야 할 사항
• IC의 경우 1번 핀의 위치를 반드시 표시한다.
• 부품 상호 간의 신호가 유도되지 않도록 한다.
• PCB 기판의 점퍼선은 표시한다.
• 부품의 종류, 기호, 용량, 핀의 위치, 극성 등을 표시하여야 한다.
• 부품을 균형 있게 배치한다.
• 조정이 필요한 부품은 조작이 용이하도록 배치하여야 한다.
• 고압회로는 부품 간격을 충분히 넓혀 방전이 일어나지 않도록 배치한다.

52 다음 그림에서 도면의 축소나 확대, 복사작업과 이들의 복사도면의 취급 편의를 위한 것은?

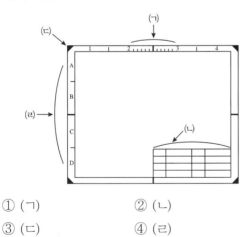

① (ㄱ)   ② (ㄴ)
③ (ㄷ)   ④ (ㄹ)

해설
① 비교눈금 : 도면을 축소 또는 확대했을 경우, 그 정도를 알기 위해 도면의 아래쪽이나 위쪽에 10[mm] 간격의 눈금을 그려 놓은 것이다.

② 표제란 : 도면의 오른쪽 아래에 표제란을 그리고 그 곳에 도면관리에 필요한 사항과 도면 내용에 관한 정형적인 사항(도면 번호, 도면 이름, 척도, 투상법, 도면 작성일, 제도자 이름) 등을 기입한다. 윤곽선의 오른쪽 아래 구석에 설정하고, 이를 표제란의 정위치로 한다.

③ 재단마크 : 복사한 도면을 재단하는 경우의 편의를 위해서 원도면의 네 구역에 'ㄱ'자 모양으로 표시해 놓은 것이다.

④ 중심마크 : 완성된 도면을 영구적으로 보관하거나 마이크로필름의 촬영이나 복사 작업을 편리하게 하기 위해서 좌우 4개소에 중심마크를 표시해 놓은 선으로 0.5[mm] 굵기의 직선으로 표시한 선이다.

53 기판의 두께방향으로 절연저항을 측정하는 것을 최적저항, 표면전극 간의 절연저항을 측정하는 것을 무엇이라 하는가?

① 내전압(Dielectric Strength)

② 절연저항(Insulation Resistance)

③ 표면저항 및 최적(두께)저항률(Surface Resistance & Volume Resistance)

④ 절연율(Dielectric Constant) 및 절연손실계수(Dissipation Factor)

해설
③ 표면저항 및 최적(두께)저항률(Surface Resistance & Volume Resistance) : 기판의 두께방향으로 절연저항을 측정하는 것을 최적저항, 표면전극 간의 절연저항을 측정하는 것을 표면저항이라 한다.
최적저항율[Ωcm] = (최적저항 × 전극면적) / 판의 두께
① 내전압(Dielectric Strength) : 기판의 절연 파괴될 때 전압으로써 동박 회로 간에 인가할 수 있는 전압의 양을 구하는 것이다. 가층 내전압과 치층 내전압이 있다.
② 절연저항(Insulation Resistance) : 기판의 절연성을 구하는 것으로써 KS 및 JIS 규격에는 일정한 거리 간의 절연 저항값을 측정하도록 규정하고 있다. 고주파 회로 및 Power PCB의 설계에서는 기판의 절연저항치가 중요한 요소이다.
④ 절연율(Dielectric Constant) 및 절연손실계수(Dissipation Factor) : 유전율이 커지게 되면 고주파의 전류가 흐르기 쉬워지므로 고주파 절연이 노화된다. 절연손실계수가 커지면 기판의 내부발열이 커진다.
절연율[F/m] = (절연속도 × 밀도[c/m^2]) / 전류의 힘[v/m]

54 형상 모델링 중 데이터 구조가 간단하고 처리속도가 가장 빠른 모델링은?

① 와이어프레임 모델링
② 서피스 모델링
③ 솔리드 모델링
④ CSG 모델링

해설

형상 모델링 종류
와이어프레임 모델(선화 모델), 서피스 모델(표면 모델), 솔리드 모델(입체 모델)의 3가지 종류가 있다.
• 와이어프레임 모델 : 점과 선으로 물체의 외양만을 표현한 형상 모델로 데이터 구조가 간단하고 처리속도가 가장 빠르다.
• 서피스 모델 : 여러 개의 곡면으로 물체의 바깥 모양을 표현하는 것으로, 와이어프레임 모델에 면의 정보를 부가한 형상 모델이다. 곡면기반 모델이라고도 한다.
• 솔리드 모델 : 정점, 능선, 면 및 질량을 표현한 형상 모델로서, 이것을 작성하는 것을 솔리드 모델링이라고 한다. 솔리드 모델링은 형상만이 아닌 물체의 다양한 성질을 좀 더 정확하게 표현하기 위해 고안된 방법이다. 솔리드 모델은 입체 형상을 표현하는 모든 요소를 갖추고 있어서, 중량이나 무게중심 등의 해석도 가능하다. 솔리드 모델은 설계에서부터 제조공정에 이르기까지 일관하여 이용할 수 있다.

55 도면의 효율적 관리를 위해 마이크로필름을 이용하는 이유가 아닌 것은?

① 종이에 비해 보존성이 좋다.
② 재료비를 절감시킬 수 있다.
③ 통일된 크기로 복사할 수 있다.
④ 복사 시간이 짧지만 복원력이 낮다.

해설

마이크로필름
문서, 도면, 재료 등 각종 기록물이 고도로 축소 촬영된 초미립자, 고해상력을 가진 필름이다.
마이크로필름의 특징
• 분해 기능이 매우 높고 고밀도 기록이 가능하여 대용량화하기가 쉬우며 기록 품질이 좋다.
• 매체 비용이 매우 낮고, 장기 보존이 가능하며 기록 내용을 확대하면 그대로 재현할 수 있다.
• 기록할 때의 처리가 복잡하고 시간이 걸린다.
• 검색 시간이 길어 온라인 처리에 적합하지 않다.
• 컴퓨터 이외에 전자 기기와 결합하는 장치의 비용이 비싼 편이다.
• 영상 화상의 대량 파일용, 특히 접근 빈도가 높고 갱신의 필요성이 크며 대량의 정보를 축적할 때는 정보 단위당 가격이 싸기 때문에 많이 이용되고 있다.
• 최근 마이크로필름의 단점을 보완하고 컴퓨터와 연동하여 검색의 자동화를 꾀한 시스템으로 컴퓨터 보조 검색(CAR), 컴퓨터 출력 마이크로필름(COM), 컴퓨터 입력 마이크로필름(CIM) 등이 개발되었다.

56 PCB의 설계 시 고주파 부품 및 노이즈에 대한 대책 방법으로 옳은 것은?

① 부품을 세워 사용한다.
② 가급적 표면 실장형 부품(SMD)을 사용한다.
③ 고주파 부품을 일반회로와 혼합하여 설계한다.
④ 아날로그와 디지털 회로는 어스 라인을 통합한다.

해설

① 부품은 세워서 사용하지 않으며, 가급적 부품의 다리를 짧게 배선한다.
③ 고주파 부품은 일반회로 부분과 분리하여 배치한다.
④ 아날로그와 디지털 회로는 어스 라인을 분리한다.
이외 PCB에서 노이즈(잡음) 방지 대책
• 가급적 표면 실장형 부품(SMD)을 사용한다.
• 회로별 Ground 처리 : 주파수가 높아지면(1[MHz] 이상) 병렬 또는 다중 접지를 사용한다.
• 필터 추가 : 디커플링 커패시터를 전압강하가 일어나는 소자 옆에 달아주어 순간적인 충방전으로 전원을 보충하며 주로 바이패스 커패시터(0.01, 0.1[μF](103, 104), 세라믹 또는 적층 세라믹 콘덴서)를 많이 사용한다(고주파 RF 제거 효과). TTL의 경우 가장 큰 용량이 필요한 경우는 0.047[μF] 정도이므로 흔히 0.1 [μF]을 사용한다. 커패시터를 배치할 때에도 소자와 너무 붙여 놓으면 전파 방해가 생긴다.
• 내부배선의 정리 : 일반적으로 1[A]가 흐르는 선의 두께는 0.25[mm](허용온도상승 10도일 때)와 0.38[mm](허용온도 5도 일 때)이며, 배선을 알맞게 하고 배선 사이를 배선의 두께만큼 띄운다. 배선 사이의 간격이 배선의 두께보다 작아지면 노이즈가 발생(Crosstalk 현상)한다. 직각으로 배선하기보다 45°, 135°로 배선하며 되도록이면 짧게 배선을 한다. 배선이 길어지거나 버스 패턴을 여러 개 배선해야 할 경우 중간에 Ground 배선을 삽입한다. 배선의 길이가 길어질 경우 Delay 발생 → 동작 이상이 되며 같은 신호선이라도 되도록 묶어서 배선하지 말아야 한다.
• 동판처리 : 동판의 모서리 부분이 안테나 역할을 하여 노이즈가 발생한다. 동판의 모서리 부분을 보호 가공하고 상하 전위차가 생길만한 곳에 같은 극성의 비아를 설치한다.
• Power Plane : 안정적인 전원공급으로 노이즈 성분을 제거하는 데 도움이 된다. Power Plane을 넣어서 다층기판을 설계할 때 Power Plane 부분을 Ground Plane보다 20[H](120[mil], 약 3[mm]) 정도 작게 설계한다.
• EMC 대책 부품을 사용한다.

57 다음 중 CAD 시스템의 출력장치에 해당하는 것은?

① 플로터
② 트랙볼
③ 디지타이저
④ 마우스

해설

플로터
CAD 시스템에서 도면화를 위한 표준 출력장치이다. 출력이 도형 형식일 때 정교한 표현을 위해 사용되며, 상하좌우로 움직이는 펜을 이용하여 단순한 글자에서부터 복잡한 그림, 설계 도면까지 거의 모든 정보를 인쇄할 수 있는 출력장치이다. 종이 또는 펜이 XY방향으로 움직이고 그림을 그리기 시작하는 좌표에 펜이 위치하면 펜이 종이 위로 내려온다. 프린터는 계속되는 행과 열의 형태만을 찍어낼 수 있는 것에 비하여 플로터는 X, Y 좌표 평면에 임의적으로 점의 위치를 지정할 수 있다. 플로터의 종류를 크게 나누면 선으로 그려내는 벡터 방식과 그림을 흑과 백으로 구분하고 점으로 찍어서 나타내는 래스터 방식이 있으며, 플로터가 정보를 출력하는 방식에 따라 펜 플로터, 정전기 플로터, 사진 플로터, 잉크 플로터, 레이저 플로터 등으로 구분된다.

58 다음 중 집적도에 의한 IC분류로 옳은 것은?

① MSI : 100 소자 미만
② LSI : 100~1,000 소자
③ SSI : 1,000~10,000 소자
④ VLSI : 10,000 소자 이상

해설

IC 집적도에 따른 분류
• SSI(Small Scale IC, 소규모 집적회로) : 집적도가 100 이하의 것으로 복잡하지 않은 디지털 IC 부류로, 기본적인 게이트기능과 플립플롭 등이 이 부류에 해당한다.
• MSI(Medium Scale IC, 중규모 집적회로) : 집적도가 100~ 1,000 정도의 것으로 좀 더 복잡한 기능을 수행하는 인코더, 디코더, 카운터, 레지스터, 멀티플렉서 및 디멀티플렉서, 소형 기억장치 등의 기능을 포함하는 부류에 해당한다.
• LSI(Large Scale IC, 고밀도 집적회로) : 집적도가 1,000~ 10,000 정도의 것으로 메모리 등과 같이 한 칩에 등가 게이트를 포함하는 부류에 해당한다.
• VLSI(Very Large Scale IC, 초고밀도 집적회로) : 집적도가 10,000~1,000,000 정도의 것으로 대형 마이크로프로세서, 단일칩 마이크로프로세서 등을 포함한다.
• ULSI(Ultra Large Scale IC, 초초고밀도 집적회로) : 집적도가 1,000,000 이상으로 인텔의 486이나 펜티엄이 이에 해당한다. 그러나 VLSI와 ULSI의 정확한 구분은 확실하지 않고 모호하다.

59 TTL IC와 논리소자의 연결이 잘못된 것은?

① IC 7408 - AND ② IC 7432 - OR

③ IC 7400 - NAND ④ IC 7404 - NOR

해설

IC 7408(AND)	IC 7432(OR)
Vcc 4B 4A 4Y 3B 3A 3Y 14 13 12 11 10 9 8 1 2 3 4 5 6 7 1A 1B 1Y 2A 2B 2Y GND	Vcc 4B 4A 4Y 3B 3A 3Y 14 13 12 11 10 9 8 1 2 3 4 5 6 7 1A 1B 1Y 2A 2B 2Y GND
IC 7400(NAND)	**IC 7402(NOR)**
Vcc 4B 4A 4Y 3B 3A 3Y 14 13 12 11 10 9 8 1 2 3 4 5 6 7 1A 1B 1Y 2A 2B 2Y GND	Vcc 4Y 4B 4A 3Y 3B 3A 14 13 12 11 10 9 8 1 2 3 4 5 6 7 1Y 1A 1B 2Y 2A 2B GND
IC 7407(BUFFER)	**IC 7404(NOT)**
Vcc 6A 6Y 5A 5Y 4A 4Y 14 13 12 11 10 9 8 1 2 3 4 5 6 7 1A 1Y 2A 2Y 3A 3Y GND	Vcc 6A 6Y 5A 5Y 4A 4Y 14 13 12 11 10 9 8 1 2 3 4 5 6 7 1Y 1Y 2A 2Y 3A 3Y GND
IC 7486(XOR)	**IC 74266(XNOR)**
Vcc 4B 4A 4Y 3B 3A 3Y 14 13 12 11 10 9 8 1 2 3 4 5 6 7 1A 1B 1Y 2A 2B 2Y GND	Vcc 4B 4A 4Y 3Y 3B 3A 14 13 12 11 10 9 8 1 2 3 4 5 6 7 1A 1B 1Y 2Y 2A 2B GND

60 블록선도에서 삼각형 도형이 사용되는 것은?

① 전원회로 ② 변조회로

③ 연산증폭기 ④ 복조회로

해설

연산증폭기의 회로기호

01 저항 20[Ω]인 도체에 100[V]의 전압을 가할 때, 그 도체에 흐르는 전류는 몇 [A]인가?

① 0.2   ② 0.5

③ 2   ④ 5

해설
$$I = \frac{V}{R} = \frac{100}{20} = 5[A]$$

02 평활회로에서 리플률을 줄이는 방법은?

① R과 C를 작게 한다.

② R과 C를 크게 한다.

③ R을 크게, C를 작게 한다.

④ R을 작게, C를 크게 한다.

해설
용량성(콘덴서) 평활회로의 리플률은 저항과 콘덴서의 용량이 증가할수록 감소된다.

03 그림의 회로에서 출력전압 V_0의 크기는?(단, V는 실횻값이다)

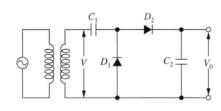

① $2V$ ② $\sqrt{2}\,V$

③ $2\sqrt{2}\,V$ ④ V^2

해설
반파 배전압 정류회로로 $V_0 = 2\sqrt{2}\,V$가 된다.

04 5[μF]의 콘덴서에 1[kV]의 전압을 가할 때 축적되는 에너지[J]는?

① 1.5[J]   ② 2.5[J]

③ 5.5[J]   ④ 10[J]

해설
$$W = \frac{1}{2}CV^2 = \frac{1}{2} \times 5 \times 10^{-6} \times (1 \times 10^3)^2 = 2.5[J]$$

05 4[Ω]의 저항과 8[mH]의 인덕턴스가 직렬로 접속된 회로에 60[Hz], 100[V]의 교류전압을 가하면 전류는 약 몇 [A]인가?

① 20[A]   ② 25[A]

③ 30[A]   ④ 35[A]

해설
$$X_L = 2\pi f L = 2 \times 3.14 \times 60 \times 8 \times 10^{-3} \fallingdotseq 3[\Omega]$$
$$Z = \sqrt{R^2 + X_L^2} = \sqrt{4^2 + 3^2} = \sqrt{25} = 5[\Omega]$$
$$I = \frac{V}{Z} = \frac{100}{5} = 20[A]$$

06 다음 중 유도현상에 생기는 유도기전력은 자속의 변화를 방해하려는 방향으로 발생하는 법칙은?

① 플레밍의 오른손법칙
② 비오-사바르의 법칙
③ 패러데이의 법칙
④ 렌츠의 법칙

> **해설**
> 렌츠의 법칙(Lenz's Law) : 역기전력의 법칙
> 전자 유도에 의하여 생긴 기전력의 방향은 그 유도 전류가 만든 자속이 항상 원래의 자속의 증가 또는 감소를 방해하는 방향이다.

07 빛의 변화로 전류 또는 전압을 얻을 수 없는 것은?

① 광전 다이오드
② 광전 트랜지스터
③ 황화카드뮴(CdS) 셀
④ 태양전지

> **해설**
> 광전 변환소자 : 포토다이오드, 애벌란시 포토다이오드, 포토트랜지스터, 광전관, 태양전지, CCD 센서 등

08 트랜지스터가 스위치로 ON/OFF 기능을 하고 있다면 어떤 영역을 번갈아 가면서 동작하는가?

① 포화영역과 차단영역
② 활성영역과 포화영역
③ 포화영역과 항복영역
④ 활성영역과 차단영역

> **해설**
> 활성(Active)영역은 증폭기에 응용되고, 포화(Saturation)영역과 차단(Cutoff)영역은 스위칭에 응용된다.

09 다음 중 증폭회로를 구성하는 수동소자에서 자유전자의 온도에 의하여 발생하는 잡음은?

① 산탄 잡음
② 열 잡음
③ 플리커 잡음
④ 트랜지스터 잡음

> **해설**
> 트랜지스터 잡음
> 트랜지스터의 사용 중에 발생하는 전류의 요동이 신호 전류에 대해 잡음으로서 작용하는 것으로, 전자의 열진동에 의한 열교란 잡음, 전자 이동도의 불규칙한 변동에 의한 산탄 잡음, 접합부의 상태 변화에 의한 플리커 잡음 등이 있고 트랜지스터의 종류에 따라 크기나 주파수 특성이 다르다.

10 다음 연산증폭기 회로에서 $Z = 50[k\Omega]$, $Z_f = 500[k\Omega]$일 때 전압증폭도(A_{vf})는?

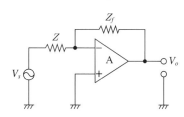

① 0.5
② −0.5
③ 10
④ −10

> **해설**
> $$A_{vf} = -\frac{Z_f}{Z} = -\frac{500}{50} = -10$$

11 다음 회로에서 공진을 하기 위해 필요한 조건은?

$$L \quad C$$

① $\omega L = \dfrac{1}{\omega C^3}$ ② $\omega L = \dfrac{1}{\omega C}$

③ $\omega L = \omega C$ ④ $\dfrac{1}{\omega L} = \omega C^2$

해설

$Z = R + jX = R + j\omega L + \dfrac{1}{j\omega C}$ 에서

허수임피던스가 0이 되어 없어지는 주파수가 공진주파수이다.

따라서, $X = \omega L - \dfrac{1}{\omega C} = 0 \rightarrow \omega L = \dfrac{1}{\omega C}$

---

12 10[V]의 전압이 100[V]로 증폭되었다면 증폭도는?

① 20[dB] ② 30[dB]

③ 40[dB] ④ 50[dB]

해설

증폭도(A)

$A = 20\log_{10} \dfrac{V_o}{V_i}$

$= 20\log_{10} \dfrac{100}{10} = 20\log_{10} 10 = 20[\text{dB}]$

---

13 저역통과 RC 회로에서 시정수가 의미하는 것은?

① 응답의 상승 속도를 표시한다.

② 응답의 위치를 결정해 준다.

③ 입력의 진폭 크기를 표시한다.

④ 입력의 주기를 결정해준다.

해설

시정수는 출력 신호 변화가 정상 최종값의 63.2[%]에 이르는 시간으로 응답의 상승 속도를 표시한다.

---

14 쌍안정 멀티바이브레이터의 결합저항에 병렬로 접속한 콘덴서의 목적은?

① 증폭도를 높이기 위한 것이다.

② 스위칭 속도를 높이는 동작을 한다.

③ 트랜지스터의 이미터 전위를 일정하게 한다.

④ 트랜지스터의 베이스 전위를 일정하게 한다.

해설

결합저항에 병렬로 접속한 콘덴서는 스위칭의 속도를 높이기 위한 가속용 외에 기억 기능에 의해 입력 트리거 펄스에 의한 반전 동작을 정확하게 시키는 역할도 한다.

---

15 720[kHz]인 반송파를 3[kHz]의 변조신호로 진폭 변조했을 때 주파수 대역폭 B는 몇 [kHz]인가?

① 3[kHz] ② 6[kHz]

③ 8[kHz] ④ 10[kHz]

해설

진폭 변조파의 주파수 대역폭

= 반송파의 주파수 ± 변조된 주파수

• 상측파대 주파수 : 720[kHz] + 3[kHz] = 723[kHz]

• 하측파대 주파수 : 720[kHz] − 3[kHz] = 717[kHz]

그러므로, 주파수 대역폭 B는 6[kHz]

---

11 ② 12 ① 13 ① 14 ② 15 ② **정답**

16 적분기회로를 구성하기 위한 회로는?

① 저역통과 RC회로

② 고역통과 RC회로

③ 대역통과 RC회로

④ 대역소거 RC회로

해설
RC 적분회로는 낮은 주파수는 통과되고, 높은 주파수는 감쇠되는 Low Pass Filter로 동작한다.
※ RC 적분회로 = LPF, RC 미분회로 = HPF

17 중앙처리장치(CPU)의 구성 요소에 해당하지 않는 것은?

① 연산장치

② 입력장치

③ 제어장치

④ 레지스터

18 다음 중 제어장치의 역할이 아닌 것은?

① 명령을 해독한다.

② 두 수의 크기를 비교한다.

③ 입출력을 제어한다.

④ 시스템 전체를 감시 제어한다.

해설
제어장치(Control Unit)
컴퓨터를 구성하는 모든 장치가 효율적으로 운영되도록 통제하는 장치로 주기억장치에 기억되어 있는 명령을 해독하여 입력, 출력, 기억, 연산장치 등에 보낸다.

19 다음은 중앙처리장치에 있는 레지스터를 설명한 것이다. 명칭에 맞게 기능을 바르게 설명한 것은?

① 명령 레지스터(PC) – 주기억장치의 번지를 기억한다.

② 기억 레지스터(MAR) – 중앙처리장치에서 현재 수행 중인 명령어의 내용을 기억한다.

③ 번지 레지스터(MBR) – 주기억장치에서 연산에 필요한 자료를 호출하여 저장한다.

④ 상태 레지스터 – CPU의 각종 상태를 표시하며 각 비트별로 할당하여 플래그 상태를 나타낸다.

해설
① PC(Program Counter) : 다음에 실행할 명령어의 주소를 기억한다.
② MAR(Memory Address Register) : 데이터의 번지를 저장한다.
③ MBR(Memory Buffer Register) : 메모리에 액세스할 때 데이터를 메모리와 주변장치 사이에서 송·수신하는 것을 용이하게 하는 버퍼와 같은 역할을 한다.

20 다음 중 10진수 (−7)을 부호화 절대치법에 의한 이진수 표현으로 옳은 것은?

① 10000111

② 10000110

③ 10000101

④ 10000100

해설
부호와 절댓값 표현에서 첫 번째 비트는 부호비트로 사용된다. 따라서 7을 2진수로 변환하고 첫 번째 비트를 1로 하면 −7이 된다.

21 논리식 $F = A + \overline{A} \cdot B$와 같은 기능을 갖는 논리식은?

① $A \cdot B$ ② $A+B$

③ $A-B$ ④ B

$F = A + \overline{A} \cdot B = (A + \overline{A})(A + B) = A + B$

22 $F = (A, B, C, D) = \sum (0, 1, 4, 5, 13, 15)$이다. 간략화 하면?

① $F = A'C' + BC'D + ABD$

② $F = AC + B'CD + ABD$

③ $F = A'C' + ABD$

④ $F = AC + A'B'D'$

$F = \overline{A}\,\overline{B}\,\overline{C}\,\overline{D} + \overline{A}\,\overline{B}C\overline{D} + \overline{A}B\overline{C}\,\overline{D} + \overline{A}BC\overline{D} + ABC\overline{D} + ABCD$

CD\AB	00	01	11	10
00	1	1		
01	1	1	1	
11			1	
10				

$\overline{A}\,\overline{C}$ ABD

$F = \overline{A}\,\overline{C} + ABD$

23 서브루틴의 복귀 주소(Return Address)가 저장되는 곳은?

① Stack ② Program Counter

③ Data Bus ④ I/O Bus

① 스택(Stack) : 서브루틴의 복귀 주소를 저장한다. 데이터를 순서대로 넣고 바로 그 역순서로 데이터를 꺼낼 수 있는 기억 장치로써, 그 특성대로 후입 선출(LIFO ; Last-In First-Out) 기억 장치라고도 한다.

24 프로그램에서 자주 반복하여 사용되는 부분을 별도로 작성한 후 그 루틴이 필요할 때마다 호출하여 사용하는 것으로, 개방된 서브루틴이라고도 하는 것은?

① 매크로 ② 레지스터

③ 어셈블러 ④ 인터럽트

자주 사용하는 여러 개의 명령어를 묶어서 하나의 키 입력 동작으로 만든 것을 매크로라고 한다.

25 명령어의 기본적인 구성요소 2가지를 옳게 짝지은 것은?

① 기억장치와 연산장치

② 오퍼레이션 코드와 오퍼랜드

③ 입력장치와 출력장치

④ 제어장치와 논리장치

기계어 명령 형식은 동작부(연산 지시부 : OP Code)와 오퍼랜드(Operand)로 구성되어 있다.

26 후입선출(LIFO) 동작을 수행하는 자료구조는?

① RAM
② ROM
③ STACK
④ QUEUE

해설
- 스택(Stack) : 데이터를 순서대로 넣고 바로 그 역순서로 데이터를 꺼낼 수 있는 기억 장치로서, 그 특성대로 후입 선출(LIFO ; Last-in First-Out) 기억 장치라고도 한다.
- 큐(Queue) : 데이터가 들어오는 곳과 나가는 곳이 다른 자료구조이다. 데이터가 쌓이다가 데이터가 나가야 할 때 가장 먼저 들어온 데이터가 나가게 되는 선입선출, 즉 FIFO 방식이다.

27 다음 ( ) 안에 들어갈 내용으로 알맞은 것은?

> D 플립플롭은 1개의 S-R 플립플롭과 1개의 ( ) 게이트로 구성할 수 있다.

① AND
② OR
③ NOT
④ NAND

해설
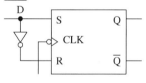

28 ADD 명령을 사용하여 1을 덧셈하는 것과 같이 해당 레지스터의 내용에 1을 증가시키는 명령어는?

① DEC
② INC
③ MUL
④ SUB

해설

명령어		설 명
DEC	Decrement	오퍼랜드 내용을 1 감소
INC	Increment	오퍼랜드 내용을 1 증가
MUL	Multiply	곱 셈
SUB	Subtract	캐리를 포함하지 않은 뺄셈

29 다음은 무엇에 대한 설명인가?

> 제품이나 장치 등을 그리거나 도안할 때, 필요한 사항을 제도 기구를 사용하지 않고 프리핸드(Free Hand)로 그린 도면

① 복사도(Copy Drawing)
② 스케치도(Sketch Drawing)
③ 원도(Original Drawing)
④ 트레이스도(Traced Drawing)

해설
② 스케치도는 제품이나 장치 등을 그리거나 도안할 때, 필요한 사항을 제도 기구를 사용하지 않고 프리핸드로 그린 도면이다.
① 복사도는 같은 도면을 여러 장 필요로 하는 경우에 트레이스도를 원본으로 하여 복사한 도면으로, 청사진, 백사진 및 전자 복사도 등이 있다.
③ 원도는 제도 용지에 직접 연필로 작성한 도면이나 컴퓨터로 작성한 최초의 도면으로, 트레이스도의 원본이 된다.
④ 트레이스도는 연필로 그린 원도 위에 트레이싱지(Tracing Paper)를 놓고 연필 또는 먹물로 그린 도면으로, 청사진도 또는 백사진도의 원본이 된다.

30 다음 논리게이트 기호로 맞는 것은?

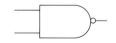

① AND Gate
② OR Gate
③ NAND Gate
④ NOR Gate

해설

NOT-GATE	OR-GATE
NOR-GATE	AND-GATE
NAND-GATE	

31 입·출력 장치로 모두 이용되고 있는 것은?

① 마우스

② 플로터

③ 터치스크린

④ 디지타이저와 스타일러스 펜

해설

③ 터치스크린(Touch Screen) : 화면을 건드려 사용자가 손가락이나 손으로 기기의 화면에 접촉한 위치를 찾아내는 화면을 말한다. 모니터에 특수 직물을 씌워 이 위를 손으로 눌렀을 때 감지하는 방식으로 구성되어 있는 경우도 있다. 터치스크린은 스타일러스와 같이 다른 수동적인 물체를 감지해 낼 수도 있다. 터치스크린 모니터는 터치로 입력장치의 역할을 하며, 모니터는 출력장치의 역할을 한다.

① 마우스 : 입력장치

② 플로터 : 출력장치

④ 디지타이저와 스타일러스 펜 : 입력장치

32 PCB 설계 시 4층 기판으로 설계할 때 사용하지 않는 층은?

① 납땜면

② 전원면

③ 접지면

④ 내부면

해설

4층(Layer) PCB

• Layer1 – 부품면(TOP)

• Layer2 – GND(Power Plane)

• Layer3 – VCC(Power Plane)

• Layer4 – 납땜면(BOTTOM)

33 PCB 설계 시 보드 규격이 3,200 × 2,500[mil]일 때, 이를 [mm]로 환산하면?

① 76.2 × 63.5

② 81.3 × 63.5

③ 88.9 × 68.6

④ 81.3 × 68.6

해설

$1[\text{mil}] = \dfrac{1}{1,000}[\text{inch}] = 0.0254[\text{mm}]$

• $3,200[\text{mil}] = 3,200 \times 0.0254[\text{mm}] = 81.28[\text{mm}]$

• $2,500[\text{mil}] = 2,500 \times 0.0254[\text{mm}] = 63.5[\text{mm}]$

따라서 $3,200 \times 2,500[\text{mil}] = 81.3 \times 63.5[\text{mm}]$

34 설계도면에 적용한 축척이 1 : 5일 때 실제 길이가 1[cm]인 객체는 도면상에 몇 [cm]로 표현되는가?

① 0.2

② 1

③ 2

④ 5

해설

축척은 실물보다 작게 그리는 척도로 1 : 5의 축척에서 실제 길이가 1[cm]인 객체는 도면상에는 0.2[cm]로 표현된다.

35 두 도체로 된 전극 또는 금속편 사이에 각종 유전 물질을 채운 전자 소자의 명칭은?

① 코 일

② 커패시터

③ 저 항

④ 다이오드

해설

커패시터(Capacitor)는 콘덴서(Condenser)라고도 하며, 마주보는 전극 사이에 전하를 축적시키는 소자로 전기용량 C를 갖는 커패시터에 전압 V를 가하면 $Q=CV$ 전하가 축적된다. C의 크기는 전극 면적 및 전극 사이를 절연하고 있는 유도체의 유전율에 비례하며 전극 사이의 거리에 반비례한다. 따라서 유전율이 큰 절연체를 사용함으로써 같은 용량이라도 소형으로 만들 수 있고, 전자부품으로 유리하다.

36 국가별 산업표준규격을 나타내는 표준약호(Code)로 틀린 것은?

① 한국 : KS
② 일본 : JIS
③ 미국 : USA
④ 독일 : DIN

기 호	표준 규격 명칭	영문 명칭	마 크
ISO	국제 표준화 기구	International Organization for Standardization	ISO
KS	한국산업 규격	Korean Industrial Standards	KS
BS	영국규격	Britsh Standards	♡
DIN	독일규격	Deutsches Institute fur Normung	DIN
ANSI	미국규격	American National Standards Institutes	ANSI
SNV	스위스 규격	Schweitzerish Norman-Vereingung	SNV
NF	프랑스 규격	Norme Francaise	NF
SAC	중국규격	Standardization Administration of China	SAC
JIS	일본공업 규격	Japanese Industrial Standards	JIS

37 도면의 가장 일반적인 기능으로, 설계자의 의도를 도면에 표시하여 제작자나 소비자에게 전달하는 기능을 무엇이라 하는가?

① 정보전달기능
② 정보보존기능
③ 정보창출기능
④ 정보전송기능

도면의 기능

• 정보 전달 기능 : 도면의 가장 일반적인 기능으로, 설계자의 의도를 도면에 표시하여 제작자나 소비자에게 전달한다.
• 정보 보존 기능 : 설계된 것을 보존하고, 다시 응용하거나 이용한다.
• 정보 창출 기능 : 설계자의 아이디어를 구체적으로 표현한다.

38 7세그먼트(FND) 디스플레이가 동작할 때 빛을 내는 것은?

① 발광 다이오드
② 부 저
③ 릴레이
④ 저 항

7세그먼트 표시 장치는 7개의 선분(획)으로 구성되어 있으며, 위와 아래에 사각형 모양으로 두 개의 가로 획과 두 개의 세로 획이 배치되어 있고, 위쪽 사각형의 아래 획과 아래쪽 사각형의 위쪽 획이 합쳐진 모양이다. 가독성을 위해 종종 사각형을 기울여서 표시하기도 한다. 7개의 획은 각각 꺼지거나 켜질 수 있으며 이를 통해 아라비아 숫자를 표시할 수 있다. 몇몇 숫자(0, 6, 7, 9)는 둘 이상의 다른 방법으로 표시가 가능하다.

LED로 구현된 7세그먼트 표시 장치는 각 획 별로 하나의 핀이 배당되어 각 획을 끄거나 켤 수 있도록 되어 있다. 각 획 별로 필요한 다른 하나의 핀은 장치에 따라 공용 (+)극이나 공용 (-)극으로 배당되어 있기 때문에 소수점을 포함한 7세그먼트 표시 장치는 16개가 아닌 9개의 핀만으로 구현이 가능하다. 한편 한 자리에 해당하는 4비트나 두 자리에 해당하는 8비트를 입력받아 이를 해석하여 적절한 모습으로 표시해 주는 장치도 존재한다. 7세그먼트 표시 장치는 숫자뿐만 아니라 제한적으로 로마자와 그리스 문자를 표시할 수 있다. 하지만 동시에 모호함 없이 표시할 수 있는 문자에는 제한이 있으며 그 모습 또한 실제 문자의 모습과 동떨어지는 경우가 많기 때문에 고정되어 있는 낱말이나 문장을 나타낼 때만 쓰는 경우가 많다.

39 컴퓨터 시스템과 주변장치 사이에 2진 직렬 데이터 통신을 행하기 위한 인터페이스는?

① LAN 포트
② 병렬 포트
③ RS-232C 포트
④ 데이터 버퍼 포트

RS-232C는 미국 EIA(전자 공업 협회)에서 만든 데이터 단말 장치(DTE)와 모뎀 또는 데이터 회선 종단 장치(DCE)를 상호 접속하기 위한 표준 규격이다. 컴퓨터나 단말을 모뎀에 접속해서 비트(2진) 직렬 전송할 때의 물리적, 전기적 인터페이스를 결정한 것으로 20[Kb/s] 이하의 전송 속도를 다룬다. 일반적으로 퍼스널 컴퓨터에 표준 장비되어 있는 것이 많고 규격에 준한 각종 입출력 장치나 퍼스널 컴퓨터끼리 접속할 수도 있다.

40 도면작성에 대한 결과 파일로 PCB 프로그램이나 시뮬레이션 프로그램에서 입력 데이터로 사용되는 것은?

① 네트리스트(Netlist)
② 거버 파일(Gerber File)
③ 레이아웃 파일(Layout File)
④ 데이터 파일(Data File)

네트리스트 파일(Netlist File)은 도면의 작성에 대한 결과 파일로 PCB 프로그램이나 시뮬레이션 프로그램에서 입력 데이터로 사용되는 필수 파일이다. 풋프린트, 패키지명, 부품명, 네트명, 네트와 연결된 부품 핀, 네트와 핀 그리고 부품의 속성에 대한 정보를 포함하고 있다.

41 다음 삼각자의 조합으로 나타낼 수 없는 각도는?

① 15°
② 75°
③ 90°
④ 130°

삼각자는 45° 직각 삼각자와 30°, 60° 직각 삼각자가 한 세트로 되어 있다. 각도를 이용하여 선을 그을 때 만들고자 하는 각도÷15를 했을 때 나머지 없이 떨어지면 삼각자로 만들 수 있는 각도이다. 그래서 15°, 30°, 45°, 75°, 90°, 105°, 120°, 135° 등을 나타낼 수 있다.

42 척도의 기입법에 대한 설명으로 잘못된 것은?

① 척도는 도면의 표제란에 기입을 한다.
② 척도는 분수형태에 맞춰 표시한다.
③ 만약 도면에 작도한 투상도가 척도에 적용된 것이 아니라면 사용하지 않는다.
④ 도면에 그려진 치수는 비록 척도에 맞춰 그려졌다고 하더라도 실물치수를 기입해야만 한다.

척도의 기입법
• 척도는 도면의 표제란에 기입한다. 단, 다품일양식 도면의 경우 서로 다른 척도를 사용할 때에는 그 부품의 좌측 상단에 표시되는 품번(물체를 투상법에 따라 도면에 작도를 했을 때 그 물체를 대변하여 호칭하는 임의의 번호) 옆에 표시한다.
• 척도는 분수형태 또는 비례표시법에 맞춰 표시한다.
• 만약 도면에 작도한 투상도가 척도에 적용된 것이 아니라면 NS(Not to Scale) 또는 '비례척 아님'을 기입한다.
• 도면에 그려진 치수는 비록 척도에 맞춰 그려졌다고 하더라도 실물치수를 기입해야만 한다. 단, 도면이 치수와 비례하지 않을 경우에는 치수 밑에 밑줄을 그어 표시한다.

43 마일러 콘덴서 104K의 용량값은 얼마인가?

① $0.01[\mu F]$, $\pm10[\%]$

② $0.1[\mu F]$, $\pm10[\%]$

③ $1[\mu F]$, $\pm10[\%]$

④ $10[\mu F]$, $\pm10[\%]$

해설

$104 = 10 \times 10^4[pF] = 100,000[pF] = 0.1[\mu F]$

허용차[%]의 문자 기호

문자 기호	허용차[%]	문자 기호	허용차[%]
B	±0.1	J	±5
C	±0.25	K	±10
D	±0.5	L	±15
F	±1	M	±20
G	±2	N	±30

∴ $104K = 0.1[\mu F]$, $\pm10[\%]$

44 전자 제도의 특징으로 잘못 설명한 것은?

① 직선과 곡선의 처리, 도형과 그림의 이동, 회전 등이 자유롭다.

② 자주 쓰는 도형은 매크로를 사용하여 여러 번 재생하여 사용할 수 있다.

③ 도면의 일부분 또는 전체의 축소, 확대가 용이하다.

④ 주로 3차원의 표현을 사용한다.

해설

전자 제도의 특징

• 직선과 곡선의 처리, 도형과 그림의 이동, 회전 등이 자유로우며, 도면의 일부분 또는 전체의 축소, 확대가 용이하다.

• 자주 쓰는 도형은 매크로를 사용하여 여러 번 재생하여 사용할 수 있다.

• 작성된 도면의 정보를 기계에 직접 적용시킬 수 있다.

• 주로 2차원의 표현을 사용한다.

45 PCB 기판 제조방법의 하나로 대량생산에 적합하고 정밀도가 높으며 내산성 잉크와 물이 잘 혼합되지 않는 점을 이용하여 아연판을 부식시켜 배선부분만 잉크를 묻게 하여 제작하는 방법은?

① 사진 부식법

② 오프셋 인쇄법

③ 실크스크린법

④ 단층 촬영법

해설

인쇄회로기판(PCB)의 제조 공정

• 사진 부식법 : 사진의 밀착 인화 원리를 이용한 것으로, 정밀도는 가장 우수하나 양산에는 적합하지 않다. 포토레지스트(Photo Resist)를 직접 기판에 도포하고, 필름을 기판 위에 얹어 감광시킨 다음 현상하면, 기판에는 배선에 해당하는 부분만 남고 나머지 부분에 구리면이 나타난다.

• 실크 스크린법 : 등사 원리를 이용하여 내산성 레지스터를 기판에 직접 인쇄하는 방법으로, 사진 부식법에 비해 양산성은 높으나 정밀도가 다소 떨어진다. 실크로 만든 스크린에 감광성 유제를 도포하고 포지티브 필름으로 인화, 현상하면 패턴 부분만 스크린되고, 다른 부분이 막히게 된다. 이 실크 스크린에 내산성 잉크를 칠해 기판에 인쇄한다.

• 오프셋 인쇄법 : 일반적인 오프셋 인쇄방법을 이용한 것으로 실크 스크린법보다 대량 생산에 적합하고 정밀도가 높다. 내산성 잉크와 물이 잘 혼합되지 않는 점을 이용하여 아연판 등의 오프셋 판을 부식시켜 배선부분에만 잉크를 묻게 한 후 기판에 인쇄한다.

46 LED는 순방향 바이어스에서 통전되면서 전자−정공의 재결합으로 인하여 일부 에너지가 빛으로 방출된다. LED의 심벌로 옳은 것은?

해설

② LED

① 제너 다이오드

③ 일반 다이오드

④ 과도전압억제 다이오드(TVS ; Transient Voltage Suppression)

47 DXF 파일의 섹션이 아닌 것은?

① 헤더(Header) 섹션
② 블록(Block) 섹션
③ 테이블(Table) 섹션
④ 글로벌(Global) 섹션

해설

DXF 파일은 서로 다른 컴퓨터 지원 설계(CAD) 프로그램 간에 설계도면 파일을 교환하는 데 업계 표준으로 사용되는 파일 형식으로, 캐드에서 작성한 파일을 다른 프로그램으로 넘길 때 또는 다른 프로그램에서 캐드로 불러올 때 사용한다.
DXF 파일에는 HEADER 섹션, TABLE 섹션, BLOCK 섹션, ENTITY 섹션 등이 있다.

48 다층 PCB 구조에서 층과 층을 통과하여 신호 패턴을 연결하는데, 이때 층간을 접속하기 위한 것은?

① Pad Hole
② Land Hole
③ Pin Hole
④ Via Hole

해설

• 비아(Via) : 층간의 회로를 접속할 수 있는 홀이며 패드와 패드를 연결하면서 트랙의 층을 변경할 때 생기는 동박이다.
• 비아 홀(Via Hole) : 다층 인쇄회로기판에서 다른 층과 전기적 접속을 좋게 하기 위해 스루 홀 도금을 한 홀로 서로 다른 층을 연결하기 위한 것이다. 회로를 설계하고 아트워크를 하다보면 서로 다른 종류의 패턴이 겹칠 경우가 있다. 일반적인 전선은 피복이 있기 때문에 겹치게 해도 되지만 PCB의 패턴은 금속이 그대로 드러나 있기 때문에 서로 겹치게 되면 쇼트가 발생한다. 그래서 PCB에 홀을 뚫어서 겹치는 패턴을 피하고, 서로 다른 층의 패턴을 연결하는 용도로 사용된다.

49 다음 중 솔리드 모델링의 특징이라고 보기 어려운 것은?

① 은선 제거가 가능하다.
② 간섭 체크가 용이하다.
③ 이미지 표현이 가능하다.
④ 물리적 성질 등의 계산이 불가능하다.

해설

솔리드 모델
정점, 능선, 면 및 질량을 표현한 형상 모델로서, 이것을 작성하는 것을 솔리드 모델링이라고 한다. 솔리드 모델링은 형상만이 아닌 물체의 다양한 성질을 좀 더 정확하게 표현하기 위해 고안된 방법이다.
솔리드 모델은 입체 형상을 표현하는 모든 요소를 갖추고 있어서 중량이나 무게중심 등의 해석도 가능하다. 솔리드 모델은 설계에서부터 제조공정에 이르기까지 일관하여 이용할 수 있다.

모델링의 종류	와이어 프레임 모델링	• 데이터의 구조가 간단하고 처리속도가 빠르다. • 모델 작성이 쉽고 3면 투시도의 작성이 용이하다. • 체적의 계산 및 물질 특성에 대한 자료를 얻지 못한다. • 은선제거 및 단면도 작성이 불가능하다. • 실루엣이 나타나지 않는다. • 내부에 관한 정보가 없어 해석용 모델로 쓸 수가 없다.
	서피스 모델링	• 은선이 제거될 수 있고 면의 구분이 가능하다. • NC Data에 의한 NC가공작업이 수월하다. • 단면도 작성이 가능하다. • 형상 내부에 관한 정보가 없어 해석용 모델로 사용되지 못한다. • 3면 투시도의 작성이 용이하다. • 유한 요소법 해석이 곤란하다.
	솔리드 모델링	• 은선 제거가 가능하다. • 물리적 성질 등의 계산이 가능하다(부피, 무게중심, 관성 모멘트). • 간섭체크가 용이하다. • 형상을 절단한 단면도 작성이 용이하다. • 컴퓨터의 메모리양이 많아지고 데이터의 처리시간이 많이 걸린다. • Boolean연산(합, 차, 적)을 통하여 복잡한 형상 표현도 가능하다.

50 패턴 설계 시 유의 사항으로 잘못된 것은?

① 패턴은 가급적 굵고 짧게 하여야 한다.

② 패턴 사이의 간격을 떼어놓거나 차폐를 행한다.

③ 신호선 및 전원선은 90°로 구부려 처리한다.

④ 신호 라인이 길 때는 간격을 충분히 유지시키는
것이 좋다.

해설

패턴 설계 시 유의 사항

• 패턴의 길이 : 패턴은 가급적 굵고 짧게 하여야 한다. 패턴은
가능한 두껍게 Data의 흐름에 따라 배선하는 것이 좋다.

• 부유 용량 : 패턴 사이의 간격을 떼어놓거나 차폐를 행한다. 양
도체 사이의 상대 면적이 클수록, 거리가 가까울수록, 절연물의
유전율이 높을수록 부유 용량(Stray Capacity)이 커진다.

• 신호선 및 전원선은 45°로 구부려 처리한다.

• 신호 라인이 길 때는 간격을 충분히 유지시키는 것이 좋다.

• 단자와 단자의 연결에서 Via는 최소화하는 것이 좋다.

• 공통 임피던스 : 기판에서 하나의 접지점을 정하는 1점 접지방식
으로 설계하고, 각각의 회로 블록마다 디커플링 콘덴서를 배치
한다.

• 회로의 분리 : 취급하는 전력 용량, 주파수 대역 및 신호 형태별로
기판을 나누거나 커넥터를 분리하여 설계한다.

• 도선의 모양 : 배선은 가급적 짧게 하는 것이 다른 배선이나
부품의 영향을 적게 받는다.

51 인쇄회로기판에서 패턴의 저항을 구하는 식으로 올바른 것은?(단, 패턴의 폭 W[mm], 두께 T [mm], 패턴길이 L[cm], ρ : 고유저항)

① $R = \rho\dfrac{L}{WT}[\Omega]$　　② $R = \dfrac{L}{WT}[\Omega]$

③ $R = \dfrac{WL}{\rho T}[\Omega]$　　④ $R = \rho\dfrac{W}{LT}[\Omega]$

해설

저항의 크기는 물질의 종류에 따라 달라지며, 단면적과 길이에도
영향을 받는다. 물질의 종류에 따라 구성하는 성분이 다르므로
전기적인 특성이 다르다. 이러한 물질의 전기적인 특성을 일정한
단위로 나누어 측정한 값을 비저항(Specific Resistance)이라고
하며, 순수한 물질일 때 그 값은 고유한 상수(ρ)로 나타난다. 저항
(R)은 비저항으로부터 구할 수 있으며 길이에 비례하고, 단면적에
반비례하며 그 공식은 다음과 같다.

$$R = \rho\frac{L}{S} = \rho\frac{L}{WT}[\Omega]$$

52 조합논리회로의 종류에 해당하지 않는 것은?

① 가산기　　　　② 비교기

③ 플립플롭　　　④ 코드변환기

해설

논리회로의 종류

• 조합논리회로와 순서논리회로가 있다.

• 조합논리회로 : 입력값에 의해서만 출력값이 결정되는 회로로,
기본 논리 소자(AND, OR, NOT)의 조합으로 만들어지며, 플립플
롭과 같은 기억 소자는 포함하지 않는다.

• 조합논리회로의 종류 : 가산기, 비교기, 디코더, 인코더, 멀티플
렉서, 디멀티플렉서, 코드변환기 등이 있다.

• 순서논리회로 : 출력값은 입력값뿐만 아니라 이전 상태의 논리값
에 의해 결정되며, 조합논리회로 + 기억소자(플립플롭 : 단일
비트 기억소자)로 구성된다.

• 순서논리회로의 종류 : 플립플롭(JK, RS, T, D), 레지스터, 카운
터, CPU, RAM 등이 있다.

53 각종 전자기기, 유무선 통신기기 및 장치의 접속관계를 표시하는 기호는?

① 전기용 기호(KSC0102)

② 옥내배선용 기호(KSC0301)

③ 2값 논리소자 기호(KSX0201)

④ 시퀀스 기호(KSC0103)

해설

전기 · 전자 · 통신에 관계되는 기호

기호 명칭	KS 번호		적용 범위
전기용 기호	KS C 0102	기본 기호	일반적인 전기 회로의 접속 관계를 표시하는 기호
		전력용 기호	전기 기계 · 기구의 접속 관계를 표시하는 기호
		전기 · 통신용 기호	전기 · 통신 장치, 기기의 접속 관계를 표시하는 기호
옥내 배선용 그림 기호	KS C 0301		주택, 건물의 옥내 배선도에 사용하는 기호
2진 논리소자를 위한 그래픽 기호	KS X 0201		2값 논리 소자 기능을 그림으로 표현하는 기호
계장용 기호	KS A 3016		공정도에 계측 제어의 기능 또는 설비를 기재하는 기호
시퀀스 제어 기호	KS C 0103		시퀀스 제어에 사용하는 기호
정보 처리용 기호	KS X ISO 5807		전자계산기의 처리 내용, 순서 및 단계를 표현하는 기호

※ KS C 0102(폐지)

   KS X 0201(폐지)

   KS A 3016(폐지)

54 PCB에서 패턴의 두께가 2[mm], 길이가 4[cm], 패턴의 저항이 $1.72 \times 10^{-5}[\Omega]$일 때 패턴의 폭은 몇 [cm]인가?(단, 20[℃]에서 구리의 저항률은 $1.72 \times 10^{-8}[\Omega \cdot m]$이다)

① 1   ② 2

③ 3   ④ 4

해설

패턴의 저항 $R =$ 저항률 $\rho \dfrac{\text{패턴의 길이 } l}{\text{패턴의 단면적} S(W \times t)}$

패턴의 폭 $W = \dfrac{\rho l}{Rt} = \dfrac{1.72 \times 10^{-8} \times 4 \times 10^{-2}}{1.72 \times 10^{-5} \times 2 \times 10^{-3}}$

$\qquad\qquad\quad = 2 \times 10^{-2}[m] = 2[cm]$

55 CAD 시스템 좌표계에서 이전 최종좌표(점)에서 거리와 각도를 이용하여 이동된 X, Y축의 좌표값을 찾는 방법은?

① 절대좌표   ② 상대좌표

③ 극좌표   ④ 상대극좌표

해설

좌표의 종류

• 절대좌표(Absolute Coordinate) : 원점을 기준으로 한 각 방향 좌표의 교차점을 말하며, 고정되어 있는 좌표점 즉, 임의의 절대 좌표점(10, 10)은 도면 내에 한 점밖에는 존재하지 않는다. 절대 좌표는 [X좌표값, Y좌표값] 순으로 표시하며, 각각의 좌표점 사이를 콤마(,)로 구분해야 하고, 음수값도 사용이 가능하다.

• 상대좌표(Relative Coordinate) : 최종점을 기준(절대좌표는 원점을 기준으로 했음)으로 한 각 방향의 교차점을 말한다. 따라서 상대좌표의 표시는 하나이지만 해당 좌표점은 기준점에 따라 도면 내에 무한적으로 존재한다. 상대좌표는 [@기준점으로부터 X방향값, Y방향값]으로 표시하며, 각각의 좌표값 사이를 콤마(,)로 구분해야 하고, 음수 값도 사용이 가능하다(음수는 방향이 반대임).

• 극좌표(Polar Coordinate) : 기준점으로부터 거리와 각도(방향)로 지정되는 좌표를 말하며, 절대극좌표와 상대극좌표가 있다. 절대극좌표는 [원점으로부터 떨어진 거리 < 각도]로 표시한다.

• 상대극좌표(Relative Polar Coordinate)는 마지막점을 기준으로 하여 지정하는 좌표이다. 따라서 상대 극좌표의 표시는 하나이지만 해당 좌표점은 기준점에 따라 도면 내에 무한적으로 존재한다. 상대극좌표는 [@기준점으로부터 떨어진 거리 < 각도]로 표시하며, 거리와 각도 표시 사이를 부등호(<)로 구분해야 하고, 거리와 각도에 음수 값도 사용이 가능하다.

56 다음 중 EX-OR 게이트의 기호로 옳은 것은?

①

②

③

④ A B ⊃○─Y

EOR(XOR, EX-OR) 게이트는 두 입력상태가 서로 상반될 때만 출력이 1(High)이 되는 게이트이다.
③ EOR(XOR, EX-OR) 게이트
① NAND 게이트
② NOT 게이트
④ NOR 게이트

57 다음 전자 부품 기호의 명칭으로 옳은 것은?

① 트랜지스터(TR)
② 다이악(DIAC)
③ 제너 다이오드(Zener Diode)
④ 전기장 효과 트랜지스터(FET)

트랜지스터(TR)	다이액(DIAC)
(symbol)	(symbol)
제너 다이오드 (Zener Diode)	전기장 효과 트랜지스터 (FET)
(symbol)	N채널 FET P채널 FET

58 기판 재료 용어를 설명한 것 중 표면에 도체 패턴을 형성할 수 있는 절연 재료를 의미하는 것은?

① 절연 기판(Base Material)
② 프리프레그(Prepreg)
③ 본딩 시트(Bonding Sheet)
④ 동박 적층판(Copper Clad Laminates)

기판 재료 용어
• 절연 기판(Base Material) : 표면에 도체 패턴을 형성할 수 있는 패널 형태의 절연재료
• 프리프레그(Prepreg) : 유리섬유 등의 바탕재에 열경화성 수지를 함침시킨 후 'B STAGE'까지 경화시킨 시트 모양의 재료
• B STAGE : 수지의 반경화 상태
• 본딩 시트(Bonding Sheet) : 여러 층을 접합하여 다층 인쇄 배선판을 제조하기 위한 접착성 재료로 본 시트
• 동박 적층판(Copper Clad Laminated) : 단면 또는 양면을 동박으로 덮은 인쇄배선판용 적층판
• 동박(Copper Foil) : 절연판의 단면 또는 양면을 덮어 도체 패턴을 형성하기 위한 Copper Sheet
• 적층(Lamination) : 2매 이상의 층 구성재를 일체화하여 접착하는 것
• 적층판(Laminate) : 수지를 함침한 바탕재를 적층, 접착하여 만든 기판

59 고주파 부품에 대한 대책으로 틀린 것은?

① 부품을 세워 사용하지 않는다.

② 표면실장형(SMD) 부품을 사용하지 않는다.

③ 부품의 리드는 가급적 짧게 하여 안테나 역할을 하지 않도록 한다.

④ 고주파 부품은 일반회로 부분과 분리하여 배치한다.

고주파회로 설계 시 유의사항

• 아날로그, 디지털 혼재회로에서 접지선은 분리한다.

• 부품은 세워서 사용하지 않으며, 가급적 부품의 다리를 짧게 배선한다.

• 고주파 부품은 일반회로 부분과 분리하여 배치하도록 하고, 가능하면 차폐를 실시하여 영향을 최소화하도록 한다.

• 가급적 표면실장형 부품을 사용한다.

• 전원용 라인필터는 연결 부위에 가깝게 배치한다.

• 배선의 길이는 가급적 짧게 하고, 배선이 꼬인 것은 코일로 간주하므로 주의해야 한다.

• 회로의 중요한 요소에는 바이패스 콘덴서를 삽입하여 사용한다.

60 직렬포트에 대한 설명으로 틀린 것은?

① 주로 모뎀 접속에 사용된다.

② EIA에서 정한 RS-232C 규격에 따라 36핀 커넥터로 되어 있다.

③ 전송거리는 규격상 15[m] 이내로 제한된다.

④ 주변장치와 2진 직렬 데이터 통신을 행하기 위한 인터페이스이다.

• 직렬포트(Serial Port)는 한 번에 하나의 비트 단위로 정보를 주고받을 수 있는 직렬 통신의 물리 인터페이스이다. 데이터는 단말기와 다양한 주변기기와 같은 장치와 컴퓨터 사이에서 직렬 포트를 통해 전송된다.

• 이더넷, IEEE 1394, USB와 같은 인터페이스는 모두 직렬 스트림으로 데이터를 전달하지만 직렬포트라는 용어는 일반적으로 RS-232 표준을 어느 정도 따르는 하드웨어를 가리킨다.

• 가장 일반적인 물리 계층 인터페이스인 RS-232C와 CCITT에 의해 권고된 V.24는 공중 전화망을 통한 데이터 전송에 필요한 모뎀과 컴퓨터를 접속시켜 주는 인터페이스이다. 이것은 직렬 장치들 사이의 연결을 위한 표준 연결 체계로, 컴퓨터 직렬포트의 전기적 신호와 케이블 연결의 특성을 규정하는 표준인데, 1969년 전기산업협의회(EIA)에서 제정하였다.

• 전송거리는 규격상 15[m] 이내로 제한된다.

• 주변기기를 연결할 목적으로 고안된 직렬포트는 USB와 IEEE 1394의 등장으로 점차 쓰이지 않고 있다. 네트워크 환경에서는 이더넷이 이를 대신하고 있다.

[일반적으로 사용하는 9핀 직렬 포트]

01 3단자 레귤레이터 정전압 회로의 특징이 아닌 것은?

① 발진 방지용 커패시터가 필요하다.
② 소비 전류가 적은 전원 회로에 사용한다.
③ 많은 전력이 필요한 경우에는 적합하지 않다.
④ 전력소모가 적어 방열대책이 필요 없는 장점이 있다.

해설
3단자 레귤레이터는 과도한 전압을 모두 열로 방출시키는 부품이기 때문에, 높은 전압을 연결하면 열이 상당히 많이 발생하고 방열대책이 필요하며, 낭비도 심하다고 볼 수 있다.

02 다음 사이리스터 중 단방향성 소자는?

① TRIAC   ② DIAC
③ SSS   ④ SCR

해설
• 양방향 사이리스터 : TRIAC, DIAC, SSS
• 단방향 사이리스터 : SCR

03 5[μF]의 콘덴서에 1[kV]의 전압을 가할 때 축적되는 에너지[J]는?

① 1.5[J]   ② 2.5[J]
③ 5.5[J]   ④ 10[J]

해설
$$W = \frac{1}{2}CV^2 = \frac{1}{2} \times 5 \times 10^{-6} \times (1 \times 10^3)^2 = 2.5[J]$$

04 다음 회로는 수정발진기의 가장 기본적인 회로이다. 발진회로 A에 들어갈 부품은?

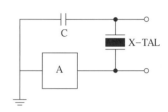

① 저 항   ② 코 일
③ TR   ④ 커패시터

05 실리콘 제어 정류기(SCR)의 게이트는 어떤 형의 반도체인가?

① N형 반도체
② P형 반도체
③ PN형 반도체
④ NP형 반도체

해설
실리콘 제어 정류기(SCR)는 PNPN 소자의 P_2에 게이트 단자를 달아 P_2, N_2 사이에 전류를 흘릴 수 있게 만든 단방향성 소자이다.

06 다음과 같은 회로에서 출력 V_0는?

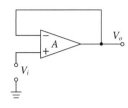

① ∞ ② 1

③ V_i ④ $-V_i$

해설

DC 전압 플로어 : 입력의 2단자가 단락되어 있으므로
$A = V_0 / V_i = 1$이 되어서 출력전압이 입력전압을 그대로 따라서
변한다. 이 회로는 입력 임피던스가 높고 출력 임피던스가 낮아서,
구동 회로의 부하 효과를 막는 완충 증폭 회로(Buffer)로 적합하다.

07 펄스의 주기 등은 일정하고 그 진폭을 입력 신호
전압에 따라 변화시키는 변조방식은?

① PAM   ② PFM

③ PCM   ④ PWM

해설

펄스 변조 방식
• 펄스 진폭 변조(PAM) : 펄스의 폭 및 주기를 일정하게 하고 신호
파에 따라서 그 진폭만을 변화시키는 방식
• 펄스 부호 변조(PCM) : 주기적인 펄스의 진폭이나 폭·위치 따위
는 바꾸지 아니하고, 신호파의 진폭에 따라 펄스 값의 유무를
부호화된 신호로 바꾸는 변조 방식
• 펄스폭 변조(PWM) : 변조 신호의 크기에 따라서 펄스의 폭을
변화시켜 변조하는 방식
• 펄스 위치 변조(PPM) : 펄스의 시간적 위치를 신호파의 진폭에
비례하여 변화시키는 변조방식

08 고정 바이어스 회로를 사용한 트랜지스터의 β가
50이다. 안정도 S는 얼마인가?

① 49   ② 50

③ 51   ④ 52

해설

안정계수 $S = \dfrac{\Delta I_C}{\Delta I_{CO}} = 1 + \beta = 1 + 50 = 51$

09 다음 중 $1[\mu F]$를 [F]로 표시하면 얼마인가?

① $10^{-3}[F]$ ② $10^{-6}[F]$

③ $10^{-9}[F]$ ④ $10^{-12}[F]$

해설

m(10^{-3}), μ(10^{-6}), n(10^{-9}), p(10^{-12})

10 TR을 A급 증폭기(활성영역)로 사용할 때 바이어스
상태를 옳게 표현한 것은?

① B−E : 순방향 Bias, B−C : 순방향 Bias

② B−E : 역방향 Bias, B−C : 역방향 Bias

③ B−E : 순방향 Bias, B−C : 역방향 Bias

④ B−E : 역방향 Bias, B−C : 순방향 Bias

해설

A급 증폭기로 사용할 때 B−E 간은 순방향, B−C 간은 역방향
바이어스로 되어야 증폭기로 사용된다.

11 어떤 증폭기의 전압 증폭도가 20일 때 전압이득은?

① 10[dB]

② 13[dB]

③ 20[dB]

④ 26[dB]

$$V_G = 20\log A_v = 20(\log 10 + \log 2)$$
$$= 20(1+0.3) = 26[\text{dB}]$$

12 RC결합 저주파증폭회로의 이득이 높은 주파수에서 감소되는 이유는?

① 증폭기 소자의 특성이 변화하기 때문에

② 결합 커패시턴스의 영향 때문에

③ 부성저항이 생기기 때문에

④ 출력회로의 병렬 커패시턴스 때문에

TR에 고주파신호가 들어오면 컬렉터, 베이스, 이미터 간에 커패시턴스가 생기고, 이때 생기는 용량성분을 병렬용량(접합용량, 극간용량)이라고 한다. 병렬용량의 경우 주파수가 높아지면 출력레벨이 감소한다. 즉, 이득이 감소한다.

13 전기 저항에서 어떤 도체의 길이를 4배로 하고 단면적을 1/4로 했을 때의 저항은 원래 저항의 몇 배가 되는가?

① 1   ② 4

③ 8   ④ 16

$$R = \rho\frac{l}{A} = \rho\frac{4l}{\frac{1}{4}A} = 16 \times \rho\frac{l}{A}$$

14 12[V]의 전원 전압에 의해 6[A]의 전류가 흐르는 전기 회로의 컨덕턴스[℧]는?

① 0.2[℧]   ② 0.5[℧]

③ 2[℧]   ④ 6[℧]

컨덕턴스 저항의 역수이다. 즉, $G = \dfrac{1}{R}$

$$G = \frac{I}{V} = \frac{6}{12} = 0.5[\text{℧}]$$

15 전력 제어용 반도체에 속하는 것은?

① FET   ② BJT

③ SCR   ④ CMOS

• 전력제어 : SCR, DIAC, TRIAC 등

• 전류제어 : BJT

• 전압제어 : FET

16 JK 플립플롭에서 클록펄스가 인가되고 J, K 입력이 모두 1일 때 출력은?

① 1
② 반 전
③ 0
④ 변함없음

해설
JK 플립플롭
2개의 입력이 동시에 1이 되었을 때 출력 상태가 불확정되지 않도록 한 것으로 이때 출력 상태는 반전된다.

17 원시 언어로 작성한 프로그램을 동일한 내용의 목적 프로그램으로 번역하는 프로그램을 무엇이라 하는가?

① 기계어
② 파스칼
③ 컴파일러
④ 소스 프로그램

18 가상기억장치(Virtual Memory)에서 주기억장치의 내용을 보조기억장치로 전송하는 것을 무엇이라 하는가?

① 로드(Load)
② 스토어(Store)
③ 롤아웃(Roll-out)
④ 롤인(Roll-in)

해설
• 롤아웃(Roll-out) : 주기억장치 가운데 사용하지 않은 프로그램 또는 우선도가 낮은 프로그램을 보조기억장치로 옮기는 일
• 롤인(Roll-in) : 우선순위가 높은 프로그램을 수행하기 위해 주기억장치에서 보조기억장치로 옮겨 놓았던 우선순위가 낮은 프로그램을 다시 원상태로(주기억장치로) 되돌려 보내는 것

19 C언어에서 정수형 변수를 선언할 때 사용되는 명령어는?

① int
② float
③ double
④ char

해설
• 문자형 : char
• 정수형 : short, int, long
• 실수형 : float, double

20 $F = (A, B, C, D) = \sum (0, 1, 4, 5, 13, 15)$이다. 간략화 하면?

① $F = A'C' + BC'D + ABD$
② $F = AC + B'CD + ABD$
③ $F = A'C' + ABD$
④ $F = AC + A'B'D'$

해설
$F = \overline{A}\,\overline{B}\,\overline{C}\,\overline{D} + \overline{A}\,\overline{B}CD + \overline{A}B\overline{C}\overline{D} + \overline{A}BCD + AB\overline{C}D + ABCD$

CD\AB	00	01	11	10
00	1	1		
01	1	1	1	
11			1	
10				

$\overline{A}\,\overline{C}$

ABD

$F = \overline{A}\,\overline{C} + ABD$

21 다음 표준 C언어로 작성한 프로그램의 연산결과는?

```
#include <stdio.h>
void main()
{
        printf("%d",10^12);
}
```

① 6   ② 8
③ 24   ④ 14

해설
XOR 연산
10^12=1010^1100=0110=6

22 다음 중 제어장치의 역할이 아닌 것은?

① 명령을 해독한다.
② 두 수의 크기를 비교한다.
③ 입출력을 제어한다.
④ 시스템 전체를 감시 제어한다.

해설
제어장치(Control Unit)
컴퓨터를 구성하는 모든 장치가 효율적으로 운영되도록 통제하는 장치로 주기억장치에 기억되어 있는 명령을 해독하여 입력, 출력, 기억, 연산장치 등에 보낸다.

23 ALU(Arithmetic and Logical Unit)의 기능은?

① 산술연산 및 논리연산
② 데이터의 기억
③ 명령 내용의 해석 및 실행
④ 연산 결과의 기억될 주소 산출

24 순서도 작성 시 지키지 않아도 될 사항은?

① 기호는 창의성을 발휘하여 만들어 사용한다.
② 문제가 어려울 때는 블록별로 나누어 작성한다.
③ 기호 내부에는 처리 내용을 간단명료하게 기술한다.
④ 흐름은 위에서 아래로, 왼쪽에서 오른쪽으로 그린다.

해설
순서도는 국제표준화기구에서 정한 표준기호를 사용한다.

25 CPU와 입출력 사이에 클록신호에 맞추어 송·수신하는 전송제어방식을 무엇이라 하는가?

① 직렬 인터페이스(Serial Interface)
② 병렬 인터페이스(Parallel Interface)
③ 동기 인터페이스(Synchronous Interface)
④ 비동기 인터페이스(Asynchronous Interface)

해설
③ 동기 인터페이스 : 중앙처리장치(CPU)와 입출력장치 간에 데이터 전송을 할 때 클록신호에 맞추어 전송을 하는 방식
① 직렬 인터페이스 : 데이터 통신에서 직렬 전송(복수 비트로 구성되어 있는 데이터를 비트열로 치환하여 한 줄의 데이터선으로 직렬로 송수신하는 방법)을 하기 위한 인터페이스
② 병렬 인터페이스 : 병렬로 접속되어 있는 여러 개의 통신선을 사용하여 동시에 여러 개의 데이터 비트와 제어 비트를 전달하는 데이터 전송방식
④ 비동기 인터페이스 : 자료를 일정한 크기로 정하여 순서대로 전송하기 위한 인터페이스

26 컴퓨터의 주기억장치와 주변장치 사이에서 데이터를 주고받을 때, 둘 사이의 전송속도 차이를 해결하기 위해 전송할 정보를 임시로 저장하는 고속 기억장치는?

① Address   ② Buffer

③ Channel   ④ Register

27 병렬전송에 대한 설명 중 틀린 것은?

① 하나의 통신회선을 사용하여 한 비트씩 순차적으로 전송하는 방식이다.

② 문자를 구성하는 비트수만큼 통신 회선이 필요하다.

③ 한 번에 한 문자를 전송하므로 고속처리를 필요로 하는 경우와 근거리 데이터 전송에 유리하다.

④ 원거리 전송의 경우 여러 개의 통신회선이 필요하므로 회선 비용이 많이 든다.

> **해설**
> 하나의 통신회선을 사용하여 한 비트씩 순차적으로 전송하는 방식은 직렬전송방식이다.

28 입력단자에 나타난 정보를 코드화하여 출력으로 내보내는 것으로 해독기와 정반대의 기능을 수행하는 조합 논리회로는?

① Adder   ② Flip-Flop

③ Multiplexer   ④ Encoder

> **해설**
> • Encoder : 부호기
> • Decoder : 해독기(복호기)

29 한국산업표준(KS ; Korean Industrial Standards)의 부문별 기호 중 전기전자 부문에 해당하는 분류 기호는?

① KS A   ② KS C

③ KS S   ④ KS X

> **해설**
> 한국 산업 표준(KS ; Korean Industrial Standards)은 1961년 한국공업표준화법의 제정으로 1962년 3,000종의 국가표준이 제정·보급되기 시작하여, 현재 23,000여 종의 한국산업표준이 제정·운용되고 있으며, 상당 부분이 국제표준에 맞추어지고 있다. 한국산업표준은 산업표준화법에 따라 기술표준원장이 고시함으로써 확정되는 국가표준으로, 줄여서 KS로 표시한다.
> 한국산업표준은 기본 부문(A)부터 정보 부문(X)까지 21개 부문으로 구성되어 있으며, 크게 제품표준, 방법표준, 전달표준으로 분류할 수 있다.
> KS의 부문별 기호

분류기호	부문	분류기호	부문	분류기호	부문
KS A	기 본	KS H	식 품	KS Q	품질경영
KS B	기 계	KS I	환 경	KS R	수송기계
KS C	전기전자	KS J	생 물	KS S	서비스
KS D	금 속	KS K	섬 유	KS T	물 류
KS E	광 산	KS L	요 업	KS V	조 선
KS F	건 설	KS M	화 학	KS W	항공우주
KS G	일용품	KS P	의 료	KS X	정 보

26 ②   27 ①   28 ④   29 ②   **정답**

30 제도의 목적을 달성하기 위한 도면의 요건으로 옳지 않은 것은?

① 대상물의 도형과 함께 필요로 하는 크기, 모양, 자세, 위치의 정보를 포함하여야 한다.

② 도면의 정보를 명확하게 하기 위하여 복잡하고 어렵게 표현하여야 한다.

③ 가능한 한 넓은 기술 분야에 걸쳐 정합성, 보편성을 가져야 한다.

④ 복사 및 도면의 보존, 검색, 이용이 확실히 되도록 내용과 양식을 구비하여야 한다.

해설

도면의 필요 요건

• 도면에는 필요한 정보와 위치, 모양 등이 있어야 하며, 필요에 따라 재료의 형태와 가공방법에 대한 정보도 표시되어야 한다.

• 정보를 이해하기 쉽고 명확하게 표현해야 한다.

• 기술 분야에 걸쳐 적합성과 보편성을 가져야 한다.

• 기술 교류를 고려하여 국제성을 가져야 한다.

• 도면의 보존과 복사 및 검색이 쉽도록 내용과 양식을 갖추어야 한다.

31 문서의 내용에 따른 분류 중 조립도를 나타낸 그림은?

①

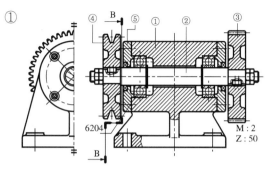

②

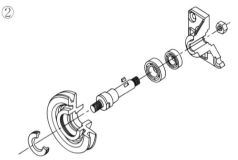

③

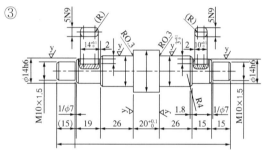

④

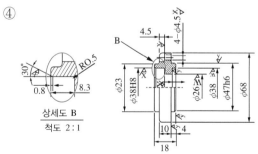

해설

내용에 따른 문서의 분류

① 조립도 : 제품의 전체적인 조립 과정이나 전체 조립 상태를 나타낸 도면으로, 복잡한 구조를 알기 쉽게 하고 각 단위 또는 부품의 정보가 나타나 있다.

② 부분 조립도 : 제품 일부분의 조립 상태를 나타내는 도면으로, 특히 복잡한 부분을 명확하게 하여 조립을 쉽게 하기 위해 사용된다.

③ 부품도 : 제품을 구성하는 각 부품에 대하여 가장 상세하며, 제작하는 데에 직접 쓰여져 실제로 제품이 제작되는 도면이다.

④ 상세도 : 건축, 선박, 기계, 교량 등과 같은 비교적 큰 도면을 그릴 때에 필요한 부분의 형태, 치수, 구조 등을 자세히 표현하기 위하여 필요한 부분을 확대하여 그린 도면이다.

⑤ 계통도 : 물이나 기름, 가스, 전력 등이 흐르는 계통을 표시하는 도면으로, 이들의 접속 및 작동 계통을 나타내는 도면이다.

⑥ 전개도 : 구조물이나 제품 등의 입체의 표면을 평면으로 펼쳐서 전개한 도면이다.

⑦ 공정도 : 제조 과정에서 거쳐야 할 공정마다의 가공 방법, 사용 공구 및 치수 등을 상세히 나타낸 도면으로, 공작 공정도, 제조 공정도, 설비 공정도 등이 있다.

⑧ 장치도 : 기계의 부속품 설치 방법, 장치의 배치 및 제조 공정의 관계를 나타낸 도면이다.

⑨ 구조선도 : 기계, 건물 등과 같은 철골 구조물의 골조를 선도로 표시한 도면이다.

---

32 일반적으로 회로도를 설계할 때 고려해야 할 사항으로 거리가 먼 것은?

① 대각선과 곡선은 가급적 피한다.

② 주회로와 보조회로가 있는 경우에는 주회로를 중심으로 그린다.

③ 수동소자를 중심으로 그리고, 능동소자는 회로의 외곽에 그린다.

④ 신호의 흐름은 도면의 왼쪽에서 오른쪽으로, 위에서 아래로 그린다.

해설
능동소자를 중심으로 그리고 수동소자는 회로 외곽에 그린다.

---

33 전자회로를 설계하는 과정에서 10[Ω]/5[W] 저항을 기판에 실장(배치)하여야 하는데, 10[Ω]/5[W] 저항의 부피가 커서 1[W] 저항을 이용한 구성방법으로 옳은 것은?

① 50[Ω] 5개 직렬접속

② 100[Ω] 5개 직렬접속

③ 50[Ω] 5개 병렬접속

④ 100[Ω] 5개 병렬접속

해설
같은 크기 저항 5개를 병렬로 연결하면 전류가 1/5로 줄어들어 1[W]의 저항으로도 가능하다. 50[Ω]의 저항 5개를 병렬연결하면 합성저항은 10[Ω]이 된다.

$$\frac{R}{n} = \frac{50}{5} = 10[\Omega]$$

34 다음의 진리표를 가지는 논리소자는?

A	B	X
0	0	0
0	1	1
1	0	1
1	1	0

① A—B—)—X   ② A—B—)—X

③ A—B—)○—X   ④ A—B—)D—X

해설

명 칭	기 호	함수식	진리표	설 명
AND	A B —)—	$X = AB$	A B X 0 0 0 0 1 0 1 0 0 1 1 1	입력이 모두 1일 때만 출력이 1
OR	A B —)—	$X = A + B$	A B X 0 0 0 0 1 1 1 0 1 1 1 1	입력 중 1이 하나라도 있으면 출력이 1
NOT	A —▷○—	$X = A'$	A X 0 1 1 0	입력과 반대되는 출력
Buffer	A —▷—	$X = A$	A X 0 0 1 1	신호의 전달 및 지연
NAND	A B —)○—	$X = (AB)'$	A B X 0 0 1 0 1 1 1 0 1 1 1 0	AND의 반전(입력 모두 1일 때만 출력이 0)
NOR	A B —)○—	$X = (A + B)'$	A B X 0 0 1 0 1 0 1 0 0 1 1 0	OR의 반전(입력 중 1이 하나라도 있으면 출력이 0)
XOR	A B —)○—	$X = (A \oplus B)$	A B X 0 0 0 0 1 1 1 0 1 1 1 0	입력이 서로 다를 경우에 출력 1

명 칭	기 호	함수식	진리표	설 명
XNOR	A B —)○—	$X = (A \odot B)$	A B X 0 0 1 0 1 0 1 0 0 1 1 1	입력이 서로 같을 경우에 출력 1

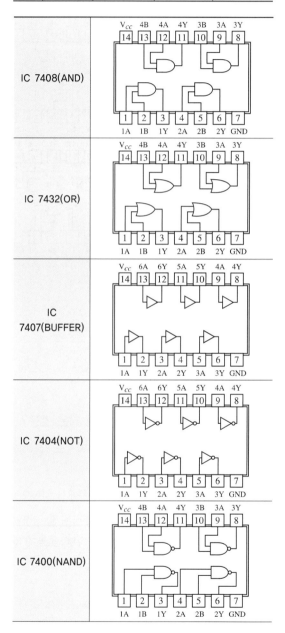

IC 7408(AND)

IC 7432(OR)

IC 7407(BUFFER)

IC 7404(NOT)

IC 7400(NAND)

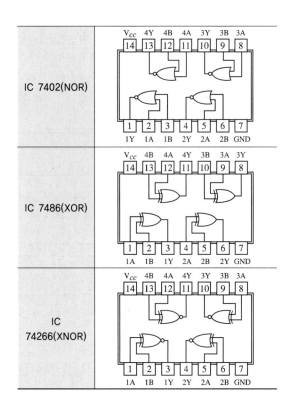

IC 7402(NOR)	Vcc 4Y 4B 4A 3Y 3B 3A / 14 13 12 11 10 9 8 / 1 2 3 4 5 6 7 / 1Y 1A 1B 2Y 2A 2B GND
IC 7486(XOR)	Vcc 4B 4A 4Y 3B 3A 3Y / 14 13 12 11 10 9 8 / 1 2 3 4 5 6 7 / 1A 1B 1Y 2A 2B 2Y GND
IC 74266(XNOR)	Vcc 4B 4A 4Y 3Y 3B 3A / 14 13 12 11 10 9 8 / 1 2 3 4 5 6 7 / 1A 1B 1Y 2Y 2A 2B GND

- 도면은 주요 능동소자를 중심으로 그린다.
- 대각선과 곡선은 가급적 피한다.
- 선과 선이 전기적으로 접속되는 곳에는 " · "(Junction) 표시를 한다.
- 물리적인 관련이나 연결이 있는 부품 사이에는 파선으로 표시한다.
- 선의 교차가 적고 부품이 도면 전체에 고루 안배되도록 그린다.
- 정해진 도면 기호를 명확하면서도 간결하게 그려야 한다.

35 회로도의 작성방법으로 옳지 않은 것은?

① 정해진 도면 기호를 명확하면서도 간결하게 그려야 한다.

② 신호의 흐름은 도면의 오른쪽에서 왼쪽으로 한다.

③ 전체적인 배치와 균형이 유지되게 그려야 한다.

④ 신호의 흐름은 위에서 아래로 흐르게 한다.

해설

회로도 작성 시 고려사항

- 신호의 흐름은 왼쪽에서 오른쪽으로, 위에서 아래로 한다.
- 전체적인 배치와 균형이 유지되게 그려야 한다.
- 심벌과 접속선의 굵기는 같게 하며 0.3~0.5[mm] 정도로 한다.
- 보조회로가 있는 경우 주회로를 중심으로 설계한다.
- 보조회로는 주회로의 바깥쪽에, 전원회로는 맨 아래에 그린다.
- 접지선 등을 굵게 표시하는 경우 0.5~0.8[mm] 정도로 한다.

36 다음 중 도면으로부터 좌표를 읽어 들이는데 사용하며, 자기장이 분포되어 있는 평판에 위치 검출기를 위치시켜 도면의 위치에 대응하는 X, Y 좌표를 입력하거나 원하는 명령어를 선택하는 입력장치는?

① 디지타이저   ② 이미지 스캐너

③ 마우스   ④ 포토 플로터

해설

디지타이저(Digitizer)

입력 원본의 아날로그 데이터인 좌표를 판독하여, 컴퓨터에 디지털 형식으로 설계도면이나 도형을 입력하는 데 사용되는 입력장치

- X, Y 위치를 입력할 수 있으며, 직사각형의 넓은 평면 모양의 장치나 그 위에서 사용되는 펜이나 버튼이 달린 커서장치로 구성
- 가장 간단한 디지타이저로는 패널에 있는 메뉴를 펜이나 손가락으로 눌러 조작하는 터치패널
- 사용자가 펜이나 커서를 움직이면 그 좌표 정보를 밑판이 읽어 자동으로 컴퓨터 시스템의 화면 기억장소로 전달하고, 특정 위치에서 펜을 누르거나 커서의 버튼을 누르면 그에 해당되는 명령이 수행
- 구조에 따른 종류
  - 수동식 : 로터리 인코더(Rotary Encoder)나 리니어 스케일(Linear Scale)로 위치를 판독하는 건트리 방식과 커서로 읽어내는 프리커서 방식이 있음
  - 자동식

37 다음의 장단점을 지닌 형상 모델링은?

장 점	단 점
• 은선처리가 가능하다. • 단면도 작성을 할 수 있다. • 음영처리가 가능하다. • NC가공이 가능하다. • 간섭체크가 가능하다. • 2개 면의 교선을 구할 수 있다.	• 물리적 성질을 계산할 수 없다. • 물체 내부의 정보가 없다. • 유한요소법적용(FEM)을 위한 요소분할이 어렵다.

① 와이어 프레임 모델링(Wire Frame Modeling, 선화 모델)

② 서피스 모델링(Surface Modeling, 표면 모델)

③ 솔리드 모델링(Solid Modeling, 입체 모델)

④ 3D 모델링(3D Modeling, 입체 모델)

해설

형상 모델링의 장단점

① 와이어 프레임 모델링(Wire Frame Modeling)

와이어 프레임 모델링은 3면 투시도 작성을 제외하곤 대부분의 작업이 곤란하다. 대신에 물체를 빠르게 구상할 수 있고, 처리 속도가 빠르고 차지하는 메모리량이 적기 때문에 가벼운 모델링에 사용한다.

장 점	단 점
• 모델 작성이 쉽다. • 처리 속도가 빠르다. • 데이터 구성이 간단하다. • 3면 투시도 작성이 용이하다.	• 물리적 성질을 계산할 수 없다. • 숨은선 제거가 불가능하다. • 간섭체크가 어렵다. • 단면도 작성이 불가능하다. • 실체감이 없다. • 형상을 정확히 판단하기 어렵다.

② 서피스 모델링(Surface Modeling)

서피스 모델링은 면을 이용해서 물체를 모델링하는 방법이다. 따라서, 와이어 프레임 모델링에서 어려웠던 작업을 진행할 수 있다. 또한, 서피스 모델링의 최대 장점이라고 한다면 NC가공에 최적화되어 있다는 점이다. 솔리드 모델링에서도 가능하지만, 데이터 구조가 복잡하기 때문에 서피스 모델링을 선호한다.

장 점	단 점
• 은선처리가 가능하다. • 단면도 작성을 할 수 있다. • 음영처리가 가능하다. • NC가공이 가능하다. • 간섭체크가 가능하다. • 2개 면의 교선을 구할 수 있다.	• 물리적 성질을 계산할 수 없다. • 물체 내부의 정보가 없다. • 유한요소법적용(FEM)을 위한 요소분할이 어렵다.

③ 솔리드 모델링(Solid Modeling)

솔리드 모델링은 와이어 프레임 모델링과 서피스 모델링에 비해서 모든 작업이 가능하다. 하지만 데이터 구조가 복잡하고 컴퓨터 메모리를 많이 차지하기 때문에, 특수할 때에는 나머지 두 모델링을 더 선호할 때가 있다.

장 점	단 점
• 은선 제거가 가능하다. • 물리적 특정 계산이 가능하다(체적, 중량, 모멘트 등). • 간섭체크가 가능하다. • 단면도 작성을 할 수 있다. • 정확한 형상을 파악할 수 있다.	• 데이터 구조가 복잡하다. • 컴퓨터 메모리를 많이 차지한다.

38 PCB 제조공정은 어떤 방법에 의해 소정의 배선만 남기고, 다른 부분의 패턴을 제거할 것인가 하는 점이 중요하다. 다음 중 대표적으로 사용되는 에칭(패턴제거방법)방법이 아닌 것은?

① 사진 부식법

② 실크 스크린법

③ 플렉시블 인쇄법

④ 오프셋 인쇄법

해설

인쇄회로기판(PCB)의 에칭(패턴제거방법)방법

• 사진 부식법 : 사진의 밀착 인화 원리를 이용한 것으로, 정밀도는 가장 우수하나 양산에는 적합하지 않다. 포토 레지스트(Photo Resist)를 직접 기판에 도포하고, 필름을 기판 위에 얹어 감광시킨 다음 현상하면, 기판에는 배선에 해당하는 부분만 남고 나머지 부분에 구리면이 나타난다.

• 실크 스크린법 : 등사 원리를 이용하여 내산성 레지스터를 기판에 직접 인쇄하는 방법으로, 사진 부식법에 비해 양산성은 높으나 정밀도가 다소 떨어진다. 실크로 만든 스크린에 감광성 유제를 도포하고 포지티브 필름으로 인화, 현상하면 패턴 부분만 스크린되고, 다른 부분이 막히게 된다. 이 실크 스크린에 내산성 잉크를 칠해 기판에 인쇄한다.

• 오프셋 인쇄법 : 일반적인 오프셋 인쇄 방법을 이용한 것으로 실크 스크린법보다 대량 생산에 적합하고 정밀도가 높다. 내산성 잉크와 물이 잘 혼합되지 않는 점을 이용하여 아연판 등의 오프셋판을 부식시켜 배선 부분에만 잉크를 묻게 한 후 기판에 인쇄한다.

39 고주파를 사용하는 회로도를 설계 시 유의할 점이 아닌 것은?

① 배선의 길이는 될 수 있는 대로 짧아야 한다.

② 회로의 중요 요소에는 바이패스 콘덴서를 붙여야 한다.

③ 배선이 꼬인 것은 코일로 간주되므로 주의해야 한다.

④ 유도될 수 있는 고주파 전송 선로는 다른 신호선과 평행하게 한다.

해설
고주파회로 설계 시 유의사항
• 아날로그, 디지털 혼재 회로에서 접지선은 분리한다.
• 부품은 세워서 사용하지 않으며, 가급적 부품의 다리를 짧게 배선한다.
• 고주파 부품은 일반회로 부분과 분리하여 배치하도록 하고, 가능하면 차폐를 실시하여 영향을 최소화하도록 한다.
• 가급적 표면 실장형 부품을 사용한다.
• 전원용 라인필터는 연결 부위에 가깝게 배치한다.
• 배선의 길이는 가급적 짧게 하고, 배선이 꼬인 것은 코일로 간주하므로 주의해야 한다.
• 회로의 중요한 요소에는 바이패스 콘덴서를 삽입하여 사용한다.

40 CAD 시스템 좌표계가 아닌 것은?

① 역학좌표　　② 절대좌표
③ 상대좌표　　④ 극좌표

해설
• 세계 좌표계(WCS ; World Coordinate System) : 프로그램이 가지고 있는 고정된 좌표계로서 도면 내의 모든 위치는 X, Y, Z 좌표값을 갖는다.
• 사용자 좌표계(UCS ; User Coordinate System) : 작업자가 좌표계의 원점이나 방향 등을 필요에 따라 임의로 변화시킬 수 있다. 즉 WCS를 작업자가 원하는 형태로 변경한 좌표계이다. 이는 3차원 작업 시 필요에 따라 작업평면(XY평면)을 바꿀 때 많이 사용한다.
• 절대좌표(Absolute Coordinate) : 원점을 기준으로 한 각 방향 좌표의 교차점을 말하며, 고정되어 있는 좌표점 즉, 임의의 절대좌표점(10, 10)은 도면 내에 한 점 밖에는 존재하지 않는다. 절대좌표는 [X좌표값, Y좌표값]순으로 표시하며, 각 각의 좌표점 사이를 콤마(,)로 구분해야 하고, 음수 값도 사용이 가능하다.
• 상대좌표(Relative Coordinate) : 최종점을 기준(절대좌표는 원점을 기준으로 했음)으로 한 각 방향의 교차점을 말한다. 따라서 상대좌표의 표시는 하나이지만 해당 좌표점은 기준점에 따라 도면 내에 무한적으로 존재한다. 상대좌표는 [@기준점으로부터 X방향값, Y방향값]으로 표시하며, 각 각의 좌표값 사이를 콤마(,)로 구분해야 하고, 음수 값도 사용이 가능하다(음수는 방향이 반대임).
• 극좌표(Polar Coordinate) : 기준점으로부터 거리와 각도(방향)로 지정되는 좌표를 말하며, 절대극좌표와 상대극좌표가 있다. 절대극좌표는 [원점으로부터 떨어진 거리 < 각도]로 표시한다. 상대극좌표는 마지막 점을 기준으로 하여 지정하는 좌표이다. 따라서 상대 극좌표의 표시는 하나이지만 해당 좌표점은 기준점에 따라 도면 내에 무한적으로 존재한다. 상대극좌표는 [@기준점으로부터 떨어진 거리 < 각도]로 표시하며, 거리와 각도 표시 사이를 부등호(<)로 구분해야 하고, 거리와 각도에 음수 값도 사용이 가능하다.
• 최종좌표(Last Point) : 이전 명령에 지정되었던 최종좌표점을 다시 사용하는 좌표이다. 최종좌표는 [@]로 표시한다. 최종좌표는 마지막 점에 사용된 좌표방식과는 무관하게 적용된다.

41 인쇄회로기판 설계 시에 사용하는 단위를 사용하여 나타낸 것 중 다른 하나는?

① 2[mil]

② $\frac{2}{1,000}$[inch]

③ 0.0508[mm]

④ 0.0254[cm]

해설

PCB 설계 시 사용하는 단위는 [mil], [inch], [mm]을 사용하며,

$1[\text{mil}] = \frac{1}{1,000}[\text{inch}] = 0.0254[\text{mm}]$

$\therefore 2[\text{mil}] = \frac{2}{1,000}[\text{inch}] = 0.0508[\text{mm}]$

42 다음 중 인쇄회로 기판에서 적층 형태의 종류에 해당되지 않는 것은?

① 유연성 PCB

② 단면 PCB

③ 양면 PCB

④ 삼층면 PCB

해설

형상(적층형태)에 의한 PCB 분류

회로의 층수에 의한 분류와 유사한 것으로 단면에 따라 단면기판, 양면기판, 다층기판 등으로 분류되며 층수가 많을수록 부품의 실장력이 우수하며 고정밀제품에 이용된다.

• 단면 인쇄회로기판(Single-side PCB) : 주로 페놀원판을 기판으로 사용하며 라디오, 전화기, 간단한 계측기 등 회로구성이 비교적 복잡하지 않은 제품에 이용된다.

• 양면 인쇄회로기판(Double-side PCB) : 에폭시 수지로 만든 원판을 사용하며 컬러 TV, VTR, 팩시밀리 등 비교적 회로가 복잡한 제품에 사용된다.

• 다층 인쇄회로기판(Multi-layer PCB) : 고밀도의 배선이나 차폐가 필요한 경우에 사용하며, 32[bit] 이상의 컴퓨터, 전자교환기, 고성능 통신기기 등 고정밀기기에 채용된다.

• 유연성 인쇄회로기판(Flexible PCB) : 자동화기기, 캠코더 등 회로판이 움직여야 하는 경우와 부품의 삽입, 구성 시 회로기판의 굴곡을 요하는 경우에 유연성으로 대응할 수 있도록 만든 회로기판이다.

43 다음 전자 부품 기호의 명칭으로 옳은 것은?

① 트랜지스터(TR)

② 다이액(DIAC)

③ 제너 다이오드(Zener Diode)

④ 전기장 효과 트랜지스터(FET)

해설

트랜지스터(TR)	다이액(DIAC)	
제너 다이오드 (Zener Diode)	전기장 효과 트랜지스터 (FET)	
	N채널 FET	P채널 FET

44 다음 중 도면을 그리는 척도의 구분에 대한 설명으로 옳은 것은?

① 배척 : 실물보다 크게 그리는 척도이다.
② 실척 : 실물보다 작게 그리는 척도이다.
③ 축척 : 도면과 실물의 치수가 비례하지 않을 때 사용한다.
④ NS(Not to Scale) : 실물의 크기와 같은 크기로 그리는 척도이다.

해설
척도 : 물체의 실제 길이와 도면에서 축소 또는 확대하여 그리는 길이의 비율
① 배척 : 실물보다 크게 그리는 척도
$$\frac{2}{1}, \frac{5}{1}, \frac{10}{1}, \frac{20}{1}, \frac{50}{1}$$
② 실척(현척) : 실물의 크기와 같은 크기로 그리는 척도 $\left(\frac{1}{1}\right)$
③ 축척 : 실물보다 작게 그리는 척도
$$\frac{1}{2}, \frac{1}{2.5}, \frac{1}{3}, \frac{1}{4}, \frac{1}{5}, \frac{1}{10}, \frac{1}{50}, \frac{1}{100}, \frac{1}{200}, \frac{1}{250}, \frac{1}{500}$$
④ NS(Not to Scale) : 비례척이 아님을 뜻하며, 도면과 실물의 치수가 비례하지 않을 때 사용

45 컴퓨터 시스템과 주변장치 사이에 2진 직렬 데이터 통신을 행하기 위한 인터페이스는?

① LAN 포트
② 병렬 포트
③ RS-232C 포트
④ 데이터 버퍼 포트

해설
RS-232C는 미국 EIA(전자 공업 협회)에서 만든 데이터 단말 장치(DTE)와 모뎀 또는 데이터 회선 종단 장치(DCE)를 상호 접속하기 위한 표준 규격이다. 컴퓨터나 단말을 모뎀에 접속해서 비트(2진) 직렬 전송할 때의 물리적, 전기적 인터페이스를 결정한 것으로 20[Kb/s] 이하의 전송 속도를 다룬다. 일반적으로 퍼스널 컴퓨터에 표준 장비되어 있는 것이 많고 규격에 준한 각종 입출력 장치나 퍼스널 컴퓨터끼리 접속할 수도 있다.

46 인쇄회로기판에서 패턴의 저항을 구하는 식으로 올바른 것은?(단, 패턴의 폭 W[mm], 두께 T[mm], 패턴길이 L[cm], ρ : 고유저항)

① $R = \rho \dfrac{L}{WT}[\Omega]$
② $R = \dfrac{L}{WT}[\Omega]$
③ $R = \dfrac{WL}{\rho T}[\Omega]$
④ $R = \rho \dfrac{W}{LT}[\Omega]$

해설
저항의 크기는 물질의 종류에 따라 달라지며, 단면적과 길이에도 영향을 받는다. 물질의 종류에 따라 구성하는 성분이 다르므로 전기적인 특성이 다르다. 이러한 물질의 전기적인 특성을 일정한 단위로 나누어 측정한 값을 비저항(Specific Resistance)이라고 하며, 순수한 물질일 때 그 값은 고유한 상수(ρ)로 나타난다. 저항(R)은 비저항으로부터 구할 수 있으며 길이에 비례하고, 단면적에 반비례하며 그 공식은 다음과 같다.
$$R = \rho\frac{L}{S} = \rho\frac{L}{WT}[\Omega]$$

47 PCB의 제조 공정 중에서 원하는 부품을 삽입하거나, 회로를 연결하는 비아(Via)를 기계적으로 가공하는 과정은?

① 래미네이트
② 노 광
③ 드 릴
④ 도 금

해설
인쇄회로기판(PCB) 제작순서 중 일부
• 드릴 : 양면 또는 적층된 기판에 각층간의 필요한 회로 도전을 위해 또는 어셈블리 업체의 부품 탑재를 위해 설계지정 직경으로 Hole을 가공하는 공정
• 래미네이트 : 제품 표면에 패턴 형성을 위한 준비 공정으로 감광성 드라이 필름을 가열된 롤러로 압착하여 밀착시키는 공정
• D/F 노광 : 노광기내 UV 램프로부터 나오는 UV 빛이 노광용 필름을 통해 코어에 밀착된 드라이 필름에 조사되어 필요한 부분을 경화시키는 공정
• D/F 현상 : Resist 층의 비경화부(비노광부)를 현상액으로 용해, 제거시키고 경화부(노광부)는 D/F를 남게 하여 기본 회로를 형성시키는 공정
• 2차 전기 도금 : 무전해 동도금된 홀 내벽과 표면에 전기적으로 동도금을 하여 안정된 회로 두께를 만든다.

48 7세그먼트(FND) 디스플레이가 동작할 때 빛을 내는 것은?

① 발광 다이오드　　② 부 저
③ 릴레이　　④ 저 항

7세그먼트 표시 장치는 7개의 선분(획)으로 구성되어 있으며, 위와 아래에 사각형 모양으로 두 개의 가로 획과 두 개의 세로 획이 배치되어 있고, 위쪽 사각형의 아래 획과 아래쪽 사각형의 위쪽 획이 합쳐진 모양이다. 가독성을 위해 종종 사각형을 기울여서 표시하기도 한다. 7개의 획은 각각 꺼지거나 켜질 수 있으며 이를 통해 아라비아 숫자를 표시할 수 있다. 몇몇 숫자(0, 6, 7, 9)는 둘 이상의 다른 방법으로 표시가 가능하다.

LED로 구현된 7세그먼트 표시 장치는 각 획 별로 하나의 핀이 배당되어 각 획을 끄거나 켤 수 있도록 되어 있다. 각 획 별로 필요한 다른 하나의 핀은 장치에 따라 공용 (+)극이나 공용 (−)극으로 배당되어 있기 때문에 소수점을 포함한 7세그먼트 표시 장치는 16개가 아닌 9개의 핀만으로 구현이 가능하다. 한편 한 자리에 해당하는 4비트나 두 자리에 해당하는 8비트를 입력받아 이를 해석하여 적절한 모습으로 표시해 주는 장치도 존재한다. 7세그먼트 표시 장치는 숫자뿐만 아니라 제한적으로 로마자와 그리스 문자를 표시할 수 있다. 하지만 동시에 모호함 없이 표시할 수 있는 문자에는 제한이 있으며 그 모습 또한 실제 문자의 모습과 동떨어지는 경우가 많기 때문에 고정되어 있는 낱말이나 문장을 나타낼 때만 쓰는 경우가 많다.

49 다음 제도용구 중 선, 원주 등을 같은 길이로 분할하는 데 사용되는 것은?

① 축척자　　② 형 판
③ 디바이더　　④ 자유곡선자

③ 디바이더 : 치수를 옮기거나 선, 원주 등을 같은 길이로 분할하는 데 사용하며, 도면을 축소 또는 확대한 치수로 복사할 때 사용한다.
① 축척자 : 길이를 잴 때 또는 길이를 줄여 그을 때에 쓰인다.
② 형판(원형판) : 투명 또는 반투명 플라스틱의 얇은 판에 여러 가지 원, 타원 등의 도형이나 원하는 모양을 정확히 그릴 수 있다.
④ 자유곡선자 : 납과 고무로 만들어져 자유롭게 구부릴 수 있다. 원호나 곡선을 그릴 때 사용한다.

50 다음 중 집적도에 의한 IC분류로 옳은 것은?

① MSI : 100 소자 미만
② LSI : 100~1,000 소자
③ SSI : 1,000~10,000 소자
④ VLSI : 10,000 소자 이상

IC 집적도에 따른 분류
• SSI(Small Scale IC, 소규모 집적회로) : 집적도가 100 이하의 것으로 복잡하지 않은 디지털 IC 부류로, 기본적인 게이트기능과 플립플롭 등이 이 부류에 해당한다.
• MSI(Medium Scale IC, 중규모 집적회로) : 집적도가 100~1,000 정도의 것으로 좀 더 복잡한 기능을 수행하는 인코더, 디코더, 카운터, 레지스터, 멀티플렉서 및 디멀티플렉서, 소형 기억장치 등의 기능을 포함하는 부류에 해당한다.
• LSI(Large Scale IC, 고밀도 집적회로) : 집적도가 1,000~10,000 정도의 것으로 메모리 등과 같이 한 칩에 등가 게이트를 포함하는 부류에 해당한다.
• VLSI(Very Large Scale IC, 초고밀도 집적회로) : 집적도가 10,000~1,000,000 정도의 것으로 대형 마이크로프로세서, 단일 칩 마이크로프로세서 등을 포함한다.
• ULSI(Ultra Large Scale IC, 초초고밀도 집적회로) : 집적도가 1,000,000 이상으로 인텔의 486이나 펜티엄이 이에 해당한다. 그러나 VLSI와 ULSI의 정확한 구분은 확실하지 않고 모호하다.

51 다음은 무엇에 대한 설명인가?

> 제품이나 장치 등을 그리거나 도안할 때, 필요한 사항을 제도 기구를 사용하지 않고 프리핸드(Free Hand)로 그린 도면

① 복사도(Copy Drawing)
② 스케치도(Sketch Drawing)
③ 원도(Original Drawing)
④ 트레이스도(Traced Drawing)

해설
② 스케치도는 제품이나 장치 등을 그리거나 도안할 때, 필요한 사항을 제도 기구를 사용하지 않고 프리핸드로 그린 도면이다.
① 복사도는 같은 도면을 여러 장 필요로 하는 경우에 트레이스도를 원본으로 하여 복사한 도면으로, 청사진, 백사진 및 전자 복사도 등이 있다.
③ 원도는 제도 용지에 직접 연필로 작성한 도면이나 컴퓨터로 작성한 최초의 도면으로, 트레이스도의 원본이 된다.
④ 트레이스도는 연필로 그린 원도 위에 트레이싱지(Tracing Paper)를 놓고 연필 또는 먹물로 그린 도면으로, 청사진도 또는 백사진도의 원본이 된다.

52 전기 회로망에서 전압을 분배하거나 전류의 흐름을 방해하는 역할을 하는 소자는?

① 커패시터
② 수정 진동자
③ 저항기
④ LED

해설
저항은 전압과 전류와의 비로써 전류의 흐름을 방해하는 전기적 양이다. 도선 속을 흐르는 전류를 방해하는 것이 전기 저항인데 도선의 재질과 단면적, 길이에 따라 저항값이 달라진다. 예를 들어 금속보다 나무나 고무가 저항이 훨씬 더 크고, 도선의 단면적(S)이 작을수록, 도선의 길이(l)가 길수록 저항값이 커진다.

$$R = \frac{V}{I}[\Omega], \ R = \rho \frac{l}{S}[\Omega]$$

53 LED는 순방향 바이어스에서 통전되면서 전자-정공의 재결합으로 인하여 일부 에너지가 빛으로 방출된다. LED의 심벌로 옳은 것은?

해설
② LED
① 제너 다이오드
③ 일반 다이오드
④ 과도전압억제 다이오드(TVS ; Transient Voltage Suppression)

54 도면의 효율적 관리를 위해 마이크로필름을 이용하는 이유가 아닌 것은?

① 종이에 비해 보존성이 좋다.
② 재료비를 절감시킬 수 있다.
③ 통일된 크기로 복사할 수 있다.
④ 복사 시간이 짧지만 복원력이 낮다.

해설
마이크로필름
문서, 도면, 재료 등 각종 기록물이 고도로 축소 촬영된, 초미립자, 고해상력을 가진 필름이다.
마이크로필름의 특징
• 분해 기능이 매우 높고 고밀도 기록이 가능하여 대용량화하기가 쉬우며 기록 품질이 좋다.
• 매체 비용이 매우 낮고, 장기 보존이 가능하며 기록 내용을 확대하면 그대로 재현할 수 있다.
• 기록할 때의 처리가 복잡하고 시간이 걸린다.
• 검색 시간이 길어 온라인 처리에 적합하지 않다.
• 컴퓨터 이외에 전자 기기와 결합하는 장치의 비용이 비싼 편이다.
• 영상 화상의 대량 파일용, 특히 접근 빈도가 높고 갱신의 필요성이 크며 대량의 정보를 축적할 때는 정보 단위당 가격이 싸기 때문에 많이 이용되고 있다.
• 최근 마이크로필름의 단점을 보완하고 컴퓨터와 연동하여 검색의 자동화를 꾀한 시스템으로 컴퓨터 보조 검색(CAR), 컴퓨터 출력 마이크로필름(COM), 컴퓨터 입력 마이크로필름(CIM) 등이 개발되었다.

55 다음 소자 중 3단자 반도체 소자가 아닌 것은?

① SCR
② Diode
③ FET
④ UJT

SCR	Diode
A○ G○　○K	▶|─
FET	**UJT**
D G→| S	B₁ E→| B₂

56 PCB 패턴 설계 시 부품 배치에 관한 설명 중 옳은 것은?

① IC 배열은 가능하다면 'ㄱ' 형태로 배치하는 것이 좋다.
② 다이오드 및 전해 콘덴서 종류는 + 방향에 ■형 LAND를 사용한다.
③ 전해 콘덴서와 같은 방향성 부품은 오른쪽 방향이 1번 혹은 + 극성이 되게끔 한다.
④ 리드수가 많은 IC 및 커넥터 종류는 가능한 납땜 방향의 수직으로 배열한다.

PCB 설계에서 부품배치

• 부품배치
 − 리드수가 많은 IC 및 커넥터류는 가능한 납땜 방향으로 PIN을 배열한다(2.5[mm] 피치 이하). 기판 가장자리와 IC와는 4[mm] 이상 띄워야 한다.
 − IC 배열은 가능한 동일 방향으로 배열한다.
 − 방향성 부품(다이오드, 전해콘덴서 등)은 가능한 동일 방향으로 배열하고 불가능한 경우에는 2방향으로 배열하되 각 방향에 대해서는 동일 방향으로 한다.
 − TEST PIN 위치를 TEST작업성을 고려하여 LOSS를 줄일 수 있는 위치로 가능한 집합시켜 설계한다.
• 부품방향 표시
 − 방향성 부품에 대하여 반드시 방향(극성)을 표시하여야 한다.
 − 실크인쇄의 방향표시는 부품 조립 후에도 확인할 수 있도록 한다.
 − LAND를 구분 사용하여 부품방향을 부품면과 납땜면에 함께 표시한다.
 − IC 및 PIN, 컨넥터류는 1번 PIN에 LAND를 ■형으로 사용한다.
 − 다이오드 및 전해콘덴서류는 +방향에 ■형 LAND를 사용한다.
 − PCB SOLDER SIDE에서도 부품방향을 알 수 있도록 SOLDER SIDE 극성 표시부문 LAND를 ■형으로 한다.

57 고주파 부품에 대한 대책으로 틀린 것은?

① 부품을 세워 사용하지 않는다.

② 표면실장형(SMD) 부품을 사용하지 않는다.

③ 부품의 리드는 가급적 짧게 하여 안테나 역할을 하지 않도록 한다.

④ 고주파 부품은 일반회로 부분과 분리하여 배치한다.

> **해설**
> 고주파회로 설계 시 유의사항
> • 아날로그, 디지털 혼재회로에서 접지선은 분리한다.
> • 부품은 세워서 사용하지 않으며, 가급적 부품의 다리를 짧게 배선한다.
> • 고주파 부품은 일반회로 부분과 분리하여 배치하도록 하고, 가능하면 차폐를 실시하여 영향을 최소화하도록 한다.
> • 가급적 표면실장형 부품을 사용한다.
> • 전원용 라인필터는 연결 부위에 가깝게 배치한다.
> • 배선의 길이는 가급적 짧게 하고, 배선이 꼬인 것은 코일로 간주하므로 주의해야 한다.
> • 회로의 중요한 요소에는 바이패스 콘덴서를 삽입하여 사용한다.

58 '컴퓨터 지원 설계'의 약자로 옳은 것은?

① CAD
② CAM
③ CAE
④ CNC

> **해설**
> ① CAD(Computer Aided Design) : 컴퓨터의 도움으로 도면을 설계하는 프로그램의 일종으로 산업분야에 따라 구분
> ② CAM(Computer Aided Manufacturing) : 설계된 데이터를 기반으로 제품을 제작하는 것
> ③ CAE(Computer Aided Engineering) : 설계를 하기에 앞서서 또는 설계 후에 해석을 하는 프로그램
> ④ CNC(Computerized Numerical Control) : 컴퓨터에 의한 수치제어를 하는 프로그램

59 능동 부품(Active Component)의 능동적 기능이라고 볼 수 없는 것은?

① 신호의 증폭
② 신호의 발진
③ 신호의 중계
④ 신호의 변환

> **해설**
> • 능동소자(부품) : 입력과 출력을 갖추고 있으며, 전기를 가한 것만으로 입력과 출력에 일정한 관계를 갖는 소자로서 다이오드(Diode), 트랜지스터(Transistor), 전계효과트랜지스터(FET), 단접합트랜지스터(UJT) 등이 있으며, 신호의 증폭, 발진, 변환 등의 기능을 한다.
> • 수동소자(부품) : 회로를 구성하는 부품 중에서 전기 에너지의 발생이나 공급을 하지 않는 것으로 저항기, 콘덴서, 유도기 등이 있다.

60 블록선도에서 삼각형 도형이 사용되는 것은?

① 전원회로
② 변조회로
③ 연산증폭기
④ 복조회로

> **해설**
> 연산증폭기의 회로기호
>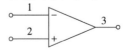

01 다음 그림과 같은 트랜지스터 회로에서 I_C는 얼마 인가?(단, β_{DC}는 50이다)

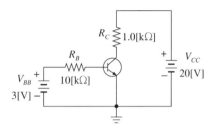

① 11.5[mA]
② 11.5[μA]
③ 10.5[mA]
④ 10.5[μA]

해설

$$V_{BB} = I_B R_B + V_{BE}$$

$$I_B = \frac{V_{BB} - V_{BE}}{R_B} = \frac{3 - 0.7}{10 \times 10^3} = 2.3 \times 10^{-4}[A] = 0.23[mA]$$

$$I_C = \beta I_B = 50 \times 0.23 = 11.5[mA]$$

02 T플립플롭의 설명으로 옳지 않은 것은?

① 클럭 펄스가 가해질 때마다 출력상태가 반전한다.
② 출력파형의 주파수는 입력주파수의 1/2이 되기 때문에 2분주회로 및 계수회로에 사용된다.
③ JK플립플롭의 두 입력을 묶어서 하나의 입력으로 만든 것이다.
④ 어떤 데이터의 일시적인 보존이나 디지털신호의 지연작용 등의 목적으로 사용되는 회로이다.

해설
④ 데이터의 일시적인 보존이나 디지털신호의 지연작용 등의 목적으로 사용되는 회로는 D플립플롭이다.

03 입력 전압이 500[mV]일 때 5[V]가 출력되었다면 전압 증폭도는?

① 9배
② 10배
③ 90배
④ 100배

해설

$$A_v = \frac{V_o}{V_i} = \frac{5}{500 \times 10^{-3}} = \frac{5}{0.5} = 10$$

04 다음의 회로에서 출력전압 V_0는?

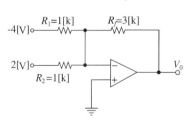

① −2[V]
② 2[V]
③ −6[V]
④ 6[V]

해설
가산기로서

$$V_o = -\left(\frac{R_f}{R_1} V_1 + \frac{R_f}{R_2} V_2 \right)$$

$$= -\left(\frac{3K}{1K} \times (-4) + \frac{3K}{1K} \times 2 \right) = 6[V]$$

05 4[Ω]의 저항과 8[mH]의 인덕턴스가 직렬로 접속된 회로에 60[Hz], 100[V]의 교류전압을 가하면 전류는 약 몇 [A]인가?

① 20[A]　　　　② 25[A]
③ 30[A]　　　　④ 35[A]

> **해설**
> $X_L = 2\pi fL = 2 \times 3.14 \times 60 \times 8 \times 10^{-3} ≒ 3[\Omega]$
> $Z = \sqrt{R^2 + X_L^2} = \sqrt{4^2 + 3^2} = \sqrt{25} = 5[\Omega]$
> $I = \dfrac{V}{Z} = \dfrac{100}{5} = 20[A]$

06 회로에서 다음과 같은 조건일 때 동작 상태를 가장 잘 나타낸 것은?(단, $R_1 = R_2 = R_3 = R$이고, $R > R_f$이다)

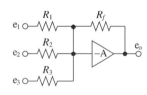

① 반전 가산 증폭기
② 반전 가산 감쇄기
③ 반전 차동 증폭기
④ 반전 차동 감쇄기

> **해설**
> $e_o = -\left(\dfrac{R_f}{R_1}e_1 + \dfrac{R_f}{R_2}e_2 + \dfrac{R_f}{R_3}e_3\right)$로
> 반전 가산기로 동작하며, $R > R_f$이므로 감쇄기이다.

07 음성 신호를 펄스 부호 변조 방식(PCM)을 통해 송신 측에서 디지털 신호로 변환하는 과정으로 옳은 것은?

① 표본화 → 양자화 → 부호화
② 부호화 → 양자화 → 표본화
③ 양자화 → 부호화 → 표본화
④ 양자화 → 표본화 → 부호화

> **해설**
> 펄스 부호 변조(PCM, Pulse Code Modulation)
> 정보를 일정간격의 시간으로 샘플링하여 펄스진폭변조(PAM) 신호를 얻은 다음(표본화) 이를 다시 양자화기를 거쳐 각 진폭값을 평준화하고(양자화), 이 양자화된 값에 2진 부호값을 할당함으로써 수행된다(부호화).

08 저항기의 색띠가 갈색, 검정, 주황, 은색의 순으로 표시되었을 경우에 저항 값은 얼마인가?

① 27~33[kΩ]　　　② 9~11[kΩ]
③ 0.9~1.1[kΩ]　　④ 18~22[kΩ]

> **해설**
> 색띠 저항 읽는 방법
> • 맨 좌측부터 4가지 색띠의 의미는 각각 제1숫자, 제2숫자, 승수, 오차
> • 검정(0), 갈색(1), 빨강(2), 주황(3), 노랑(4), 초록(5), 파랑(6), 보라(7), 회색(8), 흰색(9), 금(오차 5[%]), 은(오차 10[%])
> • 갈색, 검정, 주황, 은색의 경우, $10 \times 10^3 = 10[k\Omega]$이며, 오차가 은색(10[%])이므로 저항값의 범위는 9~11[kΩ]이다.

09 이상적인 연산증폭기에 대한 설명으로 옳지 않은 것은?

① 대역폭은 일정하다.
② 출력저항은 0이다.
③ 전압이득은 무한대이다.
④ 입력저항은 무한대이다.

해설
이상적인 연산증폭기의 주파수 대역폭은 무한대이다.

10 다음 회로에서 $R_1 = R_f$일 때 적합한 명칭은?

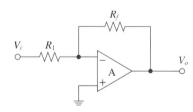

① 적분기   ② 감산기
③ 부호변환기   ④ 전류증폭기

해설
$R_i = R_f$이면 증폭도 $A = \dfrac{V_o}{V_i} = -\dfrac{R_f}{R_i} = -1$이 되므로 입력의 부호만 바뀌는 부호변환기가 된다.

11 저항 $R = 5[\Omega]$, 인덕턴스 $L = 100[mH]$, 정전용량 $C = 100[\mu F]$의 RLC 직렬회로에 60[Hz]의 교류전압을 가할 때 회로의 리액턴스 성분은?

① 저 항   ② 유도성
③ 용량성   ④ 임피던스

해설
RLC 직렬회로에서 $Z = R + j(\omega L - \dfrac{1}{\omega C})$에서

$\omega L > \dfrac{1}{\omega C}$일 때(즉 $X_L > X_C$)

전압의 위상이 전류보다 앞서므로 이 회로를 유도성 회로라 하며, 이때 임피던스의 허수부인 리액턴스가 $\omega L - \dfrac{1}{\omega C} > 0$일 때를 유도성 리액턴스라 한다.

$2\pi f L - \dfrac{1}{2\pi f C}$

$= 2\pi \times 60 \times 100 \times 10^{-3} - \dfrac{1}{2\pi \times 60 \times 100 \times 10^{-6}} > 0$

그러므로 유도성 리액턴스이다.

12 어떤 정류회로의 무부하 시 직류 출력전압이 12[V] 이고, 전부하 시 직류 출력전압이 10[V]일 때 전압 변동률은?

① 5[%]   ② 10[%]
③ 20[%]   ④ 40[%]

해설
전압변동률 $\varepsilon = \dfrac{V - V_0}{V_0} \times 100 = \dfrac{12 - 10}{10} \times 100$

$= 20[\%]$

13 어떤 저항에 10[A]의 전류를 흘리면 20[W]의 전력이 소비되었다. 이 저항에 20[A]의 전류를 흘리면 소비전력은 몇 [W]인가?

① 10[W]　　　　　② 20[W]
③ 40[W]　　　　　④ 80[W]

해설

$P = I^2R$에서　$R = \dfrac{P}{I^2} = \dfrac{20}{10^2} = 0.2[\Omega]$

20[A]를 흘렸을 때의 전력
$P = I^2R = 20^2 \times 0.2 = 80[W]$

15 전원회로에서 1차측 입력 전압과 2차측 출력 전압을 전기적으로 절연하는 것은?

① 변압기　　　　　② 다이오드
③ 커패시터　　　　④ 평활 회로

해설

전원회로에서 변압기(Transformer)의 역할
• 1차측과 2차측의 코일 권선비를 조정하여 2차측 교류 전압을 만들어 내는 전기 기기
• 1차측 전원과 2차측 전원을 전기적으로 절연(Isolation)하는 역할

14 다음 그림에서 시상수(τ)는 몇 [ms]인가?

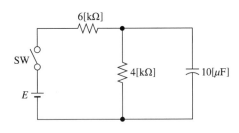

① 10[ms]　　　　　② 12[ms]
③ 14[ms]　　　　　④ 24[ms]

해설

시상수 : 과도 현상으로 발생하는 변화의 빠르기를 나타낸 값
$\tau = \dfrac{6 \times 4}{6 + 4}[k\Omega] \times 10[\mu F] = 24[ms]$

16 순서도는 일반적으로 표시되는 정도에 따라 종류를 구분하게 되는데 다음 중 순서도 종류에 해당되지 않는 것은?

① 시스템 순서도(System Flowchart)
② 일반 순서도(General Flowchart)
③ 세부 순서도(Detail Flowchart)
④ 실체 순서도(Entity Flowchart)

해설

① 시스템 순서도 : 단위 프로그램을 하나의 단위로 하여 업무의 전체적인 처리 과정의 흐름을 나타낸 순서도
② 일반 순서도 : 프로그램의 기본 골격(프로그램의 전개 과정)만을 나타낸 순서도
③ 세부 순서도 : 기본 처리 단위가 되는 모든 항목을 프로그램으로 바로 나타낼 수 있을 정도까지 상세하게 나타낸 순서도

17 다음 기억장치 중 접근 시간이 빠른 것부터 순서대로 나열된 것은?

① 레지스터 – 캐시메모리 – 보조기억장치 – 주기억장치

② 캐시메모리 – 레지스터 – 주기억장치 – 보조기억장치

③ 레지스터 – 캐시메모리 – 주기억장치 – 보조기억장치

④ 캐시메모리 – 주기억장치 – 레지스터 – 보조기억장치

해설
레지스터는 중앙처리장치 내에 위치하는 기억소자이며, 캐시는 주기억장치와 CPU 사이에서 일종의 버퍼 기능을 수행하는 기억장치이다.

18 데이터를 중앙처리장치에서 기억장치로 저장하는 마이크로명령어는?

① $\overline{LOAD}$ ② $\overline{STORE}$

③ $\overline{FETCH}$ ④ $\overline{TRANSFER}$

해설
- 로드(Load)
- 스토어(Store)
- 호출(Fetch)
- 전송(Transport)

19 1,024 × 8[bit]의 용량을 가진 ROM에서 Address Bus와 Data Bus의 필요한 선로 수는?

① Address Bus = 8선, Data Bus = 8선

② Address Bus = 8선, Data Bus = 10선

③ Address Bus = 10선, Data Bus = 8선

④ Address Bus = 1,024선, Data Bus = 8선

해설
1,024 × 8[bit] = 1[kbyte]
2^{10} = 1[kbyte]이므로, Address Bus는 10선이 필요하고, Data는 Byte 단위로 전송하므로 8선이 필요하다.

20 기억장치의 성능을 평가할 때 가장 큰 비중을 두는 것은?

① 기억장치의 용량과 모양

② 기억장치의 크기와 모양

③ 기억장치의 용량과 접근속도

④ 기억장치의 모양과 접근속도

해설
기억장치의 성능 평가 요소 : 용량, 접근 속도, 사이클 시간, 대역폭, 데이터 전송률, 가격 등

21 다음 명령어 형식 중 틀린 것은?

연산자	Address 1	Address 2

① 주소부는 2개로 구성되어 있다.
② 명령어 형식은 명령코드부와 Operand(주소)부로 되어 있다.
③ 주소부는 동작 지시뿐 아니라 주소부의 형태를 함께 표현한다.
④ 주소부는 처리할 데이터가 어디에 있는지를 표현한다.

해설
동작의 지시는 연산자에서 표현한다.

22 다음 중 C언어의 관계연산자가 아닌 것은?

① ≪   ② >=
③ ==   ④ >

해설
• 관계(비교) 연산자 : a와 b라는 변수 둘 중에 누가 더 큰지, 작은지, 같은지 비교하는 연산자(<, <=, >, >=, ==, !=)
• 비트 이동 연산자 : ≪ (왼쪽으로 비트 이동), ≫ (오른쪽으로 비트 이동)

23 데이터 전송 속도의 단위는?

① bit   ② byte
③ baud   ④ binary

해설
baud는 데이터의 전송 속도를 나타내는 단위로 1초 동안 보낼 수 있는 부호의 비트 수로 나타낸다.

24 마이크로프로세서에서 누산기의 용도는?

① 명령의 해독
② 명령의 저장
③ 연산 결과의 일시 저장
④ 다음 명령의 주소 저장

25 모든 명령어의 길이가 같다고 할 때, 수행시간이 가장 긴 주소지정 방식은?

① 직접(Direct) 주소지정 방식
② 간접(Indirect) 주소지정 방식
③ 상대(Relative) 주소지정 방식
④ 즉시(Immediate) 주소지정 방식

해설
간접(Indirect) 주소지정 방식
• 명령어에 나타낼 주소가 명령어 내에서 데이터를 지정하기 위해 할당된 비트수로 나타낼 수 없을 때 사용하는 방식
• 명령의 길이가 짧고 제한되어 있어도 긴 주소에 접근 가능한 방식
• 명령어 내의 Operand부에 실제 데이터가 저장된 장소의 번지를 가진 기억장소의 표현함으로써, 최소한 주기억장치를 두 번 이상 접근하여 데이터가 있는 기억장소에 도달

26 C언어의 변수명으로 적합하지 않은 것은?

① KIM50   ② ABC

③ 5POP   ④ E1B2U3

해설

C언어에서 변수 선언 시 숫자는 맨 앞에 올 수 없다.

27 개인용 컴퓨터에서 자료의 외부적 표현 방식으로 가장 많이 사용하는 아스키코드는 7비트이다. 표현할 수 있는 최대 정보의 수는?

① 7   ② 49

③ 128   ④ 1024

해설

ASCII코드(American Standard Code for Information Interchange)

미국표준화협회가 제정한 7bit 코드로 2^7(128)가지의 문자를 표현할 수 있으며 주로 마이크로컴퓨터 및 데이터 통신에 많이 사용된다.

28 중앙처리장치에서 마이크로 동작(Micro Operation)이 순서적으로 일어나게 하기 위하여 필요한 것은?

① 모 뎀   ② 레지스터

③ 메모리   ④ 제어신호

해설

마이크로 동작이 순서적으로 일어나기 위하여 제어신호가 필요하다.

29 각국의 산업표준 명칭 중 중국규격을 나타내는 명칭은?

① ISO   ② DIN

③ SAC   ④ JIS

해설

표준의 종류 중 국가표준은 한국산업표준(KS)과 같이 한 국가 내의 모든 이해관계자들이 규정해 놓은 것으로, 한 국가 내에서 적용하는 표준이다.

기 호	표준 규격 명칭	영문 명칭	마 크
ISO	국제표준화기구	International Organization for Standardization	ISO
KS	한국산업규격	Korean Industrial Standards	KS
BS	영국규격	British Standards	
DIN	독일규격	Deutsches Institute fur Normung	DIN
ANSI	미국규격	American National Standards Institutes	ANSI
SNV	스위스규격	Schweitzerish Norman-Vereingung	SNV
NF	프랑스규격	Norme Francaise	NF
SAC	중국규격	Standardization Administration of China	SAC
JIS	일본공업규격	Japanese Industrial Standards	JIS

30 인쇄회로기판(PCB)을 제조할 때 사용되는 제조 공정이 아닌 것은?

① 사진 부식법   ② 실크 스크린법

③ 오프셋 인쇄법   ④ 대역 용융법

해설

인쇄회로기판(PCB)의 제조 공정

- 사진 부식법 : 사진의 밀착 인화 원리를 이용한 것으로, 정밀도는 가장 우수하나 양산에는 적합하지 않다. 포토 레지스트(Photo Resist)를 직접 기판에 도포하고, 필름을 기판 위에 얹어 감광시킨 다음 현상하면, 기판에는 배선에 해당하는 부분만 남고 나머지 부분에 구리면이 나타난다.
- 실크 스크린법 : 등사 원리를 이용하여 내산성 레지스터를 기판에 직접 인쇄하는 방법으로, 사진 부식법에 비해 양산성은 높으나 정밀도가 다소 떨어진다. 실크로 만든 스크린에 감광성 유제를 도포하고 포지티브 필름으로 인화, 현상하면 패턴 부분만 스크린되고, 다른 부분이 막히게 된다. 이 실크 스크린에 내산성 잉크를 칠해 기판에 인쇄한다.
- 오프셋 인쇄법 : 일반적인 오프셋 인쇄 방법을 이용한 것으로 실크 스크린법보다 대량 생산에 적합하고 정밀도가 높다. 내산성 잉크와 물이 잘 혼합되지 않는 점을 이용하여 아연판 등의 오프셋판을 부식시켜 배선 부분에만 잉크를 묻게 한 후 기판에 인쇄한다.

31 다음 〈보기〉에서 설명하는 도면의 양식은?

보기

도면의 특정한 사항(도번(도면 번호), 도명(도면 이름), 척도, 투상법, 작성자명 및 일자 등)을 기입하는 곳으로, 그림을 그릴 영역 안의 오른쪽 아래 구석에 위치시킨다. ( )을 보는 방향은 통상적으로 도면의 방향과 일치하도록 한다.

① 도면의 구역   ② 표제란

③ 윤곽 및 윤곽선   ④ 중심마크

해설

도면의 양식

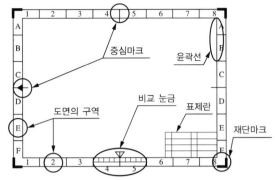

- 표제란 : 표제란의 예

학 교		고등학교	작성일	년 월 일
과		과 학년	척 도	
이 름			투상도	
도 명			도 번	

- 도면의 구역 : 상세도 표시의 부분, 추가, 수정 등의 위치를 도면상에서 용이하게 나타내기 위하여 모든 크기의 도면에는 구역 표시를 설정하는 것이 바람직하다. 분할수는 짝수로 하고, 도면의 구역 표시를 형성하는 사각형의 각 변의 길이는 25~75[mm]로 하는 것이 좋다. 도면 구역 표시의 선은 두께가 최소 0.5[mm]인 실선으로 한다.
- 윤곽 및 윤곽선 : 재단된 용지의 가장자리와 그림을 그리는 영역을 한정하기 위하여 선으로 그어진 윤곽은 모든 크기의 도면에 설치해야 한다. 그림을 그리는 영역을 한정하기 위한 윤곽선은 최소 0.5[mm] 이상 두께의 실선으로 그리는 것이 좋다. 0.5[mm] 이외의 두께의 선을 이용할 경우에 선의 두께는 ISO 128에 의한다.
- 중심마크 : 복사 또는 마이크로필름을 촬영할 때 도면의 위치를 결정하기 위해 4개의 중심마크를 설치한다. 중심마크는 재단된 용지의 수평 및 수직의 2개 대칭축으로, 용지 양쪽 끝에서 윤곽선의 안쪽으로 약 5[mm]까지 긋고, 최소 0.5[mm] 두께의 실선을 사용한다. 중심마크의 위치 허용차는 ±0.5[mm]로 한다.
- 재단마크 : 복사도의 재단에 편리하도록 용지의 네 모서리에 재단마크를 붙인다. 재단마크는 두 변의 길이가 약 10[mm]의 직각 이등변 삼각형으로 한다. 그러나 자동 재단기에서 삼각형으로 부적합한 경우에는 두께 2[mm]인 두 개의 짧은 직선으로 한다.
- 도면의 비교 눈금 : 모든 도면상에는 최소 100[mm] 길이에 10[mm] 간격의 눈금을 긋는다. 비교 눈금은 도면 용지의 가장자리에서 가능한 한 윤곽선에 겹쳐서 중심마크에 대칭으로, 너비는 최대 5[mm]로 배치한다. 비교 눈금선은 두께가 최소 0.5[mm]인 직선으로 한다.

32 인쇄회로기판의 패턴을 설계할 때, 유의해야 할 사항으로 옳지 않은 것은?

① 패턴은 굵고 짧게 한다.
② 배선은 길게 하는 것이 좋다.
③ 패턴 사이의 간격을 차폐한다.
④ 커넥터를 분리 설계한다.

> **해설**
> 패턴 설계 시 유의사항
> • 패턴의 길이 : 패턴은 가급적 굵고 짧게 하여야 한다. 패턴은 가능한 두껍게 Data의 흐름에 따라 배선하는 것이 좋다.
> • 부유 용량 : 패턴 사이의 간격을 떼어놓거나 차폐를 행한다. 양 도체 사이의 상대 면적이 클수록, 또 거리가 가까울수록, 절연물의 유전율이 높을수록 부유 용량(Stray Capacity)이 커진다.
> • 신호선 및 전원선은 45°로 구부려 처리한다.
> • 신호 라인이 길 때는 간격을 충분히 유지시키는 것이 좋다.
> • 단자와 단자의 연결에서 VIA는 최소화하는 것이 좋다.
> • 공통 임피던스 : 기판에서 하나의 접지점을 정하는 1점 접지방식으로 설계하고, 각각의 회로 블록마다 디커플링 콘덴서를 배치한다.
> • 회로의 분리 : 취급하는 전력 용량, 주파수 대역 및 신호 형태별로 기판을 나누거나 커넥터를 분리하여 설계한다.
> • 도선의 모양 : 배선은 가급적 짧게 하는 것이 다른 배선이나 부품의 영향을 적게 받는다.
> • 부품의 부피와 피치(Pitch) : 부품의 부피와 피치(Pitch)를 확인하여 적절한 부착위치를 설정한다.

33 다음 중에서 수동 부품(소자)인 것은?

① 트랜지스터　　② 전자관
③ 다이오드　　　④ 콘덴서

> **해설**
> • 능동소자(부품) : 입력과 출력을 갖추고 있으며, 전기를 가하면 입력과 출력이 일정한 관계를 가진다. 신호단자 외 전력의 공급이 필요하다.
> 　예 연산증폭기, 부성저항특성을 띠는 다이오드, 트랜지스터, 전계효과트랜지스터(FET), 단접합트랜지스터(UJT), 진공관 등
> • 수동소자(부품) : 능동소자와는 반대로 에너지를 소비, 축적, 통과시키는 작용을 하고, 외부전원 없이 단독으로 동작이 가능하다.
> 　예 저항기, 콘덴서, 인덕터, 트랜스, 릴레이 등

34 IC패키지 중 스루홀 패키지(Through Hole Package)가 아닌 것은?

①

②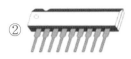

③

④

> **해설**
> IC 패키지
> • Through Hole Package : 스루홀 기술(인쇄회로기판PCB)의 구멍에 삽입하여 반대쪽 패드에서 납땜하는 방식을 적용한 것으로 흔히 막대저항, 다이오드 같은 것들을 스루홀 부품이라 한다. 강력한 결합이 가능하지만 SMD에 비해 생산 비용이 비싸고 주로 전해축전지나 TO220 같은 강한 실장이 요구되는 패키지의 부피가 큰 부품용으로 사용되며 DIP, SIP, ZIP 등이 있음
> • SMD(Surface Mount Device) Package : 인쇄회로기판의 표면에 직접 실장(부착하여 사용할 수 있도록 배치하는 것)할 수 있는 형태이며, 간단한 조립이 가능하고, 크기가 작고 가벼우며, 정확한 배치로 오류가 적다는 장점이 있지만, 표면 실장 소자의 크기와 핀간격이 작아서 소자 수준의 부품 수리는 어렵다는 단점이 있다. 일반적으로 로봇과 같은 자동화기기를 이용하여 제작하기 때문에 대량 및 자동생산이 가능하고 저렴하며, SOIC, SOP, QFP, QFJ 등이 있음
> ④ QFP(Quad Flat Package) : Surface Mount Type, Gull Wing Shape의 Lead Forming Package 두께에 따라 TQFP(Thin Quad Flat Package), LQFP(Low-Profile Quad Flat Package), QFP 등이 있음
> ① DIP(Dual In-line Package) : 칩 크기에 비해 패키지가 크고, 핀수에 비례하여 패키지가 커지기 때문에 많은 핀 패키지가 곤란하며, 우수한 열특성, 저가 PCB를 이용하는 응용에 널리 쓰인다(CMOS, 메모리, CPU 등).
> ② SIP(Single In-line Package) : 한쪽 측면에만 리드가 있는 패키지
> ③ ZIP(Zigzag In-line Package) : 한쪽 측면에만 리드가 있으며, 리드가 지그재그로 엇갈린 패키지

35 반도체 소자의 형명 중, "2SC1815Y"는 어떤 소자인가?

① 단접합 트랜지스터
② 터널다이오드
③ 전해콘덴서
④ 트랜지스터

반도체 소자의 형명 표시법

2	S	C	1815	Y
㉠ 숫자	S	㉡ 문자	㉢ 숫자	㉣ 문자

- ㉠의 숫자 : 반도체의 접합면수(0 : 광트랜지스터, 광다이오드, 1 : 각종 다이오드, 정류기, 2 : 트랜지스터, 전기장 효과 트랜지스터, 사이리스터, 단접합 트랜지스터, 3 : 전기장 효과 트랜지스터로 게이트가 2개 나온 것). S는 반도체(Semiconductor)의 머리문자
- ㉡의 문자 : A, B, C, D 등 9개의 문자(A : pnp형의 고주파용 트랜지스터, B : pnp형의 저주파형 트랜지스터, C : npn형의 고주파형 트랜지스터, D : npn형의 저주파용 트랜지스터, F : pnpn 사이리스터, G : npnp 사이리스터, H : 단접합 트랜지스터, J : p채널 전기장 효과 트랜지스터, K : n채널 전기장 효과 트랜지스터)
- ㉢의 숫자 : 등록 순서에 따른 번호. 11부터 시작
- ㉣의 문자 : 보통은 붙지 않으나, 특히 개량품이 생길 경우에 A, B, …, J까지의 알파벳 문자를 붙여 개량 부품임을 나타냄
  예 2SC1815Y : npn형의 개량형 고주파용 트랜지스터

36 전자 회로도 작성 시 유의사항 중 옳지 않은 것은?

① 대각선과 곡선은 가급적 피한다.
② 도면 기호와 접속선의 굵기는 원칙적으로 같게 한다.
③ 선의 교차가 적고 부품이 도면 전체에 고루 분포되도록 그린다.
④ 신호의 흐름은 도면의 오른쪽에서 왼쪽으로 아래에서 위로 그린다.

회로도 작성 시 고려해야 할 사항
- 신호의 흐름은 도면의 왼쪽에서 오른쪽으로, 위쪽에서 아래쪽으로 그린다.
- 주회로와 보조회로가 있을 경우에는 주회로를 중심에 그린다.
- 대칭으로 동작하는 회로는 접지를 기준으로 하여 대칭되게 그린다.
- 선의 교차가 적고 부품이 도면 전체에 고루 분포되게 그린다.
- 능동소자를 중심으로 그리고 수동소자는 회로 외곽에 그린다.
- 대각선과 곡선은 가급적 피하고, 선과 선이 전기적으로 접속되는 곳에는 '·' 표시를 한다.
- 도면 기호와 접속선의 굵기는 원칙적으로 같게 하며, 0.3~0.5[mm] 정도로 한다.
- 보조회로는 주회로의 바깥쪽에, 전원 회로는 맨 아래에 그린다.
- 접지선 등을 굵게 표현하는 경우의 실선은 0.5~0.8[mm] 정도로 한다.
- 물리적인 관련이나 연결이 있는 부품 사이는 파선으로 나타낸다.

37 다음 그림과 같이 표현하는 도면 표시 방법은?

① 회로도   ② 계통도

③ 배선도   ④ 접속도

해설

② 계통도 : 전기의 접속과 작동 계통을 표시한 도면으로 계획도나 설명도에 사용
① 회로도 : 전자 부품 상호 간의 연결된 상태를 나타낸 것
③ 배선도 : 전선의 배치, 굵기, 종류, 가닥수를 나타내기 위해서 사용된 도면
④ 접속도 : 전기 기기의 내부, 상호 간의 회로 결선 상태를 나타내는 도면으로 계획도나 설명도 또는 공작도에 사용

38 형상 모델링의 종류 중 와이어 프레임 모델링(Wire Frame Modeling, 선화 모델)을 한 것은?

①

②

③

④

해설

형상 모델링의 종류

① 와이어 프레임 모델링(Wire Frame Modeling, 선화 모델) : 점과 선으로 물체의 외양만을 표현한 형상 모델로 데이터 구조가 간단하고 처리 속도가 가장 빠르다.
②, ③ 서피스 모델링(Surface Modeling, 표면 모델) : 여러 개의 곡면으로 물체의 바깥 모양을 표현하는 것으로, 와이어 프레임 모델에 면의 정보를 부가한 형상 모델이다. 곡면기반 모델이라고도 한다.
④ 솔리드 모델링(Solid Modeling, 입체 모델) : 정점, 능선, 면 및 질량을 표현한 형상 모델로서, 이것을 작성하는 것을 솔리드 모델링이라고 한다. 솔리드 모델링은 형상만이 아닌 물체의 다양한 성질을 좀 더 정확하게 표현하기 위해 고안된 방법이다. 솔리드 모델은 입체 형상을 표현하는 모든 요소를 갖추고 있어서, 중량이나 무게중심 등의 해석도 가능하다. 솔리드 모델은 설계에서부터 제조 공정에 이르기까지 일관하여 이용할 수 있다.

39 시퀀스 제어용 기호와 설명이 옳게 짝지어진 것은?

① PT : 계기용 변압기

② TS : 과전류 계전기

③ OCR : 텀블러 스위치

④ ACB : 유도 전동기

해설

② TS : 텀블러 스위치(차단기 및 스위치류)

③ OCR : 과전류 계전기(차단기 및 스위치류)

④ ACB : 기중 차단기(계전기)

호	문자기호	용 어	대응영어
1101	BCT	부싱변류기	Bushing Current Transformer
1102	BST	승압기	Booster
1103	CLX	한류리액터	Current Limiting Reactor
1104	CT	변류기	Current Transformer
1105	GT	접지변압기	Grounding Transformer
1106	IR	유도전압 조정기	Induction Voltage Regulator
1107	LTT	부하시 탭전환변압기	On-load Tap-changing Transformer
1108	LVR	부하시 전압조정기	On-load Voltage Regulator
1109	PCT	계기용 변압변류기	Potential Current Transformer, Combined Voltage and Current Transformer
1110	PT	계기용 변압기	Potential Transformer, Voltage Transformer
1111	T	변압기	TRANSFORMER
1112	PHS	이상기	PHASE SHIFTER
1113	RF	정류기	RECTIFIER
1114	ZCT	영상변류기	Zero-phase-sequence Current Transformer

40 PCB에서 패턴의 폭이 10[mm], 두께가 2[mm]이고 길이가 3[cm]일 때 패턴의 저항(R)은?(단, 20[℃]에서 구리의 저항률은 1.72×10^{-8}[Ω]이다)

① 0.258×10^{-6}[Ω]

② 2.58×10^{-8}[Ω]

③ 5.16×10^{-6}[Ω]

④ 5.16×10^{-8}[Ω]

해설

$$R[\Omega] = \rho \frac{l[\text{mm}]}{S[\text{mm}^2]} = 1.72 \times 10^{-8} \frac{30}{10 \times 2}$$
$$= 2.58 \times 10^{-8}[\Omega]$$

41 다음 5색 저항의 저항 값과 오차가 옳은 것은?

제1색띠	제2색띠	제3색띠	제4색띠	제5색띠
갈 색	검은색	검은색	적 색	갈 색

① $10[k\Omega]$, $\pm5[\%]$

② $100[k\Omega]$, $\pm5[\%]$

③ $10[k\Omega]$, $\pm1[\%]$

④ $100[k\Omega]$, $\pm1[\%]$

해설

5색띠 저항의 저항값 읽는 요령

색	수 치	승 수	정밀도[%]
흑	0	$10^0 = 1$	−
갈	1	10^1	±1
적	2	10^2	±2
등(주황)	3	10^3	±0.05
황(노랑)	4	10^4	−
녹	5	10^5	±0.5
청	6	10^6	±0.25
자	7	10^7	±0.1
회	8	−	−
백	9	−	−
금	−	10^{-1}	±5
은	−	10^{-2}	±10
무	−	−	±20

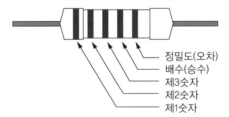

정밀도(오차)
배수(승수)
제3숫자
제2숫자
제1숫자

저항의 5색띠 : 갈, 흑, 흑, 적, 갈
 (갈=1), (흑=0), (흑=0), (적=2), (갈)
   1   0   0 × $10^2 = 10[k\Omega]$
정밀도(갈) = $\pm1[\%]$

42 다음 논리게이트의 진리표에 해당하는 것은?

①
A	B	X
0	0	0
0	1	1
1	0	1
1	1	0

②
A	B	X
0	0	0
0	1	0
1	0	0
1	1	1

③
A	B	X
0	0	0
0	1	1
1	0	1
1	1	1

④
A	B	X
0	0	1
0	1	1
1	0	1
1	1	0

해설

명 칭	기 호	함수식	진리표		설 명
AND	A, B →X	$X = AB$	A B	X	입력이 모두 1일 때만 출력이 1
			0 0	0	
			0 1	0	
			1 0	0	
			1 1	1	
OR	A, B →X	$X = A + B$	A B	X	입력 중 1이 하나라도 있으면 출력이 1
			0 0	0	
			0 1	1	
			1 0	1	
			1 1	1	
Buffer	A →X	$X = A$	A	X	신호의 전달 및 지연
			0	0	
			1	1	
NOT (Inverter)	A →X	$X = A'$	A	X	입력과 반대 되는 출력
			0	1	
			1	0	
NAND	A, B →X	$X = (AB)'$	A B	X	AND의 반전 (입력 모두 1 일 때만 출력이 0)
			0 0	1	
			0 1	1	
			1 0	1	
			1 1	0	
NOR	A, B →X	$X = (A + B)'$	A B	X	OR의 반전(입력 중 1이 하나라도 있으면 출력이 0)
			0 0	1	
			0 1	0	
			1 0	0	
			1 1	0	

명 칭	기 호	함수식	진리표		설 명
XOR (Exclusive-OR)	A B X	$X = (A \oplus B)$	A B	X	입력이 서로 다를 경우에 출력 1
			0 0	0	
			0 1	1	
			1 0	1	
			1 1	0	
XNOR (Exclusive-NOR)	A B X	$X = (A \odot B)$	A B	X	입력이 서로 같을 경우에 출력 1
			0 0	1	
			0 1	0	
			1 0	0	
			1 1	1	

44 다음 마일러 콘덴서의 용량으로 가장 적합한 것은?

① 22,000[pF] ② 224[pF]
③ 0.22[μF] ④ 22.4[μF]

해설

마일러 콘덴서 1H224J
$224 = 22 \times 10^4 = 220,000[pF] = 0.22[\mu F]$ ±5[%] 내압 50[V]
허용차[%]의 문자 기호

문자 기호	허용차[%]	문자 기호	허용차[%]
B	±0.1	J	±5
C	±0.25	K	±10
D	±0.5	L	±15
F	±1	M	±20
G	±2	N	±30

내압의 문자 기호

문자 기호	허용차[%]	문자 기호	허용차[%]
A	1	G	4
B	1.25	H	5
C	1.6	J	6.3
D	2.0	K	8
E	2.5		

43 PCB 설계 시 4층 기판으로 설계할 때 사용하지 않는 층은?

① 납땜면 ② 전원면
③ 접지면 ④ 내부면

해설

4층(Layer) PCB
• Layer1 – 부품면(TOP)
• Layer2 – GND(Power Plane)
• Layer3 – VCC(Power Plane)
• Layer4 – 납땜면(BOTTOM)

45 다음 그림의 명칭으로 맞는 것은?

① Through Hole　② Thermal Reliefs

③ Copper Pour　④ Micro Via

해설

① 스루홀(Through Hole, 도통홀) : 층 간(부품면과 동박면)의 전기적인 연결을 위하여 형성된 홀로서 홀의 내벽을 구리로 도금하면 도금 도통홀이라고 한다.

1차면

2차면

스루 홀 납땜
연결부의 단면도

② 단열판(Thermal Reliefs) : 패드 주변에 열을 빨리 식도록 하기 위해 일정간격으로 거리를 띄운 것이다.

46 다음 중 CAD 시스템의 출력장치에 해당하는 것은?

① 플로터　② 트랙볼

③ 디지타이저　④ 마우스

해설

플로터

CAD 시스템에서 도면화를 위한 표준 출력 장치이다. 출력이 도형 형식일 때 정교한 표현을 위해 사용되며, 상, 하, 좌, 우로 움직이는 펜을 이용하여 단순한 글자에서부터 복잡한 그림, 설계 도면까지 거의 모든 정보를 인쇄할 수 있는 출력 장치이다. 종이 또는 펜이 XY방향으로 움직이고 그림을 그리기 시작하는 좌표에 펜이 위치하면 펜이 종이 위로 내려온다. 프린터는 계속되는 행과 열의 형태만을 찍어낼 수 있는 것에 비하여 플로터는 X, Y 좌표 평면에 임의적으로 점의 위치를 지정할 수 있다. 플로터의 종류를 크게 나누면 선으로 그려내는 벡터 방식과 그림을 흑과 백으로 구분하고 점으로 찍어서 나타내는 래스터 방식이 있으며, 플로터가 정보를 출력하는 방식에 따라 펜 플로터, 정전기 플로터, 사진 플로터, 잉크 플로터, 레이저 플로터 등으로 구분된다.

47 입·출력 장치로 모두 이용되고 있는 것은?

① 마우스

② 플로터

③ 터치스크린

④ 디지타이저와 스타일러스 펜

해설

③ 터치스크린(Touch Screen) : 화면을 건드려 사용자가 손가락이나 손으로 기기의 화면에 접촉한 위치를 찾아내는 화면을 말한다. 모니터에 특수 직물을 씌워 이 위를 손으로 눌렀을 때 감지하는 방식으로 구성되어 있는 경우도 있다. 터치스크린은 스타일러스와 같이 다른 수동적인 물체를 감지해 낼 수도 있다. 터치스크린 모니터는 터치로 입력장치의 역할을 하며, 모니터는 출력장치의 역할을 한다.

① 마우스 : 입력장치

② 플로터 : 출력장치

④ 디지타이저와 스타일러스 펜 : 입력장치

48 다층 프린트 배선에서 도금 도통 홀과 전기적 접속을 하지 않도록 하기 위해 도금 도통 홀을 감싸는 부분에 도체 패턴의 도전 재료가 없도록 한 영역은?

① Land　② Access Hole

③ Clearance Hole　④ Location Hole

해설

클리어런스 홀(Clearance Hole)은 다층 프린트배선 기판에서 도금 스루홀(도통 홀)과 전기적으로 접속하지 않게 그 구멍보다도 조금 크게 도체부를 제거한 부분을 말한다.

49 다음은 보드 외곽선(Board Outline) 그리기의 한 예이다. X, Y 좌표값을 보기와 같이 입력했을 경우 ㉠, ㉡, ㉢, ㉣에 들어갈 좌표값은?

```
(가) 명령 : 보드 외곽선 그리기
(나) 첫째 점 : 50, 50
(다) 다음 점 : 150, 50
(라) 다음 점 : 150, 150
(마) 다음 점 : ( ㉠ ), ( ㉡ )
(바) 다음 점 : ( ㉢ ), ( ㉣ )
```

① ㉠ 150 ㉡ 150 ㉢ 150 ㉣ 100
② ㉠ 100 ㉡ 100 ㉢ 100 ㉣ 50
③ ㉠ 50 ㉡ 150 ㉢ 50 ㉣ 50
④ ㉠ 00 ㉡ 150 ㉢ 50 ㉣ 150

해설

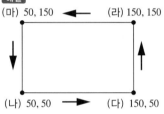
(마) 50, 150 ← (라) 150, 150
(나) 50, 50 → (다) 150, 50

50 인쇄회로기판의 패턴 동박에 의한 인덕턴스(L)값이 0.01[μH]가 발생하였다. 주파수 10[MHz]에서 기판에 영향을 주는 리액턴스(X)의 값은?

① 62.8[Ω] ② 6.28[Ω]
③ 0.628[Ω] ④ 0.0628[Ω]

해설

$$X_L = \omega L = 2\pi f L$$
$$= 2 \times 3.14 \times 10 \times 10^6 \times 0.01 \times 10^{-6}$$
$$= 0.628[\Omega]$$

51 다음 부품 심벌의 이름은?

① 실리콘 제어 정류기(Silicon Control Rectifier)
② NMOS FET(Field Effect Transistor)
③ PNP 트랜지스터(Transistor)
④ 트라이액(Triac)

해설

트랜지스터(TR)

TR-PNP형   TR-NPN형

트랜지스터는 반도체의 기초소자라고 해도 과언이 아닌 반도체의 기본이 되는 소자이다. 이미터 단자의 전류 방향으로 PNP(소자에서 들어가는 방향), NPN(소자에서 나가는 방향) 타입으로 나뉘며 용도가 스위칭, 증폭 등 다양하다. B(베이스), T(이미터), C(컬렉터) 이렇게 3단자로 구성되어 있으며 베이스에 가해지는 전압, 전류에 따라 이미터와 컬렉터 간 흐르는 전압, 전류의 크기가 변한다.

52 도면작성에 대한 결과 파일로 PCB 프로그램이나 시뮬레이션 프로그램에서 입력 데이터로 사용되는 것은?

① 네트리스트(Netlist)
② 거버 파일(Gerber File)
③ 레이아웃 파일(Layout File)
④ 데이터 파일(Data File)

해설

네트리스트 파일(Netlist File)은 도면의 작성에 대한 결과 파일로 PCB 프로그램이나 시뮬레이션 프로그램에서 입력 데이터로 사용되는 필수 파일이다. 풋프린트, 패키지명, 부품명, 네트명, 네트와 연결된 부품 핀, 네트와 핀 그리고 부품의 속성에 대한 정보를 포함하고 있다.

53 능동소자 중 이미터(E), 베이스(B), 컬렉터(C)의 3개의 전극으로 구성되어 있으며, 전류 제어용 등에 사용되는 소자는?

① 다이오드
② 트랜지스터
③ 변압기
④ FET

해설
트랜지스터는 반도체의 기초소자라고 해도 과언이 아닌 반도체의 기본이 되는 소자이다. 이미터 단자의 전류 방향으로 NPN, PNP 타입으로 나뉘며 용도가 스위칭, 증폭 등 다양하다. B(베이스), E(이미터), C(컬렉터) 이렇게 3단자로 구성되어 있으며 베이스에 가해지는 전압, 전류에 따라 이미터와 컬렉터 간 흐르는 전압, 전류의 크기가 변한다.

54 절대좌표 A(10, 10)에서 B(20, −20)으로 개체가 이동하였을 때 상대좌표는?

① 10, 20
② 10, −20
③ 10, 30
④ 10, −30

해설
상대좌표(Relative Coordinate) : 최종점을 기준(절대좌표는 원점을 기준으로 한다)으로 한 각 방향의 교차점을 말한다. 따라서 상대좌표의 표시는 하나이지만 해당 좌표점은 기준점에 따라 도면 내에 무한적으로 존재한다. 상대좌표는 (기준점으로부터 X방향값, Y방향값)으로 표시하며, 각각의 좌표값 사이를 콤마(,)로 구분해야 하고, 음수값도 사용이 가능하다(음수는 방향이 반대이다).
※ 기준점 A(10, 10)에서 B(20, −20)을 상대좌표로 표시하면
(20−10, −20−10) = (10, −30)

55 PCB 기판 제조방법의 하나로 대량생산에 적합하고 정밀도가 높으며 내산성 잉크와 물이 잘 혼합되지 않는 점을 이용하여 아연판을 부식시켜 배선부분만 잉크를 묻게 하여 제작하는 방법은?

① 사진 부식법
② 오프셋 인쇄법
③ 실크스크린법
④ 단층 촬영법

해설
인쇄회로기판(PCB)의 제조 공정
• 사진 부식법 : 사진의 밀착 인화 원리를 이용한 것으로, 정밀도는 가장 우수하나 양산에는 적합하지 않다. 포토레지스트(Photo Resist)를 직접 기판에 도포하고, 필름을 기판 위에 얹어 감광시킨 다음 현상하면, 기판에는 배선에 해당하는 부분만 남고 나머지 부분에 구리면이 나타난다.
• 실크 스크린법 : 등사 원리를 이용하여 내산성 레지스터를 기판에 직접 인쇄하는 방법으로, 사진 부식법에 비해 양산성은 높으나 정밀도가 다소 떨어진다. 실크로 만든 스크린에 감광성 유제를 도포하고 포지티브 필름으로 인화, 현상하면 패턴 부분만 스크린되고, 다른 부분이 막히게 된다. 이 실크 스크린에 내산성 잉크를 칠해 기판에 인쇄한다.
• 오프셋 인쇄법 : 일반적인 오프셋 인쇄방법을 이용한 것으로 실크 스크린법보다 대량 생산에 적합하고 정밀도가 높다. 내산성 잉크와 물이 잘 혼합되지 않는 점을 이용하여 아연판 등의 오프셋 판을 부식시켜 배선부분에만 잉크를 묻게 한 후 기판에 인쇄한다.

56 세라믹 인쇄회로기판에 대한 설명 중 틀린 것은?

① 가격이 저가이고 치수변화가 많다.
② 고절연성 및 고열전도율을 갖는다.
③ 화학적 안정성이 좋다.
④ 낮은 유전체 손실을 갖는다.

해설
세라믹 기판은 세라믹에 도체 페이스트를 인쇄한 후 소결하여 만들어진 기판이다. 일반적으로 절연성이 우수하며 치수변화가 거의 없는 특수용도로 사용된다. 반도체 소자의 발달과 함께 전자 부품 및 회로기판으로의 사용이 증가되고 있는 세라믹 소자는 그 중요성이 날로 확대되고 있으며, 전자회로기판으로 사용되는 경우에는 세라믹 표면을 금속화하는 기술이 필수적이며, 특히 금속과 세라믹과의 강한 밀착강도를 부여하기 위해서는 특수표면처리 기법을 이용해야 한다. 세라믹 위에 메탈라이징 방법에는 금속 Paste법, 진공증착법, 습식도금법 등이 사용되고 있으며, 각각의 기능성에 맞는 표면처리 기법을 이용하여 메탈라이징을 하게 된다.

57 배치도를 그릴 때 고려해야 할 사항으로 적합하지 않은 것은?

① 균형 있게 배치하여야 한다.

② 부품 상호 간 신호가 유도되지 않도록 한다.

③ IC의 6번 핀 위치를 반드시 표시해야 한다.

④ 고압회로는 부품 간격을 충분히 넓혀 방전이 일어나지 않도록 배치한다.

해설

부품 배치도를 그릴 때 고려하여야 할 사항

• IC의 경우 1번 핀의 위치를 반드시 표시한다.

• 부품 상호 간의 신호가 유도되지 않도록 한다.

• PCB 기판의 점퍼선은 표시한다.

• 부품의 종류, 기호, 용량, 핀의 위치, 극성 등을 표시하여야 한다.

• 부품을 균형 있게 배치한다.

• 조정이 필요한 부품은 조작이 용이하도록 배치하여야 한다.

• 고압회로는 부품 간격을 충분히 넓혀 방전이 일어나지 않도록 배치한다.

58 리드(Lead)가 없는 반도체 칩을 범프(Bump, 돌기)를 사용하여 PCB 기판에 직접 실장하는 방법을 말하는 것은?

① 표면실장기술(SMT)

② 삽입실장기술(TMT)

③ 플립칩(FC ; Flip Chip) 실장

④ POB(Package On Board) 기술

해설

플립칩(FC ; Flip Chip) 실장

반도체 칩을 제조하는 과정에서 Wafer 단위의 식각(Etching), 증착(Evaporation) 같은 공정을 마치면 Test를 거치고 최종적으로 Packaging을 한다. Packaging은 Outer Lead(외부단자)가 형성된 기판에 Chip이 실장하고 Molding을 하는 것을 말한다. Outer Lead는 기판과 칩을 전기적으로 연결하는 단자이고 이 Outer Lead와 칩의 연결 형태에 따라 Wire Bonding, Flip Chip Bonding이라는 말을 사용한다.

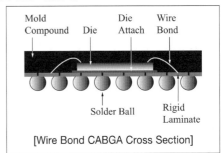

[Wire Bond CABGA Cross Section]

• Wire Bonding : Lead가 형성된 기판에 칩을 올려두고 미세 Wire를 이용해 Outer Lead와 전기적으로 연결된 Inner Lead에 반도체 칩의 전극패턴을 연결하는 방식을 말한다.

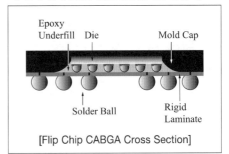

[Flip Chip CABGA Cross Section]

• Flip Chip Bonding : 전극패턴 혹은 Inner Lead에 Solder Ball 등의 돌출부를 만들어 주고 기판에 Chip을 올릴 때 전기적으로 연결되도록 만든 것이다. 그래서 Flip Chip Bonding을 이용하면 Wire Bonding 만큼의 공간을 절약할 수 있어 작은 Package의 제조가 가능하다.

59 PCB 제작 시 필름의 치수변화를 최소화하기 위한 조치로서 바르지 못한 것은?

① 필름실의 항온·항습 유지
② 수축을 방지하기 위해 구입 즉시 사용
③ 이물질을 최소화하기 위한 Class 유지 관리
④ 제조 룸과 공정의 통제 관리

해설

기본적인 치수 안정성 요건

• 필름실의 온·습도 관리 : 필름의 보관, Plotting, 취급 등의 모든 작업이 이루어지는 환경의 온·습도의 항상성은 매우 중요하다. 특히 암실의 항온·항습 유지 관리가 관건이며, 아울러 이물질의 불량을 최소화하기 위한 Class 유지 관리가 동시에 이루어져야 한다.

• Seasoning 관리 : 필름은 원래 생산된 회사의 환경과 PCB 제조 업체의 암실 사이에는 온·습도가 다를 수 있으므로 반드시 구입 후 암실에서 환경에 적응(수축 또는 팽창)시킨 후에 필름 제작에 들어가는 것이 중요하다. 최소 24시간 이상 환경에 적응시키는 것이 바람직하다.

• 불가역 환경 방지 관리 : 필름은 재질의 대부분이 Polyester로 이것은 적정 온·습도 범위 내에서는 수축 또는 팽창되었다가도 다시 원래 치수로 복원하는 특성을 갖고 있으나, 극단적인 온·습도 환경에 놓이면 시간이 경과가 되어도 원래 치수로 복원이 어려우므로 필름의 보관제조 룸 또는 공정 중에 통제와 관리가 반드시 필요하다. 일반적으로 필름의 박스 표지에 이 필름의 보관 온·습도 범위가 표시되어 있는데 이 범위를 환경적으로 벗어나지 않도록 모든 공정의 제어가 필요하다.

60 다음 중 집적도에 의한 IC분류로 옳은 것은?

① MSI : 100 소자 미만
② LSI : 100~1,000 소자
③ SSI : 1,000~10,000 소자
④ VLSI : 10,000 소자 이상

해설

IC 집적도에 따른 분류

• SSI(Small Scale IC, 소규모 집적회로) : 집적도가 100 이하의 것으로 복잡하지 않은 디지털 IC 부류로, 기본적인 게이트기능과 플립플롭 등이 이 부류에 해당한다.

• MSI(Medium Scale IC, 중규모 집적회로) : 집적도가 100~1,000 정도의 것으로 좀 더 복잡한 기능을 수행하는 인코더, 디코더, 카운터, 레지스터, 멀티플렉서 및 디멀티플렉서, 소형 기억장치 등의 기능을 포함하는 부류에 해당한다.

• LSI(Large Scale IC, 고밀도 집적회로) : 집적도가 1,000~10,000 정도의 것으로 메모리 등과 같이 한 칩에 등가 게이트를 포함하는 부류에 해당한다.

• VLSI(Very Large Scale IC, 초고밀도 집적회로) : 집적도가 10,000~1,000,000 정도의 것으로 대형 마이크로프로세서, 단일칩 마이크로프로세서 등을 포함한다.

• ULSI(Ultra Large Scale IC, 초초고밀도 집적회로) : 집적도가 1,000,000 이상으로 인텔의 486이나 펜티엄이 이에 해당한다. 그러나 VLSI와 ULSI의 정확한 구분은 확실하지 않고 모호하다.

01 다음은 연산회로의 일종이다. 출력을 바르게 표시한 것은?

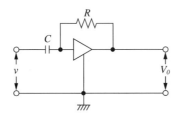

① $V_0 = \dfrac{1}{CR}\displaystyle\int_0^t vdt$

② $V_0 = -\dfrac{1}{CR}\displaystyle\int_0^t vdt$

③ $V_0 = -RC\dfrac{dv}{dt}$

④ $V_0 = RC\dfrac{dv}{dt}$

해설

미분기로서 출력전압 $V_0 = -RC\dfrac{dV_i}{dt}$

02 이상형 CR 발진회로의 CR을 3단 계단형으로 조합할 경우, 컬렉터측과 베이스측의 총 위상 편차는 몇 [°]인가?

① 90°　　　　② 120°

③ 180°　　　　④ 360°

해설

이상형 CR 발진회로는 컬렉터측 출력전압의 위상을 180[°] 바꾸어 입력측 베이스에 양되먹임되어 발진하는 발진기이다.

03 코일에 교류전압 100[V]를 가했을 때 10[A]의 전류가 흘렀다면 코일의 리액턴스(X_L)는?

① 6[Ω]　　　　② 8[Ω]

③ 10[Ω]　　　　④ 12[Ω]

해설

$$X_L = \dfrac{V}{I} = \dfrac{100}{10} = 10[\Omega]$$

04 정현파 교류전압의 최대치와 실효치와의 관계는?

① 최대치 $= \dfrac{1}{\sqrt{2}} \times$실효치

② 최대치 $= \sqrt{2} \times$실효치

③ 최대치 $= 2 \times$실효치

④ 최대치 $= \dfrac{\pi}{\sqrt{2}} \times$실효치

해설

• 순시값 : 순간순간 변하는 교류의 임의의 시간에 있어서의 값
$v = V_m \sin\omega t[\text{V}]$

• 최댓값 : 순시값 중에서 가장 큰 값
$V_m = \sqrt{2}\,V$

• 실횻값 : 교류의 크기를 교류와 동일한 일을 하는 직류의 크기로 바꿔 나타낸 값
$V = \dfrac{V_m}{\sqrt{2}}$

• 평균값 : 교류 순시값의 1주기 동안의 평균을 취하여 교류의 크기를 나타낸 값
$V_a = \dfrac{2}{\pi} V_m$

05 다음 그림과 같은 회로에 대한 것으로 옳은 것은?

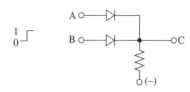

① 정논리 AND   ② 부논리 AND

③ 정논리 OR   ④ 부논리 OR

해설
입력 A, B 중 어느 하나라도 1이면 출력은 1이 된다.

07 전압안정화 회로에서 리니어(Linear) 방식과 스위칭(Switching) 방식의 장단점 비교가 옳은 것은?

① 효율은 리니어 방식보다 스위칭 방식이 좋다.

② 회로 구성에서 리니어 방식은 복잡하고 스위칭 방식은 간단하다.

③ 중량은 리니어 방식은 가볍고 스위칭 방식은 무겁다.

④ 전압정밀도는 리니어 방식은 나쁘고 스위칭 방식은 좋다.

해설

비교 항목	리니어 방식	스위칭 방식
전환 변환 효율	나쁘다(< 50[%]).	좋다(약 85[%]).
중 량	무겁다.	가볍다.
형 상	대 형	소 형
복수 전원 구성	불편하다.	간단하다.
전압정밀도	좋다.	나쁘다(노이즈).
회로 구성	간단하다.	복잡하다.

06 다음 회로에서 $R_1 = R_f$일 때 적합한 명칭은?

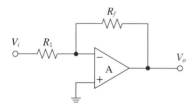

① 적분기   ② 감산기

③ 부호변환기   ④ 전류증폭기

해설

$R_i = R_f$이면 증폭도 $A = \dfrac{V_o}{V_i} = -\dfrac{R_f}{R_i} = -1$이 되므로 입력의 부호만 바뀌는 부호변환기가 된다.

08 다음 중 크로스오버 왜곡(Crossover Distortion)이 발생하는 전력증폭기는?

① A급 전력증폭기

② B급 전력증폭기

③ AB급 전력증폭기

④ C급 전력증폭기

해설
B급 푸시풀 회로의 특징
• 큰 출력을 얻을 수 있다.
• B급 동작이므로 직류 바이어스 전류가 작아도 된다.
• 효율이 높다.
• 입력 신호가 없을 때 전력 손실은 무시할 수 있다.
• 짝수 고조파 성분이 서로 상쇄되어 일그러짐이 없다.
• B급 증폭기 특유의 크로스오버 일그러짐(교차 일그러짐)이 생긴다.

09 다음과 같은 회로의 명칭은?

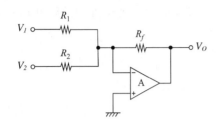

① 미분회로

② 적분회로

③ 가산기형 D/A 변환회로

④ 부호 변환회로

해설

$V_o = -\left(\dfrac{R_f}{R_1} V_1 + \dfrac{R_f}{R_2} V_2\right)$로 되는 가산기이다.

10 4[Ω]의 저항과 8[mH]의 인덕턴스가 직렬로 접속된 회로에 60[Hz], 100[V]의 교류전압을 가하면 전류는 약 몇 [A]인가?

① 20[A]

② 25[A]

③ 30[A]

④ 35[A]

해설

$X_L = 2\pi f L = 2 \times 3.14 \times 60 \times 8 \times 10^{-3} \fallingdotseq 3[\Omega]$

$Z = \sqrt{R^2 + X_L^2} = \sqrt{4^2 + 3^2} = \sqrt{25} = 5[\Omega]$

$I = \dfrac{V}{Z} = \dfrac{100}{5} = 20[A]$

11 전기저항에서 어떤 도체의 길이를 4배로 하고 단면적을 1/4로 했을 때의 저항은 원래 저항의 몇 배가 되는가?

① 1

② 4

③ 8

④ 16

해설

$R = \rho \dfrac{l}{A}$

$\therefore \rho \dfrac{4l}{\frac{1}{4}A} = 16 \times \rho \dfrac{l}{A}$

12 클리퍼(Clipper)에 대한 설명으로 가장 옳은 것은?

① 임펄스를 증폭하는 회로이다.

② 톱니파를 증폭하는 회로이다.

③ 구형파를 증폭하는 회로이다.

④ 파형의 상부 또는 하부를 일정한 레벨로 잘라내는 회로이다.

해설

클리퍼는 입력되는 파형의 특정 레벨 이상이나 이하를 잘라내는 회로를 말한다. 보통 Clipper라고 하는데 클리핑 회로라고도 하고, 리미터(Limiter)라고도 하며, 진폭제한 회로라고도 한다.

13 다음 중 이상적인 연산증폭기의 특성으로 적합하지 않은 것은?

① 입력저항이 무한대이다.

② 동상신호제거비가 0이다.

③ 입력 오프셋 전압이 0이다.

④ 오픈 루프 전압이득이 무한대이다.

해설

이상적인 연산증폭기의 동상신호제거비는 ∞이다.

14 저주파 회로에서 직류신호를 차단하고 교류신호를 잘 통과시키는 소자로 가장 적합한 것은?

① 커패시터(Capacitor)　② 코일(Coil)

③ 저항(R)　　　　　　④ 전해 커패시터

• 커패시터 : 전기는 축적, 직류전류는 차단, 교류전류는 통과
• 코일 : 직류전류는 통과, 교류전류는 차단

15 다음 그림은 교류전원장치에 저항(R)과 코일(L)이 직렬로 연결된 회로를 나타낸 것이다. 〈보기〉에서 이에 대한 설명으로 옳은 것만을 고른 것은?

┌─ 보기 ┐

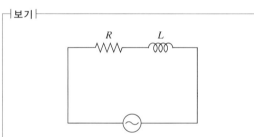

ㄱ 전원장치의 전압을 2배로 하면 전류의 세기는 2배가 된다.

ㄴ 교류의 주파수를 2배로 하면 전류의 세기는 $\frac{1}{2}$ 배가 된다.

ㄷ 코일의 자체 유도계수를 2배로 하면 전류의 세기는 $\frac{1}{2}$ 배가 된다.

① ㄱ　　　　　　② ㄴ
③ ㄷ　　　　　　④ ㄱ, ㄴ

주파수나 자체 유도계수를 2배로 하면, 유도 리액턴스는 2배가 되지만 임피던스는 2배가 되지 않아 전류의 세기는 $\frac{1}{2}$ 배가 되지 않는다.

16 다음 중 스택(Stack)을 필요로 하는 명령형식은?

① 0-주소　　　　　② 1-주소
③ 2-주소　　　　　④ 3-주소

① 0-주소명령형식 : 동작코드만 존재하고 주소가 없는 형식이다. 이 형식은 스택을 이용하게 된다. 데이터를 기억시킬 때 PUSH, 꺼낼 때 POP을 사용한다.
② 1-주소명령형식 : 연산 대상이 되는 두 개 중 하나만 표현하고 나머지 하나는 누산기(AC)를 사용한다.
③ 2-주소명령형식 : 연산 대상이 되는 두 개의 주소를 표현하고 연산 결과를 그중 한곳에 저장한다. 동작 특성상 한곳의 내용이 연산 결과 저장으로 소멸된다.
④ 3-주소명령형식 : 연산 대상이 두 개의 주소와 연산 결과를 저장하기 위한 결과 주소를 표현한다.

17 컴퓨터 내의 입출력장치들 중에서 입출력 성능이 높은 것에서 낮은 순으로 바르게 나열된 것은?

① 인터페이스-채널-DMA

② DMA-채널-인터페이스

③ 채널-DMA-인터페이스

④ 인터페이스-DMA-채널

• 입출력 채널(I/O Channel) : 입출력이 일어나는 동안 프로세서가 다른 일을 하지 못하는 문제를 극복하기 위해 개발된 것
• DMA(Direct Memory Access) : 주기억장치와 입출력장치 간의 자료 전송이 중앙처리장치의 개입 없이 곧바로 수행되는 방식
• 인터페이스 : 컴퓨터 내부에서 장치나 구성 요소 간을 상호 접속하는 커넥터 등
• 성능은 채널, DMA, 인터페이스의 순으로 높다.

18 다음 중 10진수 (−7)을 부호와 절대치법에 의한 이진수 표현으로 옳은 것은?

① 10000111 ② 10000110
③ 10000101 ④ 10000100

해설
부호와 절댓값 표현에서 첫 번째 비트는 부호비트로 사용된다. 따라서 7을 2진수로 변환하고 첫 번째 비트를 1로 하면 −7이 된다.

19 컴퓨터에서 2[kB]의 크기를 byte 단위로 표현하면?

① 512[byte] ② 1,024[byte]
③ 2,048[byte] ④ 4,096[byte]

해설
2[kB] = 2 × 1,024 = 2,048[byte]

20 중앙처리장치 중 제어장치의 기능으로 가장 알맞은 것은?

① 정보를 기억한다.
② 정보를 연산한다.
③ 정보를 연산하고, 기억한다.
④ 명령을 해석하고, 실행한다.

해설
제어장치 : 주기억장치에 저장되어 있는 프로그램의 명령어들을 해석하여 차례대로 수행하기 위하여 기억장치와 연산장치 또는 입력장치, 출력장치에 제어신호를 보내고 이들 장치로부터 신호를 받아서 다음에 수행할 동작을 결정한다.

21 다음 그림과 같이 두 개의 게이트를 상호 접속할 때 결과로 얻어지는 논리게이트는?

① OR ② NOT
③ NAND ④ NOR

해설
NAND Gate의 출력쪽 ○는 NOT Gate를 의미한다.

22 마이크로프로세서에서 가산기를 주축으로 구성된 장치는?

① 제어장치
② 입출력장치
③ 산술논리 연산장치
④ 레지스터

해설
산술논리 연산장치(Arithmetic and Logic Unit)
산술연산, 논리연산을 하는 중앙처리장치 내의 회로이다. 산술연산인 사칙연산은 가산기, 보수를 만드는 회로, 시프트 회로에 의해서 처리되며, 논리합이나 논리곱을 구하는 논리연산회로 등으로 이루어져 있다.

23 순서도는 일반적으로 표시되는 정도에 따라 종류를 구분하게 되는데 다음 중 순서도 종류에 해당되지 않는 것은?

① 시스템 순서도(System Flowchart)
② 일반 순서도(General Flowchart)
③ 세부 순서도(Detail Flowchart)
④ 실체 순서도(Entity Flowchart)

해설
① 시스템 순서도 : 단위 프로그램을 하나의 단위로 하여 업무의 전체적인 처리과정의 흐름을 나타낸 순서도
② 일반 순서도 : 프로그램의 기본 골격(프로그램의 전개과정)만을 나타낸 순서도
③ 세부 순서도 : 기본 처리 단위가 되는 모든 항목을 프로그램으로 바로 나타낼 수 있을 정도까지 상세하게 나타낸 순서도

24 다음 프로그래밍 언어 중 가장 단순하게 구성되어 처리 속도가 가장 빠른 것은?

① 기계어
② 베이식
③ 포트란
④ C

해설
기계어 : 컴퓨터가 직접 읽을 수 있는 2진 숫자(Binary Digit, 0과 1)로 이루어진 언어로, 이는 프로그래밍 언어의 기본이 된다. 프로그래머가 만들어낸 프로그램은 어셈블러(Assembler)와 컴파일러(Compiler)를 통하여 기계어로 번역되어야만 컴퓨터가 그 내용을 이해할 수 있다.

25 순서도 사용에 대한 설명 중 틀린 것은?

① 프로그램 코딩의 직접적인 기초 자료가 된다.
② 오류 발생 시 그 원인을 찾아 수정하기 쉽다.
③ 프로그램의 내용과 일 처리 순서를 파악하기 쉽다.
④ 프로그램 언어마다 다르게 표현되므로 공통적으로 사용할 수 없다.

해설
순서도는 프로그램 언어와 상관없이 공통으로 사용된다.

26 여러 하드디스크 드라이브를 하나의 저장장치처럼 사용 가능하게 하는 기술은?

① CD-ROM
② SCSI
③ EIDE
④ RAID

해설
RAID(Redundant Array of Inexpensive Disk)
데이터를 분할해서 복수의 자기 디스크 장치에 대해 병렬로 데이터를 읽는 장치 또는 읽는 방식

27 주기억장치를 보조기억장치와 비교 설명한 것으로 틀린 것은?

① CPU가 간접 접근한다.
② 데이터를 직접 처리한다.
③ 접근시간이 빠르다.
④ 구입 단가가 높다.

해설
보조기억장치는 CPU가 간접 접근한다.

28 패리티 비트(Parity Bit)에 대한 설명 중 옳지 않은 것은?

① Error 검출 및 교정이 가능하다.

② 기존 코드값에 1bit를 추가하여 사용한다.

③ 기수(Odd)와 우수(Even) 체크법이 있다.

④ 정보의 옳고 그름을 판별하기 위해 사용한다.

해설
오류 검출과 교정까지 가능한 코드는 해밍코드(Hamming Code)이다.

29 다음은 치수 기입의 원칙을 나타낸 것이다. 옳은 설명을 〈보기〉에서 모두 고른 것은?

┌ 보기 ┐
ㄱ 부품을 정의하는 데 필요한 치수 정보는 모두 도면에 표기한다.
ㄴ 각 형체의 치수는 하나의 도면에 두 번 기입한다.
ㄷ 치수는 형체를 가장 명확하게 보여 줄 수 있는 투상도나 단면도에 기입한다.
ㄹ 최종 제품의 형체는 임의의 한 방향에 하나의 치수로만 기입한다.
ㅁ 기능 치수는 대응하는 도면에 직접 기입해야 한다.
└─────────┘

① ㄱ, ㄴ, ㄷ   ② ㄴ, ㄷ, ㄹ
③ ㄷ, ㄹ, ㅁ   ④ ㄱ, ㄷ, ㄹ, ㅁ

해설
치수 기입의 원칙
• 단품이나 구성 부품을 명확하고도 완전하게 정의하는 데 필요한 치수 정보는 모두 도면에 표시해야 한다.
• 각 형체의 치수는 하나의 도면에서 한 번만 기입한다.
• 치수는 해당되는 형체를 가장 명확하게 보여 줄 수 있는 투상도나 단면도에 기입하고, 기능 치수는 대응하는 도면에 직접 기입한다.
• 부품이나 최종 제품의 형체는 임의의 한 방향에 하나의 치수로만 기입한다.

30 인쇄회로기판(PCB) 설계용 CAD에서 일반적인 배선 알고리즘이 아닌 것은?

① 스트립 접속법

② 고속 라인법

③ 인공지능 탐사법

④ 기하학적 탐사법

해설
배선 알고리즘 : 일반적으로 배선 알고리즘은 3가지가 있으며, 필요에 따라 선택하여 사용하거나 이것을 몇 회 조합하여 실행시킬 수도 있다.
• 스트립 접속법(Strip Connection) : 하나의 기판상의 종횡의 버스를 결선하는 방법으로, 커넥터부의 선이나 대용량 메모리 보드 등의 신호 버스 접속 또는 짧은 인라인 접속에 사용된다.
• 고속 라인법(Fast Line) : 배선 작업을 신속하게 행하기 위하여 기판 판면의 층을 세로 방향으로, 또 한 방향을 가로 방향으로 접속한다.
• 기하학적 탐사법(Geometric Investigation) : 라인법이나 스트립법에서 접속되지 않는 부분을 포괄적인 기하학적 탐사에 의해 배선한다.

31 다음 중 설계된 PCB 도면의 외곽 사이즈(Size)가 1,000 × 2,000[mil]일 때, 이를 [mm]로 환산하면?

① 0.254×0.508[mm]

② 2.54×5.08[mm]

③ 25.4×50.8[mm]

④ 254×508[mm]

해설
$1[\text{mil}] = \dfrac{1}{1,000}[\text{inch}] = 0.0254[\text{mm}]$

$\therefore \ 1,000[\text{mil}] = 1,000 \times 0.0254[\text{mm}]$
$= 25.4[\text{mm}]$

$\therefore \ 2,000[\text{mil}] = 2,000 \times 0.0254[\text{mm}]$
$= 50.8[\text{mm}]$

32 NAND 게이트가 내장된 14핀 DIP IC에서 핀과 핀 사이의 간격은?

① 0.254[mm] ② 1.252[mm]

③ 2.25[mm] ④ 2.54[mm]

해설
DIP IC에서 핀과 핀 사이의 간격은 100[mil]이다.
100[mil] = 100 × 0.0254[mm] = 2.54[mm]

33 다음 마일러 콘덴서의 용량은 얼마인가?

① 22,000[pF] ② 224[pF]

③ 0.22[pF] ④ 22.4[pF]

해설
마일러 콘덴서 용량 표기
• 첫 번째 수와 두 번째 문자에 의한 마일러 콘덴서의 내압표

구 분	0	1	2	3
A	1.0	10	100	1,000
B	1.25	12.5	125	1,250
C	1.6	16	160	1,600
D	2.0	20	200	2,000
E	2.5	25	250	2,500
F	3.15	31.5	315	3,150
G	4.0	40	400	4,000
H	5.0	50	500	5,000
J	6.3	63	630	6,300
K	8.0	80	800	8,000

• 마일러, 세라믹 콘덴서의 문자에 의한 오차표

구 분	허용오차	구 분	허용오차
B	±0.1	M	±20
C	±0.25	N	±30
D	±0.5	V	+20 −10
F	±1	X	+40 −10
G	±2	Z	+60 −20
J	±5	P	+80 −0
K	±10		

1H224J이면 내압 50[V]이고,
$22 \times 10^4 = 220,000[pF] = 0.22[\mu F]$이고,
J는 ±5[%]의 오차를 나타낸다.
∴ 1H224J = 0.22[μF] ±5[%], 내압 50[V]인 콘덴서이다.

34 IPC(The Institute for Interconnecting and Packaging Electronics Circuits)는 미국에 본부를 둔 PCB, Connector, Cable, Package, Assembly에 관한 규격을 제정하고, 기술 자료를 공급하는 국제기구이다. IPC에서는 검사기준에 차등을 두기 위해 전자제품을 4등급으로 나누었다. 검사나 SPC/SQC 관리에 의해 어느 정도 신뢰성이 보장되어야 하는 산업용 장비에 사용되는 PCB(General Industrial)의 클래스는?

① CLASS 1 ② CLASS 2

③ CLASS 3 ④ CLASS 4

해설
IPC 검사기준에 따른 전자제품의 분류

CLASS 1	Consumer Products 외관 불량이 크게 문제되지 않고 기능만 나오면 만족스러운 제품으로 기본검사와 테스트만 하면 되는 PCB
CLASS 2	General Industrial 검사나 SPC/SQC 관리에 의해 어느 정도 신뢰성이 보장되어야 하는 산업용 장비에 사용되는 PCB
CLASS 3	High Performance Industrial 검사나 SPC/SQC 기법에 의해 신뢰성이 높게 보장되는 전자제품에 사용되는 PCB
CLASS 4	High Reliability 심장박동기와 같이 생명 보조장비나 연속 작동 시 고도의 신뢰성이 보장되는 제품에 사용되는 PCB(이러한 제품은 각종 테스트에 의해 성능이 보장되어야 한다)

35 2SA562B 트랜지스터의 명칭에서 A의 용도는?

① PNP형 고주파용 TR

② PNP형 저주파용 TR

③ NPN형 고주파용 TR

④ NPN형 저주파용 TR

해설

반도체 소자의 형명 표시법

2	S	A	562	B
㉠ 숫자	S	㉡ 문자	㉢ 숫자	㉣ 문자

• ㉠의 숫자 : 반도체의 접합면수(0 : 광트랜지스터, 광다이오드, 1 : 각종 다이오드, 정류기, 2 : 트랜지스터, 전기장 효과 트랜지스터, 사이리스터, 단접합 트랜지스터, 3 : 전기장 효과 트랜지스터로 게이트가 2개 나온 것)
• S : 반도체(Semiconductor)의 머리 문자
• ㉡의 문자 : A, B, C, D 등 9개의 문자(A : pnp형의 고주파용 트랜지스터, B : pnp형의 저주파형 트랜지스터, C : npn형의 고주파형 트랜지스터, D : npn형의 저주파용 트랜지스터, F : pnpn 사이리스터, G : npnp 사이리스터, H : 단접합 트랜지스터, J : p채널 전기장 효과 트랜지스터, K : n채널 전기장 효과 트랜지스터)
• ㉢의 숫자 : 등록 순서에 따른 번호로 11부터 시작
• ㉣의 문자 : 보통은 붙지 않으나, 특히 개량품이 생길 경우에 A, B, …, J까지의 알파벳 문자를 붙여 개량 부품임을 나타냄
∴ 2SA562B → pnp형의 개량형 고주파용 트랜지스터

36 인쇄회로기판(PCB)의 설계 시 발열부품에 대한 대책으로 틀린 것은?

① 일반적으로 내열온도는 85[℃] 이하에서 사용하는 것이 바람직하다.

② 발열부품은 한곳에 집중 배치하여 부분적 영향을 받도록 하는 것이 유리하다.

③ 공기의 흐름을 파악하여 열에 약한 부품은 공기의 유입 부분에, 열에 강한 부품은 출구 쪽에 배치한다.

④ 실장 면적은 부품을 PCB에 밀착하여 배치하는 경우에 납땜 시 온도의 영향을 작게 설계하는 것이 요구된다.

해설

발열부품에 대한 대책

• 보드에서 발생되는 열이 바깥으로 빠져 나갈 수 있어야 한다(발열부품 간의 거리를 둔다).
• Fan 등을 사용한 강제 공랭의 경우 발열부품은 Fan으로부터 가까운 곳에 위치하도록 배치한다(열에 민감한 TR이나 Diode 등과 같이 열에 의해 특성변화를 일으킬 수 있는 부품은 초기 배치 시부터 Fan에 가까운 곳에 위치하도록 한다).
• 열에 약한 부품은 아래쪽에 배치한다.
• 일반적으로 내열 온도는 85[℃] 이하에서 사용하는 것이 바람직하다.
• 실장 면적은 부품을 PCB에 밀착하여 배치하는 경우에 납땜 시 온도의 영향을 작게 설계하는 것이 요구된다.
• 공기의 흐름을 파악하여, 열에 약한 부품은 공기의 유입 부분에, 열에 강한 부품은 출구 쪽에 배치한다.

37 네트리스트를 생성하기 위한 준비단계로 볼 수 없는 것은?

① DRC 실행 확인
② Annotation 실행 확인
③ 프로젝트 생성의 이상 여부 확인
④ 거버파일 생성 확인

해설

전자 캐드의 작업 과정 : 부품 배치 → 레이어 세팅 → 네트리스트 작성 → 거버 작성

④ 거버파일 : PCB 도면 작성(Artwork) 후 PCB 제작을 위한 최종 파일로 네트리스트(Netlist) 생성 후 작업
① DRC(Design Rules Check) : 핀과 핀 사이, 부품과 부품 사이, 비아와 비아 사이의 최소 이격 간격, 극성, 금지 영역 조사, 배선의 오류 등을 검사
② Annotation : 회로도 및 보드 그림을 연계시켜 수정
③ 프로젝트 생성의 이상 여부를 확인하고 네트리스트 작성

38 PCB에서 잡음 방지 대책에 대한 설명으로 옳지 않은 것은?

① 가능한 한 패턴을 짧게 배선한다.
② 패턴을 최대한 굵게 배선한다.
③ 패턴을 가늘게 배선하고, 단층 기판이 다층 기판보다 노이즈가 덜 심하다.
④ 아날로그 회로와 디지털 회로 부분은 분리하여 실장 배선한다.

해설

PCB에서 노이즈(잡음) 방지 대책
• 회로별 Ground 처리 : 주파수가 높아지면(1[MHz] 이상) 병렬, 또는 다중 접지를 사용한다.
• 필터 추가 : 디커플링 커패시터를 전압강하가 일어나는 소자 옆에 달아주어 순간적인 충방전으로 전원을 보충, 바이패스 커패시터(0.01, 0.1[μF](103, 104), 세라믹 또는 적층 세라믹 콘덴서)를 많이 사용한다(고주파 RF 제거 효과). TTL의 경우 가장 큰 용량이 필요한 경우는 0.047[μF] 정도이므로 흔히 0.1[μF]을 사용한다. 커패시터를 배치할 때에도 소자와 너무 붙여 놓으면 전파 방해가 생긴다.

• 내부배선의 정리 : 일반적으로 1[A]가 흐르는 선의 두께는 0.25[mm](허용온도 상승 10[℃]일 때), 0.38[mm](허용온도 5[℃]일 때)로 배선을 알맞게 하고 배선 사이를 배선의 두께만큼 띄운다. 배선 사이의 간격이 배선의 두께보다 작아지면 노이즈가 발생(Crosstalk 현상)하므로, 직각으로 배선하기보다 45°, 135°로 배선한다. 되도록이면 짧게 배선을 한다. 배선이 길어지거나 버스패턴을 여러 개 배선해야 할 경우 중간에 Ground 배선을 삽입한다. 그리고 배선의 길이가 길어질 경우 Delay 발생하므로 동작 이상, 같은 신호선이라도 되도록이면 묶어서 배선하지 말아야 한다.
• 동판처리 : 동판의 모서리 부분이 안테나 역할(노이즈 발생, 동판의 모서리 부분을 보호 가공)을 한다. 상하 전위차가 생길만한 곳에 같은 극성의 비아를 설치한다.
• Power Plane : 안정적인 전원공급은 노이즈 성분을 제거하는 데 도움이 된다. Power Plane을 넣어서 다층기판을 설계할 때 Power Plane 부분을 Ground Plane보다 20[H](= 120[mil] = 약 3[mm]) 정도 작게 설계한다.
• EMC 대책 부품을 사용한다.

39 CAD 시스템을 사용하여 얻을 수 있는 특징이 아닌 것은?

① 도면의 품질이 좋아진다.
② 도면 작성 시간이 길어진다.
③ 설계과정에서 능률이 향상된다.
④ 수치 결과에 대한 정확성이 증가한다.

해설

CAD 시스템의 특징
• 종래의 자와 연필을 대신하여 컴퓨터와 프로그램을 이용하여 설계하는 것을 말한다.
• 수작업에 의존하던 디자인의 자동화가 이루어진다.
• 건축, 기계, 전자, 토목, 인테리어 등 광범위하게 활용된다.
• 다품종 소량생산에도 유연하게 대처할 수 있고 공장 자동화에도 중요성이 증대되고 있다.
• 작성된 도면의 정보를 기계에 직접 적용시킬 수 있다.
• 정확하고 효율적인 작업으로 개발 기간이 단축된다.
• 신제품 개발에 적극적으로 대처할 수 있다.
• 설계제도의 표준화와 규격화로 경쟁력이 향상된다.
• 설계과정에서 능률이 높아져 품질이 좋아진다.
• 컴퓨터를 통한 계산으로 수치 결과에 대한 정확성이 증가한다.
• 도면의 수정과 편집이 쉽고 출력이 용이하다.

40 CAD 시스템에서 사용되는 좌표 중 거리와 각도로 위치를 나타내는 좌표계는?

① 극좌표계
② 상대 좌표계
③ 절대 좌표계
④ 사용자 좌표계

좌표의 종류
- 세계 좌표계(WCS ; World Coordinate System) : 프로그램이 가지고 있는 고정된 좌표계로서 도면 내의 모든 위치는 X, Y, Z 좌푯값을 갖는다.
- 사용자 좌표계(UCS ; User Coordinate System) : 작업자가 좌표계의 원점이나 방향 등을 필요에 따라 임의로 변화시킬 수 있다. 즉, WCS를 작업자가 원하는 형태로 변경한 좌표계이다. 이는 3차원 작업 시 필요에 따라 작업평면(XY평면)을 바꿀 때 많이 사용한다.
- 절대 좌표(Absolute Coordinate) : 원점을 기준으로 한 각 방향 좌표의 교차점을 말하며 고정되어 있는 좌표점, 즉 임의의 절대 좌표점(10, 10)은 도면 내에 한 점밖에 존재하지 않는다. 절대 좌표는 [X좌푯값, Y좌푯값] 순으로 표시하며, 각각의 좌표점 사이를 콤마(,)로 구분해야 하고, 음수값도 사용 가능하다.
- 상대 좌표(Relative Coordinate) : 최종점을 기준(절대 좌표는 원점을 기준으로 했음)으로 한 각 방향의 교차점을 말한다. 따라서 상대 좌표의 표시는 하나이지만 해당 좌표점은 기준점에 따라 도면 내에 무한적으로 존재한다. 상대 좌표는 [@기준점으로부터 X방향값, Y방향값]으로 표시하며, 각각의 좌푯값 사이를 콤마(,)로 구분해야 하고, 음수값도 사용이 가능하다(음수는 방향이 반대).
- 극좌표(Polar Coordinate) : 기준점으로부터 거리와 각도(방향)로 지정되는 좌표를 말하며, 절대 극좌표와 상대 극좌표가 있다. 절대 극좌표는 [원점으로부터 떨어진 거리 < 각도]로 표시한다. 상대 극좌표는 마지막 점을 기준으로 하여 지정하는 좌표이다. 따라서 상대 극좌표의 표시는 하나이지만 해당 좌표점은 기준점에 따라 도면 내에 무한적으로 존재한다. 상대 극좌표는 [@기준점으로부터 떨어진 거리 < 각도]로 표시하며, 거리와 각도 표시 사이를 부등호(<)로 구분해야 하고, 거리와 각도에 음수값도 사용이 가능하다.
- 최종 좌표(Last Point) : 이전 명령에 지정되었던 최종 좌표점을 다시 사용하는 좌표이다. 최종 좌표는 [@]로 표시하고, 마지막 점에 사용된 좌표방식과는 무관하게 적용된다.

41 회로도를 작성할 때 옳지 않은 것은?

① 대각선과 곡선은 가급적 피한다.
② 신호의 흐름은 왼쪽에서 오른쪽으로 그린다.
③ 선의 교차가 많고 부품이 도면의 한쪽으로 모이도록 그린다.
④ 주회로와 보조회로가 있는 경우에는 주회로를 중심으로 그린다.

회로도 작성 시 고려사항
- 신호의 흐름은 도면의 왼쪽에서 오른쪽으로, 위쪽에서 아래쪽으로 그린다.
- 주회로와 보조회로가 있을 경우에는 주회로를 중심에 그린다.
- 대칭으로 동작하는 회로는 접지를 기준으로 하여 대칭되게 그린다.
- 선의 교차가 적고 부품이 도면 전체에 고루 분포되게 그린다.
- 능동 소자를 중심으로 그리고 수동 소자는 회로 외곽에 그린다.
- 대각선과 곡선은 가급적 피하고, 선과 선이 전기적으로 접속되는 곳에는 '·' 표시를 한다.
- 도면 기호와 접속선의 굵기는 원칙적으로 같게 하며, 0.3~0.5[mm] 정도로 한다.
- 보조회로는 주회로의 바깥쪽에, 전원회로는 맨 아래에 그린다.
- 접지선 등을 굵게 표현하는 경우의 실선은 0.5~0.8[mm] 정도로 한다.
- 물리적인 관련이나 연결이 있는 부품 사이는 파선으로 나타낸다.

42 도면의 종류 중 사용 목적에 따른 분류에 해당하지 않는 것은?

① 계획도
② 제작도
③ 견적도
④ 조립도

도면의 분류
- 사용 목적에 따른 분류 : 제작도, 부품도, 계획도, 견적도, 주문도, 승인도, 설명도
- 내용에 따른 분류 : 스케치도, 조립도, 부분조립도, 부품도, 공정도, 상세도, 접속도, 배선도, 배관도, 계통도, 기초도, 설치도, 배치도, 장치도, 외형도, 구조선도, 곡면선도, 전기회로도, 전자회로도, 화학장치도, 섬유기계장치도, 축로도
- 작성 방법에 따른 분류 : 연필제도, 먹물제도, 착색도
- 성격에 따른 분류 : 원도, 트레이스도, 복사도

43 설계가 완료되면 PCB 제조공정은 해당 설계에 맞는 공법을 선택하여 제조하게 된다. 다음 그림은 어떤 PCB 제작공정인가?

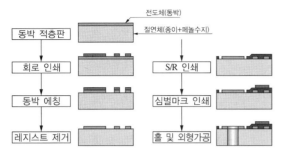

① 단면 PCB
② 양면 PCB
③ 다면 PCB
④ 특수 PCB

해설
PCB 제조공정
① 단면 PCB : 문제의 그림
② 양면 PCB

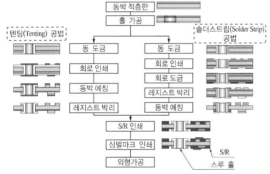

③ 다층(6층) PCB

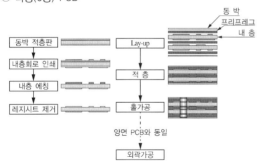

44 부품 배치도의 작성 방법에 대한 설명으로 옳지 않은 것은?

① 균형 있게 배치한다.
② IC의 경우 1번 핀을 표시한다.
③ 부품 상호 간 신호가 유도되도록 한다.
④ 조정이 필요한 부품은 조작이 용이하도록 배치하여야 한다.

해설
부품 배치도를 그릴 때 고려하여야 할 사항
• IC의 경우 1번 핀의 위치를 반드시 표시한다.
• 부품 상호 간의 신호가 유도되지 않도록 한다.
• PCB 기판의 점퍼선은 표시한다.
• 부품의 종류, 기호, 용량, 핀의 위치, 극성 등을 표시하여야 한다.
• 부품을 균형 있게 배치한다.
• 조정이 필요한 부품은 조작이 용이하도록 배치하여야 한다.
• 고압회로는 부품 간격을 충분히 넓혀 방전이 일어나지 않도록 배치한다.

45 PCB를 가공할 때에는 부품 부착용 구멍(Hole)을 만들며, 이 구멍은 부품과 배선과의 접속이 가능하도록 원형이나 사각형 등의 모양으로 부품이나 단자의 납땜 장소로 사용되는 것은?

① 랜드(Land)
② 스루 홀(Through Hole)
③ 액세스 홀(Access Hole)
④ 트랙(Track)

해설
① 랜드(Land) : 부품의 단자 또는 도체 상호 간을 접속하기 위해 구멍 주위에 만든 특정한 도체 부분(전기적 접속 또는 부품의 부착을 위하여 사용되는 도체 패턴의 일부분)이다.
② 스루 홀(Through Hole) : 프린트 배선 기판상의 둥근 형태의 구멍을 말하는 것으로, 2층 또는 다층 간의 배선이나 부품의 취부가 용이하여 다수의 부품 접속을 동시에 달성할 수 있다. 도금된 스루 홀은 부품 리드의 납땜이 강화되어 배선의 신뢰도가 높아진다.
③ 액세스 홀(Access Hole) : 다층 프린트 배선판의 내층에 도통 홀과 전기적으로 접속되도록 도금 도통 홀을 감싸는 부분에 도체 패턴을 형성하고 있다.

46 인쇄회로기판(PCB)을 제조할 때 사용되는 제조 공정이 아닌 것은?

① 사진 부식법
② 실크 스크린법
③ 오프셋 인쇄법
④ 대역 용융법

해설

인쇄회로기판(PCB)의 제조 공정
- 사진 부식법 : 사진의 밀착 인화 원리를 이용한 것으로, 정밀도는 가장 우수하나 양산에는 적합하지 않다. 포토 레지스트(Photo Resist)를 직접 기판에 도포하고, 필름을 기판 위에 얹어 감광시킨 다음 현상하면, 기판에는 배선에 해당하는 부분만 남고 나머지 부분에 구리면이 나타난다.
- 실크 스크린법 : 등사 원리를 이용하여 내산성 레지스터를 기판에 직접 인쇄하는 방법으로, 사진 부식법에 비해 양산성은 높으나 정밀도가 다소 떨어진다. 실크로 만든 스크린에 감광성 유제를 도포하고 포지티브 필름으로 인화, 현상하면 패턴 부분만 스크린되고, 다른 부분이 막히게 된다. 이 실크 스크린에 내산성 잉크를 칠해 기판에 인쇄한다.
- 오프셋 인쇄법 : 일반적인 오프셋 인쇄 방법을 이용한 것으로 실크 스크린법보다 대량 생산에 적합하고 정밀도가 높다. 내산성 잉크와 물이 잘 혼합되지 않는 점을 이용하여 아연판 등의 오프셋 판을 부식시켜 배선 부분에만 잉크를 묻게 한 후 기판에 인쇄한다.

47 다음 중 표면실장형 부품 패키지 형태가 아닌 것은?

① SMD
② DIP
③ SOP
④ TQFP

해설

IC의 외형에 따른 종류
- 스루 홀(Through Hole) 패키지 : DIP(CDIP, PDIP), SIP, ZIP, SDIP
- 표면실장형(SMD ; Surface Mount Device) 패키지 : SOP (TSOP, SSOP, TSSOP), QFP, QFJ(PLCC), QFN, BGA, TQFP
- 접촉실장형(Contact Mount Device) 패키지 : TCP, COB, COG

48 다음 전자소자 중 수동소자는?

① 다이오드
② 트랜지스터
③ 용량기
④ 집적회로

해설

- 능동소자(부품) : 입력과 출력을 갖추고 있으며, 전기를 가하면 입력과 출력이 일정한 관계를 가진다. 신호단자 외 전력의 공급이 필요하다.
  예 연산증폭기, 부성저항 특성을 띠는 다이오드, 트랜지스터, 전계효과트랜지스터(FET), 단접합트랜지스터(UJT), 진공관 등
- 수동소자(부품) : 능동소자와는 반대로 에너지를 소비, 축적, 통과시키는 작용을 하고, 외부전원 없이 단독으로 동작이 가능하다.
  예 저항기, 콘덴서, 인덕터, 트랜스, 릴레이 등

49 부식(Etching)액의 종류가 아닌 것은?

① 염화구리($CuCl_2$) 부식
② 염화철($FeCl_3$) 부식
③ 산(NH_4Cl) 부식
④ Soft Etching

해설

부식(Etching)액의 종류
부식은 내외 층의 구리(Cu) 부위를 산 또는 알칼리액을 이용해서 용해하거나 표면조도를 형성해 주는 것으로, 그 종류에는 염화구리($CuCl_2$) 부식, 염화철($FeCl_3$) 부식, 알칼리(NH_4Cl) 부식, Soft Etching 등이 있다.

46 ④ 47 ② 48 ③ 49 ③ **정답**

50 다음 중 블록선도에서 사용하는 삼각형 도형이 사용되는 것은?

① 전원회로   ② 변조회로
③ 연산증폭기   ④ 복조회로

해설
연산증폭기의 회로 기호

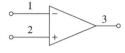

51 다음 중 컴퍼스로 그리기 어려운 원호나 곡선을 그릴 때 사용되는 제도용구는?

① 디바이더   ② T자
③ 운형자   ④ 형 판

해설
③ 운형자 : 컴퍼스로 그리기 어려운 원호나 곡선을 그릴 때 사용한다.
① 디바이더 : 치수를 옮기거나 선, 원주 등을 같은 길이로 분할하는 데 사용하며, 도면을 축소 또는 확대한 치수로 복사할 때 사용한다.
② T자 : 자의 모양이 알파벳의 T처럼 되어 있는 것이 특징이다. 제도판을 사용하는 제도작업에서 T자는, 알파벳 T를 가로로 놓은 모양으로 사용한다. 제도판의 왼쪽 가장자리에 T의 머리 부분을 맞춰 놓고 위아래로 이동하여 위치를 정해 놓으면 평행인 수평선을 그을 수 있다. 또, 삼각자를 사용하여 수직 혹은 각도를 가진 직선을 그을 때의 안내로 쓰인다.
④ 형판(원형판) : 투명 또는 반투명 플라스틱의 얇은 판으로 여러 가지 원, 타원 등의 도형이나 원하는 모양을 정확히 그릴 수 있다.

52 블록선도에 사용되지 않는 도형은?

① 원 형   ② 직사각형
③ 정사각형   ④ 삼각형

해설
블록선도에서 사용하는 도형은 원형(속이 빈 원형), 직사각형, 정사각형, 점(속이 찬 원형) 등이 있다.

피드백 제어계의 표현		
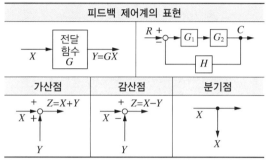
가산점	감산점	분기점

※ 저자의견 : 확정답안은 ①번으로 발표되었으나 보기 중 블록선도에 사용되지 않는 것은 삼각형이다.

53 회로도의 작성방법으로 옳지 않은 것은?

① 정해진 도 기호를 명확하면서도 간결하게 그려야 한다.
② 신호의 흐름은 도면의 오른쪽에서 왼쪽으로 한다.
③ 전체적인 배치와 균형이 유지되게 그려야 한다.
④ 신호의 흐름은 위에서 아래로 흐르게 한다.

해설
회로도 작성 시 고려사항
• 신호의 흐름은 왼쪽에서 오른쪽으로, 위에서 아래로 한다.
• 전체적인 배치와 균형이 유지되게 그려야 한다.
• 심벌과 접속선의 굵기는 같게 하며 0.3~0.5[mm] 정도로 한다.
• 보조회로가 있는 경우 주회로를 중심으로 설계한다.
• 보조회로는 주회로의 바깥쪽에, 전원회로는 맨 아래에 그린다.
• 접지선 등을 굵게 표시하는 경우 0.5~0.8[mm] 정도로 한다.
• 도면은 주요 능동소자를 중심으로 그린다.
• 대각선과 곡선은 가급적 피한다.
• 선과 선이 전기적으로 접속되는 곳에는 "·"(Junction) 표시를 한다.
• 물리적인 관련이나 연결이 있는 부품 사이에는 파선으로 표시한다.
• 선의 교차가 적고 부품이 도면 전체에 고루 안배되도록 그린다.
• 정해진 도면 기호를 명확하면서도 간결하게 그려야 한다.

54 다음 집적회로의 종류 중 집적도(소자수)가 가장 많은 것은?

① LSI
② SSI
③ MSI
④ VLSI

해설

집적회로는 트랜지스터, 다이오드, 저항 등에 소자를 정밀하게 연결하여 원하는 동작을 하도록 칩의 형태로 회로를 구성한 것이다. 집적회로는 집적도(소자수)와 제작형태로 구분할 수 있다.
- 집적도에 따른 분류 : SSI(100개 이하), MSI(100~1,000개), LSI(1,000~10만개), VLSI(10만개~100만개), ULSI(100만개 이상)
- 제작형태에 따른 분류 : DIP, SOIC, PLCC, QFP, TQFT 등

55 Layout 작업 시 실장밀도를 높이기 위해 고려해야 할 사항이 아닌 것은?

① 도면의 크기
② 사용부품의 치수
③ 배선 폭과 배선 간격
④ Through Hole의 위치와 치수

해설

- PCB의 설계란 정해진 PCB 보드상에 회로도에 포함된 부품과 부품 간의 연결(배선)을 효율적으로 배치하는 과정이다. PCB의 설계도 CAD 시스템의 발달에 의해 효율적이고 정확도가 높아지게 되었다. 부품 리스트, 로직 다이어그램, 최종 제품의 요구 성능인 회로 설계 요지를 살리면서 레이아웃을 수행하기 위해서는 효율적인 부품의 치수 및 배선의 배치가 중요하다.
- 실장밀도를 높이기 위해 고려해야 할 사항 : 사용부품의 치수, 배선폭과 배선 간격, Through Hole의 위치와 치수 등이다.

56 시퀀스 제어용 기호와 설명이 옳게 짝지어진 것은?

① PT : 계기용 변압기
② TS : 과전류 계전기
③ OCR : 텀블러 스위치
④ ACB : 유도 전동기

해설

② TS은 텀블러 스위치(차단기 및 스위치류)
③ OCR은 과전류 계전기(차단기 및 스위치류)
④ ACB는 기중 차단기(계전기)이다.

호	문자기호	용어	대응영어
1101	BCT	부싱변류기	Bushing Current Transformer
1102	BST	승압기	Booster
1103	CLX	한류리액터	Current Limiting Reactor
1104	CT	변류기	Current Transformer
1105	GT	접지변압기	Grounding Transformer
1106	IR	유도전압 조정기	Induction Voltage Regulator
1107	LTT	부하 시 탭전환변압기	On-load Tap-changing Transformer
1108	LVR	부하 시 전압조정기	On-load Voltage Regulator
1109	PCT	계기용 변압변류기	Potential Current Transformer, Combined Voltage and Current Transformer
1110	PT	계기용 변압기	Potential Transformer, Voltage Transformer
1111	T	변압기	TRANSFORMER
1112	PHS	이상기	PHASE SHIFTER
1113	RF	정류기	RECTIFIER
1114	ZCT	영상변류기	Zero-phase-sequence Current Transformer

57 회로 접속 상태가 명확하고 회로 추적이 용이하므로 착오에 의한 오배선을 방지할 수 있는 기본적인 도면은?

① 기선 접속도
② 피드선 접속도
③ 연속선 접속도
④ 고속도형 접속도

연속선 접속도
사용부품이나 소자를 실물 크기로 기호화하고, 단자와 단자 사이를 선으로 직접 연결하는 접속 도면으로, 회로 접속 상태가 명확하고 회로 추적이 용이하므로 착오에 의한 오배선을 방지할 수 있다.

58 제도 도면에 반드시 그려야 할 사항이 아닌 것은?

① 재단마크
② 표제란
③ 중심마크
④ 윤곽선

① 재단마크 : 복사한 도면을 재단할 때의 편의를 위하여 재단마크를 표시하는 것이 좋다. 재단마크는 도면의 네 구석에 도면의 크기에 따라 크기를 다르게 표시한다. 그러나 제도 도면에 반드시 그려야 할 사항은 아니다.
② 표제란 : 도면의 오른쪽 아래에 표제란을 그리고 그곳에 도면 번호, 도면 이름, 척도, 투상법, 도면 작성일, 제도자 이름 등을 기입한다.
③ 중심마크 : 사진 촬영이나 복사 작업을 편리하게 하기 위해서 좌우 4개소에 중심마크를 표시해 놓은 것
④ 윤곽선 : 도면에 그려야 할 내용의 영역을 명확하게 하고 제도 용지의 가장자리에 생기는 손상으로 기재 사항을 해치지 않도록 하기 위하여 윤곽선을 그린다. 윤곽선은 도면의 크기에 따라 굵기 0.5[mm] 이상의 실선으로 그린다.

59 배선 알고리즘에서 하나의 기판상에서 종횡의 버스를 결선하는 방법을 무엇이라 하는가?

① 저속 접속법
② 스트립 접속법
③ 고속 라인법
④ 기하학적 탐사법

배선 알고리즘
일반적으로 배선 알고리즘은 3가지가 있으며, 필요에 따라 선택하여 사용하거나 이것을 몇 회 조합하여 실행시킬 수도 있다.
• 스트립 접속법(Strip Connection) : 하나의 기판상에서 종횡의 버스를 결선하는 방법으로, 이것은 커넥터부의 선이나 대용량 메모리 보드 등의 신호 버스 접속 또는 짧은 인라인 접속에 사용된다.
• 고속 라인법(Fast Line) : 배선 작업을 신속하게 행하기 위하여 기판 판면의 층을 세로 방향으로, 또 한 방향을 가로 방향으로 접속한다.
• 기하학적 탐사법(Geometric Investigation) : 라인법이나 스트립법에서 접속되지 않은 부분을 포괄적인 기하학적 탐사에 의해 배선한다.

60 다음 중 솔리드 모델링의 특징이라고 보기 어려운 것은?

① 은선 제거가 가능하다.
② 간섭 체크가 용이하다.
③ 이미지 표현이 가능하다.
④ 물리적 성질 등의 계산이 불가능하다.

솔리드 모델
정점, 능선, 면 및 질량을 표현한 형상 모델로서, 이것을 작성하는 것을 솔리드 모델링이라고 한다. 솔리드 모델링은 형상만이 아닌 물체의 다양한 성질을 좀 더 정확하게 표현하기 위해 고안된 방법이다. 솔리드 모델은 입체 형상을 표현하는 모든 요소를 갖추고 있어서 중량이나 무게중심 등의 해석도 가능하다. 솔리드 모델은 설계에서부터 제조공정에 이르기까지 일관하여 이용할 수 있다.

01 PLL 회로에서 전압의 변화를 주파수로 변환하는 회로를 무엇이라 하는가?

① 공진회로

② 신시사이저 회로

③ 슈미트 트리거 회로

④ 전압제어발진기(VCO)

해설
- PLL 회로 : 출력신호의 위상과 입력신호의 위상을 같게 하는 회로
- 전압제어발진기(VCO) : 전압의 변화를 주파수로 변환하여 입력 신호의 위상과 비교한다.

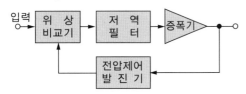

02 전계효과트랜지스터(FET)에 대한 설명으로 틀린 것은?

① BJT보다 잡음특성이 양호하다.

② 소수 반송자에 의한 전류 제어형이다.

③ 접합형의 입력저항은 MOS형보다 낮다.

④ BJT보다 온도 변화에 따른 안정성이 높다.

해설
FET는 전압 제어형이다.

03 이미터 접지회로에서 $I_B = 10[\mu A]$, $I_C = 1[mA]$일 때 전류 증폭률 β는 얼마인가?

① 10

② 50

③ 100

④ 120

해설
$$\beta = \frac{\triangle I_C}{\triangle I_B} = \frac{1 \times 10^{-3}}{10 \times 10^{-6}} = 100$$

04 빈 브리지 발진회로에 대한 특징으로 틀린 것은?

① 고주파에 대한 임피던스가 매우 낮아 발진주파수 의 파형이 좋다.

② 잡음 및 신호에 대한 왜곡이 작다.

③ 저주파 발진기 등에 많이 사용된다.

④ 사용할 수 있는 주파수 범위가 넓다.

해설
빈 브리지(Wien Bridge) 발진회로
- 높은 입력저항을 사용하고 기본 증폭회로를 가진 발진회로
- 회로의 응용으로는 서미스터를 사용한 부궤환회로를 구성하여 주파수의 변화를 방지하는 방법과 일반 트랜지스터 대신 입력 임피던스가 높은 FET를 사용하는 방법이 있다.
- 넓은 범위의 주파수발진과 낮은 왜곡레벨이 요구될 때 사용한다.
- 안정도가 좋고, 주파수 가변형으로 하는 것이 비교적 쉽기 때문에 CR 저주파 발진기의 대표적인 발진회로이다.

05 JK 플립플롭의 J입력과 K입력을 묶어서 1개의 입력 형태로 변경한 것은?

① RS 플립플롭
② D 플립플롭
③ T 플립플롭
④ 시프트 레지스터

해설
T 플립플롭은 JK 플립플롭의 입력 J와 K를 묶어서 하나의 데이터 입력단자로 변경한 것이다.

06 연산증폭기에서 차동 출력을 0[V]가 되도록 하기 위하여 입력단자 사이에 걸어 주는 것은?

① 입력 오프셋 전압
② 출력 오프셋 전압
③ 입력 오프셋 전류
④ 입력 오프셋 전류 드리프트

해설
Offset Voltage : 입력회로의 신호가 제로임에도 불구하고 출력이 발생하는 경우, 이것을 조정하여 출력을 제로로 하기 위해 입력단자에 가하는 전압

07 다음 중 N형 반도체를 만드는 데 사용되는 불순물의 원소는?

① 인듐(In)
② 비소(As)
③ 갈륨(Ga)
④ 알루미늄(Al)

해설
• N형 반도체를 만들기 위하여 첨가하는 불순물 원소 : As(비소), Sb(안티모니), P(인), Bi(비스무트) 등
• P형 반도체를 만들기 위하여 첨가하는 불순물 원소 : In(인듐), Ga(갈륨), B(붕소), Al(알루미늄) 등

08 슈미트 트리거 회로의 입력에 정현파를 넣었을 경우 출력 파형은?

① 톱니파
② 삼각파
③ 정현파
④ 구형파

해설
슈미트 트리거 회로는 입력전압이 어떤 정해진 값 이상으로 높아지면 출력 파형이 상승하고, 어떤 정해진 값 이하로 낮아지면 출력 파형이 하강하는 동작을 한다. 그러므로 구형파가 아닌 입력 파형을 걸어 주면 그 전환 레벨에 해당되는 펄스폭의 직사각형 파를 얻을 수 있다. 그러므로 입력 파형이 서서히 변화하는 사인파를 넣으면 출력은 높고 낮은 2개의 논리 상태를 형성하는 구형파를 얻을 수 있다.

09 전류의 흐름을 방해하는 소자를 무엇이라 하는가?

① 전 압
② 전 류
③ 저 항
④ 콘덴서

10 CAD 시스템에서 도면 작업에 주로 사용되는 회로 소자의 도 기호와 PCB용 패턴 및 문자들을 제공하여 작업의 효율을 향상시키는 것은?

① LIBRARY
② NRTLIST
③ TREELIST
④ ANNOTATE

해설
LIBRARY : 회로를 그릴 때에 불러서 쓰기 위해 도 기호(부품 기호 등)들을 만들어 저장해 두는 파일로 PCB용 패턴 및 문자를 제공하며, 라이브러리 파일을 이용하면 표준화된 회로 작성이 가능하다.

11 자석에 의한 자기현상의 설명으로 옳은 것은?

① 자력은 거리에 비례한다.

② 철심이 있으면 자속 발생이 어렵다.

③ 자력선은 S극에서 나와 N극으로 들어간다.

④ 서로 다른 극 사이에는 흡인력이 작용한다.

해설

자석에 의한 자기 현상

- 자력은 거리의 제곱에 반비례한다.
- 철심이 있으면 자속이 발생한다.
- 자력선은 N극에서 나와 S극으로 들어간다.
- 서로 같은 극끼리는 반발력이 작용하고, 다른 극끼리는 흡인력이 작용한다.

12 최댓값이 I_m[A]인 전파정류 정현파의 평균값은?

① $\sqrt{2}\, I_m$ [A]   ② $\dfrac{I_m}{\pi}$ [A]

③ $\dfrac{2I_m}{\pi}$ [A]   ④ $\dfrac{I_m}{2}$ [A]

해설

평균값 : 교류 순시값의 1주기 동안의 평균을 취하여 교류의 크기를 나타낸 값

$I_a = \dfrac{2}{\pi} I_m$

13 어떤 신호 증폭기의 입력전압(V_1)의 S/N비가 90, 출력전압(V_2)의 S/N비가 30이라면 이 증폭기의 잡음지수는?

① 0.33   ② 3

③ 3.33   ④ 2,700

해설

$f = \dfrac{S_i/N_i}{S_o/N_o} = \dfrac{90}{30} = 3$

14 실리콘 제어 정류기(SCR)의 게이트는 어떤 형의 반도체인가?

① N형 반도체   ② P형 반도체

③ PN형 반도체   ④ NP형 반도체

해설

실리콘 제어 정류기(SCR)는 PNPN 소자의 P_2에 게이트 단자를 달아 P_2, N_2 사이에 전류를 흘릴 수 있게 만든 단방향성 소자이다.

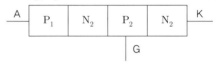

15 10[kHz]의 정현파로 100[kHz]의 반송파를 FM 변조했을 때 최대 주파수 편이가 ±100[kHz]이면 점유주파수 대역폭은?

① 20[kHz]   ② 110[kHz]

③ 220[kHz]   ④ 440[kHz]

해설

$B = 2(\Delta f_s + f_s) = 2(100[\text{kHz}] + 10[\text{kHz}]) = 220[\text{kHz}]$

16 이미터 접지 트랜지스터 증폭회로에서 I_B가 50[μA]이고, I_C가 3.65[mA]일 때, I_E는?

① 0.7[mA]   ② 2.6[mA]

③ 3.6[mA]   ④ 3.7[mA]

해설

$I_E = I_C + I_B = 3.65[\text{mA}] + 0.05[\text{mA}] = 3.7[\text{mA}]$

17 비수치적 연산에서 하나의 레지스터에 기억된 데이터를 다른 레지스터로 옮기는 데 사용되는 연산은?

① OR   ② AND

③ SHIFT   ④ MOVE

④ MOVE : 다른 레지스터로 이동
① OR : 논리합
② AND : 논리곱
③ SHIFT : 왼쪽 또는 오른쪽으로 데이터 이동

18 디코더(Decoder)는 일반적으로 어떤 게이트를 사용하여 만들 수 있는가?

① NAND, NOR

② AND, NOT

③ OR, NOR

④ NOT, NAND

2 to 4 Decoder의 경우 : 입력 2개, 출력 2^2개

A_1	A_0	D_0	D_1	D_2	D_3
0	0	1	0	0	0
0	1	0	1	0	0
1	0	0	0	1	0
1	1	0	0	0	1

$D_0 = \overline{A_1}\,\overline{A_0}$, $D_1 = \overline{A_1}\,A_0$, $D_2 = A_1\overline{A_0}$, $D_3 = A_1A_0$의 출력을 얻기 위해서는 NOT Gate 2개와 AND Gate 4개가 필요하다.

19 C언어에서 사용되는 관계 연산자가 아닌 것은?

① =   ② !=

③ >   ④ <=

= : 대입 연산자(예 A=13)

20 주소지정방식 중 명령어의 피연산자 부분에 데이터의 값을 저장하는 주소지정방식은?

① 즉시 주소지정방식

② 절대 주소지정방식

③ 상대 주소지정방식

④ 간접 주소지정방식

즉시 주소지정방식(Immediate Mode) : 명령어 자체에 오퍼랜드(실제 데이터)를 내포하고 있는 방식

21 데이터를 중앙처리장치에서 기억장치로 저장하는 마이크로명령어는?

① $\overline{LOAD}$ ② $\overline{STORE}$

③ $\overline{FETCH}$ ④ $\overline{TRANSFER}$

• 로드(Load)
• 스토어(Store)
• 호출(Fetch)
• 전송(Transport)

22 반도체 기반 저장장치가 아닌 것은?

① Solid State Drive   ② MicroSD

③ Floppy Disk   ④ Compact Flash

> **해설**
> 플로피디스크(Floppy Disk)는 원판 모양의 자성매체 위에 데이터를 기록하는 장치이다.

23 컴퓨터의 중앙처리장치와 주기억장치 간에 발생하는 속도차를 보완하기 위해 개발된 것은?

① 입 · 출력장치   ② 연산장치

③ 보조기억장치   ④ 캐시기억장치

24 프로그램에서 자주 반복하여 사용되는 부분을 별도로 작성한 후 그 루틴이 필요할 때마다 호출하여 사용하는 것으로, 개방된 서브루틴이라고도 하는 것은?

① 매크로   ② 레지스터

③ 어셈블러   ④ 인터럽트

> **해설**
> 자주 사용하는 여러 개의 명령어를 묶어서 하나의 키 입력 동작으로 만든 것을 매크로라고 한다.

25 사칙연산 명령이 내려지는 장치는?

① 입력장치   ② 제어장치

③ 기억장치   ④ 연산장치

> **해설**
> • 제어장치(Control Unit) : 컴퓨터를 구성하는 모든 장치가 효율적으로 운영되도록 통제하는 장치로 주기억장치에 기억되어 있는 명령을 해독하여 입력, 출력, 기억, 연산장치 등에 보낸다.
> • 연산장치(ALU ; Arithmetic and Logical Unit) : 모든 연산활동을 수행하는 장치
> • 주기억장치 : 중앙처리장치에 연결되어 현재 수행될 프로그램 및 데이터를 기억하는 장치

26 다음 문자 데이터 코드들이 표현할 수 있는 데이터의 개수가 잘못 연결된 것은?(단, 패리티 비트는 제외한다)

① 2진화 10진수(BCD) 코드 : 64개

② 아스키(ASCII) 코드 : 128개

③ 확장 2진화 10진(EBCDIC) 코드 : 256개

④ 3-초과(3-Excess) 코드 : 512개

> **해설**
> ④ 3-초과(3-Excess) 코드 : BCD 코드에 $3_{10}{=}0011_2$를 더해 만든 것으로 64개 문자를 표현
> ① 2진화 10진수(BCD) 코드 : 2진수의 10진법 표현 방식으로 0~9까지의 10진 숫자에 4[bit] 2진수를 대응시킨 것으로 64개의 문자를 표현
> ② 아스키(ASCII) 코드 : 미국표준화협회가 제정한 7[bit] 코드로 128가지의 문자를 표현
> ③ 확장 2진화 10진(EBCDIC) 코드 : 16[bit] BCD코드를 확장한 것으로 $2^8{=}256$가지의 문자를 표현

27 컴퓨터의 기억용량 1[KB]는 몇 [B]인가?

① 1,000 ② 1,001

③ 1,024 ④ 1,212

해설
$1[KB] = 2^{10}[byte] = 1,024[byte]$

28 〈보기〉는 불 대수의 정리를 나타낸 것이다. 올바른 것만 나열한 것은?

┌ 보기 ┐
ㄱ A + B = B + A
ㄴ A + (B · C) = (A + B)(A + C)
ㄷ A + 1 = A
ㄹ A + A = 1
ㅁ A · A = A

① ㄱ, ㄴ, ㄹ, ㅁ   ② ㄱ, ㄴ, ㄷ, ㅁ

③ ㄱ, ㄴ, ㅁ   ④ ㄴ, ㄷ, ㅁ

해설
A + 1 = 1, A + A = A

29 다음은 C언어에서 쓰이는 연산자 기호이다. 대입의 의미를 갖고 있는 연산자는?

① == ② &

③ += ④ ?

해설
① == : 비교 연산자
② & : 비트 연산자
④ ? : 조건 연산자

30 다음 다이오드 중 정전압 용도로 쓰이는 것은?

① 일반 다이오드
② 제너 다이오드
③ 터널 다이오드
④ 포토 다이오드

해설
제너 다이오드(Zener Diode)
다이오드에 역방향 전압을 가했을 때 전류가 거의 흐르지 않다가 어느 정도 이상의 고전압을 가하면 접합면에서 제너 항복이 일어나 갑자기 전류가 흐르게 되는 지점이 발생하게 된다. 이 지점 이상에서는 다이오드에 걸리는 전압은 증가하지 않고, 전류만 증가하는데, 이러한 특성을 이용하여 레퍼런스 전압원을 만들 수 있다. 이런 기능을 이용하여 정전압 회로 또는 유사 기능의 회로에 응용할 수 있다.

31 CAD 프로그램의 이용 설계 시 정확한 부품의 위치 및 배선 결선을 위해 화면상의 점 혹은 선으로 나타내어진 가상의 좌표는?

① 애너테이트(Annotate)
② 프리퍼런스(Preference)
③ 폴리라인(Poly Line)
④ 그리드(Grid)

해설
④ 그리드(Grid) : 정확한 부품의 위치 및 배선 결선을 위해 화면상의 점 혹은 선으로 나타내어진 가상의 좌표
① 애너테이트(Annotate) : 부품에 이름 붙이는 것
② 프리퍼런스(Preference) : 참조(값)
③ 폴리라인(Poly Line) : 여러 개의 선을 굵은 한 선으로 표현한 것

32 부품 중 2,000,000[Ω]의 저항을 배치하고 그 값을 표시한 것 중 가장 적절한 표시방법은?

① 2,000,000[Ω]　　② 2,000[kΩ]
③ 2[μΩ]　　④ 2[MΩ]

> **해설**
> 부품값의 표시는 가장 간단하게 표현할 수 있는 방식으로 한다.
> 2,000,000[Ω] = 2×10^6[Ω] = 2[MΩ]

34 설계자의 의도를 작업자에게 정확히 전달시켜 요구하는 물품을 만들게 하기 위하여 사용되는 도면은?

① 계획도　　② 주문도
③ 견적도　　④ 제작도

> **해설**
> ④ 제작도(Production Drawing) : 공장이나 작업장에서 일하는 작업자를 위해 그려진 도면으로, 설계자의 뜻을 작업자에게 정확히 전달할 수 있는 충분한 내용으로 가공을 용이하게 하고 제작비를 절감시킬 수 있다.
> ① 계획도(Scheme Drawing) : 만들고자 하는 제품의 계획을 나타내는 도면이다.
> ② 주문도(Drawing for Order) : 주문하는 사람이 주문할 제품의 대체적인 크기나 모양, 기능의 개요, 정밀도 등을 주문서에 첨부하기 위해 작성된 도면이다.
> ③ 견적도(Estimated Drawing) : 주문할 사람에게 물품의 내용 및 가격 등을 설명하기 위해 견적서에 첨부하는 도면이다.

33 물체의 실제 길이와 도면에서 축소 또는 확대하여 그리는 길이의 비율을 척도라고 한다. 다음 중 비례 관계가 아님을 뜻하며, 도면과 실물의 치수가 비례하지 않을 때 사용하는 것은?

① 배 척　　② NS
③ 실 척　　④ 축 척

> **해설**
> 척도 : 물체의 실제 길이와 도면에서 축소 또는 확대하여 그리는 길이의 비율
> ② NS(Not to Scale) : 비례척이 아님을 뜻하며, 도면과 실물의 치수가 비례하지 않을 때 사용
> ① 배척 : 실물보다 크게 그리는 척도
> $$\frac{2}{1}, \frac{5}{1}, \frac{10}{1}, \frac{20}{1}, \frac{50}{1}$$
> ③ 실척(현척) : 실물의 크기와 같은 크기로 그리는 척도 $\left(\frac{1}{1}\right)$
> ④ 축척 : 실물보다 작게 그리는 척도
> $$\frac{1}{2}, \frac{1}{2.5}, \frac{1}{3}, \frac{1}{4}, \frac{1}{5}, \frac{1}{10}, \frac{1}{50}, \frac{1}{100}, \frac{1}{200}, \frac{1}{250}, \frac{1}{500}$$

35 단체 표준은 생산자 모임인 협회, 조합, 학회 등과 같은 각종 단체가 생산업체와 수요자의 의견을 반영하여 자발적으로 제정하는 규정을 말한다. IEEE는 다음 중 어떤 단체 표준의 명칭인가?

① 한국선급협회　　② 미국기계기술자협회
③ 미국전기전자학회　　④ 미국국방성규격

> **해설**
> 단체 표준의 명칭
>
> | 단체 표준 명칭 | 약 호 | 단체 표준 명칭 | 약 호 |
> |---|---|---|---|
> | 한국선급협회
(Korean Register of Shipping) | KR | 영국로이드선급협회
(Lloyd's Register of Shipping) | LR |
> | 미국기계기술자협회
(American Society of Mechanical Engineers) | ASME | 미국재료시험협회
(American Society of Testing Materials) | ASTM |
> | 미국전기전자학회
(Institute of Electrical and Electronics Engineers) | IEEE | 미국국방성규격
(Military Specifications and Standards) | MIL |

32 ④ 33 ② 34 ④ 35 ③ **정답**

36 다음 중 프린트 기판의 종류라고 할 수 없는 것은?

① 종이페놀 기판
② 세라믹 기판
③ 유리 에폭시 기판
④ 알루미늄 도금 기판

해설

PCB 기판의 종류

• 페놀 기판(PP 재질) : 크라프트지에 페놀수지를 합성하고 이를 적층하여 만들어진 기판으로 기판에 구멍 형성은 프레스를 이용하기 때문에 저가격의 일반용으로 사용된다. 단층 기판밖에 구성할 수 없는 단점을 가지고 있다.
• 에폭시 기판(GE 재질) : 유리섬유에 에폭시 수지를 합성하고 적층하여 만든 기판으로 기판에 구멍 형성은 드릴을 이용하고 가격도 높은 편이다. 다층 기판을 구성할 경우에 일반적으로 사용되고 산업용으로 적합하다.
• 콤퍼짓(CPE 재질) : 유리섬유에 셀룰로스를 합성하여 만든 기판으로 구멍 형성은 프레스를 이용하고 양면 기판에 적합하다.
• 플렉시블 기판 : 폴리에스터나 폴리아마이드(PI) 필름에 동박을 접착한 기판으로 일반적으로 절곡하여 휘어지는 부분에 사용하게 되며, 카세트, 카메라, 핸드폰 등의 유동이 있는 곳에 사용된다.
• 세라믹 기판 : 세라믹에 도체 페이스트를 인쇄한 후 만들어진 기판으로 일반적으로 절연성이 우수하며 치수변화가 거의 없는 특수용도로 사용된다.
• 금속 기판 : 알루미늄 판에 알루마이트를 처리한 후 동박을 접착하여 구성한다.

37 CAD 시스템을 사용하여 얻을 수 있는 특징이 아닌 것은?

① 도면의 품질이 좋아진다.
② 도면 작성 시간이 길어진다.
③ 설계과정에서 능률이 향상된다.
④ 수치 결과에 대한 정확성이 증가한다.

해설

CAD 시스템의 특징

• 종래의 자와 연필을 대신하여 컴퓨터와 프로그램을 이용하여 설계하는 것을 말한다.
• 수작업에 의존하던 디자인의 자동화가 이루어진다.
• 건축, 기계, 전자, 토목, 인테리어 등 광범위하게 활용된다.
• 다품종 소량 생산에도 유연하게 대처할 수 있고 공장 자동화에도 중요성이 증대되고 있다.
• 작성된 도면의 정보를 기계에 직접 적용시킬 수 있다.
• 정확하고 효율적인 작업으로 개발 기간이 단축된다.
• 신제품 개발에 적극적으로 대처할 수 있다.
• 설계제도의 표준화와 규격화로 경쟁력이 향상된다.
• 설계과정에서 능률이 높아져 품질이 좋아진다.
• 컴퓨터를 통한 계산으로 수치 결과에 대한 정확성이 증가한다.
• 도면의 수정과 편집이 쉽고 출력이 용이하다.

38 전자회로 부품 중 능동부품이 아닌 것은?

① 다이오드   ② 트랜지스터
③ 집적회로   ④ 저 항

해설

• 능동소자(부품) : 입력과 출력을 갖추고 있으며, 전기를 가한 것만으로 입력과 출력에 일정한 관계를 갖는 소자로서 다이오드(Diode), 트랜지스터(Transistor), 전계효과트랜지스터(FET), 단접합트랜지스터(UJT) 등
• 능동 기능 : 신호의 증폭, 발진, 변환 등

39 다음은 무엇에 대한 설명인가?

> 제품이나 장치 등을 그리거나 도안할 때, 필요한 사항을 제도 기구를 사용하지 않고 프리핸드(Free Hand)로 그린 도면

① 복사도(Copy Drawing)
② 스케치도(Sketch Drawing)
③ 원도(Original Drawing)
④ 트레이스도(Traced Drawing)

해설
② 스케치도 : 제품이나 장치 등을 그리거나 도안할 때, 필요한 사항을 제도 기구를 사용하지 않고 프리핸드로 그린 도면이다.
① 복사도 : 같은 도면을 여러 장 필요로 하는 경우에 트레이스도를 원본으로 하여 복사한 도면으로, 청사진, 백사진 및 전자 복사도 등이 있다.
④ 트레이스도 : 연필로 그린 원도 위에 트레이싱지(Tracing Paper)를 놓고 연필 또는 먹물로 그린 도면으로, 청사진도 또는 백사진도의 원본이 된다.

40 PCB 아트워크 작업에서 포토 플로터를 작동시키는 명령으로 사실상의 표준포맷으로, 대부분의 인쇄 기판 CAD의 최종 목적으로 출력하는 파일은?

① 필름 형식(Film Format)
② 배선 형식(Router Format)
③ 거버 형식(Gerber Format)
④ 레이어 형식(Layer Format)

해설
• 전자캐드의 작업과정 : 회로도 그리기 → 부품 배치 → 레이어 세팅 → 네트리스트 작성 → 거버 작성
• 거버 데이터(Gerber Data) : PCB를 제작하기 위한 최종 파일로서 PCB 설계의 모든 정보가 들어 있는 파일, 포토 플로터를 구동하기 위한 컴퓨터와 포토 프린터 간의 자료 형식(데이터 포맷)

41 전자기기의 패널을 설계 제도할 때 유의해야 할 사항으로 옳은 것은?

① 전원 코드는 배면에 배치한다.
② 패널부품은 크기를 고려하지 않고 배치한다.
③ 조작 빈도가 낮은 부품은 패널의 중앙이나 오른쪽에 배치한다.
④ 장치의 외부와 연결되는 접속기가 있을 경우 가능한 한 패널의 위에 배치한다.

해설
전자기기의 패널을 설계 제도할 때 유의해야 할 사항
• 전원 코드는 배면에 배치한다.
• 조작상 서로 연관이 있는 요소끼리 근접 배치한다.
• 패널부품은 크기를 고려하여 균형 있게 배치한다.
• 조작 빈도가 높은 부품은 패널의 중앙이나 오른쪽에 배치한다.
• 장치의 외부 접속기가 있을 경우 반드시 패널의 아래에 배치한다.

42 유연성을 갖는 PCB로 절연 기판이 얇은 필름으로 만들어진 것은?

① 페놀 단면 PCB   ② 에폭시 PCB
③ 플렉시블 PCB   ④ 메탈 PCB

해설
플렉시블(Flexible) PCB : 폴리에스터나 폴리아마이드 필름에 동박을 접착한 얇은 필름으로 된 PCB로 유연성 인쇄회로기판으로도 불리며, 카메라 등의 굴곡진 부분에 많이 사용되는 기판이다.

43 도면에는 일반적으로 완성된 물체의 치수를 기입한다. 다음은 치수 기입의 요소 중 무엇을 설명하고 있는가?

> 가는 실선으로 지시하는 길이 또는 각도를 측정하는 방향에 평행하게 긋고 선의 양끝에는 분명한 단말 기호를 표시한다. 외형선에서 10~12[mm] 띄어 긋고, 도면의 크기에 따라 8~10[mm] 간격으로 동일하게 그린다.

① 치수 보조선　　② 치수선
③ 지시선　　　　④ 치수 수치

해설

치수 기입의 요소
치수 기입의 요소에는 치수 보조선, 치수선, 지시선, 치수선의 단말 기호, 기준점 기호, 치수 수치 등이 있다.
- 치수 보조선 : 가는 실선으로 치수선에 직각이 되게 그어서 치수선을 약간 지날 때(2~3[mm])까지 연장한다.
- 치수선 : 가는 실선으로 지시하는 길이 또는 각도를 측정하는 방향에 평행하게 긋고 선의 양끝에는 분명한 단말 기호를 표시한다. 외형선에서 10~12[mm] 띄어 긋고, 도면의 크기에 따라 8~10[mm] 간격으로 동일하게 그린다.
- 지시선 : 형체(치수, 물건, 외형선 등)를 설명하기 위해 긋는 선으로, 수평선에 60°로 기울여 직선으로 긋고, 지시되는 쪽 끝에 화살표를 붙인다.
- 단말 기호 : 치수선에는 분명한 단말 기호(화살표 또는 사선)를 표시한다. 짧은 선을 가지고 화살촉 모양으로 그리는 화살표는 15~90° 사이의 임의 사잇각으로 그린다. 사선은 45° 경사를 짧은 선으로 그린다.
- 치수 수치 : 치수선에 평행하게 기입하고 되도록이면 치수선의 중앙 위쪽에 치수선으로부터 조금 띄어 기입한다. 치수 수치는 도면의 아래쪽이나 오른쪽으로부터 읽을 수 있도록 기입한다.

44 전자회로를 설계하는 과정에서 10[Ω]/5[W] 저항을 기판에 실장(배치)하여야 하는데, 10[Ω]/5[W] 저항의 부피가 커서 1[W] 저항을 이용한 구성방법으로 옳은 것은?

① 50[Ω] 5개 직렬접속
② 100[Ω] 5개 직렬접속
③ 50[Ω] 5개 병렬접속
④ 100[Ω] 5개 병렬접속

해설

같은 크기 저항 5개를 병렬로 연결하면 전류가 1/5로 줄어들어 1[W]의 저항으로도 가능하다. 50[Ω]의 저항 5개를 병렬연결하면 합성저항은 10[Ω]이 된다.

$$\frac{R}{n} = \frac{50}{5} = 10[\Omega]$$

45 다음 회로의 명칭은?

① OR GATE
② AND GATE
③ NAND GATE
④ EX-OR GATE

해설

OR GATE	NOR GATE
X Y ─── Z	X Y ─── Z
AND GATE	NAND GATE
X Y ─── Z	X Y ─── Z

46 인쇄회로기판 설계 시 랜드를 설계하려고 한다. $D = 3.0[mm]$, $d = 1.0[mm]$일 때 랜드의 최소 도체 너비(W)는?

① 0.5[mm]　　② 1[mm]

③ 1.5[mm]　　④ 2[mm]

해설

랜드란 부품 단자 또는 도체 상호 간을 접속하기 위해 구멍 주위에 만든 특정한 도체 부분이며, 표준 랜드의 설계법은 KS C 6485 −1986 '인쇄 배선판 통칙'에 정해져 있다.

• $D-d > 1.6[mm]$일 때, $W \geq (D-d/2) \times 0.5$
• $D-d \leq 1.6[mm]$일 때, W는 정해진 규칙에 따른다.
• $D-d = 3.0-1.0 = 2.0[mm] > 1.6[mm]$이므로

$$W \geq \frac{D-d}{2} \times 0.5 = 0.5[mm]$$

47 여러 나라의 공업규격 중에서 국제표준화기구의 규격을 나타내는 것은?

① ISO　　② ANSI

③ JIS　　④ DIN

해설

기호	표준 규격 명칭	영문 명칭	마크
ISO	국제 표준화 기구	International Organization for Standardization	
KS	한국 산업규격	Korean Industrial Standards	
BS	영국규격	Britsh Standards	
DIN	독일규격	Deutsches Institute fur Normung	
ANSI	미국규격	American National Standards Institutes	
SNV	스위스규격	Schweitzerish Norman−Vereingung	
NF	프랑스규격	Norme Francaise	

기호	표준 규격 명칭	영문 명칭	마크
SAC	중국규격	Standardization Administration of China	
JIS	일본 공업규격	Japanese Industrial Standards	

ISO는 1947년 제네바에서 조직되어 전기 분야 이외의 물자 및 서비스의 국제 간 교류를 용이하게 하고, 지적·과학·기술·경제 분야에서 국제적 교류를 원활하게 하기 위하여 규격의 국제 통일에 대한 활동을 하는 대표적인 국제표준화기구이다.

48 다음은 반도체 소자의 형명을 나타낸 것이다. 3번째 항의 문자 A는 무엇을 나타내는가?

(2 S A 562 B)

① NPN형 저주파　　② PNP형 저주파

③ PNP형 고주파　　④ NPN형 고주파

해설

③ 2SA562B → PNP형의 개량형 고주파용 트랜지스터
반도체 소자의 형명 표시법

2	S	A	562	B
① 숫자	S	② 문자	③ 숫자	④ 문자

• ①의 숫자 : 반도체의 접합면수이다(0 : 광트랜지스터, 광다이오드, 1 : 각종 다이오드, 정류기, 2 : 트랜지스터, 전기장 효과 트랜지스터, 사이리스터, 단접합 트랜지스터, 3 : 전기장 효과 트랜지스터로 게이트가 2개 나온 것)
• S : 반도체(Semiconductor)의 머리 문자이다.
• ②의 문자 : A, B, C, D 등 9개의 문자이다(A : PNP형의 고주파용 트랜지스터, B : PNP형의 저주파형 트랜지스터, C : NPN형의 고주파형 트랜지스터, D : NPN형의 저주파용 트랜지스터, F : PNPN 사이리스터, G : NPNP 사이리스터, H : 단접합 트랜지스터, J : P채널 전기장 효과 트랜지스터, K : N채널 전기장 효과 트랜지스터)
• ③의 숫자 : 등록 순서에 따른 번호. 11부터 시작한다.
• ④의 문자 : 보통은 붙지 않으나, 특히 개량품이 생길 경우에 A~J까지의 알파벳 문자를 붙여 개량 부품임을 나타낸다.

49 노이즈 대책용으로 사용될 콘덴서의 구비 조건과 거리가 먼 것은?

① 내압이 낮을 것
② 절연저항이 클 것
③ 주파수 특성이 양호할 것
④ 자기공진 주파수가 높은 주파수 대역일 것

해설
노이즈 대책용 콘덴서가 갖추어야 할 조건
• 주파수 특성이 광범위에 걸쳐서 양호할 것
• 절연저항과 내압이 높을 것
• 자기 공진 주파수가 높은 주파수 대역일 것(주파수 특성이 광범위에 걸쳐서 양호한 콘덴서란 존재하지 않는다. 그러므로 여러 가지 다른 종류의 콘덴서를 혼용함으로써 필터링이 필요한 대역을 취하게 된다)
※ 콘덴서를 전원공급기와 병렬로 연결할 경우 전원선에서 발생하는 노이즈 성분을 GND로 패스시켜 제거해 주는 역할을 한다.

50 다음 전자부품 기호의 명칭으로 옳은 것은?

① 트랜지스터(TR)
② 다이액(DIAC)
③ 제너 다이오드(Zener Diode)
④ 전기장 효과 트랜지스터(FET)

해설

트랜지스터(TR)	다이액(DIAC)
제너 다이오드 (Zener Diode)	전기장 효과 트랜지스터 (FET)
	N채널 FET　　P채널 FET

51 다음 그림의 명칭으로 맞는 것은?

① Through Hole　　② Thermal Reliefs
③ Copper Pour　　④ Micro Via

해설
① 스루 홀(Through Hole, 도통 홀) : 층 간(부품면과 동박면)의 전기적인 연결을 위하여 형성된 홀로서 홀의 내벽을 구리로 도금하면 도금 도통 홀이라고 한다.

1차면
2차면
스루 홀 납땜
연결부의 단면도

② 단열판(Thermal Reliefs) : 패드 주변에 열을 빨리 식도록 하기 위해 일정 간격으로 거리를 띄운 것이다.

52 다음 중 CAD 시스템의 출력장치에 해당하는 것은?

① 플로터　　② 트랙볼
③ 디지타이저　　④ 마우스

해설
플로터
CAD 시스템에서 도면화를 위한 표준 출력장치이다. 출력이 도형 형식일 때 정교한 표현을 위해 사용되며, 상하, 좌우로 움직이는 펜을 이용하여 단순한 글자에서부터 복잡한 그림, 설계 도면까지 거의 모든 정보를 인쇄할 수 있는 출력장치이다. 종이 또는 펜이 XY 방향으로 움직이고 그림을 그리기 시작하는 좌표에 펜이 위치하면 펜이 종이 위로 내려온다. 프린터는 계속되는 행과 열의 형태만을 찍어낼 수 있는 것에 비하여 플로터는 X, Y 좌표 평면에 임의적으로 점의 위치를 지정할 수 있다. 플로터의 종류를 크게 나누면 선으로 그려내는 벡터 방식과 그림을 흑과 백으로 구분하고 점으로 찍어서 나타내는 래스터 방식이 있으며, 플로터가 정보를 출력하는 방식에 따라 펜 플로터, 정전기 플로터, 사진 플로터, 잉크 플로터, 레이저 플로터 등으로 구분된다.

53 다음 그림은 PCB의 종류 중 어떤 PCB를 나타내는가?

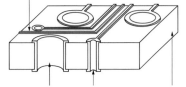

상면 회로(동박+동 도금)

부품실장 스루 홀   소경VIA HOLE   절연체(유리천+에폭시 수지)

① 단면 PCB   ② 양면 PCB
③ 다면 PCB   ④ 특수 PCB

PCB의 종류
• 단면 PCB(Single Side PCB) : 회로가 단면에만 형성된 PCB로 실장밀도가 낮고, 제조방법이 간단하여 저가의 제품으로 주로 TV, VTR, AUDIO 등 민생용의 대량 생산에 사용된다.
• 양면 PCB(Double Side PCB) : 회로가 상하 양면으로 형성된 PCB로 단면 PCB에 비해 고밀도 부품실장이 가능한 제품이며, 상하 회로는 스루 홀에 의하여 연결된다. 주로 Printer, Fax 등 저기능 OA기기와 저가격 산업용 기기에 사용된다.
• 다층 PCB(Multi Layer Board) : 내층과 외층 회로를 가진 입체구조의 PCB로 입체배선에 의한 고밀도 부품실장 및 배선거리의 단축이 가능한 제품이며 주로 대형 컴퓨터, PC, 통신장비, 소형 가전기기 등에 사용된다.

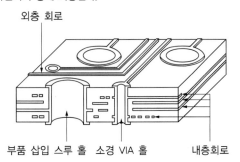

외층 회로

부품 삽입 스루 홀   소경 VIA 홀   내층회로

• 특수 PCB는 IVH MLB(Interstitial Via Hole MLB), R-F PCB (Rigid-flex PCB), MCM PCB(Multi Chip Module PCB) 등이 있다.

54 도면의 효율적 관리를 위해 마이크로필름을 이용하는 이유가 아닌 것은?

① 종이에 비해 보존성이 좋다.
② 재료비를 절감시킬 수 있다.
③ 통일된 크기로 복사할 수 있다.
④ 복사 시간이 짧지만 복원력이 낮다.

마이크로필름
문서, 도면, 재료 등 각종 기록물이 고도로 축소 촬영된 초미립자, 고해상력을 가진 필름이다.
마이크로필름의 특징
• 분해 기능이 매우 높고 고밀도 기록이 가능하여 대용량화하기가 쉬우며 기록 품질이 좋다.
• 매체 비용이 매우 낮고, 장기 보존이 가능하며 기록 내용을 확대하면 그대로 재현할 수 있다.
• 기록할 때의 처리가 복잡하고 시간이 걸린다.
• 검색 시간이 길어 온라인 처리에 적합하지 않다.
• 컴퓨터 이외에 전자기기와 결합하는 장치의 비용이 비싼 편이다.
• 영상 화상의 대량 파일용, 특히 접근 빈도가 높고 갱신의 필요성이 크며 대량의 정보를 축적할 때는 정보 단위당 가격이 싸기 때문에 많이 이용되고 있다.
• 최근 마이크로필름의 단점을 보완하고 컴퓨터와 연동하여 검색의 자동화를 꾀한 시스템으로 컴퓨터 보조 검색(CAR), 컴퓨터 출력 마이크로필름(COM), 컴퓨터 입력 마이크로필름(CIM) 등이 개발되었다.

55 직렬포트에 대한 설명으로 틀린 것은?

① 주로 모뎀 접속에 사용된다.

② EIA에서 정한 RS-232C 규격에 따라 36핀 커넥
터로 되어 있다.

③ 전송거리는 규격상 15[m] 이내로 제한된다.

④ 주변장치와 2진 직렬 데이터 통신을 행하기 위한
인터페이스이다.

해설
- 직렬 포트(Serial Port)는 한 번에 하나의 비트 단위로 정보를 주고받을 수 있는 직렬 통신의 물리 인터페이스이다. 데이터는 단말기와 다양한 주변기기와 같은 장치와 컴퓨터 사이에서 직렬 포트를 통해 전송된다.
- 이더넷, IEEE 1394, USB와 같은 인터페이스는 모두 직렬 스트림으로 데이터를 전달하지만 직렬 포트라는 용어는 일반적으로 RS-232 표준을 어느 정도 따르는 하드웨어를 가리킨다.
- 가장 일반적인 물리 계층 인터페이스인 RS-232C와 CCITT에 의해 권고된 V.24는 공중 전화망을 통한 데이터 전송에 필요한 모뎀과 컴퓨터를 접속시켜 주는 인터페이스이다. 이것은 직렬장치들 사이의 연결을 위한 표준 연결 체계로, 컴퓨터 직렬 포트의 전기적 신호와 케이블 연결의 특성을 규정하는 표준인데, 1969년 전기산업협의회(EIA)에서 제정하였다.
- 전송거리는 규격상 15[m] 이내로 제한된다.
- 주변기기를 연결할 목적으로 고안된 직렬 포트는 USB와 IEEE 1394의 등장으로 점차 쓰이지 않고 있다. 네트워크 환경에서는 이더넷이 이를 대신하고 있다.

[일반적으로 사용하는 9핀 직렬 포트]

56 전기적 접속 부위나 빈번한 착탈로 높은 전기적 특성
이 요구되는 부위에 부분적으로 실시하는 도금은?

① 아 연　　　　　② 은

③ 금　　　　　　④ 구 리

해설
금도금
전기적 접속 부위나 빈번한 착탈로 높은 전기적 특성이 요구되는 부위에 고객의 요구에 따라 Connector에 삽입되는 PCB의 Contact Finger Area에만 부분적으로 실시하는 도금으로 전기적 석출방법으로서 니켈과 금을 도금해 주는 공정이다. 단자 금 도금과 접점 금 도금 또는 전면 금 도금 등으로 구분된다.

57 회로의 개방, 단락 등의 오배선을 검사하여 오류를
화면이나 텍스트 파일로 보여 주는 것은?

① Clean Up　　　② Set

③ Quit　　　　　④ ERC

해설
ERC(Electronic Rule Check)는 회로의 작성 및 저장이 끝나면 본격적으로 전기적인 회로 해석 작업을 하는 것으로, 회로적 기본 법칙(회로의 개방, 단락 등의 오배선 등)을 검사한 후, Spice를 돌리기 위한 요건을 만족하지 못하는 요소가 있는 경우 Netlist(회로의 부품 간 연결정보)를 생성하지 않고 에러 메시지를 발생시킨다.

58 저항값이 낮은 저항기로서 대전력용 및 표준저항기
등과 같이 고정밀도 저항기로 사용되는 저항기는?

① 탄소피막 저항기　　② 솔리드 저항기

③ 권선 저항기　　　　④ 모듈 저항기

해설
③ 권선 저항기 : 저항값이 낮은 저항기로 대전력용으로도 사용된다. 그리고 이 형태는 표준 저항기 등의 고정밀 저항기로도 사용된다.
① 탄소피막 저항기 : 간단히 탄소 저항이라고도 하며, 저항값이 풍부하고 쉽게 구할 수 있다. 또, 가격이 저렴하기 때문에 일반적으로 사용된다. 그러나 종합 안정도는 별로 좋지 않다.
② 솔리드 저항기 : 몸체 자체가 저항체이므로 기계적 내구성이 크고 고저항에서도 단선될 염려가 없다. 가격이 싸지만 안정도가 나쁘다.
④ 모듈 저항기 : 후막 서밋(메탈 글레이즈)을 사용한 저항기를 모듈화한 것. 한쪽 단자 구조(SIP)가 일반적이며 면적 점유율이 좋아 고밀도 실장이 가능하다.

59 TTL IC와 논리소자의 연결이 잘못된 것은?

① IC 7408 – AND

② IC 7432 – OR

③ IC 7400 – NAND

④ IC 7404 – NOR

해설

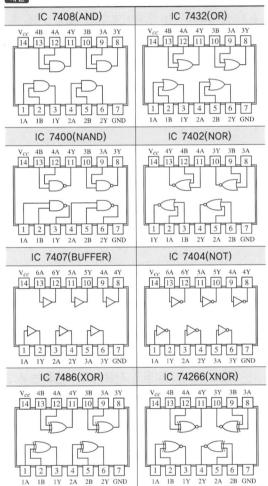

60 IC패키지 중 스루 홀 패키지(Through Hole Package)가 아닌 것은?

①

②

③

④

해설

IC 패키지

• Through Hole Package : 스루 홀 기술(인쇄회로 기판 PCB)의 구멍에 삽입하여 반대쪽 패드에서 납땜하는 방식)을 적용한 것으로 흔히 막대저항, 다이오드 같은 것들을 스루 홀 부품이라고 한다. 강력한 결합이 가능하지만 SMD에 비해 생산 비용이 비싸고 주로 전해축전지나 TO220 같은 강한 실장이 요구되는 패키지의 부피가 큰 부품용으로 사용되며 DIP, SIP, ZIP 등이 있음

• SMD(Surface Mount Device) Package : 인쇄회로 기판의 표면에 직접 실장(부착하여 사용할 수 있도록 배치하는 것)할 수 있는 형태로 간단한 조립이 가능하고, 크기가 작고 가벼우며, 정확한 배치로 오류가 적다는 장점이 있지만, 표면 실장 소자의 크기와 핀 간격이 작아서 소자 수준의 부품 수리는 어렵다는 단점이 있다. 일반적으로 로봇과 같은 자동화기기를 이용하여 제작하기 때문에 대량 및 자동생산이 가능하고 저렴하며, SOIC, SOP, QFP, QFJ 등이 있음

④ QFP(Quad Flat Package) : Surface Mount Type, Gull Wing Shape의 Lead Forming Package 두께에 따라 TQFP(Thin Quad Flat Package), LQFP(Low-Profile Quad Flat Package), QFP 등이 있음

① DIP(Dual In-line Package) : 칩 크기에 비해 패키지가 크고, 핀수에 비례하여 패키지가 커지기 때문에 많은 핀 패키지가 곤란하며, 우수한 열특성, 저가 PCB를 이용하는 응용에 널리 쓰인다(CMOS, 메모리, CPU 등).

② SIP(Single In-line Package) : 한쪽 측면에만 리드가 있는 패키지

③ ZIP(Zigzag In-line Package) : 한쪽 측면에만 리드가 있으며, 리드가 지그재그로 엇갈린 패키지

01 다음 중 정류기의 평활회로 구성으로 가장 적합한 것은?

① 저역 통과 여파기　　② 고역 통과 여파기

③ 대역 통과 여파기　　④ 고역 소거 여파기

해설

여파기(Filter)는 어떤 주파수대의 전류를 통과시키고, 그 밖의 주파수대 전류는 저지하여 통과시키지 않기 위한 전기회로로 정류기에는 저역 통과 여파기가 적합하다.

02 트랜지스터의 컬렉터 역포화 전류가 주위온도의 변화로 12[μA]에서 112[μA]로 증가되었을 때 컬렉터 전류의 변화가 0.71[mA]이었다면 이 회로의 안정도계수는?

① 1.2　　　　　　② 6.3

③ 7.1　　　　　　④ 9.7

해설

안정계수

$$S = \frac{\Delta I_C}{\Delta I_{CO}} = \frac{0.71 \times 10^{-3}}{(112-12) \times 10^{-6}} = \frac{0.71}{100} \times 10^3 = 7.1$$

03 반도체소자 중 정전압회로에서 전압조절(VR)과 같은 동작 특성을 갖는 것은?

① 서미스터　　　　② 바리스터

③ 제너다이오드　　④ 트랜지스터

해설

제너다이오드는 제너항복의 특징을 이용하여 저전류 DC 정전압 장치로 많이 사용한다. 제너다이오드는 제너전압보다 높을 때 역방향 전류가 흘러 거의 일정한 제너전압을 만든다.

04 도체에 전류 i가 흐를 때 도체 주위의 한 점 P에 생기는 자장의 세기는 도선 전류의 각 미소 부분에 생기는 자장의 세기의 합이라는 법칙은?

① 비오-사바르의 법칙

② 렌츠의 법칙

③ 시타인 메츠의 법칙

④ 주회 적분의 법칙

해설

비오-사바르의 법칙 : 전류에 의한 자기장 세기와의 관계를 나타내는 법칙

05 다음 그림과 같은 회로의 명칭은?

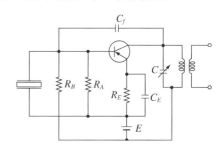

① 피어스 C-B형 발진회로

② 피어스 B-E형 발진회로

③ 하틀리 발진회로

④ 콜피츠 발진회로

해설

• 피어스 B-E형 발진회로 : 하틀리 발진회로의 코일 대신 수정진동자를 이용한다. 수정진동자가 이미터와 베이스 사이에 있다.

• 피어스 C-B형 발진회로 : 콜피츠 발진회로에 수정진동자를 이용한다. 수정진동자가 컬렉터와 베이스 사이에 있다.

06 코일에 교류전압 100[V]를 가했을 때 10[A]의 전류가 흘렀다면 코일의 리액턴스(X_L)는?

① 6[Ω]　　　　　② 8[Ω]

③ 10[Ω]　　　　④ 12[Ω]

$$X_L = \frac{V}{I} = \frac{100}{10} = 10[\Omega]$$

07 다음 중 제너 다이오드를 사용하는 회로는?

① 검파회로　　　　② 전압안정회로

③ 고주파발진회로　④ 고압정류회로

제너 다이오드(Zener Diode)는 주로 직류전원의 전압 안정화에 사용된다.

08 실제 펄스 파형에서 이상적인 펄스 파형의 상승하는 부분이 기준 레벨보다 높은 부분을 무엇이라고 하는가?

① 새그(Sag)

② 링잉(Ringing)

③ 오버슈트(Overshoot)

④ 지연 시간(Delay Time)

③ 오버슈트(Overshoot) : 상승 파형에서 이상적 펄스파의 진폭보다 높은 부분
① 새그(Sag) : 펄스 파형에서 내려가는 부분의 정도
② 링잉(Ringing) : 펄스의 상승 부분에서 진동의 정도
④ 지연 시간(Delay Time) : 상승 파형에서 10[%]에 도달하는 데 걸리는 시간

09 전계효과트랜지스터(FET)에 대한 설명으로 틀린 것은?

① BJT보다 잡음특성이 양호하다.

② 소수 반송자에 의한 전류 제어형이다.

③ 접합형의 입력저항은 MOS형보다 낮다.

④ BJT보다 온도 변화에 따른 안정성이 높다.

FET는 전압 제어형이다.

10 어떤 정류회로의 무부하 시 직류 출력전압이 12[V]이고, 전부하 시 직류 출력전압이 10[V]일 때 전압변동률은?

① 5[%]　　　　　② 10[%]

③ 20[%]　　　　④ 40[%]

전압변동률
$$\varepsilon = \frac{V - V_0}{V_0} \times 100 = \frac{12 - 10}{10} \times 100$$
$$= 20[\%]$$

11 PN 접합 다이오드의 기본작용은?

① 증폭작용   ② 발진작용

③ 발광작용   ④ 정류작용

> **해설**
> PN 접합 다이오드의 기본작용은 정류작용이다.

12 회로의 전원 V_S가 최대전력을 전달하기 위한 부하 저항 R_L의 값은?

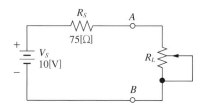

① 25[Ω]   ② 50[Ω]

③ 75[Ω]   ④ 100[Ω]

> **해설**
> $R_S = R_L$ 일 때 최대전력을 전달한다.

13 다음 회로에서 공진을 하기 위해 필요한 조건은?

L   *C*

① $\omega L = \dfrac{1}{\omega C^3}$ ② $\omega L = \dfrac{1}{\omega C}$

③ $\omega L = \omega C$ ④ $\dfrac{1}{\omega L} = \omega C^2$

> **해설**
> $Z = R + jX = R + j\omega L + \dfrac{1}{j\omega C}$에서
> 허수임피던스가 0이 되어 없어지는 주파수가 공진주파수이다.
> 따라서, $X = \omega L - \dfrac{1}{\omega C} = 0 \rightarrow \omega L = \dfrac{1}{\omega C}$

14 36,000[C]의 전기량이 1시간에 어떤 도체의 단면을 통과했다고 한다. 이 전류의 크기는?

① 10[A]   ② 36[A]

③ 50[A]   ④ 36,000[A]

> **해설**
> $I = \dfrac{Q}{t} = \dfrac{36,000[\text{C}]}{3,600[\text{s}]} = 10[\text{A}]$

15 기전력 1.5[V], 내부저항 0.1[Ω]인 전지 3개를 직렬로 연결하고 이를 단락하였을 때 단락전류는?

① 12.5   ② 15

③ 17.5   ④ 20

> **해설**
> $I = \dfrac{nE}{nR} = \dfrac{3 \times 1.5[\text{V}]}{3 \times 0.1[\Omega]} = 15[\text{A}]$

16 중앙처리장치(CPU)를 구성하는 주요 요소로 올바르게 짝지어진 것은?

① 연산장치와 보조기억장치
② 입출력장치와 보조기억장치
③ 연산장치와 제어장치
④ 제어장치와 입출력장치

해설
중앙처리장치(CPU)는 제어장치와 연산장치로 구성된다.

17 기억장치의 성능을 평가할 때 가장 큰 비중을 두는 것은?

① 기억장치의 용량과 모양
② 기억장치의 크기와 모양
③ 기억장치의 용량과 접근속도
④ 기억장치의 모양과 접근속도

해설
기억장치의 성능 평가 요소 : 용량, 접근속도, 사이클 시간, 대역폭, 데이터 전송률, 가격 등

18 자기 보수화 코드(Self Complement Code)가 아닌 것은?

① Excess-3 Code
② 2421 Code
③ 51111 Code
④ Gray Code

해설
Gray Code는 코드의 분류상 비가중치 코드로 분류된다.

19 전압 증폭도가 30[dB]와 50[dB]인 증폭기를 직렬로 연결시켰을 때 종합이득은?

① 20
② 80
③ 1,500
④ 10,000

해설
종합이득 = 30[dB] + 50[dB] = 80[dB]

20 입출력장치에 대한 설명으로 옳지 않은 것은?

① 대표적인 출력장치로는 프린터, 모니터, 플로터 등이 있다.
② 스캐너는 그림이나 사진, 문서 등을 이미지 형태로 입력하는 장치이다.
③ 광학마크판독기(OMR)는 특정한 의미를 지닌 굵고 가는 막대로 이루어진 코드를 판독하는 입력장치이며 판매시점 관리시스템에 주로 사용한다.
④ 디지타이저는 종이에 그려져 있는 그림, 차트, 도형, 도면 등을 판 위에 대고 각각의 위치와 정보를 입력하는 장치이며 CAD/CAM 시스템에 사용한다.

해설
③은 바코드스캐너에 대한 설명이다.
광학마크판독기(OMR) : 카드 또는 카드 모양 용지의 미리 지정된 위치에 검은색 연필이나 사인펜 등으로 칠한 마크를 광인식에 의해 읽는 장치

21 다음 중 고급 언어로 작성된 프로그램을 한꺼번에 번역하여 목적프로그램을 생성하는 프로그램은?

① 어셈블리어　　　② 컴파일러

③ 인터프리터　　　④ 로 더

해설
컴파일러는 고급 명령어를 기계어로 직접 번역하는 것이고, 인터프리터는 고급 언어로 작성된 원시코드 명령어들을 한 번에 한 줄씩 읽어 들여서 실행하는 프로그램이다.

22 비가중치 코드이며 연산에는 부적합하지만 어떤 코드로부터 그 다음의 코드로 증가하는데 하나의 비트만 바꾸면 되므로 데이터의 전송, 입출력장치 등에 많이 사용되는 코드는?

① BCD 코드　　　② Gray 코드

③ ASCII 코드　　　④ Excess-3 코드

해설
• 그레이 코드(Gray Code) : 서로 인접하는 두 수 사이에 단 하나의 비트만 서로 다른 코드
• ASCII코드 : 미국표준화협회가 제정한 7[bit] 코드

23 순서도 사용에 대한 설명 중 틀린 것은?

① 프로그램 코딩의 직접적인 기초 자료가 된다.

② 오류 발생 시 그 원인을 찾아 수정하기 쉽다.

③ 프로그램의 내용과 일 처리 순서를 파악하기 쉽다.

④ 프로그램 언어마다 다르게 표현되므로 공통적으로 사용할 수 없다.

해설
순서도는 프로그램 언어와 상관없이 공통으로 사용된다.

24 다음 중 데이터 전송 명령어에 해당하는 것은?

① MOV　　　② ADD

③ CLR　　　④ JMP

해설
① MOV : 이동(전송)
② ADD : 덧셈
③ CLR : 데이터를 0으로 클리어
④ JMP : 강제 이동

25 서브루틴의 복귀 주소(Return Address)가 저장되는 곳은?

① Stack　　　② Program Counter

③ Data Bus　　　④ I/O Bus

해설
① 스택(Stack) : 서브루틴의 복귀 주소를 저장한다. 데이터를 순서대로 넣고 바로 그 역순서로 데이터를 꺼낼 수 있는 기억장치로, 그 특성대로 후입선출(LIFO ; Last-In First-Out) 기억장치라고도 한다.

26 주소지정방식 중 명령어의 피연산자 부분에 데이터의 값을 저장하는 주소지정방식은?

① 즉시 주소지정방식
② 절대 주소지정방식
③ 상대 주소지정방식
④ 간접 주소지정방식

즉시 주소지정방식(Immediate Mode) : 명령어 자체에 오퍼랜드(실제 데이터)를 내포하고 있는 방식

27 다음 다이어그램에서 A와 B의 값이 입력될 때 최종 결과 X는?(단, $A = 0101$, $B = 1011$)

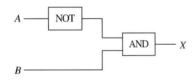

① 1010
② 1110
③ 1101
④ 0101

A	0 1 0 1
B	1 0 1 1
$X = \overline{A} \cdot B$	1 0 1 0

28 다음은 C언어에서 쓰이는 연산자 기호이다. 대입을 의미하는 연산자는?

① ==
② &
③ +=
④ ?

① == : 상등연산자
② & : 비트연산자
④ ? : 조건연산자

29 다층 프린트 배선에서 도금관통구멍과 전기적 접속을 하지 않도록 하기 위하여 도금 관통구멍을 감싸는 부분에 도체 패턴의 도전재료가 없도록 한 영역을 무엇이라고 하는가?

① 액세스 홀(Access Hole)
② 클리어런스 홀(Clearance Hole)
③ 랜드리스 홀(Landless Hole)
④ 위치결정 구멍(Location Hole)

② 클리어런스 홀(Clearance Hole) : 다층 프린트 배선 기판에서 도금 스루 홀과 전기적으로 접속하지 않게 그 구멍보다 조금 크게 도체부를 제거한 부분
① 액세스 홀(Access Hole) : 다층 프린트 배선판의 내층에 도통 홀과 전기적 접속이 되도록 도금 도통 홀을 감싸는 부분에 도체 패턴을 형성한 홀
③ 랜드리스 홀(Landless Hole) : 랜드가 없는 도금된 도통 홀
④ 위치결정 홀(Location Hole) : 정확한 위치를 결정하기 위하여 프린트 배선판 또는 패널에 붙인 홀

30 세라믹 콘덴서의 표면에 105J로 표기되었을 때 정전용량의 값은?

① 0.01[μF], ±10[%]
② 0.1[μF], ±10[%]
③ 1[μF], ±5[%]
④ 10[μF], ±5[%]

콘덴서의 단위와 용량을 읽는 방법
콘덴서의 용량 표시에 3자리의 숫자가 사용되는 경우, 앞의 2자리 숫자가 용량의 제1숫자와 제2숫자이고, 세 번째 자리가 승수가 되며, 표시의 단위는 [pF]으로 되어 있다.
따라서 105J이면 $10 \times 10^5 = 1,000,000$[pF] $= 1$[μF]이고, J는 ±5[%]의 오차를 나타낸다.
허용차[%]의 문자 기호

문자 기호	허용차[%]	문자 기호	허용차[%]
B	±0.1	J	±5
C	±0.25	K	±10
D	±0.5	L	±15
F	±1	M	±20
G	±2	N	±30

31 국제적으로 통일된 규격의 제정과 실천의 촉진을 위해 설립된 국제표준화기구는?

① ISO
② SNV
③ BS
④ ANSI

기 호	표준 규격 명칭	영문 명칭	마 크
ISO	국제 표준화 기구	International Organization for Standardization	ISO
KS	한국산업 규격	Korean Industrial Standards	KS
BS	영국규격	Britsh Standards	
DIN	독일규격	Deutsches Institute fur Normung	DIN
ANSI	미국규격	American National Standards Institutes	ANSI
SNV	스위스규격	Schweitzerish Norman-Vereingung	SNV
NF	프랑스규격	Norme Francaise	NF
SAC	중국규격	Standardization Administration of China	SAC
JIS	일본공업 규격	Japanese Industrial Standards	JIS

32 인쇄회로기판(PCB)의 설계 시 발열부품에 대한 대책으로 틀린 것은?

① 일반적으로 내열온도는 85[℃] 이하에서 사용하는 것이 바람직하다.
② 발열부품은 한곳에 집중 배치하여 부분적 영향을 받도록 하는 것이 유리하다.
③ 공기의 흐름을 파악하여 열에 약한 부품은 공기의 유입 부분에, 열에 강한 부품은 출구 쪽에 배치한다.
④ 실장 면적은 부품을 PCB에 밀착하여 배치하는 경우에 납땜 시 온도의 영향을 작게 설계하는 것이 요구된다.

발열부품에 대한 대책
• 보드에서 발생되는 열이 바깥으로 빠져 나갈 수 있어야 한다(발열부품 간의 거리를 둔다).
• Fan 등을 사용한 강제 공랭의 경우 발열부품은 Fan으로부터 가까운 곳에 위치하도록 배치한다(열에 민감한 TR이나 Diode 등과 같이 열에 의해 특성변화를 일으킬 수 있는 부품은 초기 배치 시부터 Fan에 가까운 곳에 위치하도록 한다).
• 열에 약한 부품은 아래쪽에 배치한다.
• 일반적으로 내열 온도는 85[℃] 이하에서 사용하는 것이 바람직하다.
• 실장 면적은 부품을 PCB에 밀착하여 배치하는 경우에 납땜 시 온도의 영향을 작게 설계하는 것이 요구된다.
• 공기의 흐름을 파악하여, 열에 약한 부품은 공기의 유입 부분에, 열에 강한 부품은 출구 쪽에 배치한다.

33 다음 중 NS가 뜻하는 것은?

① 축척을 나타냄

② 배척을 나타냄

③ 실척을 나타냄

④ 비례척이 아님

- 척도 : 물체의 실제 길이와 도면에서 축소 또는 확대하여 그리는 길이의 비율
- NS(Not to Scale) : 비례척이 아님을 뜻하며, 도면과 실물의 치수가 비례하지 않을 때 사용
- 축척 : 실물보다 작게 그리는 척도

$$\frac{1}{2}, \frac{1}{2.5}, \frac{1}{3}, \frac{1}{4}, \frac{1}{5}, \frac{1}{10}, \frac{1}{50}, \frac{1}{100}, \frac{1}{200}, \frac{1}{250}, \frac{1}{500}$$

- 배척 : 실물보다 크게 그리는 척도

$$\frac{2}{1}, \frac{5}{1}, \frac{10}{1}, \frac{20}{1}, \frac{50}{1}$$

- 실척(현척) : 실물의 크기와 같은 크기로 그리는 척도 $\left(\frac{1}{1}\right)$

34 손으로 그린 스케치를 CAD 시스템으로 입력할 때 필요한 장치는?

① 마우스(Mouse)

② 트랙볼(Track Ball)

③ 디지타이저(Digitizer)

④ 이미지 스캐너(Image Scanner)

이미지 스캐너(Image Scanner)는 그림이나 사진을 읽는 컴퓨터 입력 장치를 말한다. 사진이나 그림, 문서, 도표 등을 컴퓨터에 디지털화하여 입력하는 장치이다. 개인용으로는 플랫베드 스캐너를 쓰거나 복합 사무기의 스캐너를 사용한다. 그러나 도록(그림을 모은 책)이나 백과사전 제작처럼 선명한 그림이나 사진이 필요한 작업에는 세심한 드럼스캐너(Drum Scanner)를 사용한다.

35 고밀도의 배선이나 차폐가 필요한 경우에 사용하는 적층 형태의 PCB는?

① 단면 PCB

② 양면 PCB

③ 다층면 PCB

④ 바이폴라 PCB

형상(적층 형태)에 의한 PCB 분류
회로의 층수에 의한 분류와 유사한 것으로 단면에 따라 단면기판, 양면기판, 다층기판 등으로 분류되며 층수가 많을수록 부품의 실장력이 우수하고 정밀제품에 이용된다.
- 단면 인쇄회로기판(Single-side PCB) : 주로 페놀원판을 기판으로 사용하며 라디오, 전화기, 간단한 계측기 등 회로구성이 비교적 복잡하지 않은 제품에 이용된다.
- 양면 인쇄회로기판(Double-side PCB) : 에폭시 수지로 만든 원판을 사용하며 컬러 TV, VTR, 팩시밀리 등 비교적 회로가 복잡한 제품에 사용된다.
- 다층 인쇄회로기판(Multi-layer PCB) : 고밀도의 배선이나 차폐가 필요한 경우에 사용하며, 32[bit] 이상의 컴퓨터, 전자교환기, 고성능 통신기기 등 고정밀기기에 채용된다.
- 유연성 인쇄회로기판(Flexible PCB) : 자동화기기, 캠코더 등 회로판이 움직여야 하는 경우와 부품의 삽입, 구성 시 회로기판의 굴곡을 요하는 경우에 유연성으로 대응할 수 있도록 만든 회로기판이다.

36 PCB 아트워크 작업에서 포토 플로터를 작동시키는 명령으로 사실상의 표준포맷으로, 대부분의 인쇄 기판 CAD의 최종 목적으로 출력하는 파일은?

① 필름 형식(Film Format)

② 배선 형식(Router Format)

③ 거버 형식(Gerber Format)

④ 레이어 형식(Layer Format)

- 전자 캐드의 작업 과정 : 회로도 그리기 → 부품배치 → 레이어 세팅 → 네트리스트 작성 → 거버 작성
- 거버 데이터(Gerber Data) : PCB를 제작하기 위한 최종 파일로서 PCB 설계의 모든 정보가 들어있는 파일, 포토 플로터를 구동하기 위한 컴퓨터와 포토 프린터 간의 자료 형식(데이터 포맷)

37 회로도 작성 시 고려할 사항으로 옳지 않은 것은?

① 신호의 흐름은 도면의 왼쪽에서 오른쪽으로, 위에서 아래로 그린다.

② 주회로와 보조회로가 있는 경우에는 주회로를 중심으로 그린다.

③ 대각선과 곡선은 최단거리 기준으로 자주 사용하여야 한다.

④ 선과 선이 전기적으로 접속되는 곳에는 '•' 표시를 한다.

해설
회로도 작성 시 고려사항
• 신호의 흐름은 왼쪽에서 오른쪽으로, 위에서 아래로 한다.
• 심벌과 접속선의 굵기는 같게 하며 0.3~0.5[mm] 정도로 한다.
• 보조회로가 있는 경우 주회로를 중심으로 설계한다.
• 보조회로는 주회로의 바깥쪽에, 전원회로는 맨 아래에 그린다.
• 접지선 등을 굵게 표시하는 경우 0.5~0.8[mm] 정도로 한다.
• 도면은 주요 능동소자를 중심으로 그린다.
• 대각선과 곡선은 가급적 피한다.
• 선과 선이 전기적으로 접속되는 곳에는 "•"(Junction) 표시를 한다.
• 물리적인 관련이나 연결이 있는 부품 사이에는 파선으로 표시한다.
• 선의 교차가 적고 부품이 도면 전체에 고루 안배되도록 그린다.

38 인쇄회로기판(PCB)을 제조할 때 사용되는 제조 공정이 아닌 것은?

① 사진 부식법　　　　② 실크 스크린법

③ 오프셋 인쇄법　　　④ 대역 용융법

해설
인쇄회로기판(PCB)의 제조 공정
• 사진 부식법 : 사진의 밀착 인화 원리를 이용한 것으로, 정밀도는 가장 우수하나 양산에는 적합하지 않다. 포토 레지스트(Photo Resist)를 직접 기판에 도포하고, 필름을 기판 위에 얹어 감광시킨 다음 현상하면, 기판에는 배선에 해당하는 부분만 남고 나머지 부분에 구리면이 나타난다.
• 실크 스크린법 : 등사 원리를 이용하여 내산성 레지스터를 기판에 직접 인쇄하는 방법으로, 사진 부식법에 비해 양산성은 높으나 정밀도가 다소 떨어진다. 실크로 만든 스크린에 감광성 유제를 도포하고 포지티브 필름으로 인화, 현상하면 패턴 부분만 스크린되고, 다른 부분이 막히게 된다. 이 실크 스크린에 내산성 잉크를 칠해 기판에 인쇄한다.
• 오프셋 인쇄법 : 일반적인 오프셋 인쇄 방법을 이용한 것으로 실크 스크린법보다 대량 생산에 적합하고 정밀도가 높다. 내산성 잉크와 물이 잘 혼합되지 않는 점을 이용하여 아연판 등의 오프셋 판을 부식시켜 배선 부분에만 잉크를 묻게 한 후 기판에 인쇄한다.

39 다음 중 표면실장형 부품 패키지 형태가 아닌 것은?

① SMD　　　　　　② DIP

③ SOP　　　　　　④ TQFP

해설
IC의 외형에 따른 종류
• 스루홀(Through Hole) 패키지 : DIP(CDIP, PDIP), SIP, ZIP, SDIP
• 표면실장형(Surface Mount Device, SMD) 패키지 : SOP (TSOP, SSOP, TSSOP), QFP, QFJ(PLCC), QFN, BGA, TQFP
• 접촉실장형(Contact Mount Device) 패키지 : TCP, COB, COG

40 다음 중 컴퍼스로 그리기 어려운 원호나 곡선을 그릴 때 사용되는 제도용구는?

① 디바이더　　　　② T자

③ 운형자　　　　　④ 형 판

③ 운형자 : 컴퍼스로 그리기 어려운 원호나 곡선을 그릴 때 사용한다.

① 디바이더 : 치수를 옮기거나 선, 원주 등을 같은 길이로 분할하는 데 사용하며, 도면을 축소 또는 확대한 치수로 복사할 때 사용한다.

② T자 : 자의 모양이 알파벳의 T처럼 되어 있는 것이 특징이다. 제도판을 사용하는 제도작업에서 T자는, 알파벳 T를 가로로 놓은 모양으로 사용한다. 제도판의 왼쪽 가장자리에 T의 머리 부분을 맞춰놓고 위아래로 이동하여 위치를 정해놓으면 평행인 수평선을 그을 수 있다. 또, 삼각자를 사용하여 수직 혹은 각도를 가진 직선을 그을 때의 안내로 쓰인다.

④ 형판(원형판) : 투명 또는 반투명 플라스틱의 얇은 판으로 여러 가지 원, 타원 등의 도형이나 원하는 모양을 정확히 그릴 수 있다.

41 다음 집적회로의 종류 중 집적도(소자수)가 가장 많은 것은?

① LSI　　　　　　② SSI

③ MSI　　　　　　④ VLSI

집적회로는 트랜지스터, 다이오드, 저항 등에 소자를 정밀하게 연결하여 원하는 동작을 하도록 칩의 형태로 회로를 구성한 것이다. 집적회로는 집적도(소자수)와 제작형태로 구분할 수 있다.

• 집적도에 따른 분류 : SSI(100개 이하), MSI(100~1,000개), LSI (1,000~10만개), VLSI(10만개~100만개), ULSI(100만개 이상)

• 제작형태에 따른 분류 : DIP, SOIC, PLCC, QFP, TQFT 등

42 CAD 시스템 좌표계가 아닌 것은?

① 역학 좌표　　　② 절대 좌표

③ 상대 좌표　　　④ 극 좌표

• 세계 좌표계(WCS ; World Coordinate System) : 프로그램이 가지고 있는 고정된 좌표계로써 도면 내의 모든 위치는 X, Y, Z 좌표값을 갖는다.

• 사용자 좌표계(UCS ; User Coordinate System) : 작업자가 좌표계의 원점이나 방향 등을 필요에 따라 임의로 변화시킬 수 있다. 즉 WCS를 작업자가 원하는 형태로 변경한 좌표계이다. 이는 3차원 작업 시 필요에 따라 작업평면(XY평면)을 바꿀 때 많이 사용한다.

• 절대좌표(Absolute Coordinate) : 원점을 기준으로 한 각 방향 좌표의 교차점을 말하며, 고정되어 있는 좌표점 즉, 임의의 절대 좌표점(10, 10)은 도면 내에 한 점 밖에 존재하지 않는다. 절대 좌표는 [X좌표값, Y좌표값]순으로 표시하며, 각 각의 좌표점 사이를 콤마(,)로 구분해야 하고, 음수값도 사용이 가능하다.

• 상대좌표(Relative Coordinate) : 최종점을 기준(절대좌표는 원점을 기준으로 했음)으로 한 각 방향의 교차점을 말한다. 따라서 상대좌표의 표시는 하나이지만 해당 좌표점은 기준점에 따라 도면 내에 무한적으로 존재한다. 상대좌표는 [@기준점으로부터 X방향값, Y방향값]으로 표시하며, 각각의 좌표값 사이를 콤마(,)로 구분해야 하고, 음수 값도 사용이 가능하다(음수는 방향이 반대임).

• 극좌표(Polar Coordinate) : 기준점으로부터 거리와 각도(방향)로 지정되는 좌표를 말하며, 절대극좌표와 상대극좌표가 있다. 절대극좌표는 [원점으로부터 떨어진 거리 < 각도]로 표시한다. 상대극좌표는 마지막 점을 기준으로 하여 지정하는 좌표이다. 따라서 상대 극좌표의 표시는 하나이지만 해당 좌표점은 기준점에 따라 도면 내에 무한적으로 존재한다. 상대극좌표는 [@기준점으로부터 떨어진 거리 < 각도]로 표시하며, 거리와 각도 표시 사이를 부등호(<)로 구분해야 하고, 거리와 각도에 음수값도 사용이 가능하다.

• 최종좌표(Last Point) : 이전 명령에 지정되었던 최종좌표점을 다시 사용하는 좌표이다. 최종좌표는 [@]로 표시한다. 최종좌표는 마지막 점에 사용된 좌표방식과는 무관하게 적용된다.

43 부품을 삽입하지 않고, 다른 층간을 접속하기 위하여 사용되는 도금 도통 홀을 의미하는 것은?

① 비아 홀(Via Hole)
② 키 슬롯(Key Slot)
③ 외층(External Layer)
④ 액세스 홀(Access Hole)

해설

비아 홀(Via Hole)

서로 다른 층을 연결하기 위한 것이다. 회로를 설계하고 아트워크를 하다 보면 서로 다른 종류의 패턴이 겹칠 경우가 있다. 일반적인 전선은 피복이 있기 때문에 겹치게 해도 되지만 PCB의 패턴은 금속이 그대로 드러나 있기 때문에 서로 겹치게 되면 쇼트가 발생한다. 그래서 PCB에 홀을 뚫어서 겹치는 패턴을 피하고, 서로 다른 층의 패턴을 연결하는 용도로 사용된다.

44 회로설계 자동화의 순서로 옳게 나열된 것은?

① 회로설계 → 자동배선 → PCB설계
② PCB설계 → 회로설계 → 자동배선
③ 자동배선 → PCB설계 → 회로설계
④ 회로설계 → PCB설계 → 자동배선

해설

회로설계 자동화의 순서
• 회로설계
• 회로정보인 Netlist파일 생성과 Library 생성
• PCB 설계
• 부품 배치
• 패턴설계(Artwork)
• 자동배선
• 거버 생성

45 다음 중 솔리드 모델링의 특징이라고 보기 어려운 것은?

① 은선 제거가 가능하다.
② 간섭 체크가 용이하다.
③ 이미지 표현이 가능하다.
④ 물리적 성질 등의 계산이 불가능하다.

해설

솔리드 모델

정점, 능선, 면 및 질량을 표현한 형상 모델로서, 이것을 작성하는 것을 솔리드 모델링이라고 한다. 솔리드 모델링은 형상만이 아닌 물체의 다양한 성질을 좀 더 정확하게 표현하기 위해 고안된 방법이다. 솔리드 모델은 입체 형상을 표현하는 모든 요소를 갖추고 있어서 중량이나 무게중심 등의 해석도 가능하다. 솔리드 모델은 설계에서부터 제조공정에 이르기까지 일관하여 이용할 수 있다.

모델링의 종류	와이어 프레임 모델링	• 데이터의 구조가 간단하고 처리속도가 빠르다. • 모델 작성이 쉽고 3면 투시도의 작성이 용이하다. • 체적의 계산 및 물질 특성에 대한 자료를 얻지 못한다. • 은선 제거 및 단면도 작성이 불가능하다. • 실루엣이 나타나지 않는다. • 내부에 관한 정보가 없어 해석용 모델로 쓸 수가 없다.
	서피스 모델링	• 은선이 제거될 수 있고 면의 구분이 가능하다. • NC Data에 의한 NC가공작업이 수월하다. • 단면도 작성이 가능하다. • 형상 내부에 관한 정보가 없어 해석용 모델로 사용되지 못한다. • 3면 투시도의 작성이 용이하다. • 유한 요소법 해석이 곤란하다.
	솔리드 모델링	• 은선 제거가 가능하다. • 물리적 성질 등의 계산이 가능하다(부피, 무게중심, 관성 모멘트). • 간섭체크가 용이하다. • 형상을 절단한 단면도 작성이 용이하다. • 컴퓨터의 메모리양이 많아지고 데이터의 처리시간이 많이 걸린다. • Boolean연산(합, 차, 적)을 통하여 복잡한 형상 표현도 가능하다.

46 도면의 종류를 사용 목적에 따라 분류했을 때 속하지 않는 것은?

① 제작도
② 주문도
③ 견적도
④ 조립도

> **해설**
> 도면의 분류
> • 사용 목적에 따른 분류 : 제작도, 계획도, 견적도, 주문도, 승인도, 설명도
> • 내용에 따른 분류 : 스케치도, 조립도, 부분조립도, 부품도, 공정도, 상세도, 접속도, 배선도, 배관도, 계통도, 기초도, 설치도, 배치도, 장치도, 외형도, 구조선도, 곡면선도, 전기회로도, 전자회로도, 화학장치도, 섬유기계장치도, 축로도
> • 작성 방법에 따른 분류 : 연필제도, 먹물제도, 착색도
> • 성격에 따른 분류 : 원도, 트레이스도, 복사도

47 전기 회로망에서 전압을 분배하거나 전류의 흐름을 방해하는 역할을 하는 소자는?

① 커패시터
② 수정 진동자
③ 저항기
④ LED

> **해설**
> 저항은 전압과 전류의 비로서 전류의 흐름을 방해하는 전기적 양이다. 도선 속을 흐르는 전류를 방해하는 것이 전기 저항인데 도선의 재질과 단면적, 길이에 따라 저항값이 달라진다. 예를 들어 금속보다 나무나 고무가 저항이 훨씬 더 크고, 도선의 단면적(S)이 작을수록, 도선의 길이(l)가 길수록 저항값이 커진다.
> $R = \dfrac{V}{I}[\Omega], \ R = \rho \dfrac{l}{S}[\Omega]$

48 절대좌표 A(10, 10)에서 B(20, −20)으로 개체가 이동하였을 때 상대좌표는?

① 10, 20
② 10, −20
③ 10, 30
④ 10, −30

> **해설**
> 상대좌표(Relative Coordinate) : 최종점을 기준(절대좌표는 원점을 기준으로 한다)으로 한 각 방향의 교차점을 말한다. 따라서 상대좌표의 표시는 하나이지만 해당 좌표점은 기준점에 따라 도면 내에 무한적으로 존재한다. 상대좌표는 (기준점으로부터 X방향 값, Y방향값)으로 표시하며, 각각의 좌표값 사이를 콤마(,)로 구분해야 하고, 음수값도 사용이 가능하다(음수는 방향이 반대이다).
> ※ 기준점 A(10, 10)에서 B(20, −20)을 상대좌표로 표시하면 (20−10, −20−10) = (10, −30)

49 다음은 양면 PCB 제조공정의 주요 단계를 순서 없이 늘어놓은 것이다. 제조공정의 순서로 올바른 것은?

> ㉠ 동박 적층판 재단
> ㉡ 검사 및 출하
> ㉢ 비아(Via) 홀의 형성
> ㉣ 배선 패턴의 형성
> ㉤ 솔더 레지스트 인쇄
> ㉥ 홀 및 외관 가공

① ㉠ → ㉣ → ㉢ → ㉤ → ㉥ → ㉡
② ㉠ → ㉢ → ㉣ → ㉤ → ㉥ → ㉡
③ ㉠ → ㉤ → ㉥ → ㉣ → ㉢ → ㉥ → ㉡
④ ㉠ → ㉤ → ㉣ → ㉢ → ㉥ → ㉡

> **해설**
> PCB 제조공정
> 재단공정 → MLB적층공정(양면 작업 시 공정 삭제) → 드릴공정 → 도금공정 → DRY FILM공정 → 인쇄공정 → 표면 & 외형공정 → 검사공정 → 출하

50 다음 그림은 어떤 도면으로 나타낸 것인가?

① 조립도   ② 부분조립도
③ 부품도   ④ 상세도

해설
② 부분조립도 : 제품 일부분의 조립 상태를 나타내는 도면으로, 특히 복잡한 부분을 명확하게 하여 조립을 쉽게 하기 위해 사용된다.
① 조립도 : 제품의 전체적인 조립 과정이나 전체 조립 상태를 나타낸 도면으로, 복잡한 구조를 알기 쉽게 하고 각 단위 또는 부품의 정보가 나타나 있다.
③ 부품도 : 제품을 구성하는 각 부품에 대하여 가장 상세하게 나타내며 실제로 제품이 제작되는 도면이다.
④ 상세도 : 건축, 선박, 기계, 교량 등과 같은 비교적 큰 도면을 그릴 때에 필요한 부분의 형태, 치수, 구조 등을 자세히 표현하기 위하여 필요한 부분을 확대하여 그린 도면이다.

51 다음 중 집적도에 의한 IC분류로 옳은 것은?

① MSI : 100 소자 미만
② LSI : 100~1,000 소자
③ SSI : 1,000~10,000 소자
④ VLSI : 10,000 소자 이상

해설
IC 집적도에 따른 분류
• SSI(Small Scale IC, 소규모 집적회로) : 집적도가 100 이하의 것으로 복잡하지 않은 디지털 IC 부류로, 기본적인 게이트기능과 플립플롭 등이 이 부류에 해당한다.
• MSI(Medium Scale IC, 중규모 집적회로) : 집적도가 100~1,000 정도의 것으로 좀 더 복잡한 기능을 수행하는 인코더, 디코더, 카운터, 레지스터, 멀티플렉서 및 디멀티플렉서, 소형 기억장치 등의 기능을 포함하는 부류에 해당한다.
• LSI(Large Scale IC, 고밀도 집적회로) : 집적도가 1,000~10,000 정도의 것으로 메모리 등과 같이 한 칩에 등가 게이트를 포함하는 부류에 해당한다.
• VLSI(Very Large Scale IC, 초고밀도 집적회로) : 집적도가 10,000~1,000,000 정도의 것으로 대형 마이크로프로세서, 단일칩 마이크로프로세서 등을 포함한다.
• ULSI(Ultra Large Scale IC, 초초고밀도 집적회로) : 집적도가 1,000,000 이상으로 인텔의 486이나 펜티엄이 이에 해당한다. 그러나 VLSI와 ULSI의 정확한 구분은 확실하지 않고 모호하다.

52 전자 제도의 특징으로 잘못 설명한 것은?

① 직선과 곡선의 처리, 도형과 그림의 이동, 회전 등이 자유롭다.
② 자주 쓰는 도형은 매크로를 사용하여 여러 번 재생하여 사용할 수 있다.
③ 도면의 일부분 또는 전체의 축소, 확대가 용이하다.
④ 주로 3차원의 표현을 사용한다.

해설
전자 제도의 특징
• 직선과 곡선의 처리, 도형과 그림의 이동, 회전 등이 자유로우며, 도면의 일부분 또는 전체의 축소, 확대가 용이하다.
• 자주 쓰는 도형은 매크로를 사용하여 여러 번 재생하여 사용할 수 있다.
• 작성된 도면의 정보를 기계에 직접 적용시킬 수 있다.
• 주로 2차원의 표현을 사용한다.

53 CAD 시스템 좌표계에서 이전 최종좌표(점)에서 거리와 각도를 이용하여 이동된 X, Y축의 좌표값을 찾는 방법은?

① 절대좌표　　　　② 상대좌표
③ 극좌표　　　　　④ 상대극좌표

해설

좌표의 종류

• 절대좌표(Absolute Coordinate) : 원점을 기준으로 한 각 방향 좌표의 교차점을 말하며, 고정되어 있는 좌표점, 즉 임의의 절대 좌표점(10, 10)은 도면 내에 한 점밖에는 존재하지 않는다. 절대 좌표는 [X좌표값, Y좌표값] 순으로 표시하며, 각각의 좌표점 사이를 콤마(,)로 구분해야 하고, 음수값도 사용이 가능하다.
• 상대좌표(Relative Coordinate) : 최종점을 기준(절대좌표는 원점을 기준으로 했음)으로 한 각 방향의 교차점을 말한다. 따라서 상대좌표의 표시는 하나이지만 해당 좌표점은 기준점에 따라 도면 내에 무한적으로 존재한다. 상대좌표는 [@기준점으로부터 X방향값, Y방향값]으로 표시하며, 각각의 좌표값 사이를 콤마(,)로 구분해야 하고, 음수값도 사용이 가능하다(음수는 방향이 반대임).
• 극좌표(Polar Coordinate) : 기준점으로부터 거리와 각도(방향)로 지정되는 좌표를 말하며, 절대극좌표와 상대극좌표가 있다. 절대극좌표는 [원점으로부터 떨어진 거리 < 각도]로 표시한다.
• 상대극좌표(Relative Polar Coordinate)는 마지막점을 기준으로 하여 지정하는 좌표이다. 따라서 상대 극좌표의 표시는 하나이지만 해당 좌표점은 기준점에 따라 도면 내에 무한적으로 존재한다. 상대극좌표는 [@기준점으로부터 떨어진 거리 < 각도]로 표시하며, 거리와 각도 표시 사이를 부등호(<)로 구분해야 하고, 거리와 각도에 음수값도 사용이 가능하다.

54 블록선도에서 삼각형 도형이 사용되는 것은?

① 전원회로　　　　② 변조회로
③ 연산증폭기　　　④ 복조회로

해설

연산증폭기의 회로기호

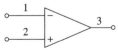

55 각국의 산업표준 명칭 중 중국규격을 나타내는 명칭은?

① ISO　　　　② DIN
③ SAC　　　　④ JIS

해설

표준의 종류 중 국가표준은 한국산업표준(KS)과 같이 한 국가 내의 모든 이해관계자들이 규정해 놓은 것으로, 한 국가 내에서 적용하는 표준이다.

기 호	표준 규격 명칭	영문 명칭	마 크
ISO	국제표준화기구	International Organization for Standardization	ISO
KS	한국산업규격	Korean Industrial Standards	KS
BS	영국규격	British Standards	
DIN	독일규격	Deutsches Institute fur Normung	DIN
ANSI	미국규격	American National Standards Institutes	ANSI American National Standards Institute
SNV	스위스규격	Schweitzerish Norman-Vereinung	SNV
NF	프랑스규격	Norme Francaise	NF
SAC	중국규격	Standardization Administration of China	SAC
JIS	일본공업규격	Japanese Industrial Standards	JIS

56 다음은 보드 외곽선(Board Outline) 그리기의 한 예이다. X, Y 좌표값을 보기와 같이 입력했을 경우 ㉠, ㉡, ㉢, ㉣에 들어갈 좌표값은?

> (가) 명령 : 보드 외곽선 그리기
> (나) 첫째 점 : 50, 50
> (다) 다음 점 : 150, 50
> (라) 다음 점 : 150, 150
> (마) 다음 점 : (㉠), (㉡)
> (바) 다음 점 : (㉢), (㉣)

① ㉠ 150 ㉡ 150 ㉢ 150 ㉣ 100
② ㉠ 100 ㉡ 100 ㉢ 100 ㉣ 50
③ ㉠ 50 ㉡ 150 ㉢ 50 ㉣ 50
④ ㉠ 00 ㉡ 150 ㉢ 50 ㉣ 150

해설

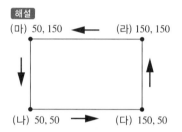

(마) 50, 150 ← (라) 150, 150

(나) 50, 50 → (다) 150, 50

57 설계가 완료되면 PCB 제조공정은 해당 설계에 맞는 공법을 선택하여 단면 PCB, 양면PCB, 다층 PCB로 구분하여 제조하게 된다. 다음은 그림이 나타내는 제작공정은?

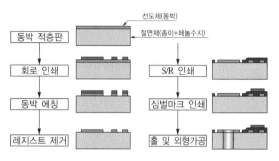

① 단면 PCB 제작공정
② 양면 PCB 제작공정
③ 4층 PCB 제작공정
④ 6층 PCB 제작공정

해설

• 양면 PCB 제작공정

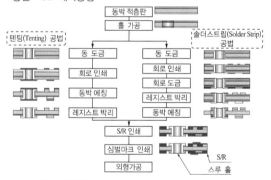

• 다층 PCB 제작공정

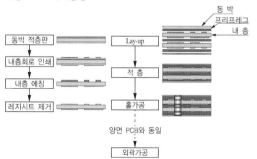

58 PCB의 아트워크 필름은 외부 환경에 의해 수축 또는 팽창을 계속하는데 그 요인에 해당되지 않는 것은?

① 온 도   ② 습 도
③ 처 리   ④ 적외선

해설

- 아트워크 필름의 치수 변화율 요인
  - 온도에 의한 변화율 : 온도에 의해 재료는 열 팽창하는데 필름은 1×10^{-8}[%/℃]로 길이에 퍼센트로 변형된다.
  - 습도에 의한 변화율 : 습도에 의해 또한 변형되는데 필름은 1×10^{-2}[%/%℃]로 길이에 퍼센트로 변형된다.
  - 처리에 의한 변화율 : 은염 필름의 경우 현상 및 정착에 의한 흡습에 의한 팽창률과 건조에 의한 열흡수에 의한 수축률을 동일하게 맞추므로 변화율이 '0'으로 되게 하는 것이 이상적이나, 필름은 온도에 의해서는 단시간 내에 변화를 가져오고 다시 복원되는 경향이 있지만, 습도에 의한 변화는 장시간에 걸쳐 일어나면서 쉽게 복원되지 않는 성질을 나타낸다.
- 기본적인 치수 안정성 요건
  - 필름실의 온습도 관리 : 필름의 보관, 플로팅(Plotting), 취급 등의 모든 작업이 이루어지는 환경의 온습도의 항상성은 매우 중요하다. 특히, 암실의 항온·항습 유지관리가 중요하며, 이물질의 불량을 최소화하기 위한 Class 유지관리가 동시에 이루어져야 한다.
  - 시즈닝(Seasoning)관리 : 필름은 원래 생산된 회사의 환경과 PCB 제조업체의 암실 사이에는 온습도가 다를 수 있으므로 반드시 구입 후 암실에서 환경에 적응(수축 또는 팽창)시킨 후에 필름 제작에 들어가는 것이 중요하다. 최소 24시간 이상 환경에 적응시키는 것이 바람직하다.
  - 불가역 환경 방지관리 : 필름은 재질의 주가 폴리에스터(Polyester)로 이것은 적정 온습도 범위 내에서는 수축 또는 팽창되었다가도 다시 원래 치수로 복원하는 특성을 갖고 있으나, 극단적인 온습도 환경에 놓이면 시간이 경과가 되어도 원래 치수로 복원이 어려우므로 필름의 보관제조룸 또는 공정 중에 반드시 통제와 관리가 필요하다.
  - 일반적으로 필름의 박스 표지에 이 필름의 보관 온습도 범위가 표시되어 있는데 이 범위를 환경적으로 벗어나지 않도록 모든 공정의 제어가 필요하다.

59 10층 PCB의 기판재료로 사용되는 것은?

① 유리폴리아마이드 배선재료
② 유리에폭시 다층 배선재료
③ 유리에폭시 동적층판
④ 종이에폭시 동적층판

해설

다층 PCB의 기판재료 및 용도

층 수	기판재료	용 도
10층 이상	유리폴리아마이드 배선재료	대형 컴퓨터, 전자교환기, 군사기기/고급 통신기기, 고급 계측기기
6~8층	유리에폭시 다층 배선재료, 신호회로층 다층 동판	중소형 컴퓨터, 전자교환기, 반도체 시험장치, PC, NC기기
3~4층	유리에폭시 다층 배선재료	컴퓨터 주변 단말기, PC, 워드프로세서, 팩시밀리, FA기기, ME기기, NC기기, 계측기기, 반도체 시험장치, PGA, 전자교환기, 통신기기, 반도체 메모리보드, IC카드
2층	실드층 다층 동판, 유리에폭시 동적층판, 종이에폭시 동적층판	컴퓨터 주변 단말기, PC, 워드프로세서, 팩시밀리, ME기기, FA기기, NC기기, 계측기기, LED 디스플레이어, 전자표환기, 통신기기, IC카드, 자동차용 전자기기, 전자체온계, 키보드, 마이컴전화, 복사기, 프린터, 컬러 TV, PCA, PGA, PPG, 콤팩트디스크, 전자시계, 비디오카메라
1층	종이에폭시 동적층판	계측기, 전자테스터, VTR, 컬러 TV, 스테레오라디오 DAT, CDP, 온방기기, 전자레인지 컨트롤러, 키보드, 튜너, HAM기기, 전화, 자동판매기, 프린터, CRT, 청소기

60 용도에 따른 선의 종류 중 보이는 물체의 윤곽을 나타내는 선이나 보이는 물체의 면들이 만나는 윤곽을 나타낸 선은?

① 굵은 실선 ② 가는 실선
③ 굵은 파선 ④ 가는 파선

해설

용도에 따른 선의 종류

종 류	명 칭	용 도	기계제도 분야 적용 예
A ————	굵은 실선	A1 보이는 물체의 윤곽을 나타내는 선 A2 보이는 물체의 면들이 만나는 윤곽을 나타낸 선	외형선
B ————	가는 실선	B1 가상의 상관관계를 나타내는 선(상관선) B2 치수선 B3 치수 보조선(연장선) B4 지시선, 인출선 및 기입선 B5 해칭 B6 회전 단면의 한 부분의 윤곽을 나타내는 선 B7 짧은 중심선	치수선, 치수 보조선, 지시선, 회전 단면선, 중심선
C ∿∿∿∿ D ┼┼┼┼	프리핸드의 가는 실선 가는 지그재그선	C1, D1 부분 투상을 하기 위한 절단면이나 단면의 경계를 손으로 그리거나 기계적으로 그리는 선	파단선
E ▪ ▪ ▪ ▪ ▪ ▪ F ▪ ▪ ▪ ▪ ▪ ▪	굵은 파선 가는 파선	E1 보이지 않는 물체의 윤곽을 나타내는 선 E2 보이지 않는 물체의 면들이 만나는 윤곽을 나타내는 선 F1 보이지 않는 물체의 윤곽을 나타내는 선 F2 보이지 않는 물체의 면들이 만나는 윤곽을 나타내는 선	숨은선
G –·—·—·–	가는 1점 쇄선	G1 그림의 중심을 나타내는 선(중심선) G2 대칭을 나타내는 선 G3 움직이는 부분의 궤적 중심을 나타내는 선	중심선, 기준선, 피치선
H ⌐_⌐⌐	가는 1점 쇄선을 단면 부분 및 방향이 다른 부분을 굵게 한 것	H1 단면한 부위의 위치와 꺾임을 나타내는 선	절단선
J –·—·—·–	굵은 1점 쇄선	J1 특별한 요구사항을 적용할 범위와 면적을 나타내는 선	특수 지정선
K –··—··–··	가는 2점 쇄선	K1 인접 부품의 윤곽을 나타내는 선 K2 움직이는 부품의 가동 중의 특정 위치 또는 최대 위치를 나타내는 물체의 윤곽선(가상선) K3 그림의 중심을 이어서 나타내는 선 K4 가공 전 물체의 윤곽을 나타내는 선 K5 절단면의 앞에 위치하는 부품의 윤곽을 나타내는 선	가상선, 무게중심선

01 다음 정전압 안정화 회로에서 제너다이오드 Z_D의 역할은?(단, 입력전압은 출력전압보다 높다)

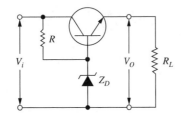

① 정류작용   ② 기준전압 유지작용

③ 제어작용   ④ 검파작용

해설
제너다이오드에는 제너전압보다 높을 때 역방향전류가 흘러 거의 일정한 제너전압을 만든다. 즉, 기준전압 유지작용을 한다.

02 다음 중 증폭회로를 구성하는 수동소자에서 자유 전자의 온도에 의하여 발생하는 잡음은?

① 산탄 잡음   ② 열잡음

③ 플리커 잡음   ④ 트랜지스터 잡음

해설
트랜지스터 잡음
트랜지스터의 사용 중에 발생하는 전류의 요동이 신호 전류에 대해 잡음으로서 작용하는 것으로, 전자의 열진동에 의한 열교란 잡음, 전자 이동도의 불규칙한 변동에 의한 산탄 잡음, 접합부의 상태 변화에 의한 플리커 잡음 등이 있고 트랜지스터의 종류에 따라 크기나 주파수 특성이 다르다.

03 트랜지스터의 특성에 대한 설명 중 옳지 않은 것은?

① 트랜지스터는 전류를 증폭하는 소자이다.

② 트랜지스터의 전류이득은 h_{fe}로 일반적으로 표기한다.

③ 트랜지스터의 전류이득은 컬렉터의 전류에 따라 변한다.

④ 트랜지스터의 전류이득은 접합부의 온도가 증가하면 감소한다.

해설
트랜지스터의 전류이득에 영향을 끼치는 대표적인 요소는 컬렉터 전류와 접합부 온도이다. 접합부의 온도가 증가하면 전류이득은 증가한다.

04 커패시터 중에서 고주파회로와 바이패스(Bypass) 용도로 많이 사용되며 비교적 가격이 저렴한 커패시터는?

① 세라믹 커패시터
② 마일러 커패시터
③ 탄탈 커패시터
④ 전해 커패시터

해설

커패시터 종류별 특징

종 류	특 징
세라믹 커패시터	• 고주파 대역에서 사용에 적합하기 때문에 고주파용 바이패스, 동조용, 고주파 필터로서 사용함 • 전해 커패시터 및 탄탈 커패시터에 비해 정격전압이 높고, ESR(등가직렬저항)이 낮고 발열이 적음 • 극성이 없어 기판 실장 시 유리함 • 절연저항과 Breakdown Voltage도 높음 • 가격적으로 유리함
마일러 커패시터	• 얇은 폴리에스터(Polyester) 필름의 양측에 금속박을 대고 원통형으로 감은 콘덴서 • 저가격으로 사용하기 쉽지만 높은 정밀도는 기대할 수 없음 • 오차는 대략 ±5[%]에서 ±10[%] 정도 • 전극의 극성은 없으며 고주파 특성이 양호하여 바이패스용, 저주파, 고주파 결합용으로 사용
탄탈 커패시터	주파수 특성이 비교적 좋기 때문에 노이즈 진폭 제한기나 바이패스, 커플링, 전원 필터로서 사용함
전해 커패시터	• 교류회로의 전원 필터나 교류회로의 커플링으로서 사용 • 사용 가능 주파수가 비교적 낮기 때문에 주의 필요 • 오디오용 특별 저잡음형 종류도 있음

05 빈-브리지 발진회로에 대한 특징으로 틀린 것은?

① 고주파에 대한 임피던스가 매우 낮아 발진주파수의 파형이 좋다.
② 잡음 및 신호에 대한 왜곡이 작다.
③ 저주파 발진기 등에 많이 사용된다.
④ 사용할 수 있는 주파수 범위가 넓다.

해설

빈 브리지(Wien Bridge) 발진회로
• 높은 입력 저항을 사용하고 기본 증폭회로를 가진 발진회로
• 회로의 응용으로는 서미스터를 사용한 부궤환 회로를 구성하여 주파수의 변화를 방지하는 방법과 일반 트랜지스터 대신 입력 임피던스가 높은 FET를 사용하는 방법이 있다.
• 넓은 범위의 주파수발진과 낮은 왜곡레벨이 요구될 때 사용한다.
• 안정도가 좋고, 주파수 가변형으로 하는 것이 비교적 쉽기 때문에 CR 저주파 발진기의 대표적인 발진회로이다.

06 다음 설명에 가장 적합한 법칙은?

> 두 전하 사이에 작용하는 힘의 크기는 두 전하의 곱에 비례하고 두 전하 사이의 거리의 제곱에 반비례한다.

① 옴의 법칙
② 전자유도 법칙
③ 쿨롱의 법칙
④ 비오-사바르의 법칙

해설

두 자극 사이에 작용하는 힘은 쿨롱의 법칙에 따르며
$F = K \dfrac{m_1 m_2}{r^2} [\text{N}]$ 로서 거리의 제곱에 반비례한다.

07 LC 발진기에서 일어나기 쉬운 이상 현상이 아닌 것은?

① 기생 진동(Parasitic Oscillator)

② 자왜(磁歪) 현상

③ 블로킹(Blocking) 현상

④ 인입 현상(Pull-in Phenomenon)

해설
LC 발진기의 이상 현상
간헐 진동, 기생 진동, 인입 현상, 블로킹 현상

08 평활회로에서 리플률을 줄이는 방법은?

① R과 C를 작게 한다.

② R과 C를 크게 한다.

③ R을 크게, C를 작게 한다.

④ R을 작게, C를 크게 한다.

해설
용량성(콘덴서) 평활회로의 리플률은 저항과 콘덴서의 용량이 증가할수록 감소된다.

09 B급 푸시풀 증폭기에 대한 설명으로 옳은 것은?

① 효율이 낮은 대신 왜곡이 거의 없다.

② 무선 통신에서 고주파인 반송파 전력 증폭회로에 사용된다.

③ A급 전력증폭회로에 비해 전력효율이 좋다.

④ 교차 일그러짐 현상이 없다.

해설
B급 푸시풀 회로의 특징
• 큰 출력을 얻을 수 있다.
• B급 동작이므로 직류 바이어스전류가 작아도 된다.
• 효율이 높다.
• 입력신호가 없을 때 전력 손실은 무시할 수 있다.
• 짝수 고조파 성분이 서로 상쇄되어 일그러짐이 없다.
• B급 증폭기 특유의 크로스오버 일그러짐(교차 일그러짐)이 생긴다.

10 자기인덕턴스가 L_1, L_2이고, 상호인덕턴스가 M, 결합계수가 1일 때의 관계는?

① $L_1 L_2 = M$

② $L_1 L_2 > M$

③ $\sqrt{L_1 L_2} > M$

④ $\sqrt{L_1 L_2} = M$

해설
누설자속이 없는 경우 $M = \sqrt{L_1 L_2}$ 이다.

11 다음 중 플립플롭 회로와 같은 것은?

① 클리핑회로

② 무안정 멀티바이브레이터회로

③ 단안정 멀티바이브레이터회로

④ 쌍안정 멀티바이브레이터회로

해설
- 쌍안정 멀티바이브레이터 : 처음 어느 한쪽의 트랜지스터가 ON 이면 다른 쪽의 트랜지스터는 OFF의 안정상태로 되었다가, 트리거 펄스가 가해지면 다른 안정 상태로 반전되는 동작을 한다.
- 플립플롭 회로 : 분주기, 계산기, 계수기억회로, 2진 계수회로 등에 사용한다.

12 다이오드–트랜지스터 논리회로(DTL)의 특징이 아닌 것은?

① 소비전력이 작다.

② 잡음여유도가 크다.

③ 응답속도가 비교적 빠르다.

④ 저속도 및 중속도에서 동작이 안정하다.

해설
응답속도가 느리다.

13 정현파(사인파) 발진회로가 아닌 것은?

① RC 발진회로

② LC 발진회로

③ 수정 발진회로

④ 블로킹 발진회로

해설
정현파(사인파) 발진기(Sinusoidal Oscillator)
LC 발진기, RC 발진기, 수정 발진기 등

14 $R-L$ 직렬회로에서 $L = 50[\mathrm{mH}]$, $R = 5[\Omega]$일 때, 이 회로의 시정수[ms]는?

① 1[ms]　　　② 10[ms]

③ 2[ms]　　　④ 20[ms]

해설
$$\tau = \frac{L}{R} = \frac{50 \times 10^{-3}}{5} = 0.01[\mathrm{s}] = 10[\mathrm{ms}]$$

15 다음 중 CdS 소자의 설명으로 가장 적합한 것은?

① 전압에 의하여 전기저항이 변화한다.

② 온도에 의하여 저항이 변화한다.

③ 전압안정화 회로에 사용한다.

④ 빛에 의하여 전기저항이 변화한다.

해설
CdS : 빛의 밝기에 따라 저항값이 변하는 저항기이다.

16 프로그램에 대한 설명으로 틀린 것은?

① 컴퓨터가 이해할 수 있는 언어를 프로그래밍 언어라고 한다.

② 프로그램을 작성하는 일을 프로그래밍이라고 한다.

③ 프로그래밍 언어에는 C, 베이식, 포토샵 등이 있다.

④ 컴퓨터가 행동하도록 단계적으로 지시하는 명령문의 집합체를 프로그램이라고 한다.

해설
포토샵은 그래픽 편집기이다.

17 마이크로프로세서에서 가산기를 주축으로 구성된 장치는?

① 제어장치　　　② 입출력장치
③ 산술논리 연산장치　　④ 레지스터

해설
산술논리 연산장치(Arithmetic and Logic Unit)
산술연산, 논리연산을 하는 중앙처리장치 내의 회로이다. 산술연산인 사칙연산은 가산기, 보수를 만드는 회로, 시프트회로에 의해서 처리되며, 논리합이나 논리곱을 구하는 논리연산회로 등으로 이루어져 있다.

18 데이터의 입출력 전송이 중앙처리장치의 간섭 없이 직접 메모리 장치와 입출력장치 사이에서 이루어지는 인터페이스는?

① DMA　　　② FIFO
③ 핸드셰이킹　　④ I/O 인터페이스

해설
DMA(Direct Memory Access) : 주기억장치와 입출력장치 간의 자료 전송이 중앙처리장치의 개입 없이 곧바로 수행되는 방식

19 컴퓨터가 직접 인식하여 실행할 수 있는 언어로서, 2진수 0과 1만을 이용하여 명령어와 데이터를 나타내는 언어는?

① 기계어　　　② 어셈블리 언어
③ 컴파일러 언어　　④ 인터프리터 언어

해설
① 기계어(Machine Language) : 컴퓨터가 직접 이해할 수 있는 언어로 0과 1의 조합으로 구성
② 어셈블리 언어(Assembly Language) : 기계어의 명령 코드부와 어드레스부를 사람이 이해하기 쉬운 기호와 1:1로 대응시켜 기호화한 언어
③ 컴파일러 언어 : C, C++, COBOL, PASCAL, FORTRAN 등
④ 인터프리터 언어 : BASIC, LISP 등

20 컴퓨터 내의 입출력장치들 중에서 입출력 성능이 높은 것에서 낮은 순으로 바르게 나열된 것은?

① 인터페이스-채널-DMA
② DMA-채널-인터페이스
③ 채널-DMA-인터페이스
④ 인터페이스-DMA-채널

해설
• 입출력 채널(I/O Channel) : 입출력이 일어나는 동안 프로세서가 다른 일을 하지 못하는 문제를 극복하기 위해 개발된 것
• DMA(Direct Memory Access) : 주기억장치와 입출력장치 간의 자료 전송이 중앙처리장치의 개입 없이 곧바로 수행되는 방식
• 인터페이스 : 컴퓨터 내부에서 장치나 구성 요소 간을 상호 접속하는 커넥터 등
• 성능은 채널, DMA, 인터페이스 순으로 높다.

21 C언어에서 정수형 변수를 선언할 때 사용되는 명령어는?

① int　　　② float
③ double　　④ char

해설
• 문자형 : char
• 정수형 : short, int, long
• 실수형 : float, double

22 컴퓨터에서 보수(Complement)를 사용하는 가장 큰 이유는?

① 가산과 승산을 간단히 하기 위해

② 감산을 가산의 방법으로 처리하기 위해

③ 가산의 결과를 정확히 하기 위해

④ 감산의 결과를 정확히 하기 위해

해설

컴퓨터에서 보수를 사용하는 이유는 가산기를 사용해서 감산을 처리하기 위해 필요하다.

23 다음 10진수 756.5를 16진수로 옳게 표현한 것은?

① 2F4.8   ② 2E4.8

③ 2F4.5   ④ 2E4.5

해설

정수부

　　　　　　나머지

16) 756

16) 47　　4 ↑

　　2　15(F)

소수부

$0.5 \times 16 = 8.0 \rightarrow 8$

∴ $756.5_{(10)} = 2F4.8_{(16)}$

24 제어장치 중 다음에 실행될 명령어의 위치를 기억하고 있는 레지스터는?

① 범용 레지스터

② 프로그램 카운터

③ 메모리 버퍼 레지스터

④ 번지 해독기

해설

② 프로그램 카운터 : 다음에 수행할 명령어의 주소(Address)를 기억하고 있는 레지스터이다.

① 범용 레지스터 : 레지스터는 대개 어드레스를 지정하기 위한 것이지만, 그것뿐만 아니라 데이터를 기억하거나 연산을 하거나 할 수 있는 것을 범용 레지스터라고 한다.

③ 메모리 버퍼 레지스터 : 메모리에 액세스할 때 데이터를 메모리와 주변 장치 사이에서 송수신하는 것을 용이하게 하며 지정된 주소에 데이터를 써넣거나 읽어내는 데이터를 저장하는 레지스터로 버퍼와 같은 역할을 한다.

④ 번지 해독기(Address Decoder) : 명령 레지스터로부터 보내온 번지를 해석한다.

25 다음 C 프로그램의 실행 결과는?

```
void main()
{
    int a, b, tot;
    a = 200;
    b = 400;
    tot = a+b;
    printf("두 수의 합 = %d\n", tot);
}
```

① tot

② 600

③ 두 수의 합 = 600

④ 두 수의 합 = tot

해설

printf 함수의 형식에 맞춰 결과가 출력된다. printf("전달 인자")의 형식으로 printf() 함수는 인자로 전달된 내용을 출력하게 되는데 %d의 위치에는 정수형 변수 tot의 값이 그 위치에 출력된다.

26 프로그래밍에 사용하는 고급언어 중 절차지향언어에 포함되지 않는 것은?

① 코볼(COBOL)

② C 언어

③ 자바(JAVA)

④ 베이식(BASIC)

해설

자바(JAVA) : 네트워크 상에서 쓸 수 있도록 미국 선 마이크로시스템(Sun Microsystems)사에서 개발한 객체지향 프로그래밍 언어

27 다음 메모리 중 가장 빠르게 액세스되는 메모리는?

① 가상 메모리

② 주기억 메모리

③ 캐시 메모리

④ 보조기억 메모리

해설

기억장치 속도 : 레지스터 > 캐시 메모리 > 주기억장치 > 보조기억장치

28 다음 중 스택(Stack)과 관계없는 것은?

① PUSH

② LIFO

③ POP

④ FIFO

해설

④ FIFO : 큐의 동작을 나타냄(선입선출)
① PUSH : 데이터를 스택에 일시 저장하는 명령
② POP : 스택으로부터 데이터를 불러내는 명령
③ LIFO : 스택의 동작을 나타냄(후입선출)

29 다음 중 설계된 PCB 도면의 외곽 사이즈(Size)가 1,000 × 2,000[mil]일 때, 이를 [mm]로 환산하면?

① 0.254 × 0.508[mm]

② 2.54 × 5.08[mm]

③ 25.4 × 50.8[mm]

④ 254 × 508[mm]

해설

$1[\text{mil}] = \dfrac{1}{1,000}[\text{inch}] = 0.0254[\text{mm}]$

$\therefore\ 1,000[\text{mil}] = 1,000 \times 0.0254[\text{mm}]$
$= 25.4[\text{mm}]$

$\therefore\ 2,000[\text{mil}] = 2,000 \times 0.0254[\text{mm}]$
$= 50.8[\text{mm}]$

30 도면으로부터 위치좌표를 읽거나 원하는 명령을 선택할 수 있는 장치는?

① 마우스(Mouse)

② 트랙볼(Track Ball)

③ 디지타이저(Digitizer)

④ 이미지스캐너(Image Scanner)

해설

태블릿(Tablet) : 주로 좌표 입력, 메뉴의 선택, 커서의 제어 등에 사용되며, 보통 50[cm] 이하의 소형의 것을 말한다. 대형의 것은 디지타이저(Digitizer)라 부르며, 태블릿과는 구별하고 있으나 기능은 동일하다. 디지타이저는 그림이나 사진 등 화상 데이터를 입력하는 장치이며 CAD에서는 손으로 그린 스케치 도면이나 입력 또는 데이터의 호환성이 없는 시스템 사이에서 데이터의 교환 등에 사용되는 컴퓨터 입력장치로 선택기능·도면복사기능 및 태블릿에 메뉴를 확보하는 기능이 있다. 또한 도면으로부터 위치좌표를 읽어 들이는 데 사용한다.

31 2SA562B 트랜지스터의 명칭에서 A의 용도는?

① PNP형 고주파용 TR

② PNP형 저주파용 TR

③ NPN형 고주파용 TR

④ NPN형 저주파용 TR

해설

반도체 소자의 형명 표시법

2	S	A	562	B
㉠ 숫자	S	㉡ 문자	㉢ 숫자	㉣ 문자

• ㉠의 숫자 : 반도체의 접합면수(0 : 광트랜지스터, 광다이오드, 1 : 각종 다이오드, 정류기, 2 : 트랜지스터, 전기장 효과 트랜지스터, 사이리스터, 단접합 트랜지스터, 3 : 전기장 효과 트랜지스터로 게이트가 2개 나온 것). S는 반도체(Semiconductor)의 머리문자
• ㉡의 문자 : A, B, C, D 등 9개의 문자(A : pnp형의 고주파용 트랜지스터, B : pnp형의 저주파형 트랜지스터, C : npn형의 고주파형 트랜지스터, D : npn형의 저주파용 트랜지스터, F : pnpn 사이리스터, G : npnp 사이리스터, H : 단접합 트랜지스터, J : p채널 전기장 효과 트랜지스터, K : n채널 전기장 효과 트랜지스터)
• ㉢의 숫자 : 등록 순서에 따른 번호로 11부터 시작
• ㉣의 문자 : 보통은 붙지 않으나, 특히 개량품이 생길 경우에 A, B, …, J까지의 알파벳 문자를 붙여 개량 부품임을 나타냄
∴ 2SA562B → pnp형의 개량형 고주파용 트랜지스터

32 PCB 판이 평형을 유지하지 못하고, 구부러진 상태를 나타내는 용어는?

① 돌기(Bump)　　　② 트위스트(Twist)

③ 휨(Bow)　　　④ 결각(Indentation)

해설

③ 휨(Bow) : PCB 기판이 열 등에 의하여 변형되는 것으로 특히 활이 휘어지는 것과 같이 4면의 끝이 동일한 평면상에 있도록 균일하게 휘어지는 것, PCB 판이 평형을 유지하지 못하고, 구부러진 상태
① 돌기(Bump) : 눈이 한 군데 뭉쳐 돌출된 지형으로 돌기가 난 부분
② 트위스트(Twist) : 판의 원통모양, 구면모양 등의 만곡으로서 직사각형인 경우에는 그 1구석이 다른 3구석이 만드는 평면상에 없는 것
④ 결각(Indentation) : 표면·가장자리를 깎거나 찍어서 생긴 자국

33 세라믹 콘덴서의 부품 표면에 102J로 표시된 경우 용량은?

① $1[\mu F]$　　　② $0.1[\mu F]$

③ $0.01[\mu F]$　　　④ $0.001[\mu F]$

해설

콘덴서의 단위와 용량을 읽는 방법
콘덴서의 용량 표시에 3자리의 숫자가 사용되는 경우, 앞의 2자리 숫자가 용량의 제1숫자와 제2숫자이고, 세 번째 자리가 승수가 되며, 표시의 단위는 [pF]로 되어 있다.
따라서 102J이면 $10 \times 10^2 = 1,000[pF] = 0.001[\mu F]$이고, J는 ±5[%]의 오차를 나타낸다.

34 다음 중 프린트 기판의 종류라고 할 수 없는 것은?

① 종이페놀 기판

② 세라믹 기판

③ 유리 에폭시 기판

④ 알루미늄 도금 기판

해설

PCB기판의 종류
• 페놀 기판(PP재질) : 크라프트지에 페놀수지를 합성하고 이를 적층하여 만들어진 기판으로 기판에 구멍 형성은 프레스를 이용하기 때문에 저가격의 일반용으로 사용된다. 단층기판밖에 구성할 수 없는 단점을 가지고 있다.
• 에폭시 기판(GE재질) : 유리섬유에 에폭시 수지를 합성하고 적층하여 만든 기판으로 기판에 구멍 형성은 드릴을 이용하고 가격도 높은 편이다. 다층 기판을 구성할 경우에 일반적으로 사용되고 산업용으로 적합하다.
• 컴포지트(CPE재질) : 유리섬유에 셀룰로스를 합성하여 만든 기판으로 구멍 형성은 프레스를 이용하고 양면 기판에 적합하다.
• 플렉시블 기판 : 폴리에스터나 폴리아마이드 필름에 동박을 접착한 기판으로 일반적으로 절곡하여 휘어지는 부분에 사용하게 되며, 카세트, 카메라, 핸드폰 등의 유동이 있는 곳에 사용된다.
• 세라믹 기판 : 세라믹에 도체 페이스트를 인쇄한 후 만들어진 기판으로 일반적으로 절연성이 우수하며 치수변화가 거의 없는 특수용도로 사용된다.
• 금속 기판 : 알루미늄 판에 알루마이트를 처리한 후 동박을 접착하여 구성한다.

35 다음은 무엇에 대한 설명인가?

> 제품이나 장치 등을 그리거나 도안할 때, 필요한 사항을 제도 기구를 사용하지 않고 프리핸드(Free Hand)로 그린 도면

① 복사도(Copy Drawing)
② 스케치도(Sketch Drawing)
③ 원도(Original Drawing)
④ 트레이스도(Traced Drawing)

해설
② 스케치도 : 제품이나 장치 등을 그리거나 도안할 때, 필요한 사항을 제도 기구를 사용하지 않고 프리핸드로 그린 도면이다.
① 복사도 : 같은 도면을 여러 장 필요로 하는 경우에 트레이스도를 원본으로 하여 복사한 도면으로, 청사진, 백사진 및 전자 복사도 등이 있다.
④ 트레이스도 : 연필로 그린 원도 위에 트레이싱지(Tracing Paper)를 놓고 연필 또는 먹물로 그린 도면으로, 청사진도 또는 백사진도의 원본이 된다.

36 한쪽 측면에만 리드(Lead)가 있는 패키지 소자는?

① SIP(Single Inline Package)
② DIP(Dual Inline Package)
③ SOP(Small Outline Package)
④ TQFP(Thin Quad Flat Package)

해설
IC의 외형에 따른 종류
• 스루홀(Through Hole) 패키지 : DIP(CDIP, PDIP), SIP, ZIP, SDIP
• 표면실장형(Surface Mount Device, SMD) 패키지 : SOP (TSOP, SSOP, TSSOP), QFP, QFJ(PLCC), QFN, BGA, TQFP
• 접촉실장형(Contact Mount Device) 패키지 : TCP, COB, COG
• DIP(Dual In-line Package), PDIP(Plastic DIP) : 다리와 다리 간격이 0.1[inch](100[mil], 2.54[mm])라서 만능기판이나 브레드보드에 적용하기 쉬워 많이 사용한다. 핀의 배열이 두 줄로 평행하게 배열되어 있는 부품을 지칭하는 용어로 우수한 열 특성을 갖고 있다. 74XX, CMOS, 메모리, CPU 등에 사용한다.

• SIP(Single In-line Package) : DIP와 핀 간격이나 특성이 비슷하나 공간문제로 한 줄로 만든 제품이다. 주로 모터드라이버나 오디오용 IC 등과 같이 아날로그 IC쪽에 주로 사용한다.
• 표면실장형(SMD ; Surface Mount Device) : 부품의 구멍을 사용하지 않고 도체 패턴의 표면에 전기적 접속을 하는 부품 탑재 방식이다.
• TQFP(Thin Quad Flat Pack) : PC 카드처럼 공간이 제약된 응용 제품을 설계하는 데 사용되는 집적회로 패키지의 한 종류이다. TQFP 패키지 칩은 PQFP 패키지 칩보다 더 얇다. 보통 TQFP 패키지의 두께는 1.0~1.4[mm]이다.

37 다음 그림의 논리 게이트 명칭은?

① AND Gate　　② OR Gate
③ NAND Gate　④ NOR Gate

해설
NOR Gate는 2개 이상의 입력신호와 1개의 출력신호를 갖는 논리 게이트로서 모든 입력신호가 0일 때 출력신호가 1이 된다. OR 게이트와 NOT 게이트를 연결한 것과 같다.

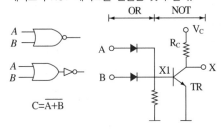

38 PCB 제조 공정에서 소정의 배선 패턴만 남기고 다른 부분의 패턴을 제거하는 공정은?

① 천 공　　　　② 노 광
③ 에 칭　　　　④ 도 금

해설
③ 에칭(Etching, 부식) : 웨이퍼 표면의 배선부분만 부식 레지스트를 도포한 후 이외의 부분은 화학적 또는 전기·화학적으로 제거하는 처리를 말한다.
① 천공(Drill) : PCB 기판에 구멍을 뚫는 작업을 말한다.
② 노광(Exposure) : 동판 PCB에 감광액을 바르고 아트워킹 패턴이 있는 네거티브 필름을 자외선으로 조사하여 PCB에 패턴의 상을 맺게 하면 PCB의 패턴부분만 감광액이 경화하고 절연부가 되어야 할 곳은 경화가 되지 않고 액체인 상태가 유지된다. 이때 PCB를 세척제에 담그면 액체상태의 감광액이 씻겨져 나가게 되는, 동판의 PCB 위에는 경화된 감광액으로 패턴만 남게 하는 기술이다.
④ 도금(Plating) : 물건의 표면 상태를 개선할 목적으로 금속 표면에 다른 금속(순금속 외에 합금도 포함)의 얇은 층을 입히는 것을 말한다.

39 전자 회로도나 블록도(Block Diagram)와 같이 기호(Symbol)와 글자로만 도면이 이루어질 경우, 치수의 의미가 없거나 도면과 실물의 치수가 비례하지 않을 때 척도란의 표기로 옳은 것은?

① 실 척　　　　② NC
③ NS　　　　④ 배 척

해설
블록도와 같이 기호나 글자로만 도면이 이루어지거나 그림의 형태가 치수와 비례하지 않을 때에는 치수 밑에 밑줄을 긋거나 척도란에 비례가 아님 또는 NS(Not to Scale) 등의 문자를 기입하여야 한다. 또 사진으로 축소, 확대하는 도면에 있어서는 필요에 따라 사용한 척도의 눈금을 기입하여야 한다.

40 PCB의 제조를 위한 필름 제조와 마스터 포토 툴을 생성하는 세계적 표준의 파일 형식은?

① 네트리스트 파일　　② 거버 파일
③ 라이브러리 파일　　④ DXF 파일

해설
② 거버 파일 : PCB 필름과 마스터 포트들을 생성하는 데 필요한 정보를 포함한다.
① 네트리스트 파일 : 회로도면 작성에 대한 결과 파일이며, PCB 설계의 입력 데이터로 사용되는 필수 파일이다. 패키지명, 부품명, 네트명, 네트와 연결된 부품핀, 네트와 핀, 부품 속성 등에 대한 정보를 갖고 있다.
③ 라이브러리 파일 : 회로를 그릴 때 쓰기 위한 도면 기호(부품 기호 등)들을 저장해 두는 파일로, 표준화된 회로 작성이 가능하다.
④ DXF 파일 : 서로 다른 컴퓨터 지원 설계(CAD) 프로그램 간에 설계도면 파일을 교환하는 데 업계 표준으로 사용되는 파일 형식이다. 캐드에서 작성한 파일을 다른 프로그램으로 넘길 때 또는 다른 프로그램에서 캐드로 불러올 때 사용한다.

41 제도 용지에서 A3 용지의 규격으로 옳은 것은?(단, 단위는 [mm])

① 210 × 297　　② 297 × 420
③ 420 × 594　　④ 594 × 841

해설
도면의 크기와 양식

용지 크기의 호칭		A0	A1	A2	A3	A4
a×b		841 × 1,189	594 × 841	420 × 594	297 × 420	210 × 297
c(최소)		20	20	10	10	10
d (최소)	철하지 않을 때	20	20	10	10	10
	철할 때	25	25	25	25	25

※ d 부분은 도면을 철하기 위하여 접었을 때, 표제란의 좌측이 되는 곳에 마련한다.

42 고주파를 사용하는 회로도 설계 시 유의할 점이 아닌 것은?

① 배선의 길이는 될 수 있는 대로 짧아야 한다.
② 회로의 중요 요소에는 바이패스 콘덴서를 붙여야 한다.
③ 배선이 꼬인 것은 코일로 간주되므로 주의해야 한다.
④ 유도될 수 있는 고주파 전송 선로는 다른 신호선과 평행하게 한다.

해설
고주파회로 설계 시 유의사항
• 아날로그, 디지털 혼재 회로에서 접지선은 분리한다.
• 부품은 세워서 사용하지 않으며, 가급적 부품의 다리를 짧게 배선한다.
• 고주파 부품은 일반회로 부분과 분리하여 배치하도록 하고, 가능하면 차폐를 실시하여 영향을 최소화하도록 한다.
• 가급적 표면 실장형 부품을 사용한다.
• 전원용 라인필터는 연결부위에 가깝게 배치한다.
• 배선의 길이는 가급적 짧게 하고, 배선이 꼬인 것은 코일로 간주하므로 주의해야 한다.
• 회로의 중요한 요소에는 바이패스 콘덴서를 삽입하여 사용한다.

43 기능에 따라 CAD 프로그램을 분류할 때 전자계열 분류의 약자는?

① AEC   ② EDA
③ MDA   ④ GIS

해설
전자CAD 프로그램
OrCAD, CADSTAR, PCAD 등이 있는데 이를 통칭하여 EDA(Electronic Design Automation, 전자 설계 자동화)라 한다. EDA는 인쇄 회로 기판부터 내장 회로까지 다양한 전자 장치를 설계 및 생산하는 수단의 일종이다. 이는 때로 전자 컴퓨터 활용 설계(Electronic Computer-Aided Design, ECAD)라고 불리기도 하며 Electronic이 생략된 채 CAD라고 불리기도 한다.

44 다음 그림과 같이 전자 제품의 전체적인 동작이나 기능을 간단한 기호나 직사각형과 문자로 그린 도면의 명칭은?

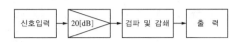

① 배치도   ② 블록도
③ 배선도   ④ 결합도

해설
전체적인 동작이나 기능을 블록으로 그려, 동작의 흐름을 표현하는 경우에 사용하며, 블록도, 블록다이어그램 또는 블록선도라고도 한다.

45 인쇄회로기판에서 패턴의 저항을 구하는 식으로 올바른 것은?(단, 패턴의 폭 W[mm], 두께 T[mm], 패턴길이 L[cm], ρ : 고유저항)

① $R = \rho \dfrac{L}{WT}[\Omega]$ ② $R = \dfrac{L}{WT}[\Omega]$

③ $R = \dfrac{WL}{\rho T}[\Omega]$ ④ $R = \rho \dfrac{W}{LT}[\Omega]$

해설
저항의 크기는 물질의 종류에 따라 달라지며, 단면적과 길이에도 영향을 받는다. 물질의 종류에 따라 구성하는 성분이 다르므로 전기적인 특성이 다르다. 이러한 물질의 전기적인 특성을 일정한 단위로 나누어 측정한 값을 비저항(Specific Resistance)이라고 하며, 순수한 물질일 때 그 값은 고유한 상수(ρ)로 나타난다. 저항(R)은 비저항으로부터 구할 수 있으며 길이에 비례하고, 단면적에 반비례하며 그 공식은 다음과 같다.

$$R = \rho \frac{L}{S} = \rho \frac{L}{WT}[\Omega]$$

46 7세그먼트(FND) 디스플레이가 동작할 때 빛을 내는 것은?

① 발광 다이오드　　② 부 저
③ 릴레이　　　　　　④ 저 항

해설

7세그먼트 표시 장치는 7개의 선분(획)으로 구성되어 있으며, 위와 아래에 사각형 모양으로 두 개의 가로 획과 두 개의 세로 획이 배치되어 있고, 위쪽 사각형의 아래 획과 아래쪽 사각형의 위쪽 획이 합쳐진 모양이다. 가독성을 위해 종종 사각형을 기울여서 표시하기도 한다. 7개의 획은 각각 꺼지거나 켜질 수 있으며 이를 통해 아라비아 숫자를 표시할 수 있다. 몇몇 숫자(0, 6, 7, 9)는 둘 이상의 다른 방법으로 표시가 가능하다.

LED로 구현된 7세그먼트 표시 장치는 각 획별로 하나의 핀이 배당되어 각 획을 끄거나 켤 수 있도록 되어 있다. 각 획별로 필요한 다른 하나의 핀은 장치에 따라 공용 (+)극이나 공용 (−)극으로 배당되어 있기 때문에 소수점을 포함한 7세그먼트 표시 장치는 16개가 아닌 9개의 핀만으로 구현이 가능하다. 한편 한 자리에 해당하는 4비트나 두 자리에 해당하는 8비트를 입력받아 이를 해석하여 적절한 모습으로 표시해 주는 장치도 존재한다. 7세그먼트 표시 장치는 숫자뿐만 아니라 제한적으로 로마자와 그리스 문자를 표시할 수 있다. 그러나 동시에 모호함 없이 표시할 수 있는 문자에는 제한이 있으며 그 모습 또한 실제 문자의 모습과 동떨어지는 경우가 많기 때문에 고정되어 있는 낱말이나 문장을 나타낼 때만 쓰는 경우가 많다.

47 인쇄회로기판(PCB)의 제조공정에서 접착이 용이하도록 처리된 작업 패널 위에 드라이 필름(Photo Sensitive Dry Film Resist : 감광성 사진 인쇄막)을 일정한 온도와 압력으로 압착 도포하는 공정을 무엇이라 하는가?

① 스크러빙(Scrubbing : 정면)
② 노광(Exposure)
③ 래미네이션(Lamination)
④ 부식(Etching)

해설

③ 래미네이션(Lamination) : 같은 또는 다른 종류의 필름 및 알루미늄박, 종이 등을 두 장 이상 겹쳐 붙이는 가공법으로 일정한 온도와 압력으로 압착 도포한다.
① 스크러빙(Scrubbing, 정면) : PCB나 그 패널의 청정화 또는 조화를 위해 브러시 등으로 연마하는 기술로 보통은 컨베이어 위에 PCB나 그 패널을 태워 보내 브러시 등을 회전시킨 평면 연마기에서 연마한다.
② 노광(Exposure) : 동판 PCB에 감광액을 바르고 아트워킹 패턴이 있는 네거티브 필름을 자외선으로 조사하여 PCB에 패턴의 상을 맺게 하면 PCB의 패턴 부분만 감광액이 경화하고 절연부가 되어야 할 곳은 경화가 되지 않고 액체인 상태가 유지된다. 이때 PCB를 세척제에 담가 액체상태의 감광액만 씻겨 나가게 하고 동판의 PCB 위에는 경화된 감광액 패턴만 남게 하는 기술이다.
④ 부식(Etching, 에칭) : 웨이퍼 표면의 배선부분만 부식 레지스트를 도포한 후 이외의 부분은 화학적 또는 전기-화학적으로 제거하는 처리를 말한다.

48 능동 소자에 속하는 것은?

① 저 항　　　　　　② 코 일
③ 트랜지스터　　　④ 커패시터

해설

• 능동 소자(Active Element) : 능동이란 다른 것에 영향을 받지 않고 스스로 변화시킬 수 있는 것이라는 표현이다. 즉, 능동 소자란 스스로 무언가를 할 수 있는 기능이 있는 소자를 말한다. 입력과 출력을 가지고 있으며, 전기를 가하면 입력과 출력이 일정한 관계를 갖는 소자를 말한다. 이 능동 소자에는 Diode, TR, FET, OP Amp 등이 있다.
• 수동 소자(Passive Element) : 수동 소자는 능동 소자와 반대로 에너지 변환과 같은 능동적 기능을 가지지 않는 소자로 저항, 커패시터, 인덕터 등이 있다. 이 수동 소자는 에너지를 소비, 축적, 혹은 그대로 통과시키는 작용 즉, 수동적으로 작용하는 부품을 말한다.

구 분	능동 소자	수동 소자
특 징	공급된 전력을 증폭 또는 정류로 만들어 주는 소자	공급된 전력을 소비 또는 방출하는 소자
동 작	선형 + 비선형	선 형
소자 명칭	다이오드, 트랜지스터 등	인덕터, 저항 커패시터 등

49 PCB 설계 시 배선의 전기적 특성과 노이즈 개선방법으로 틀린 것은?

① 회로블록마다 디커플링 커패시터를 배치한다.
② 기판 내 접지점은 5점 이상의 접지방식을 사용한다.
③ 양면에서는 각층이 서로 교차되도록 배선한다.
④ 주파수 대역 형태별로 기판을 나누어서 배선한다.

해설

PCB에서 패턴 설계 시 유의사항

• 패턴의 길이 : 패턴은 가급적 굵고 짧게 하여야 한다. 패턴은 가능한 두껍게 Data의 흐름에 따라 배선하는 것이 좋다.
• 부유 용량 : 패턴 사이의 간격을 떼어놓거나 차폐를 행한다. 양 도체 사이의 상대 면적이 클수록, 거리가 가까울수록, 절연물의 유전율이 높을수록 부유 용량(Stray Capacity)이 커진다.
• 신호선 및 전원선은 45°로 구부려 처리한다.
• 신호 라인이 길 때는 간격을 충분히 유지시키는 것이 좋다.
• 단자와 단자의 연결에서 VIA는 최소화하는 것이 좋다.
• 공통 임피던스 : 기판에서 하나의 접지점을 정하는 1점 접지방식으로 설계하고, 각각의 회로 블록마다 디커플링 콘덴서를 배치한다.
• 회로의 분리 : 취급하는 전력 용량, 주파수 대역 및 신호 형태별로 기판을 나누거나 커넥터를 분리하여 설계한다.
• 도선의 모양 : 배선은 가급적 짧게 하는 것이 다른 배선이나 부품의 영향을 적게 받는다.

PCB에서 노이즈(잡음) 방지대책

• 회로별 Ground 처리 : 주파수가 높아지면(1[MHz] 이상) 병렬, 또는 다중 접지를 사용한다.
• 필터 추가 : 디커플링 커패시터를 전압강하가 일어나는 소자 옆에 달아주어 순간적인 충방전으로 전원을 보충, 바이패스 커패시터(0.01, 0.1[μF](103, 104), 세라믹 또는 적층 세라믹 콘덴서)를 많이 사용한다(고주파 RF 제거 효과). TTL의 경우 가장 큰 용량이 필요한 경우는 0.047[μF] 정도이므로 흔히 0.1[μF]를 사용한다. 커패시터 배치할 때에도 소자와 너무 붙여놓으면 전파 방해가 생긴다.
• 내부배선의 정리 : 일반적으로 1[A]가 흐르는 선의 두께는 0.25[mm](허용온도상승 10[℃]일 때) 0.38[mm](허용온도 5[℃]일 때), 배선을 알맞게 하고 배선 사이를 배선의 두께만큼 띄운다. 배선 사이의 간격이 배선의 두께보다 작아지면 노이즈 발생(Crosstalk 현상), 직각으로 배선하기보다 45°, 135°로 배선한다. 되도록이면 짧게 배선을 한다. 배선이 길어지거나 버스패턴을 여러 개 배선해야 할 경우 중간에 Ground 배선을 삽입한다. 배선의 길이가 길어질 경우 Delay 발생 → 동작이상, 같은 신호선이라도 되도록이면 묶어서 배선하지 않는다.
• 동판처리 : 동판의 모서리 부분이 안테나 역할 → 노이즈 발생, 동판의 모서리 부분을 보호 가공한다. 상하 전위차가 생길만한 곳에 같은 극성의 비아(Via)를 설치한다.

• Power Plane : 안정적인 전원공급 → 노이즈 성분을 제거하는 데 도움이 된다. Power Plane을 넣어서 다층기판을 설계할 때 Power Plane 부분을 Ground Plane보다 20[H](= 120[mil] = 약 3[mm]) 정도 작게 설계한다.
• EMC 대책 부품을 사용한다.

50 한쪽 측면에만 리드(Lead)가 있는 패키지 소자는?

① SIP(Single Inline Package)
② DIP(Dual Inline Package)
③ SOP(Small Outline Package)
④ TQFP(Thin Quad Flat Package)

해설

① SIP(Single Inline Package) : DIP와 핀 간격이나 특성이 비슷하다. 그래서 공간문제로 한 줄로 만든 제품이다. 보통 모터드라이버나 오디오용 IC 등과 같이 아날로그 IC쪽에 이용된다.
② DIP(Dual Inline Package), PDIP(Plastic DIP) : 다리와 다리 간격이 0.1[inch](100[mil], 2.54[mm])이므로 만능기판이나 브레드보드에 적용하기 쉬워 주로 많이 사용된다. 핀의 배열이 두 줄로 평행하게 배열되어 있는 부품을 지칭하는 용어이며 우수한 열 특성을 갖고 있으며 74XX, CMOS, 메모리, CPU 등에 사용된다.

IC의 외형에 따른 종류

• 스루홀(Through Hole) 패키지 : DIP(CDIP, PDIP), SIP, ZIP, SDIP
• 표면실장형(SMD ; Surface Mount Device) 패키지
  – 부품의 구멍을 사용하지 않고 도체 패턴의 표면에 전기적 접속을 하는 부품탑재방식이다.
  – SOP(TSOP, SSOP, TSSOP), QFP, QFJ(PLCC), QFN, BGA, TQFP
• 접촉실장형(Contact Mount Device) 패키지 : TCP, COB, COG

51 TTL IC와 논리소자의 연결이 잘못된 것은?

① IC 7408 – AND
② IC 7432 – OR
③ IC 7400 – NAND
④ IC 7404 – NOR

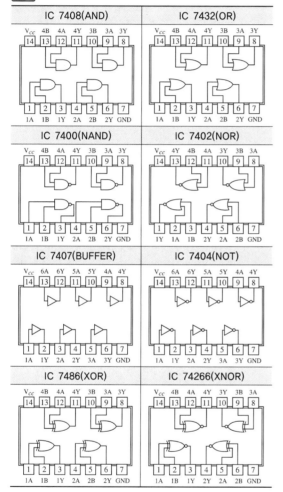

52 도면 작성에 대한 결과 파일로 PCB 프로그램이나 시뮬레이션 프로그램에서 입력 데이터로 사용되는 것은?

① 네트리스트(Netlist)
② 거버 파일(Gerber File)
③ 레이아웃 파일(Layout File)
④ 데이터 파일(Data File)

네트리스트 파일(Netlist File)은 도면의 작성에 대한 결과 파일로 PCB 프로그램이나 시뮬레이션 프로그램에서 입력 데이터로 사용되는 필수 파일이다. 풋프린트, 패키지명, 부품명, 네트명, 네트와 연결된 부품 핀, 네트와 핀 그리고 부품의 속성에 대한 정보를 포함하고 있다.

53 기판 재료 용어를 설명한 것 중 표면에 도체 패턴을 형성할 수 있는 절연 재료를 의미하는 것은?

① 절연 기판(Base Material)
② 프리프레그(Prepreg)
③ 본딩 시트(Bonding Sheet)
④ 동박 적층판(Copper Clad Laminates)

기판 재료 용어
• 절연 기판(Base Material) : 표면에 도체 패턴을 형성할 수 있는 패널 형태의 절연재료
• 프리프레그(Prepreg) : 유리섬유 등의 바탕재에 열경화성 수지를 함침시킨 후 'B STAGE'까지 경화시킨 시트 모양의 재료
• B STAGE : 수지의 반경화 상태
• 본딩 시트(Bonding Sheet) : 여러 층을 접합하여 다층 인쇄 배선판을 제조하기 위한 접착성 재료로 본 시트
• 동박 적층판(Copper Clad Laminated) : 단면 또는 양면을 동박으로 덮은 인쇄배선판용 적층판
• 동박(Copper Foil) : 절연판의 단면 또는 양면을 덮어 도체 패턴을 형성하기 위한 Copper Sheet
• 적층(Lamination) : 2매 이상의 층 구성재를 일체화하여 접착하는 것
• 적층판(Laminate) : 수지를 함침한 바탕재를 적층, 접착하여 만든 기판

54 다음 소자 중 3단자 반도체 소자가 아닌 것은?

① SCR   ② Diode

③ FET   ④ UJT

해설

SCR	Diode
A○ G○ ○K	▷|◁
FET	**UJT**
D G→ S	B₁ E→ B₂

55 다음 〈보기〉에서 설명하는 도면의 양식은?

> 도면의 특정한 사항(도번(도면 번호), 도명(도면 이름), 척도, 투상법, 작성자명 및 일자 등)을 기입하는 곳으로, 그림을 그릴 영역 안의 오른쪽 아래 구석에 위치시킨다. (   )을 보는 방향은 통상적으로 도면의 방향과 일치하도록 한다.

① 도면의 구역   ② 표제란

③ 윤곽 및 윤곽선   ④ 중심마크

해설

도면의 양식

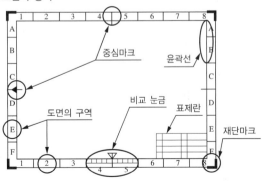

• 표제란 : 표제란의 예

학 교		고등학교	작성일	년 월 일
과		과 학년	척 도	
이 름			투상도	
도 명			도 번	

• 도면의 구역 : 상세도 표시의 부분, 추가, 수정 등의 위치를 도면상에서 용이하게 나타내기 위하여 모든 크기의 도면에는 구역 표시를 설정하는 것이 바람직하다. 분할수는 짝수로 하고, 도면의 구역 표시를 형성하는 사각형의 각 변의 길이는 25~75[mm]로 하는 것이 좋다. 도면 구역 표시의 선은 두께가 최소 0.5[mm]인 실선으로 한다.

• 윤곽 및 윤곽선 : 재단된 용지의 가장자리와 그림을 그리는 영역을 한정하기 위하여 선으로 그어진 윤곽은 모든 크기의 도면에 설치해야 한다. 그림을 그리는 영역을 한정하기 위한 윤곽선은 최소 0.5[mm] 이상 두께의 실선으로 그리는 것이 좋다. 0.5[mm] 이외의 두께의 선을 이용할 경우에 선의 두께는 ISO 128에 의한다.

• 중심마크 : 복사 또는 마이크로필름을 촬영할 때 도면의 위치를 결정하기 위해 4개의 중심마크를 설치한다. 중심마크는 재단된 용지의 수평 및 수직의 2개 대칭축으로, 용지 양쪽 끝에서 윤곽선의 안쪽으로 약 5[mm]까지 긋고, 최소 0.5[mm] 두께의 실선을 사용한다. 중심마크의 위치 허용차는 ±0.5[mm]로 한다.

• 재단마크 : 복사도의 재단에 편리하도록 용지의 네 모서리에 재단마크를 붙인다. 재단마크는 두 변의 길이가 약 10[mm]의 직각 이등변 삼각형으로 한다. 그러나 자동 재단기에서 삼각형으로 부적합한 경우에는 두께 2[mm]인 두 개의 짧은 직선으로 한다.

• 도면의 비교 눈금 : 모든 도면상에는 최소 100[mm] 길이에 10[mm] 간격의 눈금을 긋는다. 비교 눈금은 도면 용지의 가장자리에서 가능한 한 윤곽선에 겹쳐서 중심마크에 대칭으로, 너비는 최대 5[mm]로 배치한다. 비교 눈금선은 두께가 최소 0.5[mm]인 직선으로 한다.

56 입출력장치로 모두 이용되고 있는 것은?

① 마우스

② 플로터

③ 터치스크린

④ 디지타이저와 스타일러스 펜

해설

③ 터치스크린(Touch Screen) : 화면을 건드려 사용자가 손가락이나 손으로 기기의 화면에 접촉한 위치를 찾아내는 화면을 말한다. 모니터에 특수 직물을 씌워 이 위를 손으로 눌렀을 때 감지하는 방식으로 구성되어 있는 경우도 있다. 터치스크린은 스타일러스와 같이 다른 수동적인 물체를 감지해 낼 수도 있다. 터치스크린 모니터는 터치로 입력장치의 역할을 하며, 모니터는 출력장치의 역할을 한다.

① 마우스 : 입력장치

② 플로터 : 출력장치

④ 디지타이저와 스타일러스 펜 : 입력장치

57 아트워크 필름은 데이터를 기본으로 한 실제 생산을 위한 작업 필름으로 여러 종류가 있다. 〈보기〉가 설명하는 필름은?

> • 원도 필름만 준비되면 해당 필름을 놓고 노광기에서 자외선을 쪼인 후 암모니아가스에 의한 현상으로 원도 필름 회로 등을 거의 동일하게 제작 가능
> • 원도 필름을 재현하는 개념이고 아울러 노광기의 산란광에 의한 노광으로 진행되므로 초정밀, 미세회로의 재현성에 한계가 있으므로 정밀회로 필름의 제작 어려움
> • Pin 간 1~2 Line의 쉬운 회로 구성 필름에 적합

① 디아조(Diazo) 필름

② 은염 필름(Silver Halide)

③ 적층(Hot Press) 필름

④ 이형 필름(Release Film)

해설

대표적인 아트워크 필름으로 내층용 필름, 외층용 패턴 필름, 외층용 S/M 필름, M/K 필름, 드릴 홀 필름, 라우터 가공용 필름, BBT용 필름 등이 있다. 재료 및 공정 차이에 의해 크게 디아조(Diazo) 필름과 은염(Silver Halide) 필름으로 나눈다.

• 디아조(Diazo) 필름 : 주로 PCB 초창기에 많이 사용되었으며, 현재도 일부 사용되고 있다. 제조공정은 원도 필름 준비 → 디아조 필름에 밀착 → 노광 → 현상으로 진행된다.

– 특 징

ㄱ 작업의 용이성(명실 작업 가능)

원도 필름만 준비되면 디아조 필름을 놓고 노광기에서 자외선을 쪼인 후 암모니아가스에 의한 현상으로 원도 필름 회로 등을 거의 동일하게 제작 가능하다.

ㄴ 정밀, 미세 필름 작업 단점

원도 필름을 재현하는 개념이고 아울러 노광기의 산란광에 의한 노광으로 진행되므로 초정밀, 미세회로의 재현성에 한계가 있으므로 정밀 회로 필름의 제작이 어렵다(회로 해상도, Sharpness, 재현성 등이 떨어짐).

ㄷ 치수 안정성 양호

일반적으로 디아조 필름은 폴리에스터(Polyester)기재에 에멀션 코팅된 구조로써, 은염 필름보다 두꺼워 쉽게 온도, 습도 등에 의해 변형되지 않는다.

ㄹ 내스크래치성 우수

디아조 필름은 표면이 Matt형으로 되었으며, 이멀전 자체가 은염필름 보다 딱딱하여 스크래치에 강하다.

– 용 도
  ㉠ 심플한 패턴 필름 : Pin 간 1~2 Line의 쉬운 회로 구성 필름에 적합하다.
  ㉡ PSR, M/K, 드릴 홀 필름 등
• 은염 필름(Silver Halide) : 현재 PCB 제조의 거의 모든 필름에 적용되는 필름으로, 제조공정은 CAD 작업 → CAM 작업 → Data Laser Photo Plotter 전송 → Laser Photo Plotter → 현상 → 정착 → 건조과정을 거친다.
– 특 징
  ㉠ 암실에서 작업이 가능하다.
    은염 필름은 고감도로, 대기에 노출시키면 즉시 감광이 일어나므로 반드시 냉암실(항온 · 항습)에서 레이저 플로팅(Laser Plotting) 등의 작업이 이루어져야 한다.
  ㉡ 정밀, 미세필름 제작이 가능하다.
    CAM 데이터를 레이저 포토 플로터(Laser Photo Plotter)가 전송받아 직접 레이저광으로 회로를 그려 주기 때문에 초미세, 정밀한 회로를 만들 수 있다.
  ㉢ 치수 안정성 우수
    디아조 필름보다 더 온습도에 대한 변형률이 작은 재질을 써서 제조되었기 때문에 치수 안정성이 우수하다.
  ㉣ 스크래치에 열악하다.
    은염 필름의 에멀션은 디아조 필름보다는 스크래치에 약하기 때문에 에멀션면에 보호 필름이 코팅되는 경우가 있다.

58 다음 그림은 아트워크 필름의 단면도를 나타낸 것이다. 빈칸에 들어갈 내용으로 알맞은 용어는?

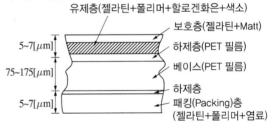

① (가) 하제층, (나) 하제층, (다) 하제층
② (가) 보호층, (나) 하제층, (다) 베이스
③ (가) 보호층, (나) 베이스, (다) 하제층
④ (가) 하제층, (나) 보호층, (다) 베이스

해설
아트워크 필름의 단면도

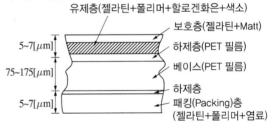

59 PC마더보드, PDP, DTV, MP3플레이어, 캠코더 등에 사용하는 PCB는?

① 페놀 양면(카본)

② 에폭시 양면

③ 에폭시 MLB(4층)

④ Polyamide Flex

해설

PCB 종류

재 료	형 태			어플리케이션
페 놀	단 면			TV, VCR, 모니터, 오디오, 전화기, 가전제품
	양 면	카 본		리모콘
		STH		CR-ROM, CD-RW, DVD
		CPTH		DVD, 모니터
에폭시	양 면			오디오, OA기기, HDTV
	MLB	4층		PC 마더보드, PDP, DTV, MP3 플레이어, 캠코더
		6~8층		DVR, TFT-LCD, 모바일폰, 모뎀, 노트북 PC
		10층 이상		통신/네트워크 장비(중계기, 교환기 등)
	빌드업(Build Up)			모바일폰, 캠코더, 디지털카메라
	Package Substrate (BGA, CSP)			
폴리아마이드	Flex			노트북 PC, 프린터, TFT-LCD
	Rigid Flex			캠코더
	Package Substrate (CSP)			모바일폰, 디지털카메라

• 반도체용 메모리/비메모리 PCB는 에폭시계열 MLB에 해당되며 주로 6~8층이 많다.
• 폴리아마이드는 유연 PCB의 원재료이다.
• 빌드업과 Package Substrate : 빌드업은 MLB쪽에 가까운 품목으로 빌드업이라는 공법으로 만든 PCB이고, Package Substrate 는 반도체를 실장하기 위한 PCB로 반도체를 실장하게 되면 그 자체가 반도체가 되는 것으로, 이것을 다시 MLB나 다른 PCB에 실장한다.

60 두 종류 이상의 선이 겹칠 경우에는 우선순위가 가장 빠른 것은?

① 중심선 ② 절단선

③ 숨은선 ④ 외형선

해설

두 종류 이상의 선이 겹칠 경우에는 다음의 우선순위에 따라 그린다.
• 외형선(굵은 실선 : 선의 종류 A)
• 숨은선(파선 : 선의 종류 E 또는 F)
• 절단선(가는 1점 쇄선, 절단부 및 방향이 변한 부분을 굵게 한 것 : 선의 종류 H)
• 중심선, 대칭선(가는 1점 쇄선 : 선의 종류 G)
• 중심을 이은 선(가는 2점 쇄선 : 선의 종류 K)
• 투상을 설명하는 선(가는 실선 : 선의 종류 B)
※ 예외 : 조립 부품의 인접하는 외형선은 검게 칠한 얇은 단면한 도면에서 중복되는 선의 우선순위 예

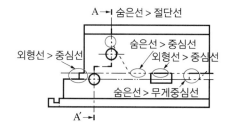

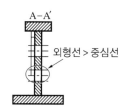

01 전계효과트랜지스터(FET)에 대한 설명으로 틀린 것은?

① BJT보다 잡음특성이 양호하다.
② 소수 반송자에 의한 전류제어형이다.
③ 접합형의 입력저항은 MOS형보다 낮다.
④ BJT보다 온도 변화에 따른 안정성이 높다.

해설
FET는 전압제어형이다.

03 발진기는 부하의 변동으로 인하여 주파수가 변화되는데 이것을 방지하기 위하여 발진기와 부하 사이에 넣는 회로는?

① 동조 증폭기   ② 직류 증폭기
③ 결합 증폭기   ④ 완충 증폭기

해설
④ 완충 증폭기 : 다음 단 증폭기의 영향으로 발진 주파수가 변동하지 않도록 양자를 격리하기 위해 사용된다.
① 동조 증폭기 : 특정한 주파수(동조 주파수)만 증폭한다.
② 직류 증폭기 : 교류성분 이외에 직류성분까지도 증폭할 수 있도록 한 증폭기이다.
③ 결합 증폭기 : 다음 단과의 연결방식에 따라 LC 결합, 변압기 결합, RC 결합, 직접 결합 등이 있다.

02 다음 정전압 안정화 회로에서 제너다이오드 Z_D의 역할은?(단, 입력전압은 출력전압보다 높다)

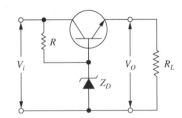

① 정류작용   ② 기준전압 유지작용
③ 제어작용   ④ 검파작용

해설
제너다이오드에는 제너전압보다 높을 때 역방향 전류가 흘러 거의 일정한 제너전압을 만든다. 즉, 기준전압 유지작용을 한다.

04 다음 회로에 입력 V_i 파형으로 펄스폭이 Δt[sec]인 구형파를 가할 때 출력 V_o 파형은?(단, 회로의 시정수 RC는 입력파형의 펄스폭보다 훨씬 크다고 가정한다)

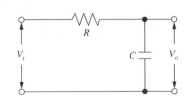

① 정현파   ② 구형파
③ 계단파   ④ 삼각파

해설
적분기회로이며, 구형파를 입력하면 삼각파가 출력된다.

05 증폭회로에서 되먹임의 특징으로 옳지 않은 것은?(단, 음 되먹임(Negative Feedback) 증폭회로라고 가정한다)

① 이득의 감소
② 주파수 특성의 개선
③ 잡음 증가
④ 비선형 왜곡의 감소

해설
음되먹임 증폭회로는 내부 잡음이 감소된다.

06 '전자유도에 의하여 생기는 전압의 크기는 코일을 쇄교하는 자속의 변화율과 코일 권선수의 곱에 비례한다.'는 법칙은?

① 렌츠의 법칙
② 패러데이의 법칙
③ 앙페르의 오른나사 법칙
④ 비오−사바르의 법칙

해설
② 패러데이의 전자유도 법칙 : 자속 변화에 의한 유도기전력의 크기를 결정하는 법칙
① 렌츠의 법칙(Lenz's Law) : 역기전력의 법칙
③ 앙페르의 오른나사의 법칙 : 전류에 의한 자기장의 방향을 결정하는 법칙
④ 비오−사바르의 법칙 : 전류에 의한 자기장 세기와의 관계를 나타낸 법칙

07 연산증폭기의 입력 오프셋 전압에 대한 설명으로 가장 적합한 것은?

① 차동 출력을 0[V]가 되도록 하기 위하여 입력단자 사이에 걸어 주는 전압이다.
② 출력전압이 무한대(∞)가 되도록 하기 위하여 입력단자 사이에 걸어 주는 전압이다.
③ 출력전압과 입력전압이 같게 될 때의 증폭기 입력전압이다.
④ 두 입력단자가 접지되었을 때 두 출력단자 사이에 나타나는 직류전압의 차이다.

해설
입력 오프셋 전압
연산증폭기에서 출력전압을 0으로 하기 위해 2개의 같은 저항을 통해서 입력단에 가할 전압이다. 보통 0.3∼7.5[mV] 정도이다.

08 주파수변조에 대한 설명으로 가장 적합한 것은?

① 신호파에 따라 반송파 진폭을 변화시키는 것
② 신호파에 따라 반송파의 위상을 변화시키는 것
③ 신호파에 따라 반송파의 주파수를 변화시키는 것
④ 신호파에 따라 펄스의 위상을 변화시키는 것

해설
• 주파수변조 : 신호파의 순시값에 따라서 반송파의 주파수를 변화시키는 방식의 변조
• 진폭변조 : 신호파의 크기에 비례하여 반송파의 진폭을 변화시킴으로써 정보가 반송파에 합성되는 변조
• 위상변조 : 입력신호의 진폭에 대하여 반송파의 위상을 변화시키는 변조방식

09 펄스의 상승 부분에서 진동의 정도를 말하며, 높은 주파수 성분에 공진하기 때문에 생기는 것은?

① Sag ② Storage Time
③ Under Shoot ④ Ringing

해설
④ 링잉(Ringing) : 펄스의 상승 부분에서 진동의 정도를 말하며, 높은 주파수 성분에 공진하기 때문에 생긴다.
① 새그(Sag) : 내려가는 부분의 정도를 말하며, $\left(\dfrac{C}{V}\right) \times 100[\%]$ 로 나타낸다.
② 축적 시간(Storage Time) : 이상적 펄스의 하강 시각에서 실제의 펄스가 V의 90[%]가 되는 구간의 시간이다.
③ 언더슈트(Under Shoot) : 하강 파형에서 이상적 펄스파의 기준 레벨보다 아랫부분의 높이 d를 말한다.

10 주파수가 서로 다른 두 정현파의 전압 실횻값이 E_1, E_2이다. 이 두 정현파의 합성 전압의 실횻값은?

① $E_1 + E_2$ ② $E_1 - E_2$
③ $\sqrt{E_1^2 + E_2^2}$ ④ $\dfrac{E_1 + E_2}{2}$

11 크로스오버 왜곡(Crossover Distortion)이 발생하는 전력증폭기는?

① A급 전력증폭기 ② B급 전력증폭기
③ AB급 전력증폭기 ④ C급 전력증폭기

해설
B급 푸시풀 회로의 특징
• 큰 출력을 얻을 수 있다.
• B급 동작이므로 직류 바이어스 전류가 작아도 된다.
• 효율이 높다.
• 입력신호가 없을 때 전력 손실은 무시할 수 있다.
• 짝수 고조파 성분이 서로 상쇄되어 일그러짐이 없다.
• B급 증폭기 특유의 크로스오버 일그러짐(교차 일그러짐)이 생긴다.

12 기전력 E[V] 내부저항 $r[\Omega]$이 되는 같은 전지 n개를 직렬로 접속하고 외부저항 $R[\Omega]$을 직렬로 접속하였을 때 흐르는 전류 I는 몇 [A]인가?

① $I = \dfrac{nE}{R + nr}$ ② $I = \dfrac{nE}{nR + r}$
③ $I = \dfrac{nE}{\dfrac{n}{R} + r}$ ④ $I = \dfrac{nE}{R + \dfrac{n}{r}}$

해설
회로의 전체 저항은 외부저항(R)과 전지의 내부저항을 모두 더한 값($R + nr$)이 되고, 회로의 전체 전압은 전지가 직렬로 연결되었으므로 nE가 된다.

13 차동 증폭기에 대한 설명으로 적합하지 않은 것은?

① 2개의 입력을 갖는다.
② 2개의 출력을 갖는다.
③ 직류 증폭이 어렵다.
④ 공통 성분 제거비(CMRR)는 차동증폭기의 성능을 나타내는 것 중의 하나이다.

해설
• 차동 증폭기(Differential Amplifier) : 2개의 입력단자에 가해진 2개의 신호차를 증폭하여 출력하는 회로이다.
• 동위상 신호 제거비(CMRR ; Common Mode Rejection Ratio)
  $$\text{CMRR} = \frac{\text{차동 이득}}{\text{동위상 이득}} = \frac{A_d}{A_c}$$
• 동위상 신호 제거비가 클수록 우수한 차동 특성을 나타낸다.

14 1차 코일의 인덕턴스가 10[mH]이고, 2차 코일의 인덕턴스가 20[mH]인 변성기를 직렬로 접속하고 측정하니 합성 인덕턴스가 36[mH]였다. 이들 사이의 상호 인덕턴스는?

① 6[mH]　　　　　② 4[mH]

③ 3[mH]　　　　　④ 2[mH]

해설

$$L_T = L_1 + L_2 + 2M$$
$$M = \frac{1}{2}(L_T - L_1 - L_2)$$
$$\quad = \frac{1}{2}(36 - 10 - 20) = 3[mH]$$

15 정류회로에서 다음 그림과 같은 출력 파형이 얻어지는 정류는?

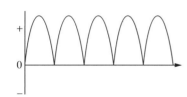

① 반파 배전압 정류회로

② 반파정류회로

③ 정전압 정류회로

④ 전파정류회로

해설

전파정류회로 : 교류 입력의 음의 영역도 정류하여 같은 방향으로 흐르게 할 수 있는 회로

16 고급 언어로 작성된 프로그램을 한꺼번에 번역하여 목적프로그램을 생성하는 프로그램은?

① 어셈블리어　　　② 컴파일러

③ 인터프리터　　　④ 로 더

해설

컴파일러는 고급 명령어를 기계어로 직접 번역하는 것이고, 인터프리터는 고급 언어로 작성된 원시코드 명령어들을 한 번에 한 줄씩 읽어 들여서 실행하는 프로그램이다.

17 다음 그림은 어떤 주소지정방식인가?

① 즉시 주소(Immediate Address)지정

② 직접 주소(Direct Address)지정

③ 간접 주소(Indirect Address)지정

④ 상대 주소(Relative Address)지정

해설

• 즉시 주소지정방식(Immediate Mode) : 명령어 자체에 오퍼랜드(실제 데이터)를 내포하고 있는 방식

• 직접 주소지정방식(Direct Mode)
 – 명령의 주소부가 사용할 자료의 번지를 표현하고 있는 방식
 – 명령의 Operand부에 표현된 주소를 이용하여 실제 데이터가 기억된 기억장소에 직접 사상시킬 수 있음

• 간접 주소지정방식(Indirect Mode)
 – 명령어에 나타낼 주소가 명령어 내에서 데이터를 지정하기 위해 할당된 비트수로 나타낼 수 없을 때 사용하는 방식
 – 명령어 내의 Operand부에 실제 데이터가 저장된 장소의 번지를 가진 기억장소의 주소를 표현함으로써, 최소한 주기억장치를 두 번 이상 접근하여 데이터가 있는 기억장소에 도달

• 상대 주소지정방식(Relative Addressing Mode) : 명령 속의 오퍼랜드 지정 정보를 레지스터 지정부와 전개부로 나누어서 레지스터 지정부로 지정된 레지스터 내용과 전개부를 더해서 오퍼랜드의 어드레스를 구성

18 컴퓨터 내의 입출력장치들 중에서 입출력 성능이 높은 것에서 낮은 순으로 바르게 나열된 것은?

① 인터페이스-채널-DMA

② DMA-채널-인터페이스

③ 채널-DMA-인터페이스

④ 인터페이스-DMA-채널

해설

• 입출력 채널(I/O Channel) : 입출력이 일어나는 동안 프로세서가 다른 일을 하지 못하는 문제를 극복하기 위해 개발된 것
• DMA(Direct Memory Access) : 주기억장치와 입출력장치 간의 자료 전송이 중앙처리장치의 개입 없이 곧바로 수행되는 방식
• 인터페이스 : 컴퓨터 내부에서 장치나 구성 요소 간을 상호 접속하는 커넥터 등
• 성능은 채널, DMA, 인터페이스 순으로 높다.

19 다음 문자 데이터 코드들이 표현할 수 있는 데이터의 개수가 잘못 연결된 것은?(단, 패리티 비트는 제외한다)

① 2진화 10진수(BCD) 코드 : 64개

② 아스키(ASCII) 코드 : 128개

③ 확장 2진화 10진(EBCDIC) 코드 : 256개

④ 3-초과(3-Excess) 코드 : 512개

해설

④ 3-초과(3-Excess) 코드 : BCD 코드에 $3_{10} = 0011_2$를 더해 만든 것으로 64개 문자를 표현
① 2진화 10진수(BCD) 코드 : 2진수의 10진법 표현방식으로 0~9까지의 10진 숫자에 4[bit] 2진수를 대응시킨 것으로 64개의 문자를 표현
② 아스키(ASCII) 코드 : 미국표준화협회가 제정한 7[bit] 코드로 128가지의 문자를 표현
③ 확장 2진화 10진(EBCDIC) 코드 : 16[bit] BCD 코드를 확장한 것으로 $2^8 = 256$가지의 문자를 표현

20 다음 ( ) 안에 들어갈 내용으로 알맞은 것은?

D 플립플롭은 1개의 S-R 플립플롭과 1개의 ( ) 게이트로 구성할 수 있다.

① AND   ② OR

③ NOT   ④ NAND

해설

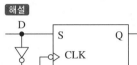

21 R/W, Reset, INT와 같은 신호는 마이크로 컴퓨터의 어느 부분에 내장되어 있는가?

① 주변 I/O 버스   ② 제어 버스

③ 주소 버스   ④ 자료 버스

해설

제어 버스(Control Bus) : CPU와의 데이터 교환을 제어하는 신호의 전송통로

22 C언어의 변수명으로 적합하지 않은 것은?

① KIM50   ② ABC

③ 5POP   ④ E1B2U3

해설

C언어에서 변수 선언 시 숫자는 맨 앞에 올 수 없다.

23 16진수 (5C)₁₆을 10진수로 변환하면?

① 72 ② 86

③ 92 ④ 96

해설
$(5C)_{16} = 5 \times 16^1 + C(12) \times 16^0 = 92$

24 주기억장치(RAM)와 중앙처리장치(CPU)의 속도 차이를 해소하기 위한 기억장치의 명칭은?

① 가상 기억장치

② 캐시 기억장치

③ 자기코어 기억장치

④ 하드디스크 기억장치

25 다음 중 가상기억장치를 가장 올바르게 설명한 것은?

① 직접 하드웨어를 확장시켜 기억용량을 증가시킨다.

② 자기테이프장치를 사용하여 주소공간을 확대한다.

③ 보조기억장치를 사용하여 주소공간을 확대한다.

④ 컴퓨터의 보안성을 확보하기 위한 차폐시스템이다.

해설
가상기억장치
• 보조기억장치의 일부를 주기억장치처럼 사용한다.
• 용량이 작은 주기억장치를 마치 큰 용량을 가진 것처럼 사용하는 기법이다.

26 다음 중 설명이 바르게 된 것은?

① 자심(Magnetic Core)은 보조기억장치로 사용된다.

② 자기디스크, 자기테이프는 주기억장치로 사용된다.

③ DRAM은 SRAM보다 용량이 크고 속도가 빠르다.

④ 누산기는 사칙연산, 논리연산 등의 중간 결과를 기억한다.

해설
① 자심(Magnetic Core)은 주기억장치로 사용된다.
② 자기디스크, 자기테이프는 보조기억장치로 사용된다.
③ DRAM은 SRAM보다 용량을 크게 만들기가 쉬우나 속도가 늦다.

27 전하가 방전되는 것을 보충하기 위한 리프레시 작업이 필요한 기억소자는?

① Mask ROM ② EPROM

③ SRAM ④ DRAM

해설
RAM(Random Access Memory) : 저장한 번지의 내용을 인출하거나 새로운 데이터를 저장할 수 있으나, 전원이 꺼지면 내용이 소멸되는 휘발성 메모리이다.
• SRAM(Static RAM) : 플립플롭으로 구성되고 속도가 빠르나 기억 밀도가 작고 전력 소비량이 크다.
• DRAM(Dynamic RAM) : 단위 기억 비트당 가격이 저렴하고 집적도가 높으나 상태를 유지하기 위해 일정 주기마다 재충전해야한다.

28 8비트 부호와 절댓값 방법으로 표현된 수 42를 한 비트씩 좌우측으로 산술 시프트하면?

① 좌측 시프트 : 42, 우측 시프트 : 42

② 좌측 시프트 : 84, 우측 시프트 : 42

③ 좌측 시프트 : 42, 우측 시프트 : 21

④ 좌측 시프트 : 84, 우측 시프트 : 21

해설

2진수를 좌측으로 1비트 시프트시킬 때마다 그 값이 2배가 되고, 우측으로 시프트시키면 1/2이 된다.

29 인쇄회로기판의 패턴 동박에 의한 인덕턴스값이 $0.1[\mu H]$가 발생하였을 때, 주파수 10[MHz]에서 기판에 영향을 주는 리액턴스의 값은?

① $62.8[\Omega]$ ② $6.28[\Omega]$

③ $0.628[\Omega]$ ④ $0.0628[\Omega]$

해설

리액턴스$(X_L) = 2\pi f L$
$$= 2 \times 3.14 \times 10 \times 10^6 \times 0.1 \times 10^{-6} = 6.28[\Omega]$$

30 A3 Size 도면의 크기[mm]는?

① 297×420

② 496×210

③ 396×320

④ 696×520

해설

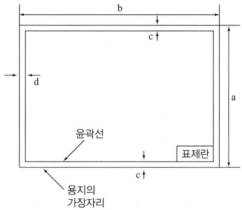

(a) A0–A4에서 긴 변을 좌우 방향으로 놓은 경우

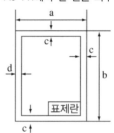

(b) A4에서 짧은 변을 좌우 방향으로 놓은 경우

[도면의 크기와 양식]

용지 크기의 호칭		A0	A1	A2	A3	A4
a×b		841× 1,189	594× 841	420× 594	297× 420	210× 297
c(최소)		20	20	10	10	10
d (최소)	철하지 않을 때	20	20	10	10	10
	철할 때	25	25	25	25	25

※ d 부분은 도면을 철하기 위하여 접었을 때, 표제란의 좌측이 되는 곳에 마련한다.

31 다음은 무엇에 대한 설명인가?

제품이나 장치 등을 그리거나 도안할 때 필요한 사항을 제도기구를 사용하지 않고 프리핸드(Free Hand)로 그린 도면

① 복사도(Copy Drawing)

② 스케치도(Sketch Drawing)

③ 원도(Original Drawing)

④ 트레이스도(Traced Drawing)

해설
② 스케치도는 제품이나 장치 등을 그리거나 도안할 때 필요한 사항을 제도기구를 사용하지 않고 프리핸드로 그린 도면이다.
① 복사도는 같은 도면이 여러 장 필요한 경우에 트레이스도를 원본으로 하여 복사한 도면으로, 청사진, 백사진 및 전자 복사도 등이 있다.
③ 원도는 제도용지에 직접 연필로 작성한 도면이나 컴퓨터로 작성한 최초의 도면으로, 트레이스도의 원본이 된다.
④ 트레이스도는 연필로 그린 원도 위에 트레이싱지(Tracing Paper)를 놓고 연필 또는 먹물로 그린 도면으로, 청사진도 또는 백사진도의 원본이 된다.

32 마일러 콘덴서 104K의 용량값은 얼마인가?

① $0.01[\mu F]$, $\pm 10[\%]$

② $0.1[\mu F]$, $\pm 10[\%]$

③ $1[\mu F]$, $\pm 10[\%]$

④ $10[\mu F]$, $\pm 10[\%]$

해설
$104 = 10 \times 10^4 [pF] = 100,000[pF] = 0.1[\mu F]$
허용차[%]의 문자 기호

문자 기호	허용차[%]	문자 기호	허용차[%]
B	±0.1	J	±5
C	±0.25	K	±10
D	±0.5	L	±15
F	±1	M	±20
G	±2	N	±30

∴ $104K = 0.1[\mu F]$, $\pm 10[\%]$

33 7세그먼트(FND) 디스플레이가 동작할 때 빛을 내는 것은?

① 발광 다이오드   ② 부 저

③ 릴레이   ④ 저 항

해설
7세그먼트 표시장치는 7개의 선분(획)으로 구성되어 있으며, 위와 아래에 사각형 모양으로 두 개의 가로 획과 두 개의 세로 획이 배치되어 있고, 위쪽 사각형의 아래 획과 아래쪽 사각형의 위쪽 획이 합쳐진 모양이다. 가독성을 위해 종종 사각형을 기울여서 표시하기도 한다. 7개의 획은 각각 꺼지거나 켜질 수 있으며 이를 통해 아라비아숫자를 표시할 수 있다. 몇몇 숫자(0, 6, 7, 9)는 둘 이상의 다른 방법으로 표시가 가능하다.

LED로 구현된 7세그먼트 표시장치는 각 획 별로 하나의 핀이 배당되어 각 획을 끄거나 켤 수 있도록 되어 있다. 각 획 별로 필요한 다른 하나의 핀은 장치에 따라 공용 (+)극이나 공용 (−)극으로 배당되어 있기 때문에 소수점을 포함한 7세그먼트 표시장치는 16개가 아닌 9개의 핀만으로 구현이 가능하다. 한편 한 자리에 해당하는 4비트나 두 자리에 해당하는 8비트를 입력받아 이를 해석하여 적절한 모습으로 표시해 주는 장치도 존재한다. 7세그먼트 표시장치는 숫자뿐만 아니라 제한적으로 로마자와 그리스 문자를 표시할 수 있다. 하지만 동시에 모호함 없이 표시할 수 있는 문자에는 제한이 있으며 그 모습 또한 실제 문자의 모습과 동떨어지는 경우가 많기 때문에 고정되어 있는 낱말이나 문장을 나타낼 때만 쓰는 경우가 많다.

34 DXF 파일의 섹션이 아닌 것은?

① 헤더(Header) 섹션

② 블록(Block) 섹션

③ 테이블(Table) 섹션

④ 글로벌(Global) 섹션

해설

DXF 파일은 서로 다른 컴퓨터 지원 설계(CAD) 프로그램 간에 설계도면 파일을 교환하는 데 업계 표준으로 사용되는 파일 형식이다. 캐드에서 작성한 파일을 다른 프로그램으로 넘길 때 또는 다른 프로그램에서 캐드로 불러올 때 사용한다. DXF 파일에는 HEADER 섹션, TABLE 섹션, BLOCK 섹션, ENTITY 섹션 등이 있다.

35 전자회로를 설계하는 과정에서 10[Ω]/5[W] 저항을 기판에 실장(배치)하여야 하는데, 10[Ω]/5[W] 저항의 부피가 커서 1[W] 저항을 이용한 구성방법으로 옳은 것은?

① 50[Ω] 5개 직렬접속

② 100[Ω] 5개 직렬접속

③ 50[Ω] 5개 병렬접속

④ 100[Ω] 5개 병렬접속

해설

같은 크기 저항 5개를 병렬로 연결하면 전류가 1/5로 줄어들어 1[W]의 저항으로도 가능하다. 50[Ω]의 저항 5개를 병렬연결하면 합성저항은 10[Ω]이 된다.

$$\frac{R}{n} = \frac{50}{5} = 10[\Omega]$$

36 인쇄회로기판에서 적층형태의 종류에 해당되지 않는 것은?

① 유연성 PCB

② 단면 PCB

③ 양면 PCB

④ 삼층면 PCB

해설

형상(적층형태)에 의한 PCB 분류

회로의 층수에 의한 분류와 유사한 것으로 단면에 따라 단면기판, 양면기판, 다층기판 등으로 분류되며 층수가 많을수록 부품의 실장력이 우수하며 고정밀제품에 이용된다.

• 단면 인쇄회로기판(Single-side PCB) : 주로 페놀 원판을 기판으로 사용하며 라디오, 전화기, 간단한 계측기 등 회로 구성이 비교적 복잡하지 않은 제품에 이용된다.

• 양면 인쇄회로기판(Double-side PCB) : 에폭시 수지로 만든 원판을 사용하며 컬러 TV, VTR, 팩시밀리 등 비교적 회로가 복잡한 제품에 사용된다.

• 다층 인쇄회로기판(Multi-layer PCB) : 고밀도의 배선이나 차폐가 필요한 경우에 사용하며, 32[bit] 이상의 컴퓨터, 전자교환기, 고성능 통신기기 등 고정밀기기에 채용된다.

• 유연성 인쇄회로기판(Flexible PCB) : 자동화기기, 캠코더 등 회로판이 움직여야 하는 경우와 부품의 삽입, 구성 시 회로기판의 굴곡을 요하는 경우에 유연성으로 대응할 수 있도록 만든 회로기판이다.

37 PCB 패턴 설계 시 부품 배치에 관한 설명으로 옳은 것은?

① IC 배열은 가능하다면 'ㄱ' 형태로 배치하는 것이 좋다.

② 다이오드 및 전해 콘덴서 종류는 + 방향에 ◼️형 LAND를 사용한다.

③ 전해 콘덴서와 같은 방향성 부품은 오른쪽 방향이 1번 혹은 +극성이 되도록 한다.

④ 리드수가 많은 IC 및 커넥터 종류는 가능한 납땜 방향의 수직으로 배열한다.

해설
PCB 설계에서 부품 배치

• 부품 배치
 – 리드수가 많은 IC 및 커넥터류는 가능한 납땜 방향으로 PIN을 배열한다(2.5[mm] 피치 이하). 기판 가장자리와 IC와는 4[mm] 이상 띄워야 한다.
 – IC 배열은 가능한 한 동일 방향으로 배열한다.
 – 방향성 부품(다이오드, 전해콘덴서 등)은 가능한 한 동일 방향으로 배열하고, 불가능한 경우에는 2방향으로 배열하되 각 방향에 대해서는 동일 방향으로 한다.
 – TEST PIN 위치를 TEST 작업성을 고려하여 LOSS를 줄일 수 있는 위치로 가능한 한 집합시켜 설계한다.

• 부품 방향 표시
 – 방향성 부품에 대하여 반드시 방향(극성)을 표시하여야 한다.
 – 실크인쇄의 방향 표시는 부품 조립 후에도 확인할 수 있도록 한다.
 – LAND를 구분 사용하여 부품 방향을 부품면과 납땜면에 함께 표시한다.
 – IC 및 PIN, 컨넥터류는 1번 PIN에 LAND를 ◼️형으로 사용한다.
 – 다이오드 및 전해콘덴서류는 +방향에 ◼️형 LAND를 사용한다.
 – PCB SOLDER SIDE에서도 부품 방향을 알 수 있도록 SOLDER SIDE 극성 표시 부문 LAND를 ◼️형으로 한다.

38 다음 보기에서 설명하는 도면의 양식은?

┤보기├
도면의 특정한 사항(도번(도면 번호), 도명(도면 이름), 척도, 투상법, 작성자명 및 일자 등)을 기입하는 곳으로, 그림을 그릴 영역 안의 오른쪽 아래 구석에 위치시킨다. (   )을 보는 방향은 통상적으로 도면의 방향과 일치하도록 한다.

① 도면의 구역　　　　② 표제란
③ 윤곽 및 윤곽선　　　④ 중심마크

해설
도면의 양식

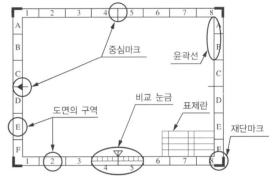

• 표제란 : 표제란의 예

학 교		고등학교	작성일	년　　월　　일
과	과　　학년		척 도	
이 름			투상도	
도 명			도 번	

• 도면의 구역 : 상세도 표시의 부분, 추가, 수정 등의 위치를 도면상에서 용이하게 나타내기 위하여 모든 크기의 도면에는 구역 표시를 설정하는 것이 바람직하다. 분할수는 짝수로 하고, 도면의 구역 표시를 형성하는 사각형의 각 변의 길이는 25~75[mm]로 하는 것이 좋다. 도면 구역 표시의 선은 두께가 최소 0.5[mm]인 실선으로 한다.

• 윤곽 및 윤곽선 : 재단된 용지의 가장자리와 그림을 그리는 영역을 한정하기 위하여 선으로 그어진 윤곽은 모든 크기의 도면에 설치해야 한다. 그림을 그리는 영역을 한정하기 위한 윤곽선은 최소 0.5[mm] 이상 두께의 실선으로 그리는 것이 좋다. 0.5[mm] 이외의 두께의 선을 이용할 경우에 선의 두께는 ISO 128에 의한다.

• 중심마크 : 복사 또는 마이크로필름을 촬영할 때 도면의 위치를 결정하기 위해 4개의 중심마크를 설치한다. 중심마크는 재단된 용지의 수평 및 수직의 2개 대칭축으로, 용지 양쪽 끝에서 윤곽선의 안쪽으로 약 5[mm]까지 긋고, 최소 0.5[mm] 두께의 실선을 사용한다. 중심마크의 위치 허용차는 ±0.5[mm]로 한다.

• 재단마크 : 복사도의 재단에 편리하도록 용지의 네 모서리에 재단마크를 붙인다. 재단마크는 두 변의 길이가 약 10[mm]의 직각 이등변 삼각형으로 한다. 그러나 자동 재단기에서 삼각형으로 부적합한 경우에는 두께 2[mm]인 두 개의 짧은 직선으로 한다.
• 도면의 비교 눈금 : 모든 도면상에는 최소 100[mm] 길이에 10[mm] 간격의 눈금을 긋는다. 비교 눈금은 도면용지의 가장자리에서 가능한 한 윤곽선에 겹쳐서 중심마크에 대칭으로, 너비는 최대 5[mm]로 배치한다. 비교 눈금선은 두께가 최소 0.5[mm]인 직선으로 한다.

• 서피스 모델링(Surface Modeling, 표면 모델) : 여러 개의 곡면으로 물체의 바깥 모양을 표현하는 것으로, 와이어 프레임 모델에 면의 정보를 부가한 형상 모델이다. 곡면기반 모델이라고도 한다.
• 솔리드 모델링(Solid Modeling, 입체 모델) : 정점, 능선, 면 및 질량을 표현한 형상 모델로서, 이것을 작성하는 것을 솔리드 모델링이라고 한다. 솔리드 모델링은 형상만이 아닌 물체의 다양한 성질을 좀 더 정확하게 표현하기 위해 고안된 방법이다. 솔리드 모델은 입체 형상을 표현하는 모든 요소를 갖추고 있어서 중량이나 무게중심 등의 해석도 가능하다. 솔리드 모델은 설계에서부터 제조 공정에 이르기까지 일관하여 이용할 수 있다.

39 형상 모델링의 종류 중 와이어 프레임 모델링(Wire Frame Modeling, 선화 모델)을 한 것은?

①

②

③

④

해설
형상 모델링의 종류
• 와이어 프레임 모델링(Wire Frame Modeling, 선화 모델) : 점과 선으로 물체의 외양만을 표현한 형상 모델로, 데이터 구조가 간단하고 처리속도가 가장 빠르다.

40 다음은 보드 외곽선(Board Outline) 그리기의 한 예이다. X, Y 좌표값을 보기와 같이 입력했을 경우 ㉠, ㉡, ㉢, ㉣에 들어갈 좌표값은?

┤보기├
(가) 명령 : 보드 외곽선 그리기
(나) 첫째 점 : 50, 50
(다) 다음 점 : 150, 50
(라) 다음 점 : 150, 150
(마) 다음 점 : (㉠), (㉡)
(바) 다음 점 : (㉢), (㉣)

① ㉠ 150 ㉡ 150 ㉢ 150 ㉣ 100
② ㉠ 100 ㉡ 100 ㉢ 100 ㉣ 50
③ ㉠ 50 ㉡ 150 ㉢ 50 ㉣ 50
④ ㉠ 00 ㉡ 150 ㉢ 50 ㉣ 150

해설
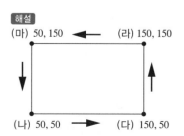

41 배치도를 그릴 때 고려해야 할 사항으로 적합하지 않은 것은?

① 균형 있게 배치하여야 한다.
② 부품 상호 간 신호가 유도되지 않도록 한다.
③ IC의 6번 핀 위치를 반드시 표시해야 한다.
④ 고압회로는 부품 간격을 충분히 넓혀 방전이 일어나지 않도록 배치한다.

해설
부품 배치도를 그릴 때 고려하여야 할 사항
• IC의 경우 1번 핀의 위치를 반드시 표시한다.
• 부품 상호 간의 신호가 유도되지 않도록 한다.
• PCB 기판의 점퍼선은 표시한다.
• 부품의 종류, 기호, 용량, 핀의 위치, 극성 등을 표시하여야 한다.
• 부품을 균형 있게 배치한다.
• 조정이 필요한 부품은 조작이 용이하도록 배치하여야 한다.
• 고압회로는 부품 간격을 충분히 넓혀 방전이 일어나지 않도록 배치한다.

42 인쇄회로기판(PCB) 설계용 CAD에서 일반적인 배선 알고리즘이 아닌 것은?

① 스트립 접속법
② 고속 라인법
③ 인공지능 탐사법
④ 기하학적 탐사법

해설
배선 알고리즘 : 일반적으로 배선 알고리즘은 3가지가 있으며, 필요에 따라 선택하여 사용하거나 이것을 몇 회 조합하여 실행시킬 수도 있다.
• 스트립 접속법(Strip Connection) : 하나의 기판상의 종횡의 버스를 결선하는 방법으로, 커넥터부의 선이나 대용량 메모리 보드 등의 신호 버스 접속 또는 짧은 인라인 접속에 사용된다.
• 고속 라인법(Fast Line) : 배선작업을 신속하게 행하기 위하여 기판 판면의 층을 세로 방향으로, 또 한 방향을 가로 방향으로 접속한다.
• 기하학적 탐사법(Geometric Investigation) : 라인법이나 스트립법에서 접속되지 않는 부분을 포괄적인 기하학적 탐사에 의해 배선한다.

43 블록선도에 사용되지 않는 도형은?

① 원 형
② 직사각형
③ 정사각형
④ 삼각형

해설
블록선도에서 사용하는 도형은 원형(속이 빈 원형), 직사각형, 정사각형, 점(속이 찬 원형) 등이 있다.

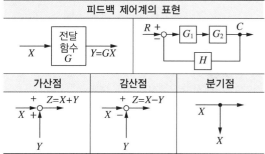

※ 저자의견 : 과년도 기출문제에서 확정답안은 ①번으로 발표되었으나 보기 중 블록선도에 사용되지 않는 것은 삼각형이다.

44 PCB에서 잡음 방지 대책에 대한 설명으로 옳지 않은 것은?

① 가능한 한 패턴을 짧게 배선한다.

② 패턴을 최대한 굵게 배선한다.

③ 패턴을 가늘게 배선하고, 단층기판이 다층기판보다 노이즈가 덜 심하다.

④ 아날로그 회로와 디지털 회로 부분은 분리하여 실장 배선한다.

해설

PCB에서 노이즈(잡음) 방지 대책
- 회로별 Ground 처리 : 주파수가 높아지면(1[MHz] 이상) 병렬, 또는 다중 접지를 사용한다.
- 필터 추가 : 디커플링 커패시터를 전압 강하가 일어나는 소자 옆에 달아주어 순간적인 충방전으로 전원을 보충, 바이패스 커패시터(0.01, 0.1[μF](103, 104), 세라믹 또는 적층 세라믹 콘덴서)를 많이 사용한다(고주파 RF 제거 효과). TTL의 경우 가장 큰 용량이 필요한 경우는 0.047[μF] 정도이므로 흔히 0.1[μF]을 사용한다. 커패시터를 배치할 때에도 소자와 너무 붙여 놓으면 전파 방해가 생긴다.
- 내부 배선의 정리 : 일반적으로 1[A]가 흐르는 선의 두께는 0.25[mm](허용온도 상승 10[℃]일 때), 0.38[mm](허용온도 5[℃]일 때)로 배선을 알맞게 하고 배선 사이를 배선의 두께만큼 띄운다. 배선 사이의 간격이 배선의 두께보다 작아지면 노이즈가 발생(Crosstalk 현상)하므로, 직각으로 배선하기보다 45°, 135°로 배선한다. 되도록이면 짧게 배선한다. 배선이 길어지거나 버스 패턴을 여러 개 배선해야 할 경우 중간에 Ground 배선을 삽입한다. 그리고 배선의 길이가 길어질 경우 Delay 발생하므로 동작 이상, 같은 신호선이라도 되도록이면 묶어서 배선하지 말아야 한다.
- 동판처리 : 동판의 모서리 부분이 안테나 역할(노이즈 발생, 동판의 모서리 부분을 보호 가공)을 한다. 상하 전위차가 생길만한 곳에 같은 극성의 비아를 설치한다.
- Power Plane : 안정적인 전원 공급은 노이즈 성분을 제거하는 데 도움이 된다. Power Plane을 넣어서 다층기판을 설계할 때 Power Plane 부분을 Ground Plane보다 20[H](=120[mil] = 약 3[mm]) 정도 작게 설계한다.
- EMC 대책 부품을 사용한다.

45 전자회로 부품 중 능동 부품이 아닌 것은?

① 다이오드 ② 트랜지스터
③ 집적회로 ④ 저 항

해설
- 능동소자(부품) : 입력과 출력을 갖추고 있으며, 전기를 가한 것만으로 입력과 출력에 일정한 관계를 갖는 소자로서 다이오드(Diode), 트랜지스터(Transistor), 전계효과트랜지스터(FET), 단접합트랜지스터(UJT) 등
- 능동기능 : 신호의 증폭, 발진, 변환 등

46 여러 나라의 공업규격 중에서 국제표준화기구의 규격을 나타내는 것은?

① ISO ② ANSI
③ JIS ④ DIN

해설
ISO : 1947년 제네바에서 조직되어 전기 분야 이외의 물자 및 서비스의 국제 간 교류를 용이하게 하고, 지적·과학·기술·경제 분야에서 국제적 교류를 원활하게 하기 위하여 규격의 국제 통일에 대한 활동을 하는 대표적인 국제표준화기구이다.

기 호	표준 규격 명칭	영문 명칭	마 크
ISO	국제 표준화기구	International Organization for Standardization	(ISO)
KS	한국 산업규격	Korean Industrial Standards	(KS)
BS	영국규격	Britsh Standards	(마크)
DIN	독일규격	Deutsches Institute fur Normung	DIN
ANSI	미국규격	American National Standards Institutes	(ANSI)
SNV	스위스규격	Schweitzerish Norman-Vereingung	SNV
NF	프랑스규격	Norme Francaise	(NF)
SAC	중국규격	Standardization Administration of China	(SAC)
JIS	일본 공업규격	Japanese Industrial Standards	(JIS)

47 다음 중 CAD 시스템의 출력장치에 해당하는 것은?

① 플로터   ② 트랙볼

③ 디지타이저   ④ 마우스

플로터

CAD 시스템에서 도면화를 위한 표준 출력장치이다. 출력이 도형 형식일 때 정교한 표현을 위해 사용되며, 상하, 좌우로 움직이는 펜을 이용하여 단순한 글자에서부터 복잡한 그림, 설계 도면까지 거의 모든 정보를 인쇄할 수 있는 출력장치이다. 종이 또는 펜이 XY 방향으로 움직이고 그림을 그리기 시작하는 좌표에 펜이 위치하면 펜이 종이 위로 내려온다. 프린터는 계속되는 행과 열의 형태만을 찍어낼 수 있는 것에 비하여 플로터는 X, Y 좌표 평면에 임의적으로 점의 위치를 지정할 수 있다. 플로터의 종류를 크게 나누면 선으로 그려내는 벡터 방식과 그림을 흑과 백으로 구분하고 점으로 찍어서 나타내는 래스터 방식이 있으며, 플로터가 정보를 출력하는 방식에 따라 펜 플로터, 정전기 플로터, 사진 플로터, 잉크 플로터, 레이저 플로터 등으로 구분한다.

48 회로의 개방, 단락 등의 오배선을 검사하여 오류를 화면이나 텍스트 파일로 보여 주는 것은?

① Clean Up   ② Set

③ Quit   ④ ERC

ERC(Electronic Rule Check)는 회로의 작성 및 저장이 끝나면 본격적으로 전기적인 회로 해석 작업을 하는 것으로, 회로적 기본 법칙(회로의 개방, 단락 등의 오배선 등)을 검사한 후, Spice를 돌리기 위한 요건을 만족하지 못하는 요소가 있는 경우 Netlist(회로의 부품 간 연결 정보)를 생성하지 않고 에러 메시지를 발생시킨다.

49 TTL IC와 논리소자의 연결이 잘못된 것은?

① IC 7408−AND

② IC 7432−OR

③ IC 7400−NAND

④ IC 7404−NOR

50 다음 중 솔리드 모델링의 특징으로 보기 어려운 것은?

① 은선 제거가 가능하다.
② 간섭 체크가 용이하다.
③ 이미지 표현이 가능하다.
④ 물리적 성질 등의 계산이 불가능하다.

해설

솔리드 모델

정점, 능선, 면 및 질량을 표현한 형상 모델로서, 이것을 작성하는 것을 솔리드 모델링이라고 한다. 솔리드 모델링은 형상만이 아닌 물체의 다양한 성질을 좀 더 정확하게 표현하기 위해 고안된 방법이다. 솔리드 모델은 입체 형상을 표현하는 모든 요소를 갖추고 있어서 중량이나 무게중심 등의 해석도 가능하다. 솔리드 모델은 설계에서부터 제조공정에 이르기까지 일관하여 이용할 수 있다.

모델링의 종류	와이어 프레임 모델링	• 데이터의 구조가 간단하고 처리속도가 빠르다. • 모델 작성이 쉽고 3면 투시도의 작성이 용이하다. • 체적의 계산 및 물질 특성에 대한 자료를 얻지 못한다. • 은선 제거 및 단면도 작성이 불가능하다. • 실루엣이 나타나지 않는다. • 내부에 관한 정보가 없어 해석용 모델로 쓸 수가 없다.
	서피스 모델링	• 은선이 제거될 수 있고 면의 구분이 가능하다. • NC Data에 의한 NC 가공작업이 수월하다. • 단면도 작성이 가능하다. • 형상 내부에 관한 정보가 없어 해석용 모델로 사용되지 못한다. • 3면 투시도의 작성이 용이하다. • 유한 요소법 해석이 곤란하다.
	솔리드 모델링	• 은선 제거가 가능하다. • 물리적 성질 등의 계산이 가능하다(부피, 무게중심, 관성 모멘트). • 간섭 체크가 용이하다. • 형상을 절단한 단면도 작성이 용이하다. • 컴퓨터의 메모리량이 많아지고 데이터의 처리시간이 많이 걸린다. • Boolean연산(합, 차, 적)을 통하여 복잡한 형상 표현도 가능하다.

51 다음 그림은 어떤 도면으로 나타낸 것인가?

① 조립도   ② 부분조립도
③ 부품도   ④ 상세도

해설

② 부분조립도 : 제품 일부분의 조립 상태를 나타내는 도면으로, 특히 복잡한 부분을 명확하게 하여 조립을 쉽게 하기 위해 사용된다.
① 조립도 : 제품의 전체적인 조립과정이나 전체 조립 상태를 나타낸 도면으로, 복잡한 구조를 알기 쉽게 하고 각 단위 또는 부품의 정보가 나타나 있다.
③ 부품도 : 제품을 구성하는 각 부품에 대하여 가장 상세하게 나타내며 실제로 제품이 제작되는 도면이다.
④ 상세도 : 건축, 선박, 기계, 교량 등과 같은 비교적 큰 도면을 그릴 때에 필요한 부분의 형태, 치수, 구조 등을 자세히 표현하기 위하여 필요한 부분을 확대하여 그린 도면이다.

52 PCB의 아트워크 필름은 외부 환경에 의해 수축 또는 팽창을 계속하는데 그 요인에 해당되지 않는 것은?

① 온 도　　　　　② 습 도
③ 처 리　　　　　④ 적외선

- 아트워크 필름의 치수 변화율 요인
  - 온도에 의한 변화율 : 온도에 의해 재료는 열팽창하는데 필름은 1×10^{-8}[%/℃]로 길이에 퍼센트로 변형된다.
  - 습도에 의한 변화율 : 습도에 의해 또한 변형되는데 필름은 1×10^{-2}[%/%℃]로 길이에 퍼센트로 변형된다.
  - 처리에 의한 변화율 : 은염필름의 경우 현상 및 정착에 의한 흡습에 의한 팽창률과 건조에 의한 열흡수에 의한 수축률을 동일하게 맞추므로 변화율이 '0'으로 되게 하는 것이 이상적이나, 필름은 온도에 의해서는 단시간 내에 변화를 가져오고 다시 복원되는 경향이 있지만, 습도에 의한 변화는 장시간에 걸쳐 일어나면서 쉽게 복원되지 않는 성질을 나타낸다.
- 기본적인 치수 안정성 요건
  - 필름실의 온습도 관리 : 필름의 보관, 플로팅(Plotting), 취급 등의 모든 작업이 이루어지는 환경의 온습도의 항상성은 매우 중요하다. 특히, 암실의 항온·항습 유지관리가 중요하며, 이물질의 불량을 최소화하기 위한 Class 유지관리가 동시에 이루어져야 한다.
  - 시즈닝(Seasoning) 관리 : 필름은 원래 생산된 회사의 환경과 PCB 제조업체의 암실 사이에는 온습도가 다를 수 있으므로 반드시 구입 후 암실에서 환경에 적응(수축 또는 팽창)시킨 후에 필름 제작에 들어가는 것이 중요하다. 최소 24시간 이상 환경에 적응시키는 것이 바람직하다.
  - 불가역 환경 방지관리 : 필름은 재질의 주가 폴리에스터(Polyester)로 이것은 적정 온습도 범위 내에서는 수축 또는 팽창되었다가도 다시 원래 치수로 복원하는 특성을 갖고 있으나, 극단적인 온습도 환경에 놓이면 시간이 경과가 되어도 원래 치수로 복원이 어려우므로 필름의 보관제조룸 또는 공정 중에 반드시 통제와 관리가 반드시 필요하다.
  - 일반적으로 필름의 박스 표지에 이 필름의 보관 온습도 범위가 표시되어 있는데 이 범위를 환경적으로 벗어나지 않도록 모든 공정의 제어가 필요하다.

53 2SA562B 트랜지스터의 명칭에서 A의 용도는?

① PNP형 고주파용 TR
② PNP형 저주파용 TR
③ NPN형 고주파용 TR
④ NPN형 저주파용 TR

반도체 소자의 형명 표시법

2	S	A	562	B
㉠ 숫자	S	㉡ 문자	㉢ 숫자	㉣ 문자

- ㉠의 숫자 : 반도체의 접합면수(0 : 광트랜지스터, 광다이오드, 1 : 각종 다이오드, 정류기, 2 : 트랜지스터, 전기장 효과 트랜지스터, 사이리스터, 단접합 트랜지스터, 3 : 전기장 효과 트랜지스터로 게이트가 2개 나온 것). S는 반도체(Semiconductor)의 머리문자
- ㉡의 문자 : A, B, C, D 등 9개의 문자(A : pnp형의 고주파용 트랜지스터, B : pnp형의 저주파형 트랜지스터, C : npn형의 고주파형 트랜지스터, D : npn형의 저주파용 트랜지스터, F : pnpn 사이리스터, G : npnp 사이리스터, H : 단접합 트랜지스터, J : p채널 전기장 효과 트랜지스터, K : n채널 전기장 효과 트랜지스터)
- ㉢의 숫자 : 등록 순서에 따른 번호로 11부터 시작
- ㉣의 문자 : 보통은 붙지 않으나, 특히 개량품이 생길 경우에 A, B, …, J까지의 알파벳 문자를 붙여 개량 부품임을 나타냄
∴ 2SA562B → pnp형의 개량형 고주파용 트랜지스터

54 다음 그림의 논리 게이트 명칭은?

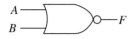

① AND Gate

② OR Gate

③ NAND Gate

④ NOR Gate

NOR Gate는 2개 이상의 입력신호와 1개의 출력신호를 갖는 논리 게이트로서 모든 입력신호가 0일 때 출력신호가 1이 된다. OR 게이트와 NOT 게이트를 연결한 것과 같다.

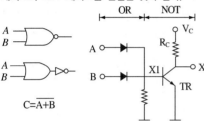

$C=\overline{A+B}$

55 PC 마더보드, PDP, DTV, MP3 플레이어, 캠코더 등에 사용하는 PCB는?

① 페놀 양면(카본)

② 에폭시 양면

③ 에폭시 MLB(4층)

④ Polyamide Flex

PCB 종류

재 료	형 태		어플리케이션
페 놀	단 면		TV, VCR, 모니터, 오디오, 전화기, 가전제품
	양 면	카 본	리모콘
		STH	CR-ROM, CD-RW, DVD
		CPTH	DVD, 모니터
에폭시	양 면		오디오, OA기기, HDTV
	MLB	4층	PC 마더보드, PDP, DTV, MP3 플레이어, 캠코더
		6~8층	DVR, TFT-LCD, 모바일폰, 모뎀, 노트북 PC
		10층 이상	통신/네트워크 장비(중계기, 교환기 등)
	빌드업(Build Up)		모바일폰, 캠코더, 디지털카메라
	Package Substrate (BGA, CSP)		
폴리아마이드	Flex		노트북 PC, 프린터, TFT-LCD
	Rigid Flex		캠코더
	Package Substrate (CSP)		모바일폰, 디지털카메라

• 반도체용 메모리/비메모리 PCB는 에폭시계열 MLB에 해당되며 주로 6~8층이 많다.

• 폴리아마이드는 유연 PCB의 원재료이다.

• 빌드업과 Package Substrate : 빌드업은 MLB쪽에 가까운 품목으로 빌드업이라는 공법으로 만든 PCB이고, Package Substrate는 반도체를 실장하기 위한 PCB로 반도체를 실장하게 되면 그 자체가 반도체가 되는 것으로, 이것을 다시 MLB나 다른 PCB에 실장한다.

56 인쇄회로기판(PCB)의 제조공정에서 접착이 용이하도록 처리된 작업 패널 위에 드라이 필름(Photo Sensitive Dry Film Resist : 감광성 사진 인쇄막)을 일정한 온도와 압력으로 압착 도포하는 공정은?

① 스크러빙(Scrubbing : 정면)
② 노광(Exposure)
③ 래미네이션(Lamination)
④ 부식(Etching)

③ 래미네이션(Lamination) : 같은 또는 다른 종류의 필름 및 알루미늄박, 종이 등을 두 장 이상 겹쳐 붙이는 가공법으로 일정한 온도와 압력으로 압착 도포한다.
① 스크러빙(Scrubbing, 정면) : PCB나 그 패널의 청정화 또는 조화를 위해 브러시 등으로 연마하는 기술로 보통은 컨베이어 위에 PCB나 그 패널을 태워 보내 브러시 등을 회전시킨 평면 연마기에서 연마한다.
② 노광(Exposure) : 동판 PCB에 감광액을 바르고 아트워킹 패턴이 있는 네거티브 필름을 자외선으로 조사하여 PCB에 패턴의 상을 맞게 하면 PCB의 패턴 부분만 감광액이 경화하고 절연부가 되어야 할 곳은 경화가 되지 않고 액체인 상태가 유지된다. 이때 PCB를 세척제에 담가 액체 상태의 감광액만 씻겨 나가게 하고 동판의 PCB 위에는 경화된 감광액 패턴만 남게 하는 기술이다.
④ 부식(Etching, 에칭) : 웨이퍼 표면의 배선 부분만 부식 레지스트를 도포한 후 이외의 부분은 화학적 또는 전기–화학적으로 제거하는 처리이다.

57 다음 그림은 인버터회로를 나타낸 것이다. 이에 대한 설명으로 옳은 것을 보기에서 모두 고른 것은?

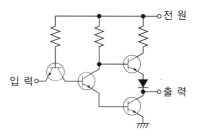

┤보기├
㉠ 회로에서 저항은 3개이다.
㉡ 회로에서 콘덴서는 4개이다.
㉢ 회로는 저항, 트랜지스터, 콘덴서로 구성되어 있다.

① ㉠
② ㉢
③ ㉠, ㉡
④ ㉡, ㉢

위의 회로에는 저항이 3개, 트랜지스터가 4개, 다이오드가 1개 사용되었다.

58 PCB 1장당 부품이 100점 장착된다면, 0.1초/1점을 장착할 수 있는 설비로 1시간 동안 생산 가능한 PCB 수량은 몇 개인가?

① 60개
② 180개
③ 360개
④ 720개

100점/장 × 0.1초 = 10초/장, 1시간은 3,600초이므로 360개가 생산된다.

59 CAD 작업에서 치수에 대한 설명으로 틀린 것은?

① 치수는 치수선, 치수 보조선, 치수 보조기호 등을 사용하여 표시한다.

② 치수선과 치수 보조선은 굵은 실선을 사용한다.

③ 치수선은 원칙적으로 지시하는 길이 또는 각도를 측정하는 방향으로 평행하게 긋는다.

④ 치수 문자는 치수선에서 약간 떨어지게 설정한다.

해설
- 치수는 치수선, 치수 보조선, 치수 보조기호 등을 사용하여 표시한다.
- 도면의 치수는 특별히 명시하지 않는 한 그 도면에 그린 대상물의 마무리 치수를 표시해야 한다.
- 치수선과 치수 보조선은 가는 실선을 사용한다.
- 치수선은 원칙적으로 지시하는 길이 또는 각도를 측정하는 방향으로 평행하게 긋는다.
- 치수선 또는 그 연장선 끝에는 화살표, 사선, 검은색 동그라미를 붙여 그려야 한다.
- 한 도면에서는 같은 모양으로 통일해야 한다.
- 치수 보조선은 치수선에 직각으로 긋고, 치수선을 약간 넘도록 하며 중심선·외형선·기준선 등을 치수선으로 사용할 수 없다.
- 치수는 수평 방향의 치수선에 대해서는 도면의 아래쪽으로부터 수직 방향의 치수선에 대해서는 도면의 오른쪽으로부터 읽을 수 있도록 쓴다.
- 치수 보조기호는 지름($\varnothing$) 반지름(R), 정사각형의 변($\square$), 판의 두께(t) 등 치수 숫자 앞에 쓴다.

도면 치수 기입 시 유의사항
- 부품의 기능상, 제작, 조립 등에 있어서 꼭 필요한 치수만 명확하게 기입한다.
- 치수는 되도록 계산해서 구할 필요가 없도록 기입한다.
- 치수의 중복 기입을 피하도록 한다.
- 가능하면 정면도(주투상도)에 집중하여 기입한다.
- 반드시 전체 길이, 전체 높이, 전체 폭에 관한 치수는 기입한다.
- 필요에 따라 기준으로 하는 점과 선 또는 가공면을 기준으로 기입한다.
- 관련된 치수는 가능하면 모아서 보기 쉽게 기입한다.
- 참고 치수에 대해서는 치수 문자에 괄호를 붙인다.

60 패턴 도금 공정에 대한 설명으로 틀린 것은?

① 래킹 : PCB를 크기별로 고정 및 전류를 흘려줄 목적으로 랙크에 보드를 장착시키는 준비공정이다.

② 탈지(Cleaner) : Imaging 후에 최초의 전처리로 주로 산 Type의 탈지액으로 취급 시 발생될 수 있는 지문, 산화, 유지분 등을 제거해 준다.

③ 10% 황산(Pre-dip) : 전기 동 도금 약품의 오염 방지 및 Cu 산화를 방지하기 위해서 전기 동 도금 후에 처리하는 공정이다.

④ Soft Etching : 패턴 및 홀 속의 Cu층에 미세한 요철(0.4~0.5[μm])을 부여해 줌으로써 후속 전기 도금의 Cu 입자가 균일 밀착하는 데 중요한 역할을 한다.

해설
패턴 도금공정
- 래킹 : PCB를 크기별로 고정 및 전류를 흘려줄 목적으로 랙크에 보드를 장착시키는 준비공정으로 전류의 흐름 및 내약품성 등을 고려하여 Sus(스테인리스) 및 Cu(황동) 등으로 제작한다.
- 탈지(Cleaner) : Imaging 후에 최초의 전처리로 주로 산 Type의 탈지액으로 취급 시 발생될 수 있는 지문, 산화, 유지분 등을 제거해 주며, D/F 현상 후 남아 있을 수 있는 Resist 성분의 제거와 아울러 Small Hole의 침투력을 향상시키기 위해 Wetting Agent를 함유하여 Small Hole에 Wetting 됨으로써 후속 약품처리가 가능하도록 해 준다. 이 Wetting Agent는 세척에 주의를 요하므로 후속 수세공정이 온수세 및 Spray 수세를 병행하는 것이 완벽한 제거에 도움을 준다. 일반적으로 황산, 염산 및 유기산 베이스로 되어 있다.
- Soft Etching : 패턴 및 홀 속의 Cu층에 미세한 요철(0.4~0.5[μm])을 부여해 줌으로써 후속 전기 도금의 Cu 입자가 균일 밀착하는 데 중요한 역할을 한다. Wetting성을 부여하기 위해 근래에는 Wetting Agent가 함유된 Soft Etching액도 나오고 있으며, 액의 불안정성으로 파괴를 막기 위해 안정제가 첨가된다. 또한 Soft Etching에서 가장 중요한 것은 균일한 Etch rate로써 특히 전기 동 도금에서는 관리를 요한다. 일반적으로 많이 사용되는 약품으로 과수-황산 Type, 과황산나트륨-황산 Type이 있다.
- 10% 황산(Pre-dip) : 전기 동 도금 약품의 오염 방지 및 Cu 산화를 방지하기 위해서 전기 동 도금 직전에 처리하는 공정이다.
- 전기 동도금 : (+), (−) 전류를 흘려 Cu 입자를 보드의 회로 및 표면, 홀 속에 도금하는 방식으로 주성분은 무기 약품성분으로 황산동, 황산, 염소(HCl)와 유기약품 성분으로 광택제(Brightener, Leveler, Carrier)의 조합으로 이루어져 있다. 또한, Cu 이온의 공급원으로 인(P)를 극소량 (0.04~0.06[%]) 함유하고 있는 애노드(Anode)가 (+)극에서 공급되어야 한다.

01 전자기파에 대한 설명으로 틀린 것은?

① 전자기파는 수중의 표면에서 일어나는 현상을 관찰하는 데 이용된다.
② 전자기파란 주기적으로 세기가 변화하는 전자기장이 공간으로 전파해 나가는 것을 말한다.
③ 전자기파는 우주공간에서 전파의 전달이 불가능하다.
④ 전자기파는 매질이 없어도 진행할 수 있다.

해설
전자기파는 매질이 없어도 진행할 수 있기 때문에 공기 중은 물론, 매질이 존재하지 않는 우주공간에서도 전자기파의 전달이 가능하다.

02 다음 중 N형 반도체를 만드는 데 사용되는 불순물의 원소는?

① 인듐(In)
② 비소(As)
③ 갈륨(Ga)
④ 알루미늄(Al)

해설
• N형 반도체를 만들기 위하여 첨가하는 불순물 원소 : As(비소), Sb(안티몬), P(인), Bi(비스무트) 등
• P형 반도체를 만들기 위하여 첨가하는 불순물 원소 : In(인듐), Ga(갈륨), B(붕소), Al(알루미늄) 등

03 발진기는 부하의 변동으로 인하여 주파수가 변화되는데 이것을 방지하기 위하여 발진기와 부하 사이에 넣는 회로는?

① 동조증폭기
② 직류증폭기
③ 결합증폭기
④ 완충증폭기

해설
④ 완충증폭기 : 다음 단 증폭기의 영향으로 발진 주파수가 변동하지 않도록 양자를 격리하기 위해 사용된다.
① 동조증폭기 : 특정한 주파수(동조 주파수)만 증폭한다.
② 직류증폭기 : 교류성분 이외에 직류성분까지도 증폭할 수 있도록 한 증폭기이다.
③ 결합증폭기 : 다음 단과의 연결방식에 따라 LC 결합, 변압기 결합, RC 결합, 직접 결합 등이 있다.

04 주로 100[kHz] 이하의 저주파용 정현파 발진회로로 가장 많이 사용되는 것은?

① 블로킹 발진회로
② 수정 발진회로
③ 톱니파 발진회로
④ RC 발진회로

해설
이상형 RC 발진회로
• 컬렉터 측의 출력 전압의 위상을 180° 바꾸어 입력측 베이스에 양되먹임되어 발진하는 발진기로 저주파용 정현파 발진회로로 많이 사용
• 입력 임피던스는 크고, 출력 임피던스가 작은 증폭회로
• $A_V \geq 29$

05 다음 회로는 수정발진기의 가장 기본적인 회로이다. 발진회로 A에 들어갈 부품은?

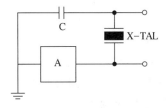

① 저 항　　　　　② 코 일

③ TR　　　　　　④ 커패시터

06 슈미트 트리거(Schmitt Trigger) 회로는?

① 톱니파 발생회로

② 계단파 발생회로

③ 구형파 발생회로

④ 삼각파 발생회로

해설
슈미트 트리거 회로
정현파 입력신호를 정해진 진폭값으로 트리거하여 구형파를 발생한다.

07 Y결선의 전원에서 각 상의 전압이 100[V]일 때 선간전압은?

① 약 100[V]　　　② 약 141[V]

③ 약 173[V]　　　④ 약 200[V]

해설
선간 전압의 크기
$V_l = \sqrt{3}\, V_p[\mathrm{V}] = 1.73 \times 100 = 173[\mathrm{V}]$

08 이미터 접지회로에서 $I_B = 10[\mu A]$, $I_C = 1[\mathrm{mA}]$일 때 전류 증폭률 β는 얼마인가?

① 10　　　　　　② 50

③ 100　　　　　　④ 120

해설
$$\beta = \frac{\triangle I_C}{\triangle I_B} = \frac{1 \times 10^{-3}}{10 \times 10^{-6}} = 100$$

09 전원회로의 구조가 순서대로 옳게 구성된 것은?

① 정류회로 → 변압회로 → 평활회로 → 정전압회로

② 변압회로 → 평활회로 → 정류회로 → 정전압회로

③ 변압회로 → 정류회로 → 평활회로 → 정전압회로

④ 정류회로 → 평활회로 → 변압회로 → 정전압회로

해설

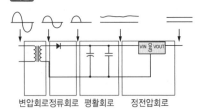

변압회로 정류회로 평활회로　　정전압회로

10 공진주파수가 6[kHz]의 병렬 공진회로에서 Q (Quality Factor)가 60이라면, 이 회로의 대역폭은?

① 100[Hz] ② 150[Hz]
③ 200[Hz] ④ 250[Hz]

해설

공진주파수 $f_0 = \dfrac{1}{2\pi\sqrt{LC}}$

$Q = \dfrac{f_0}{(f_2-f_1)}$

$(f_2-f_1) = \dfrac{f_0}{Q} = \dfrac{6\times10^3}{60} = 100[\text{Hz}]$

11 변조도 '$m > 1$'일 때 과변조(Over Modulation) 전파를 수신하면 어떤 현상이 생기는가?

① 검파기가 과부하된다.
② 음성파 전력이 커진다.
③ 음성파 전력이 작아진다.
④ 음성파가 많이 일그러진다.

해설

과변조($m > 1$)
• 피변조파의 일부 결여
• 위상반전, 일그러짐이 생김, 순간적으로 음이 끊김
• 측파대가 넓어져 혼신 증가

12 실제 펄스 파형에서 이상적인 펄스 파형의 상승하는 부분이 기준 레벨보다 높은 부분을 무엇이라 하는가?

① 새그(Sag)
② 링잉(Ringing)
③ 오버슈트(Overshoot)
④ 지연시간(Delay Time)

해설

③ 오버슈트(Overshoot) : 상승 파형에서 이상적 펄스파의 진폭보다 높은 부분
① 새그(Sag) : 펄스 파형에서 내려가는 부분의 정도
② 링잉(Ringing) : 펄스의 상승 부분에서 진동의 정도
④ 지연시간(Delay Time) : 상승 파형에서 10[%]에 도달하는 데 걸리는 시간

13 전압안정화 회로에서 리니어(Linear) 방식과 스위칭(Switching) 방식의 장단점 비교가 옳은 것은?

① 효율은 리니어 방식보다 스위칭 방식이 좋다.
② 회로 구성에서 리니어 방식은 복잡하고 스위칭 방식은 간단하다.
③ 중량은 리니어 방식은 가볍고 스위칭 방식은 무겁다.
④ 전압 정밀도는 리니어 방식은 나쁘고 스위칭 방식은 좋다.

해설

비교 항목	리니어 방식	스위칭 방식
전환 변환 효율	나쁘다(< 50[%]).	좋다(약 85[%]).
중 량	무겁다.	가볍다.
형 상	대 형	소 형
복수 전원 구성	불편하다.	간단하다.
전압 정밀도	좋다.	나쁘다(노이즈).
회로 구성	간단하다.	복잡하다.

14 $i = I_m \sin \omega t [\text{A}]$로 나타내는 사인파 전류의 최댓값은 ωt가 어떤 값에서 최댓값을 갖는가?

① π

② $\dfrac{\pi}{2}$

③ $\dfrac{\pi}{3}$

④ $\dfrac{\pi}{4}$

해설

$\sin \omega t = 1$일 때 $i = I_m$이 되므로

$\omega t = 90° = \dfrac{\pi}{2} [\text{rad}]$일 때 최댓값을 갖는다.

15 금속의 열전자 방출에 대한 설명이 잘못된 것은?

① 전자 방출량은 금속의 종류에 따라 달라진다.
② 일함수가 큰 재료는 저온에서 전자 방출이 크다.
③ 전장의 영향에 따라 전자 방출량이 달라진다.
④ 금속의 표면 상태에 따라 전자 방출량이 달라진다.

해설

• 열전자 방출 : 금속을 고온으로 가열하면 전도 전자의 운동에너지가 커져 그중 탈출 준위를 넘어 금속체 밖으로 튀어나가는 현상
• 열전자류를 크게 하려면
  – 일함수가 작은 재료 사용
  – 융점이 높은 텅스텐 소재 사용
  – 절대온도 높이기(열전자 방출현상을 물이 담긴 주전자를 가열하는데 비유하고, 수증기는 방출하는 전자가 모여 이루는 전자류에 비유한다)

16 데이터 전송속도의 단위는?

① bit

② byte

③ baud

④ binary

해설

baud는 데이터의 전송속도를 나타내는 단위로, 1초 동안 보낼 수 있는 부호의 비트수로 나타낸다.

17 주기억장치로 사용되는 반도체 기억소자 중에서 읽기, 쓰기를 자유롭게 할 수 있는 것은?

① RAM

② ROM

③ EP-ROM

④ PAL

해설

① RAM(Random Access Memory) : 읽기, 쓰기를 자유롭게 할 수 있으며, 전원이 꺼지면 내용이 소멸되는 휘발성 메모리이다.
② ROM(Read Only Memory) : 읽기 전용 메모리이다.
③ EP-ROM(Erasable Programming ROM) : 사용자가 프로그램 등을 여러 번 지우고 써넣을 수 있는 기억소자로서, 자외선이나 특정 전압전류로서 내용을 지우고 다시 기록할 수 있다.

18 채널(Channel)의 종류로 옳게 묶인 것은?

① 다이렉트(Direct) 채널과 멀티플렉서 채널
② 멀티플렉서 채널과 블록 멀티플렉서 채널
③ 실렉터 채널과 스트로브(Strobe) 채널
④ 스트로브 채널과 다이렉트 채널

19 연산결과가 양수(0) 또는 음수(1), 자리올림(Carry), 넘침(Overflow)이 발생했는가를 표시하는 레지스터는?

① 상태 레지스터   ② 누산기

③ 가산기   ④ 데이터 레지스터

해설

① 상태 레지스터 : ALU에서 산술연산 또는 연산의 결과로 발생된 특정한 상태를 표시해 주며, 플래그 레지스터 또는 상태 코드 레지스터라고도 한다.
② 누산기 : ALU에서 처리한 결과를 항상 저장하며 또한 처리하고자 하는 데이터를 일시적으로 기억하는 레지스터이다.
③ 가산기 : 두 2진수를 더한다.
④ 데이터 레지스터 : 데이터의 일시적인 저장에 사용한다.

20 C언어에서 사용되는 관계 연산자가 아닌 것은?

① =   ② !=

③ >   ④ <=

해설

= : 대입연산자(예 A=13)

21 전자계산기의 특징이 아닌 것은?

① 기억하는 능력이 크다.
② 창의적 능력이 있다.
③ 계산은 빠르고 정확하다.
④ 논리적 판단 및 비교능력이 있다.

해설

전자계산기의 특징 : 고속성, 정확성, 신뢰성
• 처리가 고속이며, 계산이 정확하다.
• 기억하는 능력이 뛰어나다.
• 논리적 판단 및 비교 기능이 있다.

22 연산장치에 대한 설명으로 옳은 것은?

① 계산기에 필요한 명령을 기억한다.
② 연산작용은 주로 가산기에서 한다.
③ 연산은 주로 10진법으로 한다.
④ 연산 명령을 해석한다.

해설

연산장치(ALU ; Arithmetic and Logical Unit)
모든 연산활동을 수행하는 장치로서 제어장치의 지시에 따라 산술 연산 및 논리 연산을 수행한다.

23 데이터를 중앙처리장치에서 기억장치로 저장하는 마이크로 명령어는?

① $\overline{LOAD}$ ② $\overline{STORE}$

③ $\overline{FETCH}$ ④ $\overline{TRANSFER}$

해설

• 로드(Load)
• 스토어(Store)
• 호출(Fetch)
• 전송(Transport)

24 2진수 $(1010)_2$의 1의 보수는?

① 0101   ② 1010

③ 1011   ④ 1101

해설

0은 1로, 1은 0으로 변환한다.

25 다음 그림과 같은 형식은 어떤 주소지정형식인가?

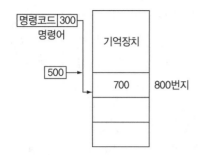

① 직접 데이터형식　　② 상대 주소형식
③ 간접 주소형식　　　④ 직접 주소형식

해설
명령어의 주소 부분(300) + PC(500) = 800번지 지정 → 상대 주소지정방식

26 다음 회로의 출력 결과로 맞는 것은?(단, A, B는 입력, Y는 출력이다)

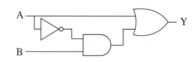

① $Y = \overline{A} + \overline{B}$
② $Y = A + (\overline{A} + B)$
③ $Y = \overline{A + B}$
④ $Y = A + B$

해설
$Y = A + \overline{A}B = (A + \overline{A})(A + B) = A + B$

27 다음 그림의 연산 결과를 올바르게 나타낸 것은?

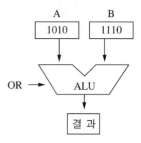

① 1001　　　　　　② 1010
③ 1100　　　　　　④ 1110

해설
1010과 1110을 비트 OR 연산으로 나타내면 bit 값이 1인 경우는 모두 1이 된다. 따라서 1110이 된다.

28 다음 순서도는 프로그램의 어느 문에 해당되는가?

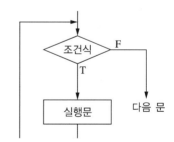

① while문　　　　　② do~while문
③ if~else문　　　　④ case문

해설
• while문 : 조건식을 평가하여 참인 동안 while 내의 문장을 반복 수행하는 제어문으로, 조건식이 거짓이면 while문 안의 처리 문장이 한 번도 실행되지 않는 경우도 있다.
• do~while문 : 먼저 처리 문장을 한 번 실행한 후 조건식을 비교하기 때문에 while문과는 달리 최소한 한 번은 실행된다.
• if~else문 : if문의 조건이 만족되면 if문 다음의 문장이 실행되고, 그렇지 않으면 else 다음 문장을 수행한다.
• switch~case문 : 한 개의 조건을 세분화하여 그중 한 가지를 선택할 수 있는 명령문이다.

29 전기회로망에서 전압을 분배하거나 전류의 흐름을 방해하는 역할을 하는 소자는?

① 커패시터   ② 수정 진동자

③ 저항기   ④ LED

저항은 전압과 전류의 비로써 전류의 흐름을 방해하는 전기적 양이다. 도선 속을 흐르는 전류를 방해하는 것이 전기저항인데 도선의 재질과 단면적, 길이에 따라 저항값이 달라진다. 예를 들어 금속보다 나무나 고무가 저항이 훨씬 더 크고, 도선의 단면적(S)이 작을수록, 도선의 길이(l)가 길수록 저항값이 커진다.

$$R = \frac{V}{I}[\Omega], \ R = \rho \frac{l}{S}[\Omega]$$

30 한쪽 측면에만 리드(Lead)가 있는 패키지 소자는?

① SIP(Single Inline Package)

② DIP(Dual Inline Package)

③ SOP(Small Outline Package)

④ TQFP(Thin Quad Flat Package)

① SIP(Single Inline Package) : DIP와 핀 간격이나 특성이 비슷해서 공간 문제로 한 줄로 만든 제품이다. 보통 모터드라이버나 오디오용 IC 등과 같이 아날로그 IC쪽에 이용된다.

② DIP(Dual Inline Package), PDIP(Plastic DIP) : 다리와 다리 간격이 0.1[inch](100[mil], 2.54[mm])이므로 만능기판이나 브레드보드에 적용하기 쉬워 많이 사용된다. 핀의 배열이 두 줄로 평행하게 배열되어 있는 부품을 지칭하는 용어이며 우수한 열 특성을 갖고 있으며 74XX, CMOS, 메모리, CPU 등에 사용된다.

IC의 외형에 따른 종류

• 스루홀(Through Hole) 패키지 : DIP(CDIP, PDIP), SIP, ZIP, SDIP

• 표면실장형(SMD ; Surface Mount Device) 패키지
  – 부품의 구멍을 사용하지 않고 도체 패턴의 표면에 전기적 접속을 하는 부품탑재방식이다.
  – SOP(TSOP, SSOP, TSSOP), QFP, QFJ(PLCC), QFN, BGA, TQFP

• 접촉실장형(Contact Mount Device) 패키지 : TCP, COB, COG

IC종류	SIP	DIP	SOP	TQFP
외형 모습				

31 설계도면에 적용한 축척이 1 : 5일 때 실제 길이가 1[cm]인 객체는 도면상에 몇 [cm]로 표현되는가?

① 0.2   ② 1

③ 2   ④ 5

축척은 실물보다 작게 그리는 척도로 1 : 5의 축척에서 실제 길이가 1[cm]인 객체는 도면상에는 0.2[cm]로 표현된다.

32 전자 제도의 특징을 잘못 설명한 것은?

① 직선과 곡선의 처리, 도형과 그림의 이동, 회전 등이 자유롭다.

② 자주 쓰는 도형은 매크로를 사용하여 여러 번 재생하여 사용할 수 있다.

③ 도면의 일부분 또는 전체의 축소, 확대가 용이하다.

④ 주로 3차원의 표현을 사용한다.

전자 제도의 특징

• 직선과 곡선의 처리, 도형과 그림의 이동, 회전 등이 자유로우며, 도면의 일부분 또는 전체의 축소, 확대가 용이하다.

• 자주 쓰는 도형은 매크로를 사용하여 여러 번 재생하여 사용할 수 있다.

• 작성된 도면의 정보를 기계에 직접 적용시킬 수 있다.

• 주로 2차원의 표현을 사용한다.

33 문서의 내용에 따른 분류 중 조립도를 나타낸 그림은?

①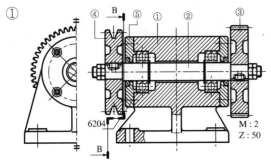

②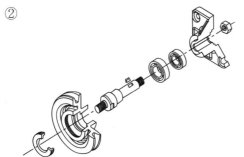

③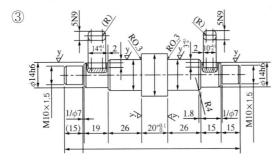

④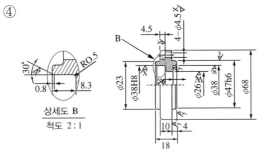

내용에 따른 문서의 분류
• 조립도 : 제품의 전체적인 조립과정이나 전체 조립 상태를 나타낸 도면으로, 복잡한 구조를 알기 쉽게 하고 각 단위 또는 부품의 정보가 나타나 있다.

• 부분 조립도 : 제품 일부분의 조립 상태를 나타내는 도면으로, 특히 복잡한 부분을 명확하게 하여 조립을 쉽게 하기 위해 사용된다.
• 부품도 : 제품을 구성하는 각 부품에 대하여 가장 상세하며, 제작하는 데에 직접 쓰여져 실제로 제품이 제작되는 도면이다.
• 상세도 : 건축, 선박, 기계, 교량 등과 같은 비교적 큰 도면을 그릴 때에 필요한 부분의 형태, 치수, 구조 등을 자세히 표현하기 위하여 필요한 부분을 확대하여 그린 도면이다.
• 계통도 : 물이나 기름, 가스, 전력 등이 흐르는 계통을 표시하는 도면으로, 이들의 접속 및 작동 계통을 나타내는 도면이다.
• 전개도 : 구조물이나 제품 등의 입체의 표면을 평면으로 펼쳐서 전개한 도면이다.
• 공정도 : 제조과정에서 거쳐야 할 공정마다의 가공방법, 사용 공구 및 치수 등을 상세히 나타낸 도면으로, 공작공정도, 제조공정도, 설비공정도 등이 있다.
• 장치도 : 기계의 부속품 설치방법, 장치의 배치 및 제조공정의 관계를 나타낸 도면이다.
• 구조선도 : 기계, 건물 등과 같은 철골 구조물의 골조를 선도로 표시한 도면이다.

34 다음 삼각자의 조합으로 나타낼 수 없는 각도는?

① 15°   ② 75°

③ 90°   ④ 130°

삼각자는 45° 직각 삼각자와 30°, 60° 직각 삼각자가 한 세트로 되어 있다. 각도를 이용하여 선을 그을 때 만들고자 하는 각도 ÷15를 했을 때 나머지 없이 떨어지면 삼각자로 만들 수 있는 각도이다. 따라서 15°, 30°, 45°, 75°, 90°, 105°, 120°, 135° 등을 나타낼 수 있다.

35 다음의 장단점을 지닌 형상 모델링은?

장 점	단 점
• 은선처리가 가능하다. • 단면도 작성을 할 수 있다. • 음영처리가 가능하다. • NC 가공이 가능하다. • 간섭 체크가 가능하다. • 2개 면의 교선을 구할 수 있다.	• 물리적 성질을 계산할 수 없다. • 물체 내부의 정보가 없다. • 유한요소법적용(FEM)을 위한 요소분할이 어렵다.

① 와이어 프레임 모델링(Wire Frame Modeling, 선화 모델)

② 서피스 모델링(Surface Modeling, 표면 모델)

③ 솔리드 모델링(Solid Modeling, 입체 모델)

④ 3D 모델링(3D Modeling, 입체 모델)

해설

형상 모델링의 장단점

• 와이어 프레임 모델링(Wire Frame Modeling)
와이어 프레임 모델링은 3면 투시도 작성을 제외하곤 대부분의 작업이 곤란하다. 대신 물체를 빠르게 구상할 수 있고, 처리속도가 빠르고 차지하는 메모리량이 작기 때문에 가벼운 모델링에 사용한다.

장 점	단 점
• 모델 작성이 쉽다. • 처리속도가 빠르다. • 데이터 구성이 간단하다. • 3면 투시도 작성이 용이하다.	• 물리적 성질을 계산할 수 없다. • 숨은선 제거가 불가능하다. • 간섭 체크가 어렵다. • 단면도 작성이 불가능하다. • 실체감이 없다. • 형상을 정확히 판단하기 어렵다.

• 서피스 모델링(Surface Modeling)
서피스 모델링은 면을 이용해서 물체를 모델링하는 방법이다. 따라서 와이어 프레임 모델링에서 어려웠던 작업을 진행할 수 있다. 또한, 서피스 모델링의 최대 장점은 NC 가공에 최적화되어 있다는 점이다. 솔리드 모델링에서도 가능하지만, 데이터 구조가 복잡하기 때문에 서피스 모델링을 선호한다.

장 점	단 점
• 은선처리가 가능하다. • 단면도 작성을 할 수 있다. • 음영처리가 가능하다. • NC 가공이 가능하다. • 간섭 체크가 가능하다. • 2개 면의 교선을 구할 수 있다.	• 물리적 성질을 계산할 수 없다. • 물체 내부의 정보가 없다. • 유한요소법적용(FEM)을 위한 요소분할이 어렵다.

• 솔리드 모델링(Solid Modeling)
솔리드 모델링은 와이어 프레임 모델링과 서피스 모델링에 비해서 모든 작업이 가능하다. 하지만 데이터 구조가 복잡하고 컴퓨터 메모리를 많이 차지하기 때문에 특수할 때에는 나머지 두 모델링을 더 선호할 때가 있다.

장 점	단 점
• 은선 제거가 가능하다. • 물리적 특정 계산이 가능하다 (체적, 중량, 모멘트 등). • 간섭 체크가 가능하다. • 단면도 작성을 할 수 있다. • 정확한 형상을 파악할 수 있다.	• 데이터 구조가 복잡하다. • 컴퓨터 메모리를 많이 차지한다.

36 PCB의 제조공정 중에서 원하는 부품을 삽입하거나 회로를 연결하는 비아(Via)를 기계적으로 가공하는 과정은?

① 래미네이트   ② 노 광

③ 드 릴   ④ 도 금

해설

인쇄회로기판(PCB) 제작 순서 중 일부

• 드릴 : 양면 또는 적층된 기판에 각층 간의 필요한 회로 도전을 위해 또는 어셈블리 업체의 부품 탑재를 위해 설계 지정 직경으로 Hole을 가공하는 공정
• 래미네이트 : 제품 표면에 패턴 형성을 위한 준비공정으로 감광성 드라이 필름을 가열된 롤러로 압착하여 밀착시키는 공정
• D/F 노광 : 노광기 내 UV 램프로부터 나오는 UV 빛이 노광용 필름을 통해 코어에 밀착된 드라이 필름에 조사되어 필요한 부분을 경화시키는 공정
• D/F 현상 : Resist 층의 비경화부(비노광부)를 현상액으로 용해, 제거시키고 경화부(노광부)는 D/F를 남게 하여 기본 회로를 형성시키는 공정
• 2차 전기 도금 : 무전해 동 도금된 홀 내벽과 표면에 전기적으로 동 도금을 하여 안정된 회로 두께를 만든다.

37 IC패키지 중 스루홀 패키지(Through Hole Package)가 아닌 것은?

①

②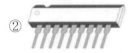

③

④

해설

IC 패키지

• Through Hole Package : 스루홀 기술(인쇄회로기판 PCB)의 구멍에 삽입하여 반대쪽 패드에서 납땜하는 방식)을 적용한 것으로 흔히 막대저항, 다이오드 같은 것들을 스루홀 부품이라고 한다. 강력한 결합이 가능하지만 SMD에 비해 생산비용이 비싸고 주로 전해축전지나 TO220 같은 강한 실장이 요구되는 패키지의 부피가 큰 부품용으로 사용되며 DIP, SIP, ZIP 등이 있다.

• SMD(Surface Mount Device) Package : 인쇄회로기판의 표면에 직접 실장(부착하여 사용할 수 있도록 배치하는 것)할 수 있는 형태이며, 간단한 조립이 가능하고, 크기가 작고 가벼우며, 정확한 배치로 오류가 적다는 장점이 있지만, 표면 실장 소자의 크기와 핀 간격이 작아서 소자 수준의 부품 수리는 어렵다는 단점이 있다. 일반적으로 로봇과 같은 자동화기기를 이용하여 제작하기 때문에 대량 및 자동생산이 가능하고 저렴하며, SOIC, SOP, QFP, QFJ 등이 있다.

④ QFP(Quad Flat Package) : Surface Mount Type, Gull Wing Shape의 Lead Forming Package 두께에 따라 TQFP(Thin Quad Flat Package), LQFP(Low-Profile Quad Flat Package), QFP 등이 있다.

① DIP(Dual In-line Package) : 칩 크기에 비해 패키지가 크고, 핀수에 비례하여 패키지가 커지기 때문에 많은 핀 패키지가 곤란하며, 우수한 열특성, 저가 PCB를 이용하는 응용에 널리 쓰인다(CMOS, 메모리, CPU 등).

② SIP(Single In-line Package) : 한쪽 측면에만 리드가 있는 패키지이다.

③ ZIP(Zigzag In-line Package) : 한쪽 측면에만 리드가 있으며, 리드가 지그재그로 엇갈린 패키지이다.

38 블록선도에서 삼각형 도형이 사용되는 것은?

① 전원회로 ② 변조회로

③ 연산증폭기 ④ 복조회로

해설

연산증폭기의 회로기호

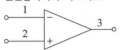

39 다음 5색 저항의 저항값과 오차가 옳은 것은?

제1색띠	제2색띠	제3색띠	제4색띠	제5색띠
갈 색	검은색	검은색	적 색	갈 색

① 10[kΩ], ±5[%] ② 100[kΩ], ±5[%]

③ 10[kΩ], ±1[%] ④ 100[kΩ], ±1[%]

해설

5색띠 저항의 저항값 읽는 요령

색	수 치	승 수	정밀도[%]
흑	0	$10^0 = 1$	–
갈	1	10^1	±1
적	2	10^2	±2
등(주황)	3	10^3	±0.05
황(노랑)	4	10^4	–
녹	5	10^5	±0.5
청	6	10^6	±0.25
자	7	10^7	±0.1
회	8	–	–
백	9	–	–
금	–	10^{-1}	±5
은	–	10^{-2}	±10
무	–	–	±20

정밀도(오차)
배수(승수)
제3숫자
제2숫자
제1숫자

저항의 5색띠 : 갈, 흑, 흑, 적, 갈

(갈＝1), (흑＝0), (흑＝0), (적＝2), (갈)

   1   0   0 × 10^2 = 10[KΩ]

정밀도(갈)＝±1[%]

40 인쇄회로기판의 패턴 동박에 의한 인덕턴스(L)값이 0.01[μH]가 발생하였다. 주파수 10[MHz]에서 기판에 영향을 주는 리액턴스(X)의 값은?

① 62.8[Ω] ② 6.28[Ω]
③ 0.628[Ω] ④ 0.0628[Ω]

해설

$$X_L = \omega L = 2\pi f L$$
$$= 2 \times 3.14 \times 10 \times 10^6 \times 0.01 \times 10^{-6}$$
$$= 0.628[\Omega]$$

41 절대좌표 A(10, 10)에서 B(20, −20)으로 개체가 이동하였을 때 상대좌표는?

① 10, 20 ② 10, −20
③ 10, 30 ④ 10, −30

해설

상대좌표(Relative Coordinate) : 최종점을 기준(절대좌표는 원점을 기준으로 한다)으로 한 각 방향의 교차점을 말한다. 따라서 상대좌표의 표시는 하나이지만 해당 좌표점은 기준점에 따라 도면 내에 무한적으로 존재한다. 상대좌표는 (기준점으로부터 X방향값, Y방향값)으로 표시하며, 각각의 좌표값 사이를 콤마(,)로 구분해야 하고, 음수값도 사용이 가능하다(음수는 방향이 반대이다).
※ 기준점 A(10, 10)에서 B(20, −20)을 상대좌표로 표시하면 (20−10, −20−10) = (10, −30)

42 설계된 PCB 도면의 외곽 사이즈(Size)가 1,000 × 2,000[mil]일 때, 이를 [mm]로 환산하면?

① 0.254 × 0.508[mm] ② 2.54 × 5.08[mm]
③ 25.4 × 50.8[mm] ④ 254 × 508[mm]

해설

$$1[\text{mil}] = \frac{1}{1,000}[\text{inch}] = 0.0254[\text{mm}]$$
$$\therefore \ 1,000[\text{mil}] = 1,000 \times 0.0254[\text{mm}]$$
$$= 25.4[\text{mm}]$$
$$\therefore \ 2,000[\text{mil}] = 2,000 \times 0.0254[\text{mm}]$$
$$= 50.8[\text{mm}]$$

43 설계가 완료되면 PCB 제조공정은 해당 설계에 맞는 공법을 선택하여 제조하게 된다. 다음 그림은 어떤 PCB 제작공정인가?

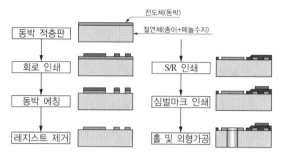

① 단면 PCB ② 양면 PCB
③ 다면 PCB ④ 특수 PCB

해설

PCB 제조공정
• 단면 PCB : 문제의 그림
• 양면 PCB

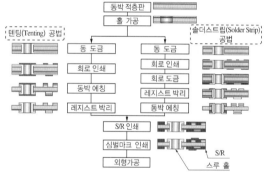

• 다층(6층) PCB

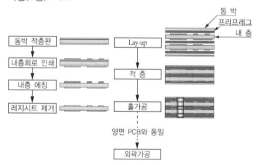

44 시퀀스 제어용 기호와 설명이 옳게 짝지어진 것은?

① PT : 계기용 변압기
② TS : 과전류 계전기
③ OCR : 텀블러 스위치
④ ACB : 유도 전동기

해설
② TS : 텀블러 스위치(차단기 및 스위치류)
③ OCR : 과전류 계전기(차단기 및 스위치류)
④ ACB : 기중 차단기(계전기)이다.

호	문자기호	용 어	대응영어
1101	BCT	부싱변류기	Bushing Current Transformer
1102	BST	승압기	Booster
1103	CLX	한류리액터	Current Limiting Reactor
1104	CT	변류기	Current Transformer
1105	GT	접지변압기	Grounding Transformer
1106	IR	유도전압 조정기	Induction Voltage Regulator
1107	LTT	부하 시 탭전환변압기	On-load Tap-changing Transformer
1108	LVR	부하 시 전압조정기	On-load Voltage Regulator
1109	PCT	계기용 변압변류기	Potential Current Transformer, Combined Voltage and Current Transformer
1110	PT	계기용 변압기	Potential Transformer, Voltage Transformer
1111	T	변압기	TRANSFORMER
1112	PHS	이상기	PHASE SHIFTER
1113	RF	정류기	RECTIFIER
1114	ZCT	영상변류기	Zero-phase-sequence Current Transformer

45 회로 접속 상태가 명확하고 회로 추적이 용이하므로 착오에 의한 오배선을 방지할 수 있는 기본적인 도면은?

① 기선 접속도
② 피드선 접속도
③ 연속선 접속도
④ 고속도형 접속도

해설
연속선 접속도
사용 부품이나 소자를 실물 크기로 기호화하고, 단자와 단자 사이를 선으로 직접 연결하는 접속 도면으로, 회로 접속 상태가 명확하고 회로 추적이 용이하므로 착오에 의한 오배선을 방지할 수 있다.

46 다음은 반도체 소자의 형명을 나타낸 것이다. 3번째 항의 문자 A가 나타내는 것은?

(2 S A 562 B)

① NPN형 저주파
② PNP형 저주파
③ PNP형 고주파
④ NPN형 고주파

해설
2SA562B → PNP형의 개량형 고주파용 트랜지스터
반도체 소자의 형명 표시법

2	S	A	562	B
① 숫자	S	② 문자	③ 숫자	④ 문자

• ①의 숫자 : 반도체의 접합면수이다(0 : 광트랜지스터, 광다이오드, 1 : 각종 다이오드, 정류기, 2 : 트랜지스터, 전기장 효과 트랜지스터, 사이리스터, 단접합 트랜지스터, 3 : 전기장 효과 트랜지스터로 게이트가 2개 나온 것)
• S : 반도체(Semiconductor)의 머리 문자이다.
• ②의 문자 : A, B, C, D 등 9개의 문자이다(A : PNP형의 고주파용 트랜지스터, B : PNP형의 저주파형 트랜지스터, C : NPN형의 고주파형 트랜지스터, D : NPN형의 저주파용 트랜지스터, F : PNPN 사이리스터, G : NPNP 사이리스터, H : 단접합 트랜지스터, J : P채널 전기장 효과 트랜지스터, K : N채널 전기장 효과 트랜지스터)
• ③의 숫자 : 등록 순서에 따른 번호. 11부터 시작한다.
• ④의 문자 : 보통은 붙지 않으나, 특히 개량품이 생길 경우에 A~J까지의 알파벳 문자를 붙여 개량 부품임을 나타낸다.

47 다음 그림이 나타내는 PCB의 종류는?

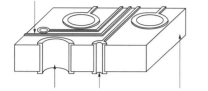

상면 회로(동박+동 도금)

부품 실장 스루 홀   소경 Via Hole   절연체(유리천+에폭시 수지)

① 단면 PCB
② 양면 PCB
③ 다면 PCB
④ 특수 PCB

해설

PCB의 종류

• 단면 PCB(Single Side PCB) : 회로가 단면에만 형성된 PCB로 실장밀도가 낮고, 제조방법이 간단하여 저가 제품으로 주로 TV, VTR, AUDIO 등 민생용의 대량 생산에 사용된다.
• 양면 PCB(Double Side PCB) : 회로가 상하 양면으로 형성된 PCB로 단면 PCB에 비해 고밀도 부품 실장이 가능한 제품이며, 상하 회로는 스루 홀에 의하여 연결된다. 주로 Printer, Fax 등 저기능 OA기기와 저가격 산업용 기기에 사용된다.
• 다층 PCB(Multi Layer Board) : 내층과 외층 회로를 가진 입체구조의 PCB로 입체배선에 의한 고밀도 부품 실장 및 배선거리의 단축이 가능한 제품이다. 주로 대형 컴퓨터, PC, 통신장비, 소형 가전기기 등에 사용된다.

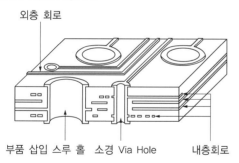

외층 회로

부품 삽입 스루 홀   소경 Via Hole   내층회로

• 특수 PCB는 IVH MLB(Interstitial Via Hole MLB), R–F PCB (Rigid–flex PCB), MCM PCB(Multi Chip Module PCB) 등이 있다.

48 저항값이 낮은 저항기로서 대전력용 및 표준저항기 등과 같이 고정밀도 저항기로 사용되는 것은?

① 탄소피막저항기
② 솔리드저항기
③ 권선저항기
④ 모듈저항기

해설

③ 권선저항기 : 저항값이 낮은 저항기로 대전력용으로도 사용된다. 그리고 이 형태는 표준저항기 등의 고정밀 저항기로도 사용된다.
① 탄소피막저항기 : 간단히 탄소저항이라고도 하며, 저항값이 풍부하고 쉽게 구할 수 있다. 또한, 가격이 저렴하기 때문에 일반적으로 사용되지만, 종합 안정도는 별로 좋지 않다.
② 솔리드저항기 : 몸체 자체가 저항체이므로 기계적 내구성이 크고, 고저항에서도 단선될 염려가 없다. 가격이 싸지만 안정도가 나쁘다.
④ 모듈저항기 : 후막 서밋(메탈 글레이즈)을 사용한 저항기를 모듈화한 것으로 한쪽 단자구조(SIP)가 일반적이며 면적 점유율이 좋아 고밀도 실장이 가능하다.

49 다층 프린트 배선에서 도금 관통 구멍과 전기적 접속을 하지 않도록 하기 위하여 도금 관통 구멍을 감싸는 부분에 도체 패턴의 도전재료가 없도록 한 영역은?

① 액세스 홀(Access Hole)
② 클리어런스 홀(Clearance Hole)
③ 랜드리스 홀(Landless Hole)
④ 위치결정 구멍(Location Hole)

해설

② 클리어런스 홀(Clearance Hole) : 다층 프린트 배선기판에서 도금 스루 홀과 전기적으로 접속하지 않게 그 구멍보다 조금 크게 도체부를 제거한 부분
① 액세스 홀 (Access Hole) : 다층 프린트 배선판의 내층에 도통 홀과 전기적 접속이 되도록 도금 도통 홀을 감싸는 부분에 도체 패턴을 형성한 홀
③ 랜드리스 홀(Landless Hole) : 랜드가 없는 도금된 도통 홀
④ 위치결정 홀(Location Hole) : 정확한 위치를 결정하기 위하여 프린트 배선판 또는 패널에 붙인 홀

50 다음은 양면 PCB 제조공정의 주요 단계를 순서 없이 늘어놓은 것이다. 제조공정의 순서로 올바른 것은?

> ㉠ 동박 적층판 재단
> ㉡ 검사 및 출하
> ㉢ 비아(Via) 홀의 형성
> ㉣ 배선 패턴의 형성
> ㉤ 솔더 레지스트 인쇄
> ㉥ 홀 및 외관 가공

① ㉠ → ㉣ → ㉢ → ㉤ → ㉥ → ㉡
② ㉠ → ㉢ → ㉣ → ㉤ → ㉥ → ㉡
③ ㉠ → ㉤ → ㉣ → ㉢ → ㉥ → ㉡
④ ㉠ → ㉤ → ㉢ → ㉣ → ㉥ → ㉡

PCB 제조공정
재단공정 → MLB 적층공정(양면 작업 시 공정 삭제) → 드릴공정 → 도금공정 → DRY FILM공정 → 인쇄공정 → 표면 및 외형공정 → 검사공정 → 출하

51 다음 중 집적도에 의한 IC분류로 옳은 것은?

① MSI : 100 소자 미만
② LSI : 100~1,000 소자
③ SSI : 1,000~10,000 소자
④ VLSI : 10,000 소자 이상

IC 집적도에 따른 분류
• SSI(Small Scale IC, 소규모 집적회로) : 집적도가 100 이하의 것으로 복잡하지 않은 디지털 IC 부류이다. 기본적인 게이트 기능과 플립플롭 등이 이 부류에 해당한다.
• MSI(Medium Scale IC, 중규모 집적회로) : 집적도가 100~1,000 정도의 것으로 좀 더 복잡한 기능을 수행하는 인코더, 디코더, 카운터, 레지스터, 멀티플렉서 및 디멀티플렉서, 소형 기억장치 등의 기능을 포함하는 부류에 해당한다.
• LSI(Large Scale IC, 고밀도 집적회로) : 집적도가 1,000~10,000 정도의 것으로 메모리 등과 같이 한 칩에 등가 게이트를 포함하는 부류에 해당한다.

• VLSI(Very Large Scale IC, 초고밀도 집적회로) : 집적도가 10,000~1,000,000 정도의 것으로 대형 마이크로프로세서, 단일칩 마이크로프로세서 등을 포함한다.
• ULSI(Ultra Large Scale IC, 초초고밀도 집적회로) : 집적도가 1,000,000 이상으로 인텔의 486이나 펜티엄이 이에 해당한다. 그러나 VLSI와 ULSI의 정확한 구분은 확실하지 않고 모호하다.

52 10층 PCB의 기판재료로 사용되는 것은?

① 유리폴리아마이드 배선재료
② 유리에폭시 다층 배선재료
③ 유리에폭시 동적층판
④ 종이에폭시 동적층판

다층 PCB의 기판재료 및 용도

층 수	기판재료	용 도
10층 이상	유리폴리아마이드 배선재료	대형 컴퓨터, 전자교환기, 군사기기/고급 통신기기, 고급 계측기기
6~8층	유리에폭시 다층 배선재료, 신호회로층 다층 동판	중소형 컴퓨터, 전자교환기, 반도체 시험장치, PC, NC기기
3~4층	유리에폭시 다층 배선재료	컴퓨터 주변 단말기, PC, 워드프로세서, 팩시밀리, FA기기, ME기기, NC기기, 계측기기, 반도체 시험장치, PGA, 전자교환기, 통신기기, 반도체 메모리보드, IC카드
2층	실드층 다층 동판, 유리에폭시 동적층판, 종이에폭시 동적층판	컴퓨터 주변 단말기, PC, 워드프로세서, 팩시밀리, ME기기, FA기기, NC기기, 계측기기, LED 디스플레이어, 전자표환기, 통신기기, IC카드, 자동차용 전자기기, 전자체온계, 키보드, 마이컴전화, 복사기, 프린터, 컬러 TV, PCA, PGA, PPG, 콤팩트디스크, 전자시계, 비디오카메라
1층	종이에폭시 동적층판	계측기, 전자테스터, VTR, 컬러 TV, 스테레오라디오 DAT, CDP, 온방기기, 전자레인지 컨트롤러, 키보드, 튜너, HAM기기, 전화, 자동판매기, 프린터, CRT, 청소기

53 용도에 따른 선의 종류 중 보이는 물체의 윤곽을 나타내는 선이나 보이는 물체의 면들이 만나는 윤곽을 나타낸 선은?

① 굵은 실선

② 가는 실선

③ 굵은 파선

④ 가는 파선

해설

용도에 따른 선의 종류

종류	명칭	용도	기계제도 분야 적용 예
A ———	굵은 실선	A1 보이는 물체의 윤곽을 나타내는 선 A2 보이는 물체의 면들이 만나는 윤곽을 나타낸 선	외형선
B ———	가는 실선	B1 가상의 상관관계를 나타내는 선(상관선) B2 치수선 B3 치수 보조선(연장선) B4 지시선, 인출선 및 기입선 B5 해칭 B6 회전 단면의 한 부분의 윤곽을 나타내는 선 B7 짧은 중심선	치수선, 치수 보조선, 지시선, 회전 단면선, 중심선
C ∿∿∿∿ D ┤┤┤┤	프리핸드의 가는 실선 가는 지그재그선	C1, D1 부분 투상을 하기 위한 절단면이나 단면의 경계를 손으로 그리거나 기계적으로 그리는 선	파단선
E ▪▪▪▪▪▪	굵은 파선	E1 보이지 않는 물체의 윤곽을 나타내는 선 E2 보이지 않는 물체의 면들이 만나는 윤곽을 나타내는 선	숨은선
F ┄┄┄┄	가는 파선	F1 보이지 않는 물체의 윤곽을 나타내는 선 F2 보이지 않는 물체의 면들이 만나는 윤곽을 나타내는 선	
G ─·─·─	가는 1점 쇄선	G1 그림의 중심을 나타내는 선(중심선) G2 대칭을 나타내는 선 G3 움직이는 부분의 궤적 중심을 나타내는 선	중심선, 기준선, 피치선
H ___╷¯	가는 1점 쇄선을 단면 부분 및 방향이 다른 부분을 굵게 한 것	H1 단면한 부위의 위치와 꺾임을 나타내는 선	절단선
J ─·─·─	굵은 1점 쇄선	J1 특별한 요구사항을 적용할 범위와 면적을 나타내는 선	특수 지정선
K ─··─··─	가는 2점 쇄선	K1 인접 부품의 윤곽을 나타내는 선 K2 움직이는 부품의 가동 중의 특정 위치 또는 최대 위치를 나타내는 물체의 윤곽선(가상선) K3 그림의 중심을 이어서 나타내는 선 K4 가공 전 물체의 윤곽을 나타내는 선 K5 절단면의 앞에 위치하는 부품의 윤곽을 나타내는 선	가상선, 무게중심선

54 인쇄회로기판에서 패턴의 저항을 구하는 식으로 올바른 것은?(단, 패턴의 폭 W[mm], 두께 T[mm], 패턴 길이 L[cm], ρ : 고유저항)

① $R = \rho \dfrac{L}{WT}[\Omega]$　　② $R = \dfrac{L}{WT}[\Omega]$

③ $R = \dfrac{WL}{\rho T}[\Omega]$　　④ $R = \rho \dfrac{W}{LT}[\Omega]$

해설
저항의 크기는 물질의 종류에 따라 달라지며, 단면적과 길이에도 영향을 받는다. 물질의 종류에 따라 구성하는 성분이 다르므로 전기적인 특성이 다르다. 이러한 물질의 전기적인 특성을 일정한 단위로 나누어 측정한 값을 비저항(Specific Resistance)이라고 하며, 순수한 물질일 때 그 값은 고유한 상수(ρ)로 나타난다. 저항(R)은 비저항으로부터 구할 수 있으며 길이에 비례하고, 단면적에 반비례하며 그 공식은 다음과 같다.

$$R = \rho \frac{L}{S} = \rho \frac{L}{WT}[\Omega]$$

55 다음 그림은 아트워크필름의 단면도를 나타낸 것이다. 빈칸에 들어갈 내용으로 알맞은 용어는?

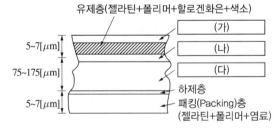

① (가) 하제층, (나) 하제층, (다) 하제층
② (가) 보호층, (나) 하제층, (다) 베이스
③ (가) 보호층, (나) 베이스, (다) 하제층
④ (가) 하제층, (나) 보호층, (다) 베이스

해설

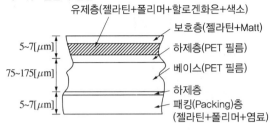

아트워크필름의 단면도

56 두 종류 이상의 선이 겹칠 경우에는 우선순위가 가장 빠른 것은?

① 중심선　　② 절단선
③ 숨은선　　④ 외형선

해설
두 종류 이상의 선이 겹칠 경우에는 다음의 우선순위에 따라 그린다.
• 외형선(굵은 실선 : 선의 종류 A)
• 숨은선(파선 : 선의 종류 E 또는 F)
• 절단선(가는 1점 쇄선, 절단부 및 방향이 변한 부분을 굵게 한 것 : 선의 종류 H)
• 중심선, 대칭선(가는 1점 쇄선 : 선의 종류 G)
• 중심을 이은 선(가는 2점 쇄선 : 선의 종류 K)
• 투상을 설명하는 선(가는 실선 : 선의 종류 B)
※ 예외 : 조립 부품의 인접하는 외형선은 검게 칠한 얇은 단면한 도면에서 중복되는 선의 우선순위 예

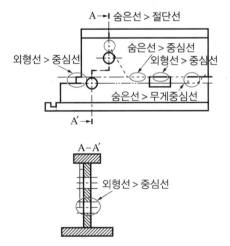

57 다음의 회로도에서 ㉠, ㉡에 들어갈 전류의 크기는?

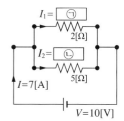

	㉠	㉡
①	2	2
②	5	5
③	2	5
④	5	2

키르히호프의 제1법칙(전류가 흐르는 길에서 들어오는 전류와 나가는 전류의 합이 같다. $\sum I_i = \sum I_o$)과 옴의 법칙$\left(I = \dfrac{V}{R}\right)$에 따라 ㉠에는 5[A]가 흐르고, ㉡에는 2[A]가 흐르게 된다.

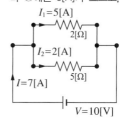

58 도면의 크기에 대한 설명으로 옳은 것을 보기에서 모두 고른 것은?

┤보기├
ㄱ. 제도용지의 세로와 가로 길이의 비는 1 : 20이다.
ㄴ. 큰 도면은 접었을 때 A4로 접는 것을 원칙으로 한다.
ㄷ. A4용지의 크기는 210 × 297[mm]이다.

① ㄴ ② ㄷ
③ ㄱ, ㄴ ④ ㄴ, ㄷ

제도 용지의 세로와 가로의 길이 비는 약 1 : 1.4140이다.

59 다음 중 DIP IC의 권장 실태 형태는?

①

②

③

④

주요 부품의 권장 실크 형태

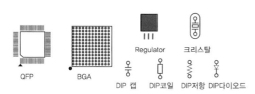

60 다음 중 게이트에 대한 개념이 다른 것은?

①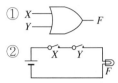

②

③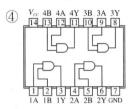

④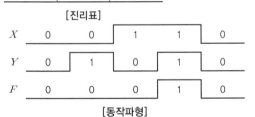

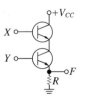

(스위치의 직렬연결)

[트랜지스터 회로]

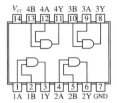

[IC 7408]

해설

AND 게이트의 기본 개념(2입력)

입력이 모두 1(On, High)인 경우에만 출력은 1(On, High)이 되고, 입력 중에 0(Off, Low)인 것이 하나라도 있을 경우에는 출력은 0(Off, Low)이 된다.

X	Y	F
0	0	0
0	1	0
1	0	0
1	1	1

[진리표]

X ⎯ 0 ⎯ 0 ⎯ 1 ⎯ 1 ⎯ 0

Y ⎯ 0 ⎯ 1 ⎯ 0 ⎯ 1 ⎯ 0

F ⎯ 0 ⎯ 0 ⎯ 0 ⎯ 1 ⎯ 0

[동작파형]

논리회로 기호	논리식
X, Y → F	$F = XY = X \cdot Y$
[스위칭 회로]	

01 코일의 성질이 아닌 것은?

① 전류의 변화를 안정시키려고 하는 성질
② 상호유도작용
③ 공진하는 성질
④ 전류누설작용

해설
코일의 성질
• 전류의 변화를 안정시키려는 성질
• 상호유도작용
• 전자석의 성질
• 공 진

02 일반적으로 크로스 오버 일그러짐은 증폭기를 어느 급으로 사용했을 때 생기는가?

① A급 증폭기   ② B급 증폭기
③ C급 증폭기   ④ AB급 증폭기

해설
B급 푸시풀 회로의 특징
• 큰 출력을 얻을 수 있다.
• B급 동작이므로 직류 바이어스 전류가 작아도 된다.
• 출력의 최대 효율이 78.5[%]로 높다.
• 입력신호가 없을 때 전력 손실은 무시할 수 있다.
• 짝수 고조파 성분이 서로 상쇄되어 일그러짐이 없다.
• B급 증폭기 특유의 크로스 오버 일그러짐(교차 일그러짐)이 생긴다.

03 트랜지스터가 정상 동작(전류 증폭)을 하는 영역은?

① 포화영역(Saturation Region)
② 항복영역(Breakdown Region)
③ 활성영역(Active Region)
④ 차단영역(Cut-off Region)

해설
트랜지스터의 동작영역 : 활성영역(증폭기), 포화영역(스위칭), 차단영역(스위칭)

04 주파수 변조방식에 대한 설명으로 가장 적합한 것은?

① 반송파의 주파수를 신호파의 크기에 따라 변화시킨다.
② 신호파의 주파수를 반송파의 크기에 따라 변화시킨다.
③ 반송파와 신호파의 위상을 동시에 변화시킨다.
④ 신호파의 크기에 따라 반송파의 크기를 변화시킨다.

해설
• 주파수 변조 : 반송파의 주파수 변화를 신호파의 진폭에 비례시키는 변조방식이다.
• 진폭 변조 : 반송파의 진폭을 신호파의 진폭에 따라 변화하게 하는 방식이다.
• 위상 변조 : 신호파의 순시값에 따라서 반송파의 위상을 바꾸는 방식이다.

05 코일 N회를 감은 원형 코일에 I[A]의 전류를 흘릴 경우 반지름 r[m]인 코일 중심에 작용하는 자장의 세기는?

① NIr

② $\dfrac{NI}{2r}$

③ $\dfrac{NI}{r}$

④ $\dfrac{2NI}{r}$

> **해설**
> 원형 코일 중심의 자기장 세기
> $$H = \dfrac{NI}{2r}[\text{AT/m}]$$
> 여기서, N : 권수[회]
> I : 전류[A]
> r : 코일 반지름[m]

06 720[kHz]인 반송파를 3[kHz]의 변조신호로 진폭 변조했을 때 주파수 대역폭 B는 몇 [kHz]인가?

① 3[kHz]

② 6[kHz]

③ 8[kHz]

④ 10[kHz]

> **해설**
> 진폭 변조파의 주파수 대역폭
> = 반송파의 주파수 ± 변조된 주파수
> 상측파대 주파수 : 720[kHz] + 3[kHz] = 723[kHz]
> 하측파대 주파수 : 720[kHz] − 3[kHz] = 717[kHz]
> 그러므로, 주파수 대역폭 B는 6[kHz]이다.

07 공기 중의 비투자율에 가장 근접한 것은?

① 6.33×104

② 1

③ $9 \times 1,019$

④ $4\pi \times 10^{-7}$

> **해설**
> 비투자율
> μ_s : 진공 중 = 1, 공기 중 ≒ 1

08 회로의 전원 V_S가 최대 전력을 전달하기 위한 부하저항 R_L의 값은?

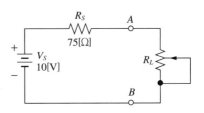

① 25[Ω]

② 50[Ω]

③ 75[Ω]

④ 100[Ω]

> **해설**
> $R_S = R_L$ 일 때 최대 전력을 전달한다.

09 부궤환증폭기를 사용하였을 때 해당되지 않는 사항은?

① 외부 잡음을 제거하여 이득이 증가한다.

② 비직선 일그러짐이 감소한다.

③ 안정도가 양호해진다.

④ 주파수 특성이 양호해진다.

> **해설**
> 부궤환증폭기의 특징
> • 증폭기의 이득이 감소한다.
> • 비직선 일그러짐이 감소한다.
> • 내부 잡음이 감소한다.
> • 주파수 특성이 양호해진다.
> • 안정도가 양호해진다.
> • 주파수 대역폭이 증가한다.

10 저항 6[Ω], 유도 리액턴스 2[Ω], 용량 리액턴스 10[Ω]인 직렬회로의 임피던스의 크기는?

① 10[Ω]
② 13.4[Ω]
③ 4.2[Ω]
④ 3.7[Ω]

해설

$$Z = \sqrt{R^2 + (X_c - X_L)^2} = \sqrt{6^2 + (10-2)^2}$$
$$= \sqrt{36 + 64} = \sqrt{100} = 10[Ω]$$

11 FET 회로에서 드레인 전류를 제어하는 것은?

① 소스 전압
② 베이스 전류
③ 게이트 전압
④ 게이트 전류

해설

FET(Field Effect Transistor, 전계효과트랜지스터) : 전기장에 의한 전류제어를 동작원리로 한다. 즉, 게이트 전압에 의해 증폭작용을 하는 것이다.
• 드레인(D : Drain), 소스(S : Source), 게이트(G : Gate)의 3개의 전극을 가진다.
• n형 채널과 p형 채널의 두 종류가 있다.

12 전압 안정화 회로에서 리니어(Linear) 방식과 스위칭(Switching) 방식의 장단점을 비교한 설명으로 옳은 것은?

① 효율은 리니어 방식보다 스위칭 방식이 좋다.
② 회로 구성에서 리니어 방식은 복잡하고 스위칭 방식은 간단하다.
③ 중량은 리니어 방식은 가볍고 스위칭 방식은 무겁다.
④ 전압 정밀도는 리니어 방식은 나쁘고 스위칭 방식은 좋다.

해설

비교 항목	리니어 방식	스위칭 방식
전환 변환효율	나쁘다(< 50[%]).	좋다(약 85[%]).
중 량	무겁다.	가볍다.
형 상	대 형	소 형
복수 전원 구성	불편하다.	간단하다.
전압 정밀도	좋다.	나쁘다(노이즈).
회로 구성	간단하다.	복잡하다.

13 저항을 R이라고 하면 컨덕턴스 G[℧]는 어떻게 표현하는가?

① R^2
② R
③ $\dfrac{1}{R^2}$
④ $\dfrac{1}{R}$

해설

컨덕턴스(Conductance) : 전기가 얼마나 잘 통하느냐 하는 정도를 나타내는 계수이다. 따라서 저항은 컨덕턴스와 반대로 전기를 얼마나 못 흐르게 하느냐 하는 계수이므로 컨덕턴스는 저항의 역수가 된다.

14 10[V]의 전압이 100[V]로 증폭되었다면 증폭도는?

① 20[dB]　　② 30[dB]

③ 40[dB]　　④ 50[dB]

해설
증폭도(A)

$$A = 20\log_{10}\frac{V_o}{V_i}$$
$$= 20\log_{10}\frac{100}{10} = 20\log_{10}10 = 20[\text{dB}]$$

15 이미터 접지회로에서 $I_B = 10[\mu A]$, $I_C = 1[\text{mA}]$일 때 전류 증폭률 β는 얼마인가?

① 10　　② 50

③ 100　　④ 120

해설
$$\beta = \frac{\triangle I_C}{\triangle I_B} = \frac{1 \times 10^{-3}}{10 \times 10^{-6}} = 100$$

16 마이크로컴퓨터의 주소가 16비트로 구성되어 있을 때 사용할 수 있는 주기억장치의 최대 용량은?

① 8[KB]　　② 16[KB]

③ 32[KB]　　④ 64[KB]

해설
$2^{16} = 2^6 \times 2^{10} = 64[\text{Kbyte}]$

17 다음 (　) 안에 들어갈 내용으로 알맞은 것은?

> D 플립플롭은 1개의 S-R 플립플롭과 1개의 (　) 게이트로 구성할 수 있다.

① AND　　② OR

③ NOT　　④ NAND

해설
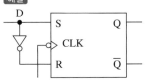

18 Floating Point(부동 소수점) 표시법에 대한 설명으로 틀린 것은?

① 소수점 수치 기억에 적합하다.

② 소수부의 부호가 양수이면 1, 음수이면 0으로 표시한다.

③ 지수 부분과 가수 부분을 구분한다.

④ 소수점의 위치를 맞출 필요가 없다.

해설
소수부의 부호가 양수이면 0, 음수이면 1로 표시한다.

19 다음 중 단일 오퍼랜드(Operand) 명령은?

① ADD　　② Compare

③ AND　　④ Complement

해설
• 하나의 입력 자료에 대한 연산 명령 : Shift, Rotate, Complement, MOVE, NOT 등
• 두 개의 입력 자료에 대한 연산 명령 : AND, OR, EX-OR, EX-NOR 등

20 다음 중 단항 연산에 속하지 않은 것은?

① Move   ② Shift
③ Rotate   ④ AND

21 다음 그림은 어떤 주소지정 방식인가?

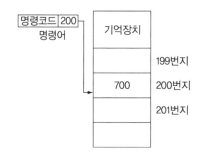

① 즉시 주소(Immediate Address)지정
② 직접 주소(Direct Address)지정
③ 간접 주소(Indirect Address)지정
④ 상대 주소(Relative Address)지정

22 클록펄스가 인가되면 입력신호가 그대로 출력에 나타나고, 클록펄스가 없으면 출력은 현 상태를 그대로 유지하는 플립플롭은?

① RS 플립플롭   ② JK 플립플롭
③ D 플립플롭   ④ T 플립플롭

23 컴퓨터가 이해할 수 있는 언어로 변환과정이 필요 없는 언어는?

① Assembly
② COBOL
③ Machine Language
④ LISP

24 10진수 0~9를 식별해서 나타내고 기억하는 데에는 몇 비트의 기억 용량이 필요한가?

① 2비트   ② 3비트
③ 4비트   ④ 7비트

25 Von Neumann형 컴퓨터 연산자의 기능이 아닌 것은?

① 제어기능 ② 기억기능
③ 전달기능 ④ 함수연산기능

연산자(OP Code) 기능 : 함수연산기능(산술연산, 논리연산 등), 자료 전달기능(Load, Store, Push, Pop, Move 등), 제어기능 (Call, Return, JMP 등), 입출력기능(INP, OUT)

26 마이크로프로세서의 구성요소가 아닌 것은?

① 제어장치 ② 연산장치
③ 레지스터 ④ 분기 버스

마이크로프로세서의 구성
• 연산부 : 산술적, 논리적 연산이 수행되는 피연산자들과 그 결과의 저장을 위한 특수 레지스터, 그리고 덧셈과 뺄셈 그 밖의 원하는 연산과 자리 이동을 위한 회로들로 구성되어 있다.
• 제어부 : 중앙처리장치(CPU)의 동작을 제어하는 부분으로 명령 레지스터(Register Command), 명령 해독기(Decoder Command)와 사이클 컨트롤 등으로 구성되어 있다.
• 레지스터부 : 중앙처리장치 내의 내부 메모리라 할 수 있는 기억 기능을 가지며 스택 포인터(SP ; Stack Pointer), 프로그램 카운터(PC ; Program Counter), 범용 레지스터 군으로 구성되어 있다.

27 어셈블리어(Assembly Language)의 설명으로 틀린 것은?

① 기호언어(Symbolic Language)라고도 한다.
② 번역프로그램으로 컴파일러(Compiler)를 사용한다.
③ 기종 간에 호환성이 작아 주로 전문가들만 사용한다.
④ 기계어를 단순히 기호화한 기계중심언어이다.

어셈블리어의 번역프로그램으로 어셈블러(Assembler)를 사용한다.

28 16진수 A9B3−8A1B를 계산한 결과는?

① 75E4 ② 75E5
③ 1F98 ④ 1F99

10진수 → 16진수(10 → A, 11 → B, 12 → C, 13 → D, 14 → E, 15 → F)
A9B3−8A1B=1F98

29 다음 그림은 회로도의 일부이다. ㉠~㉢에 대한 설명으로 옳은 것을 보기에서 모두 고른 것은?

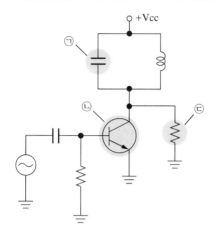

┌─ 보기 ├─

ㄱ. ㉠은 전기를 일시적으로 저장하는 소자이다.
ㄴ. ㉡은 전류제어용 소자 트랜지스터이다.
ㄷ. ㉢은 전류의 흐름을 방해하는 부품이다.

① ㉠
② ㉠, ㉡
③ ㉠, ㉢
④ ㉠, ㉡, ㉢

해설

㉠은 콘덴서로 축전기라고도 하며, 두 가지의 기능을 수행한다. 직류 전압을 가하면 각 전극에 전기(전하)를 축적(저장)하는 역할(콘덴서의 용량만큼 저장된 후에는 전류가 흐르지 않음)과 교류에서는 직류를 차단하고 교류 성분을 통과시키는 성질을 가지고 있다.
㉡은 트랜지스터로 p형과 n형 반도체를 접합시켜 p-n-p형과 n-p-n형으로 만들어진다. 각각의 트랜지스터는 이미터(E), 베이스(B), 컬렉터(C)라는 3개의 단자를 가진다. 트랜지스터는 베이스(B)에 흐르는 작은 전류에 의해 이미터(E)와 컬렉터(C) 사이에 큰 전류를 흐르게 할 수 있다.
㉢은 저항으로 전기(정확하게는 전류)가 잘 흐르지 못하도록 방해하는 성질(부품)을 가지며, 전기에너지를 열로 변환시킨다. 이 열을 방출시키면 전압이 감소하게 되고, 마찬가지로 전류도 감소하게 된다.

30 기판의 인식마크(Fiducial Mark)에 대한 설명으로 틀린 것은?

① 기판마크 위치를 카메라로 인식하여 장착위치를 보정하기 위한 것이다.
② 인식마크의 형상은 원형의 한 가지로만 제작이 가능하다.
③ 인식마크의 재질은 동박, Solder 도금 등 다양화할 수 있다.
④ 기판의 재질에 따라 인식마크를 선명하게 식별할 수 있는 밝기가 달라진다.

해설

인식마크의 형상은 다음과 같이 다양하다.

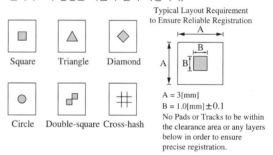

PCB의 피듀셜 마크(Fiducial Mark)는 주로 원형으로 솔더 마스크를 제거하고 가운데에 코퍼(Copper)가 있다. 코퍼는 빛을 잘 반사하기 위해 사용하고, 솔더 마스크를 제거하는 것은 코퍼 주위에는 빛이 반사되지 않기 위해서이다.
피듀셜 마크는 다음 그림과 같이 코퍼 지름은 1[mm] 정도로 하고 솔더 마스크를 제거하는 구역의 지름은 2~3[mm] 정도로 한다.

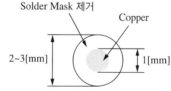

피듀셜 마크는 SMT 장비의 머신 비전에서 기준위치를 잡기 위해 사용된다. 보드 전체의 피듀셜 마크가 있고 QFP와 같은 부품 모서리에 각 부품을 위한 피듀셜 마크도 있다. 피듀셜 마크가 없을 때는 보드의 특정 포인트를 비전이 인식하여 기준을 맞춘다.

31 전자기기를 PCB로 구현할 때 전자회로의 설계 단계에 해당하지 않는 것은?

① 케이스 디자인
② PCB의 크기 결정
③ 부품의 조립방법 결정
④ 부품 간의 배선 패턴 설계

해설

전자기기의 개발과정
PCB는 전자기기를 구성하는 하나의 부품으로 생각할 수 있다. 전자기기 제품의 기획부터 최종적인 제품 생산까지의 과정은 다음과 같다.
① 제품의 기획 : 어떤 기능을 갖는 전자기기를 어느 정도의 값(원가)으로 만들 것인가를 기획하고, 외관에 대한 디자인과 기능을 구체화한다.
② 전자회로의 설계 : 이 단계에서는 기획된 제품을 구조적, 전기적으로 실현하기 위한 설계(새로운 기능을 구현하기 위한 회로 개발작업을 포함)를 실시한다. 구체적으로는 케이스(Case) 디자인과 치수를 결정하고, 부품의 조립방법, PCB의 크기와 모양 등을 결정하는 기구 설계와 회로기능을 실현하기 위해 필요한 부품을 선정하고, 부품 간의 연결방법(배선)을 결정하여 OR-CAD와 같은 전용 CAD 프로그램으로 회로를 작성하는 전자회로의 설계 등을 포함한다. 설계된 회로의 신호선(Connection) 정보는 네트리스트(Netlist) 파일로 다음의 PCB 설계 단계에 제공된다.
③ PCB 설계(Artwork) : 설계된 회로도를 PCB로 구현하는 단계이다. 이는 부품과 배선을 PCB 보드에 배치하는 작업으로 아트워크(Artwork)라고도 한다. 네트리스트 파일을 읽어 들인 상태는 부품과 배선이 매우 혼잡하게 얽혀 있다. 이를 PCB 보드상에 적절히 배치하는 것이 아트워크이다. 아트워크의 결과는 거버(Gerber) 파일로서 다음의 공정 단계에 제공된다.
④ 제조 규격관리 및 CAM : 거버 파일로 제공된 PCB의 배선 패턴 정보를 확인 및 분석하고 오류에 대한 수정사항을 작성하는 제조 규격관리와 수정 지시사항에 따라 실제로 거버 파일을 수정하고 PCB를 만들기 위한 각종의 공정용 도구와 데이터(배선 패턴을 형성하기 위한 필름, 드릴 데이터 등)를 만드는 CAM(Computer Aided Manufacturing) 작업이 이루어진다.
⑤ PCB의 제조 및 검사 : PCB의 제조는 설계 단계에서 만들어진 배선 패턴을 실제로 PCB 기판으로 만드는 과정이다. 이를 통해 비로소 설계된 배선 패턴과 각종의 홀(Hole)들이 전기신호가 흐르는 배선으로 실현된다. PCB 제조기술과 공법은 다양하고 많은 제조 단계를 필요로 하며 제조과정 중이나 제조 후에 각종 검사를 실시한다.

32 에사키 다이오드라고도 하며, 스위칭 시간이 매우 빨라 고속 컴퓨터 등에 응용되고 초고주파의 발진 및 특수 파형 발생 등에 사용되는 다이오드는?

① 쇼트키 다이오드
② 제너 다이오드
③ 터널 다이오드
④ 가변용량 다이오드

해설

에사키 다이오드 : 발명자의 이름을 따서 에사키[江崎] 다이오드라고 한다. 이 다이오드도 p-n 접합을 이용하고 있는데, p-n 접합의 p형 및 n형 두 영역의 첨가 불순물의 농도를 $10^{19}/cm^3$ 정도 이상으로 높여 주면 pn 두 영역 사이에서 터널효과, 즉 전류반송파의 양자역학적인 관통현상효과가 생겨 p-n 접합을 통한 전류반송파의 이동이 발생되며, 음성저항(전압은 증가하는데 전류는 감소되는 특성)을 나타낸다. 순방향 전압을 늘려 가면 전류가 일단 늘어나서 마루를 이루었다가 줄어들어 골이 되고, 다시 늘어나 보통의 다이오드 특성에 가까워진다. 이 전류의 마루가 형성되는 까닭은 불순물이 많이 들어 있어서 접합부의 장벽이 얇아지고 양자역학적인 터널효과에 의해 전류가 흐르기 때문이다. 마루와 골 사이의 전압은 (−)저항형이며, 고주파 특성이 양호하여 마이크로파의 발진, 증폭, 고속 스위칭(논리회로)에 이용된다. 터널효과를 이용하기 때문에 터널 다이오드라고도 한다. 그리고 반도체 재료로서는 주로 저마늄, 갈륨비소, 규소가 쓰이며, 마이크로파 영역에서 사용할 것을 고려하여 직렬 인덕턴스의 작은 용기에 넣어져 봉해 있다.

33 다음 마일러 콘덴서의 용량은 얼마인가?

① 22,000[pF]

② 224[pF]

③ 0.22[μF]

④ 22.4[μF]

마일러 콘덴서 용량 표기

• 첫 번째 수와 두 번째 문자에 의한 마일러 콘덴서의 내압표

구 분	0	1	2	3
A	1.0	10	100	1,000
B	1.25	12.5	125	1,250
C	1.6	16	160	1,600
D	2.0	20	200	2,000
E	2.5	25	250	2,500
F	3.15	31.5	315	3,150
G	4.0	40	400	4,000
H	5.0	50	500	5,000
J	6.3	63	630	6,300
K	8.0	80	800	8,000

• 마일러, 세라믹 콘덴서의 문자에 의한 오차표

구 분	허용오차	구 분	허용오차
B	±0.1	M	±20
C	±0.25	N	±30
D	±0.5	V	+20 −10
F	±1	X	+40 −10
G	±2	Z	+60 −20
J	±5	P	+80 −0
K	±10		

1H224J이면 내압 50[V]이고,

$22 \times 10^4 = 220,000[pF] = 0.22[μF]$이고,

J는 ±5[%]의 오차를 나타낸다.

∴ 1H224J = 0.22[μF] ±5[%], 내압 50[V]인 콘덴서이다.

34 트랜지스터에 '2 S A 735'라고 표시되어 있을 때 A가 나타내는 것은?

① pnp형 고주파용

② pnp형 저주파용

③ npn형 고주파용

④ npn형 저주파용

반도체 소자의 형명 표시법

2	S	A	735	Y
㉠ 숫자	S	㉡ 문자	㉢ 숫자	㉣ 문자

• ㉠의 숫자 : 반도체의 접합면수(0 : 광트랜지스터, 광다이오드, 1 : 각종 다이오드, 정류기, 2 : 트랜지스터, 전기장 효과 트랜지스터, 사이리스터, 단접합 트랜지스터, 3 : 전기장 효과 트랜지스터로 게이트가 2개 나온 것). S는 반도체(Semiconductor)의 머리 문자

• ㉡의 문자 : A, B, C, D 등 9개의 문자(A : pnp형의 고주파용 트랜지스터, B : pnp형의 저주파형 트랜지스터, C : npn형의 고주파형 트랜지스터, D : npn형의 저주파용 트랜지스터, F : pnpn 사이리스터, G : npnp 사이리스터, H : 단접합 트랜지스터, J : p채널 전기장 효과 트랜지스터, K : n채널 전기장 효과 트랜지스터)

• ㉢의 숫자 : 등록 순서에 따른 번호로 11부터 시작

• ㉣의 문자 : 보통은 붙지 않으나, 특히 개량품이 생길 경우에 A, B, …, J까지의 알파벳 문자를 붙여 개량 부품임을 나타냄

∴ 2SA735 → pnp형의 고주파용 트랜지스터

35 고밀도의 배선이나 차폐가 필요한 경우에 사용하는 적층 형태의 PCB는?

① 단면 PCB ② 양면 PCB
③ 다층면 PCB ④ 바이폴라 PCB

해설
형상(적층 형태)에 의한 PCB 분류
회로의 층수에 의한 분류와 유사한 것으로 단면에 따라 단면기판, 양면기판, 다층기판 등으로 분류되며, 층수가 많을수록 부품의 실장력이 우수하고 정밀제품에 이용된다.
- 단면 인쇄회로기판(Single-side PCB) : 주로 페놀원판을 기판으로 사용하며 라디오, 전화기, 간단한 계측기 등 회로 구성이 비교적 복잡하지 않은 제품에 이용된다.
- 양면 인쇄회로기판(Double-side PCB) : 에폭시 수지로 만든 원판을 사용하며 컬러 TV, VTR, 팩시밀리 등 비교적 회로가 복잡한 제품에 사용된다.
- 다층 인쇄회로기판(Multi-layer PCB) : 고밀도의 배선이나 차폐가 필요한 경우에 사용하며, 32[bit] 이상의 컴퓨터, 전자교환기, 고성능 통신기기 등 고정밀기기에 채용된다.
- 유연성 인쇄회로기판(Flexible PCB) : 자동화기기, 캠코더 등 회로판이 움직여야 하는 경우와 부품의 삽입, 구성 시 회로기판의 굴곡을 요하는 경우에 유연성으로 대응할 수 있도록 만든 회로기판이다.

36 제도용지에서 A3 용지의 규격으로 옳은 것은?(단, 단위는 [mm])

① 210×297 ② 297×420
③ 420×594 ④ 594×841

해설
도면의 크기와 양식

용지 크기의 호칭		A0	A1	A2	A3	A4
a×b		841× 1,189	594× 841	420× 594	297× 420	210× 297
c(최소)		20	20	10	10	10
d (최소)	철하지 않을 때	20	20	10	10	10
	철할 때	25	25	25	25	25

※ d 부분은 도면을 철하기 위하여 접었을 때 표제란의 좌측이 되는 곳에 마련한다.

37 거버(Gerber) 파일에 관한 설명 중 틀린 것은?

① 거버 형식은 파일 파라미터와 기능 명령의 2가지 요소로만 되어 있다.
② PCB 필름과 마스터 포토 툴을 생성하는 데 쓰이는 표준이다.
③ 거버 형식은 단순히 회로의 이미지를 만드는 데 필요한 정보를 포함한다.
④ 인터프리터를 이용하여 포토 플로터나 레이저 이미지를 필름이나 다른 미디어에 이미지를 생성하도록 하는 형식이다.

해설

파일 확장자	확장자 설명	파일 설명
*.drl	Drill rack data	드릴 rack 데이터
*.drd	Excellon drill description	Excellon 드릴 데이터
*.dri	Excellon drill tool description	Excellon 드릴 도구 데이터
*.cmp	Component side data	부품면(TOP) 데이터
*.sol	Solder side data	배선면(BOTTOM) 데이터
*.plc	Component side silk screen data	부품면(TOP) silkscreen 데이터
*.stc	Component side solder stop mask data	부품면(TOP) 납땜 마스크 데이터
*.sts	Solder side solder stop mask data	배선면(BOTTOM) 납땜 마스크 데이터
*.gpi	Gerber photoplotter information data	포토 플로터 데이터

38 PCB의 설계 시 고주파 부품 및 노이즈에 대한 대책 방법으로 옳은 것은?

① 부품을 세워 사용한다.

② 가급적 표면 실장형 부품(SMD)을 사용한다.

③ 고주파 부품을 일반회로와 혼합하여 설계한다.

④ 아날로그와 디지털 회로는 어스 라인을 통합한다.

해설
① 부품은 세워서 사용하지 않으며, 가급적 부품의 다리를 짧게 배선한다.

③ 고주파 부품은 일반회로 부분과 분리하여 배치한다.

④ 아날로그와 디지털 회로는 어스 라인을 분리한다.

이외 PCB에서 노이즈(잡음) 방지대책

• 가급적 표면 실장형 부품(SMD)을 사용한다.

• 회로별 Ground 처리 : 주파수가 높아지면(1[MHz] 이상) 병렬 또는 다중 접지를 사용한다.

• 필터 추가 : 디커플링 커패시터를 전압 강하가 일어나는 소자 옆에 달아 주어 순간적인 충·방전으로 전원을 보충, 바이패스 커패시터(0.01, 0.1[μF](103, 104), 세라믹 또는 적층 세라믹 콘덴서)를 많이 사용한다(고주파 RF 제거 효과). TTL의 경우 가장 큰 용량이 필요한 경우는 0.047[μF] 정도이므로 흔히 0.1 [μF]을 사용한다. 커패시터 배치할 때에도 소자와 너무 붙여 놓으면 전파 방해가 생긴다.

• 내부 배선의 정리 : 일반적으로 1[A]가 흐르는 선의 두께는 0.25[mm](허용온도 상승 10[℃]일 때)와 0.38[mm](허용온도 5[℃]일 때)이며, 배선을 알맞게 하고 배선 사이를 배선의 두께만큼 띄운다. 배선 사이의 간격이 배선의 두께보다 작아지면 노이즈 발생(Crosstalk 현상), 직각으로 배선하기보다 45°, 135°로 배선한다. 되도록이면 짧게 배선한다. 배선이 길어지거나 버스 패턴을 여러 개 배선해야 할 경우 중간에 Ground 배선을 삽입한다. 배선의 길이가 길어질 경우 Delay 발생 → 동작 이상이 되며 같은 신호선이라도 되도록이면 묶어서 배선하지 말아야 한다.

• 동판처리 : 동판의 모서리 부분이 안테나 역할을 하여 노이즈가 발생한다. 동판의 모서리 부분을 보호 가공하고 상하 전위차가 생길만한 곳에 같은 극성의 비아를 설치한다.

• Power Plane : 안정적인 전원 공급으로 노이즈 성분을 제거하는 데 도움이 된다. Power Plane을 넣어서 다층기판을 설계할 때 Power Plane 부분을 Ground Plane보다 20[H](=120[mil]=약 3[mm]) 정도 작게 설계한다.

• EMC 대책 부품을 사용한다.

39 다음 중 인쇄회로기판의 제작 순서가 옳은 것은?

① 사양관리 → CAM 작업 → 드릴 → 노광

② 사양관리 → 노광 → CAM 작업 → 드릴

③ CAM 작업 → 드릴 → 노광 → 사양관리

④ CAM 작업 → 사양관리 → 노광 → 드릴

해설
인쇄회로기판(PCB) 제작 순서

• 사양관리 : 제작 의뢰를 받은 PCB가 실제로 구현될 수 있는 회로인지, 가능한 스펙인지를 알아내고 판단

• CAM(Computer Aided Manufacturing) 작업 : 설계된 데이터를 기반으로 제품을 제작하는 것

• 드릴 : 양면 또는 적층된 기판에 각층 간의 필요한 회로 도전을 위해 또는 어셈블리 업체의 부품 탑재를 위해 설계 지정 직경으로 Hole을 가공하는 공정

• 무전해 동도금 : Drill 가공된 Hole 속의 도체층은 절연층으로 분리되어 있다. 이를 도통시켜 주는 것이 주목적이며, 화학적 힘에 의해 1차 도금하는 공정

• 정면 : 홀 가공 시 연성 동박상에 발생하는 Burr, 홀 속 이물질 등을 제거하고, 동박 표면상 동도금의 밀착성을 높이기 위하여 처리하는 소공정(동박 표면의 미세방청처리 동시 제거)

• Laminating : 제품 표면에 패턴 형성을 위한 준비 공정으로 감광성 드라이 필름을 가열된 롤러로 압착하여 밀착시키는 공정

• D/F 노광 : 노광기 내 UV 램프로부터 나오는 UV 빛이 노광용 필름을 통해 코어에 밀착된 드라이 필름에 조사되어 필요한 부분을 경화시키는 공정

• D/F 현상 : Resist층의 비경화부(비노광부)를 현상액으로 용해·제거시키고 경화부(노광부)는 D/F를 남게 하여 기본 회로를 형성시키는 공정

• 2차 전기도금 : 무전해 동도금된 홀 내벽과 표면에 전기적으로 동도금을 하여 안정된 회로 두께를 만든다.

• 부식 : Pattern 도금 공정 후 Dry Film 박리 → 불필요한 동 박리 → Solder 도금 박리 공정

• 중간검사 : 제품의 이상 유무 확인

• PSR 인쇄 : Print 배선판에 전자부품 등을 탑재해 Solder 부착에 따른 불필요한 부분에서의 Solder 부착을 방지하며 Print 배선판의 표면회로를 외부환경으로부터 보호하기 위해 잉크를 도포하는 공정

• 건조 : 80[℃] 정도로 건조시켜 2면 인쇄 시 Table에 잉크가 묻어 나오는 것을 방지하는 공정

• PSR 노광 : 인쇄된 잉크의 레지스트 역할을 할 부위와 동 노출시킬 부위를 UV조사로 선택적으로 광경화시키는 공정

• PSR 현상 : 노광후 UV 빛을 안 받아 경화되지 않은 부위의 레지스트를 현상액으로 제거하여 동을 노출시키는 공정

• 제판 및 건조 : 현상 후 제품의 잉크의 광경화를 완전하게 하기 위함이다.

- Silk Screen Marking : 제품상에 모델명, 입체로고, 부품기호 및 기타 Symbol을 표시하기 위한 공정
- 건조 : 인쇄된 기판의 불필요한 용제 및 가스를 제거하고, 잉크를 완전히 고형화시켜 적절한 절연저항, 내약품성, 내열성, 밀착성 및 경도가 되도록 하며 동시에 인쇄된 2면 마킹잉크를 완전히 경화시키는 공정
- HASL(Hot Air Solder Leveling) : 납땜 전 동 표면의 보호와 땜의 젖음성을 좋게 하기 위한 공정
- ROUT / V-CUT : 제품 외곽을 발주업체에서 요구하는 치수와 형태로 절단하는 공정
- 수세 : 공정처리 시 기판 표면에 묻게 되는 오염물질 제거 공정
- 최종검사(외관 및 BBT) : 제품의 이상 유무 확인, 전기신호에 의한 제품 Open, Short 확인
- 진공 포장 : 제품 보호를 위한 진공 포장
- 품질관리 : 도금 두께 측정기로써 전기동 도금 후 Hole 및 표면의 도금 두께가 스펙에 맞는지 확인. Hole, Pattern 등의 거리 간 측정, 도금 공정의 도금액 분석 관리 및 신뢰성 테스트
- 전산입력(자료관리) : 제품 추적을 위한 자료 입력 및 납품 예약
- 고객(수요처)에게 연락 후 배송 : 고객에게 배송을 연락하며 영업 담당자가 직접 납품
- 품질경영회의 : 고객에 대한 불편이나 품질개선에 대한 회의 및 조치

40 유리섬유에 열경화성 수지를 침투시켜 반경화 상태로 만든 것으로 MLB에서 동박과 내층기판을 접착하는 원자재로 사용되는 것은?

① 프리프레그 　　② 동 박
③ 유리섬유 　　　④ 에폭시 수지

프리프레그(Prepreg)
유리섬유에 열경화성 수지를 침투시켜 반경화 상태로 만든 것이다. 이를 종이 모양으로 만들어 MLB에서 동박과 내층기판을 접착하는 원자재로 사용된다. 이 특징을 따서 Bonding Sheet라고도 한다. 프리프레그는 그 기재의 두께, 수지의 양, 수직의 유동성 등에 따라 세분화된다.
유리섬유의 굵기와 [%]는 에폭시 수지의 함유 비율을 나타낸다.
- 1080(0.06[m/m] 60~70[%])
- 2116(0.12[m/m] 50~60[%])
- 7628(0.18[m/m] 40~50[%])

41 인쇄회로기판에서 패턴의 저항을 구하는 식으로 올바른 것은?(단, 패턴의 폭 W[mm], 두께 T [mm], 패턴 길이 L[cm], ρ : 고유저항)

① $R = \rho \dfrac{L}{WT}[\Omega]$ 　　② $R = \dfrac{L}{WT}[\Omega]$

③ $R = \dfrac{WL}{\rho T}[\Omega]$ 　　④ $R = \rho \dfrac{W}{LT}[\Omega]$

저항의 크기는 물질의 종류에 따라 달라지며, 단면적과 길이에도 영향을 받는다. 물질의 종류에 따라 구성하는 성분이 다르므로 전기적인 특성이 다르다. 이러한 물질의 전기적인 특성을 일정한 단위로 나누어 측정한 값을 비저항(Specific Resistance)이라고 하며, 순수한 물질일 때 그 값은 고유한 상수(ρ)로 나타난다. 저항(R)은 비저항으로부터 구할 수 있으며 길이에 비례하고, 단면적에 반비례하며 그 공식은 다음과 같다.

$R = \rho \dfrac{L}{S} = \rho \dfrac{L}{WT}[\Omega]$

42 다음은 무엇에 대한 설명인가?

제품이나 장치 등을 그리거나 도안할 때, 필요한 사항을 제도 기구를 사용하지 않고 프리핸드(Free Hand)로 그린 도면

① 복사도(Copy Drawing)
② 스케치도(Sketch Drawing)
③ 원도(Original Drawing)
④ 트레이스도(Traced Drawing)

② 스케치도는 제품이나 장치 등을 그리거나 도안할 때 필요한 사항을 제도기구를 사용하지 않고 프리핸드로 그린 도면이다.
① 복사도는 같은 도면을 여러 장 필요한 경우에 트레이스도를 원본으로 하여 복사한 도면으로 청사진, 백사진 및 전자 복사도 등이 있다.
③ 원도는 제도용지에 직접 연필로 작성한 도면이나 컴퓨터로 작성한 최초의 도면으로, 트레이스도의 원본이 된다.
④ 트레이스도는 연필로 그린 원도 위에 트레이싱지(Tracing Paper)를 놓고 연필 또는 먹물로 그린 도면으로, 청사진 또는 백사진도의 원본이 된다.

43 인쇄회로기판(PCB)의 제조공정에서 접착이 용이하도록 처리된 작업 패널 위에 드라이 필름(Photo Sensitive Dry Film Resist : 감광성 사진 인쇄막)을 일정한 온도와 압력으로 압착 도포하는 공정은?

① 스크러빙(Scrubbing : 정면)

② 노광(Exposure)

③ 래미네이션(Lamination)

④ 부식(Etching)

> **해설**
>
> ③ 래미네이션(Lamination) : 같은 또는 다른 종류의 필름 및 알루미늄박, 종이 등을 두 장 이상 겹쳐 붙이는 가공법으로 일정한 온도와 압력으로 압착 도포한다.
>
> ① 스크러빙(Scrubbing, 정면) : PCB나 그 패널의 청정화 또는 조화를 위해 브러시 등으로 연마하는 기술로 보통은 컨베이어 위에 PCB나 그 패널을 태워 보내 브러시 등을 회전시킨 평면 연마기에서 연마한다.
>
> ② 노광(Exposure) : 동판 PCB에 감광액을 바르고 아트워킹 패턴이 있는 네거티브 필름을 자외선으로 조사하여 PCB에 패턴의 상을 맺게 하면 PCB의 패턴 부분만 감광액이 경화하고, 절연부가 되어야 할 곳은 경화가 되지 않고 액체 상태가 유지된다. 이때 PCB를 세척제에 담가 액체 상태의 감광액만 씻겨 나가게 하고 동판의 PCB 위에는 경화된 감광액 패턴만 남게 하는 기술이다.
>
> ④ 부식(Etching, 에칭) : 웨이퍼 표면의 배선 부분만 부식 레지스트를 도포한 후 이외의 부분은 화학적 또는 전기-화학적으로 제거하는 처리이다.

44 저항의 컬러코드가 좌측부터 적색-보라색-갈색-금색으로 되어 있다. 저항값은 얼마인가?

① 270[Ω]

② 2.7[kΩ]

③ 27.0[Ω]

④ 2.71[MΩ]

> **해설**
>
> 색띠 저항의 저항값 읽는 요령
>
> | 색 | 수 치 | 승 수 | 정밀도[%] |
> |---|---|---|---|
> | 흑 | 0 | $10^0 = 1$ | − |
> | 갈 | 1 | 10^1 | ±1 |
> | 적 | 2 | 10^2 | ±2 |
> | 등(주황) | 3 | 10^3 | ±0.05 |
> | 황(노랑) | 4 | 10^4 | − |
> | 녹 | 5 | 10^5 | ±0.5 |
> | 청 | 6 | 10^6 | ±0.25 |
> | 자 | 7 | 10^7 | ±0.1 |
> | 회 | 8 | − | − |
> | 백 | 9 | − | − |
> | 금 | − | 10^{-1} | ±5 |
> | 은 | − | 10^{-2} | ±10 |
> | 무 | − | − | ±20 |
>
> 저항의 5색띠 :　적,　　보라(자),　갈,　　금
> 　　　　　　　(적 = 2), (보라(자) = 7), (갈 = 1), (금)
> 　　　　　　　　2　　　　　7　　 × 　10^1 = 270[Ω]
>
> ※ 정밀도(금) = ± 5[%]

45 TTL IC와 논리소자의 연결이 잘못된 것은?

① IC 7408 – AND

② IC 7432 – OR

③ IC 7400 – NAND

④ IC 7404 – NOR

해설

IC 7408(AND)	IC 7432(OR)
IC 7400(NAND)	IC 7402(NOR)
IC 7407(BUFFER)	IC 7404(NOT)
IC 7486(XOR)	IC 74266(XNOR)

46 다음의 진리표를 가지는 논리소자는?

A	B	X
0	0	0
0	1	1
1	0	1
1	1	0

① A B —X ② A B —X

③ A B —X ④ A B —X

해설

명 칭	기 호	함수식	진리표		설 명
			A B	X	
AND	A B	$X = AB$	0 0	0	입력이 모두 1일 때만 출력이 1
			0 1	0	
			1 0	0	
			1 1	1	
			A B	X	
OR	A B	$X = A + B$	0 0	0	입력 중 1이 하나라도 있으면 출력이 1
			0 1	1	
			1 0	1	
			1 1	1	
			A	X	
NOT	A	$X = A'$	0	1	입력과 반대되는 출력
			1	0	
			A	X	
Buffer	A	$X = A$	0	0	신호의 전달 및 지연
			1	1	
			A B	X	
NAND	A B	$X = (AB)'$	0 0	1	AND의 반전(입력 모두 1일 때만 출력이 0)
			0 1	1	
			1 0	1	
			1 1	0	
			A B	X	
NOR	A B	$X = (A + B)'$	0 0	1	OR의 반전(입력 중 1이 하나라도 있으면 출력이 0)
			0 1	0	
			1 0	0	
			1 1	0	
			A B	X	
XOR	A B	$X = (A \oplus B)$	0 0	0	입력이 서로 다를 경우에 출력 1
			0 1	1	
			1 0	1	
			1 1	0	

명 칭	기 호	함수식	진리표		설 명
			A B	X	
XNOR	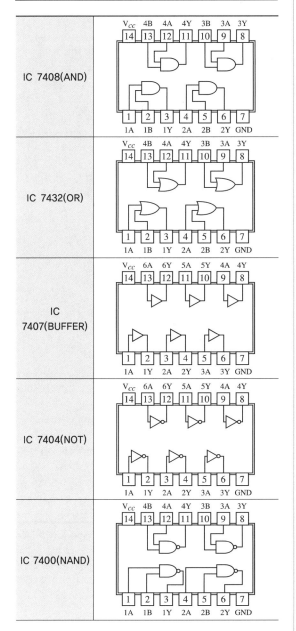	$X = (A \odot B)$	0 0 0 1 1 0 1 1	1 0 0 1	입력이 서로 같 을 경우에 출력1

IC 7408(AND)

IC 7432(OR)

IC 7407(BUFFER)

IC 7404(NOT)

IC 7400(NAND)

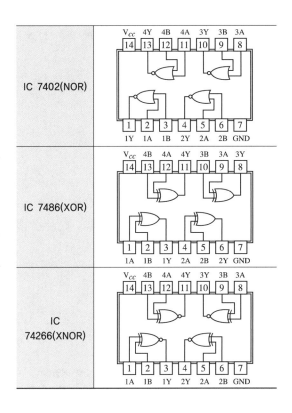

IC 7402(NOR)

IC 7486(XOR)

IC 74266(XNOR)

47 인쇄회로기판 설계 시에 사용하는 단위를 사용하여 나타낸 것 중 다른 하나는?

① 2[mil]

② $\dfrac{2}{1,000}$[inch]

③ 0.0508[mm]

④ 0.0254[cm]

해설

PCB 설계 시 사용하는 단위는 [mil], [inch], [mm]이다.

$1[\text{mil}] = \dfrac{1}{1,000}[\text{inch}] = 0.0254[\text{mm}]$

$\therefore 2[\text{mil}] = \dfrac{2}{1,000}[\text{inch}] = 0.0508[\text{mm}]$

48 PCB 패턴 설계 시 부품 배치에 관한 설명 중 옳은 것은?

① IC 배열은 가능하다면 'ㄱ' 형태로 배치하는 것이 좋다.
② 다이오드 및 전해 콘덴서 종류는 + 방향에 ◼ 형 LAND를 사용한다.
③ 전해 콘덴서와 같은 방향성 부품은 오른쪽 방향이 1번 혹은 + 극성이 되게끔 한다.
④ 리드수가 많은 IC 및 커넥터 종류는 가능한 한 납땜 방향의 수직으로 배열한다.

해설
PCB 설계에서 부품 배치
• 부품 배치
 – 리드수가 많은 IC 및 커넥터류는 가능한 한 납땜 방향으로 PIN을 배열한다(2.5[mm] 피치 이하). 기판 가장자리와 IC와는 4[mm] 이상 띄워야 한다.
 – IC 배열은 가능한 한 동일 방향으로 배열한다.
 – 방향성 부품(다이오드, 전해콘덴서 등)은 가능한 한 동일 방향으로 배열하고, 불가능한 경우에는 2방향으로 배열하되 각 방향에 대해서는 동일 방향으로 한다.
 – TEST PIN 위치를 TEST 작업성을 고려하여 LOSS를 줄일 수 있는 위치로 가능한 한 집합시켜 설계한다.
• 부품 방향 표시
 – 방향성 부품에 대하여 반드시 방향(극성)을 표시하여야 한다.
 – 실크인쇄의 방향 표시는 부품 조립 후에도 확인할 수 있도록 한다.
 – LAND를 구분 사용하여 부품 방향을 부품면과 납땜면에 함께 표시한다.
 – IC 및 PIN, 컨넥터류는 1번 PIN에 LAND를 ◼형으로 사용한다.
 – 다이오드 및 전해콘덴서류는 +방향에 ◼형 LAND를 사용한다.
 – PCB SOLDER SIDE에서도 부품 방향을 알 수 있도록 SOLDER SIDE 극성 표시 부문 LAND를 ◼형으로 한다.

49 형상 모델링의 종류 중 와이어 프레임 모델링(Wire Frame Modeling, 선화 모델)을 한 것은?

①
②
③
④

해설
형상 모델링의 종류
• 와이어 프레임 모델링(Wire Frame Modeling, 선화 모델) : 점과 선으로 물체의 외양만을 표현한 형상 모델로, 데이터 구조가 간단하고 처리속도가 가장 빠르다.
• 서피스 모델링(Surface Modeling, 표면 모델) : 여러 개의 곡면으로 물체의 바깥 모양을 표현하는 것으로, 와이어 프레임 모델에 면의 정보를 부가한 형상 모델이다. 곡면기반 모델이라고도 한다.
• 솔리드 모델링(Solid Modeling, 입체 모델) : 정점, 능선, 면 및 질량을 표현한 형상 모델로서, 이것을 작성하는 것을 솔리드 모델링이라고 한다. 솔리드 모델링은 형상만이 아닌 물체의 다양한 성질을 좀 더 정확하게 표현하기 위해 고안된 방법이다. 솔리드 모델은 입체 형상을 표현하는 모든 요소를 갖추고 있어서 중량이나 무게중심 등의 해석도 가능하다. 솔리드 모델은 설계에서부터 제조 공정에 이르기까지 일관하여 이용할 수 있다.

50 부식(Etching)액의 종류가 아닌 것은?

① 염화구리($CuCl_2$) 부식
② 염화철($FeCl_3$) 부식
③ 산(NH_4Cl) 부식
④ Soft Etching

해설
부식(Etching)액의 종류
부식은 내외 층의 구리(Cu) 부위를 산 또는 알칼리액을 이용해서 용해하거나 표면조도를 형성해 주는 것으로, 그 종류에는 염화구리($CuCl_2$) 부식, 염화철($FeCl_3$) 부식, 알칼리(NH_4Cl) 부식, Soft Etching 등이 있다.

51 컴퍼스로 그리기 어려운 원호나 곡선을 그릴 때 사용되는 제도용구는?

① 디바이더
② T자
③ 운형자
④ 형 판

해설
① 디바이더 : 치수를 옮기거나 선, 원주 등을 같은 길이로 분할하는 데 사용하며, 도면을 축소 또는 확대한 치수로 복사할 때 사용한다.
② T자 : 자의 모양이 알파벳의 T처럼 되어 있는 것이 특징이다. 제도판을 사용하는 제도작업에서 T자는, 알파벳 T를 가로로 놓은 모양으로 사용한다. 제도판의 왼쪽 가장자리에 T의 머리 부분을 맞춰 놓고 위아래로 이동하여 위치를 정해 놓으면 평행인 수평선을 그을 수 있다. 또한 삼각자를 사용하여 수직 혹은 각도를 가진 직선을 그을 때의 안내로 쓰인다.
④ 형판(원형판) : 투명 또는 반투명 플라스틱의 얇은 판으로 여러 가지 원, 타원 등의 도형이나 원하는 모양을 정확히 그릴 수 있다.

52 노이즈 대책용으로 사용될 콘덴서의 구비조건과 거리가 먼 것은?

① 내압이 낮을 것
② 절연저항이 클 것
③ 주파수 특성이 양호할 것
④ 자기공진 주파수가 높은 주파수 대역일 것

해설
노이즈 대책용 콘덴서가 갖추어야 할 조건
• 주파수 특성이 광범위에 걸쳐서 양호할 것
• 절연저항과 내압이 높을 것
• 자기공진 주파수가 높은 주파수 대역일 것(주파수 특성이 광범위에 걸쳐서 양호한 콘덴서는 존재하지 않는다. 그러므로 여러 가지 다른 종류의 콘덴서를 혼용함으로써 필터링이 필요한 대역을 취하게 된다)
※ 콘덴서를 전원 공급기와 병렬로 연결할 경우 전원선에서 발생하는 노이즈 성분을 GND로 패스시켜 제거해 주는 역할을 한다.

53 PCB 설계 시 4층 기판으로 설계할 때 사용하지 않는 층은?

① 납땜면
② 전원면
③ 접지면
④ 내부면

해설
4층(Layer) PCB
• Layer1 – 부품면(TOP)
• Layer2 – GND(Power Plane)
• Layer3 – VCC(Power Plane)
• Layer4 – 납땜면(BOTTOM)

54 다음 그림은 PCB의 종류 중 어떤 PCB를 나타내는가?

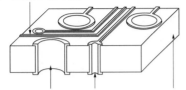

상면 회로(동박+동 도금)

부품실장 스루 홀   소경VIA HOLE   절연체(유리천+에폭시 수지)

① 단면 PCB　　　　② 양면 PCB
③ 다면 PCB　　　　④ 특수 PCB

해설

PCB의 종류

• 단면 PCB(Single Side PCB) : 회로가 단면에만 형성된 PCB이다. 실장밀도가 낮고, 제조방법이 간단하여 저가의 제품으로 주로 TV, VTR, AUDIO 등 민생용의 대량 생산에 사용된다.
• 양면 PCB(Double Side PCB) : 회로가 상하 양면으로 형성된 PCB이다. 단면 PCB에 비해 고밀도 부품실장이 가능한 제품이며, 상하 회로는 스루 홀에 의하여 연결된다. 주로 Printer, Fax 등 저기능 OA기기와 저가격 산업용 기기에 사용된다.
• 다층 PCB(Multi Layer Board) : 내층과 외층 회로를 가진 입체구조의 PCB로 입체배선에 의한 고밀도 부품실장 및 배선거리의 단축이 가능한 제품이다. 주로 대형 컴퓨터, PC, 통신장비, 소형 가전기기 등에 사용된다.

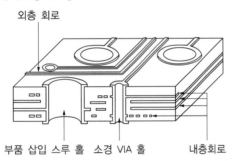

외층 회로

부품 삽입 스루 홀   소경 VIA 홀   내층회로

• 특수 PCB는 IVH MLB(Interstitial Via Hole MLB), R-F PCB(Rigid-flex PCB), MCM PCB(Multi Chip Module PCB) 등이 있다.

55 PCB의 아트워크 필름은 외부 환경에 의해 수축 또는 팽창을 계속하는데 그 요인에 해당되지 않는 것은?

① 온 도　　　　② 습 도
③ 처 리　　　　④ 적외선

해설

• 아트워크 필름의 치수 변화율 요인
  – 온도에 의한 변화율 : 온도에 의해 재료는 열팽창하는데 필름은 1×10^{-8}[%/℃]로 길이에 퍼센트로 변형된다.
  – 습도에 의한 변화율 : 습도에 의해 또한 변형되는데 필름은 1×10^{-2}[%/%℃]로 길이에 퍼센트로 변형된다.
  – 처리에 의한 변화율 : 은염 필름의 경우 현상 및 정착에 의한 흡습에 의한 팽창률과 건조에 의한 열흡수에 의한 수축률을 동일하게 맞추므로 변화율이 '0'으로 되게 하는 것이 이상적이다. 그러나 필름은 온도에 의해서는 단시간 내에 변화를 가져오고 다시 복원되는 경향이 있지만, 습도에 의한 변화는 장시간에 걸쳐 일어나면서 쉽게 복원되지 않는 성질을 나타낸다.
• 기본적인 치수 안정성 요건
  – 필름실의 온습도 관리 : 필름의 보관, 플로팅(Plotting), 취급 등의 모든 작업이 이루어지는 환경의 온습도의 항상성은 매우 중요하다. 특히, 암실의 항온·항습 유지관리가 중요하며, 이물질의 불량을 최소화하기 위한 Class 유지관리가 동시에 이루어져야 한다.
  – 시즈닝(Seasoning)관리 : 필름은 원래 생산된 회사의 환경과 PCB 제조업체의 암실 사이에는 온습도가 다를 수 있으므로 반드시 구입 후 암실에서 환경에 적응(수축 또는 팽창)시킨 후에 필름 제작에 들어가는 것이 중요하다. 최소 24시간 이상 환경에 적응시키는 것이 바람직하다.
  – 불가역 환경 방지관리 : 필름은 재질의 주가 폴리에스터(Polyester)이다. 이것은 적정 온습도 범위 내에서는 수축 또는 팽창되었다가도 다시 원래 치수로 복원하는 특성을 갖고 있으나, 극단적인 온습도 환경에 놓이면 시간이 경과가 되어도 원래 치수로 복원이 어려우므로 필름의 보관 제조 룸 또는 공정 중에 반드시 통제와 관리가 필요하다.
  – 일반적으로 필름의 박스 표지에 이 필름의 보관 온습도 범위가 표시되어 있는데 이 범위를 환경적으로 벗어나지 않도록 모든 공정의 제어가 필요하다.

56 용도에 따른 선의 종류 중 보이는 물체의 윤곽을 나타내는 선이나 보이는 물체의 면들이 만나는 윤곽을 나타낸 선은?

① 굵은 실선　　　② 가는 실선

③ 굵은 파선　　　④ 가는 파선

해설

용도에 따른 선의 종류

종류	명칭	용도	기계제도 분야 적용 예
A ———	굵은 실선	A1 보이는 물체의 윤곽을 나타내는 선 A2 보이는 물체의 면들이 만나는 윤곽을 나타낸 선	외형선
B ———	가는 실선	B1 가상의 상관관계를 나타내는 선(상관선) B2 치수선 B3 치수 보조선(연장선) B4 지시선, 인출선 및 기입선 B5 해칭 B6 회전 단면의 한 부분의 윤곽을 나타내는 선 B7 짧은 중심선	치수선, 치수 보조선, 지시선, 회전 단면선, 중심선
C 〜〜〜	프리핸드의 가는 실선	C1, D1 부분 투상을 하기 위한 절단면이나 단면의 경계를 손으로 그리거나 기계적으로 그리는 선	파단선
D ┬┬┬	가는 지그재그선		
E ·····	굵은 파선	E1 보이지 않는 물체의 윤곽을 나타내는 선 E2 보이지 않는 물체의 면들이 만나는 윤곽을 나타내는 선	숨은선
F ·····	가는 파선	F1 보이지 않는 물체의 윤곽을 나타내는 선 F2 보이지 않는 물체의 면들이 만나는 윤곽을 나타내는 선	
G —·—·—	가는 1점 쇄선	G1 그림의 중심을 나타내는 선(중심선) G2 대칭을 나타내는 선 G3 움직이는 부분의 궤적 중심을 나타내는 선	중심선, 기준선, 피치선
H ⌐_⌐	가는 1점 쇄선을 단면 부분 및 방향이 다른 부분을 굵게 한 것	H1 단면한 부위의 위치와 꺾임을 나타내는 선	절단선
J —·—·—	굵은 1점 쇄선	J1 특별한 요구사항을 적용할 범위와 면적을 나타내는 선	특수 지정선
K —··—··—	가는 2점 쇄선	K1 인접 부품의 윤곽을 나타내는 선 K2 움직이는 부품의 가동 중의 특정 위치 또는 최대 위치를 나타내는 물체의 윤곽선(가상선) K3 그림의 중심을 이어서 나타내는 선 K4 가공 전 물체의 윤곽을 나타내는 선 K5 절단면의 앞에 위치하는 부품의 윤곽을 나타내는 선	가상선, 무게중심선

57 아트워크 필름은 데이터를 기본으로 한 실제 생산을 위한 작업 필름으로 여러 종류가 있다. 보기에서 설명하는 필름은?

┤보기├

- 원도 필름만 준비되면 해당 필름을 놓고 노광기에서 자외선을 쪼인 후 암모니아가스에 의한 현상으로 원도 필름 회로 등을 거의 동일하게 제작 가능
- 원도 필름을 재현하는 개념이고 아울러 노광기의 산란광에 의한 노광으로 진행되므로 초정밀, 미세 회로의 재현성에 한계가 있으므로 정밀회로 필름의 제작 어려움
- Pin 간 1~2 Line의 쉬운 회로 구성 필름에 적합

① 디아조(Diazo) 필름
② 은염 필름(Silver Halide)
③ 적층(Hot press) 필름
④ 이형 필름(Release film)

해설

대표적인 아트워크 필름으로 내층용 필름, 외층용 패턴 필름, 외층용 S/M 필름, M/K 필름, 드릴 홀 필름, 라우터 가공용 필름, BBT용 필름 등이 있다. 재료 및 공정 차이에 의해 크게 디아조(Diazo) 필름과 은염(Silver Halide) 필름으로 나눈다.

- 디아조(Diazo) 필름 : 주로 PCB 초창기에 많이 사용되었으며, 현재도 일부 사용되고 있다. 제조공정은 원도 필름 준비 → 디아조 필름에 밀착 → 노광 → 현상으로 진행된다.
  - 특 징
    ㉠ 작업의 용이성(명실 작업 가능)
       원도 필름만 준비되면 디아조 필름을 놓고 노광기에서 자외선을 쪼인 후 암모니아가스에 의한 현상으로 원도 필름 회로 등을 거의 동일하게 제작 가능하다.
    ㉡ 정밀, 미세 필름 작업 단점
       원도 필름을 재현하는 개념이고 아울러 노광기의 산란광에 의한 노광으로 진행되므로 초정밀, 미세회로의 재현성에 한계가 있으므로 정밀 회로 필름의 제작이 어렵다(회로 해상도, Sharpness, 재현성 등이 떨어짐).
    ㉢ 치수 안정성 양호
       일반적으로 디아조 필름은 폴리에스터(Polyester) 기재에 에멀션 코팅된 구조로써, 은염 필름보다 두꺼워 쉽게 온도, 습도 등에 의해 변형되지 않는다.
    ㉣ 내스크래치성 우수
       디아조 필름은 표면이 Matt형으로 되었으며, 에멀션 자체가 은염필름보다 딱딱하여 스크래치에 강하다.
  - 용 도
    ㉠ 심플한 패턴 필름 : Pin 간 1~2 Line 의 쉬운 회로 구성 필름에 적합하다.
    ㉡ PSR, M/K, 드릴 홀 필름 등
- 은염 필름(Silver Halide) : 현재 PCB 제조의 거의 모든 필름에 적용되는 필름으로, 제조공정은 CAD 작업 → CAM 작업 → Data Laser Photo Plotter 전송 → Laser Photo Plotter → 현상 → 정착 → 건조과정을 거친다.
  - 특 징
    ㉠ 암실에서 작업이 가능하다.
       은염 필름은 고감도로, 대기에 노출시키면 즉시 감광이 일어나므로 반드시 냉암실(항온, 항습)에서 레이저 플로팅(Laser Plotting) 등의 작업이 이루어져야 한다.
    ㉡ 정밀, 미세필름 제작이 가능하다.
       CAM 데이터를 레이저 포토 플로터(Laser photo plotter)가 전송받아 직접 레이저광으로 회로를 그려 주기 때문에 초미세, 정밀한 회로를 만들 수 있다.
    ㉢ 치수 안정성이 우수하다.
       디아조 필름보다 더 온습도에 대한 변형률이 작은 재질로 제조되었기 때문에 치수 안정성이 우수하다.
    ㉣ 스크래치에 열악하다.
       은염 필름의 에멀션은 디아조 필름보다는 스크래치에 약하기 때문에 에멀션면에 보호 필름이 코팅되는 경우가 있다.

58 PC 마더보드, PDP, DTV, MP3 플레이어, 캠코더 등에 사용하는 PCB는?

① 페놀 양면(카본)

② 에폭시 양면

③ 에폭시 MLB(4층)

④ Polyamide Flex

해설

PCB 종류

재 료	형 태		어플리케이션
페 놀	단 면		TV, VCR, 모니터, 오디오, 전화기, 가전제품
	양 면	카 본	리모콘
		STH	CR-ROM, CD-RW, DVD
		CPTH	DVD, 모니터
에폭시	양 면		오디오, OA기기, HDTV
	MLB	4층	PC 마더보드, PDP, DTV, MP3 플레이어, 캠코더
		6~8층	DVR, TFT-LCD, 모바일폰, 모뎀, 노트북 PC
		10층 이상	통신/네트워크 장비(중계기, 교환기 등)
	빌드업(Build Up)		모바일폰, 캠코더, 디지털카메라
	Package Substrate (BGA, CSP)		
폴리아마이드	Flex		노트북 PC, 프린터, TFT-LCD
	Rigid Flex		캠코더
	Package Substrate (CSP)		모바일폰, 디지털카메라

• 반도체용 메모리/비메모리 PCB는 에폭시계열 MLB에 해당되며 주로 6~8층이 많다.
• 폴리아마이드는 유연 PCB의 원재료이다.
• 빌드업과 Package Substrate : 빌드업은 MLB쪽에 가까운 품목으로 빌드업이라는 공법으로 만든 PCB이고, Package Substrate는 반도체를 실장하기 위한 PCB로 반도체를 실장하게 되면 그 자체가 반도체가 되는 것으로, 이것을 다시 MLB나 다른 PCB에 실장한다.

59 다음 중 게이트에 대한 개념이 다른 것은?

① 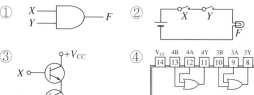 ②

③ 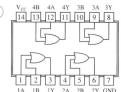 ④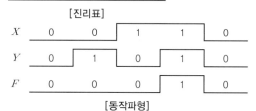

해설

AND 게이트의 기본 개념(2입력)

입력이 모두 1(On, High)인 경우에만 출력은 1(On, High)이 되고, 입력 중에 0(Off, Low)인 것이 하나라도 있을 경우에는 출력은 0(Off, Low)이 된다.

X	Y	F
0	0	0
0	1	0
1	0	0
1	1	1

[진리표]

[동작파형]

논리회로 기호	논리식
(AND 게이트 기호)	$F = XY = X \cdot Y$

[스위칭 회로]

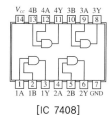 (스위치의 직렬연결)

[트랜지스터 회로]

(IC 핀 배치도)

[IC 7408]

60 문서의 내용에 따른 분류 중 계통도를 나타낸 그림은?

①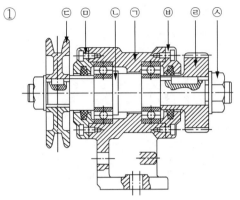

②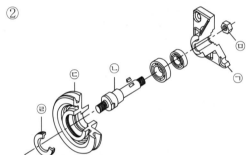

③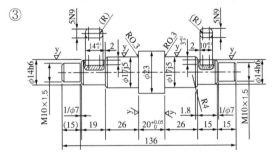

④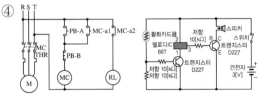

01 1[MHz]에서 150[Ω]의 리액턴스를 갖는 코일의 자기 인덕턴스는?

① 약 2.4[μH]

② 약 4.8[μH]

③ 약 24[μH]

④ 약 48[μH]

해설

$X_L = 2\pi f L$

$L = \dfrac{X_L}{2\pi f} = \dfrac{150}{2 \times 3.14 \times 10^6} = 23.89 \times 10^{-6} \fallingdotseq 24[\mu H]$

02 2×10^{-3}[Wb]의 자극에서 나오는 자속(자기력선)은 몇 개인가?

① 2×10^5 개

② 2×10^{-5} 개

③ 2×10^3 개

④ 2×10^{-3} 개

해설

자극의 세기는 자극의 자기량의 많고 적음을 나타내며 자속(자기력선)과 같다. 따라서 2×10^{-3}[Wb]의 자극에서 나오는 자속은 2×10^{-3}개이다.

03 집적회로(IC)의 특징으로 적합하지 않은 것은?

① 대전력용으로 주로 사용

② 소형 경량

③ 고신뢰도

④ 경제적

해설

집적회로의 장점	집적회로의 단점
• 기기가 소형이 된다. • 가격이 저렴하다. • 신뢰성이 좋고 수리ㆍ교환이 간단하다. • 기능이 확대된다.	• 전압이나 전류에 약하다. • 열에 약하다(납땜할 때 주의). • 발진이나 잡음이 나기 쉽다. • 마찰에 의한 정전기의 영향을 고려해야 하는 등 취급에 주의가 필요하다.

04 발진회로의 주파수 변동원인과 대책으로 거리가 먼 것은?

① 부하의 변동 – 완충증폭기 사용

② 주위 온도 변화 – 항온조 사용

③ 부품 특성 변화 – 직렬회로 사용

④ 전원 전압 변동 – 정전압회로 사용

해설

발진기의 주파수가 변화하는 주된 요인과 대책

• 부하의 변화 : 발진부와 부하를 격리시키는 완충증폭회로를 사용한다.

• 전원 전압의 변화 : 전원에는 정전압 전원회로를 사용한다.

• 주위 온도의 변화 : 온도보상회로나 항온조 등을 사용한다.

• 능동소자의 상수 변화 : 대개 전원, 온도에 의한 변동이므로 정전압회로, 온도보상회로 등을 사용하여 해결한다.

05 다음 중 P형 반도체를 만드는 불순물 원소가 아닌 것은?

① 비소(AS) ② 갈륨(Ga)

③ 붕소(B) ④ 인듐(In)

해설
P형 반도체 : 게르마늄(Ge), 규소(Si)에 갈륨(Ga), 인듐(In), 붕소(B), 알루미늄(Al)과 같은 3족의 불순물을 섞어 정공(Hole)에 의해서 전기 전도가 이루어지는 불순물 반도체
• 억셉터(Acceptor) : P형 반도체를 만들기 위하여 첨가하는 불순물로 In(인듐), Ga(갈륨), B(붕소), Al(알루미늄) 등
• P형 반도체의 다수 반송자는 정공, 소수 반송자는 전자이다.

06 이상적인 연산증폭기에서 동상신호제거비(CMRR)는?

① 0 ② 1

③ 100 ④ 무한대

해설
이상적인 연산증폭기의 특징
• 이득이 무한대이다(개루프).
• 입력 임피던스가 무한대이다(개루프).
• 대역폭이 무한대이다.
• 출력 임피던스가 0이다.
• 소비 전력이 작다.
• 온도 및 전원 전압 변동에 따른 영향을 받지 않는다.
• 오프셋(Offset)이 0이다.
• CMRR(동상제거비)가 무한대이다(차동증폭회로).

07 연산증폭기에서 두 입력 단자가 접지되었을 때 두 출력 단자 사이에 나타나는 직류 전압의 차는?

① 입력 오프셋 전압

② 출력 오프셋 전압

③ 입력 오프셋 전압 드리프트

④ 출력 오프셋 전압 드리프트

해설
'두 입력 단자가 접지되었을 때'라는 것은 입력이 0이라는 의미이며, 입력을 0으로 줄 때 출력이 0이 되어야 함에도 불구하고 출력단에 나타나는 전압을 출력 오프셋 전압이라고 한다.

08 이상적인 펄스 파형에서 최대 진폭 A_{max}의 90[%] 되는 부분에서 10[%]가 되는 부분까지 내려가는 데 소요되는 시간은?

① 지연시간 ② 상승시간

③ 하강시간 ④ 오버슈트시간

해설
③ 하강시간 : 펄스가 이상적 펄스의 진폭 전압의 90[%]에서 10[%]까지 내려가는 데 걸리는 시간
① 지연시간 : 상승시간으로부터 진폭의 10[%]까지 이르는 실제의 펄스시간
② 상승시간 : 진폭 전압의 10[%]에서 90[%]까지 상승하는 데 걸리는 시간
④ 오버슈트시간 : 상승 파형에서 이상적 펄스파의 진폭 전압보다 높은 부분의 높이

09 다음 중 집적회로(Integrated Circuit)의 장점이 아닌 것은?

① 신뢰성이 높다.

② 대량 생산할 수 있다.

③ 회로를 초소형으로 할 수 있다.

④ 주로 고주파 대전력용으로 사용된다.

해설
집적회로의 장점 : 회로 소형화, 신뢰성 향상, 가격 저렴, 기능 확대, 신뢰성 좋음, 수리·교환이 간단함

10 발진주파수가 변동되는 주요 원인과 관계가 먼 것은?

① 부하의 변화   ② 주위 온도의 변화

③ 전원 전압의 변화   ④ 발진조건

해설
출력신호가 입력으로 정궤환되는 경우 $A\beta = 1$ 이 되어 발진하게 되는데, 이 발진조건이 발진주파수 변동의 원인은 아니다.

11 빈-브리지 발진회로에 대한 특징으로 틀린 것은?

① 고주파에 대한 임피던스가 매우 낮아 발진 주파수의 파형이 좋다.

② 잡음 및 신호에 대한 왜곡이 작다.

③ 저주파 발진기 등에 많이 사용된다.

④ 사용할 수 있는 주파수 범위가 넓다.

해설
빈-브리지(Wien Bridge) 발진회로
• 높은 입력저항을 사용하고 기본 증폭회로를 가진 발진회로이다.
• 회로의 응용으로는 서미스터를 사용한 부궤환 회로를 구성하여 주파수의 변화를 방지하는 방법과 일반 트랜지스터 대신 입력 임피던스가 높은 FET를 사용하는 방법이 있다.
• 넓은 범위의 주파수 발진과 낮은 왜곡 레벨이 요구될 때 사용한다.
• 안정도가 좋고, 주파수 가변형으로 하는 것이 비교적 쉽기 때문에 CR 저주파 발진기의 대표적인 발진회로이다.

12 무궤환 시 전압이득이 150인 증폭기에서 궤환율 $\beta = 0.01$의 부궤환을 걸었을 때 전압이득은?

① 9   ② 30

③ 60   ④ 150

해설
$$A_f = \frac{A}{1 - A\beta} = \frac{150}{1 - [150 \times (-0.01)]} = 60$$

13 다음 그림에서 전전류가 $I[\mathrm{A}]$일때 I_1 전류의 크기는?

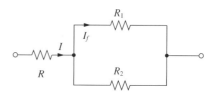

① $I_1 = I\left(\dfrac{R_2}{R_1 + R_2}\right)$ ② $I_1 = I\left(\dfrac{R_1}{R_1 + R_2}\right)$

③ $I_1 = I\left(\dfrac{R_1 + R_2}{R_2}\right)$ ④ $I_1 = I\left(\dfrac{R_1 + R_2}{R_1}\right)$

해설
병렬회로에서의 전류는 저항에 반비례하여 분배된다.
$$I_1 = \frac{R_t}{R_1} \cdot I = \frac{\dfrac{R_1 \cdot R_2}{R_1 + R_2}}{R_1} \cdot I = \frac{R_2}{R_1 + R_2} \cdot I[\mathrm{A}]$$

14 다음 사이리스터 중 단방향성 소자는?

① TRIAC   ② DIAC

③ SSS   ④ SCR

해설
• 양방향 사이리스터 : TRIAC, DIAC, SSS
• 단방향 사이리스터 : SCR

15 다음 중 광전변환소자가 아닌 것은?

① 포토트랜지스터
② 태양전지
③ 홀 발전기
④ CCD(Charge Coupled Device) 센서

해설
광전변환소자
광에너지를 전기에너지로 변환하는 소자로 포토다이오드, 애벌란시 포토다이오드, 포토트랜지스터, 광전관, 태양전지, CCD 센서 등이 있다.

16 컴퓨터의 주기억장치와 주변 장치 사이에서 데이터를 주고 받을 때, 둘 사이의 전송속도 차이를 해결하기 위해 전송할 정보를 임시로 저장하는 고속 기억장치는?

① Address   ② Buffer

③ Channel   ④ Register

해설
② Buffer : 동작속도가 크게 다른 두 장치 사이에 접속되어 속도차를 조정하기 위하여 이용되는 일시적인 저장장치이다.
① Address : 메모리의 기억 장소의 위치
③ Channel : 중앙연산처리장치 대신에 입출력 조작을 수행하는 장치
④ Register : 중앙처리장치 내에 위치하는 기억소자이며, 캐시는 주기억장치와 CPU 사이에서 일종의 버퍼기능을 수행하는 기억장치이다.

17 다음 그림의 연산 결과를 올바르게 나타낸 것은?

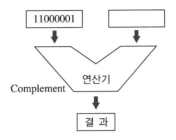

① 11000001   ② 00111110

③ 11000010   ④ 10000011

해설
• 1의 보수 : 0 → 1, 1 → 0
• 2의 보수 : 1의 보수 +1
∴ 11000001 $\xrightarrow{\text{1의 보수}}$ 00111110

18 다음 회로의 출력 결과로 맞는 것은?(단, A, B는 입력, Y는 출력이다)

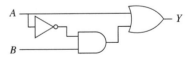

① $Y = \overline{A} + \overline{B}$

② $Y = A + (\overline{A} + B)$

③ $Y = \overline{A + B}$

④ $Y = A + B$

해설
$Y = A + \overline{A}B = (A + \overline{A})(A + B) = A + B$

19 다음 논리연산 명령어 중 누산기의 값이 변하지 않는 것은?(단, 여기서 X는 임의의 8[bit] 데이터이다)

① CP X ② AND X
③ OR X ④ EX-OR X

해설
CP는 분기명령으로 수행 후에도 누산기의 값은 변하지 않는다.

20 순서도를 작성하는 방법으로 틀린 것은?

① 처리 순서의 방향은 아래에서 위로, 오른쪽에서 왼쪽 화살표로 표시한다.
② 논리적 타당성을 확보할 수 있도록 한다.
③ 처리과정을 간단명료하게 표시한다.
④ 순서도가 길거나 복잡할 경우 기능별로 분할한 후 연결 기호를 사용하여 연결한다.

해설
논리적인 흐름의 방향은 위에서 아래로, 왼쪽에서 오른쪽으로 서로 교차되지 않도록 그린다.

21 서브루틴에서의 복귀어드레스가 보관되어 있는 곳은?

① 프로그램 카운터   ② 스 택
③ 큐   ④ 힙

해설
레지스터의 내용이나 프로그램 카운터의 내용을 일시 기억시키는 곳을 스택이라 하고, 스택 영역의 선두 번지를 지정하는 것을 스택 포인터라 한다.

22 다음 C 프로그램의 실행 결과는?

```
void main()
{
    int a, b, tot;
    a = 200;
    b = 400;
    tot = a+b;
    printf("두 수의 합 = %d₩n", tot);
}
```

① tot   ② 600
③ 두 수의 합 = 600   ④ 두 수의 합 = tot

해설
printf 함수의 형식에 맞춰 결과가 출력된다. printf('전달인자')의 형식으로 printf() 함수는 인자로 전달된 내용을 출력하게 되는데 %d의 위치에는 정수형 변수 tot의 값이 그 위치에 출력된다.

23 다음 중 8421 코드는?

① BCD 코드   ② Gray 코드
③ Biquinary 코드   ④ Excess-3 코드

해설
① BCD(Binary Coded Decimal) 코드 : 2진수의 10진법 표현방식으로 0~9까지의 10진 숫자에 4[bit] 2진수를 대응시킨 것
② 그레이 코드(Gray Code) : 서로 인접하는 두 수 사이에 단하나의 비트만 서로 다른 코드
③ Biquinary 코드 : 10진수의 1자리를 나타내는 데 7[bit]를 사용하여 이 7[bit]를 2[bit]와 5[bit]로 나누어 각각의 비트에 자리값을 부여하여 나타내는 코드
④ Excess-3 코드(3초과 코드) : BCD 코드에 $3_{10}=0011_2$를 더해 만든 것

24 모든 명령어의 길이가 같다고 할 때 수행시간이 가장 긴 주소지정방식은?

① 직접(Direct) 주소지정방식
② 간접(Indirect) 주소지정방식
③ 상대(Relative) 주소지정 방식
④ 즉시(Immediate) 주소지정 방식

해설
간접 주소지정방식(Indirect Mode)은 명령어 내의 Operand부에 실제 데이터가 저장된 장소의 번지를 가진 기억장소를 표현함으로써 최소한 주기억장치를 두 번 이상 접근하여 데이터가 있는 기억장소에 도달하므로 수행시간이 오래 걸린다.

25 주소지정방식 중 명령어의 피연산자 부분에 데이터의 값을 저장하는 주소지정방식은?

① 즉시 주소지정방식
② 절대 주소지정방식
③ 상대 주소지정방식
④ 간접 주소지정방식

해설
즉시 주소지정방식(Immediate Mode) : 명령어 자체에 오퍼랜드(실제 데이터)를 내포하고 있는 방식

26 원시언어로 작성한 프로그램을 동일한 내용의 목적 프로그램으로 번역하는 프로그램은?

① 기계어
② 파스칼
③ 컴파일러
④ 소스 프로그램

27 다음 중 제어장치의 역할이 아닌 것은?

① 명령을 해독한다.
② 두 수의 크기를 비교한다.
③ 입출력을 제어한다.
④ 시스템 전체를 감시 제어한다.

해설
제어장치(Control Unit)는 컴퓨터를 구성하는 모든 장치가 효율적으로 운영되도록 통제하는 장치로, 주기억장치에 기억되어 있는 명령을 해독하여 입력, 출력, 기억, 연산장치 등에 보낸다.

28 마이크로컴퓨터 내의 신호 전송 통로에 해당되지 않는 것은?

① 메모리 버스
② 어드레스 버스
③ 데이터 버스
④ 제어 버스

해설
마이크로컴퓨터 내의 신호 전송 통로를 버스라고 하며, 주소 버스(Address Bus), 제어 버스(Control Bus), 데이터 버스(Data Bus)로 분류한다.

29 다음은 도면 작성 표준에서 배치에 대한 일반사항을 설명한 것이다. 잘못된 것은?

① 도면의 제도영역에 작성되어야 할 도면내용과 이와 관련하여 표시되어야 할 기타 사항은 시각적으로 적절한 위치와 축척으로 배치되어야 한다.

② 치수선, 치수문자, 지시선, 지시문자 그리고 각종 심벌 등은 적당한 여백을 고려하여 작도한다.

③ 도면의 제도영역에서 도면내용이 지나치게 한쪽 변으로 치우치거나 중앙에 집중 배치되면 여백이 충분히 나오도록 고려하여 작성한다.

④ 여백이 많이 남을 경우 나중에 도면내용을 추가할 가능성에 대비하여 도면의 좌측 상단부에 우선적으로 도면내용을 배치한다.

해설
도면 작성 표준의 배치 일반사항
- 도면의 제도영역에 작성되어야 할 도면내용과 이와 관련하여 표시되어야 할 기타 사항은 시각적으로 적절한 위치와 축척으로 배치되어야 한다.
- 치수선, 치수문자, 지시선, 지시문자 그리고 각종 심벌 등은 적당한 여백을 고려하여 작도한다.
- 도면의 제도영역에서 도면내용이 지나치게 한쪽 변으로 치우치거나 중앙에 집중 배치되어 필요 이상의 여백이 남지 않도록 고려하여 작성한다.
- 여백이 많이 남을 경우 나중에 도면내용을 추가할 가능성에 대비하여 도면의 좌측 상단부에 우선적으로 도면내용을 배치한다.
- 횡단면도와 같이 상하관계를 고려하여 배치할 필요가 있는 경우에는 좌측 하단부에 우선적으로 배치한다.

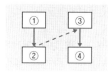
[일반 설계 도면]

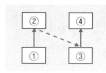
[횡단면도 도면]

- 하나의 제도영역에서 두 종류 이상의 도면을 배치하는 경우에는 상하, 좌우의 기준과 레벨을 맞추어 작성한다.

30 다음 IC 부품 중 리드 간 피치가 가장 미세한 것은?

① BGA
② CSP
③ QFP
④ TCP(TAB)

해설
최근의 디지털기기에서는 DIP에서 SOP 및 QFP로 더 나아가 BGA, CSP, Flip Chip으로 반도체 소자의 SMD화가 급속도로 진전되고 있다. 각 IC부품의 실장 부품별 동향과 피치의 변화는 다음과 같다.

실장 부품별 동향		적용 제품
각형(R, C)	3216 → 2012 → 1608 → 1005 → 0603 → 0402	휴대폰, 이동 부품
QFP/SOP	1.0[mm] ⇒ 0.65[mm] ⇒ 0.5[mm] ⇒ 0.4[mm] ⇒ 0.3[mm]	SM 적용 제품
TCP	0.3[mm] ⇒ 0.25[mm] ⇒ 0.2[mm]	Note PC
	$85[\mu m] \Rightarrow 70[\mu m] \Rightarrow 65[\mu m] \Rightarrow 50[\mu m]$	LCD
BGA	1.27[mm] ⇒ 1.0[mm]	휴대폰, PDA
CSP	0.8[mm]/0.75[mm] ⇒ 0.5[mm] ⇒ 0.4[mm]	휴대폰, DVC
Flip Chip	$250[\mu m] \uparrow \Rightarrow 150[\mu m] \Rightarrow 85[\mu m] \Rightarrow 50[\mu m] \downarrow$	Note PC, Card

31 PCB의 외형과 부품 홀의 가공방법에서 라우터에 의한 가공방법(라우팅가공)과 비교한 프레스에 의한 가공방법(금형가공)의 특징으로 옳지 않은 것은?

① 다품종 소량 생산에 적합하다.
② 생산성이 높다.
③ 외형 변경 시 대응이 어렵다.
④ 제품별로 별도의 금형이 필요하다.

해설
라우팅과 프레스 금형에 의한 가공 특성 비교

비교 항목	라우팅가공	금형가공
적용 제품	다품종 소량 생산	소품종 대량 생산
생산성	낮다.	높다.
외형 변경 시 대응	쉽다.	어렵다.
가공 품질	단면이 깨끗하다.	단면이 거칠다.
기 타	프로그램에 의해 제품별 대응이 가능하다.	제품별로 별도의 금형이 필요하고, 제작 비용이 비싸다.

32 세라믹 콘덴서의 표면에 '102K'로 표기되어 있다면 이 콘덴서의 정전용량값과 허용오차값은?

① 용량값 : 1,000[pF]

　허용오차 : ±10[%]

② 용량값 : 1,000[pF]

　허용오차 : ±5[%]

③ 용량값 : 100[pF]

　허용오차 : ±20[%]

④ 용량값 : 100[pF]

　허용오차 : ±10[%]

해설

- 용량 : $10 \times 10^2 = 1,000[pF] = 0.001[\mu F]$
- 허용오차 : $K = \pm 10[\%]$

허용차[%]의 문자기호

문자기호	허용차[%]	문자기호	허용차[%]
B	±0.1	J	±5
C	±0.25	K	±10
D	±0.5	L	±15
F	±1	M	±20
G	±2	N	±30

33 KS의 부문별 분류기호에서 전기 부문의 기호로 옳은 것은?

① KS A　　　　② KS B

③ KS C　　　　④ KS D

해설

KS의 부문별 기호

분류기호	부 문	분류기호	부 문	분류기호	부 문
KS A	기 본	KS H	식 품	KS Q	품질경영
KS B	기 계	KS I	환 경	KS R	수송기계
KS C	전기전자	KS J	생 물	KS S	서비스
KS D	금 속	KS K	섬 유	KS T	물 류
KS E	광 산	KS L	요 업	KS V	조 선
KS F	건 설	KS M	화 학	KS W	항공우주
KS G	일용품	KS P	의 료	KS X	정 보

34 다음 그림과 같이 표현하는 도면 표시방법은?

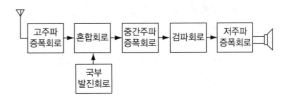

① 회로도　　　　② 계통도

③ 배선도　　　　④ 접속도

해설

계통도 : 전기의 접속과 작동 계통을 표시한 도면으로, 계획도나 설명도에 사용한다.

35 다음 중 데이터 저장장치에 속하지 않는 것은?

① FDD　　　　② HDD

③ CRT　　　　④ CD-RW

해설

③ CRT(Cathode Ray Tube) : 음극선관으로, 브라운관이라고도 한다. 전기신호를 전자빔의 작용에 의해 영상이나 도형, 문자 등의 광학적인 영상으로 변환하여 표시하는 특수진공관이다. 이들은 전자총에서 나온 전자가 브라운관 유리에 칠해진 형광물질을 자극해 다양한 화면을 만들어내는 원리를 이용한다. 출력장치이다.

① FDD(Floppy Disk Driver) : 컴퓨터 보조기억장치의 일종으로, 컴퓨터에 부착된 플로피 디스크 드라이브에 넣고 빼면서 사용하는데 요즘은 거의 사용하지 않는다.

② HDD(Hard Disk Driver) : 컴퓨터 내부에 있는 하드디스크에서 데이터를 읽고 쓰는 장치로 케이스에 들어 있다. 자성물질로 덮인 플래터를 회전시키고, 그 위에 헤드(Head)를 접근시켜 플래터 표면의 자기 배열을 변경하는 방식으로 데이터를 읽거나 쓴다. 플래터의 중심에는 플래터를 회전시키기 위한 스핀들 모터(Spindle Motor)가 위치하고 있으며, 스핀들 모터의 회전 속도가 높을수록 보다 빠르게 데이터의 읽기와 쓰기가 가능하다.

④ CD-RW(Compact Disc-ReWritable) : 더 이상 수정이 되지 않는(단 한 번밖에 기록이 되지 않는) CD-R과는 달리 약 1,000번 정도까지 기록하고 삭제가 가능하여 백업 매체로도 많이 사용된다. 보통 용량은 650[MB]에서 700[MB] 정도이다.

36 다음 그림과 같은 부품기호에 대한 명칭은?

① 다이오드　　　② 저 항

③ 수정진동자　　④ 코 일

37 쌍방향성 다이오드(다이액)의 기호는?

38 전자응용기기의 전체적인 동작이나 기능을 나타내는 블록도를 그리고자 할 때의 설명으로 틀린 것은?

① 블록은 직사각형으로 그리며 선의 굵기는 0.3~0.5[mm] 정도로 한다.

② 블록 안에는 전자소자의 명칭이나 기능 등을 간단하게 표시한다.

③ 블록도의 신호는 오른쪽에서 왼쪽 방향으로 흐르도록 한다.

④ 블록도에는 전원 및 보조회로를 포함하여 그리기도 한다.

39 원점으로부터 X, Y축 방향으로 이동된 거리의 좌표를 무엇이라 하는가?

① 상대좌표 ② 절대좌표
③ 극좌표 ④ 상대극좌표

해설

② 절대좌표(Absolute Coordinate) : 원점을 기준으로 한 각 방향 좌표의 교차점으로, 고정되어 있는 좌표점. 즉 임의의 절대 좌표점 (10, 10)은 도면 내에 한 점밖에는 존재하지 않는다. 절대좌표는 [X좌표값, Y좌표값] 순으로 표시하며, 각각의 좌표점 사이를 콤마(,)로 구분해야 하고, 음수값도 사용이 가능하다.

① 상대좌표(Relative Coordinate) : 최종점을 기준(절대좌표는 원점을 기준으로 했음)으로 한 각 방향의 교차점이다. 따라서 상대좌표의 표시는 하나이지만 해당 좌표점은 기준점에 따라 도면 내에 무한적으로 존재한다. 상대좌표는 [@기준점으로부터 X방향값, Y방향값]으로 표시하며, 각각의 좌표값 사이를 콤마(,)로 구분해야 하고, 음수값도 사용이 가능하다(음수는 방향이 반대임).

③ 극좌표(Polar Coordinate) : 기준점으로부터 거리와 각도(방향)로 지정되는 좌표로, 절대극좌표와 상대극좌표가 있다. 절대극좌표는 [원점으로부터 떨어진 거리 < 각도]로 표시한다.

④ 상대극좌표(Relative Polar Coordinate) : 마지막 점을 기준으로 하여 지정하는 좌표이다. 따라서 상대 극좌표의 표시는 하나이지만 해당 좌표점은 기준점에 따라 도면 내에 무한적으로 존재한다. 상대 극좌표는 [@기준점으로부터 떨어진 거리 < 각도]로 표시하며, 거리와 각도 표시 사이를 부등호(<)로 구분해야 하고, 거리와 각도에 음수값도 사용이 가능하다.

40 PCB의 제조 공정 중에서 원하는 부품을 삽입하거나 회로를 연결하는 비아(Via)를 기계적으로 가공하는 과정은?

① 래미네이트 ② 노 광
③ 드 릴 ④ 도 금

해설

인쇄회로기판(PCB) 제작순서 중 일부

• 드릴 : 양면 또는 적층된 기판에 각층 간의 필요한 회로 도전을 위해 또는 어셈블리 업체의 부품 탑재를 위해 설계 지정 직경으로 Hole을 가공하는 공정

• 래미네이트 : 제품 표면에 패턴 형성을 위한 준비 공정으로 감광성 드라이 필름을 가열된 롤러로 압착하여 밀착시키는 공정
• D/F 노광 : 노광기 내 UV 램프로부터 나오는 UV 빛이 노광용 필름을 통해 코어에 밀착된 드라이 필름에 조사되어 필요한 부분을 경화시키는 공정
• D/F 현상 : Resist 층의 비경화부(비노광부)를 현상액으로 용해, 제거시키고 경화부(노광부)는 D/F를 남게 하여 기본 회로를 형성시키는 공정
• 2차 전기도금 : 무전해 동도금된 홀 내벽과 표면에 전기적으로 동도금을 하여 안정된 회로 두께를 만든다.

41 다음은 보드 외곽선(Board Outline) 그리기의 한 예이다. X, Y 좌표값을 보기와 같이 입력했을 경우 ㉠, ㉡, ㉢, ㉣에 들어갈 좌표값은?

┌보기┐
(가) 명령 : 보드 외곽선 그리기
(나) 첫째 점 : 50, 50
(다) 다음 점 : 150, 50
(라) 다음 점 : 150, 150
(마) 다음 점 : (㉠), (㉡)
(바) 다음 점 : (㉢), (㉣)

① ㉠ 150 ㉡ 150 ㉢ 150 ㉣ 100
② ㉠ 100 ㉡ 100 ㉢ 100 ㉣ 50
③ ㉠ 50 ㉡ 150 ㉢ 50 ㉣ 50
④ ㉠ 00 ㉡ 150 ㉢ 50 ㉣ 150

해설

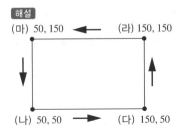

(마) 50, 150 ← (라) 150, 150

(나) 50, 50 → (다) 150, 50

42 직렬포트에 대한 설명으로 틀린 것은?

① 주로 모뎀 접속에 사용된다.

② EIA에서 정한 RS-232C 규격에 따라 36핀 커넥터로 되어 있다.

③ 전송거리는 규격상 15[m] 이내로 제한된다.

④ 주변 장치와 2진 직렬 데이터 통신을 행하기 위한 인터페이스이다.

해설

• 직렬 포트(Serial Port)는 한 번에 하나의 비트 단위로 정보를 주고받을 수 있는 직렬 통신의 물리 인터페이스이다. 데이터는 단말기와 다양한 주변 기기와 같은 장치와 컴퓨터 사이에서 직렬 포트를 통해 전송된다.

• 이더넷, IEEE 1394, USB와 같은 인터페이스는 모두 직렬 스트림으로 데이터를 전달하지만 직렬 포트라는 용어는 일반적으로 RS-232 표준을 어느 정도 따르는 하드웨어를 가리킨다.

• 가장 일반적인 물리 계층 인터페이스인 RS-232C와 CCITT에 의해 권고된 V.24는 공중 전화망을 통한 데이터 전송에 필요한 모뎀과 컴퓨터를 접속시켜 주는 인터페이스이다. 이것은 직렬 장치들 사이의 연결을 위한 표준 연결 체계로, 컴퓨터 직렬 포트의 전기적 신호와 케이블 연결의 특성을 규정하는 표준인데, 1969년 전기산업협의회(EIA)에서 제정하였다.

• 전송거리는 규격상 15[m] 이내로 제한된다.

• 주변 기기를 연결할 목적으로 고안된 직렬 포트는 USB와 IEEE 1394의 등장으로 점차 쓰이지 않고 있다. 네트워크 환경에서는 이더넷이 이를 대신한다.

[일반적으로 사용하는 9핀 직렬 포트]

43 다음 심볼이 나타내는 부품은?

① 가변용량 다이오드   ② 제너 다이오드
③ 발광 다이오드   ④ 정류 다이오드

해설

② 제너 다이오드(Zener Diode) : 다이오드에 역방향 전압을 가했을 때 전류가 거의 흐르지 않다가 어느 정도 이상의 고전압을 가하면 접합면에서 제너 항복이 일어나 갑자기 전류가 흐르게 되는 지점이 발생한다. 이 지점 이상에서는 다이오드에 걸리는 전압은 증가하지 않고 전류만 증가하게 되는데, 이러한 특성을 이용하여 레퍼런스 전압원을 만들 수 있다. 이런 기능을 이용하여 정전압회로 또는 유사 기능의 회로에 응용된다.

① 가변용량 다이오드 : p-n접합의 장벽 용량에 가하는 역방향 전압의 크기에 따라서 공핍층의 두께를 변화시켜 정전용량의 값을 가감하는 것으로, 정전용량값의 전압 의존성은 접합 부근의 불순물 농도 분포에 따라 결정된다. 불순물 농도 분포에는 계단형, 초계단형, 경사형이 있다. 가변용량 다이오드에는 텔레비전의 UHF·VHF대 및 FM·AM의 전자 동조용이나 AFC로서 튜너에 사용되는 배리캡(Varicap) 다이오드와 마이크로 파대에 사용되는 배러터(Barretter)가 있다.

③ 발광 다이오드 : 과잉된 전자·양공(陽孔)쌍의 재결합에 의해 빛을 방출하는 p-n접합 다이오드이다. 반도체의 p-n접합을 이용하여 순방향으로 전압을 가하면 n영역에 있는 전자가 p영역의 양공과 만나서 재결합 발광을 일으킨다. 이 현상을 이용하여 전류를 직접 빛으로 변환시키는 반도체소자이다.

④ 정류 다이오드 : 실리콘 제어정류소자(SCR)는 사이리스터라고 하며, 교류전원에 대한 위상제어 정류용으로 많이 사용된다. A(애노드), K(캐소드), G(게이트) 이렇게 3개의 단자로 구성되어 있다.

가변용량 다이오드	제너 다이오드(Zener Diode)
발광 다이오드	정류 다이오드
	D_1 D_2 D_3 D_4

44 기판 재료 용어를 설명한 것 중 표면에 도체 패턴을 형성할 수 있는 절연 재료를 의미하는 것은?

① 절연기판(Base Material)
② 프리프레그(Prepreg)
③ 본딩 시트(Bonding Sheet)
④ 동박 적층판(Copper Clad Laminates)

기판 재료 용어
- 절연기판(Base Material) : 표면에 도체 패턴을 형성할 수 있는 패널 형태의 절연 재료
- 프리프레그(Prepreg) : 유리섬유 등의 바탕재에 열경화성 수지를 함침시킨 후 'B STAGE'까지 경화시킨 시트 모양의 재료
- B STAGE : 수지의 반경화 상태
- 본딩 시트(Bonding Sheet) : 여러 층을 접합하여 다층 인쇄 배선판을 제조하기 위한 접착성 재료로 본 시트
- 동박 적층판(Copper Clad Laminated) : 단면 또는 양면을 동박으로 덮은 인쇄배선판용 적층판
- 동박(Copper Foil) : 절연판의 단면 또는 양면을 덮어 도체 패턴을 형성하기 위한 Copper Sheet
- 적층(Lamination) : 2매 이상의 층 구성재를 일체화하여 접착하는 것
- 적층판(Laminate) : 수지를 함침한 바탕재를 적층, 접착하여 만든 기판

45 배치도를 그릴 때 고려해야 할 사항으로 적합하지 않은 것은?

① 균형 있게 배치하여야 한다.
② 부품 상호 간 신호가 유도되지 않도록 한다.
③ IC의 6번 핀 위치를 반드시 표시해야 한다.
④ 고압회로는 부품 간격을 충분히 넓혀 방전이 일어나지 않도록 배치한다.

부품 배치도를 그릴 때 고려하여야 할 사항
- IC의 경우 1번 핀의 위치를 반드시 표시한다.
- 부품 상호 간의 신호가 유도되지 않도록 한다.
- PCB 기판의 점퍼선은 표시한다.
- 부품의 종류, 기호, 용량, 핀의 위치, 극성 등을 표시하여야 한다.
- 부품을 균형 있게 배치한다.
- 조정이 필요한 부품은 조작이 용이하도록 배치하여야 한다.
- 고압회로는 부품 간격을 충분히 넓혀 방전이 일어나지 않도록 배치한다.

46 7세그먼트(FND) 디스플레이가 동작할 때 빛을 내는 것은?

① 발광 다이오드
② 부 저
③ 릴레이
④ 저 항

7세그먼트 표시장치는 7개의 선분(획)으로 구성되어 있다. 위와 아래에 사각형 모양으로 두 개의 가로 획과 두 개의 세로 획이 배치되어 있고, 위쪽 사각형의 아래 획과 아래쪽 사각형의 위쪽 획이 합쳐진 모양이다. 가독성을 위해 종종 사각형을 기울여서 표시하기도 한다. 7개의 획은 각각 꺼지거나 켜질 수 있으며 이를 통해 아라비아 숫자를 표시할 수 있다. 몇몇 숫자(0, 6, 7, 9)는 둘 이상의 다른 방법으로 표시가 가능하다.

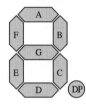

LED로 구현된 7세그먼트 표시장치는 각 획별로 하나의 핀이 배당되어 각 획을 끄거나 켤 수 있도록 되어 있다. 각 획별로 필요한 다른 하나의 핀은 장치에 따라 공용 (+)극이나 공용 (−)극으로 배당되어 있기 때문에 소수점을 포함한 7세그먼트 표시장치는 16개가 아닌 9개의 핀만으로 구현이 가능하다. 한편 한 자리에 해당하는 4비트나 두 자리에 해당하는 8비트를 입력받아 이를 해석하여 적절한 모습으로 표시해 주는 장치도 존재한다. 7세그먼트 표시장치는 숫자뿐만 아니라 제한적으로 로마자와 그리스 문자를 표시할 수 있다. 하지만 동시에 모호함 없이 표시할 수 있는 문자에는 제한이 있으며 그 모습 또한 실제 문자의 모습과 동떨어지는 경우가 많기 때문에 고정되어 있는 낱말이나 문장을 나타낼 때만 쓰는 경우가 많다.

47 조합논리회로의 종류에 해당하지 않는 것은?

① 가산기　　　② 비교기
③ 플립플롭　　④ 코드변환기

논리회로의 종류
• 조합논리회로와 순서논리회로가 있다.
• 조합논리회로 : 입력값에 의해서만 출력값이 결정되는 회로로, 기본 논리소자(AND, OR, NOT)의 조합으로 만들어지며, 플립플롭과 같은 기억소자는 포함하지 않는다.
• 조합논리회로의 종류 : 가산기, 비교기, 디코더, 인코더, 멀티플렉서, 디멀티플렉서, 코드변환기 등이 있다.
• 순서논리회로 : 출력값은 입력값뿐만 아니라 이전 상태의 논리값에 의해 결정되며, 조합논리회로 + 기억소자(플립플롭 : 단일 비트 기억소자)로 구성된다.
• 순서논리회로의 종류 : 플립플롭(JK, RS, T, D), 레지스터, 카운터, CPU, RAM 등이 있다.

48 다음 중 집적도에 의한 IC분류로 옳은 것은?

① MSI : 100 소자 미만
② LSI : 100~1,000 소자
③ SSI : 1,000~10,000 소자
④ VLSI : 10,000 소자 이상

IC 집적도에 따른 분류
• SSI(Small Scale IC, 소규모 집적회로) : 집적도가 100 이하의 것으로 복잡하지 않은 디지털 IC 부류로, 기본적인 게이트기능과 플립플롭 등이 이 부류에 해당한다.
• MSI(Medium Scale IC, 중규모 집적회로) : 집적도가 100~1,000 정도의 것으로 좀 더 복잡한 기능을 수행하는 인코더, 디코더, 카운터, 레지스터, 멀티플렉서 및 디멀티플렉서, 소형 기억장치 등의 기능을 포함하는 부류에 해당한다.
• LSI(Large Scale IC, 고밀도 집적회로) : 집적도가 1,000~10,000 정도의 것으로 메모리 등과 같이 한 칩에 등가 게이트를 포함하는 부류에 해당한다.
• VLSI(Very Large Scale IC, 초고밀도 집적회로) : 집적도가 10,000~1,000,000 정도의 것으로 대형 마이크로프로세서, 단일 칩 마이크로프로세서 등을 포함한다.
• ULSI(Ultra Large Scale IC, 초초고밀도 집적회로) : 집적도가 1,000,000 이상으로 인텔의 486이나 펜티엄이 이에 해당한다. 그러나 VLSI와 ULSI의 정확한 구분은 확실하지 않고 모호하다.

49 문서의 내용에 따른 분류 중 조립도를 나타낸 그림은?

①
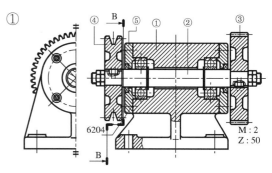

②
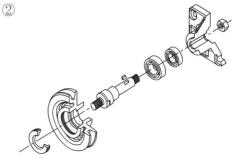

③
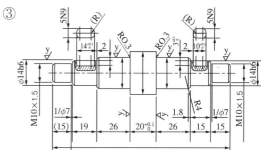

④
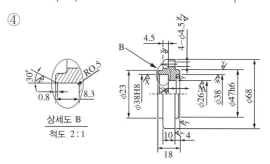

내용에 따른 문서의 분류

- 조립도 : 제품의 전체적인 조립과정이나 전체 조립 상태를 나타낸 도면으로, 복잡한 구조를 알기 쉽게 하고 각 단위 또는 부품의 정보가 나타나 있다.
- 부분 조립도 : 제품 일부분의 조립 상태를 나타내는 도면으로, 특히 복잡한 부분을 명확하게 하여 조립을 쉽게 하기 위해 사용된다.
- 부품도 : 제품을 구성하는 각 부품에 대하여 가장 상세하며, 제작하는 데에 직접 쓰여져 실제로 제품이 제작되는 도면이다.
- 상세도 : 건축, 선박, 기계, 교량 등과 같은 비교적 큰 도면을 그릴 때에 필요한 부분의 형태, 치수, 구조 등을 자세히 표현하기 위하여 필요한 부분을 확대하여 그린 도면이다.
- 계통도 : 물이나 기름, 가스, 전력 등이 흐르는 계통을 표시하는 도면으로, 이들의 접속 및 작동 계통을 나타내는 도면이다.
- 전개도 : 구조물이나 제품 등의 입체의 표면을 평면으로 펼쳐서 전개한 도면이다.
- 공정도 : 제조과정에서 거쳐야 할 공정마다의 가공방법, 사용 공구 및 치수 등을 상세히 나타낸 도면으로 공작 공정도, 제조 공정도, 설비 공정도 등이 있다.
- 장치도 : 기계의 부속품 설치방법, 장치의 배치 및 제조 공정의 관계를 나타낸 도면이다.
- 구조선도 : 기계, 건물 등과 같은 철골 구조물의 골조를 선도로 표시한 도면이다.

50 다음 그림과 같이 표현하는 도면 표시 방법은?

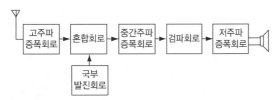

① 회로도   ② 계통도
③ 배선도   ④ 접속도

② 계통도 : 전기의 접속과 작동 계통을 표시한 도면으로 계획도나 설명도에 사용한다.
① 회로도 : 전자 부품 상호 간의 연결된 상태를 나타낸 것이다.
③ 배선도 : 전선의 배치, 굵기, 종류, 가닥수를 나타내기 위해서 사용하는 도면이다.
④ 접속도 : 전기기기의 내부, 상호 간의 회로 결선 상태를 나타내는 도면으로 계획도나 설명도 또는 공작도에 사용한다.

51 IPC(The Institute for Interconnecting and Packaging Electronics Circuits)는 미국에 본부를 둔 PCB, Connector, Cable, Package, Assembly에 관한 규격을 제정하고, 기술 자료를 공급하는 국제기구이다. IPC에서는 검사기준에 차등을 두기 위해 전자제품을 4등급으로 나누었다. 검사나 SPC/SQC 관리에 의해 어느 정도 신뢰성이 보장되어야 하는 산업용 장비에 사용되는 PCB(General Industrial)의 클래스는?

① CLASS 1   ② CLASS 2
③ CLASS 3   ④ CLASS 4

IPC 검사기준에 따른 전자제품의 분류

CLASS 1	Consumer Products 외관 불량이 크게 문제되지 않고 기능만 나오면 만족스러운 제품으로 기본검사와 테스트만 하면 되는 PCB
CLASS 2	General Industrial 검사나 SPC/SQC 관리에 의해 어느 정도 신뢰성이 보장되어야 하는 산업용 장비에 사용되는 PCB
CLASS 3	High Performance Industrial 검사나 SPC/SQC 기법에 의해 신뢰성이 높게 보장되는 전자제품에 사용되는 PCB
CLASS 4	High Reliability 심장박동기와 같이 생명 보조장비나 연속 작동 시 고도의 신뢰성이 보장되는 제품에 사용되는 PCB(이러한 제품은 각종 테스트에 의해 성능이 보장되어야 한다)

52 설계자의 의도를 작업자에게 정확히 전달시켜 요구하는 물품을 만들게 하기 위하여 사용되는 도면은?

① 계획도　　　　　② 주문도
③ 견적도　　　　　④ 제작도

④ 제작도(Production Drawing) : 공장이나 작업장에서 일하는 작업자를 위해 그려진 도면으로, 설계자의 뜻을 작업자에게 정확히 전달할 수 있는 충분한 내용으로 가공을 용이하게 하고 제작비를 절감시킬 수 있다.

① 계획도(Scheme Drawing) : 만들고자 하는 제품의 계획을 나타내는 도면이다.

② 주문도(Drawing for Order) : 주문하는 사람이 주문할 제품의 대체적인 크기나 모양, 기능의 개요, 정밀도 등을 주문서에 첨부하기 위해 작성된 도면이다.

③ 견적도(Estimated Drawing) : 주문할 사람에게 물품의 내용 및 가격 등을 설명하기 위해 견적서에 첨부하는 도면이다.

53 컴퓨터에 그림이나 도형의 위치 관계를 부호화하여 입력하는 장치로서 평면판과 펜으로 구성되어 있는 장치는?

① 키보드　　　　　② 마우스
③ 디지타이저　　　④ 스캐너

디지타이저(Digitizer)는 입력 원본의 아날로그 데이터인 좌표를 판독하여, 컴퓨터에 디지털 형식으로 설계도면이나 도형을 입력하는 데 사용되는 입력장치이다. X, Y 위치를 입력할 수 있으며, 직사각형의 넓은 평면 모양의 장치나 그 위에서 사용되는 펜이나 버튼이 달린 커서장치로 구성된다. 디지타이저는 기능을 표현하고 태블릿(Tablet)은 판 모양의 형상을 의미했는데 이제는 대형·고분해 능력의 기종을 디지타이저, 탁상에 얹어서 사용하는 소형의 것을 태블릿이라 부르는 경우가 많다. 가장 간단한 디지타이저로는 패널에 있는 메뉴를 펜이나 손가락으로 눌러 조작하는 터치패널이 있다. 사용자가 펜이나 커서를 움직이면 그 좌표 정보를 밑판이 읽어 자동으로 컴퓨터 시스템의 화면 기억장소로 전달하고, 특정 위치에서 펜을 누르거나 커서의 버튼을 누르면 그에 해당되는 명령이 수행된다. 구조에 따라 자동식과 수동식으로 나눈다. 수동식에는 로터리 인코더(Rotary Encoder)나 리니어 스케일(Linear Scale)로 위치를 판독하는 건트리 방식과 커서로 읽어내는 프리커서 방식이 있다.

54 CAD 시스템 좌표계가 아닌 것은?

① 역학 좌표　　　　② 절대 좌표
③ 상대 좌표　　　　④ 극 좌표

• 세계 좌표계(WCS ; World Coordinate System) : 프로그램이 가지고 있는 고정된 좌표계로써 도면 내의 모든 위치는 X, Y, Z 좌표값을 갖는다.

• 사용자 좌표계(UCS ; User Coordinate System) : 작업자가 좌표계의 원점이나 방향 등을 필요에 따라 임의로 변화시킬 수 있다. 즉, WCS를 작업자가 원하는 형태로 변경한 좌표계이다. 이는 3차원 작업 시 필요에 따라 작업평면(XY평면)을 바꿀 때 많이 사용한다.

• 절대좌표(Absolute Coordinate) : 원점을 기준으로 한 각 방향 좌표의 교차점으로 고정되어 있는 좌표점, 즉 임의의 절대좌표점(10, 10)은 도면 내에 한 점 밖에는 존재하지 않는다. 절대좌표는 [X좌표값, Y좌표값]순으로 표시하며, 각 각의 좌표점 사이를 콤마(,)로 구분해야 하고, 음수값도 사용이 가능하다.

• 상대좌표(Relative Coordinate) : 최종점을 기준(절대좌표는 원점을 기준으로 했음)으로 한 각 방향의 교차점을 말한다. 따라서 상대좌표의 표시는 하나이지만 해당 좌표점은 기준점에 따라 도면 내에 무한적으로 존재한다. 상대좌표는 [@기준점으로부터 X방향값, Y방향값]으로 표시하며, 각각의 좌표값 사이를 콤마(,)로 구분해야 하고, 음수 값도 사용이 가능하다(음수는 방향이 반대임).

• 극좌표(Polar Coordinate) : 기준점으로부터 거리와 각도(방향)로 지정되는 좌표로 절대 극좌표와 상대 극좌표가 있다. 절대극좌표는 [원점으로부터 떨어진 거리 < 각도]로 표시한다. 상대극좌표는 마지막 점을 기준으로 하여 지정하는 좌표이다. 따라서 상대 극좌표의 표시는 하나이지만 해당 좌표점은 기준점에 따라 도면 내에 무한적으로 존재한다. 상대극좌표는 [@기준점으로부터 떨어진 거리 < 각도]로 표시하며, 거리와 각도 표시 사이를 부등호(<)로 구분해야 하고, 거리와 각도에 음수값도 사용이 가능하다.

• 최종좌표(Last Point) : 이전 명령에 지정되었던 최종좌표점을 다시 사용하는 좌표이다. 최종좌표는 [@]로 표시한다. 최종좌표는 마지막 점에 사용된 좌표방식과는 무관하게 적용된다.

55 절대좌표 A(10, 10)에서 B(20, −20)으로 개체가 이동하였을 때 상대좌표는?

① 10, 20　　　　② 10, −20

③ 10, 30　　　　④ 10, −30

해설

상대좌표(Relative Coordinate) : 최종점을 기준(절대좌표는 원점을 기준으로 한다)으로 한 각 방향의 교차점을 말한다. 따라서 상대좌표의 표시는 하나이지만 해당 좌표점은 기준점에 따라 도면 내에 무한적으로 존재한다. 상대좌표는 (기준점으로부터 X방향값, Y방향값)으로 표시하며, 각각의 좌표값 사이를 콤마(,)로 구분해야 하고, 음수값도 사용이 가능하다(음수는 방향이 반대이다).
※ 기준점 A(10, 10)에서 B(20, −20)을 상대좌표로 표시하면
　 (20−10, −20−10) = (10, −30)

56 설계가 완료되면 PCB 제조공정은 해당 설계에 맞는 공법을 선택하여 단면 PCB, 양면 PCB, 다층 PCB로 구분하여 제조하게 된다. 다음은 그림이 나타내는 제작공정은?

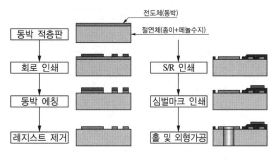

① 단면 PCB 제작공정　② 양면 PCB 제작공정

③ 4층 PCB 제작공정　④ 6층 PCB 제작공정

해설

• 양면 PCB 제작공정

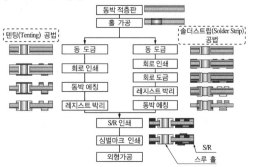

• 다층 PCB 제작공정

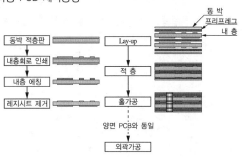

57 다음 그림은 아트워크 필름의 단면도를 나타낸 것이다. 빈칸에 들어갈 내용으로 알맞은 용어는?

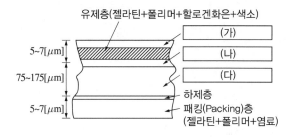

① (가) 하제층, (나) 하제층, (다) 하제층

② (가) 보호층, (나) 하제층, (다) 베이스

③ (가) 보호층, (나) 베이스, (다) 하제층

④ (가) 하제층, (나) 보호층, (다) 베이스

해설

아트워크 필름의 단면도

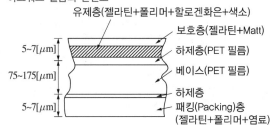

58 두 종류 이상의 선이 겹칠 경우에는 우선순위가 가장 빠른 것은?

① 중심선 　　② 절단선

③ 숨은선 　　④ 외형선

해설

두 종류 이상의 선이 겹칠 경우에는 다음의 우선순위에 따라 그린다.

• 외형선(굵은 실선 : 선의 종류 A)
• 숨은선(파선 : 선의 종류 E 또는 F)
• 절단선(가는 1점 쇄선, 절단부 및 방향이 변한 부분을 굵게 한 것 : 선의 종류 H)
• 중심선, 대칭선(가는 1점 쇄선 : 선의 종류 G)
• 중심을 이은 선(가는 2점 쇄선 : 선의 종류 K)
• 투상을 설명하는 선(가는 실선 : 선의 종류 B)

※ 예외 : 조립 부품의 인접하는 외형선은 겁게 칠한 얇은 단면한 도면에서 중복되는 선의 우선순위 예

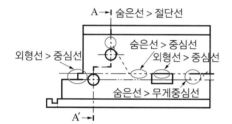

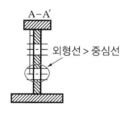

59 다음의 장단점을 지닌 형상 모델링은?

장 점	단 점
• 모델 작성이 쉽다.	• 물리적 성질을 계산할 수 없다.
• 처리속도가 빠르다.	• 숨은선 제거가 불가능하다.
• 데이터 구성이 간단하다.	• 간섭 체크가 어렵다.
• 3면 투시도 작성이 용이하다.	• 단면도 작성이 불가능하다.
	• 실체감이 없다.
	• 형상을 정확히 판단하기 어렵다.

① 와이어프레임 모델링(Wire Frame Modeling, 선화 모델)

② 서피스 모델링(Surface Modeling, 표면 모델)

③ 솔리드 모델링(Solid Modeling, 입체 모델)

④ 3D 모델링(3D Modeling, 입체 모델)

해설

형상 모델링의 장단점

• 와이어 프레임 모델링(Wire Frame Modeling)

와이어 프레임 모델링은 3면 투시도 작성을 제외하곤 대부분의 작업이 곤란하다. 대신에 물체를 빠르게 구상할 수 있고, 처리속도가 빠르고 차지하는 메모리량이 적기 때문에 가벼운 모델링에 사용한다.

장 점	단 점
• 모델 작성이 쉽다.	• 물리적 성질을 계산할 수 없다.
• 처리속도가 빠르다.	• 숨은선 제거가 불가능하다.
• 데이터 구성이 간단하다.	• 간섭 체크가 어렵다.
• 3면 투시도 작성이 용이하다.	• 단면도 작성이 불가능하다.
	• 실체감이 없다.
	• 형상을 정확히 판단하기 어렵다.

• 서피스 모델링(Surface Modeling)

서피스 모델링은 면을 이용해서 물체를 모델링하는 방법이다. 따라서 와이어 프레임 모델링에서 어려웠던 작업을 진행할 수 있다. 또한, 서피스 모델링의 최대 장점이라고 한다면 NC가공에 최적화되어 있다는 점이다. 솔리드 모델링에서도 가능하지만, 데이터 구조가 복잡하기 때문에 서피스 모델링을 선호한다.

장 점	단 점
• 은선처리가 가능하다.	• 물리적 성질을 계산할 수 없다.
• 단면도 작성을 할 수 있다.	• 물체 내부의 정보가 없다.
• 음영처리가 가능하다.	• 유한요소법적용(FEM)을 위한 요소분할이 어렵다.
• NC가공이 가능하다.	
• 간섭 체크가 가능하다.	
• 2개 면의 교선을 구할 수 있다.	

- 솔리드 모델링(Solid Modeling)
  솔리드 모델링은 와이어 프레임 모델링과 서피스 모델링에 비해서 모든 작업이 가능하다. 하지만 데이터 구조가 복잡하고 컴퓨터 메모리를 많이 차지하기 때문에 특수할 때에는 나머지 두 모델링을 더 선호할 때가 있다.

장 점	단 점
• 은선 제거가 가능하다. • 물리적 특정 계산이 가능하다(체적, 중량, 모멘트 등). • 간섭 체크가 가능하다. • 단면도 작성을 할 수 있다. • 정확한 형상을 파악할 수 있다.	• 데이터 구조가 복잡하다. • 컴퓨터 메모리를 많이 차지한다.

60 다음 그림과 같은 도면에 해당하는 것은?

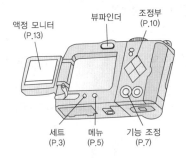

① 계획도 ② 부품도
③ 설명도 ④ 공정도

해설
도면을 사용 용도에 따라 분류하면 다음과 같다.
- 계획도 : 설계자가 제품을 구상하는 단계에서 설계자의 제작 의도와 계획을 나타내는 도면으로, 제작도 작성의 기초가 되는 도면이다.
- 제작도 : 기계나 설계 제품을 제작할 때 제작자에게 설계자의 의도를 전달하기 위해 사용하는 도면이다. 이 도면에는 설계자가 계획한 제품을 정확하게 만들기 위한 모든 정보, 즉 제품의 형태, 치수, 재질, 가공방법 등이 나타나 있다. 제작도에는 부품을 하나씩 그린 부품도와 부품의 조립 상태를 나타내는 조립도가 있다.
- 주문도 : 주문하는 사람이 주문서에 첨부하여 제작하는 사람에게 주문품의 형태, 기능 등을 제시하는 도면이다.
- 견적도 : 제작하는 사람이 견적서에 첨부하여 주문한 사람에게 견적 내용을 제시하는 도면이다. 견적 내용에는 주문품의 내용, 제작비 개요 등이 포함된다.
- 승인도 : 제작하는 사람이 주문자의 요구사항을 도면에 반영하여 주문자의 승인을 받기 위한 도면이다.
- 설명도 : 필요에 따라 제품의 구조, 작동원리, 기능, 조립과 분해 순서 및 사용방법 등을 설명하기 위한 도면이다.

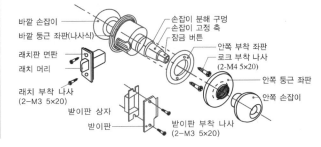

01 다음 그림과 같은 트랜지스터 회로에서 I_C는 얼마인가?(단, β_{DC}는 50이다)

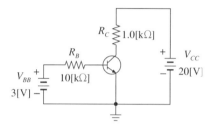

① $11.5[\mathrm{mA}]$　　　② $11.5[\mu\mathrm{A}]$

③ $10.5[\mathrm{mA}]$　　　④ $10.5[\mu\mathrm{A}]$

해설

$V_{BB} = I_B R_B + V_{BE}$

$I_B = \dfrac{V_{BB} - V_{BE}}{R_B} = \dfrac{3 - 0.7}{10 \times 10^3} = 2.3 \times 10^{-4}[\mathrm{A}] = 0.23[\mathrm{mA}]$

$I_C = \beta I_B = 50 \times 0.23 = 11.5[\mathrm{mA}]$

02 다음은 연산회로의 일종이다. 출력을 옳게 표시한 것은?

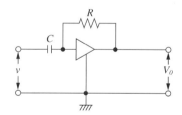

① $V_0 = \dfrac{1}{CR}\displaystyle\int_0^t v\,dt$　② $V_0 = -\dfrac{1}{CR}\displaystyle\int_0^t v\,dt$

③ $V_0 = -RC\dfrac{dv}{dt}$　　④ $V_0 = RC\dfrac{dv}{dt}$

해설

미분기로서 출력전압 $V_0 = -RC\dfrac{dV_i}{dt}$

03 다음 사이리스터 중 단방향성 소자는?

① TRIAC　　　② DIAC

③ SSS　　　④ SCR

해설

• 양방향 사이리스터 : TRIAC, DIAC, SSS
• 단방향 사이리스터 : SCR

04 주파수가 서로 다른 두 정현파의 전압 실훗값이 E_1, E_2이다. 이 두 정현파의 합성전압의 실훗값은?

① $E_1 + E_2$　　　② $E_1 - E_2$

③ $\sqrt{E_1^2 + E_2^2}$　　④ $\dfrac{E_1 + E_2}{2}$

05 PLL회로에서 전압의 변화를 주파수로 변환하는 회로는?

① 공진회로

② 신시사이저 회로

③ 슈미트 트리거 회로

④ 전압제어발진기(VCO)

해설

• PLL 회로 : 출력신호의 위상과 입력신호의 위상을 같게 하는 회로
• 전압제어발진기(VCO) : 전압의 변화를 주파수로 변환하여 입력신호의 위상과 비교한다.

06 다음 회로의 명칭은?

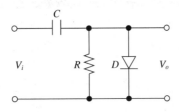

① 클램퍼(Clamper) 회로

② 슬라이서(Slicer) 회로

③ 클리퍼(Clipper) 회로

④ 리미터(Limiter) 회로

해설

입력펄스파형이 상승하는 동안 콘덴서에 전압이 충전되며, C가 충전되는 동안 저항(R) 값은 무한대가 되고, 입력펄스파형이 하강 시 C가 방전되는 음 클램퍼 회로이다.

07 코일에 교류전압 100[V]를 가했을 때 10[A]의 전류가 흘렀다면 코일의 리액턴스(X_L)는?

① 6[Ω]　　　　　② 8[Ω]

③ 10[Ω]　　　　④ 12[Ω]

해설

$$X_L = \frac{V}{I} = \frac{100}{10} = 10[\Omega]$$

08 자기장 안의 도체에 힘을 가하여 도체를 움직이면 도체에 기전력이 발생하는 것은?

① 정전유도　　　② 자기유도

③ 전자유도　　　④ 전류유도

해설

플레밍의 오른손 법칙으로 도체에 기전력이 최종 유도되는 것을 전자유도라고 한다.

09 JK 플립플롭을 이용하여 10진 카운터를 설계할 때, 최소로 필요한 플립플롭의 수는?

① 1개　　　　　② 2개

③ 3개　　　　　④ 4개

해설

0~9(0000~1001)까지 카운터를 위해서는 최소 4개의 플립플롭이 필요하다.

10 LC 발진회로에서 귀환회로에 3소자의 연결형태에 따라 발진회로를 구분할 수 있다. 다음 발진회로의 발진조건은?(단, 항상 Z_1, Z_2, Z_3 소자는 부호가 같다고 가정한다)

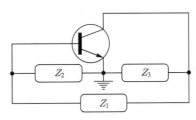

① Z_1 : 용량성, Z_2 : 용량성, Z_3 : 유도성

② Z_1 : 용량성, Z_2 : 유도성, Z_3 : 용량성

③ Z_1 : 유도성, Z_2 : 용량성, Z_3 : 용량성

④ Z_1 : 유도성, Z_2 : 용량성, Z_3 : 유도성

해설

• 콜피츠 발진기 – Z_1 : 유도성, Z_2, Z_3 : 용량성

• 하틀리 발진기 – Z_1 : 용량성, Z_2, Z_3 : 유도성

6 ① 7 ③ 8 ③ 9 ④ 10 ③ 　정답

11 다음 회로에 대한 설명으로 옳지 않은 것은?

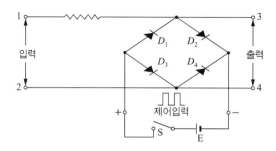

① 회로는 브리지형 게이트회로이다.

② 스위치 S와 무관하게 입력한 전압이 그대로 출력 측의 전압으로 나타난다.

③ 스위치 S를 닫으면 $D_1 \sim D_4$가 도통되므로 단자 1~2에 가해지는 전압은 출력단자에 나타나지 않는다.

④ 스위치 S가 개방되면 단자 3~4 사이의 다이오드 임피던스는 높으므로 입력전압은 출력에 그대로 나타난다.

해설
스위치 S가 $D_1 \sim D_4$에 전류를 흐르게 하는 역할을 하므로 스위치의 On-Off에 따라 출력 전압이 달라진다.

12 발진주파수를 측정할 수 있는 계측기가 아닌 것은?

① 주파수 계수기(Frequency Counter)

② 오실로스코프(Oscilloscope)

③ 파워미터(Power Meter)

④ 스펙트럼 분석기(Spectrum Analyzer)

해설
파워미터 : 전력(Power) 측정용

13 정류회로의 직류전압이 300[V]이고, 리플전압이 3[V]이었다. 이 회로의 리플률은 몇 [%]인가?

① 1[%]

② 2[%]

③ 3[%]

④ 5[%]

해설
$$\gamma = \frac{\triangle V}{V_d} \times 100 = \frac{3}{300} \times 100 = 1[\%]$$

14 주파수 변조 방식에 대한 설명으로 가장 옳은 것은?

① 반송파의 주파수를 신호파의 크기에 따라 변화시킨다.

② 신호파의 주파수를 반송파의 크기에 따라 변화시킨다.

③ 반송파와 신호파의 위상을 동시에 변화시킨다.

④ 신호파의 크기에 따라 반송파의 크기를 변화시킨다.

해설
• 주파수 변조 : 반송파의 주파수 변화를 신호파의 진폭에 비례시키는 변조 방식이다.
• 진폭 변조 : 반송파의 진폭을 신호파의 진폭에 따라 변화하게 하는 방식이다.
• 위상 변조 : 신호파의 순시값에 따라서 반송파의 위상을 바꾸는 방식이다.

15 A급 증폭기의 동작점 설정에 대한 설명으로 옳은 것은?

① 정특성 곡선에서 컬렉터 전류의 차단점보다 더 부(−)쪽에 설정한다.
② 정특성 곡선에서 컬렉터 전류의 차단점에 설정한다.
③ 정특성 곡선에서 직선부의 중앙부에 설정한다.
④ 정특성 곡선의 만곡부에 설정한다.

해설
A급 증폭기
• 동작점 : 전달 특성 곡선 직선부의 중앙에 둔다.
• 무신호 시에도 전 주기에 걸쳐 컬렉터 전류가 흐른다.
• 효율 : 직렬 부하 25[%], 병렬 부하 50[%]
• 전력 소모와 충실도는 최대이고, 일그러짐이 거의 없다.
• 저주파 증폭 및 발진에 사용한다.

16 T 플립플롭에 대한 설명으로 옳은 것은?

① 클록펄스가 인가되면 출력은 0이다.
② JK 플립플롭을 이용하여 구현할 수 없다.
③ 클록펄스 인가 시 출력은 항상 1이다.
④ 클록펄스가 인가되면 출력은 반전된다.

해설
T 플립플롭
• JK 플립플롭의 입력 J와 K를 묶어서 하나의 데이터 입력 단자로 한 것이다.
• T 플립플롭은 출력파형의 주파수는 입력주파수의 1/2이 되며, 클록펄스가 가해질 때마다 출력 상태가 반전하는 토글(Toggle) 또는 스위칭 작용을 하므로 1/2분주회로, 계수기 등에 사용된다.
• T 플립플롭의 'T'는 토글 또는 트리거(Trigger)의 T를 사용한 것이다.

17 원시언어로 작성한 프로그램을 동일한 내용의 목적프로그램으로 번역하는 프로그램은?

① 기계어
② 파스칼
③ 컴파일러
④ 소스 프로그램

18 정적인 기억소자 SRAM은 무슨 회로로 구성되어 있는가?

① COUNTER
② MOSFET
③ ENCODER
④ FLIPFLOP

해설
• DRAM : 콘덴서로 구성되며 재충전이 필요하다. 속도가 느리며, 크고 저렴하다.
• SRAM : 플립플롭으로 구성되며 재충전이 필요없다. 속도가 빠르며, 작고 비싸다.

19 C언어에서 정수형 변수를 선언할 때 사용되는 명령어는?

① int
② float
③ double
④ char

해설
• 문자형 : char
• 정수형 : short, int, long
• 실수형 : float, double

20 디코더(Decoder)를 만들 때 일반적으로 사용하는 게이트는?

① NAND, NOR

② AND, NOT

③ OR, NOR

④ NOT, NAND

2 to 4 디코더의 경우 : 입력 2개, 출력 2^2개

A_1	A_0	D_0	D_1	D_2	D_3
0	0	1	0	0	0
0	1	0	1	0	0
1	0	0	0	1	0
1	1	0	0	0	1

$D_0 = \overline{A_1}\,\overline{A_0}$, $D_1 = \overline{A_1}\,A_0$, $D_2 = A_1\overline{A_0}$, $D_3 = A_1 A_0$의 출력을 얻기 위해서는 NOT Gate 2개와 AND Gate 4개가 필요하다.

21 2진수 10101에 대한 2의 보수는?

① 11001   ② 01010

③ 01011   ④ 11000

• 1의 보수 : 1 → 0, 0 → 1로 변환
• 2의 보수 : 1의 보수 + 1
∴ 10101의 1의 보수는 01010, 2의 보수는 010111이다.

22 CPU의 내부 동작에서 실행하고자 하는 명령의 번지를 지정한 후 명령 레지스터에 불러오기까지의 기간은?

① 명령 사이클(Instruction Cycle)

② 기계 사이클(Machine Cycle)

③ 인출 사이클(Fetch Cycle)

④ 실행 사이클(Execution Cycle)

③ 인출 사이클(Fetch Cycle) : 다음 실행할 명령을 기억장치에서 꺼내고부터 끝나기까지의 동작 단계
① 명령 사이클(Instruction Cycle) : 명령을 주기억장치에서 인출 또는 호출하고, 해독·실행해 가는 연속 절차
② 기계 사이클(Machine Cycle) : 메모리로부터 명령어 레지스터에 명령을 꺼내는 시간
④ 실행 사이클(Execution Cycle) : 각 레지스터, 연산장치, 기억장치에 동작 지령 펄스를 보내 데이터를 처리하는 단계

23 BCD코드 0001 1001 0111을 10진수로 나타내면?

① 195   ② 196

③ 197   ④ 198

2진수 4자리를 10진수 1자리로 표시한다.
0001(1) 1001(9) 0111(7) → 197

24 ALU(Arithmetic and Logical Unit)의 기능은?

① 산술연산 및 논리연산

② 데이터의 기억

③ 명령내용의 해석 및 실행

④ 연산결과의 기억될 주소 산출

25 데이터 전송속도의 단위는?

① bit ② byte

③ baud ④ binary

baud는 데이터의 전송속도를 나타내는 단위로, 1초 동안 보낼 수 있는 부호의 비트 수로 나타낸다.

27 순서도를 사용함으로써 얻을 수 있는 효과가 아닌 것은?

① 프로그램 코딩의 직접적인 자료가 된다.

② 프로그램을 다른 사람에게 쉽게 인수인계할 수 있다.

③ 프로그램의 내용과 일 처리 순서를 한눈에 파악할 수 있다.

④ 오류가 발생했을 때 그 원인을 찾아 수정하기 어렵다.

순서도(Flow Chart) 작성 시의 이점
• 논리적 오차나 불합리한 점의 발견이 용이하다.
• 코딩이 쉬우며, 수정이 용이하다.
• 분석과정이 명료하다.
• 유지보수가 용이하다.

26 서브루틴 호출 시 데이터나 주소의 임시 저장이 가능한 것은?

① 스 택
② 번지해독기
③ 프로그램 카운터
④ 메모리 주소 레지스터

서브루틴(부프로그램 또는 함수)이 호출되면 기존에 작업 중이던 주소를 스택에 보관한 후 새로운 명령라인으로 분기하고, 작업을 완료한 뒤 스택에 기록 중이던 작업 중인 주소로 다시 분기하여 원래 수행 중이던 프로그램 수행을 계속한다.

28 데이터의 입출력 전송이 중앙처리장치의 간섭 없이 직접 메모리 장치와 입출력 장치 사이에서 이루어지는 인터페이스는?

① DMA
② FIFO
③ 핸드셰이킹
④ I/O 인터페이스

DMA(Direct Memory Access) : 주기억장치와 입출력장치 간의 자료 전송이 중앙처리장치의 개입 없이 곧바로 수행되는 방식

29 다음은 PCB 설계에서 PCB의 상태를 나타낸 그림이다. 잘못된 그림을 모두 고른 것은?

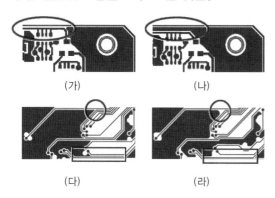

(가)   (나)

(다)   (라)

① (가), (나), (다), (라)
② (가), (다)
③ (나), (라)
④ 없 음

해설

PCB 설계 시 고려해야 할 사항
• 보드 전체의 비어 있는 공간에는 적정 간격으로 GND 비아 홀을 둔다.
  – RF, Analog 보드 : 3~5mm^2 간격 권장
  – Digital 보드 : 8~10mm^2 간격 권장
• GND 동박이 90°인 곳이나 폭이 가는 곳, 구석진 곳으로 돌출된 부분에는 GND 비아 홀을 둔다.
• GND 동박이 고립된 곳이 없도록 같은 층의 GND면끼리 최대한 연결한다.
• 보드의 외곽은 GND로 둘러싸야 한다. 일반신호가 보드 외곽에 노출되면 안 된다.
• 동박면이 90°나 예각인 곳은 둔각으로 편집한다.
• 비아 홀을 둘 수 없는 가는 선 형태의 GND 동박면은 잘라 준다.
• 모든 도체는 V컷이나 미싱홀, 기구홀로부터 0.5mm 이상 떨어져야 한다.

30 다음 그림과 같은 도면에 해당하는 것은?

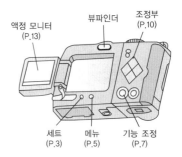

액정 모니터 (P.13)   뷰파인더   조정부 (P.10)

세트 (P.3)   메뉴 (P.5)   기능 조정 (P.7)

① 계획도   ② 부품도
③ 설명도   ④ 공정도

해설

도면을 사용 용도에 따라 분류하면 다음과 같다.
• 계획도 : 설계자가 제품을 구상하는 단계에서 설계자의 제작 의도와 계획을 나타내는 도면으로, 제작도 작성의 기초가 된다.
• 제작도 : 기계나 설계 제품을 제작할 때 제작자에게 설계자의 의도를 전달하기 위해 사용하는 도면이다. 이 도면에는 설계자가 계획한 제품을 정확하게 만들기 위한 모든 정보, 즉 제품의 형태, 치수, 재질, 가공방법 등이 나타나 있다. 제작도에는 부품을 하나씩 그린 부품도와 부품의 조립 상태를 나타내는 조립도가 있다.
• 주문도 : 주문하는 사람이 주문서에 첨부하여 제작하는 사람에게 주문품의 형태, 기능 등을 제시하는 도면이다.
• 견적도 : 제작하는 사람이 견적서에 첨부하여 주문한 사람에게 견적 내용을 제시하는 도면이다. 견적내용에는 주문품의 내용, 제작비 개요 등이 포함된다.
• 승인도 : 제작하는 사람이 주문자의 요구사항을 도면에 반영하여 주문자의 승인을 받기 위한 도면이다.
• 설명도 : 필요에 따라 제품의 구조, 작동원리, 기능, 조립과 분해 순서 및 사용방법 등을 설명하기 위한 도면이다.

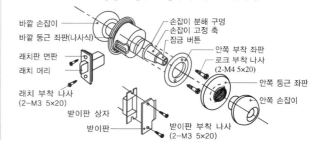

바깥 손잡이
바깥 둥근 좌판(나사식)
래치판 면판
래치 머리
래치 부착 나사 (2-M3 5×20)
받이판 상자
받이판
손잡이 분해 구멍
손잡이 고정 축
잠금 버튼
안쪽 부착 좌판
로크 부착 나사 (2-M4 5×20)
안쪽 둥근 좌판
안쪽 손잡이
받이판 부착 나사 (2-M3 5×20)

31 다음 그림은 아트워크 필름의 단면도를 나타낸 것이다. 빈칸에 들어갈 알맞은 용어는?

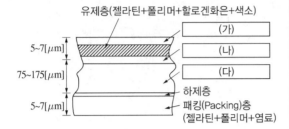

① (가) 하제층, (나) 하제층, (다) 하제층
② (가) 보호층, (나) 하제층, (다) 베이스
③ (가) 보호층, (나) 베이스, (다) 하제층
④ (가) 하제층, (나) 보호층, (다) 베이스

> **해설**
> 아트워크 필름의 단면도
> 유제층(젤라틴+폴리머+할로겐화은+색소)
> 보호층(젤라틴+Matt)
> 5~7[μm] ─ 하제층(PET 필름)
> 베이스(PET 필름)
> 75~175[μm] ─ 하제층
> 5~7[μm] ─ 패킹(Packing)층
> (젤라틴+폴리머+염료)

32 전자제도를 표준화를 하는 목적으로 옳지 않은 것은?

① 제품 및 업무행위를 단순화한다.
② 관계자들 간의 원활한 의사소통으로 상호 이해를 증진시킨다.
③ 작업자보다는 소비자의 이익을 보호한다.
④ 안전, 건강, 환경 및 생명 보호에 기여한다.

> **해설**
> 전자제도 표준화의 목적
> • 제품 및 업무행위를 단순화하고, 호환성을 향상시킨다.
> • 관계자들 간의 원활한 의사소통으로 상호 이해를 증진시킨다.
> • 경제성을 향상시키고, 소비자 및 작업자의 이익을 보호한다.
> • 안전, 건강, 환경 및 생명 보호에 기여한다.
> • 현장 및 사무실 자동화에 기여한다.

33 인쇄회로기판에서 패턴의 저항을 구하는 식으로 올바른 것은?(단, 패턴의 폭 W[mm], 두께 T[mm], 패턴 길이 L[cm], ρ : 고유저항)

① $R = \rho \dfrac{L}{WT}[\Omega]$ ② $R = \dfrac{L}{WT}[\Omega]$

③ $R = \dfrac{WL}{\rho T}[\Omega]$ ④ $R = \rho \dfrac{W}{LT}[\Omega]$

> **해설**
> 저항의 크기는 물질의 종류에 따라 달라지며, 단면적과 길이에도 영향을 받는다. 물질의 종류에 따라 구성하는 성분이 달라 전기적인 특성이 다르다. 이러한 물질의 전기적인 특성을 일정한 단위로 나누어 측정한 값을 비저항(Specific Resistance)이라고 하며, 순수한 물질일 때 그 값은 고유한 상수(ρ)로 나타난다. 저항(R)은 비저항으로부터 구할 수 있으며 길이에 비례하고, 단면적에 반비례하며 그 공식은 다음과 같다.
> $R = \rho \dfrac{L}{S} = \rho \dfrac{L}{WT}[\Omega]$

34 배치도를 그릴 때 고려해야 할 사항으로 적합하지 않은 것은?

① 균형 있게 배치하여야 한다.
② 부품 상호 간 신호가 유도되지 않도록 한다.
③ IC의 6번 핀 위치를 반드시 표시해야 한다.
④ 고압회로는 부품 간격을 충분히 넓혀 방전이 일어나지 않도록 배치한다.

> **해설**
> 부품 배치도를 그릴 때 고려하여야 할 사항
> • IC의 경우 1번 핀의 위치를 반드시 표시한다.
> • 부품 상호 간의 신호가 유도되지 않도록 한다.
> • PCB 기판의 점퍼선은 표시한다.
> • 부품의 종류, 기호, 용량, 핀의 위치, 극성 등을 표시하여야 한다.
> • 부품을 균형 있게 배치한다.
> • 조정이 필요한 부품은 조작이 쉽도록 배치하여야 한다.
> • 고압회로는 부품 간격을 충분히 넓혀 방전이 일어나지 않도록 배치한다.

35 다음 보기에서 설명하는 콘덴서는?

┌ 보기 ├─────────────────────────────
- 유전체를 얇게 할 수 있어 작은 크기에도 큰 용량을 얻을 수 있는 장점이 있다.
- 양극성 콘덴서가 있으며, 콘덴서 표면에 극, 전압, 용량 등이 적혀 있다.
- 주로 전원의 안정화, 저주파 바이패스 등에 활용되며 극을 잘못 연결할 경우 터질 수 있으므로 주의해야 한다.
──────────────────────────────────

① 전해 콘덴서
② 탄탈 콘덴서
③ 세라믹 콘덴서
④ 필름 콘덴서

해설

콘덴서(Condenser)

축전기라고도 한다. 직류전압을 가하면 각 전극에 전기(전하)를 축적(저장)하는 역할(콘덴서의 용량만큼 저장된 후에는 전류가 흐르지 않음)을 한다. 교류에서는 직류를 차단하고 교류 성분을 통과시키는 성질을 가지고 있다.

- 전해 콘덴서(Eletrolytic Condenser) : 유전체를 얇게 할 수 있어 작은 크기에도 큰 용량을 얻을 수 있는 장점이 있다. 양극(긴 선이 +)성 콘덴서가 있으며, 콘덴서 표면에 극, 전압, 용량 등이 적혀 있다. 주로 전원의 안정화, 저주파 바이패스 등에 활용되며 극을 잘못 연결할 경우 터질 수 있으므로 주의해야 한다.
- 탄탈 콘덴서(Tantalum Condenser) : 전극에 탄탈륨이라는 재질을 사용한 콘덴서이다. 용도는 전해 콘덴서와 비슷하지만 오차, 특성, 주파수 특성 등이 전해 콘덴서보다 우수하여 가격이 더 비싼 편이다.
- 세라믹 콘덴서(Ceramic Condenser) : 유전율이 큰 세라믹 박막, 타이타늄산 바륨 등의 유전체를 재료로 한 콘덴서이다. 박막형이나 원판형의 모양을 가지며 비교적 용량이 적고, 고주파 특성이 양호하여 주로 고주파 바이패스에 사용된다.
- 필름 콘덴서(Film Condenser) : 필름 양면에 금속박을 대고 원통형으로 감은 콘덴서이다.
- 마일러 콘덴서(폴리에스테르 필름 콘덴서) : 폴리에스테르 필름의 양면에 금속박을 대고 원통형으로 감은 콘덴서이다. 극성이 없고, 용량은 작은 편이다. 고주파 특성이 양호하기 때문에 바이패스용, 저주파·고주파 결합용으로 사용된다.
- 마이카 콘덴서(Mica Condenser) : 운모(Mica)를 유전체로 하는 콘덴서로 주파수 특성이 양호하며, 안정성과 내압이 우수하다. 주로 고주파에서 공진회로나 필터회로 등을 구성할 때, 고압회로를 구성할 때 사용한다. 용량이 큰 편은 아니지만 가격이 고가이다.
- 가변용량 콘덴서 : 용량을 변화시킬 수 있는 콘덴서로, 주파수 조정에 사용하며 트리머, 바리콘이 있다.

36 다음과 같은 진리표를 갖는 논리소자가 있는 IC는?

A	B	X
0	0	1
0	1	0
1	0	0
1	1	0

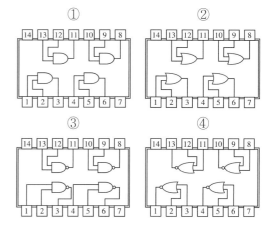

해설

NOR ($\begin{smallmatrix}A\\B\end{smallmatrix}$ ⊃o— X)는 OR의 반전으로, 입력 중 1이 하나라도 있으면 출력이 0이 되는 소자이다.

IC 7408(AND)	IC 7432(OR)
V_{cc} 4B 4A 4Y 3B 3A 3Y 14 13 12 11 10 9 8 1 2 3 4 5 6 7 1A 1B 1Y 2A 2B 2Y GND	V_{cc} 4B 4A 4Y 3B 3A 3Y 14 13 12 11 10 9 8 1 2 3 4 5 6 7 1A 1B 1Y 2A 2B 2Y GND
IC 7400(NAND)	**IC 7402(NOR)**
V_{cc} 4B 4A 4Y 3B 3A 3Y 14 13 12 11 10 9 8 1 2 3 4 5 6 7 1A 1B 1Y 2A 2B 2Y GND	V_{cc} 4Y 4B 4A 3Y 3B 3A 14 13 12 11 10 9 8 1 2 3 4 5 6 7 1Y 1A 1B 2Y 2A 2B GND

37 저항의 컬러코드가 좌측부터 적색–보라색–갈색–금색으로 되어 있다. 저항값은 얼마인가?

① 270[Ω]

② 2.7[kΩ]

③ 27.0[Ω]

④ 2.71[MΩ]

색띠 저항의 저항값 읽는 요령

색	수 치	승 수	정밀도[%]
흑	0	$10^0 = 1$	–
갈	1	10^1	±1
적	2	10^2	±2
등(주황)	3	10^3	±0.05
황(노랑)	4	10^4	–
녹	5	10^5	±0.5
청	6	10^6	±0.25
자	7	10^7	±0.1
회	8	–	–
백	9	–	–
금	–	10^{-1}	±5
은	–	10^{-2}	±10
무	–	–	±20

저항의 5색띠 : 적,　　보라(자),　　갈,　　　금

(적=2), (보라(자)=7), (갈=1), (금)

2　　　7　　×　10^1 = 270[Ω]

※ 정밀도(금) = ± 5[%]

---

38 인쇄회로기판의 제작 순서가 옳은 것은?

① 사양관리 → CAM 작업 → 드릴 → 노광

② 사양관리 → 노광 → CAM 작업 → 드릴

③ CAM 작업 → 드릴 → 노광 → 사양관리

④ CAM 작업 → 사양관리 → 노광 → 드릴

인쇄회로기판(PCB)의 제작 순서

• 사양관리 : 제작 의뢰를 받은 PCB가 실제로 구현될 수 있는 회로인지, 가능한 스펙인지를 알아내고 판단

• CAM(Computer Aided Manufacturing) 작업 : 설계된 데이터를 기반으로 제품을 제작하는 것

• 드릴(Drill) : 양면 또는 적층된 기판에 각층 간의 필요한 회로 도전을 위해 또는 어셈블리 업체의 부품 탑재를 위해 설계 지정 직경으로 홀(Hole)을 가공하는 공정

• 무전해 동도금 : 드릴가공된 홀 속의 도체층은 절연층으로 분리되어 있다. 이를 도통시켜 주는 것이 주목적이며, 화학적 힘에 의해 1차 도금하는 공정

• 정면 : 홀 가공 시 연성 동박상에 발생하는 버(Burr), 홀 속 이물질 등을 제거하고, 동박 표면상 동도금의 밀착성을 높이기 위하여 처리하는 소공정(동박 표면의 미세방청처리 동시 제거)

• 래미네이팅(Laminating) : 제품 표면에 패턴 형성을 위한 준비공정으로, 감광성 드라이 필름을 가열된 롤러로 압착하여 밀착시키는 공정

• D/F 노광 : 노광기 내 UV 램프로부터 나오는 UV 빛이 노광용 필름을 통해 코어에 밀착된 드라이 필름에 조사되어 필요한 부분을 경화시키는 공정

• D/F 현상 : 레지스트(Resist)층의 비경화부(비노광부)를 현상액으로 용해·제거시키고 경화부(노광부)는 D/F를 남게 하여 기본 회로를 형성시키는 공정

• 2차 전기도금 : 무전해 동도금된 홀 내벽과 표면에 전기적으로 동도금을 하여 안정된 회로 두께를 만드는 공정

• 부식 : Pattern 도금공정 후 Dry Film 박리 → 불필요한 동 박리 → Solder 도금 박리공정

• 중간검사 : 제품의 이상 유무 확인

• PSR 인쇄 : Print 배선판에 전자 부품 등을 탑재해 Solder 부착에 따른 불필요한 부분에서의 Solder 부착을 방지하며 Print 배선판의 표면회로를 외부환경으로부터 보호하기 위해 잉크를 도포하는 공정

• 건조 : 80[℃] 정도로 건조시켜 2면 인쇄 시 Table에 잉크가 묻어 나오는 것을 방지하는 공정

• PSR 노광 : 인쇄된 잉크의 레지스트 역할을 할 부위와 동 노출시킬 부위를 UV조사로 선택적으로 광경화시키는 공정

• PSR 현상 : 노광후 UV 빛을 안 받아 경화되지 않은 부위의 레지스트를 현상액으로 제거하여 동을 노출시키는 공정

• 제판 및 건조 : 현상 후 제품의 잉크의 광경화를 완전하게 하기 위한 공정

39 전자기기를 PCB로 구현할 때 전자회로의 설계 단계에 해당하지 않는 것은?

① 케이스 디자인
② PCB의 크기 결정
③ 부품의 조립방법 결정
④ 부품 간의 배선 패턴 설계

해설

전자기기의 개발과정
PCB는 전자기기를 구성하는 하나의 부품으로 생각할 수 있다. 전자기기 제품의 기획부터 최종적인 제품 생산까지의 과정은 다음과 같다.
① 제품의 기획 : 어떤 기능을 갖는 전자기기를 어느 정도의 값(원가)으로 만들 것인가를 기획하고, 외관에 대한 디자인과 기능을 구체화한다.
② 전자회로의 설계 : 이 단계에서는 기획된 제품을 구조적·전기적으로 실현하기 위한 설계(새로운 기능을 구현하기 위한 회로 개발작업을 포함)를 실시한다. 구체적으로는 케이스(Case) 디자인과 치수를 결정하고, 부품의 조립방법, PCB의 크기와 모양 등을 결정하는 기구 설계와 회로기능을 실현하기 위해 필요한 부품을 선정하고, 부품 간의 연결방법(배선)을 결정하여 OR-CAD와 같은 전용 CAD 프로그램으로 회로를 작성하는 전자회로의 설계 등을 포함한다. 설계된 회로의 신호선(Connection) 정보는 네트리스트(Netlist) 파일로 다음의 PCB 설계 단계에 제공된다.
③ PCB 설계(Artwork) : 설계된 회로도를 PCB로 구현하는 단계이다. 이는 부품과 배선을 PCB 보드에 배치하는 작업으로, 아트워크(Artwork)라고도 한다. 네트리스트 파일을 읽어 들인 상태는 부품과 배선이 매우 혼잡하게 얽혀 있는데 이를 PCB 보드상에 적절히 배치하는 것이 아트워크이다. 아트워크의 결과는 거버(Gerber)파일로서 다음의 공정 단계에 제공된다.
④ 제조 규격관리 및 CAM : 거버파일로 제공된 PCB의 배선 패턴 정보를 확인 및 분석하고 오류에 대한 수정사항을 작성하는 제조 규격관리와 수정 지시사항에 따라 실제로 거버파일을 수정하고 PCB를 만들기 위한 각종 공정용 도구와 데이터(배선 패턴을 형성하기 위한 필름, 드릴 데이터 등)를 만드는 CAM (Computer Aided Manufacturing) 작업이 이루어진다.
⑤ PCB의 제조 및 검사 : PCB의 제조는 설계 단계에서 만들어진 배선 패턴을 실제로 PCB 기판으로 만드는 과정이다. 이를 통해 비로소 설계된 배선 패턴과 각종의 홀(Hole)이 전기신호가 흐르는 배선으로 실현된다. PCB 제조기술과 공법은 다양하고 많은 제조 단계를 필요로 하며 제조과정 중이나 제조 후에 각종 검사를 실시한다.

40 다음 그림은 회로도의 일부이다. ㉠~㉢에 대한 설명으로 옳은 것을 모두 고른 것은?

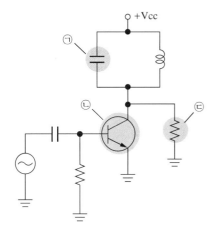

보기

ㄱ. ㉠은 전기를 일시적으로 저장하는 소자이다.
ㄴ. ㉡은 전류제어용 소자 트랜지스터이다.
ㄷ. ㉢은 전류의 흐름을 방해하는 부품이다.

① ㉠
② ㉠, ㉡
③ ㉠, ㉢
④ ㉠, ㉡, ㉢

해설

• ㉠은 콘덴서로 축전기라고도 하며, 두 가지의 기능을 수행한다. 직류전압을 가하면 각 전극에 전기(전하)를 축적(저장)하는 역할(콘덴서의 용량만큼 저장된 후에는 전류가 흐르지 않음)과 교류에서는 직류를 차단하고 교류 성분을 통과시키는 성질을 가지고 있다.
• ㉡은 트랜지스터로, p형과 n형 반도체를 접합시켜 p-n-p형과 n-p-n형으로 만들어진다. 각각의 트랜지스터는 이미터(E), 베이스(B), 컬렉터(C)라는 3개의 단자를 가진다. 트랜지스터는 베이스(B)에 흐르는 작은 전류에 의해 이미터(E)와 컬렉터(C) 사이에 큰 전류를 흐르게 할 수 있다.
• ㉢은 저항으로, 전기(정확하게는 전류)가 잘 흐르지 못하도록 방해하는 성질(부품)을 가지며, 전기에너지를 열로 변환시킨다. 이 열을 방출시키면 전압이 감소되고, 마찬가지로 전류도 감소한다.

41 다음의 회로도에서 ㉠, ㉡에 들어갈 전류의 크기는?

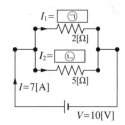

	㉠	㉡
①	2	2
②	5	5
③	2	5
④	5	2

해설

키르히호프의 제1법칙(전류가 흐르는 길에서 들어오는 전류와 나가는 전류의 합이 같다. $\Sigma I_i = \Sigma I_o$)과 옴의 법칙$\left(I = \dfrac{V}{R}\right)$에 따라 ㉠에는 5[A]가 흐르고, ㉡에는 2[A]가 흐르게 된다.

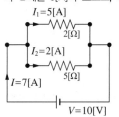

42 10층 PCB의 기판재료로 사용되는 것은?

① 유리폴리아마이드 배선재료
② 유리에폭시 다층 배선재료
③ 유리에폭시 동적층판
④ 종이에폭시 동적층판

해설

다층 PCB의 기판재료 및 용도

층 수	기판재료	용 도
10층 이상	유리폴리아마이드 배선재료	대형 컴퓨터, 전자교환기, 군사기기/고급 통신기기, 고급 계측기기
6~8층	유리에폭시 다층 배선재료, 신호회로층 다층 동판	중소형 컴퓨터, 전자교환기, 반도체 시험장치, PC, NC기기
3~4층	유리에폭시 다층 배선재료	컴퓨터 주변 단말기, PC, 워드프로세서, 팩시밀리, FA기기, ME기기, NC기기, 계측기기, 반도체 시험장치, PGA, 전자교환기, 통신기기, 반도체 메모리보드, IC카드
2층	실드층 다층 동판, 유리에폭시 동적층판, 종이에폭시 동적층판	컴퓨터 주변 단말기, PC, 워드프로세서, 팩시밀리, ME기기, FA기기, NC기기, 계측기기, LED 디스플레이어, 전자표환기, 통신기기, IC카드, 자동차용 전자기기, 전자체온계, 키보드, 마이컴전화, 복사기, 프린터, 컬러 TV, PCA, PGA, PPG, 콤팩트디스크, 전자시계, 비디오카메라
1층	종이에폭시 동적층판	계측기, 전자테스터, VTR, 컬러 TV, 스테레오라디오 DAT, CDP, 온방기기, 전자레인지 컨트롤러, 키보드, 튜너, HAM기기, 전화, 자동판매기, 프린터, CRT, 청소기

43 다음의 장단점을 지닌 형상 모델링은?

장 점	단 점
• 은선처리가 가능하다. • 단면도 작성을 할 수 있다. • 음영처리가 가능하다. • NC 가공이 가능하다. • 간섭 체크가 가능하다. • 2개 면의 교선을 구할 수 있다.	• 물리적 성질을 계산할 수 없다. • 물체 내부의 정보가 없다. • 유한요소법적용(FEM)을 위한 요소분할이 어렵다.

① 와이어 프레임 모델링(Wire Frame Modeling, 선화 모델)
② 서피스 모델링(Surface Modeling, 표면 모델)
③ 솔리드 모델링(Solid Modeling, 입체 모델)
④ 3D 모델링(3D Modeling, 입체 모델)

해설

형상 모델링의 장단점
• 와이어 프레임 모델링(Wire Frame Modeling)
와이어 프레임 모델링은 3면 투시도 작성을 제외한 대부분의 작업이 곤란하다. 대신 물체를 빠르게 구상할 수 있고, 처리속도가 빠르고 차지하는 메모리량이 작기 때문에 가벼운 모델링에 사용한다.

장 점	단 점
• 모델 작성이 쉽다. • 처리속도가 빠르다. • 데이터 구성이 간단하다. • 3면 투시도 작성이 용이하다.	• 물리적 성질을 계산할 수 없다. • 숨은선 제거가 불가능하다. • 간섭 체크가 어렵다. • 단면도 작성이 불가능하다. • 실체감이 없다. • 형상을 정확하게 판단하기 어렵다.

• 서피스 모델링(Surface Modeling)
서피스 모델링은 면을 이용해서 물체를 모델링하는 방법이다. 따라서 와이어 프레임 모델링에서 어려웠던 작업을 진행할 수 있다. 또한, 서피스 모델링의 최대 장점은 NC 가공에 최적화되어 있다는 점이다. 솔리드 모델링에서도 가능하지만, 데이터 구조가 복잡하기 때문에 서피스 모델링을 선호한다.

장 점	단 점
• 은선처리가 가능하다. • 단면도 작성을 할 수 있다. • 음영처리가 가능하다. • NC 가공이 가능하다. • 간섭 체크가 가능하다. • 2개 면의 교선을 구할 수 있다.	• 물리적 성질을 계산할 수 없다. • 물체 내부의 정보가 없다. • 유한요소법적용(FEM)을 위한 요소분할이 어렵다.

• 솔리드 모델링(Solid Modeling)
솔리드 모델링은 와이어 프레임 모델링과 서피스 모델링에 비해서 모든 작업이 가능하다. 그러나 데이터 구조가 복잡하고 컴퓨터 메모리를 많이 차지하기 때문에 특수할 때에는 나머지 두 모델링을 더 선호하는 경우가 있다.

장 점	단 점
• 은선 제거가 가능하다. • 물리적 특정 계산이 가능하다 (체적, 중량, 모멘트 등). • 간섭 체크가 가능하다. • 단면도 작성을 할 수 있다. • 정확한 형상을 파악할 수 있다.	• 데이터 구조가 복잡하다. • 컴퓨터 메모리를 많이 차지한다.

44 문서의 내용에 따른 분류 중 조립도를 나타낸 것은?

①

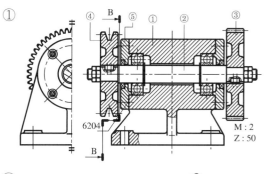

②

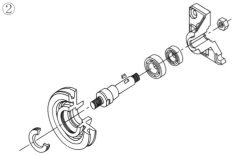

③

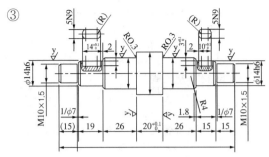

④

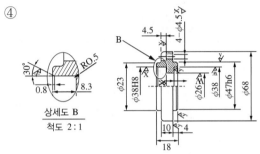

상세도 B
척도 2:1

해설

내용에 따른 문서의 분류

• 조립도 : 제품의 전체적인 조립과정이나 전체 조립 상태를 나타 낸 도면으로, 복잡한 구조를 알기 쉽게 하고 각 단위 또는 부품의 정보가 나타나 있다.

• 부분 조립도 : 제품 일부분의 조립 상태를 나타내는 도면으로, 특히 복잡한 부분을 명확하게 하여 조립을 쉽게 하기 위해 사용된다.

• 부품도 : 제품을 구성하는 각 부품에 대하여 가장 상세하며, 제작 하는 데 직접 쓰여 실제로 제품이 제작되는 도면이다.

• 상세도 : 건축, 선박, 기계, 교량 등과 같은 비교적 큰 도면을 그릴 때에 필요한 부분의 형태, 치수, 구조 등을 자세히 표현하기 위하여 필요한 부분을 확대하여 그린 도면이다.

• 계통도 : 물이나 기름, 가스, 전력 등이 흐르는 계통을 표시하는 도면으로, 이들의 접속 및 작동 계통을 나타내는 도면이다.

• 전개도 : 구조물이나 제품 등의 입체 표면을 평면으로 펼쳐서 전개한 도면이다.

• 공정도 : 제조과정에서 거쳐야 할 공정마다의 가공방법, 사용 공구 및 치수 등을 상세히 나타낸 도면으로, 공작공정도, 제조공정도, 설비공정도 등이 있다.

• 장치도 : 기계의 부속품 설치방법, 장치의 배치 및 제조공정의 관계를 나타낸 도면이다.

• 구조선도 : 기계, 건물 등과 같은 철골 구조물의 골조를 선도로 표시한 도면이다.

45 패턴 도금공정에 대한 설명으로 옳지 않은 것은?

① 래킹 : PCB를 크기별로 고정 및 전류를 흘려줄 목적으로 랙크에 보드를 장착시키는 준비공정이다.

② 탈지(Cleaner) : Imaging 후에 최초의 전처리로 주로 산 Type의 탈지액으로 취급 시 발생될 수 있는 지문, 산화, 유지분 등을 제거해 준다.

③ 10% 황산(Pre-dip) : 전기 동 도금 약품의 오염 방지 및 Cu 산화를 방지하기 위해서 전기 동 도금 후에 처리하는 공정이다.

④ Soft Etching : 패턴 및 홀 속의 Cu층에 미세한 요철(0.4~0.5[μm])을 부여해 줌으로써 후속 전기 도금의 Cu 입자가 균일하게 밀착되는 데 중요한 역할을 한다.

해설

패턴 도금공정

• 래킹 : PCB를 크기별로 고정 및 전류를 흘려줄 목적으로 랙크에 보드를 장착시키는 준비공정이다. 전류의 흐름 및 내약품성 등을 고려하여 Sus(스테인리스) 및 Cu(황동) 등으로 제작한다.

• 탈지(Cleaner) : Imaging 후에 최초의 전처리로 주로 산 Type의 탈지액으로 취급 시 발생될 수 있는 지문, 산화, 유지분 등을 제거해 준다. D/F 현상 후 남아 있을 수 있는 Resist 성분의 제거와 아울러 Small Hole의 침투력을 향상시키기 위해 Wetting Agent를 함유하여 Small Hole에 Wetting 됨으로써 후속 약품처리가 가능하도록 해 준다. 이 Wetting Agent는 세척에 주의를 요하므로 후속 수세공정이 온수세 및 스프레이 수세를 병행하는 것이 완벽한 제거에 도움을 준다. 일반적으로 황산, 염산 및 유기산 베이스로 되어 있다.

• Soft Etching : 패턴 및 홀 속의 Cu층에 미세한 요철(0.4~0.5[μm])을 부여해 줌으로써 후속 전기 도금의 Cu 입자가 균일하게 밀착되는 데 중요한 역할을 한다. Wetting성을 부여하기 위해 근래에는 Wetting Agent가 함유된 Soft Etching액도 나오고 있으며, 액의 불안정성으로 파괴를 막기 위해 안정제가 첨가된다. 또한, Soft Etching에서 가장 중요한 것은 균일한 Etch Rate 로써 특히 전기 동 도금에서는 관리를 요한다. 일반적으로 많이 사용되는 약품으로 과수-황산 Type, 과황산나트륨-황산 Type 이 있다.

• 10% 황산(Pre-dip) : 전기 동 도금 약품의 오염 방지 및 Cu 산화를 방지하기 위해서 전기 동 도금 직전에 처리하는 공정이다.

• 전기 동 도금 : (+), (-) 전류를 흘려 Cu 입자를 보드의 회로 및 표면, 홀 속에 도금하는 방식으로 주성분은 무기 약품성분으로 황산동, 황산, 염소(HCl)와 유기약품 성분으로 광택제(Brightener, Leveler, Carrier)의 조합으로 이루어져 있다. 또한, Cu 이온의 공급원으로 인(P)를 극소량 (0.04~0.06[%]) 함유하고 있는 애노드(Anode)가 (+)극에서 공급되어야 한다.

46 다음 그림은 인버터회로를 나타낸 것이다. 이에 대한 설명으로 옳은 것을 모두 고른 것은?

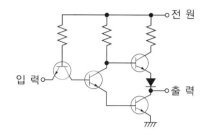

┌─ 보기 ─────────────────────────────┐
│ ㉠ 회로에서 저항은 3개이다.   │
│ ㉡ 회로에서 콘덴서는 4개이다.   │
│ ㉢ 회로는 저항, 트랜지스터, 콘덴서로 구성되어 │
│   있다.   │
└────────────────────────────────────┘

① ㉠   ② ㉢

③ ㉠, ㉡   ④ ㉡, ㉢

해설
문제의 회로에는 저항이 3개, 트랜지스터가 4개, 다이오드가 1개 사용되었다.

47 PCB의 아트워크 필름은 외부 환경에 의해 수축 또는 팽창을 계속하는데 그 요인에 해당되지 않는 것은?

① 온 도   ② 습 도

③ 처 리   ④ 적외선

해설
• 아트워크 필름의 치수 변화율 요인
  – 온도에 의한 변화율 : 재료는 온도에 의해 열팽창하는데 필름은 1×10^{-8}[%/℃]로 길이에 퍼센트로 변형된다.
  – 습도에 의한 변화율 : 습도에 의해 변형되는데 필름은 1×10^{-2}[%/%℃]로 길이에 퍼센트로 변형된다.
  – 처리에 의한 변화율 : 은염필름의 경우 현상 및 정착에 의한 흡습에 의한 팽창률과 건조에 의한 열흡수에 의한 수축률을 동일하게 맞추므로 변화율이 '0'으로 되게 하는 것이 이상적이다. 그러나 필름은 온도에 의해서 단시간 내에 변화를 가져오고 다시 복원되는 경향이 있지만, 습도에 의한 변화는 장시간에 걸쳐 일어나면서 쉽게 복원되지 않는다.

• 기본적인 치수의 안정성 요건
  – 필름실의 온습도 관리 : 필름의 보관, 플로팅(Plotting), 취급 등의 모든 작업이 이루어지는 환경의 온습도 항상성은 매우 중요하다. 특히, 암실은 항온·항습 유지관리가 중요하며, 이물질의 불량을 최소화하기 위한 Class 유지관리가 동시에 이루어져야 한다.
  – 시즈닝(Seasoning) 관리 : 필름은 원래 생산된 회사의 환경과 PCB 제조업체의 암실 사이에 온습도가 다를 수 있으므로 반드시 구입 후 암실에서 환경에 적응(수축 또는 팽창)시킨 후에 필름 제작에 들어가는 것이 중요하다. 최소 24시간 이상 환경에 적응시키는 것이 바람직하다.
  – 불가역 환경 방지관리 : 필름의 주재질은 폴리에스터(Polyester)로, 적정 온습도 범위 내에서는 수축 또는 팽창되었다가도 다시 원래 치수로 복원하는 특성이 있다. 그러나 극단적인 온습도 환경에 놓이면 시간이 경과가 되어도 원래 치수로 복원되기 어려우므로 필름의 보관제조룸 또는 공정 중에 반드시 통제와 관리가 반드시 필요하다.
  – 일반적으로 필름의 박스 표지에 이 필름의 보관 온습도 범위가 표시되어 있는데 이 범위를 환경적으로 벗어나지 않도록 모든 공정의 제어가 필요하다.

48 다음 중 CAD 시스템의 출력장치에 해당하는 것은?

① 플로터   ② 트랙볼

③ 디지타이저   ④ 마우스

해설
플로터
CAD 시스템에서 도면화를 위한 표준 출력장치이다. 출력이 도형 형식일 때 정교한 표현을 위해 사용되며, 상하, 좌우로 움직이는 펜을 이용하여 단순한 글자부터 복잡한 그림, 설계 도면까지 거의 모든 정보를 인쇄할 수 있는 출력장치이다. 종이 또는 펜이 XY 방향으로 움직이고 그림을 그리기 시작하는 좌표에 펜이 위치하면 펜이 종이 위로 내려온다. 프린터는 계속되는 행과 열의 형태만 찍어낼 수 있는 것에 비하여, 플로터는 X, Y 좌표평면에 임의적으로 점의 위치를 지정할 수 있다. 플로터의 종류를 크게 나누면 선으로 그려내는 벡터 방식과 그림을 흑과 백으로 구분하고 점으로 찍어서 나타내는 래스터 방식이 있다. 플로터가 정보를 출력하는 방식에 따라 펜 플로터, 정전기 플로터, 사진 플로터, 잉크 플로터, 레이저 플로터 등으로 구분한다.

49 7세그먼트(FND) 디스플레이가 동작할 때 빛을 내는 것은?

① 발광 다이오드 　　② 부 저
③ 릴레이 　　　　　　④ 저 항

해설

7세그먼트 표시장치는 7개의 선분(획)으로 구성되어 있다. 위와 아래에 사각형 모양으로 두 개의 가로 획과 두 개의 세로 획이 배치되어 있고, 위쪽 사각형의 아래 획과 아래쪽 사각형의 위쪽 획이 합쳐진 모양이다. 가독성을 위해 사각형을 기울여서 표시하기도 한다. 7개의 획은 각각 꺼지거나 켜질 수 있으며 이를 통해 아라비아숫자를 표시할 수 있다. 몇몇 숫자(0, 6, 7, 9)는 둘 이상의 다른 방법으로 표시가 가능하다.

LED로 구현된 7세그먼트 표시장치는 각 획별로 하나의 핀이 배당되어 각 획을 끄거나 켤 수 있도록 되어 있다. 각 획별로 필요한 다른 하나의 핀은 장치에 따라 공용 (+)극이나 공용 (−)극으로 배당되어 있기 때문에 소수점을 포함한 7세그먼트 표시장치는 16개가 아닌 9개의 핀만으로 구현이 가능하다. 한편 한 자리에 해당하는 4비트나 두 자리에 해당하는 8비트를 입력받아 이를 해석하여 적절한 모습으로 표시해 주는 장치도 존재한다. 7세그먼트 표시장치는 숫자뿐만 아니라 제한적으로 로마자와 그리스 문자를 표시할 수 있다. 하지만 동시에 모호함 없이 표시할 수 있는 문자에는 제한이 있으며, 그 모습 또한 실제 문자의 모습과 동떨어지는 경우가 많기 때문에 고정되어 있는 낱말이나 문장을 나타낼 때만 쓰는 경우가 많다.

50 부품을 삽입하지 않고, 다른 층간을 접속하기 위하여 사용되는 도금 도통 홀은?

① 비아 홀(Via Hole)
② 키 슬롯(Key Slot)
③ 외층(External Layer)
④ 액세스 홀(Access Hole)

해설

비아 홀(Via Hole)
서로 다른 층을 연결하기 위한 것이다. 회로를 설계하고 아트워크를 하다 보면 서로 다른 종류의 패턴이 겹칠 경우가 있다. 일반적인 전선은 피복이 있기 때문에 겹쳐도 되지만, PCB의 패턴은 금속이 그대로 드러나 있기 때문에 서로 겹치면 쇼트가 발생한다. 따라서 PCB에 홀을 뚫어서 겹치는 패턴을 피하고, 서로 다른 층의 패턴을 연결하는 용도로 사용된다.

51 PCB 아트워크 작업에서 포토 플로터를 작동시키는 명령으로 사실상의 표준포맷으로, 대부분의 인쇄기판 CAD의 최종 목적으로 출력하는 파일은?

① 필름 형식(Film Format)
② 배선 형식(Router Format)
③ 거버 형식(Gerber Format)
④ 레이어 형식(Layer Format)

해설

• 전자캐드의 작업과정 : 회로도 그리기 → 부품 배치 → 레이어 세팅 → 네트리스트 작성 → 거버 작성
• 거버 데이터(Gerber Data) : PCB를 제작하기 위한 최종 파일로서 PCB 설계의 모든 정보가 들어 있는 파일, 포토 플로터를 구동하기 위한 컴퓨터와 포토 프린터 간의 자료 형식(데이터 포맷)

52 다음 중 NS가 뜻하는 것은?

① 축척을 나타냄

② 배척을 나타냄

③ 실척을 나타냄

④ 비례척이 아님

해설
• 척도 : 물체의 실제 길이와 도면에서 축소 또는 확대하여 그리는 길이의 비율이다.
• NS(Not to Scale) : 비례척이 아님을 뜻하며, 도면과 실물의 치수가 비례하지 않을 때 사용한다.
• 축척 : 실물보다 작게 그리는 척도

$$\frac{1}{2}, \frac{1}{2.5}, \frac{1}{3}, \frac{1}{4}, \frac{1}{5}, \frac{1}{10}, \frac{1}{50}, \frac{1}{100}, \frac{1}{200}, \frac{1}{250}, \frac{1}{500}$$

• 배척 : 실물보다 크게 그리는 척도

$$\frac{2}{1}, \frac{5}{1}, \frac{10}{1}, \frac{20}{1}, \frac{50}{1}$$

• 실척(현척) : 실물의 크기와 같은 크기로 그리는 척도$\left(\frac{1}{1}\right)$

53 전자기기의 패널을 설계 제도할 때 유의해야 할 사항으로 옳은 것은?

① 전원 코드는 배면에 배치한다.

② 패널 부품은 크기를 고려하지 않고 배치한다.

③ 조작 빈도가 낮은 부품은 패널의 중앙이나 오른 쪽에 배치한다.

④ 장치의 외부와 연결되는 접속기가 있을 경우 가능한 한 패널의 위에 배치한다.

해설
전자기기의 패널을 설계 제도할 때 유의해야 할 사항
• 전원 코드는 배면에 배치한다.
• 조작상 서로 연관이 있는 요소끼리 근접 배치한다.
• 패널 부품은 크기를 고려하여 균형 있게 배치한다.
• 조작 빈도가 높은 부품은 패널의 중앙이나 오른쪽에 배치한다.
• 장치의 외부 접속기가 있을 경우 반드시 패널의 아래에 배치한다.

54 배선 알고리즘에서 하나의 기판상에서 종횡의 버스를 결선하는 방법은?

① 저속 접속법

② 스트립 접속법

③ 고속 라인법

④ 기하학적 탐사법

해설
배선 알고리즘
일반적으로 배선 알고리즘은 3가지가 있으며, 필요에 따라 선택하여 사용하거나 이것을 몇 회 조합하여 실행시킨다.
• 스트립 접속법(Strip Connection) : 하나의 기판상에서 종횡의 버스를 결선하는 방법으로, 커넥터부의 선이나 대용량 메모리 보드 등의 신호 버스 접속 또는 짧은 인라인 접속에 사용된다.
• 고속 라인법(Fast Line) : 배선작업을 신속하게 행하기 위하여 기판 판면의 층을 세로 방향으로, 또 한 방향을 가로 방향으로 접속한다.
• 기하학적 탐사법(Geometric Investigation) : 라인법이나 스트립법에서 접속되지 않는 부분을 포괄적인 기하학적 탐사에 의해 배선한다.

55 고주파 부품에 대한 대책으로 틀린 것은?

① 부품을 세워 사용하지 않는다.

② 표면실장형(SMD) 부품을 사용하지 않는다.

③ 부품의 리드는 가급적 짧게 하여 안테나 역할을 하지 않도록 한다.

④ 고주파 부품은 일반회로 부분과 분리하여 배치한다.

해설
고주파회로 설계 시 유의사항
• 아날로그, 디지털 혼재회로에서 접지선은 분리한다.
• 부품은 세워서 사용하지 않으며, 가급적 부품의 다리를 짧게 배선한다.
• 고주파 부품은 일반회로 부분과 분리하여 배치하고, 가능하면 차폐를 실시하여 영향을 최소화하도록 한다.
• 가급적 표면실장형 부품을 사용한다.
• 전원용 라인필터는 연결 위위에 가깝게 배치한다.
• 배선의 길이는 가급적 짧게 하고, 배선이 꼬인 것은 코일로 간주하므로 주의해야 한다.
• 회로의 중요한 요소에는 바이패스 콘덴서를 삽입하여 사용한다.

56 회로도를 작성할 때 옳지 않은 것은?

① 대각선과 곡선은 가급적 피한다.

② 신호의 흐름은 왼쪽에서 오른쪽으로 그린다.

③ 선의 교차가 많고 부품이 도면의 한쪽으로 모이도록 그린다.

④ 주회로와 보조회로가 있는 경우에는 주회로를 중심으로 그린다.

해설

회로도 작성 시 고려사항

- 신호의 흐름은 도면의 왼쪽에서 오른쪽으로, 위쪽에서 아래쪽으로 그린다.
- 주회로와 보조회로가 있을 경우에는 주회로를 중심에 그린다.
- 대칭으로 동작하는 회로는 접지를 기준으로 하여 대칭되게 그린다.
- 선의 교차가 적고 부품이 도면 전체에 고루 분포되게 그린다.
- 능동소자를 중심으로 그리고 수동소자는 회로 외곽에 그린다.
- 대각선과 곡선은 가급적 피하고, 선과 선이 전기적으로 접속되는 곳에 '·' 표시를 한다.
- 도면기호와 접속선의 굵기는 원칙적으로 같게 하며, 0.3~0.5[mm] 정도로 한다.
- 보조회로는 주회로의 바깥쪽에, 전원회로는 맨 아래에 그린다.
- 접지선 등을 굵게 표현하는 경우의 실선은 0.5~0.8[mm] 정도로 한다.
- 물리적인 관련이나 연결이 있는 부품 사이는 파선으로 나타낸다.

57 제도의 목적을 달성하기 위한 도면의 요건으로 옳지 않은 것은?

① 대상물의 도형과 함께 필요로 하는 크기, 모양, 자세, 위치의 정보를 포함하여야 한다.

② 도면의 정보를 명확하게 하기 위하여 복잡하고 어렵게 표현하여야 한다.

③ 가능한 한 넓은 기술 분야에 걸쳐 정합성, 보편성을 가져야 한다.

④ 복사 및 도면의 보존, 검색, 이용이 확실히 되도록 내용과 양식을 구비하여야 한다.

해설

도면의 필요 요건

- 도면에는 필요한 정보와 위치, 모양 등이 있어야 하며, 필요에 따라 재료의 형태와 가공방법에 대한 정보도 표시되어야 한다.
- 정보를 이해하기 쉽고 명확하게 표현해야 한다.
- 기술 분야에 걸쳐 적합성과 보편성을 가져야 한다.
- 기술 교류를 고려하여 국제성을 가져야 한다.
- 도면의 보존과 복사 및 검색이 쉽도록 내용과 양식을 갖추어야 한다.

58 PCB 설계 시 사용되는 단위에 관한 것이다. (   ) 안에 들어갈 알맞은 숫자는?

2.54[mm]는 (   )[mil]이다.

① 1
② 10
③ 100
④ 1,000

해설

mil(밀)은 부품 리드의 피치나 PCB의 패턴 간격 등에 주로 사용된다.

$1[inch] = 1,000[mil] = 2.54[cm] = 25.4[mm]$

$\therefore 2.54[mm] = 100[mil]$

59 다음 중 '컴퓨터 지원 설계'의 약자는?

① CAD ② CAM

③ CAE ④ CNC

해설

① CAD(Computer Aided Design) : 컴퓨터의 도움으로 도면을 설계하는 프로그램의 일종으로, 산업 분야에 따라 구분한다.
② CAM(Computer Aided Manufacturing) : 설계된 데이터를 기반으로 제품을 제작하는 프로그램이다.
③ CAE(Computer Aided Engineering) : 설계를 하기에 앞서 또는 설계 후에 해석하는 프로그램이다.
④ CNC(Computerized Numerical Control) : 컴퓨터에 의한 수치제어를 하는 프로그램이다.

60 전기적 접속 부위나 빈번한 착탈로 높은 전기적 특성이 요구되는 부위에 부분적으로 실시하는 도금은?

① 아 연 ② 은

③ 금 ④ 구 리

해설

금 도금

전기적 접속 부위나 빈번한 착탈로 높은 전기적 특성이 요구되는 부위에 고객의 요구에 따라 Connector에 삽입되는 PCB의 Contact Finger Area에만 부분적으로 실시하는 도금으로, 전기적 석출방법으로서 니켈과 금을 도금해 주는 공정이다. 단자 금 도금과 접점 금 도금 또는 전면 금 도금 등으로 구분된다.

01 내부저항이 R인 전지 n개를 직렬로 접속하여 최대 전력을 부하에 전달하려고 할 때 부하저항은?

① R ② nR

③ $1/R$ ④ R/n

해설

최대 전력 전달의 조건

내부저항 = 부하저항

따라서 최대 전력을 전달하기 위한 부하저항은 전원측에서 보았을 때의 전체 합성저항인 nR이 된다.

02 3단자 레귤레이터 정전압 회로의 특징이 아닌 것은?

① 발진 방지용 커패시터가 필요하다.

② 소비 전류가 적은 전원회로에 사용한다.

③ 많은 전력이 필요한 경우에는 적합하지 않다.

④ 전력 소모가 적어 방열 대책이 필요 없는 장점이 있다.

해설

3단자 레귤레이터는 과도한 전압을 모두 열로 방출시키는 부품이기 때문에 높은 전압을 연결하면 열이 매우 많이 발생하고, 방열 대책이 필요하며, 낭비도 심하다.

03 주파수가 서로 다른 두 정현파의 전압 실횻값이 E_1, E_2이다. 이 두 정현파의 합성전압의 실횻값은?

① $E_1 + E_2$ ② $E_1 - E_2$

③ $\sqrt{E_1^2 + E_2^2}$ ④ $\dfrac{E_1 + E_2}{2}$

04 다음 중 슈미트 트리거(Schmitt Trigger) 회로는?

① 톱니파 발생회로

② 계단파 발생회로

③ 구형파 발생회로

④ 삼각파 발생회로

해설

슈미트 트리거 회로

정현파 입력신호를 정해진 진폭값으로 트리거하여 구형파를 발생한다.

05 열전자 방출재료의 구비조건으로 옳지 않은 것은?

① 일함수가 적을 것

② 융점이 낮을 것

③ 방출효율이 좋을 것

④ 가공, 공작이 용이할 것

해설

금속을 고온으로 가열하면 전도체 내 전자의 운동에너지가 커지며, 그중에는 탈출 준위를 넘어서 금속체 밖으로 뛰어나가는 전자가 있다. 이 현상을 열전자 방출이라 하고, 열전자류를 크게 하려면 온도를 높이거나 일함수가 작은 재료를 사용하면 좋다. 그러나 온도를 지나치게 높이면 녹을 수 있으므로, 열전자 방출재료는 융점이 높은 텅스텐 소재를 쓰는 것이 좋다.

06 100[V]용 500[W] 전열기의 저항값은?

① 20[Ω] ② 24[Ω]

③ 28[Ω] ④ 32[Ω]

해설

전열기의 저항 $R = \dfrac{V^2}{P}$

도체에 100[V]의 전압을 가할 때

$R = \dfrac{100^2}{500} = \dfrac{10,000}{500} = 20[\Omega]$

07 PN 접합 다이오드의 기본작용은?

① 증폭작용 ② 발진작용

③ 발광작용 ④ 정류작용

08 저항기의 색띠가 갈색, 검은색, 주황색, 은색의 순으로 표시되었을 경우에 저항값은 얼마인가?

① 27~33[kΩ]

② 9~11[kΩ]

③ 0.9~1.1[kΩ]

④ 18~22[kΩ]

해설

색띠 저항 읽는 방법

• 맨 좌측부터 4가지 색띠는 각각 제1숫자, 제2숫자, 승수, 오차를 의미한다.

• 검은색(0), 갈색(1), 빨간색(2), 주황색(3), 노란색(4), 초록색(5), 파란색(6), 보라색(7), 회색(8), 흰색(9), 금색(오차 5[%]), 은색(오차 10[%])

• 갈색, 검은색, 주황색, 은색의 경우, $10 \times 10^3 = 10[\text{k}\Omega]$이며, 오차가 은색(10[%])이므로 저항값의 범위는 9~11[kΩ]이다.

09 이상적인 연산증폭기에 대한 설명으로 옳지 않은 것은?

① 대역폭은 일정하다.

② 출력저항은 0이다.

③ 전압이득은 무한대이다.

④ 입력저항은 무한대이다.

해설

이상적인 연산증폭기의 주파수 대역폭은 무한대이다.

10 다음 연산증폭기 회로의 명칭은?

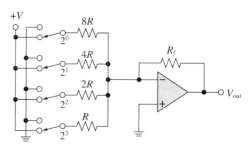

① 가산기 ② 적분기

③ 변환기 ④ 변환기

해설

연산증폭기를 이용한 Weighted-Resistor 4-bit D/A Converter 회로이다.

11 주파수변조에 대한 설명으로 가장 옳은 것은?

① 신호파에 따라 반송파 진폭을 변화시키는 것
② 신호파에 따라 반송파의 위상을 변화시키는 것
③ 신호파에 따라 반송파의 주파수를 변화시키는 것
④ 신호파에 따라 펄스의 위상을 변화시키는 것

> **해설**
> • 주파수변조 : 신호파의 순시값에 따라서 반송파의 주파수를 변화시키는 방식의 변조
> • 진폭변조 : 신호파의 크기에 비례하여 반송파의 진폭을 변화시킴으로써 정보가 반송파에 합성되는 변조
> • 위상변조 : 입력신호의 진폭에 대하여 반송파의 위상을 변화시키는 변조 방식

13 다음 중 정류기의 평활회로 구성으로 가장 옳은 것은?

① 저역 통과 여파기
② 고역 통과 여파기
③ 대역 통과 여파기
④ 고역 소거 여파기

> **해설**
> 여파기(Filter)는 어떤 주파수대의 전류를 통과시키고, 그 밖의 주파수대 전류는 저지하여 통과시키지 않기 위한 전기회로로, 정류기에는 저역 통과 여파기가 적합하다.

12 일반적인 반도체의 특성으로 옳지 않은 것은?

① 불순물이 섞이면 저항이 증가한다.
② 매우 낮은 온도에서 절연체가 된다.
③ 전기적 전도성은 금속과 절연체의 중간적 성질을 가지고 있다.
④ 온도가 상승하면 저항이 감소한다.

> **해설**
> 불순물의 농도가 증가하면 도전율은 커지고, 고유저항은 감소한다.

14 쌍안정 멀티바이브레이터에 대한 설명으로 옳지 않은 것은?

① 구형파 발생회로이다.
② 2개의 트랜지스터가 동시에 ON한다.
③ 입력펄스 2개마다 1개의 출력펄스를 얻는 회로이다.
④ 플립플롭 회로이다.

> **해설**
> 쌍안정 멀티바이브레이터
> 처음 어느 한쪽의 트랜지스터가 ON이면 다른 쪽의 트랜지스터는 OFF의 안정 상태로 되었다가, 트리거 펄스가 가해지면 다른 안정 상태로 반전되는 동작을 한다.

15 JK 플립플롭을 이용한 동기식 카운터회로에서 어떻게 동작하는가?

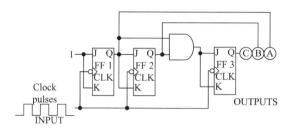

① 10진 증가(Down) 카운터

② 3비트 Mod-8 카운터

③ 16진 감소(Down) 카운터

④ 10비트 Mod-8 카운터

해설
3비트 동기식 2진 카운터로 Mod-8 카운터이다.

16 이미터 접지 증폭회로에서 바이어스 안정지수 S는 얼마인가?(단, 고정바이어스임)

① β ② $1 + \beta$

③ $1 - \beta$ ④ $1 - \alpha$

해설
$$S = \frac{\triangle I_c}{\triangle I_{co}} = 1 + \beta$$

17 2진수 11010.11110를 8진수와 16진수로 옳게 변환한 것은?

① $(32.74)_8$, $(DO.F)_{16}$

② $(32.74)_8$, $(1A.F)_{16}$

③ $(62.72)_8$, $(DO.F)_{16}$

④ $(62.72)_8$, $(1A.F)_{16}$

해설
• 2진수 → 8진수 : 3자리씩 잘라서 변환

11	010		111	100
3	2	,	7	4

• 2진수 → 16진수 : 4자리씩 잘라서 변환

1	1010		1111	0
1	A	,	F	0

18 마이크로프로세서(Microprocessor)를 이용하여 컴퓨터를 설계할 때의 장점이 아닌 것은?

① 소비 전력의 증가

② 제품의 소형화

③ 시스템 신뢰성 향상

④ 부품의 수량 감소

해설
마이크로프로세서를 이용하여 컴퓨터를 설계하면 소비 전력이 작아진다.

19 문자를 삽입할 때 필요한 연산은?

① OR 연산

② ROTATE 연산

③ AND 연산

④ MOVE 연산

해설
• 문자 삽입 : OR
• 분자 제거 : AND

20 컴퓨터에서 2[kB]의 크기를 [byte] 단위로 표현하면?

① 512[byte]

② 1,024[byte]

③ 2,048[byte]

④ 4,096[byte]

해설
2[kB] = 2 × 1,024 = 2,048[byte]

21 2진수 100100을 2의 보수(2's Complement)로 변환한 것은?

① 011100   ② 011011

③ 011010   ④ 010101

해설
2의 보수 = 1의 보수 + 1 = 011011 + 1 = 011100

22 다음 중 데이터 전송 명령어는?

① MOV   ② ADD

③ CLR   ④ JMP

해설
① MOV : 이동(전송)
② ADD : 덧셈
③ CLR : 데이터를 0으로 클리어
④ JMP : 강제 이동

23 불 대수의 기본 정리 중 옳지 않은 것은?

① $x + x \cdot y = y$

② $x \cdot (x + y) = x$

③ $\overline{(x \cdot y)} = \overline{x} + \overline{y}$

④ $x \cdot (y + z) = x \cdot y + x \cdot z$

해설
$x + x \cdot y = x(1 + y) = x$

24 비수치적 연산에서 하나의 레지스터에 기억된 데이터를 다른 레지스터로 옮기는 데 사용되는 연산은?

① OR   ② AND

③ SHIFT   ④ MOVE

해설
④ MOVE : 다른 레지스터로 이동
① OR : 논리합
② AND : 논리곱
③ SHIFT : 왼쪽 또는 오른쪽으로 데이터 이동

25 연산결과가 양인지 음인지, 또는 자리올림(Carry)이나 오버플로(Overflow)가 발생했는지를 기억하는 장치는?

① 가산기(Adder)

② 누산기(Accumulator)

③ 데이터 레지스터(Data Register)

④ 상태 레지스터(Status Register)

해설
• 가산기(Adder) : 2개 이상의 수를 입력으로 하여 이들의 합을 출력으로 하는 논리회로 또는 장치
• 누산기(Accumulator) : 연산결과가 기억되는 레지스터
• 데이터 레지스터(Data Register) : 자료의 일시적인 저장을 위해 사용하는 레지스터
• 상태 레지스터(Status Register) : 다양한 산술연산결과의 상태를 알려주는 플래그 비트들이 모인 레지스터

20 ③ 21 ① 22 ① 23 ① 24 ④ 25 ④ 정답

26 명령어의 기본적인 구성요소 2가지를 옳게 짝지은 것은?

① 기억장치와 연산장치
② 오퍼레이션 코드와 오퍼랜드
③ 입력장치와 출력장치
④ 제어장치와 논리장치

해설
기계어 명령 형식은 동작부(연산 지시부 : OP Code)와 오퍼랜드(Operand)로 구성되어 있다.

27 기억 공간 관리 중 고정 분할 할당과 동적 분할 할당으로 나누어 관리되는 기법은?

① 연속로딩기법
② 분산로딩기법
③ 페이징(Paging)
④ 세그먼트(Segment)

해설
기억 공간의 관리
• 연속로딩기법 : 다중프로그램에 사용한다.
 – 고정 분할 할당 : 처음부터 구역을 정해 두며, 기억 공간의 크기가 고정된다.
 – 동적 분할 할당 : 필요에 따라 구역을 정하고, 할당 공간의 크기를 가변적으로 요구량에 맞추어 할당한다.
• 분산로딩기법 : 주소 공간과 실제 공간을 연결시켜 주는 가상 메모리 기법을 사용한다.
• 페이징 : 고속기억장치를 사용하여 접근시간을 향상시킬 수 있고, 하나의 코드를 여러 사용자가 공유할 수 있다. 외부적 단편화가 발생한다.
• 세그먼트 : 세그먼트 개념이 계속 보존되어 보호문제를 해결하는 데 이용될 수 있고, 코드나 데이터의 공유가 가능하다. 외부적 단편화가 발생한다.
• 오버레이 : 특별한 재배치 및 연결이 필요하다.

28 2^n개의 입력 중에 선택 입력 n개를 이용하여 하나의 정보를 출력하는 조합회로는?

① 디코더   ② 인코더
③ 멀티플렉서   ④ 디멀티플렉서

해설
멀티플렉서(Multiplexer)
• 여러 개의 입력선 중에서 하나를 선택하여 단일 출력선으로 연결하는 조합회로이다.
• 다중 입력 데이터를 단일 출력하여 데이터 셀렉터(Data Selector)라고도 한다.
디멀티플렉서(Demultiplexer)
한꺼번에 들어온 여러 신호 중에서 하나를 골라내어 출력선으로 내보내는 회로이다.

29 전자제도의 특징에 대한 설명으로 옳지 않은 것은?

① 도면의 일부분 또는 전체의 축소·확대가 용이하다.
② 자주 쓰는 도형은 매크로를 사용하여 여러 번 재생하여 사용할 수 있다.
③ 작성된 도면의 정보를 기계에 직접 적용시킬 수 있다.
④ 주로 3차원의 표현을 사용한다.

해설
전자제도의 특징
• 직선과 곡선의 처리, 도형과 그림의 이동·회전 등이 자유로우며, 도면의 일부분 또는 전체의 축소·확대가 용이하다.
• 자주 쓰는 도형은 매크로를 사용하여 여러 번 재생하여 사용할 수 있다.
• 작성된 도면의 정보를 기계에 직접 적용시킬 수 있다.
• 주로 2차원의 표현을 사용한다.

30 다음은 전자 부품의 능동소자 중 하나인 다이오드의 종류이다. 각 소자의 명칭을 옳게 나열한 것은?

(가)	(나)	(다)

	(가)	(나)	(다)
①	일반 다이오드	발광 다이오드	광다이오드
②	발광 다이오드	광다이오드	쇼트키 다이오드
③	광다이오드	발광 다이오드	일반 다이오드
④	발광 다이오드	쇼트키 다이오드	일반 다이오드

해설

다이오드(Diode) : 게르마늄(Ge)이나 규소(Si)로 만들어지고, 주로 한쪽 방향으로 전류가 흐르도록 제어하는 반도체 소자로 정류, 발광 등의 특성을 지닌다.

일반 다이오드	발광 다이오드	광다이오드	쇼트키 다이오드
과전압억제 다이오드	터널 다이오드	배리캡	정전압 다이오드

31 다음 IC 부품 중 리드 간 피치가 가장 미세한 것은?

① BGA ② CSP
③ QFP ④ TCP(TAB)

해설

최근의 디지털기기에서는 DIP에서 SOP 및 QFP로 더 나아가 BGA, CSP, Flip Chip으로 반도체 소자의 SMD화가 급속도로 진전되고 있다. 각 IC부품의 실장 부품별 동향과 피치의 변화는 다음과 같다.

실장 부품별 동향		적용 제품
각형(R, C)	3216 → 2012 → 1608 → 1005 → 0603 → 0402	휴대폰, 이통 부품
QFP/SOP	1.0[mm] ⇒ 0.65[mm] ⇒ 0.5[mm] ⇒ 0.4[mm] ⇒ 0.3[mm]	SM 적용 제품
TCP	0.3[mm] ⇒ 0.25[mm] ⇒ 0.2[mm]	Note PC
	85[μm] ⇒ 70[μm] ⇒ 65[μm] ⇒ 50[μm]	LCD
BGA	1.27[mm] ⇒ 1.0[mm]	휴대폰, PDA
CSP	0.8[mm]/0.75[mm] ⇒ 0.5[mm] ⇒ 0.4[mm]	휴대폰, DVC
Flip Chip	250[μm] ↑ ⇒ 150[μm] ⇒ 85[μm] ⇒ 50[μm] ↓	Note PC, Card

32 7세그먼트(FND) 디스플레이가 동작할 때 빛을 내는 것은?

① 발광 다이오드 ② 부 저
③ 릴레이 ④ 저 항

해설

7세그먼트 표시장치는 7개의 선분(획)으로 구성되어 있다. 위와 아래에 사각형 모양으로 두 개의 가로 획과 두 개의 세로 획이 배치되어 있고, 위쪽 사각형의 아래 획과 아래쪽 사각형의 위쪽 획이 합쳐진 모양이다. 가독성을 위해 사각형을 기울여서 표시하기도 한다. 7개의 획은 각각 꺼지거나 켜질 수 있으며 이를 통해 아라비아 숫자를 표시할 수 있다. 몇몇 숫자(0, 6, 7, 9)는 둘 이상의 다른 방법으로 표시가 가능하다.

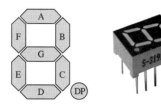

LED로 구현된 7세그먼트 표시장치는 각 획별로 하나의 핀이 배당되어 각 획을 끄거나 켤 수 있도록 되어 있다. 각 획별로 필요한 다른 하나의 핀은 장치에 따라 공용 (+)극이나 공용 (−)극으로 배당되어 있기 때문에 소수점을 포함한 7세그먼트 표시장치는 16개가 아닌 9개의 핀만으로 구현이 가능하다. 한편 한 자리에 해당하는 4비트나 두 자리에 해당하는 8비트를 입력받아 이를 해석하여 적절한 모습으로 표시해 주는 장치도 존재한다. 7세그먼트 표시장치는 숫자뿐만 아니라 제한적으로 로마자와 그리스 문자를 표시할 수 있다. 하지만 동시에 모호함 없이 표시할 수 있는 문자에는 제한이 있으며, 그 모습 또한 실제 문자의 모습과 동떨어지는 경우가 많기 때문에 고정되어 있는 낱말이나 문장을 나타낼 때만 쓰는 경우가 많다.

33 다음 그림과 같이 표현하는 도면 표시방법은?

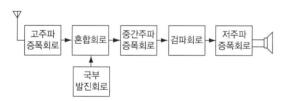

① 회로도   ② 계통도

③ 배선도   ④ 접속도

해설

② 계통도 : 전기의 접속과 작동 계통을 표시한 도면으로 계획도나 설명도에 사용한다.

① 회로도 : 전자 부품 상호 간의 연결된 상태를 나타낸 것이다.

③ 배선도 : 전선의 배치, 굵기, 종류, 가닥수를 나타내기 위해서 사용하는 도면이다.

④ 접속도 : 전기기기의 내부, 상호 간의 회로 결선 상태를 나타내는 도면으로, 계획도나 설명도 또는 공작도에 사용한다.

34 다음 중 게이트에 대한 개념이 다른 것은?

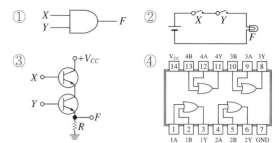

해설

AND 게이트의 기본 개념(2입력)

입력이 모두 1(On, High)인 경우에만 출력은 1(On, High)이 되고, 입력 중에 0(Off, Low)이 하나라도 있을 경우에는 출력은 0(Off, Low)이 된다.

X	Y	F
0	0	0
0	1	0
1	0	0
1	1	1

[진리표]

X	0	0	1	1	0
Y	0	1	0	1	0
F	0	0	0	1	0

[동작파형]

논리회로 기호	논리식
	$F = XY = X \cdot Y$

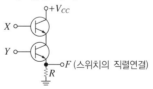

[스위칭 회로]

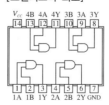

[트랜지스터 회로]

[IC 7408]

35 용도에 따른 선의 종류 중 보이는 물체의 윤곽을 나타내는 선이나 보이는 물체의 면들이 만나는 윤곽을 나타낸 선은?

① 굵은 실선 ② 가는 실선
③ 굵은 파선 ④ 가는 파선

해설

용도에 따른 선의 종류

종 류	명 칭	용 도	기계제도 분야 적용 예
A ———	굵은 실선	A1 보이는 물체의 윤곽을 나타내는 선 A2 보이는 물체의 면들이 만나는 윤곽을 나타낸 선	외형선
B ———	가는 실선	B1 가상의 상관관계를 나타내는 선(상관선) B2 치수선 B3 치수 보조선(연장선) B4 지시선, 인출선 및 기입선 B5 해칭 B6 회전 단면의 한 부분의 윤곽을 나타내는 선 B7 짧은 중심선	치수선, 치수 보조선, 지시선, 회전 단면선, 중심선
C 〰〰〰 D ⊣⊢⊣⊢	프리핸드의 가는 실선 가는 지그재그선	C1, D1 부분 투상을 하기 위한 절단면이나 단면의 경계를 손으로 그리거나 기계적으로 그리는 선	파단선
E ┄┄┄	굵은 파선	E1 보이지 않는 물체의 윤곽을 나타내는 선 E2 보이지 않는 물체의 면들이 만나는 윤곽을 나타내는 선	숨은선
F ┄┄┄	가는 파선	F1 보이지 않는 물체의 윤곽을 나타내는 선 F2 보이지 않는 물체의 면들이 만나는 윤곽을 나타내는 선	
G ⎯·⎯·⎯	가는 1점 쇄선	G1 그림의 중심을 나타내는 선(중심선) G2 대칭을 나타내는 선 G3 움직이는 부분의 궤적 중심을 나타내는 선	중심선, 기준선, 피치선
H ⎯⎯⌐	가는 1점 쇄선을 단면 부분 및 방향이 다른 부분을 굵게 한 것	H1 단면한 부위의 위치와 꺾임을 나타내는 선	절단선
J ⎯·⎯·⎯	굵은 1점 쇄선	J1 특별한 요구사항을 적용할 범위와 면적을 나타내는 선	특수 지정선
K ⎯··⎯··⎯	가는 2점 쇄선	K1 인접 부품의 윤곽을 나타내는 선 K2 움직이는 부품의 가동 중의 특정 위치 또는 최대 위치를 나타내는 물체의 윤곽선(가상선) K3 그림의 중심을 이어서 나타내는 선 K4 가공 전 물체의 윤곽을 나타내는 선 K5 절단면의 앞에 위치하는 부품의 윤곽을 나타내는 선	가상선, 무게중심선

36 부식(Etching)액의 종류가 아닌 것은?

① 염화구리(CuCl₂) 부식

② 염화철(FeCl₃) 부식

③ 산(NH₄Cl) 부식

④ Soft Etching

해설

부식(Etching)액의 종류

부식은 내외 층의 구리(Cu) 부위를 산 또는 알칼리액을 이용해서 용해하거나 표면조도를 형성해 주는 것으로, 그 종류에는 염화구리(CuCl₂) 부식, 염화철(FeCl₃) 부식, 알칼리(NH₄Cl) 부식, Soft Etching 등이 있다.

37 문서의 내용에 따른 분류 중 조립도를 나타낸 것은?

①

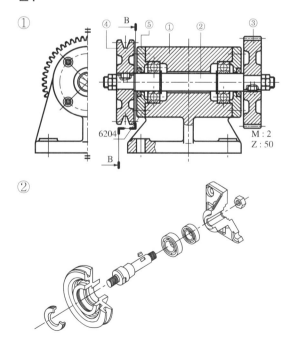

②

③

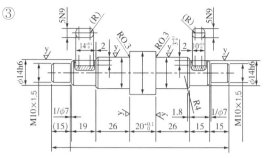

④

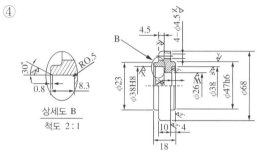

상세도 B
척도 2 : 1

해설

내용에 따른 문서의 분류

• 조립도 : 제품의 전체적인 조립과정이나 전체 조립 상태를 나타낸 도면으로, 복잡한 구조를 알기 쉽게 하고 각 단위 또는 부품의 정보가 나타나 있다.

• 부분 조립도 : 제품 일부분의 조립 상태를 나타내는 도면으로, 특히 복잡한 부분을 명확하게 하여 조립을 쉽게 하기 위해 사용된다.

• 부품도 : 제품을 구성하는 각 부품에 대하여 가장 상세하며, 제작하는 데 직접 쓰여 실제로 제품이 제작되는 도면이다.

• 상세도 : 건축, 선박, 기계, 교량 등과 같은 비교적 큰 도면을 그릴 때에 필요한 부분의 형태, 치수, 구조 등을 자세히 표현하기 위하여 필요한 부분을 확대하여 그린 도면이다.

• 계통도 : 물이나 기름, 가스, 전력 등이 흐르는 계통을 표시하는 도면으로, 이들의 접속 및 작동 계통을 나타내는 도면이다.

• 전개도 : 구조물이나 제품 등의 입체 표면을 평면으로 펼쳐서 전개한 도면이다.

• 공정도 : 제조과정에서 거쳐야 할 공정마다의 가공방법, 사용 공구 및 치수 등을 상세히 나타낸 도면으로 공작공정도, 제조공정도, 설비공정도 등이 있다.

• 장치도 : 기계의 부속품 설치방법, 장치의 배치 및 제조공정의 관계를 나타낸 도면이다.

• 구조선도 : 기계, 건물 등과 같은 철골 구조물의 골조를 선도로 표시한 도면이다.

38 IC 패키지 중 Through Hole Package의 명칭을 옳게 나열한 것은?

(가)	(나)	(다)

	(가)	(나)	(다)
①	DIP	SIP	ZIP
②	SOIC	TSOP	QFP
③	SIP	ZIP	DIP
④	TSOP	QFP	SOIC

해설

Through Hole Package
스루 홀 기술(인쇄회로기판(PCB)의 구멍에 삽입하여 반대쪽 패드에서 납땜하는 방식)을 적용한 것으로 막대저항, 다이오드 같은 것을 스루 홀 부품이라고 한다. 강력한 결합이 가능하지만 SMD에 비해 생산비용이 비싸고, 주로 전해 축전지나 TO220과 같은 강한 실장이 요구되는 부피가 큰 패키지의 부품용으로 사용된다.

- DIP(Dual In-line Package) : 칩 크기에 비해 패키지가 크고, 핀수에 비례하여 패키지가 커지기 때문에 많은 핀의 패키지에는 곤란하다. 우수한 열특성, 저가 PCB를 이용하는 응용에 널리 쓰인다(CMOS, 메모리, CPU 등).
- SIP(Single In-line Package) : 한쪽 측면에만 리드가 있는 패키지이다.
- ZIP(Zigzag In-line Package) : 한쪽 측면에만 리드가 있으며, 리드가 지그재그로 엇갈린 패키지이다.

DIP	SIP	ZIP

39 다음 보기에서 설명하는 PCB는?

> **보기**
>
> 크라프트지에 페놀수지를 합성하고, 이를 적층하여 만들어진 기판이다. 기판의 구멍 형성은 프레스를 이용하기 때문에 저가격의 일반용으로 사용된다. 치수 변화나 흡습성이 크고, 스루 홀이 형성되지 않아 단층 기판밖에 구성할 수 없는 단점이 있다. 흡습성이 높기 때문에 TV, 자동차, 화장실의 세정기 등에서 문제를 일으킨다.

① 폴리수지 기판
② 에폭시수지 기판
③ 컴포지트 기판
④ 페놀기판

해설

재료에 의한 PCB 분류

- 페놀기판 : 크라프트지에 페놀수지를 합성하고 이를 적층하여 만들어진 기판으로, 기판의 구멍 형성은 프레스를 이용하기 때문에 저가격의 일반용으로 사용된다. 치수 변화나 흡습성이 크고, 스루 홀이 형성되지 않아 단층 기판밖에 구성할 수 없는 이 있다. 흡습성이 높기 때문에 TV, 자동차, 화장실의 세정기 등에서 문제를 일으킨다.
- 폴리수지 기판(PP 재질) : 크라프트지에 페놀수지를 합성하고 이를 적층하여 만든 기판이다.
- 에폭시수지 기판(Epoxy Resin, GE 재질) : 유리섬유에 에폭시수지를 합성하고 적층하여 만든 기판으로, 기판의 구멍 형성은 드릴을 이용하고 가격도 높은 편이다. 치수 변화나 흡습성이 적고, 다층 기판을 구성할 수 있기 때문에 산업기기, 퍼스널 컴퓨터나 그 주변기기 등에 널리 이용된다.
- 컴포지트 기판(Compogite Base Material, CPE 재질) : 두 가지 이상의 재질을 합성하고 적층한 기판으로, 일반적으로 유리섬유에 셀룰로스를 합성하여 만든다. 유리섬유의 사용량이 적기 때문에 구멍 형성은 프레스를 이용하고 양면 기판에 적합하다.
- 플렉서블 기판(Flexible Base Material) : 폴리에스테르나 폴리아마이드 필름에 동박을 입힌 기판이다.
- 세라믹 기판(Ceramic Base Material) : 세라믹 도체 Paste를 인쇄하여 만들어진 기판이다.
- 금속기판(Metal Cored Base Material) : 알루미늄판에 알루마이트를 처리한 후 동박을 접착하여 만든 기판이다.

40 제도용지에서 A3 용지의 규격으로 옳은 것은?(단, 단위는 [mm])

① 210 × 297
② 297 × 420
③ 420 × 594
④ 594 × 841

해설

도면의 크기와 양식

용지 크기의 호칭		A0	A1	A2	A3	A4
a × b		841 × 1,189	594 × 841	420 × 594	297 × 420	210 × 297
c(최소)		20	20	10	10	10
d (최소)	철하지 않을 때	20	20	10	10	10
	철할 때	25	25	25	25	25

※ d 부분은 도면을 철하기 위하여 접었을 때 표제란의 좌측이 되는 곳에 마련한다.

41 인쇄회로기판에서 패턴의 저항을 구하는 식으로 올바른 것은?(단, 패턴의 폭 W[mm], 두께 T [mm], 패턴 길이 L[cm], ρ : 고유저항)

① $R = \rho \dfrac{L}{WT}[\Omega]$
② $R = \dfrac{L}{WT}[\Omega]$

③ $R = \dfrac{WL}{\rho T}[\Omega]$
④ $R = \rho \dfrac{W}{LT}[\Omega]$

해설

저항의 크기는 물질의 종류에 따라 달라지며, 단면적과 길이에도 영향을 받는다. 물질의 종류에 따라 구성하는 성분이 달라 전기적인 특성이 다르다. 이러한 물질의 전기적인 특성을 일정한 단위로 나누어 측정한 값을 비저항(Specific Resistance)이라고 하며, 순수한 물질일 때 그 값은 고유한 상수(ρ)로 나타난다. 저항(R)은 비저항으로부터 구할 수 있으며 길이에 비례하고, 단면적에 반비례하며 그 공식은 다음과 같다.

$R = \rho \dfrac{L}{S} = \rho \dfrac{L}{WT}[\Omega]$

42 기판의 인식마크(Fiducial Mark)에 대한 설명으로 옳지 않은 것은?

① 기판마크 위치를 카메라로 인식하여 장착 위치를 보정하기 위한 것이다.
② 인식마크의 형상은 원형의 한 가지로만 제작이 가능하다.
③ 인식마크의 재질은 동박, Solder 도금 등 다양화할 수 있다.
④ 기판의 재질에 따라 인식마크를 선명하게 식별할 수 있는 밝기가 달라진다.

해설

인식마크의 형상은 다음과 같이 다양하다.

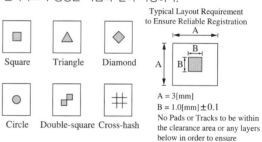

PCB의 피듀셜 마크(Fiducial Mark)는 주로 원형으로 솔더 마스크를 제거하고 가운데에 코퍼(Copper)가 있다. 코퍼는 빛을 잘 반사하기 위해 사용하고, 솔더 마스크를 제거하는 것은 코퍼 주위에는 빛이 반사되지 않기 위해서이다.
피듀셜 마크는 다음 그림과 같이 코퍼 지름은 1[mm] 정도로 하고, 솔더 마스크를 제거하는 구역의 지름은 2~3[mm] 정도로 한다.

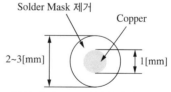

피듀셜 마크는 SMT 장비의 머신 비전에서 기준 위치를 잡기 위해 사용된다. 보드 전체의 피듀셜 마크가 있고 QFP와 같은 부품 모서리에 각 부품을 위한 피듀셜 마크도 있다. 피듀셜 마크가 없을 때는 보드의 특정 포인트를 비전이 인식하여 기준을 맞춘다.

43 다음 그림의 기호를 가진 부품은?

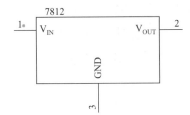

① 트랜지스터   ② 크리스탈
③ 레귤레이터   ④ Buzzer

해설

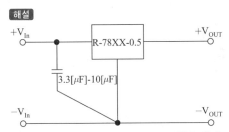

레귤레이터는 일정 전압을 잡아 주는 역할을 한다. 예를 들면, 5[V]에서 작동하는 보드에 2.5~3.5[V]를 필요로 하는 CPU를 장착해야 한다면, 레귤레이터를 이용해 CPU로 입력되는 전압을 조정해 준다. 레귤레이터는 어떠한 전압이 들어오더라도 미리 점퍼나 스위칭에 의해 정해진 전압만을 출력한다.
리니어 방식의 레귤레이터는 직접적으로 전압을 떨어뜨리는 방식으로, 변환과정에서 발열이 심하며, 이러한 열은 전기 에너지가 열로 소모되는 것이기 때문에 전력 효율이 낮다. 리니어 레귤레이터는 통상 전류 요구량이 낮은 회로에 이용하며, 전류를 높여 이용하려면 레귤레이터에 방열판을 달아 열을 식혀줘야 한다.

44 설계가 완료되면 PCB 제조공정은 해당 설계에 맞는 공법을 선택하여 제조하게 된다. 다음 그림은 어떤 PCB 제작공정인가?

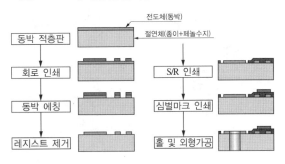

① 단면 PCB   ② 양면 PCB
③ 다면 PCB   ④ 특수 PCB

해설

PCB 제조공정
• 단면 PCB : 문제의 그림
• 양면 PCB

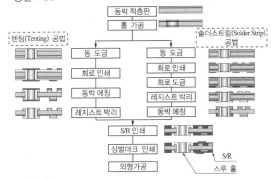

• 다층(6층) PCB

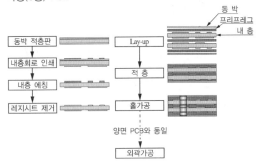

45 PC 마더보드, PDP, DTV, MP3 플레이어, 캠코더 등에 사용하는 PCB는?

① 페놀 양면(카본)

② 에폭시 양면

③ 에폭시 MLB(4층)

④ Polyamide Flex

해설

PCB 종류

재 료	형 태			어플리케이션
페 놀	단 면			TV, VCR, 모니터, 오디오, 전화기, 가전제품
	양 면	카 본		리모콘
		STH		CR-ROM, CD-RW, DVD
		CPTH		DVD, 모니터
에 폭 시	양 면			오디오, OA기기, HDTV
	MLB	4층		PC 마더보드, PDP, DTV, MP3 플레이어, 캠코더
		6~8층		DVR, TFT-LCD, 모바일폰, 모뎀, 노트북 PC
		10층 이상		통신/네트워크 장비(중계기, 교환기 등)
	빌드업(Build Up)			모바일폰, 캠코더, 디지털카메라
	Package Substrate (BGA, CSP)			
폴리아마이드	Flex			노트북 PC, 프린터, TFT-LCD
	Rigid Flex			캠코더
	Package Substrate (CSP)			모바일폰, 디지털카메라

• 반도체용 메모리/비메모리 PCB는 에폭시 계열 MLB에 해당되며 주로 6~8층이 많다.
• 폴리아마이드는 유연 PCB의 원재료이다.
• 빌드업과 Package Substrate : 빌드업은 MLB쪽에 가까운 품목으로 빌드업이라는 공법으로 만든 PCB이고, Package Substrate는 반도체를 실장하기 위한 PCB로 반도체를 실장하면 그 자체가 반도체가 되는 것으로, 이것을 다시 MLB나 다른 PCB에 실장한다.

46 여러 나라의 공업규격 중에서 국제표준화기구의 규격을 나타내는 것은?

① ISO

② ANSI

③ JIS

④ DIN

해설

ISO : 1947년 제네바에서 조직되어 전기 분야 이외의 물자 및 서비스의 국제 간 교류를 용이하게 하고, 지적·과학·기술·경제 분야에서 국제적 교류를 원활하게 하기 위하여 규격의 국제 통일에 대한 활동을 하는 대표적인 국제표준화기구이다.

기 호	표준규격 명칭	영문 명칭	마 크
ISO	국제표준화기구	International Organization for Standardization	ISO
KS	한국산업규격	Korean Industrial Standards	KS
BS	영국규격	Britsh Standards	
DIN	독일규격	Deutsches Institute fur Normung	DIN
ANSI	미국규격	American National Standards Institutes	ANSI
SNV	스위스규격	Schweitzerish Norman-Vereingung	SNV
NF	프랑스규격	Norme Francaise	NF
SAC	중국규격	Standardization Administration of China	SAC
JIS	일본공업규격	Japanese Industrial Standards	JIS

47 다음은 보드 외곽선(Board Outline) 그리기의 한 예이다. X, Y 좌표값을 보기와 같이 입력했을 경우 ㉠, ㉡, ㉢, ㉣에 들어갈 좌표값은?

┌─ 보기 ─────────────────────────────┐
│ (가) 명령 : 보드 외곽선 그리기   │
│ (나) 첫째 점 : 50, 50   │
│ (다) 다음 점 : 150, 50   │
│ (라) 다음 점 : 150, 150   │
│ (마) 다음 점 : (㉠), (㉡)   │
│ (바) 다음 점 : (㉢), (㉣)   │
└──────────────────────────────────────┘

① ㉠ 150 ㉡ 150 ㉢ 150 ㉣ 100
② ㉠ 100 ㉡ 100 ㉢ 100 ㉣ 50
③ ㉠ 50 ㉡ 150 ㉢ 50 ㉣ 50
④ ㉠ 00 ㉡ 150 ㉢ 50 ㉣ 150

해설

(마) 50, 150 ← (라) 150, 150

↓   ↑

(나) 50, 50 → (다) 150, 50

48 형상 모델링의 종류 중 와이어 프레임 모델링(Wire Frame Modeling, 선화 모델)을 한 것은?

①

②

③

④

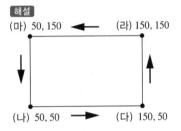

해설

형상 모델링의 종류

• 와이어 프레임 모델링(Wire Frame Modeling, 선화 모델) : 점과 선으로 물체의 외양만 표현한 형상 모델로, 데이터 구조가 간단하고 처리속도가 가장 빠르다.

• 서피스 모델링(Surface Modeling, 표면 모델) : 여러 개의 곡면으로 물체의 바깥 모양을 표현하는 것으로, 와이어 프레임 모델에 면의 정보를 부가한 형상 모델이다. 곡면기반 모델이라고도 한다.

• 솔리드 모델링(Solid Modeling, 입체 모델) : 정점, 능선, 면 및 질량을 표현한 형상 모델로서, 이것을 작성하는 것을 솔리드 모델링이라고 한다. 솔리드 모델링은 형상만이 아닌 물체의 다양한 성질을 좀 더 정확하게 표현하기 위해 고안된 방법이다. 솔리드 모델은 입체 형상을 표현하는 모든 요소를 갖추고 있어서 중량이나 무게중심 등의 해석도 가능하다. 솔리드 모델은 설계에서부터 제조공정에 이르기까지 일관하여 이용할 수 있다.

49 인쇄회로기판의 패턴 동박에 의한 인덕턴스값이 0.1[μH]가 발생하였을 때, 주파수 10[MHz]에서 기판에 영향을 주는 리액턴스의 값은?

① 62.8[Ω] ② 6.28[Ω]

③ 0.628[Ω] ④ 0.0628[Ω]

해설
리액턴스(X_L) $= 2\pi f L$
$$= 2 \times 3.14 \times 10 \times 10^6 \times 0.1 \times 10^{-6} = 6.28[\Omega]$$

50 전기회로망에서 전압을 분배하거나 전류의 흐름을 방해하는 역할을 하는 소자는?

① 커패시터 ② 수정 진동자

③ 저항기 ④ LED

해설
저항은 전압과 전류의 비로서 전류의 흐름을 방해하는 전기적 양이다. 도선 속을 흐르는 전류를 방해하는 것이 전기저항인데 도선의 재질과 단면적, 길이에 따라 저항값이 달라진다. 예를 들어 금속보다 나무나 고무가 저항이 훨씬 더 크고, 도선의 단면적(S)이 작을수록, 도선의 길이(l)가 길수록 저항값이 커진다.
$$R = \frac{V}{I}[\Omega], \;\; R = \rho \frac{l}{S}[\Omega]$$

51 직렬 포트에 대한 설명으로 틀린 것은?

① 주로 모뎀 접속에 사용된다.

② EIA에서 정한 RS-232C 규격에 따라 36핀 커넥터로 되어 있다.

③ 전송거리는 규격상 15[m] 이내로 제한된다.

④ 주변장치와 2진 직렬 데이터 통신을 행하기 위한 인터페이스이다.

해설
• 직렬 포트(Serial Port)는 한 번에 하나의 비트 단위로 정보를 주고받을 수 있는 직렬 통신의 물리 인터페이스이다. 데이터는 단말기와 다양한 주변기기와 같은 장치와 컴퓨터 사이에서 직렬 포트를 통해 전송된다.
• 이더넷, IEEE 1394, USB와 같은 인터페이스는 모두 직렬 스트림으로 데이터를 전달하지만 직렬 포트라는 용어는 일반적으로 RS-232 표준을 어느 정도 따르는 하드웨어를 가리킨다.
• 가장 일반적인 물리 계층 인터페이스인 RS-232C와 CCITT에 의해 권고된 V.24는 공중 전화망을 통한 데이터 전송에 필요한 모뎀과 컴퓨터를 접속시켜 주는 인터페이스로, 직렬장치들 사이의 연결을 위한 표준 연결 체계이다. 컴퓨터 직렬 포트의 전기적 신호와 케이블 연결의 특성을 규정하는 표준으로, 1969년 전기산업협의회(EIA)에서 제정하였다.
• 전송거리는 규격상 15[m] 이내로 제한된다.
• 주변기기를 연결할 목적으로 고안된 직렬 포트는 USB와 IEEE 1394의 등장으로 점차 쓰이지 않는다. 네트워크 환경에서는 이더넷이 이를 대신하고 있다.

[일반적으로 사용하는 9핀 직렬 포트]

52 도면의 효율적 관리를 위해 마이크로필름을 이용하는 이유가 아닌 것은?

① 종이에 비해 보존성이 좋다.
② 재료비를 절감시킬 수 있다.
③ 통일된 크기로 복사할 수 있다.
④ 복사시간이 짧지만 복원력이 낮다.

해설

마이크로필름

문서, 도면, 재료 등 각종 기록물이 고도로 축소 촬영된 초미립자, 고해상력을 가진 필름이다.

- 분해기능이 매우 높고, 고밀도 기록이 가능하여 대용량화하기 쉬우며 기록 품질이 좋다.
- 매체비용이 매우 낮고, 장기 보존이 가능하며 기록내용을 확대하면 그대로 재현할 수 있다.
- 기록할 때의 처리가 복잡하고 시간이 걸린다.
- 검색시간이 길어 온라인 처리에 적합하지 않다.
- 컴퓨터 이외에 전자기기와 결합하는 장치의 비용이 비싼 편이다.
- 영상 화상의 대량 파일용, 특히 접근 빈도가 높고 갱신의 필요성이 크며 대량의 정보를 축적할 때는 정보 단위당 가격이 저렴해서 많이 이용된다.
- 최근 마이크로필름의 단점을 보완하고 컴퓨터와 연동하여 검색의 자동화를 꾀한 시스템으로 컴퓨터 보조 검색(CAR), 컴퓨터 출력 마이크로필름(COM), 컴퓨터 입력 마이크로필름(CIM) 등이 개발되었다.

53 다음 보기에서 설명하는 것은?

┌ 보기 ┐
제품이나 장치 등을 그리거나 도안할 때, 필요한 사항을 제도기구를 사용하지 않고 프리핸드(Free Hand)로 그린 도면

① 복사도(Copy Drawing)
② 스케치도(Sketch Drawing)
③ 원도(Original Drawing)
④ 트레이스도(Traced Drawing)

해설

① 복사도 : 같은 도면을 여러 장 필요로 하는 경우에 트레이스도를 원본으로 하여 복사한 도면으로, 청사진, 백사진 및 전자 복사도 등이 있다.
④ 트레이스도 : 연필로 그린 원도 위에 트레이싱지(Tracing Paper)를 놓고 연필 또는 먹물로 그린 도면으로, 청사진도 또는 백사진도의 원본이 된다.

54 CAD 프로그램의 이용 설계 시 정확한 부품의 위치 및 배선 결선을 위해 화면상의 점 혹은 선으로 나타내어진 가상의 좌표는?

① 애너테이트(Annotate)
② 프리퍼런스(Preference)
③ 폴리라인(Poly Line)
④ 그리드(Grid)

해설

① 애너테이트(Annotate) : 부품에 이름 붙이는 것
② 프리퍼런스(Preference) : 참조(값)
③ 폴리라인(Poly Line) : 여러 개의 선을 굵은 한 선으로 표현한 것

55 제도 도면에 반드시 그려야 할 사항이 아닌 것은?

① 재단마크   ② 표제란

③ 중심마크   ④ 윤곽선

① 재단마크 : 복사한 도면을 재단할 때 편의를 위하여 재단마크를 표시하는 것이 좋다. 재단마크는 도면의 네 구석에 도면의 크기에 따라 크기를 다르게 표시한다. 그러나 제도 도면에 반드시 그려야 할 사항은 아니다.
② 표제란 : 도면의 오른쪽 아래에 표제란을 그리고 그곳에 도면 번호, 도면 이름, 척도, 투상법, 도면 작성일, 제도자 이름 등을 기입한다.
③ 중심마크 : 사진 촬영이나 복사 작업을 편리하게 하기 위해서 좌우 4개소에 중심마크를 표시해 놓은 것이다.
④ 윤곽선 : 도면에 그려야 할 내용의 영역을 명확하게 하고 제도 용지의 가장자리에 생기는 손상으로 기재사항을 해치지 않도록 하기 위하여 윤곽선을 그린다. 윤곽선은 도면의 크기에 따라 굵기 0.5[mm] 이상의 실선으로 그린다.

56 다음 중 표면실장형 부품 패키지 형태가 아닌 것은?

① SMD   ② DIP

③ SOP   ④ TQFP

IC의 외형에 따른 종류
• 스루 홀(Through Hole) 패키지 : DIP(CDIP, PDIP), SIP, ZIP, SDIP
• 표면실장형(SMD ; Surface Mount Device) 패키지 : SOP (TSOP, SSOP, TSSOP), QFP, QFJ(PLCC), QFN, BGA, TQFP
• 접촉실장형(Contact Mount Device) 패키지 : TCP, COB, COG

57 PCB에서 잡음 방지 대책에 대한 설명으로 옳지 않은 것은?

① 가능한 한 패턴을 짧게 배선한다.

② 패턴을 최대한 굵게 배선한다.

③ 패턴을 가늘게 배선하고, 단층 기판이 다층 기판보다 노이즈가 덜 심하다.

④ 아날로그 회로와 디지털 회로 부분은 분리하여 실장 배선한다.

PCB에서 노이즈(잡음) 방지 대책
• 회로별 Ground 처리 : 주파수가 높아지면(1[MHz] 이상) 병렬 또는 다중 접지를 사용한다.
• 필터 추가 : 디커플링 커패시터를 전압 강하가 일어나는 소자 옆에 달아주어 순간적인 충방전으로 전원을 보충, 바이패스 커패시터(0.01, 0.1[μF](103, 104), 세라믹 또는 적층 세라믹 콘덴서)를 많이 사용한다(고주파 RF 제거 효과). TTL의 경우 가장 큰 용량이 필요한 경우는 0.047[μF] 정도이므로 흔히 0.1[μF]을 사용한다. 커패시터를 배치할 때 소자와 너무 붙이면 전파 방해가 생긴다.
• 내부 배선의 정리 : 일반적으로 1[A]가 흐르는 선의 두께는 0.25[mm](허용온도 상승 10[℃]일 때), 0.38[mm](허용온도 5[℃]일 때)로 배선을 알맞게 하고 배선 사이를 배선의 두께만큼 띄운다. 배선 사이의 간격이 배선의 두께보다 작아지면 노이즈가 발생(Crosstalk 현상)하므로, 직각으로 배선하기보다 45°, 135°로 배선한다. 되도록이면 짧게 배선을 한다. 배선이 길어지거나 버스 패턴을 여러 개 배선해야 할 경우 중간에 Ground 배선을 삽입한다. 그리고 배선의 길이가 길어질 경우 Delay 발생하므로 동작 이상, 같은 신호선이라도 되도록이면 묶어서 배선하지 않는다.
• 동판처리 : 동판의 모서리 부분이 안테나 역할(노이즈 발생, 동판의 모서리 부분을 보호 가공)을 한다. 상하 전위차가 생길 만한 곳에 같은 극성의 비아를 설치한다.
• Power Plane : 안정적인 전원공급은 노이즈 성분을 제거하는 데 도움이 된다. Power Plane을 넣어서 다층기판을 설계할 때 Power Plane 부분을 Ground Plane보다 20[H](= 120[mil] = 약 3[mm]) 정도 작게 설계한다.
• EMC 대책 부품을 사용한다.

58 다음 마일러 콘덴서의 용량은 얼마인가?

① 22,000[pF] ② 224[pF]
③ 0.22[μF] ④ 22.4[μF]

해설

마일러 콘덴서 용량 표기
• 첫 번째 수와 두 번째 문자에 의한 마일러 콘덴서의 내압표

구 분	0	1	2	3
A	1.0	10	100	1,000
B	1.25	12.5	125	1,250
C	1.6	16	160	1,600
D	2.0	20	200	2,000
E	2.5	25	250	2,500
F	3.15	31.5	315	3,150
G	4.0	40	400	4,000
H	5.0	50	500	5,000
J	6.3	63	630	6,300
K	8.0	80	800	8,000

• 마일러, 세라믹 콘덴서의 문자에 의한 오차표

구 분	허용오차	구 분	허용오차
B	±0.1	M	±20
C	±0.25	N	±30
D	±0.5	V	+20 −10
F	±1	X	+40 −10
G	±2	Z	+60 −20
J	±5	P	+80 −0
K	±10		

1H224J이면 내압 50[V]이고,
$22 \times 10^4 = 220,000[pF] = 0.22[μF]$이고,
J는 ±5[%]의 오차를 나타낸다.
∴ 1H224J = 0.22[μF] ±5[%], 내압 50[V]인 콘덴서이다.

59 레이저 빔 프린터와 같은 고속 프린터의 속도를 표시할 때 사용하는 단위는?

① CPS ② LPM
③ PPM ④ BPS

해설

일반 프린터의 인쇄속도는 CPS(Character Per Second)로 측정하며, 이는 1초당 프린터를 통해 프린터 되는 문자수이다. 일반적으로 개인용 컴퓨터에 부가하여 사용하는 프린터의 인쇄속도는 영문자의 경우 200~500자, 한글 등의 경우에는 30~100자 정도이다. 고속 프린터의 인쇄속도는 PPM(Pages Per Minute)으로 고속 모드에서의 분당 A4용지 몇 장을 출력하는지를 나타낸다.

60 다음 중 능동 소자부품의 기호는?

① 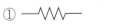 ②
③   ④

해설

• 능동 소자(부품) : 다이오드(Diode), 트랜지스터(Transistor), 전계효과트랜지스터(FET), 단접합트랜지스터(UJT), 연산증폭기 등
• 수동 소자(부품) : 저항기, 콘덴서, 유도기(초크코일) 등

01 연산증폭기에서 두 입력 단자가 접지되었을 때 두 출력 단자 사이에 나타나는 직류 전압의 차는?

① 입력 오프셋 전압

② 출력 오프셋 전압

③ 입력 오프셋 전압 드리프트

④ 출력 오프셋 전압 드리프트

해설

'두 입력 단자가 접지되었을 때'라는 것은 입력이 0이라는 의미이며, 입력을 0으로 줄 때 출력이 0이 되어야 함에도 불구하고 출력단에 나타나는 전압을 출력 오프셋 전압이라고 한다.

02 자석에 의한 자기현상의 설명으로 옳은 것은?

① 자력은 거리에 비례한다.

② 철심이 있으면 자속 발생이 어렵다.

③ 자력선은 S극에서 나와 N극으로 들어간다.

④ 서로 다른 극 사이에는 흡인력이 작용한다.

해설

자석에 의한 자기 현상

• 자력은 거리의 제곱에 반비례한다.

• 철심이 있으면 자속이 발생한다.

• 자력선은 N극에서 나와 S극으로 들어간다.

• 서로 같은 극끼리는 반발력이, 다른 극끼리는 흡인력이 작용한다.

03 다음 그림과 같은 트랜지스터 회로에서 I_C는 얼마인가?(단, β_{DC}는 50이다)

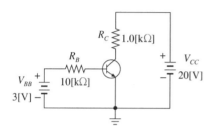

① $11.5[\text{mA}]$

② $11.5[\mu\text{A}]$

③ $10.5[\text{mA}]$

④ $10.5[\mu\text{A}]$

해설

$$V_{BB} = I_B R_B + V_{BE}$$

$$I_B = \frac{V_{BB} - V_{BE}}{R_B} = \frac{3 - 0.7}{10 \times 10^3} = 2.3 \times 10^{-4}[\text{A}] = 0.23[\text{mA}]$$

$$I_C = \beta I_B = 50 \times 0.23 = 11.5[\text{mA}]$$

04 다음 그림과 같은 트랜지스터 회로에서 $V_{IN} = 0[\text{V}]$일 때 V_{CE}는 얼마인가?

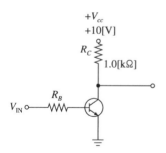

① $0[\text{V}]$

② $5[\text{V}]$

③ $10[\text{V}]$

④ $15[\text{V}]$

해설

$V_{IN} = 0[\text{V}]$이면 베이스 전류 I_B가 흐르지 않아 TR은 OFF 상태가 된다. 따라서 V_{CE}는 V_{CC} 전압인 $10[\text{V}]$가 된다.

05 부궤환 증폭기의 일반적인 특징에 속하지 않는 것은?

① 왜곡이 감소한다.

② 이득이 증가한다.

③ 잡음이 감소한다.

④ 주파수 대역폭이 넓어진다.

해설
부궤환 증폭기의 특징
• 증폭기의 이득이 감소한다.
• 비직선 일그러짐이 감소한다.
• 내부 잡음이 감소한다.
• 주파수 특성이 양호해진다.
• 안정도가 양호해진다.
• 주파수 대역폭이 증가한다.

06 다음 그림과 같은 회로에서 전류 I 는 몇 [A]인가?

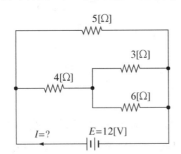

① 1.4

② 2.4

③ 4.4

④ 8.4

해설

$$R_{436} = R_4 + \frac{R_3 R_6}{R_3 + R_6}$$

$$= 4 + \frac{18}{9} = 6[\Omega]$$

$$R_t = \frac{R_5 R_{436}}{R_5 + R_{436}}$$

$$= \frac{30}{11} \doteqdot 2.7[\Omega]$$

$$I = \frac{E}{R_t}$$

$$= \frac{12}{2.7} \doteqdot 4.4[A]$$

07 일반적인 반도체의 특성으로 적합하지 않은 것은?

① 불순물이 섞이면 저항이 증가한다.

② 매우 낮은 온도에서 절연체가 된다.

③ 전기적 전도성은 금속과 절연체의 중간적 성질을 가지고 있다.

④ 온도가 상승하면 저항이 감소한다.

해설
불순물의 농도가 증가하면 도전율은 커지고 고유 저항은 감소한다.

08 '전자유도에 의하여 생기는 전압의 크기는 코일을 쇄교하는 자속의 변화율과 코일 권선수의 곱에 비례한다.'는 법칙은?

① 렌츠의 법칙

② 패러데이의 법칙

③ 앙페르의 오른나사법칙

④ 비오-사바르의 법칙

해설
② 패러데이의 전자유도법칙 : 자속 변화에 의한 유도기전력의 크기를 결정하는 법칙
① 렌츠의 법칙(Lenz's Law) : 역기전력의 법칙
③ 앙페르의 오른나사법칙 : 전류에 의한 자기장의 방향을 결정하는 법칙
④ 비오-사바르의 법칙 : 전류에 의한 자기장의 세기와의 관계를 나타냄

09 주파수가 서로 다른 두 정현파의 전압 실횻값이 E_1, E_2 이다. 이 두 정현파의 합성 전압의 실횻값은?

① $E_1 + E_2$

② $E_1 - E_2$

③ $\sqrt{E_1^2 + E_2^2}$

④ $\frac{E_1 + E_2}{2}$

10 코일에 교류전압 100[V]를 가했을 때 10[A]의 전류가 흘렀다면 코일의 리액턴스(X_L)는?

① 6[Ω] ② 8[Ω]

③ 10[Ω] ④ 12[Ω]

> **해설**
>
> $X_L = \dfrac{V}{I} = \dfrac{100}{10} = 10[\Omega]$

11 20[Ω]의 저항에 5[V]의 전압을 가하면 몇 [mA]의 전류가 흐르는가?

① 0.25[mA] ② 2.5[mA]

③ 25[mA] ④ 250[mA]

> **해설**
>
> 옴의 법칙
>
> $I = \dfrac{V}{R} = \dfrac{5}{20} = 0.25[A] = 250[mA]$

12 두 종류 금속의 접합부에 전류를 흘리면 전류 방향에 따라 줄열이 아닌 열의 발생 또는 흡수가 일어나는 현상은?

① 제베크 효과 ② 제3금속의 법칙

③ 패러데이 법칙 ④ 펠티에 효과

> **해설**
>
> ④ 펠티에 효과(Peltier Effect) : 제베크 효과의 역현상으로, 서로 다른 두 종류의 금속을 접속하여 전류를 흘리면 접합부에서 열의 발생 또는 흡수가 일어나는 현상이다.
>
> ① 제베크 효과(Seebeck Effect) : 서로 다른 두 종류의 금속을 접합하여 접합점을 다른 온도로 유지하면 열기전력이 발생하는 현상이다.
>
> ③ 패러데이의 전자유도법칙 : 전자유도에 의해서 생기는 기전력의 크기는 코일을 쇄교하는 자속의 변화율과 코일의 권수의 곱에 비례한다.

13 다음 연산증폭기에서 출력전압(V_o)과 입력전압(V_i)의 위상관계는?

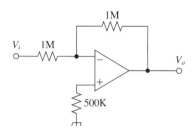

① 동위상 ② 역위상

③ 90°차 ④ 45°차

> **해설**
>
> $V_o = -\dfrac{R_f}{R_i} V_i$, $R_f = R_i$ 이므로, $V_o = -V_i$ 이다.
>
> 따라서 출력전압과 입력전압의 위상은 역위상(180°)이다.

14 이미터접지 증폭기회로에서 출력 컨덕턴스를 나타내는 기호는?

① h_{oe} ② h_{ie}

③ h_{re} ④ h_{fe}

> **해설**
>
> h 상수
>
> • h_{oe} : 출력 어드미턴스(컨덕턴스)
> • h_{ie} : 입력 임피던스
> • h_{fe} : 전류 증폭률
> • h_{re} : 전압 되먹임률

15 주파수 변조에서 신호 주파수는 4[kHz], 최대 주파수 편이는 100[kHz]일 때 변조지수는?

① 25 ② 400
③ 40 ④ 4

해설
변조지수
$$m_f = \frac{\text{최대 주파수 편이}}{\text{변조 신호 주파수}} = \frac{\Delta f}{fs}$$
$$\therefore m_f = \frac{100}{4} = 25$$

16 다음 논리연산 명령어 중 누산기의 값이 변하지 않는 것은?(단, 여기서 X는 임의의 8[bit] 데이터이다)

① CP X ② AND X
③ OR X ④ EX-OR X

해설
CP는 분기 명령으로 수행 후에도 누산기의 값은 변하지 않는다.

17 주기적으로 재기록하면서 기억 내용을 보존해야 하는 반도체 기억장치는?

① SRAM ② EPROM
③ PROM ④ DRAM

해설
• RAM(Random Access Memory) : 저장한 번지의 내용을 인출하거나 새로운 데이터를 저장할 수 있으나, 전원이 꺼지면 내용이 소멸되는 휘발성 메모리이다.
• SRAM(Static RAM) : 플립플롭으로 구성되고 속도가 빠르나, 기억 밀도가 작고 전력 소비량도 크다.
• DRAM(Dynamic RAM) : 단위 기억 [bit]당 가격이 저렴하고 집적도가 높으나, 상태 유지를 위해 일정한 주기마다 재충전해야 한다.

18 프로그래밍에 사용하는 고급언어 중 절차지향언어가 아닌 것은?

① 코볼(COBOL)
② C 언어
③ 자바(JAVA)
④ 베이식(BASIC)

해설
자바(JAVA) : 네트워크상에서 쓸 수 있도록 미국 선 마이크로시스템(Sun Microsystems)사에서 개발한 객체지향 프로그래밍 언어

19 각 세그먼트를 하나의 프로그램이 되도록 연결하고, 어셈블러가 번역한 목적프로그램을 실행 모듈로 바꾸어 주는 프로그램은?

① 에디터 ② ASM
③ LINKER ④ EXE2BIN

해설
프로그램이 만들어지는 절차
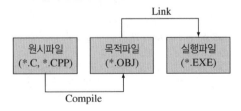

20 명령어 형식에서 오퍼랜드(Operand)부의 역할이 아닌 것은?

① 레지스터 지정
② 명령어 종류 지정
③ 기억장치의 어드레스 지정
④ 데이터 자체의 표현

해설
기계어 명령 형식은 동작부(연산 지시부 : OP Code)와 오퍼랜드(Operand)로 구성되어 있다.
· 동작부 : 명령어의 종류를 지정한다.
· 오퍼랜드부 : 레지스터의 지정이나 기억장치의 어드레스를 지정하고, 그 밖에 각종 모드 지정이나 연산되는 데이터 자체 등을 표현한다.

21 컴퓨터 내부에서 문자를 표현하는 방식은?

① 팩 방식
② 아스키 코드 방식
③ 고정 소수점 방식
④ 부동 소수점 방식

해설
ASCII 코드(American Standard Code for Information Interchange) : 미국표준화협회가 제정한 7[bit] 코드로 128가지의 문자를 표현할 수 있으며, 주로 마이크로컴퓨터 및 데이터 통신에 많이 사용된다.

22 컴퓨터 내부에서 연산의 중간 결과를 일시적으로 기억하거나 데이터의 내용을 이송할 목적으로 사용되는 임시기억장치는?

① ROM
② I/O
③ Buffer
④ Register

23 C언어에서 정수형 변수를 선언할 때 사용되는 명령어는?

① int
② float
③ double
④ char

해설
· 문자형 : char
· 정수형 : short, int, long
· 실수형 : float, double

24 컴퓨터 시스템에서 하드웨어의 구성을 크게 두 가지로 구분할 경우 가장 옳은 것은?

① 중앙처리장치와 연산장치
② 중앙처리장치와 주변장치
③ 연산장치와 제어장치
④ 제어장치와 주변장치

해설
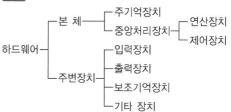

25 다음 중 컴파일러 언어는?

① BASIC　　　　② LISP

③ APL　　　　④ C

해설
- 컴파일러 언어 : C, C++, COBOL, PASCAL, FORTRAN 등
- 인터프리터 언어 : BASIC, LISP 등

26 다음 중 단항연산에 해당하지 않은 것은?

① Move　　　　② Shift

③ Rotate　　　　④ AND

해설
자료의 수에 따른 연산의 분류
- 단항연산 : 하나의 입력자료에 대한 연산(Shift, Rotate, Complement, Move, NOT)
- 이항연산 : 두 개의 입력자료에 대한 연산(AND, OR, EX-OR, EX-NOR)

27 다음 기억 공간 관리 중 고정 분할 할당과 동적 분할 할당으로 나누어 관리되는 기법은?

① 연속로딩기법　　　　② 분산로딩기법

③ 페이징(Paging)　　　　④ 세그먼트(Segment)

해설
기억 공간의 관리
- 연속로딩기법 : 다중 프로그램에 사용한다.
  - 고정 분할 할당 : 처음부터 구역을 정해 두며, 기억 공간의 크기가 고정된다.
  - 동적 분할 할당 : 필요에 따라 구역을 정하며, 할당 공간의 크기를 가변적으로 요구량에 맞추어 할당한다.
- 분산로딩기법 : 주소 공간과 실제 공간을 연결시켜 주는 가상 메모리 기법을 사용한다.
- 페이징 : 고속기억장치를 사용하여 접근시간을 향상시킬 수 있고, 하나의 코드를 여러 사용자가 공유할 수 있으며 외부적 단편화가 발생한다.
- 세그먼트 : 세그먼트 개념이 계속 보존되어 보호 문제를 해결하는 데 이용할 수 있고, 코드나 데이터의 공유가 가능하며 외부적 단편화가 발생한다.

28 다음과 같은 진리표를 불 대수로 나타낸 것은?

A	B	Y
0	0	0
0	1	0
1	0	0
1	1	1

① $Y = A\overline{B}$　　　　② $Y = \overline{A}B$

③ $Y = A + B$　　　　④ $Y = AB$

해설
두 입력(A, B)이 모두 1일 때 출력(Y)이 1이 되는 AND 게이트로, 불 대수로 나타내면 $Y = AB$이다.

29 IMT에서 SMT로 발전하면서 얻어진 장점에 대한 설명으로 옳지 않은 것은?

① 부품의 소형화와 미세 피치화로 고밀도실장이 가능하게 되었다.

② 응력이 부품에 작용하였을 경우 응력 완화재로서의 길이가 감소된다.

③ 생산라인을 구성하는 비용이 줄어들었다.

④ 전기적 성능과 신뢰성이 향상되었다.

해설

SMT

표면실장기술(Surface Mount Technology)은 표면실장형 부품을 PWB(Printed Wiring Board, 인쇄배선판) 표면에 장착하고 납땜하는 기술로, 이 기술에 의해 부품의 미소화, 리드핀의 협칩화에 대응이 가능해져 고밀도실장이 실현되고 있다. IMT(Insert Mount Technology)는 PCB 기판의 Plated Through Hole 내에 부품의 LEAD를 삽입 납땜하는 방법으로, 모든 부품이 PWB의 한쪽 면에만 배치되었으나 SMT는 PWB의 양면 모두에 부품을 배치할 수 있다. 요즘은 넓은 의미로 Bare Chip 실장을 포함하여 총칭하기도 한다.

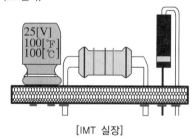

[IMT 실장]

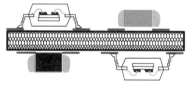

[SMT 실장]

SMT의 장점
• 실장 밀도의 향상
  – Chip 부품은 Lead가 없고, 소형이다.
  – 표면만 이용하기 때문에 양면을 실장할 수 있다.
  – 부품 삽입을 위한 Hole이 불필요하다.
• Cost Down
  – Chip 부품은 Lead가 없고 자동 공급, 자동 조립에 적합하다.
  – 기판의 면적을 작게 할 수 있다.
  – Drilling Cost를 삭감할 수 있다.

• 특성 향상
  – Chip 부품은 Lead가 없고, 부유 용량 Inductance가 감소하며 고주파 특성이 향상된다.
  – 배선 길이가 짧아지며 컴퓨터 등의 연산속도가 향상된다.
SMT의 단점
• Lead가 짧아지거나 Leadless가 되기 때문에 온도 Cycle 등에 기인하는 응력이 부품에 작용하였을 경우 응력 완화재로서의 길이가 감소된다. 그 때문에 Soldering부에 응력이 집중되기 쉽다.
• Soldering 시의 가열은 Soldering부에만 그치는 것이 아니라 부품도 가열되는 것이 보통이며 부품의 열손상이 발생하기 쉽다.

30 다음 그림은 제도용구 중 하나로, 컴퍼스만으로 그리기 어려운 복잡한 곡선이나 원호를 그릴 때 사용한다. 이 용구의 명칭은?

① 삼각자   ② 운형자
③ 각도기   ④ 형 판

해설
① 삼각자 : 직각삼각형으로 만든 자로, 두 장이 한 조로 되어 있다.
③ 각도기 : 반원형의 얇은 셀룰로이드판이며, 각도를 측정한다.
④ 형판 : 얇은 판에 각종 형태를 뚫어 놓은 것으로, 작업성을 높인다.

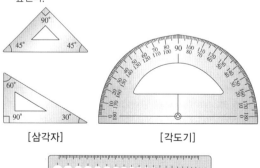

[삼각자]   [각도기]

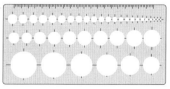

[형 판]

31 입력값에 의해서만 출력값이 결정되는 회로로, 기본논리소자(AND, OR, NOT)의 조합으로 만들어지며, 플립플롭과 같은 기억소자는 포함하지 않는 논리회로에 해당하지 않는 것은?

① 가산기 ② 비교기
③ 인코더 ④ 레지스터

해설

논리회로의 종류
논리회로에는 조합논리회로와 순서논리회로가 있다.
• 조합논리회로 : 입력값에 의해서만 출력값이 결정되는 회로이다. 기본논리소자(AND, OR, NOT)의 조합으로 만들어지며, 플립플롭과 같은 기억소자는 포함하지 않는다. 조합논리회로의 종류에는 가산기, 비교기, 디코더, 인코더, 멀티플렉서, 디멀티플렉서, 코드변환기 등이 있다.
• 순서논리회로 : 출력값이 입력값뿐만 아니라 이전 상태의 논리값에 의해 결정되며, 조합논리회로 + 기억소자(플립플롭 : 단일 비트 기억소자)로 구성된다. 순서논리회로의 종류에는 플립플롭(JK, RS, T, D), 레지스터, 카운터, CPU, RAM 등이 있다.

32 부품의 배치가 완료된 이후 핀(Pin) 간의 배선작업을 의미하는 것은?

① 웨이퍼 ② 블로킹
③ 에 칭   ④ 라우팅

해설

④ 라우팅 : 기판상에 부품을 적절하게 배치하고 난 후에는 부품 간에 전기적으로 결선(Track, Etch)이 되도록 배선처리를 할 필요가 있다. 이 경우 기판상에 부품을 배선하기 위한 방법으로 라우팅 알고리즘을 이용한 배선을 위해서는 층별 배선 방향, 데이터베이스의 기준단위, 비아의 선택기준, 트랙 폭 및 배선 공간에 대한 설정을 미리 수행해야 한다.
① 웨이퍼(Wafer) : 반도체 소자 제조의 재료이다. 규소 실리콘 반도체의 소재의 종류 결정을 원주상에 성장시킨 주괴를 얇게 깎아낸 원 모양의 판이다.
② 블로킹(그룹화) : 대화형 방식 또는 자동배치 명령으로 배치하는 것이 가능하다. 또한, 기판에 배치를 지정하거나 금지 영역을 정의하고, 특정 그룹의 부품을 배치하거나 제외하는 것도 가능하다.
③ 에칭(Etching, 부식) : 웨이퍼 표면의 배선 부분만 부식 레지스트를 도포한 후 이외의 부분은 화학적 또는 전기 · 화학적으로 제거하는 처리이다.

33 다음은 다층인쇄회로(PCB) 공정 중 한 단계이다. 무엇을 설명한 것인가?

> 적층(Lay Up) 작업을 위해 1차로 내층 회로가 형성된 얇은 내층 원판(Thin Core CCL)을 층간접착제(PREPRAG)와 하나로 맞붙이는 작업

① 노 광   ② 본 딩
③ 절 단   ④ 성형체

해설

① 노광 : 미세회로를 형성하기 위해 기판에 Laminating하거나 액상형 감광제를 코팅한 후 이 기판 위에 패턴이 미리 형성된 포토 마스크를 진공으로 밀착 또는 가볍게 접합하거나 일정 간격을 띄워서 정렬한 다음 감광제가 광 · 화학반응을 일으킬 수 있는 특정 파장영역의 빔을 일정량 노출시켜 감광작용을 유도하는 과정이다.
③ 절단 : PCB의 특정 부분을 자르는 것이다.
④ 성형체 : 세라믹스의 대부분을 차지하는 것은 성형체이며, 용도에 따라 여러 가지 형상이 있으나 그 원료는 거의 미분체이다.

34 일반적인 고주파회로를 설계할 때 유의사항과 거리가 먼 것은?

① 배선의 길이는 가급적 짧게 한다.
② 배선이 꼬인 것은 코일로 간주한다.
③ 회로의 중요한 요소에는 바이패스 콘덴서를 삽입한다.
④ 유도 가능한 고주파 전송선은 다른 신호선과 평행되게 한다.

해설

고주파회로 설계 시 유의사항
• 아날로그, 디지털 혼재회로에서 접지선은 분리한다.
• 부품은 세워서 사용하지 않으며, 가급적 부품의 다리를 짧게 배선한다.
• 고주파 부품은 일반 회로 부분과 분리하여 배치하고, 가능하면 차폐를 실시하여 영향을 최소화한다.
• 가급적 표면실장형 부품을 사용한다.
• 전원용 라인 필터는 연결 부위에 가깝게 배치한다.
• 배선의 길이는 가급적 짧게 하고, 배선이 꼬인 것은 코일로 간주하므로 주의해야 한다.
• 회로의 중요한 요소에는 바이패스 콘덴서를 삽입하여 사용한다.

35 입력논리가 서로 상반될(같지 않을) 때 출력이 '1'이 되는 논리회로는?

① AND 게이트
② NAND 게이트
③ Exclusive-OR 게이트
④ NOR 게이트

해설

기본 논리 게이트

• AND 게이트 : 모든 입력이 '1'일 때, 출력이 '1'이 되는 기본 논리소자

A	B	Y
0	0	0
0	1	0
1	0	0
1	1	1

$$Y = A \cdot B = AB$$

[논리기호 및 논리식]　　[진리표]

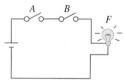

[스위치 회로]

• OR 게이트 : 모든 입력이 '0'이 되면 출력은 '0'이 되는 기본 논리소자

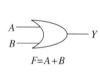

A	B	Y
0	0	0
0	1	1
1	0	1
1	1	1

$$F = A + B$$

[논리기호 및 논리식]　　[진리표]

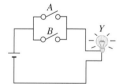

[스위치 회로]

• NOT 게이트 : 입력이 '1'이면 출력이 '0'이 되고, 입력이 '0'이면 출력이 '1'이 되는 기본 논리소자

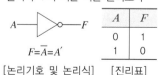

A	F
0	1
1	0

$$F = \overline{A} = A'$$

[논리기호 및 논리식]　　[진리표]

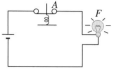

[스위치 회로]

기타 논리 게이트

• NAND 게이트 : 입력 중에 하나 이상의 입력이 '0'이면 출력이 '1'이 되는 게이트

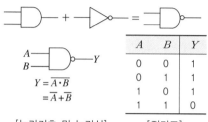

A	B	Y
0	0	1
0	1	1
1	0	1
1	1	0

$$Y = \overline{A \cdot B} = \overline{A} + \overline{B}$$

[논리기호 및 논리식]　　[진리표]

• NOR 게이트 : 입력 중에 하나 이상의 입력이 '1'이면 출력은 '0'이 되는 게이트

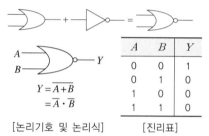

A	B	Y
0	0	1
0	1	0
1	0	0
1	1	0

$$Y = \overline{A + B} = \overline{A} \cdot \overline{B}$$

[논리기호 및 논리식]　　[진리표]

• Exclusive-OR 게이트 : 2개의 입력이 서로 다른 상태이면 출력이 '1'이 되는 게이트

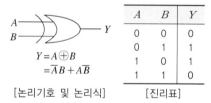

A	B	Y
0	0	0
0	1	1
1	0	1
1	1	0

$$Y = A \oplus B = \overline{A}B + A\overline{B}$$

[논리기호 및 논리식]　　[진리표]

• Exclusive-NOR 게이트 : 2개의 입력이 다른 상태이면 출력이 '0'이 되는 게이트

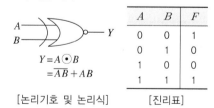

A	B	F
0	0	1
0	1	0
1	0	0
1	1	1

$$Y = A \odot B = \overline{AB} + AB$$

[논리기호 및 논리식]　　[진리표]

36 인쇄기판 제조공정 중 에칭방법이 아닌 것은?

① 사진 부식법

② 드릴 가공법

③ 실크 스크린법

④ 오프셋 인쇄법

인쇄회로기판(PCB)의 제조공정 중 에칭방법
* 사진 부식법 : 사진의 밀착인화원리를 이용한 것으로, 정밀도는 가장 우수하나 양산에는 적합하지 않다. 포토 레지스트(Photo Resist)를 직접 기판에 도포하고, 필름을 기판 위에 얹어 감광시킨 후 현상하면, 기판에는 배선에 해당하는 부분만 남고 나머지 부분에 구리면이 나타난다.
* 실크 스크린법 : 등사원리를 이용하여 내산성 레지스터를 기판에 직접 인쇄하는 방법으로, 사진 부식법에 비해 양산성은 높으나 정밀도가 다소 떨어진다. 실크로 만든 스크린에 감광성 유제를 도포하고 포지티브 필름으로 인화 · 현상하면 패턴 부분만 스크린되고, 다른 부분이 막히는데 이 실크 스크린에 내산성 잉크를 칠해 기판에 인쇄한다.
* 오프셋 인쇄법 : 일반적인 오프셋 인쇄방법을 이용한 것으로 실크 스크린법보다 대량 생산에 적합하고 정밀도가 높다. 내산성 잉크와 물이 잘 혼합되지 않는 점을 이용하여 아연판 등의 오프셋판을 부식시켜 배선 부분에만 잉크를 묻게 한 후 기판에 인쇄한다.

37 국제적으로 통일된 규격의 제정과 실천의 촉진을 위해 설립된 국제표준화기구는?

① ISO   ② SNV

③ BS   ④ ANSI

기 호	표준 규격 명칭	영문 명칭	마 크
ISO	국제표준화기구	International Organization for Standardization	
KS	한국산업규격	Korean Industrial Standards	
BS	영국규격	Britsh Standards	
DIN	독일규격	Deutsches Institute fur Normung	
ANSI	미국규격	American National Standards Institutes	
SNV	스위스규격	Schweitzerish Norman-Vereingung	
NF	프랑스규격	Norme Francaise	
SAC	중국규격	Standardization Administration of China	
JIS	일본공업규격	Japanese Industrial Standards	

38 주문할 사람에게 물품의 내용 및 가격 등을 설명하기 위해 견적서에 첨부하는 도면은?

① 주문도
② 승인도
③ 견적도
④ 설명도

해설

③ 견적도(Estimated Drawing) : 주문할 사람에게 물품의 내용 및 가격 등을 설명하기 위해 견적서에 첨부하는 도면이다.
① 주문도(Drawing for Order) : 주문하는 사람이 주문할 제품의 대체적인 크기나 모양, 기능의 개요, 정밀도 등을 주문서에 첨부하기 위해 작성한 도면이다.
② 승인도(Approved Drawing) : 주문받은 사람이 주문한 제품의 대체적인 크기나 모양, 기능의 개요, 정밀도 등을 주문서에 첨부하기 위해 작성한 도면이다.
④ 설명도(Explanatory Drawing) : 제품의 구조, 기능, 작동원리, 취급방법 등을 설명하기 위한 도면으로, 주로 카탈로그(Catalogue)에 사용한다.

39 고정저항에 대한 설명으로 옳지 않은 것은?

① 탄소피막 저항 : 탄소 저항이라고도 하며 가격이 저렴하여 일반적으로 사용된다.
② 권선 저항 : 저항값이 높은 저항기로 소전력용으로 사용된다.
③ 모듈 저항 : 메탈 글레이즈를 사용한 저항기를 모듈화한 것이다.
④ 솔리드 저항 : 기계적 내구성이 크고, 고저항에서도 단선될 염려가 없다.

해설

② 권선 저항기 : 저항값이 낮은 저항기로, 대전력용이나 표준 저항기 등의 고정밀 저항기로 사용된다.
① 탄소피막 저항기 : 간단히 탄소 저항이라고도 하며, 저항값이 풍부하고 쉽게 구할 수 있다. 가격이 저렴하기 때문에 일반적으로 사용되지만, 종합 안정도는 좋지 않다.
③ 모듈 저항기 : 후막 서멧(메탈 글레이즈)을 사용한 저항기를 모듈화한 것이다. 한쪽 단자 구조(SIP)가 일반적이며 면적 점유율이 좋아 고밀도 실장이 가능하다.
④ 솔리드 저항기 : 몸체 자체가 저항체이므로 기계적 내구성이 크고, 고저항에서도 단선될 염려가 없다. 가격이 저렴하지만 안정도가 나쁘다.

40 형상 모델링 중 데이터 구조가 간단하고 처리속도가 가장 빠른 모델링은?

① 와이어프레임 모델링
② 서피스 모델링
③ 솔리드 모델링
④ CSG 모델링

해설

형상 모델링 방법
• 와이어프레임 모델링(선화 모델) : 점과 선으로 물체의 외양만 표현한 형상 모델로 데이터 구조가 간단하고 처리속도가 가장 빠르다.
• 서피스 모델링(표면 모델) : 여러 개의 곡면으로 물체의 바깥 모양을 표현하는 것으로, 와이어프레임 모델에 면의 정보를 부가한 형상 모델이다. 곡면기반 모델이라고도 한다.
• 솔리드 모델링(입체 모델) : 정점, 능선, 면 및 질량을 표현한 형상 모델로서, 이것을 작성하는 것을 솔리드 모델링이라고 한다. 솔리드 모델링은 형상만이 아닌 물체의 다양한 성질을 좀 더 정확하게 표현하기 위해 고안된 방법이다. 솔리드 모델은 입체 형상을 표현하는 모든 요소를 갖추고 있어 중량이나 무게중심 등의 해석도 가능하다. 솔리드 모델은 설계에서부터 제조공정에 이르기까지 일관하여 이용할 수 있다.

41 핀의 배열이 두 줄로 평행하게 배열되어 있는 부품을 지칭하는 용어로, 우수한 열 특성을 갖고 있는 IC 외형은?

① SMD
② SIP
③ DIP
④ PLCC

해설

DIP(Dual In-line Package), PDIP(Plastic DIP) : 다리와 다리 간격이 0.1[inch](100[mil], 2.54[mm])라서 만능기판이나 브레드보드에 적용하기 쉬워 많이 사용한다. 핀의 배열이 두 줄로 평행하게 배열되어 있는 부품을 지칭하는 용어로, 우수한 열 특성을 갖고 있다. 74XX, CMOS, 메모리, CPU 등에 사용한다.

42 PCB 제조공정에서 소정의 배선 패턴만 남기고 다른 부분의 패턴을 제거하는 공정은?

① 천 공

② 노 광

③ 에 칭

④ 도 금

> **해설**
> ③ 에칭(Etching, 부식) : 웨이퍼 표면의 배선 부분만 부식 레지스트를 도포한 후 이외의 부분은 화학적 또는 전기·화학적으로 제거하는 처리이다.
> ① 천공(Drill) : PCB 기판에 구멍을 뚫는 작업이다.
> ② 노광(Exposure) : 동판 PCB에 감광액을 바르고 아트워킹 패턴이 있는 네거티브 필름을 자외선으로 조사하여 PCB에 패턴의 상을 맺게 하면 PCB의 패턴 부분만 감광액이 경화하고 절연부가 되어야 할 곳은 경화가 되지 않고 액체인 상태가 유지된다. 이때 PCB를 세척제에 담가 액체 상태의 감광액만 씻겨지게 하여 동판의 PCB 위에는 경화된 감광액으로 패턴만 남게 하는 기술이다.
> ④ 도금(Plating) : 물건의 표면 상태를 개선할 목적으로 금속 표면에 다른 금속(순금속 외에 합금도 포함)의 얇은 층을 입히는 것이다.

43 전자제도에서 정격과 특성은 KS C 0806의 규정에 의하여 표시한다. 다음은 전자제도에서 색과 숫자의 관계를 표시하였다. 옳지 못한 것은?

① 검은색 = 0

② 주황색 = 3

③ 녹색 = 5

④ 흰색 = 7

> **해설**
> 색과 숫자의 관계
>
> | 색 명 | 숫 자 | 10의 배수 | 허용차[%] |
> | --- | --- | --- | --- |
> | 흑 색 | 0 | $10^0 = 1$ | ±20 |
> | 갈 색 | 1 | 10^1 | ±1 |
> | 적 색 | 2 | 10^2 | ±2 |
> | 황적색(주황색) | 3 | 10^3 | ±5 |
> | 황 색 | 4 | 10^4 | – |
> | 녹 색 | 5 | 10^5 | ±5 |
> | 청 색 | 6 | 10^6 | – |
> | 보라색 | 7 | 10^7 | – |
> | 회 색 | 8 | – | – |
> | 흰 색 | 9 | – | – |
> | 금 색 | – | 10^{-1} | ±5 |
> | 은 색 | – | 10^{-2} | ±10 |
> | 무 색 | – | – | ±20 |

44 다음 그림과 같이 표현하는 도면 표시방법은?

① 회로도

② 계통도

③ 배선도

④ 접속도

> **해설**
> ② 계통도 : 전기의 접속과 작동 계통을 표시한 도면으로, 계획도나 설명도에 사용한다.
> ① 회로도 : 전자 부품 상호 간의 연결된 상태를 나타낸 것이다.
> ③ 배선도 : 전선의 배치, 굵기, 종류, 가닥수를 나타내기 위해서 사용된 도면이다.
> ④ 접속도 : 전기기기의 내부, 상호 간의 회로 결선 상태를 나타내는 도면으로 계획도나 설명도 또는 공작도에 사용한다.

45 도면 작성 후 PCB Artwork 또는 시뮬레이션을 하기 위해 부품 간의 연결 정보를 가지고 있는 데이터 파일이 생성되는데, 이 파일의 명칭은?

① Library　　　　　② Netlist
③ Component　　　　④ Symbol

해설

Netlist File은 도면의 작성에 대한 결과 파일로 PCB 프로그램이나 시뮬레이션 프로그램에서 입력 데이터로 사용되는 필수 파일로 풋프린트, 패키지명, 부품명, 네트명, 네트와 연결된 부품 핀, 네트와 핀 그리고 부품의 속성에 대한 정보를 포함하고 있다. PCB상에서 상호 연결되어 있는 신호, 모듈, 핀의 명칭으로 회로 도면상의 연결 정보가 들어 있다.

도면에 치수 기입 시 유의사항

• 부품의 기능상, 제작, 조립 등에 있어서 꼭 필요한 치수만 명확하게 기입한다.
• 치수는 되도록 계산해서 구할 필요가 없도록 기입한다.
• 치수의 중복 기입을 피하도록 한다.
• 가능하면 정면도(주투상도)에 집중하여 기입한다.
• 반드시 전체 길이, 전체 높이, 전체 폭에 관한 치수는 기입한다.
• 필요에 따라 기준으로 하는 점과 선 또는 가공면을 기준으로 기입한다.
• 관련된 치수는 가능하면 모아서 보기 쉽게 기입한다.
• 참고치수에 대해서는 치수문자에 괄호를 붙인다.

46 도면에 치수를 기입할 경우 유의사항으로 옳지 않은 것은?

① 치수는 가능한 한 주투상도에 기입해야 한다.
② 치수의 중복 기입을 피해야 한다.
③ 치수는 계산할 필요가 없도록 기입한다.
④ 관련되는 치수는 가능한 한 생략해서 그린다.

해설

치수는 치수선, 치수보조선, 치수 보조기호 등을 사용하여 표시한다. 도면의 치수는 특별히 명시하지 않는 한 그 도면에 그린 대상물의 마무리 치수를 표시해야 한다. 치수선과 치수보조선은 가는 실선을 사용하며, 치수선은 원칙적으로 지시하는 길이 또는 각도를 측정하는 방향으로 평행하게 긋는다. 치수선 또는 그 연장선 끝에는 화살표, 사선, 검정 동그라미를 붙여 그려야 하며, 한 도면에서는 같은 모양으로 통일해야 한다. 치수보조선은 치수선에 직각으로 긋고, 치수선을 약간 넘도록 하며 중심선·외형선·기준선 등을 치수선으로 사용할 수 없다. 치수는 수평 방향의 치수선에 대해서는 도면의 아래쪽으로부터, 수직 방향의 치수선에 대해서는 도면의 오른쪽으로부터 읽을 수 있도록 쓴다. 치수 보조기호는 지름(ϕ) 반지름(R), 정사각형의 변(□), 판의 두께(t) 등 치수 숫자 앞에 쓴다.

47 PCB에서 패턴의 두께가 2[mm], 길이가 4[cm], 패턴의 저항이 1.72×10^{-5}[Ω]일 때 패턴의 폭은 몇 [cm]인가?(단, 20[℃]에서 구리의 저항률은 1.72×10^{-8}[Ω·m]이다)

① 1　　　　　　　② 2
③ 3　　　　　　　④ 4

해설

패턴의 저항 $R = $ 저항률 $\rho \dfrac{\text{패턴의 길이 } l}{\text{패턴의 단면적}S(W \times t)}$

패턴의 폭 $W = \dfrac{\rho l}{Rt}$

$$= \frac{1.72 \times 10^{-8} \times 4 \times 10^{-2}}{1.72 \times 10^{-5} \times 2 \times 10^{-3}}$$

$$= 2 \times 10^{-2} [\text{m}] = 2[\text{cm}]$$

48 인쇄회로기판(PCB)의 제조공정 중 접착이 용이하도록 처리된 작업 패널 위에 드라이 필름(Photo Sensitive Dry Film Resist : 감광성 사진 인쇄막)을 일정한 온도와 압력으로 압착 도포하는 공정은?

① 스크러빙(Scrubbing : 정면)
② 노광(Exposure)
③ 래미네이션(Lamination)
④ 부식(Etching)

해설

③ 래미네이션(Lamination) : 같거나 다른 종류의 필름 및 알루미늄박, 종이 등을 두 장 이상 겹쳐 붙이는 가공법으로, 일정한 온도와 압력으로 압착 도포한다.
① 스크러빙(Scrubbing, 정면) : PCB나 그 패널의 청정화 또는 조화를 위해 브러시 등으로 연마하는 기술로, 보통은 컨베이어 위에 PCB나 그 패널을 태워 보내 브러시 등을 회전시킨 평면 연마기에서 연마한다.
② 노광(Exposure) : 동판 PCB에 감광액을 바르고 아트워킹 패턴이 있는 네거티브 필름을 자외선으로 조사하여 PCB에 패턴의 상을 맞게 하면 PCB의 패턴 부분만 감광액이 경화하고 절연부가 되어야 할 곳은 경화가 되지 않고 액체 상태가 유지된다. 이때 PCB를 세척제에 담가 액체 상태의 감광액만 씻겨지게 하고 동판의 PCB 위에는 경화된 감광액 패턴만 남게 하는 기술이다.
④ 부식(Etching, 에칭) : 웨이퍼 표면의 배선 부분만 부식 레지스트를 도포한 후 이외의 부분은 화학적 또는 전기 · 화학적으로 제거하는 처리이다.

49 한쪽 측면에만 리드(Lead)가 있는 패키지 소자는?

① SIP(Single Inline Package)
② DIP(Dual Inline Package)
③ SOP(Small Outline Package)
④ TQFP(Thin Quad Flat Package)

해설

① SIP(Single In-line Package) : DIP와 핀 간격이나 특성이 비슷하나 공간 문제로 한 줄로 만든 제품이다. 주로 모터드라이버나 오디오용 IC 등과 같이 아날로그 IC쪽에 사용한다.
② DIP(Dual In-line Package), PDIP(Plastic DIP) : 다리와 다리 간격이 0.1[inch](100[mil], 2.54[mm])라서 만능기판이나 브레드보드에 적용하기 쉬워 많이 사용한다. 핀의 배열이 두 줄로 평행하게 배열되어 있는 부품을 지칭하는 용어로, 우수한 열특성을 갖고 있다. 74XX, CMOS, 메모리, CPU 등에 사용

IC의 외형에 따른 종류

• 스루홀(Through Hole) 패키지 : DIP(CDIP, PDIP), SIP, ZIP, SDIP
• 표면실장형(SMD ; Surface Mount Device) 패키지
  – 부품의 구멍을 사용하지 않고 도체 패턴의 표면에 전기적 접속을 하는 부품 탑재 방식
  – SOP(TSOP, SSOP, TSSOP), QFP, QFJ(PLCC), QFN, BGA, TQFP
• 접촉실장형(Contact Mount Device) 패키지 : TCP, COB, COG

50 다음 그림의 기호를 가진 부품은?

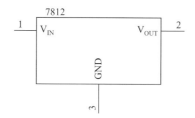

① 트랜지스터　　② 크리스탈
③ 레귤레이터　　④ Buzzer

해설

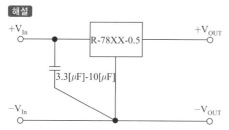

레귤레이터는 일정 전압을 잡아 주는 역할을 한다. 예를 들면, 5[V]에서 작동하는 보드에 2.5∼3.5[V]를 필요로 하는 CPU를 장착해야 한다면, 레귤레이터를 이용해 CPU로 입력되는 전압을 조정해 준다. 레귤레이터는 어떠한 전압이 들어오더라도 미리 점퍼나 스위칭에 의해 정해진 전압만을 출력한다. 리니어 방식의 레귤레이터는 직접적으로 전압을 떨어뜨리는 방식으로, 변환과정에서 발열이 심하다. 이러한 열은 전기 에너지가 열로 소모되는 것이기 때문에 전력 효율이 낮다. 리니어 레귤레이터는 통상 전류 요구량이 낮은 회로에 이용하며, 전류를 높여 이용하려면 레귤레이터에 방열판을 달아 열을 식혀 준다.

51 리드(Lead)가 없는 반도체 칩을 범프(Bump, 돌기)를 사용하여 PCB 기판에 직접 실장하는 방법은?

① 표면실장기술(SMT)
② 삽입실장기술(TMT)
③ 플립칩(FC ; Flip Chip) 실장
④ POB(Package On Board) 기술

해설

플립칩(FC ; Flip Chip) 실장
반도체 칩을 제조하는 과정에서 Wafer 단위의 식각(Etching), 증착(Evaporation) 같은 공정을 마치면 Test를 거치고 최종적으로 Packaging을 한다. Packaging은 Outer Lead(외부단자)가 형성된 기판에 Chip을 실장하고 Molding을 하는 것이다. Outer Lead는 기판과 칩을 전기적으로 연결하는 단자이고, 이 Outer Lead와 칩의 연결 형태에 따라 Wire Bonding, Flip Chip Bonding이라는 용어를 사용한다.

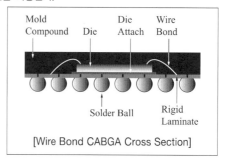

[Wire Bond CABGA Cross Section]

• Wire Bonding : Lead가 형성된 기판에 칩을 올려두고 미세 Wire를 이용해 Outer Lead와 전기적으로 연결된 Inner Lead에 반도체 칩의 전극 패턴을 연결하는 방식이다.

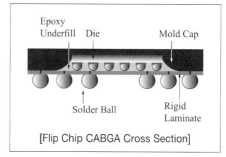

[Flip Chip CABGA Cross Section]

• Flip Chip Bonding : 전극 패턴 혹은 Inner Lead에 Solder Ball 등의 돌출부를 만들어 주고 기판에 Chip을 올릴 때 전기적으로 연결되도록 만든 것이다. 따라서 Flip Chip Bonding을 이용하면 Wire Bonding 만큼의 공간을 절약할 수 있어 작은 Package의 제조가 가능하다.

52 배선 알고리즘에서 하나의 기판상에서 종횡의 버스를 결선하는 방법은?

① 저속 접속법

② 스트립 접속법

③ 고속 라인법

④ 기하학적 탐사법

해설

배선 알고리즘

일반적으로 배선 알고리즘은 3가지가 있으며, 필요에 따라 선택하여 사용하거나 이것을 몇 회 조합하여 실행시킬 수 있다.

• 스트립 접속법(Strip Connection) : 하나의 기판상에서 종횡의 버스를 결선하는 방법으로, 이것은 커넥터부의 선이나 대용량 메모리 보드 등의 신호 버스 접속 또는 짧은 인라인 접속에 사용된다.

• 고속 라인법(Fast Line) : 배선작업을 신속하게 행하기 위하여 기판 판면의 층을 세로 방향으로, 또 한 방향을 가로 방향으로 접속한다.

• 기하학적 탐사법(Geometric Investigation) : 라인법이나 스트립법에서 접속되지 않는 부분을 포괄적인 기하학적 탐사에 의해 배선한다.

53 TTL IC와 논리소자의 연결이 잘못된 것은?

① IC 7408 – AND

② IC 7432 – OR

③ IC 7400 – NAND

④ IC 7404 – NOR

해설

54 다음 중 10층 PCB의 기판재료로 사용되는 것은?

① 유리폴리아마이드 배선재료
② 유리에폭시 다층 배선재료
③ 유리에폭시 동적층판
④ 종이에폭시 동적층판

다층 PCB의 기판재료 및 용도

층 수	기판재료	용 도
10층 이상	유리폴리아마이드 배선재료	대형 컴퓨터, 전자교환기, 군사기기/ 고급 통신기기, 고급 계측기기
6~8층	유리에폭시 다층 배선재료, 신호회로층 다층 동판	중소형 컴퓨터, 전자교환기, 반도체 시험장치, PC, NC기기
3~4층	유리에폭시 다층 배선재료	컴퓨터 주변 단말기, PC, 워드프로세서, 팩시밀리, FA기기, ME기기, NC기기, 계측기기, 반도체 시험장치, PGA, 전자교환기, 통신기기, 반도체 메모리보드, IC카드
2층	실드층 다층 동판, 유리에폭시 동적층판, 종이에폭시 동적층판	컴퓨터 주변 단말기, PC, 워드프로세서, 팩시밀리, ME기기, FA기기, NC기기, 계측기기, LED 디스플레이어, 전자표환기, 통신기기, IC카드, 자동차용 전자기기, 전자체온계, 키보드, 마이컴전화, 복사기, 프린터, 컬러 TV, PCA, PGA, PPG, 콤팩트디스크, 전자시계, 비디오카메라
1층	종이에폭시 동적층판	계측기, 전자테스터, VTR, 컬러 TV, 스테레오라디오 DAT, CDP, 온방기기, 전자레인지 컨트롤러, 키보드, 튜너, HAM기기, 전화, 자동판매기, 프린터, CRT, 청소기

55 다음 그림은 어떤 도면으로 나타낸 것인가?

① 조립도
② 부분조립도
③ 부품도
④ 상세도

② 부분조립도 : 제품 일부분의 조립 상태를 나타내는 도면으로, 특히 복잡한 부분을 명확하게 하여 조립을 쉽게 하기 위해 사용된다.
① 조립도 : 제품의 전체적인 조립과정이나 전체 조립 상태를 나타낸 도면으로, 복잡한 구조를 알기 쉽게 하고 각 단위 또는 부품의 정보가 나타나 있다.
③ 부품도 : 제품을 구성하는 각 부품에 대하여 가장 상세하게 나타내며 실제로 제품이 제작되는 도면이다.
④ 상세도 : 건축, 선박, 기계, 교량 등과 같은 비교적 큰 도면을 그릴 때에 필요한 부분의 형태, 치수, 구조 등을 자세히 표현하기 위하여 필요한 부분을 확대하여 그린 도면이다.

56 기판의 인식마크(Fiducial Mark)에 대한 설명으로 틀린 것은?

① 기판마크 위치를 카메라로 인식하여 장착 위치를 보정하기 위한 것이다.

② 인식마크의 형상은 원형의 한 가지로만 제작이 가능하다.

③ 인식마크의 재질은 동박, Solder 도금 등 다양화할 수 있다.

④ 기판의 재질에 따라 인식마크를 선명하게 식별할 수 있는 밝기가 달라진다.

해설

인식마크의 형상은 다음과 같이 다양하다.

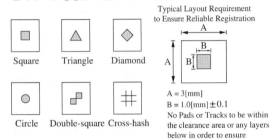

PCB의 피듀셜 마크(Fiducial Mark)는 주로 원형으로 솔더 마스크를 제거하고 가운데에 코퍼(Copper)가 있다. 코퍼는 빛을 잘 반사하기 위해 사용하고, 솔더 마스크를 제거하는 이유는 코퍼 주위에 빛이 반사되지 않도록 하기 위해서이다.

피듀셜 마크는 다음 그림과 같이 코퍼 지름은 1[mm] 정도로 하고 솔더 마스크를 제거하는 구역의 지름은 2~3[mm] 정도로 한다.

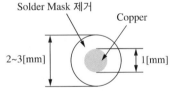

피듀셜 마크는 SMT 장비의 머신 비전에서 기준 위치를 잡기 위해 사용된다. 보드 전체의 피듀셜 마크가 있고 QFP와 같은 부품 모서리에 각 부품을 위한 피듀셜 마크도 있다. 피듀셜 마크가 없을 때는 보드의 특정 포인트를 비전이 인식하여 기준을 맞춘다.

57 인쇄회로기판 설계 시에 사용하는 단위를 사용하여 나타낸 것 중 다른 하나는?

① 2[mil]

② $\dfrac{2}{1,000}$[inch]

③ 0.0508[mm]

④ 0.0254[cm]

해설

PCB 설계 시 사용하는 단위는 [mil], [inch], [mm]이다.

$$1[\text{mil}] = \frac{1}{1,000}[\text{inch}] = 0.0254[\text{mm}]$$

$$\therefore \ 2[\text{mil}] = \frac{2}{1,000}[\text{inch}] = 0.0508[\text{mm}]$$

58 다음은 무엇에 대한 설명인가?

> 제품이나 장치 등을 그리거나 도안할 때 필요한 사항을 제도기구를 사용하지 않고, 프리핸드(Free Hand)로 그린 도면

① 복사도(Copy Drawing)

② 스케치도(Sketch Drawing)

③ 원도(Original Drawing)

④ 트레이스도(Traced Drawing)

해설

② 스케치도는 제품이나 장치 등을 그리거나 도안할 때 필요한 사항을 제도기구를 사용하지 않고 프리핸드로 그린 도면이다.

① 복사도는 같은 도면을 여러 장 필요한 경우에 트레이스도를 원본으로 하여 복사한 도면으로 청사진, 백사진 및 전자 복사도 등이 있다.

③ 원도는 제도용지에 직접 연필로 작성한 도면이나 컴퓨터로 작성한 최초의 도면으로, 트레이스도의 원본이 된다.

④ 트레이스도는 연필로 그린 원도 위에 트레이싱지(Tracing Paper)를 놓고 연필 또는 먹물로 그린 도면으로, 청사진도 또는 백사진도의 원본이 된다.

59 PCB의 아트워크 필름은 외부 환경에 의해 수축 또는 팽창을 계속하는데, 그 요인에 해당되지 않는 것은?

① 온 도
② 습 도
③ 처 리
④ 적외선

• 아트워크 필름의 치수 변화율 요인
  – 온도에 의한 변화율 : 온도에 의해 재료가 열팽창하는데 필름은 1×10^{-8}[%/℃]로 길이에 퍼센트로 변형된다.
  – 습도에 의한 변화율 : 습도에 의해 재료가 변형되는데 필름은 1×10^{-2}[%/%℃]로 길이에 퍼센트로 변형된다.
  – 처리에 의한 변화율 : 은염 필름의 경우 현상 및 정착에 의한 흡습에 의한 팽창률과 건조에 의한 열흡수에 의한 수축률을 동일하게 맞추므로 변화율을 '0'으로 되게 하는 것이 이상적이다. 그러나 필름은 온도에 의해서는 단시간 내에 변화를 가져오고 다시 복원되는 경향이 있지만, 습도에 의한 변화는 장시간에 걸쳐 일어나면서 쉽게 복원되지 않는다.
• 기본적인 치수 안정성의 요건
  – 필름실의 온습도 관리 : 필름의 보관, 플로팅(Plotting), 취급 등의 모든 작업이 이루어지는 환경의 온습도의 항상성은 매우 중요하다. 특히, 암실의 항온·항습 유지관리가 중요하며, 이물질의 불량을 최소화하기 위한 Class 유지관리가 동시에 이루어져야 한다.
  – 시즈닝(Seasoning)관리 : 필름은 원래 생산된 회사의 환경과 PCB 제조업체의 암실 사이에는 온습도가 다를 수 있으므로 반드시 구입 후 암실에서 환경에 적응(수축 또는 팽창)시킨 후에 필름 제작에 들어가는 것이 중요하다. 최소 24시간 이상 환경에 적응시키는 것이 바람직하다.
  – 불가역 환경 방지관리 : 필름 재질의 주가 되는 것은 폴리에스터(Polyester)이다. 이것은 적정 온습도 범위 내에서는 수축 또는 팽창되었다가 다시 원래 치수로 복원하는 특성을 갖고 있으나, 극단적인 온습도 환경에 놓이면 시간이 경과되어도 원래 치수로 복원이 어려우므로 필름의 보관 제조 룸 또는 공정 중에 반드시 통제와 관리가 필요하다.
  – 일반적으로 필름의 박스 표지에 이 필름의 보관 온습도 범위가 표시되어 있는데 이 범위를 환경적으로 벗어나지 않도록 모든 공정의 제어가 필요하다.

60 전자기기를 PCB로 구현할 때 전자회로의 설계 단계에 해당하지 않는 것은?

① 케이스 디자인
② PCB의 크기 결정
③ 부품의 조립방법 결정
④ 부품 간의 배선 패턴 설계

전자기기의 개발과정
PCB는 전자기기를 구성하는 하나의 부품으로 생각할 수 있다. 전자기기 제품의 기획부터 최종적인 제품 생산까지의 과정은 다음과 같다.
① 제품의 기획 : 어떤 기능을 갖는 전자기기를 어느 정도의 값(원가)으로 만들 것인가를 기획하고, 외관에 대한 디자인과 기능을 구체화한다.
② 전자회로의 설계 : 이 단계에서는 기획된 제품을 구조적·전기적으로 실현하기 위한 설계(새로운 기능을 구현하기 위한 회로 개발작업을 포함)를 실시한다. 구체적으로는 케이스(Case) 디자인과 치수를 결정하고, 부품의 조립방법, PCB의 크기와 모양 등을 결정하는 기구 설계와 회로기능을 실현하기 위해 필요한 부품을 선정하고, 부품 간의 연결방법(배선)을 결정하여 OR-CAD와 같은 전용 CAD 프로그램으로 회로를 작성하는 전자회로의 설계 등을 포함한다. 설계된 회로의 신호선(Connection) 정보는 네트리스트(Netlist) 파일로 다음의 PCB 설계 단계에 제공된다.
③ PCB 설계(Artwork) : 설계된 회로도를 PCB로 구현하는 단계이다. 이는 부품과 배선을 PCB 보드에 배치하는 작업으로, 아트워크(Artwork)라고도 한다. 네트리스트 파일을 읽어 들인 상태는 부품과 배선이 매우 혼잡하게 얽혀 있는데 이를 PCB 보드상에 적절히 배치하는 것이 아트워크이다. 아트워크의 결과는 거버(Gerber)파일로서 다음의 공정 단계에 제공된다.
④ 제조 규격관리 및 CAM : 거버파일로 제공된 PCB의 배선 패턴 정보를 확인 및 분석하고 오류에 대한 수정사항을 작성하는 제조 규격관리와 수정 지시사항에 따라 실제로 거버파일을 수정하고 PCB를 만들기 위한 각종 공정용 도구와 데이터(배선 패턴을 형성하기 위한 필름, 드릴 데이터 등)를 만드는 CAM(Computer Aided Manufacturing) 작업이 이루어진다.
⑤ PCB의 제조 및 검사 : PCB의 제조는 설계 단계에서 만들어진 배선 패턴을 실제로 PCB 기판으로 만드는 과정이다. 이를 통해 비로소 설계된 배선 패턴과 각종의 홀(Hole)이 전기신호가 흐르는 배선으로 실현된다. PCB 제조기술과 공법은 다양하고 많은 제조 단계를 필요로 하며 제조과정 중이나 제조 후에 각종 검사를 실시한다.

2024년 제2회 최근 기출복원문제

01
진폭변조의 경우 변조 파형의 최대치를 45[mm], 최소치를 5[mm]라 하면 이때의 변조도는 몇 [%]인가?

① 60   ② 70
③ 80   ④ 90

해설

$$m = \frac{A-B}{A+B} \times 100[\%] = \frac{45-5}{45+5} \times 100[\%] = 80[\%]$$

02
가정용 전원으로 교류 220[V]를 사용할 때, 이 220[V]가 의미하는 것은?

① 순시값   ② 실횻값
③ 최댓값   ④ 평균값

해설

② 실횻값 : 교류의 크기를 교류와 동일한 일을 하는 직류의 크기로 바꿔 나타낸 값
① 순시값 : 순간순간 변하는 교류의 임의의 시간에 있어서의 값
③ 최댓값 : 순시값 중에서 가장 큰 값
④ 평균값 : 교류 순시값의 1주기 동안의 평균을 취하여 교류의 크기를 나타낸 값

03
공진 주파수가 6[kHz]의 병렬 공진회로에서 Q(Quality Factor)가 60이라면, 이 회로의 대역폭은?

① 100[Hz]   ② 150[Hz]
③ 200[Hz]   ④ 250[Hz]

해설

공진 주파수 $f_0 = \dfrac{1}{2\pi\sqrt{LC}}$

$Q = \dfrac{f_0}{(f_2 - f_1)}$

$(f_2 - f_1) = \dfrac{f_0}{Q} = \dfrac{6\times10^3}{60} = 100[\mathrm{Hz}]$

04
발진회로에서 증폭회로의 증폭도를 A, 궤환회로의 궤환율을 β라 할 때 발진조건은?

① $A = \beta$ ② $A \cdot \beta < 1$
③ $A \cdot \beta \geq 1$ ④ $A \cdot \beta = 0$

해설

출력신호가 입력으로 정궤환되는 경우 $A\beta = 1$이 되어 발진하게 되며, $A\beta = 1$을 바크하우젠(Barkhausen)의 발진조건이라 한다.

05
기전력 E[V], 내부저항 $r[\Omega]$이 되는 같은 전지 n개를 직렬로 접속하고, 외부저항 $R[\Omega]$을 직렬로 접속하였을 때 흐르는 전류 I는 몇 [A]인가?

① $I = \dfrac{nE}{R + nr}$ ② $I = \dfrac{nE}{nR + r}$

③ $I = \dfrac{nE}{\dfrac{n}{R} + r}$ ④ $I = \dfrac{nE}{R + \dfrac{n}{r}}$

해설

회로의 전체 저항은 외부저항(R)과 전지의 내부저항을 모두 더한 값($R + nr$)이 되고, 회로의 전체 전압은 전지가 직렬로 연결되었으므로 nE가 된다.

06 전기저항에서 어떤 도체의 길이를 4배로 하고, 단면적을 1/4로 했을 때의 저항은 원래 저항의 몇 배가 되는가?

① 1 ② 4

③ 8 ④ 16

해설

$$R = \rho \frac{l}{A}$$

$$\therefore \ \rho \frac{4l}{\frac{1}{4}A} = 16 \times \rho \frac{l}{A}$$

07 BJT와 비교한 FET에 대한 설명으로 옳지 않은 것은?

① 입력임피던스가 높다.

② 잡음 특성이 양호하다.

③ 이득 대역폭 적이 크다.

④ 온도 변화에 따른 안정성이 높다.

해설

FET와 BJT의 특성비교

구 분	FET(UJT)	TR(BJT)
제어방식	전압제어	전류제어
소자 특성	단극성 소자	쌍극성 소자
동작원리	다수 캐리어에 의한 동작	다수 및 소수 캐리어에 의한 동작
입력저항	매우 높다.	보통이다.
잡 음	적다.	많다.
이득 대역폭 적	작다.	크다.
동작속도	느리다.	빠르다.
집적도	아주 높다.	낮다.

08 코일의 성질이 아닌 것은?

① 전류의 변화를 안정시키려고 하는 성질

② 상호유도작용

③ 공진하는 성질

④ 전류누설작용

해설

코일의 성질

• 전류의 변화를 안정하게 하려는 성질

• 상호유도작용

• 전자석의 성질

• 공 진

09 디지털 변조방식이 아닌 것은?

① ASK ② FSK

③ PCM ④ QAM

해설

디지털 변조의 종류

• ASK(Amplitude Shift Keying) : 진폭편이변조

• FSK(Frequency Shift Keying) : 주파수편이변조

• PSK(Phase Shift Keying) : 위상편이변조

• QAM(Quadrature Amplitude Modulation) : 직교진폭변조

10 사인파 교류 전류의 최댓값이 10[A]이면, 반주기 평균값은?

① $\dfrac{10}{\sqrt{2}}[A]$ ② $\dfrac{10}{\pi}[A]$

③ $10\sqrt{2}[A]$ ④ $\dfrac{20}{\pi}[A]$

해설

$$I_a = \frac{2}{\pi} I_m = \frac{2}{\pi} \times 10 = \frac{20}{\pi}[A]$$

11 진성 반도체의 가전자 수는 몇 개인가?

① 1개   ② 2개

③ 3개   ④ 4개

> **해설**
> 진성 반도체는 가전자 수가 4개인 불순물이 전혀 섞이지 않은 순수한 반도체로서 실리콘(Si), 게르마늄(Ge)이 있다.

12 다음 그림과 같은 연산증폭회로에서 $\dfrac{V_o}{V_i}$ 는?

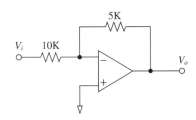

① −2   ② 50

③ −50   ④ −1/2

> **해설**
> 문제의 회로는 역상증폭회로(반전 연산증폭기)이다.
> $$V_o = -\frac{R_f}{R_i} V_i$$
> 증폭도 $Av = \dfrac{V_o}{V_i} = -\dfrac{R_f}{R_i} = -\dfrac{5K}{10K} = -\dfrac{1}{2}$

13 500[W]의 전력을 소비하는 전열기를 10시간 동안 연속으로 사용했을 때의 전력량(W)은 얼마인가?

① 5[kWh]   ② 50[kWh]

③ 500[kWh]   ④ 5,000[kWh]

> **해설**
> $W = Pt = 500 \times 10 = 5,000[\text{Wh}] = 5[\text{kWh}]$

14 다음 그림은 펄스 파형을 나타낸 것이다. 펄스 폭 (Pulse Width)을 나타내는 것은?

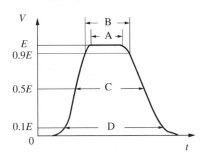

① A   ② B

③ C   ④ D

> **해설**
> 펄스 폭(τ_w, Pulse Width)
> 펄스 파형이 상승 및 하강의 진폭 V의 50[%]가 되는 구간의 시간 이므로 C 구간이다.

15 다음 그림과 같은 브리지회로의 평형조건은?

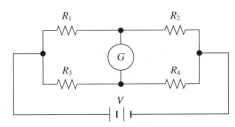

① $R_1 \times R_2 = R_3 \times R_4$

② $R_1 \times R_4 = R_2 \times R_3$

③ $R_1 + R_2 = R_3 + R_4$

④ $R_1 + R_4 = R_2 + R_3$

> **해설**
> 휘스톤 브리지회로의 특징은 서로 마주 보는 대각선 저항값을 곱했을 때 두 값이 같으면 평형인 상태로, 그 중간에 연결된 선으로는 전류가 흐르지 않는다.

16 버스란 MPU, Memory, I/O 장치들 사이에서 자료를 상호교환하는 공동의 전송로이다. 다음 중 양방향성 버스에 해당하는 것은?

① 주소 버스(Address Bus)

② 제어 버스(Control Bus)

③ 데이터 버스(Data Bus)

④ 입출력 버스(I/O Bus)

> **해설**
> • 주소 버스(Address Bus) : 단일 방향, CPU가 메모리 중의 기억 장소를 지정하는 신호의 전송 통로
> • 제어 버스(Control Bus) : 단일 방향, CPU와의 데이터 교환을 제어하는 신호의 전송 통로
> • 데이터 버스(Data Bus) : 양방향, 입출력 데이터를 기억장치에 저장하고 읽어내는 전송 통로

17 주어진 수의 왼쪽으로부터 비트 단위로 대응을 시켜 서로가 1이면 결과가 1, 하나라도 0이면 결과가 0으로 연산처리되는 명령은?

① OR

② AND

③ EX-OR

④ NOT

> **해설**
> ② AND : 대응값이 하나라도 0이면 그 결과는 0, 모두 1일 때만 1이 된다.
> ① OR : 대응값이 하나라도 1이면, 그 결과는 1이 된다.
> ③ EX-OR : 대응값이 같으면 1, 다르면 0이 된다.
> ④ NOT : 입력의 반전된 결과가 나타난다.

18 사용자의 요구에 따라 제조회사에서 내용을 넣어 제조하는 롬(ROM)은?

① PROM

② Mask ROM

③ EPROM

④ EEPROM

> **해설**
> ② Mask ROM : 제조과정에서 프로그램 등을 기억시킨 것이다.
> ① PROM : 사용자가 프로그램 등을 1회에 한하여 써넣을 수 있는 기억소자이다.
> ③ EPROM : 사용자가 프로그램 등을 여러 번 지우고 써넣을 수 있는 기억소자로서, 자외선이나 특정전압 전류로서 내용을 지우고 다시 기록할 수 있다.
> ④ EEPROM : 기록한 내용을 전기신호에 의하여 삭제할 수 있으며, 롬 라이터로 새로운 내용을 써넣을 수도 있는 기억소자이다.

19 객체지향언어이고 웹상의 응용프로그램에 알맞게 만들어진 언어는?

① 포트란(FORTRAN)

② C

③ 자바(Java)

④ SQL

> **해설**
> **자바** : 네트워크상에서 쓸 수 있도록 미국 선 마이크로시스템(Sun Microsystems)사에서 개발한 객체지향 프로그래밍 언어

20 다음 기억장치 중 접근시간이 빠른 것부터 순서대로 나열된 것은?

① 레지스터 – 캐시메모리 – 보조기억장치 – 주기억장치

② 캐시메모리 – 레지스터 – 주기억장치 – 보조기억장치

③ 레지스터 – 캐시메모리 – 주기억장치 – 보조기억장치

④ 캐시메모리 – 주기억장치 – 레지스터 – 보조기억장치

> **해설**
> 레지스터는 중앙처리장치 내에 위치하는 기억소자이며, 캐시는 주기억장치와 CPU 사이에서 일종의 버퍼기능을 수행하는 기억장치이다.

21 다음 중 범용레지스터에서 이용하며, 가장 일반적인 주소지정방식은?

① 0-주소지정방식
② 1-주소지정방식
③ 2-주소지정방식
④ 3-주소지정방식

2-주소지정방식 : 컴퓨터에서 가장 널리 사용되는 형식으로, 입력 자료가 연산 후에는 보존되지 않아 부작용(Side Effect)이 발생되나 실행속도가 빠르고 기억 장소를 많이 차지하지 않는다. 오퍼랜드 1의 내용과 2의 내용을 더해 오퍼랜드 1에 기억시킨다.

22 다음 중 데이터 전송 명령어에 해당하는 것은?

① MOV   ② ADD
③ CLR   ④ JMP

① MOV : 이동(전송)
② ADD : 덧셈
③ CLR : 데이터를 0으로 클리어
④ JMP : 강제 이동

23 컴퓨터의 중앙처리장치에서 제어장치에 해당하는 것은?

① 기억 레지스터
② 누산기
③ 상태 레지스터
④ 데이터 레지스터

제어장치의 구성요소 : 기억 레지스터, 명령 레지스터, 번지 레지스터, 명령해독기, 명령계수기, 연산장치

24 다음 그림은 연산자의 전달기능을 나타낸 것이다. A, B에 해당되는 용어로 옳은 것은?

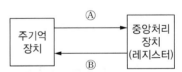

① A : 전송(Transport), B : 수신(Recive)
② A : 로드(Load), B : 스토어(Store)
③ A : 입력(Input), B : 출력(Output)
④ A : 해독(Decoding), B : 실행(Execute)

전달기능(Transfer Operation)
CPU와 기억장치 사이의 정보를 교환하는 것으로, 기억장치에서 중앙처리장치로 정보를 옮겨오는 것을 Load 또는 Fetch라고 하며, 그 반대로 중앙처리장치의 정보를 기억장치에 기억시키는 것을 Store라고 한다.

25 컴퓨터 내부에서 수치자료를 표현하는 데 사용하지 않는 형식은?

① 고정 소수점 데이터 형식
② 부동 소수점 데이터 형식
③ 팩 형식
④ 아스키 데이터 형식

해설
수치자료의 표현방법
• 2진 고정 소수점 표현 : 부호와 절댓값 표시(부호 : 양수 0, 음수 : 1), 1의 보수 형식(음수 표현), 2의 보수 형식(음수 표현)
• 10진 데이터 형식 : 팩 10진 형식(Packed Decimal), 존 10진 형식(Zoned, unpacked Decimal), 부동 소수점 형식
• 부동 소수점 형식 : 실수 표현, 큰 수를 표현할 수 있다.

26 모든 명령어의 길이가 같다고 할 때 수행시간이 가장 긴 주소지정방식은?

① 직접(Direct) 주소지정방식
② 간접(Indirect) 주소지정방식
③ 상대(Relative) 주소지정방식
④ 즉시(Immediate) 주소지정방식

해설
간접 주소지정방식(Indirect Mode)은 명령어 내의 Operand부에 실제 데이터가 저장된 장소의 번지를 가진 기억 장소를 표현함으로써, 최소한 주기억장치를 두 번 이상 접근하여 데이터가 있는 기억 장소에 도달하므로 수행시간이 많이 걸린다.

27 문자를 삽입할 때 필요한 연산은?

① OR 연산
② ROTATE 연산
③ AND 연산
④ MOVE 연산

해설
OR
논리합으로 필요한 비트 또는 문자의 추가에 이용된다.

28 하드웨어적 원인에 의한 인터럽트가 아닌 것은?

① 외부 신호 인터럽트
② 기계 착오 인터럽트
③ 입출력 인터럽트
④ SVC 인터럽트

해설
하드웨어적 원인에 의한 인터럽트에는 외부 신호 인터럽트, 기계 착오 인터럽트, 입출력 인터럽트가 있다.

29 다음 중 PCB CAD용 프로그램이 아닌 것은?

① Altium(구 P-CAD) ② OrCAD

③ AutoCAD ④ CADSTAR

해설

AutoCAD 프로그램은 건축, 기계 설계, 전기 설계, 플랜트 설계, 배관, 래스터 이미지 변환, 지리정보시스템 등에 사용된다.

CAD 프로그램의 종류

NO	회 사	프로그램	가 격	비 고
1	Cadence (미국)	Allegro	유 료	회로도 작성, PCB 개발, Simulation
				orcda의 상위 제품
2	Altium (호주)	Altium Designer	유 료	회로도 작성, PCB 개발, Simulation
		Altium Circuit Studio		
		Altium Circuit Maker		
		Altium 365		
3	ZUKEN (일본/영국)	CADSTAR	유 료	회로도 작성, PCB 개발, Simulation
4	ZUKEN (일본)	CR-5000	유 료	회로도 작성, PCB 개발
5	ZUKEN (일본)	CR-8000	유 료	회로도 작성, PCB 개발
6	RS (영국)	DesignSpark PCB	무료/ 유료	회로도 작성, PCB 개발
		-EXPLORER		
		-CREATOR		
		-ENGINEER		
7	Novarm Limited (미국)	DipTrace (Full/Extended/ Standard/Lite/ Stater)	무료/ 유료	회로도 작성, PCB 개발
8	AUTODESK	EAGLE	유 료	회로도 작성, PCB 개발, Simulation
9	EasyEDA (중국)	EasyEDA	무 료	online pcb design&circuit simulatior
10	eCADSTAR (영국)	eCADSTAR	유 료	회로도 작성, PCB 개발, Simulation
11	– (오픈 소스)	KiCad	무 료	회로도 작성, PCB 개발, Simulation
12	Cadence (미국)	OrCAD (Capture/ PSpice/PCB)	유 료	회로도 작성, PCB 개발, Simulation
13	SIEMENS (독일)	PADS	유 료	회로도 작성, PCB 개발, Simulation
14	Labcenter (영국)	Proteus	무료/ 유료	회로도 작성, PCB 개발, Simulation
15	Pulsonix (영국)	Pulsonix	무료/ 유료	회로도 작성, PCB 개발, Simulation
16	Quadcept(일본)	Quadcept	유 료	회로도 작성, PCB 개발
17	Dassault Systemes (미국)	SOLIDWORKS (Electrical/PCB/ Bisualize)	유 료	회로도 작성, PCB 개발
18	ibfriedrich (독일)	TARGET 3001!	유 료	회로도 작성, PCB 개발, Simulation
19	GlobalSpec (미국)	xDX Designer	유 료	회로도 작성, PCB 개발, Simulation
20	SIEMENS (독일)	Xpedition	유 료	PCB 개발

30 도면을 성격에 따라 분류했을 때 트레이스도에 대한 설명으로 옳은 것은?

① 현장에서 제도용구를 사용하지 않고 프리핸드로 그린 후 필요한 사항을 기입하여 완성한 도면이다.

② 제도용지에 연필로 그리거나 컴퓨터로 작성된 최초의 도면이다.

③ 원도 위에 트레이싱 종이(Tracing Paper)를 놓고 연필 또는 먹물로 그린 도면으로, 복사도의 원본이 된다.

④ 작업현장에 배포되어 여러 가지 계획과 제작에 사용된다. 감광지에 복사한 청사진도(Blue Print)와 전자복사기로 복사한 전자복사도가 있다.

해설

① 스케치도

② 원 도

④ 복사도

31 다음 그림은 어떤 회로의 블록도인가?

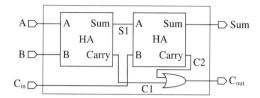

① 반가산기 ② 전가산기
③ 플립플롭 ④ 레지스터

② 전가산기(Full Adder)
  • 3개의 입력과 2개의 출력
  • 2개의 반가산기와 1개의 OR회로로 구성되어 있다.
  • 논리식 : $S=A \oplus B \oplus C_{in}$, $C_{out}=C_{in}(A \oplus B)+AB$
① 반가산기(Half Adder)
  • 2개의 비트 X, Y를 더한 합 S(Sum)와 자리올림 C(Carry)를 구하는 회로이다.
  • 1개의 XOR 회로와 1개의 AND 회로로 구성되어 있다.
  • 논리식 : $S=A \oplus B$, $C=AB$
③ 플립플롭
  • 단일 비트의 정보를 저장한다.
  • 외부에서 변형을 가하지 않는 한 값을 계속 유지하고 있도록 만든 회로이다.
  • RS, JK, T, D 등 4가지 종류가 있다.
④ 레지스터 : 프로세스에 위치한 고속 메모리로 극히 소량의 데이터나 처리 중인 중간 결과와도 같은 프로세서가 바로 사용할 수 있는 데이터를 담고 있는 영역을 레지스터라고 한다. 컴퓨터 구조에 따라 크기와 종류가 다양하다.

32 다음 중 설계된 PCB 도면의 외곽 사이즈(Size)가 1,000 × 2,000[mil]일 때, 이를 [mm]로 환산하면?

① 0.254 × 0.508[mm] ② 2.54 × 5.08[mm]
③ 25.4 × 50.8[mm] ④ 254 × 508[mm]

해설

$1[\text{mil}] = \dfrac{1}{1,000}[\text{inch}] = 0.0254[\text{mm}]$

$\therefore 1,000[\text{mil}] = 1,000 \times 0.0254[\text{mm}]$
$= 25.4[\text{mm}]$

$\therefore 2,000[\text{mil}] = 2,000 \times 0.0254[\text{mm}]$
$= 50.8[\text{mm}]$

33 다음 중 A4용지의 크기에 해당되는 것은?(단, A0 : 841 × 1,189[mm])

① 594 × 841[mm]
② 420 × 594[mm]
③ 297 × 420[mm]
④ 210 × 297[mm]

해설

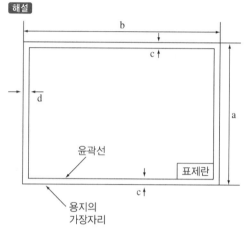

(a) A0–A4에서 긴 변을 좌우 방향으로 놓은 경우

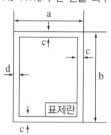

(b) A4에서 짧은 변을 좌우 방향으로 놓은 경우

[도면의 크기와 양식]

용지 크기의 호칭		A0	A1	A2	A3	A4
a×b		841×1,189	594×841	420×594	297×420	210×297
c(최소)		20	20	10	10	10
d (최소)	철하지 않을 때	20	20	10	10	10
	철할 때	25	25	25	25	25

※ d 부분은 도면을 철하기 위하여 접었을 때, 표제란의 좌측이 되는 곳에 마련한다.

34 저항값이 낮은 저항기로서 대전력용 및 표준저항기 등과 같이 고정밀도 저항기로 사용되는 저항기는?

① 탄소피막 저항기　　② 솔리드 저항기
③ 권선 저항기　　　　④ 모듈 저항기

해설
③ 권선 저항기 : 저항값이 낮은 저항기로, 대전력용이나 표준 저항기 등의 고정밀 저항기로 사용된다.
① 탄소피막 저항기 : 간단히 탄소 저항이라고도 하며, 저항값이 풍부하고 쉽게 구할 수 있다. 또한, 가격이 저렴하기 때문에 일반적으로 사용된다. 그러나 종합 안정도는 별로 좋지 않다.
② 솔리드 저항기 : 몸체 자체가 저항체이므로 기계적 내구성이 크고 고저항에서도 단선될 염려가 없다. 가격이 싸지만 안정도가 나쁘다.
④ 모듈 저항기 : 후막 서밋(메탈 글레이즈)을 사용한 저항기를 모듈화한 것. 한쪽 단자 구조(SIP)가 일반적이며 면적 점유율이 좋아 고밀도 실장이 가능하다.

35 세라믹 콘덴서의 표면에 105J로 표기되었을 때 정전용량의 값은?

① 0.01[μF], ±10[%]
② 0.1[μF], ±10[%]
③ 1[μF], ±5[%]
④ 10[μF], ±5[%]

해설
콘덴서의 단위와 용량을 읽는 방법
콘덴서의 용량 표시에 3자리의 숫자가 사용되는 경우, 앞의 2자리 숫자가 용량의 제1숫자와 제2숫자이고, 세 번째 자리가 승수가 된다. 표시의 단위는 [pF]으로 되어 있다.
따라서 105J이면 $10 \times 10^5 = 1,000,000$[pF] $= 1$[μF]이고, J는 ±5[%]의 오차를 나타낸다.
허용차[%]의 문자기호

문자기호	허용차[%]	문자기호	허용차[%]
B	±0.1	J	±5
C	±0.25	K	±10
D	±0.5	L	±15
F	±1	M	±20
G	±2	N	±30

36 인쇄회로기판 설계 시 랜드를 설계하려고 한다. $D = 3.0$[mm], $d = 1.0$[mm]일 때 랜드의 최소 도체 너비(W)는?

① 0.5[mm]　　　　② 1[mm]
③ 1.5[mm]　　　　④ 2[mm]

해설
랜드(Land) : 부품 단자 또는 도체 상호간을 접속하기 위해 구멍 주위에 만든 특정한 도체 부분이며, 표준 랜드의 설계법은 KS C 6485-1986 '인쇄 배선판 통칙'에 정해져 있다.
랜드의 최소 도체 너비(W)
$D - d > 1.6$[mm]일 때, $W \geq \left(\dfrac{D-d}{2}\right) \times 0.5$
$D - d = 3 - 1 = 2$[mm]
$\therefore W \geq \left(\dfrac{D-d}{2}\right) \times 0.5 = \left(\dfrac{3-1}{2}\right) \times 0.5 = 0.5$[mm]
• 표준 랜드의 지름(D) : 1.3, 1.5, 1.8, 2.0, 2.5, 3.0, 3.5[mm]
• 둥근 구멍의 지름(d) : 0.6, 0.8, 1.0, 1.25, 1.6, 2.0[mm]

37 2SA562B 트랜지스터의 명칭에서 A의 용도는?

① PNP형 고주파용 TR
② PNP형 저주파용 TR
③ NPN형 고주파용 TR
④ NPN형 저주파용 TR

해설
반도체 소자의 형명 표시법

2	S	A	562	B
㉠ 숫자	S	㉡ 문자	㉢ 숫자	㉣ 문자

• ㉠의 숫자 : 반도체의 접합면수(0 : 광트랜지스터, 광다이오드, 1 : 각종 다이오드, 정류기, 2 : 트랜지스터, 전기장 효과 트랜지스터, 사이리스터, 단접합 트랜지스터, 3 : 전기장 효과 트랜지스터로 게이트가 2개 나온 것). S는 반도체(Semiconductor)의 머리문자
• ㉡의 문자 : A, B, C, D 등 9개의 문자(A : PNP형의 고주파용 트랜지스터, B : PNP형의 저주파형 트랜지스터, C : NPN형의 고주파형 트랜지스터, D : NPN형의 저주파용 트랜지스터, F : PNPN 사이리스터, G : NPNP 사이리스터, H : 단접합 트랜지스터, J : p채널 전기장 효과 트랜지스터, K : n채널 전기장 효과 트랜지스터)
• ㉢의 숫자 : 등록 순서에 따른 번호로 11부터 시작
• ㉣의 문자 : 보통은 붙지 않으나, 특히 개량품이 생길 경우에 A, B, …, J까지의 알파벳 문자를 붙여 개량 부품임을 나타냄
$\therefore$ 2SA562B → PNP형의 개량형 고주파용 트랜지스터

38 인쇄회로기판(PCB)의 설계 시 발열부품에 대한 대책으로 틀린 것은?

① 일반적으로 내열온도는 85[℃] 이하에서 사용하는 것이 바람직하다.

② 발열부품은 한곳에 집중 배치하여 부분적 영향을 받도록 하는 것이 유리하다.

③ 공기의 흐름을 파악하여 열에 약한 부품은 공기의 유입 부분에, 열에 강한 부품은 출구 쪽에 배치한다.

④ 실장 면적은 부품을 PCB에 밀착하여 배치하는 경우에 납땜 시 온도의 영향을 작게 설계하는 것이 요구된다.

해설

발열부품에 대한 대책

• 보드에서 발생되는 열이 바깥으로 빠져 나갈 수 있어야 한다(발열부품 간의 거리를 둔다).

• Fan 등을 사용한 강제 공랭의 경우 발열부품은 Fan으로부터 가까운 곳에 위치하도록 배치한다(열에 민감한 TR이나 Diode 등과 같이 열에 의해 특성변화를 일으킬 수 있는 부품은 초기 배치 시부터 Fan에 가까운 곳에 위치하도록 한다).

• 열에 약한 부품은 아래쪽에 배치한다.

• 일반적으로 내열 온도는 85[℃] 이하에서 사용하는 것이 바람직하다.

• 실장 면적은 부품을 PCB에 밀착하여 배치하는 경우에 납땜 시 온도의 영향을 작게 설계하는 것이 요구된다.

• 공기의 흐름을 파악하여 열에 약한 부품은 공기의 유입 부분에, 열에 강한 부품은 출구 쪽에 배치한다.

39 다음 그림과 같은 부품기호와 관련 있는 것은?

① 제너 다이오드
② 터널 다이오드
③ 정류 다이오드
④ 가변용량 다이오드

해설

① 제너 다이오드(Zener Diode) : 다이오드에 역방향 전압을 가했을 때 전류가 거의 흐르지 않다가 어느 정도 이상의 고전압을 가하면 접합면에서 제너 항복이 일어나 갑자기 전류가 흐르게 되는 지점이 발생한다. 이 지점 이상에서는 다이오드에 걸리는 전압은 증가하지 않고, 전류만 증가하는데, 이러한 특성을 이용하여 레퍼런스 전압원을 만들 수 있다. 이런 기능을 이용하여 정전압회로 또는 유사 기능의 회로에 응용된다.

② 터널 다이오드 : 불순물 반도체에서 부성저항 특성이 나타나는 현상을 응용한 pn접합 다이오드로 불순물 농도를 증가시킨 반도체로서 pn접합을 만들면 공핍층이 아주 얇게 되어 터널 효과가 발생하고, 갑자기 전류가 많이 흐르게 되며 순방향 바이어스 상태에서 부성저항 특성이 나타난다. 이렇게 하면 발진과 증폭이 가능하고 동작속도가 빨라져 마이크로파대에서 사용 가능하다. 그러나 이 다이오드는 방향성이 없고 잡음이 나타나는 등 특성상 개선할 점이 있다. 1957년 일본의 에사키(Esaki)가 발표하여 에사키 다이오드라고도 한다.

③ 정류 다이오드 : 실리콘 제어 정류소자(SCR)는 사이리스터라고 하며 교류전원에 대한 위상제어 정류용으로 많이 사용된다. A(애노드), K(캐소드), G(게이트) 이렇게 3개의 단자로 구성되어 있다.

④ 가변용량 다이오드 : pn접합의 장벽 용량에 가하는 역방향 전압의 크기에 따라서 공핍층의 두께를 변화시켜 정전 용량의 값을 가감하는 것으로, 정전 용량값의 전압 의존성은 접합 부근의 불순물 농도 분포에 따라 결정된다. 불순물 농도 분포에는 계단형, 초계단형, 경사형이 있다. 가변용량 다이오드에는 텔레비전의 UHF·VHF대 및 FM·AM의 전자 동조용이나 AFC로서 튜너에 사용되는 배리캡 다이오드와 마이크로파대에 사용되는 배럭터가 있다.

40 다음 중 EX-OR 게이트의 기호로 옳은 것은?

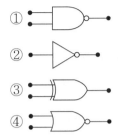

해설
③ EOR(XOR, EX-OR) 게이트 : 두 입력 상태가 서로 상반될 때만 출력이 1(High)이 되는 게이트
① NAND 게이트
② NOT 게이트
④ NOR 게이트

41 다음 중 데이터 저장장치에 속하지 않는 것은?

① FDD   ② HDD
③ CRT   ④ CD-RW

해설
③ CRT(Cathode Ray Tube) : 음극선관으로, 브라운관이라고도 한다. 전기신호를 전자빔의 작용에 의해 영상이나 도형, 문자 등의 광학적인 영상으로 변환하여 표시하는 특수진공관이다. 이는 전자총에서 나온 전자가 브라운관 유리에 칠해진 형광물 질을 자극해 다양한 화면을 만들어내는 원리를 이용한 출력장 치이다.
① FDD(Floppy Disk Driver) : 컴퓨터 보조기억장치의 일종으로 컴퓨터에 부착된 플로피 디스크 드라이브에 넣고 빼면서 사용 하는데 요즘은 거의 사용하지 않는다.
② HDD(Hard Disk Driver) : 컴퓨터 내부에 있는 하드디스크에서 데이터를 읽고 쓰는 장치로 케이스에 들어 있다. 자성물질로 덮인 플래터를 회전시키고, 그 위에 헤드(Head)를 접근시켜 플래터 표면의 자기배열을 변경하는 방식으로 데이터를 읽거 나 쓴다. 플래터의 중심에는 플래터를 회전시키기 위한 스핀들 모터(Spindle Motor)가 위치하고 있으며, 스핀들 모터의 회전 속도가 높을수록 보다 빠르게 데이터의 읽기와 쓰기가 가능하다.
④ CD-RW(Compact Disc-ReWritable) : 더 이상 수정이 되지 않는(단 한 번밖에 기록이 되지 않는) CD-R과는 달리 약 1,000 번 정도까지 기록하고 삭제가 가능하여 백업 매체로도 많이 사용된다. 보통 용량은 650[MB]에서 700[MB] 정도이다.

42 다음 전자소자 중 수동소자는?

① 다이오드
② 트랜지스터
③ 용량기
④ 집적회로

해설
• 능동소재(부품) : 입력과 출력을 갖추고 있으며, 전기를 가하면 입력과 출력이 일정한 관계를 가진다. 신호단자 외 전력의 공급 이 필요하다.
　예 연산증폭기, 부성저항 특성을 띠는 다이오드, 트랜지스터, 전계효과트랜지스터(FET), 단접합트랜지스터(UJT), 진공 관 등
• 수동소재(부품) : 능동소자와는 반대로 에너지를 소비・축적・ 통과시키는 작용을 하고, 외부 전원 없이 단독으로 동작이 가능 하다.
　예 저항기, 콘덴서, 인덕터, 트랜스, 릴레이 등

43 인쇄회로기판의 패턴을 설계할 때, 유의해야 할 사 항으로 옳지 않은 것은?

① 패턴은 굵고 짧게 한다.
② 배선은 길게 하는 것이 좋다.
③ 패턴 사이의 간격을 차폐한다.
④ 커넥터를 분리하여 설계한다.

해설
패턴 설계 시 유의사항
• 패턴의 길이 : 패턴은 가급적 굵고 짧게 하여야 한다. 패턴은 가능한 두껍게 데이터의 흐름에 따라 배선하는 것이 좋다.
• 부유 용량 : 패턴 사이의 간격을 떼어 놓거나 차폐를 행한다. 양 도체 사이의 상대 면적이 클수록, 거리가 가까울수록, 절연물 의 유전율이 높을수록 부유 용량(Stray Capacity)이 커진다.
• 신호선 및 전원선은 45°로 구부려 처리한다.
• 신호 라인이 길 때는 간격을 충분히 유지시키는 것이 좋다.
• 단자와 단자의 연결에서 VIA는 최소화하는 것이 좋다.
• 공통 임피던스 : 기판에서 하나의 접지점을 정하는 1점 접지방식 으로 설계하고, 각각의 회로 블록마다 디커플링 콘덴서를 배치 한다.
• 회로의 분리 : 취급하는 전력 용량, 주파수 대역 및 신호 형태별로 기판을 나누거나 커넥터를 분리하여 설계한다.
• 도선의 모양 : 배선은 가급적 짧게 하는 것이 다른 배선이나 부품의 영향을 적게 받는다.
• 부품의 부피와 피치(Pitch) : 부품의 부피와 피치(Pitch)를 확인 하여 적절한 부착 위치를 설정한다.

44 PCB 제조공정은 어떤 방법에 의해 소정의 배선만 남기고, 다른 부분의 패턴을 제거할 것인가 하는 점이 중요하다. 다음 중 대표적으로 사용되는 에칭 방법(패턴 제거방법)이 아닌 것은?

① 사진 부식법
② 실크 스크린법
③ 플렉시블 인쇄법
④ 오프셋 인쇄법

해설

인쇄회로기판(PCB)의 에칭방법(패턴 제거방법)

• 사진 부식법 : 사진의 밀착인화원리를 이용한 것으로, 정밀도는 가장 우수하나 양산에는 적합하지 않다. 포토 레지스트(Photo Resist)를 직접 기판에 도포하고, 필름을 기판 위에 얹어 감광시킨 후 현상하면, 기판에는 배선에 해당하는 부분만 남고 나머지 부분에 구리면이 나타난다.
• 실크 스크린법 : 등사원리를 이용하여 내산성 레지스터를 기판에 직접 인쇄하는 방법으로, 사진 부식법에 비해 양산성은 높으나 정밀도가 다소 떨어진다. 실크로 만든 스크린에 감광성 유제를 도포하고 포지티브 필름으로 인화ㆍ현상하면 패턴 부분만 스크린되고, 다른 부분이 막히는데 이 실크 스크린에 내산성 잉크를 칠해 기판에 인쇄한다.
• 오프셋 인쇄법 : 일반적인 오프셋 인쇄방법을 이용한 것으로 실크 스크린법보다 대량 생산에 적합하고 정밀도가 높다. 내산성 잉크와 물이 잘 혼합되지 않는 점을 이용하여 아연판 등의 오프셋 판을 부식시켜 배선 부분에만 잉크를 묻게 한 후 기판에 인쇄한다.

45 검도의 목적으로 옳지 않은 것은?

① 도면 척도의 적절성
② 표제란에 필요한 내용
③ 조립 가능 여부
④ 판매 가격의 적절성

해설

검도의 목적

검도의 목적으로는 도면에 모순이 없고, 설계사양대로 기능을 만족시키는지, 가공방법이나 조립방법, 제조비용 등에 대해서도 충분히 고려되었는지 등을 판정하려는 의도이다. 검도는 도면 작성자 본인이 한 후, 다시 그의 상사가 객관적 입장에서 검도함으로써 품질이나 제조비용 등의 최적화를 확보할 수 있다. 도면은 생산에서 중요한 역할을 하므로 도면에 오류가 있을 시 제품의 불량, 생산 중단 등의 손실을 발생시킨다. 그러므로 효과적인 검도는 꼭 필요하다.

검도의 내용

• 도면의 양식은 규격에 맞는가?
• 표제란과 부품란에 필요한 내용이 기입되었는가?
• 요목표 및 요목표 내용의 누락은 없는가?
• 부품번호의 부여와 기입이 바른가?
• 부품의 명칭이 적절한가?
• 규격품에 대한 호칭방법은 바른가?
• 조립 작업에 필요한 주의 사항을 기록하였는가?

46 7세그먼트(FND) 디스플레이가 동작할 때 빛을 내는 것은?

① 발광 다이오드　　② 부 저
③ 릴레이　　　　　④ 저 항

해설

7세그먼트 표시장치는 7개의 선분(획)으로 구성되어 있다. 위아래에 사각형 모양으로 두 개의 가로 획과 두 개의 세로 획이 배치되어 있고, 위쪽 사각형의 아래 획과 아래쪽 사각형의 위쪽 획이 합쳐진 모양이다. 가독성을 위해 종종 사각형을 기울여서 표시하기도 한다. 7개의 획은 각각 꺼지거나 켜질 수 있으며 이를 통해 아라비아 숫자를 표시할 수 있다. 몇몇 숫자(0, 6, 7, 9)는 둘 이상의 다른 방법으로 표시가 가능하다.

LED로 구현된 7세그먼트 표시장치는 각 획 별로 하나의 핀이 배당되어 각 획을 끄거나 켤 수 있도록 되어 있다. 각 획별로 필요한 다른 하나의 핀은 장치에 따라 공용 (+)극이나 공용 (−)극으로 배당되어 있기 때문에 소수점을 포함한 7세그먼트 표시장치는 16개가 아닌 9개의 핀만으로 구현 가능하다. 한편 한 자리에 해당하는 4비트나 두 자리에 해당하는 8비트를 입력받아 이를 해석하여 적절한 모습으로 표시해 주는 장치도 있다. 7세그먼트 표시장치는 숫자뿐만 아니라 제한적으로 로마자와 그리스 문자를 표시할 수 있다. 하지만 동시에 모호함 없이 표시할 수 있는 문자에는 제한이 있으며 그 모습 또한 실제 문자의 모습과 동떨어지는 경우가 많기 때문에 고정되어 있는 낱말이나 문장을 나타낼 때만 쓰는 경우가 많다.

47 PCB 설계 시 배선으로 인한 인덕턴스 발생을 줄이기 위한 전원 라인 배선방법으로 가장 좋은 것은?

① 전원 라인은 굵고, 짧게 배선한다.
② 전원 라인은 굵고, 길게 배선한다.
③ 전원 라인은 가늘고, 길게 배선한다.
④ 전원 라인은 가늘고, 짧게 배선한다.

해설

교류회로에서 전류의 흐름을 방해하는 모든 요소 중에서 유도성분을 인덕턴스라고 하며, 굵고 짧게 배선하여 인덕턴스를 줄일 수 있다.

48 절대좌표 A(10, 10)에서 B(20, −20)으로 개체가 이동하였을 때 상대좌표는?

① 10, 20　　　　② 10, −20
③ 10, 30　　　　④ 10, −30

해설

상대좌표(Relative Coordinate) : 최종점을 기준(절대좌표는 원점을 기준으로 한다)으로 한 각 방향의 교차점이다. 따라서 상대좌표의 표시는 하나이지만 해당 좌표점은 기준점에 따라 도면 내에 무한적으로 존재한다. 상대좌표는 (기준점으로부터 X방향값, Y방향값)으로 표시하며, 각각의 좌표값 사이를 콤마(,)로 구분해야 하고, 음수값도 사용이 가능하다(음수는 방향이 반대이다).
※ 기준점 A(10, 10)에서 B(20, −20)을 상대좌표로 표시하면 (20−10, −20−10) = (10, −30)

49 인쇄회로기판에서 패턴의 저항을 구하는 식으로 옳은 것은?(단, 패턴의 폭 W[mm], 두께 T[mm], 패턴 길이 L[cm], ρ : 고유저항)

① $R = \rho\dfrac{L}{WT}[\Omega]$　　② $R = \dfrac{L}{WT}[\Omega]$

③ $R = \dfrac{WL}{\rho T}[\Omega]$　　④ $R = \rho\dfrac{W}{LT}[\Omega]$

해설

저항의 크기는 물질의 종류에 따라 달라지며, 단면적과 길이에도 영향을 받는다. 물질의 종류에 따라 구성하는 성분이 다르므로 전기적인 특성이 다르다. 이러한 물질의 전기적인 특성을 일정한 단위로 나누어 측정한 값을 비저항(Specific Resistance)이라고 하며, 순수한 물질일 때 그 값은 고유한 상수(ρ)로 나타난다. 저항(R)은 비저항으로부터 구할 수 있으며 길이에 비례하고, 단면적에 반비례한다. 공식은 다음과 같다.

$R = \rho\dfrac{L}{S} = \rho\dfrac{L}{WT}[\Omega]$

50 시퀀스 제어용 기호와 설명이 옳게 짝지어진 것은?

① PT : 계기용 변압기

② TS : 과전류 계전기

③ OCR : 텀블러 스위치

④ ACB : 유도전동기

해설

② TS은 텀블러 스위치(차단기 및 스위치류)

③ OCR은 과전류계전기(차단기 및 스위치류)

④ ACB는 기중차단기(계전기)이다.

호	문자기호	용 어	대응영어
1101	BCT	부싱변류기	Bushing Current Transformer
1102	BST	승압기	Booster
1103	CLX	한류리액터	Current Limiting Reactor
1104	CT	변류기	Current Transformer
1105	GT	접지변압기	Grounding Transformer
1106	IR	유도전압 조정기	Induction Voltage Regulator
1107	LTT	부하 시 탭전환변압기	On-load Tap-changing Transformer
1108	LVR	부하 시 전압조정기	On-load Voltage Regulator
1109	PCT	계기용 변압변류기	Potential Current Transformer, Combined Voltage and Current Transformer
1110	PT	계기용 변압기	Potential Transformer, Voltage Transformer
1111	T	변압기	TRANSFORMER
1112	PHS	이상기	PHASE SHIFTER
1113	RF	정류기	RECTIFIER
1114	ZCT	영상변류기	Zero-phase-sequence Current Transformer

51 설계가 완료되면 PCB 제조공정은 해당 설계에 맞는 공법을 선택하여 제조한다. 다음 그림은 어떤 PCB 제작공정인가?

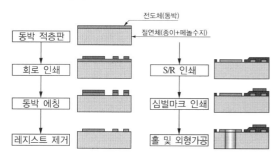

① 단면 PCB

② 양면 PCB

③ 다면 PCB

④ 특수 PCB

해설

PCB 제조공정

① 단면 PCB : 문제의 그림

② 양면 PCB

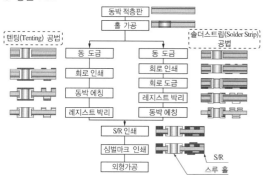

③ 다층(6층) PCB

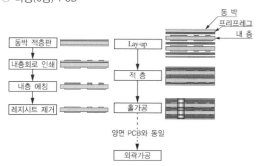

52 단체 표준은 생산자 모임인 협회, 조합, 학회 등과 같은 각종 단체가 생산업체와 수요자의 의견을 반영하여 자발적으로 제정하는 규정이다. IEEE는 다음 중 어떤 단체 표준의 명칭인가?

① 한국선급협회

② 미국기계기술자협회

③ 미국전기전자학회

④ 미국국방성규격

해설

단체 표준의 명칭

단체 표준 명칭	약 호	단체 표준 명칭	약 호
한국선급협회 (Korean Register of Shipping)	KR	영국로이드선급협회 (Lloyd's Register of Shipping)	LR
미국기계기술자협회 (American Society of Mechanical Engineers)	ASME	미국재료시험협회 (American Society of Testing Materials)	ASTM
미국전기전자학회 (Institute of Electrical and Electronics Engineers)	IEEE	미국국방성규격 (Military Specifications and Standards)	MIL

53 PCB 설계 시 배선의 전기적 특성과 노이즈 개선방법으로 틀린 것은?

① 회로 블록마다 디커플링 커패시터를 배치한다.

② 기판 내 접지점은 5점 이상의 접지방식을 사용한다.

③ 양면에서는 각층이 서로 교차되도록 배선한다.

④ 주파수 대역 형태별로 기판을 나누어서 배선한다.

해설

PCB에서 패턴 설계 시 유의사항

• 패턴의 길이 : 패턴은 가급적 굵고 짧게 하여야 한다. 패턴은 가능한 한 두껍게 데이터의 흐름에 따라 배선하는 것이 좋다.
• 부유 용량 : 패턴 사이의 간격을 떼어놓거나 차폐를 행한다. 양 도체 사이의 상대 면적이 클수록, 거리가 가까울수록, 절연물의 유전율이 높을수록 부유 용량(Stray Capacity)이 커진다.
• 신호선 및 전원선은 45°로 구부려 처리한다.
• 신호 라인이 길 때는 간격을 충분히 유지시키는 것이 좋다.

• 단자와 단자의 연결에서 VIA는 최소화하는 것이 좋다.
• 공통 임피던스 : 기판에서 하나의 접지점을 정하는 1점 접지방식으로 설계하고, 각각의 회로 블록마다 디커플링 콘덴서를 배치한다.
• 회로의 분리 : 취급하는 전력 용량, 주파수 대역 및 신호 형태별로 기판을 나누거나 커넥터를 분리하여 설계한다.
• 도선의 모양 : 배선은 가급적 짧게 하는 것이 다른 배선이나 부품의 영향을 적게 받는다.

PCB에서 노이즈(잡음) 방지대책

• 회로별 Ground 처리 : 주파수가 높아지면(1[MHz] 이상) 병렬, 또는 다중 접지를 사용한다.
• 필터 추가 : 디커플링 커패시터를 전압강하가 일어나는 소자 옆에 달아주어 순간적인 충방전으로 전원을 보충, 바이패스 커패시터(0.01, 0.1[μF](103, 104), 세라믹 또는 적층 세라믹 콘덴서)를 많이 사용한다(고주파 RF 제거 효과). TTL의 경우 가장 큰 용량이 필요한 경우는 0.047[μF] 정도이므로 흔히 0.1[μF]를 사용한다. 커패시터 배치할 때에도 소자와 너무 붙여 놓으면 전파 방해가 생긴다.
• 내부배선의 정리 : 일반적으로 1[A]가 흐르는 선의 두께는 0.25[mm](허용온도 상승 10[℃]일 때) 0.38[mm](허용온도 5[℃]일 때), 배선을 알맞게 하고 배선 사이를 배선의 두께만큼 띄운다. 배선 사이의 간격이 배선의 두께보다 작아지면 노이즈 발생(Crosstalk 현상), 직각으로 배선하기보다 45°, 135°로 배선한다. 되도록이면 짧게 배선한다. 배선이 길어지거나 버스 패턴을 여러 개 배선해야 할 경우 중간에 Ground 배선을 삽입한다. 배선의 길이가 길어질 경우 Delay 발생 → 동작 이상, 같은 신호선이라도 되도록이면 묶어서 배선하지 않는다.
• 동판처리 : 동판의 모서리 부분이 안테나 역할 → 노이즈 발생, 동판의 모서리 부분을 보호가공한다. 상하 전위차가 생길만한 곳에 같은 극성의 비아(Via)를 설치한다.
• Power Plane : 안정적인 전원 공급 → 노이즈 성분을 제거하는 데 도움이 된다. Power Plane을 넣어서 다층기판을 설계할 때 Power Plane 부분을 Ground Plane보다 20[H](= 120[mil] = 약 3[mm]) 정도 작게 설계한다.
• EMC 대책 부품을 사용한다.

54 PC 마더보드, PDP, DTV, MP3 플레이어, 캠코더 등에 사용하는 PCB는?

① 페놀 양면(카본)

② 에폭시 양면

③ 에폭시 MLB(4층)

④ Polyamide Flex

해설

PCB의 종류

재 료	형 태		어플리케이션
페 놀	단 면		TV, VCR, 모니터, 오디오, 전화기, 가전제품
	양 면	카 본	리모콘
		STH	CR-ROM, CD-RW, DVD
		CPTH	DVD, 모니터
에폭시	양 면		오디오, OA기기, HDTV
	MLB	4층	PC 마더보드, PDP, DTV, MP3 플레이어, 캠코더
		6~8층	DVR, TFT-LCD, 모바일폰, 모뎀, 노트북 PC
		10층 이상	통신/네트워크 장비(중계기, 교환기 등)
	빌드업(Build Up)		
	Package Substrate (BGA, CSP)		모바일폰, 캠코더, 디지털카메라
폴리아마이드	Flex		노트북 PC, 프린터, TFT-LCD
	Rigid Flex		캠코더
	Package Substrate (CSP)		모바일폰, 디지털카메라

• 반도체용 메모리/비메모리 PCB는 에폭시 계열 MLB에 해당되며, 주로 6~8층이 많다.

• 폴리아마이드는 유연 PCB의 원재료이다.

• 빌드업과 Package Substrate : 빌드업은 MLB쪽에 가까운 품목으로 빌드업이라는 공법으로 만든 PCB이고, Package Substrate는 반도체를 실장하기 위한 PCB로 반도체를 실장하게 되면 그 자체가 반도체가 되는 것으로, 이것을 다시 MLB나 다른 PCB에 실장한다.

55 다음 중 집적도에 의한 IC 분류로 옳은 것은?

① MSI : 100 소자 미만

② LSI : 100~1,000 소자

③ SSI : 1,000~10,000 소자

④ VLSI : 10,000 소자 이상

해설

IC 집적도에 따른 분류

• SSI(Small Scale IC, 소규모 집적회로) : 집적도가 100 이하의 것으로 복잡하지 않은 디지털 IC 부류이다. 기본적인 게이트 기능과 플립플롭 등이 이 부류에 해당한다.

• MSI(Medium Scale IC, 중규모 집적회로) : 집적도가 100~1,000 정도의 것으로 좀 더 복잡한 기능을 수행하는 인코더, 디코더, 카운터, 레지스터, 멀티플렉서 및 디멀티플렉서, 소형 기억장치 등의 기능을 포함하는 부류에 해당한다.

• LSI(Large Scale IC, 고밀도 집적회로) : 집적도가 1,000~10,000 정도의 것으로 메모리 등과 같이 한 칩에 등가 게이트를 포함하는 부류에 해당한다.

• VLSI(Very Large Scale IC, 초고밀도 집적회로) : 집적도가 10,000~1,000,000 정도의 것으로 대형 마이크로프로세서, 단일칩 마이크로프로세서 등을 포함한다.

• ULSI(Ultra Large Scale IC, 초초고밀도 집적회로) : 집적도가 1,000,000 이상으로 인텔의 486이나 펜티엄이 이에 해당한다. 그러나 VLSI와 ULSI의 정확한 구분은 확실하지 않고 모호하다.

56 다음 중 인쇄회로기판의 제작 순서가 옳은 것은?

① 사양관리 → CAM 작업 → 드릴 → 노광

② 사양관리 → 노광 → CAM 작업 → 드릴

③ CAM 작업 → 드릴 → 노광 → 사양관리

④ CAM 작업 → 사양관리 → 노광 → 드릴

해설

인쇄회로기판(PCB) 제작 순서

• 사양관리 : 제작 의뢰를 받은 PCB가 실제로 구현될 수 있는 회로인지, 가능한 스펙인지를 알아내고 판단

• CAM(Computer Aided Manufacturing) 작업 : 설계된 데이터를 기반으로 제품을 제작하는 것

• 드릴 : 양면 또는 적층된 기판에 각층 간의 필요한 회로 도전을 위해 또는 어셈블리 업체의 부품 탑재를 위해 설계 지정 직경으로 Hole을 가공하는 공정

• 무전해 동도금 : Drill 가공된 Hole 속의 도체층은 절연층으로 분리되어 있다. 이를 도통시켜 주는 것이 주목적이며, 화학적 힘에 의해 1차 도금하는 공정

• 정면 : 홀 가공 시 연성 동박상에 발생하는 Burr, 홀 속 이물질 등을 제거하고, 동박 표면상 동도금의 밀착성을 높이기 위하여 처리하는 소공정(동박 표면의 미세방청처리 동시 제거)

• Laminating : 제품 표면에 패턴 형성을 위한 준비 공정으로 감광성 드라이 필름을 가열된 롤러로 압착하여 밀착시키는 공정

• D/F 노광 : 노광기 내 UV 램프로부터 나오는 UV 빛이 노광용 필름을 통해 코어에 밀착된 드라이 필름에 조사되어 필요한 부분을 경화시키는 공정

• D/F 현상 : Resist층의 비경화부(비노광부)를 현상액으로 용해·제거시키고 경화부(노광부)는 D/F를 남게 하여 기본 회로를 형성시키는 공정

• 2차 전기도금 : 무전해 동도금된 홀 내벽과 표면에 전기적으로 동도금을 하여 안정된 회로 두께를 만든다.

• 부식 : Pattern 도금 공정 후 Dry Film 박리 → 불필요한 동박리 → Solder 도금 박리 공정

• 중간검사 : 제품의 이상 유무 확인

• PSR 인쇄 : Print 배선판에 전자부품 등을 탑재해 Solder 부착에 따른 불필요한 부분에서의 Solder 부착을 방지하며 Print 배선판의 표면회로를 외부환경으로부터 보호하기 위해 잉크를 도포하는 공정

• 건조 : 80[℃] 정도로 건조시켜 2면 인쇄 시 Table에 잉크가 묻어 나오는 것을 방지하는 공정

• PSR 노광 : 인쇄된 잉크의 레지스트 역할을 할 부위와 동 노출시킬 부위를 UV조사로 선택적으로 광경화시키는 공정

• PSR 현상 : 노광후 UV 빛을 안 받아 경화되지 않은 부위의 레지스트를 현상액으로 제거하여 동을 노출시키는 공정

• 제판 및 건조 : 현상 후 제품의 잉크의 광경화를 완전하게 하기 위함이다.

• Silk Screen Marking : 제품상에 모델명, 입체 로고, 부품기호 및 기타 Symbol을 표시하기 위한 공정

• 건조 : 인쇄된 기판의 불필요한 용제 및 가스를 제거하고, 잉크를 완전히 고형화시켜 적절한 절연저항, 내약품성, 내열성, 밀착성 및 경도가 되도록 하며 동시에 인쇄된 2면 마킹잉크를 완전히 경화시키는 공정

• HASL(Hot Air Solder Leveling) : 납땜 전 동 표면의 보호와 땜의 젖음성을 좋게 하기 위한 공정

• ROUT / V-CUT : 제품 외곽을 발주업체에서 요구하는 치수와 형태로 절단하는 공정

• 수세 : 공정처리 시 기판 표면에 묻게 되는 오염물질을 제거하는 공정

• 최종검사(외관 및 BBT) : 제품의 이상 유무 확인, 전기신호에 의한 제품 Open, Short 확인

• 진공 포장 : 제품 보호를 위한 진공 포장

• 품질관리 : 도금 두께 측정기로써 전기동 도금 후 Hole 및 표면의 도금 두께가 스펙에 맞는지 확인. Hole, Pattern 등의 거리 간 측정, 도금 공정의 도금액 분석 관리 및 신뢰성 테스트

• 전산입력(자료관리) : 제품 추적을 위한 자료 입력 및 납품 예약

• 고객(수요처)에게 연락 후 배송 : 고객에게 배송을 연락하며 영업 담당자가 직접 납품

• 품질경영회의 : 고객에 대한 불편이나 품질 개선에 대한 회의 및 조치

57 다음 그림은 회로도의 일부이다. ㉠~㉢에 대한 설명으로 옳은 것을 보기에서 모두 고른 것은?

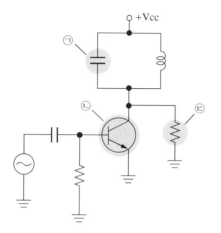

┤보기├

ㄱ. ㉠은 전기를 일시적으로 저장하는 소자이다.
ㄴ. ㉡은 전류제어용 소자 트랜지스터이다.
ㄷ. ㉢은 전류의 흐름을 방해하는 부품이다.

① ㉠
② ㉠, ㉡
③ ㉠, ㉢
④ ㉠, ㉡, ㉢

해설

㉠은 콘덴서로 축전기라고도 하며, 두 가지의 기능을 수행한다. 직류 전압을 가하면 각 전극에 전기(전하)를 축적(저장)하는 역할(콘덴서의 용량만큼 저장된 후에는 전류가 흐르지 않음)과 교류에서는 직류를 차단하고 교류 성분을 통과시키는 성질을 가지고 있다.
㉡은 트랜지스터로 p형과 n형 반도체를 접합시켜 p-n-p형과 n-p-n형으로 만들어진다. 각각의 트랜지스터는 이미터(E), 베이스(B), 컬렉터(C)라는 3개의 단자를 가진다. 트랜지스터는 베이스(B)에 흐르는 작은 전류에 의해 이미터(E)와 컬렉터(C) 사이에 큰 전류를 흐르게 할 수 있다.
㉢은 저항으로 전기(정확하게는 전류)가 잘 흐르지 못하도록 방해하는 성질(부품)을 가지며, 전기에너지를 열로 변환시킨다. 이 열을 방출시키면 전압이 감소하고, 마찬가지로 전류도 감소한다.

58 다음 그림은 어떤 PCB를 나타내는가?

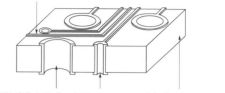

① 단면 PCB
② 양면 PCB
③ 다면 PCB
④ 특수 PCB

해설

PCB의 종류

• 단면 PCB(Single Side PCB) : 회로가 단면에만 형성된 PCB이다. 실장밀도가 낮고, 제조방법이 간단하여 저가 제품인 TV, VTR, AUDIO 등 민생용의 대량 생산에 사용된다.
• 양면 PCB(Double Side PCB) : 회로가 상하 양면으로 형성된 PCB이다. 단면 PCB에 비해 고밀도 부품실장이 가능한 제품이며, 상하 회로는 스루 홀에 의하여 연결된다. 주로 Printer, Fax 등 저기능 OA기기와 저가격 산업용 기기에 사용된다.
• 다층 PCB(Multi Layer Board) : 내층과 외층회로를 가진 입체구조의 PCB로 입체 배선에 의한 고밀도 부품실장 및 배선거리의 단축이 가능한 제품이다. 주로 대형 컴퓨터, PC, 통신장비, 소형 가전기기 등에 사용된다.

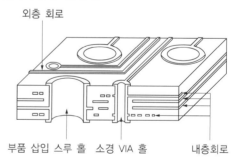

• 특수 PCB는 IVH MLB(Interstitial Via Hole MLB), R-F PCB(Rigid-flex PCB), MCM PCB(Multi Chip Module PCB) 등이 있다.

59 다음 그림과 같은 도면에 해당하는 것은?

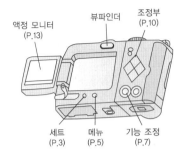

① 계획도   ② 부품도

③ 설명도   ④ 공정도

해설
도면을 사용 용도에 따라 분류하면 다음과 같다.
- 계획도 : 설계자가 제품을 구상하는 단계에서 설계자의 제작 의도와 계획을 나타내는 도면으로, 제작도 작성의 기초가 된다.
- 제작도 : 기계나 설계 제품을 제작할 때 제작자에게 설계자의 의도를 전달하기 위해 사용하는 도면이다. 이 도면에는 설계자가 계획한 제품을 정확하게 만들기 위한 모든 정보, 즉 제품의 형태, 치수, 재질, 가공방법 등이 나타나 있다. 제작도에는 부품을 하나씩 그린 부품도와 부품의 조립 상태를 나타내는 조립도가 있다.
- 주문도 : 주문하는 사람이 주문서에 첨부하여 제작하는 사람에게 주문품의 형태, 기능 등을 제시하는 도면이다.
- 견적도 : 제작하는 사람이 견적서에 첨부하여 주문한 사람에게 견적 내용을 제시하는 도면이다. 견적 내용에는 주문품의 내용, 제작비 개요 등이 포함된다.
- 승인도 : 제작하는 사람이 주문자의 요구사항을 도면에 반영하여 주문자의 승인을 받기 위한 도면이다.
- 설명도 : 필요에 따라 제품의 구조, 작동원리, 기능, 조립과 분해 순서 및 사용방법 등을 설명하기 위한 도면이다.

60 다음 마일러 콘덴서의 용량은 얼마인가?

① 22,000[pF]   ② 224[pF]

③ 0.22[μF]   ④ 22.4[μF]

해설
마일러 콘덴서 용량 표기
- 첫 번째 수와 두 번째 문자에 의한 마일러 콘덴서의 내압표

구 분	0	1	2	3
A	1.0	10	100	1,000
B	1.25	12.5	125	1,250
C	1.6	16	160	1,600
D	2.0	20	200	2,000
E	2.5	25	250	2,500
F	3.15	31.5	315	3,150
G	4.0	40	400	4,000
H	5.0	50	500	5,000
J	6.3	63	630	6,300
K	8.0	80	800	8,000

- 마일러, 세라믹 콘덴서의 문자에 의한 오차표

구 분	허용오차	구 분	허용오차
B	±0.1	M	±20
C	±0.25	N	±30
D	±0.5	V	+20 −10
F	±1	X	+40 −10
G	±2	Z	+60 −20
J	±5	P	+80 −0
K	±10		

1H224J이면 내압 50[V]이고,
$22 \times 10^4 = 220,000[pF] = 0.22[\mu F]$이고,
J는 ±5[%]의 오차를 나타낸다.
∴ 1H224J = 0.22[μF] ±5[%], 내압 50[V]인 콘덴서이다.

부록 PCB 용어

1 일반용어

인쇄회로기판(Printed Circuit Board/Printed Wiring Board)

PCB는 Printed Circuit Board의 약어이며 인쇄회로기판을 말한다. 여러 종류의 많은 부품을 페놀수지 또는 에폭시수지로 된 평판 위에 밀집탑재하고 각 부품 간을 연결하는 회로를 수지평판의 표면에 밀집·단축하여 고정시킨 회로기판이다. PCB는 페놀수지 절연판 또는 에폭시수지 절연판 등의 한쪽 면에 구리 등의 박판을 부착시킨 다음 회로의 배선패턴에 따라 식각(선상의 회로만 남기고 부식시켜 제거)하여 필요한 회로를 구성하고 부품들을 부착·탑재시키기 위한 구멍을 뚫어 만든다. 배선회로면의 수에 따라 단면기판·양면기판·다층기판 등으로 분류되며 층수가 많을수록 부품의 실장력이 우수하며, 고정밀 제품에 채용된다. 단면 PCB는 주로 페놀원판을 기판으로 사용하며 라디오·전화기·간단한 계측기 등 회로구성이 비교적 복잡하지 않은 제품에 채용된다. 양면 PCB는 주로 에폭시수지로 만든 원판을 사용하며 컬러 TV·VTR·팩시밀리 등 비교적 회로가 복잡한 제품에 사용된다. 이 밖에 다층 PCB는 32비트 이상의 컴퓨터·전자교환기·고성능 통신기기 등 고정밀기기에 채용된다. 또 자동화기기·캠코더 등 회로 판이 움직여야 하는 경우와 부품의 삽입·구성 시 회로기판의 굴곡을 요하는 경우에 유연성있게 대응할 수 있도록 만든 회로기판을 유연성 기판(Flexible PCB)이라고 한다.

프린트 회로(Printed Circuit)

프린트 배선과 프린트 부품 또는 탑재 부품으로 구성되는 회로

단면 프린트 배선판(Single-sided Printed Circuit Board)

단면에만 도체 패턴이 있는 프린트 배선판

양면 프린트 배선판(Double-sided Printed Circuit Board)

양면에 도체 패턴이 있는 프린트 배선판

다층 프린트 배선판(Multilayer Printed Circuit Board)

각 층간 절연 재질로 분리 접착되어진 표면 도체층을 포함하여 3층 이상에 도체 패턴이 있는 프린트 배선판

플렉시블 프린트 배선판(Flexible Printed Circuit Board)

유연성이 있는 절연기판을 사용한 프린트 배선판

마더 보드(Mother Board)

프린트 판에 조립품을 부착하고 또 접속할 수 있는 배선판

부품면(Component Side)

대부분의 부품이 탑재되는 프린트 배선판의 면

▌ 땜납면(Solder Side)

부품면의 반대쪽 프린트 배선판면이고, 대부분 납땜이 이루어지는 면

▌ 격자(Grid)

프린트 배선판상의 접속 부분의 위치를 결정하기 위해 직교하는 같은 간격의 평행선 군에 의하여 생기는 격자

▌ 프린트(Printing)

각종 방법에 따라 표면상에 패턴을 재현하는 기법

▌ 패턴(Pattern)

프린트 배선판상에 형성된 도전성 도형 및 비도전성 도형

▌ 도체(Conductor)

도체 패턴 개개의 도전성을 형성하는 부분

▌ 프린트 콘택트(Printed Contact)

접속에 의한 전기적인 접속을 목적으로 한 도체 패턴의 부분

▌ 에지 커넥터 단자(Edge Board Contact)

프린트 배선판의 끝부분에 형성된 프린트 콘택트

2 기판 재료 용어

▌ 절연 기판(Base Material)

표면에 도체 패턴을 형성할 수 있는 절연재료

▌ 프리프레그(Prepreg)

유리천 등의 바탕재에 열경화성 수지를 함침시켜 B 스테이지까지 경화시킨 시트모양재료(B 스테이지란 수지의 반경화 상태를 말한다)

▌ 본딩 시트(Bonding Sheet)

개개의 층을 접합하여 다층 프린트 배선판을 제조하기 위하여 사용하는 적절한 접착성이 있는 재료로 된 시트
예 프리프레그, 접착필름 등이 있다.

▌ 동 적층판(Copper Clad Laminated)

단면 또는 양면을 동박으로 덮은 프린트 배선판용 적층판

▌ 동박(Copper Foil)

절연기판의 단면 또는 양면을 덮어 도체 패턴을 형성하기 위한 동박

▌ 적층(Lamination)

2매 이상의 층 구성재를 일체화 접착하는 것

▌ 적층판(Laminate)

수지를 합침한 바탕재를 적층, 접착하여 얻어지는 기판

3 설계용어

▌ 도통 접속(Through Connection)

프린트 배선판의 부품면과 납땜면의 도체 패턴 간의 전기적 접속

▌ 층간 접속(Innerlayer Connection)

다층 프린트 배선판의 다른 층과 도체 패턴 간의 전기적 접속

▌ 도통 홀(Through-hole Plating)

도통 접속을 하기 위하여 홀 벽면에 금속을 도금하는 것

▌ 도금 도통 홀(Plated Through Hole)

내·외층 간 도통 접속을 하기 위하여 홀 벽에 금속으로 도금되어진 홀

▌ 동 도통 홀(Copper Plated Through Hole)

동 도금만으로 구성되고, 오버 도금되어 있지 않은 도금 도통 홀

▌ 땜납 도통 홀(Solder Plated Through Hole)

오버 도금 금속으로 땜납을 사용한 도금 도통 홀

▌ 랜드(Land)

전기적 접속 또는 부품의 부착을 위하여 사용되는 도체 패턴의 일부분

▌ 랜드리스 홀(Landless Hole)

랜드가 없는 도금된 도통 홀

▌ 액세스 홀(Access Hole)

다층 프린트 배선판의 내층에 도통 홀과 전기적 접속이 되도록 도금 도통 홀을 감싸는 부분에 도체 패턴을 형성한 홀

▌ 클리어런스 홀(Clearance Hole)

다층 프린트 배선에서 도금 도통 홀과 전기적 접속을 하지 않도록 하기 위해서 도금 도통 홀을 감싸는 부분에 도체 패턴의 도전재료가 없도록 한 영역

▌ 위치결정 홀(Location Hole)

정확한 위치를 결정하기 위하여 프린트 배선판 또는 패널에 붙인 홀

▌ 위치결정 홈(Location Notch)

정확한 위치를 결정하기 위하여 프린트 배선판 또는 패널에 붙인 홈(통상 Slot이라고도 칭함)

▌ 부착 홀(Mounting Hole)

프린트 배선판을 기계적으로 삽입하기 위하여 사용하는 홀 또는 부품을 프린트 배선판에 기계적으로 부착하기 위하여 사용하는 홀

▌ 부품 홀(Component Hole)

프린트 배선판에 부품단자를 부착함과 동시에 도체 패턴과 전기적인 접속을 할 수 있는 구멍

▌ 애스펙트 비(Aspect Ratio)

프린트 배선판의 판 두께를 구멍지름으로 나눈 값

▌ 아트워크 마스터(Artwork Master)

제조용 원판을 만드는 데 사용하는 지정된 배율의 원도

■ 위치 기준(Datum Reference)

패턴, 구멍 또는 층의 위치 결정 또는 검사를 위하여
사용하는 미리 정하여진 점, 선 또는 면

■ 층간 위치 맞춤(Layer to Layer Registration)

프린트 배선판에서 각 층 패턴의 상호 위치관계를 맞
추는 것

■ 애눌러 폭(Annular Width)

구멍을 에워싼 랜드의 고리모양 부분의 폭

■ 애눌러 링(Annular Ring)

구멍을 완전히 둘러싸고 있는 도체 부분

■ 층(Layer)

프린트 배선판을 구성하는 각종 층의 총칭어

■ 신호층(Signal Plan)

전기신호의 전송을 목적으로 한 도체층

■ 그라운드 층(Ground Plane)

프린트 배선판의 표면 또는 내부에 공통으로 접속되
어, 전원공급 실드 또는 히트 싱크의 목적으로 사용되
는 도체층

■ 내층(Internal Layer)

다층 프린트 배선판의 내부 도체 패턴층

■ 외층(External Layer)

다층 프린트 배선판의 표면 도체 패턴층

■ 도체층 간 두께(Layer to Layer Spacing)

다층 프린트 배선판의 인접하는 도체층 간 절연재료
의 두께

■ 비아홀(Via Hole)

부품을 삽입하지 않고, 다른 층 간을 접속하기 위하여
사용되는 도금 도통 홀

■ 블라인드, 베리드 비아홀(Blind and Buried Via Hole)

다층 프린트 배선판의 2층 이상의 도체층 간을 접속하
는 도금 관통구멍으로서 프린트 배선판을 관통하지
않는 구멍

■ 심벌 마크(Symbol Mark)

프린트 배선판의 조립 및 수리에 편리하도록 판 위에
부품의 위치나 기호를 비도전재료를 사용하여 인쇄한
표식

■ 키 슬롯(Key Slot)

인쇄기판이 해당 장비에만 삽입되고 기타의 장비에는
삽입될 수 없도록 설계된 홀

■ 실자(Legend)

부품의 위치나 용도 식별 또는 조립과 대체를 용이하
게 하기 위하여 기판의 표면에 형성된 문자, 숫자 기호

■ 마스터 드로잉(Master Drawing)

도체 패턴 또는 비도체 패턴과 부품들의 위치, 크기,
형태 및 홀의 위치 등을 포함하여 기판상의 모든 부품
의 위치 및 기판의 크기를 나타내고 제조와 가공 그리
고 검사에 필요한 모든 정보를 제공하는 문서

■ 열방출(방열판 ; Thermal Relief)

솔더링하는 동안에 발생하는 블리스터(Blister)나 휨
(Warp & Twist)과 냉납현상을 방지하기 위하여 Ground
또는 Voltage 핀상에 그물모양으로 회로가 형성된 것

▌ **포지(Positive)**

투명한 배경에 불투명하게 재현된 패턴(예 Top면의 Copper 정보)

▌ **포지 패턴(Positive Pattern)**

도체 부분이 불투명한 필름상의 패턴

▌ **네거(Negative)**

불분명한 배경에 투명하게 재현된 패턴(예 Plane 기판의 동판정보 – Display가 안 됨)

▌ **네거 패턴(Negative Pattern)**

도체 부분이 투명한 필름상의 패턴

▌ **제조용 원판(Original Production Master)**

제조용 필름을 만드는 데 사용하는 배율 1 : 1의 패턴이 있는 원판

▌ **제조용 필름(Productor Master)**

프린트 배선판을 제조하기 위하여 사용하는 배율 1 : 1의 패턴이 있는 필름 또는 건판

▌ **판넬(Panel)**

제조공정을 차례로 통과하는 1개 이상의 프린트 배선판에 가공되는 제조설비에 맞는 크기의 판

▌ **V컷(V-scoring)**

패널이나 프린트 배선판을 분할하기 위하여 설치한 V형의 홈

▌ **서브트랙티브법(Subtractive Process)**

금속 입힘 절연기판상의 도체 외에 불필요한 부분을 에칭 등에 의해 선택적으로 제거하여, 도체 패턴을 형성하는 프린트 배선판의 제법

▌ **에디티브법(Additive Process)**

절연기판 상에 도전성 재료를 무전해 도금 등에 의하여 선택적으로 석출시켜 도체 패턴을 형성하는 프린트 배선판의 제법

▌ **풀리 에디티브법(Full Additive Process)**

에디티브법의 하나로서 무전해 도금만을 사용하는 제법

▌ **세미 에디티브법(Semi Additive Process)**

에디티브법의 하나로서 무전해 도금을 한 후에 전기 도금 및 에칭 또는 그 한 쪽을 상용하는 제법

▌ **다이 스템프법(Die Stamping)**

도체 패턴을 금속판에 따내어 절연기판상에 접착하는 프린트 배선판의 제법

▌ **빌드업 법(Build-up Process)**

도금, 프린트 등에 의하여 차례로 도체층, 절연층을 쌓아 올라가는 다층 프린트 배선판의 제법

▌ **시퀀셜 적층법(Sequential Laminating Process)**

앞 뒤 도체 패턴 접속용의 중계구멍을 갖는 양면 프린트 배선판을 복수매 또는 단면 프린트 배선판과 조합하여 적층하고, 필요한 경우 다시 도통 홀 도금에 의하여 전체 도체층 간을 접속하도록 한 다층 프린트 배선판의 제법

구멍 메꿈법(Plugging Process)

도통 홀 도금 후 홀 내를 충전제로 메꾸고, 표면에 도체의 포지 패턴을 형성하여 에칭한 후, 충전제 및 표면의 레지스트를 제거하는 동 관통구멍의 프린트 배선판의 제법

핀 래미네이션(Pin Lamination)

가이드 핀에 의하여 각 층의 도체 패턴 위치를 결정하고 적층 일체화하는 다층 프린트 배선판의 생산기술

매스 래미네이션(Mass Lamination)

미리 만들어진 도체 패턴을 갖는 내층패널의 상하를 각각 프리프레그와 동박으로 끼워서 다수매를 동시에 적층하는 다층 프린트 배선판의 대량 생산 기술

레지스트(Resist)

제조 및 시험공정 중 에칭액, 도금액, 납땜 등에 대하여 특정 영역을 보호하기 위하여 사용하는 피복재료

에 칭

도체 패턴을 만들기 위하여 절연기판상의 도체의 불필요 부분을 화학적 또는 전기 화학적으로 제거하는 것

포토에칭

금속 입힘 절연기판상에 감광성 레지스트를 설치하고 사진적인 수법에 의하여 필요한 부분을 에칭하는 것

디퍼렌셜 에칭(Differential Etching)

도체층 중 불필요한 도체부를 필요한 도체부보다 얇게 함으로써 필요한 도체 패턴만을 남도록 하는 에칭

에치 팩터(Etch Factor)

도체 두께 방향의 에칭 깊이와 너비 방향의 에칭 깊이의 비

네일 헤드(Nail Heading)

다층 프린트 배선판을 드릴로 구멍을 뚫었을 때, 구멍 부분에 생기는 내층도체의 동의 퍼짐

에치 백(Etch Back)

내층도체의 노출표면적을 증가시키기 위하여 홀 벽면의 절연물(스미어를 포함한다)을 화학적 방법으로 일정 깊이까지 용해·제거하는 것

푸시 백(Push Back)

제품을 펀칭 가공하는 경우, 펀칭된 것을 다시 원상태로 밀어 되돌리는 가공 방법

스미어 제거(Desmearing)

Drilling시 마찰력에 의해 응용된 수지 또는 부스러기를 홀벽으로부터 화학적 방법에 의해 제거하는 처리(통상 화학처리로 한다)

패널 도금(Panel Plating)

패널 전체표면(관통구멍을 포함한다)에 대한 도금

패턴 도금(Pattern Plating)

도체 패턴부분에 대한 선택적 도금

텐팅법(Tenting)

도금 도통 홀과 그 주변의 도체 패턴을 레지스트로 덮어 에칭하는 방법

▌ 오버 도금(Over Plate)

이미 형성된 도체 패턴 또는 그 일부분상에 한 도금

▌ 솔더 레지스트(Solder Resist)

프린트 배선판상의 특정 영역에 하는 내열성 비폭재료로 납땜 작업시 이 부분에 땜납이 붙지 않도록 하는 레지스트

▌ 포토 레지스트(Photo Resist)

빛의 조사를 받은 부분이 현상액에 불용 또는 가용으로 되는 레지스트

▌ 도금 레지스트(Plating Resist)

도금이 필요 없는 부분에 사용하는 레지스트

▌ 에칭 레지스트(Etching Resist)

패턴을 에칭에 의하여 형성하기 위해 하는 내에칭성의 피막

▌ 스크린 프린트(Screen Printing)

스키지로 잉크 등의 매체를 스텐실 스크린을 통과시켜서 패널표면상에 패턴을 전사하는 방법

▌ 퓨징(Fusing)

도체 패턴상의 금속 피복을 용융시킨 후, 재응고시키는 것

▌ 핫 에어 레벨링(Hot Air Levelling)

열풍에 의하여 여분의 땜납을 제거하고, 표면을 평활하게 하는 방법

▌ 솔더 레벨링(Solder Leveling)

충분한 열과 기계적 힘을 주어서 프린트 배선판에 용융한 땜납(방법과 땜납의 조성에는 관계없다)을 재분포 및 부분적 제거 또는 그 어느 것인가를 하는 것

▌ 딥 솔더링(Dip Soldering)

부품을 부착한 프린트 배선판을 용융 땜납조의 정지표면상에 접촉시킴으로써, 노출되어 있는 도체 패턴과 부품단자가 접속이 되도록 납땜하는 방법

▌ 웨이브 솔더링(Wave Soldering)

끊임없이 흐르고, 또 순환하고 있는 땜납의 표면에 프린트 배선판을 접촉시켜 납땜하는 방법

▌ 리플로 솔더링(Reflow Soldering)

미리 입힌 땜납을 용융시킴으로써 납땜하는 방법

▌ 기상 땜납(Vapor Phase Soldering)

증기가 응축할 때에 방출하는 에너지에 의하여 땜납을 녹이는 리플로 솔더링의 방법

▌ 표면 실장(Surface Mounting)

부품 구멍을 사용하지 않고, 도체 패턴의 표면에서 전기적 접속을 하는 부품 탑재 방법

▌ 땜납 젖음(Wetting)

금속표면상에 땜납이 균일하고, 또한 끊어지지 않고 매끄럽게 퍼져 있는 상태

▌ 땜납 튀김(Dewetting)

녹은 땜납이 금속표면을 피복한 후, 땜납이 수축된 상태로 되어 땜납의 얇은 부분과 두꺼운 부분이 불규칙하게 생긴 상태

■ 땜납 젖음 불량(Non-wetting)

금속표면에는 땜납이 부착되어 있지만 땜납이 표면 전체에는 부착되어 있지 않은 상태

■ 클린치드 리드(Clinched Lead)

부품의 다리가 홀 속에 삽입되어 솔더링 이전에 부품이 떨어져 나가는 것을 방지하는 역할을 하기 위해 형성된 상태

■ 콜드 솔더 결합(Cold Solder Joint)

불충분한 가열 및 솔더링 전의 불충분한 세척이나 솔더의 오열 등으로 솔더 표면의 Wetting 상태가 균일하지 못하여 Soldering 후 기공이 발생하는 솔더 결합

■ 아이렛(Eyelet)

부품리드나 전기적 접촉을 기계적으로 지지하기 위하여 터미널이나 인쇄기판의 홀 속에 삽입하는 금속의 빈 튜브

■ 플럭스(Flux)

금속을 Solder와 잘 접속시키기 위하여 화학적으로 활성화시키는 물질

■ 겔 타임(Gel Time)

Prepreg 레진이 가열되어 고체에서 액체 상태를 거쳐 다시 고체로 변화되는 데 소요되는 시간을 표로 문서한 것

■ 방출판(Heat Sink Plane)

기판 표면이나 내층에서 열에 민감한 부품들로부터 열을 제거하여 주는 역할을 하는 평면

■ 영구 마스크(Permanent Mask)

작업 후에 제거되지 않는 잉크

■ 솔더링 오일(Soldering Oil)

Wave Soldering 머신을 사용할 때 섞어서 솔더 표면에 녹이 발생하는 것을 방지하고 솔더 표면의 텐션을 감소시켜 주는 역할을 하는 오일

5 시험, 검사 용어

■ 동박면

동 적층판에서 접착된 동박의 표면

■ 동박 제거면

동 적층판에서 동박을 제거한 절연기판의 표면

■ 적층판 면

동 적층판에서 동박을 접착하지 않은 절연기판의 표면

■ 테스트 보드(Test Board)

생산품과 동일한 공법으로 제조된 생산품의 대표가 되는 것이고 양부를 결정하기 위하여 사용하는 프린트 배선판

■ 테스트 쿠폰(Test Coupon)

생산품의 양부를 결정하기 위하여 사용하는 프린트 배선판의 일부분

■ 테스트 패턴(Test Pattern)

시험 및 검사를 위하여 사용하는 패턴

▌ 복합 테스트 패턴(Composite Test Pattern)

2회 이상의 테스트 패턴의 조합

▌ 슬리버(Sliver)

도체의 끝에서 떨어져 걸린 가는 금속의 돌기

▌ 스미어(Resin Smear)

절연기판의 수지에 구멍을 뚫을 때 등에서 도체 패턴
의 표면 또는 끝면상에 부착하는 것 또는 부착한 것

▌ 휨(Warp)

판의 원통 모양 또는 구면 모양의 만곡으로서 직사각
형인 경우는 네 구석이 동일 평면상에 있는 것

▌ 비틀림(Twist)

판의 원통 모양, 구면 모양 등의 만곡으로서 직사각형
인 경우에는 그 한 구석이 다른 세 구석이 만드는 평면
상에 없는 것

▌ 판두께(Board Thickness)

도금층의 두께를 제외한 도체층을 포함한 금속 입힘
절연기판 또는 프린트 배선판의 두께

▌ 전체 판두께(Total Board Thickness)

금속 입힘 절연기판 또는 프린트 배선판의 다듬질 후
의 전체 두께

▌ 위치맞춤 정밀도(Registration)

지정된 위치에 대한 패턴의 위치 어긋남 정도

▌ 판끝에서의 거리(Edge Distance)

프린트 배선판의 끝부분에서 패턴 또는 부품까지의
거리

▌ 도체 폭(Conductor Width)

프린트 배선판의 바로 위에서 바라보았을 때의 도체 폭

▌ 도체 간격(Conductor Spacing)

프린트 배선판을 바로 위에서 바라보았을 때 동일 층
에 있는 도체 끝과 그것에 대항하는 도체 끝과의 거리

▌ 랜드 간격(Land Spacing)

인접한 랜드 간의 도체 간격

▌ 도체 두께(Conductor Thickness)

부가된 피착 금속을 포함한 도체의 두께

▌ 아웃그로스(Outgrowth)

제조용 필름 또는 레지스트에 의하여 주어지는 도체
너비를 초과하여 도금의 성장에 따라 생긴 도체 너비
의 한 쪽의 퍼진 분량

▌ 언더컷(Undercut)

에칭에 의하여 도체 패턴 옆면에 생기는 한쪽의 홈
또는 오목함

▌ 오버행(Overhang)

아웃그로스와 언더컷의 합

▌ 보이드(Void)

있어야 할 물질이 국소적으로 결락되어 있는 공동

▌ 코너 크랙(Corner Crack)

도통 홀 코너 부분에서의 도통 홀 도금 금속의 균열

▌ 바렐 크랙(Barrel Crack)

도통 홀 내벽부에서 도통 홀 도금 금속의 균열

▌ 벗김 강도(Peel Strength)

절연기판에서 도체를 벗기기 위하여 필요한 단위 너비당 힘

▌ 랜드 외 이탈 강도(Pull-off Strength)

절연기판에서 랜드를 떼내는 데 필요한 프린트 배선판에 수직방향의 힘

▌ 층간 박리(Delamination)

절연기판 또는 다층 프린트 배선판의 내부에서 생기는 층간의 분리

▌ 부풀음(Blister)

절연기판의 층간 또는 절연기판과 도체박 간에 생기는 부분적인 부풀음이나 벗겨짐

▌ 크레이징(Crazing)

기계적인 비틀림에 의하여 절연기판 중의 유리섬유가 그 제직눈의 위치에서 수지와 떨어지는 현상

▌ 미즐링(Measling)

열적인 변형에 의하여 절연기판 중의 유리섬유가 그 제직눈의 위치에서 수지와 떨어지는 현상

▌ 밀링(Mealing)

프린트 배선판과 절연보호 코팅 간에 백색 입자 모양의 반점이 생기는 현상

▌ 블로 홀(Blow Hole)

도금 도통 홀에 납땜을 하였을 때, 발생한 가스에 의하여 생긴 보이드 또는 보이드가 생긴 도금 도통 홀

▌ 할로잉(Haloing)

기계적 또는 화학적 원인에 의하여 절연기판 표면 또는 내부에 생기는 파쇄 또는 층간 박리로 구멍 또는 기계 가공 부분의 주변에 희게 나타나는 현상

▌ 구멍에 의한 랜드 끊어짐(Hole Breakout)

홀 위치 및 도체 인쇄의 어긋남 등에 의하여 홀이 완전히 랜드로 둘러 싸이지 않은 상태

▌ 제직눈(Weave Texture)

절연기판 내 유리천의 섬유가 완전히 수지로 덮여 있지만, 유리천의 결이 좋아 보이는 표면의 상태

▌ 제직사 노출(Weave Exposure)

절연기판 내 유리천의 섬유가 수지로 완전하게 덮여 있지 않은 표면의 상태

▌ 플레이밍(Flaming)

불꽃을 내며 연소하는 상태

▌ 글로잉(Glowing)

불꽃을 내지 않고 적열하고 있는 상태

▌ 래미네이트 보이드(Laminate Void)

정상적으로 레진이 있어야 할 곳에 레진이 없는 상태

▌ 레진 리세션(Resin Recession)

기판이 가열될 때 수지성분이 수축되어 도통 홀의 각 층과 벽이 밀린 것처럼 보이는 형태

번짐(Bleeding)

도금된 홀이 보이거나 갈라짐으로 인하여 변색된 것. 또한 인쇄에서 잉크가 있어야 될 곳에 잉크가 번져 들어간 형태

브리징(Bridging)

회로들 간의 사이가 절도 물질에 대하여 붙어버린 형태

솔더 볼(Solder Ball)

회로표면이나 잉크표면에 묻은 작은 솔더의 형태

덴트(Dent)

동박 두께를 크게 손상시키지 않으면서 약간 짓눌려진 형태

피트(Pit)

동박을 완전히 관통하지는 않으나 표면에 생기는 작은 구멍

마이크로 섹션(Micro Section)

프린트 배선판 내부를 현미경으로 관찰하기 위하여 절단 Section 등에 의해 시료를 관찰하는 것

초도품 검사(First Artide Inspection)

양단 작업 전에 사전에 작업조건 즉 공정이나 제조능력을 보증할 목적으로 실시하는 검사

6 CAD/CAE 관련 용어

ASIC

ASIC는 Application Specific IC의 약자로 특정용도로 설계, 제작되는 집적회로(IC)를 말하며 반특별주문 LSI라고도 하는 세미커스텀 LSI를 중심으로 주문자 측이 원하는 설계·규격에 의해 제작되는 커스터머 사양의 IC를 말한다. 반도체 산업의 경기변동이나 디바이스의 세대교체 등에 의해 4년에 한 번씩 나타나는 실리콘 사이클이라고 하는 도체 메이커에 대응하기 시작했으며 반도체가 사용되는 기기의 고기능화와 타사제품과의 차별화 등을 위해 독자적인 IC(LSI)를 사용코자 하는 주문자 측의 요구가 증가함에 따라 그 수요가 급증하게 된 것이 특정용도 IC(ASIC)이다. 급성장을 보이고 있는 특정용도 IC는 제품의 용도 특성상 필연적으로 다품종·소량생산의 경향으로 흐르게 되는데 ASIC칩 가격에 설계 코스트가 점하는 비율이 커지기 때문에 IC(LSI)의 개발 기간과 설계 코스트의 절감을 꾀하는 것이 중요한 과제가 된다. 따라서 이를 겨냥해 게이트 어레이를 중심으로 스탠더드셀(Standard Cell)·PLD(Programmable Logic Device) 등 세미 커스텀 LSI가 ASIC의 설계기법으로써 보급되고 있으며 기 설계의 기본회로(Cell)를 사용해 논리설계를 하여 칩레이 아웃을 자동 생성시켜 만든다. ASIC의 대표적인 게이트 어레이는 반특별주문의 논리 IC이며 표준로직·마이크로프로세서 마이컴 주변 LSI의 범용품과 특별주문전용 LSI인 풀커스텀 제품의 중간에, 종래의 범용품으로는 단기간에 실현할 수 없었던 기능을 쉽게 만들어 낼 수 있는 것이다. 이 게이트 어레이를 중심으로 ASIC에는 스탠더드셀·PLD 등 세미커스텀 LSI가 주력을 이루지만 최근에 ASIC로부터 태어난 ASSP(Application Specific Standard Products)가 주목을 받고 있다.

▌ PGA

PGA란 Pin Grid Array의 약어로 고집적회로(LSI)의 고집적, 고기능, 고속화에 대응한 단자(Pin) 수 증대의 필요성에 따라 패키지의 뒷면 등에 단자를 2.54[mm] 피치로 평면 레이아웃할 수 있는 다단자 패키지를 말한다. 전자기기시스템 등이 기능을 발휘하도록 하기 위해서 회로에 따라 부품을 기판상에 실장, 접속해 가는데 기기의 규모에 따라 패키지 레벨, 카드 레벨, 보드 레벨, 시스템 레벨 등 네 가지 레벨의 계층구조로 구성된다. 제1계층인 패키지 레벨에는 반도체 등의 집적회로가 수용되며 양 모서리에는 외부접속을 위한 리드핀(Lead Pin ; 단자)을 갖는다. 고집적회로 반도체의 단일 칩을 봉함한 싱글패키지는 종래 가장 많이 사용되어 온 DIP(Dual in Line Package)를 비롯해 FP(Flat Package), PGA 등이 있다. 패키지의 형상은 패키지의 양쪽에 두 줄로 단자가 나열돼 있는 DIP, 패키지 뒷면에 단자열이 배열돼 있는 PGA와 같은 리드삽입(Through Hole Mounting)형과 SOP(Small Outline Package), QFP(Quad Flat Package), LCC(Leadless Chip Carrier)와 같은 표면실장(Surface Mounting)형이 있다.

교육이란 사람이 학교에서 배운 것을 잊어버린 후에 남은 것을 말한다.

– 알버트 아인슈타인 –

참 / 고 / 문 / 헌

- 전자캐드기능사, 정도건, 이희준, 명성출판사

- 전자캐드기능사 필기, 박상철, 도서출판 엔플북스

- 전자기기기능사 필기, 김응묵, 엔플북스

- OrCAD, 이승무, 한올출판사

- 전자이론, 이종락, 세화

- 정보기술기초, 교육과학기술부

- 기초제도, 교육과학기술부

Win-Q 전자캐드기능사 필기

개정7판1쇄 발행	2025년 01월 10일 (인쇄 2024년 10월 10일)
초 판 발 행	2018년 01월 05일 (인쇄 2017년 11월 30일)
발 행 인	박영일
책 임 편 집	이해욱
편 저	정도건, 이희준
편 집 진 행	윤진영, 최 영, 천명근
표지디자인	권은경, 길전홍선
편집디자인	정경일
발 행 처	(주)시대고시기획
출 판 등 록	제10-1521호
주 소	서울시 마포구 큰우물로 75 [도화동 538 성지 B/D] 9F
전 화	1600-3600
팩 스	02-701-8823
홈 페 이 지	www.sdedu.co.kr

I S B N	979-11-383-7838-3(13560)
정 가	24,000원